DICTIONNAIRE

DES TERMES USITÉS

DANS

LES SCIENCES NATURELLES.

DICTIONNAIRE

RAISONNÉ, ÉTYMOLOGIQUE, SYNONYMIQUE ET POLYGLOTTE,

DES TERMES

USITÉS DANS LES

SCIENCES NATURELLES,

COMPRENANT

L'ANATOMIE, L'HISTOIRE NATURELLE ET LA PHYSIOLOGIE GÉNÉRALES,
L'ASTRONOMIE, LA BOTANIQUE, LA CHIMIE, LA GÉOGRAPHIE PHYSIQUE,
LA GÉOLOGIE, LA MINÉRALOGIE, LA PHYSIQUE ET LA ZOOLOGIE ;

PAR A.-J.-L. JOURDAN,

DOCTEUR EN MÉDECINE, MEMBRE DE LA LÉGION-D'HONNEUR, DES ACADÉMIES DE MÉDECINE DE PARIS, DES
SCIENCES DE TURIN, DES SCIENCES, BELLES-LETTRES ET ARTS DE ROUEN ET DE CAEN, DES SOCIÉTÉS PHYSICO-
MÉDICALE DE MOSCOU, MINÉRALOGIQUE D'JÉNA, D'HISTOIRE NATURELLE DE HEIDELBERG, D'AGRICULTURE DE
CHALONS ET D'ORLÉANS, DES BEAUX-ARTS DE GAND, etc.

*Profectò physiographiam qui colit, ullo
pacto metam perfectioris cognitionis feliciùs
non attinget, quàm si aliquot dies terminis
perdiscendis tribuerit.*

LINNÉ.

TOME PREMIER.

A — K

PARIS,

J.-B. BAILLIÈRE,

LIBRAIRE DE L'ACADÉMIE ROYALE DE MÉDECINE,
RUE DE L'ÉCOLE DE MÉDECINE, N° 13 *bis*;
LONDRES, MÊME MAISON, 219, REGENT-STREET;
1834.

A

M. COURTIN,

ANCIEN MAGISTRAT.

HOMMAGE D'AMITIÉ.

A.-J.-L. JOURDAN.

PRÉFACE.

Qu'il soit impossible aujourd'hui d'étudier les sciences physiques avec fruit, sans une connaissance approfondie de la terminologie, c'est une vérité devenue triviale et désormais à l'abri de toute contestation. A ceux qui, pour justifier le dédain qu'elle leur inspire, citeraient encore l'autorité de Buffon et de Bonnet, on opposerait celle non moins imposante de J.-J. Rousseau, qui a si éloquemment proclamé la nécessité d'un langage spécial dans une branche du savoir humain à laquelle on ne donne le caractère de l'exactitude et de la précision qu'en exprimant une foule de nuances délicates dont la peinture ne trouve aucune ressource dans la langue usuelle. C'est dans les sciences physiques surtout qu'on peut dire, avec Voltaire, que si les hommes définissaient les mots dont ils se servent, il y aurait moins de disputes; car ce n'est pas assez d'être entendu, il faut encore qu'on ne puisse pas être mal interprété.

Depuis trente ans, l'histoire naturelle a fait de si grands progrès, elle s'est enrichie d'une telle masse de découvertes spéciales, et, par une conséquence nécessaire, l'art des classifications a été si laborieusement travaillé, que le nombre des termes techniques s'est accru à un point vraiment prodigieux. Présenter un tableau complet de ces termes pouvait donc être considéré comme un des besoins de l'époque. J'ai osé entreprendre ce travail pénible, qui nécessitait d'immenses recherches; car il fallait lire tous les dictionnaires, tous les traités élémentaires, tous les ouvrages généraux et spéciaux, toutes les monographies, tous les recueils périodiques, toutes les collections académiques, qui ont paru, tant en France qu'en Allemagne, en Angleterre, aux États-Unis d'Amérique et en Italie. Mais les difficultés et les fatigues s'évanouissent devant les puissans attraits de l'histoire naturelle, cette science aimable, qui fut la passion de mes plus jeunes ans, et à laquelle je croyais consacrer ma vie entière dans l'âge heureux d'illusions, où l'homme se berce du chimérique espoir de maîtriser les événemens et de fixer sa destinée.

N'ayant pas, comme Illiger, le projet d'écrire une terminologie systématique, et de présenter un certain nombre de termes choisis, mais voulant développer sur une plus grande échelle, et d'après un autre plan, l'idée qui domine dans le savant glossaire de Théis, c'est-à-dire réunir tous les termes dont les auteurs se sont servis, ceux même qui n'ont point reçu la sanction générale, l'ordre alphabétique était celui que je devais adopter, comme étant le plus commode. J'ai admis sans distinction tous les mots que j'ai rencontrés, bien que, dans le nombre, il s'en trouve beaucoup qui méritaient peu les honneurs de l'exhumation. Mais il m'a semblé qu'un dictionnaire devait être complet, du moins autant que possible, sans quoi il perdait une grande partie de sa valeur, et rentrait, malgré sa forme, dans la classe des ouvrages didactiques, qui ne sauraient guère être plus mal présentés que sous un pareil mode de rédaction. Je n'en demeure pas moins convaincu que ; si l'orateur latin était fondé à dire : *Imponenda nova novis rebus nomina*, un de nos contemporains, dont le talent et le caractère commandent également l'estime (Raspail), l'était peut-être davantage encore à poser ce principe : « La science ne marche que par la nouveauté des faits ; et la nouveauté des mots, ou la rend stationnaire, ou bien la fait rétrograder. »

Quant au mode d'exécution que j'ai suivi dans ce Dictionnaire, le titre l'annonce d'une manière explicite. J'ai voulu donner la lexicographie des sciences qui ont pour objet les productions et les phénomènes de la nature, en indiquant à chaque mot les écrivains qui s'en sont servis, les particularités de conformation, de structure ou d'action qui l'ont fait créer, les nuances d'acception que souvent il présente, et selon les auteurs, et selon la science dans laquelle on l'emploie, enfin les synonymes et équivalens plus ou moins parfaits qu'il peut avoir. En un mot, mon but ne dépassait pas les limites d'une exposition purement orismologique. Aussi ai-je dû, dans les articles consacrés aux ordres, familles et tribus, c'est-à-dire dans ceux qui concernent la classification, me borner aux énoncés qui rentraient rigoureusement dans mon plan, et m'abstenir d'énumérer les séries souvent si variées de genres qu'un même groupe nominal renferme dans des auteurs différens. Ce sera là l'objet d'un autre ouvrage dont je m'occupe depuis nombre d'années, qui offrira en outre un synopsis complet des genres créés depuis Linné, et dont celui-ci peut être considéré en quelque sorte comme l'introduction. Je n'ajouterai plus qu'une seule remarque, qui me paraît nécessaire pour faire apprécier le point de vue sous lequel je me suis placé : j'ai cru devoir multiplier les exemples, et partout j'ai choisi ceux qui semblaient être le plus propres à l'éclaircissement du texte. Je les ai d'ailleurs vérifiés pour la plupart sur la nature, sur de bonnes figures, ou au moins sur des descriptions bien faites. Si je me suis attaché à ce que la plupart de ceux qui concernent les mots adjectifs offrissent plusieurs désinences génériques, ce n'est pas par une ridicule affectation de pédantisme, mais parce que j'ai cru voir en cela un moyen d'indiquer avec plus ou moins de probabilité la fréquence de l'emploi qu'on a pu faire de chaque terme.

Quelque jugement que le public porte sur un travail qui a exigé de si longues veilles, j'aurai du moins la consolation de penser qu'on ne pourra pas m'appliquer ces paroles de saint Paul : *Quos oportet redargui, qui universos domos subvertunt, docentes quæ non oportet, turpis lucri gratiâ.*

LI

DICTIONNAIRE

DES TERMES USITÉS

DANS

LES SCIENCES NATURELLES.

A.

ABAISSÉ, adj., *demissus; herabgesetzt* (all.); *lowered* (angl.); *abbassato* (it.). Se dit, en botanique, de la lèvre inférieure d'une corolle labiée, quand elle forme un angle presque droit avec le tube. Ex. *Stachys germanica.*

ABAJOUE, s. f., *sacculus buccalis, ventriculus buccalis, bucca saccata, thesaurus; Bakkentasche* (all.); *serbatojo del cibo* (it.). Les zoologistes donnent ce nom à deux poches qu'un assez grand nombre de mammifères portent sur les côtés de la bouche, soit à l'extérieur des joues, comme dans quelques rongeurs (ex. *Saccomys anthophilus*), soit à l'intérieur, entre les joues et les mâchoires, comme dans beaucoup de singes (ex. *Cercopithecus auratus*), certains rongeurs (ex. *Cricetus vulgaris*), et quelques chéiroptères (ex. *Nycteris Geoffroyi*). Ces poches servent tantôt, ce qui est le plus ordinaire, à mettre en réserve les alimens que les animaux n'ont pas le loisir ou la volonté de consommer sur-le-champ; tantôt, comme dans les nyctères, à procurer le gonflement du corps, en permettant le passage de l'air extérieur dans un grand sac sous-cutané, avec lequel elles communiquent.

ABAMÉES, adj. et s. f. pl., *Abameæ.* Nom donné par Reichenbach à un groupe de la famille des Liliacées, qui a pour type le genre *Abamea.*

ABATARDISSEMENT, s. m., *degeneratio, depravatio; Ausartung* (all.); *degeneracy* (angl.); *abbastardimento* (it.). Altération en mal, sous le point de vue physique ou moral, d'un corps organisé, qui ainsi décheoit de son état naturel ou le plus ordinaire.

ABDITOLARVES, adj. et s. m. pl., *Abditolarvati* (*abdo*, cacher, *larva*, larve). Nom imposé par Duméril à une famille d'insectes hyménoptères, dont les larves se développent dans le tissu des plantes vivantes, où les mères ont déposé leurs œufs. Voy. NÉOTTOCRYPTES.

ABDOMEN, s. m., *abdomen, abdumen, venter, venter imus s. infimus, uterus, alvus;* γαστήρ; *Unterleib, Hinterleib* (all.); *abdomine* (it.) (ab-

do, cacher). Terme emprunté à l'anatomie humaine, et qui, étendu par analogie à diverses classes du règne animal, n'est plus dès lors susceptible d'une définition générale, tant la région du corps qu'il sert à désigner, varie relativement aux parties qui la constituent et aux organes qu'elle renferme. On appelle ainsi 1° chez les mammifères, tantôt seulement, ce qui a lieu surtout chez l'homme, la **partie antérieure et inférieure du tronc**, tantôt aussi, ce qui rend le mot synonyme de *cavité abdominale*, la portion du tronc comprise entre le diaphragme, qui la sépare de la poitrine, l'épine du dos, le bassin et les muscles du bas-ventre, et qui renferme les organes digestifs, urinaires et génitaux ; 2° chez les oiseaux, la partie inférieure et molle du corps, située entre la pointe du sternum et l'anus ; 3° chez les reptiles, la portion molle du dessous du corps, qui précède l'anus ; 4° chez les poissons, la partie inférieure et molle du corps, qui loge les organes de la digestion et de la génération ; 5° chez les animaux articulés, la portion du tronc qui fait suite au thorax, et qui ne porte pas d'organes locomoteurs, ou n'en offre au plus que des rudimens ; 6° chez les trilobites, la région moyenne du corps. Wiedemann n'appelle *abdomen*, dans les insectes diptères, que la face supérieure de cette partie du corps, et il donne le nom de *ventre* à l'inférieure.

ABDOMINAL, adj., *abdominalis*. Épithète donnée 1° à des organes qui font partie de l'abdomen, ou qui ont des connexions avec cette section du corps) ; *côté abdominal* (*gastrœum* d'Illiger), celui qui, chez la plupart des animaux, est tourné vers le sol ou repose dessus ; *membres abdominaux*, chez les animaux vertébrés, ceux qui tiennent au bassin ; *nageoires abdominales*, dans les poissons, celles qui, par leur connexion avec le squelette, plutôt que par leur position extérieure, représentent les membres abdominaux des autres vertébrés ; *plumes abdominales*, celles qui garnissent le ventre des oiseaux ; *segmens abdominaux*, dans les animaux articulés, ceux qui forment l'abdomen par leur réunion ; 2° à des animaux dont l'abdomen se fait remarquer d'une manière quelconque, soit par son volume (ex. *Hippocampus abdominalis*), soit par une couleur différente de celle du corps (ex. *Melyris abdominalis*).

ABDOMINAUX, adj. et s. m. pl., *Abdominales*. Nom imposé, 1° en ichthyologie, à un ordre dans la classification de Linné, à cinq sous-ordres dans celle de Lacépède, à un ordre dans celles de Cuvier, de Blainville et de Latreille, parce que les poissons que ces divers groupes renferment ont leurs nageoires abdominales situées sous le ventre, en arrière des pectorales ; 2° en entomologie, à une section de la tribu des carabiques, dans les classifications de Latreille et d'Eichwald, parce que les coléoptères qui composent ces groupes ont l'abdomen très-grand, relativement au prothorax.

ABDUCTION, s. f., *abductio*; ἄπαγμα; *Abziehen* (all.) (*abduco*, écarter). Action par laquelle une partie du corps vient à être portée en dehors de la ligne perpendiculaire qu'on suppose partager en deux segmens égaux le membre dont elle fait partie ou le corps entier.

ABERRATION, s. f., *aberratio*; *Abirrung* (all.) ; *aberrazione* (it.) (*aberro*, s'écarter). Ce terme est employé, 1° en astronomie ; *aberration de la lumière* ou *des étoiles fixes*, illusion d'optique qui fait voir les étoiles où elles ne sont pas réellement, et dont la cause, découverte par Bradley, tient à l'inégalité de vitesse du mouvement annuel de la terre dans son orbe et à la progression en sens inverse de la lumière ; 2° en physique; *aberration de réfrangibilité*, diffusion du foyer des rayons lumineux concentrés par un verre biconvexe, qui dépend de ce que, les rayons diversement colorés n'ayant pas la même réfrangibilité, la lentille ne peut point les concentrer tous dans le prolongement de son axe; *aberration de sphéricité*, autre genre de diffusion du foyer des rayons lumineux concentrés par un verre biconvexe, qui tient à ce que la figure des lentilles ne permet qu'aux rayons très-voisins de l'axe de concourir sensiblement en un point commun, tous les autres, qui éprouvent une réfraction plus forte, coupant l'axe en-deçà de ce point, d'où il suit que le foyer, au lieu de représenter un point, est réellement un espace d'une certaine étendue, et que l'image principale, celle qui se produit à l'endroit où se réunissent le plus de rayons, est comme offusquée par une multitude d'autres images, qui rendent la vision confuse; 3° en physiologie ; pour exprimer un dérangement plus ou moins considérable, une irrégularité dans l'état habituel, l'aspect, la structure, l'action d'un organe ou l'exercice d'une faculté.

ABIÉTIN, adj., *abietinus* (*abies*, sapin). Épithète donnée à des corps dont les laciniures sont disposées de manière à imiter en quelque sorte une feuille de sapin (ex. *Corallina abietina*), et à des cryptogames qui croissent sur des arbres verts (ex. *Bæomyces abietinus*, *Calicium abietinum*).

ABIÉTINE, s. f. *abietina* (*abies*, sapin). Caillot appelle ainsi une substance résineuse qu'il a extraite de la térébenthine de Strasbourg, et que Berzelius nomme résine gamma de cette térébenthine.

ABIÉTINÉES, adj. et s. f. pl., *Abietineæ*, *Abietinæ* (*abies*, sapin). Nom donné par A. Richard, Bartling et Kunth à une section de la famille des Conifères, ayant pour type le genre *Abies*.

ABIÉTIQUE, adj., *abieticus* (*abies*, sapin). Baup applique cette épithète à un acide particulier qu'il dit avoir trouvé dans la résine du *Pinus Abies*. Le même nom d'*acide abiétique* est donné par Caillot à une matière résineuse qu'il a rencontrée dans la térébenthine de Strasbourg, et que Berzelius regarda comme un mélange des résines alpha et bêta de cette térébenthine.

ABIME, s. m., *abyssus*, ἄβυσσος ; *Abgrund* (all.); *abyss* (angl.) ; *abisso* (it.) (α priv., βυθός, fond). Les géognostes désignent sous ce nom des cavités naturelles qui sont presque perpendiculaires, dont on suppose la profondeur incommensurable, et qui ne renferment aucun liquide.

ABOI. *Voy.* ABOIEMENT.

ABOIEMENT, s. m., *latratio*, *latratus* ; *Bellen* (all.); *barking*, *baying* (angl.); *abbajamento* (it.); cri le plus ordinaire du chien, qui en outre *clabaude*, *hurle* et *jappe*.

ABORIGÈNE, s. m., *aborigenis* ; *Eingebohren*, *Urbewohner* (all.) (*ab*, de, *orior*, naître). Épithète donnée aux hommes, aux animaux et quelquefois aussi aux végétaux qu'on suppose originaires du pays même qu'ils habitent, soit qu'ils y aient réellement existé de toute antiquité, soit que l'époque de leur transplantation se perde dans la nuit des temps.

ABORTIF, adj., *abortivus*, *abortiens* ; ἔκτρωματικος ; *unzeitig* (all.); *abortive* (angl.); *abortito* (it.) (*ab*, avant, *ortus*, naissance). Se dit d'un corps organisé entier ou d'un organe quelconque, qui n'a point acquis son développement complet, ou qui manque de certaines conditions essentielles à l'exercice de la vie. *Etamine abortive*, celle qui n'a point d'anthère, ou qui n'en a qu'une ébauchée ou indéhiscente. — *Fleur abortive*, celle qui, bien que munie des deux sexes, tombe sans laisser aucune trace de fécondation.— *Fœtus abortif*, celui qui se détache de l'organe maternel avant d'être en état de suffire par lui-même aux exigences de la vie. — *Graine abortive*, celle qui n'est point apte à germer et à reproduire l'espèce. — L'épithète d'*abortive* a été donnée par les botanistes à quelques plantes, soit parce que, leurs fleurs étant très-petites , on les regardait comme avortées (ex. *Ranunculus abortivus*), soit parce que leurs fleurs représentent une figure manquée ou avortée (ex. *Orchis abortiva*).

ABOYEUR, adj., *latrans ; bellend* (all.); *barker* (angl.); *abbajatore* (it.). On donne l'épithète d'*aboyeuse* à une barge (*Scolopax glottis*), à cause du cri qu'elle fait entendre et qui ressemble un peu à celui du chien.

ABRACHIE, s. f., *abrachia ; Armlosigkeit* (all.) (α priv. , βραχίων , bras). Nom donné par Breschet à un genre de déviation organique, ou d'agénesie partielle, qui a pour caractère l'absence des bras.

ABRANCHES, adj. et s. m. pl., *Abranchia* (α priv., βράγχια, branchies). Nom d'un ordre de la classe des Annelides , dans la méthode de Cuvier et de Straus , renfermant les espèces sans branchies apparentes , qui semblent respirer par la surface du corps.

ABRI. *Voy.* Hibernacle.

ABRITANT, adj., *muniens; schützend* (all.). Se dit, en botanique, des *feuilles*, lorsque, pendant le sommeil de la plante, elles sont abaissées vers la terre, et semblent former une sorte d'abri aux fleurs situées au-dessous d'elles (ex. *Impatiens noli me tangere*).

ABRUPTI-PENNÉ, adj., *abrupté-pinnatus; abgebrochen-gefiedert*(all.); *pennato mozzo* (it.). Se dit, en botanique, des feuilles *pennées* (*voy.* ce mot), quand le pétiole commun se termine brusquement, sans foliole impaire, ni vrille. Ex. : *Orobus tuberosus*.

ABSINTHATE, s. m. , *absinthas.* Nom donné à un genre de sels (*wermuthsaure Salze*, all.) qui sont formés par la combinaison de l'acide absinthique avec les bases salifiables.

ABSINTHINE , s. f. , *absinthina ; Wermuthstoff, Wermuthbitter* (all.). Principe amer de l'absinthe, que Caventou a isolé.

ABSINTHIQUE , adj. , *absinthicus*, Épithète donnée par Braconnot à un acide particulier (*Wermuthsaüre* , all.), dont il admet l'existence dans l'absinthe.

ABSOLU, adj. et s. m., *absolutus. absolutum ; undebingt* (all.); *absolute* (angl.): *assoluto* (it.) (*ab*, de, *solvo*, détacher); qui subsiste par soi-même, dégagé de tout lien , de tout rapport, de toute connexion. Se dit : 1° en idéologie, des *connaissances*, lorsque, indépendamment des circonstances dans lesquelles nous nous trouvons placés , elles restent invariables au milieu des changemens que notre existence éprouve ; 2° en philosophie, d'un principe suprême et unique, que l'école de Schelling assigne à l'existence et à la pensée, considérées par elle comme de simples modifications de ce principe ; 3° en physique, d'une propriété d'un corps, quand elle est le résultat immédiat de l'observation ; 4° en chimie, de certaines substances, lorsqu'elles sont parfaitement pures et exemptes de tout mélange étranger ; *alcool absolu,* celui qui ne contient pas d'eau; *suif absolu,* la stéarine pure; *huile absolue,* l'oléine pure.

ABSORBANT, adj. et s. m., *absor-*

bans (*ab*, de, *sorbeo*, boire). Cette épithète, donnée d'une manière générale à toute substance qui possède la propriété d'introduire en soi un fluide quelconque, liquide ou même gazeux, est appliquée, dans les corps organisés, notamment dans les animaux, à ceux des vaisseaux qui reçoivent du dehors des fluides sur lesquels on suppose qu'ils agissent en les pompant ou aspirant.

ABSORPTION, s. f., *absorptio*, *resorptio*, *inhalatio*; *Verschluckung*, *Einsaugung* (all.); *assorbimento* (it.) (*ab*, de, *sorbeo*, boire). On donne ce nom: 1° en physique, à un phénomène qui consiste dans l'attraction et la condensation d'un fluide élastique ou d'un liquide par un corps solide ou liquide; 2° en physiologie, à une fonction, dévolue aux êtres organisés, par laquelle ils font pénétrer dans la masse de leur fluide nourricier des molécules extérieures destinées à l'entretenir ou à l'augmenter.

ABSTRACTIF, adj., *abstractivus*, *abstractitius* (*ab*, de, *traho*, tirer). On a quelquefois donné le nom de *faculté abstractive* à celle dont nous jouissons de tirer des abstractions. Les anciens appelaient *esprits abstractifs* ceux qu'ils retiraient des plantes par la distillation.

ABSTRACTION, s. f., *abstractio*; *astrazione* (it.). Les idéologistes donnent ce nom, 1° au pouvoir que nous avons d'isoler les idées simples les unes des autres, de séparer les divers élémens qui composent une pensée commune, d'exclure une ou plusieurs idées pour nous occuper spécialement d'une ou plusieurs autres, et de réunir celles qui se retrouvent les mêmes dans plusieurs objets sous une idée générale à laquelle nul objet réel ne répond dans la nature; 2° à l'exercice de cette faculté; 3° à son produit, l'élimination des idées disparates et le rapprochement des idées similaires;

4° enfin à toute conception d'un esprit qui, au lieu de s'appuyer sur l'observation, ne travaille que sur des idées.

ABSTRAIT, adj., *abtractus*; *abstract* (all. angl.); *astratto* (it.). Se dit d'une *idée* qui a été isolée par le pouvoir de l'intelligence; d'une *pensée* ou *conception* qui n'a point d'existence réelle hors de l'entendement, par la puissance disjonctive et associante duquel elle est créée; d'un *terme* qui exprime des idées ou des pensées de ce genre; enfin d'un *esprit* qui possède à un degré éminent la faculté de créer des abstractions, ou qui abuse de cette faculté.

ABYME. *Voy.* **ABÎME.**

ABYSSIQUE, adj., *abyssicus* (*abyssus*, abîme). Brongniart donne cette épithète à un ordre de *terrains* comprenant ceux qui constituent le fond des abîmes de l'ancienne mer.

ACALÈPHES, adj. et s. m. pl., *Acalephæ* (ἀκαλήφη, ortie). Nom d'une classe du règne animal, dans les méthodes de Cuvier, Schweigger, Latreille, Ficinus et Carus, constituant des groupes qui sont diversement délimités, mais qui tous renferment des animaux dont plusieurs ont la propriété de causer, quand on y touche, une sensation brûlante, analogue à celle que produit la piqûre des orties.

ACALICAL, adj., *acalycalis* (α priv., κάλυξ, calice). Épithète donnée par Lestiboudois à l'*insertion* des étamines, lorsque celles-ci partent du réceptacle, sans contracter aucune adhérence avec le calice.

ACALICIN, adj., *acalycinus*; *kelchlos* (all.); *acalicino* (it.); (α priv., κάλυξ, calice). Se dit d'une plante qui est dépourvue de calice.

ACALYPHÉES, adj. et s. f. pl., *Acalypheæ*. A. de Jussieu a formé sous ce nom, dans la famille des Euphorbiacées, une tribu dont le genre *Acalypha* est le type.

ACAMPTOSOMES, adj. et s. m. pl.,

Acamptosomata (α priv. , κάμπτω, plier, σῶμα, corps). Ordre établi par Leach, dans la classe des Cirripèdes, et ainsi appelé parce que les animaux qui le constituent ont le corps entièrement enveloppé de pièces calcaires, dont la présence le rend immobile.

ACANACÉES, adj. et s. f. pl., *Acanaceæ*; nom donné par Césalpin à la famille des *Chicoracées. Voy.* ce mot.

ACANTHACÉES, adj. et s. f. pl., *Acanthaceæ*, *Acanthi*. Famille de plantes, établie par Jussieu, et qui a pour type le genre *Acanthus.*

ACANTHÉES, adj. et s. f. pl., *Acantheæ*. Nom donné par K. Sprengel à la famille des *Acanthacées.*

ACANTHES, s. f. pl., *Acanthi*. Jussieu appelait ainsi la famille des *Acanthacées.*

ACANTHIDES, adj. et s. m. pl., *Acanthidæ*. Sous ce nom, Leach désigne une famille d'insectes hémiptères, qui a pour type le genre *Acanthia.*

ACANTHIODONTES, s. m. pl., *Acanthiodonta* (ἄκανθα, épine, ὀδοὺς, dent). Nom sous lequel les oryctographes décrivent des dents fossiles qu'on croit appartenir au *Squalus Acanthias.*

ACANTHIURE, adj., *acanthiurus* (ἄκανθα, épine, οὐρὰ, queue). Se dit d'un animal qui a la queue chargée d'épines. Ex. *Uromastyx acanthiurus.*

ACANTHOCARPE, adj., *acanthocarpus* (ἄκανθα, épine, καρπὸς, fruit); qui porte des fruits chargés d'épines. Ex. *Acacia acanthocarpa.*

ACANTHOCÉPHALES, adj. et s. m. pl., *Acanthocephala* (ἄκανθα, épine, κεφαλὴ, tête). Nom donné par Rudolphi à un ordre, par Schweigger et Eichwald à une famille de la classe des Entomozoaires, par Blainville à une famille de l'ordre des Apodes Proboscéphalés, renfermant ceux de ces animaux dont la partie antérieure

du corps ou la tête est armée d'aiguillons recourbés ou de crochets cornés.

ACANTHOCÉPHALÉS. *Voy.* ACANTHOCÉPHALES.

ACANTHOCLADE, adj., *acanthocladus; dornästig* (all.) (ἄκανθα, épine, κλάδος, branche); qui a les rameaux chargés d'épines. Ex. *Genista acanthoclada.*

ACANTHOIDES, adj. et s. f. pl., *Acanthoides*. Synonyme peu usité d'*Acanthacées* (voy. ce mot), dont s'est servi Ventenat.

ACANTHOPHORE, adj., *acanthophorus; dorntragend* (all.) (ἄκανθα, épine, φέρω, porter); qui est hérissé d'épines ou de gros poils rudes (ex. *Fucus acanthophorus*). Synonyme de *Spinigère.*

ACANTHOPODE, adj., *acanthopodius* (ἄκανθα, épine, ποῦς, pied). Se dit d'une plante qui a les pétioles très – épineux. Ex. *Zygophyllum acanthopodium.*

ACANTHOPODES, adj. et s. m. pl., *Acanthopoda* (ἄκανθα, épine, ποῦς, pied). Dans le Règne animal de Cuvier, ce nom est donné à une tribu de Coléoptères Clavicornes, renfermant des espèces dont les jambes sont très-épineuses.

ACANTHOPOMES, adj. et s. m. pl., *Acanthopomata* (ἄκανθα, épine, πῶμα, opercule). Duméril désigne sous ce nom une famille de poissons, dans laquelle sont comprises des espèces qui ont les opercules garnis de dentelures ou d'épines.

ACANTHOPS, adj., *acanthops* (ἄκανθα, épine, ὦψ, œil); qui a le pourtour de l'œil garni de piquans. Ex. *Holocentrus acanthops.*

ACANTHOPTÈRE, adj., *acanthopterus* (ἄκανθα, épine, πτερὸν, aile). Épithète donnée par les conchyliologistes à des coquilles dont le bord dilaté est garni de varices terminées en pointe. Ex. *Murex acanthopterus.*

ACANTHOPTÈRES, adj. et s. m.

pl., *Acanthopteri*. Blainville donne ce nom à une famille de poissons gnathodontes hétérodermes, qui ont la première nageoire dorsale épineuse.

ACANTHOPTÉRYGIENS, adj., *acanthopterygius*; *hartgrätig*, *hartstrahlig*, *stachelstrahlig* (all.) (ἄκανθα, épine, πτέρυξ, nageoire). Se dit d'un poisson dont les nageoiressont garnies de rayons durs, inflexibles et piquans.

ACANTHOPTÉRYGIENS, adj. et s. m. pl., *Acanthopterygii* (ἄκανθα, épine, πτέρυξ, nageoire). Nom d'un ordre de la classe des poissons, dans les méthodes d'Artedi, de Gouan et de Cuvier; d'une tribu de l'ordre des poissons osseux, dans celle d'Eichwald, comprenant ceux de ces animaux qui ont des rayons durs et pointus, en forme d'aiguillons, à toutes ou à quelques unes de leurs nageoires.

ACANTHORHINES, adj. et s. m. pl., *Acanthorhina* (ἄκανθα, épine, ῥίν, nez). Ficinus, Carus, Latreille et Eichwald donnent ce nom à une famille de poissons, comprenant ceux qui ont un appendice charnu, armé d'aiguillons, entre les yeux.

ACARDE, adj., *acardinatus* (α priv., *cardo*, gond). Se dit d'une coquille ou d'une valve de coquille qui n'a aucune trace de charnière. (Ex. *Lingula anatina*). Se dit aussi d'un monstre qui n'a point de cœur.

ACARDIE, s. f., *acardia*; *Herzlosigkeit* (all.) (α priv., καρδία, cœur). Breschet désigne ainsi un genre de déviation organique, ou d'agénésie partielle, qui est caractérisé par l'absence du cœur.

ACARES, s. m. pl., *Acari*. Nom donné par Leach à une classe qu'il établit parmi les animaux articulés, entre les arachnides et les insectes, et qu'il fonde sur le genre *Acarus*.

ACARIDES, adj. et s. m. pl., *Acarides*, *Acaridæ*. Leach désigne ainsi une famille de la classe des acares.

Le même nom est donné par Lamarck, Cuvier, Latreille, Eichwald, Ficinus et Carus à une famille ou à une tribu de la classe des arachnides. Toutes ces coupes ont le genre *Acarus* pour type.

ACARIDIES, adj. et s. f. pl., *Acaridiæ*. Synonyme d'Acarides (*voy.* ce mot), dont Latreille s'est quelquefois servi.

ACARINS, adj. et s. m. pl., *Acarina*. Nom donné par Nitzsch à la famille des Acarides.

ACAULE, adj., *acaulis*, *acaulos*, *exscapus*; *stiellos*, *stengellos* (all.); *acaule* (it.) (α priv., καυλός, tige). Se dit d'une plante qui n'a point de tige, ou dont la tige est peu apparente, à cause de sa brièveté (ex. *Silene acaulis*, *Astragalus exscapus*, *Parrya exscapa*, *Ornithogalum exscapum*). On donne aussi cette épithète à un champignon qui est dépourvu de stipe (ex. *Polysaccum acaule*).

ACCÉLÉRATEUR, adj., *beschleunigend* (all.); *accelerating* (angl.); *acceleratore* (it.). Les physiciens appellent *force accélératrice* celle qui, continuant à agir sur un corps mobile après son départ, exerce ainsi une impression qui le sollicite sans cesse et lui communique à chaque instant une nouvelle vitesse.

ACCÉLÉRATION, s. f., *acceleratio*; *Beschleunigung* (all.); *accelerazione* (it.). Les astronomes entendent par *accélération diurne des étoiles* le temps que les étoiles, dans une révolution diurne, anticipent sur la révolution diurne moyenne apparente du soleil, qui est de 3′ 55″ 9; *accélération d'une planète*, l'excès de son mouvement diurne réel sur son mouvement diurne moyen; *accélération de la lune*, l'augmentation du moyen mouvement de la lune dans son écart du soleil, mouvement qui est un peu plus grand maintenant qu'il n'était jadis.

ACCÉLÉRÉ, adj. , *acceleratus ; beschleunigt* (all.); *accelerated* (angl.); *accelerato* (it.). Se dit : 1º en astronomie, d'une *planète*, lorsque son mouvement diurne réel excède son moyen mouvement diurne ; 2º en physique, du *mouvement*, lorsque l'action continue de la force ou des forces qui sollicitent le mobile tend à devenir plus rapide. On appelle *mouvement uniformément accéléré*, celui qui résulte de l'application à un corps d'une force qui, conservant constamment la même intensité, communique successivement à ce corps des vitesses de plus en plus grandes pendant le temps qu'elle agit sur lui ; or, le calcul démontre que les espaces parcourus ainsi sont entr'eux comme les carrés des temps et les carrés des vitesses finales, c'est-à-dire que l'espace parcouru pendant un temps d'un mouvement uniformément accéléré, est la moitié de l'espace qui serait parcouru uniformément dans le même espace, avec la vitesse finale ; 3º en minéralogie, d'un *cristal* dans le signe duquel les exposans simples font partie d'une progression qui est complétée par les exposans relatifs à un décroissement mixte ou intermédiaire, en sorte que la progression paraît subir une accélération (ex. *Chaux carbonatée accélérée*).

ACCENT, s. m., *accentus, sonus vocis ; Ton, Aussprache* (all.); *accent* (angl.); *accento* (it.). On appelle ainsi toute modification de la parole qui porte sur la durée ou le ton des syllabes et des mots dont le discours est composé. On distingue l'accent *grammatical*, qui fait que le son des syllabes est grave ou aigu, et chaque syllabe brève ou longue ; le *logique* ou *rationnel*, qui indique le rapport existant entre les propositions et idées; le *pathétique* ou *oratoire*, qui, par les diverses inflexions de la voix, exprime les sentimens dont celui qui parle est animé, et les communique aux auditeurs.

ACCENTUÉ, adj. , *accentuatus ; accentuated* (angl.) ; *accentuato* (it.). Se dit, en philologie, d'une *langue* dans laquelle certaines syllabes ou certains mots se prononcent d'un ton plus ou moins aigu ; et en histoire naturelle, d'un corps qui porte des taches colorées semblables aux accens de l'écriture (ex. *Aranea accentuata*, qui porte deux accens circonflexes sur le dos de l'abdomen). *Voy.* ÉCRIT.

ACCÈS, s. m., *accessus; Anwandlung* (all.); *fit* (angl.) ; *adito* (it.) (*ad*, vers, *cedo*, marcher). Newton appelait *accès de facile réflexion* les dispositions successives d'un même rayon lumineux à être réfléchi par différentes épaisseurs d'une lame mince d'air ou de toute autre substance, qui sont entr'elles comme les termes de la série des nombres impairs ; et *accès de facile transmission* les dispositions successives d'un même rayon à être réfracté et transmis par différentes épaisseurs qui correspondent aux termes de la série des nombres pairs.

ACCESSOIRE, adj. , *accessorius.* Dans la langue géognostique, on nomme *parties constituantes accessoires d'une roche* celles qui se rencontrent quelquefois, disséminées uniformément et en quantité notable, comme, par exemple, le quarz dans le gneiss.

ACCIDENTEL, adj., *accidentalis, adventitius ; zufällig* (all.); *accidental* (angl.) ; *accidentale* (it.). Se dit : 1º en physique, d'une *couleur* dont l'idée peut naître ou se conserver sans la présence d'un objet qui l'excite ; 2º en géognosie, des parties qu'on trouve quelquefois éparses dans les roches, et en quantité moindre que celles qui constituent proprement ces dernières.

ACCIPITRES, adj. et s. m. pl. ; *Accipitres* (*accipitro*, déchirer). Nom donné par Linné, Cuvier, Latham, Meyer et Wolf, Vieillot, C. Bonaparte, Duméril, Temminck et Lesson à un ordre de la classe des oiseaux ; par Lherminier, à une simple famille de cette même classe, renfermant les oiseaux de proie.

ACCIPITRES-GALLINACÉS, adj. et s. m. pl. Lesson appelle ainsi une famille de l'ordre des Accipitres, comprenant des oiseaux de proie qui ont quelques rapports avec les Gallinacés.

ACCIPITRIN, adj., *accipitrinus*. Épithète donnée par les zoologistes à des animaux ou à des parties d'animaux qui ont des rapports avec un oiseau de proie, quant à la configuration générale ou partielle. Ex. *Psittacus accipitrinus*, à cause de son bec crochu et très-robuste ; *Strombus accipitrinus*, à cause de son bord droit, qui est dilaté, et qu'on a comparé à une aile d'autour.

ACCIPITRINS, adj. et s. m. pl., *Accipitrini*. Nom imposé par Illiger, Goldfuss, Latreille, Eichwald, Ficinus et Carus à une famille, par Vigors à une tribu de l'ordre des oiseaux de proie.

ACCLIMATATION. *Voy.* ACCLIMATEMENT.

ACCLIMATÉ, adj., *climati assuetus* ; qui a subi l'acclimatement.

ACCLIMATEMENT, s. m., *climati assuetudo*. Modification plus ou moins profonde qui s'opère dans l'organisation d'un être vivant, lorsqu'il est transporté d'un climat dans un autre. Ce terme s'emploie surtout en parlant des animaux et principalement de l'homme.

ACCLINÉ, adj., *acclinatus; uebergreifend* (all.) (*ad*, vers, *clino*, pencher); qui est incliné, penché. Illiger dit que les *dents* sont *acclinées* dans les mammifères, quand celles d'une mâchoire couvrent par le côté le côté correspondant des dents de l'autre mâchoire.

ACCOLLÉ, adj., *accretus; angeleimt, aufgeleimt* (all.) (*ad*, à, *colla*, colle). Se dit, en histoire naturelle, et surtout en botanique, d'une partie qui est collée ou soudée avec une autre, et qui croît avec elle.

ACCOMBANT, adj., *accumbens; anliegend* (all.). Candolle donne cette épithète à la *radicule*, quand elle est couchée sur le bord des cotylédons, et aux *cotylédons*, lorsqu'ils sont appliqués de telle manière que la radicule redressée correspond à la fente qui les sépare. Ex. diverses Crucifères.

ACCORD, s. m., *commodulatio; Zusammenklang* (all.); *tunableness* (angl.); *consonanza* (it.). Union de deux ou plusieurs sons, qui sont produits à la fois, et qui forment ensemble un tout harmonique.

ACCOUCHEMENT, s. m., *partus, parturitio*; λοχεία, τόκος; *Niederkunft* (all.); *childbed* (angl.); *parto* (it.). Expulsion hors de la matrice du fœtus à terme et de ses annexes. Synonyme de *parturition*, dont on ne se sert qu'en parlant de la femme. Lorsqu'il s'agit du même phénomène chez la femelle de quelque autre mammifère, on dit : *mettre bas* (*junge werfen*, all.; *to bring forth whelp*, angl.; *partorire*, it.), à moins qu'il n'y ait un terme spécial pour désigner l'opération dans telle ou telle espèce particulière, comme *agneler* (*lammen*, all.; *to yean*, angl.; *agnellare*, it.), pour la brebis; *chatter* (*junge Katzen werfen*, all.; *to kitten*, angl.; *far'i mucini*, it.), pour la chatte; *chevroter* (*zickeln*, all.; *to kid*, angl.), pour la chèvre; *chienner*, pour la chienne; *cochonner* (*ferkeln*, all.; *to farrow, to pig*, angl.; *trojare*, it.), pour la truie; *faonner* (*ein Hirschkalb setzen*, all.; *to fawn*, angl.; *far'un cervo*, it.), pour la biche et la daine; *levretter* (*junge Hasen werfen*, all.; *to kindle*, angl.; *far'i veltri piccoli*, it.), pour la femelle du lièvre; *louveter (*wölfen*, all. ; *to whelp*, angl. ; *far'i luppicini*, it.)), pour la louve; *pouliner* (*füllen*, all. ; *to foal*, angl.; *fare'l polledro*, it.)), pour la jument; *vêler* (*kalben*, all. ; *to calve*, angl.; *vitellare*, it.)), pour la vache. On dit *pondre* (*eyer legen*, all.; *to lay eggs*, angl.; *far l'uovo*, it.), pour les oiseaux; *frayer*, pour les poissons et reptiles.

ACCOUCHEUR, adj., *obstetricans*. Épithète donnée à une espèce de crapaud (*Bufo obstetricans*), dont le mâle aide la femelle à se débarrasser de ses œufs, qu'il s'attache aux deux cuisses, par le moyen de quelques fils d'une matière glutineuse.

ACCOUPLÉ, adj., *zuzygius; gepaart* (all.); *coupled* (angl.); *accopiato* (it.); qui est disposé par couples. Le *Myrtus zuzygius* est ainsi appelé à cause de ses rameaux fourchus et de ses feuilles disposées deux à deux.

ACCOUPLEMENT, s. m., *copulatio, coitus*; λαγνεία, συνουσιασμός, συνδυασμός; *Begattung* (all.) ; *copulation* (angl.) ; *congiugnimento* (it.). Union des deux sexes dans l'acte générateur.

ACCOURCI, adj., *abbreviatus; abgekürzt* (all.); *abbreviato* (it.). Les botanistes donnent cette épithète aux *cotylédons*, lorsqu'ils sont courts, mais assez larges.

ACCRESCENT, adj., *accrescens; fortwachsend* (all.) (*ad*, vers, *cresco*, croître). Se dit, en botanique, des parties de la fleur autres que l'ovaire, qui prennent de l'accroissement après la fécondation, comme le style des *Clematis* et le calice du *Physalis Alkekengi*.

ACCROCHANT, adj., *adhamans; anhakend* (all.). Se dit : 1° en botanique, des surfaces qui sont munies de petites aspérités crochues, comme les tiges et feuilles du *Galium Aparine*, les fruits du *Geum urbanum*, les squames calicinales de l'*Arctium Lappa*; 2° en ornithologie, d'après Illiger, des pieds emplumés jusqu'au

talon, ayant quatre doigts parfaitement séparés, et tous dirigés en avant, ou dont un se trouve en arrière, mais est versatile, comme dans les Colious.

ACCROISSEMENT, s. m., *auctus, accrescentia, accretio, incrementum*; αὔξησις; *Zuwachs, Wachsthum* (all.); *increase* (angl.) ; *accrescimento* (it.) (*ad augm., cresco*, croître). Augmentation de la masse et du volume d'un corps, par l'agglomération de nouvelles molécules constituantes; série des phénomènes qui se succèdent dans les corps organisés, pendant qu'ils augmentent de grandeur et de grosseur, pour arriver peu à peu au degré de développement qui est assigné à chacun d'eux.

ACÉLUPHE, adj., *aceluphus*; ἀκέλυφος (α priv. , κέλυφος, écorce); qui n'est couvert d'aucune enveloppe. Moquin-Tandon appelle improprement l'œuf *hardé* (*V.* ce mot), *ovum aceluphum*.

ACÉPHALE, adj. et s. m., *acephalus*; ἀκέφαλος; *kopflos* (all.); *headless* (angl.) (α priv. , κεφαλή, tête). Se dit : 1° en botanique, d'un *ovaire* qui ne porte point de style (ex. *Borrago officinalis*); 2° en zoologie, d'un *animal* qui a la tête très-petite et peu distincte (ex. *Cyrtus acephalus*); 3° en physiologie, d'un fœtus qui vient au monde sans tête, et par extension, de celui chez lequel on remarque, soit seulement une conformation défectueuse du crâne, soit même l'absence d'une plus ou moins grande partie du tronc.

ACÉPHALÉS, adj. et s. m. pl., *Acephalati* (α priv., κεφαλή, tête). Nom donné par Férussac et Menke à une section des animaux mollusques, comprenant tous ceux chez lesquels on ne distingue point de tête.

ACÉPHALES, adj. et s. m. pl., *Acephali, Acephala* (α priv. , κεφαλή, tête). Ce nom, que Latreille a proposé jadis pour un groupe d'insectes correspondant à la classe actuelle des arachnides, désigne aujourd'hui une classe du règne animal dans la méthode de Cuvier, un ordre de la classe des animaux mollusques dans celles de Duméril, d'Eichwald et de Schweigger, une série du règne animal dans celle de Latreille, groupes qui tous ont pour caractère l'absence d'une tête distincte.

ACÉPHALIE, s. f., *acephalia; Kopflosigkeit* (all.) (α priv. , κεφαλή, tête). Les physiologistes désignent ainsi un genre de déviation organique, ou d'agénésie partielle, qui est caractérisé par l'absence totale de la tête.

ACÉPHALIENS, adj. et s. m. pl., *Acephalii*. Pouchet donne ce nom à la classe de Malacozoaires que Blainville désigne sous celui de *Acéphalophores* (*V*. ce mot).

ACÉPHALOBRACHE, adj. et s. m., *acephalobrachius* (α priv. , κεφαλή, tête, βραχίων, bras). Fœtus sans tête ni bras.

ACÉPHALOBRACHIE, s. f., *acephalobrachia* (α priv. , κεφαλή, tête, βραχίων, bras). Nom donné par Breschet à un genre de déviation organique, ou d'agénésie partielle, qui est caractérisé par l'absence de la tête et des bras.

ACÉPHALOCARDE, adj. et s. m., *acephalocardius* (α priv. , κεφαλή, tête, καρδία, cœur). Fœtus sans tête ni cœur.

ACÉPHALOCARDIE, s. f. , *acephalocardia* (α priv. , κεφαλή, tête, καρδία, cœur). Nom donné par Breschet à un genre de déviation organique, ou d'agénésie partielle, qui est caractérisé par l'absence de la tête et du cœur.

ACÉPHALOCHIRE, adj. et s. m., *acephalochirus* (α priv. , κεφαλή, tête, χείρ, main). Fœtus sans tête ni mains.

ACÉPHALOGASTRE, adj. et s. m., *acephalogaster* (α priv. , κεφαλή, tête, γαστήρ, ventre). Fœtus privé de la tête et de la partie supérieure du ventre.

ACÉPHALOGASTRIE, s. f., *acephalogastria* (α priv. , κεφαλή, tête, γαστήρ, ventre). Nom donné par Breschet à un genre de déviation organique, ou d'agénésie partielle, qui est caractérisé par l'absence de la tête et du tronc, jusques et compris la partie supérieure de l'abdomen.

ACÉPHALOPHORES, adj. et s. m. pl., *Acephalophora* (α priv. , κεφαλή, tête, φέρω, porter). Blainville donne ce nom à une classe de son sous-type des Malacozoaires, comprenant ceux de ces animaux qui n'ont point de tête distincte du reste du corps.

ACÉPHALOPODE, adj. et s. m., *acephalopodus* (α priv. , κεφαλή, tête, πούς, pied). Fœtus privé de la tête et des pieds.

ACÉPHALOPODIE, s. f., *acephalopodia* (α priv. , κεφαλή, tête, πούς, pied). Nom donné par Breschet à un genre de déviation organique, ou d'agénésie partielle, qui est caractérisé par l'absence de la tête et des pieds.

ACÉPHALORACHIE, s. f. , *acephalorachia* (α priv. , κεφαλή, tête, ῥάχις, rachis). Nom donné par Breschet à un genre de déviation organique, ou d'agénésie partielle, qui est caractérisé par l'absence de la tête et de la colonne vertébrale.

ACÉPHALOSTOME, adj. et s. m., *acephalostomus* (α priv., κεφαλή, tête, στόμα, bouche). Épithète donnée aux fœtus acéphales à la partie supérieure desquels on trouve une ouverture semblable à une bouche.

ACÉPHALOTHORACIE, s. f., *acephalothoracia* (α priv. , κεφαλή, tête, θώραξ, poitrine). Nom donné par Breschet à un genre de déviation organique, ou d'agénésie partielle, qui est caractérisé par l'absence de la tête et de la poitrine.

ACÉPHALOTHORE, adj. et s. m., *acephalothorus* (α priv. , κεφαλή, tête, θώραξ, poitrine). Fœtus sans tête ni poitrine.

ACÉRACÉES, adj. et s. f. pl., *Aceraceæ*. Famille de plantes, qui a pour type le genre *Acer*.

ACERBE, adj., *acerbus*; στρυφνός; *herb* (all.); *sour* (angl.); *acerbo* (it.). Se dit d'une saveur désagréable, âpre, un peu acide et astringente, et s'emploie quelquefois, comme épithète, pour désigner des corps doués d'une semblable saveur (ex. *Agaricus acerbus*).

ACERBITÉ, s. f., *acerbitas, acerbitudo*; *Herbe* (all.). Qualité en vertu de laquelle certaines substances, par exemple des fruits qui ne sont pas mûrs, produisent sur l'organe du goût une impression désagréable d'acidité, mêlée d'astriction et d'un peu d'amertume.

ACÉRÉ, adj., *acutus*; *spitzig* (all.); *steeled* (angl.). Épithète donnée à toute partie animale ou végétale qui est plus ou moins cylindrique, acuminée et piquante, comme les rayons des nageoires de certains poissons (ex. *Perca*), et les feuilles de diverses plantes (ex. *Asparagus acutifolius*).

ACÉRÉ, adj., *acceras* (α priv., κέρας, corne); qui n'a point de cornes. Blainville donne l'épithète d'*acérées* aux néréides qui n'ont aucun tentacule.

ACÉRELLÉ, adj., *accrellatus*; qui se termine en une pointe peu aiguë.

ACÈRES, adj. et s. m. pl., *Acera* (α priv., κέρας, corne). Nom donné par Duméril à une famille de l'ordre des insectes Aptères, comprenant ceux qui n'ont pas d'antennes; par Blainville, à une famille de l'ordre des Monopleurobranches, et par Menke, à une famille de celui des Pomatobranches, dans lesquelles ils rangent ceux dont la tête est dépourvue de tentacules, ou n'en porte que de rudimentaires; par Latreille, à une famille de

l'ordre des Gastéropodes, comprenant ceux qui ne portent pas de tentacules à la tête; enfin par Blainville, à une famille de la classe des Chétopodes, comprenant ceux dont les anneaux céphaliques sont dépourvus de cirres implantés à la face dorsale et dirigés en avant.

ACÉREUX, adj., *accrosus*; *nadelig* (all.); *rigido* (it.) (ἀκίς, pointe). Se dit, en botanique, des feuilles qui sont allongées, menues, raides et aiguës. Ex. *Phylica acerosa, Hypericum accrosum*.

ACÉRINÉES, adj. et s. f. pl., *Acerinea, Acerina, Acerineæ*. Synonyme de ACÉRACÉES. *Voyez* ce mot.

ACÉRIQUE, adj., *accricus*. Scherer appelle ainsi un *acide* qui existe, combiné avec de la chaux, dans la sève de l'*Acer campestre*, et qu'il croit former une espèce à part, tandis que Gmelin le regarde comme de l'acide malique.

ACESCENCE, s. f., *acescentia*; *Säuerlichkeit* (all.) (*acesco*, s'aigrir). Disposition à prendre les caractères de l'acide, à s'aigrir, à devenir légèrement acide.

ACESCENT, adj., *acescens*; *säuerlich* (all.); qui s'aigrit, qui commence à devenir acide.

ACÉTABULARIÉES, adj. et s. f. pl., *Acetabulariæ*. Nom donné par Lamouroux à une famille de Polypiers, qui a pour type le genre *Acetabularia*.

ACÉTABULE, s. m., *acetabulum*; κοτύλη; *Pfanne, Saugschaale* (all.). Ce mot exprime, en zoologie, l'excavation d'une coquille ou d'un polypier dans laquelle l'animal est fixé, les suçoirs qui garnissent les bras des mollusques céphalopodes, et l'espèce de ventouse que les catopes réunies produisent chez certains poissons (ex. *Lepadogaster Gouanii*). Kirby appelle ainsi la cavité de l'arrière-poitrine des insectes dans laquelle s'implante la patte de derrière.

ACÉTABULÉ, adj., *acetabulosus;* qui a la forme d'une coupe, comme la fructification de plusieurs lichens (ex. *Lichen acetabulum*), ou le chapeau de certains champignons (ex. *Peziza acetabulum*).

ACÉTABULEUX, adj., *acetabulosus ;* qui a la forme d'un vase, comme le calice du *Marrubium acetabulosum*.

ACÉTABULIFORME, adj., *acetabuliformis; becherförmig, schalenförmig* (all.) (*acetabulum*, gobelet, *forma*, forme) ; qui est excavé en forme de coupe, de gobelet, ou de bocal.

ACÉTATE, s. m., *acetas* (*acetum*, vinaigre). Genre de sels (*essigsaure Salze*, all.) qui sont formés par la combinaison de l'acide acétique avec les bases salifiables.

ACÉTÉ, adj., *acetosus* (*acetum*, vinaigre). Aigrelet, acidule, converti en vinaigre.

ACÉTEUX, adj., *acetosus ; essigartig* (all.); *acetous* (angl.); *acetoso* (it.) (*acetum*, vinaigre). Le vinaigre distillé a été appelé *acide acéteux* jusqu'au moment ou Adet d'abord et Darracq ensuite, ont prouvé qu'il n'est pas moins oxigéné que le vinaigre dit radical. La *fermentation acéteuse* est celle par laquelle de l'acide acétique se produit dans une liqueur alcoolique, en vertu d'une transmutation qu'éprouve l'alcool. Le mot *acéteux* est quelquefois employé, comme synonyme d'*acide*, par les botanistes, quand ils veulent désigner un végétal doué d'une saveur acide bien prononcée (ex. *Rumex acetosa, Pelargonium acetosum, Oxalis acetosella, Eugenia acetosans*).

ACÉTIFICATION, s. f., *acetificatio* (*acetum*, vinaigre, *fio*, être fait). Opération chimique naturelle par laquelle se forme l'acide acétique.

ACÉTIQUE, adj., *aceticus* (*acetum*, vinaigre). L'acide acétique (*Essigsäure*, all.) est celui qui fait la base du vinaigre. L'*éther acétique* (*Essigäther*, all.), découvert par Lauraguais en 1759, se produit quand on distille ensemble de l'alcool et de l'acide acétique.

ACÉTITE, s. m., *acetis* (*acetum*, vinaigre). Nom donné aux *acétates*, quand on admettait deux degrés d'oxidation de l'acide du vinaigre.

ACÉTOSELLÉES, adj. et s. f. pl., *Acetosellæ*. Nom donné par Candolle à une section du genre *Oxalis*, comprenant les espèces qui se rapprochent de l'*Oxalis acetosella*.

ACHAINE, s. m., *achaina, achœna, achena, achenium, acenium; Schalenfrucht* (all.) (α priv., χαίνω, s'ouvrir). C.-L. Richard appelait ainsi un fruit monosperme, ordinairement sec, dont le péricarpe est distinct du tégument propre de la graine (ex. Synanthérées, Dipsacées). Agardh conserve le nom et la définition, en faisant observer que l'achaine des Synanthérées, par exemple, est le résultat du développement d'une seule des trois carpelles dont se compose originairement le fruit des plantes de cette famille.

ACHASCOPHYTE, s. m., *achascophytum* (α priv., χάσκω, s'ouvrir, φυτὸν, plante). Nom donné par Necker aux plantes qui ont des fruits indébiscens.

ACHÉIRIE, s. f., *acheiria* (α priv., χείρ, main). Nom donné par Breschet à un genre de déviation organique, ou d'agénésie partielle, qui est caractérisé par l'absence des mains.

ACHÈNE. *Voyez* ACHAINE.

ACHÉNODE, s. m., *achenodium; Schalenfruchtkranz* (all.). Agardh donne ce nom à un fruit composé de plusieurs achaines disposés sur le même plan, et qui résulte de ce qu'aucune des carpelles primitives de l'ovaire n'a avorté (ex. Ombellifères). *Voyez* POLACHAINE.

ACHÉTIDES, adj. et s. m. pl.,

Achetidæ. Leach appelle ainsi une famille d'insectes orthoptères, ayant pour type le genre *Acheta.*

ACHILLÉES, adj. et s. f. pl., *Achilleæ.* Nom donné par Jussieu à un groupe qu'il admet dans la famille des Corymbifères, et qui a pour type le genre *Achillea.*

ACHROMATIQUE, adj., *achromaticus ; unfarbig, farbenlos* (all.) (α priv., $\chi\rho\tilde{\omega}\mu\alpha$, couleur); qui ne donne pas lieu aux couleurs du spectre solaire. Se dit, en physique, d'un *prisme* qui dévie la lumière sans développer de couleurs; d'une *lentille* qui forme en son foyer une image incolore des objets; d'une *lunette*, qui fait voir les images des objets nettement terminées et sans aucune frange de couleurs empruntées.

ACHROMATISME, s. m., *achromatismus ; Farbenlosigkeit* (all.) (α priv., $\chi\rho\tilde{\omega}\mu\alpha$, couleur). Destruction des couleurs étrangères qu'on aperçoit dans l'image d'un objet quand on le regarde à travers un prisme ou un verre lenticulaire. Cette destruction, qui s'obtient en superposant deux corps, d'une faculté dispersive différente, ne peut jamais être parfaite, parce que nul corps ne jouit d'une même faculté dispersive pour tous les rayons colorés; mais on peut *achromatiser* par rapport à deux couleurs, et alors on prend ordinairement les extrêmes, comme le rouge et le violet ou le bleu, parce que les petites aberrations qui existent encore dans les rayons intermédiaires sont, en quelque sorte, couvertes par la coïncidence parfaite des extrêmes.

ACHYROPHYTE, s. m., *achyrophytum* ($\check{\alpha}\chi\upsilon\rho\sigma\nu$, paille, $\varphi\upsilon\tau\grave{\sigma}\nu$, plante). Nom donné par Necker aux plantes dont la fleur se compose de glumes ou de paillettes.

ACICULAIRE, adj., *acicularis ; nadelförmig* (all.); *aghiforme, agato* (it.) (*acus*, aiguille); qui est dur, étroit, fort aigu, et peu ou point anguleux. Se dit : 1° en minéralogie, d'un cristal tirant son origine d'un prisme qui s'est aminci et allongé en forme d'aiguille (ex. *Baryte sulfatée aciculaire*); 2° en botanique, d'une feuille allongée, menue, raide et piquante (ex. *Dillwynia acicularis, Podolobium aciculare*); d'une *épine* grêle, allongée et pointue (ex. *Cactus coccellinifer*); d'un *filet* d'étamine ou d'un *style;* d'une *mousse* dont l'opercule se termine en pointe (ex. *Bryum aciculare*).

ACICULE, s. m., *aciculus* (*acus*, aiguille). Nom donné par Savigny à des soies plus grosses que les autres et fort aiguës, qu'on observe, au nombre de deux, sur les rames des pieds situés aux côtés du corps de plusieurs Annelides.

ACICULÉ, adj., *aciculatus, aciculinus* (*acus*, aiguille). En forme d'aiguille. Se dit : 1° en botanique, d'une *graine* (*nadelgestreift, nadelstreifig*, all.) dont la surface est marquée de raies fines et sans ordre, qui semblent avoir été faites avec la pointe d'une aiguille ; 2° en zoologie, d'une *coquille* dont la forme générale se rapproche de celle d'une aiguille (ex. *Terebra aciculina*), ou dont la *spire* est terminée en une queue longue et grêle (ex. *Fusus aciculatus, Textularia aciculata*).

ACICULIFORME, adj., *aciculiformis* (*aciculus*, aiguille, *forma*, forme) ; qui a la forme d'une aiguille ; comme l'opercule du *Macromitrium aciculare.*

ACIDE, adj., *acidus; sauer* (all.); *sour* (angl.); *acido* (it.) ($\check{\alpha}\varkappa\iota\varsigma$, pointe); qui jouit des propriétés des acides, qui a une saveur aigre. Se dit : 1° en chimie, d'un *oxisel* qui contient plus d'acide qu'il n'en faut pour saturer la base, et dans lequel le poids atomique de l'acide est multiple par un, un et demi, deux, trois ou davantage, de celui de la base, soit que l'acide prédomine réellement pour les sens (ex. *Bisulfate potassique*), soit que le sel soit tout-à-fait neutre, ou même alcalin, lorsque le pouvoir électrique de la base surpasse de beaucoup celui de l'acide (ex. *Bisulfate ammonique*). Berzelius donne aussi l'épithète d'*acides* aux *sels haloïdes*, lorsque le sel neutre qui en fait la base se combine avec l'hydracide du corps halogène qu'il contient, de manière à produire un sel susceptible de se séparer sous forme solide, et aux *sulfosels* contenant une proportion définie de sulfide supérieure à celle qui existe dans le même sel considéré comme neutre. Avant l'introduction de la théorie atomistique, les chimistes appelaient *acides*, avec Berthollet, les sels seulement qui réagissent à la manière des acides sur le sens du goût et sur les couleurs bleues végétales. 2° En botanique, on donne cette épithète à des plantes qui ont une saveur acide (ex. *Ambelania acida*, *Limonia acidissima*, *Boletus acidescens*. *Voyez* ACÉTEUX).

ACIDE, s. m. *acidum*; *Säure* (all.); *acid* (angl.); *acido* (it.). En chimie, on a successivement appelé ainsi : d'abord tous les composés qui ont une saveur aigre et rougissent le tournesol, puis seulement les corps brûlés ou oxidés qui jouissent de ces deux propriétés, ensuite ceux qui possèdent la dernière au moins, plus tard ceux qui, n'ayant ni l'une ni l'autre, sont susceptibles de saturer les bases, enfin ceux qui, n'ayant aucune de ces propriétés, et ne contenant pas non plus d'oxigène, détruisent au moins les bases dans les qualités qui les constituent telles, mais commencent la plupart du temps par les décomposer. Il suit de là que, dans l'état actuel de la chimie, on ne saurait donner une définition générale du mot *acide*, qui lui-même n'est propre

qu'à embrouiller les idées. La propriété de jouer le rôle d'acide ne tient ni à la substance à laquelle on est obligé de l'attribuer pour s'entendre, ni à la manière dont la combinaison s'effectue. Elle indique seulement un état contraire à la propriété d'être base, c'est-à-dire, comme cette dernière, une chose purement relative. Il est beaucoup de corps appelés acides, qui ne manifestent cette propriété qu'à l'égard de certaines bases, et quelques uns même jouent le rôle tantôt de base et tantôt d'acide, suivant les substances avec lesquelles on les met en contact.

ACIDES, s. m. pl., *Acidi*, *Acida*. Ce nom générique a été donné : 1° en minéralogie, à un ordre de substances minérales, par Haüy et par Hausmann ; 2° en géognosie, à une série de formations, par Brongniart. Tous ces groupes renferment les oxacides, en petit nombre, qu'on trouve actuellement libres à la surface de la terre.

ACIDIFÈRE, adj. *acidiferus; sauertragend* (all.); *acidiferous* (angl.) (*acidum*, acide, *fero*, porter); qui contient un acide quelconque. Haüy appelait *substances acidifères* une grande classe de minéraux, comprenant ceux qui sont composés d'une base salifiable unie à un acide. Un ordre de roches porte également ce nom dans la classification géognostique de Maraschini.

ACIDIFIABLE, adj. *säuerungsfähig* (all.) (*acidum*, acide, *fio*, être fait); qui est susceptible de se convertir en acide par sa combinaison avec telle ou telle autre substance, avec telle ou telle proportion de cette substance.

ACIDIFIANT, adj., *acidificus; sauermachend* (all.) (*acidum*, acide, *fio*, être fait); qui a la propriété de convertir en acide. Naguères encore on donnait cette épithète à plusieurs principes qu'on supposait être la source ou la cause des propriétés acides que manifestent en quelques circonstances leurs combinaisons avec certains autres principes. Elle ne fut accordée d'abord qu'à l'oxigène : on l'étendit ensuite à l'hydrogène, puis au sélénium et au tellure. Le chlore, le brome et l'iode y auraient droit, au même titre que ces derniers. On ne peut plus admettre de principes acidifians : lorsque deux ou plusieurs corps donnent naissance à un acide, en se combinant ensemble, chacun d'eux contribue pour sa part à la production du nouveau corps, dont l'acidité dépend d'ailleurs souvent de leurs proportions respectives, et des circonstances dans lesquelles lui-même est appelé à réagir.

ACIDIFICATION, s. f., *acidificatio; Säurung* (all.) (*acidum*, acide, *fio*, être fait). Conversion en acide, passage à l'état d'acide.

ACIDIFIÉ, adj., qui est converti en acide.

ACIDITÉ, s. f., *aciditas*, *acor* ; *Säure* (all.); *sourness* (angl.); *acidezza* (it.). Dans le langage vulgaire, ce mot indique la qualité d'une substance qui est douée d'une saveur aigre et piquante. En chimie, il exprime aujourd'hui celle de détruire les propriétés caractéristiques des bases dans les composés qui en sont doués.

ACIDO-BASIQUE. *Voyez* Basigène.

ACIDOTE, adj., *acidotus* (ἀκιδωτὸς, pointu) ; qui est terminé en pointe. L'*Adelia acidoton* est ainsi appelé parce que ses rameaux sont épineux.

ACIDULE, adj. et s. m., *acidulus; säuerlich* (all.); *acidulous* (angl.) (ἄκις, pointe) ; qui jouit d'une faible acidité. On appelle 1° en géognosie, *eaux acidules*, celles qui tiennent en dissolution de l'acide carbonique libre ; 2° en chimie, *sels acidules*, ceux dans lesquels la quantité d'acide, relativement à celle de base, dépasse le terme qui constitue l'état neutre ou de saturation (*voy.* Acide.). 3° En botanique, *plantes acidules*, celles qui sont douées d'une saveur aigrelette (ex. *Pemphis acidula*). *V.* Acéteux, Acide.

ACIDULÉ, adj., *acidulatus;* qui a acquis des propriétés légèrement acides, ou une saveur aigrelette, par l'addition ou la manifestation d'un acide.

ACIÉRATION, s. f., *chalybeatio.* Opération par laquelle se produit l'acier ; formation elle-même de ce composé.

ACIÉRÉ, adj., *chalybeius.* Épithète qu'on donne au fer, quand il a été converti en acier.

ACIÉREUX, adj. Se dit quelquefois du fer, quand il a reçu le caractère de l'acier.

ACIFORME, adj., *aciformis* (*acus*, aiguille, *forma*, forme) ; qui a la forme d'une aiguille, comme l'*operculi* du *Racomitrium aciculare*.

ACINACIFOLIÉ, adj., *acinacifolius; säbelblättrig* (all.) (*acinaces*, sabre, *folium*, feuille) ; qui a des feuilles acinaciformes. Ex. *Conospermum acinacifolium*.

ACINACIFORME, adj., *acinaciformis; säbelförmig* (all.); *coltelliforme* (it.) (*acinaces*, sabre, *forma*, forme) ; en forme de sabre. Se dit, en botanique, des *feuilles*, quand elles sont charnues et aplaties de manière à présenter deux bords, l'un épais et obtus, l'autre mince, très-haut et recourbé en arrière (ex. *Dimeria acinaciformis*, *Mesembryanthemum acinaciforme*) ; des *légumes*, lorsqu'ils offrent la même figure (ex. *Phaseolus lunatus*). *V.* Ensifolié.

ACINAIRE, adj., *acinarius* (*acinus*, grain de raisin) ; qui présente, le long de sa tige et de ses rameaux, de petites vésicules sphériques et pédiculées, semblables à des grains de raisin. Ex. *Fucus acinarius*.

ACINE, s. m., *acinus, acinum; Beer-*

chen (all.) ; *acino* (it.). Nom donné par Gaertner à une baie molle, uniloculaire, transparente, pleine de sucs, et renfermant des graines couvertes d'une écorce coriace. Ex. *Vitis vinifera.*

ACINEUX, adj., *acinosus* (*acinus*, grain de raisin) ; qui est arrondi, en forme de grain de raisin. Ex. *Vorticella acinosa.*

ACINODENDRE, adj., *acinodendrus* (ἄκινος, fruit à grappe, δένδρον, arbre). Se dit d'une plante dont les fruits sont disposés en grappes. Ex. *Melastoma acinodendrum.*

ACIPHORÉES, adj. et s. f. pl., *Aciphoreæ* (ἀκή, pointe, φέρω, porter). Nom donné par Robineau-Desvoidy à une famille de l'ordre des Myodaires, comprenant celles dont les femelles ont les derniers anneaux de l'abdomen solides et servant à introduire les œufs sous l'épiderme des plantes.

ACIPHYLLE, adj., *aciphyllus; nadelblättrig* (all.) (ἀκή, pointe, φύλλον, feuille) ; qui a des feuilles pointues. Se dit d'une plante dont les feuilles sont linéaires et acuminées (ex. *Dianthus aciphyllus*), ou les laciniures des feuilles piquantes (ex. *Ligustrum aciphylla*).

ACLÉIDIENS, adj. et s. m. pl., *Acleidii* (α priv., κλεῖς, clavicule). Nom imposé par Desmarets à une section de l'ordre des Rongeurs, comprenant ceux de ces mammifères qui sont privés de clavicules, ou qui n'en ont que des rudimens.

ACLYTHROPHYTE, s. m., *aclythrophytum* (α priv., κλεῖθρον, clôture, φυτόν, plante). Nom donné par Necker aux plantes qui ont ou qu'il supposait avoir les graines à nud.

ACOCHLIDES, adj. et s. m. pl., *Acochlides* (α priv., κόχλις, coquille). Latreille et Menke appellent ainsi une famille de la classe des Céphalopodes, dans laquelle ils rangent ceux de ces animaux qui ont huit

pieds et qui sont dépourvus de coquille.

ACOLES, adj. et s. m. pl., *Acola* (ἄκωλος, sans pieds). Nom donné par Latreille à une famille de la classe des Elminthogames, comprenant ceux qui n'ont aucun appendice externe.

ACONITATE, s. m., *aconitas*. Sel formé par la combinaison de l'acide aconitique avec une base salifiable.

ACONITINE, s. f., *aconitina*. Alcaloïde que Brandes et Peschier disent avoir trouvé dans les *Aconitum Napellus* et *Paniculatum*, qui ne diffère probablement pas de celui que Pallas prétend avoir rencontré dans la racine de l'*Aconitum Lycoctonum*, mais dont l'existence a besoin encore d'être confirmée par de nouvelles recherches.

ACONITIQUE, adj., *aconiticus*. Nom donné par Peschier à un acide particulier, dont il a annoncé l'existence dans l'aconit. Bennerscheidt a trouvé aussi de l'acide aconitique dans le suc de l'*Aconitum Stoerkianum.*

ACORINES, adj. et s. f. pl., *Acorinæ*. Nom donné par Link à la famille de plantes plus généralement connue sous celui d'*Aroïdées.*

ACORMOSE, adj., *acormosus* (α priv., *cormus*, tige). Willdenow donnait cette épithète aux plantes dont les feuilles et fleurs partent immédiatement de la racine. Ex. *Colchicum autumnale.*

ACOTYLÉDON, adj., *acotyledonus; saamenlappenlos* (all.); *acotyledone* (it.) (α priv., κοτυληδών, cotylédon). Ce nom fut d'abord donné aux plantes qui, n'ayant pas de véritable embryon, sont par conséquent dépourvues de cotylédons. Il était alors synonyme de *cryptogame*. Depuis il a été reconnu que certaines plantes embryonnées manquent de cotylédons (ex. *Tropœolum, Cuscuta, Lecythis,*

Orobanche). C'est à celles-là que Fries réserve l'épithète d'*acotylédones*, donnant le nom de *néméennes* ou *évasculaires* aux cryptogames qui l'avaient portée jusqu'alors et que Candolle appelle *cellulaires*.

ACOTYLÉDONÉ, adj., *acotyledoneus*; *saamenlappenlos* (all.) (α priv., κοτυληδών, cotylédon). Épithète donnée par Richard aux embryons, quels qu'ils soient, qui n'ont pas de cotylédons, et reservée par Fries aux seuls végétaux vasculaires dont l'embryon est dépourvu de ces organes.

ACOTYLÉDONES, adj. et s. f. pl., *Acotyledones*, *Acotyledoneæ*. Classe du règne végétal, dans la méthode de Jussieu, et division du même règne, dans celle d'Agardh, qui comprennent les plantes sans cotylédons, à l'exclusion des vasculaires en petit nombre qu'on a découvert depuis être dans le même cas.

ACOTYLÉDONIE, s. f., *acotyledonia* (α priv., κοτυληδών, cotylédon). Classe du système linnéen modifié par Richard, qui comprend les végétaux cellulaires, ou néméens, ou cryptogames, ceux chez lesquels on n'observe point de cotylédons.

ACOTYLES, adj. et s. m. pl., *Acotyla* (α priv., κοτύλη, cavité). Nom donné par Latreille à une famille de la classe des Acalèphes, comprenant ceux de ces animaux qui n'ont ni bouche centrale, ni cavités latérales.

ACOUMÈTRE, s. m., *acoumetrum* (ἀκούω, entendre, μετρέω, mesurer). Instrument imaginé par Itard pour mesurer l'étendue du sens de l'ouïe chez l'homme.

ACOUSTIQUE, s. f., *acustica*; *Akustik* (all.); *acoustics* (angl.) (ἀκούω, entendre). Branche de la physique qui recherche les lois suivant lesquelles le son se produit et se transmet à nos organes.

ACOUSTIQUE, adj., *acusticus*; ἀκουστικός; *akustisch* (all.); *acoustick*

(angl.) (ἀκούω, entendre). Se dit: 1º en physique, d'un *phénomène* qui est relatif à la production ou à la propagation du son; 2º en physiologie, d'un *organe* ou d'un *appareil* destiné à recueillir les sons, à les rendre sensibles pour les animaux doués du sens de l'ouïe.

ACRANIE, s. f., *acrania* (α priv., κρανίον, crâne). Absence totale ou partielle du crâne.

ACRE, adj., *acer*; *scharf, beissend* (all.); *sharp* (angl.); *acro* (it.) (ἄκρος, sommet). Se dit d'une *saveur* désagréable, mordante, brûlante, presque caustique, et par extension de toute *substance* qui possède une saveur de ce genre. Ex. *Ranunculus acris*.

ACRÉMONIENS, adj. et s. m. pl., *Acremonii*. Nom donné par Fries à une tribu de l'ordre des Coniomycetes Mucorins, qui a pour type le genre *Acremonium*.

ACRETÉ, s. f., *acritas*; *Schürfe* (all.); *sharpness* (angl.); *agrezza* (it). Propriété dont jouissent certaines substances, végétales surtout, d'exercer sur la langue l'action désagréable qui constitue la saveur âcre, et qui dépend soit d'une huile essentielle (ex. anémone, crucifères), ou d'un acide volatil (ex. noix vomique), soit d'un alcaloïde volatil (ex. daphne, tabac), ou, le plus souvent, d'un principe qu'on n'est point encore parvenu à isoler.

ACRIDIENS, adj. et s. m. pl., *Acridii*, *Acridites*. Famille d'insectes orthoptères, admise par Latreille, Goldfuss, Eichwald, Ficinus et Carus, qui a pour type le genre *Acridium*.

ACRIDOPHAGE, adj., *acridophagus*; ἀκριδοφάγος (ἀκρίδιον, petite sauterelle, φάγω, manger); qui mange des sauterelles, qui en fait sa nourriture.

ACRITES, adj. et s. m. pl., *Acrita* (ἄκριτος, confus). Nom donné par

Macleay à une division du règne animal, comprenant les infusoires, les polypes et une partie des vers intestinaux, parce qu'il y règne encore une grande confusion.

ACROBAPTE, adj., *acrobaptus* (ἄκρος, sommet, βαπτὸς, teint). L'*Asilus acrobaptus* porte une tache brune à l'extrémité de ses ailes.

ACROCARPES, adj. et s. f. plur., *Acrocarpi* (ἄκρος, sommet, καρπὸς, fruit). Nom donné par Bridel à une classe de mousses, comprenant celles de ces plantes qui ont la fructification terminale.

ACROCÉRIDES, adj. et s. f. pl., *Acroceridæ*. Leach désigne sous ce nom une famille de l'ordre des Diptères, dans laquelle il range ceux de ces insectes qui ont du rapport avec le genre *Acrocera*.

ACRODACTYLE, s. m., *acrodactylum; Zehenrükken* (all.) (ἄκρος, sommet, δάκτυλος, doigt). Illiger appelait ainsi la face supérieure de chaque doigt chez les oiseaux.

ACROGÈNE, adject., *acrogenus* (ἄκρος, sommet, γεννάω, produire). Épithète donnée, dans la nomenclature minéralogique de Haüy, à un cristal qui dérive d'un rhomboïde par des décroissemens sur les angles et les bords supérieurs. Ex. *Chaux carbonatée acrogène.*

ACROGYRES, adj. et s. f. plur., *Acrogyratæ* (ἄκρος, sommet, γυρὸς, rond). Nom donné par Bernhardi aux fougères dont les fruits sont pourvus au sommet d'une fausse roue.

ACRONE, adj., *acronus*. Necker donnait cette épithète aux ovaires qui ne s'élargissent point à la base, de manière à former une espèce de disque plus ou moins charnu.

ACRONYQUE, adj., *acronychius* (ἄκρος, sommet, ὄνυξ, ongle); qui est recourbé à la manière des ongles, comme les pétales du *Lawsonia acronychia.*

ACRONYQUE, adj., *acronyctus*; ἀκρόνυκτος; *akronyktisch* (all.) (ἄκρος, sommet, νὺξ, nuit). Se dit, en astronomie, du *lever* des astres, quand il a lieu au coucher du soleil; de leur *coucher*, quand il coïncide avec le lever du soleil; d'une *étoile* ou d'une *planète*, lorsqu'elle est du côté du ciel opposé à celui où se trouve le soleil.

ACROPODE, s. m., *acropodium; Fussrücken* (all.) (ἄκρος, sommet, ποῦς, pied). Nom donné par Illiger au côté supérieur du pied entier des oiseaux.

ACROSARQUE, s. m., *acrosarcum* (ἄκρος, sommet, σάρξ, chair). Desvaux appelle ainsi un fruit sphérique, charnu et soudé avec le calice, qui souvent le couronne. Ex. *Ribes rubrum.*

ACROSPIRE, s. f., *acrospira* (ἄκρος, sommet, σπεῖρα, corde). Grew donnait ce nom à la plumule de l'orge, développée par la germination, en raison de sa forme et de sa situation.

ACROTARSE, s. m., *acrotarsium; Spann* (all.) (ἄκρος, sommet, τάρσος, tarse). Illiger nomme ainsi la face antérieure de la patte des oiseaux, depuis le pli du pied jusqu'au genou.

ACROTÈRES, s. m. pl., *acroteria*; ἀκροτήρια. Mot fort peu usité, qui exprime les extrémités du corps, la tête, les mains et les pieds.

ACTE, s. m., *actus; That, Handlung, Werk* (all.); *act* (angl.); *atto* (it.) (*ago*, faire). Produit d'une action quelconque.

ACTIF, adj., *activus; thätig* (all.); *active* (angl.); *attivo* (it.) (*ago*, faire); qui exerce une action, qui agit d'une manière vive et prononcée.

ACTINENCHYME, s. m., *actinenchyma* (ἀκτὶν, rayon, χύμα, suc). F. G. Hayne appelle ainsi le tissu cellulaire des végétaux, lorsqu'il est disposé sous la forme de rayons.

ACTINIAIRES, adj. et s. m. plur., *Actiniaria*. Lamouroux donne ce nom à un ordre de polypiers sarcoïdes, parce que ceux qui le constituent ont beaucoup de ressemblance avec les Actinies, pour la forme.

ACTINIENS, adj. et s. m. pl., *Actiniani*. Nom donné par Blainville à une famille de la classe des Zoanthaires, renfermant ceux de ces animaux qui ont le corps mou ou contractile dans tous ses points, et ayant pour type le genre *Actinia*.

ACTINIES, s. f. pl., *Actiniæ*. Nom d'un ordre, suivant Goldfuss, d'une famille, selon Ficinus et Carus, de la classe des Radiaires, d'une famille de la classe des Cyclozoaires, d'après Eichwald, dont le genre *Actinia* est le type.

ACTINIFORME, adj., *actiniformis* (ἀκτὶν, rayon, *forma*, forme) ; qui a une forme rayonnée. Quelques zoologistes disent *animal actiniforme* pour animal rayonné (ex. *Dendrophyllia ramea*). F. G. Hayne appelle *tissu actiniforme*, une modification du tissu cellulaire végétal, résultant de l'agglomération de cellules qui se réunissent par leurs parties latérales, et partent de la moelle pour se rendre en rayonnant à l'écorce, dans les plantes dicotylédones.

ACTINOCARPE, adj., *actinocarpus* (ἀκτὶν, rayon, καρπός, fruit). G. Allmann donne cette épithète aux plantes qui ont les trophospermes ou les ailes du trophosperme disposés comme les rayons du fruit.

ACTINOMORPHES, adj. et s. m. pl., *Actinomorphia* (ἀκτὶν, rayon, μορφή, forme). Synonyme d'*Actinozoaires*, employé par Blainville, afin de désigner un sous-règne du règne animal, comprenant des animaux qui ont une forme circulaire et rayonnée, à peu près comme les fleurs des végétaux.

ACTINOSTOME, adj., *actinosto-* *mus* (ἀκτὶν, rayon, στόμα, bouche); qui a la bouche rayonnée. Le *Verrucaria actinostoma* a ses ostioles garnies d'une poussière blanche disposée en rayons.

ACTINOSTOMES, adj. et s. m. pl., *Actinostomata* (ἀκτὶν, rayon, στόμα, bouche). Nom donné par Latreille à un ordre de la classe des Hélianthoïdes, comprenant des animaux dont la bouche est entourée de rayons qui portent des tentacules.

ACTINOTEUX, adj. Se dit, en géognosie, d'une roche qui contient de l'actinote disséminé. Ex. *Leptynite actinoteux*, *Amphibole actinotique*.

ACTINOTIQUE, adj. Synonyme d'*actinoteux*. *Voyez* ce mot.

ACTINOZOAIRES, adj. et s. m. pl., *Actinozoaria* (ἀκτὶν, rayon, ζῶον, animal). Nom donné par Blainville à un type du règne animal, comprenant les animaux dont le corps régulier offre constamment une disposition rayonnée, soit en lui-même, soit dans les organes de nature différente dont il peut être pourvu.

ACTINOZOÉS, s. m. pl., *Actinozoa* (ἀκτὶν, rayon, ζῶον, animal). Nom donné par Latreille à un embranchement du règne animal, dans lequel il range les Acéphales gastriques qui ont les appendices du corps et souvent aussi les divisions ou aires de sa surface rayonnés.

ACTION, s. f., *actio*; *Handlung* (all.) ; *action* (angl.) ; *azione* (it.) (*ago*, faire). Manière quelconque dont un corps influe sensiblement sur un autre ; effort que fait un corps pour mettre un autre corps en mouvement.

ACTIVITÉ, s. f., *activitas*; ἐνέργεια, πρᾶξις; *Wirksamkeit* (all.); *activity* (angl.) ; *attività* (it.) (*ago*, faire). Faculté d'agir ou d'entrer en action ; vivacité, promptitude dans l'action.

ACUITÉ, s. f., *acuteness* (angl.).

Se dit du son, en physique, pour exprimer le caractère qui le constitue à l'état aigu.

ACULÉIFORME, adj., *aculeiformis ; stachelförmig* (all.) (*aculeus*, aiguillon, *forma*, figure) ; qui a la forme d'un aiguillon. Se dit, en zoologie, des écailles de certains poissons, qui ont la forme de pointes recourbées (ex. *Diodon Atinga*) ; des tubercules qui garnissent diverses coquilles, de coquilles mêmes qui sont minces et à spire très-pointue (ex. *Fusus aculeiformis*) ; enfin, d'après Kirby, de l'oviscapte des Hyménoptères, qui a la forme et remplit les fonctions d'un aiguillon.

ACUMINÉ, adj., *acuminatus ; zugespitzt, langgespitzt, langzugespitzt* (all.) ; *aguzzo* (it.) (*acumen*, aiguillon). Terminé en pointe longue et mince. Se dit : 1° en botanique, des *feuilles* dont les deux bords, avant de se joindre, changent de direction, et se prolongent au delà du point où ils se seraient réunis si leur direction n'avait pas changé (ex. *Sciodaphyllum acuminatum*) ; 2° en zoologie, des ailes des insectes, quand elles finissent en une pointe aiguë et prolongée.

ACUMINEUX, adj., *acuminosus* (*acumen*, pointe). Épithète donnée quelquefois à une sommité qui se prolonge en pointe peu aiguë.

ACUMINIFÈRE, adj., *acuminiferus* (*acumen*, aiguillon, *fero*, porter). Se dit, en zoologie, d'un animal dont le corps porte de petits tubercules pointus. Ex. *Caprilla acuminifera*.

ACUMINIFOLIÉ, adj., *acuminifolius* (*acumen*, aiguillon, *folium*, feuille). Épithète donnée à des plantes dont les feuilles sont acuminées. Ex. *Spennera acuminifolia*.

ACUTANGLE, adj., *acutangulus ; spitzwinkelig* (all.) ; *acutangular* (angl.) ; *acutangulo* (it.) (*acutus*, aigu, *angulus*, angle). Épithète donnée, dans la nomenclature minéralogique de Haüy, à un prisme hexaèdre dont les angles solides sont interceptés par des facettes triangulaires très-aiguës. Ex. *Chaux carbonatée acutangle*.

ACUTANGULÉ, adj., *acutangulus, acutangulatus, acutè angulatus ; scharfeckig, scharfkantig* (all.) ; qui a des angles aigus. Se dit, en botanique, d'une *tige* offrant des angles, en nombre déterminé, qui sont tranchans (ex. *Carex vulpina*), des *feuilles* qui sont partagées en plusieurs lobes aigus (ex. *Lysianthus acutangulus, Dombeya acutangula, Sisymbrium acutangulum*), des *fruits* qui sont chargés d'angles tranchans sur leur longueur (ex. *Cucumis acutangulus*).

ACUTICAUDÉ, adj., *acuticaudatus* (*acutus*, aigu, *cauda*, queue). Se dit, en zoologie, d'un mammifère qui a la queue pointue (ex. *Molossus acuticaudatus*), ou d'un oiseau qui a les plumes caudales étagées de manière que sa queue finisse en pointe (ex. *Psittacus acuticaudatus*).

ACUTICOSTÉ, adj., *acuticostatus, acuticostus* (*acutus*, aigu, *costa*, côte). Se dit, en zoologie, d'une coquille dont la superficie est chargée de côtes aiguës. Ex. *Pecten acuticosta*.

ACUTIFLORE, adj., *acutiflorus ; spitzblüthig* (all.) (*acutus*, aigu, *flora*, fleur). Se dit, en botanique, d'une plante qui a les lobes de sa corolle aigus (ex. *Mussaenda acutiflora*), ou ses pétales terminés en pointe (ex. *Unetia acutiflora*), ou les segmens de sa corolle terminés en pointe aiguë au sommet (ex. *Cuviera acutiflora*), ou ses fleurs disposées en épillets rudes au toucher, à cause des pointes qui garnissent les valves de chacune (ex. *Eragrostis acutiflora*).

ACUTIFOLIÉ, adj., *acutifolius ; spitzigblättrig, stachelblättrig* (all.)

(*acutus*, aigu, *folium*, feuille). Epithète donnée à des plantes qui ont leurs feuilles acuminées. Ex. *Scorpiurus acutifolius*, *Cassia acutifolia*, *Orthotrichum acutifolium*.

ACUTILOBÉ, adj., *acutilobus* (*acutus*, aigu, *lobus*, lobe). Se dit, en botanique, d'une plante dont les lobes des feuilles sont aigus. Ex. *Thalictrum acutifolium*, *Linaria acutiloba*.

ACUTIPENNE, adj., *acutipennis* (*acutus*, aigu, *penna*, plume). Se dit, en zoologie, d'un oiseau dont les pennes de la queue sont très-pointues et étagées. Ex. *Trochilus caudacutus*.

ACUTIROSTRÉ, adj., *acutirostratus* (*acutus*, aigu, *rostrum*, bec). Se dit, en zoologie, d'un animal qui a les mâchoires prolongées en un bec pointu. Ex. *Baleinoptera acutirostrata*.

ACUTO-ÉPINEUX, adj., *acuto-spinosus*. Epithète donnée par les entomologistes à des chenilles qui ont sur le corps plusieurs rangées d'épines aiguës et rameuses, comme celles du papillon Vanesse.

ADACTYLE, adj., *adactylus*; *fingerlos* (all.) (α priv., δάκτυλος, doigt); qui n'a pas de doigts. Épithète donnée à un crustacé dont les pattes antérieures sont dépourvues de pince. Ex. *Hippia adactyla*.

ADAMANTIN, adj., *adamantinus* (ἀδάμας, diamant); qui a la dureté ou l'éclat du diamant. On donnait jadis le nom de *spath adamantin* à une variété de corindon, parce qu'on croyait, à tort, la poudre de ce minéral capable d'user le diamant. Les minéralogistes appellent *éclat adamantin* celui qui, ayant beaucoup de vivacité, se rapproche de celui d'une lame d'acier poli, à mesure qu'on incline le corps sous un certain aspect, jusqu'à ce que la force de réflexion ait atteint son maximum, et cette

épithète vient de ce que le diamant poli offre le type de cet effet de lumière.

ADAMIQUE, adj., *adamicus*. Nom donné par Bory à une race primitive de l'espèce humaine, qu'il suppose originaire de l'Abyssinie, où, par son interprétation des récits mosaïques, il place le berceau d'Adam.

ADDITIF, adj., *additivus* (*addo*, ajouter). Epithète donnée, dans la nomenclature minéralogique de Haüy, à un cristal dans le signe duquel un des exposans est plus grand d'une unité que la somme des autres exposans. Ex. *Corindon additif*.

ADDITIONNEL, adj., *addititius*. Brochant appelle *formes additionnelles* d'un cristal, celles qui sont les plus petites, parce que leur présence n'altère pas sensiblement la forme générale.

ADDUCTEUR, adj., *adductor* (*ad*, vers, *duco*, conduire); qui amène. Hedwig appelait *vaisseaux adducteurs* des filamens très-déliés qui sont mêlés aux séminules dans les urnes des mousses et les capsules des hépatiques.

ADDUCTION, s. f., *adductio*; *Anziehen* (all.); *adducing* (angl.) (*ad*, vers, *duco*, conduire). Action de rapprocher un membre de l'axe du corps, ou une partie d'un membre de l'axe de ce dernier.

ADÉLOBRANCHES, adj. et s. m. pl., *Adelobranchiata* (ἄδηλος, caché, βράγχια, branchies). Nom donné par Duméril à une famille de l'ordre des Gastéropodes, par G. Fischer, à une section de ce même ordre, et par G. Hartmann, à un ordre de la classe des Gastéropodes, coupes comprenant toutes des Mollusques dont les branchies ne sont point visibles à l'extérieur.

ADÉLODERMES, adj. et s. m. pl., *Adeloderma* (ἄδηλος, caché, δέρμα, peau). Nom donné, par Férussac et

Menke, à un sous-ordre de la classe des Gastéropodes, comprenant ceux dont les branchies ne s'aperçoivent point à l'extérieur du corps.

ADÉLOGÈNE, adj., *adelogenus* (ἄδηλος, caché, γένναω, produire). Brongniart et C. Prévost donnent cette épithète aux roches qui paraissent composées d'une seule substance, résultat d'un mélange de parties extrêmement fines, n'offrant point les caractères positifs d'un minéral connu, de sorte que leur composition se dérobe en quelque sorte à l'œil.

ADÉLOPNEUMONES, adj. et s. m., pl., *Adelopneumona* (ἄδηλος, caché, πνεύμων, poumon). Nom donné par Gray à un ordre de la classe des Gastéropodes, comprenant ceux qui respirent par des branchies aériennes cachées dans l'intérieur du corps.

ADELPHE, adj., *adelphus*, *adelphicus* (ἀδελφός, frère). Épithète donnée aux étamines, quand elles sont soudées par leurs filets en un ou plusieurs corps, dont chacun sert de soutien à plusieurs anthères.

ADELPHIE, s. f., *adelphia* (ἀδελφός, frère). Se dit, en botanique, de la réunion des étamines par leurs filets, quand on la considère d'une manière générale.

ADELPHIQUE. *Voyez* ADELPHE.

ADÉNANTHE, adj., *adenanthus* (ἀδήν, glande, ἄνθος, fleur). Se dit, en botanique, d'une plante dont les pédicelles naissent de la base d'organes glanduleux. Ex. *Phaseolus adenanthus*.

ADÉNOCALYCÉ, adj., *adenocalyx* (ἀδήν, glande, καλὺξ, calice). Se dit, en botanique, d'une plante dont le calice est parsemé de points glanduleux. Ex. *Eugenia adenocalyx*.

ADÉNOPHORE, adj., *adenophorus* (ἀδήν, glande, φέρω, porter). Épithète donnée par les botanistes à une plante qui porte des glandes sur quelqu'une de ses parties ; par exemple

sur ses capsules, comme le *Polygala adenophora*.

ADÉNOPHYLLE, adj., *adenophyllus* (ἀδήν, glande, φύλλον, feuille). Se dit, en botanique, d'une plante dont les feuilles sont hérissées de glandes sur leur face inférieure (ex. *Rogeria adenophylla*), ou parsemées de points glanduleux, soit en dessous (ex. *Polygonum adenophyllum*), soit en dessus (ex. *Rosa adenophylla*).

ADÉNOPHYLLÉES, adj. et s. f. pl., *Adenophylleœ*. Nom donné par Candolle à un groupe d'*Oxalis*, comprenant les espèces qui portent de petits tubercules globuleux au sommet des feuilles.

ADÉNOPODE, adj., *adenopodus* (ἀδήν, glande, πούς, pied). Se dit, en botanique, d'une plante qui porte des glandes sur ses pétioles. Ex. *Passiflora adenopoda*.

ADÉNOSTÉMONE, adj., *adenostemon* (ἀδήν, glande, στήμων, filament). Se dit, en botanique, de plantes dont les filets des étamines portent des glandes. Ex. *Macairea adenostemon*.

ADÉNOSTYLÉES, adj. et s. f. pl., *Adenostyleœ* (ἀδήν, glande, στύλος, style). Nom donné par Cassini à une tribu de la famille des Synanthérées, qui a pour type le genre *Adenostyles*.

ADÉPHAGES, adj. et s. m. pl., *Adephagi*, *Adephaga* (ἀδηφάγος, vorace). Nom donné par Clairville et par Eichwald à une famille d'insectes Coléoptères, comprenant des espèces carnassières et voraces.

ADESMACÉS, adj. et s. m. pl., *Adesmacea* (α priv., δεσμός, lien). Nom donné par Blainville à une famille de l'ordre des Acéphalophores Lamellibranches, comprenant des espèces dont la coquille n'est point assez grande pour couvrir tout le corps de l'animal, et dont le manteau est complètement fermé et tubuleux.

ADHÉRENCE, s. f., *adhærentia*,

coalitio ; πρόσφυσις; *Aneinanderhangen, Zusammenhangen, Verwachsung* (all.) ; *adherency* (angl.) ; *appigliamento* (it.) (*ad*, à, *hæreo*, tenir). On appelle ainsi : 1° en physique, l'union intime de deux corps par leurs faces, en vertu de l'attraction que ces corps exercent réciproquement l'un sur l'autre ; 2° en minéralogie, la manière dont les cristaux sont attachés à leur gangue ou à leur support; 3° en botanique et en zoologie, l'union ou la soudure de parties qui originairement sont distinctes.

ADHÉRENT, adj., *adhærens; angewachsen, anhangend, anklebend* (all.); *aderente* (it.) (*ad*, à, *hæreo*, tenir). Se dit, en botanique et en zoologie, d'une partie quelconque d'un animal ou d'un végétal qui s'est réunie d'une manière plus ou moins intime avec les parties environnantes. *Amande adhérente*, celle qui tient à l'enveloppe placée sur elle (ex. *Graminées*). *Baie adhérente*, celle qui fait corps avec le périanthe simple (ex. *Musa paradisiaca*), ou avec le calice (ex. *Ribes rubrum*). *Calice adhérent*, celui qui est soudé avec la paroi externe de l'ovaire (ex. *Synanthérées*). *Capsule adhérente*, celle qui fait corps avec le calice (ex. *Iris germanica*), ou avec le périanthe simple (ex. *Campanula arvensis*), qui la recouvre entièrement. *Carcérule adhérente*, qui fait corps avec le périanthe (ex. *Trapa natans*). *Diérésile adhérente* (ex. *Sherardia arvensis*). *Drupe adhérent* (ex. *Juglans regia*). *Induvie adhérente*, qui fait corps avec le fruit (ex. *Basella*). *Mâchoires adhérentes*, quand leurs bases sont réunies (ex. *Phalangium*). *Nectaire adhérent*, lorsque le bord s'étend jusqu'à la surface de l'ovaire, et fait corps avec lui dans toute son étendue (ex. *Ruellia varians*). *Ovaire adhérent*, qui, enveloppé par le périanthe et faisant corps

avec lui, est surmonté par son limbe (ex. *Iridées*). *Regmate adhérent*, qui fait corps avec le calice (ex. *Phylica ericoïdes*).

ADHÉSION ; s. m., *adhæsio; Anhängung* (all.); *adesione* (it.) (*ad*, à, *hæreo*, tenir). Force en vertu de laquelle s'opère le phénomène de l'adhérence ; tendance de deux corps hétérogènes à s'attacher l'un à l'autre ; union plus ou moins intime que sont susceptibles de contracter entre eux, soit les corps solides mis en contact le plus exact possible, par des faces planes et bien polies, soit les corps liquides ou même gazeux.

ADIANTIDÉES, adj. et s. f. pl., *Adiantideæ*. Nom donné, par Kaulfuss, à une famille de la tribu des Polypodiacées, comprenant les fougères qui ont pour type le genre *Adiantum*.

ADIAPHANE, adj., *adiaphanus* (α priv., διαφανής, transparent). Synonyme inusité de *opaque*. *Voyez* ce mot.

ADIPEUX, adj., *adiposus; fettig, fettartig* (all.) (*adeps*, graisse); qui a les caractères de la graisse, ou qui en admet dans sa composition : *tissu adipeux, membrane adipeuse*. Les ichthyologistes appellent *nageoires adipeuses*, celles, remplies de graisse et dépourvues de rayons osseux intérieurs, qui sont placées au voisinage de la queue, chez certains poissons (ex. *Scomber scombrus*).

ADIPIDE, s. f. (*adeps*, graisse). Fechner désigne sous ce nom une classe de principes immédiats des corps organisés qui, par leurs propriétés, se rapprochent des principes constituans des graisses, comme l'éthal, l'ambréine, la cholestérine et la castorine.

ADIPOCIRE, s.f., *adipocera; Fettwachs* (all.) (*adeps*, graisse, *cera*, cire). Mélange de plusieurs hydrates et sels d'acides gras fixes, qui se produit, soit par la décomposition spontanée des corps gras (*gras des cada-vres*, *gras des cimetières*), soit par l'action sur eux d'un acide, d'une base salifiable ou de la chaleur.

ADISCAL, adj., *adiscalis* (α priv., δίσκος, disque). Lestiboudois dit l'*insertion* des étamines *adiscale*, lorsque ces organes s'insèrent sans l'intermédiaire de l'organe charnu appelé *Disque*. *Voyez* ce mot.

ADJECTIF, adj., *adjectivus* (*ad*, auprès, *jaceo*, être couché). Bancroff appelle *couleurs adjectives* celles qu'on ne parvient à fixer sur les étoffes que par l'intermédiaire d'une autre substance.

ADJOINT, adj., *adjunctus* (*ad*, à, *jungo*, joindre). Epithète donnée par Kirby à l'*abdomen* des insectes, quand il est uni au tronc par un pétiole très-court. Ex. *Vespa vulgaris*.

ADMINICULE, s. m., *adminiculum; Behelf* (all.) (*adminiculo*, soutenir). Kirby donne ce nom à une demi-couronne de petites dents qui garnissent l'abdomen des nymphes souterraines, et au moyen desquelles ces insectes parviennent à sortir de terre. Scopoli appliquait cette même dénomination à tous les organes végétaux que Linné avait réunis sous celle de *Fulcrum*.

ADMOTIF, adj., *admotivus* (*ad*, vers, *moveo*, mouvoir). C.-L. Richard appelait *germination admotive* celle dans laquelle l'épisperme, renfermant l'extrémité du cotylédon plus ou moins tuméfié, reste fixé latéralement près de la base de ce cotylédon.

ADNÉ, adj., *adnatus, accretus; angewachsen* (all.); *adeso* (it.) (*ad*, auprès, *nascor*, naître); attaché à, ou le long de. Se dit : 1° en botanique, des anthères, quand elles tiennent au filet dans toute leur longueur (ex. *Podophyllum peltatum*); des *stipules* et *bractées*, lorsqu'elles sont soudées le long du pétiole et du pé-

doncule; du *placentaire*, quand il est attaché dans toute sa longueur à la face interne de la boîte péricarpienne (ex. *Orchidées*), aux bords des *valves* (ex. *Viola canina*), aux bords des *cloisons* (ex. *Tulipa sylvestris*), ou à l'axe central (ex. *Ixia chinensis*). Le *Stereodon adnatus* est ainsi appelé parce qu'il adhère fortement aux écorces des arbres sur lesquels il croît ; 2° en zoologie, des *mâchoires* des insectes, quand elles tiennent absolument à la lèvre inférieure (ex. *Frigane*); du *postfrænum*, d'après Kirby, quand il tient aux côtés du métathorax (ex. *Pentatome*).

ADOLESCENCE, s. f., *adolescentia ; Jünglingsalter* (all.); *youth* (angl.) ; *adolescenza* (it.) (*adolesco*, croître). Phase de la vie humaine qui est comprise entre l'enfance et la jeunesse, et qui dure depuis les préludes de la puberté jusqu'au temps où le corps a acquis la totalité de son développement en hauteur.

ADOLESCENT, adj. et s. m., *adolescens ; Jüngling* (all.) ; qui est dans l'adolescence.

ADONISTE, s. m., *adonista*. Linné appelait *adonides* ou *adonistæ* les botanistes qui font la description ou dressent simplement le catalogue des plantes cultivées dans un jardin de botanique public ou particulier.

ADOSSÉ, adj., *adnatus; angelehnt* (all.). Synonyme d'*adné*. (*Voyez* ce mot). Se dit quelquefois, en zoologie, de l'*abdomen* d'un insecte, lorsqu'il se joint avec le corps, à sa partie inférieure, par un court appendice. Ex. *Araignées*.

ADRAGANTHINE, s. f., *adraganthina ; Traganthstoff* (all.). Nom donné par Bucholz au mucilage végétal qui forme la presque totalité de la gomme adragant. C'est la même chose que la *cérasine*, la *prunine* de de John, le *mucilage végétal (Pflanzenschleim*, all.) de Berzelius.

ADRAGANTHITE, s. f. C'est le nom sous lequel Guibourt désigne l'adraganthine.

ADULAIRE, adj., *adularis*. Pline donnait cette épithète, conservée par quelques minéralogistes modernes, à une variété de *feldspath*, qu'on trouve entre autres au mont Saint-Bernard, appelé autrefois *Adula*.

ADULTE, adj. et s. m., *adultus*; *erwachsen* (all.); *adult* (angl.); *adulto* (it.) (*adolesco*, croître); qui est arrivé ou qui a rapport à l'époque où le corps humain a pris son développement complet. Ce mot s'applique par extension à tous les corps organisés, même végétaux.

ADUNCIROSTRES, adj. et s. m. pl., *Aduncirostres* (*aduncus*, crochet, *rostrum*, bec). Nom donné, dans la classification ornithologique de Schæffer, à un ordre comprenant tous les oiseaux qui ont le bec crochu.

ADUSTE, adj., *adustus*; *verbrannt* (all.); *overheated* (angl.) (*aduro*, brûler); qui a été, ou qui a l'air d'avoir été brûlé. Epithète donnée à des coquilles où le noir et le blanc sont disposés de manière à leur donner la même apparence que si elles avaient été rôties. Ex. *Murex adustus*, *Cypraea adusta*.

ADVENTIF, adj., *adventitius*; *zufällig* (all.); *avventizio* (it.) (*ad*, à, *venio*, venir). Se dit, en botanique, d'une partie développée sur ou plutôt dans un organe qui n'a pas coutume de la porter. C'est en ce sens qu'on dit *bourgeons adventifs* (*Gemmæ adventitiæ*; *zufällige Knospen*, *Lohden*, Link). Les bourgeons produits par le développement de germes latens, n'ont pas comme les autres de place déterminée. On en voit naître fort souvent sur le tronc des arbres. Il s'en développe sur les feuilles, dans le *Rochea falcata*, le *Cardamine pratensis*, l'*Eucomis regia*, l'*Ornithogalum thyrsoïdes*. On en voit aussi survenir à la surface supérieure des écailles des bulbes de lis. En agriculture on nomme *plantes adventices* celles qui croissent sans avoir été semées.

ADVERSE, adj., *adversus*, *obversus*; *seitwärtsgebogen* (all.); (*ad*, vers, *verto*, tourner); qui est placé à l'opposite d'une chose, ou tourné vers elle. Se dit, en botanique, des *anthères*, quand elles sont attachées de manière que la suture de leurs valves regarde le centre de la fleur (ce qui a lieu dans presque toutes); des *cotylédons*, lorsque, dans une graine recourbée ou repliée, de sorte que le hile corresponde à ses deux bouts réunis, l'embryon prend la même courbure qu'elle, et que les extrémités cotylédonnaire et radiculaire se dirigent, chacune de son côté, vers le hile (ex. *Ternstrœmia punctata*); du *stigmate*, quand il est tourné vers la circonférence de la fleur, de manière à regarder les étamines ou la place qu'elles ont coutume d'occuper (ex. Cucurbitacées). Une *coquille* bivalve (*Caprina adversa*) est ainsi appelée parce que les sommets de ses valves, roulés en spirale de dehors en dedans, sont tournés l'un en devant, l'autre en arrière.

ÆDOIOGRAPHIE, s. f., *œdoiographia* (ἀδοῖα, organes de la génération, γράφω, écrire). Description des organes générateurs.

ÆDOIOLOGIE, s. f., *œdoiologia* (αἰδοῖα, organes de la génération, λόγος, discours). Traité sur les organes générateurs.

ÆGIALITES, adj. et s. m. pl., *Ægialites* (αἰγιαλός, rivage). Nom donné par Vieillot et Ranzani à une famille d'oiseaux échassiers, comprenant ceux qui vivent sur le bord des eaux.

ÆGILOPINÉES, adj. et s. f. pl., *Ægilopineæ*. Link donne ce nom à une tribu de la famille des Graminées qui a pour type le genre *Ægilops*.

ÆGITHALES, adj. et s. m. pl., *Ægithali* (αἰγιθαλὸς, ennemi des mouches à miel). Nom donné par Vieillot, Ranzani et C. Bonaparte à une famille d'oiseaux, de l'ordre des passereaux, qui détruisent beaucoup d'abeilles, dont ils font leur nourriture.

ÆGOCÉPHALE, adj., *ægocephalus* (αἴξ, chèvre, κεφαλὴ, tête). Épithète donnée à une barge (*Scolopax ægocephala*), sans qu'on sache ce qui la lui a value.

ÆGOLIENS, adj. et s. m. pl., *Ægolii* (αἰγολιὸς, hibou). Nom donné par Vieillot, Ficinus et Carus à une famille d'oiseaux, comprenant les hibous et tous ceux qui s'en rapprochent.

AÉRÉ, adj., *aereus ; luftig* (all.); *aïred* (angl.); *aerato* (it.) (*aer*, air); qui contient ou reçoit de l'air, qui est au grand air, et, par extension abusive, qui renferme du gaz acide carbonique. Le mot *aéré* n'est plus usité dans cette dernière acception depuis la réforme introduite en chimie par Lavoisier.

AÉRICOLE, adj., *aericola* (*aer*, air, *colo*, habiter). Expression dont quelques anciens naturalistes ont fait usage pour désigner les animaux qui vivent dans l'air.

AÉRIDUCTE, s. m., *aeriductus* (*aer*, air, *duco*, conduire). Kirby nomme ainsi des organes respiratoires, souvent foliacés, qu'on voit sur diverses parties du corps de certaines larves ou nymphes aquatiques.

AÉRIEN, adj., *aerius ;* ἀέριος (*aer*, air); qui a rapport à l'air (*nature aérienne*), qui en est composé (*fluide aérien*), qui l'habite (*animal aérien*), qui en a la nature (*fluide aérien*), qui en possède la subtilité (*couche aérienne*), qui entre dans sa composition (*acide aérien*, ou acide carbo-

nique, parce qu'il y en a toujours une certaine quantité dans l'air atmosphérique). Les botanistes donnent cette épithète aux *plantes* qui vivent en grande partie, ou même quelquefois en totalité, aux dépens de l'air (ex. *Aerides odorata*), et aux *racines* qui naissent sur une partie quelconque exposée à l'air. Grew appelait les trachées des végétaux *vaisseaux aériens*, parce qu'on n'y trouve le plus souvent que de l'air.

AÉRIENS, adj. et s. m. pl., *Acrei* (*aer*, air). Nees d'Esenbeck donne ce nom à une section de la classe des champignons, comprenant ceux qui naissent à la surface de la terre.

AÉRIFÈRE, adj., *aeriferus ; lufttragend* (all.) ; (*aer*, air, *fero*, porter). Epithète donnée aux vésicules remplies d'air qui garnissent les tiges de certains fucus, et leur donnent la faculté de surnager. On appelle aussi, en zoologie, *conduits aérifères* ceux qui servent à l'introduction de l'air dans le corps des animaux, comme l'arbre bronchial et les trachées.

AÉRIFICATION, s. f., *aerificatio* (*aer*, air, *facio*, faire). Action de convertir un corps en fluide élastique. Synonyme peu usité de *gazéification. Voyez* ce mot.

AÉRIFORME, adj., *aeriformis ; luftförmig* (all.) (*aer*, air, *forma* forme); qui a la forme de gaz. Synonyme de *gazeux.* (*Voy.* ce mot.) On donne souvent aux gaz le nom de *fluides aériformes*, emprunté de l'air atmosphérique, qui, par son importance et sa grande abondance, semble tenir le premier rang parmi eux.

AÉRIQUES, adj. et s. m. pl. Nom donné par Oken à une classe de minéraux, ceux qui, suivant lui, sont placés sous l'influence de l'air, c'est-à-dire aux combustibles.

AÉRITES, adj. et s. m. pl., *Aerita.* Macleay donne ce nom à une division du règne animal comprenant tous les animaux qui vivent dans l'air.

AÉRODYNAMIQUE, adj. et s. f., *aerodynamica* (ἀήρ , air , δύναμις , force). Partie de la physique ayant pour objet la recherche des lois qui président aux mouvemens des fluides élastiques, ou de celles qui règlent la pression qu'exerce l'air extérieur.

AÉROGASTRES, adj. et s. m. pl., *Aerogasteres* (ἀήρ, air , γαστήρ , ventre). Nom donné par K. Sprengel et par Nees d'Esenbeck à une section de champignons charnus, comprenant ceux qui croissent à la surface de la terre

AÉROGNOSIE, s. f. *aerognosia*, (ἀήρ, air , γνῶσις, connaissance). Partie de l'histoire naturelle qui traite des propriétés de l'air et du rôle qu'il joue dans la nature.

AÉROGRAPHIE, s. f., *aerographia*; *Luftbeschreibung* (all.) (ἀήρ , air , γράφω., écrire). Traité sur l'air, description de l'air.

AÉROHYDRE, adj., *aerohydricus* (ἀήρ , air , ὕδωρ , eau). Se dit, en minéralogie, d'un corps, lorsqu'il renferme une goutte d'eau qui remplit en partie une cavité tubulée, de manière que la bulle d'air qui occupe le vide monte et descend, comme dans un niveau d'eau. Ex. *Quarz hyalin aérohydre*.

AÉROLITHE, s. f., *aerolithon; Meteorstein*, *Himmelstein* , *Luftstein*, *Meteormasse* (all.) (ἀήρ , air , λίθος , pierre). On donne ce nom, ou celui de *bolide*, *météorolithe*, *uranolithe*, à des masses minérales qui tombent de l'atmosphère en certaines circonstances , et dont l'origine a été la source d'un assez grand nombre d'hypothèses, toutes peu satisfaisantes. Chladni a donné un catalogue fort étendu des pierres tombées du ciel aux diverses époques historiques.

AÉROLOGIE, s. f., *aerologia*; *Luftlehre* (all.) (ἀήρ , air, λόγος , dis-

cours). Traité de l'air en général, de ses propriétés.

AÉROMÉTRIE, s. f., *aerometria*; *Luftmessungskunde* (all.) (ἀήρ , air, μέτρεω, mesurer). Partie de la physique qui traite de la densité et de l'expansibilité de l'air, et des moyens de les mesurer.

AÉROPHONES, adj. et s. m. pl, *Aerophoni* (ἀήρ, air, φονή, voix). Nom donné par Vieillot à une famille d'oiseaux échassiers, comprenant ceux qui remplissent l'air des éclats de leur voix retentissante.

AÉROPHORE, adj., *aerophorus*; *lufttragend* (all.) (ἀήρ , air , φέρω, porter); qui conduit de l'air, qui en transporte. C'est en ce sens que le nom de *vaisseaux aérophores* a été donné aux trachées.

AÉROPHYTE, s. f., *aerophytum* (ἀήρ , air, φυτὸν , plante). Nom donné par Lamouroux aux plantes qui végètent dans l'air.

AÉROSPHÈRE, s. f., *aerosphæra* (ἀήρ , air , σφαῖρα , sphère). Boerhaave donnait à l'atmosphère ce nom expressif, dont il est à regretter que l'usage n'ait point été adopté.

AEROSTATIQUE, s. f., *aerostatica* (ἀήρ , air, στατική, statique). Partie de la physique qui recherche les lois de l'équilibre de l'air et de tous les fluides expansibles.

AÉROZOÉS, adj. et s. m. pl., *Aerozoa* (ἀήρ, air , ζῶον , animal). Lamouroux donnait ce nom à un embranchement du règne animal comprenant les animaux vertébrés et articulés, auxquels l'air est indispensable.

ÆRUGINEUX, adj., *aeruginosus*; *kupfergrün* (all.) (*ærugo*, vert de gris). Rigoureusement parlant, ce terme ne devrait exprimer qu'une nuance de la couleur verte (ex. *Psittacus æruginosus*); mais quelquefois on le prend par abus dans le sens de *rouillé*, et alors il désigne une teinte roussâtre ou de roux brun (ex. *Circus æruginosus*, *Chama æruginosa*, *Gymnostomum æruginosum*).

AESCULINE, s. f., *aesculina*. Base salifiable dont Canzoneri avait annoncé l'existence dans les fruits de l'*Aesculus Hippocastanum*, mais que Chereau a reconnu n'être qu'une combinaison insoluble d'extractif et de chaux, comme l'avait pensé Berzelius.

AETHALINS, adj. et s. m. pl., *Æthalini*. Tribu de champignons, établie par Fries, qui y range ceux dont le genre *Æthalium* est le type.

AÉTHÉOGAME, adj. et s. f., *aetheogamus* (ἀήθης, inaccoutumé, γάμος, noces). Se dit d'une plante qui appartient à l'aéthéogamie. *Voy.* ce mot.

AÉTHÉOGAMIE, s. m., *aetheogamia*. Mot par lequel Palisot-Beauvois a proposé de remplacer celui de cryptogamie, admettant que la présence des sexes est certaine dans beaucoup de plantes que renferme cette grande section du règne végétal, quoique le mystère n'en soit pas encore parfaitement connu.

AFFECTIF, adj. (*afficio*, émouvoir); qui touche ou émeut. Les *facultés affectives* sont celles qui nous permettent d'être affectés, impressionnés, mis dans telle ou telle disposition par les objets extérieurs.

AFFECTION, s. f., *affectus, affectio*; *Zuneigung* (all.). Sentiment profond qui attache à une personne ou à une chose; sentiment pénible ou agréable que nous éprouvons à l'occasion ou par le souvenir de modifications que les corps environnans ont opérées dans nos organes des sens ou dans nos viscères.

AFFINAGE, s. m., *Feinmachen* (all.); *affinamento* (it.). Purification des métaux; série de travaux qu'on exécute pour obtenir ces corps à l'état de pureté.

AFFINITÉ, s. f., *affinitas, attractio electiva*; *Verwandschaft* (all.); *affinity* (ang.); *affinità* (it.) (*affinis*, voisin). On donne ce nom : 1° en chimie, à une force qui s'exerce sur les atômes constituans des corps, et les tient unis les uns aux autres, parce que les effets qu'elle produit semblent indiquer une sorte de parenté entre les substances susceptibles de s'unir ensemble; 2° en botanique et en zoologie, aux rapports organiques qui existent entre les êtres vivans, et dont l'intimitité ou le nombre détermine les groupes dans lesquels on doit les réunir.

AFFLEURÉ, adj. Les géognostes disent la *stratification affleurée* quand les couches qui reposent sur un plan incliné sont plus épaisses vers le bas que vers le haut, et tendent ainsi à prendre la situation horizontale.

AFFLUENT, s. m., *Zuströmen, Anströmen* (all.) (*ad*, vers, *fluo*, couler). Endroit où un cours d'eau se jette dans un autre.

AFFLUENT, adj., *affluens*; *hineinfliessend* (all.); *falling* (angl.); qui coule ou se porte vers. Une *rivière affluente* est celle qui se jette dans une autre. *Affluent* se dit aussi des choses qui se portent dans un certain sens déterminé (*fluide affluent*), et de celles qui y arrivent en abondance.

AFFOLÉ, adj.; qui est dans l'état d'*affolement. Voy.* ce mot.

AFFOLEMENT, s. m. Terme dont les marins, et, d'après eux, les physiciens, se servent pour désigner les anomalies subites et fugitives que les variations de l'aiguille aimantée éprouvent en certaines circonstances, par exemple dans les temps d'orage, ou quand il paraît une aurore boréale, et qui portent évidemment le caractère d'une cause perturbatrice, en sorte que l'aiguille paraît être comme frappée de folie.

AGALOSTÉMONES, adj. et s. f.

pl., *Agalostemones* (α priv., γάλως, belle-sœur, στήμων, étamine). Nom donné, dans la méthode botanique de Mœnch, à une classe comprenant les plantes dont les étamines sont insérées alternativement sur le calice et la corolle, c'est-à-dire ne partent pas d'un même point.

AGALYSIEN, adj., *agalysius* (ἄγα, part. augm., λύσις, dissolution). Le nom de *terrains agalysiens* est donné, dans la classification géognostique de Brongniart, à une classe, et dans celle d'Omalius à un ordre de terrains, comprenant ceux qui n'offrent que des roches évidemment formées par voie de cristallisation confuse.

AGAME, adj., *agamus* (α priv., γάμος, noce). Necker a donné cette épithète aux plantes qui n'ont pas d'organes sexuels, et dont les corpuscules reproductifs ne sont point de véritables graines.

AGAMES, adj. et s. m. pl., *Agami* (α priv., γάμος, noce). Nom donné par Latreille à une branche du règne animal comprenant les Mollusques sans organe copulateur mâle, chez lesquels chaque individu se féconde lui-même.

AGAMIDES, adj. et s. m. pl., *Agamidæ*. Sous ce nom, J.-E. Gray désigne une famille de l'ordre des reptiles sauriens ayant pour type le genre *Agama*.

AGAMIE, s. f., *agamia* (α priv., γάμος, noce). Terme par lequel Necker a proposé de remplacer celui de cryptogamie, et dont C.-L. Richard s'est servi, dans sa méthode linnéenne réformée, pour désigner une classe comprenant les végétaux qui sont dépourvus d'organes sexuels.

AGAMIENS, adj. et s. m. pl., *Agamii*. Nom donné par Cuvier à une section de la famille des Iguaniens, ayant pour type le genre *Agama*.

AGAMOIDES, adj. et s. m. pl.,

Agamoidea, Agamoidei. Nom donné par Blainville à une famille du sous-ordre des Bispéniens, par P.-F. Fitzinger et Eichwald à une famille de l'ordre des Sauriens, ayant pour type le genre *Agama*.

AGARICÉES, adj. et s. f. pl., *Agariceæ*. Sous ce nom Ad. Brongniart désigne une section de la classe des Champignons, qui a pour type le genre *Agaricus*.

AGARICICOLE, adj., *agaricicola* (*agaricus*, agaric, *colo*, habiter) ; qui vit dans les agarics. Ex. *Boletophagus agaricicola*.

AGARICIFORME, adj., *agariciformis*, *agaricites* (*agaricus*, agaric, *forma*, forme) ; qui a la forme d'un agaric. Épithète donnée à plusieurs polypiers. Ex. *Millepora agariciformis*, *Pavonia agaricites*.

AGARICIN, adj., *agaricinus* (*agaricus*, agaric) ; qui ressemble à un agaric (ex. *Spongia agaricina*), qui vit dans les agarics (ex. *Scaphidium agaricinum*), ou qui croît sur les Agarics secs et à demi pourris (ex. *Isaria agaricina*).

AGARICINS, adj. et s. m. pl., *Agaricini*. Nom donné par Persoon à une famille de l'ordre des Exosporiens Pilomyces, par Fries à une tribu de l'ordre des Hyménomycètes à chapeau, qui ont pour type le genre *Agaricus*.

AGARICOIDES, adj. et s. m. pl., *Agaricoïdes* (ἀγαρικὸν, agaric, εἶδος, ressemblance). Nom donné par Persoon à une division de la famille des Champignons, qui a pour type le genre *Agaricus*.

AGARICS, s. m. pl., *Agarici*. Marquis donne ce nom à un groupe de la famille des Champignons, dont le genre *Agaricus* est le type.

AGASTRAIRES, adj. et s. m. pl., *Agastraria* (α priv., γαστήρ, ventre). Nom donné par Blainville aux corps organisés sans canal intestinal proprement dit, dont les fonctions se bornent à l'exhalation et à l'absorption extérieures, comme les éponges.

AGASTRIQUES, adj. et s. m. pl., *Agastrica* (α priv., γαστήρ, ventre). Nom donné par Latreille à une race du règne animal comprenant les animaux acéphalés qui n'ont aucune trace de canal intestinal.

AGASTROZOAIRES, s. m. pl., *Agastrozoa* (α priv., γαστήρ, ventre, ζῶον, animal). Synonyme d'*agastraires*. *Voy.* ce mot.

AGATÉ, adj. (ἀχάτης, agate). Se dit, en minéralogie, d'un jaspe dont la substance est interrompue par des portions de quarz agate.

AGATHISTÈGUES, adj. et s. m. pl., *Agathistega* (ἀγαθός, bon, στέγη, toit). Nom donné par Orbigny et Menke à une famille de Céphalopodes foraminifères.

AGATHOPHOLIDOPHIDES, adj. et s. m. pl., *Agathopholidophides* (ἀγαθός, bon, φολίς, écaille, ὄφις, serpent). Nom donné par J.-A. Ritgen à une famille de reptiles Ophidiens, comprenant les serpens écailleux qui n'ont pas de crochets à venin.

AGATIFÈRE, adj. Épithète donnée à toute roche qui contient de l'agate.

AGATIFIÉ, adj.; qui est transformé en agate.

AGATIN, adj., *agathinus, achatinus*. Se dit d'une coquille qui a l'apparence, la teinte bleuâtre ou lilacée de l'agate. Ex. *Mytilus agathinus, Conus achatinus, Cassis achatina.*

AGATISÉ, adj., *achatisirt* (all.). Devenu agate, converti en agate : *Bois agatisé.*

AGATOÏDE, adj.; qui ressemble à l'agate. *Petrosilex agatoïde*, ainsi nommé, parce qu'il a une cassure cireuse, comme celle des silex de la division des agates.

AGATOIQUE, adj., *agathoicus*; qui a l'apparence de l'agate. Épithète donnée à une plante marine (*Chon-*

drus agathoicus) ayant une transparence nébuleuse qui rappelle celle des agates.

AGE, s. m., *œtas*; ἡλικία; *Alter* (all.); *years* (angl.); *età* (it.). On entend par là une période quelconque de la vie d'un corps organisé (*premier âge, âge de raison*), ou le temps qui s'est écoulé depuis la naissance (*âgé de tant d'années*), ou la dernière période de la vie, la vieillesse (*être sur l'âge, avoir de l'âge*), ou enfin la durée de la vie, le temps qui s'écoule entre la naissance et la mort (*vivre un ou deux âges d'homme*). C'est à peu près dans ce dernier sens qu'on dit *âge de la lune*, temps écoulé depuis la dernière nouvelle lune, et *âge du monde*, temps écoulé depuis le moment de la prétendue création. *Age* est quelquefois employé comme synonyme de temps, siècle ou époque (*être le héros de son âge*).

AGÉ, adj., *annosus*; *alt* (all.); *aged* (angl.); qui a un certain âge déterminé (*être âgé de tant d'années*), ou qui est avancé en âge, c'est-à-dire plus près du terme que du commencement de la vie.

AGÉDOITE, s. f. Nom donné par Robiquet à une substance existante dans le suc de réglisse, qui fut regardée comme un principe immédiat particulier des végétaux jusqu'au moment où Plisson découvrit qu'elle n'était autre chose que l'asparagine.

AGÈNE, adj., *agenus*; *asessualo* (it.) (α priv., γένω, naître). Épithète donnée par Lestiboudois aux végétaux cellulaires acotylédonés, parce qu'ils sont dépourvus d'une surface distincte d'accroissement où s'engendrent de nouvelles parties.

AGÉNÉIENS, adj. et s. m. pl., *Agenii* (α priv., γενειάς, barbe). Nom donné par Ranzani à une famille de l'ordre des oiseaux grimpeurs, comprenant ceux qui n'ont pas de soies à la base du bec.

AGÉNÉSIE, s. f., *agenesia*, *agènesis* (α priv., γένεσις, génération). Nom donné par Breschet à un genre de déviations organiques qui sont caractérisées par l'absence de certains organes ou par un défaut dans leur développement.

AGENT, s. m., *agens* (*ago*, faire). Tout ce qui agit ou opère (*agent naturel*, *agent chimique*). En chimie, ce mot est quelquefois employé comme synonyme de *réactif*.

AGÉRATÉES, adj. et s. f. pl., *Agerateæ*. Nom donné par Cassini et par Lessing à une section de la tribu des Eupatoriées, qui a pour type le genre *Ageratum*.

AGGÉDULE, s. f., *aggedula* (ἀγγός, urne). Mauvais mot dont Necker s'est servi pour désigner l'urne des mousses et Hoffmann les cupules de certains champignons épiphytes.

AGGLOMÉRAT, s. m., *Trummergestein* (all.) (*agglomero*, pelotonner). Réunion de plusieurs substances qui, ayant été formées à diverses époques et séparées pendant long-temps, se sont trouvées resserrées en masses plus ou moins considérables par un ciment quarzeux ou calcaire, déposé du sein des eaux.

AGGLOMÉRATION, s. f., *agglomeratio*. Réunion en masse, action d'agglomérer.

AGGLOMÉRÉ, adj., *agglomeratus, glomeratus*; *geknauelt* (all.); *aggomitolato* (it.); qui est réuni en masse. Se dit, en botanique, des *étamines*, quand elles sont ramassées en boule (ex. *Anona triloba*); et des *chatons*, lorsqu'ils offrent la même disposition (ex. *Pinus sylvestris*). On donne aussi cette épithète à des plantes qui ont leurs fleurs (ex. *Campanula glomerata*, *Anthodon glomeratum*), ou leurs feuilles (ex. *Bergia glomerata*), agglomérées, ou qui forment elles-mêmes des agglo-

mérations de filamens (ex. *Chantransia glomerata*).

AGGLOMÉRÉES, adj. Nom donné, dans la classification géognostique de Maraschini, à une classe de roches comprenant celles qui se sont formées par agglomération.

AGGLUTINANT, adj., *agglutinans*; *anklebend* (all.) (*ad*, à, *glutino*, coller). Épithète donnée à quelques coquilles qui agglutinent les corps mobiles du sol sur lequel elles reposent. Ex. *Trochus agglutinans*, *Aspergillum agglutinans*. *Voy.* CONCHYLIOPHORE.

AGGLUTINÉ, adj., *agglutinatus*; *angeklebt* (all.); qui est réuni en masse. Se dit, en botanique, des *utricules* du pollen, quand elles sont réunies par une humeur quelconque, de manière à former une pâte (ex. *Serapias*). Illiger appelait *dents agglutinées* celles qui sont fixées au palais ou aux mâchoires, sans racines propres, et uniquement par l'intermédiaire d'une membrane.

AGILE, adj., *agilis*; *gewandt* (all.); *nimble* (angl.) (*ago*, faire); qui a de la souplesse, de la vivacité dans ses mouvemens. Ex. *Lacerta agilis*, *Anthrax celer*, *Tachina alacris*.

AGILES, adj. et s. m. pl., *Agilia*. Nom donné par Illiger et Goldfuss à une famille de mammifères comprenant ceux qui se font remarquer par la prestesse de leurs mouvemens.

AGISSANT, adj., *thätig, wirksam* (all.); *active* (angl.); qui exerce une action, qui se donne beaucoup de mouvement. Bory appelle *état agissant* de la matière, celui où elle est composée de molécules sphériques, diaphanes, contractiles, mais non extensibles, qui s'agitent individuellement avec une grande vélocité.

AGLOSSES, adj. et s. m. pl., *Aglossa, Elinguia* (α priv., γλῶσσα, langue). Nom donné par Degeer à un sous-ordre de la classe des insectes, comprenant ceux qui n'ont ni bec, ni dents.

AGNATHES, adj. et s. m. pl., *Agnatha* (α priv. , γνάθος, mâchoire). Nom donné par Duméril à une famille de l'ordre des insectes névroptères , comprenant ceux dont la bouche, trop petite pour qu'on puisse l'observer à la vue simple, n'a point de mandibules.

AGOMPHE, adj., *agomphius* (α priv. , γομφίος, dent). Épithète appliquée par C.-G. Ehrenberg aux infusoires rotifères dont les mâchoires sont dépourvues de dents. Ex. *Ichthydium.*

AGONATES, adj. et s. m. pl., *Agonata* (ἀγόνατος, sans nœud). Nom donné d'abord par Fabricius aux crustacés, parce qu'alors il les croyait sans mâchoires , regardant les organes qui en jouent le rôle comme des palpes articulés.

AGONE, adj., *agonius;* ἀγώνιος (α priv. , γωνία, angle) ; qui est privé d'angles. L'*Ostracion agonus* doit ce nom à ce qu'il diffère des autres espèces du genre par la rotondité de son corps elliptique.

AGONIE, s. f., *agonia;* ἀγωνία; *Todeskampf* (all.); *agony* (angl.); *agonia* (it.) (ἀγών, combat). Derniers instans de la vie, extinction graduelle de l'action organique, qu'on a comparée à une lutte entre l'organisme et une puissance délétère, parce que la vie semble se ranimer de temps en temps, jusqu'à ce qu'elle s'éteigne tout-à-fait.

AGRAFE, s. f., *hamus; Haken* (all.). Les botanistes donnent quelquefois, mais rarement, ce nom à des poils durs et recourbés en crochet.

AGRÉGAT, s. m., *grex; Haufenwerk* (all.); *agregate* (angl.). Masse produite par la réunion de plusieurs substances diverses , qui ont été agglutinées ensemble à l'époque de leur formation.

I.

AGRÉGATION, s. f., *aggregatio; Zusammenfügung , Zusammenhäufung* (all.). Assemblage de parties sans liaison; propriété par laquelle les molécules des corps sont assez attirées et rapprochées les unes des autres pour adhérer plus ou moins fortement entre elles et opposer un obstacle plus ou moins grand à leur séparation.

AGRÉGÉ, adj., *aggregatus, confertus, gregarius; angehäuft* (all.); *aggregated* (angl.). Épithète donnée en général à tout corps dont les molécules sont adhérentes les unes aux autres. Se dit : 1° en minéralogie, de la *texture* d'une roche, quand les grains, formés isolément ou résultant de la désagrégation d'autres minéraux, ont été réunis, sans aucun ciment (ex. *Arkose*), ou avec un ciment à peine distinct (ex. *Macigno*); 2° en botanique, des parties qui naissent à peu de distance les unes des autres , se trouvent ainsi réunies en paquets plus ou moins serrés , et quelquefois même finissent par contracter adhérence ensemble , quand elles ont acquis leur entier développement. On appelle *fleurs agrégées* celles qui , simplement et distinctement pédicellées , naissent plusieurs ensemble d'un même point de la tige (ex. *Oxybaphus aggregatus, Evosmia aggregata*), ou sont réunies de manière à paraître n'en former qu'une seule , mais alors ont leurs anthères distinctes (ex. *Scabiosa succisa*). Les *fruits agrégés* sont ceux qui proviennent de plusieurs ovaires appartenant à des fleurs distinctes , et d'abord séparés (ex. *Morus nigra*) ; 3° en zoologie, d'animaux qui vivent en famille (ex. *Fistulana gregaria. Voy.* SOCIAL).

AGRÉGÉES, adj. et s. f. pl., *Agregatæ.* Nom donné : 1° en géognosie, par Werner, aux roches composées de matériaux divers, qui se sont formées dans les lieux mêmes où on les rencontre (ex. *Granite*); par Bonnard et Maraschini à une classe, et par C. Prevost à un ordre de roches, comprenant les roches composées de parties différentes, qui ont été enlevées, déjà solides, à des minéraux ou roches préexistans, et agrégées mécaniquement, avec ou sans pâte ou ciment ; 2° en botanique, par Linné, à une famille, et par Royen à une classe, comprenant les plantes qui ont leurs fleurs réunies en tête, mais leurs anthères distinctes ; par Bartling à une classe comprenant les familles des Plantaginées, des Plombaginées, des Globulariées, des Dipsacées et des Valérianées.

AGRÉGÉS, adj. et s. m. pl., *Aggregati*, *Gregarii*. Nom donné par Cuvier à une famille de la classe des Acéphales, renfermant des animaux qui sont réunis en une masse commune, et par Illiger à une famille d'oiseaux marcheurs, comprenant ceux qui se plaisent à vivre en troupes.

AGRESTE, adj., *agrestis, agrarius*; *ländlich* (all.); *wild* (angl.); (*ager*, champs). Se dit, en botanique, des *plantes* qui croissent spontanément dans les lieux non cultivés, et en zoologie, des *animaux* qui y vivent (ex. *Mus agrarius, Barbula agraria, Aranea agrestis*).

AGRICOLE, adj., *agricola* (*ager*, champs, *colo*, habiter); qui vit dans les champs. Ex. *Melolontha agricola*.

AGRIDES, adj. et s. m. pl., *Agridæ* (ἄγριος, rustique). Nom donné par Robineau Desvoidy à une section de la famille des Myodaires calyptérées, comprenant des espèces qu'on rencontre particulièrement dans les endroits arides et pierreux.

AGRIMONIÉES, adj. et s. f. pl., *Agrimonieæ*. Nom donné par Ventenat à une section de la famille des Rosacées qui a pour type le genre *Agrimonia*.

AGRIPENNE, adj., *agripennis*.

Épithète donnée à un oiseau (*Thamnophilus cauducatus*), parce que les pennes de sa queue ont la tige aiguë et comme usée par le bout.

AGROSTÉES, adj. et s. f. pl., *Agrosteæ*. Tribu admise par Nees d'Esenbeck, dans la famille des Graminées, qui a pour type le genre *Agrostis*.

AGROSTIDÉES, adj. et s. f. pl., *Agrostideæ*. Nom donné par Linné, Trinius et Kunth à une tribu de la famille des Graminées, qui a pour type le genre *Agrostis*.

AGROSTOGRAPHE, s. m., *agrostographus* (ἄγρωστις, chiendent, γράφω, écrire). Botaniste qui s'occupe spécialement des Graminées.

AGROSTOGRAPHIE, s. f., *agrostographia*. Partie de la botanique qui a pour objet les plantes de la famille des Graminées : ouvrage spécial sur cette branche de la science des végétaux.

AGROSTOGRAPHIQUE, adj., *agrostographicus*; qui a rapport à l'agrostographie.

AGROSTOLOGIE, s. f., *agrostologia* (ἄγρωστις, chiendent, λόγος, discours). Traité des Graminées.

AGUSTINE, s. f., *agustina* (α priv., *gustus*, goût). Trommsdorff donna ce nom à une substance qui fut d'abord regardée comme une terre particulière, mais qu'on a reconnue depuis pour être du phosphate de chaux, lequel n'a effectivement pas de saveur.

AGYNAIRE, adj., *agynarius* (α priv., γυνή, femme). On donne cette épithète aux *fleurs doubles* dans lesquelles les tégumens et les étamines sont transformés en pétales, et où le pistil manque.

AGYNE, adj., *agynus* (α priv., γυνή, femme); qui n'a point de femme ou d'organe femelle. *Fleur agyne* est synonyme de *fleur mâle*.

AGYNIQUE, adj., *agynicus* (α priv., γυνή, femme). Lestiboudois appelle ainsi l'*insertion* des étamines, quand ces organes ne contractent pas d'adhérence avec l'ovaire.

AIGLEDON, s. m., ou mieux *Édredon*, par corruption du mot allemand *Eiderdunnen* (duvet d'oie). Duvet de l'*Anas mollissima.*

AIGRE, adj., *acerbus*. Terme vague dont on se sert pour désigner : 1° ce qui exerce une impression désagréable soit sur l'organe du goût (*herb, sauer*, all. ; *eager*, angl. ; *agro*, it.), en l'affectant à la manière des acides (*liquide aigre, saveur aigre*), soit sur celui de l'odorat, en produisant le même effet sur lui (*odeur aigre*), soit sur celui de l'ouïe (*scharf, hell*, all.), en y faisant naître la sensation d'un son aigu et perçant (*voix aigre, son aigre ; störrisch*, all., *harsh*, angl.) ; 2° ce qui manque de liant, soit au moral (*esprit aigre, caractère aigre*), soit au physique. C'est dans ce dernier sens qu'on appelle *aigres* les métaux qu'on ne peut forger, parce qu'ils se brisent sous le choc du marteau (ex. *Antimoine, fer aigre*), et les roches qui se cassent aisément (ex. *Eurite compacte*). *Aigre* se dit aussi d'un terrain difficile à cultiver, parce que les pluies abondantes le transforment en marais, et que les sécheresses prolongées en rendent la surface dure comme de la pierre.

AIGRE-DOUX, adj., *dulcamarus ; sauersüss* (all.); *sourisch* (angl.); qui est composé d'aigre et de doux. Ce terme, comme le précédent, s'emploie au physique (*saveur aigre-douce ; Solanum Dulcamara*), et au moral (*ton aigre-doux*).

AIGRELET, adj., *acidulus ; säuerlich* (all.) ; qui est un peu aigre ; *liquide aigrelet, saveur aigrelette, ton aigrelet.*

AIGRETTE, s. f., *pappus, lanugo, toma*. On donne ce nom : 1° en botanique, à une réunion de parties membraneuses ou filamenteuses (*Federchen*,

all., *pappo*, it.) qui surmontent le fruit ou les graines de certaines plantes, notamment des Synanthérées, où elles résultent d'un demi-avortement ou d'une déformation du calice, occasioné par la pression des fleurs voisines ; 2° en zoologie, à un faisceau de plumes qui orne le dessus de la tête de certains oiseaux (ex. *Paon*), et à des touffes de poils (*Haarbüschel*, all.), qui sont disposées en manière de plumet sur une partie quelconque du corps d'un insecte.

AIGRETTÉ, adj., *papposus ; papposo* (it.); surmonté d'une aigrette. Le *Pterocephalus papposus* doit cette épithète à ce que le limbe de son calice dégénère en une touffe de longs filamens plumeux, et l'*Asterias papposa* à ce que le corps de cet animal est hérissé en dessus et sur les bords de tubercules soyeux.

AIGREUR, s. f., *acor ; Säure* (all.); *sourness* (angl.); *asprezza* (it.). Qualité de ce qui est aigre, soit au physique, soit surtout au moral.

AIGU, adj., *acutus, acutatus ; spitzig, scharf* (all.); *pointed* (angl.); *acuto* (it.). Terme dont on se sert pour désigner : 1° ce qui est terminé en pointe ou en tranchant ; *feuilles aiguës*, quand leurs deux bords s'inclinent insensiblement l'un vers l'autre à la base, de manière à former un angle aigu (ex. *Stenostomum angustatum*), ou qu'elles décrivent à leur extrémité un angle moins ouvert que le droit (ex. *Nerium Oleander*); *anthères aiguës* (ex. *Cerinthe major*); *capsules aiguës* (ex. *Pedicularis palustris*) ; *filets d'étamines aigus* (ex. *Scutellaria alpina*) ; *radicule aiguë* (ex. *Faba major*) ; *coquille aiguë*, dont l'ouverture est aiguë aux deux extrémités (ex. *Pleurocerus acutus*); *antennes aiguës*, dans les insectes, quand elles se terminent par un article aigu et raide ; 2° ce qui produit sur nous une sensation analogue à celle que feroit naître l'action d'un corps pointu, comme lorsqu'on dit un *son aigu*, c'est-à-dire clair et perçant ; une *douleur aiguë*, c'est-à-dire forte et vive.

AIGUILLE, s. f., *acus*; *Nadel* (all.); *needle* (angl.); *ago* (it.). Nom donné, dans la géographie physique, à une cime de montagne qui s'élève en pointe aiguë et élancée.

AIGUILLÉ, adj., *aculeatus*; qui a la forme d'une aiguille, d'une pointe longue et mince.

AIGUILLON, s. m., *aculeus*; *Stachel* (all.); *asting* (angl.); *pungolo*, *pungiglione*, *pruno* (it.). On donne ce nom : 1° en botanique, à des excroissances dures et pointues, qui naissent sur les tiges (ex. *Rosa canina*), le pétiole (ex. *Rubus idaeus*), le disque des feuilles (ex. quelques Palmiers), le calice (ex. *Cactus Opuntia*), ou autres parties des plantes, et qui n'ont de connexions qu'avec l'écorce, ou même seulement avec l'épiderme ; 2° en zoologie, à un instrument offensif ou défensif des insectes Hyménoptères, qui est situé à l'extrémité de l'abdomen, dans lequel il rentre : à des osselets aigus qui jouent le rôle de rayons dans les nageoires de certains poissons (ex. *Vive*); à des piquans répandus soit sur les parties du corps qui avoisinent la queue (ex. *Acanthurus*), soit sur toute sa surface (ex. plusieurs Raies).

AIGUILLONNÉ, adj., *aculeatus*, *acanthias*; *stachlig* (all.); *pungiglionato*, *imprunato* (it.); qui est muni d'aiguillons. Le *Paliurus aculeatus*, le *Schrankia aculeata*, et le *Polystichum aculeatum* ont la tige épineuse; le *Macrognathus aculeatus* a quatorze aiguillons devant la nageoire du dos; le *Squalus acanthias* en a un à chaque dorsale.

AIGUILLONNÉS, adj. et s. m. pl., *Aculeati*, *Aculeata*. Nom donné par Illiger, Goldfuss, Ficinus et Carus à

une famille de Mammifères, comprenant ceux qui ont le corps hérissé de piquans ; par Lamarck et Latreille à une famille d'insectes Hyménoptères dans laquelle se rangent ceux dont les femelles et les neutres ont un aiguillon caché dans le dernier anneau de l'abdomen.

AIGUILLONNEUX, adj., *aculeosus*, *aculeatus*. Épithète donnée par Mirbel aux plantes qui sont munies d'aiguillons.

AILE, s. f., *ala*; πτερόν; *Flügel* (all.); *wing* (angl.); *ala* (it.). Nom donné : 1° en botanique, aux deux pétales latéraux des fleurs papilionacées ; à de minces appendices, membraneux ou foliacés, qui garnissent une partie quelconque de certains végétaux (*voyez* AILÉ); à l'appendice comprimé que supporte le dos du capuchon des *Stapelia*; 2° en zoologie, le plus généralement à des organes de locomotion dans l'air, qui tantôt procurent la faculté de voler réellement, comme les bras des oiseaux, les mains des chauve-souris, et les membranes articulées sur le dos du tronc de la plupart des insectes hexapodes, tantôt n'agissent que comme des espèces de parachutes, en retardant la chute du corps, comme les expansions cutanées des Galéopithèques, Polatouches, Phalangers et Dragons, et les nageoires pectorales prolongées des poissons volans. On donne aussi le nom d'*ailes* à des organes construits sur le même plan que les ailes des oiseaux, mais que leur brièveté rend impropres au vol, et qui ne servent qu'à rendre la course plus rapide (ex. *Autruche*). Enfin, on le donne encore aux membranes ou nageoires qui garnissent les parties latérales du corps de quelques gastéropodes et ptéropodes, et à la lèvre externe de certaines coquilles univalves, quand, après l'entier accroissement de l'animal, elle s'élargit et se prolonge d'une manière notable. Straus appelle *ailes du sternum* une des deux paires d'apophyses du sternum antérieur des insectes, celle qui concourt à former l'enveloppe extérieure du corselet.

AILÉ, adj., *alatus; geflügelt, befiedert* (all.); *winged* (angl.); *alato* (it.); qui est garni d'ailes. Se dit : 1° en botanique, d'une *cipsèle* qui est munie d'un rebord mince et large (ex. *Achillea millefolium*); d'une *feuille* qui s'accompagne de plusieurs petites folioles attachées à un pétiole commun (ex. *Lophira alata*); d'une graine qui porte des expansions larges et minces sur ses bords ou ses angles (ex. *Rhinanthus crista galli*); d'un pétiole (ex. *Wormia alata*); d'une tige (ex. *Lisianthus alatus, Coreopsis alata, Pterophyton alatum*); de rameaux (ex. *Mimulus alatus*), qui sont garnis dans leur longueur d'expansions membraneuses ou foliacées; d'une *fleur* dont l'assemblage des diverses parties représente un oiseau qui a les ailes étendues (ex. *Ophrys volucris*), ou dont deux des pétales s'échappent au dehors de la corolle, semblant former deux petites ailes horizontales (ex. *Iris alata*); 2° en zoologie, d'une *coquille* univalve dont la lèvre externe se dilate dans l'âge adulte (ex. *Strombus gallus*), ou d'une bivalve dont la base, vers l'un des côtés du sommet, est très-prolongée ; *des doigts* de certains oiseaux, quand ils sont garnis dans toute leur longueur d'une membrane étroite et lisse, qui n'offre ni découpures ni festons (ex. *Poules d'eau*); du *tibia* postérieur des insectes, selon Kirby, quand il est garni d'un appendice étalé, qui aide au vol (ex. *Lygœus phyllopus*), et du *prothorax* de ces animaux, lorsqu'il a ses côtés dilatés en manière d'ailes (ex. *Tingis cucullatus*).

AILERON, s. m., *alula; Flügelspitze* (all.); *pinion* (angl.); *aletta* (it.); petite aile. On appelle ainsi, en zoologie, une écaille convexe située sous l'aile de certains insectes diptères (*voy.* Cueilleron), et un bouquet de trois à cinq petites plumes raides qui sont implantées sur le pouce des oiseaux.

AILE-PIEDS, adj. et s. m. plur., *Pteropodii.* Nom donné par Vicq-d'Azyr à une classe de Mammifères, comprenant ceux qui ont les membres transformés en ailes.

AILÉS, adj. et s. m. pl.; *Alati, Alata.* Nom donné par Degeer à une sous-classe, et par Latreille à une section de la classe des insectes, comprenant ceux qui ont deux ou quatre ailes, à moins qu'elles n'avortent ; par Blainville à une tribu de l'ordre des oiseaux nageurs colymbiens, renfermant ceux qui ont les ailes bien conformées; par Lamarck à une famille de Mollusques, et par Latreille à une famille de Gastéropodes, comprenant ceux dont la lèvre droite de la coquille se prolonge latéralement, avec l'âge, en une sorte d'aile souvent digitée.

AIMANTAIRE, adj. Épithète donnée par les minéralogistes à une variété de mine de fer peu oxidé qui constitue la pierre d'aimant ou l'aimant naturel.

AIMANTIN, adj., *magneticus;* qui est propre à l'aimant. Synonyme peu usité de *magnétique. Vertu aimantine*, ou propriété de devenir aimant. Cette propriété appartient au fer, au nickel et au cobalt.

AIMANTÉ, adj., *magneticus;* qui jouit des propriétés d'un aimant. Se dit principalement en parlant des substances auxquelles ces propriétés ont été communiquées par l'art. *Barreau aimanté, aiguille aimantée.*

AINE, s. f., *inguina; Weiche* (all.); *groin* (angl.); *anguinaglia* (it.). Portion du corps de l'homme et de divers mammifères qui est comprise entre la cuisse et le bas-ventre.

AIOPHYLLE, adj., *aiophyllus* (αἰών, éternité, φύλλον, feuille). Théophraste appelait ainsi les arbres verts, qui ont leurs feuilles persistantes. Dupetit-Thouars s'est également servi de ce terme.

AIR, s. m., *aër*; ἀήρ; *Luft* (all.); *air* (angl.); *aria* (it.) (αἴρω, emporter). Nom donné à un mélange gazeux d'oxigène, d'azote et de quelques centièmes d'acide carbonique, qui constitue l'atmosphère de la terre, et par extension à tout fluide élastique et invisible dont on n'a pas d'intérêt actuel à spécifier la nature. *Voyez* Gaz.

AIRE, s. m., *area*; *Hof* (all.). Ce mot a plusieurs significations : 1° en astronomie, il désigne l'espace parcouru par le rayon vecteur, en un temps donné, et qui est toujours proportionnel au temps; l'espace compris entre les bords du soleil ou de la lune et l'intérieur des cercles lumineux qui constituent les *halos* (*voy.* ce mot) ; chacun des vingt-quatre rayons qu'on admet du centre à la circonférence de l'horizon, pour estimer la direction du vent(*Windstrich*, all.); 2° en botanique, Cassini appelle ainsi la surface du clinanthe des Synanthérées, quand on la considère dans son ensemble ; 3° en zoologie, on donne ce nom au nid des grands oiseaux de proie, particulièrement à celui des aigles (*Nest*, *Horst*, all.; *airy*, angl.)

AISSELLE, s. f., *axilla*; *Achsel* (all.); *arm-pit* (angl.); *ascella* (it.) (latin barbare *ascella*, *assella*). On appelle ainsi : 1° en zoologie, chez l'homme, le creux qui existe sous le bras, à l'endroit où il se joint avec l'épaule ; chez les oiseaux, la région des côtés de la poitrine qui est placée sous la base des ailes ; 2° en botanique, l'angle rentrant situé au-dessous de

l'attache d'une feuille sur un rameau ou d'un rameau sur la tige. Employé seul, ce mot s'entend toujours de l'aisselle des feuilles.

AIZOIDÉES, adj. et s. f. pl., *Aizoideæ*. Nom donné par Sprengel à la famille des Ficoïdes, et tiré du genre *Aizoon*, qui en fait partie.

AJUGOIDES, adj. et s. f. pl., *Ajugoideæ*. Nom donné par G. Bentham à une tribu de la famille des Labiées, qui a pour type le genre *Ajuga*.

AKÈNE. *V.* Achaine.

AKÉNOCARPE, adj., *akenocarpus*. Se dit d'une plante qui a pour fruit un achène. Ex. *Euphorbia akenocarpa*.

AKNÉMIE, s. f., *aknemia* (α priv., κνήμη, cuisse). Nom donné par Breschet à un genre de déviation organique, ou d'agénésie partielle, qui est caractérisée par l'absence des cuisses.

AKYSTIQUES, adj. et s. m. plur., *Acystica*(α priv., κύστις, vessic). Nom donné par Latreille à un groupe de la classe des poissons, comprenant ceux qui sont dépourvus de vessie natatoire.

ALABASTRE, s. m., *alabastrus*, *alabastrum*. Link, d'après Pline, appelle ainsi le bouton à fleur, avant son épanouissement.

ALABASTRIN, adj., *alabastrinus*, ἀλαβαστροειδής ; qui a la nature ou les qualités de l'albâtre.

ALAEFORME, adj.; *alaeformis* (*ala*, aile, *forma*, forme). Epithète donnée à une coquille qui ressemble grossièrement à une aile d'oiseau étendue. Ex. *Trigonia alaeformis*.

ALAIRE, adj.; *alaris* (*ala*, aile); qui se rapporte aux ailes. En botanique, *alaire* a quelquefois la même signification qu'*axillaire* ; ainsi un *pédoncule alaire* est celui qui s'insère dans l'angle des branches (ex. *Linum radiola*). En zoologie, on appelle *tectrices alaires* les plumes qui couvrent le dessus des ailes des oiseaux, et *crochetalaire*, dans les Lépidoptères crépusculaires et diurnes, une sorte d'épine grêle, raide, un peu arquée, qui, partant de la base inférieure de chacune des secondes ailes, et se glissant sous une petite saillie, en forme de boucle ou de demi-anneau, située dans une partie correspondante du dessous des premières, sert à maintenir les ailes dans le repos.

ALANGIÉES, adj. et s. f. plur., *Alangieæ*. Nom donné par Candolle à une famille de plantes qu'il a établie, et qui ne renferme que le genre *Alangium*.

ALANTINE, s. f., *alantina*. Quelques chimistes allemands donnent ce nom à l'inuline qu'on retire de l'*Inula Helenium*, appelé *Alant* dans leur langue.

ALASMIDES, adj. et s. m. pl., *Alasmidia*. Nom donné par Rafinesque à une tribu de la famille des Pédifères, ayant pour type le genre *Alasmidonta*.

ALATION, s. f., *alatio* (*ala*, aile). Terme inusité, dont quelques entomologistes se sont servis pour désigner la manière générale dont les ailes des insectes sont configurées ou disposées sur le corps.

ALBIBARBE, adj., *albibarbis* (*albus*, blanc, *barba*, barbe); qui a la barbe blanche. Le *Tabanus albibarbis* a le bas de la partie extérieure de la tête blanc.

ALBICAUDE, adj., *albicaudus* (*albus*, blanc, *cauda*, queue). Se dit d'un animal qui a la queue blanche. Ex. *Lemnus albicaudatus*, *Phoca albicauda*.

ALBICAULE, adj., *albicaulis* (*albus*, blanc, *caulis*, tige). Épithète donnée à des plantes dont la tige est couverte d'un épais duvet blanchâtre. Ex. *Stachys albicaulis*.

ALBICEPS, adj., *albiceps* (*albus*, blanc, *caput*, tête); qui a la tête blanche. Ex. *Sciurus albiceps*. *Voy.* LEUCOCÉPHALE.

ALBICOLLE, adj., *albicollis* (*albus*, blanc, *collum*, col); qui a le col blanc. Ex. *Caprimulgus albicollis*.

ALBICORNE, adj., *albicornis* (*albus*, blanc, *cornu*, corne). Se dit d'un animal articulé qui a les antennes blanches ou d'une teinte pâle. Ex. *Oniscus albicornis*.

ALBICOSTÉ, adj., *albicostus*, *albicostatus* (*albus*, blanc, *costa*, côte). Épithète donnée à une coquillle marquée de côtes offrant une raie blanche. Ex. *Modiola albicosta*.

ALBIDIPENNE, adj., *albidipennis* (*albidus*, blanchâtre, *penna*, aile); qui a les ailes blanchâtres. Ex. *Myophora albidipennis*.

ALBIFLORE, adj., *albiflorus; weissblumig* (all.) (*albus*, blanc, *flos*, fleur); qui porte des fleurs blanches. Ex. *Didiscus albiflorus*, *Galatea albiflora*, *Delphinium albiflorum*.

ALBILABRE, adj. *albilabris*, *albilabrus* (*albus*, blanc, *labrum*, lèvre). Épithète donnée à des crustacés qui ont le museau tacheté de blanc (ex. *Ceratina albilabris*), ou d'un blanc argenté à sa partie supérieure (ex. *Ocyptera albilabra*), et à des coquilles univalves qui ont leur bord blanc (ex. *Helix albilabris*).

ALBIMANE, adj., *albimanus* (*albus*, blanc, *manus*, main); qui a les mains blanches (ex. *Lemur albimanus*), ou les tarses blancs (ex. *Tipula albimana*).

ALBINERVE, adj., *albinervius* (*albus*, blanc, *nervus*, nerf). Se dit d'une plante dont les nervures des feuilles sont blanches. Ex. *Ribes albinervium*. *Voyez* ALBIVÉINÉ.

ALBINISME, s. m., *albinismus* (*albus*, blanc). On désigne sous ce nom un genre d'anomalie de l'organisation animale et végétale, mais surtout de celle de l'homme, qui est caractérisé principalement par le défaut de coloration de la peau, celle-ci restant ou devenant d'un blanc plus ou moins blafard ou laiteux. Dans les plantes, cet état prend le nom d'*étiolement*. *Voyez* LEUCÉTHIOPIE.

ALBIONIENNES, adj. et s. f. pl. *Albionianæ*. Nom donné par Savigny à une section de la famille des Hirudinées, qui a pour type le genre *Albione*.

ALBIPÈDE, adj., *albipes* (*albus*, blanc, *pes*, pied); qui a les pattes blanches. Ex. *Tabanus albipes*.

ALBIPENNE, adj., *albipennis* (*albus*, blanc, *penna*, aile); qui a les ailes blanches. Ex. *Cecidomya albipennis*.

ALBIROSTRE, adj., *albirostris* (*albus*, blanc, *rostrum*, bec); qui a le bec (ex. *Anthribus albirostris*, *Indicator albirostris*) ou le prolongement du museau (ex. *Macrocephalus albirostris*.) blanc.

ALBITARSE, adj., *albitarsis* (*albus*, blanc, *tarsus*, tarse); qui a les tarses blancs. Ex. *Hermetia albitarsis*.

ALBIVEINÉ, adj., *albivenius* (*albus*, blanc, *vena*, veine). Se dit d'une plante qui a les nervures de ses feuilles lanugineuses et blanches en dessous. Ex. *Convolvulus albivenius*. *Voyez* ALBINERVÉ.

ALBIVENTRE, adj., *albiventer*, *albiventris* (*albus*, blanc, *venter*, ventre); qui a le ventre blanc. Ex. *Trogon albiventer*, *Cæcilia albiventris*. *Voyez* LEUCOGASTRE.

ALBODACTYLE, adj., *albodactylus* (*albus*, blanc, δάκτυλος, doigt). Épithète donnée à un papillon dont les ailes digitées sont blanches. Ex. *Pterophorus albodactylus*.

ALBUMEN, s. m., *albumen*. Nom latin francisé du blanc d'œuf. Grew, Gaertner et Candolle ont ainsi appelé le *périsperme* (*voyez* ce mot), soit par allusion à l'albumen de l'œuf,

soit parce que ce corps a une couleur blanche, dans toutes les graines.

ALBUMINE, s. f. *albumen; Eiweiss, Eiweissstoff* (all.). L'un des matériaux immédiats des corps organisés, qu'on trouve, chez les animaux, dans le blanc d'œuf, les liquides appelés séreux, la matière cérébrale et nerveuse, qui existe aussi dans certains végétaux, où on l'a peu étudié encore, parce qu'il est difficile de l'obtenir pur et sans altération, qui varie beaucoup, et qui n'est probablement le même partout ni dans l'un ni dans l'autre règne.

ALBUMINÉ, adj., *albuminosus*. Se dit, en botanique, d'un embryon qui, après la fécondation, absorbe la partie liquide de l'amnios, dont le résidu produit un albumen, en se concrétant.

ALBUMINEUX, adj., *albuminosus; eiweissstoffhaltig* (all.); qui contient de l'albumine, qui en a les caractères, les propriétés, les réactions.

ALBUMININE, s. f., *albuminina*. Nom sous lequel Couerbe a d'abord désigné ce que depuis il a appelé *oonine*. (*Voyez* ce mot).

ALBUMINO-CASÉEUX, s. m. Payen et Henry ont donné ce nom à l'amygdaline, parce qu'elle leur a paru tenir à la fois de la nature de l'albumine et de celle de la matière caséeuse.

ALCADES, adj. et s. m. pl, *Alcades*. Nom donné par Vigors à une famille d'oiseaux qui a pour type le genre *Alca*.

ALCALESCENCE, s. f., *alcalescentia* (*al*, augm., *kali*, soude). État d'un corps dans lequel se développent des propriétés alcalines dont il ne jouissait pas jusqu'alors.

ALCALESCENT, adj., *alcalescens; kalihaltig* (all.). Se dit d'une substance dans laquelle les propriétés alcalines commencent à se développer, ou même prédominent déjà.

ALCALI, s. m. *alcali, alkali; Laugensalz* (all.); *alkali* (angl.). Appliqué d'abord à nommer la plante marine qui fournit la soude du commerce, ce mot servit ensuite à désigner le produit de l'incinération de ce végétal, et par extension toutes les substances qui possèdent des propriétés chimiques analogues à celles de ce produit.

ALCALIFIABLE, adj. Épithète donnée aux corps qui sont susceptibles de se convertir en alcali, comme certains métaux par leur combinaison avec l'oxigène, ou l'azote par son union avec l'hydrogène.

ALCALIFIANT. *Voyez* ALCALIGÈNE.

ALCALIGÈNE, adj. et s. m., *alcaligenus* (*alcali*, γεννάω, engendrer). Dénomination qui fut proposée pour désigner l'azote, à une époque où l'on supposait que ce corps entrait comme base dans la composition de tous les alcalis.

ALCALIMÈTRE, s. m., *alcalimetrum* (alcali, μετρέω, mesurer). Instrument destiné à mesurer la quantité d'alcali que renferme une potasse ou une soude du commerce, d'après celle d'acide sulfurique nécessaire pour saturer une quantité connue de l'une ou de l'autre.

ALCALIN, adj., *alcalinus, lixiviosus; laugenhaft* (all.); qui appartient à la classe des alcalis (*oxides métalliques alcalins*), qui se rapproche des alcalis par ses propriétés (*terres alcalines*), ou, plus généralement, qui jouit des propriétés alcalines (*sel alcalin, substance alcaline*), qui a rapport aux alcalis (*caractère alcalin, propriété alcaline, réaction alcaline*).

ALCALINITÉ, s. f. *alcalinitas.* Se dit du caractère alcalin, considéré d'une manière générale ou dans quelque substance en particulier.

ALCALINO-TERREUX, adj., *al-*calino-terrosus; qui tient de la nature des alcalis et des terres. *Base alcalino-terreuse*, ou *terre alcaline.*

ALCALINULE, adj., *alcalinulus.* Nom donné à tout sel dans lequel la quantité d'alcali, relativement à celle d'acide, dépasse le terme qui constitue l'état neutre, sans toutefois s'éloigner beaucoup de la limite qui répond à la saturation.

ALCALISATION, s. f., *alcalisatio; Alkalisirung* (all.). Opération naturelle par laquelle l'alcalescence se développe.

ALCALISÉ, adj. *alcalisatus;* qui a pris le caractère alcalin.

ALCALOIDE, s. m., *alcaloides* (*alcali*, εἶδος, ressemblance). Les chimistes donnent ce nom aux alcalis organiques, pour les distinguer des alcalis minéraux, dont ils diffèrent sous le rapport de la composition et de leurs propriétés générales, quoiqu'ils rivalisent avec eux sous celui de leurs propriétés basiques.

ALCHIMIE, s. f., *alchymia, alchimia; Goldmacherkunst* (all.); *alchymy* (angl.); *alchimia* (it.) (*al*, augm. *chymia*, chimie). Art chimérique dont les adeptes recherchaient les moyens de transmuer les métaux et de préparer un remède propre à prolonger la vie, à guérir toutes les maladies.

ALCICORNE, adj., *alcicornis* (*alce*, élan, *cornu*, corne). Épithète donnée à une éponge rameuse (*Spongia alcicornis*), parce que ses rameaux sont comprimés, ce qui la fait ressembler grossièrement à une corne d'élan ; à un insecte (*Tabanus alcicornis*) dont le troisième article des antennes porte une dent recourbée.

ALCOHOL. *Voyez* ALCOOL.

ALCOOL, s. m., *alcohol, spiritus vini rectificatissimus; Alkohol* (all.); *alcohol* (angl.) ; *alcoolo* (it.) ; (*al*, augm., *kol*, atténuer). Liquide léger et volatil qui est le principal résultat de la fermentation vineuse ; produit de l'art qui exige des manipulations diverses pour être obtenu à l'état de pureté.

ALCOOLATE, s. m. , *alcoolas*. Nom donné par T. Graham à des combinaisons en proportions définies d'alcool et de sels anhydres , dans lesquelles il admet que l'alcool joue le rôle de corps électro-négatif, et qu'il croit correspondre aux éthers.

ALCOOLIDES, s. m. pl. Guibourt désigne sous ce nom une famille de composés ternaires organiques qui a pour type l'*alcool*.

ALCOOLIME , s. m. Nom donné par Guibourt à l'alcool proprement dit.

ALCOOLIQUE , adj. , *alcoholicus ;* qui contient de l'alcool (*liqueur alcoolique*) , ou qui a rapport à l'alcool (*fermentation alcoolique*).

ALCOOLISATION , s. f. , *alcoholisatio*. Développement, dans un liquide , des propriétés qui caractérisent l'alcool.

ALCOOLISÉ , adj. , *alcoholisatus*. Se dit d'un liquide qui contient de l'alcool, ou dans lequel il s'en est développé.

ALCOOLOMÈTRE , s. m., *alcoholometrum* (*alcool* , μετρέω, mesurer). Instrument qui sert à déterminer la quantité d'alcool absolu contenue dans un mélange quelconque de ce liquide et d'eau.

ALCORNINE, s. f., *alcornina*. Nom donné par Biltz à une substance particulière, qu'il a découverte dans l'écorce d'alcornoque, et qu'il croit être intermédiaire entre la graisse et la cire.

ALCYONAIRES , adj. et s. m. pl., *Alcyonaria*. Blainville appelle ainsi une famille de la classe des Zoophytaires, qui a pour type le genre *Alcyonium*.

ALCYONÉS , adj. et s. m. plur. ; *Alcyonea, Alcyoneæ*. Nom donné par Lesson à une famille de l'ordre des Passereaux , qui a pour type le genre *Alcyon* (*Alcedo*) ; par Lamouroux, Latreille et Schweigger à une famille de Polypes ayant pour type le genre *Alcyonium*.

ALCYONIDIÉES, adj. et s. f. pl., *Alcyonidiæ*. Nom donné par Lamouroux à un ordre des Thalassiophytes non articulées, qui a pour type le genre *Alcyonidium*.

ALCYONS , s. m. pl. , *Alcyones*. Nom donné par Temminck et par Meyer à un ordre de la classe des oiseaux, dont le genre *Alcyon* (*Alcedo*) est le type.

ALECTORIDES , adj. et s. m. pl. , *Alectorides* (ἀλέκτωρ, coq). Nom donné par Illiger, Goldfuss, Eichwald et C. Bonaparte à une famille, par Temminck à un ordre , par J. A. Ritgen à un sous-ordre de la classe des oiseaux , renfermant ceux de ces animaux qui, par la forme de leur bec , se lient aux Gallinacés.

ALECTRIDES , adj. et s. m. pl. , *Alectrides* (ἀλέκτωρ, coq). Nom donné par Vieillot, Duméril, Latreille , Ficinus et Carus , à une famille de la classe des oiseaux, comprenant ceux qui ont de l'analogie avec les Gallinacés.

ALECTRIMORPHES , adj. et s. m. pl. , *Alectrimorphi* (ἀλεκτρὶς , poule , μορφή , forme). Nom donné par Ranzani à une famille de l'ordre des Grimpeurs, comprenant des oiseaux qui , par la forme de leur corps , ont beaucoup de ressemblance avec les poules.

ALECTRURE , adj. , *alectrurus*, (ἀλέκτωρ , coq, οὐρὰ , queue); qui a les plumes de la queue élargies et disposées en éventail, à peu près comme celles du coq. Ex. *Muscicapa alectrura*.

ALÈNE , s. f. , *festuca*. Savigny appelle ainsi les soies subulées des annélides.

ALÉNÉ, adj.; *subulatus*. Synonyme peu usité de *subulé*. *Voyez* ce mot.

ALÉOCHARIDES, adj. et s. m. pl., *Aleocharides*. Mannerheim donne ce nom à une tribu de la famille des insectes coléoptères brachélytres, qui a pour type le genre *Aleochara*.

ALÉPIDOTE, adj., *alepidotus*; *ungeschildert, ungeschuppt* (all.) (α priv., λεπὶς, écaille). Se dit, en ichthyologie, d'un poisson dont la peau est ou paraît nue, c'est-à-dire sans écailles. Ex. *Rhombus alepidotus*.

ALETRINÉES, adj. et s. f. plur., *Aletrineæ*. Nom donné par Reichenbach à une groupe de la famille des Liliacées, qui a pour type le genre *Aletris*.

ALGACÉES, adj. et s. f. pl., *Algaceæ*. Nom donné par Gleditsch aux Algues de Linné.

ALGIDE, adj., *algidus* (*algeo*, geler); froid, glacé. On donne cette épithète à des plantes hyperboréennes, par exemple à l'*Agaricus algidus*, qui croît en Danemarck et en Suède : au *Draba algida*, qui croît sur les bords de la mer Glaciale. Un insecte (*Tachina algens*) est ainsi appelé parce qu'il vit dans l'Amérique du nord.

ALGINES, adj. et s. m. pl., *Algina* (ἀλγάω, cacher). Nom donné par Ficinus et Carus à une famille de la classe des Lithozoaires, comprenant ceux qui sont caractérisés par une tige phytoïde, sans enduit animal visible.

ALGOLOGIE, s. f., *algologia* (*alga*, algue, λόγος, discours). Partie de la botanique qui traite spécialement des algues.

ALGOLOGIQUE, adj., *algologicus*; qui a rapport à l'algologie.

ALGOLOGUE, s. m., *algologus*. Botaniste qui se livre particulièrement à l'étude des algues.

ALGUES, s. f. pl., *Algæ* (*algor*, froid, ou *alligo*, lier). Nom donné par Tournefort à une classe de plantes dans laquelle il a compris aussi quelques polypes, par Linné, Willdenow et Schreber à un ordre de la classe des Cryptogames, par Jussieu et Greville à une famille d'Acotylédones, par Fries à une classe des plantes qu'il appelle Homonéméennes. Généralement, en France, ce sont les cryptogames aquatiques qu'on désigne ainsi ; mais, comme le fait observer Lamouroux, il est probable que ce terme disparaîtra des ouvrages de botanique, et ne sera plus appliqué qu'aux débris rejetés par la mer, roulés par les vagues, et dont la bande variable indique la force des tempêtes et la hauteur croissante ou décroissante des marées.

ALHAGÉES, adj. et s. f. pl., *Alhageæ*. Nom donné par Candolle à une division de la tribu des Légumineuses Hédysarées, qui a pour type le genre *Alhagi*.

ALIBILE, adj., *alibilis* (*alo*, nourrir); qui est susceptible de nourrir. Synonyme de NUTRITIF.

ALIFÈRE, adj., *aliferus* (*ala*, aile, *fero*, porter). Chabrier appelle les deux segmens postérieurs du thorax des insectes *tronc alifère*, parce que les organes du vol y sont toujours fixés.

ALIFORME, adj., *aliformis*; *flügelförmig* (all.) (*ala*, aile, *forma*, forme); qui a la forme d'une aile. Kirby appelle *tegmina aliformia*, ceux dont la substance approche de celle d'une membrane, et qui par conséquent ressemblent un peu à des ailes. Ex. beaucoup d'insectes hémiptères homoptères.

ALIMENT, s. m., *alimentum*; τροφή; *Nahrungsmittel* (all.); *food* (angl.); *alimento* (it.). Toute substance quelconque à laquelle un corps organisé peut emprunter les matériaux nécessaires à l'accroissement et au renouvellement de ses organes.

ALIMENTAIRE, adj., *alimentarius.* Se dit de tout ce qui peut servir d'aliment (*substance alimentaire*), et de ce qui a rapport aux alimens eux-mêmes, considérés d'une manière générale (*régime alimentaire*).

ALIMENTEUX, adj., *alens; nährend* (all.); *nutritive* (angl.); *nutritivo* (it.); qui a des qualités alimentaires, qui nourrit.

ALIPÈDES, adj. et s. m. pl., *Alipedes* (*ala*, aile, *pes*, pied). Nom donné par Duméril aux *Chéiroptères. Voy.* ce mot.

ALISMACÉES, adj. et s. f. pl., *Alismaceæ.* Famille de plantes établie par C. L. Richard, et qui a pour type le genre *Alisma.*

ALISMÉES, adj. et s. f. pl., *Alismeæ.* Nom donné par Bartling à une tribu de la famille des Alismacées, qui a le genre *Alisma* pour type.

ALISMOÏDES, adj. et s. f. pl., *Alismoïdes.* Famille de plantes, établie par Ventenat, ayant pour type le genre *Alisma*, mais plus étendue que la précédente.

ALITRONC, s. m., *alitruncus* (*ala*, aile, *truncus*, tronc). Kirby appelle ainsi le segment postérieur du tronc des insectes, celui auquel l'abdomen est fixé, et qui porte les pattes de derrière, avec les ailes.

ALIZARINE, s. f., *alizarina, erythrodanum; Krapproth* (all.) (*alizari*, nom de la garance dans le Levant). Collin et Robiquet ont appelé ainsi le principe colorant rouge de la garance.

ALIZARIQUE, adj., *alizaricus.* Zenneck donne le nom d'*acide alizarique* à l'alizarine, parce qu'il a trouvé qu'elle était faiblement acide.

ALIZÉ, adj. Épithète donnée à des *vents* (*Passatwinde*, all.) réguliers qui, entre les tropiques, soufflent de l'est vers l'ouest. Ils sont la conséquence mécanique de la constante présence, au-dessus des régions équatoriales, du soleil, qui dilate les couches d'air à mesure qu'elles se présentent à son influence, par le mouvement de la terre; ces couches retombent alors au nord et au sud, vers les pôles, d'où reviennent les couches d'air froid, qui n'ayant qu'une vitesse de rotation très-petite, en raison du parallèle d'où elles viennent, arrivent successivement à d'autres parallèles dont la vitesse de rotation d'occident en orient est beaucoup plus grande, de sorte qu'elles ne tournent pas aussi vite que les points de ces parallèles, et choquent en sens inverse, c'est-à-dire d'orient en occident, avec tout ce qui leur manque de vitesse, les obstacles situés dans ces parages.

ALLAITEMENT, s. m., *lactatus; Säugung* (all.); *suckling* (angl.); *lattamento* (it.). Action d'une femelle de mammifère qui nourrit ses petits de son lait.

ALLANTOATE, s. m., *allantoas.* Nom donné à un genre de sels (*allantoissaure Salze*, all.), qui sont formés par la combinaison de l'acide allantoïque avec une base salifiable.

ALLANTOIQUE, adj., *allantoïcus.* Nom donné (*Allantoissäure*, all.) par Lassaigne à l'acide *amniotique*, qu'il a prouvé exister dans la liqueur de l'allantoïde, et non dans celle de l'amnios, comme l'avaient cru Vauquelin et Buniva.

ALLANTOPHORE, adj., *allantophorus* (ἀλλᾶς, saucisse, φέρω, porter). Épithète donnée à une méduse (*Æquorea allantophora*), dont le cercle ombrellaire est formé d'organes cylindroïdes. *Voyez* BOTELLIFÈRE.

ALLIACÉ, adj., *alliaceus; knoblauchartig, knoblauchdüftig* (all.) (*allium*, ail); qui a l'odeur ou la saveur de l'ail. Ex. *Agaricus alliaceus, Petiveria alliacea, Agaricus cepaceus, Agaricus scorodonius.*

ALLIACÉES, adj. et s. f. plur., *Alliaceæ*. Nom donné par Link et par Reichenbach à un groupe de la famille des Liliacées, qui a pour type le genre *Allium*.

ALLIAGE, s. m., *alligatio*, *connubium metallicum*, *metallorum permixtio*; *Legirung* (all.); *allaying* (angl.); *legaggio* (it.). Combinaison de deux ou d'un plus grand nombre de métaux. Berzelius a étendu ce nom aux combinaisons de corps électropositifs, tels que azote, soufre, hydrogène et bore, avec certains corps électronégatifs, silicium, arsenic et métaux électronégatifs.

ALLIAIRE, adj., *alliarius* (*allium*, ail); qui a l'odeur de l'ail (ex. *Erysimum Alliaria*), ou qui se nourrit habituellement d'ail (ex. *Lemnus alliarius*).

ALLODROME, adj., *allodromus* (ἅλλομαι, bondir, δρόμος, course). Nom donné à une araignée (*Lycosa allodroma*), parce qu'elle court et s'élance sur sa proie.

ALLOCHROÉ, adj., *allochrous* (ἀλλὸς, autre, χρόα, couleur); qui change de couleur, comme le *Botrytis allochroa*, dont la teinte passe peu à peu du blanc au jaune; ou qui n'est pas partout de la même couleur, comme l'*Agaricus allochrous*, qui est jaunâtre en dessus et garni en dessous de lames blanches.

ALLOGONE, adjectif, *allogonus* (ἀλλήλος, réciproque, γωνία, angle). Nom donné, dans la nomenclature minéralogique de Haüy, à un cristal qui réunit à la forme du noyau celle d'un dodécaèdre à triangles scalènes, dont chacun a son angle plan obtus égal à la plus grande incidence des faces du noyau. Ex. *Chaux carbonatée allogone*.

ALLOPTÈRES, s. m. pl., *alloptera* (ἀλλὸς, autre, πτερόν, aile). Duméril a proposé ce nom pour désigner les nageoires pectorales des poissons, dont la situation varie en effet beaucoup.

ALLOTRÈTES, adj. et s. m. pl., *Allotreta* (ἀλλὸς, l'un ou l'autre, τρητός, trou). C. G. Ehrenberg désigne ainsi deux familles de la classe des Polygastriques, qui ont la bouche ou l'anus terminal.

ALLURE, s. f., *Gang* (all.); *gait* (angl.); *andatura* (it.). Manière dont un *animal* (un cheval surtout) exerce les divers mouvemens progressifs qui le transportent d'un lieu à un autre. Marche d'un *filon* dans la roche ou le terrain qu'il traverse; manière d'être de ce filon, considéré dans son ensemble et relativement à ses trois dimensions.

ALLUVIAL, adj., *alluvialis*. Werner appelait ainsi les roches ou couches qui se sont formées à des époques très-modernes, et que produisent encore tous les jours les matières charriées ou déposées par les eaux. On dit souvent *dépôt alluvial*, *sable alluvial*, *terrain alluvial*, *plaine alluviale*.

ALLUVIEN, adj., *alluvius*. Brongniart et Omalius donnent cette épithète aux terrains produits par voie mécanique, et principalement par l'action des eaux actuelles, aux dépôts meubles, dans les vallées et plaines situées à l'embouchure des grands fleuves et sur les bords de la mer, qui portent l'empreinte évidente du délaissement par les eaux, plutôt par dépôt tranquille que par transport violent.

ALLUVION, adj., *alluvies*; *Anschwemmung*, *Anflössung* (all.); *alluvion* (angl.); *alluvione* (it.). Nom donné par les géognostes à des dépôts partiels et horizontaux de vase, d'argile, de gravier et d'autres matériaux, d'abord transportés et roulés par les fleuves et autres cours d'eau, puis déposés dans les lieux où la marche de ces eaux s'est ralentie.

ALLUVIUM, s. m., *alluvium*. Les géologues, surtout anglais, appellent ainsi tous les effets, la plupart locaux, des causes naturelles qui n'ont pas encore cessé d'agir en ce moment, et dont le résultat est la formation de nouveaux terrains par l'action des eaux.

ALLUX, s. f. C'est le nom que Kirby donne à l'avant-dernier article du tarse des insectes, quand il offre quelque chose de remarquable. Ex. *Curculio*.

ALOÉTIQUE. *Voy.* ALOÏQUE.

ALOGANDROMÉLIE, s. f., *alogandromelia* (ἄλογος, brute, ἀνήρ, homme, μέλος, membre). Nom donné par Malacarne à une classe de monstres chez lesquels il admettait gratuitement qu'avec un corps de brute se trouvent des membres d'homme.

ALOGHERMAPHRODITIE, s. f., *aloghermaphroditia* (ἄλογος, brute, ἑρμαφρόδιτος, hermaphrodite). Nom donné par Malacarne à une classe de monstres, comprenant les brutes chez lesquels un même individu réunit les deux sexes, qui, normalement, devraient être séparés.

ALOINE, s. f., *aloina*. Meissner appelle ainsi un alcali organique, qu'il dit avoir trouvé dans l'aloës, mais dont l'existence demande encore à être constatée.

ALOINÉES, adj. et s. f. pl., *Aloineæ*. Nom donné par Link à un groupe de la famille des Liliacées, qui a pour type le genre *Aloe*.

ALOIQUE, adj., *aloicus*. Braconnot appelle *acide aloïque* ou *aloëtique*, une substance obtenue en traitant l'aloës par l'acide sulfurique, que Chevreul regarde comme du tannin artificiel, et Gmelin comme de l'amer artificiel.

ALOMIÉES, adj. et s. f. pl., *Alomieæ*. Nom donné par Lessing à une sous-tribu de la tribu des Eupatoriacées, qui a pour type le genre *Alomia*.

ALONGÉ, adj., *elongatus*, *productus*; *verlängert*, *langgezogen* (all.); *lengthened* (angl.); *slongato* (it.). Se dit; 1° en botanique, d'un organe qui est environ deux fois et demi plus long que large; du *connectif*, quand il a une longueur notable (ex. *Salvia pratensis*); des *cotylédons*, lorsqu'ils sont sensiblement plus longs que larges (ex. *Salsola radiata*); des *feuilles*, quand elles sont longues et étroites; de l'*urne* des mousses, lorsqu'elle est longue et cylindrique (ex. *Coscinodon elongatus*); enfin, d'après Candolle, du *tissu cellulaire*, quand il résulte de cellules alongées, de manière à former de petits tubes clos aux deux extrémités (dans le bois et les nervures des feuilles); 2° en zoologie: les entomologistes disent les élytres alongées, quand elles s'étendent jusqu'à l'anus (ex. *Trox*). On donne la même épithète à une coquille univalve (ex. *Cristellaria producta*) dont le dernier tour, au lieu d'embrasser tous les autres, s'alonge en s'élargissant. Le *Lomatia elongata* est ainsi nommé, parce qu'il a l'abdomen alongé.

ALPESTRE, adj., *alpestris*. Se dit des plantes qui croissent sur des montagnes peu élevées ou sur la partie moyenne des hautes montagnes. Ex. *Voohysia alpestris*, *Dicranum alpestre*.

ALPHABÉTAIRE, adj. et s. m., *alphabetarius*. Linné donnait cette épithète à tous les botanistes qui, dans leurs ouvrages, n'ont employé que l'ordre alphabétique pour classer ou disposer les plantes dont ils traitaient.

ALPICOLE, adj., *alpicola*; qui vit sur les Alpes. Ex. *Grimmia alpicola*.

ALPIGÈNE, adj., *alpigenus*; qui croît sur les Alpes ou dans les hautes montagnes. Ex. *Eugenia alpigena*, *Xylosteum alpigenum*.

ALPIN, adj., *alpinus*; qui a rapport aux Alpes. 1° En géognosie, on appelle *calcaire alpin* un groupe de terrains secondaires composés de chaux carbonatée compacte, parce qu'on a cru que les roches des Alpes y appartenaient; mais il a été reconnu qu'elles sont en général beaucoup plus nouvelles. 2° En botanique, *alpin* se dit des plantes qui habitent vers le sommet des hautes montagnes (ex. *Rhamnus alpinus*, *Veronica alpina*, *Eriophorum alpinum*). 3° En zoologie, ce terme a la même signification qu'en botanique (ex. *Lagomys alpinus*).

ALSINÉES, adj., et s. f. pl., *Alsineæ*. Tribu établie par Candolle, dans la famille des Caryophyllées, et qui a pour type le genre *Alsine*.

ALSODINÉES, adj. et s. f. pl., *Alsodinæ*. Famille de plantes, établie par R. Brown, dont Candolle fait une tribu de celle des Violariées, et qui a pour type le genre *Alsodeia*.

ALTERNANT, adj., *alternans*. Se dit, en minéralogie, de la *structure* feuilletée d'une roche, quand les feuillets sont alternativement de nature différente. Ex. *Gneiss*.

ALTERNATI-PENNÉ, adj., *alternatim-pinnatus*, *alterne-pinnatus*; *wechselndgefiedert*, *wechselweise gefiedert* (all.); *alternativamente pennato* (it.). Se dit, en botanique, d'une *feuille* pennée dont les folioles sont alternes sur le pétiole commun. Ex. *Amorpha fruticosa*.

ALTERNATIF, adj. *alternativus*. En botanique, on dit les *pétales alternatifs* avec les parties du calice, quand ils sont insérés aux points qui séparent les lobes de celui-ci. Alors le mot est synonyme d'*alterne*. Candolle appelle *estivation alternative* celle dans laquelle les parties d'un tégument floral sont verticillées sur deux ou plusieurs rangs, et placées dans la même direction, par rapport à l'axe, de sorte qu'elles se trouvent alternes entre elles, comme les sépales des liliacées et les pétales des nymphéacées.

ALTERNE, adj., *alternus*, *alternatus*; *abwechselnd*, *wechselnd*, *wechselständig* (all.); *alternate* (angl.); *alterno* (it.). Se dit: 1° en minéralogie, d'un *cristal* ayant sur ses deux parties, l'une supérieure, l'autre inférieure, des faces qui alternent entre elles, mais qui se correspondent de part et d'autre (ex. *Quarz prismé alterne*). 2° En botanique, on appelle *alternes* les parties qui sont disposées d'un et d'autre côté d'un axe, sur le même plan, sans être l'une devant l'autre; *feuilles alternes*, celles qui sont disposées d'un et d'autre côté des branches, de manière que la troisième naît au dessus de la première, la quatrième au dessus de la seconde, et ainsi de suite (ex. *Tilia europœa*); *rameaux alternes*, ceux qui naissent solitaires sur divers points, à des distances presque égales (ex. *Acremonium alternatum*, *Alcea rosea*, *Hypnum alternans*); *fleurs alternes*, celles qui offrent la même disposition (ex. *Vinca rosea*); *spathelles alternes*, lorsque deux de ces organes, placés en regard, sont attachés l'un au dessus de l'autre (ex. *Agrostis canina*); *ovules alternes*, dans une loge bi-ovulée, quand les points d'attache ne sont pas sur le même plan, quoique les ovules se touchent latéralement (ex. *Pommier*). 3° En zoologie, on dit d'un polypier qu'il est alterne, quand il offre des groupes de cellules alternes sur les rameaux (ex. *Amathia alternata*). L'*Anthrax alternata* est ainsi nommée parce que les côtés de son abdomen sont garnis de poils alternativement blanchâtres et noirs.

ALTERNIFLORE, adj., *alterniflo-*

rus (*alternus*, alterne, *flos*, fleur); qui a les fleurs alternes. Ex. *Cyperus alterniflorus*, *Myriophyllum alterniflorum*.

ALTERNIFOLIÉ; adj., *alternifolius; wechselblättrig* (all.) (*alternus*, alterne, *folium*, feuille); qui a les feuilles alternes. Ex. *Valeriana alternifolia*, *Citrosma alternifolium*.

ALTERNI-PENNÉ. *Voyez* ALTERNATI-PENNÉ.

ALTHÉINE, s. f., *altheina*. Nom donné par Braconnot à une base salifiable qu'il admettait dans l'*Althæa officinalis*, et qui n'est, selon Henry et Plisson, qu'une substance très-analogue à l'asparagine.

ALTILOQUE, adj., *altiloquus* (*altus*, élevé, *loquor*, parler); qui parle haut. Un oiseau (*Sylvia altiloqua*) a été appelé ainsi à cause de son bruyant ramage.

ALTIMÉTRIE. *Voyez* HYPSOMÉTRIE.

ALTIROSTRES, adj. et s. m. pl., *Altirostres* (*altus*, élevé, *rostrum*, bec). Nom donné par Blainville à une section de la famille des Hétérodactyles, comprenant des oiseaux grimpeurs qui ont le bec plus haut que large.

ALTIVOLE, adj., *altivolus* (*altus*, élevé, *vola*, voler); qui s'élève beaucoup. Le *Rhodolæna altivola* est un arbrisseau grimpant, qui parvient jusqu'au sommet des plus grands arbres.

ALUCITADES, adj. et s. m. pl., *Alucitadæ*. Nom donné par Leach à une famille d'insectes lépidoptères ayant pour type le genre *Alucita*.

ALULE, s. f., *alula* (*ala*, aile), petite aile. Nom donné, en ornithologie, à l'*aileron* (*voyez* ce mot) des oiseaux; en entomologie, par Kirby, à un petit appendice scarieux et convexo-concave, fixé à la base de l'aile, dans quelques diptères, et à un petit appendice membraneux, anguleux,

fixé d'un côté à l'élytre, de l'autre au frænum (ex. *Ditiscus*).

ALUMINAIRE, adj., *aluminaris, aluminarius* (*alumen*, alun). Épithète donnée par les minéralogistes aux pierres volcaniques qui contiennent de l'alun tout formé.

ALUMINATE, s. m., *aluminas*. Sel daus lequel l'alumine joue le rôle d'un acide combiné avec une base.

ALUMINE, s. f., *alumina*; *Alaunerde, Thonerde* (all.). Terre qui résulte de la combinaison de l'aluminium avec l'oxigène.

ALUMINÉ, adj., *aluminatus*; *thonhaltig* (all.); qui contient de l'alumine; *pierre aluminée*.

ALUMINÉES, adj. f. pl. Dans sa méthode géognostique, Omalius désigne ainsi un ordre de roches qui comprend les pierres aluminées.

ALUMINEUSES, adj. f. pl., *aluminosæ*. Les pierres aluminées forment un ordre de roches, sous ce nom, dans la méthode géognostique de Maraschini.

ALUMINEUX, adj., *aluminosus*; *alaunicht* (all.); *aluminous* (angl.); qui contient de l'alumine (ex. *Ampelite alumineuse*). Le *Decadia aluminosa* est ainsi appelé parce que les Cochinchinois employent l'écorce et les feuilles de cet arbre, en guise d'alun, pour la teinture en rouge.

ALUMINIATE, s. m., *aluminias*. Bonsdorff, dans sa méthode minéralogique, substitue ce mot à celui d'aluminate.

ALUMINICO-AMMONIQUE, adj., *aluminico-ammonicus*. Épithète donnée par Berzelius à un sel double produit par la réunion d'un sel aluminique et d'un sel ammonique. Ex. *Fluorure aluminico-ammonique* (*fluate d'alumine et d'ammoniaque*).

ALUMINICO-BARYTIQUE, adj., *aluminico-baryticus*. Épithète donnée, dans la nomenclature chimique de Berzelius, à un sel double qui résulte de la combinaison d'un sel aluminique avec un sel barytique. Ex. *Silicate aluminico-barytique* (*silicate d'alumine et de baryte*).

ALUMINICO-CALCIQUE, adj., *aluminico-calcicus.* Épithète donnée, dans la nomenclature chimique de Berzelius, à un sel double produit par la réunion d'un sel aluminique et d'un sel calcique. Ex. *Silicate aluminico-calcique* (*silicate d'alumine et de chaux*).

ALUMINICO-HYDRIQUE, adj., *aluminico-hydricus.* Épithète donnée à un sel double qui résulte de la combinaison d'un sel aluminique et d'un composé hydrique. Ex. *Chlorosulfure aluminico-hydrique*, qui est formé de chlorure aluminique et de sulfure d'hydrogène.

ALUMINICO-LITHIQUE, adj., *aluminico-lithicus.* Épithète donnée à un sel double qui résulte de la combinaison d'un sel aluminique et d'un sel lithique. Ex. *Phosphate aluminico-lithique* (*phosphate d'alumine et de lithine*).

ALUMINICO-MAGNÉSIQUE, adj., *aluminico-magnesicus.* Épithète donnée, dans la nomenclature chimique de Berzelius, aux sels doubles qui sont formés d'un sel aluminique et d'un sel magnésique. Ex. *Silicate aluminico-magnésique* (*silicate d'alumine et de magnésie*).

ALUMINICO-POTASSIQUE, adj., *aluminico-potassicus.* Épithète donnée, dans la nomenclature chimique de Berzelius, à un sel double qui résulte de la combinaison d'un sel aluminique avec un sel potassique. Ex. *Chlorure aluminico-potassique* (*hydrochlorate de potasse et d'alumine*).

ALUMINICO-SODIQUE, adj., *aluminico-sodicus.* Épithète donnée, dans la nomenclature chimique de Berzelius, à un sel double formé par un sel aluminique combiné avec un sel sodique. Ex. *Sulfate aluminico-sodique*

(*sulfate d'alumine et de soude*).

ALUMINICO-ZINCIQUE, adj., *aluminico-zincicus.* Épithète donnée, dans la nomenclature chimique de Berzelius, à un sel double qui résulte d'un sel aluminique combiné avec un sel zincique. Ex. *Fluorure aluminico-zincique* (*fluate d'alumine et de zinc*).

ALUMINIDES, s. m. pl. Beudant donne ce nom, dans sa classification minéralogique, à une famille de minéraux, qui a pour type l'alumine.

ALUMINIFÈRE, adj., *aluminiferus* (*alumen*, alun, *fero*, porter); qui contient de l'alumine. Ex. *Chaux fluatée aluminifère*, qui est mêlée d'argile ferrugineuse.

ALUMINIO-SILICATE, s. m., *aluminio-silicas.* Dans la classification minéralogique de Bonnsdorff, c'est le nom d'un groupe de sels, dans lesquels l'alumine et la silice sont considérées comme jouant ensemble le rôle d'acide.

ALUMINIQUE, adj., *aluminicus.* Épithète donnée par Berzelius aux sels dans lesquels l'alumine joue le rôle de base : *chlorure, sulfate, hydrate aluminique.* La seule combinaison connue d'aluminium et d'oxigène porte aussi le nom d'*oxide aluminique* (*alumine*).

ALUMINIUM, s. m., *aluminium.* Métal qu'il est douteux que Davy ait réduit, mais qui a été obtenu pur et isolé par Wœhler et OErsted, et qui fait la base de l'alumine.

ALUMINOXIDE, s. m. Beudant appelle ainsi la combinaison d'aluminium et d'oxigène, ou l'oxide aluminique (alumine).

ALUNIFÈRE, adj., *aluniferus;* qui contient de l'alun : *marne alunifère.*

ALUNIQUES, adj. pl. Omalius appelle de ce nom un genre de roches, contenant celles dans lesquelles il existe de l'alun tout formé.

ALUTACÉ, adj., *alutaceus; leder-*

I.

artig (all.) (*aluta*, peau mégissée) ; qui ressemble à la peau molle préparée par les mégissiers, comme le champignon appelé *Agaricus longicaudus.*

ALVÉOLAIRE, adj., *alveolarius ;* qui appartient aux alvéoles. Le *Clerus alveolarius* doit ce nom à ce que sa larve vit dans l'intérieur des ruches d'abeilles, où elle cause de grands dégâts.

ALVÉOLAIRES, adj. et s. m. pl., *Alveolaria.* Nom donné par Latreille à une famille de la classe des Polypes, comprenant ceux qui forment à l'extérieur des polypiers polymorphes.

ALVÉOLARIFORME, adj., *alveolariformis* (*alveolus*, alvéole, *forma*, forme). Un insecte (*Ichneumon alveolariformis*) a été ainsi nommé parce que ses coques, toutes posées les unes à côté des autres, dans le sens de leur longueur, représentent, après la sortie de l'insecte, les cellules d'un rayon d'abeilles.

ALVÉOLE, s. m., *alveolus*, *alvcus*, *alvus*, *alveolum*, *favicella*, *foveola*, *fossula.* On appelle ainsi : 1° en botanique, de petites fossettes creusées sur diverses parties des plantes, et, d'après Cassini, une cavité produite par la réunion et la soudure des cloisons du clinanthe de certaines Synanthérées ; 2° en zoologie, les cavités des os maxillaires (*Zahnfach*, *Zahnhöhle*, all. ; *hole*, angl. ; *alveolo*, it.) dans lesquelles sont implantées les racines des dents ; de petites cellules ou loges que les abeilles et guêpes construisent (*Honigzelle*, all. ; *celle*, angl.) pour déposer leurs œufs et leur miel et pour élever leurs larves ; les replis de la matière gélatineuse dont certains Orthoptères enveloppent leurs œufs.

ALVÉOLÉ, adj., *alveatus*, *alveolatus*, *favosus*, *faveolatus*, *impressus* ; *zellig*, *zahnfächerig* (all.) ; *faviforme* (it.) ; qui est creusé de fossettes ou petites cavités placées sy-

métriquement les unes à côtés des autres et approchant beaucoup de la forme des alvéoles des abeilles. Ainsi, 1° en botanique, on dit : *clinanthe alvéolé* (ex. *Onopordon acanthium*) ; *graine alvéolée* (ex. *Papaver somniferum*) ; *placentaire alvéolé* (ex. *Anagallis arvensis*). Le *Boletus favus* doit ce nom à ce que sa surface inférieure présente de très-larges pores semblables à des alvéoles de ruche d'abeilles. 2° En zoologie, on donne le nom de *Spongia favosa* à une éponge dont les cellules sont séparées seulement par des interstices nombreux, et celui d'*Amphitrite alveolata* à une annelide sociale qui forme avec le sable de grandes masses composées d'une multitude de tubes placés les uns à côté des autres, et clos chacun par un petit opercule.

ALVÉOLIFORME, adj., *alveoliformis* (*alveolus*, alvéole, *forma*, forme) ; qui a la forme d'un alvéole d'abeille, comme les cellules de certains Polypiers. Ex. *Vaginipora fragilis.*

ALVIN, adj., *alvinus* (*alvus*, basventre) ; qui a rapport ou qui appartient au bas-ventre. Le résidu de la digestion est fort souvent appelé, chez l'homme, *matières* ou *déjections alvines.*

ALVITHORAX, s. m., *alvithorax* (*alvus*, ventre, θώραξ, poitrine). Mauvais mot que Latreille a introduit pour désigner le têt des animaux articulés couvrant un tronc séparé de la tête, qui supporte les six pieds-mâchoires, avec les cinq paires de pieds thorachiques, et qui correspond au thoracide des Crustacés décapodes, moins la tête.

ALYSSINÉES, adj. et s. f. pl., *Alyssineæ.* Nom d'une tribu que Candolle a établie dans la famille des Crucifères, et qui a pour type le genre *Alyssum.*

ALYSSOIDÉES, adj. et s. f. pl. ;

Alyssoideæ. Nom donné par Candolle à une section du genre *Pleurandra*, comprenant les espèces qui, par les poils de leurs feuilles, ressemblent à des *Alyssum*.

AMADELPHE, adj., *amadelphus* (ἅμα, ensemble, ἀδελφός, frère); qui vit en société, en troupes. Ex. *Agaricus amadelphus*.

AMADOUVIER, adj., *fomentarius*, *igniarius*. Épithète donnée à divers champignons dont on se sert pour faire de l'amadou. Ex. *Boletus igniarius, Boletus fomentarius*.

AMALGAME, s. m., *amalgama* (ἅμα, ensemble, γαμέω, se marier). Combinaison du mercure avec un ou plusieurs métaux.

AMALGAMÉ, adj., *amalgamatus*. Se dit d'un métal qui est combiné avec du mercure.

AMALTHÉE, s. f., *amalthea* (ἅμα, ensemble, ἀλθέω, augmenter): Desvaux donne ce nom à la réunion de plusieurs fruits secs et cornés dans un calice qui persiste sans devenir charnu. Ex. *Agrimonia Eupatorium*.

AMALTHÉES, adj. et s. f. pl., *Amalthei*. Debuch appelait ainsi une tribu de la famille des Ammonées, ayant pour type l'*A. Amaltheus*.

AMANDE, s. f., *amygdala, nucleus*; ἀμυγδάλη; *Mandel* (all.); *almond* (angl.); *mandorla* (it.). Ce mot, qui désigne à proprement parler le fruit de l'amandier, a pris peu à peu une plus grande extension. Le vulgaire entend par là toute graine renfermée dans un noyau, y compris même le péricarpe, quand celui-ci est mince et sec. En botanique, une *amande* est l'ensemble des organes (embryon, seul ou périspermé) qui sont contenus dans le tégument de la graine, dont ils déterminent la capacité.

AMANITINE, s. f., *amanitina* (ἀμανίτης, espèce de champignon). Letellier donne ce nom au principe vénéneux des champignons, qu'il n'a pu isoler des autres avec lesquels il se trouve associé.

AMARANTHACÉES, adj. et s. f. pl., *Amaranthaceæ*. Famille de plantes, établie par Jussieu, et qui a pour type le genre *Amaranthus*.

AMARANTHOIDES, adj. et s. f. pl., *Amaranthoïdeæ*. Nom donné par Ventenat à la famille des Amaranthacées.

AMARINE, s. f., *amarina* (amarus, amer). Quelques personnes ont proposé ce nom pour désigner une matière particulière, à laquelle elles attribuent la saveur amère.

AMARYLLIDÉES, adj. et s. f. pl., *Amaryllideæ*. Famille de plantes, ayant pour type le genre Amaryllis, qui a été établie par R. Brown.

AMARYLLIDIFORMES, adj. et s. f. pl., *Amaryllidiformes*. Nom donné par G. Herbert à une section de la famille des Amaryllidées, comprenant celles qui se rapprochent le plus des Amaryllis.

AMAS, s. m., *Stock* (all.); *heap* (angl.). Les géognostes emploient ce terme pour désigner un masse informe, plus ou moins volumineuse, à faces irrégulières, jamais planes ni parallèles, dont aucune dimension ne l'emporte beaucoup sur les autres, qui ne constitue pas à elle seule un terrain, se trouve comme enveloppée par des matières d'un genre différent, et forme ainsi des blocs plus ou moins irréguliers.

AMASTOZOAIRES, adj. et s. m. pl., *Amastozoaria* (α priv., μαστός, mamelle, ζῶον, animal). Dans la classification zoologique de Blainville, ce nom est celui d'un sous-type du règne animal, comprenant les animaux vertébrés qui sont dépourvus de mamelles.

AMBIANNULAIRE, adj., *ambiannularis* (ambo, les deux, annulus, anneau). Épithète donnée, dans la nomenclature minéralogique de Haüy, à un prisme hexaèdre régulier, qui a des facettes disposées en anneau autour de chaque base et produites alternativement par deux décroissemens différens. Ex. *Chaux carbonatée ambiannulaire.*

AMBIANT, adj., *ambiens ; umgehend* (all.); *ambient* (angl.) (*ambio*, entourer); qui enveloppe de toutes parts. *Fluide ambiant* est un terme dont on se sert très-souvent pour désigner l'atmosphère, qui enveloppe les corps terrestres de toutes parts. Kirby dit le *prothorax ambiant*, lorsque son sinus est assez large pour recevoir toute la tête (ex. *Chilocerus*).

AMBIGÈNE, adj., *ambigenus* (*ambo*, les deux, γέννάω, engendrer). Mauvais mot qu'on a quelquefois employé comme synonyme de *hermaphrodite*. Mirbel appelle *calice ambigène*, celui dont la partie externe est de la nature ordinaire du calice, et l'interne de celle de la corolle. Ex. *Ornithogalum umbellatum.*

AMBIGU, adj., *ambiguus ; zweideutig* (all.); *ambiguous* (angl.). Douteux, qui présente deux sens différens à l'esprit. Se dit : 1° en minéralogie, d'un *cristal* dans lequel les positions relatives des faces qui naissent de différentes lois de décroissement, offrent un problème à deux solutions, dont la véritable ne peut être reconnue qu'à l'aide de la division mécanique (ex. *Chaux carbonatée ambiguë*). 2° En botanique, *cloisons ambiguës*, celles qui, dans un péricarpe indéhiscent, font corps à la fois avec l'axe central et avec la paroi du péricarpe, de sorte qu'on ne peut les considérer comme produites ni par l'expansion de la substance des valves, ni par celle de la substance du placentaire (ex. *Orange*). — *Corolle ambiguë*, dans une plante synanthérée, d'après Cassini, celle qui est intermédiaire entre deux des formes que

ce botaniste a déterminées. — *Hile ambigu*, quand il correspond à la fois aux deux bouts réunis d'une graine recourbée ou repliée. — *Stipules ambiguës*, lorsque leurs attaches sont très-marquées à la fois sur la tige et sur le pétiole (ex. *Lotus siliquosus*). Le *Mercurialis ambigua* doit cette épithète à ce qu'il porte des fleurs mâles et des fleurs femelles sur le même pied; le *Seriphium ambiguum*, à ce qu'il tient en même temps de quatre genres différens par leurs caractères; le *Cleistostoma ambiguum*, à ce que ses caractères équivoques ne permettent pas d'assigner positivement la place qu'il doit occuper. 3° En zoologie ; la *Lutraria ambigua* est une coquille fossile qui se présente dans un tel état de dégradation qu'on ne saurait guères dire comment elle était réellement.

AMBIGUIFLORE, adj., *ambiguiflorus* (*ambiguus*, douteux, *flos*, fleur); qui a des fleurs ambiguës. H. Cassini appelle ainsi les *calathides*, les *disques* et les *couronnes* qui, dans les Synanthérées, sont composés de fleurs à corolles ambiguës.

AMBIPARE, adj., *ambiparus* (*ambo*, les deux, *paro*, préparer). Epithète donnée par les botanistes au *bourgeon* qui renferme à la fois des fleurs et des feuilles.

AMBLÉMIDES, adj. et s. m. pl., *Amblemidæ, Amblemides.* Nom donné par Rafinesque à une tribu de la famille des Pédifères, qui a pour type le genre *Amblemas.*

AMBLÉOCARPE, adj., *ambleocarpus* (ἀμβλόω, avorter, καρπός, fruit); qui produit peu de semences. Ex. *Carex ambleocarpa.*

AMBLYGONE, adj., *amblygonus* (ἀμβλύς, affaibli, γωνία, angle). Synonyme peu usité d'*obstusangulé. Voyez* ce mot.

AMBLYOPES, adj. et s. m. pl., *Amblyopes* (ἀμβλύς, affaibli, ὀψ, œil).

Nom donné par Goldfuss à une famille de Sauriens, comprenant ceux de ces reptiles qui ont les yeux petits et couverts de peau, en sorte qu'ils voient peu ou point.

AMBLYTÈRE, adj., *amblyterus* (ἀμϐλύω, être émoussé). Epithète donnée, dans la nomenclature minéralogique de Haüy, à un cristal dans lequel tous les bords et tous les angles subissent des décroissemens, à l'exception d'un bord situé à la rencontre de deux faces qui forment ensemble un angle obtus. Ex. *Baryte sulfatée amblytère.*

AMBORÉES, adj. et s, f. pl., *Amboreæ*. A. Richard appelle ainsi une section de la famille des Monimiées, dont le type est le genre *Ambora.*

AMBRÉ, adj., *ambreinus* (ἄμϐαρ, ambre); qui tient de l'ambre, qui en a la couleur ou l'odeur. La *couleur ambrée* est celle de l'ambre jaune ou succin, et l'*odeur ambrée* celle de l'ambre gris.

AMBRÉATE, s. m., *ambreas* (ἄμϐαρ, ambre). Genre de sels (*amberfettsaure Salze*, all.), qui sont formés par la combinaison de l'acide ambréique avec les bases salifiables.

AMBRÉINE, s. f., *ambreina; Amberfett, Ambrastoff* (all.) (ἄμϐαρ, ambre). Substance grasse, qui fait la base de l'ambre gris, et qui a été découvert par Pelletier et Caventou.

AMBRÉIQUE, adj., *ambreicus* (ἄμϐαρ, ambre). Nom d'un *acide* particulier (*Amberfettsäure*, all.), découvert par Pelletier et Caventou, que l'on obtient en traitant l'ambréine par l'acide nitrique.

AMBROLOGIE, s. f., *ambrologia* (ἄμϐαρ, ambre, λόγος, discours). Traité de l'ambre.

AMBROSIACÉES, adj. et s. f. pl., *Ambrosiaceæ*. Nom donné par Richard à une famille de plantes ayant pour type le genre *Ambrosia.*

AMBROSIAQUE, adj., *ambrosia-*

cus; ἀμϐρόσιος, ἀμϐροσιοδμος; *köstlich* (all.); qui a une odeur d'ambre, une odeur agréable. Ex. *Chenopodium ambrosioïdes.*

AMBROSIÉES, adj. et s. f. pl., *Ambrosieæ*. Nom donné par H. Cassini à une tribu de la famille des Synanthérées, et par Lessing à une sous-tribu de la tribu des Sénécionidées, ayant pour type le genre *Ambrosia.*

AMBULACRAIRE, adj., *ambulacraris* (*ambulo*, se promener); qui a la forme d'un ambulacre : *aire ambulacraire.*

AMBULACRE, s. m., *ambulacrum; Gang* (all.). Ce nom a été donné, par comparaison avec une allée de jardin, tantôt à l'espace compris entre les deux bandelettes d'une paire, tantôt à chaque bandelette elle-même formée par les séries de petits trous qui se voient sur le test des oursins.

AMBULACRIFORME, adj., *ambulacriformis* (*ambulacrum*, ambulacre, *forma*, forme); qui a la forme d'un ambulacre, qui imite des ambulacres; *sillon ambulacriforme.*

AMBULATOIRE, adj., *ambulatorius; wandelbar* (all.); *ambulatory* (angl.) (*ambulo*, se promener). On appelle *mouvemens ambulatoires* tous ceux qui s'exécutent sur des corps solides, comme point d'appui, et qui ont lieu le plus souvent par le moyen de pattes, quelquefois aussi à l'aide d'organes spéciaux. Illiger donnait le nom de *pieds ambulatoires*, chez les oiseaux, à ceux qui sont emplumés jusqu'aux talons, et munis de quatre doigts, trois devant et un derrière, dont les deux externes sont joints à la base seulement de la première phalange (ex. *Corvus*). Kirby employe la même expression pour désigner les pattes, chez les insectes, quand les tarses ont la plante spongieuse (ex. *Chrysomela*).

AMBULIPÈDES, s. m. pl., *Ambulipedes* (*ambulo*, se promener, *pes,* pied). Nom donné par Blainville à une famille de l'ordre des Mammifères carnassiers, comprenant ceux dont les membres, terminés par des extrémités analogues, sont propres à la progression.

AME, s. f., *animus, anima*; ψυχή; *Seele* (all.); *soul* (angl.); *anima* (it.). Terme vague et indéterminé, qui exprime, en la personnifiant, la cause inconnue d'effets connus que nous éprouvons en nous, la suite continuelle d'idées et de sentimens qui se succèdent sans interruption pendant le cours de notre vie. — On appelle *âme de la plume* une série de cônes emboîtés les uns dans les autres, que produit l'intérieur de la gaîne desséchée, lorsque la plume a pris tout son accroissement.

AMÉIVODÉS, adj. et s. m. pl., *Ameivodeœ*. Nom donné par P.-F. Fitzinger à une famille de reptiles sauriens qui a pour type le genre *Ameiva*.

AMELLOIDÉES, adj. et s. f. pl., *Amelloideœ*. Lessing désigne sous ce nom une section de la sous-tribu des Astéroïdées Astérées, ayant pour type le genre *Amellus*.

AMENTACÉ, adj., *amentaceus, strobiliferus, juliferus* (*amentum*, chaton). Se dit, en botanique, d'une plante dont les fleurs sont disposées en forme de chaton. Ex. *Acacia amentacea*.

AMENTACÉES, adj. et s. f. pl., *Amentaceœ*. Ce nom a été donné par Royen et par Guiart à une classe, par Jussieu à une famille, comprenant les plantes qui ont leurs organes de fructification disposés en chaton.

AMER, adj. et s. m., *amarus*; πικρός; *bitter* (all. angl.); *amaro* (it.). Ce mot exprime, au sens propre, une saveur généralement désagréable, et qui n'est point susceptible de définition. On le donne aussi pour épithète à des corps qui sont doués de cette sorte de saveur (ex. *Agaricus amarus, Gen-*

tiana amarella, Tetradium amarissimum ; *Spath amer.*, ou chaux carbonatée magnésifère). Au figuré, il devient synonyme, ou à peu près, de pénible (*regrets amers*) et d'offensant (*propos amers*).

AMER DE WELTER. La substance que les chimistes désignent sous ce nom, et à laquelle donne naissance l'action de l'acide nitrique sur l'indigo, fut découverte en 1788 par Hausmann, et obtenue peu de temps après par Welter. Appelée ensuite *acide carbazotique* par Liebig, elle l'a été depuis *acide nitropicrique* par Berzelius. *Voy*. ce mot.

AMERTUME, s. f., *amaritudo*; *amaritas, amarities, amaror*; πικρία; *Bitterkeit* (all.); *bitterness* (angl.); *amarezza* (it.). Saveur particulière, qui affecte toujours d'une manière désagréable, pour peu qu'elle soit intense.

AMÉTABOLES, adj. et s. m. pl., *ametabolia* (α priv., μεταβολή, changement). Nom donné par Leach à une sous-classe de la classe des insectes, comprenant ceux de ces animaux qui ne subissent pas de métamorphoses.

AMÉTAMORPHOSE, s. f., *ametamorphosis* (α priv., μεταμόρφωσις, métamorphose). Quelques entomologistes donnent ce nom au phénomène présenté par certains insectes (ex. *Arachnides*), qui ne subissent pas de métamorphoses, et ne font que changer de peau.

AMÉTAMORPHOTES, adj. et s. m. pl., *Ametamorphota*. Nom donné par Ray à une classe d'insectes, comprenant ceux qui ne subissent pas de métamorphoses.

AMÉTHYSTÉ, adj., *amethysteus* (ἀμέθυστος, améthyste); qui a une couleur violette ou violacée. Ex. *Agaricus amethysteus, Clavaria amethystea*.

AMÉTHYSTIN, adj., *amethystinus*; qui est de couleur violette. Ex. *Hya-*

cinthus amethystinus, *Boä amethystina*.

AMIANTACÉ, adj., *amianta-ceus* (ἀμίαντος, amiante); qui a quelque ressemblance avec l'amiante.

AMIANTOIDE, adj., *amiantoïdes* (ἀμίαντος, amiante, εἶδος, ressemblance); qui a l'apparence de l'amiante, comme l'arséniate de cuivre, dont les cristaux filamenteux sont disposés par touffes.

AMIDIN, s. m., *amidinus*. Chevreul appelle ainsi le tégument lisse qui forme la partie extérieure de chaque grain d'amidon.

AMIDINE, s. f., *amidina*. Ce nom, donné par Chevreul à la substance soluble, et de nature analogue à la gomme, qui remplit l'intérieur de chaque grain d'amidon, avait été appliqué par Saussure à une substance, regardée par lui comme particulière, qu'on obtient en abandonnant à lui-même l'empois d'amidon de froment. Raspail a démontré que cette dernière substance n'était qu'un assemblage de tégumens des grains vides d'amidon.

AMIDON, s. m., *amylum*; ἄμυλον, ἀμυλίον; *Satzmehl, Kraftmehl, Stärkmehl* (all.); *starch* (angl.); *amido* (it.) (α priv., μύλη, meule). Principe immédiat des végétaux, qui existe dans un grand nombre de plantes, et dont les chimistes admettent plusieurs variétés; les trois principales sont l'amidon ordinaire, l'inuline et l'amidon de lichen.

AMIDONITE, s. f. Guibourt désigne sous ce nom l'amidine de Saussure.

AMILACÉ. *Voy.* **AMYLACÉ**.

AMINCI, adj., *attenuatus*. Se dit d'un corps long, étroit et grêle. *Voy.* **ATTÉNUÉ**.

AMMAPTÉNODYTES, adj. et s. m. pl., *Ammaptenodytes* (ἄμμος, sable, α priv., πτηνὸς, volatile). Nom donné par J.-A. Ritgen à une famille d'oiseaux, comprenant ceux qui ne volent pas, et qui habitent dans les sables, comme l'autruche.

AMMINÉES, adj. et s. f. pl., *Amminea, Amminæ*. K. Sprengel et Candolle appellent ainsi une tribu de la famille des Ombellifères, qui a pour type le genre *Ammi*.

AMMODYTE, adj., *ammodytes* (ἄμμος, sable); qui vit dans le sable. L'*Astragalus ammodytes* croît dans les collines sablonneuses de la Sibérie méridionale.

AMMOLIN. *Voy.* **AMMOLINE**.

AMMOLINE, s. f., *ammolina* (de la première syllabe des mots *ammoniacum*, ammoniaque, et *oleum*, huile). Base salifiable qu'Unverdorben a extraite de l'huile animale de Dippel non rectifiée.

AMMOLIQUE, adj., *ammolicus*. Épithète donnée par Berzelius aux sels qui ont pour base l'ammoline.

AMMONACÉES, adj. et s. f. pl., *Ammonacea*. Sous ce nom, Blainville désigne une famille de l'ordre des Céphalophores polythalamacés, qui a pour type le genre *Ammonites*.

AMMONÉES, adj. et s. f. pl., *Ammoneæ, Ammonea*. Nom donné par Lamarck, Eichwald et Orbigny à une famille de Mollusques Céphalopodes, dont le genre *Ammonites* est le type.

AMMONÉEN, adj., *ammoneanus*. Épithète dont se sert Omalius pour désigner un ordre de terrains dans lesquels on trouve des fossiles fort différens des êtres actuellement vivans, et qui renferment le plus abondamment les Ammonites.

AMMONIAC, adj., *ammoniacus*; ἀμμωνιακὸς (Ἄμμων, surnom de Jupiter). On nomme vulgairement *sel ammoniac* le chlorure ammonique ou hydro-chlorate d'ammoniaque.

AMMONIACAL, adj., *ammoniacalis*; qui a rapport à l'ammoniaque, qui en contient, qui en a l'odeur;

sel ammoniacal, odeur ammoniacale, vapeur ammoniacale.— Berzelius appelle *sel ammoniacal* un sel, produit par la combinaison d'un acide anhydre avec de l'ammoniaque, qui contient cette dernière elle-même et non de l'oxide d'ammonium. Ex. *Carbonate ammoniacal.*

AMMONIACÉ, adj., *ammoniaceus; ammoniakhaltig* (all.) ; qui contient de l'ammoniaque.

AMMONIACO-MAGNÉSIEN, adj., *ammoniaco – magnesicus.* Épithète donnée par les chimistes aux sels qui contiennent de l'ammoniaque et de la magnésie.

AMMONIACO-MERCURIEL , adj., *ammoniaco-mercurialis.* On donne cette épithète, en chimie, aux sels qui contiennent de l'ammoniaque et du mercure.

AMMONIAQUE , s. f. , *ammoniaca; flüchtiges Laugensalz* , *Ammoniak* (all.). Alcali gazeux, composé d'hydrogène et d'azote, dans la proportion de trois parties du premier et une du second, et que Berzelius regarde comme un oxide d'ammonium.

AMMONIATE , s. m. , *ammonias.* Klaproth donnait ce nom aux composés d'ammoniaque et d'un oxide métallique.

AMMONICO-ARGENTIQUE , adj. , *ammonico-argenticus.* Épithète donnée, dans la nomenclature chimique de Berzelius , à un sel double qui résulte de la combinaison d'un sel ammonique avec un sel argentique. Ex. *Fulminate ammonico-argentique* (*fulminate d'ammoniaque et d'argent*).

AMMONICO-CALCIQUE , adj., *ammonico-calcicus.* Épithète donnée , dans la nomenclature chimique de Berzelius , à un sel double qui est produit par un sel ammonique combiné avec un sel calcique. Ex. *Malate ammonico – calcique* (*malate d'ammoniaque et de chaux*).

AMMONICO-HYDRIQUE , adj., *ammonico–hydricus.* Épithète donnée , dans la nomenclature chimique de Berzelius , à un sel double qui résulte de la combinaison d'un sel ammonique avec l'hydracide du corps halogène de ce même sel. Ex. *Fluorure ammonico – hydrique (fluate acide d'ammoniaque*).

AMMONICO-LITHIQUE , adj., *ammonico – lithicus.* Épithète donnée , dans la nomenclature chimique de Berzelius , à un sel double résultant de l'union d'un sel ammonique avec un sel lithique. Ex. *Phosphate ammonico–lithique* (*phosphate d'ammoniaque et de lithine*).

AMMONICO-MAGNÉSIQUE, adj. , *ammonico-magnesicus.* Épithète donnée , dans la nomenclature chimique de Berzelius , à un sel double qui résulte de la combinaison d'un sel ammonique avec un sel magnésique. Ex. *Sulfate ammonico-magnésique (sulfate d'ammoniaque et de magnésie*).

AMMONICO-MERCUREUX, adj. , *ammonico-mercurosus.* Épithète donnée , dans la nomenclature chimique de Berzelius , à un sel double qui résulte de la combinaison d'un sel ammonique avec un sel mercureux. Ex. *Nitrate ammonico-mercureux* (*nitrate d'ammoniaque et de mercure*).

AMMONICO-MERCURIQUE, adj., *ammonico-mercuricus.* Épithète donnée , dans la nomenclature chimique de Berzelius , à un sel double qui résulte de l'union d'un sel ammonique avec un sel mercurique. Ex. *Sulfate ammonico-mercurique (sulfate d'ammoniaque et de mercure*).

AMMONICO-POTASSIQUE, adj. , *ammonico-potassicus.* Épithète donnée , dans la nomenclature chimique de Berzelius , à un sel double qui résulte de la combinaison d'un sel ammonique avec un sel potassique. Ex. *Oxalate ammonico-potassique* (*oxalate d'ammoniaque et de potasse*).

AMMONICO-SODIQUE, adj., *am-monico-sodicus*. Épithète donnée, dans la nomenclature chimique de Berzelius, à un sel double qui résulte de la combinaison d'un sel ammonique avec un sel sodique. Ex. *Sulfarséniate ammonico-sodique*.

AMMONICO-URANIQUE, adj., *ammonico-uranicus*. Épithète donnée, dans la nomenclature chimique de Berzelius, à un sel double produit par la combinaison d'un sel ammonique avec un sel uranique. Ex. *Carbonate ammonico-uranique* (*carbonate d'ammoniaque et d'urane*).

AMMONIO-AZOTURE, s. m. P. Grouvelle appelle ainsi des composés qu'il croit résulter de la combinaison d'un azoture avec le gaz ammoniaque. Ex. *Ammonio-azoture de potassium*.

AMMONIO-CHLORURE, s. m. Nom donné par P. Grouvelle à des composés qu'il croit résulter de la combinaison d'un chlorure avec le gaz ammoniaque. Ex. *Ammonio-chlorure d'étain*.

AMMONIQUE, adj., *ammonicus*. Berzelius donne le nom de *sels ammoniques* à ceux qui résultent de la combinaison de l'ammoniaque avec des acides aqueux, parce qu'il entre dans leur composition de l'eau, dont on ne peut les séparer sans les détruire, eau dont l'hydrogène est précisément en quantité requise pour former de l'ammonium avec l'ammoniaque, et l'oxigène en quantité égale à celle de l'oxigène de toute autre oxibase qui aurait saturé la même dose d'acide, en sorte que l'ammoniaque et l'eau réunies représentent un oxide du radical ammonium composé de deux atomes du radical et d'un d'hydrogène. Le même chimiste appelle *oxide ammonique* l'ammoniaque considérée comme un oxide d'ammonium, et *sulfure ammonique* une combinaison de soufre et d'ammoniaque constituant

une sulfobase proportionnelle à l'oxide ammonique,

AMMONITES, s. m. pl., *Ammonitæ*. Nom donné par G. de Haan et Menke à une famille, et par Latreille à une sous-tribu de l'ordre ou de la classe des Céphalopodes, qui ont pour type le genre *Ammonites*.

AMMONIUM, s. m., *ammonium*. Berzelius appelle ainsi la base métallique hypothétique de l'ammoniaque, qu'il suppose être un nitrure tétrahydrique, et dont il regarde l'ammoniaque comme étant l'oxide.

AMMONIURE, s. m., *ammoniuretum*. Composé d'ammoniaque et d'un oxide métallique.

AMMONOIDES, s. m. pl., *Ammonoides*, *Ammonoidea*. Nom donné par Orbigny et Menke à une tribu de la famille des Céphalopodes hélicostègues comprenant ceux chez lesquels les tours de spire ne se recouvrent pas, comme dans les Ammonites.

AMMOPHILE, adj., *ammophilus* (ἄμμος, sable, φιλέω, aimer); qui aime le sable. Le *Carex ammophilus* est ainsi appelé parce qu'il croît dans les lieux sablonneux.

AMNESTOTHALÉ, adj., *amnestothaleus* (ἀμνηστεία, célibat, θάλειος, florissant). Épithète donnée par G. Allmann aux plantes qui ont les sexes contenus dans des fleurs séparées.

AMNIOS, s. m., *amnios; ἀμνίος, ἀμνίον*. Malpighi et Candolle ont donné ce nom, par analogie avec le règne animal, au liquide mucilagineux, qui, après la fécondation, remplit le spermoderme déjà bien formé des ovules.

AMNIOTATE, s. m., *amniotas*. Nom donné autrefois à des sels (*amniossaure Salze*, all.) qui portent aujourd'hui celui d'*allantoate*. *Voyez* ce mot.

AMNIQUE, adj., *amnicus*. Quelques chimistes ont donné ce nom à l'acide amniotique.

AMNIOTIQUE, adj., *amnioticus*. Vauquelin et Buniva ont donné ce nom à un *acide* (*Amniossäure*, all.) dont ils avaient annoncé la présence dans l'eau de l'amnios de la vache, où Dzondi et Proust n'ont pu le retrouver, mais que Lassaigne a prouvé exister dans le liquide de l'allantoïde, ce qui fait qu'on a changé son nom en celui d'*allantoïque*. *Voyez* ce mot.

AMOÉBÉS, adj. et s. m. pl., *Amoebæa*. C.-G. Ehrenberg appelle ainsi une tribu de la classe des Polygastriques, qui a pour type le genre *Amoeba*.

AMOMÉES, adj. et s. f. pl., *Amomeæ*. Richard donnait ce nom, moins usité que celui de *Cannées*, à une famille de plantes dont fait partie le genre *Amomum*.

AMORPHE, adj., *amorphus*; ἄμορφος; *formlos* (all.) (α priv., μορφή, forme); qui n'a pas de forme bien déterminée ou bien distincte. Le *Péziza amorpha* est ainsi appelé parce qu'avec l'âge, ce champignon prend la forme de cupules irrégulières, qui se confondent souvent avec leurs voisines.

AMORPHIE, s. f., *amorphia*; *Formlosigkeit* (all.). Défaut de forme, difformité, vice de conformation.

AMORPHOPHYTE, s. m., *amorphophytum* (α priv., μορφή, forme, φυτὸν, plante). Nom donné par Necker aux plantes qui ont des fleurs irrégulières ou anomales.

AMORPHOSE, s. f., *amorphosis*. Contraction du mot *anamorphose*. *Voyez* ce terme.

AMORPHOZOAIRES, adj. et s. m. pl., *Amorphozoa* (α priv., μορφή, forme, ζῶον, animal). Nom donné par Blainville à un type du règne animal comprenant des animaux informes, ou sans forme déterminée, comme les éponges.

AMOUILLANT, adj. Il se dit, en termes vulgaires, d'une vache qui est prête à vêler ou qui vient de vêler; *une vache qui amouille, qui est sur le point d'amouiller.*

AMOUILLE, s. f. Nom vulgaire du premier lait fourni par une vache qui vient de vêler.

AMOUR, s. m., *amor*; φιλία; *Liebe* (all.); *love* (angl.); *amore* (it.). Sentiment impétueux qui porte une personne d'un sexe vers une personne d'un autre sexe. L'amour est une passion bien différente de l'instinct qui pousse les sexes à se rechercher, malgré les liens intimes qui l'unissent à ce penchant. C'est par abus, ou poétiquement, qu'on le confond avec ce dernier, comme lorsqu'on dit, en parlant des animaux, la *saison des amours*, pour désigner l'époque du rut, l'entrée en chaleur. *Amour* s'entend aussi d'un tendre attachement pour une personne (*amour filial, amour maternel*). Au figuré, il exprime un désir ardent, un penchant irrésistible pour un objet quelconque, réel (*amour des richesses*), ou idéal (*amour de la gloire*). On dit que la terre *entre en amour* ou *en amitié*, lorsqu'au printemps elle met en action la force végétative des plantes, et qu'elle *est en amour* tant que la sève circule avec vigueur dans les végétaux.

AMPÉLIDES, adj. et s. m. pl., *Ampelidæ, Ampelides* (ἄμπελος, vigne). Nom donné par Kunth à une famille de plantes qui a pour type le genre *Vitis*.

AMPÉLOGRAPHIE, s. f., *ampelographia* (ἄμπελος, vigne, γράφω, écrire). Traité sur la vigne.

AMPHANTHE, s. m., *amphanthium*; *Fleischgehäuse, Blüthenfrucht* (all.) (ἀμφὶ, autour, ἄνθος, fleur). Link appelle ainsi les réceptacles dilatés, par évasement des pédoncules, qui supportent (ex. *Synanthérées*), ou qui renferment (ex. *Ficus*) les fleurs.

AMPHIBIE, adj. et s. m., *amphibius*; ἀμφίβιος; *beidlebig* (all.); *amphibious* (angl.); *anfibio* (it.) (ἀμφίς, de part et d'autre, βίος, vie). Se dit : 1° en botanique, des plantes qui croissent indifféremment dans l'eau ou hors de l'eau (ex. *Polygonum amphibium*); 2° en zoologie, d'un animal qui fréquente l'eau, pour y chercher sa nourriture ou pour d'autres motifs (ex. *Hippopotamus amphibius*); d'un animal qui se tient habituellement dans les lieux humides (ex. *Succinea amphibia*); d'un animal qui, pouvant plonger très long-temps, se tient le plus souvent (ex. les *Phoques*), ou toujours (ex. les *Baleines*), sur ou dans l'eau, quoiqu'il ait besoin de respirer l'air de temps en temps, et ne puisse jamais respirer que ce fluide; d'un animal qui respire l'eau à certaines époques de sa vie et l'air à certaines autres (ex. les *Grenouilles*); enfin d'un animal qui respire à la fois l'air et l'eau (ex. *Sirena lacertina*). Ce dernier cas est le seul où le mot *amphibie* soit rigoureusement applicable.

AMPHIBIENS, adj. et s. m. pl., *Amphibii*. Blainville désigne ainsi une classe d'animaux vertébrés, comprenant ceux qui respirent par des branchies, soit pendant toute leur vie, soit au moins pendant un certain laps de temps, et correspondant à l'ordre des Batraciens des autres zoologistes.

AMPHIBIES, adj. et s. m. pl., *Amphibia*. Nom donné par Linné à une classe d'animaux dans laquelle il comprit d'abord les reptiles et les poissons chondroptérygiens, puis les reptiles seuls; par Merrem, Ficinus et Carus à une classe qui embrasse tous les reptiles; par Latreille à une classe qui ne renferme que les batraciens; par Cuvier et Desmarets à une tribu; par Duméril, Tiedemann et Latreille à un ordre de la classe des Mammifères.

AMPHIBIOLOGIE, s. f., *amphibiologia* (ἀμφίβιος, amphibie, λόγος, discours). Partie de la zoologie qui traite de l'histoire des reptiles.

AMPHIBIOLOGUE, s. m., *amphibiologus*. Naturaliste qui s'occupe spécialement des reptiles.

AMPHIBOLES, adj. et s. f. pl., *Amphibolæ* (ἀμφιβόλος, ambigu). Nom donné par K. Sprengel à une section des Hydrophytes qui correspond aux Diatomées d'Agardh.

AMPHIBOLES, adj. et s. m. pl., *Amphiboli* (ἀμφι, autour, βολέω, jeter). Nom donné par Illiger et Goldfuss à une famille, et par Savi à une tribu de l'ordre des Passereaux, renfermant des oiseaux qui ont deux doigts en avant et deux en arrière, dont le postérieur externe est versatile.

AMPHIBOLIFÈRE, adj., *amphiboliferus*; qui contient de l'amphibole. Ex. *Granite amphibolifère*.

AMPHIBOLIQUE, adj., *amphibolicus*. Épithète dont les géognostes se servent pour désigner toute roche dans laquelle l'amphibole cristallisée entre comme partie constituante essentielle, ou dont elle fait la base (ex. *Granite amphibolique, roche amphibolique*). Les *roches amphiboliques* forment un genre dans les classifications de Bonnard et d'Omalius, un groupe dans celle de Brongniart.

AMPHIBOLINS, adj. et s. m. pl., *Amphibolini* (ἀμφι, autour, βολέω, jeter). Nom donné par C. Bonaparte à la famille d'oiseaux que d'autres ornithologistes désignent sous celui d'*Amphiboles*. *Voyez* ce mot.

AMPHIBOLOSTYLE, adj., *amphibolostylus* (ἀμφιβόλος, ambigu, στύλος, style). Épithète donnée par Wachendorff aux plantes dans lesquelles le style n'est presque point apparent.

AMPHICARPE, adj., *amphicarpus, amphicarpos* (ἀμφίς, de part et d'autre, καρπὸς, fruit); qui a des fruits de deux sortes, soit quant à la forme, soit quant à l'époque de leur maturation. Le *Lathyrus amphicarpos* est ainsi appelé parce que ses légumes supérieurs sont linéaires, et les inférieurs ovales; le *Milium amphicarpon*, parce qu'indépendamment des fleurs de sa panicule, il en a d'autres radicales, dont les fruits mûrissent avant ceux des autres.

AMPHICURTE, adj., *amphicurtus* (ἀμφίκυρτος, arrondi). L'*Equorea amphicurta* doit cette épithète à ce que son ombrelle est presque hémisphérique.

AMPHIDE, adj. (ἀμφὶς, de part et d'autre). Berzelius appelle *sels amphides* ceux qui résultent de la combinaison d'un acide avec une base, c'est-à-dire d'un oxacide avec une oxibase, d'un sulfide avec un sulfure, d'un sélénide avec un séléniure, d'un telluride avec un tellurure, parce qu'ils sont dus à la combinaison de composés produits par des corps amphigènes.

AMPHIDESMITES, adj. et s. m. pl., *Amphidesmites* (ἀμφὶς, de part et d'autre, δεσμὸς, lien). Nom donné par Latreille à une famille de la classe des Conchifères, comprenant ceux qui ont un double ligament cardinal.

AMPHIGASTRE, s. m., *amphigastrium* (ἀμφὶ , autour, γαστήρ, ventre). Sous ce nom, Ehrhart et Link désignent celles des stipules de certaines jungermannies qui sont insérées sur la tige, qu'elles recouvrent et embrassent.

AMPHIGASTRIÉ, adj., *amphigastriatus*. Épithète donnée par J.-B. Linderberg aux jungermannies stipulées.

AMPHIGÈNE, adj., *amphigenus* (ἀμφὶς, de part et d'autre, γεννάω, produire). Berzelius donne ce nom aux corps simples qui produisent des acides et des bases. *Voyez* BASIGÈNE.

AMPHIGÉNIQUE, adj., *amphigenicus ;* qui contient des cristaux d'amphigène disséminés. Ex. *Téphrine amphigénique.*

AMPHIHEXAEDRE, adj., *amphihexaedrus* (ἀμφὶ, autour, ἒξ, six, ἔδρα, base). Se dit, dans la nomenclature minéralogique de Haüy, d'un *cristal* dans lequel les faces, prises en deux sens différens, l'un latéral, l'autre longitudinal, composent le contour d'un prisme hexaëdre. Ex. *Epidote amphihexaëdre.*

AMPHIMÉTRIQUE, adj., *amphimetricus* (ἀμφὶ, autour, μετρέω, mesurer). Nom donné, dans la nomenclature minéralogique de Haüy, à une variété de chaux carbonatée composée de l'équiaxe et d'un dodécaèdre produit par un décroissement sur les bords inférieurs, dans laquelle l'incidence des deux faces situées de part et d'autre de l'un des mêmes bords est égale à l'angle plan obtus de l'équiaxe.

AMPHIMIMÉTIQUE, adj., *amphimimeticus* (ἀμφὶ, autour, μιμητὴς, imitateur). Nom donné, dans la nomenclature minéralogique de Haüy, à une variété de chaux carbonatée, composée du rhomboïde primitif et de deux dodécaèdres, dont l'un a le grand angle de ses faces égal à la plus grande incidence des faces du primitif, et l'autre la plus grande incidence de ses faces double de la plus petite partie de celle du primitif.

AMPHINOMÉES, adj. et s. f. pl., *Amphinomæ, Amphinomeæ, Amphinomea.* Nom donné par Blainville à une famille de la classe des Chétopodes, par Savigny, Lamarck et Latreille à une famille de la classe des Annelides, ayant pour type le genre *Amphinome.*

AMPHIPNEUSTES, adj. et s. m. pl., *Amphipneusta* (ἀμφὶς, de part et d'autre, πνευστιάω, haleter). Merrem appelle ainsi une tribu de la classe des reptiles, comprenant ceux qui ont simultanément des branchies et des poumons, c'est-à-dire deux appareils respiratoires.

AMPHIPODES, adj. et s. m. pl., *Amphipoda* (ἀμφὶ, autour, ποῦς, pied). Nom donné par Cuvier, Latreille, Eichwald et Straus à un ordre de la classe des Crustacés.

AMPHIPODIFORME, adj., *amphipodiformis* (*amphipodus*, amphipode, *forma*, forme). Kirby donne cette épithète aux larves hexapodes, herbivores, qui, avec de longues antennes, ont un corps court, comprimé et sauteur. Ex. *Gryllus*.

AMPHISARQUE, s. m., *amphisarca* (ἀμφὶ, autour, σάρξ, chair). Desvaux appelait ainsi un fruit indéhiscent, multiloculaire, sec et ligneux à l'extérieur, pulpeux à l'intérieur. Ex. *Adansonia Baobab*.

AMPHISBÉNIENS, adj. et s. m. pl., *Amphisbænii*. Nom donné par Latreille à une famille, par Ficinus et Carus à une tribu, et par Blainville à une section de l'ordre des reptiles ophidiens, qui ont pour type le genre *Amphisbæna*.

AMPHISBÉNOIDES, adj. et s. m. pl., *Amphisbænoidæ*, *Amphisbænoidei*. C'est le nom que P.-F. Fitzinger et Eichwald donnent à une famille de reptiles ophidiens ayant pour type le genre *Amphisbæna*.

AMPHISCIEN, adj., *amphiscius*; *zweischattig* (all.) (ἀμφὶ, autour, σκιά, ombre). Épithète donnée aux peuples qui habitent la zone torride, parce qu'ils ont leur ombre tournée tantôt vers le midi et tantôt vers le nord, suivant la position de la terre par rapport au soleil.

AMPHISTOME, adj., *amphistomus* (ἀμφὶ, autour, στόμα, bouche); qui entoure la bouche. La *Clymene amphistoma* doit cette épithète à un rebord demi-cylindrique qui avance au dessus de sa bouche.

AMPHISTOMES, adj. et s. f. pl., *Amphistomi*. Nom donné par Bridel à un ordre de la famille des mousses.

AMPHITRITÉES, adj. et s. m. pl., *Amphitriteæ*, *Amphitrita*, *Amphitrites*, *Amphitritea*. Nom donné par Savigny, Lamarck, Latreille, Goldfuss, Ficinus et Carus, à une famille de la classe des Annelides, par Blainville à une famille de celle des Chétopodes, et par Eichwald à une famille de celle des Grammazoaires, qui ont pour type le genre *Amphitrite*.

AMPHITROPE, adj., *amphitropus* (ἀμφὶ, autour, τροπέω, retourner). Richard donne cette épithète à l'*embryon* végétal, lorsqu'il est tellement courbé, que ses deux bouts se dirigent vers le hile, et sont à peu près également voisins. Ex. *Crucifères*.

AMPHITROPIE, s. f., *amphitropia*. Phénomène qui a lieu lorsque, dans le développement progressif de l'ovule végétal, le hile, qui s'est confondu avec la chalaze, ne reste pas avec elle directement opposé à l'exostome, mais que la situation relative du hile, de la chalaze et de l'exostome change plus tard, l'ovule se courbant, dans le même temps qu'en se renversant il écarte son hile de la chalaze.

AMPHIUMIDÉS, adj. et s. m. pl., *Amphiumidea*. Nom donné par J.-E. Gray à une famille de la classe des reptiles, qui a pour type le genre *Amphiuma*.

AMPHIUMOIDES, adj. et s. m. pl.; *Amphiumoidæ*. Fitzinger nomme ainsi une famille de la classe des reptiles, ayant le genre *Amphiuma* pour type.

AMPHORE, s. f., *amphora*. Quelques botanistes ont donné ce nom, en raison de sa forme, à la valve inférieure et demi-sphérique des pyxides, après qu'elles se sont divisées en deux à l'époque de la maturité. Ex. *Anagallis arvensis*.

AMPLECTIF, adj., *amplectivus*,

amplectans, *amplexans* (*amplector*, embrasser). En botanique, on dit la *préfoliation amplective* quand les feuilles sont pliées longitudinalement, et qu'elles ont leurs deux bords serrés dans une autre feuille, qui est pliée aussi de la même manière. Ex. *Iris*.

AMPLEXATILE, adj., *amplexatilis* (*amplector*, embrasser). Richard donne cette épithète à l'*embryon* végétal, lorsque la radicule s'élargit au point d'embrasser tout le reste. Ex. certaines Graminées.

AMPLEXICAUDÉ, adj., *amplexicaudatus* (*amplector*, embrasser, *cauda*, queue); qui a la queue embrassée, enveloppée entièrement dans la membrane interfémorale. Ex. *Molossus amplexicaudatus*, *Phyllostoma amplexicaudata*.

AMPLEXICAULE, adj., *amplexicaulis*; *umfassend* (all.); *ambracia-fusto*, *amplessicaule* (it.) (*amplector*, embrasser, *caulis*, tige); qui embrasse la tige. Se dit : du *pétiole* et du *pédoncule*, quand ils embrassent la tige par leur base élargie; des *feuilles* (ex. *Loranthus amplexicaulis*, *Lamium amplexicaule*) et des *stipules* (ex. *Cardamine impatiens*), quand elles sont sessiles, et qu'elles s'élargissent à leur insertion, de manière à se prolonger latéralement pour entourer en partie la tige ou le rameau, sans que leurs lobes se soudent ensemble en devant.

AMPLEXIFLORE, adj., *amplexiflorus* (*amplector*, embrasser, *flos*, fleur); qui embrasse la fleur. Se dit des squamelles du clinanthe de certaines Synanthérées.

AMPLEXIFOLIÉ, adj., *amplexifolius* (*amplector*, embrasser, *folium*, feuille); qui a des feuilles amplexicaules. Ex. *Loranthus amplexifolius*, *Leptarrhena amplexifolia*.

AMPLIATIFLORE, adj., *ampliatiflorus* (*amplio*, agrandir, *flos*, fleur). Épithète donnée par H. Cassini

à la *couronne* des Synanthérées; quand elle est composée de fleurs à corolles amplifiées.

AMPLIÉ, adj., *ampliatus*; *erweitert* (all.) (*amplio*, agrandir). Kirby dit les *élytres ampliées*, quand elles sont disproportionnellement larges à leur extrémité. Ex. *Lycus fasciatus*.

AMPLIFIÉ, adj., *ampliatus*; *erweitert* (all.); *aumentato* (it.) (*amplio*, agrandir). Nom donné par H. Cassini à toute corolle de Synanthérée dont le limbe, notablement élargi ou dilaté, est évasé en tous sens. Ex. *Cyanus segetum*.

AMPLITUDE, s. f., *amplitudo*; *Weite* (all.). Les astronomes appellent ainsi l'arc de l'horizon compris entre le vrai point d'orient ou d'occident et le centre d'un astre, à l'instant de son lever ou de son coucher. L'*amplitude de la variation diurne* d'une aiguille de déclinaison est l'angle que cette aiguille parcourt depuis la station du matin jusqu'au maximum de déviation occidentale; cet angle, variable chaque jour, est le plus grand en été et le plus petit en hiver.

AMPOULE, s. f., *ampulla*; *Blase* (all.); *blister* (angl.); *ampolla* (it.). Wildenow et Link appellent ainsi les corpuscules globuleux et creux qui se développent sur les racines de certaines plantes aquatiques (ex. *Utricularia*), et procurent à ces végetaux la faculté de surnager. On donne également ce nom aux vésicules pleines d'air qui garnissent certaines hydrophytes (ex. *Fucus vesiculosus*).

AMPOULÉ, adj., *ampullatus*; *blasig* (all.); *swelling* (angl.); qui a la forme d'une ampoule. L'*Oxytropus ampullatus* est appelé ainsi à cause de ses légumes renflés.

AMPULLACÉ, adj., *ampullaceus*; *ampullæformis*; *flaschenförmig* (all.); *ampollaceo* (it.) (*ampulla*, ampoule); qui a la forme d'une vessie ou d'une bouteille. On dit : 1° en botanique, *corolle ampullacée* quand elle est renflée à la base (ex. *Erica ampullacea*), ou quand son tube est gibbeux (ex. *Loranthus ampullaceus*). Le *Lichen ampullaceus* a ses cupules grosses et renflées. Le *Splachnum ampullaceum* a son urne garnie d'un prolongement renflé, qu'on a comparé à une petite fiole ; 2° en zoologie, on dit qu'une hydatide a le *corps ampullacé*. Une coquille prend aussi cette épithète lorsqu'elle est ventrue et renflée (ex. *Cancellaria ampullacea*).

AMPULLAIRE, adj., *ampullarius*. En botanique, on nomme *glandes ampullaires* des espèces d'ampoules qui sont formées par la dilatation de l'épiderme et remplies d'un liquide incolore (ex. *Mesembryanthemum cristallinum*). En zoologie, on appelle ainsi une coquille ayant la forme d'une poire alongée ou d'une bouteille (ex. *Fistulana ampullaria*).

AMYDES, adj. et s. f. pl., *Amydes*. Nom donné par Oppel à une famille qu'il a établie dans l'ordre des reptiles chéloniens.

AMYGDALAIRE, adj., *amygdalarius ; mandelförmig* (all.) (ἀμύγδαλη, amande). Nom donné par Haüy à des *roches* dont le caractère consiste en ce que les noyaux ou amandes qu'elles contiennent se trouvent dans le même cas que si ces corps étaient venus après coup se loger dans des cellules préparées pour les recevoir.

AMYGDALÉES, adj. et s. f. pl., *Amygdaleæ*. Candolle et Ventenat ont donné ce nom à une tribu de la famille des Rosacées, ayant pour type le genre *Amygdalus*, et que Lindley, Sprengel et Kunth ont érigée en famille.

AMYGDALIFÈRE, adj., *amygdaliferus* (*amygdala*, amande, *fero*, porter). Se dit, en minéralogie, d'une *géode* qui renferme un noyau mobile (ex. *Quarz agate pyromaque géodique amygdalifère*) ; et en botanique,

d'un *plante* qui porte des amandes (ex. *Caryocar amygdaliferum*).

AMYGDALIN, adj., *amygdalinus, amygdalinaceus ; mandelartig* (all.). On dit, en minéralogie, qu'une *roche* a une *structure amygdaline* quand elle est composée de parties ovoïdes, serrées les unes contre les autres et comme liées par un réseau (ex. *Marbre Campan*). En botanique, l'*Eucalyptus amygdalina* est ainsi appelé parce que ses fleurs ressemblent à celles de l'amandier.

AMYGDALINE, s. f., *amygdalina*. Substance cristallisable, que Robiquet et Boutron-Charlard ont obtenue des amandes amères.

AMYGDALINÉES. *Voyez* AMYGDALÉES.

AMYGDALOIDE, adj. , *amygdaloïdes ; mandelsteinartig* (all.) (ἀμύγδαλη, amande, εἶδος, ressemblance). Les minéralogistes disent que les roches ont une *structure amygdaloïde* lorsqu'au milieu d'une masse principale elles renferment des noyaux plus ou moins arrondis et en forme d'amandes , qui paraissent s'être formés, postérieurement à cette masse, par suite d'une infiltration dans des cavités qui y existaient avant son passage à l'état solide. Brongniart ne donne cette épithète qu'aux *roches* formées de pétrosilex compacte renfermant des noyaux contemporains de la même substance , qui en diffèrent seulement par la couleur.

AMYLACÉ, adj. , *amylaceus ; stärkmehlartig* (all.) (ἄμυλον, amidon); qui tient de la nature de l'amidon. La *fécule amylacée* est l'amidon proprement dit. Saussure appelle *ligneux amylacé* (*holzartiges Stärkmehl* , all.) une substance pulvérulente, obtenue en traitant l'amidon par la potasse et l'acide sulfurique , et que Raspail considère comme des tégumens d'amidon à demi charbonnés par l'action de ces réactifs , mais susceptibles encore de se colorer par l'iode.

AMYLIDES, s. m. pl. Guibourt donne ce nom à une famille de composés ternaires organiques qui a pour type l'*amidon*.

AMYLONINE, s. f. , *amylonina*. Ce nom a été imposé par Waltl à une substance particulière , qui est le produit de l'action réunie des acides sulfurique et nitrique sur l'amidon.

AMYRIDÉES, adj. et s. m. pl. , *Amyrideæ*. Nom donné par A. Richard et Candolle à une tribu de la famille des Térébinthacées, qui a pour type le genre Amyris, et que Kunth a érigée en famille.

AMYRINE, s. f. , *amyrina*. Nom donné par Bonastre à une sous-résine ou résinule qui provient du suc résineux de l'*Amyris elemifera*.

ANABANTOIDES, adj. et s. m. pl. , *Anabantoidei*. Nom donné par Eichwald à une famille de la tribu des poissons osseux acanthoptérygiens, qui a pour type le genre *Anabas*.

ANABASÉES, adj. et s. f. pl. , *Anabaseæ*. Nom donné par C.-A. Meyer à une tribu de la famille des Chénopodées ayant pour type le genre *Anabasis*.

ANABÈNES, s. m. pl. , *Anabænæ* (ἀναβαίνω , monter). J.-A. Ritgen désigne sous ce nom une famille de reptiles sauriens, comprenant ceux qui grimpent au sommet des arbres , comme les caméléons.

ANABÉNODACTYLES, adj et s. m. pl. , *Anabænodactyli* (ἀναβαίνω , monter , δάκτυλος , doigt). Nom donné par J.-A. Ritgen à une famille de reptiles sauriens dans laquelle il range ceux qui ont les doigts propres à grimper, comme les caméléons.

ANABÉNOSAURIENS, adj. et s. m. pl. , *Anabænosauræ* (ἀναβαίνω , monter , σαῦρος , lézard). Nom donné par J. A. Ritgen à une famille de reptiles, comprenant les sauriens qui , comme

les caméléons , grimpent au sommet des arbres.

ANABICE, s. m. , *anabix* (ἀναβιόω , renaître). Necker appelait ainsi les parties des végétaux cryptogames qui se trouvent hors de terre, la fructification exceptée , parce qu'elles meurent de bas en haut, et s'enracinent à mesure par le côté qui regarde la terre.

ANABLASTÈME, s. m. , *anablastema; thallodische Lagersprosse* (all.) (ἀνὰ , de côté , βλαστάνω , germer). Wallroth désigne sous ce nom les productions particulières de certains lichens que Gaertner a appelées *propagines bracteolatæ*, et Dillenius *fimbriæ farinosæ crispæ*.

ANABLASTÈSE, s. f. , *anablastesis ; Lagersprossenbildung* (all.). Nom sous lequel Wallroth désigne la production des organes appelés par lui anablastèmes.

ANACAMPTIQUE , adj., *anacampticus* (ἀνακάμπτω , réfléchir). Se dit d'un corps qui réfléchit le son ou la lumière.

ANACAMPYLE , s. m. , *anacampyla* (ἀνακάμπτω , recourber). Nom donné par Hedwig à des écailles étalées, et recourbées au sommet, qu'on trouve dans quelques plantes cryptogames, sur le chapeau de certains champignons (ex. *Agaricus croceus*) , sur le thalle de plusieurs lichens (ex. *Lichen squamosus*).

ANACARDIÉES , adj. et s. f. pl. , *Anacardieæ*. Nom donné par Jussieu, A. Richard et Candolle à une tribu ou à une section de la famille des Térébinthacées, ayant pour type le genre *Anacardium*.

ANACLASTIQUE , adj., *anaclasticus* (ἀνακλάω , réfléchir). On appelle *point anaclastique* celui où un rayon lumineux se réfracte.

ANADROME, adj., *anadromus* (ἀνὰ , en dessus, δρόμος , course). Épithète par laquelle on désigne les poissons qui remontent de la mer dans l'intérieur des fleuves.

ANAEME, adj. et s. m., *anæmus* (α priv., αἷμα, sang). Latreille appelle ainsi tout animal qui est privé d'organes circulatoires et de sang. Ex. les Vers intestinaux.

ANAGLYPTIQUE, adj., *anaglypticus ; halberhobengearbeitet* (all.); dont la surface est garnie d'élévations régulières, et semblables à des bosselures ou à des sculptures. Synonyme peu usité de *bosselé*. *V.* ce mot.

ANAL, adj., *analis ;* qui a rapport à l'anus. On appelle, en zoologie, *angle anal* de l'aile des insectes, l'angle interne de la base de cette aile ; *area analis*, d'après Kirby, toute la partie de l'aile qui, dans les diptères, est située entre la nervure interno-médiane, ou, dans les orthoptères, entre l'anale et le bord postérieur ; *crochet anal*, le crochet d'une valve de coquille bivalve, quand il est à l'extrémité opposée à la bouche (*ex. Lingula*) ; *nervure anale*, d'après Kirby, la principale nervure de l'aile d'un insecte, voisine du bord interne ou postérieur ; *segment anal*, chez les annelides, celui qui, dans quelques uns de ces animaux, couvre ou même dépasse l'anus; *tectrices anales*, chez les oiseaux, les plumes qui garnissent la base des rectrices, au-dessous de la queue. Quelques animaux ont reçu l'épithète d'*analis*, parce qu'ils ont les alentours de l'anus d'une autre couleur que le reste du corps (ex. *Necydalis analis*).

ANALEPTIQUE, adj., *analepticus* (ἀνάληψις, répétition). Nom donné, dans la nomenclature minéralogique de Haüy, à une variété de chaux carbonatée dans laquelle, par suite de l'intersection des pans du prisme hexaèdre avec les faces du rhomboïde inverse, les angles de cent quatre degrés et demi qui existent naturellement sur ces dernières, sont rem-

placés par d'autres angles, pour reparaître dans des parties différentes.

ANALLUVION, s. f. A. Eaton appelle ainsi les alluvions ou détritus produits par la décomposition des roches.

ANALOGIE, s. f., *analogia*, ἀνα-λόγια; *Æhnlichkeitsverhältniss* (all.). Rapport, proportion. On entend par là un ou plusieurs rapports de conformité ou de ressemblance entre des choses distinctes qui ont des points semblables et d'autres dissemblables ; la perception actuelle de la similitude ou de la connexion de deux ou plusieurs choses présentes ; l'action de saisir les propriétés communes, les caractères semblables des objets matériels, la corrélation de ceux-ci avec nos organes, de nos organes avec nos facultés ; l'opération qui consiste, étant connu le rapport de deux faits, à conclure de l'un l'existence de l'autre ; une méthode qui fonde des axiomes et des formules sur des cas particuliers, qu'elle étend à tous les cas possibles, d'après les lois de l'entendement.

ANALOGIQUE, adj., *analogicus.* Se dit, dans la nomenclature minéralogique de Haüy, d'un cristal dont la forme présente des analogies remarquables, soit en elles-mêmes, soit comparativement à d'autres variétés. Ex. *Chaux carbonatée analogique.*

ANALOGISME, s. m., *analogismus ;* ἀναλογίσμος. Manière de raisonner qui consiste à procéder par voie d'analogie.

ANALOGUE, adj., *analogus ;* ἀνάλογος ; *übereinstimmend* (all.) ; *analogous* (angl.) ; qui a son pareil, ou à peu près ; qui a de l'analogie, de la ressemblance avec quelque chose.

ANALYSE, s. f., *analysis ;* ἀνάλυσις (ἀνά, à travers, λύω, délier). Méthode qui remonte des effets aux causes, des conséquences aux principes. En botanique, ce terme est employé comme synonyme d'*anatomie*, ou plutôt de *dissection*. Il a presque la même signification dans la langue des chimistes, qui l'emploient pour désigner la réduction d'un tout à ses principes élémentaires, et le font ainsi à peu près synonyme de *décomposition*.

ANALYTIQUE, adj., *analyticus* ; ἀναλυτικὸς ; qui tient de l'analyse, qui a été obtenu par analyse ; *méthode, résultat analytique*.

ANAMORPHIQUE, adj., *anamorphicus* (ἀνά, de haut en bas, μορφὴ, forme). Nom donné, dans la nomenclature minéralogique de Haüy, à un *cristal* dans lequel, quand on le place suivant sa position la plus naturelle, le noyau se trouve renversé. Ex. *Baryte sulfatée anamorphique*.

ANAMORPHOSE, s. f., *anamorphosis* (ἀνά, de haut en bas, μορφὴ, forme). Les physiciens donnent ce nom à des figures qui, envisagées sous un certain point de vue, ou avec le secours de certains verres, représentent tout autre chose que quand on les examine sous un autre point de vue ou sans le secours de ces verres. Wallroth et Fries le donnent aussi à des dégénérations que subissent fort souvent les plantes cryptogames, celles surtout de la section des algues, et qui les transforment en espèces atypiques, c'est-à-dire dont la forme naturelle est altérée soit par un arrêt soit par un excès de développement.

ANANDRAIRE, adj., *anandrarius* (α priv., ἀνὴρ, homme). Candolle appelle *fleur anandraire* la fleur double dans laquelle les tégumens et les pistils se sont multipliés pour la produire, et où manquent les étamines.

ANANDRE adj., *anander, anandrius* (α priv., ἀνὴρ, homme). Link donne ce nom aux plantes qui sont privées de sexes, et de cette manière

le rend synonyme de *cryptogame*. Le *Tussilago anandrius* doit cette épithète à ce qu'il n'a point d'organes mâles, quand il croît dans un climat qui ne lui est pas favorable. *Fleur anandre* est synonyme de *fleur femelle*.

ANANDRIQUE, adj., *anandricus* (α priv., ἀνὴρ, homme). Fries donne cette épithète aux végétaux qui n'ont rien de comparable aux parties sexuelles, aux fleurs qui sont privées d'étamines.

ANANTHE, adj., *ananthus ; blüthenlos* (all.) (ἀνά, sans, ἄνθος, fleur) ; qui ne porte pas de fleurs.

ANAPHRODITIQUE, adj., *anaphroditicus* (ἀνά, sans, Ἀφροδίτη, Vénus). Se dit d'un corps organisé qui se développe sans le concours des sexes, c'est-à-dire qui n'est pas le produit d'une génération proprement dite.

ANARMOSTIQUE, adj., *anarmosticus* (ἀναρμοστέω, s'ajuster mal). Nom donné, dans la nomenclature minéralogique de Haüy, à un *cristal* dans lequel tous les décroissemens naissent sur les angles, excepté un qui a lieu sur les bords, ou réciproquement. Ex. *Chaux carbonatée anarmostique*.

ANASTATICÉES, adj. et s. f. pl., *Anastaticeæ*. Nom donné par Candolle à une tribu de la famille des Crucifères, ayant pour type le genre *Anastatica*.

ANASTOMOSANT, adj., *anastomosans ; anastomosirend, aderästig, zusammenmündend* (all.) (ἀνά, avec, στόμα, bouche) ; qui s'anastomose. Dans le *Jussiæa anastomosans*, les nervures latérales des feuilles se réunisssent en une nervure unique, parallèle au bord. Dans l'*Andromeda anastomosans*, les nervures se réunissent à la face inférieure des feuilles, par un point saillant.

ANASTOMOSE, s. f., *anastomo-*

sis; ἀνάστόμωσις ; *Ineinandermünden*
(all.). Se dit, en botanique, de la
réunion des diverses parties rameuses
les unes avec les autres.

ANASTOMOTIQUE, adj., *anasto-*
moticus; qui établit une anastomose ;
branche ou rameau anastomotique.

ANATIDÉS, adj. et s. m. pl., *Ana-*
tidæ. Vigors désigne ainsi une famille
d'oiseaux palmipèdes qui a pour type
le genre *Anas.*

ANATIFÈRE, adj., *anatiferus*
(*anas*, canard, *fero*, porter). La
Conque anatifère (*Lepas anatifera*)
doit cette épithète à une croyance absurde des habitans du Nord de l'Europe, qui s'imaginent qu'elle donne
naissance aux canards sauvages.

ANATIFÉRACÉS, adj., *Anatifera-*
ceæ. Nom donné par Menke à une famille de la classe des Cirripèdes, qui
a pour type le genre *Anatifère.*

ANATIFÉRIDES, adj. et s. m. pl.,
Anatiferidæ. Nom donné par J.-E.
Gray à une famille de la classe des
Cirripèdes, qui a pour type le genre
Anatife.

ANATIFES, s. m. pl., *Anatifa.*
Férussac désigne sous ce nom une
famille de l'ordre des Cirropodes,
ayant pour type le genre *Anatife.*

ANATIN, adj., *anatinus* (*anas*,
canard); qui a des rapports avec le
canard. La *Lingula anatina* a été
appelée ainsi parce que sa coquille
imite la forme d'un bec de canard.

ANATIPÈDE, adj., *anatipes* (*anas*,
canard, *pes*, pied); qui ressemble à
une patte de canard. Ex. *Spongia*
anatipes.

ANATOMIE, s. f., *anatomè*, *ana-*
tomia, anathomia, ars anatomica ;
ἀνατομή; *Zergliederungskunde* (all.);
anatomy (angl.) ; *notomia* (it.)
(ἀνά, à travers, τέμνω, couper).
Science qui apprend à connaître le
nombre, la situation, les rapports,
les connexions et la structure des di-

vers organes et tissus des animaux et
des végétaux.

ANATOMIQUE, adj., *anatomicus;*
anatomisch (all.); *anatomical* (angl.);
qui a rapport à l'anatomie. Le *Me-*
sembryanthemum anatomicum est ainsi appelé parce que, quand ses feuilles meurent, il n'en persiste que la
nervure seulement.

ANATOMISTE, s. m., *anatomicus,*
articulator, dissector, dissecator, pro-
sector, secator; Anatomiker (all.).
Celui qui s'occupe d'anatomie.

ANATROPE, adj., *anatropus* (ἀνα-
τρέπω, renverser). Mirbel appelle les
ovules anatropes quand l'exostome se
rapproche du hile et lui devient contigu, tandis que la chalaze se trouve
diamétralement opposée à ce dernier
(ex. *Liliacées*).

ANCHONIÉES, adj. et s. f. pl.,
Anchoniæ. Nom donné par Candolle
à une tribu de la famille des Crucifères, qui a pour type le genre *Ancho-*
nium.

ANCHONTES, adj. et s. m. pl.,
Anchontes (ἀγχονάω, étrangler). J.-A.
Ritgen appelle ainsi une famille d'oiseaux qui, comme ceux du genre *La-*
nius, vivent de proie vivante, qu'ils
égorgent et déchirent.

ANCHUSINE, s. f., *anchusina.* On
a proposé d'appeler ainsi le principe
colorant rouge de l'orcanette (*Anchu-*
sa tinctoria), que quelques chimistes
nomment *acide anchusique*, et que
Pelletier regarde comme une sorte
d'acide gras.

ANCHUSIQUE. *Voy.* ANCHUSINE.

ANCIPITÉ, adj., *anceps ; zwei-*
schneidig (all.); *affilato, pugnali-*
forme (it.); qui est comprimé, avec les
deux bords tranchans, comme un
glaive. Se dit, en botanique, de la
tige (ex. *Trachymene anceps*), des
rameaux (ex. *Loranthus anceps*) et
des feuilles (ex. *Peyrousia anceps*) ;
en zoologie, d'une coquille offrant la
même forme (ex. *Ranella anceps*).

ANCISTROPODES, adj. et s. m. pl., *Ancistropoda* (ἄγκιστρον, crochet, πούς, pied). Nom donné par J.-A. Ritgen à un sous-ordre d'oiseaux, caractérisé par la longueur des ongles de ceux qu'il renferme.

ANCYLÉS, adj. et s. m. pl., *Ancylea*. Nom donné par Menke à une famille de l'ordre des Gastéropodes hypobranches, qui a pour type le genre *Ancylus*.

ANDICOLE, adj., *andicolus;* qui habite dans les montagnes appelées Cordilières des Andes. Ex. *Ceroxylon andicola*.

ANDOUILLER, s. m., *Augsprosse* (all.); *antler* (angl.). Nom donné aux branches que chacune des perches du bois du cerf jette à dater de la troisième année d'âge de cet animal.

ANDRALOGOMÉLIE, s. f., *andralogomelia* (ἀνήρ, homme, ἄλογος, brute, μέλος, membre). Nom donné par Malacarne à une classe de monstres chez lesquels il supposait gratuitement qu'avec un corps d'homme se trouvent les membres d'une brute.

ANDRANATOMIE, s. f., *andranatomia;* ἀνδρανατομή (ἀνήρ, homme, ἀνά, à travers, τέμνω, couper). Anatomie de l'homme; dissection d'un cadavre appartenant à un individu du sexe masculin.

ANDRENÈTES, s. m. pl., *Andrenetæ*. Nom donné par Latreille à une tribu de la famille des Mellifères, par Lamarck et Goldfuss à une famille d'Hyménoptères, ayant pour type le genre *Andrena*.

ANDRENOIDES, adj. et s. m. pl., *Andrenoides*. Nom donné par Latreille à une sous-tribu des Apiaires, à cause de la ressemblance des insectes qui la composent avec ceux du genre *Andrena*.

ANDRÉOIDES, adj. et s. m. pl., *Andreoideæ*. Nom donné par Bridel à une famille de mousses qui a pour type le genre *Andreæa*.

ANDROCÉE, s. m., *androcæum*. J. Roeper, admettant que la plupart des fleurs sont composées de quatre verticilles de feuilles, propose d'appeler ainsi le troisième, c'est-à-dire l'ensemble des étamines, afin d'avoir un terme collectif analogue à ceux de corolle pour les pétales, de calice pour les sépales et de pistil pour les carpelles.

ANDRODYNAME, adj., *androdynamus* (ἀνήρ, homme, δύναμις, puissance). Fries appelle les végétaux dicotylédons *plantes androdynames,* à cause du grand développement que prennent chez eux les étamines et leurs analogues, les pétales.

ANDROGYNAIRE, adj., *androgynaris* (ἀνήρ, homme, γυνή, femme). Candolle donne cette épithète aux *fleurs doubles* dans lesquelles la transformation en pétales s'est opérée sur les deux sortes d'organes sexuels, sans que les tégumens floraux soient altérés.

ANDROGYNE, adj. et s. m., *androgynus;* ἀνδρογύνης, ἀνδρόγυνος; *Zwitter* (all.); *hermaphrodite* (angl.); *ermafrodito* (it.) (ἀνήρ, homme, γυνή, femme). Synonyme de *Hermaphrodite* (voy. ce mot), quand on parle d'une monstruosité humaine. En zoologie, on appelle *androgyne* tout animal qui réunit les deux sexes, soit qu'il ne puisse se féconder lui-même (ex. *Limaçon*), soit qu'il ait cette faculté (ex. *Huître*). En botanique, cette épithète est donnée soit aux plantes qui ont les sexes dans des fleurs séparées, même sur un seul pied (ex. *Ruscus androgynus, Mnium androgynum*), et alors elle est synonyme de *Monoïque* (voy. ce mot), soit à celles qui réunissent les deux sexes dans une même enveloppe florale, et alors elle est synonyme de *hermaphrodite*.

ANDROGYNIE, s. f., *androgynia* (ἀνήρ, homme, γυνή, femme). Nom imposé par Malacarne à une classe de monstres qui sont caractérisés par la présence des deux sexes chez un même individu. Breschet lui donne un sens plus vrai, en lui faisant désigner un genre de déviations organiques, ou de diplogénèses, qui est caractérisé par la réunion d'organes plus ou moins imparfaits appartenant à des sexes différens. En botanique, le mot *androgynie* exprime la réunion des deux sexes soit dans une même fleur, soit seulement sur un même individu.

ANDROGYNIFLORE, adj., *androgyniflorus* (*androgynus*, androgyne, *flos*, fleur). H. Cassini donne cette épithète à la *calathide* et au *disque* des Synanthérées, quand toutes les fleurs sont hermaphrodites.

ANDROGYNI-MASCULIFORE, adj., *androgyni-masculiflorus*. Épithète donnée par H. Cassini au *disque* des Synanthérées, quand les fleurs intérieures sont mâles et les extérieures hermaphrodites (ex. *Chaptalia*), ou quand des fleurs mâles et hermaphrodites sont entremêlées ensemble (ex. *Amellus*).

ANDROGYNIQUE, adj., *androgynicus*. H. Cassini appelle *style androgynique*, dans les Synanthérées, celui des fleurs hermaphrodites, le seul qui offre la réunion de tous les caractères propres à cet organe; et Sprengel, *Dichogamie* (*voy.* ce mot) *androgynique*, le cas où les anthères mûrissent avant les stigmates (ex. *Tropœolum majus*).

ANDRONIE, s. f., *andronia*. Élément chimique de l'atmosphère hypothétiquement admis par Winterl et Schubert, sans qu'on puisse trop savoir ce que ces auteurs ont voulu entendre par là.

ANDROPÉTALAIRE, adj., *andropetalarius* (ἀνήρ, homme, πέταλον, feuille). Candolle donne cette épithète à toute *fleur double* où la corolle est multipliée, et où les étamines sont changées en pétales simples ou multiples, le pistil restant sain.

ANDROPHORE, s. m., *androphorum* (ἀνήρ, mâle, φέρω, porter). Mirbel nomme ainsi le support des étamines, quand il en soutient plus d'une. Il donne également ce nom à la grappe fructifère du *Salvinia*, parce qu'elle n'est composée que d'involucres mâles.

ANDROPOGONÉES, adj. et s. f. pl., *Andropogoneæ*. Nom donné par Kunth à une tribu de la famille des Graminées qui a pour type le genre *Andropogon*.

ANDROSÈME, adj., *androsæmus* (ἀνήρ, homme, αἷμα, sang). L'*Hypericum androsæmum* est ainsi appelé parce que ses baies fraîches rendent un suc rouge comme du sang lorsqu'on les écrase entre les doigts.

ANDROTOMES, adj. et s. f. pl., *Androtomæ* (ἀνήρ, mâle, τέμνω, couper). H. Cassini propose d'appeler ainsi les Synanthérées, parce qu'elles ont les filets de leurs étamines divisés en deux parties par une sorte d'articulation.

ANDROTOMIE, s. f., *androtomia*; ἀνδροτομή. Synonyme d'*andranatomie. Voy.* ce mot.

ANÉLECTRIQUE, adj., *anelectricus* (α priv., ἤλεκτρον, succin). Épithète donnée à des corps que l'on croyait incapables d'acquérir les propriétés électriques par le frottement; opinion erronée, car tous les corps sont électrisables de cette manière: seulement tous n'ont pas la faculté de retenir l'électricité qu'on y a développée.

ANÉLOPTÈRES, adj. et s. m. pl., *Aneloptera* (ἀνειλέω, dérouler, πτερόν, aile). Ray appelait ainsi les insectes à quatre ailes dont les supérieures n'ont point la consistance d'élytres.

ANÉLYTRES, adj. et s. m. pl., *Anelytra* (α priv., ἔλυτρον, étui).

Lister et Charleton donnaient ce nom aux insectes à deux ou quatre ailes membraneuses, nues ou recouvertes seulement soit de poils, soit d'écailles.

ANÉMOGRAPHIE, s. f., *anemographia* (ἄνεμος, vent, γράφω, écrire). Description des vents.

ANÉMOMÈTRE, s. m., *anemometrum*; *Windmesser* (all.) (ἄνεμος, vent, μετρέω, mesurer). Instrument, inventé par Wolf, qui sert à mesurer la vitesse du vent.

ANÉMOMÉTRIE, s. f., *anemometria* (ἄνεμος, vent, μετρέω, mesurer). Art de mesurer la vitesse et de reconnaître la direction du vent.

ANEMOMÉTROGRAPHE, s. m., *anemometrographus* (ἄνεμος, vent, μετρέω, mesurer, γράφω, écrire). Instrument disposé de manière à produire sur du papier un tracé qui indique la durée et la vitesse du vent.

ANÉMONÉES, adj. et s. f. pl., *Anemoneæ*. Nom donné par Guettard à la famille des Renonculacées, et par Candolle à une tribu de cette même famille, ayant pour type le genre *Anemone*.

ANEMONEUM, s. m. Nom donné par Heyer à l'*anémonine*. *Voyez* ce mot.

ANÉMONINE, s. f., *anemonina*. Stéaroptène, ou sorte de camphre, qu'on obtient en distillant les *Anemone Pulsatilla*, *pratensis* et *nemorosa*.

ANÉMONIQUE, adj., *anemonicus*. Nom donné à un acide, encore peu connu, que Grossmann a trouvé dans l'*Anemone pratensis*, Heyer dans l'*Anemone Pulsatilla*, et Swarz dans l'*Anemone nemorosa*.

ANÉMOSCOPE, s. m., *anemoscopium*; *Windweiser* (all.) (ἄνεμος, vent, σκοπέω, considérer). Instrument qui sert à faire connaître les variations de la direction des vents.

ANENCÉPHALE, adj. et s. m., *anen-cephalus* (α priv., ἐγκέφαλος, cerveau). Nom donné par Geoffroy-Saint-Hilaire à un genre de monstres, comprenant ceux qui sont privés de cerveau et de moelle épinière.

ANENCÉPHALIE, s. f., *anencephalia* (α priv., ἐγκέφαλος, cerveau). Nom donné par Breschet à un genre de déviation organique, ou d'agénésie partielle, caractérisée par l'absence du cerveau.

ANENTÈRES, s. m. pl., *Anentera* (α priv., ἔντερον, intestin). Nom sous lequel C.-G. Ehrenberg désigne une section de la classe des Polygastriques, comprenant ceux qui ont plusieurs estomacs, sans anus, par conséquent sans canal intestinal.

ANERPONTES, adj. et s. m. pl., *Anerpontes* (ἀνέρπω, monter en rampant). Nom donné par Vieillot et Ranzani à une famille de l'ordre des Passereaux, comprenant des oiseaux à qui leurs ongles aigus procurent la faculté de s'attacher aux corps et de grimper le long des murs et des troncs d'arbres.

ANERVÉ, adj., *aneurosus* (α priv., νεῦρον, nerf). Les *ailes anervées*, dans les insectes, sont, d'après Kirby, celles qui n'ont pas d'autres nervures que les marginales. Ex. *Psilus*.

ANÉSIPOMES, adj. et s. m. pl., *Anesipoma* (ἀνεσία, liberté, πῶμα, opercule). Nom donné par Latreille à une tribu de la famille des Siluroïdes, comprenant des poissons qui ont l'opercule mobile.

ANFRACTUEUX, adj., *anfractuosus*; *krummgängig* (all.) (*anfractus*, circuit); qui offre des sinuosités. On donne cette épithète aux *anthères* qui, étant contournées, présentent des espèces de sinuosités d'un aspect remarquable. Ex. *Eriodendrum anfractuosum*.

ANGÉLICÉES, adj. et s. f. pl., *Angelicæ*. Nom donné par Candolle à une tribu de la famille des Ombelli-

fères dont le type est le genre *Angelica.*

ANGIOCARPE, adj., *angiocarpus* (ἀγγεῖον, vase, καρπός, fruit). Sous ce nom, Mirbel désigne les plantes dont les fruits sont recouverts par quelques organes étrangers qui les déguisent, ou réunis entre eux de manière à ne pas être reconnaissables au premier coup d'œil. Ex. *Conifères.*

ANGIOCARPES, adj. et s. m. pl., *Angiocarpi.* C'est le nom que, dans sa seconde classification, Persoon impose à une classe comprenant les champignons dont les séminules sont contenues dans l'intérieur du végétal, qui est et reste clos de toutes parts.

ANGIOCARPIEN, adj., *angiocarpeus.* Synonyme d'*angiocarpe. Voyez* ce mot.

ANGIOGASTRES, adj. et s. m. pl., *Angiogasteres* (ἀγγεῖον, vase, γαστήρ, ventre). Nom donné par A. Brongniart à une tribu, par Nees d'Esenbeck et par Fries à une famille de champignons, comprenant ceux qui ont leurs spores cachées dans un péridion membraneux.

ANGIOSPERME, adj., *angiospermus* (ἀγγεῖον, vase, σπέρμα, graine). Epithète donnée à tout végétal dont les graines sont revêtues d'un péricarpe distinct et bien apparent.

ANGIOSPERMIE, s. f., *angiospermia.* Linné donnait ce nom à un ordre de plantes didynames, comprenant celles qui ont leurs graines contenues dans un péricarpe bien visible.

ANGIOSPORE, adj., *angiosporus* (ἀγγεῖον, vase, σπόρος, semailles). Epithète donnée par Meyer aux *sporocarpes* (*voyez* ce mot) des Lichens, lorsqu'ils sont renfermés dans des utricules appelés *asci* ou *thecæ.*

ANGIOSTOME, adj., *angiostomus* (ἀγγεῖον, vase, στόμα, bouche). Epithète imposée aux coquilles univalves dont l'ouverture est étroite, c'est-à-dire d'un égal diamètre partout, et

de la longueur de la coquille. Ex. *Cypræa.*

ANGIOSTOMES, adj. et s. m. pl., *Angiostomata.* Nom donné par Blainville à une famille de l'ordre des Paracéphalophores siphonobranches, comprenant ceux dont la coquille a une ouverture en général fort étroite.

ANGLE, s. m., *angulus* ; κάνθος, γωνία ; *Ecke, Winkel* (all.) ; *angolo* (it.). Intersection de deux lignes ou de deux plans, qui se rencontrent en un seul point ou en une seule ligne.

ANGUICIDE, adj., *anguicidus* ; *schlangentödtend* (all.) (*anguis*, serpent, *cœdo*, tuer) ; qui a ou passe pour avoir la propriété de tuer les serpens. Ex. *Aristolochia anguicida.*

ANGUIDÉS, adj. et s. m. pl., *Anguidei, Angues.* Nom donné par J.-E. Gray et Wagler à un ordre de la classe des reptiles, qui a pour type le genre *Anguis.*

ANGUIFORME, adj., *anguiformis* (*anguis*, anguille, *forma*, forme) ; qui a la forme d'une anguille : *poisson anguiforme.*

ANGUIFORMES, adj. et s. m. pl., *Anguiformia.* Nom donné par Oppel, Latreille, Ficinus et Carus, à une famille de reptiles, comprenant les Sauriens qui ont le corps alongé comme celui d'un serpent ; par Latreille à une famille de la classe des Myriapodes, dans laquelle se rangent ceux dont le corps est la plupart du temps linéaire.

ANGUILLAIRE, adj., *anguillaris.* Synonyme d'*anguilliforme. Voyez* ce mot.

ANGUILLIFORME, adj., *anguilliformis* ; *aalartig* (all.) (*anguilla*, anguille, *forma*, forme). Se dit d'un poisson qui a la forme d'une anguille. Ex. *Gobioides anguilliformis.*

ANGUILLIFORMES, adj. et s. m. pl., *Anguilliformia ; Anguillæformes.* Nom donné par Cuvier et Eichwald à une famille de la classe des poissons, et par Latreille à une famille de celle des Elminthogames, comprenant des espèces qui toutes ont le corps grêle et alongé.

ANGUILLOIDE, adj., *anguilloides;* qui ressemble à une anguille. Ex. *Mormyrus anguilloides.*

ANGUILLOIDES, adj. et s. m. pl., *Anguilloides.* Nom donné par Blainville et Latreille à une famille de poissons qui a pour type le genre *Anguille.*

ANGUIN, adj., *anguinus, angueus, anguineus;* qui ressemble à une anguille (ex. *Oscillaria anguina*).— Un polypier (*Ætea anguina*) a la forme de filamens brillans et nacrés, qui serpentent autour des tiges et sur les feuilles des plantes marines. — En parlant des *mouvemens* de certaines oscillatoires, Bory leur donne l'épithète assez bizarre d'*anguins,* pour exprimer qu'ils sont flexueux, comme ceux des serpens.

ANGUINOIDES, adj. et s. m. pl., *Anguinoidæ, Anguinoidei.* Nom donné par P.-F. Fitzinger et Eichwald à une famille de reptiles qui a pour type le genre *Anguis.*

ANGUIVIPÈRES, s. f. pl., *Anguiviperæ.* Carus, Ficinus et Latreille appellent ainsi, les deux premiers une tribu, l'autre une famille de reptiles, comprenant des serpens venimeux qui ont le corps anguilliforme.

ANGULAIRE, adj., *angularis, angularius; eckig, winkelig* (all.); *angular* (angl.); *angolare* (it.) (*angulus,* angle); qui a rapport aux angles. Ce terme s'emploie : 1° en physique, où l'on appelle *vitesse angulaire* celle d'un corps qui se meut circulairement autour d'un axe fixe, les points qu'il parcourt décrivant des arcs terminés par des rayons qui font des angles égaux entre eux ; 2° en botanique, où l'on nomme *aiguillons angulaires*

ceux qui naissent dans les angles d'une tige.

ANGULÉ, adj., *angulatus; winkelig* (all.); qui est pourvu d'angles en nombre déterminé et qu'on peut ou qu'on veut compter. On dit : *tige angulée* (celle des *Labiées,* qui a quatre angles; des *Carex,* qui en a trois, etc.); *rameaux angulés* (ex. *Wallenia angularis*); *gorge angulée,* dans une corolle monopétale (ex. *Vinca rosea*); *pédoncules angulés* (ex. *Vicia Cracca*); *feuilles angulées* (ex. *Abroma angulata*); *utricules angulés* de pollen (ex. *Tropæolum majus*); *coquille angulée* (ex. *Orbiculina angulata*); *prothorax angulé,* quand ses côtés ou sa base offrent un ou plusieurs angles.

ANGULEUX, adject., *angulosus; kantig* (all.); *angulous* (angl.); *angoloso* (it); qui est pourvu d'angles en nombre indéterminé, qu'on ne peut ou qu'on ne veut pas compter. On dit : *baie anguleuse* (ex. *Sciodaphyllum angulosum*); *calice anguleux* (ex. *Nicandra physalodes, Gentiana angulosa*); *feuille anguleuse* (ex. *Nardosmia angulosa*); *fruits anguleux* (ex. *Scandix odorata*); *graine anguleuse* (ex. *Allium Cepa*); *hampe anguleuse* (ex. *Triglochin palustre*); *corselet anguleux,* quand ses côtés sont terminés par des angles saillans (ex. *Elater*).

ANGULIFÈRE, adj., *anguliferus* (*angulus,* angle, *fero,* porter); qui porte ou présente des angles. Se dit d'une coquille qui offre un angle sur ses derniers tours (ex. *Phasianella angulifera*), ou qui est presque trigone (ex. *Murex anguliferus*).

ANGULINERVÉ, adj., *angulinervius; winkelnervig* (all.) (*angulus,* angle, *nervus,* nerf). Épithète donnée par Candolle aux *feuilles* dans lesquelles les fibres qui étaient réunies ensemble dans le pétiole, se séparent en formant, ou avec la base, ou avec

son prolongement, un angle proprement dit et le plus souvent aigu (ex.
Dicotylédones).

ANGULIROSTRES, adj. et s. m.
pl., *Angulirostres* (*angulus*, angle,
rostrum, bec). Nom donné par Illiger, Goldfuss et C. Bonaparte à une
famille, par Savy à une tribu de l'ordre des Passereaux, comprenant ceux
de ces oiseaux qui ont le bec anguleux.

ANGUSTICOLLE, adj., *angusticollis* (*angustus*, étroit, *collum*, col);
qui a le col ou le corselet étroit. Ex.
Nebria angusticollis.

ANGUSTIDENTÉ, adj., *angustidens* (*angustus*, étroit, *dens*, dent);
qui a des dents étroites. Ex. *Mastodon angustidens*.

ANGUSTIFOLIÉ, adj., *angustifolius*; *schmalblättrig* (all.) (*angustus*,
étroit, *folium*, feuille); qui a des
feuilles étroites. Ex. *Cephalanthus
angustifolius*, *Mikania angustifolia*,
Homalium angustifolium.

ANGUSTIMANE, adj., *angustima-
nus* (*angustus*, étroit, *manus*, main).
Épithète donnée par A.-H. Harvorth
aux Crustacés macroures qui ont les
mains étroites et non élargies.

ANGUSTIPENNES, adj. et s. m. pl.,
Angustipennes (*angustus*, étroit,
penna, aile). Nom donné par Duméril à une famille d'insectes Coléoptères, comprenant ceux qui ont les
élytres rétrécies à leur extrémité libre.

ANGUSTIRÈMES, adj. et s. m. pl.,
angustiremata (*angustus*, étroit,
rema, rame). Épithète donnée par
A.-H. Harvorth aux crustacés brachyures nageurs qui ont les pattes
de derrière terminées en nageoires
étroites.

ANGUSTIROSTRE, adj., *angustirostris* (*angustus*, étroit, *rostrum*,
bec); qui a le bec étroit. Le *Dendrocolaptes angustirostris* a le bec extrêmement comprimé et par conséquent
fort étroit.

ANGUSTISEPTÉ, adj., *angustisep-
tus* (*angustus*, étroit, *septum*, cloison). Épithète donnée par Candolle
aux Crucifères qui ont la cloison du
fruit très-étroite (ex. *Thlaspi*).

ANGUSTISILIQUÉ, adj., *angusti-
siliquus* (*angustus*, étroit, *siliqua*,
silique); qui a des fruits linéaires,
comprimés, étroits. Ex. *Cassia an-
gustisiliqua*.

ANHÉLEUX, adj., *anhelans* (*an-
helo*, haleter). La *Spongia anhelans*
est ainsi appelée parce que les tubes
qui la constituent par leur réunion
exécutent continuellement dans l'eau
des mouvemens de diastole et de systole qu'on a comparés à ceux de la
poitrine d'un homme essoufflé.

ANHOMOMÉRÉS, adj. et s. m. pl.,
Anhomomeri (α priv., ὁμὸς, semblable, μέρος, partie). Nom donné par
Blainville à un ordre de la classe des
Chétopodes, comprenant ceux de ces
animaux dont le corps est formé
d'articulations dissimilaires.

ANHYDRE, adj., *wasserfrei* (all.)
(α priv., ὕδωρ, eau); qui ne contient
pas d'eau : *acide, alcool, sel anhydre*.

ANHYDRO-SULFATÉ, adj. Haüy
désigne sous ce nom une variété de
chaux sulfatée qui ne contient pas
d'eau de cristallisation.

ANIMAL, s. m., *animal*; ζῶον;
Thier (all.); *animal* (angl.); *animale*
(it.) (*anima*, âme). Il existe une
telle gradation dans le nombre et la
perfection des organes, ainsi que dans
les facultés qui en dépendent, qu'on
ne saurait donner de ce mot une définition susceptible d'embrasser tous
les êtres auxquels on l'applique. Ordinairement on appelle *animal* tout
corps organisé qui peut se transporter
d'un lieu dans un autre, introduit en
lui-même des alimens qu'il élabore à
loisir, et possède la sensibilité à un
plus ou moins haut degré. Ces trois
qualités, ou quelqu'une d'entre elles,
manquent à beaucoup d'êtres qu'on

range cependant parmi les animaux, et à juste titre, parce que des gradations insensibles les lient plutôt aux corps organisés dont l'animalité n'est point douteuse, qu'à ceux qui font partie du règne végétal.

ANIMAL, adj., *animalis ; thierisch* (all.) ; qui appartient à l'animal. Le *règne animal* est l'ensemble des animaux connus. Bory entend par là une collection d'êtres dans laquelle chaque individu, ayant la conscience de son existence, est doué de la faculté locomotive, et choisit, pour y vivre, le site convenable à son espèce. On appelle *substances animales* les diverses parties des animaux, et leurs produits, soit naturels, soit résultant de décompositions chimiques et de combinaisons nouvelles entre leurs principes constituans. On dit aussi : *appétit animal, chaleur animale, chimie animale, électricité animale, esprits animaux, fonctions animales, matière animale, mouvemens animaux, magnétisme animal, nature animale,* etc.

ANIMALCULE, s. m., *animalculum ; Thierchen* (all.). Petit animal, qui n'est visible qu'avec le secours du microscope.

ANIMALCULISME, s. m. Système physiologique dans lequel on suppose que l'embryon animal est produit par les animalcules spermatiques seuls.

ANIMALCULISTE, s. m. Physiologiste qui est partisan des doctrines de l'animalculisme.

ANIMALCULOVISME, s. m. Système physiologique dans lequel on suppose que l'embryon animal est produit par le concours des animalcules spermatiques et de l'œuf femelle. Dans ces derniers temps, Dumas a tenté de remettre cette hypothèse en crédit.

ANIMALCULOVISTE, s. m. Phy-

siologiste qui est partisan des doctrines de l'animalculovisme.

ANIMALIFÈRE, adj., *animalifer, animaliferus* (*animal,* animal, *fero,* porter) ; qui porte des animaux. *Corps animalifère, Polypier animalifère,* ou portant plusieurs polypes.

ANIMALISATION, s. f., *animalisatio ; Animalisirung* (all.). Conversion des substances alimentaires ingérées par les animaux en leur propre substance, au moyen de l'action vitale qu'exercent leurs divers organes.

ANIMALISÉ, adj., *animalisatus.* Se dit d'une matière inorganique ou végétale qui a pris les caractères de l'animalité.

ANIMALISME, s. m. Système physiologique dont les sectateurs admettent que l'embryon existe tout formé dans le sperme du mâle.

ANIMALISTE, s. m. Physiologiste qui est partisan des doctrines de l'animalisme.

ANIMALITÉ, s. m., *animalitas, animalismus ; Thierheit* (all.) ; *animality* (angl.). Ensemble des attributs ou facultés qui distinguent la matière organique animale ; nature animale ; activité vitale d'un corps animal considéré comme unité.

ANIMATEUR, adj. ; qui donne la vie ; *principe animateur.*

ANIMATION, s. f., *animatio ; Beseelung* (all.). Union de l'âme et du corps.

ANIMÉ, adj., *animatus ; beseelt, belebt* (all.) ; *animated* (angl.) ; qui jouit de la vie, et, par extension, qui en jouit à un haut degré. C'est dans ce dernier sens qu'on dit *visage animé,* pour exprimer qu'il est rouge et turgescent.

ANIMINE, s. m. ou f., *animina.* Nom donné par Unverdorben à une base salifiable qu'il a découverte dans l'huile animale de Dippel.

ANIMIQUE, adj., *animicus.* Épithète donnée, dans la nomenclature chimique de Berzelius, aux sels qui ont pour base l'animine.

ANIMISME, s. f. Système physiologique dans lequel on attribue tous les acte de l'organisme à un principe immatériel, à l'âme.

ANIMISTE, s. m. Physiologiste qui est partisan des doctrines de l'animisme.

ANISANTHE, adj., *anisanthus* (ἄνισος, inégal, ἄνθος, fleur). Épithète donnée par G. Allman aux plantes qui ont des périgones de forme diverse.

ANISÉ, adj., *anisatus* (*anisum*, anis); qui a l'odeur de l'anis. Ex. *Agaricus anisatus*, *Collinsonia aniata*, *Illicium anisatum*.

ANISIME, s. m. Nom donné par Guibourt à un genre d'odoride qui a l'anis pour type.

ANISOBRIÉ, adject., *anisobriatus* (ἄνισος, inégal, ἔμβρυον, embryon). Épithète que H. Cassini donne aux *embryons* monocotylédones, pour exprimer que l'un des côtés est plus fort que l'autre d'accroissement.

ANISOCÉPHALE, adj., *anisocephalus* (ἄνισος, inégal, κεφαλὴ, tête). Le *Pinardia anisocephala* a été ainsi appelé parce que ses calathides sont fort inégales.

ANISOCHÈLE, adj., *anisocheles* (ἄνισος, inégal, χηλὴ, pince). Le *Porcellana anisocheles* doit cette dénomination à l'inégalité de ses serres.

ANISODACTYLES, adj. et s. m. pl., *Anisodactyli* (ἄνισος, inégal, δάκτυλος, doigt). Nom donné par Temminck à un ordre, et par Vieillot à une tribu d'oiseaux, comprenant ceux qui ont les doigts de longueur inégale. Latreille donne cette même épithète à une famille de Mammifères ruminans.

ANISODONTE, adj., *anisodon* (ἄνισος, inégal, ὀδοὺς, dent). Le *Pristis anisodon* est ainsi appelé à cause des

dents fort inégales qui garnissent la scie de ce poisson.

ANISODYNAME, adj., *anisodynamus* (ἄνισος, inégal, δύναμις, force). H. Cassini donne cette épithète aux *embryons* des plantes monocotylédones, pour exprimer que leurs deux côtés n'ont pas la même force d'accroissement. *Voyez* Anisobrié.

ANISOMÈRE, adj., *anisomerus* (ἄνισος, inégal, μέρος, partie). Sous le nom de *roches anisomères*, Bonnard a établi un ordre renfermant celles qui sont formées en tout ou en partie par voie de cristallisation, et où une partie dominante, qui sert de base, de pâte ou de ciment aux autres, est contemporaine ou antérieure aux parties qu'elle renferme.

ANISOMÉRIQUE, adj., *anisomericus*. Martius donne ce nom aux *fleurs* dont les parties ne sont pas égales ou régulières.

ANISOMÉTRIQUE, adj., *anisometricus* (ἄνισος, inégal, μέτρον, mesure). Neumann donne le nom de *système anisométrique* à une réunion de formes cristallines dans lesquelles les plans coordonnés sont perpendiculaires entre eux, et qu'on peut rapporter à un système d'axes, au nombre de trois, tous trois inégaux.

ANISOPÉTALE, adj., *anisopetalus* (ἄνισος, inégal, πέταλον, feuille); qui a des pétales inégaux. Ex. *Prangos anisopetala*.

ANISOPHYLLE, adj., *anisophyllus* (ἄνισος, inégal, φύλλον, feuille). Se dit d'une plante à feuilles opposées, dont une des deux est très-petite par rapport à l'autre (ex. *Ruellia anisophylla*). Les feuilles sont dissemblables aussi dans le *Blechnum anisophyllum*.

ANISOPOGONE, adj., *anisopogon; ungleichbartig* (all.) (ἄνισος, inégal, πώγων, barbe). Illiger donne cette épithète à une plume dont un des côtés de la barbe diffère manifestement de l'autre, sous le rapport de la largeur.

ANISOSTÉMONE, adj., *anisostemonis* (ἄνισος, inégal, στήμων, étamine). Wachendorff appelle ainsi toute fleur dans laquelle le nombre des étamines n'a aucun rapport avec celui des pétales libres ou soudés. Ex. beaucoup de Dipsacées.

ANISOSTÉMOPÉTALE, adj., *anisostemopetalus* (ἄνισος, inégal, στήμων, étamine, πέταλον, pétale). Épithète donnée par Wachendorff aux plantes dont les étamines ne sont point en nombre égal à celui des divisions de la corolle.

ANISOTIQUE, adject., *anisoticus* (ἄνισος, inégal). Nom donné, dans la nomenclature minéralogique de Haüy, à un cristal dans lequel les décroissemens ont lieu très-irrégulièrement, de sorte qu'un seul bord ou un seul angle en subit au moins trois, tandis que chacune des parties adjacentes n'en subit qu'un seul. Ex. *Baryte sulfatée anisotique.*

ANISTIOPHORES, adj. et s. m. pl., *Anistiophori* (α priv., ἱστίον, voile, φέρω, porter). J.-E. Gray et Spix donnent ce nom à une famille de Chauve-souris, comprenant celles qui ne portent aucun appendice sur le nez.

ANNEAU, s. m., *annulus;* κρίκος; *Ring* (all.); *anello* (it.) (*annus*, cercle). On appelle ainsi : 1° en astronomie, un corps aplati, large et mince, qui entoure la planète Saturne, en est séparé de toutes parts, semble être lui-même composé de deux bandelettes superposées, et tourne d'occident en orient autour de la planète. 2° En botanique : d'après Palisot-Beauvois, le bourrelet élastique qui, le plus souvent, unit les deux valves par lesquelles s'ouvrent en travers les capsules des fougères; la suture qui unit l'urne des mousses avec son opercule; l'espèce de collerette fran-

gée que laisse sur le stype; en se déchirant par l'effet de l'accroissement, la membrane qui, dans la jeunesse, unissait les bords du chapeau de certains champignons avec le pied; d'après Cassini, un petit corps circulaire qui borde le plateau, au dessus de l'ovaire, dans les Synanthérées, et qui porte souvent les squammellules; un appendice qui entoure le stigmate des *Lobelia*. L'anneau des fougères (*Rad*, all.) est appelé *Gyrus* par Bernhardi et Swarz, *symplokium* par Hedwig, *fimbria* par Willdenow, *connecticulum* par quelques auteurs. 3° En zoologie, un assemblage de pièces qui, par leur réunion en un cercle complet, forment la partie extérieure du corps des animaux articulés; des taches circulaires qui s'aperçoivent sur diverses parties du corps de certains animaux.

ANNÉE, s. f., *annus;* ἔτος; *Jahr* (all.); *year* (angl.); *anno* (it.). Durée de la révolution d'une planète ou d'une comète autour du soleil. Celle de la révolution d'un satellite autour de sa planète principale devrait porter aussi le même nom; mais elle est généralement désignée sous celui de *mois*. A l'égard de la Terre, la longueur de l'année varie suivant le point de départ dont on fait choix et quelques autres considérations accessoires. L'*année tropique* (*voyez* ce mot) est de 365 j. 5 h. 48′ 48″; l'*année sidérale* (*voyez* ce mot) de 365 j. 6 h. 9′ 11″5; l'*année anomalistique* (*voyez* ce mot) de 365 j. 6 h. 13′ 58″8. L'année sidérale de Mercure est de 87j.969258 ; celle de Vénus, de 224j.700824 ; celle de Mars, de 686j.979619 ; celle de Vesta, de 1327j.598293 ; celle de Junon, de 1593j.841740 ; celle de Pallas, de 1682j.545086 ; celle de Cérès, de 1681j.400908 ; celle de Jupiter, de 4332j.50630 ; celle de Saturne, de 10758j.969840 ; et celle d'Uranus de

20688j.712687. L'année tropique de Mercure est de 87j.968439 ; celle de Vénus, de 224j.695480 ; celle de Mars de 686j.929674 ; celle de Vesta, de 1327j.402218 ; celle de Junon, de 1593j.573619 ; celle de Pallas, de 1682j.245589 ; celle de Cérès, de 1681j.101745 ; celle de Jupiter, de 4330j.610488 ; celle de Saturne, de 10746j.732780 ; et celle d'Uranus de 30589j.357287. L'année sidérale de la Lune est de 27 j. 7 h. 43′ 11″559 ; son année tropique de 27 j. 7 h. 43′ 4″718 ; et son année *synodique* (*voy.* ce mot) de 29j.12 h. 44′ 2″858. L'année sidérale du premier satellite de Jupiter est de 1j.7691378 ; celle du second, de 3j.5511810 ; celle du troisième, de 7j.1545528 ; et celle du quatrième, de 16j.6387697. Celle du premier satellite de Saturne est de 0 j. 22 h. 37′ 30″1 ; celle du second, de 1 j. 8 h. 53′ 8″7 ; celle du troisième, de 1 j. 21 h. 18′ 25″9 ; celle du quatrième, de 2 j. 17 h. 44′ 51″1 ; celle du cinquième de 4 j. 12 h. 25′ 11″1 ; celle du sixième, de 15 j. 22 h. 41′ 13″9 ; et celle du septième de 79 j. 7 h. 54′ 37″4. Celle du premier satellite d'Uranus est de 5 j. 21 h. 25′ 20″6 ; celle du second, de 8 j. 16 h. 57′ 47″5 ; celle du troisième, de 10 j. 23 h. 3′ 59″ ; celle du quatrième, de 13 j. 10 h. 56′ 29″8 ; celle du cinquième, de 38 j. 1 h. 48′, et celle du sixième, de 107 j. 16 h. 39′ 56″.

ANNELÉ, adj., *annulatus* ; *geringelt* (all.) ; *anellato* (it.) (*annulus*, anneau). Se dit d'un animal ou d'une partie du corps d'un animal, qui est marqué de taches rondes, en forme d'anneaux. Ex. *Coluber annulatus*, *Sciurus annulatus*, *Myrmecophaga annulata*.

ANNELÉS, adj. et s. m. pl., *Annulata*, *Annulosa*. Nom donné par Macleay à une division du règne animal qui comprend les animaux arti-

culés, ceux dont le corps est composé d'anneaux unis les uns avec les autres.

ANNELIDAIRES, adj. et s. m. pl., *Annelidaria*. Nom donné par Blainville à une classe d'animaux, à corps divisé en anneaux, qu'il regarde comme intermédiaire entre les animaux articulés et les rayonnés.

ANNELIDES, s. m. pl., *Annulata*, *Annulosa*, *Annularia*, *Annelides*. Sous ce nom, Cuvier, Lamarck, Goldfuss, Carus et Ficinus désignent une classe du règne animal comprenant les animaux dont le corps se compose d'anneaux disposés à la suite les uns des autres.

ANNUAIRE, adj., *annuarius* (*annus*, année). Le *Calao annuarius* est ainsi nommé à cause de l'accroissement d'un feston que le casque de cet oiseau prend chaque annnée, jusqu'à ce que l'animal ait acquis l'âge de cinq ou six ans.

ANNUEL, adj., *annualis*, *annuus*, *annotinus* ; *einjährig*, *jährig* (all.) ; *yearig* (angl.) ; *annuo*, *annuale* (it.). Ce qui revient ou se renouvelle au bout ou dans le cours de l'année. On employe ce mot : 1° en botanique. Une *plante annuelle* est celle qui ne dure que l'espace d'un an, qui naît, fructifie et meurt dans le cours d'une année (ex. *Lessertia annua*, *Capsicum annuum*) ; *feuille annuelle*, celle qui tombe la première année, en automne ; *racine annuelle*, celle qui se développe et meurt dans une année (ex. *Papaver Rhœas*) ; *tige annuelle*, celle des plantes annuelles, et celle aussi des plantes bisannuelles, qui ne pousse qu'à la seconde année (ex. *Solidago Virga aurea*). On indique qu'une plante est annuelle en la faisant suivre du signe ☉, par allusion au temps que le soleil employe à sa révolution apparente. 2° En zoologie ; quelques ornithologistes ont appelé *oiseau annuel* (*avis annotina*) celui qui mue deux fois dans l'année.

ANNULAIRE, adj., *annularis, annularius*; *ringförmig* (all.); *anellare* (it.) (*annulus*, anneau); qui a la forme d'un anneau. Se dit : 1º en astronomie, d'une *éclipse*, quand l'ombre de la lune se projette entièrement sur le disque du soleil, qui la déborde de toutes parts, comme un anneau lumineux; 2º en minéralogie, dans la nomenclature minéralogique de Haüy, on donne cette épithète à un *prisme* hexaèdre régulier qui présente autour de chaque base six facettes disposées en anneau (ex. *Baryte carbonatée annulaire*); 3º en botanique, on dit : *androphore annulaire*, celui qui a la forme d'un anneau (ex. *Anacardium occidentale*); *nectaire annulaire*, celui qui a la même forme (ex. *Chironia frutescens*); *embryon annulaire*, celui qui est grêle, alongé et courbé, de manière que l'extrémité radiculaire touche à la cotylédonaire (ex. *Salsola radiata*). Candolle appelle *vaisseaux annulaires* des tubes cylindriques simples, marqués de raies transversales, qui les font paraître composés d'anneaux placés à la suite les uns des autres. L'*Agaricus annularius* doit cette épithète à ce que son stipe est muni d'un collet entier épanoui en forme de godet.

ANNULICAUDE, adj., *annulicaudus* (*annulus*, anneau, *cauda*, queue). L'*Histrionella annulicauda* est un infusoire dont la queue semble formée d'anneaux, quand elle se contracte.

ANNULICORNE, adj., *annulicornis* (*annulus*, anneau, *cornu*, corne); qui a les cornes annelées. Le *Pandalus annulicornis* est un crustacé qui a les antennes latérales et inférieures annelées de rouge.

ANNULIFÈRE, adj., *annulifer, annuliferus* (*annulus*, anneau, *fero*,

porter); qui porte des anneaux. Le *Cidalis annulifera* est un oursin dont les épines sont annelées de blanc et de rouge.

ANNULIPÈDE, adj., *annulipes* (*annulus*, anneau, *pes*, pied); qui a les jambes entourées d'un anneau coloré. Ex. *Myopa annulipes*.

ANODONTE, adj., *anodontus, edentulus*; *zahnlos* (all.) (α priv., ὀδοὺς, dent). Épithète donnée à des coquilles qui n'ont pas de dents à la charnière (ex. *Lucina edentula*), ou qui n'en ont que de très-peu saillantes (ex. *Unio anodonta*). *Voyez* Édenté.

ANODONTES, adj. et s. m. pl., *Anodonta*. Nom donné par Latreille à une famille de la classe des Elminthogames, comprenant ceux de ces animaux dont la bouche n'offre ni crochets, ni épines.

ANODONTIDES, adj., et s. m. pl., *Anodontidæ, Anodontidia*. Nom donné par A. Smith à une famille de serpens qui a pour type le genre *Anodon*, et par Raffinesque à une tribu de la famille des Pédifères ayant pour type le genre *Anodonta*.

ANOLÈNES, adj. et s. m. pl., *Anolena* (α priv., ὀλένη, bras). Nom donné par Ranzani à une division de la classe des Acéphales, comprenant ceux de ces animaux qui n'ont point de bras.

ANOMAL, adj., *anomalus*; ἀνώμαλος; *ungewöhnlich, unregelmässig* (all.); *anomalous* (angl.) (α priv., ὁμαλὸς, égal). Se dit, en général, d'un être qui, par son facies, l'absence ou la présence de certaines parties, s'éloigne de la grande majorité des êtres que leurs caractères généraux placent auprès de lui et auxquels il doit être comparé (ex. *Cricetus anomalus, Cnidium anomalum*). Les botanistes donnent cette épithète aux *corolles* dont la forme insolite, bizarre, n'offre aucun moyen de comparaison avec des objets vulgairement connus (ex. *Delphinium Consolida.*)

ANOMALES, adj. et s. f. pl., *Anomalæ*, *Anomala*. Nom donné par Tournefort à une classe de plantes, comprenant les herbes à corolle polypétale irrégulière et non papilionacée ; par D.-H. Guiart à une classe renfermant les plantes dont les fleurs sont incomplètes, difficiles à apercevoir, organisées différemment, mal déterminées ou inconnues.

ANOMALIE, s. f., *anomalia* ; *Abweichung* (all.) ; *anomaly* (angl.) (α priv., ὁμαλὸς, régulier). On appelle ainsi : 1° en astronomie, la distance d'une planète au lieu de son aphélie ou apogée, c'est-à-dire, l'angle ou arc que forme avec la ligne de l'apogée une autre ligne à l'extrémité de laquelle la planète se trouve réellement, et qui sert à mesurer les irrégularités apparentes des mouvemens planétaires ; 2° en physiologie, toute particularité offerte par un être organisé qui s'éloigne du type spécifique, c'est-à-dire de l'ensemble des traits communs à la grande majorité des individus de son espèce, de son âge, de son sexe, de son pays.

ANOMALIFLORE, adj., *anomaliflorus* (*anomalus*, anomal, *flos*, fleur). H. Cassini donne cette épithète, dans les Synanthérées, à la *calathide*, au *disque*, à la *couronne*, quand ils sont composés de fleurs à corolles anomales.

ANOMALIPÈDE, adj., *anomalipes* (*anomalus*, anomal, *pes*, pied) ; qui a les pieds différens. L'*Oxyurus anomalipes* est un insecte ainsi appelé parce qu'il a les pattes diversement colorées.

ANOMALIPÈDES, adj. et s. m. pl., *Anomalipedes* (*anomalus*, anomal, *pes*, pied). Nom donné par J.-C. Schæffer à un ordre de la classe des oiseaux, renfermant ceux dont le doigt intermédiaire est uni à l'externe par trois phalanges et à l'interne par une seulement.

ANOMALISTIQUE, adj., *anomalisticus*. En astronomie, on appelle *révolution* ou *année anomalistique* le temps qui s'écoule depuis l'instant où le soleil part de son apogée jusqu'à celui de son retour apparent au même lieu, parce qu'on appelle *anomalie du soleil* la distance angulaire de cet astre au périgée de son orbite. Le *mois anomalistique* de la lune est le temps qu'elle employe pour revenir à un périgée ou à un apogée.

ANOMALOECIE, s. f., *anomaloecia* (ἀνώμαλος, anomal, οἰκία, habitation). Nom donné par Richard à une classe de plantes comprenant celles qui ont des fleurs hermaphrodites et des fleurs unisexuées sur le même pied ou sur des individus différens.

ANOMALOPÈDES, adj. et s. m. pl., *Anomalopedes* (*anomalus*, anomal, *pes*, pied). Nom donné par Klein à une famille de la classe des Mammifères, comprenant ceux de ces animaux qui ont les cinq doigts réunis par une membrane.

ANOMALOPORE, adj., *anomaloporus* (ἀνώμαλος, anomal, πόρος, pore) ; qui a des cellules ou des pores de différentes grandeurs. Ex. *Heteropora anomalopora.*

ANOMAUX, adj. et s. m. pl. *Anomales*, *Anomalia*. Nom donné par Lherminier et Lesson à une division de la classe des oiseaux, comprenant ceux dont le sternum est dépourvu de carène ; par Latreille à une section de la classe des poissons, embrassant ceux qui diffèrent des autres par la disposition de leurs branchies en houppes arrondies, le long des arcs qui les supportent ; par Ficinus et Carus à une famille de poissons dans laquelle ils rangent ceux qui ont le corps irrégulier ; par Cuvier et Latreille à une division de la famille des Crustacés décapodes macroures , comprenant ceux qui ont les deux ou quatre derniers pieds plus petits que les précédens.

ANOMIAL , adj. , *anomialis ;* qui ressemble à une Anomie. Ex. *Ostrea anomialis.*

ANOMIDES , adj. et s. m. pl., *Anomides* (ἄνομος, sans loi , εἶδος, forme). Nom donné par Duméril à une famille d'Orthoptères , caractérisée par la forme bizarre des insectes qui la constituent.

ANOMOCARPE , adj. , *anomocarpus* (ἄνομος, sans loi , καρπός, fruit); qui a des fruits anomaux. Le *Canthium anomocarpum* est ainsi appelé en raison de ses fruits , à la base latérale desquels est rejetée la cicatrice florale.

ANOMOCÉPHALE , adj. et s. m. , *anomocephalus* (ἄνομος, sans loi , κεφαλὴ, tête). Nom générique sous lequel Geoffroy-Saint-Hilaire désigne tous les animaux dont la tête offre accidentellement quelque difformité.

ANOMOIODIPÉRIANTHÉ , adj. , *anomoiodiperianthus* (ἀνόμοιος, dissemblable, δὶς, deux , περὶ, autour , ἄνθος, fleur). Épithète donnée par Wachendorff aux plantes dans lesquelles le nombre des divisions du calice diffère de celui des segmens de la corolle.

ANONACÉES , adj. et s. f. pl. , *Anonaceæ.* Famille de plantes , établie par Jussieu , et qui a pour type le genre *Anona.*

ANONÉES , adj. et s. f. pl. , *Anoneæ.* Synonyme d'*Anonacées. V.* ce mot.

ANOPÉTALE , adj. , *anopetalus* (ἀνὰ, en haut, πέταλον, pétale); qui a les pétales dressés. Ex. *Sedum anopetalum.*

ANOPISTHES , adj. et s. m. pl., *Anopisthia* (α priv., ὀπίσθιος, der

rière). Nom donné par C.-G. Ehrenberg à deux familles de la classe des Polygastriques , comprenant ceux de ces animaux qui ont la bouche et l'anus contigus dans la même fossette , et qui , par conséquent, sont dépourvus d'extrémité anale proprement dite.

ANOPLURES , adj. et s. m. pl. , *Anoplura* (α priv. , ὅπλον, arme, οὐρὰ, queue). Nom donné par Leach à un ordre de la classe des insectes sans métamorphoses ; comprenant ceux qui ont la queue dépourvue de filamens.

ANOPLURIFORME , adj. , *anopluriformis.* Macleay et Kirby donnent cette épithète aux larves de coléoptères qui sont carnivores, antennifères, à corps oblong et déprimé. Ex. *Coccinella.*

ANORGANIQUE , adj. , *anorganicus, inorganicus* (α priv. , ὄργανον, organe) ; qui n'a pas d'organes. Opposé d'*organique* , et synonyme peu usité d'*inorganique.*

ANORGANOGÉNIE , s. f. , *anorganogenia* (α priv. , ὄργανον, organe , γέννάω, engendrer). Partie de la physique générale qui traite de l'origine des corps inorganiques.

ANORGANOGNOSIE , s. f. , *anorganognosia* (α priv., ὄργανον, organe, γνῶσις, connaissance). Synonyme de *minéralogie* , dont se sont servis J.-L.-C. Gravenhorst et J. Reisinger.

ANORGANOGRAPHIE , s. f., *anorganographia* (α priv. , ὄργανον, organe , γράφω, écrire). Description des corps inorganisés.

ANORGANOLOGIE , s. f. , *anorganologia* (α priv., ὄργανον, organe, λόγος , discours). Traité des corps inorganiques.

ANORGIQUE , adj., *anorgicus.* Par contraction d'*anorganique. Voy.* ce mot.

ANORGISME , s. m. , *anorgismus.*

Ensemble de tous les corps et de tou- tes les forces de la nature qui n'ap- partiennent pas au règne organique.

ANORMAL, adj., *abnormalis, ab- normis* (α priv., *norma*, règle). Irrégulier, qui n'est pas conforme à la règle.

ANORMALIE, s. f., *abnormitas.* Irrégularité, exception à la règle.

ANORRHYNQUES, adj. et s. m. pl., *Anorrhynchi* (α priv., ῥύγχος, bec). Nom donné par Blainville à une fa- mille de la classe des Subannelidaires, comprenant ceux de ces animaux dont le renflement céphalique est dépourvu de mamelons proboscidiformes.

ANOSTÉOPHORES, adj. et s. m. pl., *Anosteophora* (α priv., ὀστέον, os, φέρω, porter). Nom donné par J.-E. Gray à un ordre de la classe des Antliobrachiophores, comprenant ceux de ces animaux qui n'ont pas, dans l'intérieur de leur corps, la masse dure qu'on connaît sous celui d'os de seiche.

ANOSTÉOZOAIRES, adj. et s. m. pl. *Anosteozoaria, Anosteozoa* (α priv., ὀστέον, os, ζῶον, animal). Nom donné par Blainville à un type du règne ani- mal, renfermant les animaux qui n'ont pas d'os proprement dits.

ANOSTOME, adj., *anostomus* (ἀνὰ, eu dessus, στόμα, bouche); qui a la bouche en dessus du museau. Ex. *Salmo anostomus.*

ANOURES, adj. et s. m. pl., *Anoura* (α priv., οὐρὰ, queue). Nom donné par Duméril, Latreille et Eich- wald à une famille, par J.-E. Gray à un ordre, par Ficinus et Carus à une tribu de la classe des reptiles, com- prenant les Batraciens qui sont dé- pourvus de queue dans l'âge adulte.

ANSE, s. f., *ansa*. Ce nom est donné par les astronomes aux pro- éminences de l'anneau de Saturne, qu'à certaines époques on aperçoit des deux côtés du corps de la planète ; et par les marins, à une très-petite *baie.*

ANSERIDES, adj. et s. m. pl, *An- serides, Anseres.* Nom donné par Goldfuss à une famille d'oiseaux, comprenant les Palmipèdes qui se rapprochent de l'oie, *Anser.*

ANTARCTIQUE, adj., *antarcticus;* ἀνταρκτικὸς; *südlich* (all.) ; *southern* (angl.) (ἀντὶ, contre, ἄρκτος, ourse); qui est opposé à la constellation de l'Ourse. Synonyme d'*austral*, ou *mé- ridional*, en astronomie et en géogra- phie (*cercle, pôle antarctique*). On donne cette épithète à des animaux et à des végétaux qui habitent dans les contrées méridionales (ex. *Callorhyn- chus antarcticus, Eudyptis antarc- tica, Disarrhenum antarcticum*).

ANTÉCÉDENT, adj., *antecedens* (*antè*, devant, *cedo*, s'en aller). Nom donné, dans la nomenclature minéralogique de Haüy, à un cristal de chaux carbonatée, composé du rhomboïde équiaxe qui précède le primitif dans l'ordre des rhomboïdes obtus, et de l'inverse qui a la même priorité dans celui des rhomboïdes aigus.

ANTÉCIEN, adj. et s. m., *ante- cius; Gegenüberbewohner* (all.) (ἀντὶ, devant, οἰκέω, habiter). Épithète don- née aux peuples placés sous le même méridien, et à la même distance de l'équateur, mais dans deux hémisphè- res différens. Synonyme d'*antipode.*

ANTÉDILUVIEN, adj., *antedilu- vianus* (*antè*, avant, *diluvium*, dé- luge). Brongniart appelle ainsi les terrains de trass et d'alluvion anté- rieurs à la période animale. Quelques coquilles fossiles (ex. *Conus antedi- luvianus*), dont les analogues vivans ne sont plus connus, ont aussi reçu cette dénomination.

ANTEFURCA, s. f. Kirby appelle ainsi un prolongement vertical interne de l'avant-poitrine des insectes, con- sistant ordinairement en deux bran- ches, qui offrent un point d'attache aux muscles des pattes antérieures.

ANTÉMÉDIAIRE, adj., *antemediarius* (*antè*, avant, *medium*, milieu). Les *pétales antémédiaires* sont, suivant Mirbel, ceux qui se trouvent opposés aux sépales du calice.

ANTENNAIRE, adj. et s. m., *antennaris* (*antenna*, antenne); qui a rapport aux antennes (*région antennaire*). Robineau - Desvoidy nomme *antennaires*, dans les insectes Myodaires, deux petites pièces, soudées ensemble, sur lesquelles sont implantées les antennes.

ANTENNARIÉES, adj. et s. f. pl., *Antennarieæ*. Nom donné par Lessing à une section de la sous-tribu des Sénécionidées gnaphaliées, qui a pour type le genre *Antennaria*.

ANTENNE, s. f., *antenna; Fühlhorn, Taster* (all.); *feeler* (angl.). On appelle ainsi : 1° dans les crustacés et les insectes, des filamens articulés, mobiles et infiniment diversifiés pour la forme, souvent même selon les sexes, qui tiennent à la partie antérieure et latérale de la tête, et qui paraissent consacrés à un toucher délicat, ou peut-être même à quelque sens dont nous n'avons pas l'idée; 2° dans les Annelides, d'après Savigny, aux tentacules ou cirres qui s'attachent sur quelques uns des anneaux céphaliques, et se dirigent pour la plupart en avant; 3° chez certains poissons (ex. *Pterois antennatus*), à des barbillons cylindriques et comme articulés, qui sont placés en dessus de la tête, et qui ressemblent aux antennes des insectes.

ANTENNÉ, adj., *antennatus ;* qui a des antennes. On donne cette épithète à des *poissons* qui ont des filamens charnus sur le devant de la tête (ex. *Diodon antennatus*); à des *insectes* dont les antennes sont fort longues (ex. *Eucera antennata*); à des *annelides* qui sont dans le même cas (ex. *Nereis antennata*); à des *crustacés* dont les antennes extérieures sont

très-grandes (ex. *Penæus antennatus*).

ANTENNÉES, adj. et s. f. pl., *Antennatæ*. Nom donné par Lamarck à un ordre de la classe des Annelides, comprenant ceux de ces animaux qui ont des antennes.

ANTENNÉES-TRACHÉALES, adj. et s. f. pl., *Antennatæ-tracheales*. Nom donné par Lamarck à un ordre de la classe des Arachnides, comprenant ceux de ces animaux qui ont deux antennes et qui respirent par des trachées.

ANTENNE-PINCE. *Voyez* **CHÉLICÈRE**.

ANTENNIFÈRE, adj., *antennifer, antenniferus* (*antenna*, antenne, *fero*, porter). Une plante (*Echium antenniferum*) est ainsi appelée parce qu'elle présente, entre ses pétales et son nectaire, deux filets alongés et arqués, qui ressemblent aux antennes des scarabées; une autre (*Restrepia antennifera*), parce que deux des trois divisions de son calice sont linéaires, très-étroites au sommet et antenniformes; une autre encore (*Trichoceros antennifer*), parce que la colonne des organes sexuels se prolonge de chaque côté en deux filets antenniformes.

ANTENNIFORME, adj., *antenniformis* (*antenna*, antenne, *forma*, forme); qui a la forme d'une antenne. On donne particulièrement ce nom aux *palpes* des insectes, quand ils sont longs, et simulent par là des antennes. Ex. *Hydrophilus piceus*.

ANTENNISTE, adj. et s. m., *antennista ;* qui a des antennes.

ANTENNULE, s. f., *antennula*. On appelle ainsi les palpes maxillaires des insectes, parce qu'ils ressemblent à de petites antennes.

ANTÉPECTORAL, adj, *antepectoralis* (*antè*, devant, *pectus*, poitrine). Kirby appelle *pattes antépectorales*, dans les insectes, les antérieures, celles qui sont fixées à l'avant-poitrine, et *spiracules antépectoraux* une paire de larges pores qu'on remarque à la membrane qui unit l'avant-poitrine avec la médi-poitrine.

ANTÉRIEUR, adj., *anterior; vorhergehend* (all.); qui est en avant, soit pour le temps, soit pour le lieu. On dit, en botanique, le *stigmate antérieur*, lorsque, dans une fleur irrégulière, il regarde la partie antérieure du périanthe (ex. *Orchidées*); et les *stipules antérieures*, quand elles sont soudées par leur base seulement à la partie antérieure du pétiole et libres dans leur partie supérieure, de manière à former une lame placée entre la tige et le pétiole (ex. *Trifolium pratense*). R. Brown appelle *anthères antérieures* celles que Richard nommait *introrses* (*voyez ce mot*).

ANTÉRO-DORSAL, adj., *anterodorsalis*. Les conchyliologistes donnent cette épithète au *crochet* d'une valve de coquille bivalve, quand il est placé plus en avant qu'en arrière, dans la longueur du bord supérieur de la valve.

ANTESCIEN, adj. et s. m., *antiscius; gegenschattig* (all.) (ἀντί, contre, σκιά, ombre). Synonyme d'*antipode* et d'*antécien*, parce que les peuples ainsi placés géographiquement l'un par rapport à l'autre, ont leurs ombres opposées.

ANTHÈLE, s. f., *anthela* (ἀνθήλιον, petite fleur). Nom donné par E. Meyer à une grappe composée et rameuse, dont l'axe est fort court, et dont les rameaux sont fort longs ou étalés. Ex. *Joncs*.

ANTHELIX, s. m., *anthelix;* ἀνθέλιξ; *Gegenleiste* (all.) (ἀντί, devant, ἕλιξ, limaçon). Eminence de l'oreille externe qui s'étend depuis la conque jusqu'à la rainure de l'helix, et qui est située au devant de celui-ci.

ANTHÉMIDÉES, adj. et s. f. pl., *Anthemideæ*. Nom donné par H. Cassini et par Kunth à une tribu de la famille des Synanthérées, par Lessing à une section de la sous-tribu des Sénécionidées chrysanthémées, qui ont pour type le genre *Anthemis*.

ANTHÉRAL, adj., *antheralis* (ἀνθηρός, fleuri); qui a rapport aux anthères. Le tube *anthéral*, dans les Synanthérées, est formé par la coalition des anthères.

ANTHÈRE, s. f., *anthera, spermatocystidium, theca, capsula, apex, testiculus, testis, capitulum; Staubkolben, Staubbeutel* (all.); *antera, borsetta* (it.). Petit sac membraneux, contenant le pollen avant la fécondation, qui est la partie essentielle de l'étamine. Linné donnait aussi ce nom à l'*urne* des mousses. Hedwig l'a appliqué également à des corps oblongs, de forme variée, qu'on trouve, entremêlés avec des filamens, dans les rosettes ou étoiles de ces dernières plantes.

ANTHÉRICÉES, adj. et s. f. pl., *Anthericeæ, Anthericea*. Nom donné par Bartling à un groupe de la famille des Asphodelées, par Reichenbach à un groupe de celle des Liliacées, ayant pour type le genre *Anthericum*.

ANTHÉRIFÈRE, adj., *antherifer, antheriferus* (*anthera*, anthère, *fero*, porter); qui porte des anthères. On appelle *tube anthérifère* le corps produit par la réunion des filets des étamines, dans les plantes monadelphes et diadelphes.

ANTHÉRIFORME, adj., *antheriformis* (*anthera*, anthère, *forma*, forme); qui a la forme d'une anthère.

ANTHÉRIN, adj., *antherinus* (ἄνθος, fleur). L'*anthicus antherinus* est ainsi appelé parce qu'il vit sur les fleurs.

ANTHÉRIQUE, adj., *anthericus* (*anthera*, anthère); qui a rapport aux anthères. Desvaux appelle *nectaires anthériques* ceux qui sont situés sur les anthères.

ANTHÉROGÈNE, adj., *antheroge-nus* (ἀνθηρὸς, fleuri, γεννάω, engendrer). Candolle donne cette épithète aux *fleurs doubles* qui le sont par la transformation des anthères seules en pétales corniculés. Ex. *Aquilegia vulgaris corniculata*.

ANTHÈSE, s. f., *anthesis*; ἀνθήσις; *Blumenoffenseyn* (all.). Ensemble des phénomènes que présentent les fleurs, quand elles s'ouvrent et s'épanouissent. Quelquefois aussi on entend par là le temps où tous les organes d'une fleur sont dans leur parfait accroissement.

ANTHIARINE, s. f., *anthiarina*. Substance particulière qui semble constituer la partie active de l'upas anthiar (suc de l'*Anthiaris toxicaria*), et que Pelletier et Caventou croyent être un alcali végétal.

ANTHICIDES, adj. et s. m. pl., *Anthicides*. Nom donné par Latreille à une tribu de la famille des insectes coléoptères trachélides, qui a pour type le genre *Anthicus*.

ANTHIDULÉES, adj. et s. f. pl., *Anthidulæ*. Nom donné par Robineau-Desvoidy à une tribu de la famille des Myodaires Micromydes.

ANTHIES. *Voyez* ANTIES.

ANTHOBIES, adj. et s. m. pl., *Anthobii*. Nom donné par Latreille à une section de la tribu des Scarabéïdes, qui a pour type le genre *Anthobium*.

ANTHOBRANCHES, adj. et s. m. pl., *Anthobranchia* (ἄνθος, fleur, βράγχια, branchies). Goldfuss désigne sous ce nom une famille de mollusques, comprenant ceux de ces animaux qui ont les branchies disposées en forme de panaches.

ANTHOCÉPHALE, adj., *anthocephalus* (ἄνθος, fleur, κεφαλὴ, tête); qui a la tête en forme de fleur. Le *Tænia anthocephala* a une très-grande tête, à quatre lobes obtus, qui sont plus longs qu'elle.

ANTHOCORYNION, s. m., *anthocorynium*; *Stimmgabel* (all.) (ἄνθος, fleur, κορύνη, massue). Meyer appelle ainsi une sorte de bractée claviforme, bifurquée, qui est placée horizontalement, et en quelque sorte à cheval, sur le pédoncule du *Surubœa guianensis*.

ANTHODION, s. m., *anthodium*; *Blüthenkörbchen, Blumensammlung* (all.) (ἄνθος, fleur, δύω, envelopper). Ehrhart le premier a employé, pour désigner la *fleur composée*, ce mot, dont Willdenow et Cavanilles ont restreint la signification, en le rendant synonyme de *calice commun*. Cassini, lui conservant son acception primitive, l'a changé en celui de *calathide*, bien préférable au mauvais terme de *céphalanthe*, introduit par Richard, qui aurait du dire *anthocéphale*. Link distingue l'*anthodion vrai* (*flores congregati*), lorsque les fleurs s'épanouissent de la circonférence vers le centre, et l'*anthodion faux* (*flores agregati*), lorsque l'anthèse ne suit pas cette marche, que l'épanouissement commence sur plusieurs points à la fois.

ANTHOLOGIE, s. f., *anthologia*; ἀνθολογία (ἄνθος, fleur, λόγος, discours). Discours ou traité sur les fleurs; ouvrage qui traite d'un choix de fleurs.

ANTHOMYDES, adj. et s. f. pl., *Anthomydes* (ἄνθος, fleur, μυῖα, mouche). Nom donné par Robineau-Desvoidy à une tribu de la famille des Myodaires Mésomydes, comprenant des espèces qui vivent généralement sur les fleurs.

ANTHOMYZES, adj. et s. m. pl., *Anthomyzæ* (ἄνθος, fleur, μυζάω, sucer). Nom donné par Vieillot, Ranzani et C. Bonaparte à une famille de Passereaux, comprenant des oiseaux qui sucent le suc sucré des fleurs.

ANTHOPHAGE, adj., *anthopha-*

gus (ἄνθος , fleur , φάγω , manger) ; qui mange des fleurs , qui vit de fleurs : *insecte anthophage.*

ANTHOPHILE , adj. , *anthophilus* (ἄνθος , fleur , φιλέω , aimer) ; qui aime les fleurs. Le *Saccomys anthophilus* a été ainsi nommé parce qu'on a trouvé les abajoues d'un individu pleines de fleurs de *Securidaca; l'Erigone anthophila* , parce que ce diptère est commun sur les fleurs.

ANTHOPHILES , adj. et s. m. pl. , *Anthophila, Anthophilæ* (ἄνθος, fleur, φιλέω , aimer). Nom donné par Lamarck , Duméril, Goldfuss , Latreille , Ficinus et Carus à une famille d'insectes Hyménoptères , comprenant ceux qui vivent du suc mielleux ou du pollen des fleurs ; par Robineau-Desvoidy à une famille de Myodaires , comprenant ceux de ces insectes qui , à l'état parfait, se trouvent plus particulièrement sur les fleurs.

ANTHOPHORE , s. m. , *anthophorus, anthophorum* (ἄνθος , fleur , φέρω, porter). Nom donné par Candolle et Nees d'Esenbeck à un prolongement du réceptacle de la fleur , qui part du fond du calice , et porte les pétales, les étamines et le pistil. Ex. *Silene.*

ANTHOPHORE , adj. , *anthophorus ; blüthentragend* (all.). Se dit d'une plante , ou d'une partie de plante , qui porte une ou plusieurs fleurs. Synonyme , en ce sens , de *florifère.*

ANTHOPHYLLE , adj. , *anthophyllus* (ἄνθος , fleur , φύλλον , feuille). Le *Pavetta anthophylla* a été appelé ainsi parce qu'un des lobes de son calice est alongé en forme de foliole.

ANTHOSPERME , s. m. , *anthosperma* (ἄνθος, fleur , σπέρμα, graine). Sous ce nom , Gaillon désigne des agglomérations de petits globules qui, dans certaines thalassiophytes symphysistées , précèdent toujours le dé-

veloppement de tubercules ou conceptacles , parce que , dans ces êtres d'une organisation plus simple , elles présentent quelque analogie avec l'état floral des plantes phanérogames.

ANTHOSPERMÉES , adj. et s. f. pl. , *Anthospermeæ.* Nom donné par Candolle et A. Richard à une tribu de la famille des Rubiacées , qui a pour type le genre *Anthospermum.*

ANTHOSPERMIQUE , adj. , *anthospermicus.* Épithète donnée par Gaillon au mode de fructification de certaines thalassiophytes symphysistées que d'autres ont appelé *capsulaire.*

ANTHOSTOMES , adj. et s. m. pl. , *Anthostoma* (ἄνθος , fleur , στόμα , bouche). Nom donné par Latreille à une famille de la classe des Elminthaproctes , comprenant ceux de ces animaux qui ont quatre trompes ou quatre suçoirs saillans , auriculiformes ou pétaloïdes , ce qui donne à leur tête l'apparence d'une fleur.

ANTHOXANTHÉES , adj. et s. f. pl. , *Anthoxantheæ.* Nom donné par Link à une tribu de la famille des Graminées , qui a pour type le genre *Anthoxanthum.*

ANTHOZUSIE , s. f. , *anthozusia.* Nom donné par Link à un genre d'anamorphose des feuilles , qui a lieu quand ces organes prennent le caractère des pétales , transformation rare; mais que Jaeger a observée dans le *Tulipa Gesneriana* et le *Rosa centifolia.*

ANTHRACIDES , adj. et s. m. pl. , *Anthracida* (ἄνθραξ , charbon). Nom imposé par C.-F. Naumann à une classe , et par Beudant à une famille de minéraux , comprenant ceux qui renferment du carbone, soit pur , soit combiné avec d'autres corps.

ANTHRACIENS , adj. et s. m. pl. , *Anthracii.* Nom donné par Latreille à une tribu de la famille des Diptères tanystomes , qui a pour type le genre *Anthrax.*

ANTHRACIFÈRE, adj. , *anthracifer*, *anthraciferus* (ἄνθραξ, charbon, *fero* , porter); qui contient du charbon : *roche anthracifère.*

ANTHRACITES, s. m. pl. , *Anthracites.* Nom donné par Ampère à un genre de la classe des Gazolytes , qui comprend le carbone et l'hydrogène.

ANTHRACITEUX, adj. ; qui a du rapport avec l'anthracite : *houille anthraciteuse.*

ANTHRACOMÈTRE, s. m. , *anthracometrum ; Kohlensäuremesser* (all.) (ἄνθραξ, charbon, μετρέω, mesurer). Instrument propre à déterminer la quantité d'acide carbonique qui existe dans un mélange gazeux.

ANTHRAXIFÈRE, adj., *anthraxifer* (ἄνθραξ, charbon , *fero* , porter). Nom donné par Omalius à un groupe de roches , qui souvent sont colorées par de l'anthracite. Ce nom est mauvais : car , outre que tous les systèmes qui composent le groupe, ne contiennent pas de l'anthracite, et que cette substance se trouve aussi dans d'autres terrains , il peut souvent donner lieu à quelque confusion , par son rapport avec celui du terrain houiller.

ANTHRAZOTHION, s. f., *anthrazothion* (ἄνθραξ, charbon , α priv. , ζώω, vivifier , θεῖον, soufre). Grotthuss donne au sulfocyanogène ce nom qui exprime qu'il contient du carbone , de l'azote et du soufre.

ANTHRAZOTHIONIQUE, adj., *anthrazothionicus.* Synonyme inusité de *sulfocyanique. Voyez* ce mot.

ANTHRAZOTHIONURE, s. m. , *anthrazothionuretum.* Synonyme inusité de *sulfocyanure. Voyez* ce mot.

ANTHRIBIDES, adj. et s. m. pl. , *Anthribides.* Nom donné par Latreille à une tribu de la famille des Rhynchophores, et par Schœnherr à un groupe de la famille des Curculionides , qui ont pour type le genre *Anthribus.*

ANTHRIBITES, adj. et s. m. pl. , *Anthribites.* Nom donné par E. Eichwald à une tribu de la famille des Rhynchophores, ayant pour type le genre *Anthribus.*

ANTHROPOCHIMIE, s. f. , *anthropochemia* (ἄνθρωπος, homme, χημεία, chimie). Partie de la chimie dont l'objet est de faire connaître les phénomènes chimiques qui ont lieu dans le corps de l'homme , ou les propriétés chimiques des parties qui entrent dans sa composition.

ANTHROPOGÉNÉSIE, s. f. , *anthropogenesis* (ἄνθρωπος, homme , γένεσις, origine). Synonyme d'*anthropogénie. Voyez* ce mot.

ANTHROPOGÉNIE, s. f. , *anthropogenia* (ἄνθρωπος, homme, γεννάω, engendrer). Branche de la physiologie qui traite des phénomènes de la génération chez l'homme.

ANTHROPOGRAPHE, adj. et s. m. , *anthropographus* (ἄνθρωπος, homme, γράφω, écrire); qui écrit sur l'anatomie de l'homme , sur sa physiologie , et en général sur son histoire.

ANTHROPOGRAPHIE, s. f. , *anthropographia.* A la renaissance des lettres, ce mot exprimait l'ensemble des connaissances qu'embrassent l'anatomie et la physiologie humaines. On ne s'en sert plus aujourd'hui, ou tout au plus le prend-on comme synonyme d'*anthropologie. Voyez* ce mot.

ANTHROPOLOGIE, s. f. , *anthropologia* (ἄνθρωπος, homme , λόγος, discours). Ensemble des connaissances relatives à l'homme et à l'espèce humaine, tant sous le rapport de l'organisation , que sous celui des actions, des facultés et des mœurs , qui en découlent.

ANTHROPOMAGNÉTISME, s. m. ; *anthropomagnetismus* (ἄνθρωπος, homme, *magnes*, aimant). Nom donné par Spindler au magnétisme animal, en raison des connexions qui existent entre l'homme et tous les autres corps de la nature, d'après les vues particulières de la philosophie dite naturelle.

ANTHROPOMÉTALLISME, s. m., *anthropometallismus* (ἄνθρωπος, homme, *metallum*, métal). Nom donné par Spindler à une des formes principales du magnétisme animal, qui fait qu'un homme doué d'une organisation spéciale peut, en vertu de sa ferme volonté, déterminer les grandes formes de la nature et leur faire exprimer celles de sa spontanéité.

ANTHROPOMÉTRIE, s. f., *anthropometria* (ἄνθρωπος, homme, μετρέω, mesurer). Art de mesurer, de calculer et de déterminer les proportions respectives des diverses parties du corps bien conformé de l'homme.

ANTHROPOMORPHE, adj., *anthropomorphus* (ἄνθρωπος, homme, μορφή, forme) ; qui a la forme d'un homme. Linné, dans ses premiers essais de classification, avait donné le nom d'*Anthropomorphes* à un ordre de la classe des Mammifères. L'*Ophrys anthropomorpha* est ainsi appelé parce qu'on a comparé sa fleur à un homme pendu par le bras.

ANTHROPOMORPHOLOGIE, s. f., *anthropomorphologia* (ἄνθρωπος, homme, μορφή, forme, λόγος, discours). Science qui traite de la forme des diverses parties du corps humain. Synonyme inusité d'*anatomie*.

ANTHROPONOMIE, s. f., *anthroponomia* (ἄνθρωπος, homme, νόμος, loi). Science qui traite des lois présidant à la formation de l'homme, ou à l'exercice de l'action des parties qui le constituent. Synonyme, en ce dernier sens, de *physiologie*.

ANTHROPONISME, s. m., *anthroponismus*. Nom donné par Spindler à une des formes principales du magnétisme animal, lorsqu'un individu admet en lui-même les qualités de la spontanéité d'un autre, et le suit, en quelque sorte, comme la lune suit la terre dans sa révolution annuelle.

ANTHROPOPHAGE, adj. et s. m., *anthropophagus* ; *Menschenfresser* (all.) (ἄνθρωπος, homme, φάγω, manger) ; qui mange des hommes. La larve de la *Thyreophora anthropophaga* dévore les préparations anatomiques.

ANTHROPOPHAGIE, s. f., *anthropophagia* ; *Menschenfresserei* (all.) (ἄνθρωπος, homme, φάγω, manger). Penchant de quelques individus et de quelques peuples sauvages à manger de la chair humaine ; action même de manger cette chair.

ANTHROPOPHORE, adj., *anthropophorus* (ἄνθρωπος, homme, φέρω, porter). Le *Loroglossum anthropophorum* a été appelé ainsi parce qu'on a cru trouver de la ressemblance entre le labelle de sa fleur et un homme pendu par le bras.

ANTHROPOSOMATOLOGIE, s. f., *anthroposomatologia* (ἄνθρωπος, homme, σῶμα, corps, λόγος, discours). Description du corps de l'homme. Synonyme inusité d'*anatomie*.

ANTHROPOSOPHIE, s. f., *anthroposophia* (ἄνθρωπος, homme, σοφία, connaissance). Science ou connaissance de la nature de l'homme, envisagé sous le point de vue physiologique.

ANTHROPOTOMIE, s. f., *anthropotomia* ; *Menschenzergliederung* (all.) (ἄνθρωπος, homme, τέμνω, couper). Art de disséquer les cadavres humains. Synonyme d'*anatomie*.

ANTHURE, subst. m., *anthurus* (ἄνθος, fleur, οὐρά, queue). Nom donné par Link aux pédoncules alongés qui portent des fleurs en faisceau.

ANTICHLORISTIQUE, adj., *anti-*

chloristicus. On appelle *théorie anti-chloristique* l'hypothèse admise à la création de la chimie pneumatique, fortement ébranlée en 1809 par Gay-Lussac et Thénard, et définitivement rejetée en 1810 par H. Davy, d'après laquelle le chlore, au lieu d'être un corps simple, était censé résulter d'une combinaison d'oxigène et d'un radical inconnu.

ANTICLINANTHE, s. m., *anticlinanthus* (ἀντὶ, devant, κλίνη, lit, ἄνθος, fleur). H. Cassini appelle ainsi la partie inférieure et squamifère du clinanthe des Synanthérées.

ANTIÉDRIQUE, adj., *antiedricus* (ἀντὶ, contre, ἕδρα, base). Epithète donnée, dans la nomenclature minéralogique de Haüy, à un *cristal* composé de deux rhomboïdes dont chacun a ses faces tournées en sens contraire de celles de l'autre. Ex. *Chaux carbonatée antiédrique*.

ANTIENNÉAEDRE, adj., *antienneaedrus* (ἀντὶ, contre, ἐννέα, neuf, ἕδρα, base). Nom donné, dans la nomenclature minéralogique de Haüy, à un *prisme* à douze pans, terminé par deux sommets à neuf faces. Ex. *Tourmaline antiennéaèdre*.

ANTIES, s. f. pl., *antiæ*, *anthiæ*, *anthiades, caprona; Schneppen* (all.). Nom donné aux cornes du front emplumé des oiseaux, qui s'avancent de chaque côté vers les narines, entre l'angle frontal et la base de la mâchoire supérieure.

ANTILAMBANES, adj. et s. m. pl., *Antilambani* (ἀντιλαμβάνω, saisir). Nom donné par Ranzani à une famille de l'ordre des grimpeurs, comprenant des oiseaux qui se servent de leurs doigts pour saisir la nourriture et la porter au bec.

ANTIMOINE, s. m., *antimonium*, *stibium; Spiessglanz* (all.); *antimony* (angl.); *antimonio* (it.). Métal solide à la température ordinaire, dont la découverte paraît avoir été faite par Basile Valentin, vers la fin du quinzième siècle, et dont l'histoire a été perfectionnée par les travaux surtout de Proust et de Berzelius.

ANTIMONIAL, adj., *antimonialis*. Se dit, en minéralogie, d'un métal qui est uni avec de l'antimoine métallique. Ex. *Argent antimonial*.

ANTIMONIATE, s. m., *antimonias*. Nom donné aux sels (*antimonsaure Salze*, all.) qui sont formés par la combinaison de l'acide antimonique avec les bases salifiables.

ANTIMONICO-POTASSIQUE, adj., *antimonico-potassicus*. Epithète donnée, dans la nomenclature chimique de Berzelius, à un sel double qui résulte de la combinaison d'un sel antimonique avec un sel potassique. Ex. *Tartrate antimonico-potassique* (*tartrate d'antimoine et de potasse*).

ANTIMONIDES, s. m. pl., *Antimonides*. Nom donné par Beudant à une famille de minéraux composée de ceux qui contiennent de l'antimoine, seul ou combiné.

ANTIMONIÉ, adj. Se dit, en minéralogie, d'une substance qui contient de l'antimoine non métallique. Ex. *Argent antimonié sulfuré*.

ANTIMONIEUX, adj., *antimoniosus*. Epithète donnée à un *acide* (*deutoxide d'antimoine; antimonige Säure*, all.), qui est le second degré d'oxigénation de l'antimoine, à un *chloride* et à un *sulfide* (*antimoine crud; Doppeltschwefelantimon*, all.), qui correspondent à l'acide antimonieux, sous le rapport de la composition.

ANTIMONIFÈRE, adj., *antimonifer, antimoniferus; spiessglanzhaltig* (all.). Se dit, en minéralogie, d'une substance qui contient accidentellement de l'antimoine. Ex. *Plomb sulfuré antimonifère*.

ANTIMONIQUE, adj., *antimonicus*. Nom donné, dans la nomenclature chimique de Berzelius, à un oxide (*protoxide d'antimoine; Anti-monoxyd, Antimonoxydul*, all.), qui est le premier degré d'oxidation de l'antimoine ; à un *acide (tritoxide d'antimoine; Antimonsäure*, all.), qui est le troisième ; à un *sulfure (Anderthalbschwefelantimon*, all.), qui est le premier degré de sulfuration de ce métal, et qui s'appelle ainsi quand il joue le rôle de sulfobase, car, lorsqu'il joue celui de sulfide, on le nomme sulfide hypantimonicux ; à un *sulfide (soufre doré d'antimoine; Spiessglanzschwefel, Goldschwefel, Drittehalbschwefelantimon*, all.), qui correspond à l'acide antimonique, sous le rapport de la composition; à un *oxisulfure (Antimonoxyd-schwefelantimon*, all.), qui est une combinaison, en proportions définies, d'oxide et de sulfure antimoniques ; à un *iodosulfure (Jodschwefelantimon*, all.), qui est une combinaison définie d'iode et de sulfure antimonique ; aux *oxisels* qui ont pour base l'oxide antimonique ; aux *sels haloïdes* qui résultent de la combinaison de l'antimoine avec un corps halogène (ex. *Chlorure antimonique, chloride antimonique*).

ANTIMONITE, s. m., *antimonis.* Nom d'un genre de sels (*antimonigsaure Salze*, all.), qui sont formés par la combinaison de l'acide antimonieux avec les bases salifiables.

ANTIMONIURE, s. m., *antimoniuretum.* Nom donné par Beudant aux alliages de l'antimoine avec d'autres métaux.

ANTIMONOXIDE, s. m., *antimonoxydum.* Beudant donne ce nom aux combinaisons naturelles d'antimoine et d'oxigène.

ANTIOCHALINS, adj. et s. m. pl., *Antiochalina* (ἀντίος, en face, χαλινοί, dents). Nom donné par Muller à une famille de reptiles Ophidiens, comprenant ceux qui ont les dents antérieures venimeuses.

ANTIPATHIE, s. f., *antipathia;* ἀντιπάθια ; *Abneigung* (all.) (ἀντὶ, contre, πάθος, passion). Aversion, répugnance naturelle, et non raisonnée, pour certaines personnes ou choses.

ANTIPATHIQUE, adj., *antipathicus;* qui répugne, qui est opposé, contraire.

ANTIPHLOGISTIQUE, adj., *antiphlogisticus.* Epithète donnée à la chimie pneumatique, c'est-à-dire à la théorie chimique créée par Lavoisier, parce qu'elle renversa la doctrine du phlogistique, dont Stahl avait été l'inventeur.

ANTIPHYSIQUE, adj., *antiphysicus;* ἀντιφυσιχός (ἀντὶ, contre, φύσις, nature); contraire à la nature. Ce mot doit être banni, parce qu'il exprime une idée absurde, rien de ce qui arrive ne pouvant être contraire à l'ordre et aux lois de la nature.

ANTIPIEDS, s. m. pl., *antipedes* (*antè*, devant, *pes*, pied). Nom donné par Illiger aux pattes de devant des mammifères.

ANTIPODAL, adject., *antipodalis* (ἀντὶ, contre, ποῦς, pied); qui a rapport aux antipodes, qui est antipode.

ANTIPODES, adj. et s. m. pl., *antipodes, antichtones, antichnites; Gegenfüssler* (all.). Épithète donnée aux peuples qui sont diamétralement opposés les uns aux autres, qui habitent sur des parallèles à l'équateur également éloignés de ce cercle, les uns du côté du Sud, les autres du côté du Nord, qui ont le même méridien, et qui sont séparés par 180 degrés de longitude.

ANTIPOITRINE, s. f., *antepectus.* Kirby appelle ainsi le côté inférieur du manitronc des insectes, celui qui sert à l'insertion des bras.

ANTIPYRÉTIQUE, adj., *antipyreticus* (ἀντὶ, contre, πῦρ, feu); qui est contraire au feu. Le *Fontinalis antipyretica* a reçu ce nom parce qu'au dire de Linné, les Lapons en garnissent leurs cheminées de bois, pour empêcher que le feu n'y prenne.

ANTIRRHINÉES, adj. et s. f. pl., *Antirrhineæ*, *Antirrhinea*. Nom donné par quelques botanistes à la famille des Scrofulariées, par Bartling à une tribu de cette famille, et qui est tiré de celui du genre *Antirrhinum*.

ANTISTATIQUE, adj., *antistaticus* (ἀντί, contre, ἵστημι, poser). Épithète donnée, dans la nomenclature minéralogique de Haüy, à un *cristal* dans lequel certaines facettes additionnelles ont des figures symétriques et d'autres des figures irrégulières, par une suite des différentes positions qu'elles occupent. Ex. *Chaux carbonatée antistatique*.

ANTISTIQUE, adj., *antisticus* (ἀντί, contre, στίξ, rangée). Nom donné, dans la nomenclature minéralogique de Haüy, à un *cristal* dans lequel les facettes de diverses rangées sont tournées en sens inverse les unes des autres. Ex. *Chaux carbonatée antistique*.

ANTITHÉNAR, s. m., *antithenar;* ἀντιθέναρ; *Gegenklopfer* (all.) (ἀντί, vis-à-vis, θέναρ, thénar). Nom de la portion de la main de l'homme qui est opposée au thénar, et qui s'étend depuis la base du petit doigt jusqu'au poignet.

ANTITRAGUS, s. m., *antitragus;* ἀντιτράγος; *Gegenbock* (all.) (ἀντί, vis-à-vis, τράγος, tragus). Nom donné à une éminence conique du pavillon de l'oreille externe, qui est située un peu au dessous et en face du tragus.

ANTITROPE, adj., *antitropus* (ἀντί, vis-à-vis, τρέπω, tourner). Richard appelait ainsi les *embryons* qui sont dans une direction contraire à celle de la graine, c'est-à-dire dont l'extrémité cotylédonaire correspond au hile. Ex. *Thymélées*.

ANTLIARHINIDES, adj. et s. m.

pl., *Antliarhinides*. Nom donné par Schœnherr à un groupe de la famille des Curculionides, qui a pour type le genre *Antliarhinus*.

ANTLIATES, adj. et s. m. pl., *Antliata* (ἀντλίον, biberon). Fabricius donnait ce nom à un ordre de la classe des insectes, comprenant ceux chez lesquels il avait cru observer un suçoir articulé.

ANTLIE, s. f., *antlia* (ἀντλίον, biberon). Kirby donne ce nom à l'instrument oral des insectes lépidoptères.

ANTLIOBRACHIOPHORES, adj. et s. m. pl., *Antliobrachiophora* (ἀντλίον, biberon, βραχίων, bras, φέρω, porter). Nom donné par J.-E. Gray à une classe de mollusques comprenant les Céphalopodes, parce que ces animaux ont les bras garnis de suçoirs.

ANTOÉCIEN. *Voyez* **ANTESCIEN**.

ANTRE, s. m., *antrum;* ἀντριάς; *Höhle* (all.); *grove* (angl.); *antro* (it.). Enfoncement obscur et profond, qui sert de retraite aux bêtes féroces. Mœnch donnait ce nom au fruit appelé *pomme* par Linné.

ANTRIADES, adj. et s. m. pl., *Antriades* (ἀντριάς, caverne). Nom donné par Vieillot à une famille d'oiseaux Sylvains, comprenant ceux qui habitent dans les cavernes.

ANUS, s. m., *anus, anulus, podex, ostium recti, culus;* ἄρκος; *After* (all.); *anus* (angl.); *ano* (it.). On appelle ainsi l'ouverture extérieure et terminale du dernier intestin, qui livre passage aux résidus de la digestion. Linné donnait ce nom à la dépression qu'offre assez souvent, en avant du sommet, la partie dorsale de la face externe d'une valve de coquille bivalve, quand on l'envisage sur les deux valves à la fois. Kirby appelle *anus*, dans les insectes, la terminaison de l'abdomen, les deux derniers des segmens qui le forment.

ANYMPHIÉ, adj. , *anymphius.* Épithète donnée par G. Allman aux *plantes* qui sont dépourvues de *nymphion. Voyez* ce mot.

AONYCHOPHORES, adj. et s. m. pl. , *Aonichophori* (α priv., ὄνυξ , ongle, φέρω, porter). J.-A. Ritgen appelle ainsi les reptiles Ophidiens qui sont dépourvus de tubercules en forme d'ongles à la partie postérieure du corps.

APAGYNE, adj. , *apagynus* (ἅπαξ, une fois, γυνὴ, femme). Épithète donnée par Desvaux aux plantes qui ne fructifient ou ne portent de graines qu'une seule fois dans le cours de leur vie.

APALYTRES, adj. et s. m. pl. , *Apalytra* (ἀπαλός, mou, ἐλυτρὸν, élytre). Nom sous lequel Duméril désigne une famille d'insectes coléoptères, comprenant ceux qui se font remarquer par la mollesse de leurs élytres.

APARANYMPHIÉ, adj. , *aparanymphius.* Sous ce nom, G. Allman désigne les plantes qui sont dépourvues de *paranymphion. Voyez* ce mot.

APARAPÉTALOIDE, adj. , *aparapetaloïdeus.* Épithète donnée par Mœnch aux corolles qui sont dépourvues de parapétale.

APARINES, adj. et s. f. pl. , *Aparinæ.* Nom donné par Adanson à la famille des Rubiacées, en raison du genre *Aparine*, qui en fait partie.

APATHIE, s. f. , *apathia ;* ἀπάθεια; *Affektlosigkeit* (all.); *apathy* (angl.); *apatia* (it.) (α priv., πάθος, affection). État d'une âme qui n'est agitée d'aucune passion, qui n'éprouve ni peine, ni plaisir: indifférence profonde.

APATHIQUE, adj., *apathicus ;* qui est peu susceptible d'émotions.

APATHIQUES, adj. et s. m. pl. , *Apathica.* Nom donné par Lamarck à une de ses trois divisions primaires du règne animal, renfermant les ani-maux qui n'ont aucun organe spécial pour les sensations, et ne sentent même pas leur existence. Cette ex-pression ne vaut rien , plusieurs des animaux auxquels elle s'applique ayant des nerfs et étant sensibles, dans le sens même qu'on attache gé-néralement au mot.

APERCEPTION, s. f., *aperceptio.* Conscience immédiate d'une impres-sion , soit interne , soit externe.

APÉRIANTHACÉ, adj. , *aperian-thaceus* (α priv., περὶ, autour, ἄνθος, fleur). Se dit d'une *plante* qui n'a point de périanthe.

APÉRIANTHACÉES, adj. et s. f. pl. , *Aperianthaceæ.* Nom imposé par Mirbel à la famille des Cycadées, pour exprimer que les plantes qui la cons-tituent sont dépourvues de périanthe.

APÉRISPERMÉ, adj. , *aperisper-matus* (α priv., περὶ, autour, σπέρμα, graine). Épithète donnée à une *graine* ou à un *embryon* végétal qui manque de périsperme. Ex. *Salsola Tragus.*

APÉRISTOMÉES, adj. et s. f. pl. , *Aperistomati* (α priv., περὶ, autour, στόμα , bouche). Nom donné par Bridel à une classe de mousses com-prenant celles qui sont privées de péristome, par l'absence de l'oper-cule. *Voyez* ASTOMES.

APÉTALE, adj. , *apetalus ; blu-menblattlos* (all.); *apetalous* (angl.) ; *apetalo* (it.) (α priv., πέταλον , pétale); qui n'a pas de pétales. Autrefois on appelait *apétales* les *fleurs* qui n'ont qu'une seule enveloppe florale verte et sans apparence de corolle, ou qui sont dépourvues d'enveloppes florales. Aujourd'hui on donne ce nom aux *fleurs* qui manquent du tégument floral appelé corolle. L'épi-thète d'*apétale* est employée, comme nom spécifique, pour désigner des plantes qui n'ont pas de pétales (ex. *Rubus apetalus, Pomaderris apetala, Nasturtium apetalum*), ou dont les pétales, beaucoup plus courts que le calice, sont très-peu apparens (ex. *Lychnis apetala*, *Mesembryanthemum apetalum*).

APÉTALES, adj. et s. f. pl., *Apetalæ*. Nom donné par Tournefort et par Guiart à une classe de plantes, par Jussieu à une des trois grandes sections des Dicotylédones, comprenant les plantes dont les fleurs sont dépourvues de corolle.

APÉTALIE, s. f., *apetalia*. Nom d'une division, dans la méthode botanique de Jussieu, qui comprend les plantes privées d'enveloppes florales, ou dont la fleur n'en offre qu'une seule.

APÉTALIE - ÉLEUTHÉROGYNIE, s. f., *apetalia-eleutherogynia*. Nom donné par A. Richard à une classe de plantes, comprenant les Dicotylédones apétales dont l'ovaire est libre.

APÉTALIE-SYMPHYSOGYNIE, s. fém., *apetalia-symphysogynia*. Nom donné par A. Richard à une classe de plantes, comprenant les Dicotylédones apétales dont l'ovaire est adhérent.

APÉTALIFLORE, adj., *apetaliflorus* (*apetalus*, apétale, *flos*, fleur). Épithète donnée par H. Cassini à la *calathide* et à la *couronne* des Synanthérées, lorsque les fleurs qui les forment sont dépourvues de corolle.

APÉTALOSTÉMONE, adj., *apetalostemonus* (α priv., πέταλον, pétale, στήμων, étamine). Nom donné par G. Allman aux plantes dont les étamines sont libres de toute adhérence avec les pétales.

APHANIPTÈRES, adj. et s. m. pl., *Aphaniptera* (ἀφανής, obscur, πτερόν, aile). Kirby désigne sous ce nom un ordre de la classe des insectes, comprenant les suceurs qui sont privés d'ailes.

APHANITIQUE, adj., *aphaniticus*; qui contient de l'aphanite : *roche aphanitique*.

APHANOPTÈRE, adj., *aphanopterus* (ἀφανής, obscur, πτερόν, aile); qui a les ailes brunes. Ex. *Tabanus aphanopterus*.

APHÉLIE, s. f., *aphelia; Sonnenferne* (all.) (ἀπὸ, loin de, ἥλιος, soleil). Les astronomes appellent ainsi le point de l'orbite d'une planète ou d'une comète où elle se trouve à sa plus grande distance du soleil.

APHIDIENS, adj. et s. m. pl., *Aphidii*. Nom donné par Cuvier, Lamarck, Goldfuss, Ficinus et Carus à une famille, par Latreille et Eichwald à une tribu d'insectes hémiptères, ayant pour type le genre *Aphis*.

APHIDIPHAGES, adj. et s. m. pl., *Aphidiphagi* (ἀφίς, puceron, φάγω, manger). Nom donné par Cuvier, Latreille et E. Eichwald à une famille d'insectes coléoptères qui vivent de pucerons.

APHIDIVORE, adj., *aphidivorus* (ἀφίς, puceron, *voro*, dévorer); qui dévore les pucerons. L'*Hemerobus aphidivorus* est ainsi appelé parce que sa larve mange les pucerons.

APHLÉ, adj., *aphlaeus* (α priv., φλοιός, écorce). G. Allman donne cette épithète aux plantes qui sont dépourvues d'écorce.

APHLOGISTIQUE, adj., *aphlogisticus* (α priv., φλόξ, flamme). Nom donné à une lampe imaginée par Davy, et qui consiste simplement en un fil de platine incandescent, de manière qu'elle ne donne pas de flamme.

APHLOMIDÉES, adj. et s. f. pl., *Aphlomideæ* (α priv., φλοιός, écorce). Gaillon appelle ainsi un ordre des Thalassiophytes Symphysistées, comprenant celles dont les endochromes ne sont pas recouverts d'un tissu continu, celluleux ou parenchymateux.

APHOTISTE, adj., *aphotistus* (α priv., φῶς, lumière). Épithète donnée aux plantes qui végètent à l'abri de la lumière et de la chaleur du soleil.

APHRODITE, adj., *aphroditus*.

Gaertner et Borkhausen ont appelé ainsi les plantes agames, pour faire entendre qu'elles ont, il est vrai, des graines fécondés, mais que le liquide fécondateur n'a pas d'appareil propre, et qu'il est secrété par les mêmes organes ou dans les mêmes cavités que celles où se trouvent les ovules.

APHRODITES, s. m. pl., *Aphroditæ*. Ce nom a été donné par Savigny, Lamarck et Latreille à une famille de la classe des Annelides, par Blainville à une famille de celle des Chétopodes, ayant pour type le genre *Aphrodite*.

APHRODITOGRAPHIE, subst. f., *aphroditographia* (Ἀφροδίτη, Vénus, γράφω, écrire). Description de la planète Vénus.

APHRODITOGRAPHIQUE, adj., *aphroditographicus*. Schrœter a donné le titre de *Fragmens aphroditographiques* à son ouvrage sur la planète Vénus.

APHTHEUX, adj., *aphthosus* (ἄφθαι, aphthes). Les expansions du *Lichen aphthosus* sont parsemées de petites verrues semblables aux ulcères qui portent le nom d'aphthes.

APHYLLANTHÉES, adj. et s. f. pl., *Aphyllantheæ*. Nom donné par Bartling à une tribu de la famille des Joncacées, qui a pour type le genre *Aphyllanthes*.

APHYLLE, adj., *aphyllus* ; *blattlos* (all.); *affillo* (it.) (α priv., φύλλον, feuille); qui est dépourvu de feuilles, en totalité ou en partie seulement. Ex. *Stauracanthus aphyllus*, *Salsola aphylla*, *Epipogium aphyllum*.

APHYOSTOMES, adj. et s. m. pl., *Aphyostomata* (ἀφυῶ, sucer, στόμα, bouche). Nom donné par Duméril à une famille de la classe des poissons, comprenant ceux de ces animaux qui ont un museau très-prolongé, offrant une petite bouche à son extrémité.

APIAIRE, adj., *apiarius* (*apis*, abeille) ; qui a rapport aux abeilles. Le *Clerus apiarius* est ainsi appelé parce que sa larve vit dans les ruches des abeilles domestiques, où elle exerce de grands ravages.

APIAIRES, adj. et s. m. pl., *Apiariæ*. Nom donné par Duméril à une famille, par Lamarck à une division, par Goldfuss et Latreille à une tribu d'insectes Hyménoptères, ayant pour type le genre *Apis*.

APICAL, adj., *apicalis* (*apex*, sommet). Kirby appelle *aréoles apicales* celles qui se terminent à la pointe de l'aile des insectes, ou très-près de cette pointe. L'*Anthrax apicalis* est ainsi nommé parce que ses ailes noires sont diaphanes à l'extrémité.

APICÉ, adj., *apicatus*. Terminé par un sommet bien apparent. Le *Palicourea apicata* a ses fruits couronnés par l'urcéole persistant du calice.

APICIFLORE, adj., *apiciflorus* (*apex*, sommet, *flos*, fleur). L'*Opercularia apiciflora* est ainsi nommé parce que ses fleurs sont disposées en très-petits capitules terminaux.

APICIFORME, adj., *apiciformis* (*apex*, houppe, *forma*, forme). Épithète donnée, dans la nomenclature minéralogique de Haüy, à des cristaux qui, étant très-déliés, imitent de petites houppes par la manière dont ils sont assortis. Ex. *Fer oxidé apiciforme*.

APICILAIRE, adj., *apicilaris* (*apex*, sommet). Épithète donnée, en botanique, à tout organe qui est inséré au sommet d'un autre. On dit : *arête apicilaire*, celle qui termine la glume (ex. *Secale cereale*); *déhiscence apicilaire*, quand, le placenta étant central, et la capsule s'alongeant après la fécondation, ce qui la fait paraître uniloculaire, au moins vers le sommet, les parties extérieures des carpelles restent soudées ensemble dans

la plus grande portion de leur longueur, mais que, par leur extrémité
supérieure, elles tendent soit à se
séparer les unes des autres, soit à se
fendre le long de leur nervure
moyenne (ex. beaucoup de Caryophyllées); *embryon apicilaire*, celui
qui est placé à la partie du périsperme
la plus éloignée du hile (ex. *Colchicum autumnale*); *placentaire apicilaire*, celui qui occupe le sommet de
la cavité du péricarpe (ex. *Ombellifères*).

APICULE, s. f. et m., *apicula*,
apiculus. Nom donné, dans les végétaux, par Candolle, à toute petite
pointe aiguë et courte dont la consistance n'est pas très-grande; dans
les animaux infusoires, par C.-G.
Ehrenberg, aux prolongemens du
corps de ces animaux, quand ils sont
très-petits et pointus.

APICULÉ, adj., *apiculatus; spitz-
entragend, kleinspitzig, stachlich*
(all.); qui est muni d'un apicule. Le
Scandix apiculata a les folioles de
son involucre mucronées à la pointe,
qui se prolonge en apicule. L'opercule du *Grimmia apiculata* et du *Macromitrium apiculatum* est apiculé.

APIFÈRE, adj., *apiferus* (*apis*,
abeille, *fero*, porter). L'*Ophrys api-
fera* doit cette épithète à ce qu'on a
cru trouver quelque ressemblance entre sa fleur et une abeille.

APIFORME, adj., *apiformis* (*apis*,
abeille, *forma*, forme) ; qui a la forme
d'une abeille. Ex. *Sesia apiformis*.

APIONIDES, adj. et s. m. pl.,
Apionides. Nom donné par Schœnherr à un grouppe de la famille des
Curculionides, qui a pour type le
genre *Apion*.

APIOSPORIENS, adj. et s. m. pl.,
Apiosporii. Nom donné par Fries à
une tribu de champignons ayant pour
type le genre *Apiosporium*.

APIROPODES, adj. et s. m. pl.,
Apiropoda, Apiropodes (ἄπειρος, sans

fin, πούς, pied). Savigny a désigné
sous ce nom une classe d'animaux
sans vertèbres, et Latreille une section des condylopes, comprenant les
invertébrés qui ont plus de six pattes,
dont les pattes sont souvent très-
nombreuses et se multiplient d'ailleurs à l'infini par l'analyse.

APIVORE, adj., *apivorus* (*apis*,
abeille, *voro*, dévorer); qui dévore
les abeilles. Le *Philanthus apivorus*
saisit les abeilles en l'air, et les en-
terre pour servir de nourriture à ses
larves. Le *Buteo apivorus* nourrit ses
petits avec des chrysalides de guêpes.

APLANI, adj., *applanatus, depressus, explanatus, explanulatus,
placunatus, planulatus, planatellus,
planatus, planarius, placunarius;
geebnet* (all.); qui est uni, sans inégalités. Ex. *Agaricus applanatus,
Tremella complanata, Agaricia ex-
planulata, Carocolla planaria, Mytilus planulatus, Miliolites planulata, Ostrea placunata, Ammonites
planatella, Cytherea placunella,
Paspalus complanatus*.

APLATI, adj., *planus, complanatus;* qui est moins haut que large (ex.
*Brachinus complanatus, Millepora
complanata*). Les conchyliologistes
disent que la *spire* d'une coquille spirivalve est *aplatie*, quand les tours
réunis forment une surface tout-à-
fait plane (ex. *Conus cardinalis*).
Les entomologistes appellent *corselet
aplati* celui dont le disque n'est pas
plus élevé que les bords (ex. la
plupart des Cassides).

APLATIS, adj. et s. m. pl., *Depressi, Depressa*. Nom donné par
Cuvier à une section de la famille des
Brachélytres, et par Latreille à une
tribu de cette même famille, renfermant des insectes qui ont le corps très-
plat.

APLEURIE, s. f., *apleuria* (α
priv., πλευρὰ, plèvre). Nom donné
par Breschet à un genre de déviation

organique , ou d'agénésie partielle , caractérisé par l'absence des plèvres.

APLOCÈRES, adj. et s. m. pl. , *Aplocera* (ἁπλόος , simple , κέρας , corne). Nom donné par Duméril à une famille de Diptères renfermant des insectes dont les antennes ne portent pas de poil latéral isolé.

APLONOME, adject. , *aplonomus* (ἁπλόος , simple , νόμος , loi). Epithète donnée , dans la nomenclature minéralogique de Haüy , à un *cristal* dont le signe offre la plus simple des lois intermédiaires de décroissement , ou les deux lois ordinaires les plus simples. Ex. *Chaux carbonatée aplonome*.

APLOPÉRISTOMÉES , adj. et s. f. pl. , *Aploperistomatæ* (ἁπλόος , simple , περί , autour , στόμα , bouche). Nom donné par Bridel à une classe de mousses, comprenant celles qui ont un péristome simple ou composé d'une seule rangée de dents.

APLOSTACHYÉ, adj. , *aplostachyus* (ἁπλόος , simple , σταχὺς , épi) ; qui a les fleurs disposées en épi simple. Ex. *Melastoma aplostachya*.

APLOSTÈGUES, adj. et s. m. pl. , *Aplostega* (ἁπλόος , simple , στεγή , loge). Nom donné par Orbigny à une section des Céphalopodes foraminifères , comprenant ceux qui n'ont qu'une seule cavité par loge.

APLOSTOME, adj. , *aplostomus* (ἁπλόος , simple , στόμα , bouche). Ferussac et Menke donnent cette épithète aux espèces du genre *Helix* qui ont le labre simple , et dont ils font une section distincte.

APLYSIACÉS , adj. et s. m. pl. , *Aplysiacea*. Nom donné par Menke à une famille de l'ordre des Gastéropodes pomatobranches , qui a pour type le genre *Aplysia*.

APLYSIENS, adj. et s. m. pl. , *Aplysiacea*. Blainville désigne sous ce nom une famille de l'ordre des Paracéphalophores monopleurobranches, qui a pour type le genre *Aplysia*.

APLYSIFORME, adj. , *aplysiformis* ; qui a la forme d'une aplysie. Ex. *Actæon aplysiformis*.

APNEUMIE, s. f. , *apneumia* (α priv., πνεύμων , poumon). Nom donné par Breschet à un genre de déviation organique , ou d'agénésie partielle , qui est caractérisé par l'absence du poumon.

APOCARPE , adj., *apocarpus* (ἀπό , sur , καρπός , fruit). Épithète donnée à une mousse (*Grimmia apocarpa*) dont la capsule , presque sessile , touche à la plante même , et est recouverte par les feuilles.

APOCRÉNATE , s. m. , *apocrenas*. Genre de sels qui résultent de la combinaison de l'acide apocrénique avec les bases salifiables.

APOCRÉNIQUE , adj. , *apocrenicus*. Nom donné par Berzelius à un *acide* organique nitrogéné qui , dans l'analyse des eaux de Porla , d'où il a été retiré , prend naissance aux dépens de l'acide *crénique* (*voyez* ce mot) , comme l'apothème se forme aux dépens d'un extrait.

APOCYNÉES, adj. et s. f. pl. , *Apocyneæ*. Nom donné par Jussieu à une famille de plantes, qui a pour type le genre *Apocynum*.

APODE, adj. , *apodus ; fusslos* (all.) ; *feetless* (angl.) (α priv. , πούς , pied); qui n'a pas de pieds. Les larves de beaucoup d'insectes sont dans ce cas. Latreille appelle *apodes* les *chenilles* qui n'ont que de simples mamelons , sans pattes. Les poissons privés de nageoires ventrales sont dits *apodes* , parce que ces nageoires correspondent aux pieds des autres animaux vertébrés. Le *Paradisea apoda* doit cette épithète à ce que les Papous , qui le vendent aux commerçans , lui arrachent préalablement les pattes , ce qui a fait croire pendant long-temps qu'il n'en avait pas. Le

Trichomanes apodum est une fougère qui a ses frondes la plupart du temps sessiles, et le *Lycopodium apodum* une mousse dont les épis sont sessiles.

APODÈME, s. m., *apodema* (ἀπὸ, sur, δέμω, construire). Nom donné par Audouin à des pièces particulières qui naissent de quelques pièces du corps des animaux articulés, qui ne peuvent se mouvoir, et dont les unes (*apodèmes d'insertion*), situées à l'intérieur du thorax, donnent souvent attache à des muscles, tandis que les autres (*apodèmes d'articulation*) font fréquemment saillie à l'extérieur du thorax, et servent principalement à l'articulation de quelques appendices du corps, les ailes en particulier.

APODES, adj. et s. m. pl., *Apoda*, *Apodes*. Nom donné, dans la classe des reptiles, par Mayer et Blainville à une famille d'Ophidiens, par Latreille à une famille et par Blainville à une section des Sauriens, par Merrem et Gray à un ordre, par Oppel à une famille de Batraciens, animaux qui tous sont dépourvus de pieds, en totalité ou en partie ; dans la classe des poissons, par Gouan et Latreille à un ordre, par Lacépède à huit ordres, par Cuvier à un sous-ordre, par Blainville à une division et à une famille, comprenant ceux de ces animaux qui n'ont pas de nageoires ventrales, ou ceux qui n'offrent aucune trace de membres ; dans la classe des Échinodermes, par Cuvier à un ordre, renfermant ceux qui n'ont pas de pied vésiculeux ; dans celle des Annelides, par Lamarck, à un ordre qui embrasse celles qui sont sans pieds ; dans celle des Mollusques, par Goldfuss, à un ordre, comprenant ceux qui n'ont aucun appendice locomoteur ; dans celle des Holothurides, par Latreille, à un ordre dans lequel sont compris ceux qui n'ont pas de tentacules faisant office de pieds ; dans celle des Thérozoaires, par

Eichwald, à un ordre, et dans celle des Microzoaires, par Blainville, à une classe comprenant ceux dont le corps est dépourvu d'appendices quelconques ; dans le type des Entomozoaires, par Blainville, à une classe comprenant ceux qui n'ont aucun appendice quelconque.

APODIE, s. f., *apodia* ; *Fusslosigkeit* (all.) (α priv., πούς, pied). Nom donné par Breschet à un genre de déviation organique, ou d'agénésie partielle, qui est caractérisé par l'absence des pieds.

APODOCÉPHALE, adj., *apodocephalus* (α priv., πούς, pied, κεφαλὴ, tête). L'*Oligactis apodocephala* est ainsi appelé parce que ses calathides sont agglomérées et sessiles.

APODOGYNE, adj., *apodogynus* (α priv., πούς, pied, γυνὴ, femme). Epithète donnée par Richard au *disque*, quand il n'adhère point à la base de l'ovaire.

APOGÉE, s. f., *apogæa* ; *Erdferne* (all.) (ἀπὸ, loin de, γῆ, terre). Les astronomes donnent ce nom au point de l'orbe d'un corps du système solaire où ce corps est placé à sa plus grande distance de la terre.

APOGONES, adj., *Apogones* (α priv., πώγων, barbe). Nom donné par Palisot-Beauvois à une section de la famille des Mousses, comprenant celles dont l'urne est privée de dents à son orifice.

APOMASTOMES. *Voyez* APOMATOSTOMES.

APOMATOSTOMES ; adj. et s. m. pl., *Apomatostoma* (α priv., πῶμα, opercule, στόμα, bouche). Nom donné par Menke à un sous-ordre de l'ordre des Gastéropodes cténobranches, comprenant ceux dont la coquille est dépourvue d'opercule. Férussac écrit *apomastomes*.

APOMÉSOSTOMES, adj. et s. m. pl., *Apomesostomi* (ἀπὸ, sur, μέσος, milieu, στόμα, bouche). Nom donné par Klein à une section qu'il avait proposé d'établir dans la famille des Oursins, pour y ranger ceux qui n'ont point la bouche centrale.

APOPHANE, adj., *apophanus* (ἀπο-φαίνω, revêtir). Dans la nomenclature minéralogique de Haüy, cette épithète est donnée à un *cristal* dont certaines facettes ou certaines arêtes offrent quelques indications utiles pour reconnaître l'ordre de la structure, qui, sans cela, serait difficile à deviner, ou même pour déterminer, soit la direction, soit la mesure des décroissemens. Ex. *Chaux carbonatée apophane.*

APOPHYSE, s. f., *apophysis ; An-satz, Fortsatz* (all.); *apofisi* (it.) (ἀποφύω, naître dessus). Terme générique exprimant toute élévation quelconque qui paraît peu régulière. Les botanistes donnent spécialement ce nom à un renflement situé à la base de l'urne de quelques mousses (ex. *Polytrichum commune*).

APOPHYSÉ, adj., *apophysatus ;* qui est muni d'une apophyse : *mousse apophysée* (ex. *Saproma vogesia-cum*).

APOPHYSIFORME, adj., *apophy-siformis.* Bridel donne cette épithète au renflement ordinaire, et en forme de réceptacle, que présente l'extrémité des rameaux fructifères des *Sphagnum,* faisant office du pédicule, qui n'existe point dans ces mousses.

APOROBRANCHES, adj. et s. m. pl., *Aporobranchiæ, Aporobran-chiata* (ἀπορέω, ignorer, βράγχια, branchies). Nom donné par Latreille à un ordre de la classe des Arachnides, comprenant celles qui n'ont point de stigmates apparens à la surface du corps, et par Blainville à un ordre de la classe des Paracéphalophores, dans lequel il range ceux dont les organes de la respiration sont souvent peu évidens.

APOROCÉPHALÉS, adj. et s. m.

pl., *Aporocephala* (ἀπορέω, ignorer, κεφαλή, tête). Sous ce nom, Blainville désigne un ordre de la classe des Sub-annelidaires , comprenant ceux dont la tête n'est jamais distincte ou séparée du corps.

APOSÉPÉDIN, s. m. (ἀπὸ, sur, σηπέδων, putréfaction). Braconnot appelle ainsi l'oxide caséeux, parce qu'il est le produit de la putréfaction du fromage.

APOSURES, adj. et s. m. pl., *Aposura* (α priv., ποῦς, pied, οὐρά, queue). Nom donné par Cuvier à une tribu de la famille des Lépidoptères, comprenant ceux dont les chenilles ont l'anus dépourvu de pattes.

APOTHÉCIE, s. f., *apothecia ; Knopf* (all.); *apotecio* (it.) (ἀπὸ, sur, θήκη, coffre). Acharius désigne sous ce nom les conceptacles qui, dans les lichens, renferment les corpuscules reproducteurs. C'est le *sporangium* de Hedwig, le *thalamus* de Willde-now.

APOTHÉCION, s. m., *apothecium.* Synonyme d'*apothécie. Voyez* ce mot.

APOTHÊME, s. m., *apothema* (ἀπὸ, sur, τίθημι, mettre); dépôt. Berzelius appelle ainsi la substance, nommée *extractif oxidé* par d'autres chimistes, qui se dépose, sous la forme d'une poudre brune, quand on soumet les extrait végétaux à une évaporation prolongée.

APOTOME, adj., *apotomus* (ἀπο-τόμος, coupé à pic). Epithète donnée, dans la nomenclature minéralogique de Haüy, à un *cristal* ayant des faces très-peu inclinées à l'axe, de sorte qu'elles paraissent descendre rapidement des sommets. Ex. *Baryte sul-fatée apotome.*

APPARENT, adj., *apparens, reve-latus* (*appareo*, apparaître). Se dit de ce qui frappe la vue (*objet apparent; offenbar, sichtbar* (all.); *plain, ob-vious* (angl.); *chiaro, evidente* (it.);

de ce qui est remarquable par son extérieur (*maison apparente; ansehnlich, vornehm* (all.); *chief, topping* (angl.); *cospicuo* (it.), ou par son exposition (*lieu apparent*); de ce qui n'a que des dehors sans fondement réel (*droit apparent, vertu apparente, mouvement apparent du soleil; augenscheinlich, scheinbar* (all.); *seeming* (angl.); *sembiante* (it.). Ce mot est employé dans le premier sens (*revelatus*) par les entomologistes, qui, d'après Kirby, appellent l'*alitronc* des insectes *apparent*, lorsqu'il est autant et même plus visible que le prothorax (ex. *Névroptères*); et dans le second (*apparens*) par les astronomes, qui appellent : *conjonction apparente*, celle dans laquelle une ligne droite, qu'on suppose traverser le centre de deux astres, passe, non par le centre de la terre, mais par l'œil de l'observateur; *diamètre apparent* d'un astre, le nombre de degrés sous lequel nous le voyons; *éclipse apparente*, celle dans laquelle un corps céleste devient invisible pour nous, non parce qu'il perd sa lumière propre, ou cesse de réfléchir celle que d'autres astres lui envoyent, mais parce qu'un corps céleste opaque s'interpose entre lui et nous, et empêche sa lumière directe ou réfléchie d'arriver jusqu'à notre œil, comme dans les éclipses de soleil, celles des satellites de Jupiter par leur planète principale, les occultations des étoiles par les planètes, celle d'une planète par une planète, celles enfin des étoiles et des planètes par la lune; *horizon apparent*, le cercle qui borne notre vue, lorsque nous regardons autour de nous; *lieu apparent* d'un astre, le point de la sphère céleste où nous le rapportons, ne pouvant l'observer que de la surface et non du centre de la terre.

APPELANT, adj., *vocans*. Epithète donnée à certaines crabes qui produi-

sent une sorte de claquement en serrant les doigts de leurs pinces avec rapidité, et qui lèvent et baissent alternativement la serre avec laquelle ils causent ce bruit, mouvement comparable au signe que nous faisons du doigt pour appeler quelqu'un. Ex. *Gelasimus vocans.*

APPENDANT, adj., *appendens* (*ad*, vers, *pendo*, pendre). Mirbel dit la *graine appendante*, lorsque le hile, de niveau avec le placenta, ou à peu près, est situé au dessous du point le plus élevé de la graine, à une distance qui ne dépasse pourtant pas la moitié de sa longueur totale.

APPENDICE, s. m., *appendix*; ἐπίφυσις; *Anhang* (all.); *appendage* (angl.); *appendice* (it.) (*ad*, vers, *pendo*, pendre). Se dit, en général, de toute partie extérieure d'un corps, qui, bien que faisant tout avec lui, semble cependant y avoir été surajoutée, à cause de ses dimensions moindres que les siennes. On appelle ainsi; 1° en botanique, toute partie qui, fixée à un organe quelconque, paraît additionnelle à sa structure habituelle, comme les petits prolongemens membraneux qui garnissent la gorge de la corolle dans certaines Borraginées (ex. *Symphytum officinale*), les petits filets qu'on observe quelquefois à la partie inférieure des loges de l'anthère, ou les petits filets qui se prolongent parfois au-dessus de cette dernière, les écailles qui entourent l'ovaire des graminées, les prolongemens du limbe de certaines feuilles qui accompagnent le pétiole jusqu'à son insertion, la partie supérieure des écailles qui composent le péricline de certaines Synanthérées; 2° en zoologie, on donne ce nom à l'ensemble des parties qui s'ajoutent sur les côtés ou à l'extrémité du tronc d'un animal, quel qu'il soit.

APPENDICÉ, adj., *appendiculatus*; qui est muni d'un ou plu-

sieurs appendices. Se dit , en zoologie , de la petite *cellule* terminale
de l'aile des insectes, quand la nervure située au-dessous du cubitus
prenant naissance au-delà du cal ou
carpe , cette cellule n'est que rudimentaire.

APPENDICÉS, adj. et s. m. pl. ,
Projectifera. Nom donné par Latreille à un ordre de la classe des
Gymnogènes, comprenant ceux de
ces animaux qui ont tous des parties
saillantes , poils, cornes ou queue.

APPENDICIFORME, adj. , *appen-
diciformis* (*appendix*, appendice ,
forma, forme) ; qui a la forme d'un
appendice. H. Cassini dit la *squame
appendiciforme* , dans les Synanthérées, quand la véritable est entièrement avortée , et que l'appendice
subsiste seul, comme il arrive aux
squames extérieures. Ce mot se dit
aussi de la bordure d'une squame du
péricline, quand elle est grande et
ne borde que la partie supérieure de
la squame.

APPENDICULAIRE, adj. , *appen-
dicularis*. Turpin donne cette épithète
à un groupe primordial de végétaux,
comprenant ceux qui produisent de
leur tige des organes appendiculaires
et rayonnans , tels que les feuilles
cotylédonaires, les écailles , les feuilles , les folioles composant les involucres, les calices et corolles, les étamines et phycostèmes , les feuilles
ovariennes, enfin les feuilles soudées
et indéhiscentes de l'ovule , et dans
lesquels la masse organique se compose de la réunion des tissus cellulaire et vasculaire (mousses, fougères, monocotylédones et dicotylédones.)

APPENDICULE , s. m. , *appendi-
culum*. Quelques zoologistes appellent ainsi les épines des astéries ,
ainsi que les branches cartilagineuses
qui , partant de la colonne articulée
et rameuse des rayons , soutiennent

l'enveloppe extérieure du corps de
ces animaux.

APPENDICULÉ, adj. , *appendiculatus* ; muni d'un appendice, d'un
prolongement quelconque. On dit :
1° en botanique, *anthère appendi-
culée* (ex. *Centaurea collina*) ; *tube
appendiculé*, dans une corolle monopétale , quand il est garni d'un appendice intérieur (ex. *Cuscuta epi-
thymum*) ; *filet d'étamine appendiculé*, lorsqu'il porte un appendice
qui semble moins en faire partie qu'y
avoir été ajouté après coup (ex. *Borrago officinalis*) ; *squame appendicu-
lée* du péricline, quand elle change
brusquement de nature et de direction
à un certain point de sa hauteur (ex.
Artichaut). Le *Pelargonium appen-
diculatum* doit cette épithète à ses
grandes stipules, qui sont conniventes à la base ; le *Thalictrum ap-
pendiculatum* aux auricules scarieu-
ses et arrondies qui garnissent la base
de ses pétioles, et le *Gnaphalium ap-
pendiculatum* , à la petite membrane
scarieuse qui termine ses feuilles.
2° En zoologie, on dit l'*anus appendiculé*, dans un insecte , quand il est
terminé par quelque appendice (ex.
Perle). Le *Tetrarrhynchus appendiculatus* a le corps muni d'un appendice en arrière. Le *Myrmeleon ap-
pendiculatum* est ainsi appelé parce
que les deux ou trois derniers anneaux de l'un des sexes ont chacun
deux appendices recourbés.

APPENDICULÉS, adj. et s. m. pl.,
Appendiculata. Nom donné par Lamarck à un ordre de la classe des
Infusoires , renfermant ceux de ces
animaux qui ont à l'extérieur des
parties toujours saillantes , et par A.-
G. Harvorth à un ordre de la classe
des Crustacés.

APPENDIGASTRE, adj. , *appendigaster* (*appendix*, appendice, *gaster*, ventre). Epithète donnée à un
insecte (*Evania appendigaster*), à

cause du long et mince pédicule qui joint l'abdomen au corselet, et en fait comme un appendice de ce dernier.

APPERCEPTIBILITÉ, s. f. Faculté de percevoir les impressions, tant intérieures qu'extérieures.

APPERCEPTION, s. f. Opération de l'esprit, quand il se considère comme le sujet qui perçoit une impression.

APPÉTENCE, *appetentia; Naturtrieb* (all.). Désir ardent et passionné d'un objet quelconque.

APPETIT, s. m., *appetitus, appetitio; ὄρεξις, ὁρμή; sinnliche Begierde* (all.); *appetite* (angl.); *appetito* (it.). Désir des alimens, et plus généralement tendance vers un objet dont la possession est nécessaire à la satisfaction des sens externes ou internes. C'est dans ce dernier sens qu'on dit *appetit vénérien*, pour désir du coït.

APPÉTITIF, adj., *appetitivus; begehrend* (all.); *appetitive* (angl.); qui fait désirer : *faculté appétitive.*

APPÉTITION, s. f., *Begehrungsvermögen* (all.); *appetency* (angl.). Action de désirer vivement, qui est mise en jeu par le réveil de quelque organe interne.

APPLICANT, adj. Dans la langue entomologique, les *ailes applicantes* sont, pendant l'état de repos, parallèles à l'abdomen. Ex. *Tipule.*

APPLICATIF, adj., *applicativus.* On dit, en botanique, la *préfoliation applicative*, lorsque les feuilles sont appliquées face à face, l'une contre l'autre, sans se ployer en aucune manière. Ex. *Aloe linguiformis.*

APPLIQUÉ, adj., *applicatus, adpressus; aneinandergelehnt, angedrückt* (all.); *applied* (angl.). Se dit, en botanique, de parties qui sont appliquées l'une contre l'autre, mais sans avoir d'adhérence ensemble, notamment d'une *feuille* qui se re-

lève pour suivre à peu près la direction de la tige ou du rameau, et des *feuilles* renfermées dans le bourgeon, quand leur limbe est plane, droit, et qu'elles sont appliquées l'une contre l'autre (ex. *Amaryllis*).

APPOSÉ, adj., *appositus; anliegend, nebeneinanderstehend* (all.). Épithète donnée, par les botanistes, aux *loges* de l'anthère, quand la déhiscence a lieu par la même face sur les deux loges (ex. la plupart des plantes) ; aux ovules, quand il s'en trouve deux dans une même loge d'ovaire, qui naissent du même point et à la même hauteur (ex. *Euphorbiacées*).

APPRESSÉ, adj., *adpressus; angedrückt* (all.); *appogiato* (it.). Se dit, en botanique, des *feuilles*, quand leur lame est appliquée contre la tige (ex. *Buchnera gesnerioides, Polytrichum appressum*) ; des poils, lorsqu'ils sont appliqués dans toute leur longueur sur la partie qui les porte (ex. *Malpighia urens*) ; des rameaux, quand ils sont rapprochés parallélement contre la tige (ex. *Genista tinctoria*); de la *tige*, quand elle est étalée et serrée contre terre (ex. *Sibbaldia adpressa*).

APPRIMÉ, adj., *adpressus; angedrückt* (all.). Synonyme inusité d'*appressé. Voyez* ce mot.

APPULSE, adj. Les astronomes disent une éclipse *appulse*, quand la lune ne fait qu'effleurer l'ombre de la terre par son bord, quand elle ne fait que toucher au disque du soleil.

APPUYÉ, adj., *adnatus, insidens, impositus, suffultus; aufsitzend, aufgesetzt, unterstützt* (all.); *propped* (angl.); *appogiato* (it.). Ce mot est employé : 1° en botanique. Quelquefois, mais rarement, pris comme synonyme d'*adné (voyez* ce mot), il sert à désigner les *feuilles* sessiles dont la base de la surface supérieure est comme appuyée sur la tige et tou-

che à la feuille opposée ; 2° en zoologie. Les conchyliologistes donnent
l'épithète d'*appuyés* aux *crochets* des
coquilles bivalves, quand ils se touchent ; et aux *lèvres* de ces mêmes
coquilles, lorsque celle d'une des valves étant plus avancée, elle recouvre
l'autre dans toute sa longueur.

APRE, adj., *asper* ; τραχύτης ;
rauh, streng, herb (all.) ; *sharp*
(angl.) ; *aspro* (it.). Se dit, en physique, de ce qui cause une impression
désagréable, soit sur le sens du goût
(*fruit âpre, saveur âpre*), soit sur
celui du toucher, par la vivacité
de son action (*feu âpre*), ou par les
inégalités de sa surface, dernière
acception dans laquelle *âpre* est synonyme de *rude* (*voyez* ce mot) ; au
moral, de ce qui est violent, aigre,
désagréable (*caractère âpre*).

APRETÉ, s. f., *asperitas* ; τράχωμα ;
Rauhigkeit, Herbe (all.) ; *harshness*
(angl.) ; *asprezza* (it.). Qualité de ce
qui est âpre. Ce mot est fréquemment
employé comme synonyme d'*acerbité.*
Voyez ce mot.

APROSOPIE, s. f., *aprosopia* (α
priv., πρόσωπον, face). Nom donné
par Breschet à un genre de déviation
organique, ou d'agénésie partielle,
qui est caractérisé par l'absence de la
face.

APSIDE, s. m., *apsis, absis* (ἀψίς,
cercle). Les astronomes appellent ainsi
chacun des deux points de l'orbite
des planètes qui sont à la plus grande
et à la plus petite distance du centre
des mouvemens de ces astres.

APTÉNODYTES, adj. et s. m. pl.,
Aptenodytes. Nom donné par J.-A.
Ritgen à une famille d'oiseaux, qui
a pour type le genre *Aptenodytes.*

APTÈRE, adj. et s. m., *apterus* ;
ungeflügelt (all.) (α priv., πτερόν,
aile) ; qui n'a point d'ailes. On dit,
en botanique, *fruit aptère* (ex. *Gouania aptera*), *pétiole aptère.* En zoologie, *aptère* (*Ohnflügler*, all.), pris

substantivement, est en général le synonyme d'*insecte aptère.* Cette épithète est aussi donnée à des insectes
qui n'ont point d'ailes, quoique appartenant à des ordres dans les caractères desquels entre la présence
de ces organes (ex. *Brachycerus
apterus, Lygæus apterus, Colliuris
aptera*).

APTÈRES, adj. et s. m. pl., *Aptera, Apteræ.* Nom donné par Schæffer à une classe, par Degeer à une
sous-classe, par Latreille, Ficinus
et Carus à une section, par Duméril,
Lamarck, Kirby, Goldfuss et Leach
à un ordre de la classe des insectes,
comprenant ceux de ces animaux qui
sont privés d'ailes, par Latreille à un
groupe de la tribu des Muscides,
composé de ceux qui n'ont point
d'ailes.

APTÉRODICÈRES, adj. et s. m.
pl., *Apterodicera* (α priv., πτερόν, aile,
δὶς, deux, κερὰς, corne). Nom donné
par Latreille aux insectes privés d'ailes et munis de deux antennes.

APTÉROLOGIE, s. f., *apterologia*
(α priv., πτερόν, aile, λόγος, discours).
Traité des insectes aptères.

APTÉROLOGIQUE, adj., *aptero-
logicus* ; qui a rapport à l'aptérologie.

APTÉROLOGUE, s. m., *apterolo-
gus.* Naturaliste qui s'occupe spécialement de l'histoire des insectes a-
ptères.

APTÉRYGIENS, adj. et s. m. pl.,
Apterygia (α priv., πτέρυξ, aile). Nom
donné par Latreille à une section des
mollusques phanérogames, comprenant ceux de ces animaux qui sont
dépourvus d'organes spéciaux pour
exécuter la natation.

APYRE, adj., *apyrus* ; *feuerfest*
(all.) ; *apyroüs* (angl.) (α priv., πῦρ,
feu). Se dit de toute substance qui
est inaltérable et surtout infusible au
feu, quelque élevée que soit la température à l'action de laquelle on la
soumet.

APYRÈNE, adj., *apyrenus* (α priv, πυρήν , graine). Épithète donnée à un *fruit* qui ne contient point de graines.

AQUATILE, adj., *aquatilis*. Synonyme inusité d'*aquatique. Voyez* ce mot.

AQUATIQUE, adj., *aquaticus, aquatilis; sumpficht* (all.); *aquatic* (angl.); *acquajuolo* (it.); qui vit dans l'eau (ex. *Asellus aquaticus*). En botanique, on appelle *plantes aquatiques* celles qui croissent dans les eaux mêmes, soit entièrement immergées (ex. *Conferva*), soit *flottantes* à la surface (ex. *Lemna*), soit fixées au sol par leurs racines et flottantes du reste à la surface (ex. *Nymphæa, Trapa*), ou élevées au dessus de leur niveau (ex. *Alisma Plantago*), et celles qui croissent sur le bord des eaux courantes ou stagnantes (ex. *Bignonia aquatilis, Nibora aquatica, Cerastium aquaticum*).

AQUATIQUES, adj. et s. m. pl., *Aquatilia*. Nom donné par Boddaert à une section de la classe des Mammifères ; par Latreille, Ritgen, Ficinus et Carus à une section de celle des Oiseaux ; par Cuvier à une famille de celle des Mollusques ; par Latreille à une division de celle des Crustacés ; par Lamarck à une tribu de la famille des Cimicides , coupes comprenant toutes des animaux qui vivent dans l'eau , sur le bord des eaux, ou à la surface de l'eau.

AQUEUX, adj., *aquosus ; wässerig, wässerhaltig* (all.); *waterish* (angl.); *acquoso* (it.) (*aqua*, eau); qui est de la nature de l'eau (*liquide aqueux*), qui en contient beaucoup (*fruit aqueux*) , qui lui ressemble par quelques unes de ses propriétés (*saveur aqueuse*). Berzelius appelle *acides aqueux* ceux qui contiennent de l'eau jouant, suivant lui, le rôle de base par rapport à eux.

AQUIFÈRE, adj., *aquiferus* (*aqua*, eau, *fero*, porter); qui contient ou charrie de l'eau: *trachées aquifères*.

AQUIFOLIACÉES, adj. et s. f. pl., *Aquifoliaceæ*. Nom donné par Candolle à une tribu de la famille des Célastrinées, qui a pour type le genre *Aquifolium*.

AQUIGÈNE, adj., *aquigenus* (*aqua*, eau, *geno*, produire) ; qui naît dans l'eau. Épithète donnée à un champignon (*Helotium aquigenum*) qui croît sur les tiges des Charagnes.

AQUILARINÉES, adj. et s. f. pl., *Aquilarinæ*. Nom donné par Candolle à une famille de plantes, qui a pour type le genre *Aquilaria*.

AQUILIN, adj., *aquilinus ; hawked* (angl.); *aquilino* (it.) (*aquila*, aigle); qui est courbé comme le bec d'un aigle (*nez aquilin; Habichtsnase*, all.). Une fougère (*Pteris aquilina*) doit cette épithète à ce que la coupe transversale de sa racine offre l'image grossière d'une aigle à deux têtes.

AQUILINS, adj. et s. m. pl., *Aquilina*. Nom donné par Vigors à une tribu de la famille des Falconides, qui a pour type le genre *Aquila*.

AQUIPARES, adj. et s. m. pl., *Aquiparia* (*aqua*, eau, *paro*, engendrer). Nom sous lequel Blainville désigne une division de l'ordre des reptiles batraciens, comprenant ceux de ces animaux qui déposent leur progéniture dans l'eau.

AQUOSITÉ, adj., *aquositas*. Qualité de ce qui est aqueux.

ARABIDÉES, adj. et s. f. pl., *Arabideæ*. Nom donné par Candolle à une tribu de la famille des Crucifères, qui a pour type le genre *Arabis*.

ARABINE, s. f., *arabina*. On a donné ce nom à la portion soluble de la gomme arabique et de la gomme du Sénégal ; ainsi qu'à la gomme soluble d'acajou.

ARACHNIDES, adj. et s. m. pl., *Arachnides* (ἀράχνης , araignée). Nom donné par Lamarck, Cuvier,

Latreille, Straus et Blainville à une classe du règne animal, renfermant ceux des animaux articulés qui, pour la forme et l'organisation, ont des rapports avec les araignées.

ARACHNODERMAIRES, adj. et s. m. pl., *Arachnoderma* (ἀράχνης, araignée, δέρμα, peau). Blainville donne ce nom à une classe du règne animal, comprenant les Actinozoaires qui ont la peau extrêmement fine, peu ou point distincte.

ARACHNOIDE, adj., *arachnoïdeus, araneosus, arachnoïdes, araneoïdes ; spinnewebenartig, spinnenwebig* (all.) (ἀράχνης, araignée, εἶδος, ressemblance) ; qui ressemble à une toile d'araignée. On dit : 1° en botanique, *chapeau arachnoïde*, dans les champignons, celui qui est uni au stipe par une membrane semblable à une toile d'araignée (ex. *Agaricus araneosus*) ; *poils arachnoïdes*, ceux qui sont allongés et croisés, comme les fils d'une toile d'araignée, sur les feuilles (ex. *Sempervivum arachnoïdeum*) , ou sur les feuillets du péricline (ex. *Lophiolepis araneosa*) ; *tegmen arachnoïde*, celui qui est filamenteux comme une toile d'araignée (ex. *Ixia chinensis*). 2° En zoologie, cette épithète est donnée à un *mammifère* (*Ateles arachnoïdes*), à cause de ses membres qui sont très-grêles ; à des *coquilles* qui sont hérissées d'épines très-longues, grêles ou subulées (ex. *Spondylus arachnoïdes*), ou marquées de linéoles très-fines et colorées, qui imitent des fils d'araignée (ex. *Conus araneosus, Oliva araneosa*) ; à un *insecte* (*Galeodes araneoïdes*) qui ressemble à une araignée ; à des *polypiers* offrant de petites cellules formées par des cloisons très-minces et concentriques qui imitent assez bien les toiles de certaines araignées des jardins (ex. *Astrea aranea, Astrea arachnoïdes*).

ARACHNOIDES, adj. et s. m. pl. ,

Arachnoïdea. Nom donné par E. Eichwald à la classe du règne animal qui est généralement désignée sous celui d'*Arachnides*. *Voyez* ce mot.

ARACHNOIDIEN, adj. , *arachnoïdeus ;* qui a la finesse d'une toile d'araignée. Pour exprimer combien la peau des méduses est mince, on dit quelquefois qu'elle a une ténuité arachnoïdienne.

ARACHNOLOGIE, s. f. , *arachnologia* (ἀράχνης, araignée, λόγος, discours). Traité sur les araignées.

ARACHNOPHILE, adj. , *arachnophilus* (ἀράχνης, araignée, φίλεω, aimer). Un champignon (*Isaria arachnophila*) a été appelé ainsi parce qu'il croît sur le corps des araignées mortes.

ARALIACÉES, adj. et s. f. pl., *Araliaceæ*. Famille de plantes établie par Jussieu, et qui a pour type le genre *Aralia*.

ARANÉIDES, adj. et s. f. pl., *Araneideæ, Araneides* (*aranea*, araignée). Nom donné par Duméril et Goldfuss à une famille de la classe des insectes, par Eichwald à un ordre, par Lamarck à une section, par Cuvier, Latreille et Leach à une famille de la classe des Arachnides, renfermant les araignées et les animaux qui s'en rapprochent le plus.

ARANÉEUX, adj. , *araneosus* (*aranea*, araignée). Se dit, en botanique, des *poils* qui sont très-longs, mous, minces, et qui imitent les toiles d'araignée par leur nature et leur entrecroisement. Un crustacé (*Hyas araneus*) a été ainsi nommé à cause de son corps long et grêle.

ARANÉIFÈRE, adj. , *araneifer, araneiferus* (*aranea*, araignée, *fero*, porter). L'*Ophrys araneifera* est ainsi appelé parce qu'on a cru trouver de la ressemblance entre sa fleur et une araignée.

ARANÉIFORME, adj. , *araneiformis* (*aranea*, araignée, *forma*, forme). Épithète donnée par Kirby aux larves carnivores hexapodes, dont le corps est très-court, qui ont de longues mandibules propres à sucer, exécutent des mouvemens rétrogrades, et ressemblent, sous quelques rapports, à des araignées. Ex. *Myrmeleon, Cicindela.*

ARANÉIFORMES, adj. et s. m. pl., *Araneiformia* (*aranea*, araignée, *forma*, forme). Nom donné par Blainville à une famille de la classe des Hétéropodes, à cause de la forme générale du corps des animaux qui la constituent.

ARANÉOIDES, adj., *Aranooïdes* (*aranea*, araignée, εἶδος, ressemblance). Nom donné par Ficinus et Carus à la famille d'insectes aptères qu'on désigne plus généralement sous celui d'*Aranéides*. *Voyez* ce mot.

ARANÉOLOGIE, s. f., *araneologia* (*aranea*, araignée, λόγος, discours). Traité des araignées.

ARANÉOLOGUE, s. m., *araneologus*. Naturaliste qui s'occupe spécialement des araignées.

ARAUCARIÉES, adj. et s. f. pl., *Araucariæ*. Nom donné par Kunth à une tribu de la famille des Conifères qui a pour type le genre *Araucaria*.

ARBORÉ, adj., *arboreus*; δενδρώδης; (*arbor*, arbre). Se dit, en botanique, d'une *tige* qui est ligneuse et nue par le bas (ex. *Ulmus campestris*); en zoologie, d'un *oiseau* qui se perche et niche sur les arbres (ex. *Anas arborea*), ou qui se tient habituellement dans les buissons (ex. *Anthus arboreus*).

ARBORESCENCE, s. f., *arborescentia*; δενδρότης, δενδρώσις. Qualité d'un végétal qui acquiert la hauteur ou la grosseur d'un arbre.

ARBORESCENT, adj., *arborescens, arboreus*; δενδρώδης; *baumartig* (all.). Épithète donnée aux *plantes* qui ont des arbres, ou qui en

ont le port (ex. *Callipteris arborescens, Malvaviscus arboreus, Datura arborea, Zygophyllum arboreum*), aux zoophytes qui affectent la forme d'arbre (ex. *Dendrophyllia ramea*).

ARBORIFORME, adj., *arboriformis*; δενδροειδής; *baumförmig* (all.) (*arbor*, arbre, *forma*, forme); qui a la forme d'un arbre ou d'un arbrisseau. Ex *Mesembryanthemum arboriforme*.

ARBORISATION, s. f., *arborisatio*. Les minéralogistes appellent ainsi: 1° une aggrégation de cristaux représentant une espèce de petit arbre, une touffe étendue à la surface des corps, et y formant soit une pellicule assez épaisse, soit un mince enduit qui ne se distingue que par sa couleur; 2° un dessin figurant des arbrisseaux que présente la coupe de certains calcaires schistoïdes et quarz agates, et qui sont dus à des infiltrations de fer ou de manganèse entre les feuillets de la pierre, ou à des substances enveloppées après coup par une matière consolidée autour d'elles.

ARBORISÉ, adj., *arborisatus*. Épithète donnée aux *agates* qui offrent, dans l'intérieur de leur pâte, des dendrites ou représentations d'arbres, ordinairement de couleur brune, dues à l'infiltration d'un liquide chargé d'oxides métalliques.

ARBRE, s. m., *arbor*; δένδρον; *Baum* (all.); *tree* (angl.); *albero* (it.). Plante dont la tige ligneuse, nue et simple par le bas, rameuse seulement à la partie supérieure, dépasse cinq fois au moins la hauteur du corps d'un homme.

ARBRISSEAU, s. m., *frutex*; δένδριον; *Bäumchen, Strauch* (all.); *shrub* (angl.). Plante dont la tige est ligneuse, rameuse dès la base et peu élevée. Ex. *Plectranthus fruticosus, Crambe fruticosa*.

ARBUSCULAIRE, adj., *arbuscularis*; qui est ramifié à la manière d'un petit arbre, comme les *appendices* placés autour de la bouche des Holothuries.

ARBUSCULE, s. m., *arbuscula*; δενδρύδιον. Petit arbre, dont la hauteur est peu considérable (ex. *Erica arbuscula*). Plante dont la tige se divise à la manière de celle des arbres (ex. *Isothecium arbuscula*).

ARBUSTE, s. m., *arbustum*, *fruticulus*; δενδρύδιον; *Staude* (all.); *bush* (angl.). Plante dont la tige ligneuse n'atteint pas trois fois la hauteur du corps d'un homme, et se ramifie près de sa base.

ARBUSTIF, adj.; qui est placé contre un arbuste. On a donné le nom de *vignes arbustives* à celles que l'on plante au pied des arbres isolés, dans la seule intention d'en récolter la feuille pour la nourriture des bestiaux.

ARC-EN-CIEL, s. m., *iris*; ἶρις; *Regenbogen* (all.); *rainbow* (angl.); *iride* (it.). Météore lumineux, consistant en un ou plusieurs arcs concentriques, formés de bandes colorées, qui a lieu quand le soleil, ou quelquefois la pleine lune, darde ses rayons sur un nuage prêt à se résoudre en pluie, et que l'observateur se trouve placé devant ce nuage, le dos tourné à l'astre éclairant.

ARCACÉES, adj. et s. f. pl., *Arcaceæ*, *Arcacea*, *Arcaces*. Nom donné par Goldfuss à une famille de Mollusques, par Lamarck, Munke et Latreille à une famille de Conchifères, par Blainville à une famille d'Acéphalophores et de coquilles, coupes qui toutes ont pour type le genre *Arca*.

ARCEAU, s. m., *arcus*; *Bogen* (all.). Ce mot, qu'à tort on emploie quelquefois comme synonyme d'*anneau*, sert à désigner les deux demi-anneaux, joints par leurs extrémités,

et composés eux-mêmes de plusieurs pièces, qui constituent les anneaux du corps des animaux articulés.

ARCELLINES, adj. et s. m. pl., *Arcellina*. Nom donné par C.-G. Ehrenberg à une tribu de la classe des Polygastriques, qui a pour type le genre *Arcella*.

ARCENDOLOGIE, s. f., *arcendologia* (ἄρκευθος, genevrier, λόγος, discours). Traité sur le genevrier.

ARCESTHIDE, s. f., *arcesthida* (ἄρχεσθις, baie de genevrier). Nom donné par Desvaux à un fruit sphérique, composé de plusieurs écailles charnues qui ne se séparent pas au terme de la maturité. Ex. *Juniperus communis*.

ARCHIPEL, s. m., *archipelagus*; *Inselmeer* (all.); *archipelago* (angl. it.) (ἄρχω, dominer, πέλαγος, mer). En géographie, on appelle ainsi une réunion d'îles dans un espace de mer peu étendu, et par extension une mer entrecoupée d'un grand nombre d'îles.

ARCTIQUE, adj., *arcticus*; ἀρκτικός; *nördlich* (all.); *northern* (angl.) (ἄρκτος, ourse). Synonyme de *boréal* et de *septentrional* (*pôle arctique*, *cercle arctique*, *terres arctiques*, *régions arctiques*). Le *Colymbus arcticus* est ainsi appelé parce qu'il habite dans le nord; l'*Hemisynapsium arcticum*, parce qu'il habite l'île Melville.

ARCTOMYDES, adj. et s. m. pl., *Arctomides*. Nom donné par Latreille à une famille de la classe des Mammifères, qui a pour type le genre *Arctomys*.

ARCTOTIDÉES, adj. et s. f. pl., *Arctotideæ*. Nom imposé par H. Cassini à une tribu de la famille des Synanthérées, et par Lessing à une sous-tribu de la tribu des Cynarées, qui ont pour type le genre *Arctotis*.

ARCTURE, adj., *arcturus* (ἄρκτος, ours, οὐρά, queue). Une plante (*Celsia arcturus*) est ainsi appelée parce qu'on a comparé à une queue d'ours sa fleur, qui est disposée en une grappe allongée.

ARCYTHOPHYTE, s. m., *arcythophytum* (ἄρκευθος, genièvre, φυτόν, plante), Nom donné par Necker aux plantes qui portent des fruits semblables à celui du genevrier.

ARDÉIDÉS, adj. et s. m. pl., *Ardeídeæ*. Nom donné par Vigors à une famille d'oiseaux, qui a pour type le genre *Ardea*.

ARDENT, adj., *ardens*; *feurig*, *glühend* (all.); *glowing* (angl.); *ardente* (it.) (*ardeo*, brûler); qui brûle, qui enflamme. On appelle *fontaines ardentes*, *terres ardentes*, celles d'où se dégagent, en Italie et en Perse, des gaz ou des vapeurs de pétrole, qui prennent feu et continuent à brûler, quand ils s'enflamment accidentellement. *Ardent* est quelquefois employé pour désigner le roux vif (ex. *Dasypogon ardens*).

ARDISIACÉES, adj. et s. f. pl., *Ardisiaceæ*. Nom donné par Jussieu à une famille de plantes qui a pour type le genre *Ardisia*.

ARDISIÉES, adj. et s. f. pl., *Ardisieæ*. Nom donné par Bartling à une tribu de la famille des Ardisiacées, qui a pour type le genre *Ardisia*.

ARDOISÉ, adj., *ardisiaceus*, *schistosus*; *schieferfärbig* (all.); qui a la couleur de l'ardoise, ou dans lequel cette couleur domine. Ex. *Ceblepyris ardoisaceus*, *Sylvia ardisiaca*, *Coluber schistosus*, *Ardea ardisiaca*.

ARDOISIER, adj., *ardisiaceus* (*ardosia*, ardoise). Nom donné par Omalius à un groupe de terrains comprenant ceux qui ont de la tendance à présenter de grands feuillets, à passer à l'ardoise.

ARÉCINE, s. f., *arecina*. Matière colorante rouge insoluble des fruits de l'*Areca Catechu*.

ARÉCINÉES, adj. et s. f. pl., *Arecina*. Nom donné par Martius à une tribu de la famille des Palmiers, qui a pour type le genre *Areca*.

ARÉNACÉ, adj., *arenaceus*; *sandartig* (all.) (*arena*, sable). Se dit d'un *minéral*, quand il a la forme de sable (*dépôt arénacé*, *assise arénacée*, *pâte arénacée*, *formation arénacée*, *caractère arénacé*, *structure arénacée*). Omalius donne cette épithète à toute roche calcaire ou autre qui a de très-petits grains, et qui est dans un état analogue à du sable, sans cohérence de ces grains. Il blâme, avec raison, les géognostes qui appellent *roches arénacées* celles qui sont agglomérées à la manière du grès. Le *Flustra arenacea* est ainsi nommé parce qu'il se compose de cellules assez mal formées à la surface d'une couche de sable.

ARÉNACÉES, adj., *arenaceæ*. Épithète donnée par Brongniart à un groupe de *roches*, comprenant celles qui ont une texture grossière, sont friables, et se désaggrègent facilement.

ARÉNACÉO-CALCAIRE, adj., *arenaceo-calcarius*. On appelle *substance arénacéo-calcaire* un lit de sable cimenté par une infiltration calcaire.

ARÉNAIRE, adj., *arenarius*, *sabulosus*, *ammodes*, *ammonytes*, *arenosus*. Se dit, en botanique, d'une plante qui croît dans le sable, dans les terrains sablonneux et arides (ex. *Astragalus ammonytes*, *Paspalus ammodes*, *Elymus arenarius*, *Viola arenaria*, *Hemimeris sabulosa*, *Fuierena arenosa*, *Phleum arenarium*); en zoologie, d'une *coquille* qui se tient dans le sable (ex. *Septaria arenaria*); d'*insectes* qui aiment les endroits sablonneux (ex. *Scarites sabulosus*, *Iulus sabulosus*, *Sphex sabulosa*, *Opatrum sabulosum*); d'un *mammifère* qui vit dans les plaines sablonneuses (ex. *Mus arenarius*).

ARÉNEUX, adj., *arenosus*; *sandig*

(all.). Synonyme peu usité de *sablonneux*. *Voyez* ce mot.

ARÉNICOLE, adj., *arenicolus* (*arena*, sable, *colo*, habiter); qui vit dans les endroits sablonneux. Ex. *Lacerta arenicola*.

ARÉNICOLES, adj. et s. m. pl., *Arenicolæ*. Nom donné par Blainville à une famille de Chétopodes, par Cuvier et Latreille à une section de la tribu des Scarabéides, coupes qui toutes deux renferment des animaux ayant pour habitude de creuser des trous profonds dans la terre ou le sable.

ARÉNIFÈRE, adj., *areniferus* (*arena*, sable, *fero*, porter); qui contient accidentellement du sable. Ex. *Phyllade arénifère*.

ARÉNIFORME, adj., *areniformis* (*arenâ*, sable, *forma*, forme); qui ressemble à du sable: *mélange aréniforme*

ARÉNULACÉ, adj., *arenulaceus*. Épithète donnée aux petits vers qui adhèrent à la face interne de la vessie de l'échinocoque, parce qu'ils ressemblent à des grains de sable.

ARÉOLAIRE, adj., *areolaris* (*areola*, aréole); qui est rempli d'aréoles. Ce mot est employé quelquefois comme synonyme de *cellulaire*.

ARÉOLE, s. f., *areola*; *Höfchen* (all.) (*area*, aire). Petite surface; interstice que les réseaux capillaires ou les faisceaux de fibres entrecroisées laissent entre eux. Kirby donne ce nom aux espaces étroits dans lesquels l'aile des insectes est partagée par les nervures. En botanique et en zoologie, ce mot est généralement synonyme de *cellule* ou de petite cavité.

ARÉOLÉ, adj., *areolatus*; *felderig* (all.). Se dit, en botanique, d'une *feuille* qui est marquée d'inégalités ou de rides peu sensibles (ex. *Erythroxylum areolatum*). Kirby appelle *aréolées* les ailes des insectes,

quand elles sont divisées en aréoles (ex. Diptères).

ARÉOMÈTRE, s. m., *areometrum*; *Solwaage, Salspindel, Salzspindel, Senkwaage* (all.) (ἀραιός, léger, μετρέω, mesurer). Instrument propre à faire connaître combien un liquide est plus léger ou plus pesant qu'un autre.

ARÊTE, s. f., *arista, acies*. On appelle ainsi: 1° en minéralogie (*Kante*, all., *edge*, angl.), la ligne de jonction de deux surfaces ou de deux plans, qui sont inclinés l'un sur l'autre; 2° en botanique, Link propose de substituer ce mot à celui d'*angle*, quand on parle d'une tige, d'un fruit, d'une graine. Du reste, *arête* (*Granne*, all., *resta*, it.) désigne généralement un filet grêle, raide et pointu, qui surmonte divers organes floraux, surtout dans la famille des Graminées. Palissot-Beauvois donne ce nom au prolongement filiforme, raide et coriace, qui naît subitement au sommet ou sur le dos des valves de la glume, et ne laisse aucun indice de son origine au dessous de son point d'attache, c'est-à-dire n'est point une continuation des nervures (ex. *Agrostis canina*). Raspail, au contraire, le réserve pour désigner le filet qui résulte d'un prolongement de plusieurs nervures (ex. *Bromus secalinus*). 3° En zoologie. On appelle ainsi les os longs, minces et pointus qui se trouvent dans la chair des poissons (*Fischgräte*, all.; *fishbone*, angl.; *arresta*, it.).

ARÉTHUSÉES, adj. et s. f. pl., *Arethuseæ*. Nom donné par J. Lindley à une tribu de la famille des Orchidées, qui a pour type le genre *Arethusa*.

ARGENT, s. m., *argentum*; ἄργυρος, ἀργύριον; *Silber* (all.); *silver* (angl.); *argento* (it.). Métal solide, d'un blanc éclatant, qui est connu de toute antiquité.

ARGENTAL, adject., *argentalis*.

Nom donné, dans la nomenclature minéralogique de Haüy, à un métal qui est combiné avec de l'argent métallique. Ex. *Mercure argental.*

ARGENTATE, s. m., *argentas.* Sel formé par la combinaison de l'ammoniaque avec l'oxide argentique, qui, dans ce cas, joue le rôle d'acide.

ARGENTÉ, adj., *argenteus, argentatus, argyraeus, argyratus, argentinus; silberfarben, silberweiss* (all.); qui a l'aspect, la couleur ou l'éclat de l'argent. Ex. *Evolvulus argenteus, Gnidia argentea, Geranium argenteum, Natrix argentatus, Holocentrus argentinus, Oxytropis argyrœa, Polypodus argyraceus, Marginaria argyrata, Lupinus argyreus, Aspalathus argyreia.*

ARGENTICO-AMMONIQUE, adj., *argentico-ammonicus.* Épithète donnée, dans la nomenclature chimique de Berzelius, à un sel double qui résulte de la combinaison d'un sel argentique avec un sel ammonique. Ex. *Chlorure argentico - ammonique (hydrochlorate d'argent et d'ammoniaque).*

ARGENTICO-CALCIQUE, adj., *argentico-calcicus.* Nom donné, dans la nomenclature chimique de Berzelius, à un sel double qui résulte de la combinaison d'un sel argentique avec un sel calcique. Ex. *Hyposulfate argentico-calcique (hyposulfate d'argent et de chaux).*

ARGENTICO-PLOMBIQUE, adj., *argentico-plumbicus.* Epithète donnée, dans la nomenclature chimique de Berzelius, à un sel double qui résulte de la combinaison d'un sel argentique avec un sel plombique. Ex. *Hyposulfite argentico-plombique (hyposulfite d'argent et de plomb).*

ARGENTICO-POTASSIQUE, adj., *argentico-potassicus.* Epithète donnée, dans la nomenclature chimique de Berzelius, à un sel double qui résulte de la combinaison d'un sel ar-

gentique avec un sel potassique. Ex. *Hyposulfate argentico-potassique (hyposulfate d'argent et de potasse).*

ARGENTICO-SODIQUE, adj., *argentico-sodicus.* Epithète donnée, dans la nomenclature chimique de Berzelius, à un sel double qui résulte de la combinaison d'un sel argentique avec un sel sodique. Ex. *Chlorure argentico-sodique (hydrochlorate d'argent et de soude).*

ARGENTICO-STRONTIQUE, adj., *argentico-stronticus.* Nom donné, dans la nomenclature chimique de Berzelius, à un sel double qui est produit par la combinaison d'un sel argentique avec un sel strontique. Ex. *Hyposulfite argentico-strontique (hyposulfite d'argent et de strontiane).*

ARGENTIFÈRE, adj., *argentiferus; silberhaltig* (all.); qui contient accidentellement de l'argent. Ex. *Plomb sulfuré argentifère.*

ARGENTIN, adj., *argentinus;* qui a l'apparence, la couleur éclatante (ex. *Holocentrus argentinus*), et surtout le son clair (*voix argentine, timbre argentin*) de l'argent.

ARGENTIQUE, adj., *argenticus.* Berzelius appelle *oxide argentique* (*Silberoxyd*, all.), le premier degré d'oxidation de l'argent; *sels argentiques,* les oxisels qui ont pour base cet oxide, les halosels à base d'argent, et les sulfosels correspondans aux oxisels pour la composition.

ARGENTO - FULMINIQUE, adj., *argento - fulminicus.* Nom donné à un *acide,* qui, d'après Liebig, est composé des élémens de l'acide cyanique, avec moitié autant d'oxide argentique qu'il en entre dans l'argent fulminant.

ARGENTURÉ, adj., *argenturatus.* Epithète donnée par Porrett à un *acide,* l'acide chiazique argenturé, que d'autres chimistes ont appelé *hydroargentocyanique. Voyez ce mot.*

ARGILACÉ, adj., *argilaceus (ar→*

gila, argile); qui a la couleur de l'argile (ex. *Agaricus argilaceus*, *Helix argilacea*); qui vit sur l'argile (ex. *Peziza argilacea*).

ARGILEUX, adj., *argillosus; thonicht, thonartig* (all.); *clayish* (angl.); *argilloso* (it.); qui est de la nature de l'argile, qui contient de l'argile. Une *roche argileuse* est celle dont la pâte ou la masse principale est d'argile. Cependant Omalius appelle *roches argileuses* un genre de roches comprenant les pierreuses qui ont une structure argileuse. On nomme *odeur argileuse* celle qui, par le contact de l'humidité, s'exhale de certaines matières sèches et poreuses, dont les unes ont l'apparence argileuse et les autres n'ont rien de ce qu'on appelle argileux. Cette odeur n'est pas due à l'argile, puisque l'alumine pure ne la manifeste point et que plusieurs minéraux non argileux la dégagent; mais elle paraît l'être au fer oxidé terreux.

ARGILICOLE, adj., *argilicola* (*argila*, argile, *colo*, habiter); qui vit sur l'argile. Ex. *Opegrapha argilicola*.

ARGILIFÈRE, adj., *argiliferus; thonhaltig* (all.) (*argila*, argile, *fero*, porter); qui contient accidentellement de l'argile. Ex. *Calcaire argilifère*.

ARGILIFORME, adj., *argiliformis* (*argila*, argile, *forma*, forme); qui ressemble à de l'argile. Ex. *Trass argiliforme*.

ARGILO - FERRUGINEUX, adj., *argilo-ferruginosus;* qui contient de l'argile et de l'oxide de fer (*sable argilo-ferrugineux*). Dolomieu appelait *roches argilo-ferrugineuses* celles à base de trapp ou de cornéenne, qu'il regardait comme formées principalement d'argile. Des *infiltrations argilo-ferrugineuses* se rencontrent souvent dans les fissures des roches.

ARGILO-GYPSEUX, adj., *argilo-*

gypsosus; qui contient de l'argile et du gypse : *dépôt argilo-gypseux.*

ARGILOIDE, adj., *argiloïdes;* qui ressemble à de l'argile. On appelle *brèche à pâte argiloïde* une roche dont la masse principale présente l'aspect ou les propriétés de certaines argiles.

ARGILOLITHIQUE, adj., *argilolithicus* (*argila*, argile, λίθος, pierre); qui est formé d'argile endurcie : *roche argilolithique.*

ARGILO-SABLEUX, adj., *argilo-arenosus.* Brongniart appelle *limon argilo-sableux*, un groupe de roches, dont le nom seul indique la nature.

ARGILO-SABLONNEUX, adj., *argilo-arenaceus;* qui est formé de sable et d'argile : *terrain argilo-sablonneux.*

ARGILO-TOURBEUX, adj. On appelle limon *argilo-tourbeux*, une argile délayée qui est mêlée de parties végétales, dont les unes sont conservé leur forme, tandis que les autres sont entièrement décomposées.

ARGOLIDES, adj. et s. m. pl., *Argolidæ.* Nom donné par Leach à une famille d'Entomostracés, qui a pour type le genre *Argulus.*

ARGONAUTACÉES, adj. et s. f. pl., *Argonautaceæ.* Nom donné par Blainville à une famille de coquilles ayant pour type le genre *Argonauta.*

ARGYRANTHÈME, adj., *argyranthemus* (ἄργυρος, argent, ἄνθος, fleur); qui a des fleurs d'un blanc éclatant. Ex. *Croton argyranthemum.*

ARGYRIDES, s. m. pl., *Argyrides.* Nom donné par Ampère à un genre de corps simples, par Beudant à une famille de minéraux, qui ont pour type l'argent.

ARGYROCÉPHALE, adj., *argyrocephalus* (ἄργυρος, argent, κεφαλή, tête); qui a la tête d'un blanc argentin. Ex. *Araba argyrocephala.*

ARGYROPÉE, s. f., *argyropœa* (ἄργυρος, argent, ποιέω, faire). Art prétendu de faire de l'argent. Synonyme d'*alchimie*.

ARGYROPHTHALME, adj., *argyrophthalmus* (ἄργυρος, argent, ὀφθαλμός, œil): qui a les yeux d'un blanc d'argent. Ex. *Garrulus argyrophthalmus*.

ARGYROPHYLLE, adj., *argyrophyllus*; *silberblättrig* (all.) (ἄργυρος, argent, φύλλον, feuille); qui a les feuilles couvertes d'un duvet serré, blanchâtre et brillant. Ex. *Miconia argyrophylla, Croton argyrophyllum*. *Voyez* ARGENTÉ.

ARGYROPYGE, adj., *argyropygus* (ἄργυρος, argent, πυγή, derrière); qui a l'extrémité de l'abdomen blanche. Ex. *Anthrax argyropyga, Bombylus argyropygus*. *Voyez* LEUCOPYGE.

ARGYROSTIGMÉ, adj., *argyrostigma* (ἄργυρος, argent, στίγμα, tache). Se dit d'une plante qui a les fleurs marquées çà et là de taches blanches. Ex. *Begonia argyrostigma*.

ARGYROSTOME, adj., *argyrostomus* (ἄργυρος, argent, στόμα, bouche); qui a la bouche d'un blanc d'argent. Ex. *Turbo argyrostomus, Musca argyrostoma*.

ARHIZE, adj., *arhizus; wurzenlos* (all.); *arriso* (it.) (α priv., ῥίζα, racine). Épithète donnée par Richard à tous les végétaux sans radicule et par conséquent sans véritable embryon; par Nees d'Esenbeck aux plantes dont la racine est très-petite ou d'une conformation extraordinaire.

ARHIZOBLASTE, adj., *arhizoblastus* (α priv., ῥίζα, racine, βλαστάνω, croître). Nom donné par Willdenow aux *embryons* qui n'ont pas de racine.

ARICINE, s. f., *aricina*. Base salifiable organique et cristallisable que Pelletier a découverte dans une écorce toute semblable à celle du quinquina jaune.

ARICINES, adj. et s. m. pl., *Aricines*. Robineau-Desvoidy désigne ainsi une tribu de la famille des Myodaires Mésomydes, qui a pour type le genre *Aricia*.

ARIDE, adj., *aridus, aridulus*; ξηρός; *trocken, dürr* (all.); *dry* (angl.); *arido* (it.). Se dit de la surface ou de la poussière d'un corps, quand elle présente une certaine apreté au doigt qui passe dessus. On employe quelquefois ce mot comme synonyme de *sec*, en botanique, où l'on dit, par exemple, que l'*épi* est aride dans l'*Avena fatua*, le périanthe aride dans le *Gnaphalium*.

ARIDIFOLIÉES, adj. et s. f. pl., *Aridifoliœ*. Classe de plantes, admise par Agardh, qui renferme celles dont les feuilles sont généralement sèches, comme les Epacridées, les Ericées, etc.

ARIDITÉ, s. f., *ariditas*; ξηρασία; *Trockenheit, Dürre* (all.); *dryness* (angl.); *aridità* (it.). Synonyme de *sécheresse*. *Voyez* ce mot.

ARILLAIRE, adj., *arillarius*. On appelle *tunique* ou *pulpe arillaire* l'arille très-divisé, et en forme de membrane pulpeuse, de quelques passiflorées.

ARILLE, s. m., *arillus; Saamenmantel, Saamendecke* (all.); *arillo, velo* (it.). Nom donné par les botanistes à une expansion caronculaire, capsulaire ou sacciforme, le plus souvent succulente et membraneuse, que le funicule produit autour de certaines graines, qui les enveloppe toujours d'une manière incomplète, et qui n'y adhère que par le hile.

ARILLÉ, adj., *arillatus*. Épithète donnée aux graines qui sont revêtues d'un arille. Ex. *Myristica aromatica*.

ARISTÉ, adj., *aristatus; gegrannt* (all.); *restato* (it.); qui est muni d'un appendice en forme d'arête. On dit, en botanique, *anthère aristée* (ex. *Nigella aristata*); *bractées aristées* (ex. *Pycnanthemum aristatum*); *feuilles aristées*, celles qui sont garnies de petites épines (ex.

Berberis aristata) ; *fruit aristé*, celui à l'extrémité duquel persiste le style endurci (ex. *Chærophyllum aristatum*) ; *glume aristée* (ex. *Ischæmum aristatum*). En zoologie, *antennes aristées*, celles dont le dernier article porte un poil (ex. *Musca*). Un poisson (*Labrus aristatus*) est ainsi appelé parce qu'il a chacune de ses écailles relevée de deux arètes.

ARISTOLOCHES. *Voyez* ARISTO-LOCHIÉES.

ARISTOLOCHIÉES, adj. et s. f. pl., *Aristolochiæ.* Nom donné par Jussieu à une famille de plantes qui a pour type le genre *Aristolochia.*

ARISTULÉ, adj., *aristulatus* ; qui est muni d'une très-petite arète, comme la *glume* de l'*Uralepis aristulatus.*

ARLEQUINÉ, adj., *multicolor.* Épithète donnée à un oiseau (*Trochilus multicolor*), à un reptile (*Agama multicolor*), à une coquille (ex. *Cypræa arlequina*) et à quelques autres animaux, à cause de la variété des couleurs dont ils sont ornés.

ARMATURE. *Voyez* ARMURE.

ARME, s. f., *arma* ; *Gewehr* (all.) ; *arm* (angl.) ; *arma* (it.). Nom collectif de tous les moyens de défense des végétaux, de tous les moyens d'attaque et de défense des animaux.

ARMÉ, adj., *armatus* ; *bewaffnet, bewehrt* (all.) ; qui est muni d'armes. Épithète donnée à des *poissons* dont le corps est couvert d'une forte cuirasse (ex. *Aspidophorus armatus, Amphisile velitaris*), ou hérissé de pointes (ex. *Silurus militaris*) ; à des *insectes* qui ont les mandibules longues et dressées comme deux cornes (ex. *Anisotoma armatum*).

ARMÉES, adj. et s. f. pl., *Armatæ.* Nom sous lequel Debuch désignait une tribu de la famille des *Ammonées*, comprenant celles qui sont armées de plusieurs rangées de varices ou d'épines.

ARMENTAIRES, adj., *Armentariæ* (*armentum*, troupeau). Nom donné par Robineau-Desvoidy à une section de la famile des Muscides, comprenant des espèces qui tourmentent à l'excès les grands quadrupèdes.

ARMÉRIACÉES, adj. et s. f. pl., *Armeriaceæ.* Nom donné par Marquis à une famille de plantes qui a pour type le genre *Armeria.*

ARMICEPS, adj. et s. m. pl., *Armicipites* (*arma*, armes, *caput*, tête). Nom donné par Latreille à une tribu de la famille des Clupéides, comprenant des poissons qui ont la tête défendue par des pièces osseuses ou des écailles pierreuses.

ARMIGÈNES, adj. et s. m. pl., *Armigenæ* (*arma*, armes, *gena*, joue). Nom donné par Ficinus et Carus à une tribu, par Latreille et Eichwald à une famille de poissons, comprenant ceux qui ont les joues cuirassées.

ARMIGÈRE, adj., *armigerus* (*arma*, armes, *gero*, porter) ; qui porte des armes. Une coquille (*Purpura armigera*) a été appelée ainsi parce qu'elle est garnie de longs tubercules ; un oiseau (*Aquila armigera*), à cause de ses serres robustes.

ARMILLAIRE, adj., *armillaris* (*armilla*, bracelet). Les astronomes appellent *armillaire* une sphère artificielle composée de cercles qui représentent les orbes des corps célestes dont se compose le système solaire. Une plante (*Jacquinia armillaris*) doit ce nom à ce que ses branches sont entourées de feuilles verticillées qui ressemblent à des anneaux, ou à ce que ses belles et odorantes fleurs servent à faire des guirlandes, et ses graines des bracelets. Un animal (*Nereis armillaris*) est ainsi nommé à cause des bandes transversales noirâtres dont son corps est marqué.

ARMILLÉ, adj., *armillatus* ; qui est entouré d'un anneau autrement coloré que le reste du corps, et imitant en quelque sorte un bracelet, comme le tibia postérieur du *Prosopis annulata*.

ARMURE, s. f., *armatura*. Les physiciens donnent ce nom à des lames de fer doux, qu'on associe aux aimans naturels, et qui, soumises continuellement à l'action des pôles auxquels elles sont appliquées, exercent sur eux une réaction capable non-seulement de conserver la vertu magnétique, que le temps affaiblit quand on les abandonne à eux-mêmes, mais encore d'augmenter en eux cette vertu, qu'ils ne manifestent communément qu'à un degré médiocre quand on les tire du sein de la terre.

ARMUS, s. m., *armus* (ἁρμός, jointure). Illiger appelait ainsi, d'après Pline, l'épaule ou la partie latérale du corps des oiseaux, dont le bas est contigu à la poitrine, et qui touche par derrière aux hypochondres.

ARNICINE, s. f., *arnicina*. Nom donné à la résine amère qui paraît être la partie efficace de l'*Arnica montana*.

AROÏDÉES, adj. et s. f. pl., *Aroïdeæ*. Jussieu désigne ainsi une famille de plantes qui a pour type le genre *Arum*.

AROIDES, adj. et s. f. pl., *Aroïdes*. Synonyme d'*Aroïdées*. *Voyez* ce mot.

AROMATIQUE, adj., *aromaticus*; *gewürzhaftig* (all.); qui exhale une odeur agréable. Ex. *Caryophyllus aromaticus*.

AROME, s. m., *aroma*, ἄρωμα. Nom générique des émanations subtiles qui s'échappent des corps odorans, et qui, en frappant la membrane olfactive, produisent la sensation des odeurs.

ARPENTEUR, adj. Les entomologistes appellent *chenilles arpenteuses*

(*Spannraupen*, all.) celles qui, ayant le corps très-long, avec un grand intervalle entre les pattes antérieures et intermédiaires, sont forcées de replier l'abdomen pour faciliter le transport du corps dans la progression, d'où résultent des alternatives de courbes perpendiculaires et de lignes horizontales, ce qui rend leur marche si singulière, qu'elles semblent mesurer le terrain en le parcourant.

ARQUÉ, adj., *arcuatus*; *bogenförmig* (all.); *crooked* (angl.); *arcuato* (it.) (*arcus*, arc); qui décrit un arc de cercle. On dit : 1° en minéralogie, *stratification arquée*, celle des massifs formés de couches peu inclinées qui constituent une montagne en s'élevant d'un côté, dans le sens de la pente, se courbant au sommet, et redescendant avec la pente opposée; 2° en botanique : *anthère arquée* (ex. *Rhexia virginica*); *graine arquée* (ex. *Tournefortia mutabilis*); *légume arqué* (ex. *Ornithopus perpusillus*); *silique arquée* (ex. *Raphanus recurvatus*); *style arqué* (ex. *Pisum sativum*); *tube arqué*, dans une corolle labiée (ex. *Nepeta longifolia*); *feuilles arquées* (ex. *Dicranum arcuatum*); 3° en zoologie, *coquille arquée*, celle qui n'offre qu'une simple inflexion, plus ou moins considérable (ex. certaines Bélemnites).

ARQUÉS, adj. et s. m. pl., *Arcuata*. Nom donné par Cuvier et Latreille à une tribu, par Eichwald à une section de crustacés brachiures, comprenant ceux qui ont le thoracide en forme de segment de cercle et arqué en devant.

ARRIÈRE-ÉCUSSON, s. m., *postscutum*. Latreille appelle ainsi un petit espace carré que le milieu du mésothorax présente dans plusieurs insectes diptères.

ARRIÈRE-FAIX, s. m., *secundi-*

næ. Nom donné par le vulgaire à la réunion du placenta et des membranes du fœtus, parce qu'en général cette masse sort de la matrice après l'enfant.

ARRIÈRE-FLEUR, s. f. On appelle vulgairement ainsi la fleuraison d'automne, c'est-à-dire le cas qui a lieu lorsque, dans un automne chaud et humide, les fleurs des arbres et des herbes à fleuraison printanière se développent de nouveau.

ARRIÈRE-NEZ, s. m., *postnasus.* Nom donné par Kirby à la partie de la face des insectes qui est immédiatement continue aux antennes, derrière le nez. Ex. *Sagra, Prosopis.*

ARRIÈRE-POITRINE, s. f., *postpectus.* Sous ce nom, Kirby entend le côté inférieur du second segment de l'alitronc, et Latreille la partie inférieure du troisième segment du thorax des insectes.

ARRIÈRE-STERNUM, s. m. Nom donné par Latreille à la partie médiane inférieure du troisième segment du thorax des insectes.

ARRIÈRE-TERGUM, s. m. Nom sous lequel Audouin désigne la partie supérieure des deux derniers anneaux réunis du thorax des insectes hexapodes, c'est-à-dire la réunion du tergum du mésothorax et de celui du métathorax.

ARROCHES, s. f. pl., *Atriplices.* Quelques botanistes ont donné ce nom à la famille des *Chénopodées. Voyez* ce mot.

ARRONDI, adj., *rotundus, rotundatus, subrotundus; zugerundet* (all.); *rounded* (angl.); *ritundato* (it.); qui se rapproche de la forme orbiculaire, ou dont le contour approche de celui d'un cercle. On dit, en botanique; *bractées arrondies* (ex. *Hyssopus thymifolius*); *drupe arrondi* (ex. *Prunus spinosa*); *feuilles arrondies* (ex. *Mentha rotundifolia*); *graine arrondie* (ex. *Vicia lutea*);

pétales arrondis (ex. *Fragaria vesca*); *racine arrondie* (ex. *Bunium bulbocastanum*); *radicule arrondie* (ex. *Viscum album*); *stipules arrondies* (ex. *Spiraea Ulmaria*).

ARS, s. m., *Glied* (all.) (*artus,* membre). On appelle *ars antérieur* un repli de la peau du cheval qui, de la partie inférieure de la poitrine, sous le sternum, va gagner chaque extrémité antérieure, et *ars postérieur* un repli cutané qui, du ventre, s'étend à chaque extrémité postérieure.

ARSÉNIATE, s. m., *arsenias.* Nom d'un genre de sels (*arseniksaure Salze,* all.), qui sont formés par la combinaison de l'acide arsénique avec les bases salifiables.

ARSÉNIATÉ, adj., *arseniatus.* Nom donné, en minéralogie, aux bases qui ont été converties à l'état de sel par l'acide arsénique. Ex. *Plomb arséniaté.*

ARSENIC, s. m., *arsenicum, fuligo metallorum, speculum album, zenicum;* ἀρσενικὸν; *Arsenik* (all.); *arsenic* (angl.); *arsenico* (it.). Métal solide, d'un gris d'acier et volatilisable, qui est connu depuis des temps fort anciens.

ARSÉNICAL, adj., *arsenicalis;* qui a rapport à l'arsenic (*odeur arsénicale, vapeurs arsénicales*), ou qui contient de l'arsenic (ex. *Argent arsénical*).

ARSÉNICO-FERRIFÈRE, adj., *arsenico-ferrifer;* qui accidentellement contient à la fois de l'arsenic et du fer. Ex. *Bismuth natif arsénico-ferrifère.*

ARSÉNICO-SULFURIDES, s. m. pl. Nom donné par Bonnsdorff aux combinaisons naturelles de soufre et d'arsenic, qu'il appelle aussi *sulfarséniures.*

ARSÉNICOXIDES, s. m. pl. Nom donné par Beudant à un genre de minéraux comprenant les combinaisons de l'arsenic avec l'oxigène,

ARSÉNIDES, s. m. pl. Nom donné par Ampère et C. Pauquy à une famille de corps simples, qui a pour type l'arsenic, et par Beudant à une famille de minéraux, qui comprend l'arsenic, soit seul, soit à l'état de combinaison.

ARSÉNIÉ, adj., *arseniatus ;* qui contient de l'arsenic (ex. *Cuivre gris arsénié*). Le *gaz hydrogène arsénié* (*Arsenikwasserstoffgas*, all.), combinaison d'hydrogène et d'arsenic, est appelé par Berzelius *arséniure trihydrique.*

ARSENIEUX, adj., *arseniosus.* Nom donné à un acide (*arsenige Säure*, all.), qui est le second degré d'oxidation de l'arsenic, et par Berzelius à un *sulfide* (orpiment; *Anderthalbschwefelarsenik*, all.), à un *chloride* (chlorure d'arsenic; *Chlorarsenik*, all.), à un *bromide* (*Bromarsenik*, all.), à un *iodide* (*Jodarsenik*, all.) et à un *fluoride* (*Fluorarsenik*, all.), qui, sous le rapport de la composition, correspondent à l'acide arsenieux.

ARSÉNIFÈRE, adj., *arsenifer ; arsenikhaltig* (all.); qui contient accidentellement de l'arsenic. Ex. *Plomb phosphaté arsénifère.*

ARSENIQUE, adj., *arsenicatus.* Nom donné à un *acide* (*Arseniksäure*, all.), qui est le troisième degré d'oxidation de l'arsenic, et à un *sulfide* (*Drittehalbschwefelarsenik*, all.) qui correspond à cet acide, sous le rapport de la composition. L'*éther arsenique* (*Arsenikäther*, all.), découvert par Boullay, en 1811, est identique avec les éthers sulfurique et phosphorique. *Voyez* HYDRATIQUE.

ARSENIQUÉ, adj., *arsenicatus.* qui contient de l'arsenic. On dit quelquefois *gaz hydrogène arseniqué* pour *gaz hydrogène arsénié.*

ARSÉNITE, s. m., *arsenis.* Genre de sels (*arsenigsaure Salze*, all.), qui sont produits par la combinaison de l'acide arsenieux avec les bases salifiables.

ARSÉNIURE, s. m., *arseniuretum, arsenietum.* Alliage d'arsenic et d'un autre métal.

ARSÉNIURÉ, adj. Epithète donnée à un métal qui contient de l'arsenic.

ARTÉMISIÉES, adj. et s. f. pl., *Artemisieæ.* Nom donné par H. Cassini à un groupe de la section des Anthémidées chrysanthémées, et par Lessing à une sous-tribu de la tribu des Sénécionidées, qui ont pour type le genre *Artemisia.*

ARTÉMISINE, s. f., *artemisina.* Quelques chimistes ont proposé de donner ce nom au principe amer de l'armoise.

ARTÉRIEL, adj., *arterialis, arteriosus ;* qui est relatif aux artères, ou qui en a le caractère. On appelle *trachées artérielles*, dans les insectes, celles qui naissent immédiatement des stigmates, reçoivent l'air d'une manière directe, et le transmettent de suite dans toutes les parties du corps.

ARTHANITINE, s. f., *arthanitina.* Nom donné par Saladin à une substance cristalline particulière, qu'il a trouvée dans la racine du *Cyclamen europæum.*

ARTHRION, s. m., *arthrium* (ἄρθρον, articulation). Nom donné par Kirby à un très-petit article situé à la base de la dernière articulation des pattes, dans beaucoup de coléoptères tétramérés et trimérés.

ARTHROCÉPHALES, adj. et s. m. pl., *Arthrocephala* (ἄρθρον, articulation, κεφαλή, tête). Nom donné par Duméril à une famille de la classe des crustacés, comprenant ceux qui ont la tête distincte et séparée du corps.

ARTHROCÉRAL, adj. et s. m. *arthroceralis* (ἄρθρον, articulation κέρας, corne). Robineau-Desvoidy désigne ainsi deux des neuf pièces de la vertèbre des animaux articulés, qui se développent en haut, et consistent en une paire d'appendices articulés, formant les palpes, les antennes, les balanciers et souvent une partie des ailes.

ARTHRODIÉES, adj. et s. f. pl., *Arthrodieæ* (ἄρθρον, articulation). Nom donné par Bory à un ordre de la classe des Phytozoaires, comprenant ceux de ces êtres qui sont composés de filamens articulés.

ARTHROMÉRAL, adj., *arthromeralis* (ἄρθρον, articulation, μέρος, partie). Robineau-Desvoidy appelle ainsi deux élémens de la vertèbre des animaux articulés auxquels chaque polergal donne naissance, dans la plupart des cas, qui se développent ordinairement en bas, et qui fournissent les organes de la locomotion, ou se transforment en pièces mobiles les unes sur les autres.

ARTICLE, s. m., *articulus*; *Glied* (all.). On donne ce nom, dans les animaux articulés, les insectes surtout, à différentes pièces, mobiles les unes sur les autres, qui, par leur réunion, constituent les antennes, les palpes et les tarses; en botanique, à une portion de plante comprise entre deux articulations (ex. tige des Prêles), et à l'intervalle compris entre les renflemens des Thalassiophytes diaphysistées.

ARTICULAIRE, adj., *articularis*; ἀρθρικός, ἀρθρώδες; qui a rapport ou qui appartient à une articulation. Les botanistes appellent *feuilles articulaires* celles qui naissent des nœuds ou articulations de la tige ou de ses ramifications. Ex. Caryophyllées.

ARTICULATION, s. f., *articulatio*, *junctura*; ἄρθρον; *Gelenke* (all.); *juncture* (angl.); *articolo* (it.). On appelle ainsi : 1° en botanique, les points où, à une certaine époque de

la vie, se font naturellement des solutions de continuité bien nettes, bien tranchées, et sans déchirement sensible; les renflemens cloisonnaires transversaux, ou sortes de diaphragmes, qui, dans les Thalassiophytes diaphysistées, résultent de l'application bout à bout des cellules tubuloïdes dont la plante est composée; 2° en zoologie, la jonction de diverses pièces osseuses, cornées, calcaires, les unes avec les autres, soit en dedans, soit à l'extérieur du corps d'un animal.

ARTICULÉ, adj., *articulatus*; *gegliedert* (all.); *articulated* (angl.); *articulato* (it.). Composé d'articles attachés bout à bout. On dit : 1° en botanique, *arête articulée* (ex. *Stipa*); *anthère articulée*, quand l'union de l'anthère et du filet est indiquée par un changement de forme ou de couleur, ou par un petit sillon transversal, en un mot par une marque quelconque (ex. *Salvia pratensis*); *cotylédon articulé*, quand il est comme articulé avec le blastème, sessile et resserré à sa base, de manière qu'on voit nettement son origine (ex. *Mespilus germanica*); *légume articulé*, quand il est comme formé de pièces rapprochées et soudées à la suite les unes des autres, qui correspondent à un nombre égal de loges (ex. *Hedysarum coronarium*); *pétiole articulé*, qui offre, à son point d'attache, ou à ses divisions, un bourrelet, ou un étranglement, ou un changement de direction, de couleur, de substance, enfin une marque quelconque qui le fait paraître comme formé de pièces soudées les unes à la suite des autres (ex. *Robinia pseudo-Acacia*); *poils articulés*, ceux qui sont coupés, de distance en distance, par des lignes circulaires indiquant des cloisons intérieures (ex. *Brunella ovata*); *racine articulée*, quand elle a de distance en distance des impressions qui ressemblent à des articulations (ex. *Gratiola officinalis*) ; *tige articulée*, quand elle est comme formée de plusieurs articles réunis bout à bout, avec ou sans nœuds (ex. *Juncus articulatus*). Le *Dematium articulatum* est un champignon filamenteux, dont les filamens sont comme articulés. 2° En zoologie, on appelle *articulées* les *coquilles bivalves* qui n'ont pas de dents nombreuses à leur charnière ; les *multivalves*, d'après Blainville, qui sont placées à la suite les unes des autres d'une manière symétrique, dans la ligne moyenne du corps de l'animal, et qui se touchent (ex. *Oscabrion*) ; les *multiloculaires*, quand elles présentent à l'extérieur des traces de leurs cloisons, et que ces traces ressemblent plus ou moins aux sutures qui unissent les os du crâne.

ARTICULÉS, adj. et s. m. pl., *Articulata*. Nom donné par Lamarck à une division des animaux sans vertèbres, comprenant ceux dont le corps est généralement articulé et annelé dans sa longueur ; par Cuvier et la plupart des zoologistes modernes, à une grande division du règne animal, embrassant tous les animaux qui ont un squelette extérieur, disposé sous la forme d'anneaux dont le corps est entouré.

ARTICULEUX, adj., *articulosus*. Un crustacé (*Cancer articulosus*) est ainsi appelé parce que la tige de ses antennes supérieures est composée d'un grand nombre d'articulations.

ARTIFICIEL, adj., *artificialis*, *fictitius* ; *künstlich* (all.). On appelle *jour artificiel* l'espace de temps compris entre le lever et le coucher du soleil. En histoire naturelle, on donne le nom de *caractère artificiel* à celui qui est énoncé dans la vue seulement de faire distinguer les êtres naturels les uns des autres, et qu'on emprunte indifféremment à telle ou telle de leurs

parties, pourvu qu'elle soit bien apparente. Une *méthode artificielle* est celle qui, pour ses divisions correspondantes, emploie des caractères divers, choisis indifféremment dans tous les organes, suivant le besoin ou la commodité, et sans nul égard aux rapports naturels qui peuvent exister entre les êtres.

ARTIOMORPHES, adj. et s. m. pl., *Artiomorpha* (ἄρτιος, bien conformé, μορφή, forme). Synonyme d'*Artiozoaires*. *Voyez* ce mot.

ARTIOZOAIRES, adj. et s. m. pl., *Artiozoa* (ἄρτιος, bien conformé, ζῶον, animal). Nom donné par Blainville à un sous-règne, comprenant les animaux dont la forme est paire ou symétrique.

ARTIPHYLLE, adj., *artiphyllus* (ἄρτι, part. marq. la perfection, φύλλον, feuille). Link donne cette épithète aux plantes à l'aisselle de toutes les feuilles desquelles on aperçoit des bourgeons ou des rameaux.

ARTOCARPÉES, adj. et s. f. pl., *Artocarpeæ*. Nom donné par A. Richard à un groupe de la famille des Urticées, qui a pour type le genre *Artocarpus*.

ARUNDINACÉ, adj., *arundinaceus* ; *rohrartig* (all.) (*arundo*, roseau) ; qui croît sur les roseaux (ex. *Hypoderma arundinacea*), ou qui se tient habituellement dans les roseaux (ex. *Falco arundinaceus*).

ARUNDINACÉES, adj. et s. f. pl., *Arundinaceæ*. Nom donné par Kunth et Nees d'Esenbeck à une tribu de la famille des Graminées, qui a pour type le genre *Arundo*.

ARVICOLE, adj., *arvicola*, *arvalis* (*arvum*, terre labourée, *colo*, habiter) ; qui vit dans les champs moissonneux. Ex. *Mus arvalis*, *Melolontha arvicola*.

ARVIEN, adj., *arvensis* ; qui croît dans les terres labourées. Ex. *Anagallis arvensis*, *Trifolium arvense*.

ASARINE, s. f., *asarina*. Sorte de stéaroptène découvert par Goertz, Lassaigne et Fenculle dans la racine de l'*Asarum europœum*.

ASARINÉES, adj. et s. f. pl., *Asarinæ*. Nom donné par Kunth à une famille de plantes qui a pour type le genre *Asarum*.

ASAROIDES, adj. et s. f. pl., *Asaroïdes*. Nom donné par Ventenat à une famille de plantes ayant pour type le genre *Asarum*.

ASBESTIFORME, adj., *asbestiformis* (ἀσβέστος, asbeste, *forma*, forme); qui ressemble à de l'asbeste. Ex. *Bois opalisé asbestiforme*.

ASBESTOIDE, adj., *asbestoïdes* (ἀσβέττος, asbeste, εἶδος, ressemblance); qui ressemble à de l'asbeste. Ex. *Pyroxène asbestoïde*.

ASBOLINE, s. f., *asbolina* (ἀσβόλη, suie). Nom donné par Braconnot à une substance qu'il a trouvée dans la suie, et qu'il croit former un principe immédiat particulier, mais que Berzelius considère comme un simple mélange de pyrétine acide avec l'espèce de pyrélaïne qui prend naissance pendant la distillation de la pyrétine.

ASCALABOTES, s. m. pl., *Ascalabotæ* (ἀσκάλαβος, petit lézard). Nom donné par Goldfuss à une famille, par Merrem à une tribu de reptiles sauriens, comprenant ceux qui ressemblent le plus aux lézards proprement dits.

ASCALABOTOIDES, adj. et s. m. pl., *Ascalabotoïdea*, *Ascalabotoïdes* (ἀσκάλαβος, lézard, εἶδος, ressemblance). P.-F. Fitzinger et Eichwald appellent ainsi une famille de reptiles sauriens.

ASCARIDAIRES, adj. et s. m. pl., *Ascaridaria*, *Ascaridii* (ἀσκαρίς, ascaride). Sous ce nom, Blainville désigne une section de la classe des Microzoaires, renfermant ceux qui ressemblent aux ascarides, pour la forme générale du corps, et qui, suivant lui, appartiennent indubitablement à la classe des vers apodes.

ASCARIDIENS. *V.* ASCARIDAIRES.

ASCENDANT, adj., *adscendens*, *ascendens*, *assurgens*; *aufwärts steigend*, *aufsteigend* (all.); *ascending* (angl.); *risorgente* (it.); qui va en montant. On dit : 1° en astronomie, *étoile ascendante*, celle qui s'élève au dessus de l'horizon; *latitude ascendante* d'une planète, quand celle-ci passe vers le nord; *nœud ascendant* de l'orbite d'une planète ou d'une comète, l'intersection de l'orbe de cet astre avec le plan de l'orbe terrestre, quand lui-même s'éloigne au nord de l'écliptique. 2° En minéralogie, on appelle, dans la nomenclature de Haüy, *cristal ascendant*, celui dans lequel tous les décroissemens ont une marche ascendante en partant des angles ou des bords inférieurs d'un noyau rhomboïdal (ex. *Chaux carbonatée ascendante*). 2° En botanique, *collet ascendant*, lorsqu'en se développant, il s'élève avec la plumule, et porte les cotylédons à la lumière, de sorte qu'il devient partie de la tige (ex. *Mirabilis Jalapa*); *caudex ascendant* (*caudex adscendens*, Linné; *truncus adscendens*, Hedwig; *adscensus*, L'Héritier; *caulis*, Link; *aufsteigender Stock*, *Stiel*, all.), la portion du végétal qui s'élève hors de terre; *étamines ascendantes*, celles qui se portent vers la partie supérieure de la fleur (ex. *Salvia*); *graine ascendante*, quand le hile, de niveau avec le placenta, ou à peu près, est situé un peu au dessus du point le plus bas de la graine, dans la loge du péricarpe (ex. *Malus communis*); *lèvre ascendante*, lorsque la lèvre supérieure d'une corolle labiée suit d'abord la direction du tube, et qu'elle se relève par son extrémité (ex. *Stachys annua*); *pétales ascendans* (ex.

Cleome) ; *poils ascendans*, ceux qui sont dirigés vers le sommet de la partie qui les porte (ex. *Papaver Argemone*) ; *style ascendant*, lorsque, dans une fleur irrégulière, il s'écarte de l'axe pour se porter vers la partie supérieure (ex. *Salvia*) ; *tige ascendante*, celle qui se dresse vers le ciel, après avoir marché un peu horizontalement (ex. *Helichrysum adscendens, Dicliptera assurgens, Astragalus adsurgens*).

ASCIDIACÉS, adj. et s. m. pl., *Ascidiacea*. Nom donné par Munke à une famille de l'ordre des Tuniciers Téthyes, qui a pour type le genre *Ascidia*.

ASCIDIDES, adj. et s. m. pl., *Ascididæ*. Nom donné par G.-S. Macleay à une famille de la classe des Tuniciers, qui a pour type le genre *Ascidia*.

ASCIDIÉ, adj., *ascidiatus* (ἀσκίδιον, petite outre); qui est façonné ou terminé en manière de vase. Une *feuille ascidiée* est celle qui se termine par un appendice creux et en godet. Ex. *Nepenthes destillatoria*.

ASCIDIENS, adj. et s. m. pl., *Ascidiacea, Ascidiæ*. Nom donné par Lamarck à un ordre de la classe des Tuniciers, par Schweigger à une section de celle des Mollusques, par Blainville à une famille de l'ordre des Hétérobranches, et par G. Fischer à une classe de ses Branchiopneumones, coupes qui toutes ont pour type le genre *Ascidia*.

ASCIDIIFORME, adj., *ascidiiformis*. Épithète donnée aux bractées (*ascidium bracteale, bractea ascidiiformis s. cuculliformis; Deckblattschlauch, Blumenschlauch, schlauchförmiges Deckblatt*), quand elles ont la forme d'un godet, comme dans l'*Ascium violaceum*.

ASCIDITES, s. m. pl., *Ascidites*. Latreille donne ce nom à une famille

de la classe des Tuniciers, qui a pour type le genre *Ascidia*.

ASCIDIOCARPES, adj. et s. m. pl., *Ascidiocarpa* (ἀσκίδιον, petite outre, καρπὸς, fruit). Épithète donnée par Luhnemann aux hépatiques dont le fruit s'ouvre au sommet. Ex. *Riccia*.

ASCIDION, s. m., *ascidium; Schlauch* (all.). On nomme ainsi l'espèce d'outre ou de petit vase que la feuille des *Nepenthes* produit en se roulant et se soudant par les bords, et qu'on a considéré à tort comme un simple appendice terminal de la feuille, ce qu'on regarde généralement comme feuilles dans cette plante, n'étant qu'un pétiole phyllodé.

ASCIEN, adj., *ascius; unschattig* (all.) (α priv., σκία, ombre). Dénomination imposée par les géographes aux habitans de la zone torride, qui, ayant le soleil perpendiculaire sur leur tête deux jours de chaque année, sont alors sans ombre.

ASCIFORME, adj., *asciformis* (*ascus*, petite outre, *forma*, forme). Link appelle ainsi les feuilles qui, pliées sur elles-mêmes, et soudées par les bords à leur partie inférieure, restent ouvertes supérieurement, et produisent ainsi une sorte de vase, comme l'outre terminale des *Nepenthes*, qui est la véritable feuille de cette plante.

ASCIGÈRE, adj., *ascigerus* (*ascus*, petite outre, *gero*, porter). Se dit d'un champignon dont les corpuscules reproducteurs sont renfermés dans de petits utricules.

ASCLÉPIADÉES, adj. et s. f. pl., *Asclepiadeæ*. Nom donné par A. Richard à une section de la famille des Apocynées, qui a pour type le genre *Asclepias*.

ASCLÉPIADINE, s. f., *asclepiadina*. Substance particulière, non alcaline, que Fenculle a trouvée dans la racine de l'*Asclepias Vincetoxicum*.

ASCOMYCETES, s. m. pl., *Asco-*

mycetes (ἀσκός, outre, μύκης, champignon). Nom donné par Fries à une sous-classe de champignons comprenant ceux qui ont leurs sporidies renfermées dans des élytres.

ASCOPHYTES, s. f. pl., *Ascophytæ* (ἀσκός, outre, φύτον, plante). Reichenbach désigne sous ce nom une section de la famille des Hydrophytes, embrassant celles de ces plantes qui sont munies de vésicules aériennes.

ASCORE, s. m., *ascorum*. Nees d'Esenbeck appelle ainsi, ou *stratum thecigerum*, la portion du chapeau des champignons qui renferme les élytres.

ASCOSPORÉS, adj. et s. m. pl., *Ascosporæ* (ἀσκός, outre, σπορά, semence). Nom donné par Reichenbach à un ordre de la classe des Lichens, comprenant ceux qui ont leurs corpuscules reproducteurs renfermés dans des utricules.

ASELLIDES, s. m. pl., *Asellidæ*. Nom donné par Lamarck à une famille de Crustacés, qui a pour type le genre *Asellus*.

ASELLIENS, adj. et s. m. pl., *Aselli*. Nom donné par Blainville à une famille de la classe des Tétradécapodes, qui a pour type le genre *Asellus*.

ASELLOTES, s. m. pl., *Asellota*. Nom donné par Cuvier à une section, par Latreille et Eichwald à une famille de la classe des Crustacés, coupes qui toutes ont pour type le genre *Asellus*.

ASEXE, adj., *asexus ; gechlechtslos* (all.) (α priv., *sexus*, sexe) ; qui est privé de sexe.

ASEXUEL, adj. Synonyme d'*asexe*. Ce mot est aussi peu usité que le précédent.

ASILIDES, s. m. pl., *Asilidæ*. Nom donné par Leach à la famille des *Asiliques*. *Voyez* ce mot.

ASILIFORME, adj., *asiliformis ;* qui ressemble à un asile. Ex. *Sesia asiliformis.*

ASILIQUES, adj. et s. m. pl., *Asilici*. Ce nom est donné par Latreille à une tribu, par Wiedemann, J. Macquart et E. Eichwald à une famille d'insectes diptères, ayant pour type le genre *Asilus.*

ASIMINE, s. f., *asimina*. Desvaux désigne ainsi un fruit composé, dans lequel les carpelles charnues sont plus ou moins soudées ensemble.

ASIPHONOBRANCHES, adj. et s. m. pl., *Asiphonobranchia* (α priv., σίφων, siphon, βράγχια, branchies). Nom donné par Blainville à un ordre de la classe des Paracéphalophores, comprenant ceux dont les branchies sont renfermées dans une cavité qui ne se prolonge point en siphon.

ASIPHONOÏDES, adj. et s. m. pl., *Asiphonoïdea* (α priv., σίφων, siphon, εἶδος, ressemblance). Nom donné par G. de Haan à un ordre de Céphalopodes, comprenant ceux qui n'ont pas de siphon à leur coquille.

ASKÉLIE, s. f., *askelia* (α priv., σκέλος, jambe). Breschet désigne sous ce nom un genre de déviation organique, ou d'agénésie partielle, qui est caractérisé par l'absence des jambes.

ASPALACIDÉS, adj. et s. m. pl., *Aspalacidæ*. Nom donné par Gray à une famille de l'ordre des Mammifères rongeurs, qui a pour type le genre *Aspalax.*

ASPARAGÉES, adj. et s. f. pl., *Asparagæ*. Nom donné par Bartling à une tribu de la famille des Smilacées, qui a pour type le genre *Asparagus.*

ASPARAGINE, s. f., *asparagina ; Spargelstoff* (all.). Substance cristalline que Robiquet a découverte dans l'asperge, et que Wittstock regarde comme étant de l'aspartate ammonique. L'*asparagine biliaire* est connue maintenant sous le nom de *taurine. Voyez* ce mot.

ASPARAGINÉES, adj. et s. f. pl., *Asparagineæ*. Nom donné par Jussieu à une famille de plantes, qui a pour type le genre *Asparagus*.

ASPARAGIQUE. *Voy.* ASPARTIQUE.

ASPARAGOIDES, adj. et s. f. pl., *Asparagoïdeæ*. Ventenat désignait sous ce nom une famille de plantes ayant le genre *Asparagus* pour type.

ASPARTATE, s. m., *aspartas*. Genre de sels (*asparagsaure Salze*, all.), qui sont formés par la combinaison de l'acide aspartique avec les bases salifiables.

ASPARTIQUE, adj., *asparticus*. Nom donné par Henry et Plisson à un *acide* (*Asparagsäure*, all.) dans lequel l'asparagine se transforme quand on la traite par une base.

ASPÉRELLINÉES, adj. et s. f. pl., *Asperellinæ*. Link appelle ainsi une tribu de la famille des Graminées, comprenant celles qui se font remarquer par la rudesse de leurs feuilles et de leurs tiges. Ex. *Leersia*.

ASPERGILLIFORME, adj., *aspergilliformis*; *sprengwedelförmig* (all.) (*aspergillum*, goupillon, *forma*, forme); qui a plus ou moins de ressemblance avec un goupillon. On appelle, en botanique, *stigmate aspergilliforme* celui qui est garni de poils ramassés vers sa partie supérieure (ex. *Arundo Phragmites*), et *poils aspergilliformes* ceux qui, d'espace en espace, émettent des verticilles de petites ramifications simples (ex. *Marrubium peregrinum*).

ASPERGILLAIRE, adj., *aspergillaris* (*aspergillum*, goupillon); qui a la forme d'un goupillon.

ASPÉRICORNE, adj., *aspericornis* (*asper*, rude, *cornu*, corne). Un zoophyte (*Spongia aspericornis*) est ainsi appelé parce qu'il se divise en rameaux, que l'on a comparés à des cornes, et qui sont aiguillonnés de toutes parts.

ASPÉRIFOLIÉ, adj., *asperifolius*; *raspelblättrig*, *rauhblättrig* (all.) (*asper*, rude, *folium*, feuille); qui a

des feuilles rudes. Ex. *Cenchrus asperifolius*, *Oryzopsis asperifolia*, *Pelargonium asperifolium*.

ASPÉRIFOLIÉES, adj. et s. f. pl., *Asperifoliæ*. Nom donné par Linné à une famille de plantes qui toutes ont les feuilles très-rudes au toucher. Ex. *Borrago*.

ASPERME, adj., *aspermatus* (α priv., σπέρμα, semence). Épithète donnée par Turpin aux végétaux axifères, ou de formation primordiale, à ceux qui paraissent ne pas avoir reçu de la nature la faculté de se reproduire eux-mêmes.

ASPERMÉ. *Voy.* ASPERME.

ASPERMIE, s. f., *aspermia*. On désigne sous ce nom l'état d'une plante sur l'ovaire encore jeune et délicat de laquelle une lumière trop forte a agi de manière à dessécher et tuer les ovules et à la rendre inféconde.

ASPÉRULÉES, adj. et s. f. pl., *Asperuleæ*. A. Richard désigne sous ce nom une tribu de la famille des Rubiacées, qui a pour type le genre *Asperula*.

ASPHODÉLÉES, adj. et s. f. pl., *Asphodeleæ*. Famille de plantes, établie par Jussieu, qui a pour type le genre *Asphodelus*.

ASPHODÉLOIDES, adj. et s. f. pl., *Asphodeloïdes*. Synonyme d'*Asphodélées* (*voyez* ce mot), dont quelques botanistes ont fait usage.

ASPIDÉCHIDNÉS, adj. et s. m. pl., *Aspidechidnei* (ἀσπίς, bouclier, ἔχιδνα, vipère). Nom donné par J.-A. Ritgen à une famille d'Ophidiens, renfermant les serpens venimeux qui ont des plaques sur la tête.

ASPIDIACÉES, adj. et s. f. pl., *Aspidiaceæ*. Nom que Bory propose pour une section de la famille des Fougères qui aurait pour type le genre *Aspidium*.

ASPIDIONÉES, adj. et s. f. pl., *Aspidioneæ*. Nom donné par G.-F.

Kaulfuss à une section de la tribu des Polypodiacées, ayant pour type le genre *Aspidium*.

ASPIDIOTES, adj. et s. m. pl., *Aspidiota* (ἀσπὶς, bouclier). Latreille a désigné sous cette dénomination un groupe de crustacés, comprenant ceux dont le corps est couvert d'une sorte de bouclier.

ASPIDIPHORES, adj. et s. m. pl., *Aspidiphora* (ἀσπὶς, bouclier, φέρω, porter). Nom donné par Latreille et Cuvier à une famille de Crustacés, embrassant ceux qui ont le corps couvert d'un test.

ASPIDISCINES, s. m. pl., *Aspidiscina*. Nom donné par C.-G. Ehrenberg à une tribu de la classe des Polygastriques, qui a pour type le genre *Apidisca*.

ASPIDOACHIRES, adj. et s. m. pl., *Aspidoachira* (ἀσπὶς, bouclier, α priv., χεῖρ, main). Nom donné par J.-A. Ritgen à une famille de Reptiles sauriens, renfermant ceux qui ont le corps couvert d'écailles et deux pieds de derrière, sans pieds de devant.

ASPIDOBRANCHES, adj. et s. m. pl., *Aspidobranchiata* (ἀσπὶς, bouclier, βράγχια, branchies). Schweigger, G. Fischer, Menke et E. Eichswald appellent ainsi une famille ou un ordre de Mollusques gastéropodes, comprenant ceux qui ont les branchies protégées par une coquille en forme de bouclier.

ASPIDOCÉPHALES, adj. et s. m. pl., *Aspidocephali* (ἀσπὶς, bouclier, κεφαλὴ, tête). Nom donné par J.-A. Ritgen à une section de Reptiles ophidiens, comprenant ceux qui ont la tête garnie de plaques.

ASPIDOCHIRES, adj. et s. m. pl., *Aspidochiri* (ἀσπὶς, bouclier, χεῖρ, main). Nom donné par J.-A. Ritgen à une famille de Reptiles sauriens, comprenant ceux qui ont le corps couvert d'écailles et deux pieds de devant seulement.

ASPIDOCOLOBES, adj. et s. m. pl., *Aspidocolobi* (ἀσπὶς, bouclier, κολοβὸς, mutilé). Nom donné par J.-A. Ritgen à une famille de Reptiles sauriens, comprenant ceux qui ont le corps couvert d'écailles et plus ou moins mutilé à l'égard des membres.

ASPIDOTES, adj. et s. m. pl., *Aspidota* (ἀσπὶς, bouclier). Sous ce nom, Goldfuss, Ficinus et Carus désignent une famille de Crustacés, dans laquelle ils comprennent ceux qui ont le corps protégé par une sorte de bouclier.

ASPILONOTE, adj., *aspilonotus* (ἄσπιλος, sans taches, νῶτος, dos). Une méduse (*Chrysaora aspilonota*) a été appelée ainsi parce que son ombrelle est toute blanche.

ASPISTES, adj. et s. m. pl., *Aspistes* (ἀσπὶς, bouclier). Nom donné par J.-A. Ritgen à un sous-ordre de la classe des Reptiles, comprenant les serpens dont le corps est muni de plaques.

ASPLÉNIOIDÉES, adj. et s. f. pl., *Asplenioïdeæ*. Nom donné par G.-F. Kaulfuss à une section de la tribu des Polypodiacées, qui a pour type le genre *Asplenium*.

ASPONDYLOIDE, adj., *aspondyloïdeus* (α priv., σπόνδυλος, vertèbre, εἶδος, ressemblance); qui n'a pas de vertèbres. G. Fischer propose de substituer cette dénomination à celle de *Invertébré*.

ASPORE, adj. *asporus* (α priv., σπορὰ, semence); qui n'a pas de spores, ou de corpuscules reproducteurs.

ASSIMILABLE, adj.; qui est susceptible d'assimilation.

ASSIMILATEUR, adj.; qui assimile : *faculté assimilatrice*.

ASSIMILATION, s. f., *assimilatio*; ὁμοίωσις; *Aneignung, Verähnlichung* (all.) (*ad*, à, *similis*, semblable).

Acte par lequel un corps organisé s'approprie des molécules étrangères à sa composition, et les convertit en sa propre substance.

ASSIMINE. *Voyez* Asimine.

ASSISE, s. f., *Steinschichte* (all.); *leyer* (angl.). Les géognostes appellent ainsi les grandes ou premières subdivisions d'une couche de terrain solide, lorsqu'elles sont opérées par la nature elle-même, et qu'elles sont toutes de même composition.

ASSOCIANT, adj. Nom donné, dans la nomenclature minéralogique de Haüy, à un *cristal* dans lequel plusieurs facettes, qui font des angles obtus avec la base du noyau, remplacent l'angle obtus de cette base, ou dans lequel des facettes, qui font des angles aigus avec la même base, remplacent son angle aigu. Ex. *Baryte sulfatée associante.*

ASSORTI, adj. Nom donné, dans la nomenclature minéralogique de Haüy, à un *cristal* présentant l'accord ou l'assortiment d'une loi de décroissement qui est une des plus simples en ce genre, et d'un rapport également simple avec les dimensions du solide prises dans le sens horizontal et dans le sens vertical. Ex. *Corindon assorti.*

ASSULE, s. f., *assula*, *scutulum*; *Feld*, *Schildchen* (all.). Illiger nomme ainsi chacune des pièces d'une cuirasse de mammifère, quand elle se compose de plusieurs écailles réunies en une sorte de table aréolée.

ASSURGENT, adj., *adsurgens, assurgens*; *aufgebogen, aufstrebend, aufsteigend* (all.); *assorgente, risorgente* (it.). Synonyme peu usité d'ascendant. *Voyez* ce mot.

ASTACIDES, adj. et s. m. pl., *Astacidæ*. Nom donné par A.-H. Harvorth à une famille de Crustacés, qui a pour type le genre *Astacus*.

ASTACIENS, adj. et s. m. pl., *Astacii*. Nom donné par Lamarck à une famille de Crustacés ayant le genre *Astacus* pour type.

ASTACIFORME, adj., *astaciformis* (*astacus*, écrevisse, *forma*, forme). Se dit d'un *crustacé* qui a la forme d'une écrevisse.

ASTACINES, s. m. pl., *Astacinæ*. Dénomination sous laquelle Latreille désigne une tribu, E. Eichwald une section, Goldfuss, Ficinus et Carus une famille de Crustacés, ayant pour type le genre *Astacus*.

ASTACOIDES, adj. et s. m. pl., *Astacoïdes*. Nom donné par Duméril à un ordre de la classe des Crustacés, par Blainville à une famille de celle des Décapodes, renfermant le genre *Astacus* et les animaux qui s'en rapprochent.

ASTASIÉS, adj. et s. m. pl., *Astasiæa*. Nom donné par C.-G. Ehrenberg à une tribu de la classe des Polygastriques, qui a pour type le genre *Astasia*.

ASTATIQUE, adj., *astaticus* (ἄστατος, qui n'est point stable). Épithète donnée à une *aiguille* aimantée qui est soustraite à l'action de la terre et qui n'a plus de position statique où elle se trouve en équilibre sous l'influence de cette force.

ASTÉRÉES, adj. et s. f. pl., *Astereæ*. Nom donné par H. Cassini et Kunth à une tribu de la famille des Synanthérées, par Lessing à une sous-tribu de la tribu des Astéroïdées, ayant pour type le genre *Aster*.

ASTÉRENCRINIENS, adj. et s. m. pl., *Asterencrinea*. Nom donné par Blainville à une famille de l'ordre des Cirrodermaires stellérides, renfermant les encrinites qui ont le corps pourvu de cinq rayons.

ASTÉRIAL, adj., *asterialis*. On appelle *colonnes astériales* des fossiles, très-communs dans les terrains secondaires, qui sont des débris d'animaux appartenant à la famille des Crinoïdes.

ASTÉRIDES, adj. et s. m. pl., *Asterides*. Sous ce nom, Blainville désigne une famille de l'ordre des Cirrodermaires stellérides, renfermant ceux qui ont le corps plus ou moins profondément divisé en cinq lobes, et ayant pour type le genre *Asterias*.

ASTÉRIE, s. f., *asteria* (ἄστρον, astre). Phénomène de lumière qu'on observe dans certains minéraux, par réflexion (ex. quelques variétés de corindon), ou par réfraction (ex. grenat), et qui consiste dans l'apparition d'une étoile à six rayons, blanchâtre ou d'une teinte très-vive.

ASTÉRIES, s. f. pl., *Asteriæ*. Sous ce nom, Goldfuss désigne un ordre de la classe des Radiaires, Ficinus et Carus une famille de celle des Oozoaires, ayant pour type le genre *Asterias*.

ASTÉRISME. *Voyez* CONSTELLATION.

ASTERNIE, s. f., *asternia* (α priv., στέρνον, sternum). Breschet désigne ainsi un genre de déviation organique, ou d'agénésie partielle, qui est caractérisé par l'absence du sternum.

ASTÉROIDE, s. m. (ἄστρον, astre, εἶδος, ressemblance). Les astronomes donnent quelquefois ce nom collectif aux quatre planètes moyennes, Junon, Vesta, Cérès et Pallas, parce que la plupart de leurs propriétés les éloignent beaucoup des autres planètes.

ASTEROIDÉES, adj. et s. f. pl., *Asteroïdeæ*. Nom d'une des tribus que Lessing admet dans la famille des Synanthérées, et dans laquelle il range celles de ces plantes qui se rapprochent plus ou moins du genre *Aster*.

ASTÉROIDES, adj. et s. m. pl., *Asteroïda*. Nom donné par Latreille à un ordre de la classe des Echinodermes, renfermant ceux qui ont de la ressemblance avec les astéries.

ASTÉROPHIDES, adj. et s. m. pl., *Asterophidea* (ἄστρον, astre, ὄφις, serpent). Nom sous lequel Blainville désigne une famille de l'ordre des Cirrodermaires stellérides, renfermant ceux de ces animaux dont le corps est pourvu à sa circonférence d'appendices plus ou moins alongés et serpentiformes.

ASTOME, adj., *astomus*; ἄστομος; *mundlos* (all.) (α priv., στόμα, bouche); qui n'a point de bouche.

ASTOMES, adject. et s. m. pl., *Astoma*, *Astomata*, *Astomi*. Nom donné par Duméril à une famille d'insectes diptères chez lesquels la bouche paraît être remplacée par trois tubercules; et par Bridel à un ordre de mousses renfermant celles dont les capsules sont dépourvues d'ouverture.

ASTRAGALÉES, adj. et s. f. pl., *Astragaleæ*. Nom sous lequel Candolle désigne une section de la tribu des Lotées, ayant pour type le genre *Astragalus*.

ASTRAGALOGIE, s. f., *astragalogia*. Traité sur les astragales.

ASTRAIRES, adj. et s. m. pl., *Astrariæ*. Nom donné par Lamouroux à un ordre de Polypiers lamellifères, comprenant ceux dont les cellules ressemblent à de petites étoiles, et ayant pour type le genre *Astrea*.

ASTRAL, adj., *astralis*, *astricus* (ἄστρον, astre); qui appartient aux astres, qui en dépend. *Année astrale* ou *sidérale*. *Voyez* ce dernier mot.

ASTRE, s. m., *astrum*; ἄστρον; *Gestirn* (all.); *star* (angl.); *astro* (it.). Dénomination imposée à tous les corps brillans qu'on aperçoit au ciel et qui suivent le mouvement apparent de sa rotation journalière. Ces corps sont des étoiles ou soleils, des planètes, des satellites et des comètes.

ASTRÉES. *Voyez* ASTRAIRES.

ASTRICTION, s. f., *adstrictio*; στύψις (*adstringo*, resserrer). Resserrement; effet produit par une substance astringente.

ASTRINGENCE, s. f., *adstringentia.* Qualité de ce qui est astringent.

ASTRINGENT, adj. et s. m., *adstringens ; στυφός ; zusammenziehend* (all.); qui a la propriété de resserrer; *corps astringent, saveur astringente.*

ASTROGNOSIE, s. f., *astrognosia; Sternkentniss* (all.) (ἄστρον, astre, γνῶσις, connaissance). Synonyme inusité d'*astronomie.* Westphal a publié un traité d'astronomie sous ce titre.

ASTROIDE, adj., *astroïdeus* (ἄστρον, astre, εἶδος, ressemblance). Un lichen (*Parmentaria astroïdea*) est ainsi appelé parce que ses apothécies sont disposées en étoiles.

ASTRONOME, adj. et s. m., *astronomus ;* ἀστρονόμος (ἄστρον, astre, νόμος, loi); qui se livre spécialement à l'étude de l'astronomie.

ASTRONOMIE, s. f., *astronomia, institutio astronomica, mathematica cœlestis, scientia cosmica ;* ἀστρονομία; *Sternkunde, Himmelskunde* (all.); *astronomy* (angl.); *astronomia* (it.). Science qui porte ses recherches sur les corps placés dans les espaces célestes, détermine leurs situations respectives, établit les preuves de la stabilité des uns et de la mobilité des autres, examine les divers mouvemens de ces derniers, et étudie le genre de courbe qu'ils décrivent autour de leur centre de mouvement.

ASTRONOMIQUE, adj., *astronomicus ;* qui a rapport à l'astronomie : *année, jour, observation astronomique.*

ASTROSCOPIE, s. f., *astroscopia* (ἄστρον, astre, σκοπέω, considérer). Synonyme inusité d'*astronomie.*

ASTROSOPHIE, s. f., *astrosophia* (ἄστρον, astre, σοφία, science). Synonyme inusité d'*astronomie.*

ASTROTRIQUE, adj., *astrotrichus* (ἄστρον, astre, θρὶξ, poil). Une plante (*Clidesmia astrotricha*) est ainsi appelée parce que la plupart de ses poils se partagent au sommet en rameaux

étalés de manière à figurer une étoile.

ASTYLE, adj., *astylus* (α priv., στύλος, style). Épithète donnée par Wachendorff aux plantes dont les fleurs sont dépourvues de style.

ASYMÉTRANTHE, adj., *asymetranthus* (α priv., συμμετρία, symétrie, ἄνθος, fleur). G. Allman appelle ainsi les plantes dont les fleurs sont dépourvues de symétrie, et ne forment pas deux moitiés égales.

ASYMÉTRIQUE, adj., *asymmetricus* (α priv., συμμετρία, symétrie). Épithète donnée par les conchyliologistes à toute coquille univalve dont les côtés ne sont pas égaux par rapport à un axe rationnel étendu du sommet à la base.

ASYMÉTROCARPE, adj., *asymmetrocarpus* (α priv., συμμετρία, symétrie, καρπός, fruit). Épithète donnée par G. Allman aux plantes dont le fruit, coupé en deux, n'offre pas deux moitiés égales et symétriques.

ATAVISME, s. m., *atavismus* (*atavus*, aïeul). Sageret appelle ainsi la ressemblance que les plantes et les animaux peuvent avoir avec leurs ascendans, même éloignés.

ATACTOMORPHOSE, s. f., *atactomorphosis* (ἄτακτος, inflexible, μορφή, forme). Terme dont les entomologistes se servent pour exprimer le cas où une larve passe son état de nymphe dans une paralysie presque absolue, d'où elle ne sort que quand elle est arrivée à la condition d'insecte parfait.

ATAXACANTHE, adj., *ataxacanthus* (ἀταξία, confusion, ἄκανθα, épine); qui est garni d'épines éparses sans ordre sur les rameaux et les pétioles. Ex. *Acacia ataxacantha.*

ATÉLÉOPODES, adj. et s. m. pl., *Ateleopodes* (ἀτελής, imparfait, ποῦς, pied). Nom donné par Vieillot à une tribu d'oiseaux nageurs, comprenant ceux qui n'ont point de pouces aux pattes.

ATHALAMES, adj. et s. m. pl., *Athalami* (α priv., θάλαμος, lit). Nom donné par Acharius à une classe de Lichens, dans laquelle il range ceux qui manquent de conceptacles, ou chez lesquels on n'en a point encore découvert. Ex. *Lepra*.

ATHALLE, adj., *athallus* (α priv., θαλλὸς, feuillage); qui n'a point de thalle. Ex. *Endocarpon athallon*.

ATHANASIÉES, adj. et s. f. pl., *Athanasieæ*. Nom donné par Lessing à une section de la sous-tribu des Sénécionidées artémisiées, qui a pour type le genre *Athanasia*.

ATHÉRICÈRES, adj. et s. m. pl., *Athericera* (ἀθὴρ, pointe, κέρας, corne). Nom donné par Cuvier, Latreille et Eichwald à une famille d'insectes diptères, comprenant ceux chez lesquels le dernier article des antennes a le plus souvent la forme d'une palette sétigère.

ATHÉROSPERMÉES, adj. et s. f. pl., *Atherospermeæ*. Nom donné par A. Richard à une section de la famille des Monimiées, et par R. Brown à une famille de plantes, ayant pour type le genre *Atherospermum*.

ATHORACIQUES, adj. et s. m. pl., *Athoracica* (α priv., θώραξ, poitrine). Nom donné par Blainville à un ordre de la classe des Décapodes, renfermant les crustacés qui paraissent n'avoir pas de thorax.

ATHROZOPHYTE, s. m., *athrozophytum* (ἀθροίζω, rassembler, φυτὸν, plante). Nom donné par Necker aux algues dont les frondes s'accumulent par l'effet d'une évolution successive et continue.

ATLANTIQUE, adj., *atlanticus*; qui vit dans la mer Atlantique (ex. *Dentex atlanticus*), ou qui croît sur les montagnes de l'Atlas (ex. *Barbula atlantica*).

ATMIDOMÈTRE. *Voyez* ATMOMÈTRE.

ATMIZOMIQUE, adj., *atmizomicus*

(ἀτμὸς, vapeur, ζῶμα, habillement). Blackadder donne cette épithète à un hygromètre de son invention, qui consiste en deux thermomètres, dont l'un indique la température extérieure, tandis que l'autre a sa boule couverte d'une mousseline tenue continuellement humide par de l'eau, qui coule goutte à goutte d'une bouteille.

ATMOMÈTRE, s. m., *atmometrum*; *Ausdünstungsmesser*, *Verdünstungsmesser* (ἀτμὸς, vapeur, μετρέω, mesurer). Nom donné aux appareils dont on se sert pour déterminer la quantité d'eau qui se vaporise dans des circonstances données.

ATMOSPHÈRE, s. f., *atmosphæra*; ἀτμόσφαιρα; *Dunstkreis, Dunstkugel, Luftkreis, Luftsee* (all.); *atmosfera* (it.) (ἀτμὸς, vapeur, σφαῖρα, sphère). Masse d'air qui environne la terre de toutes parts; masse de fluides élastiques qui entoure un corps solide quelconque; espace qu'occupe cette masse. À l'aide de la réflexion occasionée par le crépuscule, on a trouvé qu'en calculant la hauteur de l'atmosphère qui correspond à un abaissement du soleil de dix-huit degrés au dessous de l'horizon, elle est à peu près de soixante mille mètres. Cela prouve seulement qu'à cette hauteur la densité de l'air est encore assez grande pour renvoyer une lumière sensible, et que l'atmosphère s'étend au moins jusque là, sans qu'on puisse assigner d'une manière précise sa dernière limite.

ATMOSPHÉRIQUE, adj., *atmosphæricus*; *atmosferico* (it.); qui a rapport à l'atmosphère : *air, météore, phénomène, pierre atmosphérique*. Brongniart établit un ordre de *terrains atmosphériques* (!), qui comprend les pierres atmosphériques, et Stokenstrand un *règne atmosphérique*, qui embrasse tous les gaz connus.

ATMOSPHÉROLOGIE, s. f., *at-*

mosphærologia (ἀτμόσφαιρα, atmosphère, λόγος, discours). Traité de l'air atmosphérique considéré en masse.

ATOMAIRE, adj., *atomarius* (ἄτομος, atome); qui est parsemé de points colorés, comme les ailes de la *Phalæna atomaria*, les élytres du *Mycetophagus atomarius* et du *Melolontha atomaria*, le corps du *Planaria atomata*, les rameaux et pétioles du *Cassia atomaria*.

ATOME, s. m., *atomus*; ἄτομος; *Grundkörperchen* (all.) (α priv., τέμνω, couper). On donne ce nom à des particules infiniment ténues et indivisibles, dont on suppose tous les corps formés, et entre lesquelles on admet que s'effectuent les combinaisons, quand il s'en fait. On le donne en outre aux particules qui résultent de ces combinaisons, et qui sont moins petites que les précédentes, puisqu'elles doivent naissance à leur réunion, mais dont le volume n'est cependant point encore assez considérable pour qu'on puisse les apercevoir.

ATOMIFÈRE, adj., *atomiferus* (*atomus*, atome, *fero*, porter). Se dit d'un corps qui est chargé d'atomes. *Voyez* ATOMAIRE.

ATOMIQUE, adj., *atomicus*. On appelle *attraction atomique*, une force qu'on suppose être inhérente aux atomes de la matière, et faire qu'ils ont de la tendance à se combiner ensemble. Les quantités suivant lesquelles les diverses substances se réunissent, sont entre elles dans une proportion fort exacte, et on peut assigner à chacune de ces substances un poids déterminé, appelé *poids atomique*, qui exprime la proportion dans laquelle elle se combine avec une quantité déterminée d'une autre substance. Ces poids étant purement relatifs, on prend pour unité celui d'un corps quelconque, à partir duquel on cal

cule tous les autres. Pour cette unité on choisit, soit le poids de l'hydrogène, parce qu'il est le plus faible, soit celui de l'oxigène, parce que ce corps est celui de tous qui contracte le plus de combinaisons. Les proportions sont telles que 1 poids atomique d'une substance se combine avec 1/6, 1/4, 1/3, 1/2, 2/3, 3/4, 1, 1 1/3, 1 1/2, 2, 2 1/2, 3, 4, 5, 6, 7 ou plus poids atomiques d'une autre.

ATOMISME, s. m., *atomismus*, *philosophia s. physica corpuscularis*; *Corpuscularphilosophie* (all.). Système philosophique dans lequel on explique la formation de l'univers par le moyen des atomes.

ATOMISTE, s. m., *atomista*. Physicien qui est partisan des doctrines de l'atomisme.

ATOMISTIQUE, adj., *atomisticus*. Épithète donnée à une théorie universellement employée aujourd'hui en chimie, qui considère les corps comme formés de particules matérielles infiniment petites eu égard à nos sens, et dont les formes ainsi que les propriétés particulières constituent la nature chimique de chaque corps. Cette théorie admet en principe que tout corps inorganique est un aggrégat de molécules et d'atomes égaux en poids, et que, dans toute combinaison chimique, des nombres déterminés d'atomes d'espèces diverses s'unissent intimement pour donner naissance à des atomes plus composés.

ATOMOGYNIE, s. f., *atomogynia* (ἄτομος, indivisible, γυνή, femme). Nom donné par Richard à un ordre de la didynamie, comprenant les plantes de cette classe qui ont un fruit capsulaire, et correspondant à l'angiospermie de Linné.

ATOXIQUE, adj., *atoxicus* (α priv., τοξικόν, poison). Épithète donnée quelquefois aux serpens qui ne sont point venimeux.

ATRACHÉLIES, adj. et s. m. pl.,

Atrachelia (α priv., τράχηλος, cou).
Nom donné par Degeer à un ordre
d'insectes aptères, comprenant ceux
qui n'ont point de cou, leur tête étant
confondue avec le corselet.

ATRACTOSOMES, adj. et s. m.
pl., *Atractosomata* (ἄτρακτος, fuseau, σῶμα, corps). Duméril appelle
ainsi une famille de poissons, renfermant ceux qui ont le corps fusiforme;
et Blainville donne ce nom à tous
ceux de ces animaux qui ont le corps
épais au milieu, évidé et aplati aux
extrémités.

ATRAMENTAIRE, adj., *atramentarius; dintig* (all.) (*atramentum*,
encre). L'*Agaricus atramentarius* est
ainsi nommé parce qu'il se résout en
une liqueur noire, avec laquelle Bul-
liard est parvenu à faire de l'encre
pour lavis.

ATRÉSÉLYTRIE, s. f., *atresely-
tria* (α priv., τρέω, percer, ἔλυτρον,
vagin). Nom donné par Breschet à un
genre de déviation organique qui
est caractérisé par l'imperforation du
vagin.

ATRÉSENTÉRIE, s. f., *atresen-
teria* (α priv., τρέω, percer, ἔντερον,
intestin). Nom donné par Breschet à
un genre de déviation organique
qui est caractérisé par l'imperforation
de quelque partie du tube intestinal.

ATRÉSIE, s. f., *atresia; ἀτρησιά*
(α priv., τρέω, percer). Nom donné
par Breschet à un genre de déviations organiques comprenant celles
dont le caractère consiste dans l'imperforation d'un organe qui devrait
être creux et perméable.

ATRÉSOBLÉPHARIE, s. f., *atreso-
blepharia* (α priv., τρέω, percer, βλέφαρον, paupière). Nom donné par
Breschet à un genre de déviation
organique qui est caractérisé par la
non séparation ou l'accollement des
paupières.

ATRÉSOCYSIE, s. f., *atresocysia*
(α priv., τρέω, percer, κυσός, anus).

Nom donné par Breschet à un genre de
déviation organique qui est caractérisé par l'imperforation de l'anus.

ATRÉSOCYSTIE, s. f., *atresocystia*
(α priv., τρέω, percer, κύστις, vessie).
Nom donné par Breschet à un genre
de déviation organique qui est caractérisé par l'imperforation de la
vessie.

ATRÉSOGASTRIE, s. f., *atreso-
gastria* (α priv., τρέω, percer, γαστήρ,
estomac). Nom donné par Breschet
à un genre de déviation organique
qui est caractérisé par l'imperforation de l'estomac.

ATRÉSOLÉMIE, s. f., *atresolemia*
(α priv., τρέω, percer, λαιμός, gosier). Nom donné par Breschet à un
genre de déviation organique qui
est caractérisé par l'imperforation de
la partie supérieure des voies diges-
tives, le pharynx et l'œsophage.

ATRÉSOMÉTRIE, s. f., *atresome-
tria* (α priv., τρέω, percer, μήτρα,
matrice). Nom donné par Breschet à
un genre de déviation organique
qui est caractérisé par l'imperforation de la matrice.

ATRÉSOPSIE, s. f., *atresopsia*
(α priv., τρέω, percer, ὤψ, œil).
Nom donné par Breschet à un genre
de déviation organique qui est caractérisé par l'imperforation de la
pupille.

ATRÉSORHINIE, s. f., *atresorhi-
nia* (α priv., τρέω, percer, ῥίν, nez).
Nom donné par Breschet à un genre
de déviation organique qui est caractérisé par l'imperforation du nez.

ATRÉSOSTOMIE, s. f., *atresosto-
mia* (α priv., τρέω, percer, στόμα,
bouche). Nom donné par Breschet à
un genre de déviation organique
qui est caractérisé par l'imperforation
de la bouche.

ATRÉSURÉTHRIE, s. f., *atresu-
rethria* (α priv., τρέω, percer, οὐρή-
θρα, urètre). Nom donné par Breschet à un genre de déviation organi-

que qui est caractérisé par l'imperforation de l'urètre.

ATRICAUDE, adj., *atricaudatus* (*ater*, noir, *cauda*, queue); qui a la queue noire. Ex. *Crotalus atricaudatus.*

ATRICOLLE, adj., *atricollis* (*ater*, noir, *collum*, col); qui a le col noir. Ex. *Trogon atricollis.*

ATRICORNE, adject., *atricornis* (*ater*, noir, *cornu*, corne); qui a les antennes noires. Ex. *Eucera atricornis.*

ATRIGASTRE, adj., *atrigaster* (*ater*, noir, *gaster*, ventre); qui a le dessous du corps noir. Ex. *Trochilus atrigaster. Voyez* MÉLANOGASTRE.

ATRIPÈDE, adj., *atripes* (*ater*, noir, *pes*, pied); qui a les pieds noirs. Ex. *Dicæum atripes.*

ATRIPLICÉES, adj., *Atripliceæ.* Nom donné par quelques botanistes à la famille des Chénopodées, et par C.-A. Meyer à une tribu de cette famille, qui a pour type le genre *Atriplex.*

ATRIPLICINÉES, adj., *Atriplicineæ.* Synonyme d'*Atriplicées. Voyez* ce mot.

ATROCÉPHALE, adj., *atrocephalus* (*ater*, noir, κεφαλὴ, tête); qui a la tête noire. Ex. *Fringilla atrocephala. Voyez* MÉLANOCÉPHALE.

ATROGULAIRE, adj., *atrogularis* (*ater*, noir, *gula*, gorge); qui a la gorge noire. Ex. *Turdus atrogularis.*

ATROMARGINÉ, adj., *atromarginatus* (*ater*, noir, *margo*, bord); qui est bordé de noir. Ex. *Doris atromarginata.*

ATROPÉES, adj. et s. f. pl., *Atropeæ.* Quelques botanistes donnent ce nom à une tribu de la famille des Solanées, qui a pour type le genre *Atropa.*

ATROPINE, s. f., *atropina.* Alcaloïde que Brandes dit avoir trouvé dans l'*Atropa Belladonna.*

ATROPIQUE, adject., *atropicus.* Nom d'un *acide*, encore problémati-

que, que Peschier admet dans l'*Atropa Belladonna*, et des *sels*, ayant pour base l'atropine, si l'existence de cet alcali végétal se confirme.

ATROPIVORE; adj., *atropivorus.* Se dit d'un diptère dont la larve vit dans la chrysalide du Sphinx Atropos. Ex. *Sturmia atropivora.*

ATROPTÈRE, adject., *atropterus* (*ater*, noir, πτερὸν, aile); qui a les ailes noires. Ex. *Himantopus atropterus. Voyez* MÉLANOPTÈRE.

ATRYPTODONTOPHOLIDOPHIDES, adj. et s. m. pl., *Atryptodontopholidophides* (α priv., τρήπω, trouer, ὀδοὺς, dent, φολὶς, écaille, ὄφις, serpent). Nom donné par J.-A. Ritgen à une famille de reptiles, comprenant les serpens écailleux qui n'ont pas de crochets à venin.

ATTÉLABIDES, adj. et s. m. pl., *Attelabides.* Nom donné par Schœnherr à un groupe de la famille des Curculionides, par Latreille et Eichwald à une tribu de celle des Rhynchophores, ayant pour type le genre *Attelabus.*

ATTENTIF, adj., *attentivus*; *aufmerksam* (all.); *heedful* (angl.); qui fait attention.

ATTENTION, s. f., *attentio*; *Aufmerksamkeit* (all.); *heedfulness* (angl.) (*ad*, vers, *tendo*, tendre). Application de l'esprit à une perception ou à une idée.

ATTÉNUÉ, adj., *attenuatus*; *verdünnt* (all.); *attenuated* (angl.); *assottigliato* (it.); aminci. Se dit, en botanique, d'une partie qui, n'ayant pas la même épaisseur dans toute son étendue, va en diminuant de la base au sommet ou du sommet à la base, comme les feuilles du *Manettia attenuata*, les chatons du *Fagus Castanea*. Le *Striaria attenuata* est ainsi appelé à cause de sa fronde filiforme.

ATTERRISSEMENT, s. m. Nom donné par les géognostes aux dépôts successifs des fleuves et de toutes les eaux agitées, qui, tenant en suspension des substances terreuses, les déposent quand leur mouvement se ralentit.

ATTIRABLE, adj.; qui est de nature à être attiré. Le fer est *attirable* à l'aimant.

ATTITUDE, s. f., *situs corporis*. Situation durable du corps, position qu'il conserve pendant un certain laps de temps.

ATTRACTIF, adj., *attractivus; anziehend* (all.) (*ad*, vers, *traho*, tirer). Les physiciens donnent le nom de *réfraction attractive* à la double réfraction, lorsque le rayon extraordinaire se trouve rapproché de l'axe et situé entre lui et le rayon ordinaire.

ATTRACTION, s. f., *attractio; Anziehung* (all.) (*ad*, vers, *traho*, tirer). Tendance que les corps célestes paraissent avoir à s'attirer les uns des autres en raison directe des masses et inverse du carré des distances, sans qu'il existe en eux ou autour d'eux aucune cause sensible à laquelle on puisse la rapporter. Outre cette attraction céleste, appelée aussi *de gravitation* ou *à distance*, on en admet une autre, *moléculaire* ou *de cohésion*, qui sollicite les molécules des corps à adhérer entre elles, tendance mutuelle apparente qui n'a lieu que très-près du contact, à des distances infiniment petites, de telle sorte qu'elle cesse quand l'œil peut saisir le moindre intervalle entre les corps qui s'attirent. Pour ramener ces deux genres d'attraction à une même loi, Laplace suppose que, dans les corps, les diamètres des molécules sont incomparablement plus petits que les intervalles qui les séparent, en sorte que, quand l'intervalle entre les corps devient appréciable à l'œil, il est infiniment grand par rapport aux molécules. Au reste, le mot *attraction* exprime un *fait* et non une *cause.*

I.

C'est en ce sens seul que Newton l'a employé, et qu'il faut toujours le prendre.

ATYPOMORPHOSE, s. f., *atypomorphosis* (α priv., τύπος, type, μορφή, forme). Expression dont les entomologistes se servent pour désigner un mode de métamorphose dans lequel les larves perdent tout-à-fait leur forme primitive, et se contractent en une boule alongée, sans aucune apparence extérieure de l'insecte qu'elles renferment. Ex. la plupart des Diptères.

AUBE, s. f., *diluculum; Morgendämmerung* (all.); *dawning* (angl.); *alba* (it.). Première lueur du jour : point du jour.

AUBIER, s. m., *alburna, alburnum; Weissholz, Splint* (all.); *sap* (angl.); *alburno* (it.). Partie du corps ligneux qui n'a pas encore acquis toute sa dureté; ensemble de ses couches les plus extérieures, de celles qui se sont formées les dernières.

AUCHÉNATES, adj. et s. m. pl., *Auchenates* (αὐχήν, cou). Nom donné par Degeer à un ordre de la classe des insectes, comprenant les aptères marcheurs qui ont un col, ou une tête distincte du corselet.

AUCHÉNION, s. m., *auchenium* (αὐχήν, cou). Illiger appelle ainsi la région du col qui est située au dessous de la nuque.

AUCHÉNOPTÈRES, adj. et s. m. pl., *Auchenoptera* (αὐχήν, cou, πτερὸν, aile). Nom donné par Duméril à une famille de poissons, comprenant ceux dont les nageoires inférieures précèdent les thoraciques et sont placées sous le cou.

AUCHÉNORHYNQUES, adj. et s. m. pl., *Auchenorhynchi* (αὐχήν, cou, ῥύγχος, bec). Nom donné par Duméril à une famille d'insectes hémiptères, comprenant ceux dont la base du bec semble naître du cou. *Voyez* COLLIROSTRES.

9

AUGE, s. f. Espace compris entre les deux ganaches, c'est-à-dire entre les deux branches de la mâchoire inférieure, dans le cheval.

AULÆDIBRANCHES, adj. et s. m. pl., *Aulædibranchia* (ἀυλός, flûte, βράγχια, branchies). Nom donné par Latreille à une famille d'Ichthyodères, par Ficinus et Carus à une famille de poissons, comprenant ceux dont les branchies communiquent à l'extérieur par des trous latéraux semblables à ceux d'une flûte.

AULOSTOMIDES, adj. et s. m. pl., *Aulostomides* (ἀυλός, flûte, στόμα, bouche). Nom donné par Latreille, Ficinus, Carus et Eichwald, à une famille de poissons, comprenant ceux dont la tête se prolonge de manière à former un long tube qu'on a comparé à une flûte.

AURADE, s. f., *aurada.* Nom donné par Plisson à une matière grasse, voisine de la myricine et de la céraïne, qu'il a extraite de l'huile essentielle de fleurs d'oranger.

AURANTIACÉES, adj. et s. f. pl., *Aurantiaceæ.* Quelques botanistes donnent à la famille des Hespéridées ce nom, qui est tiré de celui d'*Aurantium*, oranger.

AURANTIICOLLE, adj., *aurantii-collis* (*aurantius*, orangé, *collum*, col); qui a le col de couleur orangée. Ex. *Saltator aurantiicollis.*

AURANTINE, subst. f., *aurantina.* Nom donné au principe amer des oranges non mûres. *Voyez* HESPÉRIDINE.

AURATE, s. m., *auras.* Sel formé par la combinaison d'une base salifiable avec l'oxide aurique jouant le rôle d'acide.

AURATICOLLE, adj., *auraticollis* (*auratus*, doré, *collum*, col); qui a le col doré. Ex. *Sylvia auraticollis.*

AURÉLIE, s. f., *aurelia.* Les entomologistes ont donné ce nom aux nymphes des lépidoptères, à cause de

l'éclat doré qui brille sur l'enveloppe de celles de quelques papillons diurnes.

AURÉOLES, subst. m. pl., *Aureoli.* Nom donné par Vieillot à une famille d'oiseaux Sylvains, renfermant des espèces qui se font remarquer par le brillant et l'éclat de leurs couleurs.

AUREUX, adj., *aurosus.* Dans la nomenclature chimique de Berzelius, on appelle *oxide aureux* (protoxide d'or; *Goldsuboxydul*, all.) le premier degré d'oxidation de l'or; *sulfure aureux* (*Drittelschwefelgold*, all.) le premier degré de sulfuration de ce métal; *oxisels aureux* ceux dont l'oxide aureux est la base; *chlorure aureux* celui qui correspond à l'oxide aureux pour la composition.

AURIBARBE, adj., *auribarbis* (*aurum*, or, *barba*, barbe); qui a des poils dorés en forme de barbe. Ex. *Ommatius auribarbis.*

AURICO-AMMONIQUE, adj., *aurico-ammonicus.* Épithète donnée, dans la nomenclature chimique de Berzelius, à un sel double qui résulte de la combinaison d'un sel aurique avec un sel ammonique. Ex. *Chlorure aurico-ammonique* (hydrochlorate d'or et d'ammoniaque).

AURICO-BARYTIQUE, adj., *aurico-baryticus.* Épithète donnée, dans la nomenclature chimique de Berzelius, à un sel double qui est produit par la combinaison d'un sel aurique avec un sel barytique. Ex. *Chlorure aurico-barytique* (hydrochlorate d'or et de baryte).

AURICO-CADMIQUE, adj., *aurico-cadmicus.* Épithète donnée, dans la nomenclature chimique de Berzelius, à un sel double qui résulte de la combinaison d'un sel aurique avec un sel cadmique. Ex. *Chlorure aurico-cadmique* (hydrochlorate d'or et de cadmium).

AURICO-COBALTIQUE, adj., *au-*

rico-cobalticus. Épithète donnée, dans
la nomenclature chimique de Berzelius, à un sel double qui résulte de
la combinaison d'un sel aurique avec
un sel cobaltique. Ex. *Chlorure aurico-cobaltique* (*hydrochlorate d'or et
de cobalt*).

AURICO - LITHIQUE, adj., *au-
rico-lithicus*. Épithète donnée, dans
la nomenclature chimique de Berzelius, à un sel double qui résulte de
la combinaison d'un sel aurique avec
un sel lithique. Ex. *Chlorure aurico-
lithique* (*hydrochlorate d'or et de lithine*).

AURICOLLE, adj., *auricollis* (*aurum*, or, *collum*, col); qui a le col
d'un jaune doré. Ex. *Sylvia auricollis*.

AURICO-MAGNÉSIQUE, adj., *au-
rico-magnesicus*. Épithète donnée,
dans la nomenclature chimique de
Berzelius, à un sel double qui résulte
de la combinaison d'un sel aurique
avec un sel magnésique. Ex. *Chlorure aurico-magnésique* (*hydrochlorate d'or et de magnésie*).

AURICO-MANGANIQUE, adj., *au-
rico-manganicus*. Épithète donnée,
dans la nomenclature chimique de
Berzelius, à un sel double qui est produit par la combinaison d'un sel aurique avec un sel manganique. Ex.
Chlorure aurico-manganique (*hydrochlorate d'or et de manganèse*).

AURICO-NICCOLIQUE, adj., *au-
rico-niccolicus*. Épithète donnée,
dans la nomenclature chimique de
Berzelius, à un sel double qui résulte de la combinaison d'un sel aurique avec un sel niccolique. Ex.
Chlorure aurico-niccolique (*hydrochlorate d'or et de nickel*).

AURICO-POTASSIQUE, adj., *au-
rico-potassicus*. Épithète donnée,
dans la nomenclature chimique de
Berzelius, à un sel double qui résulte de la combinaison d'un sel aurique avec un sel potassique. Ex.

Chlorure aurico-potassique (*hydrochlorate d'or et de potasse*).

AURICORNE, adject., *auricornis*
(*aurum*, or, *cornu*, corne); qui a
des cornes d'un jaune d'or. Le *Muscicapa auricornis* est ainsi appelé
parce qu'il a une touffe de plumes
jaunes au dessus de chaque oreille.

AURICO-SODIQUE, adj., *aurico-
sodicus*. Épithète donnée, dans la
nomenclature chimique de Berzelius, à un sel double qui est produit
par la combinaison d'un sel aurique
avec un sel sodique. Ex. *Chlorure aurico-sodique* (*hydrochlorate d'or et de
soude*).

AURICO-STRONTIQUE, adj., *aurico - stronticus*. Épithète donnée,
dans la nomenclature chimique de
Berzelius, à un sel double qui résulte de la combinaison d'un sel aurique avec un sel strontique. Ex.
Chlorure aurico-strontique (*hydrochlorate d'or et de strontiane*).

AURICO-ZINCIQUE, adj., *aurico-
zincicus*. Épithète donnée, dans la
nomenclature chimique de Berzelius,
à un sel double qui résulte de la combinaison d'un sel aurique avec un sel
zincique. Ex. *Chlorure aurico-zincique* (*hydrochlorate d'or et de zinc*).

AURICULACÉS, adj. et s. m. pl.,
Auriculacea. Nom sous lequel Blainville et Menke désignent une famille
de l'ordre des Céphalophores pulmo-
branches, qui a pour type le genre
Auricula.

AURICULAIRE, adj., *auricularis*
(*auris*, oreille). En forme d'oreille,
qui appartient à l'oreille. On dit : *doigt
auriculaire*, le petit doigt, celui avec
lequel on se gratte l'oreille ; *plumes
auriculaires*, celles qui garnissent les
oreilles des oiseaux. Un insecte (*Forficula auricularis*) est ainsi appelé
parce qu'un préjugé populaire lui attribue une grande tendance à s'introduire dans le conduit auditif; une coquille (*Limnœa auricularia*), parce

qu'elle a l'ouverture très-évasée ; comme la conque d'une oreille ; un oiseau (*Vultur auricularis*), parce qu'il porte au-devant des oreilles un appendice membraneux qui lui pend sur les côtés du cou.

AURICULAIRES, adj. et s. m. pl., *Auricularii*. Nom donné par Marquis à un groupe de champignons hyménothéciens, renfermant ceux qui ont la forme d'une oreille.

AURICULARINS, adj. et s. m. pl., *Auricularini*. Nom donné par Fries à une tribu de l'ordre des Hyménomycètes à chapeau, qui a pour type le genre *Auricularia*.

AURICULATO-PÉNNÉ, adj., *auriculato-pinnatus*. Épithète donnée par Link aux feuilles pennées dont les folioles sont auriculées.

AURICULE, s. f., *auricula; Æhrchen* (all.). Petite oreille. En général, ce mot exprime, dans la langue botanique, tout appendice latéral qui est court et arrondi, comme le bout de l'oreille. Ainsi on donne le nom d'*auricule* aux appendices arrondis qui occupent la base de certaines feuilles (ex. *Salvia officinalis*). Link appelle ainsi les appendices foliacés de certains pétioles (ex. *Citrus Aurantium*), et Willdenow les stipules des Jungermannies. Les ornithologistes donnent le même nom aux crêtes dont les pennes élevées sont placées au-dessus des yeux, sur le vertex (ex. plusieurs Chouettes).

AURICULÉ, adj., *auriculatus, auritus; geohrlappt, geohrt* (all.); *orecchiuto* (it.); qui est muni d'oreillettes. On dit : 1° en botanique, *feuille auriculée*, celle dont le disque se prolonge inférieurement en deux appendices séparés du pétiole (ex. *Pelargonium auritum, Senecio auriculatus, Biscutella auriculata, Solanum auriculatum*); 2° en zoologie; *coquille bivalve auriculée*, toutes les fois que, de chaque côté des crochets,

ou d'un côté seulement, elle présente des appendices saillans (ex. *Pecten*); *dents auriculées* d'une charnière de coquille bivalve, quand elles offrent un aplatissement considérable et une cavité plus ou moins arrondie, pour recevoir le ligament (ex. *Lutraria*); *corselet auriculé*, quand il supporte des élévations comprimées et arrondies (ex. quelques *Membracis*); *prothorax auriculé*, lorsqu'il s'épanouit de chaque côté en deux appendices qui ressemblent à des oreilles (ex. *Ledra aurita*); *élytres auriculées*, lorsqu'elles offrent un prolongement à leur base (ex. *Cassida aurita*); *main articulée*, dans les insectes, quand chacun des joints est dilaté extérieurement en un appendice auriforme (ex. *Taupegrillon*).

AURICULIFÈRE, adj., *auriculiferus* (*auricula*, auricule, *fero*, porter); qui porte des auricules. Se dit, en conchyliologie, d'une *coquille* dont l'impression musculaire forme une saillie à bord auriculé (ex. *Cucullæa auriculifera*), ou dont les tours de spire sont hérissés de tubercules en forme d'auricules.

AURICULIFORME, adj., *auriculiformis; ohrförmig* (all.) (*auricula*, auricule, *forma*, forme); qui a la forme d'une petite oreille, comme les suçoirs du Tétrarhynque.

AURIDES, s. m. pl., *Aurides*. Nom donné par Beudant à une famille de minéraux, qui comprend l'or et ses combinaisons.

AURIFÈRE, adj., *auriferus; goldhaltig* (all.) (*aurum*, or, *fero*, porter); qui a l'éclat brillant de l'or (ex. *Palmyra aurifera*), qui contient de l'or disséminé imperceptiblement (ex. *Tellure aurifère*).

AURIFORME, adj., *auriformis* (*auris*, oreille, *forma*, forme); qui a la forme d'une oreille. Se dit du *crochet* d'une coquille bivalve, quand il est peu saillant, tourné en spirale et appliqué sur le ventre de la coquille.

AURIGASTRE, adj. , *aurigaster* (*aurum*, or, *gaster*, ventre); qui a le ventre d'un jaune doré. Ex. *Turdus aurigaster*. *Voyez* CHRYSOGASTRE.

AURIGÈRE, adject. , *aurigerus* (*aurum*, or, *gero*, porter). Un lichen (*Lecidea aurigera*) est ainsi appelé parce que son thalle est couvert de tubercules gris, d'un jaune doré à l'intérieur.

AURIQUE, adj., *auricus* (*aurum*, or). Dans la nomenclature chimique de Berzelius , on appelle *oxide* ou plutôt *acide aurique* (*deutoxide* ou *peroxide d'or*; *Goldoxyd*, all.), le second degré d'oxidation de l'or, qui ne jouit qu'à un très-faible degré des propriétés basiques; *sulfure* ou *sulfide aurique* (*Einfachschwefelgold*, all.), le second degré de sulfuration de l'or; *telluride aurique*, la combinaison de tellure et d'or qui correspond à l'oxide aurique pour la composition ; *sels auriques*, ceux qui sont également dans ce cas, ou dont l'oxide aurique fait la base.

AUROCÉPHALE, adj. , *aurocephalus* (*aurum*, or, κεφαλή, tête); qui a la tête d'un jaune doré. Ex. *Coccyzus aurocephalus*. *Voyez* CHRYSOCÉPHALE.

AUROFERRIFÈRE, adj., *auroferriferus* (*aurum*, or, *ferrum*, fer, *fero*, porter). Epithète donnée, dans la nomenclature minéralogique de Haüy, à un minéral qui contient accidentellement de l'or et du fer. Ex. *Tellure natif auroferrifère*.

AUROPLOMBIFÈRE, adj., *auroplumbiferus* (*aurum*, or, *plumbum*, plomb, *fero*, porter). Epithète donnée, dans la nomenclature minéralogique de Haüy, à un minéral qui contient accidentellement de l'or et du plomb. Ex. *Tellure natif auroplombifère*.

AUROPUBESCENT, adj. , *auropubescens* (*aurum*, or, *pubes*, duvet); qui est couvert de petits poils d'un jaune doré. Ex. *Aphritis auropubescens*.

AURORE, s. f. , *aurora*; *Morgenröthe* (all.) ; *dawning* (angl.); *aurora* (it.). Crépuscule du matin ; lumière qui précède l'apparition du soleil sur l'horizon. Au figuré , début de la vie.

AURORE, adj., *aurorus*, *auroreus*; qui a la couleur jaune du safran. Ex. *Cypræa aurora*, *Sylvia aurorea*.

AURURE, s. m. , *aururetum*. Alliage, en proportions définies, d'or et d'un autre métal.

AUSTÈRE, *austerus*; αὐστηρός. Se dit, au sens propre, de tout ce qui produit sur l'organe du goût le plus haut degré de l'impression désagréable désignée sous le nom d'astringence et d'acerbité (*saveur austère*); au figuré, de ce qui est rude et pénible (*vie austère*) ou sévère (*vertu austère*).

AUSTÉRITÉ, s. f. , *austeritas*. Qualité de ce qui est austère. Ce mot est fort peu usité au sens propre.

AUSTRAL, adj., *australis*; *südlich* (all.); *southern* (angl.) (αὔω, sécher); qui est situé, pour nous, au delà de l'équateur. Synonyme de *méridional*. On appelle, en astronomie, *constellations australes*, celles qui sont situées au midi de la ligne équinoxiale; en physique, *magnétisme austral*, celui qui domine dans l'hémisphère méridional de la terre. Les naturalistes donnent cette épithète à des êtres qui vivent dans les pays chauds (ex. *Mactra australis*), et fort souvent, surtout en botanique, à ceux qu'on trouve dans les parties méridionales de l'Europe (ex. *Erica australis*, *Conostomum australe*).

AUTOCARPIEN, adj. , *autocarpianus* (αὐτός, seul, καρπός, fruit). Epithète donnée au *fruit*, par Desvaux, lorsque, l'ovaire se développant sans contracter aucune adhérence avec les parties environnantes et sans être immédiatement recouvert par elles, le fruit ne se trouve modifié par aucune addition de parties.

AUTOCHTHONE, adj., *autochthonus, terrigena, aborigena*; αὐτόχθων; *Erdgeborne* (all.) (αὐτοῦ, là, χθὼν, terre). Synonyme très-peu usité d'*aborigène*. *Voyez* ce mot.

AUTOMATIQUE, adj., *automaticus* (αὐτός, soi-même, μάω, agir); qui s'opère de soi-même, de son propre mouvement, sans concours, apparent au moins, de la volonté.

AUTOMATISME, s. m., *automatismus*. Mouvement machinal, qui a lieu sans qu'on y fasse attention, sans que la volonté y participe.

AUTOMNAL, adj., *autumnalis*; *herbstlich* (all.); *autumnal* (angl.) (*autumnum*, automne); qui se manifeste en automne (*équinoxe automnal*), qui croît en automne (ex. *Callitriche autumnalis*, *Colchicum autumnale*), qui paraît en automne (ex. *Fringilla autumnalis*).

AUTOMNATION, s. f., *autumnatio*. Influence de l'automne sur la végétation, qui se manifeste spécialement par la maturation des fruits, la dispersion des graines et le changement de couleur des feuilles, suivi bientôt de leur chute.

AUTOMNE, s. m.; *autumnum, autumnus*; *Herbst* (all.); *autumn* (angl.); *autonno* (it.). Troisième des quatre saisons de l'année, qui date du jour où le Soleil atteint à l'équateur, et finit quand il arrive au tropique, qui, pour notre hémisphère, s'étend depuis le 23 septembre jusqu'au 21 ou 22 décembre, et pendant laquelle la Terre parcourt les signes de la Balance, du Taureau et des Gémeaux. Au figuré, *automne de la vie* signifie l'âge qui précède la vieillesse.

AUTONOMIE, s. f., *autonomia*; αὐτονομία (αὐτός, soi-même, νόμος, loi). Faculté de se tracer soi-même les lois d'après lesquelles on agit. Synonyme de *liberté*. On ne s'en sert qu'en philosophie.

AUTOPSIDES, adj., *autopsides* (αὐτός, soi-même, ὄπτομαι, voir). Nom donné par Haüy à une classe de substances métalliques renfermant celles qui naturellement sont douées de l'éclat métallique dans un ou plusieurs de leurs états.

AUXOMÈTRE, s. m., *auxometrum* (αὔξω, augmenter, μετρέω, mesurer). Instrument dont on se sert pour mesurer la force grossissante d'un appareil optique. On employe quelquefois le mot *dynamomètre* dans le même sens.

AVALANCHE, s. f., *Schneelauwine* (all.). Masse de neige qui, par l'effort des vents ou la fonte de ses parties inférieures, se détache du sommet glacé des hautes montagnes, et roule jusque dans les plaines, en détruisant tout sur son passage.

AVALÉ, adj. Lorsqu'un cheval a le ventre trop volumineux, et plus ample vers les parties inférieures que vers les flancs, qui sont creux, on dit qu'il a le *ventre avalé*, ou qu'il a un *ventre de vache*.

AVANCÉ, adj., *productus*. Kirby donne cette épithète au *prothorax* des insectes, lorsqu'il se termine postérieurement en un long avancement scutelliforme, qui couvre le mésothorax, le métathorax et une grande partie de l'abdomen. Ex. *Acrydium*.

AVANT-BRAS, s. m., *cubitus, antibrachium*; *Vorderarm* (all.). Partie du membre thoracique qui s'étend depuis le coude jusqu'au poignet.

AVANT-PIEDS, s. m. pl., *præpedes*. On donne quelquefois ce nom à la paire antérieure des pattes des insectes.

AVANT-POITRINE, s. f., *antipectus*. Nom donné par Latreille à la partie inférieure du premier segment du thorax des insectes. *Voyez* ANTI-POITRINE.

AVANT-STERNUM, s. m., *anti-sternum*. Latreille appelle ainsi la partie moyenne inférieure du premier segment du thorax des insectes.

AVELLANAIRE, adj., *avellanarius* (*avellana*, noisette). Epithète donnée par les géognostes aux grains d'une roche grenue, quand ils sont de la grosseur d'une noisette. Le *Myoxus avellanarius* est ainsi nommé parce qu'il fait sa nourriture principale de noisettes.

AVÉNACÉ, adj., *avenaceus; haferartig* (all.) (*avena*, avoine); qui a du rapport avec l'avoine. Ex. *Eriodia avenacea.*

AVÉNACÉES, adj. et s. f. pl., *Avenaceæ*. Nom donné par Kunth, Nees d'Esenbeck et Link à une tribu de la famille des Graminées, qui a pour type le genre *Avena.*

AVENAINE, s. f., *avenaïna*. Hermbstaedt a appelé ainsi le gluten de l'avoine.

AVÉNIFORME, adj., *aveniformis* (*avena*, avoine, *forma*, forme); qui a la forme et le volume d'un grain d'avoine. Ex. *Ancilla aveniformis.*

AVENTURINÉ, adj. Epithète donnée à un *minéral* qui, après avoir été taillé et poli, offre, sur un fond jaune ou brun, des points brillans, dorés ou argentins, dont les reflets sont fort éclatans.

AVEUGLE, adj., *cæcus; blind* (all. angl.); *cieco* (it.); qui est privé de la vue, qui n'en a jamais joui. L'*Apterichtus cæcus* est ainsi appelé parce qu'il n'a point d'yeux visibles au dehors.

AVICULAIRE, adj., *avicularis, avicularius* (*avis*, oiseau); qui sert à la nourriture des oiseaux (ex. *Polygonum aviculare*), qui dévore des oiseaux (ex. *Mygale avicularia*);

qui habite dans le nid des oiseaux et sur leur corps (ex. *Hippobosca avicularia*).

AVICULÉS, s. m. pl., *Aviculæ*. Nom donné par Goldfuss, Férussac et Munke à une famille de mollusques, qui a pour type le genre *Avicula.*

AVILLON, s. m. On désigne ainsi les doigts de derrière des oiseaux de proie.

AVIRON, s. m., *pes natatorius*. C'est le nom qu'on donne aux pattes de certains insectes aquatiques (ex. *Notonectes*), quand elles sont aplaties, larges, ciliées sur les bords, et qu'elles servent comme de rames pour nager.

AVIROSTRE, adj., *avirostris* (*avis*, oiseau, *rostrum*, bec); qui ressemble à un bec d'oiseau. Ex. *Lepadites avirostris.*

AVISUGES, adj. et s. m. pl., *Avisuga* (*avis*, oiseau, *sugo*, sucer). Nom donné par Duméril à une famille d'insectes aptères, comprenant ceux qui sucent les oiseaux.

AVORTÉ, adj., *abortivus; fehlschlagen* (all.); qui n'a pu venir à maturité, et, par extension, qui est grêle et maigre, qui est d'une nature imparfaite. *Voyez* ABORTIF.

AVORTEMENT, s. m., *abortus;* ἄμβλωσις; *Fehlschlagen, Missgebähren* (all.); *abortion* (angl.); *aborto* (it.). Acte par lequel un être organisé ou quelqu'une de ses parties cesse de prendre le développement que sa nature aurait comporté, lorsque cette altération l'empêche de remplir les fonctions auxquelles il est appelé. En zoologie, avortement exprime la mise-bas des petits avant terme.

AVORTON, s. m. Né avant terme, petit, mal bâti, mal conformé, contrefait.

AXE, s. m., *axis;* ἄξων. Ligne droite, réelle ou imaginaire, qui passe ou qui est censée passer par le centre d'un corps, auquel elle sert comme d'essieu ; toute ligne à laquelle on rapporte une figure ou un corps , soit pour en déterminer la forme ou la position , soit pour en assigner l'état de repos ou de mouvement. On dit : 1° en astronomie, *axe du monde* ou *de rotation*, une ligne idéale autour de laquelle on suppose que s'exécute le mouvement du système solaire. 2° En cristallographie, *axe d'un cristal*, la ligne idéale par rapport à laquelle les plans qui composent ce dernier sont en général coordonnés symétriquement, soit tous ensemble , soit par parties. 3° En botanique, *axe* signifie la partie alongée d'un pédoncule sur laquelle sont attachées plusieurs fleurs, quelquefois seulement le pédoncule central de l'épi ; les botanistes donnent aussi ce nom à la ligne idéale qu'on suppose aller de la base au sommet du fruit, et le long de laquelle seraient les points d'attache des graines. 4° En zoologie, Kirby appelle *axe* certaines pièces osseuses ou cornées par le moyen desquelles l'aile supérieure est mise en connexion avec le *dorsolum*.

AXICORNE, adj. , *axicornis (axis*, axe, *cornu*, corne). Le *Murex axicornis* est ainsi appelé parce qu'il a des digitations menues et longues, qu'on a comparées à celles des cornes de l'axis.

AXIFÈRE, adj., *axiferus (axis*, axe, *fero*, porter). On appelle : 1° en botanique, *végétaux axifères*, d'après Turpin, ceux dont l'organisation ne se compose que d'une tige ou d'un axe diversement modifié, dans l'intérieur duquel on ne trouve guères que du tissu cellulaire (ex. Champignons, Algues et une partie des Hépatiques); *trophosperme* ou *placenta axifère*, celui qui naît de la base ou du sommet de l'ovaire (ex. *Primulacées*). 2° En zoologie, un *Polypier axifère* est celui dans lequel les polypes n'habitent que la pulpe corticiforme étendue sur l'axe plein et central.

AXIFORME, adj., *axiformis (axis*, axe, *forma*, forme); qui a la forme d'un axe ou d'un essieu; *corps axiforme*.

AXIFUGE, adj., *axifugus (axis*, axe, *fugo*, fuir). Synonyme inusité de *centrifuge. Voyez* ce mot.

AXIGRAPHE , adj. , *axigraphus* (ἄζων, essieu, γράφω, écrire). Épithète donnée , dans la nomenclature minéralogique de Haüy, à une variété de chaux carbonatée qui a cette propriété que le sommet de l'axe du noyau et d'une des parties excédantes est à cette dernière partie dans le rapport des deux termes de la fraction $\frac{1}{4}$ qui donnent l'exposant du signe.

AXILE , adj. , *axilis;* qui forme un axe. En botanique, on appelle *embryon axile*, d'après Mirbel, celui qui, placé au milieu du périsperme, se porte d'un point de la périphérie de la graine au point diamétralement opposé, de sorte qu'il occupe le centre de la graine (ex. *Conifères*); *graines axiles*, d'après Richard, celles qui sont attachées vers l'axe rationnel des fruits ; *placentaire axile*, celui qui s'alonge de la base au sommet du péricarpe, dans la direction de son diamètre (ex. *Lilium*).

AXILÉ, adj. , *axilatus*. Ayant un axe. Mirbel donne cette épithète aux fruits disposés autour d'un axe commun qui devient libre par leur chute (ex. *Cynoglossum lævigatum*).

AXILLAIRE, adj. , *axillaris;* achselständig, winkelständig (all.) (*axilla*, aisselle); qui a rapport à l'aisselle , qui en est voisin, qui y naît. On dit : 1° en botanique, *feuilles axillaires*, celles qui sont attachées au point interne de l'angle formé par le rameau et la tige (ex. *Drymis axillaris*) ; *fleurs axillaires*, celles qui sont fixées au point interne de l'angle compris entre la feuille et le rameau ; *épines axillaires* (ex. *Citrus* *medica*); grappe axillaire (ex. *Cytisus Laburnum*) ; panicule axillaire (ex. *Lygistum axillare*) ; vrille axillaire (ex. *Passiflora carulea*). 2° En zoologie, ce mot indique que l'aisselle de l'animal auquel on l'applique présente quelque particularité remarquable de forme ou de couleur. Ainsi, le *Cimbex axillaris* a une tache jaune sur chacun des côtés du corselet ; le *Circus axillaris* porte un faisceau de longues plumes noires qui recouvrent toutes les parties inférieures de l'aile ; le *Myrmothera axillaris* a les moyennes couvertures des ailes blanches.

AXILLIBARBU, adj., *axillibarbatus* (*axilla*, aisselle, *barba*, barbe). Se dit des *feuilles* et des *pédoncules*, quand ils sont munis de poils à l'aisselle.

AXILLIFLORE, adj., *axilliflorus ;* *achselblüthig* (all.) (*axilla*, aisselle, *flos*, fleur) ; qui a des fleurs axillaires. Ex. *Portulaca axilliflora, Delphinium axilliflorum*.

AXIOMORPHIQUE, adj., *axiomorphicus* (ἄξων, axe, μορφή, forme). Nom donné, dans la nomenclature minéralogique de Haüy, à une variété de chaux carbonatée qui offre la réunion du noyau, du rhomboïde équiaxe et du dodécaèdre métastatique.

AXIPÈTE, adj., *axipetus* (*axis*, axe, *peto*, aller). Synonyme inusité de *centripète*. *Voyez* ce mot.

AXONOPHYTE, s. m., *axonophytum* (ἄξων, axe, φυτὸν, plante). Nom donné par Necker aux plantes amentacées, dont les fleurs couvrent un axe commun.

AXYLE, adj., *axylus* (α priv., ξύλον, bois). Schultz donne cette épithète aux végétaux cellulaires, parce que leurs fibres, quand ils ont quelque chose de comparable à des fibres, ne sont composées que de cellules alongées, et ne peuvent jamais être assimilées aux véritables fibres ligneuses.

-**AZÉDARACHS**. *Voyez* **MÉLIACÉES**.

AZELIDES, adj. et s. m. pl., *Azelidæ*. Nom donné par Robineau-Desvoidy à une section de la tribu des Myodaires Mésomydes Anthomydes, qui a pour type le genre *Azelia*.

AZIMUT, s. m. Les astronomes appellent *azimut d'un astre* l'arc de l'horizon compris entre le méridien et le cercle vertical qui passe par cet astre.

AZIMUTAL, adj. ; qui représente ou mesure les azimuts. Le *compas azimutal* est un instrument qui sert pour trouver l'azimut ou l'amplitude d'un corps céleste. On nomme *cercle azimutal* celui qui, passant par le zénith et le nadir, coupe l'horizon à angle droit.

AZOCARBIDE, s. m. Nom employé, comme synonyme de *cyanide* (*voyez* ce mot) par Guibourt, qui appelle l'acide hydrocyanique ou cyanide hydrique, *azocarbide* hydrique.

AZOCARBIQUE, adj. Guibourt appelle l'acide chlorocyanique *chloride azocarbique*, par contraction d'azotide carbonique.

AZOCARBURE, s. m. Mot que Guibourt emploie comme synonyme de *cyanure*. *Voyez* ce mot.

AZOOTIQUE, adj., *azooticus* (α priv., ζῶον, animal). Épithète donnée aux terrains qui ne contiennent aucun débris de corps organisés.

AZOTATE, s. m., *azotas*. Nom que porteraient les nitrates, si l'on donnait à l'acide nitrique celui d'acide azotique.

AZOTE, s. m., *azotum, azoticum, nitrogenium ; Stickstoff* (all.) (α priv. ζώω, vivre). Gaz impropre à entretenir la combustion et la respiration, dont l'existence fut entrevue dès 1772 par Rutherford, et que Scheele a le premier isolé vers 1777.

AZOTÉ, adj., *azotatus ;* qui contient de l'azote. Ex. *Gaz hydrogène azoté* ou ammoniaque.

AZOTEUX, adj., *azotosus*. On a proposé de donner ce nom à l'acide nitreux.

AZOTIDE, s. m. Guibourt appelle le cyanogène *azotide carbonique*.

AZOTIDES, s. m. pl. Nom donné par C. Pauquy à une famille de corps simples, qui a pour type l'azote, et par Beudant à une famille de minéraux, comprenant ceux qui contiennent de l'azote.

AZOTIODIQUE, adject. Guibourt donne le nom d'*oxide azotiodique* à un composé d'acide nitrique et d'acide iodique.

AZOTIQUE, adj., *azoticus*. Nom qu'on a proposé de donner à l'acide nitrique. Oken appelle l'air *élément azotique*, parce que l'azote y est en excès.

AZOTITE, s. m. Ce nom appartiendrait aux nitrites, si l'on adoptait celui d'acide azoteux pour l'acide nitreux.

AZOTOXIDES, s. m. pl. Nom donné par Beudant à un genre de minéraux comprenant les combinaisons de l'azote avec l'oxigène.

AZOTURE, s. m. Synonyme inusité de *nitrure*. *Voyez* ce mot.

AZULMINIQUE, adj., *azulminicus*. Nom donné par Boullay à un *acide* qui a de l'analogie avec l'alumine, mais qui contient de l'oxigène, et qui se forme par la décomposition spontanée de l'acide hydrocyanique.

AZURÉ, adj., *azureus* (du persan *ladsurdi*, bleu); *schmaltlau*, *himmelblau* (all.); qui a la couleur de l'azur, la teinte bleue du ciel. Ex. *Cuivre azuré*, *Ixos azureus*, *Ceanothus azurea*, *Delphinium azureum*.

AZURIN, adj., *cæsius*; qui est d'un bleu pâle, tirant un peu sur le gris. Ex. *Coluber cæsius*, *Motacilla cæsia*.

AZUROR, adj., *azuraureus*, *cærulaureus*. Bleu avec un reflet doré. Ex. *Cæsia cærulaureos*.

AZYGOCÈRES, adj. et s. m. pl., *Azygocera* (α priv., ζύγος, paire, κεράς, corne). Nom donné par Blainville à une section de la famille des Néréidés, comprenant ceux qui ont le système tentaculaire impair.

B.

BABIL, s. m., *garritus*; *Geschwätz* (all.). Se dit du gazouillement particulier de la corneille.

BACCAULAIRE, adj., *baccaularis*, *baccaularius* (*bacca*, baie). Épithète donnée par Desvaux à des fruits composés de plusieurs ovaires distincts et bacciformes, qui proviennent d'une seule fleur et sont portés sur un disque peu apparent, non charnu. Ex. *Drymis*.

BACCHARIDÉES, adj. et s. f. pl., *Baccharideæ*. Nom donné par H. Cassini à une section de la tribu des Astérées, et par Lessing à une sous-tribu de la tribu des Astéroïdées, qui ont pour type le genre *Baccharis*.

BACCIEN, adj., *baccatus*, *baccausus*, *baccans*; *beerartig* (all.); *baccato* (it.). Épithète par laquelle on désigne, en général, tout fruit charnu qui, bien que formé par la réunion de plusieurs ovaires, a de la ressemblance avec une baie (ex. *Juniperus communis*). On l'applique quelquefois à des plantes dont le fruit est légèrement charnu (ex. *Ochradenus baccatus*, *Leptospermum baccatum*), ou même à des végétaux dont la corolle globuleuse ressemble à une petite baie (ex. *Erica baccans*. *Voyez* BACCIFÈRE). Mirbel la donne à tous les fruits simples et indébiscens qui contiennent plusieurs graines séparées, parfois renfermées dans des nucules. Ainsi il appelle *diérésile baccienne*, celle dont la pannexterne est d'abord succulente (ex. *Sapindus*); *étairion baccien*, celui qui résulte de plusieurs camares succulentes, dont l'entregreffement et la réunion produisent une sorte de baie (ex. *Rubus*); *strobile baccien*, celui dont les bractées constituantes sont succulentes et se soudent les unes avec les autres (ex. *Juniperus*).

BACCIFÈRE, adj., *baccifer, bacciferus; beertragend, beerentragend* (all.); *bacciferous* (angl.); *baccifero* (it.) (*bacca*, baie, *fero*, porter). Épithète donnée à des plantes dont le fruit est une baie ou ressemble à une baie (ex. *Cucubalus bacciferus, Urtica baccifera, Hypericum bacciferum*), ou qui sont garnies de renflemens vésiculaires arrondis (ex. *Sargassum bacciferum*).

BACCIFORME, adj., *bacciformis; beerig, beerförmig* (all.) (*bacca*, baie, *forma*, forme); qui a la forme d'une baie. Se dit, en botanique, d'un *fruit* qui a l'apparence et à peu près la structure d'une baie, sans en présenter les véritables caractères. Synonyme de *baccien*. *Voyez* ce mot.

BACCIVORES, adj. et s. m. pl., *Baccivori* (*bacca*, baie, *voro*, dévorer). Nom donné par Vieillot à une famille de l'ordre des Sylvains, comprenant des oiseaux qu'il suppose vivre tous également de baies.

BACILLAIRE, adj., *bacillaris; stangartig* (all.) (*bacillus*, baguette). Cette épithète est donnée, par les minéralogistes, à des minéraux cristallisés en prismes dont les pans sont oblitérés, de manière qu'ils ressemblent à des baguettes (ex. *Baryte sulfatée bacillaire*); par les botanistes, à certaines plantes dont les fruits sont très-longs, grêles et cylindriques (ex.

Cassia bacillaris); par les zoologistes, à des animaux qui ont quelque partie du corps droite, grêle et alongée, comme le fourreau de la *Teredina bacillum*, le col du *Tachia bacillaris*, ou la coquille du *Bulimus bacillaris*.

BACILLARIÉS, adj. et s. m. pl., *Bacillariæ, Bacillaria*. Nom donné par Bory à une famille d'Infusoires, et par C.-G. Ehrenberg à une tribu de Polygastriques, ayant pour type le genre *Bacillaria*.

BACILLE, s. m., *bacilla, bacillus; Stöckchen* (all.). Ce nom a été appliqué par Acharius au podétion des lichens, et par quelques auteurs aux bulbilles qui se développent dans certains péricarpes.

BACILLIFORME, adj., *bacilliformis, baculosus* (*bacillus*, baguette, *forma*, forme); qui a la forme d'une baguette. Cette épithète est donnée aux épines des oursins, quand elles ont une certaine longueur. Ex. *Cidarites baculosa*.

BACTRIDIÉES, adj. et s. f. pl., *Bactridieæ*. Nom donné par A. Brongniart à une tribu de la famille des Urédinées, qui a pour type le genre *Bactridium*.

BACULIFÈRE, adj., *baculiferus* (*baculus*, canne, *fero*, porter). Le *Gynestum baculiferum* est un arbrisseau très-recherché parce qu'on fait des cannes avec ses tiges.

BÆNODACTYLES, adj. et s. m. pl., *Bænodactyli* (βαίνω, marcher; δάκτυλος, doigt). Nom donné par J.-A. Ritgen à une famille de Reptiles sauriens, comprenant ceux qui se servent de leurs pattes pour marcher.

BÆNOSAURIENS, adj. et s. m. pl., *Bænosaurii* (βαίνω, marcher, σαῦρος, lézard). Nom donné par J.-A. Ritgen aux Sauriens dont les pattes servent d'organes ambulatoires.

BÆOMYCÉES, adj. et s. f. pl., *Bæomyceæ*. Nom donné par Zenker à une tribu de la famille des Lichens,

qui a pour type le genre *Bæomyces.*
Voyez BOEMYCÉES.

BAI, adj., *spadiceus; hellbraun*
(all.) ; *bay* (angl.) ; *bajo* (it.) ; qui est
d'un rouge brun. Ex. *Clinus spadiceus, Lecidea spadicea.*

BAIE, s. f., *bacca; Beere* (all.) ;
berry (angl.) ; *bacca* (it.). Nom générique par lequel les botanistes désignent tous les fruits simples, mous,
charnus, indéhiscens, sans noyau,
qui contiennent une ou plusieurs
graines, soit éparses dans la pulpe
(ex. *Vitis vinifera*), soit renfermées
dans une ou plusieurs loges (ex. *Atropa Belladonna*).

BAILLANS, adj. et s. m. pl.,
Hiantes. Nom donné par Savy à une
tribu, et par Goldfuss à une famille
de l'ordre des Passereaux, renfermant
des oiseaux qui, comme les engou-
levens, ont le bec largement fendu.

BAILLANT, adj., *hians, hias-
cens; klaffend* (all.) (*hio*, bâiller).
Richard donne cette épithète à un péricarpe qui, au moment de la maturité, se rompt par une ouverture apicilaire ou latérale non dentée. Le *Satyrium hians* est ainsi appelé parce
que l'un de ses pétales est capuchonné,
très-élargi et ouvert comme une bouche qui bâille. Cette épithète est appliquée aussi, par les zoologistes,
aux coquilles bivalves qui ne sont
point exactement closes (ex. *Venus
hiantina*, *Vulsella hians*).

BAIN, s. m., *balneum; Bad* (all.);
bath (angl.) ; *bagno* (it.). Les chimistes désignent ainsi un milieu quelconque dans lequel on plonge un
vase, principalement pour en faire
chauffer le contenu ; ils font très-
fréquemment usage du *bain de sable
fin* (*Sandbad*, all.), et du bain de
vapeur aqueuse ou *bain-marie* (*Was-
serbad*, all.).

BALÆNIDES, adj. et s. m. pl.,
Balænidæ. Nom donné par J.-E. Gray
à une famille de la classe des Mammi-

fères, qui a pour type le genre *Balæna.*

BALÆNOLOGIE, s. f., *balæno-
logia* (*balæna*, baleine, λόγος, discours). Traité sur les Cétacés en général et les baleines en particulier.

BALANAIRE, adj., *balanaris,
balanarius;* qui a rapport à la baleine. La *Coronula balanaris* est ainsi
appelée parce qu'elle vit sur la peau
et dans le lard de la baleine.

BALANCIER, s. m., *halter, libra-
mentum; Schwingkolbe* (all.). Sous ce
nom, les entomologistes désignent
deux petits appendices filiformes, terminés par un bouton ovale ou triangulaire, et susceptibles d'un mouvement vibratoire très-rapide, qui sont
placés, un de chaque côté, à la base
de l'aile des diptères, dans l'angle de
réunion de l'abdomen avec le corselet. Considérés par les uns comme
des rudimens d'ailes, ils sont regardés par d'autres, notamment par Latreille, comme jouant un rôle dans
l'acte du vol et servant à maintenir
l'insecte en équilibre.

BALANIDES, adj. et s. m. pl., *Bala-
nidea, Balanidæ, Balaneæ, Balanea.*
Nom donné par Leach, Gray, Menke
et Férussac à une famille de la classe
des Cirripèdes, par Blainville à une
famille de celle des Nématopodes,
ayant pour type le genre *Balanus.*

BALANIFÈRES, adj. et s. m. pl.,
Balaniferæ (*balanus*, gland, *fero*,
porter). Nom sous lequel Marquis a
proposé de désigner la famille des
Quercinées, et qui exprime que les
plantes comprises dans ce groupe ont
pour fruits des glands.

BALANOPHORÉES, adj. et s. f. pl.,
Balanophoreæ. Nom donné par C.-L.
Richard et Kunth à une famille de
plantes qui a pour type le genre *Ba-
lanophora.*

BALANTIOPHTHALME, adj., *ba-
lantiophthalmus* (βαλάντιον, bourse,
ὀφθαλμός, œil) ; qui a la forme d'une
bourse. Terme que Schneider propose

s de substituer à celui de *cruménoph-*
thalme. Voy. ce mot.

BALAUSTE, s. f., *balausta* (βαλάυσ-
τιον, fleur de grenadier). Desvaux appelle ainsi un fruit pluriloculaire polysperme, couvert d'une écorce dure et
coriace, couronné par les dents du calice, et renfermant, dans des compartimens peu réguliers, des graines presque en forme de noyau, qui ont un épiderme drupacé. Ex. *Punica Granatum.*

BALAYEUR, adj. H. Cassini donne
cette épithète à des poils particuliers,
dont le style des plantes Synanthérées
est garni, et qui, en irritant les anthères, en font sortir le pollen.

BALE. *Voy.* **Balle.**

BALISIERS. *Voy.* **Amomées.**

BALISIOIDES. *Voy.* **Amomées.**

BALLE ou **BALE**, s. f., *gluma,*
tegmen. Nom donné par Palisot-
Beauvois à l'enveloppe extérieure
des fleurs des Graminées, c'est-à-
dire à une sorte d'involucre occu-
pant la base de l'épillet, renfermant
une ou plusieurs fleurs, et ordinairement composé de deux pièces ; par
d'autres botanistes, au périgone propre de chaque fleur, celui qui entoure immédiatement les organes génitaux. Ce terme vague est peu usité
aujourd'hui. *Voy.* **Glume.**

BALLON, s. m. Les géographes
appellent quelquefois ainsi les cimes
de montagnes qui ont une forme arrondie.

BALLOTINE, s. f. Terme proposé
pour désigner le principe amer particulier du *Ballota nigra,* dont Grass-
mann a décrit le mode de préparation et les propriétés.

BALSAMADÈNE, s. f., *balsama-*
dèna (βάλσαμον, baume, ἀδήν, glande). On a proposé d'appeler ainsi les
glandes sous-cutanées des végétaux,
celles qui contiennent des liquides
odorans et la plupart du temps une
huile volatile mêlée avec un peu de
résine.

BALSAMIFÈRE, adj., *balsamife-*
rus (*balsamum,* baume, *fero,* porter); qui produit du baume. Ex. *Amy-*
ris balsamifera, Croton balsamife-
rum.

BALSAMIFLUES, adj. et s. f. pl.,
Balsamifluæ (*balsamum,* baume, *fluo,*
couler). Nom donné par Blume et
Kunth à une famille de plantes, comprenant celles qui, comme le Liqui-
dambar, fournissent les produits désignés sous le nom de baumes.

BALSAMINÉES, adj. et s. f. pl.,
Balsamineæ. Nom donné par A. Richard et par Kunth à une famille
de plantes qui a pour type le genre
Balsamina.

BALTIMORÉES, adj. et s. f. pl.,
Baltimoreæ. Nom donné par H. Cassini à un groupe de la section des
Hélianthées Rudbeckiées, et par Lessing à une section de la sous-tribu
des Sénécionidées Ambrosiées, qui ont
pour type le genre *Baltimora.*

BAMBUSACÉES, adj. et s. f. pl.,
Bambusaceæ. Nom donné par Kunth
et par Link à une tribu de la famille
des Graminées, qui a pour type le
genre *Bambusa.*

BAMBUSÉES, adj. et s. f. pl.,
Bambuseæ. Tribu de la famille des
Graminées, admise par Nees d'Esenbeck, qui a pour type le genre *Bam-*
busa.

BANANIERS. *Voy.* **Musacées.**

BANANIVORE, adj., *bananivorus;*
qui fait sa nourriture principale de
bananes. Ex. *Motacilla bananivora.*

BANC, s. m. On appelle ainsi :
1° en minéralogie (*Lager,* all.; *bank,*
angl. ; *banco,* it.), les assises dont
les couches de pierres sont formées ;
les couches cohérentes, de nature
particulière, qui sont intercalées dans
un système de couches d'une autre espèce ; les amas de sable et de
gravier, de matières meubles ou de
débris de roches, qui apparaissent à
la surface de la mer, le plus souvent

aux attérrages des côtes et à l'embouchure des grands fleuves. 2° En zoologie, des troupes innombrables de poissons, tels que thons, maquereaux, harengs, poissons volans, etc., de mollusques (ex. *Hyalœa papilionacea*), ou de zoophytes (ex. *Pyrosoma*).

BANDE, s. f., *fascia; Streif* (all.). Très-usité en histoire naturelle, ce mot y sert principalement à désigner une large raie transversale d'une couleur différente de celle du fond.

BANDELETTE, s. f., *striga*. Cette épithète est fréquemment employée pour désigner des zones colorées très-petites et capilliformes.

BANDEROLLÉ, adj., *tæniolatus;* qui est marqué de bandes transversales d'une couleur différente de celle du fond. Ex. *Coluber tæniolatus.*

BANISTÉRIÉES, adj. et s. f. pl., *Banisterieæ.* Nom donné par Candolle à une tribu de la famille des Malpighiacées, qui a pour type le genre *Banisteria.*

BARBE, s. f., *barba;* πώγων; *Bart* (all.); *beard* (angl.); *barba* (it.). On donne ce nom : 1° en botanique, à des poils qui sont réunis en touffes sur une partie quelconque; vulgairement à des filets plus ou moins longs et aigus qui garnissent les balles de certaines Graminées; et, suivant H. Cassini, aux appendices des squamellules dont se compose l'aigrette de la cypsèle des Synanthérées. Rivin appelait *barbe* la lèvre inférieure des corolles bilabiées; 2° en zoologie, chez les Mammifères, aux poils qui garnissent les joues, les environs de la bouche et le menton de l'homme; à un petit bouquet de longs poils qui se trouve au niveau du menton, dans le bouc par exemple; à des crins qui garnissent les fanons des baleines, et qui, dans quelques espèces, dépassant les mâchoires, paraissent à l'extérieur quand la bouche est fermée; chez les oiseaux, à des faisceaux de petites

plumes qui pendent de la base du bec dans quelques espèces, mais surtout aux petites lames de substance cornée qui sont implantées sur les côtés de la tige des plumes; chez les insectes, à des poils longs et assez raides, qui garnissent le front de certains diptères (ex. *Asilus*), et entourent la base de la trompe.

BARBÉ, adj., *barbatus.* Épithète donnée par H. Cassini aux squamellules des Synanthérées, quand elles émettent des ramifications très-longues, flexueuses et capillaires. Ex. *Cirsium.*

BARBELLE, s. f., *barbella.* H. Cassini appelle ainsi les squamellules de l'aigrette des Synanthérées, quand elles sont assez courtes, raides, droites, cylindriques et épaisses, comme dans les Centauriées.

BARBELLÉ, adj., *barbellatus.* Épithète donnée par H. Cassini aux squamellules, quand elles sont munies de barbelles. Ex. *Centaurées.*

BARBELLULE, s. f., *barbellula.* H. Cassini désigne sous ce nom les squamellules de l'aigrette des Synanthérées, quand elles sont petites, coniques, pointues et semblables à des épines. Ex. *Aster.*

BARBELLULÉ, adj., *barbellulatus.* Épithète donnée par H. Cassini aux squamellules, quand elles sont garnies de barbellules.

BARBICORNE, adj., *barbicornis* (*barba*, barbe, *cornu*, corne). Épithète donnée à des insectes qui portent un faisceau de poils à la base de leurs antennes, comme les mâles du *Ceratopogon barbicornis.*

BARBIGÈRE, adj., *barbigerus; barttragend* (all.) (*barba*, barbe, *gero*, porter). Épithète donnée à des plantes qui ont des pétales velus en totalité (ex. *Diosma barbigera*), ou en dedans seulement (ex. *Margaris barbigera*), ou qui n'ont qu'une partie de leur corolle velue, par exemple la suture de la carène dans le *Gompholobium barbigerum.*

BARBILLON, s. m., *tentaculum; Fühlfade* (all.); *beard* (angl.). On désigne sous ce nom des filamens déliés, mous et flexibles, qui sont situés auprès des lèvres de certains poissons, par exemple de l'esturgeon. Quelques entomologistes l'ont appliqué aux *palpes* des insectes; mais il est inusité aujourd'hui dans ce dernier sens. (Dans le langage vulgaire, on nomme *barbillon* une sorte de mamelon situé à l'orifice extérieur du conduit des glandes maxillaires du cheval, près du frein de la langue.

BARBINERVÉ, adj., *barbinervis, barbinervius* (*barba*, barbe, *nervus*, nerf). Se dit, en botanique, de quelques plantes qui ont les nervures de leurs feuilles garnies de poils en dessous, soit à l'extrémité seulement (ex. *Laplacea barbinervis*), soit dans toute leur longueur, sur les côtés (ex. *Palicourea barbinervia*).

BARBIROSTRÉ, adj., *barbirostris* (*barba*, barbe, *rostrum*, bec); qui a le bec garni de poils. La *Rhina barbirostra* a la trompe couverte de poils. Une cryptogame (*Sphæria barbirostris*) a ses ostioles alongés en forme de bec ou de massue et pubescens.

BARBIPÈDE, adj., *barbipes* (*barba*, barbe, *pes*, pied); qui a les pieds barbus, comme les tarses postérieurs de l'*Asilus barbipes.*

BARBU, adj., *barbatus, barbalis, barbatulus, cirrhatus; barthaarig*, *gebartet, bartig* (all.); *bearded* (angl.); *barbuto, barbato* (it.); qui a de la barbe. Se dit: 1° en botanique. Cette épithète est donnée à toute partie d'un végétal qui offre des poils disposés en touffes, comme les anthères du *Ternstroemia dentata*, les filets des *étamines* de l'*Hydrophyllum virginicum*, le style du *Salvia formosa*, la gorge de la *corolle*

du *Chiococca barbata*, l'extérieur de la *corolle* du *Microcorys barbata*, les *pétales* alaires de l'*Aconitum barbatum.* Les botanistes l'emploient quelquefois comme synonyme d'*aristé.* (*Voyez* ce mot.). 2° En zoologie. On l'applique à des *oiseaux* qui ont le bec garni de soies à la base (ex. *Sylvia barbata*), ou le bas des joues de chaque côté muni d'une sorte de moustache (ex. *Psittacus barbatulatus*); à des *poissons* dont la mâchoire inférieure porte des barbillons ou de longs filamens pendans (ex. *Ophidium barbatum, Pimelodes barbus*, *Pristis cirrhatus*); à des *coquilles* bivalves dont l'épiderme se divise en un grand nombre de pointes raides, comme dans quelques Arches; à des *insectes* dont les cuisses antérieures sont garnies d'une épaisse touffe de poils (ex. *Herminia barbulis*), ou dont la tête est munie de poils imitant une barbe (ex. *Asilus pogonias*).

BARBULE, s. f., *barbula* (*barba*, barbe). Necker appelait ainsi le petit corps barbu, formé par la réunion des cils du péristome soudés ensemble, qu'on remarque dans les mousses du genre *Tortula.* Les ornithologistes donnent aussi ce nom aux productions cornées, courtes et en forme de petits crochets, qui garnissent les barbes des plumes, chez les oiseaux.

BARBULÉ, adj., *barbulatus*; qui est garni de poils disposés en touffes, comme la base de la surface supérieure des feuilles du *Pyxidanthera barbulata.*

BARBULOIDES, adj. et s. f. pl., *Barbuloïdes.* Nom donné par Bridel à une famille de Mousses, qui a pour type le genre *Barbula.*

BARBUS, adj. et s. m. pl., *Barbati.* Vieillot désigne sous ce nom une famille de l'ordre des Sylvains, comprenant les oiseaux qui ont le bec garni de soies à la base, et Latreille une section de la tribu des Carabiques, à laquelle il rapporte ceux qui ont le côté externe des mâchoires cilié à sa base.

BARÉGINE, s. f., *Baregina*. Nom donné par Longchamp à une substance, voisine du mucus animal, qui se trouve dans les eaux minérales sulfureuses chaudes, par conséquent dans celles de Barèges. Elle est plus connue sous celui de *glairine*.

BARIUM, s. m., *baryum, barium, plutonium* (βάρος, pesanteur). Métal, découvert par H. Davy, qui fait la base de la baryte, et qui doit son nom, comme cette dernière, à sa grande pesanteur.

BARNADÉSIÉES, adj. et s. f. pl., *Barnadesieæ*. Nom donné par H. Cassini à une section de la tribu des Carlinées, par D. Don et par Kunth à une tribu de la famille des Synanthérées, qui ont pour type le genre *Barnadesia*.

BAROMÈTRE, s. m., *barometrum, barometron, tubus Torricellianus*; *Luftwaage, Schweremesser, Luftschweremesser, Wetterglas, Luftdruckmesser* (all.) (βάρος, pesanteur, μετρέω, mesurer). Instrument, imaginé par Torricelli, dont on se sert pour mesurer la pression que l'air exerce sur un point quelconque de la surface de la terre ou de la hauteur de l'atmosphère. Biot assigne 0ᵐ.7629 (28° 2′ 7/10) pour hauteur moyenne du baromètre au bord de l'Océan, à 0°8 th. c. On a calculé que la totalité de la pression de l'atmosphère sur la surface entière du corps d'un homme de moyenne grandeur surpasse trente-trois millions de livres, chaque point de la surface d'un objet exposé à l'air étant pressé par celui-ci comme il le serait par le poids d'une colonne d'environ trente-deux pieds d'eau ou vingt-huit pouces de mercure.

BAROMÉTRIQUE, adj., *barome-*
tricus; qui a rapport au baromètre. Se dit surtout des *observations* de météorologie faites à l'aide de cet instrument.

BAROMÉTROGRAPHE, s. m., *barometrographium* (βάρος, pesanteur, μετρέω, mesurer, γράφω, écrire). Instrument disposé de manière qu'il inscrit lui-même sur un papier les variations de la pression exercée par l'atmosphère.

BAROSANÈME, s. f., *barosanemion* (βάρος, pesanteur, ἄνεμος, vent). Instrument dont on se sert pour connaître la force d'impulsion du vent.

BAROSCOPE, s. m., *baroscopium* (βάρος, pesanteur, σκοπέω, regarder). Instrument, imaginé par Caswell, qui n'est qu'un baromètre sensible à de très-légères variations atmosphériques, et par cela même applicable surtout aux usages de la marine.

BARRE, s. f. On appelle ainsi : 1° en géognosie, un amoncèlement de sable en travers de l'embouchure d'une rivière, et une ligne ou vague élevée, transversale, constante, quoique sujette à des mouvemens irréguliers, que produit le choc des eaux des grands fleuves descendant avec une grande quantité de mouvement, contre les eaux de la mer qui remontent par l'effet de la marée ; 2° en zoologie (*bars*, angl.), un espace plus ou moins grand, qui sépare les canines des molaires, chez la plupart des mammifères, l'homme et l'anoplotherium exceptés. *Voyez* Diastome.

BARRINGTONIÉES, adj. et s. f. pl., *Barringtonieæ*. Nom donné par Candolle à une tribu de la famille des Myrtacées, qui a pour type le genre *Barringtonia*.

BARTRAMIOIDES, adj. et s. f. pl., *Bartramioideæ*. Nom donné par Furnrohr à un groupe de la famille des Mousses, qui a pour type le genre *Bartramia*.

BARYPLOTÈRES, adj. et s. m. pl.

Baryploteres (βαρύς, pesant, πλοτήρ, nageur). Nom donné par J.-A. Ritgen à une famille d'oiseaux aquatiques, comprenant ceux qui se font remarquer par la manière lourde dont ils nagent.

BARYTE, s. f., *baryta, barytes* (βάρος, pesanteur). On donne ce nom (*barote ; terre pesante ; terra ponderosa ; Baryterde, Schwererde, Schwerspatherde*, all.) au protoxide de barium (*Baryumoxid*, all.).

BARYTICO-ARGENTIQUE, adj., *barytico-argenticus*. Épithète donnée, dans la nomenclature chimique de Berzelius, à un sel double qui résulte de la combinaison d'un sel barytique avec un sel argentique. Ex. *Fulminate barytico-argentique (fulminate de baryte et d'argent)*.

BARYTICO-SODIQUE, adj., *barytico-sodicus*. Épithète donnée, dans la nomenclature chimique de Berzelius, à un sel double produit par la combinaison d'un sel barytique avec un sel sodique. Ex. *Sulfate barytico-sodique (sulfate de baryte et de soude)*.

BARYTIFÈRE, adj., *barytiferus* (*baryta*, baryte, *fero*, porter). Dans la nomenclature minéralogique de Haüy, cette épithète désigne des minéraux qui contiennent accidentellement de la baryte. Ex. *Manganèse oxidé barytifère*.

BARYTINIQUE, adj., *barytinicus*. Épithète donnée par Omalius à un genre de roches pierreuses sulfatées, qui comprend la barytine, ou le sulfate de baryte.

BARYTIQUE, adj., *baryticus ;* qui a rapport à la baryte. Dans la nomenclature chimique de Berzelius, on appelle *oxide barytique* le premier degré d'oxidation du barium ou la *baryte*, et *sels barytiques* les combinaisons de ce métal avec les corps électro-négatifs, ou de la baryte avec les acides.

BARYUM. *Voyez* **BARIUM.**

BAS, adj., *demissus*. On appelle *basse mer*, la fin du reflux. Les botanistes, d'après Mirbel, appliquent cette épithète à la *radicule*, quand elle se dirige vers la base du fruit (ex. *Plantago stricta*). En zoologie, *mettre bas* se dit d'une femelle d'animal, lorsqu'elle fait ses petits. On dit aussi que le cerf *met bas*, lorsque son bois tombe au printemps.

BASAL, adj., *basalis* (*basis*, base). L'*Halomya basalis* est ainsi appelée parce que son abdomen noir est rouge à la base ; la *Clidonia basalis* parce que ses ailes claires sont noires à la base.

BASALTIFORME, adj., *basaltiformis ;* qui ressemble au basalte, qui s'en rapproche par ses qualités extérieures, comme le *grünstein basaltiforme* par son aspect âpre et terne.

BASALTIGÈNE, adj., *basaltigenus ;* qui naît et croît sur les roches basaltiques ou basaltiformes. Ex. *Lecidea basaltigena*.

BASALTIQUE, adj., *basalticus ;* qui a rapport au basalte, qui en est formé ; *agrégation, chaussée, éruption, filon, lave, pic, roche basaltique*. Sous le nom de *terrain basaltique*, Omalius forme un groupe ayant pour caractère le plus marqué d'être principalement composé de basalte.

BASALTOÏDE, adj., *basaltoïdes ;* qui a l'apparence ou l'aspect du basalte. Ex. *Diorite basaltoïde*.

BASE, s. f., *basis ;* βάσις ; *Grundfläche* (all.) (βαίνω, marcher). Ce mot a un grand nombre d'acceptions diverses dans les sciences physiques. 1° En chimie. Envisagé d'une manière générale, il a servi à désigner toute substance qui entre dans une combinaison en conservant sa nature primitive, ou du moins quelques unes de ses propriétés primordiales, et forme la partie la plus solide, la plus fixe, souvent la plus abondante ou la plus caractéristique de cette combinaison. On ne l'employe plus dans ce sens vague et contraire aux données actuelles de la science. On s'en est servi ensuite pour désigner non seulement tout corps composé qui est susceptible de neutraliser plus ou moins complètement les propriétés des acides, mais encore toute susbtance, simple ou composée, qui acquiert les propriétés d'un acide en s'unissant à l'oxigène, à l'hydrogène ou à tout autre corps. Dans ce dernier sens, *base* est synonyme de *radical*, dont on fait bien plus fréquemment usage. Aujourd'hui, depuis l'introduction de la théorie électrique en chimie, on entend par *base* tout corps qui, dans une combinaison donnée, joue le rôle électro-positif, quoique, dans d'autres composés, il puisse jouer celui d'élément électro-négatif, comme il arrive à l'eau, par exemple, dans ses combinaisons avec l'acide sulfurique d'une part, avec les oxides métalliques de l'autre, ou à l'oxide de manganique dans celles avec les oxacides d'un côté, avec l'oxide manganeux et les alcalis de l'autre. 2° En géognosie. L'espace occupé par une montagne est ce qu'on nomme sa *base*. On appelle aussi *base* d'une roche, celle de ses parties constituantes qui y prédomine toujours, et très-sensiblement, par sa quantité et ses qualités, comme le mica dans le micaschiste. 3° En botanique. On donne le nom de *base* au point par lequel un organe tient à son support, et par où passent les vaisseaux de celui-ci qui s'y distribuent; quelquefois aussi au support d'un fruit. Ainsi la base d'un péricarpe est indiquée par le centre de son point d'attache ou par son extrémité la plus voisine du pédoncule, et celle de la graine l'est par le hile. Ad. Brongniart appelle encore ainsi le tubercule que certaines Fusidiées font naître sur le végé-

tal qui les nourrit, dont la surface porte les sporidies, qui paraît souvent indépendant du champignon, et qui semble être alors un développement de la plante même. 4° En zoologie. La *base* d'une coquille univalve, suivant Linné et la plupart des conchyliologistes, est l'extrémité opposée au sommet, la coquille étant placée verticalement, le sommet en haut et l'ouverture en devant; selon la manière de voir plus rationnelle de Blainville, c'est la partie toute entière qui appuye plus ou moins obliquement sur le dos de l'animal, celle dans laquelle est percée l'ouverture, et qui se trouve ordinairement opposée au sommet. Les entomologistes donnent le nom de *base* à l'origine des ailes, des élytres, des balanciers, des antennes, au haut des cuisses et des jambes, chez les insectes, et à la partie inférieure de l'aiguillon des hyménoptères.

BASÉ, adj. Épithète donnée, dans la nomenclature minéralogique de Haüy, à un *cristal* dérivé d'une forme à sommets pyramidaux, dont chacun est remplacé par une face perpendiculaire à l'axe, faisant fonction de base. Ex. *Plomb molybdaté basé.*

BASIAL, adj. et s. m., *basialis.* Sous ce nom, Robineau-Desvoidy désigne un corps impair, qui est la pièce centrale des neuf dont se compose la vertèbre des animaux articulés.

BASICITÉ, s. f., *basicitas.* État de ce qui est base. On dit qu'un corps est doué de la basicité, quand il a la propriété de jouer le rôle de base dans certaines combinaisons, ou même dans toutes.

BASIFICATION, s. f. Acte par lequel un corps passe à l'état de base. On appelle degrés de basification d'un corps celles de ses diverses combinaisons définies avec un autre corps qui, dans les composés, jouent le rôle de base ou d'élément électro-positif.

BASIFIXE, adj., *basifixus*. Se dit, en botanique, d'après Mirbel, d'une partie qui est attachée par sa base. L'anthère *basifixe* tient au filet par son extrémité inférieure (ex. *Iridées*). Le *Placentaire basifixe* ne tient qu'à la base de la paroi du péricarpe, à l'époque de la maturité (ex. *Primula*).

BASIGÈNE, adj., *basigenus* (*basis*, base, *geno*, engendrer). Berzelius donne cette épithète aux corps électro-négatifs qui ne neutralisent pas les métaux, et produisent au contraire avec eux des composés électro-négatifs (acides) et électro-positifs (bases), comme l'oxigène, le soufre, le sélénium et le tellure.

BASIGYNE, s. m., *basigynium* (βάσις, base, γυνή, femme). Nom donné par L.-C. Richard au support du pistil, quand il est dû au prolongement aminci de la base de l'ovaire et ne s'articule point avec lui. Ex. *Capparis*. *Voyez* GYNOPHORE.

BASILAIRE, adj. et s. m., *basilaris* (*basis*, base). Nom donné par Straus à l'une des six pièces du crâne des insectes, celle qui occupe la partie postérieure et inférieure de la tête.

BASILAIRE, adj., *basilaris*, *basalis*; *grundständig* (all.) : *basilare* (it.); qui est placé à la base d'une partie quelconque, qui y prend naissance. On dit : 1° en botanique, *appendice basilaire*, celui qui est fixé à la base d'un organe ; *aréole basilaire*, d'après H. Cassini, celle qui, dans l'ovaire des Synanthérées, occupe la base du péricarpe futur; *bourrelet basilaire*, d'après le même, celui qui entoure souvent l'aréole ; *arète basilaire*, dans les Graminées, celle qui se fixe à la base de l'écaille par laquelle elle est supportée (ex. *Poly-*

pogon); *déhiscence basilaire*, d'après Candolle, celle qui a lieu quand les carpelles sont plus soudées par le sommet que par la base, et se séparent à la maturité par leur extrémité inférieure (ex. *Cuscuta*); *embryon basilaire*, celui qui est logé tout entier dans la portion du périsperme la plus voisine du hile (ex. Ombellifères); *placentaire basilaire*, celui qui occupe la base de la cavité péricarpienne (ex. *Berberis*); *style basilaire*, celui qui naît à la base de l'ovaire (ex. *Hirtella peruviana*). Trinius donne le nom d'*écailles basilaires* ou *cœtonium* à la glume calicinale des Graminées à épillets multiflores. 2° En zoologie, *aréoles basilaires*, dans l'aile des insectes, celles qui sont parallèles à la base. La *Limnobia basilaris* est ainsi appelée parce que ses ailes brunes sont jaunes à la base.

BASILÉ, adj., *basilatus*. Les botanistes, d'après Mirbel, appellent *poil basilé* celui qui est élevé sur une base, sur un mamelon celluleux. Ex. *Urtica dioïca*.

BASINERVÉ, adj., *basinervis* (*basis*, base, *nervus*, nerf). Epithète donnée par les botanistes aux *feuilles* dont les nervures partent de la base et se dirigent vers le sommet, sans éprouver de division sensible. Ex. *Graminées*.

BASIQUE, adj., *basicus*. Autrefois les chimistes appelaient *sels basiques*, avec Berthollet, ceux qui exercent une réaction alcaline, ou du moins contiennent plus de base qu'une autre combinaison déjà neutre des deux mêmes substances. Aujourd'hui, on donne ce nom, d'après L. Gmelin, à tout sel dans lequel plusieurs poids atomiques de la base sont combinés avec un seul poids atomique de l'acide, ou, selon Berzelius, à ceux dans lesquels l'oxigène de la base est multiple à un degré quelconque de celui qui entre dans l'acide. Ce dernier chimiste applique aussi la même épithète aux sels haloïdes neutres combinés avec l'oxide du même métal.

BASISOLUTÉ, adj. , *basisolutus* (*basis*, basis, *solvo*, détacher). Se dit, en botanique, d'une partie qui est prolongée par sa base. On emploie rarement ce terme. Une *feuille basisolutée* est celle dont la base se prolonge en un petit appendice non adhérent. Ex. *Sedum reflexum*.

BASOIDE, adj. (βάσις, base, εἶδος, ressemblance). Épithète donnée, dans la nomenclature minéralogique de Haüy, à un prisme bipyramidé, dont une des faces de chaque pyramide a pris beaucoup plus d'accroissement que les autres, en sorte que le cristal se présente au premier aspect sous la forme d'un prisme terminé par une base oblique. Ex. *Quarz prismé basoïde*.

BASSIN, s. m. , *pelvis*; *Becken* (all.). On nomme ainsi : 1° en géognosie, une surface de terrain plus ou moins étendue où les eaux, suivant des versans divers, finissent par se réunir en un seul canal , qui les conduit soit à l'océan, soit à une mer intérieure ou à quelque lac; 2° en zoologie, une ceinture osseuse servant d'attache aux membres qui forment le bas ou l'arrière du tronc, et ainsi appelée , chez l'homme, à cause de sa figure, chez les autres vertébrés , à cause de l'analogie qu'elle présente toujours dans sa composition , malgré les diversités infinies de ses formes.

BASSORINE, s. f. , *bassorina*. Vauquelin a désigné sous ce nom le mucilage végétal qui existe dans la gomme de Bassora, et qui , lorsqu'on traite cette dernière par l'eau, reste sous la forme d'une gelée gonflée.

BASSORITE, s. f. Nom donné par Guibourt à la bassorine.

BAS-VENTRE, s. m., *alvus*. Terme populaire , dont on se sert particulièrement pour désigner la partie inférieure de l'abdomen, ou l'hypogastre, chez l'homme.

BAT. *Voyez* CLITELLUM.

BATARD, adj. et s. m. , *spurius*, *adulterinus;* *bastard* (all. angl.); *bastardo* (it.); qui n'est point légitime, qui n'est pas de bonne espèce, qui tient de deux espèces différentes. On emploie plus souvent le mot *hybride*, en botanique, et *métis* en zoologie. L'*aileron* (*voyez* ce mot) est quelquefois appelé *aile bâtarde*. Sous le nom d'*amphibies bâtards* ou *faux* (*Amphibia spuria*) Schneider avait établi une famille d'amphibies comprenant les poissons cartilagineux. Le *Passiflora adulterina* est ainsi nommé parce que la forme de son calice et de sa corolle diffère de celle qu'ont ces parties dans les autres espèces du genre.

BATÉRALECTORES, adj. et s. m. pl. , *Bateralectores* (βατήρ , marcheur, ἀλέκτωρ, coq). Nom donné par J.-A. Ritgen à une famille d'oiseaux, comprenant les Gallinacés ordinaires ou marcheurs.

BATÉRAPTODACTYLES, adj. et s. m. pl. , *Bateraptodactyli* (βατήρ, marcheur , ἅπτω, lier à, δάκτυλος, doigt). Nom donné par J.-A. Ritgen à une famille d'oiseaux, qui, comme les perroquets, marchent et ont des doigts propres à saisir les corps.

BATÉROCHOROPTÈNES, adj. et s. m. pl. , *Baterochoropteni* (βατήρ, marcheur, χῶρος, champs, πτηνός, volatile). Nom donné par J.-A. Ritgen à une famille d'oiseaux, comprenant les Gallinacés ordinaires , qui vivent dans les champs, et qui marchent.

BATHOMÈTRE, s. m., *bathometrum* (βάθος, profond, μετρέω, mesurer). Instrument qu'on a proposé de substituer à la sonde ordinaire, pour mesurer de grandes profondeurs dans la mer.

BATHYRHYNQUE, adj. , *bathyrhynchus* (βαθύς, épais, ῥύγχος, bec); qui a le bec épais. Le *Larus batyrhynchus* est ainsi appelé parce que son bec présente une bosselure de chaque côté, près de la pointe.

BATRACHOCÉPHALE, adj. , *batrachocephalus* (βάτραχος, grenouille, κεφαλή, tête); qui a une tête semblable à celle d'une grenouille. Ex. *Gobius batrachocephalus*.

BATRACHOGRAPHE, s. m. , *batrachographus* (βάτραχος, grenouille, γράφω, écrire). Naturaliste qui s'occupe spécialement des grenouilles et animaux voisins.

BATRACHOIDES, adj. et s. m. pl., *Batrachoïdes*. Nom donné par Blainville à une famille de poissons, qui a pour type le genre *Batrachus*.

BATRACHOPHIDES, adj. et s. m. pl., *Batrachophides* (βάτραχος, grenouille, ὄφις, serpent). Nom donné par Ficinus, Carus et Latreille à une division de l'ordre des reptiles ophidiens, comprenant ceux qui tiennent des Ophidiens par la forme de leur corps et des Batraciens par leur peau sans écailles, lisse et visqueuse.

BATRACHOSPERMÉES, adj. et s. f. pl., *Batrachospermeæ*. Nom donné par Reichenbach à une tribu de la famille des Nostochinées, par Agardh à une famille de l'ordre des Confervoïdées, par Friés à une tribu de la famille des Hydrophycées, qui ont pour type le genre *Batrachosperma*.

BATRACIENS, adj. et s. m. pl., *Batracii* (βάτραχος, grenouille). Nom donné par Cuvier, Duméril, Goldfuss et Eichwald à un ordre de la classe des reptiles, par Blainville à un ordre de celle des Amphibiens, et par Merrem à une classe du règne animal, coupes diversement délimitées par ces différens auteurs, et qui toutes ont pour type le genre Grenouille. Cette coupe, primitivement indiquée par Laurenti, a été établie par

A. Brongniart sous le nom et avec les limites que lui assigne Cuvier. Elle vient d'être l'objet d'un travail important de Muller.

BATTANT, s. m. , *valva*. Ce nom est quelquefois donné par les conchyliologistes aux deux pièces de l'enveloppe calcaire des mollusques acéphales, et par les botanistes aux valves des capsules plurivalves. C'est aussi celui des deux pièces mobiles qui garnissent l'avant et l'arrière du plastron dans quelques Chéloniens.

BAUERACÉES, adj. et s. f. pl., *Baueraceæ*. Nom donné par Lindley et Kunth à une famille de plantes, qui a pour type le genre *Bauera*.

BAUERÉES, adj. et s. f. pl., *Bauereæ*. Nom donné par Candolle à une tribu de la famille des Saxifragées, ayant pour type le genre *Bauera*.

BAUGE, s. f. Gîte du sanglier. Nid de l'écureuil.

BDALLIPODOBATRACIENS, adj. et s. m. pl. , *Bdallipodobatrachii* (βδάλλω, sucer, πούς, pied, βάτραχος, grenouille). Nom donné par J.-A. Ritgen à une famille de reptiles, comprenant ceux qui, comme les rainettes, ont les doigts des pattes armés de ventouses.

BDELLAIRES, adj. et s. m. pl. , *Bdellaria* (βδάλλω, sucer). Nom donné par Blainville à une famille d'entomozoaires apodes dont la locomotion s'exécute au moyen de ventouses placées aux deux extrémités du corps, comme dans les sangsues.

BDELLIENNES, adj. et s. f. pl., *Bdellianæ*. Nom donné par Savigny à une section de la famille des Hirudinées, qui a pour type le genre *Bdella*.

BEAU, adj. Ce mot, fréquemment employé comme nom spécifique, est rendu en latin par toutes les expressions capables de peindre les diverses nuances de l'idée qui s'y rattache, et dont voici quelques unes : *Kolbia elegans*, *Gnaphalium eximium*, *Gus-*

tavia augusta, *Macbridea pulchra*, *Poinciana pulcherrima*, *Psittacus pulchellus*, *Platylobium formosum*, *Pipra superba*, *Orobanche insignis*, *Trifolium ornatum*, *Turdus splendidus*, *Wallichia spectabilis*, *Macacus speciosus*, *Columba magnifica*, *Psittacus venustus*, *Mesembryanthemum micans*, *Tachyphonus somptuosus*.

BEC, s. m., *rostrum*; ρύγχος; *Schnabel* (all.); *beak* (angl.); *becco* (it.). On appelle ainsi : 1° en botanique, d'après Jacquin, une pointe dressée qui surmonte les cornes par lesquelles se termine le capuchon des *Stapelia*; 2° en zoologie, les prolongemens cornés qui constituent la bouche des oiseaux; une proéminence qui ressemble à celle-là, pour la forme et pour la substance, dans l'Ornithorhynque, certains poissons, les tortues et les céphalopodes ; une avance cornée, dure et amincie, au bout de laquelle sont placées les parties de la bouche dans certains insectes (ex. *Leptura rostrata*, *Lycus proboscideus*); l'espèce de suçoir qui est propre aux insectes hémiptères.

BEC-MOUCHES, s. f. pl. Nom donné par Duméril à une famille d'insectes diptères dont le front se prolonge en une sorte de bec ou museau. *Voy.* Hydromyes.

BECQUILLON, s. m. On appelle ainsi le bec des jeunes oiseaux de proie. Les fleuristes donnent le même nom, ou celui de *béquillon*, aux petits pétales qui, dans les anémones doubles, remplacent les pistils.

BÉGONIACÉES, adj. et s. f. pl., *Begoniaceæ*. Nom imposé par Bonplaud et Kunth à une famille de plantes, qui a pour type le genre *Begonia*.

BÊLEMENT, s. m., *balatus*; *Blöken* (all.); *bleating* (angl.); *belamento* (it.). Cri des béliers, des chèvres, des brebis, des moutons et des agneaux.

BÉLEMNITIQUE, adj., *belemniticus*; qui a rapport ou appartient aux Bélemnites. *Matière bélemnitique.*

BÉLEMNITOLOGIE, s. f., *belemnitologia*. Terme dont Faure Biguet s'est servi pour désigner l'histoire naturelle des Bélemnites.

BÉLIDES, adj. et s. m. pl., *Belides*. Nom donné par Schœnherr à un groupe de la famille des Curculionides, qui a pour type le genre *Belus*.

BÉLIERS, s. m. pl., *Arietes*. Sous ce nom Debuch désignait une tribu de la famille des Ammonées, comprenant celles qui ont le dos caréné et bosselé, ce qui les fait ressembler à une corne de bélier.

BELLIDÉES, adj. et s. f. pl., *Bellideæ*. Nom donné par H. Cassini à une section de la tribu des Synanthérées astérées, ayant pour type le genre *Bellis*.

BELLUÆ, s. f. pl., Linné désignait ainsi un ordre de la classe des Mammifères, comprenant le cheval, l'hippopotame, le cochon et le rhinocéros.

BÉLOGLOSSES, adj. et s. m. pl., *Beloglossi* (βέλος, trait, γλῶσσα, langue). Nom donné par Ranzani à une famille d'oiseaux grimpeurs, comprenant ceux qui, comme les pics, ont la langue lombriciforme, très-longue et protractile.

BELVISÉES. *Voy.* Belvisiacées.

BELVISIACÉES, adj. et s. f. pl., *Belvisiaceæ*. Nom donné par Kunth, d'après R. Brown, à la famille des Napoléonées, en raison du genre *Belvisia*, dénomination substituée par Desvaux à celle de *Napoleona*, qu'avait introduite Palisot-Beauvois, auteur de ce genre.

BEMBÉCIDES, adj. et s. m. pl., *Bembecides*. Nom donné par Goldfuss, Latreille et Eichwald à une tribu d'insectes hyménoptères fouisseurs, qui a pour type le genre *Bembex*.

BÉNITIERS, s. m. pl. Sous ce nom, Lamarck et Schweigger désignent une famille de l'ordre des Acéphales conchifères, renfermant la plus grande et la plus pesante des coquilles connues, la *Tridacna gigas*, dont le poids va jusqu'à cinq cents livres, et dont sont formés les bénitiers de l'église de Saint-Sulpice, donnés à François Ier par la république de Venise.

BENZOATE, s. m., *benzoas*. Genre de sels (*benzoesaure Salze*, all.), qui sont produits par la combinaison de l'acide benzoïque avec une base salifiable.

BENZOIQUE, adj., *benzoïcus*. Nom d'un acide (*Benzoesäure*, all.), obtenu dès 1608 par Blaise de Vigenère, en distillant le benjoin, et d'un *éther* (*Benzoeäther*, all.), découvert par Scheele, qui se prépare en distillant ensemble de l'alcool, de l'acide benzoïque et de l'acide hydrochlorique.

BERBÉRIDÉES, adj. et s. f. pl., *Berberideæ*. Nom donné par Jussieu à une famille de plantes qui a pour type le genre *Berberis*.

BERBÉRINE, s. f., *berberina*. Substance particulière, extractive, azotée, jaune et amère, que Buchner et Herberger ont trouvée dans la racine du *Berberis vulgaris*.

BÉRÉNICIDÉS, adj. et s. m. pl., *Berenicidei*. Nom sous lequel F. Eschenholtz désigne une famille de la classe des Acalèphes, qui a pour type le genre *Berenice*.

BERGE, s. f., *moles*. On désigne ainsi un terrain qui borde un cours d'eau, quand il présente des bords escarpés.

BÉROÉS, s. m. pl. Nom donné par Goldfuss à une famille de l'ordre des Médusines, par Ficinus et Carus à un ordre de la classe des Acalèphes, par Eichwald à une famille de celle des Cyclozoaires, coupes qui toutes ont pour type le genre *Beroe*.

BÉROIDÉS, adj. et s. m. pl., *Beroida*. Sous ce nom Rang et Eschenholtz désignent un ordre de la famille des Acalèphes, ayant pour type le genre *Beroe*.

BERTHOLLIMÈTRE, s. m.; *berthollimetrum*. Quelques chimistes ont appelé ainsi le *Chloromètre. Voy.* cet mot.

BERTIÉRÉES, adj. et s. f. pl., *Bertiereæ*. Nom donné par A. Richard à une tribu de la famille des Rubiacées, qui a pour type le genre *Bertiera*.

BÉRYLLÉ, adj. Les physiciens donnent cette épithète à la double *réfraction*, quand le rayon extraordinaire est écarté de l'axe et situé entre lui et le rayon ordinaire, comme dans le béryl.

BÉRYLLIUM, s. m., *beryllium*. Nom donné par les Allemands, en raison de son existence dans le béryl, au *glucium* (*voy.* ce mot), et qui conviendrait mieux que ce dernier, le plomb, l'yttria et l'oxide céreux produisant également des sels sucrés.

BÉSIMENCE, s. m., *besimen*. Nom imposé par Necker aux corpuscules reproducteurs des plantes agames.

BESLÉRIÉES, adj. et s. f. pl., *Beslerieæ*. Nom donné par Bartling à une tribu de la famille des Gesnériées, qui a pour type le genre *Besleria*.

BESTIAUX, s. m. pl., *Pecora*. Sous ce nom Linné et G.-C.-C. Storr ont désigné un ordre de la classe des Mammifères répondant à celui qu'on appelle aujourd'hui *Ruminans*.

BÉTOIRE, s. m. C'est le nom par lequel on désigne vulgairement des cavités ou trous coniques situés sur les bords ou au fond même d'une rivière, dont les eaux s'y enfoncent et s'y perdent, le plus souvent en partie seulement, mais quelquefois aussi en totalité.

BÉTULACÉES, adj. et s. f. pl., *Betulaceæ*. Nom donné par Marquis à une famille de plantes, qui a pour type le genre *Betula*.

BÉTULINE, s. f., *betulina*; *Birkenkampher* (all.). Sorte de stéaroptène, ou d'huile volatile solide, que Lowitz a découvert dans l'épiderme du *Betula alba*.

BÉTULINÉES, adj. et s. f. pl., *Betulineæ*. Nom donné par A. Richard et par Kunth à une famille de plantes, ayant pour type le genre *Betula*. Synonyme de *Bétulacées*. *Voy.* ce mot.

BEUGLEMENT, s. m., *boatus*; *Brüllen* (all.); *lowing*, *bellowing* (angl.); *maglio*, *muggito* (it.). Cri du bœuf, de la vache. Synonyme de *meuglement*, *mugissement*.

BEZOARDINE, s. f., *bezoardina*; *Bezoarstoff* (all.). John désigne sous ce nom une matière particulière qui forme la base des concrétions calculeuses appelées bezoards orientaux.

BEZOARDIQUE, adj., *bezoardicus*. Cette épithète a été donnée par Guyton-Morveau à l'*acide urique*.

BIACUMINÉ, adj., *biacuminatus* (*bis*, deux, *acumen*, pointe). Épithète par laquelle les botanistes désignent, d'après Mirbel, les *poils* à deux branches opposées par leur base, de manière qu'ils paraissent être attachés par le milieu. Ex. *Malpighia urens*.

BIAIGUILLONNÉ, adj., *biaculeatus*; qui porte deux aiguillons, comme le *Balistes biaculeatus*, poisson dont chaque nageoire ventrale est armée d'un aiguillon.

BIAILÉ, adj., *bialatus*; *zweiflügelig* (all.) (*bis*, deux, *ala*, aile). Épithète donnée par les botanistes aux fruits qui sont garnis de deux ailes ou appendices membraneux. Ex. *Dodonæa bialata*. *Voyez* DIPTÈRE.

BIALUMINIQUE, adj., *bialuminicus*. Nom donné, dans la nomenclature chimique de Berzelius, aux soussels à base d'alumine dans lesquels l'oxigène de la base est multi-

ple par deux de celui de l'acide. Ex. *Sulfate bialuminique*.

BIAMMONIACAL, adj., *biammoniacalis*. Se dit d'un sel qui contient de l'ammoniaque multiple par deux de son acide. Ex. *Sulfate argentique biammoniacal*.

BIANGULÉ, adject., *biangulatus* (*bis*, deux, *angulus*, angle); qui est muni de deux angles. Ex. *Arca biangula*, *Tellina biangularis*.

BIANTHÉRIFÈRE, adj., *biantheriferus* (*bis*, deux, *anthera*, anthère). Les botanistes donnent ce nom aux *filets* des étamines, quand ils supportent deux anthères. Ex. *Melhania decanthera*.

BIANTIMONIATE, s. m., *biantimonias*. Nom donné, dans la nomenclature chimique de Berzelius, aux sursels dans lesquels l'oxigène de l'acide antimonique est multiple par deux de celui de la base. Ex. *Biantimoniate potassique*.

BIAPICULÉ, adj., *biapiculatus* (*bis*, deux, *apiculus*, sommet). H. Cassini donne cette épithète aux *poils* de l'ovaire des Synanthérées, qui sont le plus ordinairement fendus ou échancrés au sommet.

BIARISTÉ, adj., *biaristatus* (*bis*, deux, *arista*, arète). Les botanistes désignent ainsi les *stipules*, quand elles sont terminées par deux prolongemens en forme de soie. Ex. *Psychotria biaristata*.

BIARSÉNIATE, s. m., *biarsenias*. Nom donné, dans la nomenclature chimique de Berzelius, à des sursels dans lesquels l'oxigène de l'acide arsénique est multiple par deux de celui de la base.

BIARTICULÉ, adj., *biarticulatus*; *zweigliedrig* (all.) (*bis*, deux, *articulus*, article). Se dit, en zoologie, des *antennes* des insectes, quand elles sont formées de deux articles seulement; de l'*abdomen* de ces animaux, quand il est dans le même cas (ox.

Nycteribia biarticulata); et du bec de certains hémiptères (ex. *Belostoma*), lorsqu'il a la même conformation.

BIATOMIQUE, adj., *biatomicus* (*bis*, deux, *atomus*, atome). Se dit, dans la nomenclature chimique de Berzelius, d'un corps qui, ayant la même composition qu'un autre, renferme, sous un même volume, un nombre double d'atomes simples. Ex. *Carbure dihydrique biatomique.*

BIAURICULÉ, adj., *biauriculatus, biauritus* (*bis*, deux, *auricula*, auricule); qui est muni de deux appendices en forme d'auricules, comme les valves de l'*Ostrea biauriculata*, ou comme le *Pteris biaurita*, fougère dont les pinnules inférieures sont doubles et en forme d'oreilles.

BIAXIFÈRE, adj., *biaxiferus* (*bis*, deux, *axis*, axe, *fero*, porter); qui a deux axes. Turpin appelle *inflorescence biaxifère* celle qui présente deux axes ou deux degrés de végétation. Ex. *Anethum Fœniculum.*

BIBASIQUE, adj., *bibasicus* (*bis*, deux, *basis*, base). Nom donné, dans la nomenclature chimique de Berzelius, aux oxisels qui contiennent deux fois autant de base que les mêmes sels à l'état neutre, ou à des sels haloïdes résultant de la combinaison d'un atome du sel neutre avec deux atomes de l'oxide du même radical.

BIBINAIRE, adj., *bibinarius* (*bis*, deux, *binarius*, double). Nom donné, dans la nomenclature minéralogique de Haüy, à un *cristal* produit en vertu de deux décroissemens, l'un et l'autre par deux rangées. Ex. *Chaux carbonatée bibinaire.*

BIBINO-ANNULAIRE, adj., *bibino-annularis* (*bis*, deux, *binarius*, double, *annulus*, anneau). Nom donné, dans la nomenclature minéralogique de Haüy, à un *prisme* hexaèdre régulier, dont la base est entourée de six facettes également inclinées, et produites en vertu de deux décroissemens par deux rangées, l'un sur les bords, l'autre sur les angles de la même base. Ex. *Mica bibino-annulaire.*

BIBISALTERNE, adj., *bibisalternus*. Nom donné, dans la nomenclature minéralogique de Haüy, à un *prisme* hexaèdre régulier avec six facettes obliques, situées au contour de chaque base, sur deux rangs, et qui alternent par rapport tant aux pans qu'aux faces de l'autre sommet. Ex. *Mercure sulfuré bibisalterne.*

BIBORATE, s. m., *biboras*. Nom donné, dans la nomenclature chimique de Berzelius, à des sursels dans lesquels l'oxigène de l'acide borique est multiple par deux de celui de la base.

BIBOSSU, adject., *bigibbus*; qui porte deux bosses. Le *Kyphosus bigibbus* en a une entre les yeux, et une autre sur la nuque.

BIBRACTÉOLÉ, adj., *bibracteolatus*; qui est muni de deux bractéoles.

BIBRACTÉTÉ, adj., *bibracteatus*; qui est muni de deux bractées. Ex. *Nelensia bibracteata, Melastoma bibracteatum.*

BICALLEUX, adj., *bicallosus* (*bis*, deux, *callus*, cal); qui est muni de deux callosités. Ex. *Diplecthrum bicallosum.*

BICAPSULAIRE, adj., *bicapsularis* (*bis*, deux, *capsula*, capsule). Se dit du fruit, quand il est formé par la réunion de deux capsules. Ex. *Cassia bicapsularis.*

BICARBONATE, s. m., *bicarbonas*. Nom donné, dans la nomenclature chimique de Berzelius, à des sursels dans lesquels l'oxigène de l'acide carbonique est multiple par deux de celui de la base.

BICARBONÉ, adj., *bicarbonatus*. On appelle *gaz hydrogène bicarboné* le second degré gazeux de carbonation de l'hydrogène, celui qui contient deux fois autant de carbone que l'autre.

BICARBURE, s. m., *bicarburetum*. Carbure dans lequel la proportion du carbone est double de celle qui existe dans un autre. Faraday appelle *bicarbure d'hydrogène* un corps que Berzelius nomme *carbure dihydrique triatomique*, et qui a la même composition que le gaz oléfiant, mais renferme, sous un même volume, un nombre triple d'atomes simples.

BICARÉNÉ, adj., *bicarinatus* (*bis*, deux, *carina*, carène); qui est marqué de deux carènes, comme la valve inférieure de la *Gryphæa bicarinata*. Raspail donne cette épithète à la paillette supérieure des Graminées, quand elle est marquée de deux nervures placées plus près des bords que du centre, ou à une égale distance l'une de l'autre.

BICAUDÉ, adj., *bicaudatus*, *bicaudalis*; *zweischwänzig* (all.) (*bis*, deux, *cauda*, queue); qui a deux queues ou deux appendices caudiformes. L'*Oniscus bicaudatus* a le corps terminé par deux appendices aussi longs que lui; la *Perla bicaudata* porte deux longs filets à l'extrémité de l'abdomen; l'*Ostracion bicaudalis* offre deux aiguillons au-dessous de la queue.

BICERCLÉ, adj., *bicinctus*, *bicingulatus*; qui offre deux raies colorées en forme de cercles; comme la *Ganga bicincta*, qui a deux colliers demi-circulaires remontant sur le dos; le *Trochus bicingulatus* et la *Turritella bicingulata*, dont les tours de spire offrent deux bandes colorées au milieu.

BICHROMATE, s. m., *bichromas*. Nom donné, dans la nomenclature chimique de Berzelius, à des sursels dans lesquels l'oxigène de l'acide chromique est multiple par deux de celui de la base.

BICIPITÉ, adj., *biceps*; *zweiköpfig* (all.) (*bis*, deux, *caput*, tête). Se dit, en botanique, de la *carène* des légumineuses, quand les deux pièces qui la constituent sont soudées par le haut et libres par le bas.

BICLAVÉ, adj., *biclavatus*; *doppeltkeulig* (all.) (*bis*, deux, *clavus*, clou). Un insecte hémiptère (*Pachlys biclavatus*) est ainsi appelé parce que les deux avant-derniers articles de ses antennes sont épais à l'extrémité.

BICOLLIGÉ, adj., *bicolligatus*; *doppeltgeheft* (all.) (*bis*, deux, *colligo*, ramasser). Illiger donne cette épithète aux *pieds* des oiseaux, quand les doigts antérieurs sont réunis à la base par une membrane. Ex. *Cigogne*.

BICOLOR, adj., *bicolor*, *bicolorus*, *dicolorus*; *zweifärbig* (all.) (*bis*, deux, *color*, couleur). Offrant deux couleurs bien tranchées, comme le *Holcus bicolor*, qui a les calices noirs et les semences blanches; le *Tropæolum bicolorum*, qui a deux pétales jaunes et trois rouges; le *Caladium bicolor*, dont le centre de la feuille verte est marqué d'une brillante tache rouge; le *Mesembryanthemum bicolorum*, dont les pétales sont jaunes en dedans et pourprés à l'extérieur. Se dit aussi d'un animal chez lequel prédominent deux couleurs principales, comme le jaune ou l'orangé et le noir dans le *Sciurus bicolor* et le *Ramphastos dicolorus*. *Voyez* DICHROME, DISCOLOR.

BICOLORINE, s. f., *bicolorina*. Nom donné par Raab à une substance, encore problématique, trouvée d'abord par Martius dans la teinture de quassia, la dissolution de sursulfate de quinine, etc., puis par Georges dans la teinture spiritueuse de stramoine, qui donne aux liqueurs dans lesquelles elle est tenue en dissolution la propriété de produire une couleur bleue par réflexion, tandis qu'elles ne font paraître par transmission que celle qui leur est propre.

BICONCAVE, adj., *biconcavus.* Se dit d'un corps plan, dont chacune des deux faces est excavée ; *verre biconcave.*

BICONJUGATO-PENNÉ, adj., *biconjugato-pinnatus. Voyez* BIDIGITÉ-PENNÉ.

BICONJUGUÉ, adj., *biconjugatus* (*bis*, deux, *conjungo*, joindre). Épithète donnée aux *feuilles* dont le pétiole commun est bifurqué au sommet, chaque bifurcation portant une paire de folioles. *Voyez* BIGÉMINÉ.

BICONTOURNÉ, adj., *bicontortus, distortus ;* qui est tordu deux fois sur lui-même, comme les légumes de l'*Hippocrepis bicontorta* et la racine du *Polygonum Bistorta.*

BICONVEXE, adj., *biconvexus.* Se dit d'un corps plan, dont les deux faces sont bombées ou convexes, comme les feuilles du *Rochea biconvexa.*

BICORDÉ, adj., *bicordatus* (*bis*, deux, *cor*, cœur). Un oursin (*Ananchytes bicordata*) est ainsi appelé parce que son test obovale offre une sorte d'échancrure à chaque extrémité.

BICORNE, adj., *bicornis ; zweihörnig* (all.) ; qui est terminé par ou garni de deux pointes semblables à des cornes, comme les *anthères* de l'*Erica vulgaris*, les *capsules* du *Martynia proboscidea*, la *silicule* du *Thlaspi ceratocarpum*, les *cypsèles* du *Sylphium*, le *casque* de l'*Orchis bicornis*, le *chaperon* de l'*Osmia bicornis*, l'*abdomen* de l'*Aranea bicornis.*

BICORNES, adj. et s. f. pl., *Bicornes.* Nom donné par Linné à une famille de plantes dont les étamines sont garnies de deux larges pointes, et par Ventenat à la famille des Bruyères, dans laquelle cette particularité est caractéristique.

BICOSTÉ, adj., *bicostatus, bicostalis* (*bis*, deux, *costa*, côte) ; qui est marqué de deux côtes, ou élévations longitudinales, comme la valve supérieure de la *Crenatula bicostalis.*

BICOUDÉ, adj., *bigeniculatus ;* qui offre deux coudes ou deux inflexions, comme la trompe de l'*Ensine pratensis.*

BICOURONNÉ, adj., *bicoronatus* (*bis*, deux, *corona*, couronne). H. Cassini donne cette épithète à la *calathide* des Synanthérées, quand elle contient trois sortes de fleurs différentes sous le rapport de la corolle, les unes intérieures, les autres externes, et d'autres intermédiaires, ces deux dernières formant une double couronne. La *Voluta bicoronata* est ainsi nommée parce que le sommet de chacun de ses tours porte une double couronne de dents.

BICUIRASSÉS, adj. et s. m. pl., *Bipeltata.* Nom donné par Latreille, Cuvier et Eichwald à une famille de l'ordre des Crustacés stomapodes, comprenant ceux dont le thoracide est divisé en deux boucliers, l'un antérieur, qui forme la tête, l'autre postérieur, qui répond à l'alvithorax.

BICUIVRIQUE, adj., *bicupricus.* Épithète donnée, dans la nomenclature chimique de Berzelius, à des soussels dans lesquels l'oxigène de l'oxide cuivrique est multiple par deux de celui de l'acide. Ex. *Carbonate bicuivrique.*

BICUSPIDÉ, adj., *bicuspidatus ; zweispitzig* (all.) (*bis*, deux, *cuspis*, pointe) ; qui offre deux pointes, comme le *Jungermannia bicuspidata*, dont les frondules se terminent par une échancrure bidentée, et la *Sertularia bicuspidata*, dont le polypier rameux offre de petits nœuds bien distincts, formés de deux cellules à pointes divergentes en dehors.

BICYANATE, s. m., *bicyanas.* Nom donné, dans la nomenclature chimique de Berzelius, à des sursels dans lesquels l'oxigène de l'acide cyanique est multiple par deux de celui de la base.

BIDACTYLE, adj., *bidactylus* (*bis*, deux, δάκτυλος, doigt) ; qui a deux doigts. Mauvais synonyme de DIDACTYLE.

BIDENTÉ, adj., *bidens*, *bidentatus*, *bidentorius*, *bidentalis*, *biserratus* ; *zweigezahnt* (all.). Se dit : 1° en botanique, d'une partie qui offre sur ses bords des divisions plus ou moins profondes, d'où résultent deux saillies en forme de dents, par exemple des *spathelles* du *Triticum hybernum*, des *spathellules* de l'*Agrostis canina*, des *feuilles* du *Cambessedia bidentata* et du *Limodorum bidentatum* ; ou d'une partie, déjà dentée, dont les dents sont elles-mêmes dentelées, comme les *feuilles* du *Clidesmia biserrata*. 2° En zoologie. L'*Hyperoodon bidentatum* a deux petites dents en avant de la mâchoire inférieure ; le *Falco bidentatus* offre une double échancrure sur chaque bord de la mandibule supérieure ; le *Diodon bidentatus* a le bec armé de deux fortes dents ; le *Crypturus bidentorius* a les mandibules garnies de dents à leurs extrémités. On dit les *antennes* des insectes *bidentées*, quand elles sont dentées des deux côtés.

BIDENTIDÉES, adj. et s. f. pl., *Bidentideæ*. Nom donné par Lessing à une section de la sous-tribu des Sénécionidées hélianthées, qui a pour type le genre *Bidens*.

BIDENTIGÈRE, adj., *bidentigerus* (*bis*, deux, *dens*, dent, *gero*, porter). Illiger donne cette épithète au *bec* des oiseaux, quand la mandibule supérieure est armée latéralement de deux dents.

BIDIGITÉ, adj., *bidigitatus* (*bis*, deux, *digitus*, doigt). Les botanistes appellent ainsi une feuille dont le pétiole commun se termine par deux

folioles. Ex. *Zygophyllum Fabago*.

BIDIGITI-PENNÉ, adj., *bidigitipinnatus*. Épithete donnée aux *feuilles* dont le pétiole commun porte à son sommet deux pétioles secondaires, le long desquels les folioles sont attachées. Ex. *Mimosa purpurea*.

BIDOUBLANT, adj., *biduplicans*. Nom donné, dans la nomenclature minéralogique de Haüy, à un *cristal* dont le signe est composé d'exposans qui formeraient une progression, si deux d'entr'eux n'étaient doubles. Ex. *Chaux carbonatée bidoublante*.

BIDUCTULEUX, adj., *biductulosus*. Se dit d'une *feuille* sur laquelle on aperçoit deux nervures. Ex. *Pilotrichum biductulosum*.

BIÉCUSSONÉ, adj., *biscutatus*. Le *Crocodilus biscutatus* est ainsi appelé parce que sa nuque est armée seulement de deux grandes plaques pyramidales sur son milieu.

BIEMBRYONÉ, adj., *biembryonatus*. Se dit d'une graine qui contient deux embryons. Ex. *Æsculus Hippocastanum*.

BIÉPERONNÉ, adj., *bicalcaratus*. Se dit d'un oiseau dont le mâle a les tarses garnis de deux éperons (ex. *Tetrao bicalcaratus*), ou d'une plante dont la corolle est munie de deux éperons à sa base (ex. *Corysanthes bicalcarata*).

BIÉPILLÉ, adj., *bispicatus*. Dont les fleurs forment deux épis par leur disposition. Ex. *Scirpus bispicatus*.

BIÉPINEUX, adj., *bispinosus* ; qui offre deux épines, comme le corselet de la *Formica bispinosa*, la partie moyenne de chaque côté du test du *Gonoplax bispinosus*, et la carapace de la *Chelys bispinosa*, qui est fourchue en arrière.

BIÉRÉMÉ, adj., *bierematus*. Nom donné par Mirbel à un *fruit* composé de deux érèmes, comme le cénobion du *Cerinthe major*.

BIFARIBRANCHES, adj. et s. m.

...l., *Bifaribranchia* (*bifarius*, double, βράγχια, branchies). Nom donné par Latreille à une famille de la classe des Gastéropodes, comprenant ceux qui ont les branchies situées sur les deux côtés inférieurs du corps.

1. **BIFARIÉ**, adj., *bifarius* ; *zweireihig* (all.). Se dit, en botanique, des parties qui naissent ou se disposent en général sur deux faces opposées, en deux séries ou files, comme les feuilles du *Donax bifarius*.

BIFASCIÉ, adj., *bifasciatus* (*bis*, deux, *fascia*, bande); qui offre deux bandes colorées sur un fond d'une autre teinte. Ex. *Cercopis bifasciata*, *Myrmeleon bifasciatum*, *Tabanus ditænia*.

BIFENDU, adj., *bifissus* (*bis*, deux, *fissus*, fendu). La *Scutella bifissa* est un actinozoaire dont le test offre deux entailles profondes.

BIFENESTRÉ, adj., *bifenestratus*. La *Chiroscelis bifenestrata* offre, sur le second anneau de son ventre, deux taches roussâtres, dont la dernière paraît être membraneuse, et non cornée, comme le reste du corps.

1. **BIFÈRE**, adj., *biferus* (*bis*, deux, *fero*, porter). Se dit, en minéralogie, d'un *cristal* dans lequel chaque angle solide et chaque bord de la forme primitive subit deux décroissemens (ex. *Cuivre gris bifère*); en botanique, d'après Candolle, d'un *végétal* qui porte fleur deux fois dans l'espace d'un an.

2. **BIFERRIQUE**, adject., *biferricus*. Épithète donnée, dans la nomenclature chimique de Berzelius, à des roussels dans lesquels l'oxigène de l'oxide ferrique est multiple par deux de celui qui entre dans le sel neutre. Ex. *Sulfate biferrique*.

BIFERRUGINEUX, adject., *biferruginosus*. Beudant appelle *hydrosulfate biferrugineux* le sulfate bifer-

rique naturel contenant de l'eau, ou pittizite.

BIFIDE, adj., *bifidus* ; *zweispaltig*. Se dit, en botanique, d'une partie qui est divisée jusqu'à moitié, ou à peu près, en deux portions égales, comme le *calice* du *Pedicularis palustris*, les *pétales* du *Draba verna*, le *style* du *Salicornia*, le *stigmate* du *Salix alba*, les *anthères* du *Sparganium erectum*, l'*arille* du *Lathyrus palustris*. L'*Asilus bifidus* a le dernier article de ses antennes tubulé et chargé d'une soie qui les fait paraître bifides.

BIFISSILE, adj., *birimosus*. Se dit des *anthères*, quand elles sont à loges, et qu'elles s'ouvrent par une fente longitudinale placée sur le milieu de chaque loge (cas le plus ordinaire), ou par une fente transversale (ex. *Lavandula*).

BIFISTULEUX, adj., *bifistulosus* ; *zweiröhrig* (all.). Se dit d'une *feuille* qui offre deux cavités dans toute sa longueur. Ex. *Lobelia Dortmanna*.

BIFLABELLÉ, adj., *biflabellatus* (*bis*, deux, *flabellum*, éventail). Épithète donnée aux *antennes* des insectes, quand elles sont branchues de deux côtés.

BIFLORE, adj., *biflorus* ; *zweiblüthig*, *zweiblümig* (all.); *bifloro* (it.) (*bis*, deux, *flos*, fleur); qui porte ou qui renferme deux fleurs, comme le *pédoncule* du *Mniarum biflorum*, la *cupule* du *Fagus*, la *calathide* du *Senecio biflorus*, la *glume* de l'*Aira caryophyllea*, la *spathe* du *Narcissus biflorus*. *Voyez* DIANTHE, DIFLORIGÈRE.

BIFOLIÉ, adj., *bifolius*, *bifoliatus* ; *zweiblättrig* (all.); *bifillo*, *bifogliato* (it.). Se dit d'une *plante* dont la tige est garnie au milieu de deux feuilles opposées. Ex. *Orchis bifolia*, *Diphyllum bifolium*, *Mitella diphylla*. *Voyez* DIPHYLLE.

BIFOLIOLÉ, adj., *bifoliolatus*.

Se dit d'une *feuille composée*, dont le pétiole commun porte deux folioles. Ex. *Cassia bifoliolata*.

BIFOLLICULE, s. m., *bifolliculus*. Fruit provenant d'un ovaire d'abord simple, qui se partage jusqu'à sa base en deux parties, lesquelles deviennent deux follicules ou boîtes péricarpiennes, formées chacune d'une seule valve pliée dans sa longueur et soudée sur les bords. Ex. *Apocynées*.

BIFORÉ, adj., *biforus*, *biforatus*, *biperforatus*; qui est percé de deux trous. Les *anthères biforées* sont celles qui s'ouvrent par deux pores (ex. *Solanum*). La *Scutella bifora* est un oursin dont le test offre deux ouvertures oblongues postérieures.

BIFORÉS, adj. et s. m. pl., *Bifora*. Nom donné par Latreille à une famille de Cirripèdes dibranches, dont l'opercule du tube est à deux battans.

BIFORIPALLES, adj. et s. m. pl., *Biforipalla* (*biforus*, biperforé, *pallium*, manteau). Latreille appelle ainsi un ordre de la classe des Conchifères, comprenant ceux dont le manteau offre deux ouvertures, l'une pour le passage du pied, l'autre propre aux déjections.

BIFORME, adj., *biformis*; *doppeltgestaltig* (all.) (*bis*, deux, *forma*, forme). Épithète donnée, dans la nomenclature minéralogique de Haüy, à un *cristal* qui offre, dans l'ensemble de ses faces, la combinaison de deux formes (ex. *Baryte sulfatée biforme*); en botanique, d'après H. Cassini, à la *calathide* des Synanthérées, quand elle renferme deux sortes de fleurs de forme différente (ex. *Camomille*).

BIFURCATION, s. f., *bifurcatio* (*bis*, deux, *furca*, fourche). Endroit où une partie se divise en deux, de manière à offrir l'aspect d'une fourche.

BIFURQUÉ, adject., *bifurcatus*;

zweigabelig, *gabelförmig* (all.); *biforcato* (it.). Divisé en deux parties qui partent du même point; comme la *tige* du *Valeriana*, les *pédoncules* du *Stenostomum bifurcatum*, les *feuilles* du *Ceratophyllum demersum*, le *style* du *Cordia Myxa*, les *poils* du *Thrincia hispida*, les *filets* des étamines du *Crambe*.

BIGÉMINÉ, adj., *bigeminus*, *bigeminatus*, *biconjugatus*; *doppeltzweizählig* (all.); *bigeminato* (it.) (*bis*, deux, *geminus*, gémeau). Se dit : 1° en minéralogie, dans la nomenclature de Haüy, d'un *cristal* dont les faces offrent la combinaison de quatre formes qui, prises deux à deux, sont de la même espèce, comme deux rhomboïdes et deux dodécaèdres (ex. *Chaux carbonatée bigéminée*); 2° en botanique, d'une *feuille* dont le pétiole commun se termine par deux pétioles secondaires, et où chacun de ceux-ci porte une paire de folioles (ex. *Inga bigemina*).

BIGÈNE, adj., *bigenus* (*bis*, deux, *geno*, engendrer). Nees d'Esenbeck donne cette épithète aux *arbres* qui, sur la fin de l'été, produisent une seconde mais faible pousse de feuilles. Ex. *Pyrus*.

BIGÉNÈRE, adj., *bigeneris* (*bis*, deux, *genus*, genre). Linné appelait ainsi les hybrides ou métis nés d'individus appartenant à deux genres différens.

BIGIBBEUX, adject., *bigibbosus*; qui porte deux bosses, comme le bas du pétale inférieur de l'*Ionidium bigibbosum*.

BIGLANDULEUX, adj., *biglandulosus* (*bis*, deux, *glandula*, glande). L'*Hecatea biglandulosa* a ses feuilles munies de deux glandes un peu au-dessus de leur base.

BIGLOBULEUX, adj., *biglobosus*. L'*Inga biglobosa* a ses fleurs disposées en épis, qui sont resserrés dans le milieu, et semblent par conséquent

composés de deux sphères superposées.

BIGLUMÉ, adj., *biglumatus*. Se
dit d'une *locuste* qui renferme deux
glumes. Ex. *Panicum*.

BIGNONIACÉES, adj. et s. f. pl.,
Bignoniaceæ. Famille de plantes,
établie par Jussieu, et qui a pour
type le genre *Bignonia*.

BIGNONIÉES, adj. et s. f. pl.,
Bignonieæ. Nom donné par A. Richard à une section de la famille des
Bignoniacées, ayant le genre *Bignonia* pour type.

BIGRANULAIRE, adj., *bigranularis* (*bis*, deux, *granum*, grain).
L'*Echinus bigranularis* a ses tubercules disposés partout sur deux séries.

BIHASTÉ, adj., *bihastatus* (*bis*,
deux, *hasta*, hache). Le *Rhinolophus bihastatus* a sur le nez deux appendices foliacés, tous deux en forme
de lance.

BIHYDRIQUE, adj., *bihydricus*.
Berzelius appelle *phosphure bihydrique* celui qui contient deux fois autant d'hydrogène que le premier degré de combinaison définie des deux
corps. L'existence de ce corps n'est
que présumée. Le seul qui s'en rapproche, et qui a été découvert par
H. Davy, paraît être un mélange des
phosphures monohydrique et bihydrique.

BIHYDROSULFATE, s. m., *bihy-
drosulfas*. Nom donné par Beudant
à un bisulfate qui contient de l'eau de
cristallisation.

BIHYPOSULFARSENITE, s. m.,
bihyposulfarsenis. Nom donné, dans
la nomenclature chimique de Berzelius, à un sursulfosel dans lequel le
sulfide hyparsénieux est en proportion double de celle qui existe dans
le sel considéré comme neutre. Ex.
Bihyposulfarsenite potassique.

BIIODURE, s. m., *biioduretum*,
biiodetum. Composé qui contient

deux fois autant d'iode qu'un iodure
simple. Ex. *Biiodure ammonique*.

BIJUGUÉ, adj., *bijugatus*; *zwei-
paarig* (all.); *accopiato* (it.) (*bis*,
deux, *jugum*, paire). Épithète donnée, en minéralogie, dans la nomenclature de Haüy, à un cristal dans
lequel les décroissemens naissent deux
à deux sur les bords ou sur les angles
(ex. *Chaux carbonatée bijuguée*);
en botanique, à une *feuille* composée,
qui a deux paires de folioles opposées deux à deux (ex. *Melicocca bi-
juga*).

BILABIÉ, adj., *bilabiatus*; *zwei-
lippig* (all.) (*bis*, deux, *labium*,
lèvre). Se dit, en botanique, d'une
partie qui a deux portions principales, l'une supérieure, l'autre inférieure, entr'ouvertes et disposées à la
manière des lèvres des animaux,
comme le *calice* des *Salvia*, la corolle des *Rhinanthus*, l'*indusie* du
Trichomanes bilabiatum, les *pétales*
tubulés, avec un limbe à deux lèvres,
du *Nigella sativa*.

BILAMELLÉ, adj., *bilamellatus*
(*bis*, deux, *lamella*, lamelle); qui est
composé de deux lamelles, comme
le *stigmate* du *Martynia proboscidea*. Cette épithète est donnée aux
cloisons marginaires, quand elles
sont formées chacune par deux valves contiguës, dont les bords rentrans pénètrent dans l'intérieur de la
capsule, en sorte qu'elles se séparent
en deux lames, à l'époque de la déhiscence (ex. *Digitalis purpurea*). La
Spongia bilamellata est une sorte
d'entonnoir pédiculé, qui se termine
par deux grandes lames parallèles.

BILATÉRAL, adj., *bilateralis* (*bis*,
deux, *latus*, côté). On dit, en botanique: *feuilles bilatérales*, d'après
Mirbel, celles qui, partant de points
différens, se dirigent de deux côtés
opposés (ex. *Taxus baccata*); *placentaire bilatéral*, celui qui est placé sur
deux côtés opposés du péricarpe (ex.

Ribes rubrum); *lobes* d'anthères *bi-latéraux*, ceux qui sont séparés et placés de deux côtés opposés du filet (ex. *Bigonia dichotoma*), ou du connectif (ex. *Tradescantia virginica*). Un animal *bilatéral* est celui qu'on peut partager eu deux côtés similaires, situés à droite et à gauche du plan sécant qui passerait par la longueur du corps.

BILICHÉNATE, s. m., *bilichenas*. Sursel qui contient deux fois autant d'acide lichénique que le lichénate neutre de la même base.

BILIGULÉ, adj., *biligulatus* (*bis*, deux, *ligula*, lanière). H. Cassini donne cette épithète à la *corolle* des Synanthérées, lorsque le limbe se prolonge en deux languettes, l'une extérieure ou postérieure, l'autre interne ou antérieure. Ex. *Gammarthron biligulatum*.

BILIGULIFORME, adj., *biliguliformis*. Épithète donnée par H. Cassini à un genre indéterminé de corolle de Synanthérées, dont le limbe semble se prolonger en deux languettes.

BILINGUE, adj., *bilinguis* (*bis*, deux, *lingua*, langue). Le *Jodamia bilinguis* est un testacé fossile dont le moule de la valve inférieure a la plus grande ressemblance avec le bout d'une langue de bœuf.

BILOBÉ, adj., *bilobus*, *bilobatus*; *zweilappig* (all.) (*bis*, deux, *lobus*, lobe). Se dit, en botanique, d'une partie qui offre deux divisions séparées par un sinus obtus plus ou moins arrondi à sa base, qui est divisée jusqu'à moitié à peu près en deux portions d'une longueur et d'une épaisseur notables; comme les *anthères* de la plupart des plantes, les *capsules* du *Veronica biloba*, le *stigmate* du *Chelidonium glaucium*, l'*embryon* des plantes dicotylédones, les *cotylédons* du *Brassica oleracea*, le *périsperme* du *Coccoloba*. On appelle

en zoologie *Aurata bilobata* un poisson qui a la nageoire caudale fourchue, et *Terebratula bilobata* une coquille dont la valve inférieure offre un excavation médiane qui la rend presque bilobée.

BILOCULAIRE, adj., *bilocularis*; *zweifächerig* (all.) (*bis*, deux, *loculus*, loge). Se dit: en botanique, d'une *baie* (ex. *Ligustrum vulgare*), d'une *capsule* (ex. *Syringa vulgaris*), d'une *pyxide* (ex. *Hyoscyamus niger*), d'un *érème* (ex. *Cerinthe major*), d'*anthères* (ex. *Orchis bifolia*), d'un *noyau* (ex. *Ziziphus sativus*), d'un *légume* (ex. *Astragalus exscapus*), d'une *carcérule* (ex. *Circæa luteliana*), qui ont deux loges; d'une *feuille* qui est étroite, presque cylindrique, ayant intérieurement deux cavités à côté l'une de l'autre, dues probablement à l'enroulement des bords (ex. *Lobelia Dortmannia*). En zoologie, le *Mytulus bilocularis* est ainsi nommé à cause d'une lame septiforme qui couvre à l'intérieur une partie de la cavité du crochet.

BILOPHE, adj., *bilophus* (*bis*, deux, λόφος, huppe). Le *Trochilus bilophos* porte un paquet de longues plumes effilées derrière chaque œil.

BILUNULÉ, adj., *bilunulatus* (*bis*, deux, *lunula*, croissant); qui est marqué de deux taches en forme de croissant. Ex. *Labrus bilunulatus*, *Leia bilunula*.

BIMACULÉ, adj., *bimaculatus*, *bimaculosus* (*bis*, deux, *macula*, tache); qui est marqué de deux taches d'une couleur autre que celle du corps. Ex. *Gobiesox bimaculatus*, *Nitidula bimaculata*, *Noctua bimaculosa*.

BIMALATE, s. m., *bimalas*. Nom donné à un sursel qui contient deux fois autant d'acide malique que le sel neutre de la même base. Ex. *Bimalate zincique*.

BIMANES, adj. et s. m. pl., *Bi-manes* (*bis*, deux, *manus*, main). Blumenbach, Cuvier, Duméril, Ranzani, Latreille et Desmarest donnent ce nom à un ordre de la classe des Mammifères, comprenant ceux qui n'ont de mains qu'aux extrémités antérieures seules, ou les hommes ; Bory, au même ordre, auquel il associe le genre Orang ; et Blainville, à une famille de reptiles sauriens, dans laquelle il range ceux qui n'ont que des pattes antérieures, sans pieds de derrière.

BIMARGARATE, s. m., *bimargaras*. Épithète par laquelle on désigne un sursel qui contient deux fois autant d'acide margarique que le sel neutre de la même base. Ex. *Bimargarate potassique*.

BIMARGINÉ, adj., *bimarginatus* (*bis*, deux, *margo*, bord). L'*Eugenia bimarginata* offre une double nervure contiguë au bord externe de ses feuilles. Le *Pleurotoma bimarginata* a ses tours de spire bordés en haut et en bas.

BIMÉTRIQUE, adj., *bimetricus* (*bis*, deux, μετρέω, mesurer). Épithète donnée, dans la nomenclature minéralogique de Haüy, à un *cristal* dans lequel deux décroissemens font naître des faces relatives à deux solides de dimensions très-différentes, comme lorsque la forme de l'un est très-surbaissée et celle de l'autre élancée (ex. *Chaux carbonatée bimétrique*).

BIMIXTE, adj., *bimixtus*. Épithète donnée, dans la nomenclature minéralogique de Haüy, à un *cristal* qui résulte de deux lois mixtes de décroissement. Ex. *Chaux carbonatée bimixte*.

BIMOLYBDATE, s. m., *bimolybdas*. Nom donné, dans la nomenclature chimique de Berzelius, à un sursel dans lequel l'oxigène de l'acide molybdique est multiple par deux de celui de la base. Ex. *Bimolybdate ammonique*.

BIMUCRONÉ, adj., *bimucronatu* (*bis*, deux, *mucro*, pointe). Le *Cellepora bimucronata* a les ouvertures des cellules de ses polypes garnies de deux pointes opposées.

BINAIRE, adj., *binarius*. Épithète donnée, par les chimistes, à un *composé* qui résulte de la combinaison de deux corps simples, et par les minéralogistes, d'après Haüy, à un *cristal* produit en vertu d'une seule loi de décroissement par deux rangées (ex. *Chaux carbonatée binaire*).

BINÉ, adj., *binus, binatus* ; *gezweit*, *zweizählig* (all.). Épithète donnée à des feuilles qui sont divisées profondément en deux parties (ex. *Drosera binata*), ou fendues du sommet à la base en deux lobes (ex. *Jeffersonia binata*), ou composées et formées d'un pétiole commun qui ne porte qu'une seule paire de folioles (ex. *Hardwickia binata*).

BINERVÉ, adj., *binervatus, binervius, biductulosus* ; qui est muni de deux nervures longitudinales, comme les *phyllodes* de l'*Acacia binervatum*, les feuilles du *Pilotrichum biductulosum* et du *Lepidopilum binerve*.

BINERVULÉ, adj., *binervulatus*. Mirbel donne cette épithète au *placentaire*, lorsqu'il offre deux nervures ou cordons vasculaires, formés par la réunion des vaisseaux conducteurs et nourriciers.

BINIFLORE, adj., *biniflorus* (*binus*, double, *flos*, fleur) ; qui porte deux fleurs rapprochées l'une à côté de l'autre, comme les pédoncules du *Rhamnus biniflorus*.

BINITRATE, s. m., *binitras*. Épithète donnée à un sursel dans lequel la quantité d'acide nitrique est double de celle qui existe dans le sel neutre de la même base. Ex. *Binitrate strychnique*.

BINOANNULAIRE, adj., *binoannularis*. Épithète donnée, dans la nomenclature minéralogique de Haüy, à un *prisme* hexaèdre régulier, modifié par des facettes disposées en anneau autour de chaque base et qui proviennent d'un décroissement par deux rangées. Ex. *Chaux phosphatée bino-annulaire.*

BINOCULÉS, adj. et s. m. pl., *Binoculi.* Lister donnait cette épithète à une division des insectes aptères, comprenant les araignées à deux yeux.

BINOQUADRIUNITAIRE, adj., *binoquadriunitarius.* Nom donné, dans la nomenclature minéralogique de Haüy, à un *cristal* qui résulte de cinq décroissemens, l'un par cinq rangées, et chacun des quatre autres par une seule rangée. Ex. *Baryte sulfatée binoquadriunitaire.*

BINOSÉNAIRE, adj., *binosenarius.* Épithète donnée, dans la nomenclature minéralogique de Haüy, à un *cristal* qui est produit en vertu de deux décroissemens, l'un par deux, l'autre par six rangées. Ex. *Chaux carbonatée binosénaire.*

BINOTERNAIRE, adj., *binoternarius* (*binus*, double, *ternarius*, triple). Nom donné, dans la nomenclature minéralogique de Haüy, à un *cristal* produit en vertu de deux décroissemens, l'un par deux, l'autre par trois rangées. Ex. *Fer oligiste binoternaire.*

BINOTRIUNITAIRE, adj., *binotriunitarius* (*binus*, double, *tres*, trois, *unitas*, unité). Nom donné, dans la nomenclature minéralogique de Haüy, à un *cristal* provenant de quatre décroissemens, l'un par deux rangées, et chacun des trois autres par une seule. Ex. *Chaux carbonatée binotriunitaire.*

BINOXALATE. *Voy.* Bioxalate.

BIOCELLÉ, adj., *biocellatus*; qui est marqué de deux taches en forme

d'œil, noires et entourées de blanc. Ex. *Chironectes biocellatus.*

BIOCHIMIQUE, adj., *biochymicus* (βίος, vie, χημεία, chimie). Harless appelle *force biochimique* l'action que les corps odorans exercent sur la matière organique animale et sur la force nerveuse, pour produire la sensation des odeurs.

BIOCULÉ, adj., *bioculatus* (*bis*, deux, *oculus*, œil); qui offre deux taches d'une autre couleur que celle du corps, comme le *Crioceris bioculata*, dont les élytres portent deux taches jaunes bordées de noir, ou l'*Ephemera bioculata*, dont la tête est chargée de deux tubercules jaunes; qui présente deux trous, comme l'*Hippurites bioculata*, coquille univalve cloisonnée, dont la dernière loge est formée par un opercule percé de deux trous rapprochés l'un de l'autre.

BIODYNAMIQUE, adj., *biodynamicus* (βίος, vie, δύναμις, force). Synonyme de *biochimique* (*voy.* ce mot), employé par Harless.

BIOGÈNE, adj., *biogenus* (βίος, vie, γεννάω, produire). Épithète donnée par Candolle aux plantes parasites cryptogames intestinales qui vivent sous l'épiderme des végétaux vivans, comme les *Uredo*, les *Æcidium*, les *Puccinia*, etc.

BIOLÉATE, s. m., *bioleas.* Nom donné à des sursels qui contiennent deux fois autant d'acide oléique que les sels neutres de la même base. Ex. *Bioléate potassique.*

BIOLOGIE, s. f., *biologia; Lebenslehre, Lebenskunde, Lebenswissenschaft* (all.) (βίος, vie, λόγος, discours). Partie de la physiologie qui traite de la vie en général, ou des diverses formes de la vie considérée d'une manière générale.

BIOLOGIQUE, adj., *biologicus*; qui est relatif à la biologie.

BIOLYCHNION, s. m., *biolychnion, biolychnium* (βίος, vie, λύχνος, lampe),

Synonyme inusité de *chaleur vitale*.

BIONGUICULÉ, adj., *biunguiculatus* (*bis*, deux, *unguis*, ongle). Se dit d'un tarse d'insecte, quand il est terminé par deux crochets.

BIOSOPHIE, s. f., *biosophia* (βίος, vie, σοφία, science). Synonyme de *Biologie* (*voy.* ce mot), dont s'est servi Troxler.

BIOSPHÈRE, s. f., *biosphæra* ; *Biosphäre*, *Lebenskugelchen* (all.). Nom donné par Mayer aux atomes élémentaires, de forme globuleuse, qu'il suppose être la base de tous les corps vivans, et produire par leur réunion tous les êtres organisés.

BIOTES, s. m. pl., *Biota*. Hill réunit sous ce nom les Méduses, les Actinies et les Hydres, dont il forme un groupe fort singulier.

BIOTIQUE, adj., *bioticus* (βίος, vie). Quelques physiologistes donnent cette épithète à une substance *impondérable* hypothétique, qu'ils supposent être l'agent ou le principe vital matériel.

BIOVULÉ, adj., *biovulatus* ; *zweyeierig* (all.) (*bis*, deux, *ovum*, œuf). Se dit, en botanique, d'une loge d'ovaire qui contient deux ovules, comme dans les *Euphorbiacées*.

BIOXALATE, s. m., *bioxalas*. Epithète donnée à des sursels qui contiennent deux fois autant d'acide oxalique que les sels neutres de la même base. Ex. *Bioxalate potassique*.

BIOXIDE, s. m., *bioxydum*. Oxide au second degré d'oxidation. Ex. *Bioxide uranique*.

BIPALÉOLÉ, adj., *bipaleolatus* (*bis*, deux, *palea*, paillette). Epithète donnée par Mirbel à la *lodicule*, quand elle est formée de deux paléoles. Ex. *Tripsacum dactyloïdes*.

BIPALMÉ, adj., *bipalmatus* (*bis*, deux, *palma*, palme). Une *feuille* composée est dite *bipalmée*, quand les pétioles partiels naissent en divergeant du sommet du pétiole commun,

et portent eux-mêmes des folioles distribuées d'après le même système.

BIPALPÉ, adj., *bipalpatus* (*bis*, deux, *palpo*, toucher). Kirby donne cette épithète à une *bouche* imparfaite d'insectes, qui offre seulement des palpes maxillaires. Ex. *Tabanus*.

BIPARTI, adj., *bipartitus* (*bis*, deux, *pars*, partie). Se dit, en botanique, de toute partie qui est divisée en deux jusqu'au dessous du milieu, ou jusqu'auprès de sa base, comme le *calice* des Orobanches, les *pétales* du *Silene bipartita*, les stipules du *Vicia bipartita*, le *placentaire* du *Ribes nigrum*, le *style* du *Casuarina*, les *feuilles* du *Cyclanthus bipartitus*. Les entomologistes appellent *biparties* les *antennes* des insectes qui sont divisées jusqu'à la base en deux branches presque égales.

BIPARTIBLE, adj., *bipartibilis* (*bis*, deux, *pars*, partie) ; qui est susceptible de se diviser spontanément en deux parties, comme le *crémocarpe* des Ombellifères, la *capsule* des Scrofulaires, le *placentaire* des Astragales.

BIPARTIS, adj. et s. m. pl., *Bipartiti*. Nom donné par Latreille, Cuvier et Eichwald à une section de la tribu des Carabiques, comprenant ceux qui ont le corselet séparé de l'abdomen par un intervalle bien prononcé.

BIPECTINÉ, adj., *bipectinatus* ; *doppeltgekämmt* (all.) (*bis*, deux, *pecten*, peigne). Épithète donnée aux *antennes* des insectes, quand elles sont pectinées des deux côtés, comme celles des mâles de l'*Atychia chimera*.

BIPÈDE, adj. et s. m., *bipes* (*bis*, deux, *pes*, pied). Se dit d'un animal qui marche sur deux pieds seulement, comme l'homme, les oiseaux et plusieurs reptiles.

BIPÈDES, adj. et s. m. pl., *Bipedes*. Nom donné par Latreille à une section de la classe des Mammifères, comprenant ceux qui sont privés de membres postérieurs, et qui n'ont par conséquent que deux membres.

BIPELTÉS. *Voyez* Bicuirassés.

BIPENNATIFIDE, adj., *bipennatifidus* ; *doppeltfiederspaltig* (all.). Se dit, en botanique, d'une *feuille* pinnée dont les divisions sont elles-mêmes pinnatifides. Ex. *Phacelia bipennatifida*, *Lepidium bipennatifidum.*

BIPENNE, adj. et s. m., *bipennis* (*bis*, deux, *penna*, aile). Quelques naturalistes ont employé ce terme en place de *diptère. Voyez* ce mot.

BIPENNÉ, adj., *bipinnatus*, *duplicato-pennatus* ; *doppeltgefiedert* (all.); *bipennato* (it.). Épithète donnée par les botanistes à une *feuille* dont le pétiole commun fournit latéralement des pétioles secondaires, sur les côtés desquels sont attachées les folioles. Ex. *Didesmus bipinnatus.*

BIPENNES, adj. et s. m. pl., *Bipennia.* Latreille désigne sous ce nom une coupe de la division des insectes anélytres, comprenant ceux qui n'ont que deux ailes.

BIPERFORÉ, adj., *biperforatus.* Se dit d'un *organe* qui offre deux ouvertures ou perforations, comme le nez, par exemple.

BIPÉTALÉ, adj., *bipetalus* ; qui a deux pétales seulement, comme le *Tropæolum bipetalum*, espèce remarquable par l'avortement de deux de ses pétales.

BIPHORES, adj. et s. m. pl., *Biphora.* Nom donné par Cuvier à une famille de la classe des Acéphales, comprenant ceux dont le manteau cylindracé est ouvert aux deux bouts.

BIPHORIDÉES, adj. et s. f. pl., *Biphoridæ.* Nom donné par G.-S. Macleay à une famille de la classe des Tuniciers, qui a pour type le genre *Biphore* (*Salpa*).

BIPHOSPHATE, s. m., *biphos-*

phas. Épithète donnée, dans la nomenclature chimique de Berzelius, à des sursels dans lesquels l'oxigène de l'acide phosphorique est multiple par deux de celui de la base. Ex. *Biphosphate calcique.*

BIPHOSPHITE, s. m., *biphosphis.* Épithète donnée, dans la nomenclature chimique de Berzelius, à des sursels dans lesquels l'oxigène de l'acide phosphoreux est multiple par deux de celui de la base. Ex. *Biphosphite barytique.*

BIPHOSPHURE, s. m., *biphosphuretum.* Nom donné à une combinaison de phosphore avec un autre corps simple, dans laquelle le phosphore est en proportion double de celle que contient une autre combinaison de ces deux mêmes corps.

BIPLIÉ, adj., *biplicatus* (*bis*, deux, *plica*, pli). Candolle donne cette épithète aux *cotylédons*, quand ils sont pliés deux fois sur eux-mêmes transversalement. Les conchyliologistes l'appliquent aussi à des coquilles qui portent deux plis à la columelle (ex. *Fusus biplicatus*, *Fasciolaria biplicata*).

BIPLISSÉ. *Voyez* Biplié.

BIPLOMBIQUE, adj., *biplumbicus.* Nom donné, dans la nomenclature chimique de Berzelius, à des soussels dans lesquels l'oxigène de l'oxide plombique est multiple par deux de celui de l'acide. Ex. *Chromate biplombique.*

BIPLUMÉ, adj., *biplumatus* (*bis*, deux, *pluma*, plume) ; qui porte deux plumes. L'*Arethusa biplumata* a deux des cinq divisions de son périgone longues, grêles et garnies latéralement au sommet de cils qui imitent les barbes d'une plume.

BIPOINTU. *Voyez* Bimucroné.

BIPOLAIRE, adj., *bipolaris* (*bis*, deux, *polus*, pôle). Épithète donnée par Erman aux corps conducteurs imparfaits de l'électricité, à ceux qui n'exercent qu'une action faible ou simplement partielle sur la pile mise en communication avec eux, c'est-à-dire qui, en même temps qu'ils déterminent une circulation d'un pôle à l'autre, ont leurs deux moitiés constituées dans des états électriques opposés.

BIPOLARITÉ, s. f., *bipolaritas*. État d'un corps électrique ou magnétique qui manifeste deux pôles doués d'une vertu contraire.

BIPONCTUÉ, adject., *bipunctatus* (*bis*, deux, *punctum*, point); qui est marqué de deux points colorés. Ex. *Bruchus bipunctatus*, *Coccinella bipunctata*, *Acrydium bipunctatum*, *Anthrax distigma*.

BIPOREUX, adj., *biporosus* (*bis*, deux, *porus*, pore). Se dit, en botanique, des *anthères*, quand elles s'ouvrent à leur sommet par deux pores. Ex. *Solanum nigrum*.

BIPOTASSIQUE, adj., *bipotassicus*. Épithète donnée, dans la nomenclature chimique de Berzelius, à des soussels dans lesquels l'oxigène de la base est multiple par deux de celui de l'acide. Ex. *Borate bipotassique*.

BIPUPILLÉS, adj. et s. m. pl., *Bipupillati* (*bis*, deux, *pupilla*, pupille). Latreille appelle ainsi une tribu de la famille des Cyprinides, comprenant les poissons qui, comme l'*Anableps*, ont deux pupilles, la cornée et l'iris étant divisés en deux parties par une bande transversale.

BIPUSTULÉ, adj., *bipustulatus* (*bis*, deux, *pustula*, pustule); qui offre deux points rouges sur un fond noir ou d'une teinte obscure. Ex. *Elater bipustulatus*, *Nitidula bipustulata*.

BIRAMÉ, adj., *birematus*. Savigny et Blainville donnent cette épithète à l'appendice des Chétopodes, qui est en forme de deux rames, l'une

supérieure ou dorsale, l'autre inférieure ou ventrale.

BIRAYÉ, adj., *biradiatus*, *bilineatus*; qui est marqué de deux raies colorées. Ex. *Cardium biradiatum*, *Pleuronectes bilineatus*.

BIRÉFRINGENT, adj., *birefringens*. On donne ce nom à un *prisme* de chaux carbonatée ou de cristal de roche, achromatisé avec du verre, et travaillé de telle sorte qu'en donnant des inclinaisons convenables aux faces latérales, on obtient deux images plus ou moins séparées.

BIRHOMBOIDAL, adj., *birhomboïdalis*. Épithète donnée, dans la nomenclature minéralogique de Haüy, à un *cristal* dont la surface est composée de douze faces qui, étant prises six à six et prolongées par la pensée jusqu'à s'entrecouper, formeraient deux rhomboïdes différens. Ex. *Fer oligiste birhomboïdal*.

BIRONCINÉ, adj., *biruncinatus*. Le *Laminaria biruncinata* est ainsi appelé parce que sa lame produit sur les bords des pinnules roncinées.

BIROSTRÉ, adj., *birostris*, *birostratus* (*bis*, deux, *rostrum*, bec). Se dit, en botanique, d'une *graine* qui est surmontée de deux pointes formées par la base du style (ex. *Briza media*); en conchyliologie, d'une coquille dont chaque extrémité se prolonge en un long tube droit (ex. *Ovula birostris*).

BISADDITIF, adj., *bisadditivus*. Épithète donnée, dans la nomenclature minéralogique de Haüy, à un *cristal* dans le signe duquel le plus fort exposant surpasse de deux unités la somme des autres. Ex. *Baryte sulfatée bisadditive*.

BISALTERNE, adj., *bisalternus*. Épithète donnée, dans la nomenclature minéralogique de Haüy, à un *cristal* qui a vers chaque sommet des faces de deux mesures d'angles, situées alternativement, en sorte que celles de chaque espèce alternent aussi entre elles d'un sommet à l'autre. Ex. *Chaux carbonatée bisalterne.*

BISANNUEL, adj., *biennis ; zwei-jährig* (all.) ; *bienne, biennale, bisannuale* (it.) (*bis*, deux, *annus*, année); qui vit pendant deux années. On dit, en botanique, *plante bisannuelle*, celle qui pousse des feuilles la première année, fructifie et meurt la seconde (ex. *Columella biennis, Bryum bimum*) ; *racine bisannuelle*, celle qui ne meurt que la seconde année de son développement (ex. *Daucus Carotta*); *feuilles bisannuelles*, d'après Candolle, celles qui tombent la seconde année, après la pousse des nouvelles feuilles (ex. *Quercus Ilex*). On désigne les plantes bisannuelles par le signe de Mars, ♂, parce que cette planète emploie deux années à accomplir sa révolution.

BISDECEMPONCTUÉ, adj., *bisdecempunctatus ;* qui est marqué de vingt points colorés sur un fond d'une autre teinte. Ex. *Coccinella bisdecempunctata.*

BISDÉCIMAL, adj., *bisdecimalis* (*bis*, deux, *decem*, dix). Epithète donnée, dans la nomenclature minéralogique de Haüy, à un *prisme à dix pans*, qui est terminé par des sommets à cinq faces. Ex. *Arsenic sulfuré bisdécimal.*

BISEAU, s. m. Les cristallographes appellent ainsi l'ensemble de deux faces adjacentes, qui remplacent une arête, un angle ou une face de la forme dominante d'un cristal.

BISEL, s. m. On donne ce nom aux sursels qui contiennent deux fois autant d'acide que les sels simples, pour la même quantité de base, et quelquefois aussi aux soussels qui, pour une même quantité d'acide, contiennent deux fois autant de base.

BISÉLÉNIATE, s. m., *biselenias.* Epithète donnée, dans la nomenclature chimique de Berzelius, à des sursels dans lesquels l'oxigène de l'acide sélénique est multiple par deux de celui de la base.

BISÉLÉNITE, s. m., *biselenis.* Epithète donnée, dans la nomenclature chimique de Berzelius, à des sursels dans lesquels l'oxigène de l'acide sélénieux est multiple par deux de celui de la base.

BISÉLÉNIURE, s. m., *biseleniuretum.* Nom donné à une combinaison de sélénium avec un autre corps simple, dans laquelle le sélénium est en proportion double de celle que contient une autre combinaison de ces deux mêmes corps.

BISELLEMENT, s. m. En cristallographie, on appelle ainsi un retranchement fait à la forme primitive d'un minéral, et d'où il résulte que les parties retranchées sont remplacées par deux faces adjacentes, en biseau.

BISÉQUÉ, adj., *bissectus* (*bis*, deux, *seco*, couper). On donne cette épithète à un *insecte* dont le tronc et la tête ne sont pas séparés l'un de l'autre par une suture, en sorte que le corps de l'animal semble formé de deux pièces seulement (ex. *Aranea*). Kirby appelle l'alitronc *biséqué*, quand il est susceptible de se séparer en deux segmens (ex. Coléoptères lamellicornes).

BISÉRIAL, adj., *biserialis ; doppelreihig* (all.). La *Sepia biserialis* est ainsi appelée parce que les suçoirs de ses appendices tentaculaires sont disposés sur deux rangs.

BISÉRIATION, adj., *biseriatio* (*bis*, deux, *series*, série). L.-C. Richard employait ce terme pour désigner la disposition des graines dans le péricarpe, quand elles y sont rangées sur deux séries.

BISÉRIÉ, adj., *biseriatus ;* qui est disposé sur deux rangs ou lignes longitudinales, comme les *ovules* d'une loge polyovulée (ex. *Iris ger-*

manica) ; qui est disposé sur deux rangées concentriques, comme les *squamellules* d'une aigrette de Synanthérée, ou comme les *squames* du péricline autour de la calathide de certaines plantes appartenant à cette famille.

BISÉTACÉS, adj. et s. m. pl., *Bisetacei*. Nom donné par Duméril à une famille de l'ordre des Entomostracés, comprenant ceux dont l'abdomen se termine par deux soies.

BISÉTIGÈRE, adj., *bisetigerus* ; *zweiborstig* (all.) (*bis*, deux, *seta*, soie, *gero*, porter) ; qui porte deux soies, comme les antennes intermédiaires des Crangons et des Pandalus.

BISEXE, adj., *bisexius*. Terme peu usité, qu'on emploie pour désigner un corps organisé qui réunit les deux sexes sur un même individu.

BISEXUEL, adj., *bisexualis*, *bisexuinus* (*bis*, deux, *sexus*, sexe). Se dit d'une *plante* qui a les deux sexes réunis dans une même fleur, et alors le mot est synonyme de *hermaphrodite*, ou qui les porte séparés sur un même individu, et alors il est synonyme de *monoïque*.

BISILLONNÉ, adj., *bisulcatus* ; qui est marqué de deux sillons, comme le *fruit* du *Veronica officinalis*.

BISINUÉ, adj., *bisinuatus* (*bis*, deux, *sinus*, échancrure). Une coquille (*Terebratula bisinuata*) est ainsi appelée parce qu'elle offre deux plis en dessus.

BISIPHITE, adj., *bisiphites* (*bis*, deux, *sipho*, siphon). Epithète donnée à une coquille polythalame qui est munie de deux siphons. Ex. *Nautilus bisiphites.*

BISMUTH, s. m., *bismuthum*, *wismuthum*, *marcasita*. Métal solide, déjà mentionné par Agricola, et dont les propriétés ont été successivement étudiées par Pott, Geoffroy, Berzelius, Lagerhielm et J. Davy.

BISMUTHIDES, adj. et s. m. pl., *Bismuthides*. Nom donné par C. Pauquy à une famille de corps pondérables, par Beudant à une famille de minéraux, ayant pour type le *Bismuth*.

BISMUTHIFÈRE, adj., *bismuthiferus*. Epithète donnée, dans la nomenclature minéralogique de Haüy, à des *minéraux* qui contiennent accidentellement du bismuth. Ex. *Tellure sélénié bismuthifère.*

BISMUTHIQUE, adj., *bismuthicus.* Dans sa nomenclature chimique, Berzelius appelle *oxide bismuthique* le second degré d'oxidation du bismuth, et *sels bismuthiques*, ceux qui ont pour base cet oxide.

BISOCTOSEXVIGÉSIMAL, adj., *bisoctosexvigesimalis*. Nom donné, dans la nomenclature minéralogique de Haüy, à un *cristal* qui présente quarante-deux faces. Ex. *Idocrase bisoctosexvigésimal.*

BISPATHELLÉ, adj., *bispathellatus* ; qui est composé de deux spathelles, comme la *glume* du *Triticum sativum.*

BISPATHELLULÉ, adj., *bispathellulatus* ; qui est formé de deux spathellules, comme la *glumelle* de l'*Agrostis dulcis.*

BISPÉNIENS, adj. et s. m. pl., *Bispenii* (*bis*, deux, *penis*, verge). Nom donné par Blainville à un ordre de la classe des Reptiles, comprenant ceux dont les mâles ont le pénis double.

BISQUINDÉCIMAL, adj., *bisquindecimalis*. Epithète donnée, dans la nomenclature minéralogique de Haüy, à un *prisme* à neuf pans, avec un sommet à six faces et l'autre à quinze. Ex. *Tourmaline bisquindécimale.*

BISSEPTEMPUSTULÉ, adj., *bisseptempustulatus* (*bis*, deux, *septem*, sept, *pustula*, pustule) ; qui est marqué de quatorze points rouges sur un fond d'une autre couleur.

Ex. *Coccinella bisseptempustulata.*

BISSEXDÉCIMAL, adj., *bissexdé-cimalis* (*bis*, deux, *sex*, six, *decèm*, dix). Nom donné, dans la nomenclature minéralogique de Haüy, à un *prisme* à seize pans, terminé par des sommets à neuf faces. Ex. *Etain oxidé bissexdécimal.*

BISSOUSTRACTIF, adj., *bissus-tractivus.* Nom donné, dans la nomenclature minéralogique de Haüy, à un *cristal* dans le signe duquel un des exposans est moindre de deux unités que la somme des autres. Ex. *Baryte sulfatée bissoustractive.*

BISTÉARATE, s. m., *bistearas.* Nom donné à un sursel dans lequel la proportion de l'acide stéarique est multiple par deux de celle qui existe dans le sel considéré comme neutre.

BISTIPELLÉ, adj., *bistipellatus.* Épithète donnée, par les botanistes, au *pétiole*, quand il est muni de deux stipelles. Ex. *Indigofera mono-phylla.*

BISTOURNÉ, adj., *tortuosus.* Se dit d'un corps qui est contourné sur lui-même, comme la coquille de l'*Arca tortuosa.*

BISTRIÉ, adj., *bistriatus* (*bis*, deux, *stria*, strie), qui est marqué de deux stries, comme le *Buccinum bistriatum*, entre deux grosses stries duquel s'en trouvent cinq ou six autres plus fines; ou l'*Haliotis bistriata*, dont la coquille offre des stries transversales doubles.

BISULCES, adj. et s. m. pl., *Bi-sulci, Bisulca* (*bisulcus*, fourchu). Nom donné par Blumenbach et Illiger à un ordre de mammifères comprenant ceux qui ont le pied partagé extérieurement en deux sabots.

BISULFARSENIATE, s. m., *bi-sulpharsenias.* Nom donné par Berzelius à des sulfosels qui contiennent deux fois autant de sulfide arsenique que le sel neutre.

BISULFARSENITE, s. m., *bisulph-arsenis.* Nom donné par Berzelius à des sulfosels qui contiennent deux fois autant de sulfide arsénieux que le sel neutre.

BISULFATE, s. m., *bisulphas.* Dans la nomenclature chimique de Berzelius, ce nom est donné à des sursels dans lesquels l'oxigène de l'acide sulfurique est multiple par deux de celui de la base.

BISULFITE, s. m., *bisulphis.* Berzelius donne ce nom à des sursels dans lesquels l'oxigène de l'acide sulfureux est multiple par deux de celui de la base.

BISULFOBASIQUE, adj., *bisulpho-basicus.* Épithète donnée par Berzelius à des sels haloïdes qui sont combinés avec une quantité de sulfosel multiple par deux de la leur. Ex. *Chlorure hydrargyrique bisulfoba-sique.*

BISULFOMOLYBDATE, s. m., *bi-sulphomolybdas.* Nom sous lequel Berzelius désigne des sulfosels qui contiennent deux fois autant de sulfide molybdique que le sel neutre de la même base.

BISULFOTUNGSTATE, s. m., *bi-sulphotungstas.* Nom donné, dans la nomenclature chimique de Berzelius, à des sulfosels qui contiennent deux fois autant de sulfide tungstique que le sel neutre de la même base.

BISULFURE, s. m., *bisulphure-tum.* Nom donné à une combinaison de soufre avec un autre corps simple, dans laquelle le soufre est en proportion double de celle que contient une autre combinaison des deux mêmes corps.

BISUNIBINAIRE, adj., *bisunibina-rius* (*bis*, deux, *unus*, un, *binus*, double). Nom donné, dans la nomenclature minérologique de Haüy, à un *cristal* résultant de quatre décroissemens, dont deux par une seule rangée et les deux autres par deux rangées. Ex. *Baryte sulfatée bisunibi-naire.*

BISUNISÉNAIRE, adj., *bisunise-narius* (*bis*, deux, *unus*, un, *sex*, six). Nom donné, dans la nomenclature minéralogique de Haüy, à un *cristal* résultant de trois décroisse-mens, dont deux par une seule et un par six rangées. Ex. *Chaux carbo-natée bisunisénaire.*

BISUNITAIRE, adj., *bisunitarius* (*bis*, deux, *unus*, un). Nom donné, dans la nomenclature minéralogique de Haüy, à un *cristal* produit en vertu de deux décroissemens par une seule rangée. Ex. *Strontiane sulfatée bisuniternaire.*

BITARTRATE, adj., *bitartras.* Nom donné à des sursels qui contien-nent deux fois autant d'acide tartri-que que les sels neutres des mêmes bases.

BITERNÉ, adj., *biternatus, dupli-cato-ternatus; doppeltdreizählig* (all.) Les botanistes donnent cette épithète aux *feuilles* dont le pétiole commun se termine par trois pétioles secondai-res dont chacun porte trois folioles. Ex. *Loranthus biternatus, Lardiza-bala biternata.*

BITESTACÉ, adj., *bitestaceus* (*bis*, deux, *testa*, coquille). Adanson ap-pelait ainsi les coquilles univalves operculées, parce qu'il comparait l'opercule à la valve plate et opercu-liforme de certaines bivalves.

BITESTACÉS, adj. et s. m. pl., *Bitestacea.* Nom donné par Dumé-ril à une famille de l'ordre des Crus-tacés entomostracés, comprenant ceux dont le corps est renfermé dans un test bivalve. *Voyez* OSTRACINS.

BITRIFLORE, adj., *bitriflorus.* Épithète donnée par H. Cassini à la couronne des Synanthérées, quand elle se compose de deux à trois fleurs.

BITUBERCULÉ, adj., *bitubercu-laris, bituberculatus* (*bis*, deux, *tu-berculum*, tubercule); qui offre deux

tubercules. Épithète donnée à des *coquilles* qui présentent deux tuber-cules sur le dos de chacun de leurs tours (ex. *Ranella bituberedaris*), dont les deux derniers tours offrent chacun deux rangées de tubercules pointus (ex. *Purpura bituberculata*), ou qui sont hérissées de tubercules et dont le dernier tour en supporte deux plus gros et d'une autre forme (ex. *Strombus bituberculatus*); à des *in-sectes* qui ont deux tubercules char-nus sur l'abdomen (ex. *Aranea bi-tuberculata*), ou qui en présentent un au dessous de chaque antenne (ex. *Chennium bituberculatum*).

BITUMINEUX, adj., *bituminosus; erdpechartig* (all.) (*bitumen*, bitume); qui a les qualités et entr'autres l'odeur du bitume. Ex. *Calcaire bitumineux.*

BITUMINIFÈRE, adj., *bitumini-ferus* (*bitumen*, bitume, *fero*, por-ter); qui est imprégné de bitume (ex. *Chaux carbonatée bituminifère*), ou qui exhale une odeur de bitume par l'action du feu (ex. *Mercure sul-furé bituminifère*).

BITUMINISATION, s. f., *bitumi-nisatio.* Conversion des matières or-ganiques en bitume.

BITUNGSTATE, s. m., *bitungstas.* Nom donné, dans la nomenclature chimique de Berzelius, à des sursels dans lesquels l'oxigène de l'acide tungstique est multiple par deux de celui de la base.

BITUNIQUÉ, adj., *bitunicatus* (*bis*, deux, *tunica*, tunique); qui est re-vêtu de deux enveloppes.

BIURATE, s. m., *biuras.* Nom donné à des sursels qui contiennent deux fois autant d'acide urique que les sels neutres des mêmes bases.

BIVALVE, adj., *bivalvis; zwei-klappig* (all.) (*bis*, deux, *valva*, valve); qui a deux valves ou deux battans, comme la *capsule* du *Mi-crolicia bivalvis*, le *noyau* du *Pru-nus*, la *silique* du *Roemeria bival-*

vis. Un champignon (*Physarum bivalve*) est ainsi appelé parce qu'il se compose de deux lames coriaces unies par un réseau filamenteux. Les zoologistes appellent *bivalve* toute *coquille* qui est formée de deux pièces calcaires distinctes.

BIVALVES, adj. et s. f. pl., *Bivalves.* Blainville donne ce nom à un ordre de coquilles, renfermant celles qui sont formées de deux valves.

BIVALVULÉ, adj., *bivalvulatus.* Mirbel applique cette épithète aux *anthères*, quand elles ont deux pores fermés par deux valvules qui s'ouvrent, au moment de l'anthèse, pour laisser échapper le pollen. Ex. *Berberis.*

BIVANADATE, s. m., *bivanadas.* Nom donné, dans la nomenclature chimique de Berzelius, à des sursels dans lesquels l'oxigène de l'acide vanadique est multiple par deux de celui de la base.

BIVARIQUEUX, adj., *bivaricosus* (*bis*, deux, *varix*, varice). La *Marginella bivaricosa* est ainsi nommée parce qu'elle porte deux varices ou bourrelets, une sur le bord droit, et l'autre sur le gauche.

BIVERRUQUEUX, adj., *biverrucosus* (*bis*, deux, *verruca*, verrue). La *Coccinella biverrucosa* doit ce nom aux deux taches rouges dont ses élytres sont marquées.

BIXINÉES, adj. et s. f. pl., *Bixineæ.* Nom d'une famille de plantes qui a pour type le genre *Bixa.*

BIZINCIQUE, adject., *bizincicus.* Nom donné, dans la nomenclature chimique de Berzelius, à des soussels dans lesquels l'oxigène de l'oxide zincique est multiple par deux de celui de l'acide. Ex. *Carbonate bizincique.*

BIZIRCONIQUE, adj., *birzirconicus.* Nom donné, dans la nomenclature chimique de Berzelius, à des soussels dans lesquels l'oxigène de la

zircone est multiple par deux de celui de l'acide. Ex. *Sulfate bizirconique.*

BIZONÉ, adj., *bizonatus* (*bis*, deux, *zona*, zone); qui est marqué de deux zones, comme le *Scytalus bizonatus*, dont chaque côté du dos offre une ligne longitudinale en zigzag.

BLACKWELLIACÉES. *Voyez* HOMALINÉES.

BLAFARD, adj., *pallidus*, *pallidulus*; *bleich* (all.); *bleack* (angl.); qui est d'un blanc terne, qui a perdu ses couleurs naturelles. *Voyez* PALE.

BLANC, adj. et s. m., *albus*, *candidus*; λευκὸς, ἀλφὸς, λευκίτης, πολιὸς; *weiss* (all.); *white* (angl.); *bianco* (it.); qui n'a aucune couleur. Il est très-douteux qu'il existe dans la nature aucune fleur d'un blanc pur; d'après les observations chalcographiques de Redouté, physiologiques de Rœper, chimiques de Schubler et Funke, celui qu'elles offrent semble n'être que l'une des couleurs réduites à sa plus faible teinte, ce que Candolle attribue au développement incomplet de la chromule. Quoi qu'il en soit, lorsqu'on parle du *blanc* en général, on le désigne par le mot *albus* (ex. *Gonolobus albus*, *Plumeria alba*, *Zygophyllum album*). Le blanc très-pur est exprimé par *candidus*; *reinweiss* (all.) (ex. *Coluber candidus*, *Dalea candida*, *Cymbidium candidum*, *Adenostylis candidissima*, *Macrocnemum candidissimum*). Très-souvent, on employe des comparaisons pour rendre les diverses nuances du blanc. Ainsi on distingue le *blanc éclatant*, ou *argenté* (*voyez* ce mot); le *blanc de neige* (*schneeweiss*, all.), qui est très-pur (ex. *Pterocephalus niveus*, *Coccoloba nivea*, *Tuber niveum*, *Colcoramphus nivalis*, *Erythræus nivosus*, *Acropodium nivale*), et qu'on nomme quelquefois *blanc virginal* (*Agaricus virgineus*);

le *blanc d'ivoire* (*elfenbeinweiss*, all.), qui est pur et un peu lisse (comme celui des épines de l'*Acacia eburnea*, ou du plumage du *Larus eburneus*); le *blanc de lait* (*milchweiss*, all.), qui est mat et un peu transparent (ex. *Draba lactea*, *Noctua lactinea*, *Geometra lactearia*, *Colymbus lacteolus*, *Astragalus galactites*); le *blanc de chaux* (*kreideweiss*, all.), qui est mat et opaque (ex. *Bulimus calcareus*, *Agaricus cerussatus*); le *blanc terne* (ex. *Stomatia obscurata*, *Teucrium Polium*).

BLANC DE CHAMPIGNON, s. m., *mycelium*, *carcythium*. Substance blanche, filamenteuse, formée d'une multitude de fibrilles, qui paraît être l'état rudimentaire des champignons, d'après les observations de Ehrenberg.

BLANCHATRE, adject., *weisslich* (all.); *whitish* (angl.); *bianchiccio* (it.); qui est d'un blanc un peu sale (ex. *Cistus albidus*, *Goodenia albida*, *Xyphidium albidum*, *Aspalathus albens*, *Ocypodus albicans*, *Mergus albellus*, *Carocolla albella*, *Nerita albicilla*, *Pleurotoma albina*, *Tellina albinella*, *Mugil albula*, *Cyathodes dealbata*, *Agaricus dealbatus*, *Racodium dealbatum*, *Venus exalbida*, *Coluber subalbidus*, *Clausilia candidescens*, *Clausilia albescens*); qui paraît blanc parce qu'il est couvert de poils ou de duvet (ex. *Larus canus*, *Botrytis cana*, *Leucosceptrum canum*, *Cheiranthus incanus*, *Goodenia incana*, *Solanum incanum*); qui tend à devenir blanc, par la superposition de poils peu nombreux (ex. *Desmodium canescens*, *Capparis incanescens*).

BLANCHEUR, s. f., *albor*, *albedo*, *albitudo*, *albities*; λευκότις; *Weissheit* (all.); *whiteness* (angl.); *bianchezza* (it.). Qualité de ce qui est blanc : couleur blanche.

BLANCHININE, s. f., *blanchinina*.

Alcaloïde dont N. Mill a annoncé avoir fait la découverte dans le *china bianca* (*Cinchona macrocarpa*).

BLANQUININE. *V.* **BLANCHININE.**

BLAPSIDES, adj. et s. m. pl., *Blapsides*. Nom donné par Cuvier, Latreille et E. Eichwald à une tribu de la famille des Coléoptères Mélasomes, qui a pour type le genre *Blaps*.

BLASTE, s. m., *blastus*; βλαστὸς, βτάστον (βλαστάνω, germer). L.–C. Richard appelle ainsi la partie d'un embryon à grosse radicule qui est susceptible de se développer par l'effet de la germination, comme la partie externe de l'embryon du maïs.

BLASTÊME, s. m., *blastema*; βλάστημα, βλαστεῖον, βλαστὸς, βλάστον, βλάστη; *Keimpflanze* (all.) (βλαστάνω, germer). Sous ce nom, Mirbel désigne l'embryon végétal, abstraction faite des cotylédons, savoir le collet, la radicule et la plumule. Wallroth l'applique au thalle des lichens (*Flechtenbrutlager*, *Flechtenlager*, all.)

BLASTÈSE, s. f., *blastesis*. Wallroth désigne sous ce nom le développement des lichens, c'est-à-dire la formation de leur thalle, par suite de l'accroissement d'un corpuscule reproducteur ou d'une gonidie hors du système qui lui a donné naissance.

BASTOCARPE, adj., *blastocarpus* (βλαστὸς, rejeton, καρπὸς, fruit). Nom donné par Richard à l'embryon qui germe et commence à se développer avant d'être sorti du péricarpe.

BLASTODERME, s. m., *blastoderma* (βλαστὸς, rejeton, δέρμα, peau). Pander donne ce nom à un corps membraniforme situé au dessous de la cicatricule de l'œuf, et dont le développement produit toutes les parties du corps du poulet.

BLASTOGÉNÉSIE, s. f., *blastogenesis* (βλαστὸς, bourgeon, γένεσις, génération). Par ce terme Dupetit-Thouars entend la multiplication des plantes au moyen de bourgeons.

BLASTOGRAPHIE, s. f., *blasto-graphia* (βλαστὸς, bourgeon, γράφω, écrire). Dupetit - Thouars appelle ainsi une partie de la botanique qui a pour objet la considération du bourgeon, qui en détermine l'apparence, l'essence et le développement.

BLASTOPHORE, s. m., *blasto-phorus* (βλαστὸς, bourgeon, φέρω, porter). Nom donné par L.-C. Richard à la partie d'un embryon à grosse radicule qui porte le blaste.

BLASTOSPORES, adj. et s. m. pl., *Blastosporæ* (βλαστὸς, rejeton, σπόρα, semence). Nom donné par Reichenbach à une section de l'ordre des Lichens gymnospores, comprenant les deux familles des Pulvérariéces et des Coniocarpées.

BLATTAIRES, adj. et s. m. pl., *Blattariæ*. Sous ce nom, Latreille, Eichwald, Ficinus, Carus et Goldfuss désignent une famille de l'ordre des insectes Orthoptères, qui a pour type le genre *Blatta*.

BLECHNOIDES, adj. et s. f. pl., *Blechnoïdeæ*. Nom donné par G.-F. Kaulfuss à une section de la tribu des Polypodiacées, qui a pour type le genre *Blechnum*.

BLÊME, adj., *pallidus, exalbidus*; *bleich* (all.); *bleak* (angl.); *smorto* (it.). Synonyme de *pâle* (*voyez* ce mot), qui ne se dit guère qu'en parlant de la couleur du visage de l'homme : *teint blême*.

BLENDE, s. f. (de l'allemand *blenden*, tromper). Quelques minéralogistes, Hausmann, Mohs, Breithaupt, ont proposé de donner ce nom aux sulfures métalliques privés de l'éclat métallique, comme celui de zinc, qui le porte d'une manière spéciale, et qui le doit à ce qu'ayant l'apparence du sulfure de plomb, il en impose aisément aux mineurs peu expérimentés.

BLENNIOIDES, adj. et s. m. pl.,

Blennioïdes. Nom donné par Blainville à une famille de la classe des poissons, qui a pour type le genre *Blennius*.

BLÉPHARE, s. m., *blepharon, blephara* (βλέφαρον, paupière). Link désigne ainsi les cils ou dents qui bordent quelquefois le péristome de l'urne des mousses.

BLÉPHAROGLOTTE, adj., *blepharoglottis* (βλέφαρον, paupière, γλωττὶς, langue). Une plante (*Orchis blepharoglottis*) est ainsi nommée parce que la lèvre de son nectaire forme une languette garnie de poils.

BLÉPHAROPHORE, adject., *blepharophorus* (βλέφαρον, paupière, φέρω, porter). Le *Paspalus blepharophorus* est appelé ainsi à cause de ses feuilles, qui sont ciliées sur les bords.

BLESSISSEMENT, s. m. Modification particulière que subit le parenchyme de certains fruits charnus, et qui paraît consister tantôt en un phénomène de simple maturation, et tantôt en un véritable commencement de putréfaction. On l'observe surtout dans les familles des Pomacées et des Ebénacées, parfois aussi dans celles des Annonées et des Vacciniées. Certains fruits, tels que ceux du sorbier, du néflier et du diospyros, ne peuvent être mangés qu'après qu'ils l'ont subie.

BLET, adj., *teig* (all.); *solf* (angl); *fracido* (it.). Épithète donnée aux fruits qui ont subi l'altération spéciale appelée *blessissement*. *Voyez* ce mot.

BLÉTISSURE. *Voyez* BLESSISSEMENT.

BLEU, adj. et s. m., *cæruleus, cyaneus*; κυανός, κυάνεος, κυάνεος, κυανοειδὴς, κυανόεις; *blau* (all.); *blue* (angl.); *turchino* (it.). L'une des sept couleurs primitives. On distingue le *bleu* en général (ex. *Gobius cæruleus, Passiflora cærulea, Xyphidium cæruleum*), le *bleu foncé* (ex. *Agaricus cyaneus, Æquorea* *cyanea*, *Turnus cyanus*) , le *bleu céleste* ou *azuré*, qui est vif, mais un peu clair (ex. *Eupatorium cœlestinum*) , *voyez* AZURÉ ; le *bleu pâle*, tirant sur le gris (ex. *Gonotrichium cæsium*). Très-souvent on exprime l'idée de *bleu* par le nom d'un objet qui porte cette couleur (ex. *Trochilus lazulus* , *Psittacus ultramarinus* , *Actinecta ultramarina*, *Helops amethystinus* , *Trochilus saphirinus* , *Porphyrio hyacinthicus*, etc.)

BLEUATRE, adj., *cœrulescens* , *cœrulans*, *cœrulatus*, *subcœruleus*, *cœlestinus*; χυανίτις; *bläulich, blassblau* (all.) ; *bluish* (angl.) ; qui est d'un bleu pâle. Ex. *Edolius cœrulescens* , *Acrydium cœrulans*, *Praniza cœrulata*, *Sylvia subcœrulea*.

BLEUISSANT, adj. , *cyanescens;* qui tend à devenir bleu. Le *Boletus cyanescens* et quelques autres bolets, quand on les coupe, deviennent d'un beau bleu sur la tranche, phénomène qui a été remarqué d'abord par Bonnet, et depuis étudié avec soin par Saladin et Macaire.

BLEUISSEMENT, s. m. Passage d'une couleur au bleu.

BLOC, s. m. , *Klotz* (all.) ; *lump* (angl.) ; *rocchio* (it.). Masse de roches cohérentes, qu'on trouve sur le sol, enfoncées dans d'autres masses d'une nature et d'une texture différentes, et qui ont un volume considérable.

BODIANITES , adj. et s. m. pl.,*Bodianites*. Latreille désigne sous ce nom une tribu de la famille des poissons sparoïdes, qui a pour type le genre *Bodianus*.

BOEHMÉRIÉES, adj. et s. f. pl. , *Bœhmerieæ*. Nom donné par A. Richard à un groupe de la famille des urticées, qui a pour type le genre *Bœhmeria*.

BOEMYCÉES, adject. et s. f. pl. , *Bœmyceæ*. Sous ce nom, Fée désigne une tribu de la famille des Li-

chens, ayant pour type le genre *Boemyces*. *Voyez* BÆOMYCÉES.

BOIDÉS, adj. et s. m. pl. , *Boida*. Nom donné par J.-E. Gray à une famille de l'ordre des Reptiles ophidiens, qui a pour type le genre *Boa*.

BOIS, s. m. , *lignum;* ξύλον; *Holz* (all.) ; *wood* (angl.) ; *legno* (it.). Ce mot a plusieurs significations : 1° en botanique, on appelle *bois*, en général, le corps ligneux ou toute partie d'un végétal dont la consistance est ferme. Strictement parlant, on ne donne ce nom qu'à la portion du corps ligneux lui-même qui a acquis toute sa dureté, comme le centre des Dicotylédones et la circonférence des Monocotylédones. 2° En zoologie, on nomme *bois* les cornes solides et couvertes de peau qui garnissent la tête de certains ruminans , soit qu'elles persistent toujours, comme dans la girafe, soit qu'elles tombent à une certaine époque de l'année, pour renaître à une autre, comme celles du cerf, du daim, du chevreuil, du renne, de l'élan.

BOITE A SAVONNETTE, s. f. , *capsula circumscissa*. Nom donné quelquefois, à cause de sa forme, à une capsule bivalve qui s'ouvre transversalement, comme le meuble auquel on l'a comparée. Ex. *Hyoscyamus*.

BOLÉTATE , s. m., *boletas*. Genre de sels (*schwammsaure Salze*, all.) qui résultent de la combinaison de l'acide bolétique avec les bases salifiables.

BOLÉTIFORME , adj. , *boletiformis* (*boletus*, bolet, *forma*, forme). Epithète donnée à quelques polypiers qui ont un peu de ressemblance avec des bolets. Ex. *Pavonia boletiformis*, *Alcyonium boletiforme*.

BOLÉTIQUE, adj., *boleticus*. Nom donné par Braconnot à un *acide* particulier (*Schwammsäure*, all.), qu'il a découvert dans le *Boletus pseudoigniarius*.

BOLÉTOÏDES, adj. et s. m. pl. ; *Boletoïdes*. Nom donné par Persoon à une division de la classe des champignons, qui a pour type le genre *Boletus*.

BOLETS, s. m. pl., *Boleti*. Marquis donne ce nom à un groupe de la famille des Champignons hyménothéciens, ayant le genre *Boletus* pour type.

BOLIDE, s. m., *bolis*, *globus ardens* ; *Feuerkugel* (all.) ; *fire ball* (angl.). On appelle ainsi des météores ignés, assez fréquens, qui consistent en des masses de feu traversant ou paraissant traverser l'atmosphère avec une grande rapidité.

BOMBACÉES, adj. et s. f. pl., *Bombaceæ*. Nom donné par Kunth à une famille de plantes, qui a pour type le genre *Bombax*.

BOMBIATE, s. m., *bombias*. Sel produit par la combinaison de l'acide bombique avec une base salifiable.

BOMBICIQUE. *Voyez* BOMBIQUE.

BOMBINATOROIDES, adj. et s. m. pl., *Bombinatoroïdea*. Nom donné par P.-F. Fitzinger à une famille de reptiles batraciens, ayant pour type le genre *Bombinator*.

BOMBIQUE, adj. Nom donné par Chaussier à un *acide* particulier, (*Raupensäure*, *Seidenwürmersäure*, all.), qu'il a trouvé dans le ver à soie, et dont l'existence est encore problématique.

BOMBOMYDES, adj. et s. f. pl., *Bombomydes* (βόμβος, bourdonnement, μυῖα, mouche). Nom donné par Robineau-Desvoidy à une section de la famille des Myodaires Calyptérées, comprenant des espèces qui font entendre un fort bourdonnement durant le vol.

BOMBYCIDES, adj. et s. m. pl., *Bombycida*. Leach désigne ainsi la famille des *Bombycites*. *Voyez* ce mot.

BOMBYCITES, adj. et s. m. pl.,

Bombycites. Nom donné par Cuvier, Lamarck, Latreille, Goldfuss, Eichwald, Ficinus et Carus à une famille ou tribu de Lépidoptères nocturnes, qui a pour type le genre *Bombyx*.

BOMBYCIVORE, adj., *bombycivorus* (*bombyx*, bombyx, *voro*, dévorer) ; qui vit dans les chenilles de Bombyx. Ex. *Salia bombycivora*.

BOMBYLIAIRES, adj. et s. m. pl., *Bombyliarii*. Eichwald et Wiedemann appellent ainsi une tribu de la famille des Diptères tanystomes, ayant pour type le genre *Bombylius*.

BOMBYLIDES, adj. et s. m. pl., *Bombylidæ*. Leach donne ce nom à la famille des *Bombyliers*. *Voyez* ce mot.

BOMBYLIERS, adj. et s. m. pl., *Bombyliarii*. Nom sous lequel Lamarck et Latreille désignent une famille de l'ordre des Diptères, ou une tribu de la famille des Tanystomes, ayant pour type le genre *Bombylius*.

BOMBYLIES, adj. et s. f. pl., *Bombylia*. Nom donné par J. Macquart à la famille des *Bombyliers*. *Voyez* ce mot.

BOMBYLIIFÈRE, adj., *bombyliiferus*. Une plante (*Ophrys bombyliifera*) a été nommée ainsi parce que ses fleurs représentent l'espèce de mouche connue sous le nom de *Bombylius*.

BONNET, s. f., *pileus*. Les ornithologistes appellent ainsi toute la surface du dessus de la tête des oiseaux, depuis la base du bec jusqu'à la nuque.

BONNÉTIÉES, adj. et s. f. pl., *Bonnetieæ*. Nom donné par Bartling à une tribu de la famille des Ternstromiacées, qui a pour type le genre *Bonnetia*.

BOOPIDÉES, adj. et s. f. pl. Cassini a proposé de désigner ainsi, à cause du genre Boopis qu'elle renferme, la famille des plantes à la or quelle L.-C. Richard a donné celui de *Calycérées*.

BOOPS, adj., *boops* (βοῦς, bœuf, ὤψ, œil); qui a des yeux très-grands eu égard à sa taille. Ex. *Cheilodipterus boops*.

BORACIQUE, adj. Épithète donnée autrefois à l'*acide borique*, parce qu'on le retire du borax. La magnésie boratée est nommée *spath boracique* par quelques minéralogistes.

BORASSÉES, adj. et s. f. pl., *Borasseæ*. Nom sous lequel Martius désigne une tribu de la famille des Palmiers, qui a pour type le genre *Borassus*.

BORATE, s. m., *boras*. Genre de sels (*boraxsaure Salze*, all.), qui résultent de la combinaison de l'acide borique avec les bases salifiables.

BORATÉ, adj. Les minéralogistes de l'école d'Haüy disent qu'une base est *boratée* quand elle est combinée avec de l'acide borique. Ex. *Magnésie boratée*.

BORD, s. m., *margo; Rand* (all.); *edge* (angl.); *orlo, bordo, margine* (it.). On appelle ainsi, d'une manière générale, la lisière qui joint les deux faces des parties planes, et qui en dessine le contour, soit qu'elle n'offre rien de spécial, soit qu'elle se fasse remarquer par son mode de coloration. Les conchyliologistes donnent ce nom à la terminaison inférieure de la coquille, ou à ce qui en forme l'orifice.

BORDANT, adj., *marginans*. Cette épithète est donnée, par les botanistes, à l'*aigrette* d'un achaine, quand elle ne constitue qu'un léger rebord membraneux.

BORDÉ, adj., *marginatus, marginalis, marginulatus, limbatus; gewandet, gesäumt, eingefasst* (all.); *edged* (angl.); *orlato, marginato* (it.). Se dit : 1° en minéralogie, d'un *cube* dont chaque bord est remplacé par deux facettes très-inclinées sur les faces adjacentes, de sorte que leur assemblage semble former une bordure autour de ces faces (ex. *Chaux fluatée bordée*); 2° en botanique, d'une plante dont le bord des feuilles se fait remarquer par son épaississement (ex. *Chætanthera limbata*), par sa nature scarrieuse (ex. *Loranthus marginatus*), par des poils blancs qui le garnissent (ex. *Leptospermum marginatum*), ou parce que c'est presque uniquement auprès de lui que se trouvent placés des sores solitaires (ex. *Polypodium marginale*); 3° en zoologie, d'une surface dont le bord diffère du reste, soit par sa substance, comme la *lunule* d'une coquille bivalve, quand elle est limitée par un bourrelet saillant, et le bord supérieur des tours d'une coquille univalve, lorsqu'il est un peu épais; soit par sa forme, comme le *corselet* des Boucliers, dont les côtés sont relevés; soit par sa coloration, différente de celle du reste, comme dans l'*Arara marginata*, qui a les couvertures des ailes bleues et bordées de jaune, le *Labrus marginalis*, dont les nageoires dorsale et pectorales sont bordées de roux, la *Blatta marginata*, qui a les élytres noires et bordées de blanc, le *Glomeris limbatus*, qui est noir, à bords jaunes, le *Dasypogon limbatus*, qui a le thorax bordé de jaune.

BORDURE, s. f. H. Cassini donne ce nom aux bords de la squame du péricline des Synanthérées, quand ils sont d'une autre nature que la partie moyenne, la différence étant notable et la transition brusque.

BORE, s. m., *bora, boracium, borium, boron; Boron, Boraxstoff* (all.); *boro* (it.). Corps simple, qui a été découvert en 1808 par Gay-Lussac et Thénard, et dont l'existence avait été soupçonnée dès 1807 par Davy, d'après quelques expériences galvaniques.

BORÉ, adj., *boratus;* qui contient du bore. Davy admet un *gaz hydrogène boré*, que L. Gmelin a cru observer aussi, mais dont l'existence est encore problématique. *Voyez* Boruré.

BORÉAL, adj., *borealis, psychodes;* ἀρκτικός; *nördlich* (all.); *northern* (angl.); *boreale* (it.). On appelle ainsi: 1° en astronomie, tout ce qui se trouve au nord de la ligne équinoxiale, comme le *pôle boréal* et les *constellations boréales*, qui sont, parmi les zodiacales, le Bélier, le Taureau, les Gémeaux, l'Écrevisse, le Lion et la Vierge. 2° En physique, le *magnétisme boréal* est celui qui domine dans la partie boréale du globe terrestre. On nomme *Aurore boréale, aurora borealis s. septentrionalis, lumen boreale, lucula borealis, lux borea; Nordschein, Polarlicht* (all.); *northern light* (angl.), un phénomène lumineux qui s'observe dans l'un et l'autre hémisphère, vers les pôles, et dont on a donné plusieurs explications, dont aucune n'est complètement satisfaisante. 3° En histoire naturelle, l'épithète de *boréal* est donnée à des plantes qui croissent dans les contrées septentrionales des deux mondes (ex. *Linnea borealis, Galium boreale, Alyssum hyperboreum, Orchis psychodes*), ou à des animaux qui vivent dans le nord (ex. *Stellerus borealis*). *Voyez* Algide, Glacial et Hyperboréen.

BORICO-ALUMINIQUE. Nom donné, dans la nomenclature chimique de Berzelius, à des sels doubles qui résultent de la combinaison d'un sel borique avec un sel aluminique. Ex. *Fluorure borico-aluminique (fluoborate d'alumine).*

BORICO-AMMONIQUE, adj., *borico-ammonicus.* Nom donné, dans la nomenclature chimique de Berzelius, à des sels doubles qui résultent de la combinaison d'un sel borique avec un sel ammonique. Ex. *Fluorure borico-ammonique (fluoborate d'ammoniaque).*

BORICO-BARYTIQUE, adj., *borico-baryticus.* Nom donné, dans la nomenclature chimique de Berzelius, à des sels doubles qui sont produits par la combinaison d'un sel borique avec un sel barytique. Ex. *Fluorure borico-barytique (fluoborate de baryte).*

BORICO-CALCIQUE, adj., *borico-calcicus.* Nom donné, dans la nomenclature chimique de Berzelius, à des sels doubles qui résultent de la combinaison d'un sel borique avec un sel calcique. Ex. *Fluorure borico-calcique (fluoborate de chaux).*

BORICO-CUIVRIQUE, adj., *borico-cupricus.* Nom donné, dans la nomenclature chimique de Berzelius, à des sels doubles qui sont produits par la combinaison d'un sel borique avec un sel cuivrique. Ex. *Fluorure borico-cuivrique (fluoborate de cuivre).*

BORICO-LITHIQUE, adj., *borico-lithicus.* Nom donné, dans la nomenclature chimique de Berzelius, à des sels doubles qui résultent de la combinaison d'un sel borique avec un sel lithique. Ex. *Fluorure borico-lithique (fluoborate de lithine).*

BORICO-MAGNÉSIQUE, adj., *borico-magnesicus.* Nom donné, dans la nomenclature chimique de Berzelius, à un sel double qui résulte de la combinaison d'un sel borique avec un sel magnésique. Ex. *Fluorure borico-magnésique (fluoborate de magnésie).*

BORICO-PLOMBIQUE, adj., *borico-plumbicus.* Nom donné, dans la nomenclature chimique de Berzelius, à un sel double qui résulte de la combinaison d'un sel borique avec un sel plombique. Ex. *Fluorure borico-plombique (fluoborate de plomb).*

BORICO-POTASSIQUE, adj. , *borico-potassicus*. Nom donné, dans la nomenclature chimique de Berzelius, à un sel double qui résulte de la combinaison d'un sel borique avec un sel potassique. Ex. *Tartrate borico-potassique*.

BORICO-SODIQUE, adj. , *borico-sodicus*. Nom donné, dans la nomenclature chimique de Berzelius, à un sel double qui résulte de la combinaison d'un sel borique avec un sel sodique. Ex. *Fluorure borico-sodique* (*fluoborate de soude*).

BORICO-STRONTIQUE, adj. , *borico-stronticus*. Nom donné, dans la nomenclature chimique de Berzelius, à un sel double qui résulte de la combinaison d'un sel borique avec un sel strontique. Ex. *Fluorure borico-strontique* (*fluoborate de strontiane*).

BORICO-YTTRIQUE, adj. , *borico-yttricus*. Nom donné, dans la nomenclature chimique de Berzelius, à un sel double qui résulte de la combinaison d'un sel borique avec un sel yttrique. Ex. *Fluorure borico-yttrique* (*fluoborate d'yttria*).

BORICO-ZINCIQUE, adj. , *borico-zincicus*. Nom donné, dans la nomenclature chimique de Berzelius, à un sel double qui résulte de la combinaison d'un sel borique avec un sel zincique. Ex. *Fluorure borico-zincique* (*fluoborate de zinc*).

BORIDES, s. m. pl., *Borides*. Nom donné par C. Pauquy à une famille de corps pondérables ayant le bore pour type, par Ampère à un genre de corps simples qui comprend le bore et le silicium, par Beudant à une famille de minéraux, dans laquelle il range l'acide borique et ses diverses combinaisons.

BORIQUE, adj., *boricus*. Épithète donnée à un *acide* (*Boraxsäure*, all.), qui résulte de la combinaison du bore avec l'oxigène, et qui a été décou-

vert par Homberg, en 1702. Berzelius appelle *chloride borique* (*Chlorboron*, all.), la combinaison du chlore avec le bore, *sulfide borique* (*Schwefelboron*, all.) , celle de ce dernier corps avec le soufre, et *fluoride borique* (*Fluorboron*, all.), celle avec le fluor, ou l'*acide fluoborique* d'autres chimistes.

BORO-FLUORURE, s. m. , *borofluoruretum; Fluorboronfluormetall*, (all.). Composé qui résulte de la combinaison du bore et du fluor avec un métal électro-positif, ou de celle d'un fluorure métallique avec le fluoride borique.

BORONIÉES, adj. et s. f. pl., *Boroniæ*. Nom donné par Bartling à une tribu de la famille des Diosmées, qui a pour type le genre *Boronia*.

BOROSILICIQUE, adj. , *borosilicicus*. Berzelius, dans sa nomenclature chimique , appelle *fluoride borosilicique* (*Fluorborfluorkiesel*, all.), une combinaison de fluoride borique et de fluoride silicique.

BORRAGINÉES, adj. et s. f. pl., *Borragineæ*. Nom d'une famille de plantes , établie par Jussieu, qui a pour type le genre *Borrago*.

BORURE, s. m. , *boruretum*. Composé qui résulte de la combinaison du bore avec un autre corps simple.

BORURÉ, adj. , *boruretus;* qui contient du bore. L. Gmelin croit avoir obtenu un *gaz hydrogène boruré* (*Boronwasserstoffgas*, all.), c'est-à-dire tenant du bore en dissolution.

BOSSE, s. f. , *gibbositas, gibba, gibbus, tuber, umbo; Buckel, Höcker* (all.); *bunch* (angl.); *gobba* (it.). Ce terme est employé : 1° en botanique. Mirbel appelle ainsi des appendices en forme de petits sacs renversés, qu'on trouve à l'entrée de plusieurs corolles (ex. *Borrago officinalis*), et à l'éperon, quand il est très-court et obtus. 2° En zoologie, on donne ce nom à des proéminences arrondies qui s'élèvent au dessus d'une surface quelconque. Kirby appelle *bosses* deux protubérances mobiles, surmontées d'une épine, dont le prothorax des *Macropus* est armé.

BOSSELÉ, adj., *torosus, torulosus, umbonatus, gibberosus* ; *gebückelt* (all.) ; *crimpled* (angl.) ; *imbossáto* (it.). Se dit d'un corps cylindrique qui est relevé ou renflé çà et là en bosselures. Les *Crassatella gibbosula, Dothidea gibberosula, Strombus gibberulus, Buccinum gibbosulum, Cytherea umbonella*, sont des coquilles plus ou moins renflées et comme bossues. Le *Geodia gibberosa* est un polypier tubériforme. Le *Clidesmia umbonata* a des feuilles qui offrent en dessus des soies renflées à leur base.

BOSSETTE, s. f. Nom vulgaire qu'on donne aux deux tubercules qui paraissent, à l'âge d'environ six mois, sur l'os frontal du faon.

BOSSU, adj., *gibbus, gibbius, gibbosus* ; *hochgewölbt, höckerig* (all.) ; *gibbous* (angl.); *gobbo* (it.). Se dit, en général, d'un animal qui a le dos très-convexe et en forme de bosse (ex. *Ostracion gibbosus, Emys gibba, Diacope gibbus*). Quelques coquilles ont reçu cette épithète parce qu'elles sont comme renflées (ex. *Cytherea gibbia, Bulla gibbosa*). Les entomologistes l'appliquent au corselet des insectes, quand il est élevé et très-convexe (ex. quelques Buprestes).

BOSTRICHINS, adj. et s. m. pl., *Bostrichini*. Nom donné par Latreille, Goldfuss, Eichwald, Ficinus et Carus à une tribu de la famille des coléoptères Xylophages, qui a pour type le genre *Bostrichus*.

BOSTRICHOPODES, adj. et s. m. pl., *Bostrychopoda* (βόστρυχος, boucle de cheveux, πούς, pied). Menke désigne la classe des Cirripèdes sous

ce nom, à cause de la forme des pieds des animaux qu'elle renferme.

BOTANIQUE, s. f., *botanica, botanice, res herbaria; Pflanzenkunde, Gewächskunde, Kräuterkunde* (all.); *botany* (angl.) (βοτάνη, herbe). Science qui a pour objet la connaissance des végétaux, de leurs caractères, de leurs différences et de leur classification méthodique.

BOTANIQUE, adj., *botanicus;* βοτανικός ; qui a rapport aux plantes. La *géographie botanique* est l'étude méthodique des faits relatifs à la distribution des végétaux sur le globe, et des lois plus ou moins générales qu'on peut en déduire. Candolle appelle *région botanique* l'espace qui, si l'on fait abstraction des espèces introduites à dessein ou par hasard, offre un certain nombre de plantes qui lui sont particulières et qu'on peut considérer comme en étant véritablement aborigènes.

BOTANISTE, s. m., *botanista, botanicus;* βοτανιστής. Naturaliste qui se livre à l'étude de la botanique, qui possède cette science.

BOTANOGRAPHIQUE, adj., *botanographicus* (βοτάνη, herbe, γράφω, écrire). Se dit d'un ouvrage destiné à la description d'un certain nombre de plantes.

BOTANOLOGIE, s. f., *botanologia* (βοτάνη, herbe, λόγος, discours). Synonyme inusité de *Botanique*.

BOTANOPHAGE, adj., *botanophagus* (βοτάνη, herbe, φάγω, manger). Nom donné par Robineau Desvoidy aux Myodaires Calyptérées dont les larves vivent de matières végétales.

BOTELLIFÈRE, adj., *botelliferus* (*botellus*, saucisse, *fero*, porter). Une éponge (*Spongia botellifera*) est ainsi appelée parce qu'elle a des rameaux droits, tuberculeux et bouillonnés, qu'on a comparés à des saucisses. *Voyez* ALLANTOPHORE.

BOTHROCÉPHALES, adj. et s. m.

pl. , *Bothrocephala* (βόθρος , trou , κεφαλή , tête). Nom donné par Blainville à un ordre de la classe des Subannélidaires , comprenant ceux dont le renflement céphalique est pourvu de fossettes plus ou moins profondes.

BOTRYLLACÉS, adj. et s. m. pl. , *Botryllacea*. Nom donné par Menke à une famille de l'ordre des Tuniciers Téthyes , qui a pour type le genre *Botryllus*.

BOTRYLLAIRES , adj. et s. m. pl., *Botryllaria*. Nom donné par Lamarck à un ordre de la classe des Tuniciers, qui a pour type le genre *Botryllus*.

BOTRYLLIDES, adj. et s. f. pl. , *Botryllideæ*. G.-S. Macleay désigne sous ce nom une famille de la classe des Tuniciers , comprenant les Téthyes composées de Savigny, et ayant le genre *Botryllus* pour type.

BOTRYOIDE , adj. , *botryoïdes* ; βοτρύωδης (βότρυς, raisin). Se dit : 1° en minéralogie , d'un minéral ayant la forme de grains qui imitent une grappe de raisin par leur disposition (ex. *Chaux boratée siliceuse botryoïde*); 2° en botanique et en zoologie , d'une cryptogame (*Lepraria botryoïdes*) qui a ses globules disposés presque en forme de chapelet, et d'une éponge rameuse (*Spongia botryoïdes*) dont les lobules sont ovales et diffus.

BOTRYTIDÉES , adj. et s. f. pl. , *Botrytideæ*. Nom donné par Fries et par Ad. Brongniart à un groupe de la tribu des Mucédinées, qui a pour type le genre *Botrytis*.

BOUCHE , s. f. , os ; στόμα ; *Mund* (all.); *mouth* (angl.); *bocca* (it.). Orifice du canal alimentaire , par lequel les animaux introduisent dans leur corps les substances dont ils se nourrissent. Ouverture des coquilles univalves, qui livre passage au corps de l'animal. Dans le langage vulgaire le mot de *bouche* est pris dans une acception moins générale , ou du moins appliqué d'une manière fort arbitraire.

Ainsi on dit la *bouche* de l'homme, du cheval , du mulet , de l'âne, du bœuf , du chameau , de l'éléphant , et en général des bêtes de somme et d'attelage ; mais on dit la *gueule* (*Maul*, all.) d'un chien, d'un loup, d'un chat , d'un lion , d'un crocodile, d'un lézard , d'un serpent , d'une vipère , d'un brochet , d'une truite. Cependant on dit aussi la bouche d'un saumon , d'une carpe , d'une grenouille. Il paraîtrait que le mot de *gueule* entraîne plus que celui de *bouche* l'idée de la voracité et d'un naturel sanguinaire.

BOUCLE , s. f. , *clavus*. On appelle ainsi des masses cartilagineuses, compactes, lenticulaires, d'un blanc pur, armées de crochets cornés et recourbés , qui , dans quelques poissons , sont cachées en grande partie sous les tégumens , retenues et affermies par eux.

BOUCLÉ , adj., *clavatus, spinosus*. Epithète donnée à des poissons qui ont le corps armé de pointes recourbées, adhérentes à de larges et ronds tubercules logés dans la peau. Ex. *Raja clavata, Scymnus spinosus*.

BOUCLIER, s. m. , *clypeus, scutellum, scutellulum*. On appelle ainsi : 1° en botanique, une sorte de conceptacle à surface large et aplatie , peu coriace, qui se développe au bord du thalle de certains lichens , n'a point de bordure , ou présente une bordure accessoire très-étroite , et est couvert, avant son développement, par une membrane mince et gélatineuse (ex. *Physcia Islandica*); 2° en zoologie, un épaississement charnu qui se remarque sur le dos des limaces, et qui est le rudiment d'un manteau; la grande écaille qui recouvre la tête, le thorax proprement dit et le préabdomen des crustacés binocles; la partie antérieure des Trilobites, qui paraît répondre au céphalothorax ; une partie de la tête des insectes, qu'on désigne plus ordinairement sous le nom de *chaperon* (*voyez* ce mot); suivant Straus, une des six pièces du corselet des insectes, celle qui en occupe toute la partie supérieure, et qui se replie latéralement en dessous, pour aller à la rencontre du sternum, avec lequel elle s'unit; d'après C.-G. Ehrenberg, le têt de certains Infusoires, quand il est assez solide, rond ou ovale, et placé sur le dos seulement de l'animal (ex. *Euplotes*).

BOUEUX, adj., *lutarius, lutosus.* Nom donné à des animaux qui vivent dans la boue, le limon, la vase, comme l'*Eburna lutosa*, l'*Emys lutaria*, la larve du *Sialis lutarius*.

BOUFFI, adj., *turgidus;* qui est renflé, sans être pour cela aminci; comme la *camare* des *Pæonia*, le *légume* des *Crotalaria*, la *silique* du *Raphanus sativus*.

BOULET, s. m., *commissura; Köte* (all.); *fetlock* (angl.); *nocca* (it.). On appelle ainsi, dans le cheval, la région des membres qui est située entre le canon et le pâturon.

BOUQUET, s. m., *sertulum.* L.–C. Richard donnait ce nom à un genre d'inflorescence produite par un assemblage de pédoncules uniflores partant tous d'un même point et arrivant presque à la même hauteur. Ex. *Primula*.

BOURDONNANT, adj., *bombylans;* qui bourdonne. Ex. *Cenogaster bombylans*.

BOURDONNEMENT, s. m., *bombus, murmur, susurrus; Sumsen* (all.); *humming* (angl.); *susurro* (it.). Bruit que font entendre les oiseaux-mouches, les colibris et les insectes, quand ils volent, et plusieurs de ces derniers quand on les saisit.

BOURGEON, s. m., *gemma, oculus; Knospe, Auge* (all.); *bud* (angl.); *gemma, bottone, pollone* (it.). Pour le vulgaire, ce mot désigne les jeunes

productions ou branches des végétaux vivaces (*voyez* SCION), quelquefois aussi les boutons à fleurs. Les botanistes appellent ainsi l'ensemble des écailles ou tuniques qui entourent la jeune pousse, la protègent dans sa jeunesse, et sont ou des feuilles avortées (ex. *Daphne Mezereum*), ou des bases de pétioles dilatées en forme d'écailles (ex. *Juglans regia*), ou des stipules avortées (ex. *Magnolia glauca*), ou des stipules et des pétioles soudés ensemble (ex. la plupart des Rosacées).

BOURGEONNEMENT, s. m., *gemmatio; Ausschlagen* (all.). Époque du développement des bourgeons; ensemble des phénomènes qui accompagnent ce développement. Candolle entend par là l'ensemble des bourgeons d'un arbre.

BOURRE, s. f., *tomentum* (πυρρός, roux). Nom donné aux poils courts et soyeux des quadrupèdes qui en ont de deux sortes, et par analogie aux poils qui recouvrent quelques végétaux, au duvet cotonneux qui revet les bourgeons de certains arbres.

BOURRELET, s. m., *tubera; orliccio* (it.). On appelle ainsi: 1° en botanique, des grosseurs ou renflemens visibles, qui apparaissent accidentellement ou naturellement sur le tronc d'un végétal ligneux, et des appendices divers, en général un peu arrondis, qui proviennent de l'épaississement de l'organe destiné à les porter; 2° en zoologie, des épaississemens ou cordons longitudinaux, situés sur le bord, la spire ou la face externe de certaines coquilles spirivalves, et qui coupent les tours de la spire transversalement ou à angle droit.

BOURSE, s. f., *bursa.* (βύρσα, cuir). Membrane qui enveloppe quelques espèces de champignons en entier, pendant leur premier âge, et qui se déchire par l'effet de la croissance. *Bourses* est le nom qu'on donne vulgairement au scrotum chez l'homme. Les mammifères de l'ordre des Marsupiaux sont très-souvent appelés *animaux à bourse*, à cause de la poche abdominale dont ils sont pourvus pour recevoir et loger pendant quelque temps leurs petits.

BOURSOUFFLÉ, adject., *bullatus.* Dont la surface est relevée çà et là en bosselures ; dont la masse est pleine de cavités arrondies, ou de cellules très-rapprochées, séparées par une cloison mince, surtout lorsque les cellules ont crevé les unes dans les autres.

BOUTOIR, s. m., *Rüssel* (all.) ; *snout* (angl.) ; *grugno* (it.). Nom sous lequel on désigne le nez prolongé, tronqué au bout et mobile du cochon et de la taupe, dans l'intérieur duquel se trouve un osselet particulier, appelé *os du boutoir*, qui lui donne de la solidité et le rend propre à fouiller la terre. *Voyez* GROIN.

BOUTON, s. m., *alabastrum.* Nom donné à toute fleur, avant son épanouissement. Les agriculteurs prennent ce mot dans une acception plus étendue, et s'en servent pour désigner l'*œil* ou le *bourgeon* qui a pris un certain degré d'accroissement, qui a une forme plus ou moins arrondie ou ovale.

BOUTONNIÈRE, s. f. Quelques auteurs ont employé ce terme pour désigner les *stigmates* (*voyez* ce mot) dans les chenilles.

BOUTURE, s. f., *talea; Steckreis, Steckling, Sprössling* (all.) ; *slit, cutting* (angl.) ; *tallo, barbatella, majuolo, piantone* (it.). Petite et jeune branche qui, coupée et fichée dans un terrain convenable, y pousse des racines et produit ainsi un nouvel individu.

BOVIDÉS, adj. et s. m. pl., *Bovidæ.* Nom donné par G.-E. Gray à une famille de la classe des Mammi-fères, qui a pour type le genre *Bos.*

BRACELET, s. m., *armilla.* On appelle ainsi, dans les oiseaux, un anneau coloré qui est situé proche du talon et au-dessus.

BRACHÉLYTRES, adj. et s. m. pl., *Brachelytra* (βραχὺς, court, ἔλυτρον, étui). Nom donné par Cuvier, Latreille et Duméril à une famille de l'ordre des Coléoptères, renfermant des insectes qui ont les élytres plus courtes que l'abdomen, quoiqu'elles recouvrent entièrement les ailes.

BRACHIAL, adj., *brachialis* (*brachium*, bras) ; qui a rapport ou qui appartient au bras. On donne cette épithète à plusieurs nervures, autres que la cubitale et la radiale, qui, dans l'aile des insectes, naissent du même point que celles-ci, c'est-à-dire du thorax.

BRACHIDE, s. m., *brachida* (βραχίων, bras, εἶδος, ressemblance). Appendice en forme de bras. Blainville désigne sous ce nom la paire externe des tentacules des véritables Néréides, à cause de la forme, quelquefois très-singulière, des deux articles qui les composent, et de leur apparence, qui permet de les comparer à de petits bras.

BRACHIDÉ, adj. ; qui a la forme d'un petit bras ; *appendice brachidé.*

BRACHIÉ, adject., *brachiatus ; armförmig, armig, doppeltarmig, gearmt* (all.) ; *bracciuto, incrociato* (it.) (*brachium*, bras). Ce terme est employé : 1° en botanique, où il désigne des parties qui sont très-ouvertes et opposées en croix, à l'instar des bras étendus d'un homme, comme les *rayons* de l'ombelle dans le *Daucus Carotta*, et les *rameaux* du *Tetrapilus brachiatus*, du *Banisteria brachiata*, du *Mesembryanthemum brachiatum* ; 2° en zoologie, où il s'applique à des poissons qui ont leurs nageoires supportées par des appendices en forme de petits bras (ex. *Diodon brachiatus*).

BRACHIÉS, adj. et s. m. pl., *Brachiata*. Nom donné par Poli à un ordre de la classe des Mollusques, comprenant ceux qui ont des bras à la manière des Hydres, ou les Céphalopodes, et par Schweigger à un ordre de Zoophytes monohyles, dans lequel il range ceux dont le corps est muni d'appendices en forme de bras.

BRACHIOCÉPHALES, adj. et s. m. pl., *Brachiocephala* (βραχίων, bras, κεφαλὴ, tête). Nom donné par Blainville à un ordre de la classe des Céphalophores, comprenant ceux dont la tête est pourvue de quatre à cinq paires de longs appendices tentaculaires coniques.

BRACHIOLÉ, adj., *brachiolatus*. Une Astérie (*Comatula brachiolata*) est ainsi appelée parce que ses rayons pinnés, assez épais, quoique courts, ressemblent un peu à de petits bras.

BRACHIONÉS, adj. et s. m. pl., *Brachionæa*. Nom donné par C.-G. Ehrenberg à l'unique tribu de la division des Infusoires Rotifères Zygotroques, qui a pour type le genre *Brachionus*.

BRACHIONIDES, adj. et s. m. pl., *Brachionides*. Sous ce nom, Bory désigne une famille de l'ordre des Microscopiques Crustodés, ayant pour type le genre *Brachionus*.

BRACHIOPODES, adject. et s. m. pl., *Brachiopoda* (βραχίων, bras, πούς, pied). Nom donné par Cuvier, Schweigger et Goldfuss à un ordre de la classe des Mollusques, par Lamarck à un ordre de celle des Conchifères, par Eichwald à un ordre de celle des Thérozoaires, par Latreille, Menke, Ficinus et Carus à une classe du règne animal, renfermant des animaux mollusques qui, au lieu de pieds, ont deux bras charnus extensibles.

BRACHIOPTÈRES, adj. et s. m.

pl., *Brachiopteri* (βραχίων, bras, πτερὸν, nageoire). Nom donné par Blainville à une famille de poissons gnathodontes hétérodermes, renfermant ceux qui ont les nageoires pectorales pédiculées.

BRACHIOSTOMES, adj. et s. m. pl., *Brachiostoma* (βραχίων, bras, στόμα, bouche). Nom donné par Latreille à un ordre de la classe des Polypes, comprenant ceux dont la bouche est entourée de tentacules.

BRACHYACANTHE, adject., *brachyacanthus* (βραχὺς, court, ἄκανθά, épine); qui a des épines courtes. Ex. *Acacia brachyacantha*.

BRACHYANCALOPTÈNES, adj. et s. m. pl., *Brachyancalopteni* (βραχὺς, court, ἀγκαλὶς, bras, πτηνὸς, volatile). Nom donné par J.-A. Ritgen à une famille de l'ordre des Halicolymbes ou Pygopodes, comprenant des oiseaux qui ont les ailes très-courtes.

BRACHYCARPE, adj., *brachycarpus* (βραχὺς, court, καρπὸς, fruit); qui a des fruits courts. Ex. *Astragalus brachycarpus*, *Alliaria brachycarpa*, *Seseli brachycarpum*, *Hymenostomum brachycarpon*.

BRACHYCARPÉES, adj. et s. f. pl., *Brachycarpeæ*. Nom donné par Candolle à une tribu de la famille des Crucifères, qui a pour type le genre *Brachycarpæa*.

BRACHYCENTRE, adj., *brachycentrus* (βραχὺς, court, κέντρον, aiguillon). L'*Echinospermum brachycentrum* a des fleurs beaucoup plus longues que les pédicelles qui les supportent.

BRACHYCÈRE, adj., *brachyceratis*, *brachycerus* (βραχὺς, court, κέρας, corne). Une orchidée (*Habenaria brachyceratis*) est ainsi appelée parce que son éperon ou corne n'est pas plus long que le germe; un insecte diptère (*Macquartia brachycera*), parce qu'il a des antennes courtes.

BRACHYCÉRÉES, adj. et s. f. pl.,

Brachyceratæ. Nom donné par Robineau-Desvoidy à une section de la famille des Myodaires Calyptérées, comprenant ceux de ces insectes qui ont les antennes courtes.

BRACHYCÉRIDES, adj. et s. m. pl., *Brachycerides.* Nom donné par Schœnherr à un groupe de l'ordre des Curculionides orthocères, qui a pour type le genre *Brachycerus.*

BRACHYCLADE, adj., *brachyclados* (βραχὺς, court, κλάδος, branche); qui a des rameaux courts. Ex. *Pterigynandrum brachycladon, Leskia brachyclados.*

BRACHYDACTYLE, adj., *brachydactylus* (βραχὺ:, court, δάκτυλος, doigt); qui a des doigts courts. Ex. *Alauda brachydactyla.*

BRACHYDÉRIDES, adj. et s. m. pl., *Brachyderides.* Nom donné par Schœnherr à un groupe de l'ordre des Curculionides gonatocères, qui a pour type le genre *Brachyderes.*

BRACHYGLOSSE, adj., *brachyglossus* (βραχὺς, court, γλῶσσα, langue). Épithète donnée à quelques plantes synanthérées qui ont les calathides courtement radiées. Ex. *Felicia brachyglossa.*

BRACHYOPODE, adj., *brachyopodus* (βραχὺς, court, ποῦς, pied). Épithète donnée par L.-C. Richard aux *embryons* dont la radicule est très-courte.

BRACHYOTE, adj., *brachyotos* (βραχὺς, court, οὖς, oreille). Une chouette (*Strix brachyotos*) doit cette épithète à ce qu'elle est munie de huppes très-petites, peu apparentes dans les mâles et nulles dans les femelles.

BRACHYPE, adject., *brachypus* (βραχὺς, court, πoῦς, pied); qui a des pédicules courts. Ex. *Barbula brachypus.*

BRACHYPÉTALE, adj., *brachypetalus* (βραχὺς, court, πέταλον, pétale); qui a des pétales courts. Ex. *Actæa brachypetala, Cerastium brachypetalum.*

BRACHYPHYLLE, adj., *brachyphyllus* (βραχὺς, court, φύλλον, feuille); qui a des feuilles courtes. Ex. *Crusea brachyphylla, Pogonatum brachyphyllum.*

BRACHYPODE, adj., *brachypodus* (βραχὺς, court, πoῦς, pied); qui a des pétioles courts. Ex. *Lonicera brachypoda; Cephalanthus brachypodus.*

BRACHYPOME, adj., *brachypomus* (βραχὺς, court, πῶμα, opercule). Se dit d'un poisson qui a l'opercule court. Ex. *Myletes brachypomus.*

BRACHYPORE, adj., *brachyporus* (βραχὺς, court, πόρος, pore). Le *Boletus brachyporus* est ainsi appelé à cause de la brièveté de ses tubes.

BRACHYPTÈRE, adj., *brachypterus; kurzflüglig* (all.) (βραχὺς, court, πτερόν, aile). Se dit: 1° en botanique, d'une *plante* dont une partie quelconque, par exemple les carpelles, est surmontée d'une aile très-courte (ex. *Banisteria brachyptera*); 2° en zoologie, d'un *oiseau* dont les ailes n'atteignent que sur les côtés du croupion (ex. *Anser brachypterus*), ou d'un *insecte* dont les ailes n'ont que la moitié de la longueur de l'abdomen (ex. *Mantis brachyptera*).

BRACHYPTÈRES, adj. et s. m. pl., *Brachypteri.* Nom donné par Mœhring à une classe d'oiseaux, par Cuvier, Duméril, Latreille, Lesson, Ficinus et Carus à une famille de l'ordre des Palmipèdes, par Vieillot à une famille de l'ordre des Nageurs, par Ranzani à une famille de l'ordre des Ratites, renfermant des oiseaux dont les ailes sont trop courtes pour pouvoir servir au vol.

BRACHYRHYNQUE, adject., *brachyrhynchus* (βραχὺς, court, ρύγχος, bec); qui a le bec court. Ex. *Nucifraga brachyrhyncus.*

BRACHYRHYNQUES, adj. et s. m. pl., *Brachyrhynchi.* Nom donné par Schœnherr à une légion de l'ordre des Curculionides gonatocères, comprenant ceux de ces animaux qui ont le bec court.

BRACHYSCIEN, adj., *brachyscius* (βραχὺς, court, σκιά, ombre). Nom donné par les géographes anciens aux habitans des régions où le soleil n'arrive jamais au zénith, parce qu'en été, à midi, leur corps projette une ombre courte.

BRACHYSTACHYÉ, adject., *brachystachyus*; *kurzährig* (all.) (βραχὺς, court, σταχὺς, épi); qui a les fleurs disposées en épis minces et courts. Ex. *Campulosus brachystachyus, Carex brachystachya, Panicum brachystachyum, Pedicularis brachystachys.*

BRACHYSTÉMONE, adject., *brachystemon* (βραχὺς, court, στήμων, étamine); qui a les étamines plus courtes que les pétales. Ex. *Draba brachystemon.*

BRACHYSTOME, adj., *brachystomus* (βραχὺς, court, στόμα, bouche). Se dit d'une coquille univalve dont l'ouverture a peu de hauteur (ex. *Achatina acicula*). L'*Ascia brachystoma* est ainsi appelée parce que le bord de sa bouche ne fait pas de saillie en forme de trompe.

BRACHYTÉLOSTYLÉ, adj., *brachytelostylus* (βραχὺς, court, τέλος, fin, στύλος, soutien). Epithète donnée par J. Hill aux cristaux qui se composent de deux pyramides séparées par un prisme court.

BRACHYTOPHYTE, s. m., *brachytophytum* (βραχύτης, brièveté, φυτὸν, plante). Nom donné par Necker aux plantes crucifères qui ont des fruits courts ou siliculeux.

BRACHYURE, adj., *brachyurus*; *kurzschwänzig* (all.) (βραχὺς, court, οὐρά, queue); qui a la queue courte.

Ex. *Coluber brachyurus, Fringilla brachyura.*

BRACHYURES, adj. et s. m. pl., *Brachyura.* Nom donné par Cuvier, Latreille, Leach et Eichwald à une famille de l'ordre des Crustacés décapodes, par Lamarck à une section de l'ordre des Crustacés homobranches, comprenant ceux dont le postabdomen est replié en dessous et plus court que le tronc.

BRACTÉAIRE, adj., *bractearius.* Epithète que Candolle donne aux *fleurs permutées*, quand le changement a lieu dans les bractées.

BRACTÉE, s. f., *bractea*; *Nebenblatt, Deckblatt* (all.); *brattea* (it.) Linné, le premier, a distingué sous ce nom les feuilles qui accompagnent les fleurs, lorsqu'elles diffèrent des autres par leur forme ou par leur couleur. Candolle l'applique aux feuilles à l'aisselle desquelles naissent les branches florales, ou leurs ramifications, ou les pédicelles eux-mêmes, et qui diffèrent des autres par la grandeur, la forme, la couleur, ou, ce qui est plus constant, parce qu'elles ne portent pas de vrais bourgeons à leurs aisselles.

BRACTÉEN, adj., *bracteanus.* Mirbel donne cette épithète au *strobile*, quand il est formé par des bractées. Ex. *Betula Alnus.*

BRACTÉIFÈRE, adj., *bracteiferus* (*bractea*, bractée, *fero*, porter); qui porte une ou plusieurs bractées, comme le *calice* du *Geum urbanum.*

BRACTÉIFORME, adj., *bracteiformis* (*bractea*, bractée, *forma*, forme); qui a la forme ou l'aspect d'une bractée. Epithète donnée par H. Cassini aux *squames* du péricline des Synanthérées, quand elles sont analogues à des bractées d'involucre.

BRACTÉOCARDIÉ, adj., *bracteocardius* (*bractea*, bractée, καρδία, cœur); qui a des bractées en cœur à la base. Ex. *Cephælis bracteocardia.*

BRACTÉOGAME, adj., *bracteo-ramus* (*bractea*, bractée, γάμος, noces). Se dit d'une plante (*Hydroco-tyle bracteogama*) dont les folioles de l'involucre sont réunies en un disque orbiculaire.

BRACTÉOLAIRE, adj., *bracteo-laris* ; qui a de très-grandes bractées. Ex. *Spatalla bracteolaris.*

BRACTÉOLE, s. f., *bracteola* ; *Deckblättchen* (all.). Petite bractée. On donne cette épithète aux plus inférieures des bractées, quand il y en a plusieurs rangs, et à celles qui tiennent sur les pédicelles, ou à leur base. Dans le cas, dit Candolle, où les dernières ramifications d'une inflorescence composée partent de pédicules terminés par un seul pédicelle, ou, comme on s'exprime vulgairement, lorsque les pédicelles sont articulés dans leur longueur, les petites bractées qui se trouvent à cette articulation prennent le nom de *brac-téoles*. Candolle n'adopte donc ce mot que dans le dernier des deux sens qu'on a coutume d'y attacher.

BRACTÉOLÉ, adj., *bracteolatus.* Se dit d'une plante qui a ses pédoncules (ex. *Commelina bracteolata*), ses verticilles de fleurs (ex. *Hedeoma bracteolata*), ou ses feuilles (ex. *Polygala bracteolata*) accompagnés de petites bractées. H. Cassini donne cette épithète au *péricline* des Synanthérées, quand il est accompagné de bractées très-petites, comme demi-avortées, très-peu nombreuses, peu constantes, variables et irrégulièrement disposées.

BRACTÉTÉ, adj., *bracteatus*, *bracteosus ; nebenblättrig, deckblätt-rig* (all.) ; *bratteato* (it.) ; qui est muni d'une ou plusieurs bractées, comme l'épi du *Lavandula spica*, les verticilles du *Ballota nigra*, les calathides de l'*Edmondia bracteata*, les fleurs du *Modecca bracteata*, de l'*Hibiscus bracteosus*, du *Pelargo-*

nium bracteosum ; qui porte des bractées longues, foliacées, découpées (ex. *Corydalis bracteata,. Diclytra bracteosa*).

BRACTIFÈRE. *V.* Bractéifère.

BRADYPÈDES, adj. et s. m. pl., *Bradypedæ.* Nom donné par G.-E. Gray à une famille de la classe des Mammifères, qui a pour type le genre *Bradypus.*

BRADYPODES, adj. et s. m. pl., *Bradypoda.* Nom donné par Goldfuss et Tiedemann à une famille de la classe des Mammifères, qui a pour type le genre *Bradypus.*

BRAILLEMENT, s. m. Cri importun et fatigant de certains animaux, par exemple du chien.

BRAIMENT, s. m., *ruditus.* Cri de l'âne. On dit plus souvent le *braire.*

BRAMER, s. m. (βρέμω, mugir). Cri du cerf en rut.

BRANCHE, s. f., *ramus, apex ;* κλάδος ; *Zweig, Ast* (all.) ; *twig* (angl.); *ramo* (it.). On appelle ainsi : 1° en géognosie, les ramifications d'un filon, lorsqu'après l'avoir accompagné dans une certaine étendue, elles semblent y rentrer et former comme des espèces d'anses ; 2° en botanique, les divisions primaires d'une tige quelconque.

BRANCHELLIENNES, adj. et s. f. pl., *Branchellianæ* (βράγχια, branchies). Nom donné par Savigny à une section de la famille des Hirudinées, comprenant celles qui ont des branchies saillantes.

BRANCHIAL, adj., *branchialis* (βράγχια, branchies). On appelle *respiration branchiale* celle qui s'exécute au moyen de branchies. *Bran-chial* est parfois pris comme synonyme de *pulmonaire*, lorsque, par exemple, on donne cette épithète aux Arachnides qui respirent par des sacs aëriens. L'*Ammocœtus branchialis* est ainsi appelé parce que, dit-on, il introduit l'extrémité de son museau sous l'opercule des gros poissons, pour s'attacher à leurs branchies.

BRANCHIE, s. f., *branchia*; βράγχια; *Kieme*, *Fischohr* (all.); *gill* (angl.); *branchia* (it.). Organe qui sert à respirer au moyen de l'air tenu en dissolution dans l'eau. C'est par abus qu'on a admis des branchies *aériennes*, chez certains animaux, tels que les limaces. *Voyez* POUMON.

BRANCHIÉS, adj. et s. m. pl., *Branchiata*. Nom donné par Ficinus et Carus à un ordre de la classe des Amphibies, comprenant ceux qui respirent par des branchies.

BRANCHIFÈRE, adj., *branchiferus*; *kiementragend* (angl.) (βράγχια, branchies, *fero*, porter); qui porte des branchies. *Organe branchifère.*

BRANCHIFÈRES, adj. et s. m. pl., *Branchifera*. Nom donné par Hartmann à un ordre de la classe des Gastéropodes, et par Blainville à une famille de l'ordre des Cervicobranches, renfermant ceux de ces animaux dont les organes respiratoires consistent en deux grands peignes branchiaux égaux.

BRANCHIODÈLES, adj. et s. m. pl., *Branchiodela* (βράγχια, branchies, δῆλος, manifesté). Nom donné par Duméril à une famille de la classe des Vers, dans laquelle il range ceux qui ont des organes respiratoires, ou branchies, visibles à l'extérieur.

BRANCHIOGASTRES, adj. et s. m. pl., *Branchiogastra* (βράγχια, branchies, γαστήρ, ventre). Nom donné par Latreille à un ordre de la classe des Crustacés, comprenant ceux qui ont les branchies sous le ventre, et qu'il a depuis coupé en deux, ceux des Stomapodes et des Amphipodes.

BRANCHIOPNONTES, adj. et s. m. pl., *Branchiopnunta* (βράγχια, branchies, πνέω, respirer). G. Fischer désigne ainsi un groupe d'animaux sans vertèbres, embrassant tous ceux qui respirent par des branchies,

comme les Mollusques, les Annélides et les Crustacés.

BRANCHIOPODES, adj. et s. m. pl., *Branchiopoda* (βράγχια; branchies, πούς, pied). Nom donné par Cuvier, Lamarck, Desmarets, Goldfuss, Straus, Eichwald, Ficinus et Carus à un ordre de la classe des Crustacés, par Blainville à une famille de la classe des Hétéropodes et comprenant ceux dont les branchies sont placées sur les pattes.

BRANCHIOPODIFORME, adjectif, *branchiopodiformis*. Kirby donne cette épithète aux *larves* apodes antennées, à tête distincte, qui ont le corps transparent et flexible, avec un tube respiratoire à la queue. Ex. *Culex.*

BRANCHIOSTÈGE, adj., *branchiostegus* (βράγχια, branchies, στέγω, couvrir). On appelle *membrane branchiostège* (*Kiemenhaut*, all.) celle qui, chez certains poissons, garnit le bord inférieur des opercules des branchies. La *Coryphœna branchiostega* est ainsi nommée parce qu'elle a l'ouverture de ses branchies peu distincte.

BRANCHIOSTÈGES, adj. et s. m. pl., *Branchiostegi*. Nom donné par Artedi, Gouan et Linné à une classe de poissons, comprenant ceux qui ont le squelette cartilagineux et les branchies libres, couvertes seulement d'une membrane.

BRANCHIOSTOME, s. m., *branchiostoma* (βράγχια, branchies, στόμα, bouche). Latreille a proposé ce nom pour désigner les ouvertures par lesquelles les pneumobranchies, ou branchies aériennes, communiquent au dehors.

BRANCHIUROMOLGES, adj. et s. m. pl., *Branchiuromolgæi* (βράγχια, branchies, οὐρά, queue, μολγός, salamandre). Nom donné par J.-A. Ritgen à une famille de reptiles, comprenant les salamandres qui respirent toujours par des branchies,

BRANCHU, adj., *ramosus*; κλαδώδης; *ästig* (all.); *ramous* (angl.); *ramoso* (it.); qui est divisé en branches; qui en a beaucoup. *Voyez* RAMEUX.

BRAS, s. m., *brachium*; βραχίων; *arm* (all. angl.); *braccio* (it.). On appelle ainsi : 1° en géognosie, un rameau de montagne qui dépasse le pied général de la chaîne et se porte en avant dans la plaine; 2° en zoologie, le membre thoracique tout entier des animaux vertébrés, ou seulement son premier article; le troisième article de la pince des Crustacés; la première paire de pattes des insectes hexapodes, d'après Kirby; les appendices qui garnissent la partie supérieure du corps des Céphalopodes et des Polypes à tentacules; ceux de la face inférieure du corps des Méduses, quand ils sont libres dès la base.

BRAS-DE-MER. *Voyez* DÉTROIT.

BRASSICÉES, adj. et s. f. pl., *Brassiceæ*. Nom donné par Candolle à une tribu de la famille des Crucifères, qui a pour type le genre *Brassica*.

BRECCIOLAIRE, adj., *brecciolaris*. Épithète donnée par les géognostes à une *roche* qui enveloppe les corps étrangers dans sa pâte. Ex. *Rétinite brecciolaire*.

BRÈCHE, s. f. (de l'allemand *brechen*, rompre). Nom générique sous lequel on désigne, en minéralogie, toute les roches à structure fragmentaire, quand les grains agglomérés qui les constituent sont des fragmens anguleux à bords aigus.

BRÉCHIFORME, adj., *brecciformis*. Se dit, en minéralogie, d'une modification de la texture des roches, quand celles-ci sont formées par la conglomération de fragmens anguleux, ou d'une *roche* qu'on prendrait au premier abord pour une brèche. Ex. *Petrosilex bréchiforme*.

BRÉINE, s. f., *breina*. Nom donné par Baup à une substance cristalline qu'il a extraite de la résine de l'arbol-a-brea, et qui paraît être identique avec la sous-résine que Bonastre en a retirée.

BRENTIDES, adj. et s. m. pl., *Brentides*. Nom donné par Latreille à une tribu de la famille des Rhynchophores, par Schœnberr à un groupe de l'ordre des Curculionides orthocères, ayant pour type le genre *Brentus*.

BRÉSILINE, s. f., *bresilina*. Chevreul nomme ainsi une matière colorante rouge, analogue à l'hématine, et encore peu connue, qui existe dans le bois de Brésil (*Cæsalpinia echinata*).

BRÉVICAUDE, adj., *brevicaudatus* (*brevis*, court, *cauda*, queue). Se dit, en botanique, d'une *plante* qui a les pédoncules plus courts que les feuilles (ex. *Clematis brevicaudata*); en zoologie, d'un *mammifère* ou d'un *oiseau* qui a la queue courte (ex. *Sorex brevicaudatus*, *Coccothraustes brevicaudata*, *Pachysoma brevicaudatum*).

BRÉVICAUDES, adj. et s. m. pl., *Brevicaudati*. Nom donné par Blainville à une famille de l'ordre des oiseaux marcheurs, comprenant ceux qui ont la queue très-courte.

BRÉVICAULE, adj., *brevicaulis* (*brevis*, court, *caulis*, tige); qui a la tige courte. Ex. *Desmatodon brevicaulis*, *Pogonatum brevicaule*.

BRÉVICOLLE, adj., *brevicollis* (*brevis*, court, *collum*, col). Se dit d'un *insecte* qui a le corselet court (ex. *Meloe brevicollis*), d'une *mousse* dont les pédicules sont courts (ex. *Trematodon brevicollis*).

BRÉVICORNE, adj., *brevicornis* (*brevis*, court, *cornu*, corne); qui a les antennes courtes. Ex. *Elater brevicornis*.

BRÉVIDENTÉ, adj., *brevidens*

(*brevis*, court, *dens*, dent); qui a les dents courtes, comme le poisson appelé *Hydrocynus brevidens*.

BRÉVIFLORE, adj., *breviflorus*; *kurzblüthig* (all.) (*brevis*, court, *flos*, fleur). Épithète donnée à des plantes qui ont les fleurs courtes (ex. *Astragalus breviflorus*, *Pavetta breviflora*), ou petites (ex. *Corydalis breviflora*).

BRÉVIFOLIÉ, adj., *brevifolius*; *kurzblättrig* (all.) (*brevis*, court, *folium*, feuille); qui a des feuilles courtes. Ex. *Thymus brevifolius*, *Arabis brevifolia*, *Sedum brevifolium*.

BRÉVIPÈDE, adject., *brevipes*; *kurzfüssig* (all.) (*brevis*, court, *pes*, pied). Se dit, en botanique, d'une *plante* qui a les pédoncules (ex. *Hyptis brevipes*), ou les hampes (ex. *Loxodon brevipes*) courts; en zoologie, (*kurzbeinig*, all.), d'un *oiseau* qui a les pieds courts (ex. *Totanus brevipes*).

BRÉVIPÈDES, adj. et s. m. pl, *Brevipedes*. Nom donné par J.-A. Scopoli à un ordre d'oiseaux, comprenant ceux qui ont les pattes courtes, et par A.-H. Harvorth aux reptiles sauriens qui, comme les Scinques, ont les pattes très-courtes.

BRÉVIPENNE, adj., *brevipennis* (*brevis*, court, *penna*, aile); qui a des ailes courtes. Ex. *Asilus brevipennis*.

BRÉVIPENNES, adj. et s. m. pl., *Brevipennes*, *Brevipennia* (*brevis*, court, *penna*, aile). Nom donné par Cuvier, Duméril, Latreille, Lesson, Ficinus et Carus à une famille d'oiseaux qui ont les ailes très-courtes et impropres au vol, par Duméril à une famille d'insectes coléoptères qui ont les élytres courtes. *Voyez* BRACHYPTÈRES.

BRÉVIROSTRE, adj., *brevirostris*, *brevirostrus*, *brevirostratus* (*brevis*, court, *rostrum*, bec); qui a le bec (ex. *Pteroglossus brevirostris*), le museau (ex. *Acipenser brevirostrum*), ou l'opercule (ex. *Hypnum brevirostrum*) court.

BRÉVIROSTRÉS, adj. et s. m. pl., *Brevirostrata*. Nom donné par Latreille, Ficinus et Carus à une famille de l'ordre des Mammifères édentés, comprenant ceux qui ont le museau court, par Latreille à une division de la tribu des Charansonites, dans laquelle il range ceux qui ont le bec court.

BRÉVISCAPE, adj., *breviscapus* (*brevis*, court, *scapus*, tige); qui a une tige ou une hampe courte. Ex. *Hypoxis breviscapa*.

BRÉVISETE, adj., *brevisetus* (*brevis*, court, *seta*, soie); qui a des pédoncules courts. Ex. *Dicranum brevisetum*.

BRÉVISTYLE, adj., *brevistylus* (*brevis*, court, *stylus*, style); qui a le style très-court. Ex. *Osmorhiza brevistylis*, *Hutchinsia brevistyla*, *Hypericum brevistylum*.

BRÉVISTYLES, adj. et s. f. pl., *Brevistylæ*. Nom donné par Agardh à une tribu de plantes phanérocotylédones complètes, hypogynes et polypétales, qui ont le style très-court, comme les Guttifères, les Berbéridées, les Podophyllées, les Papavéracées, les Crucifères.

BRÉVIVALVE, adj., *brevivalvis* (*brevis*, court, *valva*, valve). L'*Erianthus brevivalvis* est ainsi appelé parce que les poils qui entourent sa balle calicinale sont beaucoup plus courts que les valves.

BRÉVIVENTRE, adj., *breviventris* (*brevis*, court, *venter*, ventre); qui a le ventre court. Ex. *Tipula breviventris*.

BREXIACÉES, adj. et s. f. pl., *Brexiaceæ*. Nom donné par Lindley et Kunth à une famille de plantes qui a pour type le genre *Brexia*.

BRIDÉ, adj., *capistratus*, *frenatus*; qui offre une ou plusieurs essaies colorées descendant du dos vers la tête et simulant une sorte de bride. Ex. *Chetodon capistratus*, *Scarus serenatus*.

BRILLANT, adj., *nitens*, *fulgidus*, *micans* ; *glänzend* (all.) ; *shining* (angl.) ; *risplendente* (it.). On dit une *couleur brillante* lorsque, sans pouvoir changer de nuance par les diverses incidences de la lumière, elle a un éclat analogue à celui des corps polis. Par extension, on appelle *brillans* les *corps* dont la surface reflète la lumière comme le ferait un métal poli. C'est ce qu'on observe, par exemple, dans les petites taches dont les fleurs du *Lavatera micans* sont marquées sur les bords, et qui brillent au soleil. Cette expression est fréquemment employée par les naturalistes, et rendue en latin d'une foule de manières diverses, dont voici quelques unes : *Chrysis fulgida*, *Lobelia fulgens*, *Hedychrum fervidum*, *Cuculus lucidus*, *Capraria lucida*, *Pterygophyllum lucens*, *Hedychrum lucidulum*, *Bulimus lubricus*, *Trichia nitens*, *Cellepora nitida*, *Trisetum nitidum*, *Planorbis nitidulus*, *Unona nitidissima*, *Athalas nitescens*, *Drassus relucens*, *Vibicides refulgens*, *Falcinellus resplendescens*, *Corvus splendidus*, *Mesione splendida*, *Dictydium splendens*, *Phalacrus corruscus*.

BRINDILLE, s. f., *ramulus*. Dernière ramification d'une branche. Synonyme de *ramille*. On donne quelquefois ce nom à des petites branches qui fruits qui portent des fleurs ramassées en touffes.

BRIQUETÉ, adj., *lateritius* ; qui a la couleur de la brique pilée, c'est-à-dire un rouge plus ou moins mêlé de jaune. Ex. *Auricularia lateritia*.

BRISE, s. f. On appelle ainsi des vents périodiques qui se font sentir en mer à l'approche des côtes, et dont la direction change deux fois en vingt-quatre heures, c'est-à-dire qui soufflent de la mer pendant la journée, et de la terre pendant la nuit.

BROCHA, s. m. pl. (*brochus*, dont les dents avancent hors de la bouche). Nom donné par Ficinus et Carus à une famille de l'ordre des Mammifères Pinnipèdes, contenant les Morses, dont les canines font une énorme saillie hors de la bouche.

BROCHES, s. f. pl. Nom vulgaire des défenses du sanglier.

BROMATE, s. m., *bromas*. Genre de sels (*bromsaure Salze*, all.), qui sont formés par la combinaison de l'acide borique avec les bases salifiables.

BROME, s. m., *bromus* (βρῶμος, fétide). Corps simple, découvert en 1826 par Balard, et ainsi appelé à cause de l'odeur forte et désagréable qu'il exhale.

BROMÉ, adj., *bromatus* ; qui contient du brome. Suivant Sérullas, le brome condense le gaz oléfiant, et donne ainsi naissance à de l'*éther bromé*.

BROMÉES, adj. et s. f. pl., *Bromeæ*. Nom donné par Kunth à une tribu de la famille des Graminées, qui a pour type le genre *Bromus*.

BROMÉLIACÉES, adj. et s. f. pl., *Bromeliaceæ*. Famille de plantes, établie par Jussieu, qui a pour type le genre *Bromelia*.

BROMÉLIÉES, adj. et s. f. pl., *Bromelieæ*. Synonyme de *Broméliacées*.

BROMÉLIOIDES, adj. et s. f. pl., *Bromelioïdes*. Synonyme de *Broméliacées*.

BROMIDE, s. m. Nom donné par Berzelius aux combinaisons du brome avec des corps moins électro-négatifs que lui, dans lesquelles les rapports atomiques sont les mêmes que dans les acides.

BROMIQUE, adj., *bromicus*. Épithète donnée à un *acide* (*Bromsäure*, all.), qui est le seul degré connu d'oxigénation du brome, et à un *chlorure*, qui résulte de la combinaison de ce dernier corps avec le brome.

BROMO-AURATE, s. m., *bromo-auras*. Nom donné par Bonnsdorff aux combinaisons du bromide d'or avec les bromures des métaux électro-positifs.

BROMO-HYDRARGYRATE, s. m., *bromo-hydrargyras*. Nom donné par Bonnsdorff aux combinaisons du bromide de mercure avec les bromures des métaux électro-positifs.

BROMO-PLATINATE, s. m., *bromo-platinas*. Nom donné par Bonnsdorff aux combinaisons du bromide de platine avec les bromures des métaux électro-positifs.

BROMURE, s. m., *bromuretum*, *brometum*. Berzelius donne ce nom aux combinaisons du brome avec les métaux électro – positifs dans lesquelles les rapports atomiques sont les mêmes que dans les bases.

BRONTOMÈTRE, s. m., *brontometrum* (βροντὴ, tonnerre, μετρέω, mesurer). Synonyme de *fulguromètre*. *Voyez* ce mot.

BRONZÉ, adj., *æneus*, *æreus*; qui a la couleur du bronze. Ex. *Cuculus æreus*, *Hister æneus*, *Diaperis ænea*, *Sepedon ænescens*.

BROSSE, s. f., *pulvillus*; *Bürste* (all.); *brush* (angl.); *scopetta* (it.). On appelle ainsi, à cause de sa forme, une grosse touffe de poils raides et serrés qui, chez presque tous les insectes coléoptères, entoure la moitié inférieure de la facette molaire des mandibules; les poils raides et parallèles, disposés sur plusieurs rangées transversales, qui garnissent la face interne du premier article du tarse des pattes postérieures des abeilles ouvrières; les faisceaux de poils raides qui surmontent le corps de quelques chenilles et l'extérieur de l'ab-

domen de certaines larves; les poils longs et disposés en forme de manchettes, qui se voyent aux jambes antérieures de certains mammifères, principalement des ruminans à cornes creuses.

BROU, s. m., *naucum*. Ce nom, donné d'abord à l'enveloppe demi-charnue qui couvre la noix, a été ensuite étendu à tous les corps peu charnus ou peu pulpeux qui entourent un noyau osseux solitaire. Les botanistes l'appliquent aujourd'hui au mésocarpe, quand il est épais, mais de consistance sèche et fibreuse, plus coriace que charnue.

BROUÉE, s. f. Petite pluie passagère; bruine.

BROUILLARD, s. m., *nebula* (νέφος, νεφέλη; *Nebel* (all.); *foga* (angl.); *nebbia* (it.). Amas d'eau à l'état de vapeur vésiculaire, souvent odorante, et parfois même douée d'une saveur très-sensible, qui flotte à une plus ou moins grande élévation dans l'atmosphère, mais toujours très-près de terre, et trouble la transparence de l'air.

BROUILLÉ, adj. Les géognostes disent qu'une roche est de *texture brouillée*, lorsque des parties anguleuses sont liées ensemble par un ciment, et que le tout est traversé par des veines dans toutes sortes de directions, ce dont quelques brèches offrent un exemple.

BROUSSONÉTIÉES, adj. et s. f. pl., *Broussonetieæ*. Nom donné par A. Richard à un groupe de la famille des Urticées, qui a pour type le genre *Broussonetia*.

BROYEURS, adj. et s. m. pl. Epithète donnée par Lamarck à une sous-classe de la classe des insectes, comprenant ceux qui ont des mâchoires propres à triturer les alimens, et disposées par paires latérales placées au devant les unes des autres.

BRUCHÈLES, adj. et s. m. pl.,

Bruchelæ. Nom donné par Latreille et Eichwald à une tribu de la famille des Rhynchophores, par Schœnherr à un groupe de la famille des Curculionidés orthocères, ayant pour type le genre *Bruchus*.

BRUCINE, s. f., *brucina*. Nom donné à un alcali végétal, dont la découverte est due à Pelletier et Caventou, parce qu'on le croyait exister dans l'écorce du *Brucea antidysenterica*, tandis que c'est dans celle du *Strychnos Nux vomica* qu'il se rencontre.

BRUCIQUE, adj., *brucicus*. Epithète donnée par Berzelius aux *sels* qui ont pour base la brucine.

BRUINE, s. f., *Staubregen* (all.); *msame* (angl.); *spruzzaglia* (it.). Pluie extrêmement fine et serrée, qui résulte de la condensation des brouillards, et qui tombe très-lentement.

BRUISSEMENT, s. m. Bruit sourd, confus et prolongé.

BRUIT, s. m., *sonus*; *Geräusch* (all.); *noise* (angl.); *rumore* (it.). Sensation que produit, dans l'organe de l'ouïe, toute émotion ou agitation de l'air qui n'est point sonore et appréciable. Du bruit a lieu soit lorsque les vibrations du corps agité se terminent brusquement, soit quand l'oreille éprouve un mélange de sensations différentes produites par une suite de petits coups successifs dont on reconnaît l'irrégularité, soit lorsqu'elle éprouve la sensation d'un mélange confus de sons ayant entre eux des rapports bien suivis, mais se succédant avec trop de rapidité pour qu'il soit possible de les distinguer.

BRULANT, adj., *œstuans, urens*; *brennend* (all.). Epithète donnée à des plantes armées d'aiguillons dont la piqûre cause une douleur cuisante. Ex. *Malpighia urens, Urtica œstuans*.

BRULÉ, adj., *combustus, ustulatus*. En chimie, ce mot est synonyme d'*oxigéné*, dans la théorie pneumatique, et sert à désigner un corps combustible qui est combiné avec de l'oxigène. Lorsqu'on l'emploie, comme dénomination spécifique, en histoire naturelle, il exprime presque toujours une couleur noire ou noirâtre (ex. *Turbo ustulatus, Helotoma ustulata, Bembidium ustulatum*.) Le *Barbula deusta* est ainsi appelé parce qu'il croît sur les roches volcanisées de l'île d'Ischia.

BRUMAL, adj., *brumalis*; qui croît en hiver. Ex. *Polyporus brumalis*.

BRUME, s. m. Ce mot sert principalement à désigner les brouillards qui ont lieu sur mer. On l'emploie aussi quelquefois pour exprimer un brouillard épais qui règne sur terre.

BRUMEUX, adj.; qui est couvert de brouillard (*ciel brumeux*), qui amène le brouillard (*saison brumeuse*).

BRUN, adj. et s. m., *brunneus*; *braun* (all.); *brown* (angl.); *bruno* (it.). Couleur qui se rapproche plus ou moins du rouge foncé et du noir, dont elle est pour ainsi dire un mélange. On en distingue plusieurs nuances; le brun foncé, qui se rapproche du noir (ex. *Xylophagus brunneus, Comalium brunneum, Musca brunnea*); le brun sombre et livide (*tristis, voy.* TRISTE); le brun terne (ex. *Lichen pullus, Musca pulla*); le brun foncé, tirant un peu sur le vert (ex. *Garrulus fuscus, Grus fusca*); le brun tirant sur le jaunâtre (*ferrugineus, voy.* FERRUGINEUX); le brun foncé, tirant sur le rouge (*hepaticus, voy.* HÉPATIQUE); le brun un peu luisant (ex. *Trifolium spadiceum, voy.* BAI); le brun clair, tirant un peu sur le rouge ou marron (ex. *Capillaria badia, Sporotrichum badium, Picus badius*); le brun pâle (*rufus, voy.* ROUX); le brun couleur de tabac rapé (*tabacinus*); le brun semblable à celui des bêtes fauves (*fulvus*). Il y a encore une foule d'autres épithètes pour désiguer les innombrables nuances du brun : *Polyporus umbrinus*, *Isaria umbrina*, *Cardita phrenitica*, *Cucujus piceus*, *Anisotoma piceum*, *Lagotrix infumatus*, *Himantia helvola*, *Natica helvacea*, *Sorex cinnamomeus*, *Cricetus phæus*, *Dasypogon coffeatus*, etc.

BRUNATRE, adj., *fuscatus*, *fuscescens*, *subfuscus ;* qui tire sur le brun. Ex. *Ocypterus fuscatus*, *Cyrena fuscata*, *Buccinum fuscatum*, *Anas fuscescens*, *Patellaria subfusca*, *Pales brunicans*.

BRUNIACÉES, adj. et s. f. pl., *Bruniaceæ*. Nom donné par R. Brown à une famille de plantes, qui a pour type le genre *Brunia*.

BRUNNIBARBE, adj., *brunnibarbis* (*brunneus*, brun, *barba*, barbe) ; qui a la barbe brune. Ex. *Calliphora brunnibarbis*.

BRUNNICORNE, adj., *brunnicornis* (*brunneus*, brun, *cornu*, corne) ; qui a les antennes brunes. Ex. *Nemoræa brunnicornis*.

BRUNNISQUAME, adj., *brunnisquamis* (*brunneus*, brun, *squama*, écaille) ; qui a les cueillerons bruns. Ex. *Elophoria brunnisquamis*.

BRUNNIPÈDE, adj., *brunnipes* (*brunneus*, brun, *pes*, pied) ; qui a les pattes d'un brun ferrugineux. Ex. *Bibio brunnipes*.

BRUNISSANT, adj., *fuscescens*. Les minéralogistes donnent le nom de *Spath brunissant* à la chaux carbonatée ferromanganésifère, parce que le manganèse qu'elle contient la rend susceptible de noircir ou brunir lorsqu'on l'expose à l'action du feu.

BRUNONIACÉES, adj. et s. f. pl., *Brunoniaceæ*. Nom donné par Lindley à une famille de plantes, qui a pour type le genre *Brunonia*.

BRUTE, adj., *brutus*. Au sens propre, ce mot exprime tout ce qui est âpre ou raboteux, inachevé (*diamant brut*). Au figuré il s'entend de ce qui n'a point de politesse (*homme brut*), ou même de ce qui n'a point été perfectionné par le travail (*génie brut*). Les naturalistes appellent *bruts* les corps, simples ou composés, dans lesquels on n'aperçoit aucune trace d'organisation, et qui peuvent être produits sans la présence d'êtres vivans, quoiqu'il y en ait quelques uns auxquels l'exercice de la vie donne naissance.

BRUTE, s. m., *brutum* ; ἄλογος. Animal dépourvu de raison.

BRUTES, s. f. pl., *Bruta*. Nom donné par Blainville à une famille de l'ordre des Mammifères ongulogrades, renfermant le tapir et le rhinocéros, animaux chez lesquels les facultés intellectuelles sont fort peu développées.

BRUYANT, adj., *clamosus*, *strepitans ;* qui fait du bruit, qui en fait beaucoup. Une multitude d'animaux ont droit à cette épithète ; mais presque toujours on leur applique un nom qui peint plus ou moins exactement la nature ou le genre du bruit qu'ils produisent. En voici quelques exemples : *Malurus clamans*, *Cuculus clamosus*, *Saxicola cachinnans*, *Lorius garrulus*, *Columba locutrix*, *Penelope pipile*, *Barita tibicen*, *Turdus polyglottus*, *Fringilla melodia*, *Crotalus strepitans*, *Falco tinnunculus*, *Turdus tinniens*, etc. *Voyez* CHANTEUR.

BRUYÈRES. *Voyez* ERICINÉES.

BRYACÉES, adject. et s. f. pl., *Bryaceæ*. Nom donné par Bartling à une famille de plantes ayant pour type le genre *Bryum*. Synonyme de *Bryoïdes*.

BRYANTHE, adject., *bryanthus*. L'*Andromeda bryantha* est ainsi appelé parce qu'il couvre les rochers de gazons épais et serrés, comme ceux que forment les *Bryum*.

BRYOIDES, adject. et s. f. pl., *Bryoïdei*, *Bryoïdea*. Nom donné par Arnott, Furnrohr et Reichenbach à une famille ou à un groupe de mousses, ayant pour type le genre *Bryum*.

BRYOLOGIE, s. f., *bryologia* (βρύον, mousse, λόγος, discours). Traité des mousses. Titre de l'ouvrage de Bridel.

BRYOLOGIQUE, adj., *bryologicus* (βρύον, mousse, λόγος, discours); qui a rapport aux mousses; *observations bryologiques*.

BRYONINE, s. f., *bryonina*. Substance particulière, vénéneuse et amère, que Vauquelin a découverte dans la racine du *Bryonia alba*, et qui a été étudiée depuis par Braconnot, Firnhaber et Dulong.

BRYOPHILE, adject., *bryophilus* (βρύον, mousse, φίλεω, aimer); qui croît sur les mousses (ex. *Sporotrichum bryophilum*), ou au milieu des mousses (ex. *Gyalacta bryophila*, *Merulius bryophilus*).

BUBULINE, s. f., *bubulina* (*bubulus*, de bœuf). Nom donné par Morin à une matière extractive qu'il a obtenue des excrémens de bêtes à cornes, mais qui paraît ne point être exclusive à ces animaux, et entrer, comme principe constituant général, dans les excrémens d'animaux de diverses espèces, ce qui en rend la dénomination vicieuse.

BUCCAL, adj., *buccalis* (*bucca*, bouche); qui a rapport à la bouche, et plus particulièrement aux joues. Le *Psittacus buccalis* a les joues, c'est-à-dire les plumes comprises entre les yeux et le bec, grises.

BUCCELLÉS, adj. et s. m. pl., *Buccellati* (*buccella*, petite bouche). Nom donné par Duméril à une famille de l'ordre des Névroptères, comprenant des insectes qui ont la bouche très-petite, et distincte seulement par des palpes.

BUCCINAL, *buccinalis* (*buccina*,

trompette); qui a la forme d'une trompette, comme les coquilles appelées *Bulimus buccinalis*, *Fusus buccinatus*, *Cancellaria buccinula*, *Pleurotoma buccinoïdes*, ou comme le *Laminaria buccinalis*, dont le stipe fistuleux, aminci vers la base, se renfle en s'alongeant.

BUCCINÉS, adj. et s. m. pl., *Buccinea*. Nom donné par Menke à une famille de l'ordre des Gastéropodes Cténobranches, qui a pour type le genre *Buccinum*.

BUCCINIDES, adj. et s. m. pl., *Buccinides*. Nom donné par Cuvier à une famille de l'ordre des Gastéropodes, par Latreille à une famille de l'ordre des Pectinibranches, ayant pour type le genre *Buccinum*.

BUCCINOÏDES, adj. et s. m. pl., *Buccinoïdes*. Nom donné par Cuvier à une famille de l'ordre des Gastéropodes Pectinibranches, qui a pour type le genre *Buccinum*.

BUCCONÉS, adj. et s. m. pl., *Bucconei*. Nom donné par Lesson à une famille du sous-ordre des oiseaux Grimpeurs, qui a pour type le genre *Bucco*.

BUCÉPHALE, adj., *bucephalus* (βοῦς, bœuf, κεφαλή, tête). Dont la tête ressemble à celle d'un taureau, sous le rapport de la grosseur (ex. *Anas bucephala*), ou sous celui de la configuration, comme celle du *Phylliroe bucephalum*, qui est avancée en museau, et surmontée de deux tentacules analogues à des cornes.

BUCÉRIDÉS, adj. et s. m. pl., *Buceridæ*. Nom donné par Lesson à une famille du sous-ordre des oiseaux Passereaux marcheurs, qui a pour type le genre *Buceros*.

BUCIDÉES, adj. et s. f. pl., *Bucideæ*. Nom donné par Sprengel à la famille des Myrobolanées.

BUDDLÉJÉES, adj. et s. f. pl., *Buddlejeæ*. Nom donné par Bartling à une tribu de la famille des Scrofularinées, qui a pour type le genre *Buddleja*.

BUFONOIDES, adj. et s. m. pl., *Bufonoidea*. Nom donné par P.—F. Fitzinger à une famille de reptiles batraciens, ayant pour type le genre *Bufo*.

BUISSON, s. m., *dumus, dumetum*; *Busch* (all.): *bush* (angl.); *cespuglio* (it.). Arbrisseau bas et très-rameux dès sa base, dès la surface même du sol.

BUISSONNEUX, adj., *dumetosus*; qui a la forme ou l'aspect d'un buisson; *arbrisseau buissonneux*.

BUISSONNIER, adj., *dumicola*; qui vit ou habite dans les buissons: *Lapin buissonnier*. Les merles à plastron (*Turdus torquatus*) sont appelés *Merles buissonniers*, probablement à cause de l'habitude qu'il sont de nicher au pied des buissons.

BULBE, s. m. et f., *Bulbus*; *Zwiebel* (all.); *bulbo, cipolla* (it.). On appelle ainsi : 1° en botanique, des organes divers, savoir : des renflemens en manière de tubercules que présente, au-dessus du collet, la tige de plusieurs dicotylédones, et qui sont recouverts par les pétioles aplatis et plus ou moins élargis à leur base (ex. *Ranunculus bulbosus, Fumaria bulbosa*); des amas de fécule et de germes qui se développent le long des racines de certaines plantes (ex. *Helianthus tuberosus, Solanum tuberosum, Saxifraga granulata*); les tubercules reproducteurs des Orchis; des tiges souterraines très-courtes, réduites à un simple plateau, d'où naissent en dessous des racines, en dessus des feuilles qui, en se recouvrant les unes les autres, forment un corps ovoïde ou arrondi, et dont les extérieures sont ou des écailles charnues, rétrécies à la base (ex. *Lilium album*), ou des gaînes membraneuses courtes et tronquées (ex. *Hyacinthus orientalis*). Ces derniè-

res parties méritent seules le nom de *bulbe*; elles constituent un vrai bourgeon terminal, situé au sommet d'une tige souterraine extrêmement courte, et se développent sous terre ou à rez-terre. 2° En zoologie, on donne ce nom à l'assemblage de nerfs et de vaisseaux qui forme le noyau des dents et des poils, et qu'on a comparé à un ognon; chez les insectes, d'après Kirby, à la base du premier article des antennes, par laquelle elles tiennent au torulus, qui est souvent subglobuleuse, et qui constitue le pivot sur lequel tourne l'antenne.

BULBEUX, adj., *bulbosus*; *zwiebelig, zwiebelartig* (all.); qui porte une bulbe. Autrefois on donnait improprement le nom de *racines bulbeuses* aux bourgeons particuliers qui portent aujourd'hui celui de *bulbe* (*voyez ce mot*). On l'applique aussi aux champignons dont la base du pédicule est renflée en forme d'ognon (ex. *Agaricus ceraceus*), et aux *plantes* qui ont soit leur tige renflée au-dessus du collet (ex. *Ranunculus bulbosus, Fumaria bulbosa*), soit leur racine enflée et tubéreuse (ex. *Laminaria bulbosa, Ophioglossum bulbosum*).

BULBIFÈRE, adject., *bulbiferus*; *zwiebeltragend* (all.) (*bulbus*, bulbe, *fero*, porter). Épithète donnée aux *plantes* qui portent des *bulbilles* (*v. ce mot*) sur un point quelconque de leur surface. Turpin appelle *embryons bulbifères* les bulbilles, qu'il considère comme étant intermédiaires entre les embryons fixes et les embryons graines.

BULBIFORME, adj., *bulbiformis*; *zwiebelförmig* (all.) (*bulbus*, bulbe, *forma*, forme); qui a la forme d'un ognon, comme le *Fusus bulbiformis*, ou comme l'assemblage des feuilles du *Barbula bulbiformis*. A. Richard donne le nom d'*embryons bulbiformes* aux prétendues bulbilles qui se développent dans l'intérieur des capsules de quelques espèces d'*Agave*, d'*Amaryllis* et de *Crinum*; par des causes inconnues, ces embryons prennent un accroissement si considérable, que leur grosseur est à peu près cinquante fois plus grande que celle des graines ordinaires ; on y découvre toutes les parties qui composent une graine, tandis que les bulbilles n'offrent jamais aucune trace de radicule.

BULBILLE, s. f., *bulbillus*; *Knospenzwiebel* (all.). Ce nom est donné, en botanique, à de petits tubercules bulbiformes, séparables de la plante mère, et susceptibles de produire des individus nouveaux, qui se développent, soit entre les pédoncules de l'ombelle, comme de vrais bourgeons (ex. *Allium roseum*, *Allium oleraceum*, *Allium paniculatum*), soit à l'aisselle des feuilles, où ils sont enveloppés d'écailles (ex. *Lilium bulbiferum*, *Cicuta bulbifera*, *Saxifraga bulbillaris*, *Ixia bulbifera*, *Arum bulbiferum*, *Allium viviparum*, *Begonia bulbillifera*, *Dioscorea bulbifera*, *Dioscorea alata*, *Dioscorea pentaphylla*, *Saxifraga bulbifera*, *Dentaria bulbifera*, *Lilium tigrinum*, *Ornithogalum bulbiferum*), soit sur le revers des frondes des fougères (ex. *Asplenium bulbiferum*, *Woodwardia radicans*), soit dans les sinus des crénelures des feuilles (ex. *Bryophyllum calycinum*), soit enfin à la base de la face supérieure de chaque foliole, et rarement au milieu de cette face (ex. *Cardamine pratensis*) : aux corps lentiformes du *Marchantia polymorpha*; aux boules du *Tetraphis pellucida*; aux bourgeons problématiques du *Mnium annotinum*.

BULBILLIFÈRE, adj., *bulbilliferus*, *soboliferus*; *bulbillentragend* (all.). Se dit d'une plante qui produit des bulbilles (*voyez* ce mot) dans une quelconque de ses parties.

BULBIPARE, adj., *bulbiparus* (*bulbus*, bulbe, *paro*, produire). Synonyme de *gemmipare* (*voyez* ce mot), dont on s'est quelquefois servi pour désigner les polypes, comparant alors leurs bourgeons aux cayeux qui naissent des ognons.

BULBO-TUBER, s. m., *tuber regulare* (Medicus) ; *Zwiebelknollen*, *Knollenzwiebel* (all.). Gawler désigne sous ce nom, dans les plantes monocotylédones, une tubérosité sphérique, placée au collet, qui tient à un renflement de la base de la tige, et qui le plus souvent est recouverte par la base élargie des feuilles (ex. *Crocus sativus*). Le même renflement s'observe chez certaines dicotylédones, où on le désigne sous le nom de *Bulbe*. *Voyez* ce mot.

BULLÉ, adj., *bullatus*, *bullosus*; *blasig* (all.) ; *bollato*, *bolloso* (it.). Se dit d'une *feuille* dont la face supérieure est relevée en bosselures correspondantes à des enfoncemens de la face inférieure (ex. *Ranunculus bullatus*, *Zostera bullata*, *Ocymum bullatum*, *Ulva bullosa*, *Melastoma bullosum*) ; d'une coquille qui est renflée, ovale et subcylindracée (ex. *Conus bullatus*). Une algue (*Asperococcus bullosus*) est ainsi nommée parce qu'elle ressemble à une petite vessie.

BULLÉENS, adj. et s. m. pl. *Bullæacea*. Nom donné par Lamarck à une famille de l'ordre des Mollusques gastéropodes, qui a pour type le genre *Bullæa*.

BULLESCENCE, s. f., *bullescentia* ; *Blasigwerden* (all.). État d'une plante dans laquelle, le parenchyme interposé entre les nervures des feuilles acquérant un grand développement, les feuilles semblent avoir été soufflées ou être couvertes de bulles, comme dans la plupart des Choux.

BULLEUX, adj., *bullosus*. Les minéralogistes donnent cette épithète à une variété de quartz, qui est remplie de bulles renfermant des matières gazeuses ou liquides. En botanique, elle est synonyme du mot *bullé*, dont on se sert plus souvent.

BULLIFÈRE, adject., *bulliferus* (*bulla*, ampoule, *fero*, porter). Le *Tococa bullifera* est ainsi appelé parce qu'il a ses pétioles renflés en vésicules alongées.

BULLULÉ, adj., *bullulatus*. Le *Crassula bullulata* doit cette épithète à ce que ses feuilles et ses tiges sont hérissées de petites boursoufflures blanchâtres.

BUNGAROIDES, adj. et s. m. pl., *Bungaroïdea*, *Bungaroïdei*. Nom donné par P.-F. Fitzinger et Eichwald à une famille de reptiles ophidiens, qui a pour type le genre *Bungarus*.

BUNIADÉES, adj. et s. f. pl., *Buniadeæ*. Nom donné par Candolle à une tribu de la famille des Crucifères, qui a pour type le genre *Bunias*.

BUNOGASTRE, adj., *bunogaster* (βύω, enfler, γαστήρ, ventre). L'*Equorea bunogaster* doit cette épithète à ce que sa protubérance centrale est fort élevée.

BUPHAGÉS, adj. et s. m. pl., *Buphagi*. Nom donné par Lesson à une famille de l'ordre des oiseaux Passereaux, qui a pour type le genre *Buphagus*.

BUPHTHALMÉES, adj. et s. f. pl., *Buphthalmeæ*. Nom donné par H. Cassini à une section de la tribu des Inulées, et par Lessing à une sous-tribu de la tribu des Astéroïdées, ayant pour type le genre *Buphthalmum*.

BUPLEURINÉES, adj. et s. f. pl., *Bupleurineæ*. Nom sous lequel Sprengel désigne une division de la famille des Ombellifères, qui a pour type le genre *Bupleurum*.

BUPRESTIADES, adj. et s. m. pl., *Buprestiadæ*. Leach désigne ainsi une famille d'insectes coléoptères,

ayant pour type le genre *Buprestis*.

BUPRESTIDES, adj. et s. m. pl, *Buprestides*. Nom donné par Cuvier, Latreille et Eichwald à une tribu de la famille des Coléoptères Serricornes, qui a pour type le genre *Buprestis*.

BUPRESTIENS, adj. et s. m. pl., *Bupresti*. Nom donné par Lamarck à une tribu de l'ordre des insectes coléoptères, ayant pour type le genre *Buprestis*.

BURMANNIACÉES, adj. et s. f. pl., *Burmanniaceæ*. Nom donné par Bartling à une famille de plantes, qui a le genre *Burmannia* pour type.

BURMANNIÉES, adj. et s. f. pl., *Burmannieæ*. Nom sous lequel Sprengel et Lindley désignent une famille de plantes, qui a pour type le genre *Burmannia*.

BURSAIRE, adj., *bursarius ;* qui a la forme d'une bourse (ex. *Spongia bursaria*). Le *Cricetus bursareus* est ainsi nommé à cause de la grandeur de ses abajoues.

BURSÉRACÉES, adj. et s. f. pl., *Burseraceæ*. Nom donné par Kunth à une famille de plantes, par A. Richard et Candolle à une section ou tribu de la famille des Térébinthacées, ayant pour type le genre *Bursera*.

BURSÉRÉES, adj. et s. f. pl., *Bursereæ*. Nom donné par Bartling à une tribu de la famille des Amyridées, qui a pour type le genre *Bursera*.

BURSÉRINE ; s. f., *burserina*. Sous ce nom Bonastre désigne la sous-résine qu'il a extraite du baume de l'*Hedwigia balsamifera*.

BURSICULE, s. f., *bursicula* (*bursa*, bourse). Richard appelle ainsi la partie extrême du *rostellum* des Orchidées, excavée en forme de sac, et dans laquelle sont nichés les rétinacles simples ou doubles.

BURSICULÉ, adj., *bursiculatus ;*

sackförmig (all.); qui est muni d'une petite bourse. Se dit des *rétinacles* des orchidées, quand ils sont renfermés dans de petites poches.

BUTÉONINS, adj. et s. m. pl., *Buteonina*. Nom donné par Vigors à une tribu de la famille des Falconides, qui a pour type le genre *Buteo*.

BUTOMÉES, adj. et s. f. pl., *Butomeæ*. Nom sous lequel A. Richard désigne une famille de plantes, qui a pour type le genre *Butomus*.

BUTYRACÉ, adj., *butyraceus, butyrosus* (*butyrum*, beurre). Épithète donnée à des plantes dont l'amande donne une grande quantité d'huile ayant la consistance du beurre (ex. *Bassia butyracea, Cocos butyracea, Pekea butyrosus*).

BUTYRATE, s. m., *butyras*. Genre de sels (*buttersaure Salze*, all.), qui sont formés par la combinaison de l'acide butyrique avec les bases salifiables.

BUTYREUX, adj., *butyrosus; butterartig* (all.) (*butyrum*, beurre); qui a rapport, ou qui est relatif au beurre. *Consistance, odeur, substance butyreuse.*

BUTYRINE, s. f., *butyrina; Butterfett* (all.). Nom donné par Chevreul à une graisse particulière qui, avec de la stéarine et de l'oléine, constitue le beurre, mais qu'on n'a point encore pu obtenir à l'état de pureté parfaite.

BUTYRIQUE, adject., *butyricus*. Nom donné par Chevreul à un acide (*Buttersäure*, all.), qui se produit par la saponification de la butyrine, et qui existe aussi dans l'urine, dans le suc gastrique et dans la transpiration de certaines régions du corps humain.

BUXBAUMIOIDES, adj. et s. f. pl., *Buxbaumioideæ, Buxbaumoideæ*. Nom donné par Furnrohr à un groupe, et par G.-A.-G. Arnott à une tribu de la famille des Mousses, ayant pour type le genre *Buxbaumia*.

BUXÉES, adj. et s. f. pl., *Buxeæ*. Nom donné par Bartling à une tribu de la famille des Euphorbiacées, qui a pour type le genre *Buxus*.

BUXINE, s. f., *buxina*. Alcali végétal que Faure a découvert dans le *Buxus sempervirens*.

BUXINÉES, adj. et s. f. pl., *Buxineæ*. Nom donné par A. de Jussieu à une tribu de la famille des Euphorbiacées, qui a pour type le genre *Buxus*.

BYRRHIENS, adj. et s. m. pl., *Byrrhii*. Nom donné par Cuvier, Lamarck, Latreille et Eichwald, à une tribu de la famille des Coléoptères clavicornes, qui a pour type le genre *Byrrhus*.

BYSSACÉ, adj., *byssaceus; schimmelartig* (all.); qui ressemble à un byssus (ex. *Clavaria byssacea*). On donne cette épithète aux racines qui sont très-déliées et qui ont un aspect cotonneux, comme celles de la plupart des agarics.

BYSSACÉES, adj. et s. f. pl., *Byssaceæ*. Nom donné par Fries à une cohorte de la famille des Algues, et par Ad. Brongniart à une tribu de la famille des Mucédinées, ayant pour type le genre *Byssus*.

BYSSÉES, adj. et s. f. pl., *Bysseæ*. Nom donné par Fries à une tribu de la cohorte des Byssacées, qui a pour type le genre *Byssus*.

BYSSES, s. m. pl., *Byssi*. Marquis désigne sous ce nom l'unique groupe qu'il admet dans la famille des Nématothéciens, et Nees d'Esenbeck l'un des trois groupes dans lesquels il divise l'ordre des végétaux Mycétoïdes Nématomyciens, coupes qui ont pour type le genre *Byssus*.

BYSSIFÈRES, adj. et s. m. pl., *Byssifera* (*byssus*, byssus, *fero*, porter). Nom donné par Goldfuss, Ficinus et Carus à une famille de l'ordre des Mollusques Pélæcypodes, comprenant ceux qui s'attachent aux corps marins par des filamens dont ils fournissent la matière.

BYSSINÉES, adj. et s. f. pl., *Byssineæ*. Nom donné par Ad. Brongniart à une section de la tribu des Mucédinées Byssacées, ayant pour type le genre *Byssus*.

BYSSOÏDE, adj., *byssoïdeus* (βύσσος, byssus, εἶδος, ressemblance); qui ressemble à un byssus. Ex. *Isaria byssoïdea*, *Spongia byssoïdes*.

BYSSOIDES, adj. et s. m. pl., *Byssoïdes*, *Byssoïdeæ*. Nom donné par Link à une série de l'ordre des Mucédinées, et par Agardh à une famille de l'ordre des Conservoïdes.

BYSSUS, s. m., *byssus*; βύσσος. On appelle ainsi les filamens à l'aide desquels se fixent, au fond des mers qu'ils habitent, un assez grand nombre de coquillages bivalves appartenant aux genres *Pedum*, *Lima*, *Pinna*, *Mytilus*, *Modiola*, *Perna*, *Malleus*, *Avicula*, *Tridachne*, *Saxicola*. Ceux des espèces du genre *Pinna* étaient déjà connus des anciens : ils servent encore aujourd'hui, en Sicile, à faire des bas et des gants.

BYTTNÉRIACÉES, adj. et s. f. pl., *Byttneriaceæ*. Nom donné par R. Brown à une famille de plantes, qui a pour type le genre *Byttneria*.

BYTTNÉRIÉES, adj. et s. f. pl., *Byttnericæ*. Nom donné par Candolle à une tribu de la famille des Byttnériacées, celle qui renferme immédiatement le genre *Byttneria*.

C.

CABOMBÉES, adj. et s. f. pl., *Cabombeæ*. Nom donné par L.-C. Richard à une famille de plantes, qui a pour type le genre *Cabomba*.

CACALIÉES, adj. et s. f. pl., *Cacalieæ*. Nom donné par Lessing à une section de la sous-tribu des Sénécionidées Sénécionées, qui a pour type le genre *Cacalia*.

CACASPISTES, adj. et s. m. pl., *Cacaspistes* (κακὸς, mauvais, ἀσπίς, serpent). Nom dont J.-A. Ritgen s'est servi pour désigner une famille de reptiles ophidiens, renfermant les serpens venimeux qui ont le corps garni de plaques.

CACOCHONDRITES, adj. et s. m. pl., *Cacochondrites* (κακὸς, mauvais, χόνδρος, grain). Nom donné par J.-A. Ritgen à une famille de reptiles ophidiens, renfermant les serpens venimeux qui ont la peau grenue.

CACOPHOLIDOPHIDES, adj. et s. m. pl., *Cacopholidophides* (κακὸς, mauvais, φολίς, écaille, ὄφις, serpent). Nom donné par J.-A. Ritgen à une famille de reptiles ophidiens, renfermant les serpens venimeux qui ont la peau écailleuse.

CACHÉ, adj., *inclusus*, *latebrosus*, *reconditus*, *occultatus*; *verborgen*, *versteckt* (all.); *hidden*, *concealed* (angl.); *nascosto*, *occulto* (it.). Se dit, en botanique, de la *radicule*, quand elle est couverte par la base prolongée des cotylédons (ex. *Tropæolum majus*). L'*Hedysarum latebrosum* est ainsi appelé parce que son pédicule est garni d'une bractée foliacée, jaunâtre, roulée en nacelle, et qui enveloppe la fructification.

CACOGENÈSE, s. f., *cacogenesis* (κακὸς, mauvais, γένεσις, génération). Nom donné par Breschet aux déviations organiques envisagées d'une manière générale.

CACTÉES, adj. et s. f. pl., *Cacteæ*. Famille de plantes qui a pour type le genre *Cactus*.

CACTES, CACTIERS, CACTIFLORES,

adj. et s. m. pl., *Cacti, Cactiflores.* Noms donnés par diverses botanistes à la famille des *Cactées.*

CACTIFORME, adj., *cactiformis.* La *Spongia cactiformis* est ainsi appelée parce que ses expansions sont ramassées, aplaties et épaisses, de sorte qu'elle ressemble à certains *Cactus.*

CACTOIDES, adj. et s. f. pl., *Cactoïdeæ.* Nom donné par Ventenat à la famille des Cactées.

CADAVÉREUX, adj., *cadaverosus; cadaverinus;* νεκριχός; qui tient du cadavre. L'*odeur cadavéreuse* (*Leichengeruch*, all.) est le premier produit de l'acte de la putréfaction.

CADAVÉRIN, adj., *cadaverinus;* qui vit sur les cadavres. Ex. *Lordatia cadaverina.*

CADAVÉRIQUE, adj., *cadavericus;* qui a rapport au cadavre: *phénomène cadavérique.*

CADAVRE, s. m., *cadaver, corpus exanimatum;* νεκρός; *Leichnam* (all.); *corpse* (angl.); *cadavero* (it.) (*cado*, tomber, *ab eo quod per mortem cadat* (saint Jérôme), ou par contraction des premières syllabes des trois mots *caro data vermibus*). Corps organisé privé de la vie. On n'emploie presque jamais ce mot qu'en parlant d'un animal mort, et on le réserve presque toujours pour désigner l'homme qui a cessé de vivre, les cadavres des autres animaux étant vulgairement appelés *charognes.*

CADMIFÈRE, adj., *cadmiferus.* Se dit, dans la nomenclature minéralogique de Haüy, d'un métal qui contient accidentellement du cadmium. Ex. *Zinc cadmifère.*

CADMIQUE, adj., *cadmicus;* qui appartient au cadmium. L'*oxide cadmique* est la combinaison du métal avec l'oxigène, et le *sulfure cadmique* celle de ce même métal avec le soufre. Berzelius appelle *sels cadmiques* les combinaisons des oxacides avec l'oxide cadmique, des corps halogènes avec le cadmium, et des sulfides avec le sulfure cadmique.

CADMIUM, s. m., *cadmium.* Métal solide et blanc, qui a été découvert en 1818 par Stromeyer et Hermann.

CADUC, adj., *caducus, deciduus; hinfällig* (all.) (*cado*, tomber); qui est sans force (*homme caduc, voix caduque*), ou vieux (*âge caduc*), ou de mauvais aloi (*santé caduque*). Ce terme est employé: 1° en botanique, où l'on appelle *caduc* ce qui est périssable et de peu de durée, les parties qui ne persistent pas pendant le développement des organes dans la composition desquels elles entrent d'abord; *calice caduc,* celui qui tombe au moment de l'épanouissement de la fleur (ex. *Papaver Rhœas*); *style caduc,* celui qui se détruit après la fécondation, sans qu'il en reste de vestiges sur l'ovaire changé en fruit (ex. *Scilla maritima*); *feuilles caduques,* celles qui ne subsistent pas long-temps (ex. *Prinos deciduus, Sodada decidua, Dicranum caducum, Seseli defoliatum*); *stipules caduques,* celles qui tombent avec les feuilles, ce qui est le cas de la plupart; *panne externe caduque,* celle qui tombe à la maturité du drupe (ex. *Juglans regia*); *arète caduque* (ex. *Stipa pennata*); *corolle caduque* (ex. *Thalictrum flavum*). 2° En zoologie, Kirby appelle *pattes caduques* celles que l'insecte n'a pas dans tous les états par lesquels il passe.

CADUCÉE, s. m., *caduceus.* Nom donné par Trinius à un mode d'inflorescence des Graminées, qui consiste en un axe régulièrement articulé, dont chaque articulation porte à son sommet, et non à sa base, des épillets sessiles ou munis de courts pédoncules. Ex. *Hordeum.*

CADUCIBRANCHES, adj. et s. m.

pl., *Caducibranchia* (*caducus*, caduc, βράγχια, branchies). Nom donné par Latreille à un ordre, par Ficinus et Carus à une famille de la classe des Amphibies, comprenant ceux chez lesquels les branchies disparaissent quand l'animal parvient à l'âge adulte.

CADUCIFLORE, adj., *caduciflorus* (*caducus*, caduc, *flos*, fleur). Dont la corolle tombe de très-bonne heure. Ex. *Cinchona caduciflora*.

CADUCITÉ, s. f., *caducitas*; *Hinfälligkeit* (all.); *craziness* (angl.); *caducità* (it.). État de ce qui est caduc. Vieillesse débile. Période de la vie humaine qui commence vers la soixante et dixième année et s'étend jusqu'à la quatre-vingtième. *Caducité* est moins que *décrépitude*. Il s'emploie aussi quelquefois, mais rarement, en parlant de choses inanimées.

CÆNOTHALAMES, adj. et s. m. pl., *Cænothalami* (κοινός, commun, θάλαμος, lit). Nom donné par Acharius à une division de la famille des Lichens, comprenant ceux dont les apothécies sont formées en partie par la fronde et en partie aussi par une substance spéciale.

CÆSALPINÉES, adj. et s. f. pl., *Cæsalpineæ*. Nom donné par Candolle à une tribu de la famille des Légumineuses, qui a pour type le genre *Cæsalpinia*.

CÆSALPINIÉES, adj. et s. f. pl., *Cæsalpinieæ*. Kunth donne ce nom à la tribu des *Cæsalpinées*. *V.* ce mot.

CAFÉATE, s. m., *cafeas*. Sel formé par la combinaison de l'acide caféique avec une base salifiable.

CAFÉINE, Cafféine, Cofféine, s. f., *cafeina*; *Coffein*, *Koffeebitter*, *Koffeestoff* (all.). Substance particulière, que Runge a découverte en 1820 dans le café, et qui depuis a été étudiée par Robiquet, Pelletier, Caventou, Garot et Pfaff.

CAFÉIQUE, adj., *cafeicus*. Nom sous lequel Pfaff désigne un *acide* particulier qui existe dans le café.

CAIEU, s. m., *bulbulus* (Link), *nucleus*, *adnascens* (Tournefort), *adnatum* (Richard); *Knospenzwiebel*, *Zwiebelbrut*, *Brutzwiebel*, *Kindel* (all.); *off-set* (angl.); *bulbetto* (it.). Petite bulbe que produit une autre bulbe, qui la remplace, et qui naît, soit dans sa substance même (ex. *Crocus sativus*), soit à côté (ex. *Tulipa*), au dessus (ex. *Gladiolus*) ou au dessous (ex. quelques *Ixia*). Candolle regarde les caïeux comme des bourgeons axillaires des bulbes, comme de jeunes branches qui se développent à l'aisselle des feuilles; ils ne sont attachés à la tige que par un filet mince, qui se brise aisément et souvent de lui-même. Ayant leurs écailles charnues, ils peuvent se développer par eux-mêmes, après avoir été séparés de la bulbe qui leur a donné naissance.

CAILLEBOTÉ, adj., *coagulatus*; *geronnen* (all.); qui est coagulé, réuni en grumeaux.

CAILLOT, s. m., *coagulum*; *Blutkuchen* (all.); *clod* (angl.); *grumo* (it.). Petite masse de sang caillé; masse composée de la fibrine et de la matière colorante du sang, qui se produit par la coagulation de ce liquide.

CAILLOU, s. m., *silex*; *Kieselstein* (all.); *pepple* (angl.); *selcio* (it.). Les géognostes donnent ce nom à des fragmens de roches peu volumineux, et en général plus ou moins arrondis, sans étranglemens, qui se trouvent soit à la surface du sol, soit dans des dépôts meubles. Quelquefois aussi on l'applique à des fragmens de pierres dures, qui font feu sous le choc du briquet.

CAILLOUTEUX, adject.; qui est plein de cailloux. Un *dépôt caillouteux* diffère des graviers parce que les fragmens qui le composent sont plus gros, quoique d'ailleurs ordinairement arrondis. Brongniart donne cette épithète à un groupe de *terrains*, comprenant ceux qui sont composés de le cailloux, depuis les fragmens assez petits pour constituer le gravier, jusqu'aux masses atteignant au plus le volume d'un œuf, qu'on appelle *galets*.

CAIMANS, s. m. pl. Nom donné par Blainville à une famille de reptiles Emydosauriens, comprenant ceux de ces animaux qui ont un museau large et court.

CAINCATE, s. m., *caincas*. Sel formé par la combinaison de l'acide caïncique avec une base salifiable.

CAINCIQUE, adj., *caincicus*. Nom donné par François, Pelletier et Caventou à un *acide* particulier, qu'ils ont découvert dans la racine du *Chiococca racemosa*.

CAKILINÉES, adj. et s. f. pl., *Cakilineæ*. Nom donné par Candolle à une tribu de la famille des Crucifères, qui a pour type le genre *Cakile*.

CAL, subst. m., *callus, callum*; *Schwiele* (all.). Masse endurcie et ferme, qu'on observe quelquefois sur les végétaux, et qu'on a comparée aux durillons qui se forment dans la main des ouvriers.

CALAMAGROSTIDÉES, adj. et s. f. pl., *Calamagrostideæ*. Nom donné par Trinius à une tribu de la famille des Graminées, qui a pour type le genre *Calamagrostis*.

CALAMARIÉES, adj. et s. f. pl., *Calamariæ* (*calamus*, roseau). Linné désignait ainsi une famille de plantes, qui ressemblent aux Graminées pour le port, mais dont la tige est dépourvue de nœuds.

CALAMÉES, adj. et s. f. pl., *Calameæ*. Nom donné par Kunth et par Martius à une tribu de la famille

des Palmiers, qui a pour type le genre *Calamus*.

CALAMIDES, adj. et s. m. pl., *Calamides*. Sous ce nom, Latreille désigne une famille de la classe des Polypes, comprenant ceux de ces animaux qui ont le corps disposé en forme de plume.

CALAMIFÈRE, adj., *calamiferus* (*calamus*, roseau, *fero*, porter). La *Spongia calamifera* est ainsi appelée parce qu'elle se compose de tubes cylindriques comme des plumes ou des roseaux et réunis en touffes.

CALAMIFORME, adj., *calamiformis*; *federförmig* (all.) (*calamus*, plume, *forma*, forme). Épithète donnée au *corps* des pennatules, à cause de sa ressemblance avec une plume. Le *Mesembryanthemum calamiforme* doit ce nom à la forme de ses feuilles, qui sont grêles, rondes et subulées.

CALAMINAIRE, adj., *calaminaris* (*calamina*, calamine). Les minéralogistes appellent *pierres calaminaires* des masses concrétionnées ou terreuses, qui sont composées d'oxide de zinc accidentellement uni à de l'oxide de fer, à de l'argile et à d'autres substances étrangères.

CALAMOPHYLLES, adj. et s. m. pl., *Calamophylli* (χάλαμος, roseau, φύλλον, feuille). Nom donné par B. Meyer à une section de la famille des Joncs.

CALAMULE, s. f., *calamula* (*calamus*, plume). Les zoologistes désignent sous ce nom les longs appendices filiformes, fistuleux, calcaires, terminés par cinq à huit godets empilés les uns sur les autres, dont l'animal de la Fistulane a deux qui font saillie par la partie ouverte de son fourreau testacé.

CALANDRÉIDES, adj. et s. m. pl., *Calandroeides*. Nom donné par Schœnherr à un groupe de la famille des Curculionides, renfermant ceux de ces insectes qu'on désigne **vulgairement** sous le nom de *Calandres*, et quelques espèces voisines.

CALATHIDE, s. f., *calathidis, calathidium, calathis, anthodium, cephalanthium, flos compositum ; Blüthenkorb* (all.) (χαλαθὶς, petit panier). Mirbel et Cassini désignent ainsi un mode d'inflorescence qui se compose de fleurs sessiles, ou à peu près, serrées sur un réceptacle qu'entoure un involucre commun (ex. *Synanthérées*). Link adopte ce nom, mais veut qu'on ne l'applique qu'aux fleurs dites composées, qui, avant la fleuraison ou pendant la nuit, sont enveloppées totalement par le calice commun.

CALATHIDIFLORE, adj., *calathidiflorus* (*calathus*, corbeille, *flos*, fleur). Se dit de l'*involucre*, quand il entoure un clinanthe chargé de fleurs sessiles, ou à peu près, et qu'il ressemble en quelque sorte à une petite corbeille.

CALATHIFÈRE, adj., *calathiferus* ; qui porte les calathides, ou qui en est composé, comme le *corymbe* des corymbifères, et jusqu'à un certain point l'*ombelle* de l'*OEnanthe*.

CALATHIFORME, adj., *calathiformis* (*calathus*, corbeille, *forma*, forme). Terme introduit par Salisbury, qui désigne ainsi, dans les végétaux, les parties hémisphériques et concaves, à bords droits.

CALATHIN, adj., *calathinus* (*calathus*, coupe). Le *Narcissus calathinus* a été appelé ainsi à cause de sa couronne, qui est très-grande, cyathiforme, ou en forme de coupe.

CALATHIPHORE, s. m., *calathiphorum* (χαλαθὶς, petit panier, φέρω, porter). Nom donné par Cassini à la partie qui, dans les Synanthérées, porte les calathides du capitule.

CALCAIRE, adj. et s. m., *calcareus, calcarius ; kalkartig* (all.) ; *calcareous* (angl.) ; *calcareo* (it.)

(*calx*, chaux) ; qui contient de la chaux (*pierre calcaire*), qui est principalement formé de chaux (*spath calcaire*), qui vit dans les terrains calcaires (ex. *Urceolaria calcaria, Polypodium calcareum*). En minéralogie, on donne cette épithète à toutes les *roches* qui sont essentiellement composées de chaux carbonatée, à l'état soit cristallin, soit sédimentaire. Brongniart appelle *formation calcaire* l'ensemble de tous les calcaires concrétionnés ou incrustans qui se sont déposés depuis les temps historiques, et qui se déposent encore aujourd'hui dans des cavités de la terre ou au fond de certaines eaux.

CALCARÉO-FERRUGINEUX, adj., *calcareo-ferruginosus* ; qui contient de la chaux et de l'oxide de fer. Ex. *Amphibole calcaréo-ferrugineuse*.

CALCARÉO-MAGNÉSIEN, adj., *calcareo-magnesianus* ; qui contient de la chaux et de la magnésie. Ex. *Amphibole calcaréo-magnésienne*.

CALCARÉO-SABLEUX, adj., *calcareo-sabulosus*. Nom donné par Brogniart à un groupe de *terrains* sédimenteux, dans lesquels dominent les roches calcaires et les débris de roches quarzeuses.

CALCARÉO-SILICEUX, adj., *calcareo-siliciosus* ; qui contient de la chaux et de la silice. Ex. *Titane calcaréo-siliceux*.

CALCARÉO-TRAPPÉEN, adj. Épithète donnée par Brongniart aux *terrains* qui sont formés de couches calcaires sédimenteuses séparées par des dépôts trappéens plus ou moins abondans.

CALCAREUX, adj., *calcarosus*. Nom donné par Omalius à un genre de *roches*, comprenant celles qui ont pour base le carbonate calcaire ; et par Brongniart à un groupe de *terrains* hémilysiens dans lequel il range ceux qui sont abondans en roches calcaires.

CALCARIFÈRE, adj., *calcarife-re* (*calx*, chaux, *fero*, porter). Épi-thète donnée par les minéralogistes aux minéraux qui sont mélangés de carbonate calcaire. Ex. *Gypse calca-rifère.*

CALCARIFÈRE, adj., *calcarifer, calcaratus* (*calcar*, éperon, *fero*, porter). Se dit d'un animal qui porte des aiguillons qu'on a comparés à des éperons, la plupart du temps à cause de leur situation. Le *Vespertilio cal-carifèrus* offre une sorte d'éperon à la partie interne de la première phalange de son pouce. Le *Tyrannus calcarife-rus* a les genoux garnis de sept ou huit épines. Le *Plectropomus calca-rifer* a les opercules aiguillonnés. La *Leptura calcarata* a les jambes pos-térieures armées de longues épines. La *Cancellaria calcarata* est une co-quille garnie de pointes.

CALCARIFORME, adj., *calcari-formis* (*calx*, chaux, *forma*, forme). Épithète donnée, dans la nomencla-ture minéralogique de Haüy, à une statite qui présente la forme d'em-pcount de diverses variétés du calcaire romboïdal.

CALCARIFORME, adj., *calcari-formis* (*calcar*, éperon, *forma*, for-me); qui a la forme d'un éperon, comme les *pétales* de l'*Aquilegia.*

CALCÉDONIEUX, adj., *calcedo-nius.* Se dit d'une *substance* ou d'une *pâte* qui a les caractères extérieurs de la calcédoine.

CALCÉDONIQUE, adj., *calcedo-nicus;* qui a les caractères, les pro-priétés de la calcédoine; *matière, caillou calcédonique.*

CALCÉOLÉS, adj. et s. m. pl., *calceolati.* Nom donné par Desmou-lins à la seule famille qu'il admette dans la classe des Rudistes, et qui a pour type le genre *Calceola.*

CALCÉIFORME, adj., *calceifor-mis; schuhförmig* (all.) (*calceus*, soulier, *forma*, forme). Se dit du

nectaire, quand il est renflé et imite en quelque sorte la forme d'une pan-toufle. Ex. *Cypripedium.*

CALCÉOLIFORME, adj., *calceo-liformis* (*calceolus*, soulier, *forma*, forme); qui est oblong et un peu ré-tréci au milieu, ayant la forme d'un sabot renversé, comme l'*abdomen du Sigalphus irrorator.*

CALCICO-AMMONIQUE, adj., *cal-cico-ammonicus.* Épithète par la-quelle on désigne, dans la nomen-clature chimique de Berzelius, des sels doubles qui résultent de la com-binaison d'un sel calcique avec un sel ammonique. Ex. *Malate calcico-ammonique* (*malate de chaux et d'am-moniaque*).

CALCICO-ARGENTIQUE, adject., *calcico-argenticus.* Nom donné, dans la nomenclature chimique de Berzelius, à des sels doubles qui ré-sultent d'un sel calcique combiné avec un sel argentique. Ex. *Fulminate calcico-argentique* (*fulminate de chaux et d'argent*).

CALCICO-BARYTIQUE, adj., *cal-cico-baryticus.* Épithète qui désigne, dans la nomenclature chimique de Berzelius, des sels doubles résultant de la combinaison d'un sel calcique avec un sel barytique. Ex. *Carbonate calcico-barytique* (*carbonate de chaux et de baryte*).

CALCICO-MAGNÉSIQUE, adject., *calcico-magnesicus.* Épithète dont on se sert, dans la nomenclature chi-mique de Berzelius, pour désigner des sels doubles qui sont produits par la combinaison d'un sel calcique avec un sel magnésique. Ex. *Silicate cal-cico-magnésique* (*silicate de chaux et de magnésie*).

CALCICO-POTASSIQUE, adject., *calcico-potassicus.* Nom donné, dans la nomenclature chimique de Berze-lius, à des sels doubles qui résultent de la combinaison d'un sel calcique avec un sel potassique. Ex. *Silicate calcico-potassique* (*silicate de chaux et de potasse*).

CALCICO-SODIQUE, adj., *calcico-sodicus*. Épithète donnée, dans la nomenclature chimique de Berzelius, à des sels doubles qui résultent d'un sel calcique combiné avec un sel sodique. Ex. *Sulfate calcico-sodique* (*sulfate de chaux et de soude*).

CALCICO-STRONTIQUE, adject., *calcico-stronticus*. Épithète donnée, dans la nomenclature chimique de Berzelius, à des sels doubles qui résultent de la combinaison d'un sel calcique avec un sel strontique. Ex. *Carbonate calcico-strontique* (*carbonate de chaux et de strontiane*).

CALCIDES, adj. et s. m. pl., *Calcides*. Ampère donne ce nom à un genre de corps simples, et C. Pauquy à une famille de corps pondérables, ayant pour type le *Calcium*.

CALCIFÈRE, adj., *calciferus ; kalkhaltig* (all.) (*calx*, chaux, *fero*, porter) ; qui contient du carbonate calcaire (ex. *Quarz hyalin calcifère*); qui est mélangé avec du carbonate de chaux (ex. *Calcédoine calcifère*).

CALCIFÈRES, adj. et s. m. pl., *Calcifera*. Nom donné par Lamouroux aux *polypiers* qui résultent d'une substance calcaire mélangée avec la matière animale, ou la recouvrant.

CALCIFIÉ, adj. Épithète imposée par E. Eichwald aux *ossemens* fossiles, qui, ayant perdu leur matière animale et en même temps leur dureté naturelle, sont devenus légers et friables.

CALCIGÈNE, adject., *calcigenus* (*calx*, chaux, *gigno*, produire), qui naît sur la chaux. Le *Sporotrichum calcigena* se développe sur les murs peints à la chaux.

CALCINABLE, adj.; qui est susceptible d'être calciné ; *matière calcinable*.

CALCINATION, s. f., *calcinatio ;*

Verkalkung, Kalcinirung (all.); *calcining* (angl.); *calcinazione* (it.). Réduction des pierres calcaires en chaux par l'action de la chaleur ; opération dans laquelle on soumet à une chaleur très-élevée une substance infusible, mais sensiblement altérable sous le rapport soit de son mode d'agrégation, soit surtout de sa composition chimique.

CALCIPHYTES, adj. et s. m. pl., *Calciphyta* (*calx*, chaux, φυτόν, plante). Nom donné par Blainville à une classe de Pseudozoaires, renfermant des corps organisés phytoïdes, qui sont composés d'une substance intérieure fibreuse et d'une extérieure crétacée, comme les Corallines.

CALCIQUE, adj., *calcicus ;* qui appartient au calcium. L'*oxide calcique* est une combinaison de ce métal avec l'oxigène, vulgairement appelée *chaux*. Berzelius nomme *sels calciques* les combinaisons de l'oxide calcique avec les oxacides, celles du calcium avec les corps halogènes, et celles du sulfure de calcium avec les sulfides.

CALCIQUES, adject. pl. Épithète donnée par Brongniart à un groupe de *terrains* agalysiens, ayant pour base les roches calcaires.

CALCITRAPÉES, adj. et s. f. pl., *Calcitrapeæ*. Nom donné par H. Cassini à un groupe de la section des Synanthérées centauriées prototypes, qui a pour type le genre *Calcitrapa*.

CALCIUM, s. m., *calcium*. Métal solide et blanc, dont la combinaison avec l'oxigène donne naissance à la chaux, et qui a été mis en évidence, pour la première fois, par Davy.

CALÉES, adj. et s. f. pl., *Caleæ*. Nom donné par Lessing à une section de la sous-tribu des Sénécionidées héléniées, qui a pour type le genre *Calea*.

CALÉIDOPHONE, s. m., *caleido-*

...nium (χαλὸς, beau, εἶδος, apparence, φονέω, résonner). Instrument d'optique et d'acoustique, que Wheatstone a imaginé pour rendre visibles à l'œil les vibrations qui sont nécessaires à la production des sons.

CALÉINÉES, adj., *Caleineæ*. Nom donné par H. Cassini à un groupe ou section des Hélianthées héliées, qui a pour type le genre *Calea*.

CALENDULACÉES, adj. et s. f. *Calendulaceæ, Calenduleæ*. Nom donné par H. Cassini à une tribu de la famille des Synanthérées, par Lessing à une sous-tribu de la tribu des Sénécionées, ayant pour type le genre *Calendula*.

CALENDULÉES. *Voy.* CALENDULACÉES.

CALENDULINE, s. f., *calendulina*. Substance découverte par Geiger dans les fleurs du *Calendula officinalis*, que Stoltze a étudiée depuis, qui paraît appartenir, d'après Berzelius, à la classe des mucilages végétaux, et que Gmelin croit voisine de la zéine ou de l'amidon.

CALICAL, adj., *calycalis* (χάλυξ, *calice*). Epithète donnée à l'insertion des étamines, par Lestiboudois, quand ces organes sont adhérens au calice, par A. Richard, lorsque les étamines et les pétales, si ceux-ci existent, sont insérés au calice, plus bas que le point de jonction de ce dernier avec l'ovaire partiellement libre. Ex. *Polyanthes tuberosa*.

CALICE, s. m., *calyx*; χάλυξ; *Kelch* (all.); *calice* (it.). La signification que ce mot a varié, ou plutôt est tombée dans le vague, en botanique. Il a toujours exprimé la partie externe du périanthe, quand celui-ci est double; mais les opinions se sont partagées au sujet du sens qu'on doit attacher dans le cas de périanthe simple. Tournefort et Linné n'appelaient généralement ce dernier calice

que quand il est vert, tandis que Jussieu lui applique toujours cette dénomination, quelles que soient sa couleur, sa forme et sa consistance. Cependant Tournefort nommait calice dans le narcisse ce qu'il appelait corolle dans la tulipe, et Linné calice dans le *Chenopodium* et le *Juncus* ce qu'il nommait corolle dans le *Daphne*. Suivant Sprengel, le calice est toujours pourvu de glandes, quoique, d'après Link, celles-ci manquent souvent. Candolle laisse la question indécise, et donne le nom de périgone à tout périanthe simple.

CALICÉ, adj., *calycatus, calycinus, calycosus*. Se dit d'une *fleur* qui est pourvue d'un calice, et quelquefois d'une plante qui a un grand calice (ex. *Kydia calycina*, *Hypericum calycinum*), ou un calice renflé (ex. *Astragalus calycinus*, *Saboatia calycosa*). Se dit aussi d'une mousse dont les feuilles périchétiales sont roulées en cylindre, de manière à imiter un calice (ex. *Barbula calycina*).

CALICIÉES, adj. et s. f. pl., *Calicieæ*. Nom donné par Fries à une tribu de l'ordre des Lichens gymnocarpes, qui a pour type le genre *Calicium*.

CALICIFLORE, adj., *calyciflorus* (*calyx*, calice, *flos*, fleur). Le *Faramea calyciflora* a été appelé ainsi à cause de son calice, dont le limbe est tubuleux, ample et persistant.

CALICIFLORES, adj. et s. f. pl., *Calycifloræ*. Nom donné par Candolle à une section des plantes dicotylédones, comprenant celles dont les pétales, libres ou plus ou moins soudés, sont insérés sur le calice. Royen avait déjà appliqué ce nom à une classe de plantes dans laquelle il rangeait celles qui ont les étamines insérées sur le calice, et Linné à une famille comprenant celles qui n'ont qu'un calice sans corolle.

CALICIFORME, adj., *calyciformis ; kelchförmig* (all.) (καλύξ, calice, *forma*, forme) ; qui a la forme d'un calice, comme l'involucre des *Anemone*.

CALICIN, adj., *calycinus ; kelchartig* (all.) ; qui tient de la nature du calice. Se dit d'un périgone unique qui paraît se rapporter plutôt au calice qu'à la corolle. Ex. *Daphne*.

CALICINAIRE, adj., *calycinaris*. Epithète donnée, par Desvaux, au nectaire, lorsqu'il est placé sur le calice ; par Candolle, aux *fleurs doubles* dans lesquelles les pétales sont dus à la multiplication des sépales du calice.

CALICINAL, adj., *calycinalis ;* qui appartient au calice (*poils calicinaux, écailles* ou *feuilles calicinales*). Dunal appelle *verticille calicinal* celui qui est formé d'un nombre déterminé de sépales, assez souvent munis à leur base de lépales calicinaux, ou écailles glanduleuses, libres ou soudées ensemble, lesquelles recouvrent plus ou moins la face externe des sépales, et débordent souvent les folioles du calice.

CALICINIEN, adj., *calycinianus*. Epithète donnée par Mirbel à *l'induvie*, quand elle provient du calice. Ex. *Rosa*.

CALICISTE, adj. et s. m., *calycista*. Epithète donnée par Linné aux botanistes qui ont fondé leurs méthodes de classification sur le calice, comme Magnol.

CALICULAIRE adj., *calicularis*. On appelle *estivation caliculaire* celle dans laquelle, les pièces étant sur deux rangs, le rang externe ne recouvre ou n'embrasse que la base du rang interne, comme dans l'involucre des Séneçons. La *Caryophyllia calycularis* est ainsi appelée parce

que son polypier porte des cellules en forme d'étoiles excavées.

CALICULE, subst. m., *calyculus ; Kelchchen* (all.) ; *calicetto* (it.). Les botanistes appellent ainsi un calice très-petit, ou accessoire, qui est placé en dehors du vrai calice (ex. *Malva*) ; quelquefois une petite rangée de bractéoles qu'on aperçoit à la base d'un involucre (ex. certaines Synanthérées) ; parfois aussi un involucre qui ne renferme qu'une seule fleur, et qui adhère par sa base avec le vrai calice. F. Campden donne ce nom aux enveloppes florales externes des *Rumex*.

CALICULÉ, adject., *calyculatus ; gekelcht* (all.) ; qui est pourvu d'un second calice. On dit l'*involucre caliculé* lorsqu'il est muni à l'extérieur d'une rangée de bractées qui constituent en quelque sorte un second involucre (ex. *Crepis biennis*), et l'*aigrette caliculée* quand, outre les poils qui la composent, elle offre en dehors une petite couronne membraneuse ressemblant à un petit calice (ex. plusieurs *Inula*). Le *Marsippospermum calyculatum* est ainsi appelé parce qu'il a un calice composé de trois folioles très-longues, et le *Loranthus calyculatus*, parce qu'il porte une bractée cupulaire sous chaque fleur.

CALIGIDES, adj. et s. m. pl., *Caligides, Caligidæ*. Nom donné par Leach et Latreille à une famille de l'ordre des Crustacés branchiopodes, qui a pour type le genre *Caligus*.

CALIGULE, s. f., *caligula ; Stiefel* (all.) (*caligula*, bottine). Illiger appelait ainsi la peau qui recouvre le tarse dans les oiseaux.

CALISAYNE, s. f., *calisayna*. Alcali végétal, que Pelletier et Caventou ont découvert dans l'écorce du *China Calisaya*.

CALISAYQUE, adj., *calisayque*

Épithète donnée, dans la nomenclature chimique de Berzelius, aux sels qui ont pour base la calisayne.

CALLACÉES, adj. et s. f. pl., *Callaceæ*. Nom donné par Bartling à une famille de plantes, qui a pour type le genre *Calla*.

CALLÉES, adj. et s. f. pl., *Calleæ*. Nom donné par Bartling à une tribu de la famille des Callacées, ayant pour type le genre *Calla*.

CALLEUX, adj., *callosus*; *schwielig* (all.); *callous* (angl.); *calloso* (it.) (*callus*, cal); qui est plein de callosités, endurci, racorni. Épithète donnée à des parties dont la consistance est plus ferme et la compacité plus grande que celles des autres. Se dit : 1° en botanique, des *rameaux*, lorsqu'ils sont couverts de proéminences arrondies (ex. *Aspalathus callosus*), et des *feuilles*, quand elles sont couvertes de taches calleuses (ex. *Cheiranthus callosus*), ou garnies de petits durillons sur les bords (ex. *Saxifraga Cotyledon*) ; 2° en zoologie, d'une *coquille* bivalve, lorsqu'à l'endroit de la charnière, on remarque un bourrelet arrondi et inégal, au lieu de dents (ex. *Pholas callosa*); du *corselet*, chez les insectes, quand il a des rebords épais, qui paraissent formés d'une substance différente de la sienne.

CALLIANIRIDES, adj. et s. m. pl., *Callianirida*. Nom donné par F. Eschenholtz à une famille de la classe des Acalèphes, qui a pour type le genre *Callianira*.

CALLICHROMES, adj. et s. m. pl., *Callichromi* (κάλλος, beauté, χρῶμα, couleur). Nom donné par Savi à une tribu de l'ordre des Passereaux, comprenant ceux qui, comme les *Coracias* et autres, se font remarquer par la beauté et l'éclat de leurs couleurs.

CALLIFÈRE, adject., *calliferus* (*callus*, cal, *fero*, porter). Se dit d'une *coquille* bivalve dont les crochets sont calleux (ex. *Arca callifera*), et d'une coquille univalve dont l'ombilic est marqué d'une callosité (ex. *Trochus calliferus*), ou qui porte une couronne de callosités sur le dernier tour de sa spire (ex. *Purpura callifera*).

CALLIPYGE, adj., *callipygus* (κάλλος, beauté, πυγὴ, fesses). La *Venus callypiga* est ainsi appelée parce qu'elle porte une tache blanche, en forme d'étoile angulaire, à sa base.

CALLITRICHÉES, adj. et s. f. pl., *Callitricheæ*. Nom donné par Bartling à une tribu de la famille des Haloragées, qui a pour type le genre *Callitriche*.

CALLITRICHINÉES, adj. et s. f. pl., *Callitrichineæ*. Nom donné par Candolle à une tribu de la famille des Haloragées, par Link, Lindley et Kunth, à une famille de plantes, ayant pour type le genre *Callitriche*.

CALLOSITÉ, s. f., *callositas*; *Sitzschwiele* (all.); *thickness* (angl.); *callosità* (it.). On donne ce nom, chez certains mammifères, à des parties du corps dures, ordinairement rases, couvertes d'une peau épaisse, et parfois colorées, dont le développement est attribué à l'usage de s'asseoir ou de s'appuyer sur les régions qui en sont le siége. Telles sont celles qu'on observe aux fesses de quelques singes, à la poitrine et aux genoux des chameaux. Le même nom est appliqué à des protubérances planes qui se voyent sur diverses parties d'un grand nombre de coquilles, et à des dépôts calcaires, souvent semblables à de l'émail, qui s'observent sur la columelle de quelques unes.

CALLUS, s. m., *callus*. Organe polymorphe, admis par Trinius, dans les Graminées, et qui, suivant Raspail, est tout simplement la base de la paillette inférieure, laquelle, en se renversant quelquefois, détermine là une espèce de bourrelet (ex. *Bro-mus*, *Festuca*).

CALOCÉPHALE, adj., *calocepha-lus* (καλός, beau, κεφαλή, tête). Épi-thète donnée à plusieurs plantes Sy-nanthérées, en raison de la beauté de leurs calathides. Ex. *Psephellus calocephalus*, *Lophiolepis caloce-phala*.

CALOPE, adj., *calopus* (καλός, beau, πούς, pied); qui a un pied ou un stipe beau, comme celui du *Pezi-za calopus*, qui est long et rose.

CALOPHYLLE, adj., *calophyllus* (καλός, beau, φύλλον, feuille); qui a de belles feuilles, un feuillage élé-gant (ex. *Elvasia calophylla*). Le *Cladodium calophyllum* est ainsi ap-pelé, parce qu'il forme de beaux gazons; l'*Agaricus calophyllus*, par-ce que ses lames sont d'un beau rouge.

CALOPHYLLÉES, adj. et s. f. pl., *Calophylleæ*. Nom donné par Choisy et Candolle à une tribu de la famille des Guttifères, qui a pour type le genre *Calophyllum*.

CALOPHYTES, s. m. pl., *Calo-phytæ* (καλός, beau, φυτόν, plante). Nom donné par Bartling à une classe de plantes, qui comprend les familles des Pomacées, des Rosacées, des Dryadées, des Spiréacées, des Amyg-dalées, des Chrysobalanées, des Pa-pilionacées, des Swartziées, des Cé-salpiniées et des Mimosées.

CALOPODE, s. m., *Calopodium*; *Kolbenhülle* (all.) (καλοπόδιον, forme de soulier). Rumph appelle ainsi la spathe des Aroïdées, en raison de sa forme.

CALOPS, adj., *calops* (καλός, beau, ὤψ, œil); qui a l'œil très-grand et très-brillant. Ex. *Labrus calops*.

CALOPTÈRE, adject., *calopterus* (καλός, beau, πτερόν, aile); qui a de belles ailes. Ex. *Erioptera calo-ptera*.

CALORICITÉ, s. f., *caloricitas*

(*calor*, chaleur). Faculté dont jouis-sent les corps vivans de produire et dégager la quantité de calorique né-cessaire à l'entretien de la vie.

CALORIFICATION, s. f., *calori-ficatio* (*calor*, chaleur, *facio*, faire). Faculté de produire et de dévelop-per de la chaleur.

CALORIFIQUE, adj., *calorificus*; *erwärmend* (all.) (*calor*, chaleur, *facio*, faire); qui échauffe. Les phy-siciens donnent cette épithète à ceux des rayons lumineux qui produisent de la chaleur. Dans l'hypothèse de Rumford, où, pour se conformer au langage reçu, on appelle *rayons* les mouvemens rectilignes à l'aide des-quels les vibrations se prolongent, l'épithète de *calorifique* est donnée à ceux de ces mouvemens dont l'ac-tion est accélératrice.

CALORIMÈTRE, s. m., *calorime-trum*; *Wärmemesser* (all.) (*calor*, chaleur, μετρέω, mesurer). Nom donné à divers instrumens au moyen desquels on détermine la quantité de chaleur spécifique que contiennent les différens corps, et dont les prin-cipaux sont ceux de Lavoisier et Laplace, de Rumford et de Tillot-son. On appelle de même un autre instrument, imaginé par Mongol-fier, et perfectionné par May, qui sert à déterminer la quantité de cha-leur produite, dans un temps donné, par diverses substances combusti-bles.

CALORIMÉTRIE, s. f., *calorime-tria*; *Wärmemesserkunst* (all.). Par-tie de la physique qui a pour objet la mesure du calorique libre.

CALORIMOTEUR, adj. et s. m., *calorimotor* (*calor*, chaleur, *moveo*, mouvoir). Appareil électrique, ima-giné par R. Hare, qui est ainsi ap-pelé à cause de la propriété qu'il a de produire, par sa décharge, des tem-pératures très-élevées et tous les phé-nomènes qui en dépendent.

CALORIQUE, s. m., *caloricum*; *Wärmestoff*, *Wärmematerie* (all.). Cause inconnue de la sensation de la chaleur, que les uns croyent être un fluide impondérable, et que les autres regardent, avec Rumford, comme un mouvement vibratoire, qui agite les molécules de tous les corps, dont la vitesse est accélérée suivant les circonstances, et qui se communique à distance par l'intermédiaire de l'éther, les vibrations qui affectent les molécules d'un corps excitant dans celui-ci des ondulations analogues à celles que les corps sonores font naître dans l'air, et qui, susceptibles de se propager, suivant toutes les directions, produisent les changemens de température auxquels sont dus le trouble et le rétablissement de l'équilibre thermométrique entre les corps placés dans la sphère de ces ondulations.

CALPE, s. f., *calpa* (κάλπη, urne). Necker appelait ainsi l'urne des mousses.

CALYBION, s. m., *calybio* (καλύβιον, petite cabane). Nom donné par Mirbel à un fruit formé d'un ou plusieurs glands contenus en entier ou en partie dans une cupule. Ex. *Quercus*.

CALYCANDRIE, s. f., *calycandria* (κάλυξ, calice, ἀνὴρ, homme). Nom donné par L.-C. Richard à une classe de son système sexuel modifié, qui renferme les plantes ayant plus de dix étamines insérées au calice, l'ovaire étant libre ou pariétal.

CALYCANTHÉES, adj. et s. f. pl., *Calycantheæ*. Nom donné par Lindley et Candolle à une famille de plantes, qui a pour type le genre *Calycanthus*.

CALYCANTHÈME, adj., *calycanthemus* (κάλυξ, calice, ἄνθος, fleur). Le *Primula calycanthema* est ainsi nommé parce que son calice s'épanouit, à la partie supérieure, en un limbe coloré et pétaloïde, de telle sorte que la fleur semble avoir deux corolles.

CALYCANTHÈMES, adj. et s. f. pl., *Calycanthemæ*. Nom donné par Linné à une famille de plantes qui se font remarquer en raison de leurs belles fleurs, par Agardh à une classe de plantes phanérocotylédones à fleurs complètes périgynes, comprenant les familles de Salicariées, des Hamamélidées, des Sanguisorbées, des Onagrariées, des Combrétacées et des Mélastomées, par Ventenat à la famille des Lythracées.

CALYCANTHINÉES, adj. et s. f. pl., *Calycanthinæ*. Nom donné par Bartling à une classe de plantes, qui comprend les familles des Granatées et des Calycanthées.

CALYCÉRÉES, adj. et s. f. pl., *Calycereæ*. Nom donné par L.-C. Richard à une famille de plantes, dont Correa avait conçu l'idée, et que H. Cassini a établie ensuite sous celui de *Boopidées*. Elle a pour type le genre *Calycera*.

CALYCIE, s. f., *calycia*. On appelle ainsi une apothécie qui est stipitée et scyphatiforme.

CALYCIÉES, adj. et s. f. pl., *Calyciceæ*. Nom donné par Zenker à une tribu de la famille des Lichens, qui a pour type le genre *Calycium*.

CALYCIOIDES, adj. et s. m. pl., *Calycioïdes*. Nom donné par Fée à une tribu des Lichens, ayant pour type le genre *Calycium*.

CALYCOSTEMONES, adj. et s. f. pl., *Calycostemones* (κάλυξ, calice, στήμων, étamine). Nom donné par Gleditsch et par Mœnch à une classe de plantes, comprenant celles qui ont les étamines insérées sur le calice.

CALYPTÉRÉES, adj. et s. f. pl., *Calypteratæ*. Nom donné par Robineau-Desvoidy à une famille de Myodaires, comprenant ceux de ces insectes qui ont des cueillerons larges, assez épais, à double squame, et re-couvrant les balanciers.

CALYPTÈRES, s. m. pl., *calypte-ria; Schwanzdekken* (all.) (καλυπτήρ, couvercle). Illiger appelait ainsi les couvertures de la queue des oiseaux.

CALYPTRACIENS, adj. et s. m. pl., *Calyptracea*. Nom donné par Lamarck à une famille de l'ordre des Mollusques Gastéropodes, et par Blainville à une famille de l'ordre des Paracéphalophores Scutibranches, ayant pour type le genre *Calyptræa*.

CALYPTRANOLÈNES, adj. et s. m. pl., *Calyptranolena* (καλυπτήρ, couvercle, α priv., ὠλένη, bras). Nom donné par Ranzani à un ordre de la classe des Mollusques acéphales, comprenant ceux qui ont une tète, mais point de bras.

CALYPTRÉACÉS, adj. et s. m. pl., *Calyptræacea*. Nom donné par Menke à un sous-ordre de l'ordre des Gastéropodes aspidobranches, qui a pour type le genre *Calyptræa*.

CALYPTRÉ, adject., *calyptratus* (*calyptra*, cape). Épithète qu'on donne à la *racine*, quand elle est munie d'une sorte de coiffe à son ex-trémité inférieure. Ex. *Lemna minor. Voyez* COIFFÉ.

CALYPTRÉES, adj. et s. f. pl., *Calyptratæ, Calyptrati*. Quelques bo-tanistes, entr'autres Weber et Mohr, ont donné ce nom aux mousses, à cause de la coiffe qui surmonte leurs urnes.

CALYPTRIFORME, adj., *calyp-triformis* (*calyptra*, cape, *forma*, forme). En forme de coiffe, comme les *pétales* de la vigne.

CAMACÉS, adj. et s. m. pl., *Cha-macea*. Nom donné par Lamarck et Latreille à une famille de Conchifè-res, par Cuvier à une famille de Mol-lusques acéphales, par Blainville à une famille de coquilles et d'Acépha-lophores Scutibranches, coupes qui toutes ont pour type le genre *Chama*.

CAMARD, adj., *simus; stumpf-nasig* (all.); *flatnosed* (angl.); *camuso* (it.); qui a le nez plat et écrasé. Le *Crotalus simus* est ainsi appelé, parce qu'il a le museau comme tronqué, et la *Daphnia sima* parce qu'elle a la tête obtuse.

CAMARE, s. f., *camara* (καμάρα, arcade). Fruit plus ou moins mem-braneux, composé de deux valves soudées ensemble, et renfermant une ou plusieurs graines, qui sont atta-chées à l'angle interne. Ex. *Renoncu-lacées*.

CAMARIEN, adj., *camarius*; qui a de l'analogie avec une camare. Mir-bel appelle *baie camarienne* celle qui offre à l'extérieur un sillon longitu-dinal, et à l'intérieur un placentaire latéral correspondant à ce sillon. Ex. *Actæa spicata*.

CAMBIUM, s. m., *cambium; Bil-dungssaft* (all.). Suc élaboré par les organes du végétal, et qui paraît des-tiné immédiatement à la nutrition de ses parties; suc mucilagineux qui suinte entre l'écorce et le bois, où Duhamel supposait qu'il produit une nouvelle couche, en s'organisant. Dupetit-Thouars le croit destiné à anastomoser les nombreuses fibres, pour ainsi dire radiculaires, que les bourgeons, à mesure qu'ils devien-nent des rameaux, laissent échapper inférieurement, entre le bois et l'é-corce.

CAMÉLÉONIDES, adj. et s. m. pl., *Camæleonidæ*. Nom donné par J.-E. Gray à une famille de reptiles sau-riens, qui a pour type le genre *Ca-mæleo*.

CAMÉLÉONIENS, adj. et s. m. pl., *Camæleonii, Camæleona*. Nom donné par Cuvier et par Latreille à une famille de reptiles sauriens, dont le genre *Camæleo* est le type.

CAMÉLÉONOIDES, adj. et s. m. pl., *Camæleonoidea, Camæleoni-dei*. Nom donné par P.-F. Fitzinger et Eichwald à une famille de reptiles sauriens, ayant pour type le genre *Camæleo*.

CAMÉLIENS, adj. et s. m. pl., *Camelii*. Blainville désigne sous ce nom une section de la famille des Mammifères ruminans, qui a pour type le genre *Camelus*.

CAMÉLINÉES, adj. et s. f. pl., *Camelineæ*. Nom donné par Candolle à une tribu de la famille des Crucifères, qui a pour type le genre *Camelina*.

CAMELLIÉES, adj. et s. f. pl., *Camellieæ*. Nom sous lequel Candolle désigne une famille de plantes, dont le genre *Camellia* est le type.

CAMÉLORNITHES, s. m. pl., *Camelornithes* (χάμηλος, chameau, ὄρνις, oiseau). Nom donné par J.-A. Ritgen à une famille d'oiseaux, comprenant l'autruche, à cause de la facilité et de la promptitude avec lesquelles cet animal parcourt les déserts, comme le chameau.

CAMÉRITÈLES, adj., *Cameritelæ*, *Camerariæ* (camera, chambre, tela, toile). Épithète appliquée aux araignées qui font des toiles serrées, dans l'intérieur desquelles elles se tiennent.

CAMÉROSTOME, s. m., *camerostoma* (χαμέρα, voûte, στόμα, bouche). Sous ce nom, Latreille désigne la partie antérieure du corps des Arachnides, qui forme une sorte de toit ou de voûte au-dessus des organes de la manducation.

CAMÉRULE, s. f., *camerula* (camera, chambre). L.-C. Richard s'est servi de ce mot pour désigner une petite loge d'une partie d'un végétal.

CAMPANACÉES, adj. et s. f. pl., *Campanaceæ* (campana, cloche). Nom donné par Linné à une famille de plantes, dans laquelle il range celles qui ont les fleurs en cloche.

CAMPANELLÉ, adj., *campanellatus*. Link donne cette épithète à la corolle, quand elle est tubuleuse à la base, globuleuse au milieu, et de nouveau tubuleuse au-dessus, comme dans les Synanthérées.

CAMPANIFLORE, adj., *campaniflorus* (campana, cloche, *flos*, fleur); qui a les fleurs en cloche. Le *Clematis campaniflora* a le calice campanulé.

CAMPANIFORME, adj., *campaniformis*; glockenförmig (all.); accampanato (it.) (campana, cloche, forma, forme); qui a la forme d'une cloche. Se dit d'un *calice* ou d'une *corolle* monopétale régulière qui, n'ayant pas de tube, va en s'évasant insensiblement, de la base au sommet, de manière à imiter la forme d'une cloche. Ex. *Campanula Trachelium*.

CAMPANIFORMES, adj. et s. f. pl., *Campaniformes*. Nom donné, dans la méthode de Tournefort, à une classe de plantes renfermant les herbes qui ont des corolles en cloche ou en grelot.

CAMPANIFORMES, adj. et s. m. pl., *Campanulata*. Latreille donne ce nom à une famille de la classe des Polypes, dans laquelle il range ceux qui ont le corps urcéolé.

CAMPANULACÉ, adj., *campanulaceus*; qui a la forme d'une petite cloche. Synonyme de *campanacé*, de *campanulé*.

CAMPANULACÉES, adj. et s. f. pl., *Campanulaceæ*. Nom donné par Jussieu à une famille de plantes qui a pour type le genre *Campanula*.

CAMPANULAIRE, adj., *campanularis*; qui est en forme de cloche. L'*Arthrostemma campanulare* a ses fleurs en cloche.

CAMPANULÉ, adj., *campanulatus*, *campanaceus*; glockig, glockenförmig (all.); qui a la forme d'une cloche. Se dit du *calice* (ex. *Statice Armeria*), de l'*involucre* (ex. *Lampsana lyrata*), de la *corolle* (ex. *Stapelia campanulata*, *Linum campanulatum*), de la *coiffe* (ex. *Pogonatum campanulatum*).

CAMPANULÉES, adj. et s. f. pl., *Campanuleæ*. Nom donné par quelques botanistes à la famille des *Campanulacées* (*voyez* ce mot), et par A. Richard à une tribu de cette famille, ayant pour type le genre *Campanula*.

CAMPANULIFLORE, adj., *campanuliflorus* ; *glockenblüthig* (all.) ; qui a les fleurs en cloche. Ex. *Hediotis campanuliflora*, *Coccocypselum campanuliflorum*.

CAMPANULINÉES, adj. et s. f. pl., *Campanulinæ*. Nom donné par Bartling à une classe de plantes qui comprend les familles des Goodénoviées, des Stylidées, des Lobéliacées et des Campanulacées.

CAMPÉPHAGINS, adj. et s. m. pl., *Campephagina*. Nom donné par Vigors à un groupe de la tribu des Dentirostres Laniades, qui a pour type le genre *Campephaga*.

CAMPESTRE. *Voyez* CHAMPÊTRE.

CAMPHOGÈNE, s. m. Nom donné par Dumas à un corps composé de carbone et d'hydrogène, qui a été isolé par Opperman. Ce corps produit le camphre ordinaire et la choléstérine en se combinant avec la vapeur d'eau, le camphre artificiel avec l'acide hydrochlorique, les acides caproïque, caprique et camphorique avec des proportions diverses d'oxigène.

CAMPHORATE, s. m., *camphoras*. Genre de sels (*camphersaure Salze*, all.), qui sont formés par la combinaison de l'acide camphorique avec les bases salifiables.

CAMPHORIDE, s. f., *camphorida*. Nom générique donné par Fechner à des substances, d'origine végétale, qui se rapprochent du camphre par les propriétés, comme l'alcornine, la bétuline, la cérine, le camphre

succinique et celui d'amandes amères.

CAMPHORIME, s. m. Nom donné par Guibourt à un genre d'odorides.

CAMPHORIQUE, adj., *camphoricus*. Epithète donnée à un *acide* (*Camphersäure*, all.), qui se produit par l'action de l'acide nitrique à chaud sur le camphre.

CAMPHOROIDE, s. m. Quelques chimistes ont désigné sous ce nom générique les matières à odeur camphrée que déposent les huiles volatiles des Labiées, et qui ont été prises souvent pour du camphre. Synonyme de *stéaroptène*.

CAMPHRE, s. m., *camphora* ; *Kampfer* (all.) ; *camphire* (angl.) ; *canfora* (it.). Substance volatile, sorte de stéaroptène qui existe dans plusieurs espèces de *Laurus*, notamment dans le *Laurus Camphora*. Quelques chimistes étendent ce nom à toutes les huiles volatiles concrètes ; mais, suivant la remarque de Berzelius, cet usage a l'inconvénient de donner à un nom bien connu d'une substance généralement employée, une signification différente de celle qu'il a eue de tout temps.

CAMPHRÉ, adj., *camphoratus*, *camphorinus* ; qui contient du camphre (*alcool camphré*), qui a l'odeur du camphre (ex. *Myriadene camphoratus*, *Osmites camphorata*, *Camphorosma monspeliensis*).

CAMPICOLE, adj., *campicolus* (*campus*, champ, *colo*, habiter) ; qui vit dans les champs. Ex. *Delia campicola*.

CAMPSICHROTES, adj. et s. m. pl., *Campsichrotes* (κάμπτω, plier, χροτιή, corps). Nom donné par J.-A. Ritgen à un ordre de la classe des reptiles, comprenant ceux qui ont la peau plus ou moins molle et le corps flexible, comme les sauriens et les batraciens.

CAMPULITROPE, adj., *campulitropus* (καμπύλος, courbé, τρέπω,

uctourner). Épithète donnée par Mirbel à l'embryon, lorsque, dans le développement progressif de l'ovule ,
le hile , qui s'est confondu avec la
chalaze , ne reste pas avec elle directement opposé à l'exostome , mais
que cette situation relative du hile ,
de la chalaze et de l'exostome change
plus tard , l'ovule se courbant sur
lui-même, de manière à amener son
sommet près de sa base.

CAMPYLOCÈLE, adj. , *campylo-
cælus* (καμπύλος, caché, κοιλία, intestins). Épithète donnée par C.-G.
d'Ehrenberg aux infusoires entérodèles
dont le canal intestinal , muni de deux
ouvertures , ne se borne pas à suivre
la longueur du corps, mais offre des
courbures ou flexuosités.

CAMPYLOPHYTE, s. m. , *campy-
lophytum* (καμπύλος , recourbé , φυτὸν, plante). Nom donné par Necker
aux plantes dont la partie supérieure
de la corolle est obliquement infléchie
et le plus souvent contournée en spirale avant l'épanouissement.

CAMPYLOPODES, adj. , *Campylopodes* (καμπύλος, courbé, πούς, pied).
Nom donné par Bridel à une famille
de mousses, qui a pour type le genre
Campylopus.

CAMPYLOPTÈRE ; adj. , *campylopterus* (καμπύλος, courbé, πτερὸν ,
aile). Le *Trochilus campylopterus* est
ainsi appelé parce que quelques unes
des grandes pennes de ses ailes ont
des tuyaux élargis et courbés en forme de lame de sabre.

CAMPYLOSOMES, adj. et s. m.
pl. , *Campylosomata* (καμπύλος, courbé, σῶμα, corps). Nom donné par
Leach à un ordre de la classe des Cirripèdes , comprenant ceux qui ont le
corps flexible.

CAMPYLOSPERMÉES, adj. et s.
f. pl. , *Campylospermeæ* (καμπύλος ,
courbé, σπέρμα, graine). Nom donné
par Candolle à une section de la famille des Ombellifères , renfermant

celles de ces plantes qui ont l'embryon
recourbé.

CAMPYLOZOMATES. *Voyez* CAM-
PYLOSOMES.

CAMUS. *Voyez* CAMARD.

CANAL, s. m. , *canalis*. On appelle ainsi le passage d'une mer à
une autre, entre deux terres , lorsqu'il est long et étroit.

CANALICULAIRE, adj. , *canalicularis* (*canaliculus*, petit conduit).
Le *Conferva canalicularis* est ainsi
appelé parce qu'il étend ses filets
verts sous la forme de tapis dans les
tuyaux de conduite des eaux.

CANALICULÉ, adj. , *canaliculatus* ; *gehohlkehlt*, *rinnig* , *rinnen-
förmig* , *gerinnelt* , *gerinnt* (all.)
(*canaliculus*, petit canal); qui est
creusé ou prolongé en forme de canal. Se dit : 1° en botanique , du *pétiole*, quand il est creusé en dessus et
dans sa longueur d'un sillon ou d'une
gouttière : de la *feuille*, lorsqu'elle
est alongée et creusée ou pliée en
manière de gouttière , dans le sens de
sa longueur (ex. *Tradescantia virginica*) ; du *légume*, lorsqu'il est relevé d'une double marge, qui forme un
canal le long de la suture placentaire
(ex *Pisum ochrus*) ; de la *graine* ,
lorsqu'elle est creusée en gouttière
dans sa longueur (ex. *Avena sativa*);
2° en zoologie , d'une *coquille* univalve dont l'ouverture se prolonge
antérieurement en un canal plus ou
moins long , qui reçoit le tube des
organes respiratoires (ex. *Fusus*);
du *corselet* des animaux articulés ,
quand il présente une fossette alongée (ex. *Lyctus canaliculatus*), ou
plusieurs sillons (ex. *Palæmon canaliculatus*), dans son milieu.

CANALIFÈRE, adj. , *canaliferus*
(*canalis*, canal, *fero*, porter). Épithète donnée aux *coquilles* dont la
base présente un canal ou siphon
plus ou moins prolongé. Ex. *Spatan-*

gus canaliferus, *Delphinella canalifera*, *Tritonium canaliferum*.

CANALIFÈRES, adj. et s. m. pl., *Canalifera*. Nom donné par Lamarck à une famille de Mollusques, qui offrent un canal plus ou moins long à la base de l'ouverture de leur coquille.

CANALIFORME, adj. *canaliformis* (*canalis*, canal, *forma*, forme). Épithète donnée par Kirby au *postscutellum*, quand il s'étend, en manière de canal, du *postdorsolum* à l'abdomen Ex. Coléoptères.

CANCELLÉ, adj., *cancellatus*, *clathratus*, *decussatus* : *gitterartig*, *gitterförmig* (all.) (*cancello*, griller); qui est en forme de grillage. Se dit : 1° en botanique, d'un *champignon* dont le chapeau est garni de cellules peu profondes à sa surface (ex. *Clathrus cancellatus*), ou qui est environné de filets parallèles, semblables aux barres d'une grille (ex. *Lycoperdon cancellatum*); d'une *plante* qui se compose uniquement de filets entrecroisés (ex. *Byssus cancellata*); d'un *calice* dont les folioles très-minces et courbées forment une sorte de grillage ou de filet autour de la fleur (ex. *Atractylis cancellata*); d'une *feuille* sans parenchyme, dont les nervures et veines anastomosées forment un réseau percé à jour (ex. *Hydrogeton fenestralis*). La racine de l'*Allium clathratum* est couverte de membranes élégamment réticulées; 2° en zoologie, d'une *coquille* dont la surface présente des stries ou côtes perpendiculaires qui en rencontrent d'autres transversales (ex. *Turbo cancellatus*, *Venus cancellata*, *Cerithium cancellatum*, *Bulla clathrata*, *Bulimus decussatus*, *Cassis decussata*, *Cerithium decussatum*); d'un *polypier* qui offre la même disposition (ex. *Antipathes clathrata*); d'un *malacostracé* dont la tête est réticulée (ex. *Daphnia clathrata*).

CANCÉRIDÉ, adj., *cancerideus*

(*cancer*, crabe); qui ressemble à un crabe. Ex. *Avicularia canceridea*.

CANCÉRIDES, adj. et s. m. pl., *Cancerides*. Nom donné par Lamarck, Goldfuss, Ficinus et Carus à une famille de Crustacés, qui a pour type le genre *Cancer*.

CANCRASTACOIDES, adj. et s. m. pl., *Cancrastacoides* (*cancer*, crabe, ἀστακὸς, écrevisse, εἶδος, ressemblance). Nom donné par Blainville à une famille de la classe des Décapodes.

CANCRIFORME, adj., *cancriformis* (*cancer*, crabe, *forma*, forme); qui a la forme d'un crabe. Ex. *Limulus cancriformis*.

CANCRIFORMES, adj. et s. m. pl., *Cancriformes*, *Cancriformia*. Nom donné par Duméril à une famille de l'ordre des Crustacés décapodes, qui a pour type le genre *Cancer*; et par Latreille à une famille de Polypes trichostomes, renfermant ceux qui ont le corps contenu dans un fourreau ou revêtu d'un test.

CANCRIVORE, adj., *cancrivorus* (*cancer*, crabe, *voro*, dévorer); qui se nourrit de crabes. Ex. *Procyon cancrivorus*, *Didelphis cancrivora*. *Voy.* CANCROPHAGE.

CANCROIDE, adject., *cancroides* (*cancer*, crabe, εἶδος, ressemblance); qui a quelque ressemblance avec un crabe. Ex. *Chelifer cancroïdes*.

CANCROIDES, adj. et s. m. pl., *Cancroides*. Nom donné par Blainville à une famille de la classe des Décapodes, et par Degeer à une famille d'araignées chasseuses, qui ressemblent un peu à des crabes.

CANCROLOGIE, s. f. *cancrologie* (*cancer*, crabe, λόγος, discours). Traité sur les crabes.

CANCROLOGIQUE, adj., *cancrologicus*; qui a rapport à l'histoire des crabes.

CANCROPHAGE, adj., *cancrophagus* (*cancer*, crabe, φάγω, manger) qui vit de crabes. Ex. *Alcedo cancrophaga*.

CANDOLLÉANÉES, adj. et s. f. pl., *Candolleaneæ*. Nom donné par Candolle à une section du genre *Pleurandra*, comprenant les espèces qui ressemblent aux *Candollea*.

CANELLÉ, adj., *cinnamomeus*, *caryophyllaceus*; *zimmetfarbig* (all); qui a une teinte brune analogue à celle de la canelle. Ex. *Anas caryophyllacea*, *Thamnus cinnamomeus*, *Osmunda cinnamomea*. *Voy.* BRUN.

CANELLINE, s. f., *canellina*. Nom donné par Fechner à une matière sucrée, cristallisable, qui existe dans la canelle.

CANICULAIRE, adj., *canicularis* (*canis*, chien); qui a rapport à la canicule. Les *jours caniculaires* (*Hundstage* (all.); *dogdays* (angl.); *giorni canicolare* (it.), qui s'étendent du 23 juillet au 23 août, sont ainsi appelés, parce que, chez les Grecs, ils étaient déterminés par le lever de Sirius. La *canicule* est, chez nous, le temps le plus chaud de l'année, surtout au début; car, vers la fin, la chaleur a déjà sensiblement diminué. Un insecte diptère (*Philinta canicularis*) est ainsi nommé parce qu'il est très-commun sur la fin de l'été.

CANIN, adj., *caninus*; qui a quelque rapport avec la structure du chien. On appelle *dents canines*, chez les mammifères, celles qui sont placées entre les molaires et les incisives, à cause de leur développement dans les espèces du genre *Chien*. Kirby donne le même nom à celles des mandibules de quelques insectes, parce qu'elles sont longues, coniques et aiguës (ex. *Forficula*).

CANINS, adj. et s. m. pl., *Canina*. Nom donné par Goldfuss et J.-E. Gray à une famille de la classe des mammifères, qui a pour type le genre *Canis*.

CANNABINÉES adj. et s. f. pl., *Cannabineæ*. Nom donné par A. Richard à un groupe de la famille des Urticées, qui a pour type le genre *Cannabis*.

CANNACÉES, adj. et s. f. pl., *Cannaceæ*. Nom donné par Bartling à une famille de plantes, qui a pour type le genre *Canna*.

CANNÉES, adj. et s. f. pl, *Canneæ*; *Cannæ*. Nom donné par Roscoe à la famille des Amomées (*voyez ce mot*), par R. Brown à une famille de plantes qui a pour type le genre *Canna*, et par A. Richard à une section de la famille des Amomées.

CANNELÉ, adj., *striatus*; *gerieft* (all.); qui est marqué de cannelures, c'est-à-dire de côtes et de sillons. *Voyez* CANALICULÉ.

CANNELÉS, adj. et s. m. pl., *Canaliculata*. Nom donné par Latreille à une famille de la classe des Échinodermes, renfermant ceux de ces animaux qui ont le corps garni de rayons creusés longitudinalement, en forme de gouttière.

CANON, s. m., *Beinröhre* (all.). Partie de la jambe du cheval et des ruminans qui est comprise entre le genou ou le jarret et le boulet.

CANTHARIDIENS, adj. et s. m. pl., *Cantharidiani*. Nom donné par Lamarck à une division de la famille des Coléoptères trachélides, qui a pour type le genre *Cantharis*.

CANTHARIDIES, adj. et s. f. pl., *Cantharidiæ*. Sous ce nom, Cuvier, Latreille, Goldfuss, Eichwald, Ficinus et Carus désignent une tribu de la famille des Trachélides, ayant le genre *Cantharis* pour type.

CANTHARIDINE, s. f., *cantharidina*. Substance particulière, que Robiquet a découverte dans les cantharides, et à laquelle sont dues les propriétés vésicantes de ces insectes. Dana et Bretonneau surtout l'ont retrouvée dans beaucoup d'autres coléoptères. Zier a fait des recherches curieuses sur celles des parties du corps de la cantharide où elle est le plus abondante.

CAOUTCHOUC, s. m. , *gummi elasticum*; *Federharz* (all.). Substance très-élastique, qui se forme dans le suc laiteux de diverses plantes, notamment de l'*Hevea guianensis* et du *Jatropha elastica*.

CAP, s. m., *promontorium*; *Vorgebirg* (all.); *headland* (angl.); *capo* (it.). Avance considérable d'un rivage qui se termine brusquement dans la mer, et qui est formée par des terres élevées, ou par la terminaison abrupte d'une chaîne de montagnes.

CAPACITÉ, s. f., *capacitas* (*capio*, prendre). Étendue ou volume d'une chose qui peut en contenir ou qui en contient une autre; par extension, le contenu lui-même, ou le volume de l'espace qu'un corps occupe; et au figuré, étendue, portée de l'esprit, étendue des connaissances théoriques. Les physiciens nomment *capacité pour le calorique* la disposition particulière de chaque corps à prendre plus ou moins de calorique pour élever sa température. En chimie on appelle *capacité de saturation* d'un acide le nombre exprimant la quantité d'oxigène qui se trouve dans la quantité de base quelconque nécessaire pour saturer cet acide, ou la quantité d'oxigène qu'il faut dans cette base pour qu'elle puisse donner naissance à un sel parfaitement neutre.

CAPIÉ, adj. Épithète donnée par les minéralogistes à un corps offrant un aspect analogue à celui du bois qu'on appelle piqué. Ex. *Quarz molaire piqué*.

CAPILLACÉ, adj., *capillaceus*; *haarfein*, *haarförmig* (all.)(*capillus*, cheveu). Se dit d'un corps trèsgrêle, ayant presque la finesse des cheveux, comme les *feuilles* de l'*Arenaria capillacea* et du *Didymodon capillaceus*.

CAPILLAIRE, adj., *capillaris*, *capillatus*, *pilosus*, *pilaris*; τριχώδης; *haarförmig*, *haarfasrig*, *haarbreit* (all.); qui a la forme d'un cheveu plus ou moins fin. On emploie ce mot : 1° en physique; les *phénomènes capillaires* sont ceux d'ascension et de dépression que présente la colonne d'un liquide dans lequel on plonge l'extrémité inférieure d'un tube délié, en pénétrant dans lequel il ne s'arrête presque jamais au niveau extérieur, et l'on indique par là que le diamètre des tubes servant à produire ces phénomènes, doit approcher de la finesse d'un cheveu. L'*action capillaire* est l'attraction, force ou cause de laquelle dépendent les phénomènes capillaires; 2° en minéralogie, on appelle *capillaires* les *cristaux* prismatiques qui sont alongés de manière à être déliés comme des cheveux (ex. *Antimoine sulfuré capillaire*); 3° en botanique, on nomme *racine capillaire*, celle qui est composée de filets très-déliés (ex. *Anthoxanthum odoratum*); *aigrette capillaire*, celle qui est formée de poils simples; *stigmate* (ex. *Zea Mays*), *pédoncule* (ex. *Lavradia capillaris*), *axe* (ex. *Briza media*), *style* (ex. *Cucubalus bacciferus*), *tige* (ex. *Scirpus capillaris*), *filet d'étamine* (ex. *Graminées*), *feuilles* (ex. *Discopleura capillacea*), *capillaires*, ceux de ces organes qui sont alongés, grêles, flexibles et semblables en quelque sorte à des cheveux.

CAPILLARITÉ, adj., *capillaritas*, *attractio capillaris*; *Haarröhrchenanziehung* (all.); *capillarity* (angl.). Les physiciens désignent ainsi la force de laquelle dépendent les phénomènes capillaires, et qui s'exerce au contact de toutes les parcelles les plus ténues de la matière pondérable.

CAPILLIFOLIÉ, adject., *capillifolius*; *haarblättrig* (all.) (*capillus*, cheveu, *folium*, feuille); qui a des feuilles capillaires. Ex. *Polygala capillifolia*, *Sphagnum capillifolium*.

CAPILLIFORME, adj., *capilliformis*; *haarförmig* (all.) (*capillus*, cheveu, *forma*, forme); qui a la forme d'un cheveu.

CAPILLITIE, s. m., *capillitium*; *capellizio* (it.). Nom donné par Persoon, dans la famille des Lycoperdacées, au tissu filamenteux entre les ramifications duquel se trouvent les sporules, à l'intérieur du péridion.

CAPISTRATE, adj., *capistratus* (*capistrum*, licou); qui porte un licou, une muselière. Epithète donnée à plusieurs animaux (ex. *Psittacus capistratus*, *Sciurus capistratus*, *Larus capistratus*), à cause de la manière dont sont disposées les couleurs qui peignent ou encadrent leur face. *Voyez* Bridé.

CAPISTRUM, s. m., *capistrum*; *Halfter* (all.). On appelle ainsi, dans les oiseaux, la partie de la tête qui entoure la base du bec.

CAPITÉ, adj., *capitatus*, *capitiformis*, *gongylodes*; κεφαλωτὸς; *kopfförmig*, *kolbig*, *knopfig*, *geknopft* (all.); *headed* (angl.) (*caput*, tête); qui a la forme d'une tête ou d'une petite boule. 1° Les botanistes appellent *filet capité*, dans les étamines, celui qui est renflé en manière de tête (ex. *Dianella*); *poils capités*, ceux qui sont renflés au sommet (ex. *Dictamnus albus*); *stigmate capité*, celui qui est épais et plus ou moins arrondi (ex. *Atropa Belladona*). Quelques plantes ont reçu cette épithète parce que leurs fleurs sont disposées en têtes (ex. *Blitum capitatum*). 2° En zoologie, on l'emploie quelquefois pour exprimer qu'un animal a une grosse tête (ex. *Coluber capitatus*), ou la tête d'une autre couleur que le corps (ex. *Apis capitata*).

CAPITÉES, adj. et s. f. pl., *Capitatæ*. Linné donnait ce nom à une section de la famille des Synanthérées, qui correspond aux Cynarocéphales, parce que le péricline est la plupart du temps globuleux dans les plantes qui s'y rapportent.

CAPITELLÉ, adj., *capitellatus* (*capitellum*, petite tête). Epithète donnée à des plantes dont les fleurs sont presque en tête (ex. *Eucalyptus capitellata*), à des Synanthérées dont les capitules sont fort petits (ex. *Helichrysum capitellatum*), à des algues dont les fructifications globuleuses sont portées sur de longs pédicules déliés (ex. *Calycium capitellatum*), à des animaux qui ont une très-petite tête (ex. *Tænia capitellata*).

CAPITULARIACÉES, adj. et s. f. pl., *Capitulariaceæ*. Nom donné par Reichenbach à un groupe de Lichens, comprenant les genres *Stereocaulon*, *Cladonia* et *Bæomyces*.

CAPITULE, s. m., *capitulum*; *Kopf* (all.); *capolino* (it.) (*caput*, tête). Ce mot est employé : 1° en botanique, où on le prend dans plusieurs sens différens. Généralement on entend par là tantôt un assemblage de fleurs sessiles, ou à peu près, que de loin on pourrait prendre pour une seule fleur, tantôt une réunion de fleurs nombreuses sur le sommet d'un pédoncule commun dilaté, où elles constituent une tête globuleuse, ovoïde ou alongée. Ainsi on a confondu sous cette dénomination plusieurs modes d'inflorescence qui n'ont de commun que d'offrir des fleurs très-serrées, sans pédicules, ou à pédicules fort courts. Roeper, Candolle et Agardh l'appliquent aux *épis* qui, au lieu d'un axe alongé, en ont un ovoïde ou globuleux, autour duquel les fleurs sont très-serrées (ex. *Platanus*); aux *grappes* dont l'axe est très-court et chargé de fleurs nombreuses portées par des pédoncules fort courts (ex. *Cephalan-*

thus); aux *ombelles* dont les pédicelles sont très-courts et les fleurs très-serrées (ex. plusieurs *OEnanthe*). Cassini appelle *capitule* une réunion de plusieurs calathides. On a aussi donné quelquefois ce nom aux rosettes des mousses et au péridion de certains champignons (ex. *Stilbium*), quand il est petit, arrondi et pédicellé. 2° En zoologie, Kirby nomme le dernier article des insectes *capitule*, lorsqu'il est plus large que les autres.

CAPITULÉ, adj., *capitulatus*; qui est ramassé en capitules. Le *Mimetes capitulata* a ses fleurs disposées en capitules.

CAPITULIFORME, adj., *capituliformis*; *capoliniforme* (it.) (*capitulum*, petite tête, *forma*, forme); qui a la forme d'une petite tête, comme le renflement antérieur des tænias, le réceptacle des champignons appelés Phallus, ou certains assemblages de fleurs très-serrées les unes contre les autres.

CAPNOPTÈRE, adj., *capnopterus* (χαπνὸς, fumée, πτερὸν, aile); qui a les ailes jaunâtres. Ex. *Dasypogon capnopterus*, *Leptis capnoptera*.

CAPPARÉES, adj. et s. f. pl., *Cappareæ*. Nom donné par Candolle à une tribu de la famille des Capparidées, qui renferme le genre *Capparis*.

CAPPARIDÉES, adj. et s. f. pl., *Capparideæ*. Nom donné par Jussieu à une famille de plantes ayant le genre *Capparis* pour type.

CAPRATE, s. m., *capras*. Genre de sels (*caprinsaure Salze*, all.), qui sont formés par la combinaison de l'acide caprique avec les bases salifiables.

CAPRELLINS, adj. et s. m. pl., *Caprellina*. Nom donné par Lamarck à une famille de l'ordre des Crustacés hétérobranches isopodes, qui a pour type le genre *Caprella*.

CAPRÉOLÉ, adj., *capreolatus* (*capreolus*, lien de vigne). Le *Funaria capreolata* a été appelé ainsi en raison de ses pétioles subcirreux.

CAPRÉOLES, s. m. pl., *Capreoli* (*capreolus*, chevreuil). Illiger et Eichwald désignent sous ce nom une famille de la classe des Mammifères, comprenant les genres *Cervus* et *Moschus*.

CAPRIFICATION, s. f., *caprificatio* (*caprificus*, figuier sauvage). Opération dont l'usage, général chez les anciens, s'est conservé dans le Levant, qui consiste à placer sur un figuier des figues pleines d'une espèce de Cynips qu'on suppose hâter la maturation, soit en transportant le pollen avec eux, soit en irritant le péricarpe par leur piqûre et y déterminant un afflux plus considérable de liquide. Cette opération est au moins inutile; car les figues mûrissent très-bien dans les pays où l'on n'y a pas recours.

CAPRIFOLIACÉES, adj. et s. f. pl., *Caprifoliaceæ*. Nom donné par Jussieu à une famille de plantes, qui a pour type le genre *Caprifolium*.

CAPRIFOLIÉES, adj. et s. f. pl., *Caprifolieæ*. A. Richard désigne ainsi une section de la famille des Caprifoliacées, qui renferme le genre *Caprifolium*.

CAPRIMULGIDES, adj. et s. m. pl., *Caprimulgidæ*. Nom donné par Vigors à une famille d'oiseaux, qui a pour type le genre *Caprimulgus*.

CAPRINE, s. f., *caprina*; *Caprinfett* (all.). L. Gmelin admet, sous ce nom, comme ayant une existence probable, une substance grasse qui, par la saponification, se transforme en acide caprique et en glycérine.

CAPRINÉES, adj. et s. f. pl., *Caprinæ*. Nom donné par Candolle à une section du genre *Oxalis*, comprenant les espèces qui ont plus ou moins d'affinité avec l'*Oxalis caprina*.

CAPRIQUE, adj., *capricus* (*capra*, chèvre). Chevreul a donné cette épithète à un *acide* particulier (*Caprinsäure*, all.), qu'il a découvert dans le beurre de chèvre et de vache.

CAPROATE, s. m., *caproas* (*capra*, chèvre). Genre de sels (*capronsaure Salze*, all.), qui sont formés par la combinaison de l'acide caproïque avec les bases salifiables.

CAPROINE, s. f., *caproina*; *Capronfett*, (all.). Sous ce nom, L. Gmelin admet, comme existant probablement, une substance grasse que la saponification transforme en acide caproïque et en glycérine.

CAPROIQUE, adj., *caproicus* (*capra*, chèvre). Nom donné par Chevreul à un *acide* particulier (*Capronsäure*, all.), qu'il a découvert dans le beurre de chèvre.

CAPROMA, s. m., *caproma*. Illiger appelle ainsi, dans les Mammifères, les poils alongés et un peu droits qui garnissent le vertex et se rejettent en avant.

CAPSICINE, s. f., *capsicina*. Substance âcre, oléagineuse ou résinoïde, que Braconnot a trouvée dans le *Capsicum annuum*, mais qui avait déjà été vue avant lui par Bucholz.

CAPSELLE, s. f., *capsella* (*capsa*, boîte). Link appelle ainsi toute capsule qui est petite et monosperme.

CAPSULAIRE, adj., *capsularis*; *kapselartig* (all.); *casellare* (it.) (*capsula*, capsule); qui a des rapports avec une capsule; qui se fait remarquer par la forme de ses capsules, comme le *Corchorus capsularis*, qui les a rondes, tandis qu'elles sont longues dans les autres espèces du même genre. On donne généralement l'épithète de *fruits capsulaires* aux fruits secs qui s'ouvrent d'eux-mêmes par un certain nombre de pièces, ou par des trous dont divers points de leur surface viennent à se perforer. On a appelé *fructification capsulaire*,

un mode de fructification propre à certaines thalassiophytes, qui consiste en petits grains colorés, répandus çà et là dans le tissu même de la plante, rarement visibles à la vue simple, qu'on a regardés, tantôt comme les premiers rudimens de la fructification proprement dite (Merteus), tantôt comme une fructification avortée (Lamouroux). Gaillon adopte la première de ces deux opinions.

CAPSULE, s. f., *capsula*; *Kapsel* (all.); *casella* (it.) (κάψα, cassette). Ce mot, d'une signification très-vague, exprime d'une manière générale un fruit simple, sec et polysperme, qui s'ouvre par des trous, par des fentes, ou par la séparation, soit totale, soit seulement partielle, de pièces distinctes les unes des autres. Une capsule est pour Link tout péricarpe sec, membraneux ou coriace; pour Agardh, une réunion de plusieurs carpelles intimement soudées ensemble, de manière à former un tout libre et non charnu. La dénomination de *capsule* a été donnée aussi par Bridel à l'urne des mousses, par Palisot-Beauvois à la columelle située au centre de cette urne, et qu'il considérait comme le réceptacle des séminules, par Malpighi aux anthères, par divers auteurs aux sporanges des fougères et aux corps reproducteurs des Floridées.

CAPSULIERS, adj. et s. m. pl. Oken désigne sous ce nom une classe du règne végétal, comprenant les végétaux à capsules.

CAPSULIFÈRE, adj., *capsuliferus* (*capsula*, capsule, *fero*, porter). Épithète donnée aux tubercules des Floridées, parce qu'ils renferment les capsules, contenant elles-mêmes les corps reproducteurs.

CAPUCHON, s. m., *cucullus*, *stylostegium*, *saccus*, *corona*; *Kappe* (all.). On donne ce nom, en botanique, à des pétales ou à des sépales qui sont concaves, et dont la forme approche plus ou moins de celle d'un capuchon (ex. quelques Aconits). Link l'applique à un évasement particulier des filets des étamines, qui sont soudés ensemble et recouvrent l'ovaire comme un capuchon (ex. *Asclepias syriaca*).

CAPUCHONNÉ, adj., *cucullatus; kappenförmig* (all.); *cocollato, incappucciato* (it.) (*cucullus*, capuchon); qui offre un capuchon, comme le *Basiliscus cucullatus*, dont la tête est surmontée de lignes saillantes réunies de manière à figurer un bonnet, et le *Phoca cristata*, au sommet de la tête duquel adhère une sorte de capuchon mobile, ou comme le *Cornucopiæ cucullatum*, dont les pédoncules se terminent par un cornet infundibuliforme qui renferme plusieurs fleurs. On appelle *pétales capuchonnés* ceux qui ont la forme d'un capuchon, et *coiffe capuchonnée*, celle qui se fend latéralement de manière à produire la même apparence (ex. *Weissia*). *Voyez* CUCULLIFORME.

CAPULÉS, adj. et s. m. pl., *Capulea* (*capula*, tasse). Nom donné par Menke à une famille de l'ordre des Gastéropodes Aspidobranches, comprenant ceux qui, comme les *Crepidula*, les *Calyptræa*, ont une coquille en forme de tasse.

CAPULOIDE, adj., *capuloideus* (*capula*, tasse); qui a la forme d'une tasse, comme la coquille appelée *Velutina capuloidea*.

CAPULOIDES, adj. et s. m. pl. *Capuloïdes*. Nom donné par Cuvier à une famille de l'ordre des Mollusques gastéropodes, qui a pour type le genre *Capulus*.

CAQUETEUR, adj., *babæculus, garrulus ;* qui babille beaucoup. Ex. *Sylvia babæcula*.

CARABIENS, adj. et s. m. pl.,

Carabici. Nom donné par Lamarck à une famille de l'ordre des Coléoptères, qui a pour type le genre *Carabus*.

CARABIQUES, adj. et s. m. pl., *Carabici*. Nom sous lequel Cuvier, Latreille, Goldfuss, Eichwald, Ficinus et Carus désignent une tribu d'insectes coléoptères, ayant pour type le genre *Carabus*.

CARACTÈRE, s. m., *character;* χαρακτήρ; *Kennzeichen, Merkmal* (all); *character* (angl.) ; *carattere* (it.) ; (χαράσσω, creuser). Signe propre à faire reconnaître et distinguer les individus les uns des autres ; toute particularité organique qui établit entre eux une différence ou une ressemblance quelconque ; ce qui, quant aux qualités morales, distingue une personne d'une autre. « Le caractère est formé de nos idées et de nos sentimens ; or il est très-prouvé qu'on ne se donne ni sentimens, ni idées ; donc notre caractère ne peut dépendre de nous.... Peut-on changer de caractère ? Oui, si on change de corps. » (Voltaire.)

CARACTÉRISTIQUE, adj. ; qui caractérise, qui sert à faire reconnaître, à distinguer. En géognosie, on appelle *fossiles caractéristiques*, ceux qui signalent une espèce de terrains parce qu'ils s'y rencontrent plus fréquemment que d'autres. Desbayes propose de réserver cette épithète aux fossiles, non les plus communs, mais les plus constans dans chaque formation, à ceux qui se trouvent dans les diverses couches de cette formation, n'en dépassent jamais les limites, lui appartiennent et n'appartiennent qu'à elle, comme la *Lucina divaricata* pour les terrains marins supérieurs à la craie, et le *Cardium porulosum* pour les terrains marins parisiens.

CARAPACE, s. f., *clypeus, testa*. Voûte résistante, le plus souvent osseuse, qui protége le dessus du corps des reptiles chéloniens ; et qui résulte de la soudure des pièces aplaties du rachis et des côtes ; face supérieure du corps des crustacés, lorsqu'elle est formée d'une seule pièce. *Voyez* BOUCLIER.

CARAPINE, s. f., *carapina*. Nom donné à un alcaloïde qui a été trouvé dans l'huile de carapa par Boullay, dans l'écorce du *Carapa guianensis* par Petroz et Robinet.

CARBAZOTATE, s. m., *carbazotas*. Genre de sels (*kohlenstickstoff-saure Salze*, all.), qui sont formés par la combinaison de l'acide carbazotique avec les bases salifiables. *V.* NITROPICRATE.

CARBAZOTIQUE, adj., *carbazoticus*. Épithète donnée par Liebig à un *acide* (*Kohlensticksäure, Kohlenstickstoffsäure*, all.), qui jusqu'alors avait été appelé *Amer de Welter*. Berzelius a changé ce nom en celui d'*acide nitropicrique*.

CARBOHYDRIQUE, adj., *carbohydricus*. Sous le nom de *sulfide carbohydrique* (*Kohlenschwefelwasserstoff*, all.), Berzelius désigne un corps acide, découvert par Zeise, qui résulte de la combinaison du sulfide hydrique avec le sulfide carbonique, et qu'on appelle aussi *acide hydrosulfo-carbonique* ou *hydrothiocarbonique*.

CARBONATE, s. m., *carbonas*. Genre de sels (*kohlensaure Salze*, all.), qui résultent de la combinaison de l'acide carbonique avec les bases salifiables.

CARBONATÉ, adj. Se dit, en minéralogie, d'une base qui, par sa combinaison avec l'acide carbonique, a été transformée en carbonate. Sous le nom de *roches carbonatées*, Omalius établit, dans la classe des roches pierreuses, un groupe comprenant celles qui se composent de carbonates.

CARBONE, s. m., *carbonium ; Kohlenstoff* (all.); *carbon* (angl.); *carbonio* (it.). Corps simple, qui est très-répandu dans la nature, et qui, à l'état de pureté, constitue la plus précieuse des pierres gemmes, le diamant.

CARBONÉ, adj., *carboneus ;* qui contient du carbone. On connaît deux *gaz hydrogène carboné* (*Kohlenwasserstoffgas*, all.), qui diffèrent l'un de l'autre par la proportion de carbone qu'ils renferment eu égard à celle de l'hydrogène, supposée la même dans les deux.

CARBONEUX, adj., *carbonosus*. Dœbereiner a proposé d'appeler *acide carboneux* (*kohlige Säure*, all.) l'acide oxalique, qui contient en effet moins de carbone que l'acide carbonique. Berzelius appelle *chloride carboneux* (*Anderthalbchlorkohlenstoff*, all.) le premier, et *chlorure carboneux* (*Halbchlorkohlenstoff*, all.) le troisième des trois degrés de combinaison du carbone avec le chlore.

CARBONIDE, s. m., *carbonida*. Sous ce nom Dulong admet des combinaisons d'acide carbonique avec le plomb et le zinc métalliques, que l'analogie oblige à repousser.

CARBONIDES, s. m. pl. Nom donné par C. Pauquy à une famille de corps pondérables, qui a pour type le carbone.

CARBONIFÈRE, adj., *carboniferus* (*carbo*, charbon, *fero*, porter). Les géognostes appellent *terrain carbonifère* un système de couches arénacées qui est interrompu d'une manière irrégulière par des lits ou des amas de charbon de terre. Le *calcaire carbonifère* est celui qui se trouve en liaison avec le terrain houiller, qui le recouvre en stratifications concordantes, et dont les couches supérieures contiennent déjà quelques couches subordonnées de houille, comme dans les mines de plomb du

Cumberland et du Derbyshire. Brongniart donne cette épithète à un groupe de terrains abyssiques, correspondant à celui qu'Omalius appelle antraxifère.

CARBONIQUE, adj., *carbonicus*. On appelle *oxide carbonique* ou *gaz carbonique* (*Kohlenoxydgas*, all.), le premier degré d'oxidation du carbone, qui a été découvert par Priestley et Woodhouse; *acide carbonique* (*Kohlensäure*, all.), la combinaison du carbone avec la plus grande quantité d'oxigène qu'il puisse absorber, dont Paracelse et Vanhelmont avaient déjà connaissance, et qui depuis a été étudiée par Hales, Black, Priestley et Bergman; *chlorure carbonique* (*Einfachchlorkohlenstoff*, all.), le second des trois degrés de combinaison du chlore avec le carbone; *nitrure carbonique*, le cyanogène (*voyez ce mot*); *sulfide carbonique* (*Schwefelkohlenstoff*, all.), le carbure de soufre liquide, qui est susceptible de se combiner avec les sulfobases; *sélénide carbonique* (*Selenkohlenstoff*, all.), une combinaison présumée de sélénium et de carbone, dont l'existence est probable; *oxichloride carbonique* (gaz *phosgène*, acide *chloroxicarbonique*; *Phosgengas*, all.), un gaz qui est produit par la combinaison de volumes égaux de gaz oxide carbonique et de chlore gazeux.

CARBONISATION, s. f., *carbonisatio*. Action de réduire en charbon; transformation par la nature ou par l'art d'une matière végétale ou animale en charbon.

CARBONITE, s. m., *carbonis*. Nom que prendraient les oxalates, si l'on adoptait celui d'acide carboneux pour l'acide oxalique.

CARBONOXIDE, s. m., *carbonoxydum*. Beudant appelle ainsi les combinaisons naturelles du carbone et de l'oxigène.

CARBOSULFURE, s. m., *carbosulphuretum*; *Schwefelkohlenstoffkali* (all.). Nom donné par Berzelius à une combinaison de carbure de soufre avec un alcali.

CARBOSULFUREUX, adj., *carbosulphurosus*. Sous le nom d'*oxichloride carbosulfureux* (*Säuerstoffchlorschwefelkohlenstoff*, all.), Berzelius désigne un corps qui a été découvert en 1812 par Marcet, et qu'il croit être une combinaison d'oxichloride carbonique avec un composé correspondant de soufre qu'on pourrait appeler oxichloride sulfureux.

CARBURE, s. m., *carburetum*. Combinaison du carbone avec un autre corps simple.

CARBURÉ, adj. On appelle *hydrogène carburé* le gaz hydrogène protocarboné. Les minéralogistes donnent l'épithète de *carburé* au fer qui est minéralisé par du carbone, et celle de *phyllade carburé*, à un phyllade qui est noir et tache les doigts.

CARCÉRULAIRE, adj., *carcerularis* (*carcer*, prison). Mirbel appelle ainsi les *fruits* secs, indéhiscens, qui renferment un petit nombre de semences, et qui sont libres, c'est-à-dire non enveloppés par des organes étrangers.

CARCÉRULE, s. f., *carcerula*. Nom donné par Mirbel à des fruits secs et indéhiscens, qui ne sont ni des cypsèles, ni des cérions.

CARCINOIDES, adj., *Carcinoides* (καρκίνος, crabe, εἶδος, ressemblance). Nom donné par Cuvier et par Duméril à une tribu ou famille de Crustacés.

CARCINOLOGIE, s. f., *carcinologia* (καρκίνος, crabe, λογός, discours). Traité sur les crabes ou les crustacés.

CARCINOLOGIQUE, adj., *carcinologicus*; qui a rapport à la carcinologie. *Bibliothèque carcinologique.*

CARCYTHE, s. m., *carcythium*.

Necker appelait ainsi le parenchyme le plus délié des végétaux qui, changé par l'influence des agens extérieurs, devient suivant lui le rudiment des champignons. *Voyez* BLANC DE CHAMPIGNON.

CARDIACÉS, s. m., *Cardiacea*. Nom donné par Cuvier à une famille d'Acéphales testacés, par Lamarck et Latreille à une famille de Conchifères, par Férussac à une famille d'Acéphales lamellibranches, par Schweigger, Goldfuss, Ficinus et Carus à une famille de Mollusques, par Eichwald à une famille de Thérozoaires, par Blainville à une famille de coquilles bivalves, par Menke à un ordre de la classe des Elatobranches et à une famille de cet ordre, coupes qui ont toutes pour type le genre *Cardium*.

CARDINAL, adj., *cardinalis* (καρδάω, mouvoir). Les astronomes appellent *points cardinaux* (*Hauptgegenden der Welt*, all.) ceux du nord, de l'est, du sud et de l'ouest, dans deux desquels l'horizon est coupé par l'équateur, et dans deux des autres par le méridien ; *signes cardinaux*, ceux du Bélier, du Cancer, de la Balance et du Capricorne, dont le commencement se trouve dans les points cardinaux de l'écliptique. Les conchyliogistes nomment *dents cardinales* celles qui se trouvent placées immédiatement vis-à-vis les sommets d'une coquille bivalve, et qui sont ordinairement les principales. L'épithète de *cardinale* est souvent donnée à des plantes (ex. *Gladiolus cardinalis*), ou à des animaux (ex. *Sparus cardinalis*), à cause de leur couleur rouge, qui est celle du vêtement des cardinaux, ou une des plus saillantes du spectre solaire.

CARDINIFÈRE, adj., *cardiniferus* (*cardo*, charnière, *fero*, porter). Se dit des coquilles bivalves

dont les valves s'articulent en façon de charnière.

CARDIOGRADES, adj. et s. m. pl. (καρδία, cœur, *gradior*, marcher). Nom donné par Blainville à un ordre de la classe des Arachnodermaires, parce que le mode de locomotion y est principalement le résultat d'un mouvement alternatif de systole et de diastole, analogue à celui qu'exécute le cœur des animaux plus élevés dans l'échelle.

CARDIOPÉTALE, adj., *cardiopetalus* (καρδία, cœur, πέταλον, pétale). Se dit d'une plante qui a le limbe de ses pétales en cœur à la base. Ex. *Delphinium cardiopetalum*.

CARDIOPHYLLE, adj., *cardiophyllus* (καρδία, cœur, φύλλον, feuille) ; qui a les feuilles en cœur. Ex. *Ranunculus cardiophyllus*.

CARDIOPTÈRE, adj., *cardiopterus* (καρδία, cœur, πτερόν, aile). Le *Loligo cardioptera* à sa nageoire échancrée en cœur.

CARDITACÉS, adj. et s. m. pl., *Carditacea*. Nom donné par Menke à une famille de l'ordre des Elatobranches mytilacés, qui a pour type le genre *Cardita*.

CARDOPATÉES, adj. et s. f. pl., *Cardopateæ*. Nom donné par Lessing à une sous-tribu de la tribu des Cynarées, qui a pour type le genre *Cardopatium*.

CARDUACÉES, adj. et s. f. pl., *Carduaceæ*. Nom donné par Richard à un ordre de son système sexuel réformé, par Candolle à une tribu des Cynarocéphales, par Kunth à une division des Synanthérées, ayant pour type le genre *Carduus*.

CARDUINÉES, adj. et s. f. pl., *Carduineæ*. Nom donné par H. Cassini à une tribu de la famille des Synanthérées, par Lessing à une sous-tribu de la tribu des Cynarées, ayant pour type le genre *Carduus*.

CARÈNE, s. f., *carina*; *Schiffchen*

(all.) ; *carena, navicella* (it.). On
nomme ainsi, en général, une arête
qui est produite par la réunion de
côtés affectant des directions diverses.
Les botanistes donnent cette dénomination aux deux pétales inférieurs
des fleurs papilionacées, qui sont
ordinairement rapprochés l'un contre l'autre et soudés par leur bord
inférieur, de manière à offrir quelque ressemblance avec la quille d'un
vaisseau.

CARÉNÉ, adj., *carinatus, navi-
cularis ; kielförmig, gekielt, gefalzt*
(all.) ; *carenato* (it.). Se dit de tout
organe qui offre une crête longitudinale, de manière à ressembler un
peu à la carène d'un vaisseau ; comme le *calice* du *Lysianthus carinatus*, les *spatelles* du *Dactylis glomerata*, les *bractées* du *Gomphrena
globosa*, les *stipules* du *Pelargonium
carinatum*, les *valves* de la silicule
de l'*Isatis tinctoria*, le *dos* du *Coluber carinatus*, le *corselet* du *Palæmon carinatus*. Une *feuille carénée*
est celle qui, étant canaliculée, offre une saillie longitudinale en dessous (ex. *Hemerocallis fulva*). On
donne cette épithète à une *coquille
univalve* sur le milieu de la spire de
laquelle s'élève une côte saillante et
aiguë, et à une *coquille bivalve* dont
une partie présente une côte aiguë
et saillante, semblable à une crête.

CARÉNÉS, adj. et s. m. pl., *Ca-
rinati*. Nom sous lequel Merrem désigne les oiseaux qui ont le sternum
garni d'un bréchet, ou les oiseaux
proprement dits.

CARETTOIDES, adj. et s. m. pl.,
Carettoidea. Nom donné par P.-F.
Fitzinger à une famille de reptiles
chéloniens, qui a pour type le genre
Caretta.

CARICÉES, adj., *Cariceæ*. Nom
donné par Lestiboudois à une tribu
de la famille des Cypéracées, qui a
pour type le genre *Carex*.

CARICINÉES, adj., *Caricineæ*.
Nom sous lequel Kunth désigne une
tribu de la famille des Cypéracées,
ayant pour type le genre *Carex*.

CARICICOLE, adj., *caricolus* (*Carex*, laiche, *colo*, habiter) ; qui vit
sur les laiches. Ex. *Cœnia caricicola*.

CARICOLOGIE, s. f., *caricologia*.
Traité sur les *Carex*.

CARIDES, adj. et s. m. pl. (χαρὶς, squille). Nom donné par E. Eichwald à une famille de Crustacés
décapodes macroures, qui comprend
les Salicoques.

CARIDIOIDES, adj. et s. m. pl.,
Caridioides (χαρὶς, squille, εἶδος, ressemblance). Nom donné par Latreille à une famille de Crustacés, dans
laquelle il range plusieurs de ces animaux qui, par la forme du corps,
se rapprochent beaucoup des Salicoques.

CARIÉ, adj., *cariosus, exesus ;
ausgefressen, wurmfrässig* (all.) ;
carious (angl.) ; *cariato* (it.). On dit,
en minéralogie, qu'une roche a une
structure cariée lorsqu'elle est percée
de cavités irrégulières, semblables
parfois à des tubulures, qui donnent au minéral une sorte de ressemblance avec un os frappé de
carie.

CARILLONNEUR, adj. Épithète
donnée à un oiseau (*Myrmothera
campanella*), en raison de sa voix
éclatante et semblable à un tocsin.

CARINACÉES, adj. et s. f. pl.,
Carinaceæ. Nom donné par Blainville à une famille de l'ordre des coquilles univalves, ayant pour type le
genre *Carinaire*.

CARINAL, adj., *carinalis*. Candolle donne cette épithète à l'une des
côtes du fruit des Ombellifères, celle
qui représente la carène ou nervure
principale des sépales du calice adhérent à l'ovaire.

CARINIFÈRE, adj., *cariniferus*
(*carina*, carène, *fero*, porter) ; qui

porte une carène. Ex. *Nautilus cari-niferus*, *Melania carinifera*.

CARINULÉ, adj., *carinulatus*; qui est muni d'une très-légère carène. Ex. *Tellina carinulata*.

CARIOPSE, s. f., *cariopsis*; *Kornfrucht* (all.); *cariosside* (it.) (κάρη, tête, ὄψις, aspect). L.-C. Richard a nommé ainsi un fruit sec, monosperme, indéhiscent, dont le péricarpe très-mince est tellement adhérent qu'il semble se confondre avec l'enveloppe propre de la graine et ne peut en être distingué. Ex. Graminées.

CARIOPSIDE, s. m., *cariopsidium*; *Kornfruchtkranz* (all.). Nom donné par Agardh à un assemblage de cariopses disposées circulairement (ex. *Malvacées*). C'est le *sterigma* de Desvaux.

CARISSÉES, adj. et s. f. pl., *Carisseæ*. Nom donné par Bartling à une tribu de la famille des Apocynées, qui a pour type le genre *Carissa*.

CARLINÉES, adj. et s. f. pl., *Carlineæ*. Nom donné par H. Cassini à une tribu de la famille des Synanthérées et par Lessing à une section de la sous-tribu des Cynarées carduinées, ayant pour type le genre *Carlina*.

CARMINE, s. f., *carminum*; *Coccusroth*, *Cochenillenstoff*, *Karminstoff* (all.). Nom donné par Pelletier et Caventou au principe colorant de la cochenille et du kermès, parce que c'est à lui que le carmin doit sa couleur.

CARNAIRE, adj., *carnarius* (caro, chair). La *Musca carnaria* est ainsi appelée parce que sa larve vit sur la viande.

CARNASSIER, adj., *carnivorus*; *fleischfressend* (all.); *carnivorous* (angl.); *carnacciaro* (it.); qui vit de chair, qui en est avide, qui en mange beaucoup, qui ne fait pas usage d'autre aliment.

CARNASSIERS, adj. et s. m. pl.,

Adephagi, *Feræ*. Nom donné par Boddaert, Linné, Blumenbach, Cuvier, Desmarets, Blainville, Duméril et Latreille, à un ordre de la classe des Mammifères, comprenant ceux qui vivent généralement de matières animales, quoique plusieurs soient omnivores ; par Duméril, Cuvier et Latreille à une famille de l'ordre des Coléoptères; embrassant ceux de ces insectes qui font leur nourriture de matières animales.

CARNATION, s. f. Couleur des chairs, apparence extérieure de la peau, eu égard à sa coloration.

CARNIVORE, adj. et s. m., *carnivorus*; σαρκοφάγος; *fleischfressend* (all.); qui mange de la viande. Ex. *Dermestes carnivorus*, *Tyrannus carnivorus*.

CARNIVORES, adj. et s. m. pl., *Carnivora*, *Sanguinaria*. Nom donné par Cuvier, Desmarest, Latreille, Ficinus et Carus à une famille de l'ordre des Mammifères carnassiers, comprenant ceux de ces animaux qui vivent exclusivement de chair.

CARNIVORITÉ, s. f. Condition d'un animal que son organisation appelle à vivre de matières animales.

CARNÉ, adj., *carneus*; *fleischfarb* (all.); couleur de chair, rouge, pâle ou rosé. Ex. *Ascobolus carneus*, *Erythrina carnea*, *Fusidium carneum*, *Voluta carneolata*, *Trochus carneolus*.

CARONCULAIRE, adj., *caruncularis* (caruncula, caroncule). Epithète donnée par Mirbel à l'*arille*, quand il est formé d'un ou de plusieurs caroncules. Ex. *Polygala vulgaris*.

CARONCULE, s. f., *caruncula*; σαρκίον; *Fleischwarze* (all.) (caro, chair). On appelle ainsi, en botanique, un renflement de la surface de certaines graines qui entoure le hile (ex. *Phaseolus communis*); en zoologie, une excroissance charnue, molle, dénuée de plumes, qui se voit au front, au vertex, à la nuque, au cou, aux sourcils, à la gorge, au menton, aux angles de la bouche, à la base du bec, etc., chez les oiseaux.

CARONCULÉ, adj., *carunculatus*; qui est muni d'une caroncule, c'est-à-dire d'un appendice fongueux ou pulpeux, comme la graine du *Sterculia Balanghas*; ou d'une masse de peau nue sur le front (ex. *Arapunga carunculata*, *Charadrius bilobus*), sur la base du bec (ex. *Crax globicera*), aux angles du bec (ex. *Grus carunculata*, *Sturnus carunculatus*), autour des yeux (ex. *Charadrius myops*), sur chaque côté du cou, au-dessous de l'œil (ex. *Creadion carunculatus*), sous la mâchoire inférieure (ex. *Hydrobates lobatus*), sur la tête, le front et la gorge (ex. *Gracula carunculata*).

CARONCULÉS, adj. et s. m. pl., *Carunculati*. Nom donné par Vieillot à une famille de la tribu des Sylvains anisodactyles, comprenant ceux de ces oiseaux qui ont la tête ou la mandibule inférieure garnie de caroncules.

CAROTTINE, s. f., *carottina*. Nom donné par Wackenroder à une matière cristallisable qu'il dit avoir trouvée dans l'extrait du suc frais de carotte, sans en indiquer ni le mode de préparation, ni les propriétés.

CARPADÈLE, s. m., *carpadelium* (καρπὸς, fruit, ἄδηλος, couvert). Nom donné par Desvaux à un fruit hétérocarpien sec, bi ou pluriloculaire, enveloppé par le calice, à loges distinctes, monospermes, opposées. Ex. Ombellifères.

CARPANTHÉES, adj. et s. f. pl., *Carpantheæ*. Nom sous lequel Raffinesque a proposé de désigner la famille des Rhizospermes, à cause du genre *Carpanthus* qu'elle renferme.

CARPE, s. m., *carpus*; καρπος; *Handwurzel* (all.); *wrist* (angl.). Portion du membre thoracique des animaux vertébrés qui est comprise entre l'avant-bras et la main; quatrième article de la pince des crustacés. Jurine donne ce nom à la partie du bord externe de l'aile des insectes qui offre plus d'épaisseur que le reste, parce que, suivant lui, elle est située à la terminaison des os de l'avant-bras.

CARPELLAIRE, adj., *carpellaris* (καρπὸς, fruit); qui appartient aux carpelles. Candolle donne cette épithète aux *feuilles* qui produisent les carpelles, soit en s'affleurant par les bords, après s'être courbées en cylindre (ex. *Colchicum autumnale*), s'être roulées en cornet (ex. *Isopyrum*), ou s'être ployées sur la nervure moyenne (ex. *Pisum*), soit en se courbant ou se ployant, mais de manière que les bords soient plus ou moins repliés en dedans (ex. *Astragalus*), ou ayant la nervure moyenne repoussée et saillante à l'intérieur (ex. *Oxytropis*). Dunal l'applique au quatrième verticille floral, celui qui enveloppe les ovaires ou jeunes carpelles, et les réunit en un seul corps. Enfin Candolle appelle *bractées carpellaires* de petites écailles qu'on observe quelquefois à la base des carpelles, disposées en épi autour d'une colonne centrale (ex. quelques *Renonculacées*).

CARPELLE, s. f., *carpella* (καρπὸς, fruit). Candolle appelle ainsi les organes élémentaires, tantôt libres, tantôt adhérens ensemble, dont la réunion donne naissance au pistil, et dont chacun peut être considéré comme une petite feuille ployée en dedans sur elle-même, qui renferme les germes que la fécondation doit développer. On donne aussi ce nom à chacun des fruits partiels qui proviennent d'une seule fleur ou d'un seul pistil, comme dans les Renoncules.

CARPESIÉES, adj. et s. f. pl. , *Carpesieæ*. Nom donné par Lessing à une section des Sénécionidées Relhaniées qui a pour type le genre *Carpesium*.

CARPIDIE, s. f., *carpidium*. On a proposé ce nom pour désigner, dans un fruit agrégé, chacun des fruits partiels qui se sont soudés ensemble, par exemple pour produire la mûre.

CARPINICOLE, adj., *carpinicolus* (*carpinus*, charme, *colo*, habiter); qui vit ou croît sur les feuilles des charmes, comme le *Sphæria carpinicola*.

CARPIQUE, adj. , *carpicus* (καρπός, fruit). Candolle appelle *cicatrice carpique* une large cicatrice produite, à la base de certains fruits, au moment de leur séparation, par la large adhérence que cette base avait avec l'involucre foliacé (ex. *noisette*) qui semble faire partie du fruit, ou par l'involucre en forme de cupule qui entourait sa base (ex. gland du Chêne).

CARPOBOLÉES, adj. et s. f. pl. , *Carpoboleæ*. Nom donné par A. Brongniart à une section de la tribu des Lycoperdacées angiogastres, qui a pour type le genre *Carpobolus*.

CARPOBOLES, adj. et s. m. pl. , *Carpoboli*. Nom donné par Fries à une tribu de l'ordre des Gastéromycètes angiogastres, comprenant ceux dont les sporanges solitaires sortent avec élasticité du péridion.

CARPODONTÉES, adj. et s. f. pl., *Carpodonteæ*. Nom donné par Bartling à une tribu de la famille des Garciniées, qui a pour type le genre *Carpodontos*.

CARPOLOGIE, s. f., *carpologia* (καρπός, fruit, λόγος, discours). Étude du fruit, considéré dans son ensemble et ses détails. Partie de la botanique qu'a créée Gærtner, à qui l'on doit la première description

exacte qu'on possède de fruits et de graines.

CARPOLOGIQUE, adj., *carpologicus;* qui a rapport à la carpologie.

CARPOLOGUE, adj. et s. m., *carpologus*. Botaniste qui se livre spécialement à l'étude des fruits.

CARPOMORPHE, adj., *carpomorphus* (καρπός, fruit, μορφή, forme). Se dit des apothécions des lichens, qui ressemblent à des fruits, quoiqu'il ne soit pas prouvé qu'ils résultent d'une fécondation.

CARPOMYZES, adj. et s. m. pl. , *Carpomyzæ* (καρπός, fruit, μυζέω, sucer). Nom donné par Cuvier et Latreille à un groupe de la tribu des Muscides, comprenant des insectes diptères qu'on suppose vivre des sucs des plantes sur lesquelles la plupart se tiennent habituellement.

CARPOPHAGE, adj., *carpophagus* (καρπός, fruit, φάγω, manger); qui mange les fruits. Ex. *Geophilus carpophagus*.

CARPOPHAGES, adj. et s. m. pl., *Carpophaga*. Nom donné par Latreille, Ficinus et Carus à une famille de l'ordre des Marsupiaux, comprenant des mammifères qui vivent principalement de fruits.

CARPOPHILE, adj., *carpophilus* (καρπός, fruit, φιλέω, aimer); qui croît sur les fruits. Ex. *Peziza carpophila*.

CARPOPHORE, s. m. , *carpophorum* (καρπός, fruit, φέρω, porter). Link donnait autrefois ce nom à un support né du réceptacle, qui soulève le pistil seul, sans les étamines ni les pétales, et pour lequel il préfère maintenant la dénomination de *gynophore*, introduite par Mirbel.

CARPOPHYLLE, s. m., *carpophyllum; Fruchtblatt* (all.) (καρπός, fruit, φύλλον, feuille). Nom donné par Agardh à toute feuille qui, par son plissement, produit une carpelle.

CARRÉ, adj. , *quadratus;* τετράγωνος; *viereckig* (all.); *square* (angl.); qui offre quatre côtés et quatre angles droits, comme le corselet de quelques Buprestes, l'urne du *Glyphocarpus quadratus*, la tige de l'*Acisanthera quadrata*, une tache brune qu'on voit sur les ailes de la *Leptis quadrata*.

CARTACÉ, adject., *chartaceus; papierähnlich* (all.). Se dit d'un corps organisé qui croît sur le papier humide (ex. *Sporotrichum chartaceum*), et plus souvent d'un être (ex. *Eschara chartacea*) qui est étalé en feuilles minces, ou d'une partie qui est sèche, flexible, unie et tenace, à l'instar du parchemin ou d'une carte, comme le *péricarpe* de l'*Anagallis arvensis*, le *noyau* de l'*Areca faufil*, le *tegmen* du *Pyrus communis*.

CARTHAMÉES, adj. et s. f. pl., *Carthameæ*. Nom donné par H. Cassini à une section de la tribu des Carduinées, qui a pour type le genre *Carthamus*.

CARTHAMINE, s. f., *carthamina*. Nom donné par John au principe colorant rouge des fleurs du *Carthamus tinctorius*.

CARTHAMIQUE, adj., *carthamicus*. Dœbereiner désigne la carthamine sous le nom d'*acide carthamique* (*Carthaminsäure*, all.), parce qu'elle a la propriété de saturer les alcalis.

CARTILAGINEUX, adj., *cartilaginosus, cartilagineus*; χονδρώδης, χονδρότυπος; *knorpelig* (all.). Se dit, en botanique, du bord des *feuilles*, quand il est dur, élastique et d'une autre couleur que le reste (ex. *Vaccinium Vitis Idæa*), ou garni de crenelures plus dures, comme cartilagineuses (ex. *Veronica cartilaginea*), et du *périsperme*, lorsqu'il est tenace comme un cartilage (ex. Ombellifères). Le *Sisymbrium cartilagineum* est ainsi appelé à cause de

ses feuilles coriaces, et l'*Agaricus cartilagineus*, en raison de sa consistance.

CARTILAGINEUX, adj. et s. m. pl., *Cartilaginosi*. Épithète donnée par Lacépède et Duméril à une sous-classe de la classe des Poissons, comprenant ceux dont le squelette est mou, flexible, élastique, peu imprégné de sels calcaires.

CARTONNIER, adject., *chartaceus*. Nom donné à certaines Guêpes, qui construisent des nids avec des parcelles de végétaux tellement liées ensemble qu'il en résulte un corps semblable à du carton. Ex. *Polistes chartaria*.

CARYOBRANCHES, adj. et s. m. pl., *Caryobranchiata* (καρύα, noix, βράγχια, branchies). Nom donné par Menke à un ordre de la classe des Gastéropodes, qui répond exactement aux Nucléobranches (*voyez* ce mot) de Blainville.

CARYOCARPE, adj., *caryocarpus* (καρύα, noix, καρπός, fruit); qui a le fruit renflé et semblable à une noix. Ex. *Astragalus caryocarpus*.

CARYOCATACTE, adj., *caryocatactes* (καρύα, noix, κατάκτης, qui brise), Un oiseau (*Nucifraga caryocatactes*) est ainsi appelé parce qu'il vit des amandes des cônes de pins, qu'il épluche avec adresse.

CARYOPHYLLAIRES, adj. et s. m. pl., *Caryophyllaria*. Nom donné par Lamouroux à un ordre de la section des Polypiers lamellifères, qui a pour type le genre *Caryophyllia*.

CARIOPHYLLÉ, adj., *caryophyllatus; nelkenartig* (all.); *cariofillaceo* (it.). Épithète donnée aux *corolles* régulières qui se composent de cinq pétales, dont les onglets très-longs sont entièrement cachés par le tube du calice.

CARYOPHYLLÉES, adj. et s. f. pl., *Caryophilleæ*. Nom donné par

Tournefort et par Guiart à une classe, par Linné et tous les botanistes actuels, à une famille de plantes, ayant pour type le genre OEillet, et renfermant des plantes dont la corolle est caryophyllée.

CARYOPHYLLINE, s. f., *caryophyllina* ; *Nelkenkampfer* (all.). Quelques chimistes désignent sous ce nom le stéaroptène qu'on extrait de l'huile essentielle du *Caryophyllus aromaticus*.

CARYOPHYLLINÉES, adj. et s. f. pl., *Caryophyllinæ*. Nom donné par Bartling à une classe de plantes, qui comprend les familles des Chénopodées, des Amaranthacées, des Phytolaccées, des Scléranthées, des Paronychiées, des Portulacées et des Alsinées.

CARYOPSE. *Voyez* CARIOPSE.

CARYOPSIDE. *Voyez* CARIOPSIDE.

CASCADE, s. f., *aquæ dejectus* ; κατάδουπος ; *Wasserfall* (angl.). On appelle ainsi une chute d'eau peu importante, due à un ruisseau qui se précipite d'un lieu fort élevé.

CASÉATE, s. m., *caseas* (*caseum*, fromage). Genre de sels (*kässaure Salze*, all.), qui sont produits par la combinaison de l'acide caséique avec les bases salifiables.

CASÉATION, s. f., *cascatio*. Coagulation du lait, sa réduction en fromage.

CASÉEUX, adj., *caseosus* ; *käsig* (all.) ; qui est de la nature du fromage. On appelle *matière caséeuse* le magma qui se produit par la coagulation du lait, et qui fait la base du fromage.

CASÉIFORME, adj., *caseiformis* ; qui ressemble à du caséum, à du fromage : *précipité caséiforme*.

CASÉIQUE, adj., *caseicus*. Épithète donnée à un *acide* (*Kässäure*, all.) et à un *oxide* qui sont les produits de la décomposition du fromage, et dont la découverte est due à

Proust. L'*oxide caséique* (*Käsoxyd*, all.) a été appelé *aposépédine* par Braconnot.

CASÉOLAIRE, adj., *caseolaris*. Le *Rhizophora cascolaris* a été nommé ainsi en raison de la mollesse de son bois, qu'on a comparée à celle du fromage.

CASEUM, s. m., *caseum* ; *Kässtoff* (all.). Principe immédiat du lait, matière animale particulière, qui fait la base du fromage.

CASISPERME, adj., *casispermus* (κάσις, frère, σπέρμα, graine). Le *Helmisporium casispermum* a été appelé ainsi parce que ses sporidies sont adhérentes de tous les côtés.

CASPIEN, adj., *caspius, caspicus*. Cette épithète, réservée jusqu'ici à une seule mer intérieure, est étendue par Bory à tous les amas d'eau salée que la terre emprisonne dans leur circonférence entière, et que nul détroit, nul cours d'eau un peu considérable ne met en rapport, soit avec l'Océan, soit avec une Méditerranée.

CASQUE, s. m., *galea, pileus, mitra* ; *Helm* (all.) ; *celata, cimiero, morione* (it.). On appelle ainsi : 1° en botanique, l'*éperon* des fleurs, quand il est large et plus ou moins en forme de casque ; la lèvre supérieure d'une corolle personnée, lorsqu'elle est voûtée et concave intérieurement ; la division supérieure et redressée du périgone des orchidées ; 2° en zoologie, le tubercule calleux, recouvert d'une substance cornée, qui occupe le sommet de la tête de certains oiseaux, par exemple du Casoar d'Asie ; d'après Lyonnet, l'ensemble des parties solides qui composent l'enveloppe extérieure de la tête des insectes ; suivant Réaumur, une espèce de masque convexe et arrondi que portent sur le front les larves des libellules, et qui occupe le devant et le dessus de leur tête.

CASQUÉ, adj., *galeatus, mitratus ; gehelmt* (all.). Épithète donnée à des animaux qui ont la tête garnie de lames dures, qu'on a comparées à un casque (ex. *Pimelodes galeatus, Coryphæna galeata, Dendrobium galeatum, Numida mitrata*), et quelquefois à des oiseaux qui ont la tête d'une autre couleur que le corps (ex. *Banksianus galeatus, Psittacus mitratus*).

CASSANT, adj., *fragilis ;* εὔκλαστος*; sprödig, zerbrechlich* (all.) ; *brittle* (angl.) ; qui est sujet à se casser, qui se brise aisément.

CASSIDAIRES, adj. et s. m. pl., *Cassidariæ*. Nom donné par Cuvier, Latreille et Eichwald à une famille de l'ordre des Coléoptères, qui a pour type le genre *Cassis*.

CASSIDITES, adj. et s. m. pl., *Cassidites*. Nom donné par Latreille à une famille de l'ordre des Gastéropodes pectinibranches gymnocochlides, qui a pour type le genre *Cassidea*.

CASSIÉES, ad. et s. f. pl., *Cassieæ*. Nom donné par C.-H. Ebermaier et par Candolle à une tribu de la famille des Légumineuses, ayant pour type le genre *Cassia*.

CASSINIÉES, adj. et s. f. pl., *Cassinieæ*. Nom donné par H. Cassini à un groupe de la section des Inulées gnaphaliées, et par Lessing à une section de la sous-tribu des Sénécionidées gnaphaliées, ayant le genre *Cassinia* pour type.

CASSITÉRIDES, s. m. pl., *Cassiterides* (κασσίτερος, étain). Ampère désigne sous ce nom un genre de corps simples, dont l'étain est le type.

CASSURE, s. f., *abruptio, fractura ;* κλάσις*; Bruch* (all.). Rupture ; endroit où un corps est brisé.

CASSUVIÉES, adj. et s. f. pl., *Cassuvieæ*. Nom donné par Candolle à une tribu de la famille des Térébinthacées, qui a pour type le genre *Cassuvium*.

CASTANOCARPE, adj., *castanocarpus* (κάστανον, châtaigne, καρπός, fruit). Dont le fruit ressemble à celui du châtaignier. Ex. *Polembryum castanocarpum*.

CASTANOPTÈRE, adj., *castanopterus* (κάστανον, châtaigne, πτέρον, aile). Il se dit d'un oiseau dont les ailes (ex. *Strix castanoptera*), ou d'un insecte dont les élytres (ex. *Staphylinus castanopterus*) sont de couleur marron.

CASTELÉES, adj. et s. f. pl., *Casteleæ*. Nom donné par Bartling à une tribu de la famille des Ochnacées, qui a pour type le genre *Castela*.

CASTORATE, s. m., *castoras*. Sel produit par la combinaison de l'acide castorique avec une base salifiable.

CASTORINE, s. f., *Castorina ; Bibergeilkampher* (all.). Nom donné par Brandes à une graisse cristalline, déjà entrevue par Fourcroy, qui existe dans le castoréum.

CASTORIQUE, adj., *castoricus*. Brandes donne cette épithète à un acide (*Castorinsäure*, all.) que produit l'action de l'acide nitrique sur la castorine.

CASUARINÉES, adj. et s. f. pl., *Casuarineæ*. Nom donné par Mirbel, R. Brown et Kunth à une famille de plantes, qui a pour type le genre *Casuarina*.

CATABOPHYTE, s. m., *Catabophytum* (καταβύπτω, plonger, φυτόν, plante). Nom donné par Necker aux plantes qui vivent submergées par les eaux.

CATACLÉSIE, s. f., *cataclesia* (κατὰ, au dessous, κλέπτω, recouvrir). Fruit monosperme, indéhiscent, à péricarpe coriace, non ligneux, recouvert par le calice, qui

bre ne devient jamais charnu. Ex. Chénopodées.

CATACLYSME, s. m., *cataclys-
mus*; κατακλυσμός (κατὰ, à travers,
κλύζω, laver). Déluge, inondation.
Autrefois on avait recours, pour
expliquer les phénomènes géologiques, à ces bouleversemens violens,
généraux ou partiels, dont on ne
peut douter en effet que plusieurs
n'aient exercé leur influence sur
notre globe, au moins dans certaines
localités; mais, en général, on a
renoncé à ces hypothèses, pour rentrer sous l'influence des causes naturelles habituelles, plus en accord
avec l'ordre et l'harmonie qui régissent l'ensemble de notre système pla-
nétaire. Vulcanisme primitif et ses
suites, formation des eaux par condensation des vapeurs, abaissement
de leur niveau par suite de l'infiltration qui s'est opérée proportionnelle-
ment au refroidissement et à l'épaississement de la croûte terrestre, et
diminution de la température à la
surface du globe, par l'effet de ce
refroidissement, telles sont les causes
primordiales d'où découle, par un
enchaînement de conséquences et
sans efforts, l'explication de tous les
faits géologiques.

CATACLYSMOLOGIE, s. f., *cata-
clysmologia*. Histoire des déluges ou
des révolutions de la surface du globe
terrestre.

CATACOUSTIQUE, s. f., *cata-
coustica* (κατὰ, en bas, ἀκούω, entendre). Branche de la physique qui
a pour objet les sons réfléchis, ou les
propriétés des échos.

CATADIOPTRIQUE, adj., *cata-
dioptricus* (κατὰ, en bas, διὰ, à travers, ὄπτομαι, voir). Épithète donnée
à certains *télescopes*, parce qu'ils
réunissent les effets combinés de la
réflexion et de la réfraction.

CATANANCÉES, adj. et s. f. pl.,
Catananceœ. Nom donné par H. Cas-

sini à un groupe de la section des
Lactucées scorzonérées, qui a pour
type le genre *Catanance*.

CATANANCHÉES, adj. et s. f. pl.,
Catanancheœ. Nom donné par D. Don
à une tribu de la section des Chicoracées, ayant pour type le genre *Catanance*.

CATAPÉTALE, adj., *catapetalus*
(κατὰ, en bas, πέταλον, pétale).
Épithète donnée par Link, d'après
Linné, à une *corolle* qui, étant monopétale, a ses pétales légèrement
adhérens par leur base à l'androphore, de manière qu'ils ne tombent
pas séparément après la floraison. Ex.
Malvacées.

CATAPHONIQUE, s. f., *catapho-
nice* (κατὰ, en bas, φωνή, son).
Branche de la physique qui traite de
la réflexion du son.

CATAPHRACTE, s. fém., *cataphracta* (καταφράσσω, cuirasser). On
appelle ainsi, chez certains poissons,
l'espèce de cuirasse produite par leurs
écailles qui, bien que distinctes,
sont cependant collées les unes à
côté des autres.

CATAPHRACTÉS, adj. et s. m.
pl., *Cataphracti*. Nom donné par
Ficinus et Carus à une famille de
poissons Zeugoptérygiens microsto-
mes, qui ont le corps enveloppé
d'une cuirasse.

CATARACTE, s. f., *cataracta*;
καταράκτης; *Wasserfall* (all.); *water-
fall* (angl.); *cataratta* (it.) (κατὰ,
en bas, ῥάσσω, rompre). Chute plus
ou moins élevée qu'un cours d'eau
éprouve quand son lit aboutit à une
pente très-rapide, ou à un escarpement, et que le liquide franchit brusquement la différence de niveau.

CATARRHINS, adj. et s. m. pl.,
Catarrhini (κατὰ, auprès, ῥίν, nez).
Nom donné par Geoffroy-Saint-Hilaire, Desmarest et Latreille, à une
famille de l'ordre des Mammifères
quadrumanes, comprenant ceux qui

ont les narines rapprochées, la cloison qui les sépare étant étroite.

CATÉNIFÈRE, adj., *cateniferus* (*catena*, chaîne, *fero*, porter). Se dit d'un corps dont la surface est marquée de lignes colorées imitant des chaînes par leur disposition. Ex. *Venus catenifera*.

CATÉNULAIRE, adj., *catenularis*; *kettenförmig* (all.) (*catenula*, chaînclette); qui offre des rugosités arrondies et situées les unes à la suite des autres, comme les anneaux d'une chaîne (ex. *Pleurotoma catenata*), ou des lignes colorées affectant la même disposition (ex. *Coluber catenularis*). *Voyez* ENCHAÎNÉ.

CATÉNULE, s. f., *catenula*; *Kettchen* (all.) (*catena*, chaîne). Quelques botanistes ont appelé ainsi les petits filamens entortillés qu'on trouve dans les capsules des Hépatiques.

CATÉNULÉ, adj., *catenulatus*; *kettenartig, kettenförmig* (all.); qui offre des points enfoncés situés à la suite les uns des autres (ex. *Tachypus catenulatus*), ou des branches comme frisées par l'enroulement de leurs petites ramifications (ex. *Cellaria catenulata*). *Voyez* JASERONNÉ.

CATHARTINE, s. f., *cathartina* (καθαρτής, qui purge). Nom donné par Lassaigne et Feneulle au principe actif et purgatif du *Cassia Senna*.

CATIZOPHYTE, s. m., *catizophytum* (κατίζω, placer, φυτόν, plante). Nom donné par Necker aux plantes dont les étamines nombreuses sont insérées sur le disque.

CATODONTE, adj., *catodon* (κατά, en bas, ὀδοὺς, dent); qui a les dents recourbées en bas, comme les dents inférieures du *Physeter catodon*.

CATOPE, s. f., *catopus* (κατά, en dessous, πούς, pied). Duméril propose de donner ce nom aux nageoires ventrales des poissons, qui correspondent aux membres pelviens des autres vertébrés.

CATOPODE. *Voyez* CATOPE.

CATOPODES, adj. et s. m. pl., *Catopoda*. Nom donné par Ficinus et Carus à un ordre de poissons osseux, comprenant ceux qui sont pourvus de nageoires ventrales.

CATOPTRIQUE, s. f. *catroptica*, κατοπτρίκη (κατά, en dessous, ὄπτομαι, voir). Partie de la physique qui traite de la lumière réfléchie à la surface des corps, parce qu'elle se comporte alors comme si elle tombait sur un miroir.

CATOPTRIQUE, adj., *catoptricus*. Épithète donnée par Goethe à des couleurs qui sont dues à un effet de miroitement, et qui rentrent dans la catégorie des phénomènes lumineux que Young explique par son principe des interférences.

CATOTAPHYTE, s. m., *catotaphytum* (κατώτατος, le plus bas, φυτόν, plante). Nom donné par Necker aux plantes dont les étamines sont insérées à la base du calice ou au disque.

CATOTRÈTES, adj. et s. m. pl., *Catotretra* (κατά, en bas, τρητός, percé). Nom donné par C.-G Ehrenberg à deux familles d'Infusoires polygastriques, comprenant ceux de ces animaux qui n'ont ni la bouche ni l'anus terminal.

CATTOLOGIE, s. f., *cattologia* (*cattus*, chat, λόγος, discours). Traité sur le chat.

CAUCALIDÉES, adj. et s. f. pl., *Caucalideæ*. Nom donné par Sprengel à une tribu de la famille des Ombellifères, qui a pour type le genre *Caucalis*.

CAUCALINÉES, adj. et s. f. pl., *Caucalineæ*. Nom sous lequel Candolle désigne une tribu de la famille des Ombellifères, ayant pour type le genre *Caucalis*.

CAUDAL, adj., *caudalis* (*cauda*, queue); qui a rapport à la queue.

» Un *appendice caudal* est un prolongement aminci situé à l'extrémité postérieure du corps. On appelle *nageoire caudale*, dans les poissons, celle qui termine la queue.

CAUDÉ, adj., *caudatus; geschwänzt* (all.); *codato* (it.); qui a une queue. Se dit : 1° en astronomie. On appelle les comètes *étoiles caudées*, parce qu'elles sont souvent munies d'une queue. 2° En botanique, cette épithète est donnée à des parties qui sont alongées en forme de queue, comme les *anthères* des *Stæhelina*, les *camares* du *Clematis erecta*, les *feuilles* du *Diplochila caudata*, les *siliques* du *Raphanus caudatus*, les *épis* floraux de l'*Amaranthus caudatus*, l'extrémité des *frondes* du *Pteris caudata* et de l'*Adiantum caudatum*, trois des *pétales* de l'*Epidendrum caudatum*. 3° En zoologie, se dit d'un animal qui a la queue très-longue (ex. *Oriolus caudatus*, *Pipra caudata*); du *postabdomen* d'un crustacé, lorsqu'il se prolonge en queue (ex. *Trilobites caudatus*); de l'*anus* d'un insecte, quand il est terminé par une queue (ex. Sauterelle), des *ailes* d'un papillon, lorsque leur bord postérieur se termine en une pointe alongée ou en un appendice qui les dépasse plus ou moins (ex. *Papilio Machaon*).

CAUDÉS, adj. et s. m. pl. Nom donné par Latreille à une famille de l'ordre des Polypes trichostomes, comprenant ceux dont le corps se rétrécit postérieurement, et se termine en pointe ou en queue.

CAUDEX, s. m., *caudex; Stock* (all.); *caudice* (it.). Ce mot, employé par Ruelle et Tournefort, pour exprimer la tige des arbres, désigne suivant Linné, la tige et la partie la plus épaisse de la racine, d'après Link, la base persistante et rabougrie de certaines tiges annuelles, par exemple de la Gentiane, d'après

Willdenow, le tronc des Palmiers et des Fougères arborescentes, selon Bernhardi, le collet, ou la portion de la plante intermédiaire entre la tige et la racine.

CAUDICIFORME, adj., *caudiciformis* (*caudex*, tige, *forma*, forme). Épithète donnée à une tige qui ne se ramifie point.

CAUDICULE, s. fém., *caudicula*. L.-C. Richard appelle ainsi le prolongement solide, en forme de filament, qui porte les masses de pollen, dans les Orchidées.

CAUDIFÈRE, adj., *caudiferus* (*cauda*, queue, *fero*, porter). Dans le *Glossophaga caudifer*, la queue déborde la membrane interfémorale, qui est très-courte.

CAUDIGÈRE, adj., *caudigerus* (*cauda*, queue, *gero*, porter); qui a des feuilles terminées par une partie longue et étroite (ex. *Micania caudigera*); qui offre à l'une de ses extrémités un appendice en forme de queue (ex. *Modiola caudigera*); qui a des ramifications minces et alongées, semblables à des queues (ex. *Spongia caudigera*).

CAUDIMANE, adj., *caudimanus, caudivolvulus* (*cauda*, queue, *manus*, main). Se dit d'un animal qui peut employer sa queue comme une main, pour saisir les objets, ainsi que font les Sapajous.

CAUDULE, s. f., *caudula*. Kirby donne ce nom aux organes filiformes ou sétacés qui garnissent l'anus des *Lepisma*.

CAULERPÉES, adj. et s. f. pl., *Caulerpeæ*. Nom donné par R.-K. Greville à un ordre de la famille des Algues, qui a pour type le genre *Caulerpa*.

CAULESCENS, adj. et s. m. pl., *Caulescentia*. Nom donné par Latreille à une famille de l'ordre des Echinodermes astéroïdes, comprenant ceux qui ont le corps porté sur une tige articulée et terminée par des rayons rameux.

CAULESCENT, adj., *caulescens; stengeltragend, bestengelt* (all.) (*caulis*, tige). Se dit d'une plante qui est munie d'une tige, qui a une tige très-visible. Ex. *Potentilla caulescens*.

CAULICINAL, adj., *caulicinalis;* qui croît sur les tiges et les rameaux secs. Ex. *Agaricus caulicinalis.*

CAULICOLE, adj., *caulicolus, caulincolus* (*caulis*, tige, *colo*, habiter). Épithète donnée par Candolle aux plantes parasites phanérogames qui, comme la Cuscute, aspirent leur nourriture au moyen de suçoirs latéraux, placés sur leurs tiges, et qu'elles implantent dans la tige des autres végétaux. Ce mot est employé aussi comme nom spécifique de quelques plantes agames (ex. *Depazea caulincola*).

CAULICULE, s. f., *cauliculus; scapus* (Gærtner), *scapellus* (Link); *Stielchen*, *Stengelchen* (all.); L.-C. Richard appelle ainsi la partie intermédiaire de l'embryon qui a germé, celle qu'on aperçoit entre les cotylédons et la racine. Link donne le même nom à chacune des tiges qui sortent, au nombre de plusieurs, d'une seule racine.

CAULIFLORE, adj., *cauliflorus; stammblüthig* (all.) (*caulis*, tige, *flos*, fleur). Épithète donnée aux plantes dont les fleurs naissent sur la tige. Ex. *Lecanocarpus cauliflorus, Baccaurea cauliflora.*

CAULIFLORÉES, adj. et s. f. pl., *Caulifloreæ*. Nom donné par Candolle à une section du genre *Oxalis*, comprenant les espèces qui ont les pédoncules axillaires et uniflores.

CAULIFORME, adj., *cauliformis; stengelförmig, stengelartig* (all.) (*caulis*, tige, *forma*, forme); qui a la forme d'une tige.

CAULINAIRE, adj., *caulinaris, caulinarius, caulinus, stirpalis; stammständig, stengelständig* (all.); *caulino* (it.); qui appartient à la tige, qui naît sur elle; comme les *racines* du Lierre, les *épines* du *Gleditsia ferox;* les aiguillons des Roses; les fleurs du *Cynometra cauliflora.* On appelle *stipules caulinaires* celles qui n'adhèrent avec les feuilles que par un point à peine sensible, tandis qu'il existe une union très-apparente entre elles et la tige (ex. *Lathyrus Aphaca*). L'*élongation caulinaire*, suivant Dutrochet, est celle qui résulte du développement en longueur de la racine ou de la tige, après leur formation.

CAULINICOLE, adj., *caulinicola* (*caulis*, tige, *colo*, habiter); qui croît sur les tiges, comme le champignon appelé *Actinonema caulinicola.*

CAULIRHIZE, adj., *caulirhizus* (καυλὸς, tige, ῥίζα, racine). Se dit d'une plante dont la tige émet des racines. Ex. *Acmella caulirhiza.*

CAULOCARPIEN, adj., *caulocarpeus; stammfruchtig* (καυλὸς, tige, καρπὸς, fruit). Épithète donnée par Candolle aux végétaux dont la tige persiste et porte plusieurs fois du fruit.

CAULOCARPIQUE, adj., *caulocarpicus. Voy.* CAULOCARPIEN.

CAUSAL, adj., *causalis* (*causa*, cause); qui annonce un rapport de cause à effet.

CAUSALITÉ, s. f., *causalitas.* Qualité, manière d'agir d'une cause.

CAUSE, s. f., *causa;* αἰτία, αἴτιον; *Ursache* (all.) (*caveo*, prendre garde). Ce qui fait qu'une chose est, qu'un phénomène a lieu; principe, source, origine.

CAUSTICITÉ, s. f., *causticitas; vis caustica; Ætzbarkeit, Ætzkraft* (all.) (καίω, brûler). Faculté qu'ont diverses substances de faire subir aux matières animales et végétales un changement tel que leur continuité s'en trouve détruite, et qu'elles sont par conséquent corrodées.

CAUSTIQUE, s. f., *caustica ;* χαυστιχὸς ; *Brennlinie* (all.). Les physiciens appellent *caustique par réflexion* une courbe produite, derrière un miroir convexe, par les prolongemens des divers rayons réfléchis et divergens qu'envoie un point lumineux placé à une certaine distance vis-à-vis le miroir ; et *caustique par réfraction* une autre courbe, analogue à la précédente, qui est l'effet de la réfraction du rayon lumineux.

CAUSTIQUE, adj., *causticus ; ätzend* (all.). Se dit en chimie des alcalis lorsque, dégagés de toute combinaison avec d'autres corps, ils manifestent pleinement l'action destructive qu'ils ont la puissance d'exercer sur les matières organiques.

CAVERNAIRE, adj., *cavernarius* (*cavo*, creuser). Epithète donnée à quelques plantes, qui croissent dans les cavernes ou autres lieux souterrains. Ex. *Byssus cryptarum.*

CAVERNE, s. f., *specus, spelunca ;* σπήλαιον ; *Höhle* (all.). Cavité souterraine, irrégulière, sinueuse, d'une certaine étendue, et ordinairement composée d'une série de renflemens ou étranglemens, c'est-à-dire de salles plus ou moins vastes, communiquant ensemble par des couloirs plus ou moins resserrés.

CAVERNEUX, adj., *cavernosus ;* σπηλαιώδης ; *höhlig* (all.) ; qui est plein de petites cavités, de cavernes. Ex. *Anthracite caverneux.*

CAVICOLES, adj. et s. m. pl., *Cavicolæ.* Nom donné par Clark à une famille d'OEstres, comprenant ceux de ces insectes dont les larves vivent dans les cavités du corps d'autres animaux.

CAVICORNES, adj. et s. m. pl., *Cavicornia* (*cavus*, cavité, *cornu*, corne). Nom donné par Eichwald, Goldfuss et Illiger à une famille de l'ordre des Mammifères ruminans, comprenant ceux qui ont les cornes creuses à l'intérieur, et appliquées sur un axe osseux.

CAVITAIRES, adj. et s. m. pl., *Cavitaria* (*cavitas*, creux). Nom donné par Cuvier et Schweigger à un ordre de la classe des Vers intestinaux, comprenant ceux qui ont un canal intestinal flottant dans une cavité abdominale distincte.

CAVITÉ, s. f., *cavitas ;* χοιλία, χοῖλον, χοίλωμα ; *Höhlung* (all.). Creux ou vide dans un corps solide.

CAYEU. *Voy.* Caïeu.

CÉBIENS, adj. et s. m. pl., *Cebii.* Nom donné par Goldfuss à une famille de l'ordre des Mammifères quadrumanes, ayant pour type le genre *Cebus.*

CÉBRIONIDES, adj. et s. m. pl., *Cebrionides.* Leach désigne ainsi la famille suivante.

CÉBRIONITES, adj. et s. m. pl., *Cebrionites.* Nom donné par Cuvier, Latreille et Eichwald à une tribu de la famille des Coléoptères serricornes, qui a pour type le genre *Cebrio.*

CÉCILIADÉS, adj. et s. m. pl., *Cœciliadea.* Nom donné par J.-A. Gray à la seule famille qu'il admette dans l'ordre des Amphibiens apodes, et qui a pour type le genre *Cœcilia.*

CÉCILIOIDES, adj. et s. m. pl., *Cœcilioides, Cœcilioidei.* Nom donné par P.-F. Fitzinger et Eichwald à une famille de reptiles, ayant le genre *Cœcilia* pour type.

CÉCROPIÉES, adj. et s. f. pl., *Cecropieæ.* Nom sous lequel A. Richard désigne un groupe de la famille des Urticées, qui a pour type le genre *Cecropia.*

CÉDRÉLÉES, adj. et s. f. pl., *Cedreleæ.* Nom donné par Candolle à une tribu de la famille des Méliacées, par Kunth et Brown à une famille de plantes, ayant pour type le genre *Cedrela.*

CEINTURÉ, adj., *cingulatus, cinctus*; qui a le milieu du corps d'une autre couleur que le reste. Ex. *Xylophagus cinctus, Pamphilius cingulatus. Voy.* CERCLÉ.

CÉLASTRINÉES, adj. et s. f. pl., *Celastrineæ.* Nom donné par R. Brown et Kunth à une famille de plantes, qui a pour type le genre *Celastrus.*

CÉLÉRIGRADES, adj. et s. m. pl., *Celerigrada* (*celer,* rapide, *gradior,* marcher). Nom donné par Blainville à un ordre de la classe des Mammifères, renfermant les Rongeurs, dont la plupart se font remarquer par la prestesse de leurs mouvemens.

CÉLESTE, adj., *cœlestus;* οὐράνιος; *himmlich* (all.); qui a rapport au ciel (*corps céleste, phénomène céleste*); qui en a la couleur, comme les rayons de l'*Agathæa cœlestis.*

CELLA, s. f., *cella.* Scopoli appelle ainsi une sorte de fruit ayant trois péricarpes, l'externe ligneux, le moyen pulpeux, l'interne déhiscent et membraneux. Ex. *Pontoppodana.*

CELLARIÉES, adj. et s. f. pl., *Cellarieæ.* Nom donné par Lamouroux à une famille de l'ordre des Polypiers cellulifères flexibles, qui a pour type le genre *Cellaria.*

CELLARIÉS, adj. et s. m. pl., *Cellariæa.* Nom donné par Blainville à une famille de la classe des Polypiers, comprenant ceux dont les animaux sont contenus dans des cellules aplaties, à ouvertures bilatérales, et qui a pour type le genre *Cellaria.*

CELLÉPORÉES, adj. et s. f. pl., *Celleporeæ.* Nom donné par Lamouroux à un ordre de Polypiers cellulifères flexibles, ayant pour type le genre *Cellepora.*

CELLICOLE, adject., *cellicolus* (*cella,* cave, *colo,* habiter); qui habite dans les caves. Ex. *Nemesia cellicola.*

CELLULAIRE, adj., *cellularis; zellgewebartig* (all.). On emploie ce mot : 1° en minéralogie, où l'on dit qu'une roche a une *texture cellulaire,* quand elle offre de nombreuses cavités arrondies, à parois lisses ; 2° en botanique, où l'on appelle *cloisons cellulaires,* celles qui ne sont formées que par du tissu cellulaire, et *enveloppe cellulaire,* les couches de tissu cellulaire qui recouvrent les couches corticales, au dessous de l'épiderme. Candolle nomme *plantes cellulaires,* celles qui sont composées uniquement de tissu cellulaire arrondi ou alongé. On donne le nom de *tissu cellulaire* (*contextus cellulosus, tela cellulosa, complexus cellulosus; Zellgewebe,* all.), dans les végétaux, à un tissu membraneux composé d'un grand nombre de cellules à peu près hexagones, closes de toutes parts ; et dans les animaux, à un tissu mucilagineux naturellement partagé, ou susceptible de se réduire par l'insufflation, en cellules irrégulières, qui communiquent toutes les unes avec les autres.

CELLULAIRES, adj. et s. m. pl., *Cellularia.* Sous ce nom, O.-F. Muller désignait un ordre de la classe des Vers, comprenant les Lithophytes et les Zoophytes de Linné.

CELLULE, s. f., *cellula, favus, favulus, faveolus, favicella, alveolus, alveolum; Zelle* (all.). Nom donné : 1° en botanique, à l'un des vides produits, dans le tissu cellulaire végétal, par le dédoublement des membranes, vide qui est fermé de toutes parts, et offre une coupe presque toujours hexagonale ; 2° en zoologie, aux petites cavités ou loges que les abeilles et guêpes pratiquent dans leur nid, pour déposer le miel et élever les larves ; aux intervalles, de forme et d'étendue variables, que circonscrivent les ramifications anastomosées des nervures de l'aile des insectes, et que remplit la membrane de l'aile.

CELLULÉ, adj., *cellulatus*. Epithète donnée à une *coquille* univalve dont la cavité est séparée en plusieurs loges par autant de cloisons.

CELLULÉS, adj., *Cellulosi*. Nom donné par Cuvier à une famille de Polypes, comprenant les espèces où chaque polype adhère dans une cellule cornée ou calcaire, et ne communique avec les autres que par une mince tunique extérieure, ou par des pores traversant les parois des cellules.

CELLULEUX, adj., *cellulosus*, *foveatus*, *favulosus*. Se dit de toute partie qui présente de petites cavités ou des enfoncemens, comme le thalle du *Glyphis favulosa*, ou le corselet du *Brentis foveatus*.

CELLULIFÈRE, adj., *celluliferus* (*cellula*, cellule, *fero*, porter); qui porte des enfoncemens celluleux, comme le périthécion des *Cytisporées*.

CELLULIFÈRES, adj. et s. m. pl., *Cellulifera*. Nom donné par Lamouroux à une section de l'ordre des Polypiers flexibles, comprenant ceux dont les polypes sont contenus dans des cellules non irritables.

CELLULIFORME, adj., *celluliformis* (*cellula*, cellule, *forma*, forme); qui a la forme d'une cellule.

CELLULOSITÉ, adj., *cellulositas*. Amas de cellules.

CELLULITÈLES, adj. et s. f. pl., *cellularia* (*cellula*, cellule, *tela*, toile). Épithète donnée aux *araignées* qui filent des toiles serrées, formant une cellule. Ex. *Aranea fulgens*.

CELTIDÉES, adj. et s. f. pl., *Celtideæ*. Nom donné par A. Richard à un groupe de la famille des Ulmacées, ayant pour type le genre *Celtis*.

CÉMENT, s. m., *cæmentum*; *Cäment*, *Cämentpulver* (all.). On appelle ainsi : 1° en chimie, le corps en

poudre, dont on entoure un autre, ou qu'on dispose par couches avec lui, afin de soumettre le tout à l'action du feu ; 2° en zoologie, une substance (*indumentum corticale*) extérieure à l'émail, remplissant les intervalles des lames ou des lobes qui, par leur groupement, forment les dents composées et une partie des dents demi-composées.

CÉMENTATION, s. f., *cæmentatio*; *Cämentiren* (all.). Opération qui a pour but de changer la nature chimique d'un corps solide, d'un métal surtout, en le faisant rougir avec un autre corps solide, et dans laquelle ni l'un ni l'autre de ces deux corps ne se liquéfie.

CÉNANGIENS, adj. et s. m. pl., *Cenangei*. Nom donné par Fries à une tribu de l'ordre des Pyrénomycètes phacidiacés, qui a pour type le genre *Cenangium*.

CENDRE, s. f., *cinis* ; τέφρα ; *Asche* (all.) ; *ashes* (angl.). Matières qui restent après la combustion de la plupart des matières organiques. Matières terreuses pulvérulentes que les volcans projettent en si grande quantité et à une si grande hauteur, qu'elles se répandent au loin et sur une vaste étendue de pays.

CENDRÉ, adj., *cinereus*, *gilvus*; σποδοειδής; *aschgrau* (all.). Couleur de cendre, gris. Ex. *Sparvius cinereus*, *Glaucopis cinerea*, *Citharexylum cinereum*, *Falco cineraceus*, *Labrus cinerascens*, *Trochus cinerarius*, *Andræna cineraria*, *Pyrrhula cinereola*, *Turdus gilvus*, *Conoplea gilva*. Les astronomes appellent *lumière cendrée* une clarté faible et sombre à l'aide de laquelle on distingue, surtout, près des néoménies, la partie du disque lunaire non éclairée par le soleil, et que, depuis Léonard de Vinci, on regarde comme l'effet de la lumière terrestre réfléchie à la lune et renvoyée avec perte à la terre, au lieu de la considérer, avec les anciens, comme la lumière propre de la lune.

CÉNESTHÉSIE, s. f., *cœnœsthesis* (χοινός, commun, αἴσθησις, sensibilité). Nom donné par Reil à l'espèce de sentiment vague que nous avons de l'état de notre corps, indépendamment du concours des sens, et qui résulte des perceptions obscures que reçoivent les membranes muqueuses intérieures.

CÉNOBION, s. m., *cenobium* (χοινός, commun, βίος, vie). Mirbel appelle ainsi un fruit régulier, qui est partagé jusqu'à sa base en péricarpes privés de styles et par conséquent de sommets organiques. Ex. Labiées.

CÉNOBIONNAIRE, adj., *cenobionnaris*. Épithète donnée par Mirbel aux *fruits* composés provenant d'ovaires qui ne portent point de styles.

CÉNOBIONNIEN, adj., *cenobionneus*; qui a des rapports avec le cénobion. Mirbel appelle *diérésile cénobionnienne* celle dont les coques, peu différentes des érèmes, sont attachées à un axe saillant. Ex. *Cynoglossum officinale*.

CÉNOMYCÉES, adj. et s. f. pl., *Cenomyceæ*. Nom donné par Fée à une tribu de la famille des vrais Lichens, qui a pour type le genre *Cenomyce*.

CÉNORAMPHES, adj. et s. m. pl., *Cenoramphi* (χενός, vide, ῥάμφος, bec). Nom donné par Duméril et Ranzani à une famille de l'ordre des oiseaux Grimpeurs, renfermant ceux qui ont le bec vide à l'intérieur, et très-léger, malgré son volume.

CENTAURÉES, **CENTAURIÉES**, adj. et s. f. pl., *Centaurieæ*, *Centaureæ*. Nom donné par H. Cassini à une tribu de la famille des Synanthérées, par Candolle à une division de cette famille, par Lessing à une sous-tribu de la tribu des Cynarées, ayant pour type le genre *Centaurea*, ou le genre *Centaurium*.

CENTIPÈDE, adj., *centipes* (*centum*, cent, *pes*, pied). Épithète donnée par Kirby aux insectes qui ont plus de cinquante pattes et moins de deux cents, comme les Scolopendres.

CENTRAL, adj., *centralis*; *mittelständig* (all.) (*centrum*, centre); qui est au centre. Se dit : 1° en astronomie. On appelle *conjonction centrale* de deux corps célestes, celle qui a lieu quand ils se trouvent dans le même degré de longitude et de latitude, en sorte qu'une ligne droite, tirée du centre de la terre par l'un d'eux, passe par le centre de l'autre. Une *éclipse centrale* est celle dans laquelle le centre de la Lune coïncide avec l'axe même du cone de l'ombre terrestre, ou, quand l'observateur se trouve au centre de l'ombre, avec la ligne qui joint les centres de la Lune et du Soleil. 2° En physique, on nomme *choc central*, celui qui a lieu quand les corps se meuvent sur une même ligne, qui joint leurs centres d'inertie. 3° En botanique, on appelle *embryon central*, celui qui occupe le centre du périsperme (ex. *Taxus*); *périsperme central*, celui qui forme, au centre de la graine, une masse environnée par l'embryon (ex. *Mirabilis*); *placentaire central*, celui qui occupe le centre du péricarpe (ex. *Antirrhinum*).

CENTRE, s. m., *centrum*; χέντρον; *Mittelpunkt* (all.). Milieu d'une chose. On appelle, en physique, *centre de gravité*, *centre d'inertie*, le point d'un corps par lequel passe constamment la résultante des forces parallèles dans les diverses positions qu'on lui fait prendre successivement par rapport à la direction de ces forces; *centre d'action*, le point dans lequel il faudrait supposer que toute les particules d'un corps se trouvassent rassemblées pour que leur action totale fût encore la même que quand elles étaient disséminées dans toute l'étendue de ce corps ; *centre des forces parallèles*, le centre de gravité.

CENTRIFUGE, adj., *centrifugus* ; *centrifugal* (angl.) (*centrum*, centre, *fugio*, fuir). On se sert de ce mot : 1° en physique. Une *force centrifuge* est celle qui, lorsqu'un mobile se trouve assujéti à se mouvoir dans une courbe donnée, se dirige à chaque instant suivant la normale au point que l'on considère, d'où il résulte une tendance continuelle du mobile à s'échapper par la tangente au cercle qu'il décrit. Cette force est en raison directe du rayon de cercle décrit et inverse du carré du temps employé à décrire la circonférence entière. 2° En histoire naturelle. On dit la *radicule centrifuge*, quand elle se dirige horizontalement vers la paroi du fruit (ex. Cucurbitacées). Rœper appelle *évolution centrifuge* celle qui a lieu dans les inflorescences définies ou terminées, où la floraison va du centre à la circonférence, la fleur centrale de chaque degré de ramification s'épanouissant toujours avant celles qui terminent les rameaux nés au-dessous d'elle. Le *Lichen centrifugus* est ainsi nommé parce que ses expansions semblent partir toutes d'un même centre.

CENTRIPÈTE, adj., *centripetus* ; *centripetal* (angl.) (*centrum*, centre, *peto*, aller). On emploie ce mot : 1° en physique. Une *force centripète* est une force accélératrice qui, infléchissant à chaque instant le mouvement, est constamment dirigée vers un point fixe, où elle tend à ramener le mobile : dans ce cas, les aires décrites autour du point fixe par le rayon vecteur du mobile sont proportionnelles aux temps employés à les décrire. 2° En histoire naturelle. Les botanistes disent la *radicule centripète*, quand elle se dirige vers le centre du fruit (ex. *OEnothera*). Rœper

nomme *épanouissement centripète*, celui des inflorescences indéfinies, où partout les fleurs inférieures ou externes s'épanouissent les premières, en sorte que la fleuraison va de bas en haut, comme dans l'épi et la grappe, ou de dehors en dedans, comme dans la grappe corymbiforme et l'ombelle.

CENTRIS, s. m., *centris* ; κεντρίς. Aiguillon. Kirby désigne ainsi le dernier article renflé de la queue des scorpions, qui se termine par un dard.

CENTRISPORÉES, adj. et s. f. pl., *Centrisporeæ* (κεντρὸν, centre, σπορὰ, graine). Nom donné par Agardh à une classe de plantes Phanérocotylédones complètes hypogynes polypétales qui, comme les Caryophylliées, Linées, Oxalidées et Hypéricinées, ont les graines fixées au centre du fruit.

CENTRODONTE, adj., *centrodontus* (κεντρίς, aiguillon, ὀδοὺς, dent), qui a des dents aiguës et subulées. Ex. *Boops centrodontus*.

CENTROLÉPIDÉES, adj. et s. f. pl., *Centrolepideæ*. Nom donné par A. Richard à une tribu de la famille des Restiacées, érigée en famille par Desvaux, qui a pour type le genre *Centrolepis*.

CENTRONIÉS, adj. et s. m. pl., *Centroniæ* (κέντρων, habitation de divers morceaux). Dénomination classique des oursins selon Hill ; nom que Pallas propose de donner aux animaux rayonnés, les zoophytes exceptés.

CENTROSTOMES, adj. et s. m. pl., *Centrostomata* (κεντρὸν, centre, στόμα, bouche). Nom donné par Blainville à une famille de l'ordre des Echinodermaires Echinides, comprenant ceux qui ont la bouche parfaitement centrale.

CÉPACÉ, adj., *cepaceus* (*cepa*, ognon) ; qui a l'odeur de l'ognon ou de l'ail (ex. *Tulbagia cepacea*) ; qui a une forme globuleuse et déprimée, à peu près semblable à celle d'un ognon (ex. *Natica cepacea*).

CÉPHÆLIDÉES, adj. et s. f. pl., *Cephælideæ*. Nom donné par Candolle à un groupe de la famille des Rubiacées, qui a pour type le genre *Cephælis*.

CÉPHALACÈNES, adj. et s. m. pl., *Cephalacæna* (κεφαλή, tête, ἄκαινα, épine). Nom donné par Latreille à une tribu de la famille des Percoïdes, renfermant des poissons dont la plupart ont des dentelures ou des épines sur quelque partie de la tête.

CÉPHALÆODES, adj. et s. m. pl., *Cephalæoda* (κεφαλή, tête, ὁδόω, marcher). Nom donné par G. Fischer à une classe des Mollusques Branchiopneumones, comprenant ceux qui marchent au moyen de tentacules fixés au-dessus de la tête.

CÉPHALAIRE, adj., *cephalarius* (κεφαλή, tête). Épithète donnée aux grains d'une roche grenue, quand ils sont gros comme la tête d'un homme.

CÉPHALANTHE, s. m., *cephalanthium* (κεφαλή, tête, ἄνθος, fleur). Nom donné par L.-C. Richard à la fleur composée de Linné, calathide de Mirbel.

CÉPHALANTHE, adj., *cephalanthus* ; qui a ses fleurs disposées ou réunies en têtes. Ex. *Carduus cephalanthus*, *Astragalus cephalanthus*.

CÉPHALANTHÉES, adj. et s. f. pl., *Cephalantheæ*. Nom donné par Candolle à une sous-tribu de la famille des Rubiacées, qui a pour type le genre *Cephalanthus*.

CÉPHALASPIDOBÆNES, adj. et s. m. pl., *Cephalaspidobænæ* (κεφαλή, tête, ἀσπίς, plaque, βαίνω, marcher). Nom donné par J.-A. Ritgen à une tribu de la famille des Géosauriens, ou Sauriens marcheurs, comprenant

ceux qui ont la tête garnie de plaques.

CÉPHALÉS, adj. et s. m. pl., *Cephalata* (κεφαλή, tête). Nom donné par Lamarck à une section de la classe des Mollusques, comprenant ceux qui sont munis d'une tête.

CÉPHALÉMYDES, adj. et s. m. pl., *Cephalemydæ* (κεφαλή, tête, μυῖα, mouche). Nom donné par Robineau-Desvoidy à une famille de l'ordre des Diptères myodaires, comprenant ceux qui ont une grosse tête.

CÉPHALIDIENS, adj. et s. m. pl., *Cephalidia* (κεφαλίδιον, petite tête). Nom donné par Latreille à une série du règne animal, comprenant les animaux sans vertèbres qui ont une petite tête, ou dont la partie qu'on appelle ainsi porte improprement cette dénomination.

CÉPHALIQUE, *cephalicus* (κεφαλή, tête). On donne cette épithète à la *charnière* d'une coquille bivalve, quand elle est située à l'extrémité où se trouve la tête de l'animal, et au *crochet* d'une coquille bivalve, quand il occupe l'extrémité antérieure de la valve (ex. *Pecten*).

CÉPHALOBRANCHES, adj. et s. m. pl., *Cephalobranchia* (κεφαλή, tête, βράγχια, branchies). Nom donné par Latreille à un ordre de la classe des Annelides, comprenant ceux qui ont les branchies à l'extrémité antérieure du corps.

CÉPHALODE, s. m., *cephalodium*; *Knöpfchen* (all.) (κεφαλή, tête). Acharius appelle ainsi un apothécion bombé, sans bordure, ni bourrelet, et qui prend naissance sur un podétion. Ex. *Stereocaulon*.

CÉPHALODIENS. *Voyez* CÉPHALOIDES.

CÉPHALOIDE, adj., *cephaloides*; *kopfartig* (all.) (κεφαλή, tête, εἶδος, ressemblance). On donne cette épithète au *renflement* antérieur des *Amphistoma*, qui simule une tête. Se dit quelquefois aussi des *fleurs*, lorsqu'elles sont réunies en capitules.

CÉPHALOIDES, adj. et s. m. pl., *Cephalodei, Cephaloidei*. Nom donné par Acharius à un ordre de Lichens, comprenant ceux dont les conceptacles presque globuleux sont placés à l'extrémité des ramifications du thalle, ou portés sur des pédicules.

CÉPHALOPHORE, s. m., *cephalophorum* (κεφαλὴ, tête, φέρω, porter). Nees d'Esenbeck appelle ainsi, dans les champignons ventrus et filiformes, la base ou le pédicule.

CÉPHALOPHORE, adj., *cephalophorus*; qui porte ses fleurs disposées en pelotes ou en têtes. Ex. *Crassula cephalophora*.

CÉPHALOPHORES, adj. et s. m. pl., *Cephalophora*. Nom donné par Blainville à une classe de Malacozoaires, comprenant ceux qui ont une tête bien distincte du reste du corps et pourvue de tous les organes des sens spéciaux.

CÉPHALOPHRAGME, s. m., *cephalophragma* (κεφαλὴ, tête, φράγμα, haie). Kirby appelle ainsi la cloison qui divise intérieurement la tête des insectes en deux chambres, l'une antérieure et l'autre postérieure.

CÉPHALOPODES, adj. et s. m. pl., *Cephalopoda* (κεφαλὴ, tête, ποῦς, pied). Nom donné par Cuvier, Lamarck, Goldfuss et Schweigger à un ordre de la classe des Mollusques, par Blainville à un ordre de celle des Céphalophores, par Latreille, Menke, Ficinus et Carus, à une classe du règne animal, comprenant des animaux invertébrés qui ont la tête couronnée de huit à dix appendices servant à la locomotion et à la préhension.

CÉPHALOPTÈRE, adj., *cephalopterus* (κεφαλὴ, tête, πτερὸν, aile). Le *Coracina cephaloptera* est appelé ainsi, parce qu'il a la tête garnie d'un bouquet de longues plumes

I.

gréles, recourbées d'avant en arrière, en façon de parasol.

CÉPHALOSOME, adj., *cephalosomatus* (κεφαλὴ, tête, σῶμα, corps). Épithète donnée par Blainville aux poissons qui ont le corps gros en avant et la tête volumineuse.

CÉPHALOSTOMES, adj. et s. m. pl., *Cephalostomata* (κεφαλὴ, tête, στόμα, bouche). Nom donné par Leach à une famille de l'ordre des Arachnides trachéennes.

CÉPHALOTE, adj., *cephalotes*; κεφαλωτός; qui a une grosse tête. Ex. *Crabro cephalotes*, *Formica cephalotes*, *Lethrus cephalotes*.

CÉPHALOTES, adj. et s. m. pl., *Cephalotes*. Nom donné par Duméril, Goldfuss, Ficinus et Carus à une famille de poissons, en raison du volume généralement considérable de la tête de ceux qu'elle renferme.

CÉPHALOTHÈQUE, s. f., *cephalotheca* (κεφαλὴ, tête, θήκη, boîte). Kirby appelle ainsi l'extrémité antérieure des chrysalides, qui couvre et protége la tête de l'insecte.

CÉPHALOTHORAX, s. m., *cephalothorax* (κεφαλὴ, tête, θώραξ, poitrine). Latreille donne ce nom, dans les Arachnides et les Entomostracés, à la partie qui répond au thoracide des crustacés décapodes, et qui résulte de la tête confondue avec le tronc.

CÉPHALOTRICHIENS, adj. et s. m. pl., *Cephalotrichei*. Nom donné par Fries à une tribu de l'ordre des Coniomycètes tubercularins, ayant pour type le genre *Cephalotrichum*.

CÉPOLOIDES, adj. et s. m. pl., *Cepoloïdes*. Nom donné par Blainville à une famille de l'ordre de poissons thoraciques, qui a pour type le genre *Cepola*.

CÉRACÉ, adj., *ceraceus*; *wachsartig* (all.); qui a la consistance ou l'aspect de la cire.

CÉRAINE, s. f., *ceraina*. V. Bou-

16

det et Boissenot appellent ainsi une matière grasse qui est produite par l'action des alcalis sur la cérine.

CÉRAMBYCIDES, adj. et s. m. pl., *Cerambycidæ*. Leach appelle ainsi la famille suivante.

CÉRAMBYCINS, adj., *Cerambycinii*. Nom donné par Lamarck, Cuvier, Latreille, Goldfuss, Eichwald, Ficinus et Carus à une famille ou à une tribu de l'ordre des Coléoptères, qui a pour type le genre *Cerambyx*.

CÉRAMIACÉES, adj. et s. f. pl., *Ceramyaceæ*. Nom donné par Reichenbach à une tribu de la famille des Floridées, qui a pour type le genre *Ceramium*.

CÉRAMIAIRES, adj. et s. f. pl., *Ceramiariæ*. Famille d'Hydrophytes, établie par Bory, et qui a pour type le genre *Ceramium*.

CÉRAMIÉES, adj. et s. f. pl., *Ceramieæ*. Nom sous lequel Agardh désigne une famille de Confervacées, et Bonnemaison une famille d'Hydrophytes loculées, ayant pour type le genre *Ceramium*.

CÉRANOIDE, adject., *ceranoides* (κέρας, corne, εἶδος, ressemblance); qui a des rameaux disposés en manière de cornes. Ex. *Cladonia ceranoides*.

CÉRASINE, s. f., *cerasina*. John a désigné sous ce nom le mucilage végétal qui existe dans la gomme de cerisier.

CÉRASPHORE, s. m., *cerasphorium, tuber; Stuhl, Rosenstokk* (all.) (κέρας, corne, φέρω, porter). Nom donné par Illiger, dans les mammifères, à une courte apophyse de l'os frontal qui porte une corne solide à l'extrémité.

CÉRATHÈQUE, s. f., *ceratotheca* (κέρας, corne, θήκη, boîte). Kirby appelle ainsi la partie de la chrysalide qui loge les antennes de l'insecte parfait.

CÉRATHOPHTHALME, adj., *ce-*

ratophthalmus (κέρας, corne, ὀφθαλμός, œil). L'*Ocypodus ceratophthalmus* a les pédoncules de ses yeux prolongés, au delà des globes oculaires, en une pointe conique et creuse.

CÉRATOLÈNES, adj. et s. m. pl., *pos* (κέρας, corne, καρπός, fruit). Le *Thlaspi ceratocarpon* a ses silicules très-échancrées, ce qui les fait paraître chargées de deux cornes.

CÉRATOCARPE, adj., *ceratocar-Ceratolena* (κέρας, corne, ὠλένη, bras). Nom donné par Ranzani à un ordre de la classe des Acéphales, comprenant ceux qui ont des bras voisins de la bouche et articulés.

CÉRATOPHTHALMES, adj. et s. m. pl., *Ceratophthalma*. Nom donné par Cuvier et Latreille à une famille de Crustacés décapodes, comprenant ceux qui ont les yeux placés le plus souvent à l'extrémité de deux pièces mobiles.

CÉRATOPHYLLE, adj., *ceratophyllus* (κέρας, corne, φύλλον, feuille). Épithète donnée à des plantes qui ont les feuilles simples, linéaires et subulées (ex. *Centaurea ceratophylla*), ou les feuilles pinnatifides, à pinnules linéaires (ex. *Valerianella ceratophylla*, *Nasturtium ceratophyllum*).

CÉRATOPHYLLÉES, adj. et s. f. pl., *Ceratophylleæ*. Nom donné par Gray, Caffin, Candolle et Kunth à une famille de plantes, qui a pour type le genre *Ceratophyllum*.

CÉRATOPHYTES, s. m. pl., *Ceratophyta* (κέρας, corne, φυτὸν, plante). Nom donné par Cuvier et Schweigger à une famille de l'ordre des Polypes corticaux, par Ficinus et Carus à une famille de la classe des Polypes, par Goldfuss à une famille de celle des Protozoaires, par Bory à un ordre de la classe des Phytozoaires, comprenant des polypiers dont l'axe intérieur à l'apparence du bois ou de la corne.

CÉRATOPTÉRIDES, adj. et s. f. pl., *Ceratopterides* (κέρας, corne, πτερίς, fougère). Nom donné par Kaulfuss à la famille des Equisétacées, à cause de la forme générale des plantes qui la constituent.

CERCARIÉS, adj. et s. m. pl., *Cercariæ*. Nom donné par Bory à une famille de l'ordre des Microscopiques gymnodés, qui a pour type le genre *Cercaria*.

CERCÉES, adj. et s. f. pl., *Cerceæ*. Nom donné par Candolle à une section de la famille des Légumineuses, qui a pour type le genre *Cercis*.

CERCIDION, s. m., *cercidium*. Ehrenberg a donné ce nom au *blanc de champignon*. *Voyez* ce mot.

CERCLÉ, adj., *cinctus, doliatus, alligatus, circinatus, circinalis, ligatus, succinctus, doliarius*. Epithète donnée à des *plantes* dont les feuilles naissent roulées sur ellesmêmes, comme celles des fougères (ex. *Lycopodium circinale*), dont la tige est formée d'anneaux, de protubérances ou de cercles implantés les uns sur les autres (ex. *Cycas circinalis*), dont les semences sont employées à faire des colliers et des bracelets (ex. *Mimosa circinalis*); à des *oiseaux* dont le plumage est marqué de raies transversales colorées (ex. *Thamnophilus doliatus*), à des *serpens* dont le corps offre des lignes transversales ou des cercles irréguliers colorés (ex. *Coluber doliatus, Disteira doliata*), à des *coquilles* qui présentent des lignes colorées, enfoncées, ou saillantes, concentriques (ex. *Fusus alligatus, Murex cingulatus, Cyclostoma ligata, Trochus doliarius, Balanus circinatus, Monoceros cingulatum, Triton succinctum, Cerithium cinctum, Fasciolaria alligata*). *Voyez* CEINTURÉ.

CERCODÉES, CERCODIANÉES, CERCODIENNES, adj. et s. f. pl., *Cercodianeæ, Cercodeæ*. Nom donné par Jussieu à une famille de plantes, par Candolle à une tribu de la famille des Haloragées, ayant pour type le genre *Cercodea*.

CERCOPIDES, adj. et s. m. pl., *Cercopidæ*. Nom donné par Leach à une famille de l'ordre des Hémiptères, qui a pour type le genre *Cercopis*.

CERCOPITHÈQUES, s. m. pl., *Cercopitheci* (κέρκος, queue, πίθηξ, singe). Nom donné par Goldfuss à une famille de l'ordre des Mammifères quadrumanes, comprenant les singes qui sont pourvus d'une queue.

CÉRÉAL, adj. et s. m., *cerealis*. Terme générique dont on se sert, dans le langage vulgaire, pour désigner toutes les graminées qui servent à la nourriture de l'homme et des animaux.

CÉRÉAN, adj., *cereanus* (*cera*, cire). La *Galleria cereana* est ainsi appelée parce que sa larve vit dans la cire des gâteaux d'abeilles.

CÉRÉBRAL, adj., *cerebralis* (*cerebrum*, cerveau); qui vit dans le cerveau, comme le *Cænurus cerebralis* dans celui des moutons, auxquels il donne la maladie appelée tournis.

CÉRÉBRIFORME, adj., *cerebriformis, cerebrinus* (*cerebrum*, cerveau, *forma*, forme). Epithète donnée à des zoophytes (ex. *Meandrina cerebriformis*) dont la surface est parsemée d'anfractuosités, et à des cryptogames (ex. *Opegrapha cerebrina*) dont la croûte est semée de rides irrégulières, offrant grossièrement l'apparence de la superficie du cerveau.

CÉRÉBRINE, s. f., *cerebrina*; *Hirnfett* (all.) (*cerebrum*, cerveau). Nom donné par Kuhn à la stéarine cérébrale lamelleuse.

CÉRÉIFORME, adj., *cereiformis*

(*cereus*, cierge, *forma*, forme); qui a la forme d'un cierge, comme l'*Euphorbia cereiformis*, ainsi appelé à cause de ses tiges minces, charnues et cylindriques.

CÉRÉRIUM, s. m., *Cererium.* Nom donné par Klaproth au *cérium*, qui lui-même avait été ainsi appelé parce que sa découverte coïncida avec celle de Cérès par Piazzi.

CÉRÈS, s. f., *ceres.* Planète découverte en 1801 par Piazzi, qui l'appela *Ferdinandea.* Elle apparaît comme une étoile de neuvième grandeur, un peu rougeâtre, et dont on a peine à distinguer le corps, au milieu du nuage épais qui l'enveloppe. Cette planète, l'un des quatre astéroïdes compris entre Mars et Jupiter, décrit un orbe incliné de 10° 37′31″,2 sur le plan de l'écliptique. Elle emploie 1681,4 jours pour sa révolution autour du Soleil. On la désigne par le signe ♀.

CÉREUX, adject., *cerosus.* Nom donné, dans la nomenclature chimique de Berzelius, à un *oxide* (*protoxide de cerium; Ceriumoxydul*, all.), qui est le premier degré d'oxidation du cérium, à un *chlorure* (*Chlorcerium*, all.), et à un *sulfure* (*Schwefelcerium*, all.), qui sont des combinaisons de ce métal avec du chlore et du soufre correspondantes à l'oxide céreux pour la composition, à un *oxisulfure* (*Schwefelceriumoxydul*, all.), qui est une combinaison de sulfure et d'oxide céreux, enfin à des *sels* qui résultent de la combinaison du cérium avec les corps halogènes, de l'oxide céreux avec les oxacides (*Ceroxydulsalzen*, all.) et du sulfure céreux avec les sulfides.

CÉRICO-POTASSIQUE, adj., *cerico-potassicus.* Nom donné, dans la nomenclature chimique de Berzelius, à des sels doubles qui résultent de la combinaison d'un sel cérique avec un sel potassique. Ex. *Sulfate cérico-*

potassique (*sulfate de cérium et de potasse*).

CÉRIDES, s. m. pl., *Cerides.* Ampère désigne sous ce nom un genre de corps simples, qui a pour type le cérium.

CÉRIFÈRE, adj., *ceriferus* (*cera*, cire, *fero*, porter); qui produit de la cire, comme le *Myrica cerifera*, ou le *Ceroxylon andicola.*

CÉRIGÈRE, adj., *cerigerus; bekleideter* (all.) (*cera*, cire, *gero*, porter). Épithète donnée au *bec* des oiseaux, quand il est garni d'une cire.

CÉRINE, s. f., *cerina.* Nom donné par John à l'une des deux substances qui existent dans la cire d'abeilles, et par Chevreul à une autre substance, la graisse cristalline qui est produite par l'action de l'acide nitrique sur le liége.

CÉRION, s. m., *cerio* (κήριον, cellule). Mirbel désigne ainsi un péricarpe contenant une graine périspermée dont l'embryon est rejeté sur le côté.

CÉRIQUE, adj., *cericus.* Nom donné, dans la nomenclature chimique de Berzelius, à un *oxide* (*Ceriumoxid*, all.), qui est le second degré d'oxidation du cérium, à un *chlorure* (*Cerchlor*, all.), un *sulfure* (*Cerschwefel*, all.) et un *fluorure* (*Cerfluor*, all.), qui correspondent à cet oxide pour la composition, à des *sels* (*Ceroxydsalzen*, all.) produits par la combinaison de l'oxide cérique avec les oxacides.

CÉRIROSTRE, adject., *cerirostris* (*cera*, cire, *rostrum*, bec). Se dit d'un oiseau dont le bec est muni d'une membrane ou d'une cire à sa base.

CÉRITHIACÉS, adj. et s. m. pl., *Cerithiacea.* Nom donné par Menke à une famille de l'ordre des Gastéropodes cténobranches, qui a pour type le genre *Cerithium.*

CÉRIUM, s. m., *cerium, cererium*. Métal qui a été découvert, en 1804, par Berzelius et Hisinger.

CERMATIDES, adj. et s. m. pl., *Cermatides*. Nom donné par Leach à une famille de l'ordre des Myriapodes, qui a pour type le genre *Cermatia*.

CÉROIDE, *ceroideus* ; *wachsähnlich* (all.). Se dit, en minéralogie, d'un corps qui ressemble à de la cire, dont il a la légèreté et la demi-transparence.

CÉROPHORES, adj. et s. m. pl., *Cerophora* (κέρας, corne, φέρω, porter). Nom donné par Blainville à une section de la famille des Ruminans, comprenant ceux qui ont les cornes rondes, à cheville osseuse compacte.

CÉROSO-CÉRIQUE, *ceroso-cericus*. Nom donné, dans la nomenclature chimique de Berzelius, à un chlorure et à un *oxide* (*Ceriumoxyd-oxydul*, all.) qui résultent de la combinaison du chlorure ou de l'oxide céreux avec le chlorure ou l'oxide cérique.

CÉROSO-POTASSIQUE, adj., *ceroso-potassicus*. Nom donné, dans la nomenclature chimique de Berzelius, à des sels doubles qui sont produits par la combinaison d'un sel céreux avec un sel potassique. Ex. *Sulfate céroso-potassique* (*sulfate de cérium et de potasse*).

CÉROXYLINE, s. f., *ceroxylina*. Bonastre a désigné sous ce nom une substance cristalline qu'il est parvenu à extraire de la cire obtenue en grattant l'écorce du *Ceroxylon andicola*.

CERQUE, s. m., *cercus* ; κέρκος. Kirby appelle ainsi deux organes courts, et en forme de queue, qui garnissent l'anus des Blattes, et aux appendices analogues qui existent chez les Grillons.

CERTHIADES, adj. et s. m. pl., *Certhiadæ*. Nom donné par Vigors à une tribu de sa famille des Oiseaux grimpeurs, qui a pour type le genre *Certhia*.

CÉRULÉ, adj., *cœruleus* ; qui a une teinte bleue ou bleuâtre.

CÉRULÉES, adj. et s. f. pl., *Cœruleæ*. Nom donné par Robineau-Desvoidy à une section de la tribu des Muscides, comprenant des espèces généralement azurées.

CÉRULÉO-SULFATE, s. m., *cœruleo-sulphas*. Nom donné par Crum aux sels (*cörulinschwefelsaure Salze*, all.) que Berzelius a appelés depuis sulfoindigotates. *Voyez* ce mot.

CÉRULÉO-SULFURIQUE, adject., *cœruleo-sulphuricus*. Nom donné par Crum à un *acide* (*Cörulinschwefelsäure*, all.), que Berzelius appelle *sulfoindigotique*.

CÉRULINE, s. f., *cœrulina*. Crum appelle ainsi la matière colorante bleue qui est contenue dans les sulfoindigotates, le *bleu d'indigo soluble*, ou *acide sulfoindigotique* de Berzelius.

CÉRULIPENNE, adj., *cœrulcipennis* (*cœruleus*, bleu, *penna*, aile) ; qui a les ailes bleues ou bleuâtres. Ex. *Hydromya cœruleipennis*.

CERVEAU, s. m., *cerebrum* ; ἐγκέφαλος ; *Gehirn* (all.) ; *brain* (angl.) ; *cerebro* (it.). On donne ce nom, tantôt à toute la masse pulpeuse qui remplit le crâne des animaux vertébrés, tantôt seulement à la partie antérieure de cette masse, et alors on réserve à la postérieure celui de *cervelet* (*cerebellum* ; παρεγκεφαλίς ; *Hirnlein*, all.). Aucun autre animal n'a de véritable cerveau, et c'est par abus qu'on applique cette dénomination à des ganglions nerveux situés, chez eux, dans la tête ou dans son voisinage. C'est par le cerveau et dans le cerveau que nous pensons.

CERVICAL, adj., *cervicalis* (*cervix*, nuque). Épithète par laquelle les ornithologistes désignent les plumes

du sommet de la tête, et divers oiseaux qui ont la nuque autrement
colorée que le reste du corps (ex.
Psittacus cervicalis).

CERVICOBRANCHES, adj. et s.
m. pl., *Cervicobranchiata* (*cervix*,
nuque, βράγχια, branchies). Nom
donné par Blainville à un ordre de la
classe des Paracéphalophores, comprenant ceux qui ont les branchies
contenues dans une cavité située au
dessus du cou.

CERVICORNE, adj., *cervicornis*
(*cervus*, cerf, *cornu*, corne). Un
insecte (*Ontophagus cervicornis*) est
ainsi appelé parce qu'il a la tête armée de deux cornes droites et subra-
meuses ; un autre (*Tabanus cervicornis*), parce qu'un long prolongement
recourbé part de la base de ses antennes.

CERVICULÉ, adj., *cerviculatus*
(*cervix*, nuque). Kirby donne cette
épithète au *prothorax*, quand il est
alongé, atténué et distingué de l'a-
vant-poitrine par une suture, de
manière à former une nuque longue
et bien manifeste.

CERVINS, adj. et s. m. pl., *Cer-
vina* (*cervus*, cerf). Nom donné par
Goldfuss à une famille de l'ordre des
Mammifères ruminans, qui a pour
type le genre *Cervus*.

CESTOIDES, adj. et s. m. pl.,
Cestoidea (κεστός, ceinture, εἶδος,
ressemblance). Nom donné par Rudolphi et Schweigger à un ordre de
la classe des Entozoaires ou Enthelminthes, par Cuvier, Schweigger,
Ficinus et Carus à une famille de
celle des Vers intestinaux, par Latreille à un ordre de celle des Elminthaproctes, par Eichwald à une famille de celle des Grammazoaires,
comprenant ceux de ces animaux qui
ont le corps alongé et déprimé, comme un ruban.

CESTRIFORME, adj., *cestrifor-
mis ; meisselförmig* (all.) (*cestrum*,

dard (*forma*, forme). Épithète donnée par Illiger aux dents incisives,
quand elles sont longues et étroites,
et que leur tranchant forme un angle
presque droit de chaque côté.

CÉTACÉS, adj. et s. m. pl., *Ce-
tacea, Cetæ* (κῆτος, baleine). Nom
donné par Linné, Cuvier, Duméril,
Desmarest, Goldfuss, Tiedemann,
Gray, Eichwald, Ficinus et Carus à
un ordre, par Blumenbach, Blainville, Illiger et Latreille à une famille de la classe des Édentés, ayant
pour type le genre *Baleine*.

CÉTINE, s. f., *cetina ; Wallrath-
fett* (all.) (κῆτος, baleine). Chevreul
donne ce nom à une substance grasse
particulière, qui fait la base du blanc
de baleine.

CÉTIQUE, adj., *ceticus*. Sous le
nom d'*acide cétique*, Chevreul a désigné pendant quelque temps le produit de la saponification de la cétine,
que depuis il a reconnu n'être qu'un
mélange d'acide margarique, de cétine non saponifiée et de cétine altérée.

CÉTOGRAPHIE, s. f., *cetogra-
phia* (κῆτος, baleine, γράφω, écrire).
Histoire de la baleine.

CÉTOLOGIE, s. f., *cetologia* (κῆτος, baleine, λόγος, discours). Traité
sur la baleine et les autres cétacés.

CÉTOSAURIENS, adj. et s. m. pl.,
Cetosauri (κῆτος, baleine, σαῦρος,
lézard). Nom sous lequel Muller propose d'établir, dans la classe des reptiles, un ordre ou une famille, pour
y comprendre les genres *Ichthyosaurus* et *Plesiosaurus*.

CÉVADATE, s. m., *cevadas*. Genre de sels (*sabadillsaure Salze*, all.)
qui sont produits par la combinaison
de l'acide cévadique avec les bases
salifiables.

CÉVADIQUE, adject., *cevadicus*.
Nom donné par Pelletier et Caventou
à un *acide* (*Sabadillsäure*, all.) particulier, qu'ils ont découvert dans la

cévadille, graine du *Veratrum Sabadilla*.

CHÆNOTRIQUE, adj., *chænotrichus* (χαίνω, ouvrir, θρίξ, poil). Le *Psychotria chænotricha* est ainsi appelé parce que la gorge de sa corolle est très-velue.

CHÆTANTHÉRÉES, adj. et s. f. pl., *Chætanthereæ*. Nom donné par D. Don à une tribu de la famille des Labiatiflores, qui a pour type le genre *Chætanthera*.

CHÆTARINÉES, adj. et s. m. pl., *Chætarinæ*. Nom donné par Link à une tribu de la famille des Graminées, qui a pour type le genre *Chætarus*.

CHÆTOCÉPHALE, adj., *chætocephalus* (χαίτη, chevelure, κεφαλή, tête). Le *Spermacoce chætocephala* a reçu ce nom parce que les capitules de ses fleurs sont garnis de feuilles et de soies longues.

CHÆTODONOIDES, adj. et s. m. pl., *Chætodonoidei*. Nom donné par Eichwald à une famille de la tribu des poissons osseux acanthoptérygiens, qui a pour type le genre *Chætodon*.

CHÆTODONTES, adj. et s. m. pl., *Chætodontes* (χαίτη, chevelure, ὀδοῦς, dent). Nom donné par Latreille à une tribu de la famille des poissons squamipennes, comprenant ceux qui ont les dents très-fines, en velours ou en rape, et ayant pour type le genre *Chætodon*.

CHAGRINÉ, adj., *granarius*; qui a l'apparence du chagrin, qui est grenu, comme la *coquille* du *Murex granarius*. On appelle *chenilles chagrinées* celles dont la peau est hérissée d'une infinité de petits grains durs, qui font sur le doigt passant dessus la même impression que causeraient les aspérités du chagrin. Le *Campylopus exasperatus* est ainsi appelé parce que ses urnes sont chagrinées à la base.

CHAILLETÉACÉES, adj. et s. f. pl., *Chailleteaceæ*. Nom donné par Candolle à une famille de plantes, qui a pour type le genre *Chailletea*.

CHAILLETIÉES, adj. et s. f. pl., *Chailletieæ*, *Chailletiea*. R. Brown appelle ainsi la famille précédente, qui pour Bartling est une tribu de celles des Ulmacées.

CHAINE, s. f., *catena*. On appelle habituellement *chaînes de montagnes* (*Gebirgskette*, all.; *tract of hills*, angl.) celles qui forment un grand massif de terrain élevé au-dessus du sol environnant, diversement découpé par des vallons et des points d'où s'élèvent encore des cimes particulières, quoique, strictement parlant, cette dénomination ne convienne qu'à celles de ces masses qui sont étendues en longueur.

CHAINÉ, adj., *catenulatus*. Terme peu usité, dont on se sert quelquefois pour désigner ce qui est formé de parties attachées bout à bout. *Voyez* CATÉNULÉ.

CHAINON, s. m. Les géologues appellent ainsi des élévations particulières de terrain, qui sont placées les unes à côtés des autres.

CHAIR, s. f., *caro*; σάρξ; *Fleisch* (all.); *flesh* (angl.); *carne* (it.). Nom populaire de toutes les parties musculaires des animaux, en tant qu'elles servent d'aliment. Candolle appelle ainsi le mésocarpe, quand il est développé, imbibé de suc et cependant d'une consistance assez ferme. Cette acception du mot *chair* est tirée du langage populaire : c'est en l'adoptant qu'on dit la *chair d'un fruit*, d'un melon par exemple. Les botanistes se servent ordinairement du mot *pulpe* pour rendre la même idée.

CHALAZE, s. f., *chalaza*; χάλαζα; *Keimfleck*, *Spitzfleck*, *Hagel*, *Hagelfleck* (all.); *calaza* (it.). Les botanistes, d'après Gaertner, donnent ce nom à l'ombilic interne de la semence des plantes, au point, marqué sur la tunique interne, qui indique le lieu où le cordon ombilical la perçait. On l'applique aussi, en zoologie, aux deux cordons ligamenteux qui retiennent le jaune en situation dans l'œuf.

CHALCIDES, s. m. pl., *Chalcides*. Nom donné par Goldfuss à une famille de la classe des reptiles, et par Merrem à une famille de celle des Amphibiens, ayant pour type le genre *Chalcis*.

CHALCIDIDÉS, adj., *Chalcididæ*. Nom donné par J.-E. Gray à une famille de reptiles sauriens, qui a pour type le genre *Chalcis*.

CHALCIDIES, adj. et s. m. pl., *Chalcidia*. Oppel appelle ainsi une famille de reptiles sauriens, ayant le genre *Chalcis* pour type.

CHALCIDIENS, adj. et s. m. pl., *Chalcidii*. Nom donné par Bory à une famille de reptiles sauriens, ayant pour type le genre *Chalcis*.

CHALCIDITES, adj. et s. m. pl., *Chalcidites, Chalciditæ*. Nom donné par Cuvier, Latreille et Eichwald à une tribu de la famille des insectes hyménoptères pupipares, qui a pour type le genre *Chalcis*.

CHALCIDOIDES, adj. et s. m. pl., *Chalcidoidea*. Nom donné par P.-F. Fitzinger à une famille de reptiles, qui a pour type le genre *Chalcis*.

CHALCOGASTRE, adj., *chalcogaster* (χαλχός, bronze, γαστήρ, ventre); qui a l'abdomen bronzé. Ex. *Asilus chalcogaster.*

CHALCOPTÈRE, adj., *chalcopterus* (χαλχός, bronze, πτερόν, aile); qui a les ailes bronzées (ex. *Columba chalcoptera*), ou violettes (ex. *Cursorius chalcopterus*).

CHALCOPYGE, adj., *chalcopygus* (χαλχός, bronze, πυγή, derrière); qui a l'extrémité de l'abdomen bronzée. Ex. *Eristalis chalcopygus.*

CHALEUR, s. f., *calor*; θέρμη;

Wärme (all.); *heat* (angl.); *calore* (it.). Ce mot, dans lequel on enferme ordinairement l'idée vague et confuse d'une cause, n'exprime en réalité que la sensation éprouvée par nous lorsque nos organes enlèvent du calorique aux corps dont la température est supérieure à la nôtre, et, par extension, celle qu'il pourrait produire sur des organes plus résistans, ou même sur des corps non organisés. Dans le langage vulgaire, *chaleur* (*frega*, *foja*, it.) est souvent employé comme synonyme de *Rut*, en parlant des animaux domestiques surtout, qu'on dit *être en chaleur* (*hitzig seyn, läufig seyn*, all.), à l'époque où le besoin de l'accouplement se fait sentir chez eux.

CHALINASPISTES, adj. et s. m. pl., *Chalinaspistes* (χαλινοί, dents, ἀσπίς, plaque). Nom donné par J.-A. Ritgen à un groupe de l'ordre des reptiles ophidiens, renfermant ceux qui ont des plaques sur le corps, et des dents venimeuses à la mâchoire supérieure.

CHALINOPHIDES, adj. et s. m. pl., *Chalinophides* (χαλινοί, dents, ὄφις, serpent). Nom donné par J.-A. Ritgen aux serpens qui ont des crochets à venin.

CHALINOPHOLIDOPHIDES, adj. et s. m. pl., *Chalinopholidophides* (χαλινοί, dents, φολίς, écailles, ὄφις, serpent). Nom donné par J.-A. Ritgen à un groupe de l'ordre des reptiles ophidiens, comprenant ceux qui ont le corps couvert d'écailles et les mâchoires armées de crochets à venin.

CHALUMEAU, s. m., *calamus*; κάλαμος; *Blaserohr, Löthrohr* (all.); *cannello* (it.). Instrument au moyen duquel on conduit un courant d'air sur la flamme d'une lampe, pour la diriger vers une substance qu'on veut soumettre à l'action de la chaleur. Candolle donne ce nom aux tiges simples, herbacées, qui sont sans nœuds et plus ou moins fistuleuses , comme celles des joncs.

CHALYBÉ, adj., *chalybæus, chalybeatus* (*chalybs*, acier) ; qui a la teinte grise du fer. Ex. *Trochilus chalybæus, Auricularia chalybea*.

CHALYBÉIFORME, adj. , *chalybeiformis* (*chalybs,* fil de fer, *forma,* forme). Le *Lichen chalybeiformis* a été ainsi appelé parce qu'il est formé de filamens bruns et cylindriques , qui ressemblent à du fil d'archal.

CHAMACÉES, adj. et s. m. pl., *Chamacea.* Nom donné par Menke à une famille de l'ordre des Elatobranches cardiacés, comprenant ceux qui ont pour type le genre *Chama.*

CHAMÆLAUCIÉES, adj. et s. f. pl., *Chamælaucieæ.* Nom donné par Candolle à une tribu de la famille des Myrtacées, qui a pour type le genre *Chamælaucium.*

CHAMAGROSTIDÉES, adj. et s. f. pl., *Chamagrostideæ.* Nom donné par Link à une tribu de la famille des Graminées , qui a pour type le genre *Chamagrostis.*

CHAMBRÉ, adj., *cameratus, concameratus.* Épithète donnée à une *coquille* univalve dont la cavité est partagée en plusieurs loges par des cloisons (ex. *Ammonites*), et à des *coquilles* bivalves qui offrent un feuillet détaché de leur fond et formant une petite loge au milieu (ex. *Cardita concamerata*), ou un repli septiforme à la base de leurs valves (ex. *Mytilus bilocularis*).

CHAMPÊTRE, adj. , *campestris ;* qui vit dans les champs. Ex. *Gryllus campestris, Parinarium campestre.*

CHAMPÊTRES, adj. et s. m. pl., *Campestres.* Nom donné par Illiger à une famille de l'ordre des oiseaux coureurs.

CHAMPIGNONS, s. m. pl., *Fungi.* Nom d'un ordre dans les systèmes de Linné, Willdenow et L.-C. Richard, et d'une famille dans tous

les auteurs qui ont adopté la méthode naturelle en botanique.

CHANFREIN, s. m. Partie comprise entre le bas du front et le museau, dans les Mammifères. On donne ce nom , chez les oiseaux , à l'ensemble des plumes effilées, en général assez rudes, qui sont placées à la base du bec, se dirigent d'arrière en avant , et couvrent les narines en totalité on seulement en partie (ex. *Corvus*).

CHANGEANS, adj. et s. m. pl., *Mutabilia.* Nom donné par Merrem à une tribu de l'ordre des reptiles batraciens, dans laquelle il range ceux de ces animaux qui subissent des métamorphoses.

CHANGEANT, adj., *mutabilis, variabilis, versicolor, varians, mutans ; veränderlich* (all.); *changeable* (angl.); *cangiente* (it.). On appelle *étoiles changeantes* celles dont l'éclat augmente et diminue périodiquement, comme entr'autres Algol, qui dans l'espace de 2 j. 20 h. 49' passe de la seconde à la quatrième grandeur, sans qu'on puisse expliquer ce phénomène d'une manière satisfaisante, et *couleurs changeantes*, celles dont la nuance varie suivant l'angle décrit par le rayon lumineux qui les produit (ex. *Spath changeant Voyez* CHATOYANT). On donne cette épithète à diverses plantes, soit à cause des variétés de couleur que la culture a produites en elles (ex. *Georgina variabilis*) , soit parce que leurs fleurs ne sont pas toujours de la même couleur, comme celles du *Gladiolus mutabilis*, qui, brunes le matin , changent de nuance dans la journée , deviennent d'un bleu clair vers le soir, reprennent dans la nuit la couleur qu'elles avaient le matin , et reproduisent journellement le même phénomène jusqu'à ce qu'elles soient fermées, c'est-à-dire pendant huit ou dix jours; soit parce que leurs fleurs , d'abord d'une couleur , en acquièrent une autre au bout de quelque temps , comme celles du *Tournefortia mutabilis* , qui du blanc vert passent insensiblement à un noir très-foncé, celles du *Zapania mutabilis* qui, d'abord écarlates, deviennent rosées , celles du *Ketmia mutabilis*, qui sont d'abord blanches, puis roses et ensuite pourpres , celles du *Gaura mutabilis*, qui , du jaune , passent au rouge , celles du *Cheiranthus mutabilis* , qui de jaunes deviennent purpurines ; soit enfin parce qu'un même pied porte des fleurs colorées diversement, comme le *Cistus mutabilis*, qui en a de jaunes et de rouges. On l'applique également à des animaux dont le pelage varie suivant les saisons , comme le *Lepus mutabilis*, qui est brun en été et blanc en hiver , ou dont le plumage est glacé, comme celui du *Corvus varians*, qui est noir, à reflets verdâtres, ou dont le plumage est très-sujet à varier pour la nuance , comme celui du *Coccothraustes mutans*.

CHANT, s. m. , *cantus ; ᾠδή ; Gesang* (all.) ; *singing* (angl.) ; *canto* (it.). Sorte de modification de la voix qui permet de produire des sons variés et appréciables ; suite d'inflexions de voix, agréables à l'oreille, qui procèdent par des intervalles admis dans la musique et dans les règles de la modulation.

CHANTERELLE , s. f. Nom donné à un champignon (*Agaricus cantharellus*), parce qu'on a cru trouver quelque ressemblance entre sa forme et celle de la tête d'un coq qui chante.

CHANTEUR, adj. , *canorus, cantans, musicus; ᾠδός*. Épithète donnée à des oiseaux qui ont la voix plus ou moins harmonieuse. Ex. *Nisus canorus, Coccothraustes canora, Loxia cantans, Muscicapa cantatrix, Sparvius musicus, Pipra musica*.

CHANTEURS, adj. et s. m. pl. ,

Canori, *Oscines*. Nom donné par Scopoli , Illiger , Meyer et Wolf, Goldfuss , Vieillot et C. Bonaparte à un ordre ou à une famille, comprenant des oiseaux dont la plupart ont un chant plus ou moins harmonieux.

CHANTEUSES, adj. et s. f. pl. , *Stridulantes*: Nom donné par Latreille à une tribu de la famille des Cicadaires, dans laquelle il range les espèces dont les mâles ont un organe musical de chaque côté de la base du ventre.

CHANVREUX , adj. , *cannabinus*. Épithète donnée à une plante (*Daphne cannabina*) avec l'écorce de laquelle les Cochinchinois font du papier , à une autre (*Althœa cannabina*), dont la tige fournit de la filasse dans certaines contrées , et à une autre encore (*Datisca cannabina*) qui a des rapports extérieurs avec le chanvre.

CHAODINÉES , adj. et s. f. pl. , *Chaodineæ*. Nom donné par Reicheinbach à une tribu de la famille des Nostochinées, et par Fries à une famille de la classe des Algues.

CHAOTIQUE , adject. , *chaoticus* (χάος, chaos). Quelques écrivains modernes se sont servis du mot *élémens chaotiques*, pour exprimer les rudimens hypothétiques de l'état présent de la matière.

CHAPEAU, s. m., *pileus ; πῖλος, πίλημα*. Partie d'un filon qui s'approche de la surface du sol. — Les botanistes donnent ce nom , dans les champignons gymnocarpiens (*Hut* , all. ; *cappello* , *pileo*, it.) , au péridion ou réceptacle des corps reproducteurs, quand il termine le stipe sous la forme d'un disque ; d'une calotte ou d'un renflement quelconque. — Illiger l'applique à la partie supérieure du crâne des oiseaux, depuis la racine du bec jusqu'à la nuque.

CHAPERON , s. m. , *clypeus*. Ce nom, d'une signification très-variée, est donné : dans les poissons, à un corps plane, marginé, garni de lames parallèles et pectinées, qui se trouve sur la tête des *Echeneis*; dans les crustacés décapodes, à l'intervalle qui sépare les yeux, quand le bord externe de la tête ne se prolonge point en rostre; dans les insectes, d'après Latreille, à la partie la plus avancée du front des coléoptères, celle qui touche immédiatement à la bouche ou à la lèvre supérieure; d'après Fabricius, au labre ou à la lèvre supérieure des orthoptères, névroptères et hyménoptères; suivant Straus, à l'une des six pièces du crâne, qui est placée au devant de l'épicrane, avec lequel elle se soude et dont elle fait la continuation, et qui a été ainsi appelée parce que, dans beaucoup d'insectes, elle est très-considérable, et s'avance sur les parties de la bouche, qu'elle recouvre en entier.

CHAPERONNÉ, adj., *pileatus*. Le *Pipra pileata* est ainsi appelé parce que les plumes noires qui garnissent sa tête se relèvent en une sorte de chaperon.

CHARACÉES, adj. et s. f. pl., *Characeæ*. Nom donné par Sprengel à une section de la famille des Hydrophytes, par Agardh à une famille de l'ordre des Confervoïdées, ayant pour type le genre *Chara*, et que L.-C. Richard a érigée en une famille, admise par Kunth et Bartling.

CHARACINS, adj. et s. m. pl., *Characini*. Nom donné par Latreille à une tribu de la famille des Salmonides, qui a pour type le genre *Characinus*.

CHARADRIADÉS, adj. et s. m. pl., *Charadriadeæ*. Nom donné par Vigors à une famille de l'ordre des oiseaux Echassiers, ayant le genre *Charadrius* pour type.

CHARADRIÉS, adj., *Charadriæ*. Nom donné par Lesson à une famille du sous-ordre des vrais Echassiers, qui a pour type le genre *Charadrius*.

CHARANSONITES, s. m. pl., *Curculionites*. Lamarck et Latreille désignent sous ce nom une famille ou une tribu de l'ordre des Coléoptères, qui a pour type le genre *Charanson*.

CHARBONNÉ, adj., *carbonarius*; qui est de couleur noire, ou marqué de noir. Ex. *Cerobatus carbonarius, Andrena carbonaria*.

CHARDONIN, s. m., *chardoninum*. Morin a désigné sous ce nom un principe amer particulier, qu'il a trouvé dans le chardon bénit.

CHARÉES, adj. et s. f. pl., *Chareæ*. Nom donné par Bartling à une famille de plantes, qui a pour type le genre *Chara*.

CHARIANTHÉES, adj. et s. f. pl., *Charianthecæ*. Nom donné par Candolle à une section de la famille des Mélastomacées, ayant pour type le genre *Charianthus*.

CHARNIÈRE, s. f., *cardo; Angel, Schloss* (all.); *hinge* (angl.); *cerniera* (it.). Les zoologistes appellent ainsi la partie du bord supérieur d'une coquille bivalve qui est modifiée diversement pour assurer plus de solidité à l'articulation des valves, en leur permettant de se pénétrer réciproquement.

CHARNU, adj., *carnosus; fleischig* (all.); *fleshy* (angl.); *carnoso* (it.). Se dit en botanique d'un *fruit* dont le sarcocarpe est mou ou d'une consistance pulpeuse, ou de tout autre organe qui est formé en grande partie d'un tissu cellulaire succulent, comme l'*arille* du *Myristica*, l'*axe* du *Bromelia Ananas*, les *cotylédons* du *Faba*, la *noix* du *Juglans*, les *feuilles* du *Pteroneurum carnosum* et du *Cineraria carnosa*, le *placentaire* du *Saxifraga granulata*, le *spadix* du

Calla palustris, le *péricarpe* de la pomme, le *stigmate* du *Lilium candidum*, la *racine* de la bryone, le *périsperme* du ricin, la *plante* tout entière du *Tuber cibarium*.

CHASMATOPHYTE, s. m., *chasmatophytum* (χάσμα, hiatus, φυτὸν, plante). Nom donné par Necker aux plantes didynames dont la fleur irrégulière représente une sorte de gueule.

CHASSEUSES, adj. et s. f. pl., *Venatoriæ*. Lister donnait cette épithète aux *araignées* qui ne filent pas de toiles pour attraper leur proie, et qui la prennent à la course.

CHATAIGNE, s. f. Espèce de corne placée au côté interne de la partie inférieure de l'avant-bras du cheval. Il y en a souvent une aussi à la partie interne et supérieure de chaque canon, en arrière, au dessus du jarret.

CHATAIN, adj., *castaneus; kastanienbraun* (all.); qui a la couleur d'une châtaigne ou d'un marron, le brun plus ou moins foncé, le roux plus ou moins vif. Ex. *Molossus castaneus*, *Emys castanea*, *Anisotoma castaneum*.

CHATON, s. m., *amentum*, *catulus*, *iulus*; *Kätzchen* (all.); *amento*, *gattino*, *gatto* (it.). Candolle appelle ainsi un mode d'inflorescence indéfinie, dans laquelle les fleurs naissent à l'aisselle de feuilles sessiles ou légèrement pédicellées, et où, après la floraison, s'il s'agit de fleurs mâles, après la fructification, s'il est question de femelles, l'axe se dessèche et se désarticule à sa base. Le *chaton* est ainsi appelé à cause de sa ressemblance grossière avec la queue d'un chat.

CHATOYANT, adj., *versicolor*; *schillernd*, *schimmernd* (all.). Se dit, en minéralogie, d'une pierre demi-transparente qui a des reflets variés et brillans, suivant l'aspect sous lequel on la voit (ex. *Quarz chatoyant*). Le

Coluber versicolor est ainsi appelé à cause de ses écailles chatoyantes; la *Musca varicolor*, parce que son corselet est d'un gris perlé.

CHATOYEMENT, s. m. Accident de lumière qui consiste en des reflets blanchâtres, satinés, soyeux ou nacrés, qui semblent flotter et se jouer dans l'intérieur d'un cristal, à mesure qu'on change de position. Ce mot fait allusion aux yeux du chat, qui brillent dans l'obscurité.

CHAUME, s. m., *culmus; Halm* (all.); *haum* (angl.); *culmo, canna, stoppia* (it.). Les botanistes donnent ce nom à une tige cylindrique, garnie, d'espace en espace, de nœuds compactes, de chacun desquels naît une feuille dont le pétiole forme une gaîne (ex. Graminées).

CHAUVE, adj., *calvus, muticus; kahl* (all.); *bald* (angl.); *calvo* (it.). Se dit, en botanique, d'une *graine* qui est dépourvue de chevelure (ex. *Vinca*), d'une *cypsèle* qui ne porte à son sommet ni aigrette, ni arête, ni paillettes (ex. *Lampsana communis*); en zoologie, d'un oiseau qui a la tête dégarnie de plumes (ex. *Tantalus calvus*, *Columba calva*), d'un poisson qui est couvert de pièces osseuses dures, comme écorchées (ex. *Amia calva*). Le *Lichen calvus* est ainsi appelé parce qu'il forme une croûte lisse, et que ses tubercules sont luisans.

CHÉILANTHE, adj., *cheilanthus* (χεῖλος, lèvre, ἄνθος, fleur.). Le *Delphinium cheilanthum* a deux pétales infléchis sur eux-mêmes, et qui semblent se border.

CHÉIRANTHÉES, adj. et s. f. pl., *Cheirantheæ*. Nom donné par Salisbury à une tribu de la famille des Crucifères, ayant pour type le genre *Cheiranthus*.

CHÉIROPTÈRES, adj. et s. m. pl., *Cheiroptera* (χείρ, main, πτερὸν, aile). Nom donné par Blumenbach,

Cuvier, Illiger, Duméril, Tiedemann, Goldfuss, Blainville, Latreille, Ranzani, Ficinus et Carus à une famille de la classe des Mammifères, comprenant ceux qui ont les doigts des mains fort alongés et réunis par une membrane, de manière à constituer des ailes propres au vol.

CHÉLICÈRE, subst. f., *chelicera* (χηλὴ, pince, κέρας, corne). Latreille appelle ainsi, dans les arachnides, deux pièces de la tête, représentant les antennes intermédiaires des Crustacés décapodes, souvent configurées en pinces, quelquefois aussi laminées et faisant partie d'un suçoir, qui coopèrent toujours directement à la manducation.

CHÉLICORNE, adj., *chelicornis* (χηλὴ, pince, *cornu*, corne). Un insecte (*Galeodes chelicornis*) est ainsi appelé, parce que les pinces qui terminent ses mandibules sont garnies de soies.

CHÉLIDINES, adj. et s. m. pl., *Chelidina*. Nom donné par Th. Bell à une section de la famille des Emydides, qui a pour type le genre *Chelys*.

CHÉLIDONIENS, adj. et s. m. pl., *Chelidones* (χελιδὼν, hirondelle). Nom donné par Ranzani à une famille de l'ordre des Passereaux, qui a pour type le genre *Hirondelle*.

CHÉLIDONINE, s. f., *chelidonina*. Maier appelle ainsi le principe narcotique du *Chelidonium majus*, que d'autres chimistes présument n'être que le véhicule de la substance volatile à laquelle cette plante doit ses propriétés narcotiques.

CHÉLIDONS, adj. et s. m. pl., *Chelidones* (χελιδὼν, hirondelle). Nom donné par Vieillot, Temminck, Meyer et Wolf, C. Bonaparte et Lesson à une famille ou tribu de l'ordre des Passereaux, ayant pour type le genre Hirondelle.

CHÉLIFÈRE, adject., *cheliferus*;

schœrentragend (all.) (χηλὴ, pince, *fero*, porter). Kirby applique cette épithète à la *queue* des insectes, quand elle est terminée par une pince ou tenaille, comme dans les mâles du genre *Panorpa*.

CHÉLIFORME, adj., *cheliformis* (χηλὴ, pince, *forma*, forme). Les palpes des insectes reçoivent cette épithète, lorsque leur dernier article est divisé en deux pièces, dont l'une se meut sur l'autre, de manière à produire une pince. Ex. *Scorpion*.

CHÉLONIADÉS, adj. et s. m. pl., *Cheloniadæ*. Nom donné par T. Bell et par J.-E. Gray à une famille de l'ordre des Reptiles chéloniens, qui a pour type le genre *Chelonia*.

CHÉLONIDES, adj. et s. m. pl., *Chelonidæ*. Nom donné par Gray à une famille de Reptiles chéloniens, qui a pour type le genre *Chelonia*.

CHÉLONIENS, adj. et s. m. pl., *Chelonii, Testudinata*. Nom donné par Brongniart, Cuvier, Goldfuss, Blainville, Duméril, Latreille, Ritgen, Eichwald, Ficinus et Carus à un ordre de la classe des Reptiles, comprenant toutes les tortues.

CHÉLONOGRAPHE, s. m., *chelonographus* (χελώνη, tortue, γράφω, écrire). Naturaliste qui s'occupe spécialement des tortues.

CHÉLONOGRAPHIE, s. f., *chelonographia*. Description ou traité des tortues.

CHÉLOPODES, adj. et s. m. pl., (χηλὴ, griffe, ποῦς, pied). Goldfuss, Ficinus et Carus désignent sous ce nom un ordre de Mammifères, comprenant ceux qui ont les doigts armés d'ongles crochus, et répondant aux carnassiers de Cuvier.

CHÉLYDOIDES, adj. et s. m. pl., *Chelydoidea*. Nom donné par P.-F. Fitzinger à une famille de Reptiles, qui a pour type le genre *Chelys*.

CHEMISE. *Voyez* INDUVIE.

CHÉNANTHOPHORES, adj. et s.

f. pl. *Chenanthophoræ* (χαίνω, bâiller, ἄνθος, fleur, φέρω, porter). Nom donné par Lagasca à un groupe de Synanthérées, le même que celui qui a été appelé labiatiflores par Candolle, comprenant celles de ces plantes dont la corolle est divisée en deux lèvres.

CHENES, s. m. pl., *Chenes* (χὴν, oie). Nom donné par J.-A. Ritgen à une famille d'Oiseaux, qui a pour type le genre *Oie.*

CHENILLE, s. f., *Eruca; κάμπη; Raupe* (all.); *caterpillar* (angl.); *bruco, ruca* (it.). Larve des insectes Lépidoptères.

CHÉNOCOLYMBES, s. m. pl., *Chenocolymbi* (χὴν, oie, κολυμβὶς, plongeon). Nom donné par J.-A. Ritgen à une famille d'oiseaux comprenant le genre *Alca.*

CHÉNOPODÉES, adj. et s. f. pl., *Chenopodeæ.* Nom donné par Jussieu à une famille de plantes, qui a pour type le genre *Chenopodium.*

CHÉNOPODIÉES, adj. et s. f. pl., *Chenopodieæ.* Nom donné par C.-A. Meyer à une tribu des Chénopodées, celle qui renferme le genre *Chenopodium.*

CHÉROPHYLLÉES, adj. et s. f. pl., *Chærophylleæ.* Nom donné, par A. Richard à une tribu de la famille des Ombellifères, qui a pour type le genre *Chærophyllum.*

CHERSOCHÉLONES, s. m. pl., *Chersochelones* (χερσαῖος, terrestre, χελώνη, tortue). Nom donné par J.-A. Ritgen à une famille de Reptiles, comprenant les tortues qui vivent sur terre.

CHERSODOLOPES, adj. et s. m. pl., *Chersodolopes* (χερσαῖος, terrestre, δόλος, perfidie). Nom donné par J.-A. Ritgen à une famille de Reptiles ophidiens, comprenant les serpens venimeux qui vivent sur terre.

CHERSOHYDROCHÉLONES, adj. et s. m. pl., *chersohydrochelones*

(χερσαῖος, terrestre, ὕδωρ, eau, χελώνη, tortue). Nom donné par J.-A. Ritgen à une famille de Reptiles, qui comprend les tortues d'eau douce.

CHERSONÈSE, s. f., *chersonesis; χερσόνησος* (χέρρσος, terre, νῆσος, île). Synonyme peu usité de péninsule ou presqu'île.

CHERSOPHOLIDOPHIDES, adjec. et s. m. pl. (χερσαῖος, terrestre, φολὶς, écaille, ὄφις, serpent). Nom donné par J.-A. Ritgen à une famille de Serpens, comprenant ceux qui ont le corps couvert d'écailles et qui vivent sur terre.

CHÈTE, s. m., *chetum* (χαίτη, soie). Nom donné par Robineau-Desvoidy à une pièce triarticulée de l'antenne de certains Myodaires, que les entomologistes désignent ordinairement sous celui de *soie* ou *filet.*

CHÉTOCÈRES, adj. et s. m. pl., *Chetocera* (χαίτη, chevelure, κέρας, corne). Nom donné par Duméril à une famille de l'ordre des insectes Diptères, comprenant ceux qui ont un poil isolé sur le côté de chaque antenne.

CHÉTODONIDES, adj. et s. m. pl., *Chætodonides.* Nom donné par Blainville à une famille de l'ordre des Poissons thoraciques, qui a pour type le genre *Chætodon. Voyez* CHÆTODONTES.

CHÉTOLOXES, adj. et s. m. pl. (χαίτη, soie, λοξός, latéral). Nom donné par Duméril à une famille de l'ordre des insectes Diptères, comprenant ceux dont les antennes portent un poil isolé latéral. *Voyez* LATÉRISÈTES.

CHÉTOPODES, adj. et s. m. pl., *Chetopoda* (χαίτη, chevelure, πούς, pied). Nom donné par Blainville à une classe d'Entomozoaires, comprenant ceux qui ont le corps garni d'appendices non articulés.

CHEVAUCHANT, adj., *equitans.* Se dit, en botanique, de *feuilles* ployées en gouttière, qui s'emboîtent réciproquement les unes dans les autres.

CHEVELU, s. m., *capillitium*. Ensemble des fibrilles (*fibrillæ*, Candolle, *radiculæ*, Smith) qui garnissent les dernières ramifications des racines très-divisées.

CHEVELU, adj., *capillamentosus, comatus, crinitus, comosus, jubatus*; *schopfig, schopfartig* (all.); *capelluto* (it.). Ce mot est employé: 1° en botanique, où l'on appelle *racine chevelue*, celle qui est garnie de ramifications capillaires nombreuses (ex. *Erica*), et *graine chevelue*, celle qui porte une touffe de poils, laquelle est, dans quelques espèces, un appendice particulier de la tunique séminale (ex. *Tamarix*), dans d'autres, le produit du funicule desséché et divisé en une multitude de filamens déliés (ex. *Asclepias*). On donne cette épithète à des plantes qui ont leurs feuilles divisées en segmens capillaires (ex. *Euryops comosus*, *Daucus crinitus*, *Athamanta crinita*, *Sison crinitum*), leurs bractées ciliées (ex. *Justicia crinita*), leurs pétioles hérissés de poils (ex. *Trichocladus crinita*), les écailles des cupules de leurs fruits garnies de longs filets, leurs feuilles couvertes de longs poils (ex. *Grimmia crinita*). Le *Hyacinthus comosus* doit ce nom à ce que les pédicules colorés et très-alongés de ses fleurs supérieures, qui sont stériles, forment une espèce de houppe ou de couronne au sommet de la grappe, et l'*Uraria crinita*, à ce que l'ensemble de ses fleurs, par la réunion des poils qui les garnissent et des minces pédicules qui les supportent, offre l'image d'une sorte de crinière touffue. 2° En zoologie. Le *Papio comatus* a deux touffes de longs poils qui lui descendent de l'occiput. Le *Cypselus comatus* a les côtés de la tête garnis de longues plumes étroites, qui se rabattent en houppe sur la nuque. L'*Anas jubata* a de longues plumes effilés, qui naissent sur sa nuque, et lui ombragent une partie du col. Le *Pyrrhocorax crinitus* porte une large huppe composée de plumes molles et déliées. Le *Picus villosus* a une bande de plumes effilées et plus longues le long du milieu du dos. Le *Buceros jubatus* a les plumes de la tête et du dessus du col hérissées en forme de crinière. L'*Anisonyx crinitum* a le corps hérissé de poils.

CHEVELURE, s. f., *coma*; χαίτη; *chioma, ciuffo* (it.). Les botanistes donnent ce nom à de longs poils mous, qui sont situés à la base des organes, principalement des semences; à des amas de bractées serrées au dessus des fleurs, et contenant des fleurs qui avortent, ou n'en contenant pas du tout. *Voyez* COMA.

CHEVET, s. m. Les mineurs appellent ainsi la face inférieure d'un filon.

CHEVILLÉ, adj., *clavosus*; qui a la forme d'un clou. Ex. *Cerithium clavus*, *Cerithium clavosum*, *Cerithium clavatulum*.

CHEVILLURE, s. f. On donne ce nom à tous les andouillers du bois du cerf qui sont situés au dessus du second.

CHEYLÉTIDES, adj. et s. m. pl., *Cheyletidæ*. Nom donné par Leach à une famille de la classe des Arachnides, qui a pour type le genre *Cheyletus*.

CHICORACÉ, adj., *cichoraceus*. Se dit d'un *coquille* univalve, dont le bord gauche offre une dilatation divisée en plusieurs pointes de forme diverse. Ex. plusieurs *Murex*.

CHICORACÉES, adj. et s. f. pl., *Cichoraceæ*; *Lastescentes*. Nom donné par Césalpin et Vaillant à une famille de plantes, ayant pour type le genre *Cichorium*, que D. Don a rétablie, mais dont Jussieu, L.-C. Richard, Lagasca, Candolle, Kunth et Lessing font seulement un groupe, une section ou une tribu de celle des Synanthérées.

CHIFFONNE, adj. On appelle *branches chiffonnes*, en agriculture, celles qui sont grêles, mal constituées, et qui nuisent à l'arbre.

CHIFFONNÉ, adj., *corrugatus, contortuplicatus, plicativus; zusammengerunzelt* (all.); qui est ployé sans aucun ordre, comme les pétales du *Punica*, avant leur épanouissement. On dit l'*estivation chiffonnée*, lorsque les pièces florales sont plissées irrégulièrement, comme dans la corolle des pavots; et les *cotylédons chiffonnés*, lorsqu'ils sont repliés en différens sens, à l'instar d'une étoffe froissée, comme ceux du *Combretum laxum*.

CHIGNON, s. m., *cervix;* μεταυχένιον. C'est, dans les mammifères et les oiseaux, la portion du col comprise entre la nuque et le commencement du dos.

CHILIANTHE, adj., *chilianthus* (χίλιοι, mille, ἄνθος, fleur). Se dit d'une plante qui est couverte de fleurs innombrables. Ex. *Entada chiliantha*.

CHILOGLOSSES, adj. et s. m. pl., *Chiloglossa* (χεῖλος, lèvres, γλῶσσα, langue). Latreille donne également ce nom aux *Chilognathes* (*voyez* ce mot), à cause de leur langue, qui forme une grande lèvre inférieure crustacée.

CHILOGNATHES, adj. et s. m. pl., *Chilognatha* (χεῖλος, lèvre, γνάθος, mâchoire). Nom donné par Latreille, Leach et Straus à un ordre de la classe des Myriapodes, par Eichwald à une famille de l'ordre des Crustacés myriapodes, comprenant ceux qui ont une bouche composée de deux mandibules et d'une langue formant une grande lèvre inférieure.

CHILOGNATHIFORME, adj., *chilognathiformis*. Epithète donnée par

Macleay et Kirby aux larves de coléoptères qui sont herbivores, subcylindriques, alongées, et comparables pour la forme à des jules. Ex. *Lucanus*.

CHILOME, s. m., *chiloma; Maul* (all.). Illiger a nommé ainsi le *muffle* des mammifères, c'est-à-dire l'extrémité labiale du nez, prise collectivement avec la lèvre, quand elle est tuméfiée et humide.

CHILOPODES, adj. et s. m. pl., *Chilopoda* (χεῖλος, lèvre, πούς, pied). Nom donné par Latreille à un ordre de la classe des Myriapodes, comprenant ceux qui ont une lèvre formée par une paire de pattes.

CHILOPODIFORME, adj., *chilopodiformis*. Macleay et Kirby donnent cette épithète aux larves de coléoptères qui sont subhexapodes, avec le corps alongé, déprimé, linéaire, et qui ressemblent un peu à des Scolopendres. Ex. *Carabus*.

CHIMIE, s. f., *chemia, chymia, chymica, spagyria, ars spagyrica, Mischkunde, Scheidekunst* (all.); *chimistry* (angl.); *chimica* (it.) (χύμος, suc, ou χύω, fondre). Science qui recherche les principes constituans des corps, examine les propriétés particulières de chacun des élémens qui les composent, indique toutes les combinaisons qu'ils peuvent contracter les uns avec les autres, fait connaître toutes les formes sous lesquelles ces combinaisons peuvent se manifester, et détermine les lois suivant lesquelles les molécules élémentaires de tous les corps agissent les unes sur les autres, à des distances peu considérables.

CHIMIQUE, adj., *chemicus*. Les *propriétés chimiques* des corps sont toutes celles qui dépendent d'une action que ces corps n'exercent qu'au contact apparent, et qui appartiennent aux parcelles les plus ténues dans lesquelles nous pouvons les supposer réduits.

CHIMISME, s. m. , *chemismus.* Ensemble de tout ce qui, dans les phénomènes naturels , est explicable par des changemens de composition d'après les lois que la chimie a découvertes.

CHIMOMÉTRIE, s. f., *chemometria ; chemische Messkunst* (all.). Synonyme inusité de *stœchiométrie. Voyez* ce mot.

CHINOIDINE , s. f., *chinoidina.* Sertuerner appelle ainsi un nouvel alcaloïde, qu'il annonce exister dans les quinquina jaune et rouge, et qui, suivant Henry et Delondre , est un mélange de cinchonine et de quinine avec une matière particulière difficile à isoler.

CHIRAGRE, adj. , *chiragrus* (χείρ, main , ἄγρα, prise). Epithète donnée à un *crustacé* (*Lissa chiragra*) dont les pieds sont noduleux; à une *coquille* (*Pterocera chiragra*) dont les digitations sont renflées de distance en distance; à des insectes (*Merodon chiragra, Cordylura podagrica, Calobata arthritica*) dont les cuisses postérieures sont renflées.

CHIRODYSMOLGES, s. m. pl. , (χείρ, main, μολγός , salamandre). Nom donné par J.-A. Ritgen à une famille de la classe des reptiles, renfermant les Batraciens qui n'ont que les membres antérieurs.

CHIROPOTE, adj. , *chiropotes* (χείρ, main , πότης, buveur). Le *Pithecia chiropotes* est ainsi appelé parce qu'il a l'habitude de boire dans le creux de sa main.

CHIROPTÈRE ; adj. , *chiropterus* (χείρ, main , πτέρον , aile). Illiger donne cette épithète aux pieds des mammifères, quand ils sont conformés en manière d'ailes, comme ceux de devant des chauve-souris.

CHIRORNITHES, s. m. pl., *Chirornithes* (χείρ , main, ὄρνιξ, oiseau).

Nom donné par J. - A. Ritgen à un ordre de la classe des oiseaux , comprenant ceux qui se servent de leurs pieds comme de mains , pour grimper ou saisir leur nourriture.

CHISMOBRANCHES , adj. et s. m. pl. , *Chismobranchiata* (χισμη, fente, βράγχια , branchies). Nom donné par Blainville à un ordre de la classe des Paracéphalophores, comprenant ceux de ces animaux qui ont les branchies dans une cavité communiquant au dehors par une large fente.

CHISMOPNÉS , adj. et s. m. pl., *Chismopnea* (χισμη , fente, πνέω, respirer). Nom donné par Duméril à un ordre de poissons cartilagineux, comprenant ceux dont les branchies , sans opercules, sont couvertes par une membrane percée d'une fente de chaque côté du cou.

CHITINE , s. f. , *chitina* (χιτών, pourpoint). Nom donné par Odier à la croûte dure qui forme le tégument extérieur des insectes et en particulier les élytres des coléoptères.

CHLAMYDOBLASTES , adj. et s. f. pl., *Chlamydoblasteœ* (χλαμύς , surtout, βλαστός, rejeton). Bartling désigne sous ce nom un groupe de l'ordre des plantes dicotylédonées , comprenant celles qui ont leur embryon renfermé dans un sac propre.

CHLÉNACÉES , adj. et s. f. pl. , *Chlenaceœ* (χλαῖνα , surtout). Nom donné par Dupetit-Thouars et Kunth à une famille, comprenant des plantes dont la capsule est enveloppée par l'involucre épaissi.

CHLORACIDE, s. m. , *chloracidum* (χλωρός, verd, *acidum* , acide). Terme peu usité, qu'on a proposé pour désigner les acides dans lesquels on suppose que le chlore joue le rôle de principe acidifiant.

CHLORANTHE, adj., *chloranthus* (χλωρός, verd, ἄνθος, fleur); qui a des fleurs vertes. Ex. *Pyrola chlo-*

-rantha, *Solanum chloranthum*. *Voy.*
VIRIDIFLORE.

CHLORANTHÉES, adj. et s. f. pl.,
Chloranthcæ. Nom donné par R.
Brown à une famille de plantes qui
a pour type le genre *Chloranthus*.

CHLORANTHIE, s. f., *chloranthia* (χλωρός, verd, ἄνθος, fleur).
Nom donné par Dupetit-Thouars à
une monstruosité ou luxuriance végétale, qui consiste dans la transformation des organes floraux en véritables fleurs. Ex. *Tetragonia expansa*, *Arabis alpina*, *Diplotaxis tenuifolia*.

CHLORATE, s. m., *chloras*. Genre
de sels (*chlorsaure Salze*, all.), qui
sont formés par la combinaison de l'acide chlorique avec les bases salifiables.

CHLORE, s. m., *chlorum; chlorine* (all. et angl.); *cloro* (it.)
(χλωρός, verd). Corps simple, découvert en 1774, par Scheele, qui
doit ce nom, créé par H. Davy, à ce
qu'on a cru trouver une nuance de
verdâtre à sa couleur, qui est le
jaune foncé.

CHLORÉ, adj., *chloratus*; qui
contient du chlore. Le gaz *hydrogène
chloré* est le gaz acide hydrochlorique. Le chlore donne naissance à deux
éthers, dont l'un, celui qui contient
le moins de chlore, est appelé *éther
chloré*, et a été découvert par Scheele.
On emploie quelquefois le mot *chloré*
ou *chloraté*, en histoire naturelle,
pour désigner des corps jaunâtres,
verdâtres ou olivacés, soit en totalité,
soit seulement par taches ou par veines (ex. *Loxia chloris*, *Terebra chlorata*, *Lepraria chlorina*, *Voluta
chlorosina*).

CHLOREUX, adj., *chlorosus*. Le
gaz *oxide chloreux* (*protoxide de
chlore*, *euchlorine*; *Chloroxydul*,
all.), découvert en 1811 par H. Davy, qui l'appela *euchlorine*, est le
premier degré d'oxidation du chlore.
L'acide *chloreux* (*chlorige Säure*,
all.), découvert en 1814 par H. Davy et Stadion, est le second.

CHLORICTÈRE, adj., *chloricterus* (χλωρός, verd, ἴκτερος, jaunisse).
Le *Tachyphonus chloricterus* a son
plumage d'un jaune de safran foncé.

CHLORIDE, s. m., *chloridetum*,
chloridum. Nom donné, dans la nomenclature chimique de Berzelius,
aux combinaisons du chlore avec des
corps moins électronégatifs que lui,
dans lesquelles les rapports atomiques
sont les mêmes que dans les acides.

CHLORIDÉES, adj. et s. f. pl.,
Chlorideæ. Nom donné par Trinius,
Link, Kunth et Nees d'Esenbeck à une
tribu de la famille des Graminées,
qui a pour type le genre *Chloris*;
par A. Brongniart à une section de
la tribu des Mucédinées Byssacées
qui a pour type le genre *Chloridium*.

CHLORIDES, s. m. pl. Ampère et
C. Pauquy donnent ce nom à un
genre ou à une famille de corps simples, Beudant à une famille de minéraux, comprenant le chlore et ses
dérivés.

CHLORIODIQUE, adj., *chloriodicus*. Davy a donné le nom d'*acide
chloriodique* au chlorure d'iode, qu'il
considérait comme un acide, à cause
de sa saveur et de sa propriété de
rougir le tournesol.

CHLORIQUE, adject., *chloricus*.
L'acide *chlorique* (*Chlorsäure*, all.)
dont Gay-Lussac a le premier démontré l'existence, est le troisième
degré d'oxidation du chlore. Le quatrième, ou *acide chlorique oxigéné*
(*oxydirte Chlorsäure*, all.), est plus
souvent appelé *acide oxichlorique*.

CHLORISTIQUE, adj., *chloristicus*. La théorie chloristique est celle
introduite par Gay-Lussac, Thénard
et Davy, dans laquelle on admet que
le chlore est un corps simple, avec

toutes les conséquences qui découlent de ce principe.

CHLORITE, s. m., *chloris*. Genre de sels (*chlorigsäure Salze*, all.), qui sont produits par la combinaison de l'acide chloreux avec les bases salifiables.

CHLORITÉ, adj. ; qui contient de la chlorite. Ex. *Grès chlorité, Sable chlorité.*

CHLORITEUX, adj. ; qui contient de la chlorite, qui en est formé. Ex. *Schiste chloriteux, Couche chloriteuse.*

CHLORITIQUE, adj. ; qui est mêlé de chlorite. Ex. *Stéaschiste chloritique.*

CHLORO-ANTIMONIATE, s. m., *chloro-antimonias*. Boullay appelle ainsi les combinaisons du chlorure antimonique avec des chlorures de métaux électro-positifs.

CHLORO-ARGENTATE, s. m., *chloro-argentas*. Boullay donne ce nom aux combinaisons du chlorure argentique avec les chlorures des métaux électro-positifs.

CHLORO-AURATE, s. m., *chloro-auras*. Nom donné par Bonnsdorf aux combinaisons du chloride aurique avec les chlorures des métaux électro-positifs.

CHLOROBORURE, s. m., *chloroboruretum*. En se combinant ou se mêlant ensemble, les gaz chloride borique et ammonique produisent un corps qu'on a appelé *chloroborure ammoniacal.*

CHLOROCARBONIQUE. *Voyez* CHLOROXICARBONIQUE.

CHLOROCARPE, adj., *chlorocarpus* (χλωρὸς, verd, καρπὸς, fruit) ; qui a les fruits jaunes ou verdâtres. Ex. *Cereus chlorocarpus, Torilis chlorocarpa.*

CHLOROCÉPHALE, adj., *chlorocephalus* (χλωρὸς, verd, κεφαλὴ, tête) ; qui a la tête verte. Ex. *Charadrius chlorocephalus, Labia chlo-*rocephala. Le *Sicus chlorocephalus* a les joues jaunes. Le *Leotia chlorocephala* a le chapeau jaune.

CHLOROCUPRATE, s. m., *chlorocupras*. Nom donné par Boullay à des combinaisons de chlorure cuivrique avec des chlorures de métaux électro-positifs.

CHLORO-CYANIQUE, adj., *chloro-cyanicus*. Gay-Lussac donne le nom d'*acide chloro-cyanique*, parce qu'il rougit le tournesol, à l'une des combinaisons du chlore avec le cyanogène, celle que Berthollet a appelé acide prussique oxigéné, et Berzelius chloride cyaneux.

CHLOROCYANURE, s. m., *chlorocyanuretum*. Mélange ou combinaison d'un chlorure et d'un cyanure, par exemple du chlorure argentique avec le cyanure potassique.

CHLOROFERROCYANIQUE, adj., *chloroferrocyanicus*. Nom donné par Johnston à un *acide* dont il admet l'existence, et qu'il suppose composé de chlore, de cyanogène et de fer.

CHLOROFLUORURE, s. m., *chlorofluoruretum*. Nom donné, dans la nomenclature chimique de Berzelius, à un sel double résultant de la combinaison d'un fluorure avec un chlorure.

CHLOROGASTRE, adj., *chlorogaster* (χλωρὸς, jaunâtre, γαστήρ, ventre) ; qui a le ventre jaune. Ex. *Bufo chlorogaster. Voyez* LUTÉO-VENTRE.

CHLOROGONIDIE, s. f., *chlorogonidium* (χλωρὸς, jaune, γονὴ, semence). Nom donné par Wallroth aux gonidies (*voyez* ce mot) qui ont une couleur jaune dorée.

CHLOROGONIMIQUE, adj., *chlorogonimicus*. Wallroth appelle *couche chlorogonimique* (*stratum chlorogonimon*), dans les lichens, celle qui résulte d'un assemblage de chlorogonidies.

CHLOROHYDRARGYRATE, s. m.,

chlorohydrargyras. Nom donné par Bonnsdorff à des sels que le chlorure mercurique forme en se combinant avec une grande partie des chlorures de métaux électro-positifs.

CHLOROHYDRIQUE, adj., *chlorohydricus.* Quelques chimistes ont proposé de donner à l'acide hydrochlorique le nom d'*acide chlorohydrique*, qui serait en effet plus régulier.

CHLOROLÉPIDOTE, adj., *chlorolepidotus* (χλωρὸς, verd, λέπις, écailles). Le *Psittacus chlorolepidotus* est ainsi appelé parce qu'il a le plumage jaune, avec le bord des plumes verd.

CHLOROLEUQUE, adj., *chloroleucus* (χλωρὸς, verd, λευκὸς, blanc); qui est blanc et verd; comme l'*Agaricus chloroleucus*, qui a son chapeau verdâtre en dessus et blanc en dessous, ou la *Tellina chloroleuca*, qui est blanche en dehors et d'un jaune verdâtre en dedans.

CHLOROLOPHE, adj., *chlorolophus* (χλωρὸς, jaunâtre, λοφία, crinière); qui a une huppe d'un verd jaunâtre sur la tête. Ex. *Picus chlorolophus.*

CHLOROMÈTRE, s. m., *chlorometrum* (χλωρὸς, verd, μετρέω, mesurer). Appareil destiné à évaluer la quantité de chlore qui est en combinaison avec de l'eau ou avec une base, et qu'on peut estimer de plusieurs manières, mais de préférence par le procédé de Descroizilles, fondé sur la propriété qu'a le chlore de décolorer l'indigo.

CHLORONITE, s. f., *chloronita.* Nom donné par Desvaux à la chlorophylle.

CHLORONOTE, adj., *chloronotus* (χλωρὸς, verdâtre, νῶτος, dos); qui a le dos d'un verd olivâtre. Ex. *Dicæum chloronotos.*

CHLOROPALLADATE, s. m., *chloropalladas.* Nom donné par Bonnsdorff à des sels doubles qui résultent de la combinaison du chlo-

rure de palladium avec des chlorures de métaux électro-positifs.

CHLOROPE, adj., *chloropus* (χλωρὸς, verdâtre, ποῦς, pied); qui a les pieds verdâtres (ex. *Gallinula chloropus*), ou les pédoncules jaunes (ex. *Ceratodon chloropus*).

CHLOROPHANE, adj., *chlorophanus; grünschimmernd* (all.) (χλωρὸς, jaunâtre, φαίνω, paraître); qui est jaune ou jaunâtre (ex. *Agaricus chlorophanus*). Wallroth donne cette épithète au blastème ou thalle des lichens, quand, à travers sa teinte générale blanche ou grisâtre, on voit percer une nuance de verd plus ou moins prononcée.

CHLOROPHOSPHOREUX, adject., *chlorophosphorosus.* Quelques chimistes ont donné le nom d'*acide chlorophosphoreux* au proto-chlorure de phosphore, parce qu'il rougit le papier de tournesol, même sec.

CHLOROPHOSPHORIQUE; adj., *chlorophosphoricus.* Quelques chimistes ont donné le nom d'*acide chlorophosphorique* au deuto-chlorure de phosphore, parce qu'il rougit le papier de tournesol humide.

CHLOROPHOSPHURE, s. m., *chlorophosphuretum.* Composé dans lequel il entre du phosphore et du chlore, plus un autre corps, comme dans le *chlorophosphure ammoniacal* qui est composé de chloride phosphorique et d'ammoniaque.

CHLOROPHYLLE, s. f., *chlorophylla* (χλωρὸς, verd, φύλλον, feuille). Nom donné par Pelletier à une substance qu'il regarda d'abord comme un principe immédiat des végétaux et comme la cause de la couleur verte de ces derniers, principalement de leurs feuilles, mais que depuis il a reconnu être un mélange de plusieurs substances.

CHLOROPHYLLE, adj., *chlorophyllus* (χλωρὸς, jaunâtre, φύλλον feuille); qui a les feuilles verdâtres ou jaunâtres (ex. *Cheilanthus chlorophylla.*). Candolle donne l'épithète de *chlorophylles* aux plantes parasites phanérogames qui, comme le gui et la plupart des Loranthacées, sont pourvues de feuilles vertes.

CHLOROPHYTE, s. m. , *chlorophytum* (χλωρὸς, verd, φυτὸν, plante). Nom donné par Fries à toutes les plantes dont l'évolution se fait d'une manière successive, et qui ont des parties ou des expansions vertes.

CHLOROPLATINATE, s. m., *chloroplatinas.* Nom sous lequel Bonnsdorff désigne des sels produits par la combinaison du chlorure platinique avec les chlorures des métaux électro-positifs.

CHLOROPODE, adj. , *chloropodus* (χλωρὸς, verdâtre, ποῦς, pied); qui a les pieds verdâtres. Ex. *Sterna chloropoda. Voyez* CHLOROPE.

CHLOROPTÈRE, adj. , *chloropterus* (χλωρὸς, verd, πτέρον, aile); qui a les ailes (ex. *Thamnophilus chloropterus, Tanagra chloroptera*), les nageoires (ex. *Girella chloroptera*), ou les élytres (ex. *Haltica chloroptera*) vertes.

CHLOROPYGE, adj., *chloropygius* (χλωρὸς, verd, πυγή, derrière); qui a le croupion verdâtre. Ex. *Totanus chloropygius, Musca chloropyga.*

CHLORORHYNQUE, adj. , *chlororhyncus* (χλωρὸς, jaune, ῥύγχος, bec); qui a le bec jaune. Ex. *Diomedea chlororhynchos, Puffinus chlororhynchus. Voyez* FLAVIROSTRE.

CHLOROSEL, s. m. Nom générique imposé par Boullay aux combinaisons des chlorures des métaux négatifs avec ceux des métaux positifs.

CHLOROSOCRACÉ, adj., *chlorosochrus* (χλωρὸς, verd, ὠχρός, jaune); qui est verdâtre, nuancé de rouge. Ex. *Crenilabrus chlorosochrus.*

CHLOROSTACHYÉ, adj., *chorostachys; grünährig* (all.) (χλωρὸς, verdâtre, στάχυς, épi); qui a des épis de couleur verte. Ex. *Amaranthus chlorostachys.*

CHLOROSTOME, adj., *chlorostomus* (χλωρὸς, jaune, στόμα, bouche). Se dit d'une coquille qui a l'ouverture ou la bouche jaune (ex. *Tritonium chlorostoma*), ou d'un insecte qui a la bouche verte, comme le *Cyphus chlorostomus*, dont le rostre est vert au bout.

CHLOROSTYLE, adject., *chlorostylus* (χλωρὸς, jaune, στύλος, colonne). Se dit d'un champignon dont le stype est jaune. Ex. *Clavaria chlorostyla.*

CHLOROSULFURE, s. m., *chlorosulphuretum.* Nom donné, dans la nomenclature chimique de Berzelius, à la combinaison d'un chlorure avec un sulfure. Ex. *Chlorosulfure aluminico-hydrique.*

CHLOROSULFURIQUE, adj., *chlorosulphuricus.* Quelques chimistes ont donné le nom d'*acide chlorosulfurique* au chlorure de soufre, parce qu'il rougit le tournesol.

CHLOROURE, adject., *chlorouros* (χλωρὸς, verd, οὐρὰ, queue). Un poisson (*Cheilinus chlorouros*) est ainsi appelé parce qu'il a la nageoire caudale verte.

CHLOROXALATE, s. m. , *chloroxalas.* Sel produit par la combinaison de l'acide chloroxalique avec une base salifiable.

CHLOROXALIQUE, adj. , *chloroxalicus.* Dumas donne ce nom à une combinaison d'acides oxalique et hydrochlorique, qu'il a découverte, et qu'il regarde comme constituant un acide particulier.

CHLOROXANTHE, adj. , *chloroxanthus* (χλωρὸς, verd, ξανθός, jaune). L'*Agaricus chloroxanthus* est ainsi appelé parce qu'il a son chapeau couvert d'écailles olivâtres et ses lamelles jaunâtres.

CHLOROXICARBONIQUE, adj. ,

chloroxicarbonicus. Quelques chimistes ont donné le nom d'*acide chloroxicarbonique* au gaz phosgène, appelé *oxichloride carbonique* par Berzelius, qui se produit par l'action des rayons solaires sur un mélange à volumes égaux de chlore gazeux et de gaz oxide carbonique.

CHLOROXICARBURE, subst. m., *chloroxicarburetum*. Berzelius appelle *chloroxicarbure ammoniacal* un sel double anhydre produit par la condensation de quatre volumes d'ammoniaque gazeuse par un volume de gaz oxichloride carbonique.

CHLOROXISULFURE, s. m., *chloroxisulphuretum*. Berzelius nomme *chloroxisulfure ammoniacal* un composé qui s'obtient, simultanément avec le chloroxicarbure ammoniacal, en introduisant dans du gaz ammoniaque le corps blanc et cristallin qui résulte de l'action de l'eau régale sur le sulfide carbonique.

CHLOROXYLE, adj., *chloroxylus* ($\chi\lambda\omega\rho\grave{o}\varsigma$, verdâtre, $\xi\acute{u}\lambda o\nu$, bois); qui a un bois d'un jaune verdâtre. Ex. *Laurus chloroxylon*.

CHLOROXYLINIQUE, adj., *chloroxylinus*. Dœbereiner a appelé *acide chloroxylinique* une substance résineuse verte que lui et Witting ont extraite des morceaux de bois pourris et colorés en verd qu'on trouve assez souvent dans les grandes forêts.

CHLORURE, s. m., *chloruretum*, *chloretum*. Nom donné, dans la nomenclature chimique de Berzelius, aux combinaisons du chlore avec les métaux électro-positifs dans lesquelles les rapports atomiques sont les mêmes que dans les bases.

CHLORURÉ, adj. Omalius, sous le nom de *roches chlorurées*, établit un ordre et un genre comprenant les dépots de sel gemme ou chlorure sodique.

CHOLATE, s. m., *cholas*. Genre de sels (*cholsaure Salze*, all.), qui sont

produits par la combinaison de l'acide cholique avec les bases salifiables.

CHOLÉLOGIE, s. fém., *cholelogia* ($\chi o\lambda\grave{\eta}$, bile, $\lambda\acute{o}\gamma o\varsigma$, discours). Histoire de la bile.

CHOLÉPOIÈSE, s. f., *cholepoiesis* ($\chi o\lambda\grave{\eta}$, bile, $\pi o\iota\acute{\epsilon}\omega$, faire). Ortlob a désigné ainsi la fabrication ou la sécrétion de la bile.

CHOLÉSTÉRATE, s. m., *cholesteras*. Genre de sels (*gallenfettsaure Salze*, all.), qui résultent de la combinaison de l'acide cholestérique avec les bases salifiables.

CHOLÉSTÉRIME, s. f., *cholesterima*. Nom donné par Guibourt à la cholestérine.

CHOLÉSTÉRINE, s. f., *cholesterina*; *Gallenfett*, *Gallenconcretionenfett* (all.) ($\chi o\lambda\grave{\eta}$, bile, $\sigma\tau\acute{\epsilon}\alpha\rho$, graisse). Substance grasse particulière, que Green a découverte en 1788 dans les calculs biliaires, et dont Chevreul a depuis démontré l'existence aussi dans la bile fraîche.

CHOLÉSTÉRIQUE, adj., *cholestericus*. Épithète donnée à un *acide* particulier (*Gallenfettsäure*, all.) qui est produit par l'action de l'acide nitrique sur la cholestérine.

CHOLIDES, adj. et s. m. pl., *Cholides*. Nom donné par Latreille à un groupe de la famille des Charansonides, par Schœnherr à un groupe de celles des Gonathocères mécorhynques, ayant pour type le genre *Cholus*.

CHOLIQUE, adj., *cholicus* ($\chi o\lambda\grave{\eta}$, bile). L. Gmelin désigne sous ce nom un *acide* particulier (*Cholsäure*, all.), qu'il a découvert dans la bile.

CHONDRITES, adj. et s. m. pl., *Chondrites* ($\chi o\nu\delta\rho\grave{o}\varsigma$, grain). Nom donné par J.-A. Ritgen à un sous-ordre de l'ordre des reptiles Ophidiens, renfermant les serpens qui ont la peau grenue.

CHONDROGRADES, adj. et s. m. pl., *Chondrogrades* ($\chi o\nu\delta\rho\grave{o}\varsigma$, carti-

σχιᾶζε, *gradior*, marcher). Nom donné par Blainville à un ordre de la classe des Arachnodermaires, comprenant ceux de ces animaux qui ont, dans l'intérieur de leur corps, une pièce solide destinée à soutenir leur ombrelle ou leur corps.

CHONDROPTÉRYGIENS, adj. et s. m. pl., *Chondropterygii* (χονδρὸς, cartilage, πτέρυξ, nageoire). Nom donné par Artedi, Cuvier, Goldfuss, Willbrand, Ficinus et Carus à une division, à un ordre, ou à un groupe de la classe des poissons, qui se compose de ceux dont le squelette est entièrement cartilagineux.

CHONDROSIACÉES, adj. et s. f. pl., *Chrodrosiaceæ*. Nom donné par Link à une tribu de la famille des Graminées, qui a pour type le genre *Chondrosium*.

CHORAGIDES, adj. et s. m. pl., *Choragidæ*. Nom donné par Kirby à une famille de l'ordre des Coléoptères, ayant pour type le genre *Choragus*.

CHORAPTÉNODYTES, adj. et s. m. pl., *Choraptenodytes* (χῶρος, champs, α priv., πτηνός, volatile). Nom donné par J.-A. Ritgen à une famille de l'ordre des Pédinornithes, comprenant des oiseaux qui vivent dans les lieux cultivés, et qui n'ont par d'ailes, comme le *Casoar*.

CHORDARIÉES, adj. et s. f. pl., *Chordarieæ*. Nom donné par Agardh à une section de l'ordre des Fucoïdées, par Reichenbach à une division de la tribu des Batrachospermées, et par R.-K. Greville à un ordre de la famille des Algues, ayant pour type le genre *Chordaria*.

CHORDORHIZE, adj., *chordorhizus* (χορδὴ, corde, ῥίζα, racine); qui a une racine mince, alongée, filiforme. Ex. *Carex chordorhiza*.

CHORELLÉES, adj. et s. f. pl., *Chorelleæ* (χορὸς, chœur). Nom donné par Robineau-Desvoidy à une section de la tribu des Myodaires

mésomydes anthomydes, comprenant des espèces qui se balancent et dansent en grandes troupes dans les airs.

CHORION, s. m., *chorion*; χόριον, χωρίον (χωρέω, contenir). Malpighi et Candolle désignent ainsi la liqueur pulpeuse, qui, avant la fécondation, semble former toute l'amande de la graine des végétaux, et qui disparaît avant la maturité de cette dernière.

CHORIONNAIRE, adj., *chorionnarius*. Mirbel a ainsi appelé pendant quelque temps une partie des fruits que depuis il a désignés sous le nom d'étairionnaires.

CHORISANTHÉRIE, s. f., *chorisantheria* (χωρὶς, séparément, ἀνθηρός, fleuri). Nom donné, dans la méthode de Jussieu, à une classe de plantes renfermant celles qui ont les anthères distinctes.

CHORISOLÉPIDE, adj., *chorisolepidus* (χωρὶς, séparément, λεπὶς, écaille). Épithète donnée par H. Cassini au *péricline* des Synanthérées, quand les squames qui le forment sont libres.

CHORISOPHYTE, s. m., *chorisophytum* (χωρισὸς, séparable, φυτὸν, plante). Nom donné par Necker aux plantes qui ont les étamines libres ou distinctes.

CHORISPORÉES, adj. et s. f. pl., *Chorisporeæ*. Nom donné par Meyer et Bunge à une tribu de la famille des Crucifères, ayant pour type le genre *Chorispora*.

CHOROPTÈNES, adj. et s. m. pl., *Choropteni* (χῶρος, champ, πτηνός, volatile). Nom donné par J.-A. Ritgen à un ordre de la section des Xérornithes, comprenant les oiseaux qui vivent dans les champs.

CHORTODIPHYTE, s. m., *chortodiphytum* (χοτώδης, qui ressemble au foin, φυτὸν, plante). Nom donné par Necker aux plantes qui se rapprochent des Graminées.

CHORTONOMIE, s. f. , *chorto-nomia* (χόρτος, herbe, νόμος, loi). Desvaux appelle ainsi l'art de faire des herbiers.

CHROICOLYTES, subst. m. pl. , *Chroicolytes* (χροιά, couleur, λυτός, soluble). Nom donné par Ampère et Beudant à une classe de corps simples ou de substances minérales qui fournissent des dissolutions colorées avec les acides, du moins à certains degrés d'oxidation.

CHROMADOTE, s. m. , *chroma-dotum* (χρῶμα, couleur, δόω, donner). Nom donné par le mécanicien Hoffmann à un instrument de son invention, qui est destiné à rendre plus faciles à observer les phénomènes de l'inflexion de la lumière. *Voyez* INFLEXIOSCOPE.

CHROMASCOPE, s. m. , *chroma-scopium* (χρῶμα, couleur, σκοπέω, regarder). Ludicke a indiqué sous ce nom un instrument qui paraît être destiné à déterminer les rapports de réfraction des différens rayons colorés.

CHROMATE, subst. m., *chromas.* Genre de sels (*chromsaure Salze*, all.), qui sont produits par la combinaison de l'acide chromique avec les bases salifiables.

CHROMATÉ, adj. ; qui est converti en chromate. Terme usité en minéralogie. Ex. *Plomb chromaté.*

CHROMATIQUE, adj., *chromaticus* (χρῶμα, couleur). Épithète donnée à une échelle musicale composée d'une succession de douze demi-tons sur treize sons consécutifs d'une octave à l'autre. Cette épithète lui vient de ce qu'elle est moyenne entre les deux autres, comme la couleur entre le blanc et le noir, ou plutôt de ce que les demi-tons font en musique le même effet que la variété des couleurs en peinture. Pour la former, on partage en deux intervalles égaux, ou supposés tels, chacun de ceux qui,

dans l'échelle diatonique, portent le nom de tons entiers; les cinq sons ainsi ajoutés ne forment pas de nouveaux degrés dans la musique; mais se marquent sur le degré le plus voisin, par un dièze si le degré est plus haut, par un bémol s'il est plus bas, et la note prend toujours le nom du degré sur lequel elle est placée.

CHROME, s. m., *chromium* (χρῶμα, couleur). Métal découvert en 1797 par Vauquelin, et qui a été ainsi appelé à cause des belles couleurs qu'affectent la plupart de ses combinaisons.

CHROMÉ, adject., *chromatus ;* qui contient du chrome. En minéralogie, on appelle *plomb chromé* une combinaison d'oxide de plomb et de chrome.

CHROMICO-AMMONIQUE, adj. , *chromico-ammonicus.* Nom donné, dans la nomenclature chimique de Berzelius, à des sels doubles qui résultent de la combinaison d'un sel chromique avec un sel ammonique. Ex. *Fluorure chromico-ammonique* (*fluate de chrome et d'ammoniaque*).

CHROMICO-POTASSIQUE, adj. , *chromico-potassicus.* Nom donné, dans la nomenclature chimique de Berzelius, à des sels doubles qui résultent de la combinaison d'un sel chromique avec un sel potassique. Ex. *Fluorure chromico-potassique* (*fluate de chrome et de potasse*).

CHROMICO-SODIQUE, adj., *chromico-sodicus.* Nom donné, dans la nomenclature chimique de Berzelius, à des sels doubles qui sont produits par la combinaison d'un sel chromique avec un sel sodique. Ex. *Fluorure chromico-sodique* (*fluate de chrome et de soude*).

CHROMIDES, s. m. pl. , *Chromides.* Sous ce nom, Ampère désigne un genre de corps simples, et Beudant une famille de minéraux, ayant le chrome pour type.

CHROMIFÈRE, adj., *chromiferus; chromhaltend* (all.). Épithète donnée, en minéralogie, à des corps qui contiennent accidentellement du chrome. Ex. *Titane oxidé chromifère.*

CHROMIQUE, adj., *chromicus.* On appelle *oxide chromique* (*protoxide de chrome; Chromoxydul*, all.) le premier, et *acide chromique* (*Chromsäure*, all.) le troisième degré d'oxidation du chrome; *sulfide chromique* son troisième degré de sulfuration, et *sels chromiques* (*Chromoxydul-salzen*, all.) ceux qui résultent de la combinaison de l'oxide chromique avec les oxacides, ou du chrome avec les corps halogènes.

CHROMITE, subst. m., *chromis.* P. Grouvelle appelle ainsi un sel résultant de la combinaison de l'oxide chromique avec un oxide, comme par exemple le fer chromé des minéralogistes.

CHROMOPHORE, s. m., *chromophorum* (χρῶμα, couleur, φέρω, porter). San-Giovanni a désigné sous ce nom les follicules ou globules colorés qui garnissent le corps des Céphalopodes, et qu'il a observés le premier.

CHROMULE, subst. f., *chromula* (χρῶμα, couleur). Candolle a proposé d'appeler ainsi la chlorophylle, parce que, d'après Macaire, c'est la même matière verte des feuilles qui, diversement colorée, se retrouve dans les calices, les corolles et autres parties de la fleur, et qui, même dans les feuilles, les colore en rouge ou en jaune, pendant l'automne.

CHROMURGIE, s. f., *chromurgia* (χρῶμα, couleur, ἔργον, travail). Branche de la chimie qui s'occupe des matières colorantes et de leur application aux besoins des arts.

CHRONHYOMÈTRE, s. m., *chron-hyometrum* (χρόνος, temps, ὑετὸς, pluie, μετρέω, mesurer). Instrument fort compliqué, que Landriani a imaginé pour mesurer le temps que dure la pluie et l'époque où elle commence.

CHRONOMÈTRE, s. m., *chronometrum* (χρόνος, temps, μετρέω, mesurer); *Zeitmesser* (all.); *timekeeper* (angl.). Sous ce nom, synonyme de *garde-temps* et de *montre marine*, on désigne des montres d'une grande perfection de travail, qui servent pour déterminer les longitudes géographiques. Lorsqu'après avoir réglé la montre sur le passage du soleil au méridien d'un lieu, on se trouve avec elle dans un autre endroit, la différence entre elle et le chronomètre de ce dernier lieu indique la distance des deux méridiens en heures, minutes et secondes, qu'on peut réduire en degrés et fractions de degrés, à raison de 24 heures pour 360 degrés, ou de 1 : 15.

CHRYSALIDE, s. f., *chrysalis;* χρυσαλὶς (χρυσὸς, or). On nomme ainsi un insecte qui, parvenu à son second état, est tout-à-fait inactif, ne prend plus de nourriture, et se trouve enfermé dans une coque transparente, laquelle le cache entièrement, et ne présente pas l'apparence d'un animal immobile quand on y touche (ex. Lépidoptères). Ce mot est tiré de l'éclat métallique qui brille sur l'enveloppe de quelques chrysalides.

CHRYSALIDÉO - CONTOURNÉ, adj., *chrysalideo-contortuplicatus.* Se dit, en botanique, des *cotylédons*, lorsqu'ils sont chiffonnés à la façon des chrysalides d'insectes. Ex. *Dipterocarpus costatus.*

CHRYSANTHE, adj., *chrysanthus* (χρυσὸς, or, ἄνθος, fleur). Épithète donnée à des plantes qui ont des fleurs jaunes. Ex. *Loranthus chrysanthus, Phascolus chrysanthos, Hamelia chrysantha, Erodium chrysanthum.*

CHRYSANTHÈME, adj., *chrysanthemus* (χρυσὸς, or, ἄνθος, fleur); qui a des fleurs jaunes. Ex. *Jasminum chrysanthemum.*

CHRYSANTHÉMÉES, adj. et s. f. pl., *Chrysanthemeæ*. Nom donné par H. Cassini à une section de la tribu des Anthémidées, par Lessing à une sous-tribu de la tribu des Sénécionidées, ayant pour type le genre *Chrysanthemum*.

CHRYSÉIDÉES, adj. et s. f. pl., *Chryseideæ*. Nom donné par H. Cassini à une section de la tribu des Centauriées, qui a pour type le genre *Chryseis*.

CHRYSIDES, adj. et s. m. pl., *Chrysides*. Nom donné par Cuvier, Latreille et Eichwald à une tribu de la famille des Pupivores, par Duméril à une famille de l'ordre des Hyménoptères, ayant pour type le genre *Chrysis*.

CHRYSIDES, s. m. pl., *Chrysides* (χρυσός, or). Ampère désigne sous ce nom une classe de corps simples, qui a l'or pour type.

CHRYSIDIDES, adj. et s. m. pl., *Chrysidides, Chrysididæ*. Nom donné par Leach, Goldfuss, Ficinus et Carus à une famille de l'ordre des Hyménoptères, ayant pour type le genre *Chrysis*.

CHRYSIDIFORME, adj., *chrysidiformis*; qui a la forme ou l'apparence d'une *Chrysis*. Ex. *Sesia chrysidiformis*.

CHRYSITRICÉES, adj. et s. f. pl., *Chrysitriceæ*. Lestiboudois a désigné sous ce nom une tribu de la famille des Cypéracées, qui a pour type le genre *Chrysitrix*.

CHRYSOBALANÉES, adj. et s. f. pl., *Chrysobalaneæ*. Nom donné par Candolle à une tribu de la famille des Rosacées, qui a été érigée en famille par R. Brown, et qui a pour type le genre *Chrysobalanus*.

CHRYSOCARPE, adj., *chrysocarpus* (χρυσός, or, καρπός, fruit); qui a les fruits d'un jaune d'or. Ex. *Hedera chrysocarpa*.

CHRYSOCÉPHALE, adj., *chryso-* *cephalus* (χρυσός, or; κεφαλή, tête); qui a la tête d'un jaune éclatant (ex. *Oriolus chrysocephalus*, *Motacilla aureocapilla*, *Loxia flaviceps*), ferrugineuse (ex. *Musca chrysocephala*, *Jurinia chrysiceps*), de couleur orangé (ex. *Sylvia chrysocephala*), d'un roux jaunâtre (ex. *Staphylinus chrysocephalus*).

CHRYSOCHLORE, adj., *chrysochloros* (χρυσός, or, χλωρός, verd); qui est d'un verd doré, comme le pelage de la *Chrysochloris capensis*, et le plumage du *Picus chrysochloros*.

CHRYSOCOME, adj., *chrysocomus* (χρυσός, or, κόμη, chevelure). Le *Peziza chrysocoma* est ainsi appelé à cause de ses cupules dorées.

CHRYSOCOMÉES, adj. et s. f. pl., *Chrysocomeæ*. Nom donné par H. Cassini à un groupe de la section des Astérées baccharidées, qui a pour type le genre *Chrysocoma*.

CHRYSODONTE, adj., *chrysodon* (χρυσός, or, ὀδούς, dent). L'*Agaricus chrysodon* est nommé ainsi, parce qu'il a son stipe jaunâtre.

CHRYSOGASTRE, adj., *chrysogaster* (χρυσός, or, γαστήρ, ventre); qui a le ventre ou le dessous du corps d'un jaune orangé. Ex. *Hydromys chrysogaster*. *Voyez* LUTÉOVENTRE.

CHRYSOGÈNE, adj., *chrysogenys* (χρυσός, or, γένυς, menton); qui a les joues jaunes. Ex. *Cinnyris chrysogenys*.

CHRYSOGONIDIE, s. m., *chrysogonidium* (χρυσός, doré, γονή, semence). Nom donné par Wallroth aux gonidies (*voyez* ce mot) qui ont une couleur verte.

CHRYSOGONIMIQUE, adj., *chrysogonimicus*. Wallroth appelle couche *chrysogonimique* (*stratum chrysogonimon*), dans les lichens, celle qui résulte d'un assemblage de chrysogonidies.

CHRYSOLÉPIDES, adj. et s. m. pl., *Chrysolepides* (χρυσός, or, λεπὶς, écaille), Nom donné par Latreille à une tribu de la famille des Sparoïdes, comprenant des poissons qui ont les écailles dorées.

CHRYSOLOPHE, adj., *chrysolophus* (χρυσὸς, or, λοφιὰ, crinière). L'*Ornismya chrysolopha* a deux huppes dorées sur la tête.

CHRYSOMELAS, adj., *chrysomelas* (χρυσὸς, or, μέλας, noir). Un singe (*Hapale chrysomelas*) est appelé ainsi parce qu'il a le pelage noir et d'un roux doré vif.

CHRYSOMÉLIDES, adj. et s. m. pl., *Chrysomelidæ*. Leach nomme ainsi une famille de Coléoptères, ayant pour type le genre *Chrysomela*.

CHRYSOMÉLINES, adj. et s. m. pl., *Chrysomelinæ*. Nom donné par Lamarck, Cuvier, Latreille, Goldfuss et Eichwald à une famille ou à une tribu de l'ordre des Coléoptères, qui a pour type le genre *Chrysomela*.

CHRYSOPE, adj., *chrysopus* (χρυσὸς, or, πούς, pied); qui a les pieds jaunes. Le *Sylvia chrysopus* a les tarses d'un jaune doré.

CHYSOPHÈNE, adj., *chrysophænus*; *goldgelbschimmernd* (all.). Épithète donnée par Wallroth au blastème ou thalle des lichens, lorsqu'à travers sa teinte générale blanche ou grisâtre, on voit percer une nuance de jaune doré.

CHRYSOPHORE, adject., *chrysophorus* (χρυσὸς, or, φέρω, porter). La *Tachina chrysophora* a la tête et l'anus dorés.

CHRYSOPHRYS, adject., *chrysophrys* (χρυσὸς, or, ὀφρύς, sourcil); qui a les sourcils jaunes. Ex. *Emberiza chrysophrys*.

CHRYSOPHTHALME, adj., *chrysophthalmus* (χρυσὸς, or, ὀφθαλμὸς, œil). Un lichen (*Borrera chrysophthalma*) a ses conceptacles larges, arrondis et ciliés.

CHRYSOPHYLLE, adj., *chrysophyllus* (χρυσὸς, or, φύλλον, feuille). Se dit d'une plante qui a ses feuilles couvertes d'une pubescence dorée, soit en dessous seulement (ex. *Diospyros chrysophyllos*, *Freziera chrysophylla*, *Panax chrysophyllum*), soit partout (ex. *Sophora chrysophylla*). Se dit aussi d'un champignon qui a ses lames dorés (ex. *Agaricus chrysophyllus*).

CHRYSOPROCTE, adj., *chrysoproctus* (χρυσὸς, or, πρωκτὸς, anus); qui a l'extrémité de l'abdomen dorée. Ex. *Tachyna chrysoprocta*.

CHRYSOPS, adj., *chrysops* (χρυσὸς, or, ὤψ, œil); qui a les yeux d'un verd doré (ex. *Hemerobius chrysops*), ou d'un jaune doré (ex. *Crenilabrus chrysops*).

CHRYSOPTÈRE, adj., *chrysopterus* (χρυσὸς, or, πτέρον, aile). Se dit d'un oiseau qui a les ailes orangées (ex. *Neops chrysoptera*), ou couvertes de taches d'un jaune orangé (ex. *Philemon chrysopterus*); et d'un poisson qui a les nageoires dorées (ex. *Cheilodipterus chrysopterus*).

CHRYSOPYGE, adj., *chrysopygus* (χρυσὸς, or, πυγή, derrière); qui a les fesses d'un jaune vif (ex. *Jacchus chrysopygus*), ou le bout des élytres jaune (ex. *Lamprosoma chrysopygium*).

CHRYSORHIZE, adj., *chrysorhizus* (χρυσὸς, or, ῥίζα, racine); qui a les racines jaunes. Ex. *Morinda chrysorhiza*.

CHRYSORRHÉ, adj., *chrysorrhæus* (χρυσὸς, or, ῥέω, couler); qui a le derrière jaune. Le *Phalangista chrysorrhæus* a la croupe d'un jaune doré. La femelle du *Bombyx chrysorrhæa* a l'anus garni d'un gros paquet de poils dorés, qu'elle arrache pour recouvrir ses œufs.

CHRYSOSTACHYÉ, adj., *chrysostachyus* (χρυσὸς, or, στάχυς, épi). Se dit d'une plante qui a les fleurs jaunes et disposées en épi. Ex. *Pas-*

palus chrysostachyus, *Disa chry-sostachya*.

CHRYSOSTERNE, adj., *chryso-sternus* (χρυσὸς, or, στέρνον, poitrine); qui a la poitrine d'un jaune doré. Ex. *Picus chrysosternus*.

CHRYSOSTOME, adj., *chryso-stomus* (χρυσὸς, or, στόμα, bouche); qui a la bouche jaune (ex. *Turbo chrysostomus*), les joues et le tour des yeux jaunes (ex. *Psittacus chry-sostomus*).

CHRYSOTE, adj., *chrysotis* (χρυ-σὸς, or, οὖς, oreille). Le *Philemon chrysotis* a un demi-croissant jaune sur les oreilles.

CHRYSURE, adject., *chrysurus*, *chrysouros* (χρυσὸς, or, οὐρά, queue); qui a la queue jaune (ex. *Histrix chrysuros*, *Stentor chrysu-rus*), ou la nageoire caudale jaune (ex. *Dipterodon chrysoüros*).

CHTHONOPLASTE, adj., *chtho-noplastes* (χθών, terre, πλάσσω, fa-çonner). Une algue (*Gloionema chtho-noplastes*) est ainsi appelée parce qu'elle forme sur le sable humide des couches qui dessinent les sinuosi-tés du terrain.

CHYAZATE, s. m., *chyazas*. Sy-nonyme inusité de HYDROCYANATE. *Voyez* ce mot.

CHYAZIQUE, adject., *chyazicus*. Ce nom, formé de *C. Hy. Az.*, ini-tiales des mots carbone, hydrogène et azote, a été proposé par Porrett pour désigner l'acide hydrocyanique, et n'a point été adopté. L'acide *chya-zique sulfuré* est appelé *hydrosulfo-cyanique*.

CHYLAIRE, adj., *chylaris* (χυλὸς, chyle). Synonyme inusité de *chy-leux*.

CHYLEUX, adj., *chylosus*; qui concerne le chyle, qui a du rapport avec lui; *suc chyleux*.

CHYLIFICATION, s. f., *chylifi-catio* (χυλὸς, chyle, *fio*, être fait). Formation du chyle.

CHYLIVORES, adj. et s. f. pl., *Chylivora* (*chylus*, chyle, *voro*, dé-vorer). Clark désigne sous ce nom une famille d'OEstres, dont il suppose que les larves vivent du chyle des ani-maux dans le corps desquels elles se tiennent.

CHYLOLOGIE, s. f., *chylologia* (χυλὸς, chyle, λόγος, discours). Traité sur le chyle.

CHYLOPOIÈSE, subst. f., *chylo-poiesis* (χυλὸς, chyle, ποιέω, faire). Formation du chyle.

CHYLOSE, s. f., *chylosis*. Forma-tion du chyle.

CHYMIFÈRE, adj., *chymiferus* (χυμὸς, suc, *fero*, porter). Hedwig appelait *vaisseaux chymifères* les tu-bes en spirale et pleins de suc qu'il admettait, dans les trachées, à la surface d'un autre tube central, droit et plein d'air, suivant lui.

CHYMIFICATION, s. f., *chymi-ficatio* (χυμὸς, suc, *fio*, être fait). Formation du chyme.

CHYMOSE, s. f., *chymosis*. For-mation du chyme.

CIBAIRE, adj., *cibarius* (*cibo*, nourrir). Quelques entomologistes ont nommé, assez improprement *ap-pareil cibaire*, les organes de man-ducation et de déglutition des in-sectes.

CICADAIRES, adj. et s. f. pl., *Cicadariæ*. Nom donné par Cuvier, Lamarck, Latreille, Goldfuss, Eich-wald, Ficinus et Carus à une famille de l'ordre des Hémiptères, qui a pour type le genre *Cicada*.

CICADELLES, s. f. pl., *Cicadellæ*. Nom donné par Latreille et Eichwald à une tribu de la famille des Cicadai-res, contenant des insectes qui diffè-rent des Cigales, entr'autres carac-tères, par la petitesse de leur taille.

CICADIADES, adj. et s. f. pl., *Cicadiadæ*. Nom donné par Leach à une famille de l'ordre des Hémiptè-res, ayant pour type le genre *Cicada*.

CICATRICE, s. f., *cicatrix ;* οὐλή. Marque plus ou moins apparente que toute partie articulée d'un végétal, une feuille surtout, laisse, après sa chute, sur l'organe qui la portait.

CICATRICULE, s. f., *cicatricula, hilum.* Tache blanche qu'on aperçoit, sur la membrane du jaune de l'œuf, dans l'endroit où se trouve le germe. Trace que le funicule laisse sur la graine des végétaux, après que celle-ci s'en est détachée. Cassini donne ce nom aux marques qu'on aperçoit sur le clinanthe des Synanthérées, et qui résultent de la rupture des pédicellules, quand l'ovaire est pédicellé, ou de celle des vaisseaux, lorsqu'il est sessile.

CICATRISÉ, adj., *cicatricosus ; genarbt, narbig.* Un lichen (*Glyphis cicatricosa*) est appelé ainsi parce que ses apothécies offrent des impressions qui imitent des cicatrices.

CICÉRIQUE, adj., *cicericus.* On a donné le nom d'*acide cicérique* à un acide qui exsude des poils de la tige du *Cicer arietinum.* Il est regardé comme un acide particulier par Dispan, comme de l'acide oxalique par Deyeux, comme un mélange d'acides oxalique, malique et acétique par Vauquelin, comme un mélange d'acides acétique et malique par Dulong.

CICHORÉES, adj. et s. f. pl., *Cichoreæ.* Nom donné par D. Don à une tribu de la famille des Chicoracées, qui a pour type le genre *Cichorium.*

CICINDELÈTES, adj. et s. m. pl., *Cicindeletæ.* Nom donné par Cuvier, Latreille, Goldfuss, Eichwald, Ficinus et Carus à une tribu de la famille des Coléoptères carnassiers, ayant pour type le genre *Cicindela.*

CICINDELIADES, adj. et s. m. pl., *Cicindeliadæ.* Leach désigne sous ce nom une famille de Coléoptères, qui a le genre *Cicindela* pour type.

CICONIENS, adj. et s. m. pl., *Ci-conii.* Nom donné par Blainville à une famille de l'ordre des Echassiers, qui a le genre *Ciconia* pour type.

CICUTARIÉES, adj. et s. f. pl., *Cicutarieæ.* Nom donné par A. Richard à une section de la famille des Ombellifères, ayant pour type le genre *Cicutaria.*

CICUTINE, s. f., *cicutina.* Synonyme de *conéine. Voyez* ce mot.

CIDARIFORME, adj., *cidariformis* (κίδαρις, bonnet, *forma,* forme); qui a la forme d'un bonnet, comme le fruit du *Cucurbita cidariformis.*

CIEL, s. m., *cœlum, cœlus ;* κοῖλον, οὐρανὸς ; *Himmel* (all.); *Heaven* (angl.); *cielo* (it.) (κοῖλος, creux). On appelle ainsi l'étendue incommensurable dans laquelle les étoiles, les planètes et les comètes accomplissent leurs révolutions constatées ou présumées. Ce mot vient de ce que, n'ayant aucun moyen de déterminer la longueur réelle des lignes étendues de nos yeux aux corps célestes, nous éprouvons une tendance naturelle à les considérer toutes comme étant de longueur égale, et à nous figurer les astres attachés en quelque sorte à un segment de sphère creuse dont la base reposerait sur notre horizon. — Les mineurs donnent le nom de *ciel* à la face supérieure d'un filon.

CIL, subst. m., *cilium ;* ταρσὸς ; *Wimperhaar* (all.); *ciglio* (it.). On appelle ainsi : en botanique, des poils un peu raides qui sont placés sur le bord d'une surface et dans le même plan qu'elle, sans faire partie de l'une ou de l'autre face ; souvent aussi celles des petites lanières bordant, après la chute de l'opercule, l'orifice de l'urne des mousses, qui proviennent de la paroi interne de cette dernière (ex. *Sporangidium*). Bridel ne donne cependant la dénomination de *cils* à ces lanières que quand elles sont grandes ; dans le cas contraire, il les appelle *cilioles.* En zoologie, on nomme *cils* les poils qui garnissent le bord des paupières, dans un grand nombre d'animaux vertébrés, et les poils raides qui se voyent sur certaines parties du corps d'une multitude d'insectes.

CILIAIRE, adj., *ciliaris*; qui est garni de cils. Le *Megastachya ciliaris* a les gaînes de ses feuilles, le *Paspalum ciliare* ses fleurs, l'*Astrantia ciliaris* ses feuilles, et l'*Aconitum ciliare* ses pétales ciliés.

CILIATIFOLIÉ, adj., *ciliatifolius*; *wimperblättrig* (all.) (*cilium*, cil, *folium*, feuille); qui a les feuilles ciliées. Ex. *Scirpus ciliatifolius*, *Olyra ciliatifolia*.

CILIATOPÉTALE, adj., *ciliatopetalus* (*cilium*, cil, *petalum*, pétale); qui a les pétales ciliés. Ex. *Rosa ciliatopetala*.

CILIÉ, adj., *ciliatus*; *wimperig*, *gewimpert* (all.); *cigliato* (it.) (*cilium*, cil); qui est garni de cils, comme les *anthères* du *Galeopsis Ladanum*, les *paléoles* du *Secale Cereale*, le calice du *Metrosideros ciliata*, les stipules du *Coffea ciliata*, les bractées du *Brunella vulgaris*. On appelle *graine ciliée*, celle qui est marginée et qui a le rebord découpé en fines lanières comparables à des cils (ex. *Menyanthes nymphoïdes*); *feuilles ciliées*, celles qui sont bordées de poils droits, disposés en série, comme les cils des paupières (ex. *Ochna ciliata*, *Tachymitrium ciliatum*); *stigmate cilié*, celui qui est garni à son contour de fines lanières ou de poils (ex. *Sanguisorba media*); *cypsèle ciliée*, celle qui est surmontée de poils disposés en manière de cils (ex. *Echinops*); *gorge de corolle ciliée*, celle qui est obstruée par des cils (ex. *Gentiana campestris*); *poils ciliés*, ceux qui sont implantés sur le bord même de la lame, et se prolongent dans son plan, imitant en cela les cils des paupières (ex.

Ruellia ciliata). En zoologie on dit: *écailles ciliées*, dans les poissons, quand elles sont finement dentelées (ex. *Holocentrus ciliatus*, *Holacanthus ciliaris*); *corselet cilié*, dans les insectes, lorsqu'il est chargé de poils raides, assez longs et parallèles (ex. *Trox*); *ailes ciliées*, quand elles sont terminées à leur bord par quelques poils très-serrés, en forme de cils (ex. plusieurs Mouches). La *Mutilla ciliata* a les bords des anneaux de son abdomen ciliés de blanc.

CILIÉS, adj. et s. m. pl., *Ciliata*. Nom donné par Lamarck à un ordre de la classe des Polypes, comprenant ceux dont la bouche est munie de cils mouvans ou d'organes gyratoires; par Schweigger à un ordre de celle des Zoophytes monohyles, dans lequel il range ceux qui ont le corps homogène et garni de cils; par Latreille à une famille de l'ordre des Acalèphes Pœcilomorphes, embrassant ceux qui offrent souvent des cils; par Blainville à une section de la division des Microzoaires hétéropodes, comprenant ceux qui ont le corps pourvu d'appendices locomoteurs latéraux en forme de cils.

CILIFÈRE, adj., *ciliferus* (*cilium*, cil, *fero*, porter); qui porte des cils; *ramule cilifère*.

CILIFORME, adj., *ciliformis* (*cilium*, cil, *forma*, forme); qui a la forme d'un cil, par sa direction et sa raideur; *prolongement ciliforme*.

CILIGÈRE, adj., *ciligerus* (*cilium*, cil, *gero*, porter); qui porte des cils, comme la *Zenillia ciligera* en a sur la face.

CILIICORNE, adject., *ciliicornis* (*cilium*, cil, *cornu*, corne); qui a les antennes velues, comme les crustacés appartenant aux genres *Atelecyclus* et *Thia*.

LIOBRANCHES, adj. et s. m. pl., *Ciliobranchia* (*cilium*, cil, βράγχια, branchies). Férussac propose d'établir sous ce nom un ordre de la classe des Mollusques, pour y placer le genre *Atlas*, qui a le manteau bordé de cils, qu'on suppose, d'après Lesueur, être des branchies.

CILIOGRADES, adj. et s. m. pl., *Ciliograda*. Nom donné par Blainville à une classe ou famille de faux zoophytes, dont le corps est pourvu d'ambulacres formés par deux séries de cils ou cirres appendiculaires servant à la locomotion.

CILIOLE, s. m., *ciliolum*. Nom donné par Bridel aux dentelures ou prolongemens du péristome interne des mousses, quand ces appendices sont très-petits.

CILIOLÉ, adj., *ciliolatus* ; qui est garni de petits cils ; comme les feuilles de l'*Hedyotis ciliolata*, et les *pétioles* du *Monnina ciliolata*.

CILIPÈDE, adj., *cilipes* (*cilium*, cil, *pes*, pied) ; qui a les pattes garnies de cils. Ex. *Culex cilipes*.

CIME, s. f., *cacumen* ; *Wipfel* (all.) ; *top, ridge* (angl.) ; *cima* (it.). Partie supérieure d'une montagne. Protubérance que le faîte d'une chaîne de montagnes forme entre deux cols voisins. Protubérance qui, dans les chaînes ou masses de montagnes, s'élève brusquement sur un faîte ou une crête, au-dessus des parties adjacentes. Il serait plus régulier de n'appliquer ce nom qu'aux sommités qui se distinguent au milieu d'une chaîne de montagnes.

CIMENT, s. m. Les géognostes appellent ainsi tout corps qui sert à unir des fragmens d'un autre corps, comme par exemple ceux qui constituent les brèches et certains agglomérats.

CIMENTÉ, adj. Bonnard donne cette épithète aux *roches* dont les parties sont liées par un ciment peu apparent. Ex. *Psammite*.

CIMICIDES, adj. et s. m. pl., *Cimicidæ, Cimicides*. Nom donné par Latreille, Goldfuss, Ficinus et Carus, à une famille de l'ordre des Hémiptères, qui a pour type le genre *Cimex*.

CINARÉES, adj. et s. f. pl., *Cinareæ*. Nom donné par H. Cassini à un section de la tribu des Carduinées, et par Lessing à une tribu de la famille des Synanthérées, ayant pour type le genre *Cinara*.

CINAROCÉPHALES, adj. et s. f. pl., *Cinarocephalæ* (κινάρα, artichaut, κεφαλή, tête). Nom donné par Vaillant et Candolle à un groupe de la famille des Synanthérées, érigé en famille par Jussieu, et comprenant des plantes qui, par la forme générale de leurs capitules, se rapprochent plus ou moins de l'artichaut.

CINCHONACÉES, adj. et s. f. pl., *Cinchonaceæ*. Nom donné par Candolle à une tribu de la famille des Rubiacées, qui a pour type le genre *Cinchona*.

CINCHONÉES, adj., *Cinchoneæ*. Nom donné par Kunth et A. Richard à une tribu de la famille des Rubiacées, par Candolle à une sous-tribu de la tribu des Cinchonacées, ayant pour type le genre *Cinchona*.

CINCHONINE, s. f., *cinchonina*. Alcali végétal qui a été découvert par Pelletier et Caventou, et qui existe dans presque tous les quinquina, mais en plus grande quantité que partout ailleurs dans le gris.

CINCHONIQUE, adj., *cinchonicus*. Berzelius donne cette épithète aux *sels* dans lesquels la cinchonine joue le rôle de base. On appelle *rouge cinchonique* une substance, de couleur rouge foncée, qui résulte d'une combinaison de tannin d'écorce de quinquina et d'apothème, et qui reste sans se dissoudre quand on traite par l'eau le produit de l'évaporation à chaud et à l'air de la solution aqueuse de ce tannin.

CINCTIPÈDE, adject., *cinctipes*

(*cinctus*, entouré, *pes*, pied); qui a les pattes entourées d'un anneau coloré. Ex. *Limnobia cinctipes.*

CINÉRÉICOLLE, adj., *cinereicollis* (*cinereus*, cendré, *collum*, col); qui a le devant du col gris. Ex. *Cinnyris cinereicollis.*

CINÉRÉIFRONT, adj., *cinereifrons* (*cinereus*, cendré, *frons*, front); qui a le front de couleur cendrée. Ex. *Alcedo cinereifrons.*

CINÉRIDES, adj. et s. m. pl., *Cinerides.* Nom donné par Leach à une famille de l'ordre des cirripèdes campylosomates, qui a pour type le genre *Cineras.*

CINGULÉS, adj. et s. m. pl., *Cingulata.* Nom donné par Illiger à une famille de l'ordre des Fouisseurs, par Goldfuss à un ordre de la classe des Mammifères, par Ficinus et Carus à une tribu de la famille des Edentés Longirostres, renfermant des mammifères dont la peau osseuse est disposée de manière à former autour du milieu du corps plusieurs bandes susceptibles de glisser et de se mouvoir les unes sur les autres.

CINGULIFÈRE, adj., *cinguliferus* (*cingula*, ceinture, *fero*, porter). Epithète donnée à des coquilles qui sont marquées de côtes saillantes ou de raies colorées simulant une sorte de ceinture. Ex. *Murex cinguliferus, Turbinella cingulifera. Voy.* CEIN-TURÉ.

CINGULUM, s. m., *cingulum.* Hedwig appelait ainsi l'anneau articulé qui entoure les capsules de quelques fougères.

CINIPSAIRES. *Voy.* CYNIPSAIRES.

CINNABARIN, adj., *cinnabarinus; zinnaberroth* (all.) (*cinnabaris*, cinabre); qui est d'un rouge de cinabre. Ex. *Aranea cinnabarina, Coniocarpon cinnabarinum.*

CINNYRIDES, adj. et s. m. pl., *Cinnyridæ.* Nom donné par Vigors à une tribu de la famille des Ténui-rostres, par Lesson à une famille de l'ordre des Grimpeurs, ayant pour type le genre *Cinnyris.*

CIONIDES, adj. et s. m. pl., *Cionides.* Nom donné par Schœnherr à un groupe de la section des Curculionides Gonatocères Mécorhynques, qui a pour type le genre *Cionus.*

CIPOLIN, adj. (de l'italien *cepola* petit oignon). Epithète donnée à une roche cristalline à base calcaire, parce qu'elle a une structure fissile, et qu'on a cru trouver de la ressemblance entre la disposition de ses feuillets et celle des tuniques des oignons.

CIRCÉACÉES, adj. et s. f. pl., *Circæaceæ.* Nom donné par Lindley à la famille des Onagraires, à cause du genre *Circæa* qu'elle renferme.

CIRCÉES, adj., *Circæeæ.* Nom donné par Candolle à une tribu de la famille des Onagraires, qui a pour type le genre *Circæa.*

CIRCELLÉ, adj., *circellatus* (*circellus*, petit cercle). L'*Agaricus circellatus* est ainsi appelé parce qu'il a son chapeau zoné en dessus.

CIRCINAL, adj., *circinalis, circinans, convolvans; kreiselnd* (a l.); *acchiocciolato* (it.) (*circino*, rouler); qui est roulé sur soi-même, transversalement et du sommet à la base, comme une boucle de cheveux sur un compas, ce qui a lieu pour le légume de l'*Adenanthera circinalis*, et le lobe terminal des feuilles pinnatifides du *Sinapis circinata.* Le *Leotia circinans* est un champignon terrestre qui se groupe circulairement; le *Lituites convolvans*, une coquille remarquable par l'enroulement de ses tours de spire; le *Balanus circinatus*, un cirripède marqué de zones concentriques; le *Merops circinatus*, un oiseau dont les plumes des oreilles descendent sur la poitrine, en se frisant.

CIRCINÉ, adj., *circinatus; auf-*

gerollt (all.) (*circino*, rouler). Se dit, en botanique, de l'*estivation*, lorsque les organes floraux sont roulés en crosse sur eux-mêmes, ou en spire sur un seul plan, comme le style du *Sabinæa*; des *cotylédons*, quand ils sont roulés en spirale de haut en bas (ex. *Koelreuteria paniculata*); des *feuilles*, dans le bourgeon, quand elles sont roulées en crosse ou en volute, du sommet vers la base (ex. Fougères); des *feuilles* développées, lorsqu'elles se prolongent en une longue pointe roulée sur elle-même (ex. *Flagellaria indica*), ou qu'elles se roulent sur elles-mêmes par la dessiccation (ex. *Dicranum circinnatum*); des *verticilles* de fleurs, quand ils sont roulés en crosse (ex. *Heliotropium*); des *grappes* de fleurs, lorsqu'avant et après l'anthèse, elles sont roulées en spirale (ex. *Solenanthus circinnatus*).

CIRCOMMÉRIDIEN, adj., *circummeridianus*. On appelle *hauteurs circomméridiennes* celles des étoiles qu'on observe au voisinage du méridien. Elles servent lorsque, par défaut d'instrumens fixes, on ne peut point obtenir la vraie hauteur méridienne avec une exactitude parfaite.

CIRCOMPOLAIRE, adj., *circumpolaris* (*circum*, autour, *polus*, pôle). Cette épithète est donnée aux *étoiles* qui semblent tourner journellement autour du pôle, sans jamais s'abaisser au dessous de l'horizon du lieu où on les observe.

CIRCONSCISSILE, adj., *circumscissilis* (*circum*, autour, *scissilis*, susceptible de se fendre). Epithète donnée par L.-C. Richard aux *péricarpes* qui s'ouvrent en deux parties par une scissure transversale circulaire. Ex. *Anagallis arvensis*.

CIRCONSCRIT, adj., *circumscriptus*; *umschrieben* (all.) (*circum*, autour, *scribo*, écrire). Ce nom est donné, dans la nomenclature minéralogique de Haüy, à une variété de mâcle dans laquelle le prisme est entièrement noirâtre, à cela près d'une pellicule d'un blanc nacré qui en recouvre les pans.

CIRCONVOLUTION, s. f., *anfractus* (*circum*, autour, *volvo*, tourner). Révolution complète du cone spiral d'une coquille spirivalve. Synonyme peu usité de *tour de spire*.

CIRCULAIRE, adj., *circularis*; *zirkelförmig* (all.); *circolare* (it.) (*circulus*, cercle); qui est fait en cercle, c'est-à-dire dont tous les points sont également éloignés du centre, comme la *gorge* de certaines corolles monopétales, des *Phlox* par exemple.

CIRCUMAXILE, adj., *circumaxilis* (*circum*, autour, *axis*, axe). Mirbel donne cette épithète aux *nervules* du placentaire, quand elles sont appliquées contre un axe central, dont elles se séparent à l'époque de la déhiscence. Ex. *Epilobium*.

CIRE, s. f., *cera*; χηρός; *Wachs* (all.); *wax* (angl.); *cera* (it.). Substance particulière que produisent les abeilles, dont le mode de sécrétion, découvert par G.-C. Hornbostel, reproduit par Riém et donné par Hunter comme une découverte à lui, a été confirmé par Huber et Mlle Jurine, et mis hors de doute par G.-R. Treviranus. Beaucoup de végétaux sécrètent aussi de la cire. — On appelle *cire* (*cera*, *ceroma*; *Schnabelhaut*, *Wachshaut*, all.), dans les oiseaux, une membrane ordinairement colorée qui, chez plusieurs de ces animaux, recouvre la base du bec et surtout celle de la mandibule supérieure.

CIRIER, adj., *cerearius*. Huber donne l'épithète de *cirières* aux abeilles qui, dans les ruches, s'occupent uniquement de la construction des gâteaux.

famille des Coléoptères sténélytres, qui a pour type le genre *Cistela*.

CISTELLE. *Voyez* CISTULE.

CISTIFLORES, adj. et s. f. pl., *Cistifloræ*. Nom donné par Bartling à une classe de plantes qui comprend les familles des Flacourtianées, des Marcgraviées, des Bixinées, des Cistinées, des Violariées, des Droséracées et des Tamariscinées, et qui a pour type le genre *Cistus*.

CISTINÉES, adject. et s. f. pl., *Cistineæ*. Nom donné par Candolle à une famille de plantes, ayant pour type le genre *Cistus*.

CISTOIDÉES, adj. et s. f. pl., *Cistoideæ*. Nom donné par Ventenat à une famille de plantes, dont le genre *Cistus* est le type.

CISTOPHILE, adj., *cistophilus*; qui croît sur les cistes, comme l'*Antennaria cistophila* sur les tiges des cistes frutescens.

CISTULE, s. f., *cistula, cistella*; *Bläschen* (all.); *cestella* (it.). Willdenow appelle ainsi les conceptacles de lichens qui sont orbiculaires, creux et parfaitement clos dans leur jeunesse, surmontent un podétion de la substance duquel ils ne sont qu'un développement, se fendent irrégulièrement à leur maturité, et laissent apercevoir alors dans leur centre une fongosité fibreuse qui sert de placentaire à des séminules groupées en petites masses. Ex. *Sphærophorum*.

CITHAROIDÉES, adj. et s. f. pl., *Citharoideæ* (κιθάρα, harpe, εἶδος, ressemblance). Nom donné par Bory à une famille de l'ordre des Microscopiques crustodés, à cause de la forme du test des animaux qui la constituent.

CITIGRADES, adj. et s. f. pl., *Citigrades* (*cito*, vite, *gradior*, marcher). Épithète donnée par Latreille à une tribu de la famille des Aranéides, renfermant ceux de ces animaux qui se distinguent par la vélocité de leurs mouvemens.

CITRATE, s. m., *citras*. Genre de sels (*citronensaure Salze*, all.), qui sont produits par la combinaison de l'acide citrique avec les bases salifiables.

CITRICOLE, adj., *citricolus* (*citrus*, citronier, *colo*, habiter); qui croît sur les citroniers. Ex. *Loranthus citricola*.

CITRIN, adj., *citrinus, citreus*; *citronengelb* (all.) (*citrus*, citron); qui a la couleur jaune du citron. Ex. *Bulimus citrinus, Gorgonia citrina, Coremium citrinum, Aranea citrea, Motacilla citreola, Agaricus citrinellus*.

CITRIQUE, adj., *citricus* (*citrus*, citron). Épithète donnée à un *acide* (*Citronensäure*, all.), que Scheele a découvert, en 1784, dans le suc de citron, et à un *éther*, qui l'a été par Thénard.

CIVIL, adj., *civilis*. On appelle *jour civil*, parce qu'il sert à fixer les dates dans les transactions civiles, le temps qu'emploie le soleil à revenir au méridien, soit supérieur, soit inférieur, c'est-à-dire la révolution diurne tout entière de cet astre. Les Grecs appelaient cette période νυχθήμερον; elle porte le nom de *dygn* en suédois, et de *schebarruz* en persan. On la divise en quatre portions, *matin, midi, soir* et *minuit*, qui sont déterminées par les passages du soleil à l'horizon et au méridien. (*Voyez* JOUR). L'année tropique (*voyez* ce mot) porte aussi le nom d'*année civile*, parce que c'est la seule dont on fasse usage dans la vie civile, quoique les inégalités auxquelles elle est astreinte eussent dû faire préférer l'année sidérale, qui ne varie jamais. Cependant l'année civile n'est pas l'année tropique tout entière, ou du moins ne se met en accord avec cette dernière qu'au moyen des *intercalations*. *Voyez* ce mot.

CLADOCARPES, adj. et s. m. pl.,

Cladocarpi (κλάδα, massue, καρπός, fruit). Nom donné par Bridel à une classe de Mousses, comprenant celles qui ont leur fructification terminale et en forme de massue.

CLADOCÈRES, adj. et s. m. pl. (χλάδος, rameau, κέρας, corne). Nom donné par Latreille à une famille de l'ordre des Crustacés lophyropes, renfermant ceux dont la tête porte de chaque côté une grande antenne, en forme de bras, divisée en deux ou trois branches.

CLADODIAL, adj., *cladodialis; blattaststständiger* (all.) (χλάδος, rameau). Se dit du pédoncule, lorsqu'il naît sur un phylloclade ou phyllode, comme dans le *Ruscus aculeatus*.

CLADONIACÉES, adj. et s. f. pl., *Cladoniaceæ*. Nom donné par Reichenbach à une famille de Lichens, ayant pour type le genre *Cladonia*.

CLADONIÉES, adj. et s. f. pl., *Cladoniæ*. Nom donné par Zenker à une tribu de la famille des Lichens, qui a pour type le genre *Cladonia*.

CLADONIOÏDÉES, adj. et s. f. pl., *Cladonioidæ* (χλάδος, rameau, εἶδος, ressemblance). Nom sous lequel Schultz désigne un ordre de la classe des Lichens, comprenant ceux qui affectent la forme d'expansions dendroïdes.

CLADOPE, adj., *cladopus* (κλάδος, rameau, πούς, pied); qui a le pied ou le stipe rameux. Ex. *Merulius cladopus*.

CLADOPODES, adj. et s. m. pl., *Cladopoda* (χλάδος, rameau, πούς, pied). Nom donné par G.-E. Gray à un ordre de la classe des Conchophores, correspondant aux Conchifères dymiaires crassipèdes de Lamarck.

CLADORHIZE, adj., *cladorhizus, cladorhizans* (χλάδος, rameau, ρίζα, racine); qui a une racine très-rameuse. Ex. *Fragosa cladorhiza, Neckera cladorhizans*.

CLADOSTACHYÉ, adj., *cladostachyus* (κλάδος, rameau, στάχυς, épi); qui a ses rameaux floraux rapprochés en forme d'épi. Ex. *Carex cladostachya*.

CLAIR, adj., *clarus*. Ce mot a un grand nombre d'acceptions diverses. Il signifie : 1° en physique, ce qui est éclairé (*lieu clair*), ce qui éclaire bien (*feu clair*), ce qui est luisant ou poli, ce qui est transparent (*verre clair*), peu foncé en couleur (*teinte claire, Falco clarus*), pur, ou serein (*ciel clair*), sonore et net (*voix claire*), peu épais, peu serré, écarté, sans consistance, non trouble; 2° au figuré, ce qui est distinct, évident, manifeste, franc, pénétrant. On appelle *œuf clair* (*ovum zephirium*), celui qui a été pondu par une femelle d'oiseau non fécondée.

CLAIRIDES, adj. et s. m. pl., *Cleridæ*. Nom donné par Kirby à une famille de l'ordre des Coléoptères, ayant pour type le genre *Clerus*. *Voy.* CLÉRIDES.

CLAIRONS, s. m. pl., *Clerii*. Nom donné par Cuvier, Latreille, Goldfuss, Eichwald, Ficinus et Carus à une tribu de la famille des Coléoptères serricornes, ayant pour type le genre *Clerus*.

CLANDESTIN, adj., *clandestinus*. Secret, caché. Le *Lathræa clandestina* est ainsi appelé parce qu'il croît dans les lieux ombragés ; le *Panicum clandestinum*, parce que ses épis sont cachés dans les gaînes des feuilles.

CLANGUEUR, s. f., *clangor*. Bruit produit par une voix aigre et sifflante. Cri retentissant de plusieurs oiseaux palmipèdes.

CLAPIER, subst. m. Terrier que creuse le lapin, et qui lui sert de retraite.

CLARIPENNE, adj., *claripennis* (*clarus*, clair, *penna*, aile); qui a les ailes claires. Ex. *Tachina claripennis*.

CLASSIFICATION, s. f. (*classis*, classe, *facio*, faire). Distribution méthodique d'une collection d'êtres naturels. « Il n'y a de distinct que l'individualité. Toutes les divisions en espèces, genres, familles, cohortes, sont notre ouvrage, des choses plus ou moins arbitraires. Hacher un peu plus ou un peu moins le tableau gradué de la nature, est entièrement une affaire de goût. » (Turpin.)

CLASTIQUE, adj., *clasticus* (κλαστάω, casser). Brongniart donne cette épithète à deux groupes de terrains, les uns clysmiens, les autres thalassiques tritoniens, qui, dans leur position et dans leurs parties, présentent tous les caractères de fracture.

CLATHRACÉES, adj. et s. f. pl., *Clathraceæ*. Nom donné par Brongniart à une tribu de la famille des Champignons, qui a pour type le genre *Clathrus*.

CLATHROIDES, adj. et s. f. pl., *Clathroides*. Nom donné par A. Brongniart à un groupe de la tribu des Clathracées, celui qui renferme le genre *Clathrus*.

CLAUSICONQUES, adj. et s. m. pl., *Clausiconchæ* (*clausus*, fermé, *concha*, coquille). Nom donné par Latreille à une section de l'ordre des Conchifères tubulipalles uniconques, comprenant ceux dont la coquille est composée de deux valves appliquées l'une contre l'autre sans bâillement.

CLAUSILE, adj., *clausilis* (*clausus*, fermé). L.-C. Richard donne cette épithète à l'*embryon* dont la radicule, soudée par ses deux bords, renferme complétement le reste.

CLAUSTRALITÈLES, adj. et s. f. pl., *Claustrariæ* (*claustrum*, clôture, *tela*, toile). Épithète donnée aux *araignées* qui filent des toiles en cellules ovales, sous les pierres.

CLAVAIRES, s. f. pl., *Clavariæ*. Marquis appelle ainsi un groupe de la famille des Hyménothéciens, qui a pour type le genre *Clavaria*.

CLAVARIÉES, adj. et s. f. pl., *Clavarieæ*. Nom donné par A. Brongniart à une section de la famille des Champignons ayant pour type le genre *Clavaria*.

CLAVATULÉ, adj., *clavatulatus* (*clavus*, clou); qui a un peu la forme d'un clou. Ex. *Buccinum clavatulum*, *Cerithium clavatulatum*.

CLAVÉ, adj., *clavatus*, *herculeus*; *keulenförmig* (all.) (*clava*, massue); qui est fait en forme de massue, c'est-à-dire qui va en grossissant de la base au sommet, comme le *légume* de l'*Astragalus clavatus*, la *silicule* du *Rapistrum clavatum*, le *filet* des étamines du *Thalictrum clavatum*, l'*abdomen* de la *Libellula clavata*, le haut du stipe du *Lycoperdon herculeum*.

CLAVELLÉ, adj., *clavellatus*, *clavillosus*; qui a la forme d'une massue, comme les *feuilles* du *Mesembryanthemum clavellatum*, la coquille du *Fusus clavellatus*, les *branches* terminales de la fronde du *Gastridium clavellosum*.

CLAVÉS, adj. et s. m. pl., *Clavati*. Nom donné par Fries à un ordre de la classe des Hyménomycètes, comprenant ceux de ces champignons dont le réceptacle est claviforme.

CLAVICEPS, adj., *claviceps* (*clava*, massue, *caput*, tête); qui a la tête en forme de massue. Ex. *Botryocephalus claviceps*.

CLAVICORNE, adj., *clavicornis* (*clava*, massue, *cornu*, corne); qui a les antennes (ex. *Mylabris clavicornis*), les antennules ou palpes (ex. *Hydrachne clavicornis*) en massue.

CLAVICORNES, adj. et s. m. pl., *Clavicornia*. Nom donné par Cuvier, Lamarck, Latreille, Duméril et Eichwald à une famille de l'ordre des Coléoptères, comprenant ceux qui ont les antennes en massue. Latreille propose de substituer ce nom à celui de Lépidoptères diurnes, en raison de la forme des antennes de ces insectes.

CLAVICULAIRES, adj. et s. m. pl., *Claviculares* (*clavicula*, petite massue). Nom donné par Fries à une tribu de l'ordre des Hyménomycètes elvellacés, comprenant ceux qui ont le réceptacle tuberculeux, sublenticulaire.

CLAVICULE, subst. f., *clavicula* (*clavis*, clef). Quelques anciens auteurs ont donné ce nom à la columelle des coquilles spirales, et il a été parfois aussi appliqué aux pointes d'oursins. Kirby appelle ainsi le premier article des bras ou pattes antérieures des insectes hexapodes.

CLAVICULÉ, adj., *claviculatus* (*claviculus*, cirre); qui est terminé en vrille, comme les feuilles supérieures du *Fumaria claviculata*. Se dit aussi en parlant d'une coquille univalve dont l'ouverture est garnie de lames (ex. *Clausilia corrugata*).

CLAVIFOLIÉ, adj., *clavifolius* (*clavis*, clef, *folium*, feuille); qui a des feuilles claviformes. Ex. *Crassula clavifolia*,

CLAVIFORME, adj., *claviformis; clavato* (it.) (*clava*, massue, *forma*, forme); qui a la forme d'une massue, c'est-à-dire qui est renflé de la base au sommet, comme le *spadix* de l'*Arum maculatum*, le *calice* du *Silene Armeria*, la corolle de l'*Erica pinea*, le *tube* de la corolle du *Spigelia marylandica*, les *poils* du *Dictamnus albus*, les *filets* des étamines du *Thalictrum atropurpureum*, le *style* du *Cucullaria excelsa*, le *stigmate* du *Jasione montana*, le *fruit* du *Cucurbita claviformis*, les *feuilles* du *Mesembryanthemum claviforme*, la *radicule* du *Ceriscus malabaricus*, l'*embryon* du *Hyacinthus non scriptus*, l'*urne* du *Leiotheca clavellata*, les *antennes* des *Scarabées*, les *pal-*

pes des *Vrillettes*, l'*abdomen* de l'*Evania appendigaster*, la *coquille* du *Conus clavatus* et de la *Pholas clavata*.

CLAVIMANE, adj., *clavimanus* (*clava*, massue, *manus*, main). Le *Plagusia clavimana* est ainsi appelé parce qu'il a la main renflée, grosse et courte.

CLAVIPALPES, adj. et s. m. pl., *Clavipalpi, Clavipalpata*. Nom donné par Cuvier, Latreille et Eichwald à une famille de l'ordre des Coléoptères, comprenant ceux qui ont les antennes terminées en massue.

CLAVIPÈDE, adj., *clavipes* (*clava*, massue, *pes*, pied). Se dit d'un insecte qui a les cuisses postérieures renflées. Ex. *Chalcis clavipes*.

CLAVIVENTRE, adj., *claviventris* (*clava*, massue, *venter*, ventre); qui a l'abdomen en forme de massue. Ex. *Musca claviventris*.

CLAVOLE, s. f., *clavola*. Kirby donne cette épithète à l'ensemble des articles des antennes, dans les insectes, déduction faite des deux premiers.

CLAVULÉS, adj. et s. m. pl., *Clavulati*. Nom donné par Fries à une tribu de l'ordre des Hyménomycètes clavés, qui a pour type le genre *Clavaria*.

CLAVULIGÈRE, adj., *clavuliger* (*clavulus*, petit clou, *fero*, porter). Un champignon (*Conoplea clavuligera*) est ainsi appelé à cause de sa forme.

CLÉMATIDÉES, adj. et s. f. pl., *Clematideæ*. Nom donné par Candolle à une tribu de la famille des Renonculacées, ayant pour type le genre *Clematis*.

CLÉMATITÉES, adj. et s. f. pl., *Clematiteæ*. Nom donné par Cassin à une famille de plantes qui a pour type le genre *Clematis*.

CLÉOMÉES, adj. et s. f. pl., *Cleomeæ*. Nom donné par Candolle à une tribu de la famille des Capparidées, ayant pour type le genre *Cleome*.

CLÉONIDES, adj. et s. m. pl., *Cleonides*. Schœnherr désigne sous ce nom un groupe de la famille des Curculionides gonatocères brachyrhynques, qui a pour type le genre *Cleonus*.

CLEPTIOSES, adj. et s. m. pl., *Cleptiosa*. Nom donné par Latreille à une famille de l'ordre des insectes Hyménoptères, qui a pour type le genre *Cleptes*.

CLÉRIDES, adj. et s. m. pl., *Cleridæ*. Nom donné par Leach à une famille de l'ordre des Coléoptères, ayant pour type le genre *Clerus*. *Voy.* CLAIRIDES et CLAIRONS.

CLIGNOTANT, adject., *nictitans*. On appelle *membrane clignotante* la troisième paupière des oiseaux, qui est fixée à l'angle interne de l'œil, jouit d'une demi-transparence, et peut se tirer sur l'iris comme un rideau ; on lui suppose la fonction de diminuer l'intensité des rayons lumineux.

CLIMAT, s. m., *clima, regio terræ, inclinatio cœli* ; κλίμα ; *Himmelstrich, Erdstrich* (all.) ; *climate* (angl.) ; *clima* (it.) (κλίνω, incliner) On a successivement désigné sous ce nom des espaces, d'une étendue arbitraire, compris entre deux cercles parallèles à l'équateur terrestre, puis une étendue de pays dans laquelle toutes les circonstances qui influent sur les êtres vivans sont à peu près les mêmes, enfin la réunion de toutes les conditions, autres que la texture organique, d'où la vie dépend, et qui exercent sur elle une influence sensible.

CLIMATÉRIQUE, adj., *climatericus* ; qui a rapport au climat. *Constitution climatérique* d'une contrée.

CLIMATOLOGIE, s. f., *climatologia* (κλίμα, climat, λόγος, discours). Histoire des climats. Ce mot a été pris

quelquefois dans le sens de météorologie.

CLINANDRE, s. m., *clinandrium* (κλίνη, lit, ἀνήρ, homme). L. C. Richard désigne sous ce nom l'excavation du sommet du gynostème de certaines Orchidées, au-dessus ou au-dessous du stigmate, dans laquelle l'anthère est nichée.

CLINANTHE, s. m., *clinanthium* (κλίνη, lit, ἄνθος, fleur). On appelle ainsi le sommet élargi et converti en plateau d'un pédoncule commun, qui donne insertion à plusieurs fleurs sessiles (ex. Synanthérées). Mirbel applique ce nom à la partie qui, dans les Mousses, porte le périchèze, la gainule et le pédicelle.

CLIOIDÉS, adj. et s. m. pl., *Clioidea*. Nom donné par Menke à une famille de la classe des Ptéropodes, ayant le genre *Clio* pour type. *Voy.* CLIONÉS.

CLINOÉDRIQUE, adj., *clinoedricus* (κλίνω, incliner, ἕδρα, base). Nom donné par Naumann aux formes cristallines dans lesquelles les plans coordonnés ne sont pas perpendiculaires entr'eux.

CLINOMÈTRE, adj., *clinometrum* (κλίνω, incliner, μετρέω, mesurer). Nom donné à de nombreux appareils dont on se sert pour mesurer l'inclinaison d'une ligne ou d'un plan par rapport à un plan horizontal.

CLINOSCOPE, s. m., *clinoscopium* (κλίνω, incliner, σκόπεω, considérer). Instrument qui indique l'inclinaison d'un plan sur un autre, sans fournir les moyens de le mesurer.

CLIONÉS, adj. et s. m. pl., *Clionea*. Nom donné par Blainville à une famille de l'ordre des Céphalophores ptérobranches, qui a pour type le genre *Clio*. *Voy.* CLIODÉS.

CLIOSTOMÉENS, adj. et s. m. pl., *Cliostomea*. Nom donné par Fries à une tribu de l'ordre des Pyrénomycètes Phacidiacés, qui a pour type le genre *Cliostomum*.

CLITARRHÈNE, adj., *clitarrhenus* (κλιτὸς, incliné, ἄρρην, mâle). Épithète donnée par G. Allman aux plantes qui ont les anthères versatiles.

CLITELLUM, s. m., *clitellum* (*clitellus*, bât). On nomme ainsi quelques anneaux serrés, plus colorés et protubérans, qui forment une ceinture vers le milieu de la longueur du corps des Lombrics terrestres, et qui permettent à l'individu de se fixer contre un autre pendant l'acte de la copulation.

CLITORIÉES, adj. et s. f. pl., *Clitorieæ*. Nom donné par Candolle à une section de la tribu des Lotées, qui a pour type le genre *Clitoria*.

CLITORIS, s. m., *clitoris*; κλίτορις; *Kitzler* (all.) (κλειτορίζω, titiller). Petit organe situé à la partie supérieure de la vulve, dans les mammifères, et qui représente, chez les femelles, le corps caverneux de la verge des mâles.

CLIVAGE, s. m. (de l'allemand *klœben*, *klœven*, fendre du bois). Espèce de cassure, à surface plane, que présente le diamant. On appelle ainsi le phénomène offert par un grand nombre de minéraux, à l'état cristallin, qui se laissent diviser dans des directions planes, c'est-à-dire en lames. On se sert aussi de ce mot pour désigner les fissures planes qu'on observe dans certains cristaux, sans que pourtant la cassure en suive les directions.

CLOAQUE, s. m., *cloaca* (*clueo*, purger). Poche qui, chez les mammifères de l'ordre des Monotrèmes, les oiseaux, les reptiles et beaucoup de poissons, forme l'extrémité inférieure du canal intestinal, et dans laquelle se mêlent les excrétions liquides et solides de ces animaux.

CLOISON, s. f., *septum*, *dissepimentum*; φράγμα; *Scheidewand* (all.).

Les botanistes appellent ainsi des lames verticales, plus ou moins épaisses, qui partagent l'intérieur d'un fruit en plusieurs cavités distinctes, ou qui s'y prolongent à une plus ou moins grande profondeur sans le diviser entièrement, et qui sont formées, soit par la soudure plus ou moins intime des faces rentrantes de deux carpelles contiguës, soit par l'endocarpe seulement et une expansion très-faible du mésocarpe. H. Cassini donne ce nom aux appendices du clinanthe des Synanthérées qui sont produits par les côtés des mailles du réseau, quand celui-ci fait une saillie notablement élevée, non interrompue et peu épaisse.

CLOISONNÉ, adj., *septatus*. Se dit, en minéralogie, d'un *corps* offrant un assemblage de cloisons produites par l'interposition de sa matière propre dans les fissures d'une substance différente (ex. *Fer oxidé cloisonné*); ou d'un *filon* qui est partagé dans son épaisseur en plusieurs compartimens par des espèces de cloisons de nature différente de celle des parties exploitables. La *Spongia septosa* est ainsi appelée parce que son tissu a la forme d'un réseau.

CLOPORTIDES, adj. et s. m. pl., *Oniscides*. Nom donné par Cuvier, Lamarck et Latreille à une famille de Crustacés, qui a pour type le genre *Cloporte* (*Oniscus*).

CLOS, adj., *clausus*; *verschlossen* (all.); *chiuso* (it.); qui est fermé. Se dit: 1° en botanique, du *calybion*, quand le gland est entièrement renfermé et caché par la cupule (ex. *Fagus sylvestris*); de la *calathide*, lorsque l'involucre est resserré au-dessus des fleurs, et, n'ayant qu'un très-petit orifice, les cache entièrement (ex. *Ficus*); 2° en zoologie, d'une *coquille* bivalve dont les bords rapprochés ne laissent entr'eux aucun intervalle (ex. *Mytilus*).

CLOSSEMENT. *Voyez* Gloussement.

CLOSTÉROCÈRES, adj. et s. m.
pl. , *Closterocera* (κλωστὴρ , fuseau ,
κέρας , corne). Nom donné par Duméril à une famille de l'ordre des Lépidoptères , renfermant ceux de ces insectes qui ont les antennes en forme
de fuseau , c'est-à-dire renflées au
milieu.

CLOSTRE, s. m., *clostrum* (κλωστὴρ , fuseau). Dutrochet appelle ainsi
des cellules amincies aux deux extrémités , et par conséquent en forme
de fuseau , qui entrent dans la composition du bois et des couches corticales. Ce sont les *petits tubes* de
Mirbel , les *cellules tubulées* de Candolle , les *tubilles* de Cassini ; *Saft-
röhren , Baströhren , Fasergefässe*
(all.).

CLUNIPÈDES, adj. , *clunipedes*
(*clunis*, fesse, *pes*, pied). Les ornithologistes donnent quelquefois cette
épithète aux oiseaux qui , comme les
Plongeons, ayant les pieds placés tout
à l'arrière du corps , semblent en
quelque sorte marcher sur le croupion.

CLUPÉES. *Voyez.* Clupéides.

CLUPÉIDES, adj. et s. m. pl. ,
*Clupeides , Clupeidæ , Clupeoides ,
Clupeoidei.* Nom donné par Cuvier,
Latreille et Eichwald à une famille ,
par Ficinus et Carus à une tribu de la
classe des poissons , ayant pour type
le genre *Clupea.*

CLUSIÉES, adj. et s. f. pl. , *Clu-
sieæ.* Nom donné par Choisy et Candolle à une tribu de la famille des
Guttifères , qui a pour type le genre
Clusia.

CLYPÉACÉS, adj. et s. m. pl. ,
Clypeacea (*clypeum*, bouclier). Nom
donné par Latreille et Duméril à une
famille d'Entomostracés , renfermant
ceux de ces animaux dont le corps
mou est couvert d'un test en forme
de bouclier.

CLYPÉASTRIFORME, adj., *oly-
peastriformis* (*clypeum* , bouclier ,
forma , forme) ; qui est en forme de
bouclier , comme les *scutelles* d'un
grand nombre de lichens.

CLYPÉIFORME , adj. , *clypeifor-
mis , clypeatus ; schildförmig* (all.)
(*clypeum*, bouclier, *forma*, forme),
qui a la forme d'un bouclier, comme
le *chapeau* de l'*Agaricus clypeatus*,
le fruit de l'*Hibiscus clypeatus*, la
coquille des *Parmophorus.* Kirby
donne cette épithète au *cubitus* des
insectes , quand il porte sur le côté
une plaque convexo-concave. (ex.
Crabro clypeatus), et à leur *prothorax* , lorsque , par sa grandeur et sa
séparation, il forme une des pièces les
plus apparentes du côté supérieur du
tronc, de manière à représenter tout
le thorax , le mésothorax et le métathorax étant cachés par les élytres
(ex. Coléoptères). L'*Anas clypeata*
est appelé ainsi à cause de son bec
aplati , arrondi et dilaté par le bout
en manière de cuiller , disposition
dont se rapproche celle du bec de
l'*Anas platalea.*

CLYPÉOLAIRE, adj. , *clypeola-
ris* (*clypeum*, bouclier); qui a la
forme d'un bouclier, comme l'*Agaricus clypeolarius.*

CLYPEUS, s. m. Straus appelle
ainsi une grande pièce, fortement
bombée, qui recouvre presque entièrement le dessus du métathorax
des insectes, et qui est l'analogue de
l'écusson du corselet. Illiger donnait
le même nom aux écailles à cinq ou
six pans qui , chez quelques oiseaux ,
couvrent certaines parties de la base
des pieds et même les doigts.

CLYSIADES, adject. et s. m. pl.,
Clysiadæ. Nom donné par Leach à
une famille de l'ordre des Cirripèdes
acamptosomes, ayant pour type le
genre *Clysia.*

CLYSMIEN ; adject., *clysmianus*
(κλύζω , laver). Épithète donnée par

Brongniart à une classe de *terrains*, comprenant ceux de transport et d'alluvion, ou d'inondation et d'atterrissement, parce qu'ils sont évidemment le produit d'un transport et d'un dépôt mécanique dont l'eau a été l'agent.

CNÉMIDION, s. m., *cnemidium* (κνημίς, bottine). Illiger nomme ainsi la partie inférieure dénuée de plumes d'une jambe à demi nue d'oiseau.

CNIDES, s. m. pl., *Cnidæ* (κνίδη, ortie). Schweigger a désigné sous ce nom la classe des Acalèphes, par allusion à la douleur cuisante que causent, quand on y touche, les animaux qui la composent.

COADNÉ, adj., *coadnatus*, *coalitus*, *connatus*, *cohærens*, *coadunatus*; *vereinigt* (all.). Se dit, en botanique, des *feuilles* opposées ou verticillées, quand elles sont sessiles et soudées ensemble par la partie inférieure. Ex. *Saponaria officinalis*.

COADNÉES, adject. et s. f. pl., *Coadunatæ*. Linné désignait sous ce nom une famille de plantes, dans lesquelles plusieurs fleurs se réunissent ensemble pour n'en former en apparence qu'une seule.

COAGULATION, s. f., *coagulatio*; πῆξις; *Gerinnung* (all.). Conversion d'un liquide en une masse plus ou moins molle; phénomène qui a lieu quand une liqueur se trouble et semble passer à l'état solide, quoique cet effet n'arrive réellement qu'à une ou plusieurs substances qu'elle tenait en dissolution.

COAGULÉ, adj., *coagulatus*; qui a subi la coagulation.

COAGULUM, subst. m., *coagulum*. Ce mot qui, chez les Latins, désignait la présure ou l'une des substances employées pour déterminer la coagulation du lait, exprime abusivement chez nous le produit de la coagulation, et par conséquent est synonyme de *caillot*.

COALESCENT, adject., *coalescens* (*cum*, avec, *alo*, nourrir). Les botanistes donnent cette épithète aux bractées, lorsqu'elles sont soudées avec le pédoncule (ex. *Tilia europæa*). On dit, en zoologie, l'*alitronc coalescent*, d'après Kirby, quand il ne forme qu'une seule pièce, et qu'il n'est point séparable en deux segmens, la médi-poitrine et l'arrière-poitrine (ex. *Cimex*); l'*abdomen coalescent*, lorsqu'il n'est pas divisé en segmens (ex. *Aranea*); le *scutellum coalescent*, quand il n'est point séparé du dorsolum par une suture (ex. Coléoptères).

COARCTÉ, adject., *coarctatus*, *strangulatus*; *gedrängt* (all.); *coartato* (it.) (*coarcto*, rétrécir); qui est resserré, rétréci. Le *Nigella coarctata* est ainsi nommé parce que ses sépales sont droits et connivens; l'*Ormosia coarctata*, parce que sa panicule est serrée; la *Hyas coarctata*, parce que son test est échancré de chaque côté, dans le milieu, ce qui l'y fait paraître plus étroit; l'*Orthotrichum coarctatum* et l'*Orthotrichum strangulatum*, parce que leurs urnes sont resserrées et comme étranglées au dessous de l'orifice. On appelle *chrysalide coarctée* celle qui offre la larve enfermée dans sa peau desséchée, à la surface de laquelle on ne peut distinguer aucune des parties de l'insecte parfait qu'elle contient (ex. la plupart des Diptères). L'*Hæmatopota coarctata* à l'abdomen resserré à sa base.

COARCTURE, subst. f., *coarctura* (*coarcto*, rétrécir). Nom sous lequel Grew désignait le collet des plantes, ou la partie intermédiaire entre la plumule et la radicule, parce qu'on observe quelquefois un rétrécissement en cet endroit.

COASSEMENT, s. m., *coaxatio*, *ranarum clamor*; κραυγή; *Quaken* (all.); *croaking* (angl.); *cro-*

cito (it.). Bruit que font entendre les grenouilles et quelques crapauds.

COBALT, s. m., *cobalt* (de l'allemand *kobold*). Métal solide, obtenu pour la première fois, mais non encore à l'état de pureté parfaite, par Brandt, en 1733.

COBALTATE, s. m., *cobaltas*. Ce nom devrait désigner les sels produits par la combinaison de l'acide cobaltique avec les bases salifiables; mais, comme ils sont peu connus, on le donne à d'autres sels, qui résultent de la combinaison de l'oxide cobaltique avec certaines bases.

COBALTICO-AMMONIQUE, adj., *cobaltico-ammonicus*. Nom donné, dans la nomenclature chimique de Berzelius, à des sels doubles qui résultent de la combinaison d'un sel cobaltique avec un sel ammonique. Ex. *Fluorure cobaltico-ammonique* (*fluate de cobalt et d'ammoniaque*).

COBALTICO-POTASSIQUE, adj., *cobaltico-potassicus*. Nom donné, dans la nomenclature chimique de Berzelius, à des sels doubles qui résultent de la combinaison d'un sel cobaltique avec un sel potassique. Ex. *Fluorure cobaltico-potassique* (*fluate de cobalt et de potasse*).

COBALTIDES, s. m. pl., *Cobaltides*. Nom sous lequel Beudant désigne une famille de minéraux, qui comprend le cobalt et ses combinaisons.

COBALTIFÈRE, adject., *cobaltiferus*. Se dit, dans la nomenclature minéralogique de Haüy, d'un minéral qui contient accidentellement de l'oxide de cobalt. Ex. *Magnésie sulfatée cobaltifère*.

COBALTIQUE, adj., *cobalticus*. On appelle *oxide cobaltique* (*Kobaltoxyd*, all.) le premier, et *acide cobaltique* (*Kobaltsäure*, all.) le troisième degré d'oxidation du cobalt; *sulfure cobaltique* le premier degré de sulfuration de ce métal; *oxisulfure*

cobaltique (*Kobaltoxydschwefelkobalt*, all.) une combinaison du sulfure et de l'oxide; *sels cobaltiques* (*Kobaltsalzen*, all.) les combinaisons de l'oxide avec les oxacides, du métal avec les corps halogènes et du sulfure avec les sulfides.

COBÉACÉES, adject. et s. f. pl., *Cobæaceæ*. Nom donné par D. Don à une famille de plantes, qui a pour type le genre *Cobæa*.

COBITIDES, adject. et s. m. pl., *Cobitides*. Nom donné par Blainville à une famille de l'ordre des Poissons abdominaux, qui a pour type le genre *Cobitis*.

COCARDE, s. f. Geoffroy appelait ainsi les tentacules rétractiles qu'on aperçoit sur les parties latérales du corps des Malachies.

COCCIDÉS, adject. et s. m. pl.; *Coccidæ*. Nom donné par Leach à une famille d'Insectes hémiptères, comprenant les *Coccus*.

COCCIFÈRE, adject., *cocciferus* (*coccus*, gallinsecte, et κόκκος, rouge, *fero*, porter). Le *Quercus coccifera* est ainsi appelé, parce que c'est sur lui qu'on recueille l'insecte appelé graine d'écarlate; le *Scyphophorus cocciferus*, à cause de la couleur rouge éclatante de ses apothécies; l'*Acinaria coccifera*, à cause de sa fructification en grains mous, arrondis et rouges, qui ressemblent à de petites galles.

COCCINE, s. f., *coccina*. Lassaigne donne ce nom à la matière animale des Coccus et des insectes de la même famille.

COCCINELLIDES, adj. et s. m. pl., *Coccinellidæ*. Nom donné par Leach, Latreille, Goldfuss, Ficinus et Carus à une tribu d'insectes coléoptères, ayant pour type le genre *Coccinella*.

COCCINIGASTRE, adj., *coccinigaster* (*coccinus*, écarlate, *gaster*, ventre); qui a le ventre d'un rouge foncé (ex. *Motacilla coccinigastra*);

ou d'un bleu pourpre éclatant (ex. *Certhia coccinigastra*).

COCCOCYPSILÉES, adj. et s. f. pl., *Coccocypsileæ*. Nom donné par Chamisso et Schechtendal à une tribu de la famille des Rubiacées, qui a pour type le genre *Coccocypsilum*.

COCCOGNIDIQUE, adject., *coccognidicus*. Nom donné à un *acide* (*Coccogninsäure*, all.), encore problématique, admis par F. Gœbel dans le *Coccus gnidius* (*Daphne Gnidium*).

COCCOTHRAUSTE, adject., *coccothrauastes* (κόκκος, graine, θραύω, briser). Le *Loxia coccothraustes* est ainsi appelé, parce qu'en rapprochant ses mandibules obliquement et en sens contraire, il peut briser les noyaux des fruits ou la pellicule de graines dures, pour en retirer l'amande, dont il se nourrit.

COCCULINÉES, adj. et s. f. pl., *Cocculinæ*. Nom donné par Bartling à une classe de plantes, qui a pour type le genre *Cocculus*, et qui renferme les familles des Berbéridées et des Ménispermées.

COCCYCÉPHALE, adj. et s. m., *coccycephalus* (κόκκυξ, coccyx, κε-φαλή, tête). Nom donné par Geoffroy Saint-Hilaire à un genre de monstres acéphales, comprenant ceux chez lesquels les os de la sommité du corps ont la forme d'un coccyx.

COCHLÉAIRE, adj., *cochlearis*, *cochleatus* (*cochlea*, limaçon); qui est tourné en spirale. On dit, en botanique, l'*estivation cochléaire*, quand une partie étant plus grande que les autres, et courbée en forme de casque ou de cuiller, elle les recouvre toutes (ex. *Aconitum*). L'*Agaricus cochleatus* et l'*Agaricus conchatus* ont leur chapeau contourné.

COCHLÉARIÉES, adj. et s. f. pl., *Cochleariæ*. Nom donné par Salisbury à une tribu de la famille des Crucifères, qui a pour type le genre *Cochlearia*.

COCHLÉARIFOLIÉ, adject., *cochlearifolius* (*cochlear*, cuiller, *folium*, feuille); qui a des feuilles presque arrondies et concaves, ou en forme de cuiller. Ex. *Bryum cochlearifolium*.

COCHLÉARIFORME, adj., *cochleariformis* (*cochlear*, cuiller, *forma*, forme); qui a la forme d'une cuiller, comme le corps déprimé, plus large et un peu excavé en avant, du *Festucaria cochleariformis*.

COCHLÉIFORME, adj., *cochleiformis*, *cochleatus*; *schneckenförmig* (all.) (*cochlea*, limaçon, *forma*, forme); qui est roulé ou contourné en coquille, comme un des *pétales* de l'*Epidendrum cochleatum*, les *feuilles* du *Panax cochleatum*, les *légumes* de l'*Inga cochleata*.

COCHLIACANTHE, adj., *cochliacanthus* (κοχλίς, coquille, ἄκανθα, épine); qui a des épines recourbées et concaves. Ex. *Acacia cochliacantha*.

COCHLIOCARPE, adj., *cochliocarpus* (κοχλίς, coquille, καρπός, fruit); qui a des fruits tournés en spirale, comme les légumes du *Mimosa cochliocarpa*.

COCHLORHYNQUES, adj. et s. m. pl., *Cochlorhynchi* (κόχλος, cuiller, ῥύγχος, bec). Nom donné par Lesson à une famille du sous-ordre des vrais Echassiers, comprenant ceux qui ont le bec large, déprimé et quelquefois en forme de cuiller.

COCOINÉES, adj. et s. f. pl., *Cocoinæ*. Nom donné par Martius à une tribu de la famille des Palmiers, qui a pour type le genre *Cocos*.

COCON, s. m., *bombycis folliculus*; βομβύλιον; *Puppe* (all.); *cod of a silkworm* (angl.). Enveloppe de soie que se filent les chenilles de plusieurs *Bombyx* et quelques araignées pour y renfermer leurs œufs et pour s'y transformer en chrysalides, ainsi que certaines autres larves, comme celles du Fourmilion.

CODARION, s. m., *codarium*; κωδάριον; *Wollpelz* (all.). Nom donné par Illiger à l'ensemble des poils courts et doux et des poils longs et épais, qui sont entremêlés dans le pelage d'un certain nombre de mammifères.

CODIOPHYLLE, adj., *codiophyllus* (κώδιον, toison, φύλλον, feuille); qui a des feuilles velues, comme le sont en dessous celles du *Nelumbium codiophyllum*.

COECIFORME, adj., *cœciformis* (*cœcus*, borgne, *forma*, forme). Candolle appelle *réservoirs cœciformes* des tubes courts, pleins d'huile volatile, que Ramond a observés dans l'écorce du fruit des Ombellifères.

COELOGASTRIQUE, adj., *cœlogastricus* (κοιλία, intestins, γαστήρ, ventre). Épithète donnée par C.-G. Ehrenberg aux infusoires rotifères qui ont des organes de mastication, avec un œsophage très-court et un intestin simple. Ex. *Hydatina*.

COELOPNÉS, adj. et s. m. pl., *Cœlopnoa*, *Cœlopnœa*, *Cilopnoa* (κοῖλος, creux, πνέω, respirer). Nom donné par Schweigger et Eichwald à une famille de l'ordre des Mollusques gastéropodes, comprenant ceux qui ont une cavité pulmonaire pour organe respiratoire.

COELORHYNQUE, adject., *cœlorhynchus* (κοῖλος, creux, ῥύγχος, bec). Un poisson (*Lepidoleprus cœlorhynchus*) a un museau déprimé qui s'avance au dessus de la bouche.

COELORHIZE, adj., *cœlorhizus*; *hohlwurzlich* (all.) (κοῖλος, creux, ῥίξα, racine). Épithète donnée par Illiger aux dents qui ont des racines creuses.

COELOSPERMÉES, adj. et s. f. pl., *Cœlospermeæ* (κοῖλος, creux, σπέρμα, graine). Nom donné par Candolle à une section de la famille des Ombellifères, comprenant celles

qui ont l'albumen recourbé de la base au sommet.

COENOGONE, adj., *cœnogonus*, *vermischt-gebährend* (all.). Se dit d'un animal qui à une époque pond des œufs, et à une autre produit des petits vivants.

COENOGONÉES, adj. et s. f. pl., *Cœnogoneæ*. Nom donné par Fries à une tribu de la famille des Byssacées, qui a pour type le genre *Cœnogonium*.

COENOPASSALE, adj., *cœnopassalus* (κοινός, commun, πάσσαλος, pieu). Épithète donnée par G. Allman aux plantes qui ont des passales (*voyez ce mot*) joints à la base.

COENOTHALAMES, adj. et s. m. pl., *Cœnothalami* (κοινός, commun, θάλαμος, lit). Nom donné par Acharius à une classe de Lichens, comprenant ceux dont les conceptacles sont en partie de même nature que le thalle.

COENOTIQUE, adj., *cœnoticus* (κοινός, commun). Épithète donnée par C.-G. Ehrenberg aux champignons où un grand nombre de filamens fructifères, élevés du même point du rhizopode, se réunissent, s'entrecroisent et se soudent, pour former ce qu'on appelle communément le champignon.

COENOTROPHOSPERME, adject., *cœnotrophospermius*. Nom donné par G. Allman aux plantes qui ont un trophosperme commun à la base de l'ovaire, ou plusieurs trophospermes joints le long de l'axe de l'ovaire.

COERCIBLE, adject., *coercibilis*; *zurückhaltbar* (all.) (*coerceo*, contenir). Épithète donnée aux *gaz* qui conservent l'état aériforme sous la pression et à la température ordinaires, mais qu'on parvient à condenser quand on les soumet soit à une pression qui doit équivaloir au moins à trois atmosphères, soit à un froid considérable.

CŒRULÉOCÉPHALE, adj., *cœ-ruleocephalus* (*cœruleus*, bleu, κε-φαλή, tête); qui a la tête de couleur bleue. Ex. *Attelabus cœruleocepha-lus*, *Alcedo cœruleocephala*.

CŒTONION, subst. m., *cœtonium* (κοιτών, chambre à coucher). Trinius appelle ainsi la glume calicinale des Graminées à épillets multiflores.

CŒUR, s. m., *cor*; καρδία; *Herz* (all.); *heart* (angl.) *corde* (it). Dans l'homme, les mammifères et les oiseaux, on nomme ainsi un organe composé de quatre cavités accolées, dont deux, appelées *oreillettes*, reçoivent le sang des poumons et du corps, tandis que les deux autres, nommées *ventricules*, les renvoyent aux poumons et à toutes les parties du corps. Dans les reptiles écailleux, le cœur se compose de deux oreillettes, l'une pour le sang veineux du corps, l'autre pour le sang artérialisé des poumons, et d'un seul ventricule, qui distribue le sang aux poumons et au reste du corps. Le cœur des reptiles à peau nue n'a qu'une seule oreillette et un seul ventricule, mais préside toujours aux deux circulations. Les poissons n'ont de même qu'une seule oreillette et un seul ventricule, mais leur cœur ne sert qu'à la circulation branchiale; il n'est que pulmonaire, tandis que les deux premières classes ont un cœur pulmonaire et un cœur aortique, et que le cœur des reptiles remplit les fonctions de l'un et de l'autre. Chez les Céphalopodes, il y a deux cœurs pulmonaires ou branchiaux et un seul cœur aortique. Les autres mollusques n'ont qu'un cœur pulmonaire, sans cœur aortique. Il n'y a au contraire qu'un cœur aortique, sans cœur pulmonaire, chez les Crustacés et les Arachnides. On a voulu aussi regarder le vaisseau dorsal des insectes comme un cœur; mais c'est par abus qu'on l'appellerait ainsi. A partir des Arachnides, il n'y a plus de véritable cœur, et jusque là même cet organe affecte tant de nuances différentes, qu'on ne saurait en donner une définition générale, que celle surtout qui lui convient chez les mammifères et les oiseaux ne peut s'appliquer aux autres classes du règne animal. — En botanique on appelle *cœur* (*cor*, *lignum*, *duramen*; *Kern*, *Hartholz*, all.) les couches centrales du bois, celles qui sont les plus dures, les plus colorées, les plus âgées, et qui souvent ont une autre couleur que l'aubier.

COFFÉACÉES, adj. et s. f. pl., *Coffeaceæ*. Nom donné par Candolle, Kunth et A. Richard à une tribu de la famille des Rubiacées, qui a pour type le genre *Coffea*.

COFFÉES, adject. et s. f. pl., *Coffeæ*. Nom donné par Candolle à une section de la tribu des Cofféacées, celle qui renferme le genre *Coffea*.

COHÉRENCE, s. f., *cohærentia*; συνάφεια; *Zusammenhang* (all.); *coerenza* (it.) (*cum*, avec, *hæreo*, être collé). Liaison de deux corps, ou des diverses parties d'un même corps.

COHÉRENT, adject., *cohærens*; *zusammenhangend* (all.); *coerente* (it.). Se dit, en botanique, des *étamines*, quand elles tiennent les unes aux autres, soit par des poils, soit par une substance glutineuse. Ex. *Erica vulgaris*.

COHÉSION, s. f., *cohæsio*; *Zähigkeit*, *Zusammenhang* (all); *coesione* (it.) (*cum*, avec, *hæreo*, être collé). Union des parties composantes des corps durs; force avec laquelle les particules adhèrent entre elles de manière à opposer plus ou moins de résistance à leur séparation; force qui tend à réunir les atomes intégrans et de même nature d'un corps. Dans ce dernier sens, *cohésion* est synonyme d'*affinité*.

COIFFE, s. f., *calyptra, corolla;* χαλύπτρα ; *Mütze* (all.) ; *calittra, cuffia, berretto, spegnitozo* (it.). Organe en forme de bonnet pointu, qui recouvre l'opercule et quelquefois l'urne entière des mousses, comme un éteignoir.

COIFFÉ, adj., *calyptratus;* qui est muni d'une coiffe. Le *Melastoma calyptrata* a un calice conique qui, lors du développement de la corolle, se sépare de sa base, comme une coiffe. *Voyez* Calyptré.

COIT, s. m., *coitus, coitio, concubitus, congressus, cohabitatio, Venus, res venerea, aphrodisia, aphrodisiasmus;* λαγνεία, συνουσία ; *Beischlaf* (all.). Union des deux sexes pour l'acte de la génération. L'acte du coït est appelé aussi *acte vénérien, copulation* chez les animaux, et *cohabitation* dans l'espèce humaine. Il prend le nom de *monte* chez certains animaux, particulièrement chez les chevaux. *S'accoupler* est un terme général qui l'exprime chez les animaux pourvus des deux sexes. On dit, d'un quadrupède mâle, qu'il *couvre* sa femelle. Cependant il y a aussi des termes propres à quelques espèces, comme *mâtiner* pour le chien, *saillir* pour le cheval et le taureau, *cocher* pour les oiseaux, et surtout pour le coq.

COL, s. m., *collum;* αὐχήν ; *Hals* (all.); *neck* (angl.); *collo* (it.). On appelle ainsi: 1° en géographie, une échancrure arrondie que le faîte ou la crête d'un rameau de montagnes présente, à la naissance d'une vallée, lorsque les sillons qui donnent lieu à celle-ci semblent avoir emporté une partie de ce faîte, en y aboutissant. 2°. En botanique. Cassini donne ce nom à un prolongement que le fruit des Synanthérées offre assez souvent au dessus de la partie occupée par la graine, et qui a la forme d'un cylindre plus ou moins étroit. 3° En

zoologie. On appelle *col*, dans les animaux vertébrés, la partie du corps qui est située entre la tête et la poitrine ; dans les insectes, la partie effilée qui sépare la tête du corselet, et quelquefois ce dernier lui-même, quand il est long, grêle et arrondi.

COLCHICACÉES, adj. et s. f. pl., *Colchicaceæ.* Nom donné par Candolle à une famille dont l'établissement appartient à Mirbel, et qui a pour type le genre *Colchicum.*

COLCHICÉES, adj. et s. f. pl., *Colchiceæ.* Quelques botanistes appellent ainsi la famille des Colchicacées. Reichenbach a établi sous ce nom un groupe dans celle des Liliacées.

COLÉANTHINÉES, adj. et s. f. pl., *Coleanthinæ* (κολεός, gaîne, ἄνθος, fleur). Nom donné par Link à une tribu de la famille des Graminées, renfermant celles de ces plantes dont l'inflorescence est enveloppée de bractées.

COLÉODERME, adj., *coleodermus* (κολεός, gaîne, δέρμα, peau). Latreille donne cette épithète aux *nymphes* dont l'enveloppe générale est appliquée immédiatement sur le corps et les membres, ou détachée de ce corps, auquel elle forme une coque ou capsule.

COLÉOPHYLLE, s. m., *coleophyllum* (κολεός, gaîne, φύλλον, feuille). Mirbel donna d'abord ce nom à l'organe qu'il a appelé depuis *coléoptile. Voyez* ce mot.

COLÉOPHYLLÉ, adj., *coleophyllatus. Voyez* Coléoptilé.

COLÉOPODES, adj. et s. m. pl., (κολεός, gaîne, πούς, pied). Nom donné par Latreille à une tribu de la famille des Crustacés décapodes macroures, parce que, chez ceux qui la composent, le test sert comme d'étui ou de gaîne aux pattes.

COLÉOPTÉRÉ, adj., *coleopteratus* (κολεός, gaîne, πτέρον, aile) ;

qui ressemble à un coléoptère. La *Corixa coleopterata* est brune, avec les élytres bordées de jaune en dehors.

COLÉOPTÈRES, adj. et s. m. pl., *Coleoptera*. Nom donné par Degeer, Linné, Cuvier, Latreille, Kirby, Leach, Lamarck, Goldfuss, Blainville, Eichwald, Ficinus et Carus à un ordre de la classe des insectes, renfermant ceux qui ont les ailes ployées en travers, et couvertes de deux étuis cornés ou coriaces.

COLÉOPTÉROLOGIE, s. f., *coleopterologia*. Traité sur les coléoptères.

COLÉOPTÉROLOGUE, s. m., *coleopterologus*. Naturaliste qui se livre spécialement à l'étude des coléoptères.

COLÉOPTÉRO-MACROPTÈRES, adj. et s. m. pl., *Coleoptero-macroptera*. Schæffer donne ce nom à une classe d'insectes, renfermant ceux qui ont les élytres plus longues que la moitié du ventre.

COLÉOPTÉRO-MICROPTÈRES, adj. et s. m. pl., *Coleoptero-microptera*. Nom donné par Schæffer à une classe d'insectes, renfermant ceux qui ont les élytres moins longues que la moitié du ventre.

COLÉOPTILE, s. f., *coleoptila* (χολεός, gaîne, πτίλον, plume). Mirbel appelle ainsi un petit étui membraneux ou charnu, provenant des cotylédons, qui enveloppe quelquefois la base de la plumule. Ex. Liliacées.

COLÉOPTILÉ, adj., *coleoptilatus*. Se dit d'une *plumule* qui est munie d'une coléoptile, et qu'on ne peut en conséquence apercevoir que par la dissection.

COLÉOPTRIFORME, adj., *coleoptriformis*, *subcoleoptratus*. Un diptère (*Phasia subcoleoptrata*) est appelé ainsi parce qu'il a sur les ailes

une bande transversale noire, qui les coupe en deux.

COLÉORAMPHES, adj. et s. m. pl., *Coleoramphi* (χολεός, gaîne, ῥάμφος, bec). Nom donné par Vieillot à une famille de l'ordre des Echassiers, comprenant un seul oiseau, dont la base de la mandibule supérieure est recouverte par un fourreau de substance cornée.

COLÉORHIZE, s. f., *coleorhiza* (χολεός, gaîne, ῥίζα, racine). Mirbel désigne sous ce nom une espèce d'étui clos de toutes parts qui enveloppe certaines radicules, de manière qu'on ne peut apercevoir ces dernières qu'au moyen de la dissection. Ex. Graminées.

COLÉORHIZÉ, adj., *coleorhizatus*. Se dit d'une *radicule* qui est munie d'une coléorhize.

COLÉSULE, s. f., *colesula* (χολεός, fourreau). Nom donné par Necker à une petite bourse membraneuse de laquelle sortent les spores des Hépatiques.

COLIMACÉS, adj. et s. m. pl., *Colimacea*. Sous ce nom Lamarck désigne une famille de l'ordre des Trachélipodes Phytiphages, parce que le colimaçon en fait partie.

COLLAIRE, adj., *collaris*, *collarius* (*collum*, col). Epithète donnée, par les ornithologistes, aux *plumes* qui garnissent le cou des oiseaux, et dont on se sert assez souvent pour désigner des *animaux* qui offrent à la base du col une bande colorée figurant plus ou moins bien un collier (ex. *Bucco collaris*, *Chætodon collare*), une *coquille* spirale qui décrit des tours très-nombreux, comme un collier (ex. *Clausilia collaris*), ou une autre dont l'ombilic est ceint d'une zone colorée, en manière de collier (ex. *Natica collaria*).

COLLECTEUR, adj., *collector*, *colligens* (*colligo*, recueillir). H. Cassini donne cette épithète à des poils ou papilles qui garnissent les styles des fleurs hermaphrodites et ceux des fleurs femelles, dans toutes les Synanthérées, parce que leur usage consiste à recueillir les grains du pollen.

COLLECTEUR, s. m., *collector ; Elektricitätssammler* (all.). Instrument imaginé par Cavallo pour découvrir des quantités d'ailleurs insensibles d'électricité, en les accumulant et les condensant.

COLLECTIFÈRE, adj., *collectiferus*. H. Cassini nomme *appendice collectifère* la partie supérieure des deux branches du style, quand le stigmate ne se prolonge point sur cette partie, qui ne porte que des collecteurs. Ex. Astérées.

COLLERETTE, s. f., *involucrum, collare ; Halskrause* (all.). On appelle ainsi, en botanique, l'involucre des Ombellifères, qui, étant composé d'un seul rang de bractées verticillées, ressemble au vêtement dont il porte le nom ; les franges que laisse sur le stipe, en se déchirant par l'effet de la croissance, la membrane qui, dans la jeunesse, unissait les bords du chapeau du champignon avec le pied ; le sommet de la gaîne des feuilles des Graminées, qui porte l'appendice membraneux appelé languette ou ligule.

COLLÉMACÉES, adj. et s. f. pl., *Collemaceæ*. Sous ce nom Fries désigne une tribu de la famille des Lichens, qui a pour type le genre *Collema*.

COLLÉMATÉES, adj. et s. f. pl., *Collemateæ, Collemaceæ*. Nom donné pas Fee, Reichenbach et Zenker à une tribu de la famille des Lichens, qui a pour type le genre *Collema*.

COLLET, s. m., *collum, coarctura, nodus vitalis, fundus plantæ, limes communis, cingulum ; Hals, Wurzelhals, Wurzelkrone* (all.). Plan situé entre la tige et la racine,

où les fibres commencent d'un côté à monter et de l'autre à descendre ; point de réunion du limbe de la feuille et de la gaîne, dans les feuilles dites engaînantes ; Lamarck l'appelle *nœud vital*. On donne aussi le nom de *collet* à une ligne dont le contour marque la séparation de la couronne et de la racine, dans certaines dents de mammifères, parce qu'elle est la limite inférieure de l'émail.

COLLETERION, s. m., *colleterium* (κολλητής, qui colle). Sous ce nom, Kirby désigne l'organe dont sont pourvus certains insectes, et qui sécrète un liquide jaune, destiné, selon Réaumur et Hérold, à vernir ou gommer les œufs, afin qu'ils adhèrent aux corps sur lesquels l'animal les dépose.

COLLICULEUX, adj., *colliculosus; hügelig* (all.). Se dit d'un corps qui, sur une petite surface, offre plusieurs bossettes rapprochées les unes des autres, comme le réceptacle du *Marchantia quadrota*.

COLLIER, s. m. On appelle ainsi : 1° en botanique (*collare, annulus, ligula*), une sorte d'enveloppe propre à certains agarics et à quelques bolets. *Voyez* COLLERETTE. 2° En zoologie (*collare, torques ; Kragen, Halshaut, Halsring* (all.), un chapelet de plumes, d'écailles, de plis ou de callosités, qui environne quelquefois le col des oiseaux ; d'après Merrem, les longues plumes qui, chez certains oiseaux (ex. *Colymbus auratus*), pendent de la joue et de la tempe sur le côté du cou ; une bande de couleur tranchante qui ceint une partie du cou chez des mammifères (ex. *Callithrix torquatus, Sorex collaris*), des oiseaux et des reptiles (ex. *Coluber natrix*) ; la partie du corps des hélices qui déborde le pied, sous laquelle celui-ci se retire, qui remplit l'ouverture de la coquille, et contient l'anus et le tube respiratoire. Klug et autres entomologistes donnent ce nom au *prothorax*, ou segment qui porte les deux premières pattes ; Kirby, à la pièce première ou antérieure du *mésothorax*, ce qui revient au même ; Latreille, au premier segment du thorax des insectes, quand il ne surpasse pas notablement les suivans en étendue ; Wiedemann, à une ou quelques séries transversales de poils raides, qui garnissent l'extrémité antérieure du dos de certains diptères (ex. *Anthrax*).

COLLIFÈRE, adject., *colliferus* (*collum*, col, *fero*, porter). Épithète donnée, en botanique, à l'*ovaire*, quand il est muni d'un col ; au *stipe* de certains champignons, lorsqu'il porte une collerette ; à la *cypsèle*, lorsqu'elle offre un prolongement en forme de col.

COLLIFORME, adj., *colliformis* (*collum*, col, *forma*, forme). Kirby donne ce nom au *prothorax* des insectes, quand il est court, étroit et moins apparent que les autres pièces du tronc. Ex. *Libellula*.

COLLIGÉ, adj., *colligatus* ; *geheftet* (all.) (*cum*, avec, *ligo*, lier). Illiger appelle *pieds colligés*, dans les oiseaux à jambes demi-nues, ceux dont deux ou trois doigts antérieurs sont joints ensemble par une courte membrane qui s'avance à peine au delà de la première phalange. Ex. *Échasse*.

COLLINAIRE, adj., *collinus* ; qui croît sur les collines. Ex. *Dianthus collinus, Daphne collina*.

COLLINE, s. f., *collina* ; πάγος ; *Hügel* (all.) ; *hill* (angl.) ; *collina* (it.). Élévation du sol qui diffère principalement d'une montagne par sa hauteur moindre, celle-ci n'excédant guères deux ou trois cents mètres au dessus du pied.

COLLIROSTRES, adj. et s. m. pl., *Collirostres* (*collum*, col, *ros-trum*, bec). Nom donné par Duméril à une famille d'insectes hémiptères, comprenant ceux dont la base du bec semble naître du cou. *Voy.* AUCHÉNORHYNQUES.

COLLO-ÉPINEUX, adj., *collospinosus*. Épithète qu'on applique aux chenilles qui ont deux très-longues épines sur le cou, comme celles des Nacrés.

COLLURIONS, adj. et s. m. pl., *Colluriones* (κολλυρίων, pie grièche). Nom donné par Vieillot, Ranzani et Savi à une famille de l'ordre des Passereaux ou Sylvains, qui a pour type le genre *Lanius*.

COLOBANCALOPTÈNES, adj. et s. m. pl., *Colobancalopteni* (κολοβός, mutilé, ἀγκαλὶς, bras, πτηνὸς, volatile). Nom donné par J.-A. Ritgen à une famille de l'ordre des Halycolymbes, renfermant les oiseaux qui, comme les Manchots, n'ont que des rudimens d'ailes.

COLOBATHROPODES, adj. et s. m. pl., *Colobathropodes* (κολοβός, mutilé, ἀθροὸς, serré, πούς, pied). Nom donné par J.-A. Ritgen à un ordre de la section des Mydalornithes, renfermant des oiseaux qui ont les jambes très-longues et grêles.

COLOBOPTÈRE, adj., *colobopterus* (κολοβός, mutilé, πτερὸν, aile) ; qui a des ailes mutilées ou imparfaites, comme la *Vespa coloboptera*, dont les ailes se réduisent à des rudimens très-courts.

COLOCYNTHINE, s. f., *colocynthina*; *Coloquinthenbitter* (all.). On donne ce nom à l'amer de coloquinte qui s'extrait du parenchyme des fruits du *Cucumis Colocynthis*.

COLODACTYLES, adj. et s. m. p., *Colodactyli* (κόλος, mutilé, δάκτυλος, doigt). Nom donné par J.-A. Ritgen à une section de l'ordre des Reptiles sauriens, comprenant ceux qui ont les membres plus ou moins incomplets.

COLOMNÉES, adj. ; *Columnatæ*. Nom donné par Linné à la famille des Malvacées, à cause de la réunion des filets de leurs étamines en une sorte de colonne ou cylindre.

COLOMBAIRE, adj., *columbarius* (*columba*, colombe). On donne cette épithète aux *grains* d'une roche grenue, quand ils sont de la grosseur d'un œuf de pigeon. Le *Falco columbarius* est ainsi appelé parce qu'il fait la guerre aux pigeons.

COLOMBATE, s. m., *columbas*. Synonyme inusité de *tantalate*. *V.* ce mot.

COLOMBIDES, adj. et s. m. pl., *Columbidæ*. Nom donné par Vigors à une famille de l'ordre des Gallinacés, et par Lesson à une famille de celle des Passereaux, ayant pour type le genre *Columba*.

COLOMBINS, adj. et s. m. pl., *Columbæ*, *Columbini*, *Sponsores*. Nom donné par Duméril, Illiger, Vieillot, Goldfuss, C. Bonaparte, Latreille, Eichwald, Ficinus et Carus à une famille, par Meyer, Wolf et Blainville à un ordre de la classe des oiseaux, ayant pour type le genre *Columba*.

COLOMBIQUE. *Voyez* Tantalique.

COLOMBIUM, s. m., *columbium*. Nom donné par Hatchett, en l'honneur de C. Colomb, à un métal qu'il a découvert en 1801, et qu'en 1809 Wollaston reconnut être le même que celui auquel Ekeberg donna en 1802 la dénomination de *Tantale*, qui a prévalu injustement.

COLOMNAIRE, adj., *columnaris*; *säulenförmig* (all.); *colonnare* (it.) (*columna*, colonne). Les botanistes disent l'*androphore colomnaire*, lorsqu'il s'élève verticalement du centre de la fleur et ressemble à une petite colonne (ex. *Malva*). Un champignon (*Clathrus columnarius*) est appelé ainsi parce qu'il est formé de quatre branches droites, semblables à des colonnes et réunies par leur sommet ; et une *coquille* (*Lymnæa columnaris*), parce qu'on l'a comparée à une colonne torse.

COLOMNIFÈRES, adj. et s. f. pl., *Columniferæ*. Nom donné, dans le système de Royen, à une classe comprenant les plantes dont les filets des étamines sont réunis en un seul corps, et dans celui d'Agardh, à une classe de plantes phanérocotylédones complètes hypogynes polypétales qui offrent la même disposition.

COLOPHOLIQUE, adj., *colopholicus*. Epithète donnée par Unverdorben à un *acide* qui forme la base de la colophane, à cause des propriétés électro-négatives dont jouit cette résine.

COLORÉ, adj., *coloratus* ; *gefärbt* (all.); *coloured* (angl.); *colorate* (it.) (*color*, couleur) ; qui offre une couleur quelconque. On employe ce mot : 1° en physique. Les *anneaux colorés* sont une série de cercles diversement colorés que présente une lame d'air très-mince emprisonnée entre la courbure d'un objectif légèrement convexe et la surface d'un autre objectif qui est plan-convexe. 2° En botanique, *coloré* se dit de toute partie qui n'est pas verte, comme le *calice* du *Tropæolum majus*, l'*involucelle* du *Chærophyllum coloratum*, les *bractées* du *Salvia nemorosa* ; dont la couleur diffère de celle des parties avec lesquelles elle fait corps, comme la *chalaze* du *Citrus medica* ; ou qui offre une autre couleur que celle qu'elle présente ordinairement, comme les *feuilles* de l'*Atriplex hortensis rubra*.

COLORIDES, s. f. pl., *Colorides* (*color*, couleur). Guibourt désigne ainsi une famille de composés ternaires organiques, comprenant les principes colorans.

COLORIFIQUE, adj., *colorificus* (*color*, couleur, *facio*, faire); qui donne lieu à des couleurs. On dit *pouvoir colorifique* des rayons lumineux.

COLORIGRADE, s. m., *colorigradus* (*color*, couleur, *gradus*, degré). Instrument que Biot a imaginé pour déterminer le degré de coloration des corps.

COLORISATION, s. f. Manifestation d'une couleur quelconque dans une substance.

COLOSAURIENS, adj. et s. m. pl., *Colosaurii* (κόλος, mutilé, σαῦρος, lézard). Nom donné par J.-A. Ritgen à une section de l'ordre des Reptiles sauriens, comprenant ceux qui ont les membres plus ou moins imparfaits.

COLOSSAL, adj., *colosseus*, *colossicus*; κολοσσαῖος; *übergross* (all.); qui surpasse de beaucoup les proportions ordinaires. Ex. *Fusus colosseus*. *Voyez* GÉANT.

COLOSTRUM, s. m., *colostrum*; τροφαλίς. Premier lait que sécrètent les glandes mammaires chez une femelle de mammifère qui vient de mettre au monde ses petits.

COLUBÉRIENS, adj. et s. m. pl., *Coluberini*. Nom donné par Latreille, Ficinus et Carus à une famille ou tribu de Reptiles ophidiens, qui a pour type le genre *Coluber*.

COLUBRIDES, adj. et s. m. pl., *Colubridæ*. Nom donné par G.-E. Gray à une famille de Reptiles ophidiens, ayant le genre *Coluber* pour type.

COLUBRIN, adj., *colubrinus* (*coluber*, couleuvre); qui a l'apparence d'une couleuvre (ex. *Eryx colubrinus*, *Herpestes colubrina*); qui est replié sur soi-même comme un serpent (ex. *Ostrea colubrina*); qui a sa surface garnie d'une multitude de petites taches semblables à des écailles de serpent (ex. *Conus colubrinus*);

qui passe pour posséder des vertus médicamenteuses contre la morsure des serpens (ex. *Strychnos colubrina*).

COLUBRINS, adj. et s. m. pl., *Colubrini*, *Colubres*. Nom donné par Oppel et J.-A. Ritgen à une famille de reptiles Ophidiens, établie sur le genre *Coluber*.

COLUBROIDES, adject. et s. m. pl., *Colubroidea*, *Colubroides*. Nom donné par P.-F. Fitzinger à une famille de reptiles, ayant pour type le genre *Coluber*.

COLUMBINE, s. f., *columbina*. Substance cristallisable particulière, que Wittstock a trouvée dans la racine de columbo (*Menispermum palmatum*).

COLUMELLAIRE, adj., *columellaris* (*columella*, columelle.). Les conchyliologistes nomment *lèvre columellaire*, ou bord gauche d'une coquille univalve, celui qui se trouve du côté de la columelle. La *Purpura columellaris* est ainsi appelée, parce qu'elle offre un pli au milieu de sa columelle.

COLUMELLAIRES, adj. et s. m. pl., *Columellaria*. Nom donné par Lamarck et Latreille à une famille de Gastéropodes, comprenant ceux dont la columelle est garnie de plis.

COLUMELLE, adj., *columella*, *columnella*, *columnula*; *Säulchen* (all.); *colonnetta* (it.). On nomme ainsi : 1° en botanique, un petit axe filiforme situé au centre de l'urne des mousses, et auquel les semences sont attachées; l'axe qui persiste après la chute des fruits auxquels il servait de support (ex. *Geranium*); suivant Candolle, l'axe central d'un fruit résultant de la soudure de plusieurs carpelles, quand il est réel, et non fictif; 2° en zoologie, une espèce de petite colonne plus ou moins torse, qui fait l'axe d'une coquille spirale, qui résulte de l'enroulement du cône qu'on peut concevoir la former, quand les tours se touchent, et qui fait partie de l'axe de la coquille, ou mieux s'applique dessus.

COLUMELLÉ, adj., *columellatus*. Se dit, en botanique, d'une *mousse*, ou d'un *fruit* qui est muni d'une columelle ; en zoologie, d'une *coquille* univalve dont la columelle est solide, torse, plissée. Férussac et Menke, sous le nom de *columellées*, *columellatæ*, établissent dans le genre *Helix* une section comprenant les espèces dont la columelle offre ce dernier caractère.

COLUMELLIÉES, adj. et s. f. pl., *Columelliæ*. Nom donné par D. Don à une famille de plantes, qui a pour type le genre *Columellia*.

COLUMNANTHÉRÉES, adj. et s. f. pl., *Columnanthereæ* (*columna*, colonne, *anthera*, anthère). Nom donné par Agardh à une classe de plantes phanérogames incomplètes, comprenant celles qui ont les filets des étamines réunis en colonne, comme les Pistiacées, Asarinées et Myristicées.

COLURE, s. m., *colurus* (κόλος, mutilé, οὐρά, queue). Nom donné à deux grands cercles de la sphère qui passent l'un par les équinoxes, l'autre par les tropiques, et qui sont appelés ainsi parce que nous les voyons toujours tronqués, n'apercevant point la partie la plus voisine du pôle inférieur.

COLYMBIDES, adj. et s. m. pl., *Colymbidæ*. Nom donné par Vigors à une famille de l'ordre des Palmipèdes, ayant pour type le genre *Colymbus*.

COLYMBIENS, adj. et s. m. pl., *Colymbi*, *Colymbii*. Nom donné par J.-A. Ritgen à une famille de l'ordre des Halycolymbes, par Blainville à une famille de celui des Oiseaux nageurs, ayant pour type le genre *Colymbus*.

COLYMBOPLOTÈRES, adj. et s. m. pl., *Colymboploteres* (κολυμβίς, plongeon, πλωτήρ, nageur). Nom donné par J.-A. Ritgen à une famille de l'ordre des Halyptènes, comprenant des oiseaux qui, comme les *Mergus*, plongent et nagent beaucoup.

COLYMBOPTÈNES, adj. et s. m. pl., *Colymbopteni* (κολυμβίς, plongeon, πτηνός, volatile). Nom donné par J.-A. Ritgen à une famille de l'ordre des Halyptènes, comprenant des oiseaux qui à la fois volent et plongent.

COMA, s. f., *coma ; Schopf* (all.). On nomme ainsi, en botanique, des faisceaux de bractées (ex. *Fritillaria imperialis, Bromelia Ananas, Salvia Horminum*) ou de fleurs stériles (ex. *Hyacinthus comosus*), qui couronnent la sommité de certains modes d'inflorescence, et à des touffes ou houppes de poils qui sont fixées à la pellicule de quelques semences.

COMBATTANT, adject., *pugnax*, *pugilator*. Cette épithète est donnée à un oiseau (*Tringa pugnax*) dont les individus aiment à s'entrebattre, et à un crustacé (*Gelasimus pugilator*) qui ordinairement a la pince droite plus grosse que la gauche.

COMBINAISON, s. f., *compositio, unio ; Verbindung* (all.) ; *combination* (angl.) ; *combinazione* (it.). Réaction que deux ou plusieurs corps exercent l'un sur l'autre, de manière à produire un tout dont la plus petite partie renferme les composans dans la même proportion que la masse totale. Union de plusieurs corps en un certain nombre de proportions, toutes déterminées et constantes, d'où résulte un composé possédant des propriétés très-différentes de celles de ses composans. Résultat de cet acte. En minéralogie, Mohs donne le nom de *combinaisons* aux formes cristallines composées, parce qu'elles résultent de l'assemblage de différentes sortes de faces appartenant chacune à une forme simple particulière.

COMBINATÉ-VEINEUX, adject., *combinate-venosus*. Épithète donnée par Link aux *feuilles* dont les nervures latérales s'anastomosent ensemble avant d'arriver au bord.

COMBINÉ, adj. Épithète donnée, dans la nomenclature minéralogique de Haüy, à des cristaux qui sont composés de plusieurs ordres de facettes, dont les combinaisons deux à deux ou trois à trois déterminent des analogies ou des propriétés remarquables. Ex. *Chaux carbonatée combinée.*

COMBRÉTACÉES, adject. et s. f. pl., *Combretaceæ*. Nom donné par R. Brown à une famille de plantes, qui a pour type le genre *Combretum.*

COMBRÉTÉES, adj. et s. f. pl., *Combreteæ*. Nom sous lequel Candolle désigne une tribu de la famille des Combrétacées, qui renferme le genre *Combretum.*

COMBURANT, adj., *comburens*; *brennend, verbrennend* (all.) (*comburo*, brûler). On appelle *principe comburant* un corps qui, en se combinant avec un autre corps, donne lieu au phénomène de la combustion.

COMBUSTIBILITÉ, s. f., *Verbrennlichkeit* (all.) (*comburo*, brûler). Propriété de brûler, dont Stahl avait fait une substance, le phlogistique, qui, en se dégageant des corps, produisait suivant lui le phénomène de l'ignition.

COMBUSTIBLE, adj., *combustioni obnoxius*; καύσιμος; *brennbar* (all.). Dans le langage vulgaire, cette épithète caractérise les substances qui, en certaines circonstances, donnent lieu à la production du feu.

COMBUSTIBLES, adj. et s. m. pl., *Combustibilia*. Ce nom est donné par Haüy et Hausmann à une classe de minéraux, par Omalius et Maraschini à une classe de roches, comprenant les débris de matières organiques végétales qui sont susceptibles de brûler.

COMBUSTION, s. f., *combustio, ambustio, ignitio*; καῦσις; *Verbrennung* (all.). Ce mot exprimait jadis et rend encore aujourd'hui, dans le langage populaire, l'idée d'un corps qui se dissipe en produisant de la chaleur et de la lumière. On supposait alors que le feu est une matière fixée dans les corps, et dont le dégagement entraîne et dissipe peu à peu les molécules de la substance embrasée. Stahl, généralisant et systématisant cette idée, fit consister la combustion dans la séparation totale ou partielle de la matière du feu, le phlogistique, d'avec les bases auxquelles il est uni. Macquer modifia cette théorie, en supposant que la combustion tient à ce que le phlogistique est expulsé des corps par la partie la plus pure de l'air, qui en prend la place. Lavoisier enfin la réduisit à n'être que la combinaison des corps avec l'oxigène de l'air ambiant. Dans ces deux théories, la production du feu n'est pas considérée comme un résultat nécessaire de la combustion, puisqu'il y a des cas où celle-ci a lieu sans feu, ce qui change tout-à-fait le sens qu'on attache au mot. Aujourd'hui on sait que le phénomène de l'ignition n'appartient pas uniquement aux combinaisons de l'oxigène, et qu'il peut, dans des circonstances favorables, s'observer presque toutes les fois qu'une combinaison quelconque a lieu; car l'expérience a démontré qu'il se dégage de la chaleur à l'occasion de toute combinaison chimique faite dans des conditions propres à rendre ce dégagement sensible, et que, par la saturation des affinités les plus fortes, la température monte souvent jusqu'à l'incandescence, tandis que les plus faibles ne font que l'élever de quelques degrés. On sait de plus que, quand on expose certains corps à une température élevée, il y éclate subitement du feu, comme s'il s'y opérait une combinaison chimique, sans que, dans la plupart des cas, leur poids augmente ou diminue, mais avec changement dans leurs propriétés et le plus souvent dans leur couleur. On explique ce dernier phénomène par un degré plus grand d'intimité qui s'effectue dans la combinaison de leurs élémens.

COMESTIBLE, adj., *edulis*, *esculentus*, *cibarius*; *essbar* (all.); *eatable* (angl.) (*comedo*, manger); qui est susceptible d'être mangé. On donne cette épithète à un assez grand nombre de corps organisés que l'homme fait servir à sa nourriture. Ex. *Agaricus edulis*, *Mesembryanthenum edule*, *Ostrea edulina*, *Hibiscus esculentus*, *Rana esculenta*, *Arum esculentum*, *Tuber cibarium*, *Psidium sapidissimum*, *Agaricus deliciosus*, *Morchella deliciosa*, *Iguana delicatissima*.

COMÈTE, s. f., *cometa*, *stella caudata s. crinita*; κομήτης; *Schwanzstern* (all.); *comet* (angl.) (κόμη, chevelure). On appelle ainsi des astres qui tournent autour du soleil dans toutes les directions possibles, en décrivant des orbites souvent fort alongés, qui ne deviennent visibles pour nous que vers leur passage au périhélie, et qui sont accompagnés d'une traînée de lumière à laquelle on donne le nom de chevelure, barbe ou queue.

COMÉTOGRAPHIE, s. f., *cometographia* (κομήτης, comète, γράφω, écrire). Description des comètes.

COMIFÈRE, adj., *comiferus* (*coma*, chevelure, *fero*, porter). Agardh appelle *bourgeons comifères* (*Blattrosenknospen*, all.) ceux qui ne produisent qu'une rosette ou un coursion.

COMIZOPHYTE, s. m., *comïzophytum* (κομίζω, porter). Nom donné par Necker aux plantes dont la corolle porte les étamines.

COMMÉLINACÉES, adj. et s. f. pl., *Commelinaceæ*. Nom donné par Bartling à une famille de plantes qui a pour type le genre *Commelina*.

COMMÉLINÉES, adj. et s. f. pl. *Commelineæ*. Nom donné par R. Brown à une famille de plantes, qui a pour type le genre *Commelina*.

COMMERSONIÉES, adj. et s. f. pl., *Commersioneæ*. Nom donné par Caffin à une famille de plantes ayant pour type le genre *Commersiona*.

COMMISSURAL, adj., *commissuralis*. Épithète donnée par les botanistes à l'*insertion* des étamines ou d'une corolle staminifère, quand elles sont fixées au point où l'ovaire, seulement inséré en partie, commence à se distinguer du calice. Ex. *Samolus Valerandi*.

COMMISSURE, s. f., *commissura*. Point où plusieurs parties se réunissent ensemble. Hoffmann donne ce nom à la surface intérieure, ordinairement plane, par laquelle les deux akènes des Ombellifères s'appliquent l'un contre l'autre, dans toute leur longueur.

COMMUN, adj., *communis*; κοινό; *gemeinschaftlich*, *allgemein* (all.). Ce mot, synonyme, en botanique, de *général*, *primaire*, *principal*, se dit du *pétiole* qui, dans les feuilles composées, supporte à la fois plusieurs folioles ou plusieurs pétioles secondaires (ex. *Cassia occidentalis*); du calice, lorsqu'il se compose d'un assemblage de bractées entourant un certain nombre de petites fleurs, que l'on considère alors comme n'en formant qu'une seule composée (ex. Synanthérées); du *réceptacle*, d'après Linné, lorsque, produit par l'évasement de la partie supérieure du pétiole, il supporte plusieurs fleurs sessiles (ex. Synanthérées) ; de l'*involucre*, lorsqu'il accompagne plusieurs fleurs à la fois (ex. Ombellifères) ; de la *spathe*, quand elle renferme plusieurs fleurs (ex. *Allium*) ; du *pédoncule*, lorsqu'il sert de support à plusieurs pédoncules partiels.

COMMUNIPÈDE, adj. , *communipes* (*communis*, ordinaire, *pes*, pied). A.–H. Harvorth donne cette épithète aux reptiles sauriens qui ont des pattes ordinaires sous le rapport de la longueur , et aux Crustacés décapodes dont les pieds n'offrent rien d'insolite dans leur conformation.

COMPACITÉ, s. f., πυκνότης ; *Dichte* (all.); *compactness* (angl.). Qualité de ce qui est compact.

COMPACT, adj., *compactus ;* πυκνός; *fest, dicht* (all.); *compact* (angl.) ; *compatte* (it.) (*cum*, avec, *pango*, ficher). Se dit : 1° en minéralogie, d'un *minéral* dont les particules constituantes sont si étroitement serrées les unes contre les autres, qu'il ne présente aucun indice de tissu (ex. *Chaux carbonatée compacte*) ; 2° en botanique, du *chaton*, lorsque l'axe est tout couvert de fleurs serrées les unes contre les autres (ex. *Salix capræa*); de l'*épi*, quand les fleurs , serrées les unes contre les autres , cachent totalement l'axe (ex. *Typha latifolia*) ; de la plante elle-même , quand toutes ses parties sont très-resserrées (ex. *Weissia compacta , Sphagnum compactum*); 3° en zoologie, du *corps* d'un insecte, lorsque la tête, le tronc et l'abdomen ne sont point séparés par des incisures (ex. *Buprestis*).

COMPLECTIF, adj., *complexivus* (*complector*, enclore). Les botanistes donnent cette épithète à la *préfoliation*, quand les disques des feuilles, en s'embrassant les uns les autres , se recouvrent par les côtés et par le sommet.

COMPLÉMENTAIRE ; adj. , *complementarius ;* συμπληρωτικός. Se dit, en physique , de deux *couleurs*, simples ou composées , toutes les fois qu'elles produisent du blanc quand elles viennent à être mêlées ensemble ; en minéralogie d'un *cristal* dans le signe duquel les termes d'un exposant fonctionnaire contiennent une proportion commencée par d'autres exposans qui sont simples (ex. *Baryte sulfatée complémentaire*).

COMPLET, adj., *completus ;* ἐντελής; *vollständig* (all.) ; *compito* (it.) ; qui est muni de toutes ses parties. On employe ce mot : 1° en botanique. Une *fleur complète* est celle qui réunit les organes des deux sexes entourés d'un périanthe double. Un *arille complet* est celui qui recouvre la graine en totalité (ex. *Oxalis*). Les *cloisons complètes* d'un péricarpe sont celles qui séparent et divisent complètement la cavité de ce dernier (ex. *Cheiranthus*). 2° En zoologie. Linné appelait *nymphes complètes* celles qui sont agiles et qui ont toutes les parties de l'insecte parfait (ex. *Araignées*). Fabricius nomme *métamorphose complète* le cas où les insectes ne subissent pas le moindre changement de formes, excepté peut-être dans le nombre des pattes et le développement des organes sexuels (ex. *Araignées*). Blainville donne l'épithète de *complète* à la *tête* des annelides , quand elle est composée de cinq anneaux, labial, oral, frontal , syncipital et occipital.

COMPLEXE, adject. , *complexus.* Dans la nomenclature minéralogique de Haüy, on nomme ainsi des *cristaux* dont la structure est compliquée , et résulte de lois peu ordinaires. Ex. *Chaux carbonatée complexe.*

COMPLIÉ, adject. , *complicatus , complicans ; zusammengefaltet* (all.); qui est plié sur soi-même. Kirby donne cette épithète aux *élytres* des coléoptères , lorsqu'elles avancent un peu l'une sur l'autre. Ex. *Meloe*.

COMPOSANT, adj. Épithète que, quand plusieurs forces qui ne se font pas équilibre, agissent simultanément sur un point matériel, on donne à chacune de celles qui sollicitent ce point au mouvement.

COMPOSÉ, s. m. Corps qui résulte de la combinaison chimique de deux ou plusieurs autres corps, et dont on peut, par l'analyse, retirer plusieurs matières de nature différente.

COMPOSÉ, adject., *compositus*; *zusammengesetzt* (all.); *composed* (angl.); *composto* (it.); qui contient plusieurs parties. On employe ce terme : 1° en minéralogie. Mohs appelle *formes composées* celles qui résultent de l'assemblage de différens ordres de faces, dont chacune appartient à une forme simple particulière. 2° En botanique. Il y désigne ce qui est formé de plusieurs parties dont la réunion constitue un organe quelconque qui, au premier coup d'œil, paraît simple. Il est donc synonyme d'*agrégé*, et quelquefois de *commun*. On dit *feuille composée*, celle qui est formée de parties articulées les unes sur les autres et susceptibles de se séparer sans déchirement, à la fin de leur vie ; *fleur composée*, celle qui résulte d'une agglomération de fleurs ; la plupart des botanistes donnent ce nom au *capitule* (*voyez* ce mot) ; *fruit composé*, celui qui provient de plusieurs ovaires ; *pétiole composé*, celui qui se divise en pétioles particuliers portant des folioles (ex. *Epimedium alpinum*) ; *pédoncule composé*, celui qui se partage en plusieurs pédoncules secondaires (ex. Ombellifères) ; *ombelle composée*, celle dont les pédoncules primitifs se partagent chacun à son sommet en une petite ombelle (ex. *Daucus Carotta*) ; *chaton composé*, celui dont l'axe produit de courtes ramifications qui servent de support aux bractées florifères (ex. *Juglans regia*) ; *épi composé*, celui dont l'axe est ramifié, l'axe et les ramifications étant tout couverts de fleurs sessiles ou presque (ex. *Heliotropium*) ; *bulbe composée*, celle qui est formée par la réunion de plusieurs cayeux (ex. *Allium sativum*) ; *bouton composé*, celui qui, sous une pérule générale, contient plusieurs rudimens de branches, distinctes et séparées même avant le bourgeonnement (ex. *Pinus maritima*) ; *aigrette composée*, celle dont les poils se subdivisent à la manière des plumes. 3° En zoologie. On appelle *accouplement composé*, celui qui a lieu quand un hermaphrodite est fécondé par un individu de son espèce, et qu'il en féconde un autre à son tour ; *dents composées*, celles qui sont formées de dents simples très-plates, ayant chacune son bulbe, qui finissent par n'en faire qu'une seule, en raison de leur soudure au moyen d'une nouvelle substance appelée *cément* (ex. *Eléphant*).

COMPOSÉES, adj. et s. f. pl., *Compositæ*. Les minéralogistes appellent *roches composées* les masses minérales qui résultent de l'association des minéraux simples en proportions à peu près déterminables. Brongniart donne ce nom à une classe de *roches*, comprenant celles dans lesquelles on observe un mélange de plusieurs minéraux d'espèces différentes. La plupart des botanistes, depuis Royen, nomment *composées* les fleurs et plantes qu'on désigne aujourd'hui par l'épithète de Synanthérées.

COMPOSITES, adj. et s. m. pl., *Compositi*. Nom donné par Link à une série de l'ordre des Gastéromyciens, comprenant ceux qui sont solides et formés par la réunion de plusieurs sporanges.

COMPOSITIFLORES, adj. et s. f. pl., *Compositifloræ*, *Compositiflo-*

res (*compositus*, composé, *flos*, fleur). Gærtner et Wachendorff désignaient sous ce nom la famille des Synanthérées.

COMPOSITION, s. f., *compositio*. Action de composer : résultat de cette action ; proportion dans laquelle les élémens sont unis ensemble, abstraction faite de toute considération sur les propriétés de ces corps.

COMPRESSIBILITÉ, s. f., *compressibilitas; Zusammendrückbarkeit* (all.); *compressibleness* (angl.). Propriété qu'ont certains corps de se réduire à un moindre volume par l'action d'une cause extérieure, comme pression ou percussion, qui en rapproche les molécules.

COMPRESSIBLE, adj., *compressibilis ; πιεστὸς; pressbar, zusammendrückbar* (all.); qui est susceptible de diminuer de volume par l'action d'une cause extérieure.

COMPRESSICAUDE, adj., *compressicaudatus* (*compressus*, comprimé, *cauda*, queue); qui a la queue comprimée. Ex. *Agama compressicauda.*

COMPRESSICAULE, adj., *compressicaulis* (*compressus*, comprimé, *caulis*, tige); qui a la tige comprimée. Ex. *Cissus compressicaulis.*

COMPRESSION, subst. f., *compressio ;* θλίψις, θλᾶσις; *Zusammendrückung* (all.). Action qu'exerce sur un corps une puissance située hors de lui et qui tend à rapprocher ses molécules.

COMPRIMÉ, adj., *compressus, complanatus ; zusammengedrückt* (all.); *schiacciato, compresso* (it.). Se dit, en général, d'une partie qui a plus d'étendue dans le sens de sa largeur que dans celui de son épaisseur, et aussi de celle dont la coupe présente la forme d'une ellipse, comme si elle avait été serrée dans le sens d'un côté à l'autre. 1° En minéralogie. On appelle *cristal comprimé* celui

dans lequel deux faces opposées sont rapprochées, de manière que la forme subisse en ce sens un aplatissement qui altère sa symétrie (ex. *Quarz prismé comprimé*). 2° En botanique. On dit : *anthère comprimée*, celle qui est aplatie sur ses faces (ex. *Iris*); *calice aplati* (ex. *Rhinanthus crista galli*) : *camare aplatie* (ex *Helleborus viridis*); *capsule comprimée* (ex. *Veronica verna*); *carcérule comprimée* (ex. *Fraxinus Ornus*); *coque de diérésile comprimée* (ex. *Alisma Plantago*); *crémocarpe comprimé* (ex. *Apium Petroselinum*); *cypsèle comprimée*, celle qui est aplatie latéralement (ex. *Zinnia*); *épi comprimé* (ex. *Triticum aristatum*); *feuilles comprimées* (ex. *Mesembryanthemum dolabriforme*); *graine comprimée*, celle qui est plus large qu'épaisse (ex. *Cassia fistula*); *hampe comprimée* (ex. *Pancratium declinatum*); *légume comprimé* (ex. *Vicia lutea*); *lèvre comprimée*, dans une corolle labiée, celle qui est ployée en deux dans le sens de sa longueur et aplatie latéralement (ex. *Rhinanthus crista galli*); *noyau comprimé* (ex. *Prunus domestica*); *ovaire comprimé*, celui dont le plus grand diamètre est d'avant en arrière; *rameaux comprimés* (ex. *Pachynema complanatum*); *silicule comprimée*, celle qui est aplatie latéralement (ex. *Thlaspi arvense*), ou par ses faces (ex. *Alyssum campestre*); *silique comprimée*, celle qui est aplatie dans le sens de ses valves (*Arabis turrita*); *spathelle comprimée*, celle qui est pliée en deux dans sa longueur (ex. *Phleum pratense*); *spathellule comprimée* (ex. *Oryza sativa*); *tige comprimée* (ex. *Restio compressus, Poa compressa, Potamogeton compressum*); *tube comprimé*, dans les corolles monopétales (ex. *Justicia quadrifida*). 3° En zoologie. On dit les *coquilles bi-*

valves *comprimées*, quand la cavité comprise entre les deux valves est peu considérable en épaisseur (ex. *Tellina complanata, Hamites adpressa. Voyez* APLANI, APLATI). Le *Thlips compressa* a l'abdomen aplati.

CONCAVE, adj., *concavus ;* κοῖλος ; *ausgehölt, hohl* (all.). Se dit, en botanique, de toute partie qui est creusée et courbée sans former d'angles, et qui ne peut être rendue plane sans qu'il s'y produise des déchirures ou des plis. On applique cette épithète au *clinanthe* (ex. *Ambora*); aux feuilles (ex. *Drosera rotundifolia*); au *hile* (ex. *Alpinia occidentalis*); à l'*ombelle*, quand les ombellules sont disposées de manière à laisser un creux dans le milieu, après la maturation du fruit (ex. *Daucus Carotta*); aux *pétales* (ex. *Ruta graveolens*); aux *spathelles* (ex. *Briza minor*); aux *spathellules* (ex. *Melica nutans*); aux *valves* (ex. *Alyssum utriculatum*). Le *Trochus concavus* est ainsi appelé à cause de sa coquille calyptriforme.

CONCAVIFOLIÉ, adj., *concavifolius* (*concavus*, concave, *folium*, feuille); qui a les feuilles concaves. Ex. *Rosa concavifolia.*

CONCAVO-CONCAVE, adj., *concavo-concavus ;* qui présente deux faces, toutes deux concaves.

CONCAVO-CONVEXE, adj., *concavo-convexus ;* qui est concave sur une de ses faces et convexe sur l'autre.

CONCENTRATION, s. f., *concentratio;* ἀντιπερίστασις. Opération par laquelle on rapproche les molécules d'un corps, en diminuant, par l'action de la chaleur, ou autrement, la proportion du liquide qui les tient dissoutes.

CONCEPTACLE, s. m., *conceptaculum*. Linné donna d'abord ce nom à l'espèce de fruit qui depuis a été désignée sous celui de *follicule*. Jung, Medicus et Mœnch l'ont ap-pliqué aux péricarpes pulpeux, et Desvaux au fruit appelé *follicule* par Candolle. En général, on nomme ainsi les cavités qui contiennent les séminules des cryptogames.

CONCEPTACULAIRE, adj., *conceptacularis*. On nomme *fructification conceptaculaire* celle qui se fait au moyen de conceptacles.

CONCEPTACULIFÈRE, adj.; qui porte des conceptacles, comme les filamens de l'*Isaria* et du *Cephalotrichum.*

CONCEPTION, s. f., *conceptio, conceptus ;* κύησις, σύλληψις ; *Empfängniss* (all.). Action vitale de laquelle il résulte que, par suite du coït, un nouvel être se produit dans le sein d'une femelle d'animal ; acte de l'intelligence qui nous fait apercevoir certains rapports entre les idées et les objets auxquels elles se rapportent.

CONCHACÉS, adj. et s. m. pl., *Conchacea*. Nom donné par Blainville à une famille de coquilles et à une famille de l'ordre des Lamellibranches, comprenant des mollusques à coquilles bivalves dans le nombre desquels se trouvent la plupart de ceux que les anciens réunissaient sous le nom générique de *Concha.*

CONCHICOLE, adj., *conchicolus* (*concha*, coquille, *colo*, habiter). Épithète donnée à un entozoaire (*Aspidogaster conchicola*) qui vit dans les moules d'eau douce.

CONCHIFÈRE, adject., *conchifer* (*concha*, coquille, *fero*, porter); qui porte une coquille ou quelque partie ayant la figure d'une coquille, comme le *Polyporus conchifer*, dont le chapeau est conchiforme.

CONCHIFÈRES, adj. et s. m. pl., *Conchifera* (*concha*, coquille, *fero*, porter). Nom donné par Lamarck, Schweigger et Latreille à une classe d'animaux mollusques, comprenant tous ceux qui ont des coquilles bivalves.

CONCHIFORME, adj. , *conchiformis* (*concha*, coquille, *forma*, forme). Kirby donne cette épithète aux *tégules*, quand ils sont demi-circulaires, concavo-convexes , et en quelque sorte semblables aux valves d'une coquille bivalve. Ex. *Hyménoptères*.

CONCHOIDAL, adj. , *conchoidalis* (κογχή, coquille, εἶδος, ressemblance). Les minéralogistes disent la *cassure conchoïdale*, quand elle présente, sur un des fragmens, une cavité arrondie, à stries concentriques, et sur l'autre un relief qui en est la contre-épreuve, de manière que la cavité ressemble un peu à l'empreinte que pourraient produire certaines coquilles.

CONCHOIDE, adj. , *conchoideus*, *conchoides; muschelig* (all.); *conccoide* (it.) (κογχή, coquille, εἶδος, ressemblance). Se dit, en minéralogie, d'un assemblage de cristaux divergens par leurs grandes faces, à peu près comme les rayons d'un éventail, de manière que le tout présente l'aspect d'une coquille bivalve. Ex. *Prehnite*.

CONCHOLOGIE. *Voyez* CONCHYLIOLOGIE.

CONCHOLOGISTE. *Voyez* CONCHYLIOLOGISTE.

CONCHOPHORES, adj. et s. m. pl., *Conchophora* (κογχή, coquille, φέρω, porter). Nom donné par J.-E. Gray à une classe d'animaux mollusques, comprenant les acéphales qui sont munis d'une coquille bivalve.

CONCHYLIEN, adj. , *conchylianus* (κογχύλη, coquille). Épithète donnée par les minéralogistes au *calcaire* qui contient des coquilles fossiles. *Voyez* COQUILLER.

CONCHYLIFÈRE, adj. , *conchyliferus* (*conchylium*, coquille, *fero*, porter). Se dit d'un *mollusque* qui porte une coquille.

CONCHYLIOIDE, adject. , *conchylioides* (κογχύλη, coquille, εἶδος, ressemblance); qui a la forme d'une coquille. On donne cette épithète, en minéralogie, à une concrétion pseudomorphique, lorsque c'est une coquille qui a été remplacée. Un lichen (*Thelotrema conchylioides*) est ainsi appelé parce qu'il forme des verrues qui, après la chute des conceptacles, ressemblent à de petites coquilles.

CONCHYLIOLOGIE, s. f. , *conchyliologia* (κογχύλη, coquille, λόγος, discours). Art de disposer et de décrire les enveloppes des animaux testacés de manière à les reconnaître sûrement, sans qu'il soit nécessaire d'avoir égard aux animaux qu'elles ont pu contenir.

CONCHYLIOLOGIQUE, adj. , *conchyliologicus;* qui a rapport à la conchyliologie.

CONCHYLIOLOGISTE, subst. m. ; *conchyliologista*. Naturaliste qui s'occupe spécialement de l'histoire des coquilles.

CONCHYLIOPHORE, adj. , *conchyliophorus* (κογχύλη, coquille, φέρω, porter). Se dit d'un mollusque qui aglutine autour de lui des débris de coquilles ou de petites coquilles entières. Ex. *Trochus conchyliophorus, Terebella conchylega. Voyez* AGGLUTINANT.

CONCOLOR, adject. , *concolor, concoloratus; gleichfarbig* (all.). Épithète donnée à un corps dont le dessus et le dessous sont de la même couleur, comme les ailes des papillons danaïdes ou le pelage du *Felis concolor*.

CONCOMITANT, adject., *concomitans;* qui accompagne. On appelle *sons concomitans* ceux que l'oreille distingue, outre le son principal, quand on fait vibrer une corde, et qui, d'après D. Bernoulli, dépendent de la division de la corde en des parties rendant toutes un son indépendant de celui de la corde totale.

CONCORDANT, adj., *concordans.* En minéralogie, *stratification concordante* signifie que deux ou plusieurs systèmes de couches sont posés l'un sur l'autre, en conservant leur parallélisme. Les *fissures* de superposition sont dites *concordantes,* lorsqu'elles sont parallèles à celles de stratification de la roche fondamentale et de la roche superposée.

CONCRET, adj., *concretus;* qui a pris la forme solide, qui s'est solidifié.

CONCRÉTION, s. f., *concretio.* Action de se solidifier. On appelle ainsi, en minéralogie, une substance solide, presque toujours irrégulière, dont les particules se sont réunies avec plus ou moins de lenteur.

CONCRÉTIONNÉ, adj. Se dit d'un *minéral* qui a été formé par voie d'infiltration ou de dépôts successifs, sur les parois des cavités qu'on observe dans les grandes masses pierreuses. Ex. *Agate.*

CONDENSABILITÉ, s. f., *condensabilitas; Verdichtbarkeit.* Propriété de pouvoir se resserrer sur soi même, de manière à occuper moins d'espace.

CONDENSABLE, adject. Dont les molécules sont susceptibles de se rapprocher les unes des autres, et qui peut par conséquent être réduit à un moindre volume.

CONDENSATEUR, s. m., *condensator; condenser* (angl.). Instrument de physique, dû à Æpinus et Volta, et modifié ensuite heureusement par Cuthberson, dont on se sert pour rendre sensibles les quantités très-faibles d'électricité, en les accumulant.

CONDENSATION, s. f., *condensatio.* Rapprochement des molécules d'un corps, diminution de volume et augmentation de densité que ce dernier acquiert par l'accroissement de la pression ou l'abaissement de la température.

CONDENSÉ, adj., *condensatus.* Ce mot est quelquefois pris dans le sens de *serré.* Le *Sphagnum condensatum* a ses rameaux très-rapprochés les uns des autres. L'*Athamanta condensata* a ses fleurs en ombelles serrées.

CONDITIPÈDE, adj. (*conditus,* caché, *pes*, pied). Épithète donnée par A.-H. Harvorth aux Crustacés décapodes brachiures dont la carapace produit une avance qui loge et recouvre les dernières paires de pattes quand l'animal les contracte. Ex. *Calappa granulata.*

CONDOUBLÉ. *Voy.* CONDUPLIQUÉ.

CONDUCIBILITÉ, s. f., *conducibilitas.* Propriété dont jouissent les corps de propager la chaleur et l'électricité dans leur masse ou à leur surface, et de les communiquer ainsi aux corps voisins.

CONDUCTEUR, adj., *conducens.* Se dit d'un corps qui conduit le calorique, ou qui transmet librement l'électricité. Auguste Saint-Hilaire nomme *filets conducteurs* des tubes qu'il a observés dans les styles de Caryophyllées, Portulacées et autres plantes, et qu'il regarde comme destinés à conduire la matière fécondante aux ovules.

CONDUCTEUR, s. m., *conductor.* Cylindre métallique, soutenu par des colonnes de verre, qui se trouve au devant du plateau de la machine électrique, et à la surface duquel se rassemble l'électricité.

CONDUPLICATIF, CONDUPLIQUÉ, adj., *conduplicatus, conduplicativus; doppeltliegend, zusammengelegt* (all.); qui est ployé en double dans le sens de sa longueur (ex. *Loranthus conduplicatus*). On donne cette épithète aux *cotylédons*, lorsqu'étant appliqués face à face, ils sont ensemble ployés en deux dans leur longueur (ex. *Brassica oleracea*), et, d'après Candolle, aux *feuilles* dans leur bourgeon, lorsqu'étant ployées sur leur longueur, elles ne s'embrassent pas, mais sont placées l'une à côté de l'autre (ex. *Fagus*).

CONDYLOPES, adj. et s. m. pl., *Condylopa* (κόνδυλος, condyle, ποῦς, pied). Nom donné par Latreille à une race de la série des animaux cépha-lidiens, comprenant ceux qui sont pourvus de pieds articulés.

CONDYLOPHORE, adj., *condy-lophorus* (κόνδυλος, nœud, φέρω, porter); qui porte un nœud, comme l'*Echinospermum condylophorum*, dont les pédoncules des fruits sont alongés et renflés.

CONE, s. m., *conus, strobilus*; κῶνος; *Zapfen* (all.). Candolle définit le *cône* un corps conique formé par une inflorescence indéfinie, où les fleurs naissent à l'aisselle de bractées sèches, très-grandes ou susceptibles de grandir après la floraison, et qui semblent ainsi quelquefois former un tout unique. Ex. *Pinus*.

CONÉINE, s. f., *coneina*. Nom donné par Brandes à un alcaloïde peu connu, qu'il dit avoir retiré des feuilles du *Conium maculatum*.

CONÉS, adj. et s. m. pl., *Conea*. Nom donné par Menke à une famille de l'ordre des Gastéropodes cténo-branches, qui a pour type le genre *Conus*.

CONFÉDÉRÉ, adject. On appelle ainsi les *actinozoaires* réunis à leur pied par une partie commune, ce qui les fait ressembler un peu à des li-chens couverts de leurs cupules (ex. *Zoanthus socialis*), ou serrés et rap-prochés au point que leur développe-ment réciproque soit gêné et qu'ils se déforment plus ou moins (ex. *Caryo-phyllia cyathus*).

CONFERTIFLORE, adj., *confer-tiflorus* (*confertus*, serré, *flos*, fleur); qui a des fleurs serrées, comme celles du *Lycopsis confertiflora*, qui sont

sessiles et presque imbriquées en grappes.

CONFERTIFOLIÉ, adj., *confer-tifolius; dichtblättrig* (all.) (*confer-tus*, serré, *folium*, feuille); qui a des feuilles serrées, comme celles du *Chloris confertifolia*, qui sont très-serrées et imbriquées.

CONFERVACÉES, adject. et s. f. pl., *Confervaceæ*. Nom donné par Reichenbach à une section de la divi-sion des Algues gongylophyces, com-prenant celles qui, comme les Con-ferves, ont la forme filamenteuse.

CONFERVÉES, adject. et s. f. pl., *Conferveæ*. Nom donné par Agardh à un groupe de la tribu des Algues confervoïdes, par Reichenbach à un groupe de la section des Conferva-cées, par Bonnemaison à une section des Algues articulées, par Bory à une famille d'Algues aquatiques, coupes qui ont toutes pour type le genre *Conferva*.

CONFERVICOLE, adj., *confer-vicola* (*conferva*, conferve, *colo*, habiter); qui vit parmi les conferves. Ex. *Tabicolaria confervicola*.

CONFERVIFORME, adj., *confer-væformis* (*conferva*, conferve, *forma*, forme); qui ressemble un peu à une conferve. Ex. *Sertularia con-fervæformis*.

CONFERVINÉES, adj. et s. f. pl., *Confervineæ*. Nom donné par K. Sprengel à une tribu de la famille des Algues, ayant pour type le genre *Conferva*.

CONFERVOIDE, adject., *confer-voïdes*; qui ressemble à une conferve, qui en a la physionomie. Ex. *Hyp-num confervoïdes*.

CONFERVOIDÉES, adj. et s. f. pl., *Confervoideæ*. Nom donné par Agardh à une tribu de la famille des Algues, par Wiegmann à une sec-tion du groupe des Hydrouématées, ayant pour type le genre *Conferva*.

CONFLUENT, s. m., *confluens*

(*cum* , avec, *fluo* , couler). Réunion de deux cours d'eau.

CONFLUENT, adject., *confluens; ineinanderfliessend, zusammenfliessend* (all.) ; qui se réunit et se confond. Se dit : 1° en minéralogie, d'une variété prismatique d'Arragonite, composée de plusieurs octaëdres cunéiformes, dont les parties saillantes aux endroits des bases se réunissent en un seul corps. 2° En botanique, des *anthères*, lorsque leurs deux lobes, unis l'un à l'autre, paraissent n'en former qu'un seul (ex. *Plectranthus*) ; des *cotylédons*, lorsqu'étant sessiles, ils se confondent absolument par leur base, de manière qu'on n'en peut distinguer l'origine (ex. *Helianthus annuus*) ; des *nervures* des feuilles, quand elles sont simples et réunies au sommet de celles-ci.

CONGÉLATION, s. f., *congelatio;* πῆξις; *Ausfrieren, Gefrierung* (all.). Réduction d'un liquide à l'état solide par la soustraction d'une partie de son calorique latent.

CONGESTIF, adject. (*congestus*, amassé). Épithète donnée par les botanistes à la *préfoliation*, quand les disques des feuilles sont repliés irrégulièrement sur eux-mêmes.

CONGLOBÉ, adj., *conglobatus; geballt, zusammengeballt, zusammengehäuft* (all.). Ramassé en boule. Ex. *Coccinella conglobata*.

CONGLOBÉES, adj. et s. f. pl., *Conglobatæ*. Pontedera appelait ainsi les Synanthérées.

CONGLOMÉRAT. Synonyme peu usité d'*Agglomérat. Voyez* ce mot.

CONGRÉGÉ, adj., *congregatus*. Gaertner donnait cette épithète à celles des Synanthérées dont les calathides sont éloignées les unes des autres.

CONGRÉGÉES, adj. et s. f. pl., *Congregatæ*. Haller réunissait sous

ce nom les Dipsacées, et les Synanthérées.

CONICINE, s. f., *conicina*. Alcali existant dans le *Conium maculatum*, et auquel Brandes attribue les propriétés vénéneuses de cette plante.

CONICIQUE, adj., *conicicus*. Épithète donnée à un *acide* dont Peschier admet l'existence dans le *Conium maculatum*, et aux sels produits par la combinaison de la conicine avec les acides.

CONICO-INCURVIROSTRES, adj. et s. m. pl., *Conico-incurvirostres*. Nom sous lequel J.-A. Schaeffer désignait un ordre d'oiseaux, comprenant ceux qui ont le bec conique et un peu crochu.

CONICO-PROTENSIROSTRES, adj. et s. m. pl., *Conico-protensirostres*. Nom donné par J.-A. Schaeffer à un ordre d'oiseaux, comprenant ceux qui ont le bec conique et alongé.

CONICO-SUBULIROSTRES, adj. et s. m. pl., *Conico-subulirostres*. Nom donné par J.-A. Schaeffer à un ordre d'oiseaux, comprenant ceux qui ont le bec conique et subulé.

CONICO-TÉNUIROSTRES, adj. et s. m. pl., *Conico-tenuirostres*. Nom donné par J.-A. Schaeffer à un ordre d'oiseaux, comprenant ceux qui ont le bec conique et grêle.

CONIDIE, s. f., *conidium; Keimpulver* (all.) (κόνις, poussière). Nom sous lequel Sprengel, et d'après lui plusieurs autres auteurs, ont désigné une poussière farineuse qu'ils croyaient être produite, dans les lichens, par l'agglomération des gemmules extrêmement fines de ces plantes.

CONIFÈRE, adj., *coniferus; zapfentragend* (all.) (*conus*, cône, *fero*, porter). Une Synanthérée (*Leuzea conifera*) est ainsi appelée parce que son involucre a été comparé à une pomme de pin ; une autre plante (*Leucadendrum coniferum*), parce que ses fleurs sont disposées en un cône solitaire.

CONIFÈRES, adj. et s. m. pl., *Coniferæ*. Nom donné à une famille de plantes, comprenant celles qui ont leur inflorescence disposée en cône ou chaton.

CONIFLORE, adject., *coniflorus* (*conus*, cône, *flos*, fleur). Le *Silene coniflora* est ainsi appelé parce que ses calices sont cylindracés ou plutôt coniques.

CONIFORME, adj., *coniformis* (*conus*, cône, *forma*, forme). Se dit d'une coquille qui a une forme conoïde (ex. *Pedipes coniformis*) ou conique (ex. *Auricula coniformis*).

CONIGÈNE, adj., *conigenus* (*conus*, cône, *gigno*, naître); qui croît sur les cônes de sapin (ex. *Agaricus conigenus*, *Peziza conigena*, *Hysterium conigenum*). *Conigène* veut dire aussi qui engendre de la poussière, ou qui en est chargé, comme l'*Agaricus conigenus*, dont le stipe est pulvérulent.

CONIOCARPÉES, adj. et s. f. pl., *Coniocarpeæ* (κονία, poussière, καρπός, fruit). Nom donné par Fee à une tribu de la famille des Lichens, qui a pour type le genre *Coniocarpon*.

CONIOCARPES, adj. et s. m. pl., *Coniocarpi* (κονία, poussière, καρπός, fruit). Nom donné par Meyer et Reichenbach à un ordre de la classe des Lichens, ayant pour type le genre *Coniocarpon*.

CONIOCYMATIENS, adj. et s. m. pl., *Coniocymatii* (κονίς, poussière, κυμάτιον, cymation). Nom donné par Wallroth à une tribu de la famille des Lichens, comprenant ceux qui ont leurs corpuscules reproducteurs à nud, et correspondant aux Coniocarpes de Meyer.

CONIOCYSTE, s. f., *coniocystis* (κονία, poussière, κύστις, vessie). Agardh désigne ainsi les tubercules ou corps reproducteurs des fougères.

CONIOÉCION, s. m., *coniœcium* (κονία, poussière, οἰκία, maison). Nom donné par Ehrhart au fruit du genre Andreæa. *Voyez* SPORANGE.

CONIOLICHÉNÉES, adj. et s. f. pl., *Coniolichenes* (κονία, poussière, λειχήν, lichen). Nom donné par Zenker à un ordre de la famille des Lichens, comprenant ceux qui ont la forme d'une poussière, comme les *Lepra*.

CONIOMYCÈTES, adj. et s. m. pl., *Coniomycetes*, *Coniomyci* (κονία, poussière, μύκη, champignon). Nom donné par Fries et Nees d'Esenbeck à un ordre de la famille des champignons, comprenant ceux qui sont formés de capsules groupées sous l'épiderme des plantes, ou éparses sur une base charnue ou filamenteuse.

CONIOSPORIÉS, adj. et s. m. pl., *Coniosporia* (κονία, poussière, σπορὰ, semence). Nom donné par Link à une tribu de l'ordre des Hyphomycètes, qui a pour type le genre *Coniosporium*.

CONIOTHALAMES, adj. et s. m. pl., *Coniothalami* (κονία, poussière, θάλαμος, lit). Nom donné par Fries à un ordre de la cohorte des Lichens, comprenant ceux dont les corpuscules reproducteurs sont à nud, sans organe particulier ni réservoir qui les renferme.

CONIQUE, adj., *conicus*; κωνικός; *kegelförmig*, *kegelig* (all.); qui a la forme d'un cône, c'est-à-dire qui diminue insensiblement de la base au sommet, lequel est en pointe. Se dit, en botanique, des *aiguillons* (ex. *Zanthoxylum Clava Herculis*); du *calice* (ex. *Stachys coccinea*); du *clinanthe* (ex. *Rudbeckia laciniata*); de la *coiffe* d'une mousse (ex. *Bryum extinctorium*); de son *opercule* (ex. *Gymnostomum conicum*); du *chapeau* d'un champignon (ex. *Agaricus extinctorius*); de l'*embryon* (ex. *Cucifera Thebaïca*); de la *ra-*

cine (ex. *Daucus Carotta*) ; de la *ra-dicule* (ex. *Labiées*) ; du *stigmate* (ex. *Heliotropium*) ; du *strobile* (ex. *Pinus sylvestris*) ; du *style* (ex. *Le-cythis*). On dit d'une *coquille* uni-valve, qu'elle est conique quand une de ses extrémités est élargie et comme coupée carrément, tandis que l'autre, pointue, forme le sommet (ex. *Tro-chus*). L'*Aranea conica* a l'abdomen terminé en pointe conique.

CONIROSTRES, adj. et s. m. pl., *Conirostres* (*conus*, cône, *rostrum*, bec). Nom donné par Cuvier, Meyer, Duméril, Vigors, Blainville, La-treille, Lesson, Ficinus et Carus à une famille de Passereaux ou de Per-cheurs, comprenant ceux qui ont le bec épais, robuste et conique. *Voyez* Conoramphes.

CONISPORÉES, adj. et s. f. pl., *Conisporæ* (κόνις, poussière, σπορά, semence). Nom donné par Link à une tribu de l'ordre des Mucédinées, ayant pour type le genre *Conispo-rium*, et comprenant celles qui ont leurs conceptacles libres et pulvéru-lens à la surface. *V.* Conisporiées.

CONJOINT, adj., *coadnatus*, *con-natus*, *coalitus*, *coadunatus*, *con-junctus ; verbunden* (all.). Se dit gé-néralement de parties, identiques pour la nature, qui sont soudées en-semble : par exemple, des *cristaux* aciculaires, quand les aiguilles adhè-rent les unes aux autres dans le sens de leur longueur (ex. *Arragonite conjointe*); des *étamines*, quand elles sont réunies par les anthères (ex. Synanthérées), ou par les filets (ex. Malvacées); des *feuilles*, lorsqu'elles sont soudées à leur partie inférieure (ex. *Saponaria officinalis*) ; des *pé-tales*, quand ils sont soudés ensemble par le bord (ex. *Statice monopetala*), par leur sommet (ex. *Vitis*), ou par leur base (ex. *Vaccinium Oxycoccus*); des *spathelles*, quand, opposées l'une à l'autre, elles sont soudées sur les

bords (ex. *Alopecurus bulbosus*); des *spathellules* (ex. *Alopecurus agres-tis*); des *stipules* (ex. *Humulus Lu-pulus*) ; des *valves*, quand elles sont contiguës, rentrantes, et soudées les unes aux autres par la partie qui s'en-fonce dans l'intérieur du péricarpe (ex. *Rhododendrum ponticum*). *Voy.* Coadné.

CONJONCTIF, adj., *conjunctivus.* Cette épithète est donnée à l'*insertion* des étamines, quand, celles-ci étant fixées sans décurrence à la face externe ou latérale de la substance même du disque, les pétales sont également attachés à ce dernier. Ex. Ruta-cées.

CONJONCTION, s. f., *conjunctio;* συζυγία ; *Zusammenkunft* (all.). Se dit, en astronomie, de deux astres quand, étant vus de la terre, leurs arcs perpendiculaires à l'écliptique coïnci-dent pour se rendre au même point de cette courbe, c'est-à-dire qu'ils ont la même longitude.

CONJUGUÉ, adject., *conjugatus, jugalis, opposite pinnatus ; gepaart* (all.) ; *accopiato* (it.) (*cum*, avec, *ju-go*, accoupler). On appelle ainsi les *feuilles* pennées dont les folioles sont attachées par paires, c'est-à-dire opposées deux à deux, et les *épis* qui sont attachés deux par deux (ex. *Paspalus conjugatus*). Le *Conferva jugalis* est ainsi nommé à cause de la disposition de ses flocons.

CONJUGUÉES, adject. et s. f. pl., *Conjugatæ.* Nom donné par Bory à une tribu de la famille des Arthro-diées, comprenant celles dont les filamens se joignent et s'unissent à une certaine époque de leur vie, pour ne plus faire qu'un seul et même être.

CONJUNCTORIUM, s. m. Ehrhart désigne sous ce nom le petit opercule permanent qui, dans l'*Andreæa*, couvre le sommet de l'urne.

CONNARACÉES, adj. et s. f. pl.,

Connaraceæ. Nom donné par Candolle et A. Richard à une tribu de la famille des Térébinthacées, qui a pour type le genre *Connarus*, et qui a été érigée en famille par R. Brown et Kunth.

CONNATISQUAME, adj. , *connatisquamus* (*connatus*, réuni, *squama*, écaille). Épithète donnée par H. Cassini au *péricline* des Synanthérées, lorsque les squames sont entregreffées.

CONNÉ, adject. , *connatus; verwachsen, zusammengewachsen* (all.); *congiunto* (it.). Synonyme de *conjoint* (*voyez* ce mot), dont on se sert, surtout en botanique, pour désigner les *feuilles* opposées qui sont soudées par la base (ex. *Valeriana connata*). Les entomologistes disent les *mâchoires connées*, quand elles tiennent à la lèvre inférieure jusqu'un peu au delà de leur milieu (ex. Hyménoptères).

CONNECTICULE, s. m , *connecticulum*. Quelques botanistes ont donné ce nom à l'anneau élastique des fougères.

CONNECTIF, s. m. , *connectivum* (*cum*, avec, *necto*, nouer). L.-C. Richard appelait ainsi un corps charnu particulier, distinct du filet des étamines, qui unit l'une à l'autre les loges séparées de l'anthère, dans certaines plantes. Ex. *Salvia*.

CONNEXE, adj. , *connexus, connexivus; verbunden* (all.) (*cum*, avec, *necto*, nouer). Épithète donnée, dans la nomenclature minéralogique de Haüy, à un *cristal* dans lequel diverses faces remplacent les bords d'une forme dominante, de manière qu'elles font continuité autour de celle-ci (ex. *Baryte sulfatée connexe*). Link appelle *feuilles connexes* celles dans lesquelles les pétioles opposés se soudent ensemble par la base, et où la soudure ne s'opère pas seulement aux dépens de la lame, ce qui constitue pour lui les feuilles *connées*.

CONNIVENT, adject. , *connivens; zusammenneigend, gegeneinandergebogen, gegeneinandergeneigt, zusammenstossend* (all.) (*conniveo*, clignoter); qui se rapproche par le sommet. On employe ce terme : 1° en botanique. *Calice connivent*, celui dont le bord entier du limbe est contracté d'une manière remarquable, ou dont les dents du bord convergent vers le centre de la fleur, ou dont les sépales sont rapprochés entre eux ou tendent à se rapprocher par introflexion (ex. *Trollius europæus*); *corolle connivente*, celle dont les pétales sont convergens (ex. *Cissus connivens*); *feuilles conniventes*, celles qui, étant opposées, s'appliquent l'une contre l'autre par leur face supérieure, pendant la nuit (ex. *Atriplex hortensis*); 2° en zoologie. On dit, en entomologie, que les *ailes* sont conniventes, lorsque, étant redressées, elles se touchent par leur sommet ou par un point quelconque de leur face supérieure (ex. *Vanessa*).

CONOCARPE, adj. , *conocarpus* (κῶνος, cône, καρπός, fruit); qui a des fruits coniques, comme les capsules du *Verbascum conocarpum*.

CONOIDAL, adject. , *conoidalis;* qui a la forme d'un cône, comme les coquilles de la *Harpa conoidalis* et du *Cerithium conoidale*.

CONOIDE, adj. , *conoideus;* κωνοειδής; qui a une forme conique. Ex. *Helix conoidea, Zygodon conoideus, Bulimus conulus*.

CONOIDES, adject. et s. m. pl. , *Conoidea*. Nom donné par Latreille à une famille de l'ordre des Gastéropodes pectinibranches, qui a pour type le genre *Conus*.

CONOPE, adj. , *conopus* (κῶνος, cone, πούς, pied); qui a le pied ou le stipe conique. Ex. *Agaricus conopus*.

CONOPSAIRES, adj. et s. m. pl., *Conopsariæ, Conopsaria, Conopsarii*. Nom donné par Cuvier, Lamarck, Latreille, Wiedemann et Eichwald à une famille ou à une tribu de Diptères, ayant pour type le genre *Conops*.

CONOPSIDES, adj. et s. m. pl., *Conopsidæ*. Leach désigne ainsi une famille de Diptères, qui a pour type le genre *Conops*.

CONORAMPHES, adj. et s. m. pl., *Conoramphi* (κῶνος, cône, ῥάμφος, bec). Nom donné par Duméril et par Ranzani à une famille de l'ordre des Passereaux, comprenant ceux qui ont le bec conique. *Voyez* CONIROSTRES.

CONQUE, s. f., *concha*; κόγχη. Aristote désignait les coquilles bivalves sous ce nom, que plusieurs naturalistes modernes, Adanson entr'autres, ont adopté dans le même sens. On appelle également ainsi une portion du pavillon de l'oreille des Mammifères.

CONQUES, s. f. pl., *Conchæ*. Nom donné par Lamarck à une famille de l'ordre des Conchifères dimyaires lamellipèdes, comprenant les bivalves dont Linné avait formé le genre *Venus*.

CONSÉQUENT, adject. On appelle *points conséquens* un ou plusieurs points où il se réunit deux pôles opposés, qui se forment quelquefois dans le barreau qu'on aimante, et qui sont cause qu'il présente des irrégularités dans sa manière d'agir.

CONSISTANCE, s. f., *consistentia* (*cum*, avec, *sisto*, retenir). Résistance qu'en vertu du rapprochement ou de la liaison de leurs molécules, les corps opposent à ceux qui font effort pour les désunir ou les briser.

CONSONNANCE, s. f., ὁμοφωνία; *Gleichlaut* (all.). D'après son étymologie, ce mot indique l'effet produit en nous par deux ou plusieurs sons qui se font entendre à la fois; mais, dans la pratique, on le restreint à exprimer l'intervalle formé par deux sons dont la simultanéité flatte l'oreille. Descartes et Dalembert attribuaient ce plaisir à ce qu'alors l'esprit saisit aisément le rapport de l'un à l'autre son. Estève et Rousseau, sans chercher à l'expliquer, le font dépendre de ce que la nature ayant voulu qu'un son quelconque fût toujours associé à d'autres sons agréables, et portât avec soi son accompagnement (*voyez* HARMONIQUE), qui lui est essentiel, qui en fait la douceur et la mélodie, l'âme est sensible à une perfection de laquelle il résulte que les harmoniques de chacun des deux sons concourent avec celles de l'autre, qu'elles se soutiennent mutuellement, deviennent plus sensibles, durent plus long-temps et augmentent par cela même l'harmonie générale, en rendant plus prononcé l'accord des sons qui les donnent.

CONSTELLATION, s. f., *constellatio*; *Sternbild* (all.) (*cum*, avec, *stella*, étoile). Les astronomes appellent ainsi des groupes d'étoiles auxquels on a donné des noms tirés de la fable, de l'histoire, des règnes de la nature ou même des objets d'art, et qu'on a liés, pour aider la mémoire, à des figures diverses d'hommes, d'animaux, etc.

CONSTITUANT, adj., *constituans* (*cum*, avec, *statio*, position). On nomme, en chimie, *atômes constituans* des corps composés, ceux qui résultent de la combinaison des atômes intégrans, et en géognosie *parties constituantes* (*Bestandtheile*, all.) d'une roche, celles qui sont disséminées uniformément et en quantités à peu près égales dans cette dernière.

CONSTRICTEUR, adj., *constrictor* (*constringo*, serrer). Un serpent (*Boa constrictor*) est ainsi nommé à cause de la force avec laquelle il serre et écrase dans les replis de son corps les animaux dont il veut faire sa proie.

CONSTRICTEURS, adject. et s. m. pl., *Constrictores*. Nom donné par O. Oppel à une famille de reptiles Ophidiens, qui renferme les genres *Boa* et *Eryx*.

CONTIGU, adj., *contiguus* ; *anstehend, aneinandergeklappt* (all.) (*cum*, avec, *tango*, toucher) ; qui est voisin, qui se touche sans adhésion. Les botanistes disent les *sépales contigus*, quand ils sont rapprochés longitudinalement, et ne laissent point d'intervalle notable entre leurs côtés (ex. *Raphanus*) ; *cotylédons contigus*, lorsqu'ils sont appliqués exactement l'un contre l'autre par leur face interne (ex. *Rosacées*).

CONTINENT, subst. m., *continens* (*cum*, avec, *teneo*, tenir). On nomme ainsi, en géographie, les terres qui embrassent une grande étendue sans être interrompues ou coupées par des masses d'eau considérables.

CONTINENTAL, adj., qui a rapport aux continens. Les *eaux continentales* sont celles qui appartiennent, comme parties accessoires, à une vaste étendue de terre ferme, tels que les fleuves, rivières, lacs et autres amas, courans ou stagnans, de liquide.

CONTINU, adj., *continuus* ; *ununterbrochen, fortlaufend* (all.) (*cum*, avec, *teneo*, tenir) ; qui ne fait qu'un, qui ne présente pas d'interruption. Se dit : 1° en minéralogie, d'un *cristal* dont le signe est composé de quatre exposans en proportion continue (ex. *Chaux carbonatée continue*). 2° En botanique. On appelle ainsi en général les parties qui font suite l'une à l'autre, qui sont soudées ensemble sans articulation. *Organes continus*, ceux dont les fibres et le tissu cellu-

laire sont tellement disposés que, dans aucune partie de leur longueur, on ne peut, à nulle époque, les séparer sans déchirement bien sensible. *Tige continue*, celle qui, jusqu'à la cime de la plante, forme un axe principal d'où partent les ramifications (ex. *Abies Picea*). *Feuilles continues*, celles dont le disque est sans interruption depuis son origine jusqu'à son sommet, et dont le pétiole, s'il existe, se continue sans articulation, pour former la nervure médiaire du disque.

CONTORTO-CONVOLUTIF, adj., *contorto-convolutivus*. Épithète donnée à la préfloraison, quand elle est à la fois convolutive et tordue, ou intermédiaire entre ces deux modes d'arrangement, comme dans la plupart des Diosmées.

CONTOURNÉ, adject., *contortus*, *contortuplicatus* ; *verworren, gewunden, gedreht* (all.) ; *contorto, storto, attortigliato* (it.). Se dit : 1° en minéralogie, d'un prisme hexaèdre dont un des pans subit un détour, de sorte qu'une de ses moitiés forme un angle rentrant avec l'autre (ex. *Arragonite contournée*), ou d'un *cristal* dont les faces ont éprouvé des inflexions qui les font paraître de travers (ex. *Chaux carbonatée ferro-manganésifère contournée*) ; 2° en botanique, d'une partie qui se reploye sur elle-même, comme la *racine du Polygonum Bistorta*, la plupart des siliques du *Sisymbrium contortuplicatum*, les *légumes* de l'*Astragalus contortuplicatus*.

CONTOURNÉES, adj. et s. f. pl., *Contortæ*. Linné a établi, sous ce nom, une famille de plantes, dans laquelle il range celles dont la corolle est torse, comme le *Nerium*, l'*Asclepias*.

CONTRACTÉ, adj., *contractus* ; *zusammengezogen* (all.) (*cum*, avec, *traho*, tirer). Se dit : 1° en minéralogie, d'un *cristal* dodécaëdrique, dans lequel les bases des pentagones extrêmes éprouvent une sorte de contraction, en conséquence de l'inclinaison des faces latérales (ex. *Chaux carbonatée contractée*); 2° en botanique; du *connectif*, quand il est extrêmement court et tient les lobes de l'anthère rapprochés (ex. *Lilium*) ; de la *cyme*, lorsque la fleur centrale a avorté, et que les branches latérales sont très-courtes, de sorte que les fleurs se trouvent agglomérées ensemble (ex. *Dianthus barbatus*) ; du *nectaire*, quand, étant placé sur le réceptacle, il ne déborde pas la base de l'ovaire (ex. *Citrus*). *Voyez* Resserré.

CONTRACTILE, adj. , *contractilis ;* qui est susceptible de se contracter. On n'applique guères cette épithète qu'aux parties organiques auxquelles le rapprochement de leurs molécules imprime des mouvemens plus ou moins manifestes, comme à la fibre musculaire.

CONTRACTILITÉ, s. f. , *contractilitas*. Faculté de se raccourcir en se resserrant ou revenant sur soi-même. On n'employe ce mot qu'en parlant des corps organisés jouissant de la vie.

CONTRACTION, s. f. , *contractio; Zuzammenziehung* (all.). Resserrement, rapprochement des molécules d'un corps, qui a pour résultat de diminuer le volume, en augmentant la densité. En physiologie, ce mot est généralement pris comme synonyme, ou à peu près, d'*action musculaire*.

CONTRAIRE, adj. , *contrarius*. Fort peu usité en histoire naturelle, ce terme est quelquefois employé par les botanistes comme synonyme d'*opposé*, et par les conchyliologistes comme l'équivalent de *sénestre*.

CONTRASTANT, adj., *contrastans*. Se dit, en minéralogie, dans la nomenclature de Haüy, d'un *rhomboïde*

très-aigu, dans lequel une inversion d'angle, relativement au noyau, présente une sorte de contraste, en ce qu'elle se rapporte à un rhomboïde beaucoup plus obtus que ce dernier (ex. *Chaux carbonatée contrastante*); en géognosie, des *fissures* de superposition, quand elles ne sont point parallèles à celles de stratification de la roche fondamentale et de la roche superposée.

CONTRE-COURANT ou Remou, s. m. Courant qui marche en sens contraire d'un autre courant situé à côté de lui, soit qu'il résulte de la rencontre de deux courans ayant des directions différentes, soit qu'il provienne d'un même courant repoussé, en tout ou en partie, dans un sens contraire à sa direction primitive.

CONTRE-EMPREINTE, s. f. Terme dont les géognostes se servent pour désigner l'apparence qui a lieu lorsqu'un corps fossile ayant disparu par une cause quelconque, une matière étrangère inorganique s'est infiltrée et moulée entre le moule et l'empreinte, de manière à représenter avec la plus grande exactitude le corps fossile lui-même.

CONTRE-FORT, s. m. Les géognostes donnent quelquefois ce nom à des rangées de collines ou à de petites montagnes qui se trouvent en avant d'une chaîne de hautes montagnes.

CONTRE-PENTE, s. f. Andréossy appelle ainsi le versant le plus abrupt d'une chaîne de montagnes.

CONVERGENT, *convergens ; zusammenlaufend* (all.). Se dit de parties qui, dès leur base, tendent à se rapprocher les unes des autres.

CONVERGINERVÉ, adj. , *converginervius , convergenti-nervosus.* Se dit d'une *feuille* dont les nervures décrivent une courbe dans leur prolongement. Ex. *Plantago media*.

CONVEXE, adject. , *convexus ;* et

is *gewölbt* (all.); *convesso* (it.) ; qui est o bombé ou relevé sans former d'angles, comme le *clinanthe* de l'*Aster chinensis* ; le *chapeau* de quelques champignons (ex. *Peziza convexula*); la coquille du *Sigaretus convexus* ; certains *cristaux* qui présentent la forme primitive dont les faces sont bombées (ex. *Chaux fluatée convexe*) ; les *feuilles* de l'*Ocymum Basilicum* ; le *hile* de l'*Æsculus* ; l'ombelle de l'*Asclepias syriaca*; le réceptacle des *Rubus*.

CONVEXO-CONCAVE, adj., *convexo-concavus*. Se dit d'un corps dont l'une des surfaces est convexe et l'autre concave.

CONVEXO-CONVEXE, adj., *convexo-convexus*. Se dit d'un corps dont les deux surfaces sont convexes.

CONVEXULE, adj., *convexulus* ; qui est très-légèrement convexe. Ex. *Peziza convexula*.

CONVOLUTÉ, adj., *convolutus* ; *zusammengerollt* (all.) (*cum*, avec , *volvo*, tourner); qui est roulé sur soi-même ou autour d'un autre corps. On dit : *ailes convolutées*, dans les insectes, celles qui enveloppent le corps de manière à lui donner une forme cylindrique (ex. *Crambus*) ; *cotylédons convolutés*, ceux qui sont roulés en spirale sur eux—mêmes dans le sens de leur longueur (ex. *Punica Granatum*) ; *feuilles convolutées*, celles qui, avant leur entier développement, sont roulées sur elles-mêmes , de telle sorte que l'un de leurs bords représente un axe autour duquel le reste du limbe décrit une spirale (ex. *Canna*) ; *pétiole convoluté*, celui qui a la forme d'une lame roulée en gaîne autour de la tige (ex. Graminées).

CONVOLUTIF. *Voyez* CONVOLUTÉ.

CONVOLVULACÉES, adj. et s. f. pl., *Convolvulaceæ*. Nom donné à une famille de plantes, qui a pour type le genre *Convolvulus*.

CONVOLVULICOLE, adj., *convolvulicolus* ; qui vit ou croît sur les liserons, comme le *Sphæria convolvulicola* sur le *Convolvulus sepium*.

CONYZÉES, adj. et s. f. pl., *Conyzeæ*. Nom donné par Lessing à une section de la sous—tribu des Astéroïdées baccharidées ; qui a pour type le genre *Conyza*.

COORDONNÉ, adj. Épithète donnée, dans la nomenclature minéralogique de Haüy, à un cristal dans lequel des facettes produites par différentes lois ont entre elles une sorte de corrélation, en s'élevant les unes au dessus des autres, de manière que les arêtes qui les séparent sont parallèles. Ex. *Chaux carbonatée coordonnée*.

COPALINE, s. f., *copalina*. Sous-résine que John a extraite de la copal.

COPALLIN, adj., *copallinus* ; qui produit de la copal. *Rhus copallinum*.

COPIDOPTÈNES, adj. et s. m. pl., *Copidopteni* (κοπίς, sabre, πτηνός, volatile). Nom donné par J.-A. Ritgen à un ordre d'oiseaux Hygrornithes , comprenant ceux qui ont les ailes en forme de sabre.

COPRIDES, adj. et s. m. pl., *Copridæ*. Sous ce nom Leach désigne une famille de l'ordre des Coléoptères , qui a pour type le genre *Copris*.

COPRIVORE, adject., *coprivorus* (κόπρος, fumier, *voro*, dévorer); qui vit sur le crottin. Ex. *Sphærocera coprivora* , *Lordatia coprina*.

COPROBIE, adj., *coprobius* (κόπρος, fumier, βίος, vie). Nom donné par Robineau-Desvoidy aux Myodaires Calyptérées dont les larves vivent dans les excrémens.

COPROPHAGES, adj. et s. m. pl., *Coprophagi* (κόπρος, fumier, φάγω, manger). Nom donné par Cuvier, Latreille, Goldfuss, Ficinus et Carus à une section de la tribu des Lamelli-cornes scarabéides, comprenant des Coléoptères qui se tiennent et vivent dans le fumier et les excrémens.

COPROPHILE, adj., *coprophilus* (κόπρος, fumier, φιλέω, aimer); qui croît sur le fumier. Ex. *Agaricus coprophilus*, *Sphæria coprophila*.

COPULATIF, adject., *copulativus* (*copulo*, accoupler). Épithète donnée par les botanistes aux *cloisons* du péricarpe, quand elles ne se séparent bien ni de l'axe ni des parois.

COPULATION, s. f., *copulatio*. Union des deux sexes pour produire un nouvel individu. *Voyez* Coït.

COQUE, s. f., *coccum*; κόκκος; *cocco* (it.). Les botanistes appellent ainsi les loges closes d'un péricarpe pluriloculaire qui se séparent les unes des autres à l'époque de la maturité. Candolle donne ce nom aux carpelles, quand, étant formées par une feuille courbée longitudinalement sur elle-même, elles ne présentent qu'une seule suture résultant du rapprochement des bords de cette feuille, et que l'ouverture de la suture a lieu avec élasticité.

COQUILLE, s. f. On appelle ainsi: en botanique (*putamen*) la partie osseuse qui entoure la graine, ou paroi de l'endocarpe, dans les drupes, les noix, les nuculaines; en zoologie (*cochlea*, *concha*; *Muschel* (all.); *shell* (angl.); *conchiglia* (it.), des corps crétacés, plus ou moins minces, durs, cassans d'une manière nette, faciles à conserver, et toujours en rapport avec la peau, qui servent d'abri et en quelque sorte de logement à un grand nombre d'animaux mollusques.

COQUILLER, adject., *muschelig* (all.). Se dit d'une roche ou d'un terrain, qui contient des coquilles fossiles. *Calcaire coquiller*, *Marne coquillère*. *Voyez* Conchylien.

COR. Synonyme d'*andouiller*. *V.* ce mot.

CORACES, adj. et s. m. pl., *Coraces* (*corax*, corbeau). Nom donné par Vieillot à une tribu d'oiseaux sylvains, par Illiger à une tribu d'oiseaux marcheurs, par Meyer et Wolf à un ordre de la classe des oiseaux, par Goldfuss à une famille et par Savi à une tribu de l'ordre des passereaux, par J.-A. Ritgen à une famille de Xérornithes, ayant pour type le genre *Corbeau*.

CORACIENS, adj. et s. m. pl., *Coraciana*. Nom sous lequel Vigors désigne une tribu de la famille des Corvidés, qui a pour type le genre *Coracias*.

CORALLIFORME, adj., *coralliformis* (*corallium*, corail, *forma*, forme); qui est en forme de corail.

CORALLIGÈNE, adj., *coralligenus* (*corallium*, corail, *gigno*, produire). On donne cette épithète aux polypes qui produisent le corail.

CORALLIN, adj., *corallinus* (*corallium*, corail); qui a la couleur rouge du corail (ex. *Cancer corallinus*, *Tortrix corallinus*); qui est rameux comme lui (ex. *Isidium corallinum*).

CORALLINÉES, adj. et s. f. pl., *Corallineæ*. Nom donné par Goldfuss à une famille de l'ordre des Lithozoaires, par Lamouroux à une famille de Polypiers flexibles, ayant pour type le genre *Corallina*.

CORALLINES, adj. et s. f. pl., *Corallina*. Nom donné par Blainville à une famille de la classe des Calciphytes, par Ficinus et Carus à une famille de celle des Lithozoaires, ayant pour type le genre *Corallina*.

CORALLIOGRAPHIE, s. f., *coralliographia* (κοράλλιον, corail, γράφω, écrire). Description et histoire du corail.

CORALLIOPHAGE, adj., *coralliophagus* (κοράλλιον, corail, φάγω manger). La *Cypricardià coralliophaga* est ainsi appelée parce qu'elle habite dans les masses madréporiques.

CORALLOIDE, adj., *coralloïdes*. Se dit en minéralogie d'un corps concrétionné (ex. *Arragonite coralloïde*), en botanique d'un champignon (ex. *Clavaria coralloïdes*), ou d'un lichen (ex. *Sphærophorus coralloïdes*), qui se ramifie à la manière du corail.

CORALLORHIZE, adj., *corallorhizus* (κοράλλιον, corail, ρίζα, racine) ; qui a des racines rameuses, imitant une branche de corail pour la forme. Ex. *Ophrys coralliorhiza*.

CORAUX, s. m. pl., *Corallia*. Nom donné par Schweigger à un ordre de Zoophytes hétérohyles, par Blainville à une famille de la classe des Zoophytaires, comprenant des animaux irrégulièrement épars à la surface d'un polypier, réunis à une partie commune avec laquelle chacun d'eux est en communication de substance, et ayant pour type le genre *Corallium*.

CORBEILLE, s. f. Les entomologistes appellent ainsi la face externe de la jambe postérieure des abeilles ouvrières, parce qu'elle est légèrement concave et bordée de longs poils.

CORBICULÉ, adj., *corbiculatus*. Épithète donnée par Kirby au tibia des insectes, quand on y remarque une corbeille. Ex. *Apis*.

CORBULÉS, adj. et s. m. pl., *Corbulæa*. Nom donné par Lamarck à une famille de Conchifères dimyaires tenuipèdes, et par Latreille à une famille de l'ordre des Conchifères tubullipalles, ayant pour type le genre *Corbula*.

CORCELET. *Voyez* CORSELET.

CORCULE, s. m., *corculum; Keim* (all.); *cuoricino* (it.). Linné et Cé-

alpin ont employé ce terme pour désigner l'embryon végétal.

CORDÉ, adj., *cordatus*; *herzförmig* (all.) (*cor*, cœur); qui a la forme d'un cœur de carte à jouer, comme les *feuilles* du *Sebœa cordata*, le *corselet* de la plupart des carabes, et un assez grand nombre de *coquilles* bivalves. *Cordé* se dit aussi, dans le langage vulgaire, d'une partie végétale, et surtout d'une racine, dont le tissu devient filamenteux, comme il arrive à la carotte, par les progrès de l'âge.

CORDELÉ, adject., *funiculosus*, *succinctus, ligatus, filosus*. Se dit d'une coquille qui est garnie de côtes peu élevées, ou entourée de cercles saillans. Ex. *Fasciolaria funiculosa, Purpura succincta*, *Purpura ligata*, *Mitra filosa*, *Purpura fiscella. V.* CORDONNÉ.

CORDIÉRÉES, adj. et s. f. pl., *Cordiereæ*. Nom donné par Candolle à une tribu de la famille des Rubiacées, qui a pour type le genre *Cordiera*.

CORDIFOLIÉ, adj., *cordifolius*; *herzblättrig* (all.) (*cor*, cœur, *folium*, feuille) ; qui a des feuilles ou des folioles en cœur. Ex. *Rubus cordifolius, Actæa cordifolia*, *Pharnaceum cordifolium*.

CORDIFORME, adj., *cordiformis, taxiformis ; herzförmig* (all.) ; *cuoriforme* (it.) (*cor*, cœur, *forma*, forme) ; qui a la forme d'un cœur de carte à jouer, comme les *anthères* de l'*Ocymum Basilicum*, les *bractées* du *Salvia bicolor*, les *cotylédons* du *Coffea arabica*, le *hile* du *Cardiospermum*. On appelle *embryon cordiforme*, celui qui, presque aussi long que large, se rétrécit en angle aigu à l'une de ses extrémités, et se dilate à l'autre en deux lobes arrondis (ex. *Asarum europæum*); *feuilles cordiformes*, celles qui sont plus longues que larges, et partagées à leur base en deux lobes arrondis (ex. *Tamnus communis*) ; *pétales cordiformes* , ceux qui sont échancrés au sommet (ex. *Parnassia palustris*).

CORDIGÈRE , adject., *cordigerus* (*cor* , cœur, *gero* , porter). Le *Marcetia cordigera* a ses feuilles en cœur; le *Serapias cordiger* a la lame de son labelle large et cordiforme ; le *Cymbidium cordigerum* , un de ses six pétales à trois lobes, dont l'un en cœur ; le *Cryptocephalus cordiger* , une tache en cœur sur le corselet.

CORDIMANE , adj. , *cordimanus* (*cor* , cœur, *manus* , main). Se dit d'un crustacé qui a les serres en forme de cœur. Ex. *Ocypoda cordimana*.

CORDITÈLES , adj. et s. f. pl. , *Laqueolariæ* (*chorda* , corde, *tela* , toile). Épithète donnée aux araignées qui ne font pas de toiles, et se bornent à jeter des fils solitaires, tendus en manière de cordes.

CORDONNÉ, adj., *funatus, torosus, torulosus*. Se dit d'une coquille qui est marquée de saillies en forme de cordons. Ex. *Ellipsolithes funatus, Murex torosus, Cerithium torulosum*.

CORDYLOIDES, adj. et s. m. pl., *Cordyloidea*. Nom donné par P.-F. Fitzinger à une famille de Reptiles sauriens, qui a pour type le genre *Cordylus*.

CORÉIDES , adj. et s. m. pl., *Coreidæ*. Nom sous lequel Leach désigne une famille d'insectes hémiptères, qui a pour type le genre *Coreus*.

CORÉOPSIDÉES, adj. et s. f. pl., *Coreopsideæ*. Nom donné par H. Cassini à une section de la tribu des Hélianthées, par Lessing à une section de la sous-tribu des Sénécionidées Hélianthées, ayant pour type le genre *Coreopsis*.

CORIACE, adj., *coriaceus; lederartig* (all.) ; *asciutto, coriaceo* (it.) (*corium* , cuir); qui est dur et tenace comme du cuir. Se dit, en botanique, de l'*érème* (ex. *Phlomis fruticosa*), de la *lorique* (ex. *Camellia Japonica*), des *feuilles* (ex. *Loranthus coriaceus, Anamenia coriacea, Pittosporum coriaceum*), du *péricarpe* (ex. *Arachis hypogæa*), du *placentaire* (ex. *Papaver Rhœas*) des *spathelles* (ex. *Bambusa arundinacea*) , des *spathellules* (ex. *Olyra pauciflora*). On appelle *plantes coriaces* celles qui sont d'une substance ténace, flexible, et plus ou moins épaisse, comme du cuir (ex. *Patellaria coriacea*). Un poisson (*Cyprinus coriaceus*) est ainsi nommé parce qu'il a la peau nue, dure et épaisse. Les ornithologistes disent les *pieds* des oiseaux *coriaces*, quand la peau en est épaisse (ex. *Pigeons*).

CORIACÉ , adj. , *coriaceus*. Epithète donné par les minéralogistes à des corps composés d'un assemblage de filamens tellement entrelacés ensemble qu'ils imitent un morceau de cuir. Ex. *Asbeste coriacé*.

CORIACES , adj. et s. m. pl., *Coriacea, Coriaceæ*. Nom donné par Cuvier , Latreille et Eichwald à une tribu de la famille des Diptères pupipares , comprenant ceux dont les parties du corps paraissent être seulement coriaces, et par Blainville à une famille de la classe des Zoanthaires , dans laquelle il range ceux de ces animaux qui ont le corps encroûté ou solidifié par des corps étrangers, et formant par la dessiccation une sorte de polypier coriace.

CORIANDRÉES , adj. et s. f. pl., *Coriandreæ*. Nom donné par Koch et Candolle à une tribu de la famille des Ombellifères , qui a pour type le genre *Coriandrum*.

CORIARIÉES , adj. et s. f. pl., *Coriarieæ*. Caffin et Candolle désignent sous ce nom une famille de plantes, ayant pour type le genre *Coriaria*.

CORIARINE, s. f. , *coriarina*. Al-

...cali que Peschier dit avoir rencontré dans les feuilles du *Coriaria myrti-folia*, mais que Nees d'Esenbeck n'a pu y retrouver.

CORINDONIQUES, adj. et s. f. pl. Nom imposé par Omalius à un genre de roches pierreuses dans lequel il place l'émeri.

CORION, s. m., *corium*. Kirby appelle ainsi, dans les insectes, la portion cornée ou coriace de l'hémé-lytre.

CORIOPHORE, adj., *coriophorus* (κορις, punaise, φερω, porter); qui a une forte odeur de punaise. Ex. *Orchis coriophora, Stenoglossum coriophorum.*

CORISANTHÉRIE, s. f., *corisanthéria*. Nom donné, dans le système de Jussieu, à une classe de plantes dicotylédones monopétales, à corolle épigyne, qui ont les anthères distinctes.

CORISIES, adj. et s. f. pl., *Corisiæ*. Nom donné par Latreille, Goldfuss, Ficinus et Carus à une famille de l'ordre des insectes Hémiptères, ayant pour type le genre *Coreus.*

CORMUS, s. m., *cormus*; κορμος; *Stiel* (all.). Willdenow appelait ainsi toute la portion d'une plante cryptogame qui se trouve hors de terre, la fructification exceptée. Ce mot exprime, pour Bernhardi, la portion d'une tige qui termine le tronc, et qui porte presque toujours la fleur et le fruit, médiatement ou immédiatement.

CORNE, subst. m., *cornu*; κερας; *Horn* (all., angl.). On donne ce nom : 1° en botanique, au bec des capsules, quand il est recourbé; aux éperons de certaines fleurs (ex. *Linaria*); suivant Jacquin, aux appendices qui terminent le capuchon des *Stapelia*; à certains appendices qui naissent sur la fructification de plusieurs cryptogames; 2° en zoologie, à des éminences coniques et dures qui naissent sur le front (ex. *Bœuf, Cerf*), ou le nez (ex. *Rhinoceros*), chez certains mammifères; à deux éminences pointues que le céraste d'Égypte porte, une au dessus de chaque œil; à un prolongement plus ou moins considérable qui surmonte la tête ou le corselet de divers insectes; à une protubérance charnue que certaines chenilles (ex. celles des *Sphinx*) portent sur le onzième anneau. C'est aussi le nom que le vulgaire donne aux antennes des insectes, et aux pédicules qui supportent les yeux des limaçons. On donne également cette épithète à la substance solide, sèche et insensible qui recouvre le pied de certains animaux (*ruminans*, *solipèdes*, *pachydermes*), et qui, considérée eu égard à sa forme et à ses usages, prend celle de *sabot.*

CORNÉ, adj., *corneus*; *hornartig* (all.); *corneo*, (it.); qui a la consistance, la dureté, la compacité, la flexibilité, la demi-transparence, la couleur, en un mot l'aspect de la corne, comme la *coquille* des *Planorbus corneus, Helix cornea* et *Buccinum corneum*; l'*opercule* de certaines coquilles univalves; le *périsperme* des Rubiacées; les *pieds* des oiseaux rapaces; le *pollen* de l'*Asclepias*, la tige et les expansions de plusieurs *Fucus.*

CORNÉE, s. f., *cornea*. Membrane transparente qui forme la partie antérieure de l'œil chez les animaux pourvus de cet organe, et qui permet à la lumière de s'introduire dans son intérieur. On donne le même nom à toute la partie extérieure de l'œil des insectes.

CORNÉES, adj. et s. f. pl., *Corneæ*. Nom donné par Kunth à une section de la famille des Caprifoliacées, et par Candolle à une famille de plantes, ayant pour type le genre *Cornus.*

CORNÉO-CALCAIRE, adj., *cor-*

neo-calcarius. Épithète qu'on donne à l'opercule des coquilles univalves, quand il est formé par une couche cornée à l'intérieur, qu'épaissit au dehors un dépôt calcaire souvent considérable.

CORNET, s. m., *cucullus*. On appelle ainsi, en botanique, certains *éperons* qui sont roulés sur eux-mêmes comme un cornet; et, en zoologie, une lame plus ou moins recourbée, qui partage incomplètement la cavité de certaines coquilles uniloculaires en deux parties (ex. *Crepidula*).

CORNICOLE, adject., *cornicolus* (*cornus*, cornouiller, *colo*, habiter); qui croît sur les cornouillers, comme le *Sphæria cornicola* sur le *Cornus sanguinea*.

CORNICULARIÉES, adj. et s. f. pl., *Cornicularia*. Nom donné par Fée à une tribu de la famille des Lichens, qui a pour type le genre *Cornicularia*.

CORNICULE, subst. f., *cornicula*. Quelques anciens entomologistes se sont servis de ce terme peu convenable pour désigner les antennes des insectes.

CORNICULÉ, adj., *corniculatus*; *hornförmig*, *sackförmig* (all.). Candolle donne cette épithète aux *fleurs* dans lesquelles les anthères seules sont transformées en pétales ayant la forme de cornets (ex. *Aquilegia vulgaris corniculata*). Le *Dendrolobium corniculatum* est ainsi appelé, parce qu'il a ses fleurs courbées en manière de cornes; le *Mesembryanthemum corniculatum*, parce que ses feuilles offrent la même disposition; le *Lotus corniculatus*, parce que ses gousses sont cylindriques, droites et raides; le *Creadion corniculatus*, parce qu'il porte sur le front une protubérance courte et obtuse, en forme de corne; le *Swertia corniculata*, parce qu'il a ses corolles munies de quatre éperons.

CORNICULÉES, adj. et s. f. pl., *Corniculatæ*. Nom donné par Candolle à une section du genre *Oxalis*, comprenant les espèces qui se rapprochent de l'*Oxalis corniculata*.

CORNICULIFÈRE, adj., *corniculiferus*. Se dit, en botanique, de la *gorge* d'une corolle monopétale, quand elle offre des cornets creux et ouverts inférieurement. Ex. *Symphytum tuberosum*.

CORNIFORME, adj., *corniformis* (*cornu*, corne, *forma*, forme); qui a la forme d'une corne. Ex. *Fistulana corniformis*.

CORNIGÈRE, adject., *cornigerus* (*cornu*, corne, *gero*, porter); qui porte des cornes sur la tête (ex. *Diaperis cornigera*), ou des tubercules semblables à des cornes (ex. *Trilobites cornigerus*, *Turbinella cornigera*); qui a des épines si grosses et si contournées qu'on les a comparées aux cornes d'un animal (ex. *Mimosa cornigera*).

CORNU, adj., *cornutus*, *chelatus*; κεραός; *gehörnt* (all.); qui a des cornes ou des appendices comparables à des cornes. Se dit : 1° en botanique, d'une plante dont les styles (ex. *Saxifraga hircina*) ou les anthères (ex. *Solanum cornutum*) sont en forme de cornes, ou dont le calice est muni à la base d'appendices semblables à des cornes (ex. *Lithospermum cornutum*); 2° en zoologie, d'un *oiseau* qui porte une corne sur le front (ex. *Palamedea cornuta*), dont la tête est garnie de longues plumes qu'il peut relever à volonté en une double huppe (ex. *Coccyzus cornutus*), ou qui présente, au-dessus de l'œil, des petites plumes courtes et droites ayant la forme de petites cornes (ex. *Caprimulgus cornutus*); des *crochets* d'une coquille bivalve, quand ils sont fortement prolongés, et tournés en spirale plus ou moins régulière (ex. *Chama unicor-*

nis); d'un *insecte* qui a des tubéro-
sités aiguës sur le chaperon (ex. *Osmia cornuta*), ou sur le corselet (ex.
Bostrichus cornutus); d'un *polypier* rameux , dont les rameaux ont
été comparés à des cornes, pour la
forme (ex. *Cellaria cornuta, Cellaria chelata*).

CORNUPIED , adj., *cornupes* (*cornu*, corne, *pes*, pied). Vieux mot,
tombé en désuétude , dont on s'est
servi pour désigner les mammifères
qui ont les pieds garnis de sabots.

COROLLACÉ , adj. , *corollaceus.*
Synonyme peu usité de *pétaloïde.*
Voyez ce mot.

COROLLAIRE , adj. , *corollaris ;*
qui est de la nature des corolles. On
appelle *fleurs doubles corollaires*
celles dont les pétales surnuméraires
sont dus à la multiplication des parties de la corolle; *parties corollaires,*
d'après Candolle, la corolle et les
parties mâles des fleurs , ou les étamines, qui sont de nature analogue ;
vrilles corollaires, les pétales ou segmens de la corolle qui se prolongent
en appendices tortillés (ex. *Stro-
phanthes*).

COROLLE , s. f. , *corolla ; Blu-
menkrone* (all.). Une grande partie
de ce qui a été dit du *calice* (*voyez*
ce mot) peut s'appliquer aussi à la
corolle. Tournefort donnait ce nom
à l'enveloppe extérieure de la fleur,
quand il y en a deux, et, lorsqu'il
ne s'en trouve qu'une seule, à celle
qui n'est point adhérente. Linné appelait ainsi toute enveloppe florale
qui n'est pas verte et qui a une texture délicate. Mais il y a beaucoup
de cas où la base de l'enveloppe est
verte et ferme , tandis que le sommet
en est délicat et coloré. Aussi Linné
a-t-il employé assez arbitrairement le
nom de corolle. On a prétendu depuis que la corolle était privée de
stomates , et qu'à ce caractère on
pouvait la distinguer du calice ; mais

les faits sont encore venus renverser
ce moyen diagnostique. Dès lors on
a cru, avec Ehrhart , devoir pros-
crire tout-à-fait les deux mots , et
se servir du terme de périgone dans
le cas d'une seule enveloppe florale.
Link a proposé un moyen difficile de
distinction , qui consiste en ce que
les divisions de la corolle alternent
avec les étamines, tandis que celles
du calice leur sont opposées. Le nom
de *corolle* avait été donné par Lé-
cluse à la partie qu'on appelle *collerette* (*voyez* ce mot) dans les agarics ,
et par Hedwig à la membrane délicate
qui , dans les mousses , produit la
coiffe et la vaginule.

COROLLÉ , adj. , *corollatus , pe-
talodes.* Se dit d'une *fleur* qui est
munie d'une corolle.

COROLLIFÈRE , adj. , *corollife-
rus* (*corolla*, corolle, *fero* , porter).
Epithète donnée au *gynophore* , ou
réceptacle de la fleur , quand il fait
une saillie qui, indépendamment du
pistil, supporte aussi la corolle. Ex.
Dianthus.

COROLLIFLORES , adj. et s. f.
pl. , *Corolliflorœ* (*corolla*, corolle ,
flos, fleur). Nom donné par Candolle à une sous-classe de la classe
des Dicotylédones, comprenant les
plantes à corolle monopétale insérée
sur le réceptacle.

COROLLIFORME , adj. , *corollifor-
mis* (*corolla*, corolle, *forma*, forme).
On applique cette épithète à l'*androphore*, quand il a l'aspect, la consistance et la forme d'une corolle.
Ex. *Gomphrena globosa.*

COROLLIN , adj. , *corollinus* (*corolla* , corolle). Candolle appelle
poils corollins, ceux qui sont situés
sur les pétales (ex. *Menyanthes*), pé-
rigone , étamines et *style corollins,*
ceux qui sont de la même nature
que les corolles. Desvaux nomme
nectaires corollins ceux qui ont leur
siège sur la corolle.

COROLLIQUE, adj., *corollicus.* Épithète donnée par Lestiboudois à l'*insertion* des étamines, quand ces organes sont soudés avec la corolle.

COROLLISTE, adj. et s. m., *corollista.* Épithète donnée par Link aux botanistes qui, comme Rivin, Ludwig, Tournefort, Plumier et Pontedera, ont tiré de la corolle les caractères distinctifs des classes dans l'établissement de leurs méthodes.

COROLLULE, s. f., *corollula*; *Blumenkrönchen* (all.). Petite corolle. On donne quelquefois ce nom aux fleurons des Synanthérées.

CORONAIRES, adj. et s. m. pl., *Coronati* (*corona*, couronne). Debuch désigne ainsi une tribu de la famille des Ammonées, comprenant celles dont le côté est armé d'une rangée de tubercules ou de pointes qui paraissent s'élever au-dessus des tours de spire en forme de couronne.

CORONAIRES, adj. et s. f. pl., *Coronariæ* (*corona*, couronne). Nom donné par Linné à une famille de plantes, comprenant les Liliacées qui ont six pétales, sans spathe, comme la tulipe.

CORONAL, adj., *coronalis* (*corona*, couronne). Marquis appelle ainsi le *périanthe* proprement dit, qui enveloppe circulairement les organes sexuels, en formant autour d'eux une sorte d'anneau ou de couronne.

CORONALES, adj. et s. f. pl., *Coronales* (*corona*, couronne). Nom donné par Lamarck et Blainville aux *coquilles* multivalves, lorsqu'étant disposées d'une manière plus ou moins régulière autour d'un axe commun, elles sont solidement engrenées entre elles par les bords, de manière à former une cavité complète.

CORONIFORME, adj., *coroniformis*; *kronenförmig* (all.) (*corona*, couronne, *forma*, forme): qui a la forme d'une couronne. H. Cassini

donne cette épithète, dans les Synanthérées, au *bourrelet apicilaire*, quand il est très-élevé, imitant une aigrette en couronne (ex. *Sparganophorus*); et à l'*aigrette*, lorsqu'elle consiste en un simple rebord continu, qui entoure et surmonte l'aréole apicilaire du fruit.

CORONILLÉES, adj. et s. f. pl., *Coronilleæ*. Nom donné par Candolle à une section de la tribu des Hédysarées, par C.-H. Ebermaier à une tribu de la famille des Papilionacées, ayant pour type le genre *Coronilla*.

CORONULACÉS, adj. et s. m. pl., *Coronulacea*. Nom donné par Menke à une famille de la classe des Bostrychopodes ou Cirripèdes, qui a pour type le genre *Coronula*.

CORONULADÉS, adj. et s. m. pl., *Coronuladæ*. Nom donné par Leach à une famille de l'ordre des Cirripèdes acamptosomes, ayant pour type le genre *Coronula*.

CORONULE, s. f., *coronula*; *coronetta* (it.) (*corona*, couronne). Kirby donne ce nom à une couronne ou demi-couronne d'épines qui garnit le sommet du cubitus ou du tibia de quelques insectes (ex. *Fulgora candelaria*). On l'applique aussi (*Saamenkrönchen*, all.) au rebord membraneux de certains fruits (ex. *Scabiosa.*)

CORONULIDÉS, adj. et s. m. pl., *Coronulidæ*. Nom donné par J.-E. Gray et Menke à une famille de la classe des Cirripèdes, qui a le genre *Coronula* pour type.

CORPORALITÉ, s. f., *corporalitas*. État de ce qui est corps.

CORPORÉITÉ, s. f., *Körperlichkeit* (all.). Ce qui constitue un corps tel qu'il est.

CORPOZOAIRES, adj. et s. m. pl., *Corpozoa* (*corpus*, corps, ζῶον, animal). Sous ce nom, Ficinus et Carus désignent un embranchement du règne animal, embrassant les animaux qui ont un système sanguin et un système nerveux simples, et qui possèdent essentiellement les organes de la nutrition (du corps) de l'homme.

CORPS, s. m., *corpus* ; σῶμα ; *Körper* (all.) ; *body* (angl.) ; *corpo* (it.). Étendue limitée et impénétrable, qui peut produire en nous certaines impressions, en agissant sur les organes de nos sens. Les conchyliologistes appellent *corps*, dans les coquilles univalves, tout ce qui se trouve compris entre le sommet et l'ouverture, quelquefois aussi le dernier tour de spire, quand on ne découvre que lui, qui est alors ordinairement le plus gros, et où se trouve l'ouverture. En zoologie, *corps* se prend tantôt pour l'animal tout entier, tantôt aussi pour sa partie la plus épaisse, abstraction faite des membres ou appendices ; dans ce dernier sens, le mot est synonyme de *tronc.*

CORPUSCULAIRE, adj., *corpuscularis.* La théorie atomistique est appelée quelquefois *théorie corpusculaire.* Cependant ce mot est plus usité en philosophie que dans les sciences physiques.

CORPUSCULE, s. m., *corpusculum.* Petit corps. Synonyme d'*atome.* Voyez ce mot.

CORRÉLATIF, adj. Épithète donnée par les physiciens à deux ou plusieurs propriétés, lorsqu'elles sont tellement dépendantes l'une de l'autre qu'elles ne peuvent exister ou qu'on ne saurait les définir séparément.

CORRIGIOLÉ, adj., *corrigiolatus* (*corrigia*, courroie). Un insecte (*Ceyx corrigiolatus*) est ainsi appelé parce qu'il porte au dessus des genoux une bande brune en forme de jarretière.

CORSELET, s. m. Les conchyliologistes appellent ainsi la partie intérieure et ovalaire des crochets d'une coquille bivalve, à laquelle s'insère le ligament quand il est externe, et dont une moitié se trouve sur chaque valve. La signification du mot *corselet* (*Vorderleib, Bruststück,* all.) a varié en entomologie. Geoffroy et autres donnent ce nom à toutes les parties découvertes du thorax des insectes, Straus au prothorax, Latreille au prothorax, quand il surpasse notablement les pièces suivantes en étendue, et que celles-ci, réunies avec l'abdomen, semblent en faire partie intégrante. Ainsi on a appliqué cette dénomination tantôt au premier segment seul du tronc (*Coléoptères, Orthoptères* et plusieurs *Hémiptères*); tantôt à la partie supérieure comprise entre la tête et l'abdomen, tandis qu'inférieurement on ne la donne qu'à la portion placée entre la tête et la poitrine ; tantôt enfin au dos de la poitrine, c'est-à-dire à l'espace compris entre le premier segment du tronc et l'abdomen. Depuis que les parties constituantes de l'enveloppe solide des insectes ont été analysées anatomiquement, la conservation du mot *corselet* n'est plus propre qu'à porter de la confusion et du vague dans les descriptions.

CORTICAL, s. m., *indumentum corticale* (*cortex,* écorce). Quelques anatomistes ont appelé ainsi la substance existante dans plusieurs dents composées, à laquelle on donne plus généralement le nom de *cément.* Voyez ce mot.

CORTICAL, adj., *corticalis* (*cortex,* écorce); qui appartient ou qui adhère à l'écorce. On nomme *couches corticales* les cercles concentriques qu'on observe, souvent avec peine, dans l'écorce des plantes ligneuses; *pores corticaux,* des ouvertures ovales qui s'aperçoivent sur la surface des végétaux destinés à vivre hors de la terre ou de l'eau; *plantes corticales,* celles qui naissent

et végètent sur l'écorce (ex. beaucoup de lichens et de mousses, le *Peziza corticalis*, l'*Agaricus corticalis*).
L'*Aradus corticalis* est ainsi appelé
parce qu'il vit sous l'écorce.

CORTICATÉ, adj., *corticateus;
rindig, rindenartig* (all.) (*cortex*,
écorce). Épithète donnée par Palisot-Beauvois à la *graine* des graminées, quand elle est recouverte par
la paillette supérieure, fortement
adhérente. Une plante (*Knema cor-
ticata*) doit cette épithète à l'épaisseur de son écorce.

CORTICAUX, adj. et s. m. pl.,
Corticalia. Nom donné par Cuvier à
une famille de l'ordre des Polypes à
polypiers, comprenant ceux qui se
tiennent tous par une substance commune enveloppant un axe de forme
et de nature variables.

CORTICICOLE, *corticicola* (*cortex*, écorce, *colo*, habiter); qui vit
sur les écorces. Ex. *Agaricus corticicola*.

CORTICICOLES, adj. et s. m.
pl., *Corticicola*. Nom donné par Savi à
une tribu de l'ordre des Passereaux,
comprenant ceux qui cherchent leur
nourriture sous les écorces des arbres;
par Lamarck à une famille de Coléoptères, dans laquelle il range ceux
dont les larves vivent, pour la plupart, sous l'écorce des arbres.

CORTICIFÈRES, adj. et s. m. pl.,
Corticifera, Corticosa. Nom donné
par Schweigger à une famille de Zoophytes cératophytes, par Latreille à
une tribu de la familles des Alvéolaires, par Eichwald à une famille de
la classe des Phytozoaires, par Lamouroux à une section de la division
des Polypiers flexibles, comprenant
ceux qui ont un axe corné ou calcaire recouvert d'une croûte contractile et vivante.

CORTICIFORME, adj., *cortici-
formis; rindenartig* (all.) (*cortex*,
écorce, *forma*, forme); qui a l'ap-

parence d'une écorce, comme l'en-
croûtement gélatineux des polypiers
corticifères.

CORTICINE, subst. f., *corticina*
(*cortex*, écorce). Braconnot propose de donner ce nom à l'apothème
du tannin, parce qu'on le rencontre
assez généralement dans les écorces.

CORTINE, s. f., *cortina*; *Mans-
chette* (all.) (*cortina*, rideau). Sorte
de frange filamenteuse qui borde le
chapeau de plusieurs champignons,
et qui est produite par les débris du
volva déchiré. Ex. *Agaricus araneosus*.

CORTIQUEUX, adject., *corticosus;
rindig* (all.); *cortecciato* (it.) (*cortex*,
écorce). On donne cette épithète aux
baies, quand la pannexterne forme à
leur superficie une écorce ferme,
épaisse et sèche, ou peu succulente.
Ex. *Arbustus Unedo*.

CORVIDÉS, adj. et s. m. pl., *Cor-
vidæ*. Nom donné par Vigors à une
famille de l'ordre des Dentirostres,
par Lesson à une famille de l'ordre
des Passereaux, ayant pour type le
genre *Corvus*.

CORVINS, adj. et s. m. pl., *Cor-
vina*. Nom donné par Vigors à une
tribu de la famille des Corvidés, qui
renferme le genre *Corvus*.

CORYDALÉES, adj. et s. f. pl.,
Corydaleæ, Corydales. Cassin et Marquis donnent ce nom à la famille des
Fumariacées, en raison du genre *Corydalis* qu'elle renferme. Linné
avait déjà établi une famille de plantes sous cette dénomination, et il y
rangeait celles qui ont les fleurs épe-
ronnées ou de forme particulière.

CORYDALINE, s. f., *corydalina*.
Alcali végétal qui a été découvert par
Wackenroder dans la racine du *Co-
rydalis bulbosa*.

CORYDALIQUE, adj., *corydali-
cus*. Épithète donnée par Berzelius
aux sels qui ont la corydaline pour
base.

CORYMBE, subst. m., *corymbus*; *Doldentraube* (all.); *mazzetto*, *corimbo* (it.) (κόρυμβος, sommet). Assemblage de fleurs qui sont toutes placées à peu près au même niveau, mais dont les pédoncules ne partent pas du même point, ou se ramifient irrégulièrement (ex. *Sambucus*); inflorescence dans laquelle l'axe central se comporte à la manière des inflorescences *terminées* (*voyez* ce mot), et où les rameaux latéraux suivent la loi des inflorescences *indéfinies* (*voyez* ce mot), comme dans la plupart des Synanthérées.

CORYMBÉ, adj., *corymbosus*; *doldentraubig* (all.); *corimboso* (it.). Se dit d'une *plante*, quand ses branches et rameaux sont disposés en corymbe. Ex. *Knoxia corymbosa*, *Cardiopathium corymbosum*.

CORYMBEUX. *Voyez* CORYMBÉ.

CORYMBIFÈBE, adj., *corymbiferus* (*corymbus*, corymbe, *fero*, porter); qui a des fleurs disposées en corymbes. Ex. *Cuphea corymbifera*, *Linum corymbiferum*.

CORYMBIFÈRES, adj. et s. f. pl., *Corymbiferæ*. Nom donné par Vaillant à un groupe qu'il a établi dans la famille des Synanthérées, d'après Morison et Ray, qui a été adopté par Jussieu, L.-C. Richard et Candolle, et qui comprend la plupart de ces plantes dont les fleurs sont disposées en corymbes.

CORYMBIFLORE, adj., *corymbiflorus* (*corymbus*, corymbe, *flos*, fleur); qui a les fleurs disposées en corymbes. Ex. *Sloanea corymbiflora*.

CORYMBIFORME, adj., *corymbiformis* (*corymbus*, corymbe, *forma*, forme). Epithète donnée par Candolle à la *grappe* simple, lorsque les pédicelles inférieurs sont très-longs et les supérieurs fort courts, d'où résulte que les fleurs, quoique partant de points différens, atteignent

toutes à peu près au même niveau (ex. *Ornithogalum umbellatum*); à la *grappe* composée, soit que les branches latérales inférieures soient plus longues que les supérieures, soit que chacune d'elles, considérée isolément, présente les mêmes phénomènes, quant à la longueur de ses pédicules (ex. *Viburnum Lantana*).

CORYMBULEUX, adj., *corymbulosus*; qui a ses fleurs disposées en petits corymbes. Ex. *Crassula corymbulosa*.

CORYPHÉNIDES, adj. et s. m. pl., *Coryphænides*. Nom donné par Latreille à une famille de l'ordre des Acantoptérygiens kystophores, et par Ficinus et Carus à une famille de l'ordre des Sternoptérygiens orthosomes, qui a pour type le genre *Coryphæna*.

CORYPHINÉES, adj. et s. f. pl., *Coryphinæ*. Nom donné par Martius et Kunth à un groupe de la famille des Palmiers, ayant pour type le genre *Corypha*.

CORYPHOPHYTE, s. m., *coryphophytum* (κορυφή, sommet, φυτόν, plante). Nom donné par Necker aux plantes dont les étamines peu nombreuses sont insérées au sommet du calice.

CORYSTÉRION, s. m. (κορυστής, casqué). Kirby désigne ainsi, dans les insectes trichoptères et dans quelques diptères, l'organe sécrétoire du gluten qui sert comme de base ou de nid pour leurs œufs.

CORYSTIDES, adj. et s. m. pl., *Corystidæ*. Nom donné par Leach à une famille de Crustacés décapodes, qui a pour type le genre *Corystes*.

CORYTOPHYTE, s. m., *corytophytum* (κόρυς, casque, φυτόν, plante). Nom donné par Necker aux plantes dont la partie supérieure de la corolle a la forme d'un casque.

COSMIQUE, adj., *cosmicus*; *kosmisch* (all.) (κόσμος, univers). Les astronomes donnent cette épithète aux phénomènes célestes qui coïncident avec l'instant du soleil levant, par exemple au *coucher* et au *lever* des astres.

COSMOGÉNIE, s. f., *cosmogenia* (κόσμος, univers, γίνομαι, naître). Branche de la physique générale qui s'occupe des hypothèses relatives à l'origine et à la formation de l'univers.

COSMOGONIE, s. f., *cosmogonia;* κοσμογόνια (κόσμος, univers, γονὴ, origine). Théorie ou hypothèse sur la formation de l'univers.

COSMOGRAPHIE, s. f., *cosmographia* (κόσμος, univers, γράφω, écrire). Description de l'univers, tel qu'il s'offre à nos sens et à nos moyens d'investigation.

COSMOLOGIE, s. f., *cosmologia, scientia cosmica;* κοσμολογία (κόσμος, univers, λόγος, discours). Ensemble de tout ce que les sens nous apprennent sur l'univers et des conséquences que notre esprit en déduit.

COSMONOMIE, s. f., *cosmonomia* (κόσμος, univers, νόμος, loi). Partie de la physique générale qui traite des lois auxquelles l'univers est soumis.

COSMOSOPHIE, s. f., *cosmosophia* (κόσμος, univers, σοφία, science). Etude de l'univers, instituée d'après des principes et dans des vues mystiques.

COSSONIDES, adj. et s. m. pl., *Cossonides.* Nom donné par Schœnherr à un groupe de la légion des Curculionides gonatocères mécorhynques, qui a pour type le genre *Cossonus.*

COSSYPHÈNES, adj. et s. m. pl., *Cossyphenes, Cossyphones.* Nom donné par Cuvier et Latreille à une tribu de la famille des Coléoptères taxicornes, qui a pour type le genre *Cossyphus.*

COSSYPHINS, adj. et s. m. pl., *Cossyphina.* Nom donné par Vigors à une tribu de la famille des Mérulides, ayant pour type le genre *Cossypha.*

COSSYPHORES. *Voyez* Cossyphènes.

COSTAL, adj., *costalis* (*costa*, côte). Robineau-Desvoidy appelle *costaux* des paires de pièces qui, partant de la face supérieure du basial, dans la vertèbre des animaux articulés, représentent les côtes sternales des animaux supérieurs, et forment l'arceau dorsal, le tergum de l'animal. Kirby nomme *nervure costale*, dans l'aile des insectes, la première et la principale nervure, celle qui forme le bord antérieur, dont cependant elle est quelquefois éloignée : *aréole costale*, la partie de l'aile située entre le bord antérieur et la nervure postcostale.

COSTÉ, adj., *costatus; gerippt* (all.) (*costa*, côte). On donne cette épithète aux *coquilles* univalves, quand elles offrent des élévations, des protubérances convexes ou aiguës, qui descendent en suivant l'axe de la coquille, ou dans le sens de l'axe (ex. *Turbo costatus, Cerithium costatum*); aux *coquilles* bivalves dont la surface présente de grandes élévations, séparées par des enfoncemens profonds. Linné et Bruguière la réservaient pour le cas où les côtes suivent la direction des bords de la coquille, et lui sont parallèles. Un insecte (*Helluo costatus*) est ainsi appelé parce que ses élytres portent trois côtes saillantes.

COSTIFÈRE, adj., *costiferus* (*costa*, côte, *fero*, porter); qui est marqué de côtes longitudinales. Ex. *Spongia costifera.*

COSTIPÈDE, adj., *costipes* (*costa*, côte, *pes*, pied). Se dit d'un oiseau dont les jambes sont placées de manière que le corps se trouve en équilibre parfait.

COSTULE, s. f., *costula.* Petite

côte, semblable aux stries d'accrois-sement qui se voyent à la surface de certaines coquilles, de celle du limaçon, par exemple.

= COTE, s. f. Les géographes appellent ainsi (*littus*) les portions de terre découvertes qui sont frappées et baignées par la mer. *Côte* (*clivus*) exprime aussi le penchant d'une montagne. En botanique, on donne ce nom (*costa*) à la nervure qui passe par le milieu d'une feuille, quand elle est incomparablement plus forte que les autres, et aux lignes saillantes (*juga*) du fruit des ombellifères.

COTÉ. *Voyez* Costé.

COTEAU, s. m., *collis*; *Abhang* (al.) *Hillock* (angl.). Flanc d'une colline.

COTELÉ, adj., *costulatus*, *costulosus*, *costellaris*, *costularis*, *craticulatus*. Se dit d'une coquille qui est couverte de saillies longitudinales. Ex. *Fusus costulatus*, *Clausilia costulata*, *Cerithium costulatum*, *Turbo costulosus*, *Murex costularis*, *Mitra costellaris*, *Trochus costellatus*, *Petricola costellata*, *Turbinella craticulata*.

COTEUX, adj., *costosus*, *costatus*; qui est relevé de côtes ou nervures saillantes, comme le *calice* du *Ballota nigra*, le *crémocarpe* du *Conium maculatum*, le disque de l'*Euryale costosum*.

COTHURNÉ, adject., *cothurnatus* (*cothurnus*, cothurne). Un insecte (*Ceyx cothurnatus*) est ainsi appelé parce qu'il a les quatre derniers genoux noirs.

COTON, s. m., *tomentum*, *gossypium*; ἔριον; *Baumwolle* (all.); *cotton* (angl.); *bambagia* (it.). Duvet composé de poils longs, crêpus et entrecroisés, qu'on remarque sur diverses parties d'un assez grand nombre de végétaux.

COTONNEUX, adj., *tomentosus*, *lanatus*. Se dit d'une variété d'*asbeste*, qui est en filamens déliés, comme ceux du coton; du *corselet* des insectes, quand il est couvert de poils très-fins, très-serrés et assez longs (ex. *Bombyx*. *Voyez* Tomenteux, Velu). On dit de certains fruits qu'ils deviennent *cotonneux*, lorsque leur parenchyme se dessèche et prend une apparence filandreuse. L'*Agaricus gossypinus* est ainsi appelé à cause de son stipe velu.

COTULÉES, adj. et s. f. pl., *Cotuleæ*. Nom donné par H. Cassini à un groupe de la section des Anthémidées chrysanthémées, et par Lessing à une section de la sous-tribu des Sénécionidées artémisiées, ayant pour type le genre *Cotula*.

COTYLE, s. f., *cotyla* (κοτύλη, creux). Péron appelait ainsi des organes qui paraissent avoir quelques rapports de forme avec les cotylédons des végétaux, et dont les bras de certaines espèces de méduses sont garnis.

COTYLÉDON, s. m., *cotyledon*; κοτυληδών; *Samenlappe* (all.); *cotiledone* (it.). Les botanistes désignent sous ce nom des organes, adhérens à la plumule de la graine, qui représentent les premières feuilles de la plante, et servent à lui fournir un aliment tout préparé, quand ils sont charnus, ou à lui en préparer, dès l'instant de sa naissance, quand ils sont foliacés.

COTYLÉDONAIRE, adj., *cotylédonaris*. On appelle *corps cotylédonaire* (*Samenlappenkörper*, all.) une masse plus ou moins charnue qui, dans certaines plantes, est formée par la soudure ou le rapprochement intime des cotylédons. Ex. *Æsculus*.

COTYLÉDONÉ, adj., *cotylédoneus*. Se dit d'une *plante* dont la graine est pourvue de cotylédons. Ce mot a été pris par Jussieu et Fries comme synonyme de *phanérogame*, parce qu'on ne trouve de cotylédons que dans les plantes à sexes distincts, quoique toutes n'en aient point.

COTYLÉPHORE, adj., *cotylephorus* (κοτύλη, creux, φέρω, porter). Le *Platystacus cotylephorus* est ainsi appelé, parce qu'il a une partie de son corps couverte de petites cupules.

COTYLIFÈRE, adj., *cotyliferus* (κοτύλη, creux, *fero*, porter). Se dit des bras des méduses, quand ils sont garnis de cotyles.

COTYLIFORME, adj., *cotyliformis*; *napfförmig*, *tassenförmig* (all.) (κοτύλη, écuelle, *forma*, forme). Épithète donnée par Salisbury aux corolles qui sont munies d'un tube cylindrique évasé et d'un limbe dressé.

COU. *Voyez* COL.

COUCHE, s. f., *Schicht* (all.). En géognosie, on donne ce nom à des masses minérales, plus ou moins épaisses, dont les deux faces sont sensiblement parallèles, et qui sont posées les unes sur les autres, sans croiser ni couper d'autres masses. Cette expression manque d'exactitude, puisque les *couches* minérales ne sont pas toujours *couchées*, c'est-à-dire à peu près horizontales, et qu'il y en a de verticales. Les couches des terrains de sédiment sont nommées *Flötz* en allemand.

COUCHÉ, adj., *supinus, prostratus, procumbens, humifusus, incumbens, incubitus*; *aufliegend* (all.). Se dit d'une *plante* qui étale ses rameaux sur la terre, sans que ceux-ci y envoyent de racines. Ex. *Micropus supinus*, *Sisymbrium supinum*, *Oxybaphus prostratus*, *Alsine prostrata*, *Echium prostratum*, *Conocarpus procumbens*, *Castela depressa*, *Helichrysum declinatum*. *Voyez* HUMIFUSE.

COUCHER, s. m., *occasus, siderum obitus*; *Untergang* (all.). Disparition d'un astre au dessous de l'horizon, c'est-à-dire des points de la terre ou de la mer où la vue est limitée par la courbure du corps de notre planète.

COUDÉ, adj., *geniculatus*. Se dit d'une *coquille* bivalve, quand elle est comme ployée dans toutes ses parties, et que sa forme approche plus ou moins de celle d'un demi-cercle. Ex. une Modiole fossile. *Voyez* GENOUILLÉ.

COULANT, subst. m., *flagellum, sarmentum, viticula*. Jet de plante qui manque de feuilles et de racines dans un espace déterminé, et qui, à des places fixes, émet des touffes de feuilles ou de racines. Ex. *Potentilla flagellaris*.

COULÉE, s. f. On appelle ainsi, en géognosie, un terrain sans stratification, ayant pour forme extérieure celle que doit prendre une matière pâteuse qui sort par une ouverture déterminée, et qui, en se répandant sur des surfaces diversement configurées, y prend un aspect et des formes différentes, comme un torrent qui se serait solidifié d'une manière subite.

COULEUR, s. f., *color*; χρῶμα; *Farbe* (all.); *colour* (angl.); *colore* (it.). Impression que produit sur l'organe de la vue la lumière incomplètement réfléchie et décomposée par la surface des corps qu'elle frappe.

COUMARINE, s. f., *coumarina*. Nom donné par Boullay et Boutron-Charlard à un stéaroptène d'où dépend l'odeur de la fève de Tonka (*Dipterix odorata*, *Coumarouna* d'Aublet.)

COUPELLATION, s. f., *cupellatio*; *Abtreiben* (all.). Opération qui consiste à séparer l'argent, par sa fusion avec du plomb, de tous les métaux, l'or excepté, avec lesquels il peut être allié, et qui tire son nom du vase particulier, *coupelle*, dans lequel on l'exécute.

COURANT, s. m. Portion des eaux de la mer qui se meuvent, d'une manière inconstante ou presque constante, dans un sens déterminé, semblables à des fleuves qui couleraient avec plus ou moins de vitesse au sein de la masse liquide.

COURBARINE, s. f., *courbarina*. Guibourt donne ce nom à la résine du Courbaril.

COURBÉ, adj., *curvus, curvatus, recurvatus, incurvus, torquescens; gekrümmt* (all.); qui est infléchi sur soi-même, comme les *aiguillons* du *Rosa muscosa*, les *cypsèles* du *Calendula*, les *légumes* de *Medicago falcata*, le *pépon* du *Cucumis flexuosus*, les *palpes* des *Tipules*, les *pédoncules* du *Grimmia incurva*, du *Dryptodon incurvus* et du *Campylopus cygneus*, l'*opercule* conique du *Weissia torquescens* et du *Weissia recurvata*, les *feuilles* du *Dicranum curvatum*.

COUREUR, adj., *cursorius*; qui est propre à la course. Illiger appelle ainsi les oiseaux dont les jambes sont à demi nues, garnies de deux ou trois doigts antérieurs, confondus ou réunis à la base par une membrane, et privées de pouce (ex. Autruche). On donne la même épithète à certaines araignées qui sont vagabondes et ne filent pas de toiles. Kirby nomme *pieds coureurs*, dans les insectes, ceux qui ne peuvent servir qu'à la progression, comme chez les Carabes.

COUREURS, adj. et s. m. pl., *Cursores, Cursorii*. Nom donné par Blainville à une famille de l'ordre des Rongeurs, renfermant des mammifères qui, comme le lièvre, ont une grande aptitude à la course; par Illiger, Meyer, Temminck, Lacépède, Blainville et Eichwald à un ordre de la classe des oiseaux, comprenant ceux qui ne sont en grande partie aptes qu'à marcher ou courir, ou qui même ne peuvent jamais voler; par Cuvier et Latreille à une famille de l'ordre des Orthoptères; par A.-H. Harvorth à une famille de Crustacés, renfermant ceux de ces animaux dont les pieds sont uniquement propres à la course, ou qui se font remarquer par leur agilité.

COURONNANT, adject., *coronans* (*corona*, couronne); qui se termine en couronne. On donne cette épithète, en botanique, aux *bractées* qui forment une couronne au dessus des fleurs (ex. *Fritillaria*), aux *feuilles* roselées qui terminent la tige et ses divisions (ex. *Palmiers*), au *nectaire*, quand il forme une couronne sur l'ovaire (ex. *Synanthérées*).

COURONNE, s. f, *corona; Kranz* (all.); *corona* (it.). On emploie ce mot: 1° en astronomie. Le nom de *couronne* est donné quelquefois aux *halos*. On l'applique aussi au foyer d'une aurore boréale vers lequel s'élancent les gerbes de feu qui semblent partir de l'horizon ou de l'arc étincelant lui-même. 2° En minéralogie. Deluc appelle ainsi les cratères de volcans portant une sorte de rempart circulaire qui renferme le cratère et qui de loin ressemble à un cylindre placé sur un cône tronqué. 3° En botanique. Les botanistes désignent sous le nom de *couronne* (*scyphus, paracorolla*) des appendices libres ou soudés qui surmontent la gorge de la corolle (ex. *Narcissus*) ou l'intérieur du périgone (ex. *Passiflora*), et qui ont plus ou moins de ressemblance avec une petite couronne; le limbre persistant et desséché au dessus du calice des fruits provenans d'ovaires soudés avec ce dernier (ex. *Pyrus*); d'après Cassini, un assemblage de fleurs à corolles non masculines, c'est-à-dire femelles ou neutres, qui, dans une calathide de Synanthérée, occupent la bordure; d'après Adanson, la partie supérieure ou l'orifice de la gaîne des graminées. 4° En zoologie. On appelle *couronne* les protubérances qui paraissent, dans les premiers temps, sur l'os frontal du faon de six mois, croissent, s'alongent, deviennent cylindriques, et se terminent par une surface concave sur laquelle porte l'extrémité inférieure du bois ; l'extrémité supérieure du bois des cerfs âgés de quatre ans et plus ; la partie supérieure des dents, celle qui fait saillie hors des parties molles de la bouche ; le bord supérieur des sabots, celui qui entoure l'orteïl ; le duvet qui entoure la base du bec d'un oiseau de proie ; le bouquet de plumes redressées qui surmonte la tête de certains oiseaux.

COURONNÉ, adj., *coronatus ; bekranzt* (all.); *coronato* (it.) (*corona*, couronne). Se dit : 1° en botanique ; d'un *arbre*, dont le sommet de la tige périt, en sorte que les branches qui l'avoisinent s'étalent en une sorte de couronne ; de la *calathide*, d'après H. Cassini, lorsqu'elle contient des corolles masculines dans son milieu et des corolles non masculines à sa circonférence ; du *calice commun* d'une Synanthérée, quand il est disposé en rayons, de manière à former une espèce de couronne (ex. *Gnaphalium coronatum*) ; de l'*épi*, lorsqu'il est terminé par des feuilles (ex. *Bromelia Ananas*), ou par de grandes bractées (ex. *Salvia Horminum*); du *fruit*, quand, faisant corps avec le calice, il conserve à son sommet une partie du limbe de ce dernier (ex. *Pyrus*), ou quand la base du style persiste à son sommet (ex. *Seseli coronatum*); de l'*ombelle*, quand elle offre des fleurs régulières au centre et des fleurs irrégulières à la circonférence (ex. *Coriandrum*). 2° En zoologie. On dit que la *spire* d'une coquille univalve est couronnée, quand les bords de chaque tour sont armés de pointes, de tubercules ou d'épines (ex. quelques *Volutes*). Le *Delphinus coronatus* est ainsi appelé parce qu'il a deux cercles jaunes concentriques sur le front ; l'*Otaria coronata*, parce qu'elle a une bande jaune sur la tête ; le *Cervus coronatus*, parce que ses bois, sans perches ni meules, sont formés d'une simple empaumure

naissant immédiatement des frontaux ; l'*Oryssus coronatus*, parce que le sommet de sa tête est couronné de quelques pointes ; le *Circaetus coronatus*, parce que les plumes de sa tête sont lâches et retombent, comme une sorte de huppe, derrière l'abdomen ; l'*Euphrosine laureata*, parce que ses branchies forment des soies très-longues, élargies à l'extrémité, et imitant une couronne de laurier.

COURONNEMENT, s. m. Se dit en parlant d'un arbre *couronné* (voy. ce mot) ; cet état est désigné par Rei sous le nom de *cladanodistrophie*.

COURS, s. m., *cursus*. On appelle *cours de la lune*, le temps qui s'écoule depuis l'apparition du premier quartier jusqu'à la pleine lune ; et pendant lequel l'étendue de la partie éclairée de cet astre augmente graduellement jusqu'à ce que son disque entier devienne lumineux. On dit aussi le *cours d'un astre*, du soleil entr'autres (*solis cursus* s. *circuitus*), ou sa révolution, soit réelle, soit apparente ; le *cours d'un fleuve* (*fluminis cursus*) , ou le mouvement que la pente du terrain imprime à ses eaux ; le *cours de la vie* (*vitæ cursus* s. *spatium*) ou sa durée.

COURSION, s. m., *cona ; Blattrose* (all.) Dupetit-Thouars appelle ainsi les sions tellement raccourcis que leurs feuilles, paraissant sortir du même point, forment une rosette. Ex. *Mélèze.*

COURT, adj., *brevis ; corte* (it.) Ce terme s'employe toujours, comme moyen d'exprimer une relation, pour désigner un organe qui est moins long qu'un autre semblable ou analogue. Ainsi on dit que l'*Ixia excisa* a des *feuilles courtes*, que le *Desmatodon curtus* a une tige courte; que la *radicule* est courte, quand sa longueur n'égale pas celle des cotylédons (ex. *Cassia fistula*). Les ornithologistes disent les *pieds* des oiseaux *courts*, quand ils ont à peu près le cinquième de la longueur du corps (ex. *Cotinga*), et *très-courts*, lorsqu'ils n'en excèdent point le dou-zième (ex. *Martinet*).

COUSSINET, subst. m., *pulvinus*; *Wulst* (all.). Les botanistes donnent ce nom, d'après Candolle, à un petit renflement de la tige qui est situé sous la feuille, lui sert comme de súp-port, et est très-visible surtout dans les légumineuses; c'est le *bourrelet du pétiole* de Dutrochet.

COUVAGE, s. m. Quelques écri-vains ont employé ce terme, au lieu du mot *incubation*, qui seul est usité.

COUVAIN, s. m., *Brut* (all.). Ensem-ble des œufs et des larves des insectes qui vivent en société; rayon de cire des abeilles, qui ne contient que des œufs et des larves ou des nymphes.

COUVAISON. *Voyez* INCUBATION.

COUVÉE, s. f. Totalité des œufs soumis à l'incubation (ὠὰ; *Brut*, all.); époque à laquelle cette opération a lieu; ensemble des petits nés d'une même ponte (*pullatio*, *pullities*).

COUVERCLE, s. m. Autrefois on donnait ce nom à l'opercule des co-quilles univalves.

COUVERT, adj., *tectus, obtectus, opertus, occultatus, reconditus, in-duviatus*; *bedeckt, verdeckt, zuge-deckt* (all.); *coperchiato, coperto* (it.). Se dit, en botanique, du *fruit*, quand le calice, sans adhérer à l'ovaire, per-siste autour de lui d'une manière lâ-che, tend à se fermer vers le sommet, et enveloppe en entier le fruit (ex. *Physalis*); en zoologie, des *ailes* des insectes, quand elles sont tout-à-fait cachées sous les élytres.

COUVERTURES, s. f. pl., *tectrices*. Plumes qui recouvrent le dessus et le dessous des pennes des ailes et de la queue des oiseaux, dans une partie de leur longueur.

CRABE-ARAIGNÉES, s. f. pl. La-treille a établi sous ce nom une classe d'animaux articulés, comprenant ceux dont il avait formé antérieure-ment les crustacés branchiopodes pœ-cilopes.

CRABES, s. f. pl. Nom donné par Lamarck à une tribu de la famille des Aranéides, renfermant ceux de ces animaux qui ne font pas de toiles, et jettent seulement quelques fils pour arrêter leur proie, en attendant la-quelle ils se tiennent parfaitement tranquilles.

CRABRONIDES, adj. et s. m. pl., *Crabronidæ*. Nom donné par Leach à une famille d'insectes hyménoptè-res, qui a pour type le genre *Crabro*.

CRABRONIFÈRE, adj., *crabro-niferus* (*crabro*, crabron, *fero*, porter). Épithète donnée à une or-chidée (*Ophrys crabronifera*) dont la fleur a paru ressembler un peu à l'insecte appelé *Crabron*.

CRABRONITES, adj. et s. m. pl., *Crabronites*. Nom donné par La-treille, Goldfuss et Eichwald à une tribu de la famille des Hyménoptè-res porte-aiguillons, ayant pour type le genre *Crabro*.

CRACIDÉS, adject. et s. m. pl., *Cracidæ*. Nom donné par Vigors à une famille de l'ordre des Gallinacés, qui a pour type le genre *Crax*.

CRAIN, s. m. Les mineurs ap-pellent ainsi les fissures de séparation des couches, lorsqu'elles sont per-pendiculaires ou très-fortement in-clinées à celles de stratification. *Voy.* FAILLE.

CRAMBITES, adj. et s. m. pl.; *Crambites*. Nom donné par Latreille et Eichwald à une tribu de la famille des Lépidoptères nocturnes, ayant pour type le genre *Crambus*.

CRAMOISI, adj., *chermesinus*; qui a la couleur rouge du kermès. Ex. *Peziza chermesina*.

CRAMPON, s. m., *fulcrum, alli-gator*; *Klammer* (all.). Candolle ap-pelle ainsi les appendices de la tige qui servent à l'accrocher aux corps voisins, sans être roulés en spirale, ni pomper de nourriture. Ex. *Hedera*.

CRANE, s. m., *cranium*. Lyonnet donne ce nom à l'ensemble des parties solides qui constituent l'enveloppe extérieure de la tête des insectes, et Straus à l'ensemble des six pièces fixes ou soudées ensemble qui forment cette tête.

CRANGES, adject. et s. m. pl., *Crangi* (κραγγὼν, pic). Nom donné par J.-A. Ritgen à une famille de l'ordre des Hyloptènes, qui a pour type le genre *Picus*.

CRANGONIDES, adj. et s. m. pl., *Crangonidæ*. Nom donné par A.-H. Harvorth à une famille de Crustacés décapodes macroures, ayant pour type le genre *Crangon*.

CRANIACÉS, adj. et s. m. pl., *Craniacea*. Nom donné par Menke à une famille de la classe des Brachiopodes, qui a pour type le genre *Crania*.

CRANIOLAIRE, adj., *craniolaris* (*cranium*, crâne); qui a quelque ressemblance avec un crâne, comme l'oursin appelé *Fibularia craniolaris*.

CRANIOLOGIE, s. f., *craniologia* (κρανίον, crâne, λόγος, discours). Ensemble des inductions que Gall et ses partisans prétendent tirer des protubérances de la surface du crâne, relativement aux penchans, aux dispositions morales et aux facultés intellectuelles.

CRANIOSCOPIE, s. f., *cranioscopia* (κρανίον, crâne, σκοπέω, considérer). Synonyme de CRANIOLOGIE.

CRASPÉDIÉES, adj. et s. f. pl., *Craspedieæ*. Nom donné par Lessing à une section de la sous-tribu des Sénécionidées-Gnaphaliées, qui a pour type le genre *Craspedia*.

CRASSATELLACÉS, adj. et s. m. pl., *Crassatellacea*. Nom donné par Menke à une famille de l'ordre des Elatobranches mytilacés, qui a pour type le genre *Crassatella*.

CRASSATELLES, adj. et s. f. pl., *Crassatellæ*. Nom donné par Férussac à une famille de la classe des Mollusques, qui a pour type le genre *Crassatella*.

CRASSICAUDE, adj., *crassicaudus* (*crassus*, épais, *cauda*, queue); qui a la queue épaisse ou touffue. Ex. *Sorex crassicaudus*, *Iacchus crassicaudatus*, *Didelphis crassicaudata*.

CRASSICAULE, adj., *crassicaulis* (*crassus*, épais, *caulis*, tige); qui a la tige épaisse et charnue. Ex. *Sanicula crassicaulis*, *Pelargonium crassicaule*.

CRASSICEPS, adj., *crassiceps* (*crassus*, épais, *caput*, tête); qui a une grosse tête. Ex. *Tænia crassiceps*.

CRASSICOLLE, adject., *crassicollis* (*crassus*, épais, *collum*, cou); qui a le col épais. Ex. *Fasciola crassicollis*.

CRASSICORNE, adj., *crassicornis* (*crassus*, épais, *cornu*, corne). Se dit d'un *insecte* qui a deux articles des antennes plus gros que les autres (ex. *Delphax crassicornis*), ou les antennes plus épaisses à la partie moyenne (ex. *Noterus crassicornis*); d'une *actinie* dont les tentacules sont épais (ex. *Actinia crassicornis*).

CRASSICORNES, adj. et s. m. pl., *Crassicornes*. Nom donné par Latreille à une tribu de la famille des Coléoptères taxicornes, comprenant ceux dont les antennes se terminent en massue d'une manière brusque.

CRASSICOSTÉ, adj., *crassicostatus* (*crassus*, épais, *costa*, côte). Se dit d'une *coquille* qui est marquée de grosses côtes. Ex. *Cardita crassicosta*.

CRASSIDENTÉ, adj., *crassidentatus* (*crassus*, épais, *dens*, dent); qui a des dents épaisses. Ex. *Lutra-*

...ria crassidens, *Flustra crassidentata.*

CRASSIFOLIÉ, adj., *crassifolius*; dickblättrig (all.) (*crassus*, épais, *folium*, feuille), qui a des feuilles épaisses. Ex. *Loranthus crassifolius, Erucaria crassifolia, Bellium crassifolium.*

CRASSIJUGUÉ, adj., *crassijugatus* (*crassus*, épais, *jugum*, cylindre). Nom donné à une Ombellifère dont le fruit est relevé de côtes épaisses. Ex. *Pachypleurum alpinum.*

CRASSILABRE, adj., *crassilabrus* (*crassus*, épais, *labrum*, lèvre). Se dit d'une coquille dont le bord droit offre un épais bourrelet au-dessous du limbe. Ex. *Monoceros crassilabrum, Clausilia crassilabris.*

CRASSILOBÉ, adj., *crassilobatus* (*crassus*, épais, *lobus*, lobe); qui a des lobes volumineux. Ex. *Spongia crassiloba.*

CRASSINERVÉ, adj., *crassinervius* (*crassus*, épais, *nervus*, nerf). Se dit d'une feuille qui a les nervures très-saillantes. Ex. *Ficus crassinervia, Phascum crassinervium.*

CRASSIPÈDE, adject., *crassipes* (*crassus*, épais, *pes*, pied). Épithète donnée à des insectes qui ont les cuisses renflées. Ex. *Musca crassipes, Melolontha arthritica, Melolontha gonagra.* Voyez **Chiragre.**

CRASSIPÈDES, adj. et s. m. pl., *Crassipedes.* Nom donné par Lamarck à une section de l'ordre des Conchifères dimyaires, comprenant ceux de ces animaux qui ont le pied épais.

CRASSIPENNE, adj., *crassipennis* (*crassus*, épais, *penna*, aile); qui a les ailes épaisses. Ex. *Musca crassipennis.*

CRASSIPÉTALE, adj., *crassipetalus* (*crassus*, épais, *petalum*, pétale); qui a des pétales épais. Ex. *Unona crassipetala.*

CRASSIROSTRE, adj., *crassirostris* (*crassus*, épais, *rostrum*, bec); qui a le bec épais. Ex. *Dendrocolaptes crassirostris.*

CRASSIROSTRES, adj. et s. m. pl., *Crassirostres.* Nom donné par Linné et Goldfuss à une famille de l'ordre des grimpeurs, comprenant ceux qui ont le bec gros et fort.

CRASSISPINÉ, adj., *crassispinus* (*crassus*, épais, *spina*, épine). Se dit d'une coquille qui est hérissée de longues épines épaisses à la base. Ex. *Murex crassispina.*

CRASSISQUAME, adj., *crassisquamatus* (*crassus*, épais, *squama*, écaille). Épithète donnée à une coquille dont le sommet est garni de six ou sept rangées d'écailles épaisses. Ex. *Spondylus crassisquama.*

CRASSISULCE, adj., *crassisulcus* (*crassus*, épais, *sulcus*, sillon). Se dit d'une coquille qui est marquée de larges sillons. Ex. *Venus crassisulca.*

CRASSULACÉES, adject. et s. f. pl., *Crassulaceæ, Sempervivæ, Succulentæ.* Famille de plantes qui a pour type le genre *Crassula.*

CRASSULÉES, adj., *Crassuleæ.* Nom donné par Candolle à une tribu de la famille des Crassulacées, qui renferme le genre *Crassula.*

CRATÈRE, s. m., *crater, cratera*; κρατήρ. Dépression plus ou moins profonde, en forme de coupe ou de bassin, qui est creusée au sommet d'une montagne volcanique, et qui livre issue aux déjections de toutes espèces fournies par le foyer dont elle est en quelque sorte le soupirail.

CRATÉRIFORME, adj., *crateriformis* (*crater*, coupe, *forma*, forme). Se dit d'un corps qui est concave, hémisphérique et retréci à sa base, comme le squelette fibreux du *Spongia crateriformis* et les apothécies des *Calycium.*

CRATÉROIDÉES, adj. et s. f. pl., *Crateroideæ* (κρατήρ, coupe, εἶδος, ressemblance). Nom donné par Reichenbach à une famille de Lichens, comprenant ceux qui portent des réceptacles de corps reproducteurs en forme de coupe.

CRATOOPHYTE, s. m. , *cratoophytum* (κραταιόω , fortifier, φυτὸν , plante). Nom donné par Necker aux plantes réputées propres à fortifier.

CRÉATINE, s. f. (κρέας , chair). Nom donné par Chevreul à une substance particulière qu'il a retirée de l'extrait aqueux de la chair musculaire.

CRÉBRICOSTÉ, adj. , *crebricostatus* (*creber* , serré , *costa* , côte). Se dit d'une coquille qui est marquée d'élévations longitudinales , ou de côtes, très-rapprochées les unes des autres. Ex. *Fusus crebricostatus* , *Mitra crebricosta*.

CRÉBRISULCE, adj. , *crebrisulcus* (*creber* , serré , *sulcus* , sillon). Épithète donnée à une coquille qui est marquée de sillons transversaux très-rapprochés. Ex. *Venus crebrisulca*.

CRÉMASTRE, s. f. , *cremastra* ; κρεμάστρα (κρεμάω , suspendre). Kirby appelle ainsi les crochets voisins de l'anus par lesquels certaines chrysalides se suspendent.

CRÉMOCARPE, s. m. , *cremocarpium* (κρεμάω , suspendre , καρπός , fruit). Nom donné par Mirbel à un fruit simple , faisant corps avec le calice, et se divisant en deux coques indéhiscentes , monospermes , qui restent quelque temps suspendues , par leur sommet , à un axe central grêle. **Ex**. *Ombellifères*.

CRÉMOSPERME, adj. , *cremospermus* (κρεμάω , suspendre , σπέρμα , graine). Épithète donnée par G. Allman aux plantes dont les graines sont attachées par le sommet ou par la partie moyenne.

CRÉNATE, s. m. , *crenas*. Genre de sels qui résultent de la combinaison de l'acide crénique avec les bases salifiables.

CRÉNÉ. *Voyez* CRÉNELÉ.

CRÉNELÉ, adj. , *crenatus, serratus* , *crenulatus* , *crenularis* ; *gekerbt* , *kerbzähnig* (all.); *crenato* , *intaccato* (it.) ; qui présente des *crénelures* (*voyez* ce mot), comme les pétales du *Dianthus Caryophyllus* et du *Ranunculus crenatus*, le calice du *Guarea trichilioides* , le stigmate du *Crocus sativus*. On donne cette épithète aux *filets* d'étamines qui sont marqués au côté interne de sillons transversaux formant des crénelures (ex. *Urtica*); à l'*androphore*, lorsqu'il a son limbe découpé en crénelures (ex. *Gomphrena globosa*); aux *feuilles* dont le bord présente des crénelures (ex. *Pothos crenata* , *Saurauja crenulata* , *Elæocarpus serratus* , *Splachnum serratum*); aux *coquilles* qui sont marquées de lignes saillantes ou de côtes hachées (ex. *Venerupis crenata* , *Cerithium crenatum* , *Trochus crenulatus* , *Venus crenulata* , *Trochus crenularis*); aux *ailes* des insectes lorsqu'elles sont légèrement incisées sur les bords (ex. quelques *Sphinx*) ; au *corselet* de ces animaux, quand le bord en est terminé par de petites dents rapprochées et obtuses (ex. la plupart des *Priones*). Un chéiroptère (*Phyllostoma crenulata*) est ainsi appelé parce qu'il a sa feuille nasale crénelée sur les bords.

CRÉNELURE, s. f. , *crena* , *crenatura* ; *Kerbzahn* (all.). On donne ce nom à de petites parties saillantes et arrondies qui sont séparées par des angles rentrans.

CRÉNICOLLE, adj. , *crenicollis* (*crenatus*, crénelé , *collum*, col). L.(Le *Scotinus crenicollis* est appelé ainsi à cause de son corselet crénelé sur les deux bords latéraux.

CRÉNIFÈRE, adject., *creniferus* (*crena* , crénelure, *fero* , porter

Une coquille (*Mitra crenifera*) doit ce nom à ce qu'elle est marquée de zones colorées dont le bord supérieur offre des crénelures semblables à celles des anciennes fortifications.

CRÉNIQUE, adj., *crenicus* (κρήνη, source). Nom donné par Berzelius à un *acide* organique nitrogéné, dont il a découvert l'existence dans les eaux de Porla.

CRÉNIROSTRES, adj. et s. m. pl., *Crenirostres* (*crena*, crénelure, *rostrum*, bec). Nom donné par Duméril et par Blainville à une famille de l'ordre des Passereaux, comprenant ceux qui ont une ou deux échancrures au plus près de la pointe du bec.

CRÉNULÉ, adj., *crenulatus*; *fein-gekerbt* (all.); qui offre de très-petites crénelures.

CRÉOPHAGES, adj. et s. m. pl., *Creophagi* (κρέας, chair, φάγω, manger). Nom donné par Duméril à une famille de l'ordre des Coléoptères, comprenant ceux qui vivent de matières animales.

CRÉOPHILES, adj. et s. m. pl., *Creophilæ* (κρέας, chair, φίλεω, aimer). Nom donné par Cuvier et Latreille à une sous-tribu de la tribu des Muscides, comprenant des diptères qui vivent de viande ou se tiennent dessus.

CRÉPIDÉES, adj. et s. f. pl., *Crepideæ*. Nom donné par H. Cassini à une section de la tribu des Lactucées, ayant pour type le genre *Crepis*.

CRÉPIDOPODES, adj. et s. m. pl., *Crepidopoda* (κρηπίς, sandale, πούς, pied). Nom donné par Goldfuss, Ficinus et Carus à un ordre de la classe des Mollusques, comprenant ceux dont le dessous du corps est formé par un disque charnu semblable à une semelle.

CRÉPIDULÉ, adj., *crepidulatus* (*crepidula*, soulier). Épithète donnée à une coquille qui a la forme d'un petit soulier ou d'un sabot. Ex. *Astacolus crepidulatus*.

CRÉPITACLE, s. m., *crepitaculum*. Nom donné primitivement par Desvaux au fruit connu aujourd'hui sous celui de regmate, parce qu'il s'ouvre avec élasticité et bruit.

CRÉPITANT, adj., *crepitans* (*crepito*, craquer). Nom donné à un oiseau (*Psophodes crepitans*) dont le chant imite le bruit éclatant et aigu d'un fouet de cocher, à un autre (*Psophia crepitans*) qui fait entendre des claquemens sourds, à des insectes (ex. *Brachynus crepitans*) qui, lorsqu'on les saisit, produisent une petite explosion due à une vapeur acide lancée brusquement par l'anus.

CRÊPU, adj., *crispus*; *crispo, increspato, ricciuto* (it,). Se dit d'une *feuille* dont la lame est irrégulièrement plissée sur toute sa superficie (ex. *Rumex crispus*, *Malva crispa*, *Hypericum crispum*, *Arabis crispata*, *Gnaphalium crispatulum*, *Weissia crispula*); des *sépales* du calice, quand ils sont ondulés par des rides transversales (ex. *Clematis crispa*); des *pétales*, lorsqu'ils sont dans le même cas (ex. *Pterocarpus crispatus*); des *coquilles*, lorsque, leur surface étant lamelleuse, les lames sont découpées régulièrement et quelquefois traversées à angle droit par des sillons (ex. *Venus reticulata*). Link n'appelle *feuilles crépues* que celles qui sont ondulées sur les bords, et dont les ondulations sont elles-mêmes onduleuses.

CRÉPUSCULAIRE, adj., *crepuscularis*. Se dit d'un animal qui sort de sa retraite à l'approche du crépuscule du soir. Ex. *Noctua crepuscularis*.

CRÉPUSCULAIRES, adj. et s. m. pl., *Crepuscularia*. Nom donné par Cuvier, Lamarck et Latreille à une famille de l'ordre des Lépidoptères, comprenant les papillons qui ne volent guères que le soir, ou aussi le matin, et restent tranquilles pendant la journée.

CRÉPUSCULE, s. m., *crepusculum*; *Dämmerung* (all.); *twilight* (angl.). Espace de temps qui s'écoule entre la nuit et le coucher ou le lever du soleil. On appelle *crépuscule du matin*, ou *aurore* (*Morgenröthe*, all.), la clarté qui précède le lever du soleil, et dont le commencement est *l'aube*, le *point du jour*; et *crépuscule du soir* (*Abendröthe*, all.), celle qui suit le coucher de cet astre jusqu'à la nuit close. Dix-huit degrés d'abaissement du soleil au dessous de l'horizon paraissent être l'extrême limite du crépuscule astronomique; mais le crépuscule civil finit bien plus tôt, suivant le genre d'occupations auquel on fait allusion; il commence, pour le vulgaire, à l'instant où l'on cesse de pouvoir se livrer à ses occupations ordinaires dans les maisons, sans le secours d'une lumière artificielle, et finit à l'instant où l'on peut discerner les petites étoiles à la vue simple.

CRÉTACÉ, adj., *cretaceus* (*creta*, craie); de la nature de la craie. Omalius et Brongniart désignent sous ce nom un groupe de terrains où ils rangent ceux dans la composition desquels il entre en général de la craie et d'autres roches, ordinairement friables, qui se lient avec la craie. Cette même épithete est donnée à des plantes qui croissent dans les endroits crayeux (ex. *Medicago cretacea*, *Hedysarum cretaceum*), qui ressemblent à des dépôts de craie (ex. *Auricularia cretacea*), ou qui ont la couleur blanche de la craie (ex. *Agaricus cretaceus*, *Auricularia calcea*).

CRÊTE, s. f., *crista*; λοφός; *Kamm* (all.); *cresta* (it.). Trinius désigne sous ce nom, dans les Graminées, un axe plat ou triangulaire, portant à son côté inférieur de nombreux épillets à courts pétioles, disposés sur deux séries (ex. *Digitaria*). Les ornithologistes l'appliquent à la caroncule charnue qui s'élève sur la tête du coq et de certaines poules; les géognostes, au sommet d'une chaîne ou d'un rameau de montagne qui ne correspond point à un plateau.

CRÊTÉ, adj., *cristatus*; *kammförmig* (all.). Se dit: 1° en minéralogie, de *cristaux* indéterminables qui, étant minces et arrondis sur les bords, imitent jusqu'à un certain point des crêtes de coq (ex. *Baryte sulfatée crêtée*). 2° En zoologie: d'un *oiseau*, dont la plaque charnue du front se relève et forme une véritable crête (ex. *Fulica cristata*); d'une *coquille* relevée d'une large côte (ex. *Strombus cristatus*, *Cerithium cristatum*); du *corselet* d'un insecte, quand il porte des poils ramassés en faisceaux représentant une crête (ex. quelques *Noctuelles*), ou quand il est relevé en carène (ex. *Acridium cristatum*); d'un *mammifère*, lorsqu'il a sur le cou de très-longs poils formant une sorte de crête (ex. *Cavia cristata*); d'un *polypier* dont les expansions forment des plis imitant des crêtes (ex. *Explanaria cristata*).

CREUX, adj., *cavus*; κοῖλος; *hohl* (all.). En botanique, cette épithète est donnée à des parties qui n'offrent qu'un seul enfoncement, comme le *réceptacle* de la *Rose*, ou une seule cavité intérieure, comme le *périsperme* du *Cocos nucifera*, les *feuilles* de l'*Allium Cepa*.

CREVASSÉ, adj., *rimosus*; *rissig* (all.); *screpolato* (it.); qui offre des fentes ou des fissures, comme le *périsperme* de l'*Anona*, la *tige* de l'*Ulmus*, le *squelette* fibreux de la *Spongia rimosa*.

CREVETTINES, adj. et s. m. pl., *Gammarinæ*. Nom donné par Cuvier et Latreille a une famille de l'ordre des Crustacés amphipodes, qui a pour type le genre Crevette.

CRI, s. m., *clamor*; κραυγή; *Schrei* (all.); *cry* (angl.). Craquement particulier que l'étain fait entendre lorsqu'on le ploye. Explosion de la voix qui exprime une émotion vive et soudaine.

CRIARD, adj., *clamator, clamosus*. Se dit d'un animal qui a le cri fort (ex. *Caprimulgus clamator*), ou dont les cris se font entendre à une grande distance (ex. *Cuculus clamosus*).

CRIBRIFORME, adj., *cribriformis* (*cribrum*, tamis, *forma*, forme). Un polypier (*Adeonia cribriformis*) est ainsi appelé parce qu'il a la forme d'une lame percée à jour comme un crible.

CRICÉTINS, adj. et s. m. pl., *Cricetini*. Nom donné par Desmarest à une famille de l'ordre des Rongeurs, qui a pour type le genre *Cricetus*.

CRICOSTOME, adj., *cricostomus* (κρίκος, anneau, στόμα, bouche). On applique cette épithète aux coquilles univalves dont l'ouverture est ronde (ex. *Cyclostoma*).

CRICOSTOMES, adj. et s. m. pl., *Cricostomata*, Nom donné par Blainville à une famille de l'ordre des Paracéphalophores asiphonobranches, renfermant ceux dont l'ouverture de la coquille est à peu près circulaire.

CRIN, s. m., *crinis*. On appelle ainsi, chez les mammifères, des poils assez longs et épais, raides, mais cependant flexibles. Candolle donne aussi ce nom, dans les végétaux, à tous les poils raides comme un crin, quelle qu'en soit la position.

CRINAL, adj., *crinalis*; qui est de la grosseur d'un crin de cheval. Ex. *Gelidium crinale*.

CRINICORNE, adj., *crinicornis* (*crinis*, crin, *cornu*, corne); qui a les antennes terminées par une lon-

gue soie lisse (ex. *Psilopus crinicornis*), ou les antennes velues (ex. *Saperda crinicornis*).

CRINIÈRE, s. f., *juba*; χαίτα; *Mähne* (all.); *mane* (angl.). Masse de longs poils qui garnissent une étendue plus ou moins considérable de la ligne dorsale (ex. *Cheval*, *Sanglier*), ou toute la région antérieure du cou (ex. *Lion*, *Felis jubata*, *Otaria jubata*). On appelle aussi de ce nom, dans les oiseaux, une crête hérissée sur l'occiput et le long du cou (ex. *Buceros jubatus*), ou une huppe de plumes effilées sur la tête (ex. *Anas jubata*).

CRINIFLORE, adject., *criniflorus* (*crinis*, crin, *flos*, fleur). Le *Mesembryanthemum criniflorum* a un calice divisé en cinq lobes, dont trois très-longs.

CRINIFORME, adj., *criniformis* (*crinis*, crin, *forma*, forme); qui a la forme d'un crin. Ex. *Rhizomorpha criniformis*.

CRINITARSE, adj., *crinitarsis* (*crinis*, crin, *tarsus*, tarse); qui a les tarses velus. Ex. *Poecilnia crinitarsis*.

CRINOIDES, adj. et s. m. pl., *Crinoides* (κρίνον, lis, εἶδος, ressemblance). Nom donné par Muller à une famille d'animaux rayonnés, comprenant ceux dont le corps se compose d'une colonne articulée, au sommet de laquelle on voit une série de plaques formant un corps qui ressemble à une coupe ou à un lis.

CRINULE, s. f., *crinula* (*crinis*, crin). Mirbel appelle ainsi les filets hygrométriques que renferme l'ovaire du *Marchantia*, et qui servent de support aux séminules.

CRIOCÉRIDES, adj. et s. m. pl., *Criocerides*. Nom donné par Cuvier, Latreille et Eichwald à une tribu de la famille des Coléoptères Eupodes, qui a pour type le genre *Crioceris*.

CRIQUE, s. f. En terme de marine, ce mot désigne une très-petite baie.

CRISPATIF, adject., *crispativus* (*crispus*, frisé). On dit la *préfoliation crispative*, quand le disque de la feuille est replié fort irrégulièrement, et en quelque sorte frisé.

CRISPÉ, adj., *crispus*, *crispatus*; *kraus*, *gekräuselt* (all.); qui est muni de lanières fines et courtes, dirigées en différens sens. Le *Melastoma crispata* a sa tige munie de quatre angles, dont chacun porte une membrane crêpue, et l'*Ulota crispa*, le *Dicranum crispum* et le *Brachypodium crispatum* ont des feuilles qui se crispent par l'effet de la sécheresse. Un oiseau (*Pyrrhula crispa*) est appelé ainsi parce que les plumes des parties inférieures de son corps sont recourbées en sens inverse; un autre (*Phasianus crispus*), parce que toutes ses plumes sont retournées en haut et comme frisées. *Voyez* CRÊPU.

CRISPIFLORE, adj., *crispiflorus* (*crispus*, crêpu, *flos*, fleur). Se dit d'une plante dont les pétales sont ondulés et comme frisés sur les bords. Ex. *Chorisia crispiflora*, *Cynanchum crispiflorum*.

CRISPIFOLIÉ, adj., *crispifolius*; *krausblättrig* (all.) (*crispus*, crêpu, *folium*, feuille). Les feuilles de l'*Isothecium crispifolium* se crispent par la dessiccation.

CRISSUM, subst. m., *crissum*. On nomme ainsi, dans les oiseaux, l'extrémité de la partie inférieure du corps, depuis les cuisses jusqu'à la queue, qui est couverte par les plumes anales.

CRISTACÉS, adj. et s. m. pl., *Cristacea*. Nom donné par Lamarck à une famille de l'ordre des Mollusques céphalopodes, par Blainville à une famille de celui des Céphalophores polythalamacés, renfermant des animaux dont la coquille est aplatie

de manière à représenter une carène ou à peu près.

CRISTAL, subst. m., *crystallum*, κρύσταλλος; *Krystall* (all.) (κρύος, froid, στέλλεσθαι, être arrêté). Autrefois on n'appelait ainsi que les produits de la cristallisation qui sont transparens comme le cristal de roche, qu'on croyait produit par une opération naturelle semblable à celle qui détermine la formation de la glace, car dans l'origine on n'appelait *cristal* que la glace, et c'est en ce sens seulement que les Grecs ont pris le mot jusqu'au temps de Platon. Aujourd'hui on donne ce nom à tout solide polyédrique terminé par des facettes planes, unies, régulières, qui sont placées symétriquement les unes par rapport aux autres, et dont les inclinaisons mutuelles suivent des lois déterminables, mais non pas cependant invariables comme on l'a cru pendant long-temps. En effet il a été constaté par Mitscherlich et Beudant que les angles sont constans seulement pour des températures égales dans tous les points de la masse et pour des compositions identiques.

CRISTALLIFÈRE, adj., *crystalliferus* (*crystallum*, cristal, *fero*, porter). Se dit, en minéralogie, d'une *géode* dont l'intérieur est garni de cristaux.

CRISTALLIN, adj., *crystallinus*; *krystallinisch* (all.). On emploie ce mot en plusieurs sens divers : 1° en minéralogie, on appelle *système cristallin* d'un minéral, l'ensemble des lois systématiques principales auxquelles les différentes parties de ses formes cristallines paraissent être assujéties; et *texture cristalline*, celle qu'une roche présente lorsque ses parties ont été réunies par voie de cristallisation confuse et simultanée. Bory, parmi les états primitifs de la matière, en admet un, qu'il nommé *cristallin*, et qu'elle affecte suivant lui quand elle est dure, pesante, translucide, laminaire, anguleuse, et que, par le desséchement, elle adopte une multitude de formes déterminables, mais jamais rien d'anguleux. Sous le nom de *roches cristallines*, C. Prevost désigne un ordre de roches, comprenant celles qui sont composées de différentes parties discernables à l'œil nud, lesquelles ont été précipitées ensemble, après avoir été préalablement dissoutes. 2° En botanique. Le *Pilobolus crystallinus* est un champignon dont les filamens se terminent au sommet par une vésicule remplie de liquide. Le *Riccia crystallina* a des feuilles dont la face supérieure offre un aspect cristallin, dû à une multitude de petits points, que quelques observateurs disent être des trous irréguliers. Le *Trianthema crystallina* et le *Mesembryanthemum crystallinum* sont chargés de petites vésicules remplies de liquide.

CRISTALLINE, s. f., *crystallina*. Une base salifiable oléagineuse, que Unverdorben a découverte dans l'huile empyreumatique d'indigo, a reçu de lui ce nom, parce qu'elle forme avec les acides des sels qui sont susceptibles de cristalliser.

CRISTALLISABILITÉ, s. f., *Krystallisirbarkeit* (all.). Propriété de cristalliser, d'affecter la forme cristalline.

CRISTALLISABLE, adj., *krystallisirbar* (all.); qui a la propriété de prendre une forme cristalline.

CRISTALLISATION, s. f., *crystallisatio*; *Anschiessen*, *Krystallisirung* (all.); *cristallizzazione* (it.). Ce mot est pris dans quatre acceptions différentes. Il exprime : 1° l'opération par laquelle les corps prennent des formes polyédriques régulières ou symétriques, soit en passant de l'état liquide ou gazeux à l'état solide, soit en se séparant d'une dissolution ou d'une combinaison dont ils faisaient partie, avec assez de lenteur

pour que leurs particules puissent se réunir dans le sens où elles exercent la plus grande action mutuelle; 2° l'ensemble des observations qu'on peut faire sur les divers cristaux d'une même substance; 3° l'ensemble des observations que présentent tous les cristaux qui ont été reconnus dans la nature; 4° tout ce qu'on peut dire collectivement des formes polyédriques qu'affectent les minéraux et des observations auxquelles ces formes donnent lieu.

CRISTALLO-ÉLECTRIQUE, adj., *crystallo-electricus*. On a donné cette épithète aux phénomènes électriques que manifestent certains cristaux soumis à l'action de la chaleur. La propriété d'acquérir la polarité électrique par l'application de la chaleur était connue depuis long-temps dans la tourmaline et la topaze : Haüy l'a constatée dans le boracite, la prehnite, la mésotype, le zinc silicaté et le sphène, Brard dans l'axinite, Brewster dans la scolezite, la mésolite, le spath calcaire, le diamant, l'orpiment, l'analcime, l'améthyste, le béril, le sulfate de baryte, le sulfate de strontiane, le carbonate de plomb, la diopside, le spath fluor, le quarz du Dauphiné, l'idocrase, le soufre naturel, le grenat et la dichroïte.

CRISTALLOGÉNIE, s. f., *crystallogenia* (κρύσταλλος, cristal, γίνομαι, naître). Science qui traite de la formation des cristaux ou de la manière dont ils se produisent.

CRISTALLOGRAPHIE, s. f., *crystallographia*; *Krystallographie* (all.); *cristallografia* (it.) (κρύσταλλος, cristal, γράφω, écrire). Science qui apprend à décrire les cristaux avec le secours d'une langue de convention, composée de mots et de signes.

CRISTALLOGRAPHIQUE, adject, qui a rapport à la cristallographie;

caractère, langage, système cristallographique.

CRISTALLOÏDE, adj., *crystalloïdes*; χρυσταλλώδης (χρύσταλλος, cristal, εἶδος, ressemblance). Se dit, en minéralogie, d'une concrétion pseudomorphique, lorsque c'est un cristal qui a été remplacé.

CRISTALLOLOGIE, s. f., *crystallologia* (χρύσταλλος, cristal, λόγος, discours). Science ayant pour objet tout ce qui se rapporte à la connaissance des cristaux.

CRISTALLOMÉTRIE, s. f., *crystallometria* (χρύσταλλος, cristal, μετρέω, mesurer). Science qui traite des propriétés mathématiques des cristaux.

CRISTALLONOMIE, s. f., *crystallonomia* (χρύσταλλος, cristal, νόμος, loi). Science qui développe les lois d'où dépendent les diverses propriétés géométriques des cristaux.

CRISTALLONOMIQUE, adj., *crystallonomicus*; qui a rapport à la cristallonomie.

CRYSTALLOPHYSIQUE, adj. Épithète quelquefois donnée aux phénomènes qui concernent le clivage des minéraux, les effets de la double réfraction, ceux de la polarisation de la lumière, et l'influence de la chaleur sur eux.

CRISTALLOTECHNIE, s. f., *crystallotechnia* (χρύσταλλος, cristal, τέχνη, art). Art d'obtenir des cristaux complets et les diverses modifications dont chacun d'eux est susceptible.

CRISTÉ, adj., *cristatus*; *crestato* (it.) (*crista*, crête); qui est muni d'appendices en forme de crêtes, comme les anthères de l'*Erica triflora*. Le *Cachrys cristata* a ses graines surmontées de cinq crêtes; le *Merisma cristata* a ses rameaux comprimés en manière de crêtes; le *Nepenthes cristata* offre, à la partie antérieure de ses urnes, deux crêtes longitudinales crénelées. *Voyez* CRÊTÉ.

CROASSEMENT, s. m., *crocitus*; χρωγμός; *Krächzen* (all.); *croaking* (angl.). Cri des oiseaux qui appartiennent au genre corbeau.

CROCÉIVENTRE, adj., *croceiventris* (*crocus*, safran, *venter*, ventre); qui a le ventre jaune de safran. Ex. *Laphria croceiventris*.

CROCHET, s. m., *hamus*, *hamulus*, *apex*, *uncus*, *unguis*; *Haken* (all.); *amo*, *oncino* (it.). On appelle ainsi: 1° en botanique, des espèces de pointes courbes qui, dans les Acanthacées, naissent sur le placenta, et retiennent les graines, auxquelles elles servent en quelque sorte de support; 2° en zoologie, dans les *coquilles* bivalves, une protubérance conique, qui couronne la charnière, et qui doit ce nom à ce qu'ordinairement celle d'une valve se recourbe plus ou moins vers celle de l'autre valve; dans les *insectes*, d'après Latreille, les mandibules des aptères masticateurs, et, d'après Kirby, deux paires d'organes robustes et recourbés dont l'anus des *Locustes* est garni; on donne également ce nom aux pièces plus ou moins crochues et aiguës qui terminent les tarses, à de petits appendices recourbés que l'on voit au milieu du bord antérieur des ailes de quelques hyménoptères, et qui fixent l'aile inférieure à la supérieure; à un appendice semblable qui est fixé à la nervure costale, près de sa base et vers son côté inférieur, sur l'aile de certains lépidoptères; dans les *Annelides*, à des soies beaucoup plus courtes que les autres, dont l'extrémité se termine par un crochet plus ou moins recourbé et dentelé.

CROCHU, adj., *aduncus*, *uncinatus*, *hamatus*, *retinaculatus*, *hamosus*; ἀγκυλός; *hakig*, *hakenförmig* (all.); *hooked* (angl.); *amoso* (it.). En minéralogie, on dit qu'un minéral a la *cassure crochue*, quand elle présente à sa surface de petites aspérités pointillées et contournées, ce qui est le cas des métaux cristallisés confusément à l'intérieur. (On donne cette épithète à des plantes qui ont quelque partie recourbée et accrochue, en forme de hameçon, comme les *gousses* de l'*Astragalus hamosus*, les *feuilles* du *Macromitrium uncinatum*, les *rameaux* du *Stereodon aduncus* et du *Stereodon uncinatus*, la lèvre supérieure de la corolle du *Pedicularis uncinata*. En zoologie, on dit les *antennes crochues*, dans les insectes, lorsqu'elles sont recourbées à l'extrémité qui se termine en pointe, de manière à figurer un crochet aigu (ex. *Papillon Protée*). Les *crochets* d'une coquille bivalve reçoivent cette dénomination quand ils s'inclinent l'un vers l'autre, en se dirigeant vers l'axe perpendiculaire de la coquille (ex. *Pétoncles*). Un polypier (*Plumularia uncinata*) est appelé ainsi, parce que ses rameaux sont falciformes et recourbés en crochet ; l'*Antilope redunca*, parce que ses cornes se recourbent un peu en avant à la pointe.

CROCIPÈDE, adj., *crocipes* (*crocus*, safran, *pes*, pied); qui a les pattes de couleur safranée. Ex. *Elater crocipes*.

CROCODILÉENS, adj. et s. m. pl., *Crocodilei*. Nom donné par Blainville, Latreille et J.-E. Gray à une famille de l'ordre des reptiles Emydosauriens ; par Cuvier, Goldfuss et J.-A. Ritgen à une famille de l'ordre des reptiles Sauriens, ayant pour type le genre *Crocodilus*.

CROCODILOIDES, adject. et s. m. pl., *Crocodiloidea, Crocodiloidei*. P.-F. Fitzinger et Eichwald désignent sous ce nom une famille de reptiles, qui a pour type le genre *Crocodilus*.

CROCONATE, s. m., *croconas*. Genre de sels (*krokonsaure Salze*, all.), qui sont produits par la combinaison de l'acide croconique avec les bases salifiables.

CROCONIQUE, adj., *croconicus* (κρόκον, safran). Nom donné par L. Gmelin à un acide (*Krokonsaüre*, all.) particulier, qu'il a découvert, et qui, étant lui-même jaune, a la propriété de former des sels d'un jaune rougeâtre ou d'un jaune citrin.

CRODONIUM, s. m. Nom donné par Trommsdorff à une substance qu'il crut d'abord constituer un métal particulier, et qu'il a reconnue depuis n'être que de la magnésie cuprifère.

CROISÉ, adj., *cruciatus*, *decussatus* ; *kreuzförmig* (all.) ; *incrociato* (it.). Se dit, en botanique, des paires de parties, quand elles se suivent et se croisent à angle droit, comme les feuilles du *Veronica decussata*, ou les rameaux du *Syringa vulgaris*. Le *Senecio cruciatus* est ainsi appelé, parce que, ses feuilles étant à demi découpées en dents égales à la feuille même, il a l'aspect d'une croix. On donne cette épithète aux *ailes* des insectes, quand le sommet de l'une recouvre entièrement celui de l'autre, et à leur *prothorax*, quand il présente deux lignes longitudinales élevées, dont les angles s'approchent dans le milieu, de manière à figurer une croix de saint André (ex. *Locusta*). On l'applique aussi à des *coquilles* dont la surface est marquée de stries croisées (ex. *Bulimus decussatus, Buccinum decussatum*).

CROISÉ-OBLIQUANGLE, adject. *cruciato-obliquangulus*. On appelle ainsi, dans la nomenclature minéralogique de Haüy, une variété de staurotide, composée de deux prismes qui se croisent sous des angles de 120 et de 60 degrés.

CROISÉ-RECTANGULAIRE, adj., *cruciato-rectangularis*. Nom donné, dans la nomenclature minéralogique de Haüy, à une variété de staurotide, composée de deux prismes qui se croisent sous l'angle de 90 degrés.

CRONOGRAPHIE, s. f., *cronographia* (χρόνος, Saturne, γράφω, écrire). Description de la planète Saturne.

CRONOGRAPHIQUE, adj., *cronographicus*. Schrœter a publié un travail sur la planète Saturne, en 1808, sous le titre de *Fragmens cronographiques*.

CROSSETTE, s. f., *malleolus*; *Abreis* (all.). Nouvelle pousse qui porte à sa base un tronçon de vieux bois, et qui est susceptible de reprendre racine lorsqu'on la met en terre. Ce nom est plus particulièrement destiné à désigner les boutures de la vigne, parce qu'elles ont la figure d'une petite crosse, ce qui leur a valu aussi les noms vulgaires de *maillole* et *malléole* (de *malleolus*, petit maillet), plus faciles à expliquer que ceux de *broche* et de *chapon*, usités dans quelques endroits.

CROSSOPÉTALE, adject. et s. f. pl., *Crossopetalæ* (χροσσός, frange, πέταλον, pétale). Nom donné par Frœblich à une section du genre *Gentiana*, comprenant celles qui ont les corolles ciliées sur les bords de leurs divisions.

CROTALIDÉS, adj., *Crotalidei*. Nom donné par J.-E. Gray à une famille de l'ordre des reptiles Ophidiens, ayant pour type le genre *Crotalus*.

CROTALOIDES, adj. et s. m. pl., *Crotaloidea*, *Crotaloidei*. Nom sous lequel P.-F. Fitzinger et Eichwald désignent une famille de reptiles, qui a pour type le genre *Crotalus*.

CROTALURES, adj. et s. m. pl., *Crotaluri*. Nom donné par J.-A. Ritgen à une famille de l'ordre des reptiles Ophidiens, ayant le genre *Crotalus* pour type.

CROTONATE, s. m., *crotonas*.

Genre de sels (*crotonsaure Salze*, all.), qui sont produits par la combinaison de l'acide crotonique avec les bases salifiables.

CROTONÉES, adj. et s. f. pl., *Crotoneæ*. Nom donné par A. Jussieu à une section de la famille des Euphorbiacées, qui a pour type le genre *Croton*.

CROTONINE, s. f., *crotonina*. Alcali qu'on trouve, d'après Brandes, dans la graine du *Croton Tiglium*.

CROTONIQUE, adj., *crotonicus*. Nom donné par Brandes à un *acide* particulier (*Crotonsäure*, all.), que Pelletier et Caventou ont découvert dans l'huile de *Croton Tiglium*, et qu'ils avaient appelé *jatrophique*. Cette dénomination appartiendrait aussi, dans la nomenclature chimique de Berzelius, aux sels ayant pour base la crotonine.

CROUPION, s. m., *uropygium*; *Steiss* (all.); *rump* (angl.). Extrémité du tronc des oiseaux, qui se compose des dernières vertèbres dorsales et de l'os caudal, et qui ressemble à un soc de charrue ou à un disque comprimé.

CROUTEUX, adject., *crustatus*; *schorfig* (all.) (*crusta*, croûte). Épithète donnée à quelques champignons qui forment des plaques semblables à des croûtes. Ex. *Xylomyzon crustosum*. *Voyez* CRUSTACÉ.

CRU, adj., *crudus*. On appelle *eaux crues*, celles qui, contenant plus de sels calcaires qu'il ne s'en trouve dans les eaux de rivière en général, ne peuvent ni cuire les légumes, ni dissoudre le savon. On les dépouille aisément de leur crudité, en décomposant et précipitant le sel calcaire par le moyen d'un sel de potasse.

CRUCIATO - COMPLIQUÉ, adj., *cruciato-complicatus*. Épithète donnée par Kirby aux *ailes* des insectes, quand elles sont à la fois croisées et plissées. Ex. *Pentatoma*.

CRUCIATO - INCOMBANT, adj., *cruciato-incumbens*. Kirby donne cette épithète aux ailes des insectes, lorsqu'elles sont croisées, mais non plissées, et qu'elles couvrent l'abdomen. Ex. *Apis*.

CRUCIFÈRES, adj. et s. f. pl., *Cruciferæ*. Famille de plantes, ainsi appelée parce que les végétaux qui la constituent ont les pétales disposés en croix.

CRUCIFORME, adj., *cruciformis, cruciatus; crociforme* (it.); qui a la forme d'une croix. Se dit : 1° en minéralogie, d'un *cristal* composé de deux autres qui se croisent de manière que les pans de l'un soient perpendiculaires sur ceux de l'autre (ex. *Harmotome*); 2° en botanique, des parties d'une plante qui sont situées sur le même plan horizontal et disposées en manière de croix, comme la *corolle* des *Crucifères*, ou le *nectaire* du *Pterygodium catholicum*.

CRUCIFORMES, adj. et s. f. pl., *Cruciformes*. Nom donné par Tournefort à une classe renfermant les plantes qui ont les pétales opposés en croix.

CRUCIGÈRE, adj., *crucigerus* (*crux*, croix, *gero*, porter); qui porte une croix. Le *Bignonia crucigera* est ainsi nommé parce que la coupe transversale de ses tiges présente la figure d'une croix; la *Tellina crucigera*, parce qu'elle offre une croix pourpre sur les sommets de sa coquille; l'*Aurelia crucigera*, parce qu'on voit une croix roussâtre sur le centre de son disque; la *Vespa crucigera*, parce qu'elle a une croix noire sur le dos de l'abdomen.

CRUCIROSTRE, adj., *crucirostris* (*crux*, croix, *rostrum*, bec). Se dit d'un oiseau dont les mandibules sont croisées l'une sur l'autre. Ex. *Corvus crucirostra*.

CRUMÉNIFÈRE, adj., *crumeniferus* (*crumena*, bourse, *fero*, porter); qui porte une bourse, semblable à celle qu'on voit sur le front, en arrière de la feuille nasale, dans le *Rhinolophus crumeniferus*.

CRUMÉNOPHTHALME, adj., *crumenophthalmus* (*crumena*, bourse, ὀφθαλμὸς, œil); qui a les yeux entourés d'une sorte de bourse membraneuse, percée au centre, comme le *Caranx crumenophthalmus*.

CRUPHODÈRES, adj. et s. m. pl., *Cruphodera* (κρυφαῖος, caché, δέρος, peau). Nom donné par Duméril à une famille de l'ordre des Oiseaux rapaces, renfermant ceux qui ont la tête et le col garnis de plumes. *Voyez* Plumicolles.

CRUSTACÉ, adject., *crustaceus; schorfig* (all.) (*crusta*, croûte). Se dit, en botanique, des parties qui sont fermes, dures et fragiles, comme l'*érème* du *Salvia*, la *lorique* du *Papaver*, le *péricarpe* du *Passerina*, le *tegmen* de l'*Areca faufil;* ou d'une plante qui est étendue sur les corps en forme de croûte mince, comme le *Systotrema crustaceum*. *Voyez* Crouteux.

CRUSTACÉENNES, adj. et s. f. pl., *Crustaceæ*. Nom donné par Lamarck à une section de l'ordre des Arachnides antennées trachéennes, comprenant celles qui ont le corps souvent écailleux, et qui constituent une branche isolée, qu'on peut regarder comme la tige des crustacés.

CRUSTACÉES, adj. et s. f. pl., *Crustaceæ*. Nom sous lequel Schultz désigne un ordre de la classe des Lichens, comprenant ceux qui affectent la forme de croûtes.

CRUSTACÉOLOGIE, s. f., *crustaceologia*. Histoire spéciale des animaux de la classe des crustacés.

CRUSTACÉS, adj. et s. m. Nom donné par Cuvier à une classe du règne animal, qu'il a le premier établie, et que depuis tous les naturalistes ont adoptée, quelquefois la subdivisant en plusieurs autres , ou la désignant sous un autre nom , notamment sous celui de Malacostracés. Elle renferme des animaux sans vertèbres, mais articulés, dont le corps est protégé par un test solide.

CRUSTODERMES, adj. et s. m. pl., *Crustodermata* (*crusta*, croûte, δέρμα, peau). Blainville propose d'appeler ainsi, à cause de l'enveloppe dure qui les recouvre , les poissons composant l'ordre des Branchiostèges de Linné.

CRUSTODÉS, adj. et s. m. pl., *Crustodea*. Nom donné par Bory à un ordre de la classe des Microscopiques , renfermant ceux de ces animaux qui ont le corps protégé par un test capsulaire, univalve ou bivalve.

CRUSTULIFORME, adj., *crustuliformis* (*crustula*, échaudé, *forma*, forme). Épithète donnée à un champignon (*Agaricus crustuliformis*) qui ressemble à un échaudé pour la forme et la couleur.

CRYEROSE, subst. m., *cryerosis* (κρυερὸς, froid). Hermann propose de donner ce nom aux reptiles, à cause du froid qu'ils font éprouver quand on y touche, et de l'horreur qu'en général ils inspirent.

CRYOLICHÉNÉES, adj. et s. f. pl. , *Cryolichenes*. Nom donné par Zenker à un ordre de la famille des Lichens , comprenant ceux qui affectent la forme de croûtes.

CRYOPHORE, s. m., *cryophorus* (κρύος, glace , φέρω, porter). Nom donné par Wollaston à un instrument au moyen duquel l'eau est amenée à se congeler par l'effet de sa propre évaporation.

CRYPTANDRE, adj. , *cryptander* (κρυπτὸς, caché, ἀνὴρ, homme). Fries propose de donner cette épithète aux végétaux qu'il appelle *hétéronéméens*, parce qu'ils ont des organes jusqu'à un certain point analogues aux par-

ties sexuelles des plantes phanérogames.

CRYPTANDRIQUE, adj. , *cryptandricus*. *Voyez* CRYPTANDRE.

CRYPTANTHE, adj., *cryptanthus* (κρυπτὸς, caché, ἄνθος, fleur). L'*Agardhia cryptantha* est ainsi nommé à cause de la petitesse de ses fleurs.

CRYPTANTHÉRÉES, adj. et s. f. pl., *Cryptantheræ* (κρυπτὸς, caché, ἄνθηρος, fleuri). Royen donnait ce nom à une classe de plantes, comprenant celles dont on ne connaît point les sexes.

CRYPTANTHES, adj. et s. f. pl., *Cryptanthæ*. Nom donné par Wachendorff à une section de végétaux, comprenant ceux qui ont des fleurs obscures, ou dont on ne connaît pas les fleurs.

CRYPTINÉES, adject. et s. f. pl. , *Cryptineæ*. Nom donné par Rafinesque à une famille de plantes, qui a pour tyre le genre *Cryptina*.

CRYPTOBIOTE, adj., *cryptobiotus* (κρυπτὸς, caché, βίος, vie). Quelques physiciens désignent ainsi les corps dans lesquels la vie est cachée, ou à l'état latent.

CRYPTOBRANCHES, adject. et s. m. pl., *Cryptobranchia, Cryptobranchiata* (κρυπτὸς, caché, βράγχια, branchies). Nom donné par Duméril à un ordre de la sous-classe des Poissons osseux, comprenant ceux qui n'ont point d'opercule, mais sont pourvus d'une membrane branchiostège ; par Goldfuss, Ficinus et Carus à une famille de l'ordre des Crustacés isopodes, renfermant ceux dont on ne connaît point les branchies ; par J.-E. Gray à une sous-classe de la classe des Gastéropodophores, renfermant ceux qui ont les branchies cachées.

CRYPTOBRANCHOIDES, adj. et s. m. pl., *Cryptobranchoidea, Cryptobranchoidei*. Nom donné par P.-F. Fitzinger et Eichwald à une famille de Reptiles, chez lesquels les branchies, qui persistent toute la vie, ne sont point visibles à l'extérieur, et qui a pour type le genre *Cryptobranchus.*

CRYPTOCARPE, adject., *cryptocarpus, cryptocarpos* (κρυπτὸς, caché, καρπὸς, fruit); qui a les fruits cachés. Ex. *Astragalus cryptocarpos.*

CRYPTOCARPES, adj. et s. m. pl., *Cryptocarpa.* Nom donné par F. Eschenholtz à une section de l'ordre des Acalèphes discophores.

CRYPTOCÉPHALE, adj. et s. m., *cryptocephalus* (κρυπτὸς, caché, κεφαλή, tête). Nom donné par Geoffroy Saint-Hilaire à un genre de monstres, comprenant ceux chez lesquels la tête est réduite à un assemblage de très-petites pièces osseuses non apparentes au dehors.

CRYPTOCÉPHALES, adj. et s. m. pl., *Cryptocephala* (κρυπτὸς, caché, κεφαλή, tête). Nom donné par Latreille à une famille de l'ordre des Ptéropodes mégaptérygiens, dans laquelle il range ceux de ces animaux dont la tête ne fait point de saillie.

CRYPTOCOCHLIDES, adj. et s. m. pl., *Cryptocochlides* (κρυπτὸς, caché, κοχλὶς, coquille). Nom donné par Latreille à une division de l'ordre des Gastéropodes pectinibranches, comprenant ceux dont la coquille est renfermée dans le manteau de l'animal.

CRYPTOCOTYLÉDONES, adj. et s. f. pl., *Cryptocotyledonea* (κρυπτὸς, caché, κοτυληδών, cotylédon). Nom donné par Agardh à une division du règne végétal, embrassant les plantes dont en général les cotylédons restent dans la semence, ne se développent point, ou sont méconnaissables.

CRYPTODIBRANCHES, adj. et s. m. pl., *Cryptodibranchiata, Cryptodibranchia* (κρυπτὸς, caché, δὶς, deux, βράγχια, branchies). Nom donné par Eichwald à un ordre de la classe des Mollusques; par Orbigny, Blainville et Menke à un ordre de celle des Céphalopodes ou Céphalophores, comprenant ceux de ces animaux dont les branchies sont cachées dans le sac qui enveloppe le corps.

CRYPTOGAME, adj. et s. f.; *cryptogamus; crittogamo* (it.) (κρυπτὸς, caché, γάμος, noce). On donne ce nom, tantôt aux plantes qui n'ont pas d'organes sexuels, ou n'en ont que de peu apparens, et dont on ignore le mode de reproduction; tantôt à celles dont les fleurs, quand elles en ont, ne sont visibles qu'au microscope, qui sont peu ou point symétriques, ou chez lesquelles on ne distingue pas les organes sexuels. Une Synanthérée (*Leibnitzia cryptogama*) a été appelée ainsi parce que ses corolles sont entièrement cachées par les aigrettes, qui les dépassent de beaucoup, et par le péricline, qui est fermé sur elles.

CRYPTOGAMIE, s. f., *cryptogamia; crittogamia* (it.). Nom donné, dans le système de Linné, à une classe renfermant les plantes dont les organes sexuels sont cachés. Les Cryptogames, ainsi appelées par Linné, qui croyait qu'elles ont des fleurs, quoiqu'on ne les ait point encore découvertes, sont nommées *inembryonées*, c'est-à-dire privées d'embryons, par L.-C. Richard; *acotylédonées*, ou dépourvues de cotylédons, par Jussieu; *œthéogames*, ou résultat d'un mode insolite de fécondation, par Palisot-Beauvois; *agames*, ou sans fécondation, par Necker; *aphroïtes*, c'est-à-dire, renfermant en elles-mêmes leurs organes générateurs, par Gærtner. Tous ces noms reposent sur des hypothèses plus ou moins inexactes.

CRYPTOGAMIQUE, adj., *cryptogamicus.* Synonyme de *cryptogame.* *Voy.* ce mot.

CRYPTOGAMISTE, s. m., *crypto-gamista*. Naturaliste qui se livre spécialement à l'étude des plantes cryptogames.

CRYPTOGAMOLOGIE, s. f., *cryptogamologia*. Traité ou histoire des plantes cryptogames.

CRYPTOGASTRES, adj. et s. f. pl., *Cryptogastræ* (κρυπτός, caché, γαστήρ, ventre). Nom donné par Latreille à un groupe de la famille des Muscides, comprenant ceux de ces insectes dont l'écusson recouvre tout le dessus de l'abdomen.

CRYPTOGÈNES, adj. et s. m. pl., *Cryptogena* (κρυπτός, caché, γίνομαι, naître). Nom donné par Latreille à une classe d'animaux acéphales, comprenant ceux qui vivent dans l'intérieur du corps de divers autres animaux, comme les animalcules spermatiques et les acéphalocystes.

CRYPTONEURES, adj., *Cryptoneura* (κρυπτός, caché, νεῦρον, nerf). Rudolphi désigne sous ce nom une série d'animaux dans laquelle il range ceux dont le système nerveux est mêlé et confondu avec la masse en apparence homogène qui les constitue, comme les Zoophytes.

CRYPTOPHILE, adj., *cryptophilus* (κρυπτός, caché, φιλέω, aimer); qui aime les endroits cachés, comme beaucoup de plantes cryptogames. Ex. *Sporotrichum latebrarum*.

CRYPTOPHYTE, s. m., *cryptophytum* (κρυπτός, caché, φυτὸν, plante). Link désigne sous ce nom collectif les Algues, les Lichens et les Champignons, qui sont les plus imparfaites des plantes, celles dont on connaît le moins bien l'organisation et le mode de reproduction.

CRYPTOPODES, adj. et s. m. pl., *Cryptopoda* (κρυπτός, caché, πούς, pied). Nom donné par Meyer à une famille de reptiles ophidiens, comprenant ceux qui ont des rudimens de pieds, mais non visibles au de-

hors; par Latreille et Eichwald à une famille de l'ordre des reptiles chéloniens, dans laquelle il range ceux qui peuvent faire rentrer la tête et les pieds sous leur carapace; par Latreille et Eichwald à une section ou tribu de la famille des Crustacés Décapodes Macroures, embrassant ceux de ces animaux dont les pieds, à l'exception des serres, peuvent se retirer sous des dilatations latérales et postérieure du test.

CRYPTOPORE, adj., *cryptoporus* (κρυπτός, caché, πόρος, pore); qui a des pores peu apparens. Ex. *Heteropora cryptopora*.

CRYPTOPSIDES, adj. et s. m. pl., *Cryptopsides*. Nom donné par Schœnherr à un groupe de la famille des Curculionides, ayant le genre *Cryptops* pour type.

CRYPTORHINIENS, adj. et s. m. pl., *Cryptorhini* (κρυπτός, caché, ῥίν, nez). Nom donné par Blainville à une famille de l'ordre des oiseaux nageurs, dans laquelle il comprend ceux qui ont des narines linéaires, à peine visibles.

CRYPTORHYNCHIDES, adj. et s. m. pl., *Cryptorhynchides*. Nom donné par Latreille et Schœnherr à un groupe de la tribu ou famille des Curculionides, qui a pour type le genre *Cryptorhynchus*.

CRYPTOSTÉMONES, adj. et s. f. pl., *Cryptostemones* (κρυπτός, caché, στήμων, étamine). Gleditsch et Mœnch ont établi sous ce nom une classe de plantes, comprenant celles qui n'ont point d'étamines visibles.

CRYPTURINS, adj. et s. m. pl., *Crypturi* (κρυπτός, caché, οὐρά, queue). Nom donné par Illiger et C. Bonaparte à une famille d'oiseaux de l'ordre des *Rasores*, comprenant ceux dont la queue est très-courte, ou qui n'en ont pas.

CTÉNOBRANCHES, adj. et s. m. pl., *Ctenobranchia, Ctenobranchiata* (χτείς, peigne, βράγχια, branchies). Nom donné par Schweigger, Eichwald, Fischer, Menke et Gray à une famille ou à un ordre de Gastéropodes, renfermant ceux de ces mollusques qui ont des branchies pectinées.

CTÉNOPHORES, adj. et s. m. pl., *Ctenophora* (χτείς, peigne, φέρω, porter). Nom donné par F. Eschscholtz à un ordre de la classe des Acalèphes, comprenant ceux qui ont une grande cavité digestive au centre des rangées extérieures de filamens natatoires.

CTONOGÈNE, CHTHONOGÈNE, adj. et s. m., *chthonogenus* (χθὼν, terre, γίνομαι, produire). Brongniart désigne par cette épithète les métaux qui, en s'unissant à l'oxigène, produisent des terres et des alcalis.

CUBE, s. m., *cubus*; χύβος. Solide à six faces carrées, inclinées entre elles de 90 degrés, ayant huit angles égaux, et douze arêtes égales et semblablement placées. Les faces sont inclinées à chacun des quatre axes ou diagonales qu'on peut mener d'un angle solide à son opposé, de 35° 15' 52", et les arêtes sont inclinées à ces mêmes axes de 54° 47' 8".

CUBIQUE, adj., *cubicus*; qui a la forme d'un cube, comme la *graine* du *Vicia lathyroïdes*, ou le corps quadrangulaire, comme l'*Ostracion cubicus*.

CUBITAL, adj., *cubitalis*. Jurine appelle *cellule cubitale*, dans l'aile des insectes, un espace membraneux formé par le bord postérieur de la nervure radiale et par une autre nervure qui, née de l'extrémité du cubitus, près du carpe, se dirige vers le bout de l'aile.

CUBITUS, s. m., *cubitus*. Nom donné par Kirby au quatrième article des pattes antérieures des insectes hexapodes, et par Jurine à la nervure interne ou postérieure de leurs ailes.

CUBO-DODÉCAEDRE, s. m. Cristal ayant la forme d'un cube dont les douze bords sont remplacés par autant de facettes, qui, prolongées jusqu'à s'entrecouper, produiraient un dodécaèdre rhomboïdal.

CUBO-ICOSAEDRE, s. m. Cristal qui participe de la forme du cube et de celle de l'icosaèdre.

CUBOIDE, adj. et s. m., *cuboïdeus*; χυβοειδής. Se dit d'un cristal en rhomboïde aigu si peu différent du cube, que l'œil peut s'y tromper. Ex. *Chaux carbonatée cuboïde.*

CUBO-OCTAEDRE, adject. Nom donné, dans la nomenclature minéralogique de Haüy, à un cube dont les huit angles solides sont remplacés par autant de facettes qui, prolongées jusqu'à s'entrecouper, produiraient un octaèdre régulier. Ex. *Fer sulfuré cubo-octaèdre.*

CUBO-PRISMATIQUE, adj., *cubo-prismaticus*. Nom donné, dans la nomenclature minéralogique de Haüy, à un cuboïde qui a ses deux sommets séparés par six faces parallèles à l'axe. Ex. *Chaux carbonatée cubo-prismatique.*

CUBO-TÉTRAEDRE, adj. Nom donné, dans la nomenclature minéralogique de Haüy, à un cristal offrant la combinaison des faces du cube avec celles du tetraèdre primitif. Ex. *Cuivre pyriteux cubo-tétraèdre.*

CUBO-TRIÉMARGINÉ, adj., *cubo-triemarginatus*. Nom donné, dans la nomenclature minéralogique de Haüy, à un cristal ayant la forme d'un cube dont chaque bord est remplacé par trois facettes. Ex. *Chaux fluatée cubo-triémarginée.*

CUBO-TRIÉPOINTÉ, adject. Nom donné, dans la nomenclature minéralogique de Haüy, à un cristal cubique dont chaque angle solide est remplacé par trois facettes. Ex. *Chaux fluatée cubo-triépointée.*

CUCUJIPÈDES, adj. et s. m. pl.,

Cucujipedes. Nom donné par Gold-fuss, Ficinus et Carus à une tribu de la famille des Coléoptères xylopha-ges, qui a pour type le genre *Cu-cujus.*

CUCULÉS, CUCULIDES, adj. et s. m. pl., *Cuculei, Cuculidæ, Cucu-lides.* Nom donné par Vigors, La-treille, Lesson, Ficinus et Carus à une famille d'oiseaux grimpeurs, ayant pour type le genre *Cuculus.*

CUCULINES, adj. et s. f. pl., *Cu-culinæ.* Nom donné par Latreille à un groupe de la tribu des Apiaires, comprenant ceux de ces hyménoptè-res qui ont les habitudes du coucou, c'est-à-dire qui déposent leur œufs dans les nids de divers autres Mel-lifères.

CUCULLIFÈRE, adj., *cuculliferus* (*cucullus*, cornet, *fero*, porter). Mirbel donne cette épithète à l'*an-drophore*, lorsqu'il porte des appen-dices en forme de cornet. Ex. *As-clepias syriaca.*

CUCULLIFOLIÉ, adj., *cuculifo-lius*; *kappenblättrig* (all.) (*cucullus*, capuchon, *folium*, feuille); qui a des feuilles en forme de capuchon. Ex. *Geranium cucullatum.*

CUCULLIFORME, adj., *cuculli-formis, cucullatus, cucullaris, con-volutus* (*cucullus*, cornet, *forma*, forme); qui est roulé en cornet, qui a la forme d'un capuchon, com-me les *bractées* du *Loranthus cucul-laris*, les *feuilles* du *Geranium cu-cullatum*, les *pétales* de l'*Aquilegia vulgaris*, la *spathe* des *Arum.* Kirby appelle ainsi le *prothorax* des insec-tes, quand il est élevé en forme de voûte, qui reçoit la tête (ex. *Tingis cucullatus*). *Voyez* Capuchonné.

CUCUMIFORME, adj., *cucumifor-mis* (*cucumis*, concombre, *forma*, forme); qui a la forme d'un concom-bre. Ex. *Alcyonium cucumiforme.*

CUCURBITACÉES, adj. et s. f. pl., *Cucurbitaceæ.* Famille de plantes qui

a pour type le genre *Cucurbita.*

CUCURBITÉES, adj. et s. f. pl., *Cucurbiteæ.* Nom donné par Can-dolle à une tribu de la famille des *Cucurbitacées*, qui renferme le genre *Cucurbita.*

CUCURBITIN, adj., *cucurbitinus.* On applique cette épithète aux *baies*, quand elles sont éparses, arrondies, et qu'elles ressemblent à un potiron. Ex. *Crescentia Cujete.*

CUEILLERON, s. m., *squama, halterum, alula*; *Kolbendecke* (all.). Sorte de lame cornée, voûtée, com-posée de deux squames réunies en forme de valves de coquille, qui, dans les insectes diptères, se voit au dessous de l'origine de l'aile, sur les parties latérales du corselet. Robi-neau appelle cet appareil *calypta*; il le regarde comme destiné à soute-nir le corps pendant le vol, et à don-ner plus d'étendue à la base de l'aile.

CUIRASSE, s. f., *lorica.* Sorte de revêtement osseux que produisent les écailles de certains poissons, qui sont serrées et unies de manière à ne for-mer qu'une seule pièce. Ehrenberg donne le même nom à toute enve-loppe protectrice quelconque de ceux des infusoires qui n'ont pas le corps nud.

CUIRASSÉ, adj., *loricatus, ca-taphractus, scutatus.* Epithète don-née à plusieurs animaux, notamment à des poissons, qui se font remarquer par des lames cornées ou de fortes écailles sur quelque partie de leur corps, comme sur les flancs de l'*Am-phisile scutata*, ou par une forte cui-rasse osseuse qui les enveloppe en-tièrement (ex. *Cottus cataphractus, Loricaria cataphracta, Peristedium cataphractum*), ou par des pointes qui hérissent leur corps de toutes parts (ex. *Silurus militaris*).

CUIRASSÉS, adj. et s. m. pl., *Cingulata, Cataphracta, Loricata.* Nom donné par Illiger à une famille de l'ordre des Mammifères, qui porte aussi celui de *Cingulés* (*voy.* ce mot); par Latreille et P.-F. Fitzinger à une section de la classe des Reptiles, comprenant ceux dont le corps est emprisonné entre deux boucliers, ou couvert en dessus de grandes plaques d'une seule sorte et alignées ; par C.-G. Ehrenberg, à un ordre de chacune des deux sections de la classe des Polygastriques, et à un ordre de celle des Rotifères, dans lesquels il range ceux de ces animaux qui ont le corps protégé par un test.

CUISSE, s. f., *crus*, *femur*, *coxa*; μηρός. Première pièce du membre pelvien d'un animal vertébré ; troisième d'une patte simple de crustacé. Latreille donne ce nom au second des quatre principaux articles d'une patte d'insecte hexapode, et Kirby au premier article de leurs pattes de derrière.

CUIVRE, s. m., *cuprum*, *æs*, *venus*, *æs cyprium* s. *cyprinum*; χαλκὸς; *Kupfer* (all.). Métal rouge, connu dès la plus haute antiquité, et dont le nom vient de l'île de Chypre, d'où les anciens le tiraient principalement.

CUIVRÉ, adj., *cupræus*; qui a la couleur rouge du cuivre. Ex. *Cuculus cupræus*, *Cotinga cupræa*, *Oxycera cupraria*.

CUIVREUX, adj., *cuprosus*. Dans la nomenclature chimique de Berzelius, on nomme *oxide cuivreux* (*protoxide de cuivre; Kupferoxydul*, all.) le premier degré d'oxidation du cuivre; *sulfure cuivreux* (*Schwefelkupfer*, all.), son premier degré de sulfuration ; et *sels cuivreux* (*Kupferoxydulsalzen*, all.), ceux qui résultent de la combinaison de l'oxide cuivreux avec les oxacides, du cuivre avec les corps halogènes, et du sulfure cuivreux avec les sulfides.

CUIVRICO-ALUMINIQUE, adj., *cuprico-aluminicus*. Nom donné, dans la nomenclature chimique de Berzelius, à des sels doubles qui résultent de la combinaison d'un sel cuivrique avec un sel aluminique. Ex. *Fluorure cuivrico-aluminique* (*fluate de cuivre et d'alumine*).

CUIVRICO-AMMONIQUE, adject., *cuprico-ammonicus*. Nom donné, dans la nomenclature chimique de Berzelius, à des sels doubles qui résultent de la combinaison d'un sel cuivrique avec un sel ammonique. Ex. *Chlorure cuivrico-ammonique* (*hydrochlorate de cuivre et d'ammoniaque*).

CUIVRICO-COBALTIQUE, adj., *cuprico-cobalticus*. Nom donné, dans la nomenclature chimique de Berzelius, à des sels doubles qui résultent de la combinaison d'un sel cuivrique avec un sel cobaltique. Ex. *Sulfate cuivrico-cobaltique* (*sulfate de cuivre et de cobalt*).

CUIVRICO-POTASSIQUE, adject., *cuprico-potassicus*. Nom donné, dans la nomenclature chimique de Berzelius, à des sels doubles qui résultent de la combinaison d'un sel cuivrique avec un sel potassique. Ex. *Sulfate cuivrico-potassique* (*sulfate de cuivre et de potasse*).

CUIVRICO-SODIQUE, adj., *cuprico-sodicus*. Nom donné, dans la nomenclature chimique de Berzelius, à des sels doubles qui résultent de la combinaison d'un sel cuivrique avec un sel sodique. Ex. *Oxalate cuivrico-sodique* (*oxalate de cuivre et de soude*).

CUIVRIQUE, adj., *cupricus*. Dans la nomenclature chimique de Berzelius, on donne le nom d'*oxide cuivrique* (*deutoxide de cuivre; Kupferoxyd*, all.) au second degré d'oxidation du cuivre; de *sulfure cuivrique* (*Kupferschwefel*, all.), à son second degré de sulfuration ; de *sels cuivriques* (*Kupferoxydsalzen*, all.), aux combinaisons de l'oxide cuivrique avec les oxacides, à celles du cuivre avec les corps halogènes qui correspondent à l'oxide cuivrique pour la composition, et à celles du sulfure cuivrique avec les sulfides.

CUIVROSO-POTASSIQUE, adj., *cuproso-potassicus*. Nom donné, dans la nomenclature chimique de Berzelius, à des sels doubles qui résultent de la combinaison d'un sel cuivreux avec un sel potassique. Ex. *Sulfite cuivroso-potassique* (*sulfite de cuivre et de potasse*).

CULASSE, s. f. Nom sous lequel les agronomes désignent la partie de la racine qui se trouve immédiatement au-dessous du collet.

CULICIDES, adj. et s. m. pl., *Culicides*. Nom donné par Latreille et Eichwald à une tribu de la famille des Diptères némocères, qui a pour type le genre *Culex*.

CULICIFORMES, adj. et s. f. pl., *Culiciformes* (*culex*, cousin, *forma*, forme). Nom donné par Latreille à une section de la tribu des Tipulaires, renfermant ceux de ces insectes qui ressemblent à des cousins.

CULMIFÈRES, adj. et s. f. pl., *Culmiferæ* (*culmus*, chaume, *fero*, porter). Morison appelait ainsi les Graminées, à cause de leur tige.

CULMIGÈNE, adj., *culmigenus* (*culmus*, chaume, *gigno*, produire); qui naît ou croît sur les chaumes. Ex. *Peziza culmigena*, *Hysterium culmigenum*.

CULMINANT, adj., *culminans*. On dit qu'un astre est à son *point culminant* lorsque, par l'effet du mouvement apparent du ciel, il atteint sa plus grande hauteur, sa hauteur méridienne, c'est-à-dire qu'il passe par le méridien supérieur de l'observateur.

CULMINATION, s. f., *culminatio*; *transit* (angl.) (*culmen*, sommet). Passage d'une étoile dans le plan du méridien, c'est-à-dire point le plus élevé de sa course apparente.

CULOT, s. m. Masse métallique qui se trouve au fond du creuset, après une fonte en petit qu'on a exécutée dans un laboratoire.

CULOTTÉ, adj., *braccatus*. Épithète donnée par Illiger aux *pieds* des oiseaux, lorsque les plumes des cuisses sont alongées et pendantes.

CULTRICOLLE, adj., *cultricollis* (*culter*, couteau, *collum*, col); qui a le col ou le thorax comprimé et muni d'une carène aiguë, ce qui lui donne l'apparence d'un couteau. Ex. *Cyphus cultricollis*.

CULTRIFOLIÉ, adj., *cultrifolius* (*culter*, couteau, *folium*, feuille); qui a des feuilles ensiformes ou falciformes. Ex. *Cassia cultrifolia*.

CULTRIFORME, adj., *cultratus*, *messerförmig* (all.) (*culter*, couteau, *forma*, forme); qui est aminci et tranchant, en manière de couteau, comme les feuilles du *Mesembryanthemum cultratum*, et le ventre du *Cyprinus cultratus*.

CULTRIROSTRES, adj. et s. m. pl., *Cultrirostres* (*culter*, couteau, *rostrum*, bec). Nom donné par Blainville à une famille de l'ordre des Passereaux, par Cuvier, Duméril, Ficinus, Carus et Latreille à une famille de celui des Échassiers, comprenant des oiseaux qui ont le bec comprimé en forme de couteau, ou long, fort et tranchant.

CUMINÉES, adj., *Cumineæ*. Nom donné par Candolle et Kunth à une tribu de la famille des Ombellifères, qui a pour type le genre *Cuminum*.

CUNÉAIRE, adj., *cunearius*, *cuneatus* (*cuneus*, coin). Se dit, en botanique, d'une partie qui va en s'élargissant de la base au sommet, lequel est très-obtus ou même tronqué, comme les *pétales* du *Linum austriacum*, les *feuilles* de l'*Isopogone cuneatus*, du *Josephinia cuneata* et du *Delphinium cuneatum*, la coquille de la *Crassatella cuneata*.

CUNÉICEPS, adj., *cuneiceps* (*cuneus*, coin, *caput*, tête); qui a la tête en forme de coin. Ex. *Tænia cuneiceps*.

CUNÉIFOLIÉ, adj., *cuneifolius* (*cuneus*, coin, *folium*, feuille); qui a les feuilles en coin (ex. *Rumex cuneifolius*, *Pavonia cuneifolia*, *Talinum cuneifolium*). Il se dit aussi d'un champignon dont les lames ont la même forme (ex. *Agaricus cuneifolius*).

CUNÉIFORME, adj., *cuneiformis*; *keilförmig* (all.) (*cuneus*, coin, *forma*, forme). Se dit, en minéralogie, d'un *octaèdre*, quand il a subi un alongement dans le sens de deux faces parallèles, d'où il résulte que les autres ne sont plus des triangles, mais des trapèzes, comme les deux côtés d'un coin; en botanique, d'un *filet* d'étamine (ex. *Thalictrum petaloïdeum*), ou d'une *feuille* (ex. *Verbena cuneiformis*), qui a la forme d'un coin; en zoologie, d'une *coquille*, qui a la même forme (ex. *Gastrochæna cuneiformis*).

CUNÉIROSTRES, adject. et s. m. pl., *Cuneirostres* (*cuneus*, coin, *rostrum*, bec). Nom donné par Schæffer à un ordre, par Duméril à une famille de l'ordre des Passereaux, comprenant des oiseaux qui ont le bec en forme de coin.

CUNICULAIRE, adj., *cunicularius* (*cuniculum*, terrier). Épithète donnée à un oiseau (*Alauda cunicularia*) qui creuse des trous en terre pour y déposer ses œufs.

CUNICULAIRES, adj. et s. m. pl., *Cunicularia* (*cuniculus*, lapin). Nom donné par Illiger et Goldfuss à une famille de l'ordre des Rongeurs, qui renferme le lapin et les mammifères voisins.

CUNICULÉ, adject., *cuniculatus*; *gehöhlkehlt* (all.); qui est muni d'un enfoncement dont le diamètre va en croissant vers l'intérieur.

CUNONIACÉES, adj. et s. f. pl., *Cunoniaceæ*. Nom donné par R. Brown à une famille de plantes, par Kunth et A. Richard à une tribu de la famille des Saxifragées, ayant pour type le genre *Cunonia*.

CUNONIÉES, adj. et s. f. pl., *Cunonieæ*. Nom donné par Candolle à une tribu de la famille des Saxifragées, qui a pour type le genre *Cunonia*.

CUPRESSINÉES, adj. et s. f. pl., *Cupressineæ*. Nom donné par Kunth et A. Richard à une tribu ou section de la famille des Conifères, qui a pour type le genre *Cupressus*.

CUPRICO - ALUMINIQUE. *Voyez* Cuivrico-aluminique.

CUPRICO - AMMONIQUE. *Voyez* Cuivrico-ammonique.

CUPRICO - COBALTIQUE. *Voyez* Cuivrico-cobaltique.

CUPRICO - POTASSIQUE. *Voyez* Cuivrico-potassique.

CUPRICO-SODIQUE. *Voyez* Cuivrico-sodique.

CUPRIDES, s. m. pl., *Cuprides* (*cuprum*, cuivre). Nom donné par Beudant à une famille de minéraux, qui comprend le cuivre et ses combinaisons.

CUPRIFÈRE, adj., *cupriferus*; *kupferhaltend* (all.) (*cuprum*, cuivre, *fero*, porter). Se dit, en minéralogie, d'un corps qui contient accidentellement du cuivre (ex. *Plomb carbonaté cuprifère*), ou qui est coloré par du cuivre (ex. *Soude muriatée cuprifère*).

CUPRIPENNE, adj., *cupripennis* (*cuprum*, cuivre, *penna*, aile); qui a les ailes ou les élytres d'une couleur de cuivre. Ex. *Pœcilus cupripennis*.

CUPRIROSTRE, adj., *cuprirostris* (*cuprum*, cuivre, *rostrum*, bec); qui a le bec ou la trompe de couleur cuivreuse. Ex. *Rhynchœnus cuprirostris*.

CUPROFULMINIQUE, adject. En

faisant bouillir ensemble de l'eau, de l'argent fulminant et du cuivre, on obtient du cuivre fulminant, que Liebig regarde comme un cuprofulminate de cuivre, c'est-à-dire une combinaison de cuivre et d'acide cuprofulminique.

CUPROSO-POTASSIQUE. *Voyez* Cuivroso-potassique.

CUPROXIDE, s. m., *cuproxydum* (*cuprum*, cuivre, *oxydum*, oxide). Beudant appelle ainsi les combinaisons du cuivre avec l'oxigène.

CUPULAIRE, adj., *cupularis* (*cupula*, petite cuve); qui a la forme d'une petite coupe ou d'un godet, comme l'*arille* de l'*Evonymus verrucosus*, le *calice* du *Laurus cupularis*, l'*involucre* de l'*Achillea Ptarmica*, le *péricline* du *Gymnanthemum cupulare*, la *chalaze* du *Citrus medica*. Les *bractées cupulaires* sont celles qui forment une cupule ovale et membraneuse sous la baie (ex. *Viscum cupulatum*).

CUPULAIRES, adj. et s. m. pl., *Cupulares*. Nom donné par Fries à une tribu de l'ordre des Hyménomycètes tremelles, comprenant ceux de ces champignons qui ont un réceptacle en forme de cupule.

CUPULE, s. f., *cupula*; *Hüllkätzchen, Becher, Becherhülle* (all.); *cupole* (it.). On nomme ainsi, en botanique, un assemblage de petites bractées écailleuses, soudées entre elles par la base, formant une espèce de coupe, qui entoure les fleurs et persiste autour du fruit, qu'elle enveloppe en totalité (ex. *Corylus*), ou à la base seulement (ex. *Quercus*); d'après Mirbel et Schubert, la partie externe des enveloppes de l'ovaire dans les fleurs femelles des Cycadées et des Conifères; la partie creuse de tous les champignons appartenant à la tribu des Pézizées; les apothécions sessiles et creusés en godet.

CUPULÉ, adj., *cupulatus*; qui est muni d'une cupule, comme le *fruit* des *Quercus*, les *fleurs* des Conifères. On appelle *poils cupulés* ceux qui se terminent par une glande concave, comme dans le Pois-Chiche. L'*Orthotrichum cupulatum* est nommé ainsi à cause de ses coiffes demiglobuleuses.

CUPULÉS, adj. et s. m. pl., *Cupulati*. Nom donné par Fries à une tribu de l'ordre des Hyménomycètes elvellacés, comprenant ceux qui ont le réceptacle cupulé.

CUPULIFÈRE, adj., *cupuliferus* (*cupula*, cupule, *fero*, porter). Le *Loranthus cupulifer* est ainsi appelé, parce que ses pédicelles sont amplement dilatés en cupule au dessous du fruit.

CUPULIFÈRES, adj. et s. f. pl., *Cupuliferæ*. Famille de plantes, établie par L.-C. Richard, qui y range les plantes dont le fruit est enveloppé en tout ou en partie par une cupule.

CUPULIFORME, adj., *cupuliformis*; *napfförmig* (all.) (*cupula*, cupule, *forma*, forme); qui a la forme d'une cupule, comme la *glume* de l'*Alopecurus agrestis*.

CURCULIONIDES, adj. et s. m. pl., *Curculionides*. Nom donné par Schœnherr et Eichwald à une famille de l'ordre des Coléoptères, ayant pour type le genre *Curculio*.

CURARINE, s. f., *curarina*. Boussingault et Roulin ont appelé ainsi un alcali découvert par eux dans le *curara* ou *urari*, poison dont les Indiens d'Amérique se servent pour garnir leurs flèches.

CURARIQUE, adject., *curaricus*. Cette épithète appartient, dans la nomenclature chimique de Berzelius, aux sels qui ont pour base la curarine.

CURCUMINE, s. f., *curcumina*. Chevreul nomme ainsi une matière colorante jaune que contiennent les rhizomes du *Curcuma longa*.

CURSORIPÈDE, adj., *cursoripes*

cursorius, coureur, *pes*, pied). On donne cette épithète aux oiseaux qui ont trois doigts en avant, fendus jusqu'à la base, ou à ceux qui, comme l'autruche, ne peuvent que marcher et courir.

CURTIPÈDE, adj., *curtipes* (*curvus*, court, *pes*, pied); qui a le pied ou le stipe court. Ex. *Agaricus curtipes*.

CURVATIF, adject., *curvativus* (*curvo*, courber). Candolle donne cette épithète aux *feuilles* renfermées dans le bourgeon, lorsque le roulement est à peine sensible, à cause de leur peu de largeur.

CURVEMBRYÉ, adject., *curvembryus* (*curvus*, courbé, *embryo*, embryon). Nom donné par Candolle à une division de la famille des Légumineuses, comprenant celles qui ont la radicule infléchie sur la commissure des cotylédons.

CURVICAUDE, adj., *curvicaudus* (*curvus*, courbé, *cauda*, queue). L'*Epeira curvicauda* a l'abdomen terminé par deux grandes cornes recourbées en dedans.

CURVICAULE, adj., *curvicaulis* (*curvus*, courbé, *caulis*, tige); qui a la tige courbée, comme l'est à sa base celle du *Weissia curvicaulis*, qui ensuite se redresse.

CURVICOLLE, adj., *curvicollus*; qui a le col courbé. Les pédoncules qui supportent les urnes du *Phascum curvicollum* sont recourbés, et penchés vers la terre.

CURVICOSTÉ, adj., *curvicostatus* (*curvus*, courbé, *costa*, côte); qui est marqué de petites côtes courbes. Ex. *Pleurostoma curvicosta*.

CURVIDENTÉ, adj., *curvidens* (*curvus*, courbé, *dens*, dent); qui a des dents recourbées. Le *Tomicus curvidens* a les élytres chargées de dents nombreuses, dont trois plus grandes sont recourbées.

CURVIFLORE, adj., *curviflorus* (*curvus*, courbé, *flos*, fleur); qui a la corolle courbe, Ex. *Erica curviflora*.

CURVIFOLIÉ, adj., *curvifolius*; *krummblättrig* (all.) (*curvus*, courbé, *folium*, feuille); qui a les feuilles infléchies ou recourbées. Ex. *Dryptodon curvifolius*, *Armeria curvifolia*, *Mesembryanthemum curvifolium*.

CURVINERVÉ, adj., *curvinervis*; *krummnervig* (all.) (*curvus*, courbé, *nervus*, nerf). Se dit d'une *feuille* dont les nervures sont courbées de manière à suivre presque le bord de la feuille, ou se prolongent en décrivant une courbe. Ex. *Plantago media*.

CURVIPÈDE, adj., *curvipes* (*curvus*, courbé, *pes*, pied); qui a les jambes courbes. Ex. *Nomia curvipes*.

CURVIROSTRE, adj., *curvirostrus* (*curvus*, courbé, *rostrum*, bec); qui a le bec recourbé (ex. *Columba curvirostra*, *Rostellaria curvirostris*, *Dendrocolaptes procurvus*). Le *Gymnostomum curvirostrum* et le *Weissia curvirostra* ont l'opercule de leurs urnes en bec recourbé.

CURVIROSTRES, adj. et s. m. pl., *Curvirostres*. Linné désignait sous ce nom une section de l'ordre des Échassiers, comprenant ceux de ces oiseaux qui ont la mandibule supérieure un peu courbée au bout.

CURVISÈTE, adject., *curvisetus* (*curvus*, courbe, *seta*, soie). Le *Gymnostomum curvisetum* et le *Pohlia curviseta* ont des pédoncules recourbés.

CUSCUTÉES, adject. et s. f. pl., *Cuscuteæ*. Nom donné par Bartling à une famille de plantes, qui a pour type le genre *Cuscuta*.

CUSPARIÉES, adj., *Cuspariæ*. Nom donné par A. Jussieu à un groupe de la section des Rutacées diosmées, qui a pour type le genre *Cusparia*.

CUSPIDE, subst. f., *cuspis; harte Spitze* (all.). Petite pointe acérée, alongée et un peu raide.

CUSPIDÉ, adj., *cuspidatus; feingespitzt* (all.); *appuntato* (it.); dont le sommet se termine en une pointe aiguë et dure, comme le bout des *feuilles* du *Loranthus cuspidatus*, de l'*Acalypha cuspidata*, du *Phascum cuspidatum*, et les angles postérieurs de la coquille de l'*Hyalaea cuspidata*.

CUSPIDIFÈRE, adj., *cuspidifer* (*cuspis*, pointe, *fero*, porter); qui porte des pointes. Ex. *Ophiura cuspidifera*, *Alcyonum cuspidiferum*.

CUSPIDIFOLIÉ, adj., *cuspidifolius* (*cuspis*, pointe, *folium*, feuille); qui a les feuilles cuspidées. Ex. *Coprosma cuspidifolia*.

CUSPIDIFORME, adj., *cuspidiformis* (*cuspis*, pointe, *forma*, forme); qui a la forme d'une petite pointe.

CUTICOLES, adj. et s. f. pl., *Cuticolæ* (*cutis*, peau, *colo*, habiter). Nom donné par Clark à une famille d'OEstres, comprenant ceux de ces insectes dont les larves vivent sous la peau des animaux.

CUTICULE, s. f., *cuticula*. Candolle appelle ainsi la membrane qui revêt les jeunes pousses et les feuilles des plantes, et ne se renouvelle pas quand on l'enlève; Gaertner, le tégument qui enveloppe les grains du pollen; Bernhardi, la pellicule extérieure des graines. Grew employait ce mot comme synonyme d'épiderme des plantes.

CUTICULEUX, adj., *cuticulosus* (*cuticula*, petite peau). Le *Peziza cuticulosa* est appelé ainsi, parce que sa coupe ou cupule est membranacée.

CYAMOIDE, adject., *cyamoides* (κύαμος, fève, εἶδος, ressemblance). Épithète donnée à une variété de *fer* oligiste, parce qu'elle ressemble à une petite fève.

CYANATE, s. m., *cyanas*. Genre de sels (*cyansäure Salze*, all.), qui sont produits par la combinaison de l'acide cyanique avec les bases salifiables.

CYANÉES, adj. et s. f. pl., *Cyaneæ*. Nom donné par H. Cassini à une section du groupe des Centauriées jacéinées, qui a pour type le genre *Cyanus*.

CYANEICOLLE, adject., *cyaneicollis* (*cyaneus*, bleu, *collum*, col); qui a le col bleu. Ex. *Porphyrio cyaneicollis*.

CYANEUX, adject., *cyanosus*. On appelle *acide cyaneux* (*cyanige Säure*, all.) le premier degré d'oxidation du cyanogène, soupçonné par Vauquelin, et démontré par Wœbler, qui en a fait connaître la composition; *chloride cyaneux* (*Chlorcyan*, all.), l'une des combinaisons du chlore avec le cyanogène; *sulfide cyaneux* (*Schwefelcyan*, all.), d'après Berzelius, le sulfocyanogène considéré comme jouant le rôle d'acide.

CYANIBASE. s. f. On a proposé d'appeler ainsi les cyanures de fer doubles, qui forment avec l'acide sulfurique des sels dans lesquels leur cyanogène joue, par rapport aux deux métaux avec lesquels il est combiné, le même rôle que l'oxigène à l'égard des oxibases, dans les oxisels.

CYANICORNE, adj., *cyanicornis* (*cyaneus*, bleu, *cornu*, corne); qui a les antennes bleues. Ex. *Staphylinus cyanicornis*.

CYANICTÈRE, adj., *cyanicterus* (*cyaneus*, bleu, *icterus*, jaune); qui a le corps bleu et jaune. Ex. *Pyranga cyanictera*.

CYANIDE, subst. m., *cyanidium*. Nom donné par Berzelius aux combinaisons du cyanogène avec des corps simples, dans lesquelles le rapports atomiques sont les mêmes que dans les bases.

CYANIPÈDE, adject., *cyanipes* (*cyaneus*, bleu, *pes*, pied). L'*Acridium cyanipes* a les jambes postérieures jaunes, avec l'extrémité bleue.

CYANIPENNE, adj., *cyanipennis* (*cyaneus*, bleu, *penna*, aile); qui a les ailes bleues, comme les élytres du *Ceutorynchus cyanipennis*.

CYANIQUE, adject., *cyanicus*. On appelle, en chimie, *acide cyanique* (*Cyansäure*, all.), le second degré d'oxidation du cyanogène, qui a été obtenu par Serullas; *chloride cyanique* (*Cyanchlor*, all.), l'une des combinaisons de ce dernier corps avec le chlore; *sulfide cyanique* (*geschwefelt Schwefelcyan*), d'après Berzelius, l'hypersulfocyanogène, considéré comme jouant le rôle d'acide; *éther cyanique*, un éther solide, découvert par Woehler, qui se produit quand on fait passer des vapeurs d'acide cyanique à travers de l'alcool anhydre.— Candolle donne l'épithète de *cyaniques* aux *fleurs* de la nuance desquelles la couleur bleue est le type.

CYANIROSTRE, adj., *cyanirostris* (*cyaneus*, bleu, *rostrum*, bec); qui a le bec bleu. Ex. *Motacilla cyanirostris*.

CYANITE, s. m., *cyanis*. Genre de sels (*cyanigsaure Salze*, all.), qui sont produits par la combinaison de l'acide cyaneux avec les bases salifiables.

CYANOCARPE, adj., *cyanocarpus* (κύανος, bleu, καρπός, fruit); qui a des fruits azurés ou bleuâtres, comme les baies du *Drymophila cyanocarpa* et du *Melastoma cyanocarpon*.

CYANOCÉPHALE, adj., *cyanocephalus* (κύανος, bleu, κεφαλὴ, tête); qui a la tête bleue. Ex. *Cuculus cyanocephalus*, *Columba cyanocephala*.

CYANOCOLLE, adj., *cyanocollis* (*cyaneus*, bleu, *collum*, col); qui a la gorge bleue. Ex. *Sylvia cyanocollis*.

CYANOFERRE, s. m., *cyanoferrum*; *Cyaneisen* (all.). Gay-Lussac admet sous ce nom un corps comburant, ou radical d'acide, composé de cyanogène et de fer, qui, suivant lui, en se combinant avec l'hydrogène, produit l'acide hydrocyanoferrique.

CYANOFERRURE, s. m., *cyanoferruretum*. Combinaison du cyanoferre avec un corps simple.

CYANOGASTRE, adject. (κύανος, bleu, γαστὴρ, ventre); qui a le ventre bleu. Ex. *Psittacus cyanogaster*, *Certhia cyanogastra*. *Voy.* CYANOVENTRE.

CYANOGÈNE, subst. m., *cyanogenium*; *Cyan* (all.) (κύανος, bleu, γίνομαι, engendrer). Combinaison de carbone et d'azote, découverte en 1814 par Gay-Lussac, qui lui donna ce nom parce qu'elle est un des principes constituans du bleu de Prusse.

CYANOGYNE, adj., *cyanogynus* (κύανος, bleu, γυνὴ, femme); qui a le style bleu. Ex. *Hibiscus cyanogynus*.

CYANOLEUQUE, adj., *cyanoleucus* (κύανος, bleu, λευκός, blanc); qui a le corps bleu et blanc. Ex. *Platyrhynchos cyanoleucus*, *Hirundo cyanoleuca*.

CYANOMELAS, adj., *cyanomelas* (κύανος, bleu, μέλας, noir); qui a le corps bleu et noir. Ex. *Psittacus cyanomelas*.

CYANOMÈTRE, s. m., *cyanometrum* (κύανος, bleu, μετρέω, mesurer). Instrument imaginé par Saussure pour déterminer les différens degrés d'intensité du bleu que nous offre la voûte céleste.

CYANOPATHIE, s. f., *cyanopathia* (κύανος, bleu, πάθος, maladie). État anomal, dans lequel, par des

causes qu'on ne connaît pas bien encore, la peau de l'homme offre une
teinte bleue.

CYANOPHLYCTE, adj. , *cyano-
phlyctis* (κύανος, bleu, φλυκτίς, pustule); qui a des pustules ou taches
bleues sur le corps. Ex. *Rana cyano-
phlyctis.*

CYANOPHTHALME, adj. , *cyan-
ophthalmus* (κύανος, bleu, ὀφθαλμός,
œil); qui a les yeux bleus. Ex.
Musca cyanophthalma.

CYANOPOTASSIQUE , adj., *cyano-
potassicus.* Grotthuss admet l'existence d'un *gaz cyano-potassique,*
c'est-à-dire d'une combinaison gazeuse de cyanogène et de potassium.

CYANOPTÈRE, adj., *cyanopterus*
(κύανος, bleu, πτερόν, aile); qui a
les ailes (ex. *Vespertilio cyanopterus, Saltator cyanopterus, Anthrax
cyanoptera*), ou les nageoires (ex.
Cheilodipterus cyanopterus) bleues.

CYANOPODE, adject., *cyanopus*
(κύανος, bleu, πούς, pied) ; qui a les
pattes bleues. Ex. *Numenius cyanopus.*

CYANOPYGE, adj. , *cyanopygius*
(κύανος, bleu, πυγή, fesses); qui a
le croupion bleu. Ex. *Psittacus cyanopygius.*

CYANOPYRRE , adj., *cyanopyr-
rus* (κύανος, bleu, πυῤῥός, roux) ;
qui a le corps bleu et roux. Ex. *Hirundo cyanopyrra.*

CYANOROSTRE, adj., *cyanoros-
tris* (*cyaneus*, bleu, *rostrum*, bec);
qui a le bec bleu. Ex. *Anas cyano-
rostris.*

CYANOTE, adj., *cyanotis* (κύανος,
bleu, οὖς, oreille). Le *Philemon
cyanotis* a les oreilles d'une couleur
de plomb foncée.

CYANOURE, adj. , *cyanurus* (κύανος, bleu, οὐρά, queue); qui a la
queue bleue. Ex. *Trochilus cyanurus, Ardea cyanura.*

CYANOURINE, s. f. , *cyanourina*
(κύανος, bleu, οὖρον, urine). Bra-

connot donne ce nom à des matières
colorantes qui teignent quelquefois
l'urine en bleu, et qu'il considère
comme constituant une base salifiable particulière.

CYANOVENTRE , adj., *cyanoven-
tris* (*cyaneus*, bleu, *venter*, ventre),
qui a le ventre bleu. Ex. *Alcedo cya-
noventris. Voyez* CYANOGASTRE.

CYANURATE, s. m. , *cyanuras.*
Sel produit par la combinaison de
l'acide cyanurique avec une base salifiable.

CYANURE , s. m. , *cyanuretum* ,
cyanetum. Combinaison du cyanogène avec un corps simple autre que
l'oxigène, dans laquelle les rapports
atomiques sont les mêmes que dans
les bases.

CYANURIQUE, adj., *cyanuricus*
(de la première syllabe des mots
cyanogène et *urine*). Nom donné par
Woehler et Liebig à un acide qui
s'obtient en soumettant l'acide urique
à la distillation sèche. Cet acide, déjà
observé par Scheele, fut appelé ensuite *pyro-urique* par Chevallier et
Lassaigne, puis assimilé par Woehler
à celui que Serullas nommait *acide
cyanique* et auquel on a donné ensuite le nom d'*acide cyaneux.*
Woehler et Liebig ont enfin reconnu
qu'il diffère de ce dernier en ce qu'il
contient de l'hydrogène,

CYATHÉACÉES, adj. et s. f. pl.,
Cyatheaceæ. Nom donné par Kaulfuss
à une tribu de la famille des Fougères,
qui a pour type le genre *Cyathea.*

CYATHÉOIDÉES, adj. et s. f. pl.,
Cyatheoideæ. Nom donné par Kaulfuss à une section de la tribu des Cyathéacées, qui renferme le genre *Cyathea.*

CYATHIFORME, adj., *cyathiformis; becherförmig* (all.) ; *ciatiforme,
scodellare* (it.) (*cyathus*, coupe, *forma*, forme); qui a la forme d'un gobelet, c'est-à-dire qui est concave
et ressemble à un cône renversé,

comme le fruit du *Drepanocarpus cyathiformis*, la tête du *Tænia cyathiformis*, l'éponge appelée *Spongia cyathina*, et la *Turbinalia cyathoides*. On donne cette épithète à la corolle, quand elle a son tube cylindrique un peu dilaté vers la partie supérieure, et son limbe droit (ex. *Symphytum tuberosum*) ; aux *glandes*, lorsqu'elles consistent en un disque charnu, creusé d'une fossette à son centre (ex. *Prunus Cerasus*). L'*Agaricus cyathiformis* et l'*Agaricus trullæformis* sont ainsi appelés à cause de leur chapeau infundibuliforme.

CYATHOÏDE, adj., *cyathoideus* (κύαθος, tasse, εἶδος, ressemblance); qui a la forme d'une tasse ou d'une soucoupe. Ex. *Peziza cyathoidea*.

CYATHOPHORE, adj., *cyathophorus* (κύαθος, tasse, φέρω, porter). Le *Passiflora cyathophora* est appelé ainsi parce qu'il porte sur ses pétioles deux grandes glandes excavées en forme de coupe.

CYCADÉES, adj. et s. f. pl., *Cycadeæ*. Famille de plantes, instituée par L.-C. Richard, qui a pour type le genre *Cycas*.

CYCLADÉS, adj. et s. m. pl., *Cycladea*. Nom donné par Férussac à une tribu de la famille des Pédifères, par Menke à une famille de l'ordre des Elatobranches cardiacés, ayant pour type le genre *Cyclas*.

CYCLADINES, adj. et s. m. pl., *Cycladina*. Nom donné par Latreille à une famille de l'ordre des Conchifères tubulipalles, qui a pour type le genre *Cyclas*.

CYCLANTHÉES, adj. et s. f. pl., *Cyclantheæ*. Poiteau a établi sous ce nom une famille de plantes, qui ne renferme encore que le genre *Cyclanthus*. C'est pour Bartling une tribu de la famille des Callacées.

CYCLE, subst. m., *cyclus* ; κύκλος ; *Zeitkreis* (all.). Les chronologistes donnent ce nom à une période de temps après laquelle les mêmes mouvemens ou les mêmes phénomènes se reproduisent dans le même ordre.

CYCLÉMIDES, adj. et s. f. pl., *Cyclemides*. Nom donné par Robineau-Desvoidy à une tribu de l'ordre des Myodaires calyptérées.

CYCLIQUES, adj. et s. m. pl., *Cyclica* (κύκλος, cercle). Nom donné par Cuvier, Latreille et Eichwald à une famille de l'ordre des Coléoptères, comprenant ceux des Tétramérés dont le corps est ordinairement arrondi.

CYCLOBRANCHES, adj. et s. m. pl., *Cyclobranchiata* (κύκλος, cercle, βράγχια, branchies). Nom donné par Schweigger, Goldfuss, Eichwald, Ficinus et Carus à une famille de l'ordre des Mollusques gastéropodes, par Cuvier, Fischer et Gray à un ordre de la classe des Gastéropodes, par Blainville à un ordre de celle des Paracéphalophores, par Latreille à un ordre de celle des Peltocochlides, comprenant ceux de ces animaux qui ont les branchies rangées en cordon sous les rebords du manteau, ou rassemblées symétriquement auprès de l'anus.

CYCLOCARPE, adj., *cyclocarpus* (κύκλος, cercle, καρπός, fruit); qui a des fruits orbiculaires. Ex. *Gouania cyclocarpa*.

CYCLOCÈLE, adject., *cyclocælus* (κύκλος, cercle, κοιλία, intestin). Épithète donnée par C.-G. Ehrenberg aux infusoires entérodèles dont le canal intestinal est disposé en forme de cercle, de sorte que la bouche et l'anus se confondent ensemble. Ex. *Vorticella*.

CYCLOGASTRE, adj., *cyclogaster* (κύκλος, cercle, γαστήρ, ventre). Le *Liparis cyclogaster* a les nageoires abdominales réunies en disque.

CYCLOIDES, adj. et s. m. pl., *Cycloides* (κύκλος, cercle, εἶδος, ressemblance). Nom sous lequel Blainville a désigné un ordre de Cératodermaires, comprenant ceux dont le corps a une forme circulaire.

CYCLOLOBÉES, adj. et s. f. pl., *Cyclolobeæ* (κύκλος, cercle, λοβὸς, lobe). C.-A. Meyer appelle ainsi une section de la famille des Chénopodées, renfermant celles de ces plantes qui ont un embryon périsphérique.

CYCLOMIDES, adj. et s. m. pl., *Cyclomides*. Nom donné par Schœnherr à un groupe de la famille des Curculionides gonatocères, qui a pour type le genre *Cyclomus*.

CYCLOMORPHES, adj. et s. m. pl., *Cyclomorpha* (κύκλος, cercle, μορφή, forme). Nom donné par Latreille à un ordre de la classe des Acalèphes, dans lequel il range ceux de ces animaux qui ont le corps orbiculaire et déprimé.

CYCLONOTE, adj., *cyclonotus* (κύκλος, cercle, νῶτος, dos). La *Cyanea cyclonota* est ainsi appelée parce qu'elle porte un anneau central roux.

CYCLOPHORE, adj., *cyclophorus* (κύκλος, cercle, φέρω, porter). Le *Sphærobolus cyclophorus* est ainsi appelé parce qu'il a son péridion marqué d'un cercle rouge dans le milieu; la *Lernæa cyclophora*, parce qu'elle porte un renflement discoïde en avant de son corps; la *Cephea cyclophora*, parce qu'elle a le corps hémisphérique.

CYCLOPHYLLE, adj., *cyclophyllus* (κύκλος, cercle, φύλλον, feuille). La *Phorcynia cyclophylla* a le corps bordé d'un large limbe entier.

CYCLOPIDÉS, adj. et s. m. pl., *Cyclopidæ*. Nom donné par Leach et par Desmarest à une famille de l'ordre des Entomostracés lophyropodes, ayant pour type le genre *Cyclops*.

CYCLOPIE, s. f., *cyclopia* (κύκλωψ, cyclope). Genre de monstruosité qui consiste dans la fusion des deux yeux en un seul placé au milieu du front.

CYCLOPTÈRE, adj., *cycloptera* (κύκλος, cercle, πτερόν, aile). L'*Hiræa cycloptera* a son fruit garni d'une grande aile presque orbiculaire.

CYCLOSE, s. f., *cyclosis* (κύκλος, cercle). Schultz désigne ainsi, pour éviter de la confondre avec la circulation générale des animaux supérieurs, l'espèce de circulation, qui semble locale pour chaque organe, dont il a fait la découverte dans les plantes à suc laiteux, et dont la réalité a été constatée par Suriray, Meyen et Amici, quoique Dutrochet ait prétendu qu'on doit l'attribuer à une simple illusion d'optique.

CYCLOSPERME, adj., *cyclospermus* (κύκλος, cercle, σπέρμα, graine), qui a des semences planes et orbiculaires. Ex. *Acacia cyclosperma*.

CYCLOSTOMACÉS, adj. et s. m. pl., *Cyclostomacea*. Nom donné par Menke à une famille de Gastéropodes cœlopnés, qui a pour type le genre *Cyclostoma*.

CYCLOSTOME, adj., *cyclostomus* (κύκλος, cercle, στόμα, bouche). Se dit d'un poisson qui a la bouche très ronde (ex. *Bodianus cyclostomus*), ou d'une coquille dont l'ouverture est ronde (ex. *Bulimus cyclostoma*, *Solarium cyclostomum*, *Trochus cyclostomus*).

CYCLOSTOMES, adj. et subst. m. pl., *Cyclostomi*, *Cyclostomata*. Nom donné par Duméril à une famille de l'ordre des poissons cartilagineux trématopnés, par Goldfuss à une famille de celui des Chondroptérygiens, par Ficinus et Carus à un ordre de la classe des poissons, par Eichwald à une famille de l'ordre des poissons helminthoïdes, renfermant ceux de ces animaux qui ont une bouche circulaire.

CYCLOTHÈLE, adj., *cyclothelis* (κύκλος, cercle, θηλή, mamelon). L'*Au-*

Auricularia cyclothelis est ainsi appelé à cause des papilles orbiculaires et de sa couleur plus foncée qui garnissent sa surface.

CYCLOZOAIRES, adj. et s. m. pl., *Cyclozoa* (κύκλος, cercle, ζῶον, animal). Nom donné par E. Eichwald à un type de l'organisation animale, comprenant les acalèphes et les radiaires, c'est-à-dire les animaux dont le corps est généralement construit sur un plan circulaire.

CYCLURE, adj., *cyclurus* (κύκλος, cercle, οὐρά, queue); qui a une queue orbiculaire. Ex. *Loligo cyclura*, *Uromastix cyclurus*.

CYLADES, adj. et s. m. pl., *Cylades*. Nom donné par Schœnherr à un groupe de la section des Curculionides orthocères, qui a pour type le genre *Cylas*.

CYLINDRACÉ, adj., *cylindraceus* (*cylindrus*, cylindre). Se dit d'une partie qui est à peu près cylindrique, dont la coupe n'offre pas tout-à-fait un cercle, comme la *capsule* de l'*Aloe perfoliata*, la *coquille* du *Balanus cylindraceus* et de la *Spirula cylindracea*, l'*épi floral* de l'*Astragalus cylindraceus*, le *follicule* du *Ceropegia*, l'*involucre* du *Senecio vulgaris*, le *légume* du *Lotus corniculatus*, le *noyau* du *Cornus mas*, le *placentaire* du *Silene*, le *spadix* du *Calla æthiopica*, le *strobile* de l'*Abies Picea*, l'*urne* du *Dicranum cylindraceum*.

CYLINDRANTHÉRÉES, adj. et s. f. pl., *Cylindranthereæ*. Nom donné par Wachendorff à la famille des Synanthérées, à cause du cylindre produit par les anthères réunies ensemble.

CYLINDRICORNE, adject., *cylindricornis* (*cylindrus*, cylindre, *cornu*, corne); qui a des antennes cylindriques. Ex. *Brentis cylindricornis*.

CYLINDRIFLORE, adject., *cylindriflorus* (*cylindrus*, cylindre, *flos*, fleur); qui a des fleurs cylindriques, comme les calices du *Silene cylindriflora*.

CYLINDRIFORME, adj., *cylindriformis* (*cylindrus*, cylindre, *forma*, forme); qui a la forme d'un cylindre. Synonyme peu usité de *cylindrique*.

CYLINDRIFORMES, adj. et s. m. pl., *Cylindriformes*. Nom donné par Duméril à une famille de l'ordre des Coléoptères, renfermant ceux de ces insectes qui ont le corps arrondi. *V.* CYLINDROÏDES.

CYLINDRIQUE, adj., *cylindricus*; *walzenförmig*, *walzig* (all.); *cilindrico* (it.). Se dit : 1° en botanique, d'une partie dont la coupe transversale offre partout l'image d'un cercle, comme l'*androphore* du *Hura crepitans*, l'*axe* du *Zea Mays*, le *calice* du *Dianthus*, la *capsule* du *Silene acaulis*, le *chaton* des fleurs mâles du *Fagus sylvatica*, l'*embryon* de l'*Antirrhinum majus*, l'*épi* du *Phyteuma spicata*, les *feuilles* du *Sedum album*, la *hampe* du *Tulipa*, le *légume* du *Cassia fistula*, les *pédoncules* de l'*Atropa Belladonna*, la *pyxide* du *Lecythis*, la *racine* du *Dictamnus albus*, le *silique* de l'*Erysimum Barbarea*, le *style* du *Cynoglossum linifolium*, la *tige* de l'*Arundo Donax*, le *tube* de la corolle du *Mirabilis Jalapa*, l'*urne* du *Trichostomum cylindricum*. 2° En zoologie, d'une partie dont le diamètre est à peu près égal dans toute sa longueur, comme l'*abdomen* de l'*Empis cylindrica*, les *antennes* des *Criquets*, le *corselet* des *Saperda*, les *palpes* des *Ichneumons*, le *corps* du *Beroe cylindricus*. On donne cette épithète aux *coquilles* univalves, quand les tours comprimés s'enveloppent presque entièrement les uns les autres, de manière que le dernier les couvre tous, et ne laisse voir qu'une portion de leur bord supérieur (ex. *Hamites* *cylindricus*, *Bulla cylindrica*); aux *coquilles* bivalves qui sont également bombées de deux côtés, et qui présentent à peu près la forme d'un cylindre (ex. *Pupa cylindrus*, *Vertigo cylindrica*).

CYLINDRIQUES, adj. et s. m. pl., *Cylindrici*, *Teretes*. Nom donné par Latreille à une famille de l'ordre des Ophidiens idiophides, comprenant ceux qui ont le corps presque cylindrique.

CYLINDRISTACHYÉ, adj., *cylindristachyus* (κύλινδρος, cylindre, στάχυς; épi) ; qui a les fleurs disposées en épis cylindriques. Ex. *Acæna cylindristachya*.

CYLINDROBASIOSTÉMONE, adj., *cylindrobasiostemonus* (κύλινδρος, cylindre, βάσις, base, στήμων, étamine). Épithète donnée par Wachendorff aux plantes dont les étamines sont soudées ensemble par la base ou les filets.

CYLINDROCARPE, adj., *cylindrocarpus* (κύλινδρος, cylindre, καρπός, fruit) ; qui a des fruits cylindriques, comme les légumes du *Crotalaria cylindrocarpa*.

CYLINDROIDE, adj., *cylindroides*; κυλινδροειδής (κύλινδρος, cylindre, εἶδος, ressemblance). Se dit, en minéralogie, d'un cristal dérivant d'un prisme qui s'est arrondi à peu près en cylindre. Ex. *Émeraude cylindroïde*.

CYLINDROIDES, adj. et s. m. pl., *Cylindroïdes*. Nom donné par Duméril à une famille de l'ordre des Coléoptères, par Blainville à un ordre de la classe des Cératodermaires, renfermant ceux de ces animaux qui ont le corps arrondi ou cylindrique. *Voyez* CYLINDRIFORMES.

CYLINDROSOMES, adj. et s. m. pl., *Cylindrosomi* (κύλινδρος, cylindre, σῶμα, corps). Nom donné par Duméril à une famille de l'ordre des Poissons osseux holobranches, com-

prenant ceux qui ont le corps cylindrique.

CYMATION, s. m., *cymatium*; *Fruchtgehäuse* (all.) (κυμάτιον, petite onde). Nom sous lequel Wallroth désigne les apothécies des Lichens.

CYMATOPHORE, adj., *cymatophorus*. Se dit, d'après Wallroth, d'un lichen qui porte des cymations, ou des apothécies.

CYMBALOIDE, adj., *cymbaloideus* (κύμβαλον, cymbale, εἶδος, ressemblance); qui a la forme d'une nacelle. Ex. *Oceania cymbaloidea*.

CYMBÉCARPE, adj., *cymbæcarpus* (κύμβη, nacelle, καρπός, fruit). L'*Astragalus cymbæcarpos* a ses légumes renflés à la base.

CYMBÉFORME, adj., *cymbæformis* (κύμβη, nacelle, *forma*, forme). L'*Aspalathus cymbæformis* a les divisions de son calice ovales, obtuses et naviculées.

CYMBICOCHLIDES, adj., *Cymbicochlides* (κύμβη, nacelle, κοχλίς, coquille). Nom donné par Latreille et Menke à une famille de l'ordre des Céphalopodes octopodes, comprenant ceux qui ont une coquille uniloculaire, en tout ou en partie externe, faisant office de nacelle pour l'animal.

CYMBIFOLIÉ, adj., *cymbifolius* (κύμβη, nacelle, *folium*, feuille) ; qui a des feuilles oblongues, concaves et creusées en nacelle. Exem. *Sphagnum cymbifolium*.

CYMBIFORME, adj., *cymbiformis*; *nachenförmig*, *kahnförmig*, (all.); *cimbiforme* (it.) (κύμβη, nacelle, *forma*, forme) ; qui a la forme d'une nacelle ; comme la coquille de la *Carina cymbium*, et les valves de celle du *Cardium cymbulare*. On donne cette épithète au *corps* des insectes, lorsque les bords du thorax et des élytres sont recourbés en dessus (ex. *Cossyphus*).

CYME, s. f., *cyma*; *Afterdolde*,

Trugdolde (all.); *cima* (it.). Ensemble des branches qui terminent la tige nue des arbres ; assemblage de pédoncules qui partent d'un point commun , s'étalent à peu près horizontalement , et produisent des pédoncules partiels nés à des hauteurs différentes, quoique les fleurs arrivent toutes à peu près au même niveau (ex. *Sambucus nigra*). Candolle et Rœper définissent la *cyme* un mode d'inflorescence qui consiste en ce qu'une tige ou maîtresse branche, terminée par une fleur, offre, à la base du pédicelle de celle-ci, deux ou plusieurs bractées opposées, de l'aisselle de chacune desquelles part un rameau également terminé par deux bractées, qui, à leur tour, produisent deux rameaux, et ainsi de suite, en sorte qu'il résulte de là une série de bifurcations au centre de chacune desquelles se trouve une fleur solitaire.

CYMEUX, adj. , *cymosus* ; *trugdoldenblüthig* (all.); *cimoso* (it.) ; qui a ses fleurs disposées en cyme. Ex. *Tournefortia cymosa, Helichrysum cymosum.*

CYMOTHOADÉS, adj. et s. m. pl., *Cymothoada, Cymothoadæ*. Nom donné par Cuvier, Latreille, Leach et Eichwald à une famille de l'ordre des Crustacés Isopodes , qui a pour type le genre *Cymothoa.*

CYNAPINE , s. f., *cynapina*. Alcali que Ficinus dit avoir découvert dans l'*Æthusa Cynapium.*

CYNARÉES. *Voyez* CINARÉES.

CYNAROCÉPHALES. *Voyez* CINAROCÉPHALES.

CYNARRHODE, s. m., *cynarrhodium*. Desvaux appelle ainsi un fruit charnu, composé d'un grand nombre d'ovaires à péricarpe solide, renfermés dans un calice charnu et presque clos, mais non adhérens aux parois de ce calice. Ex. *Rosa.*

CYNIPSAIRES , adj. et s. m. pl. ,

Cynipsera. Nom donné par Latreille à une famille de l'ordre des insectes hyménoptères , ayant pour type le genre *Cynips.*

CYNOCÉPHALE, adj. , *cynocephalus* (κύων, chien, κεφαλή, tête); qui a une tête de chien, ou une tête semblable à celle d'un chien. Ex. *Simia cynocephalus, Didelphis cynocephala.*

CYNODINE , s. f., *cynodina*. Substance cristallisable particulière, que Semmola dit avoir trouvée dans le *Cynodon dactylon.*

CYNODONTÉES, adj. et s. f. pl., *Cynodonteæ*. Nom donné par Link à une tribu de la famille des Graminées , qui a pour type le genre *Cynodon.*

CYNOGRAPHIE, s. f. , *cynographia* (κύων, chien, γράφω, écrire). Histoire du chien.

CYNOMOLGE, adj. , *cynomolgus* (κύων, chien, μολγός, malicieux). Le *Macacus cynomolgus* a probablement été ainsi appelé à cause de sa pétulance et de sa ressemblance avec un chien.

CYNOMORPHES, adj. et s. m. pl., *Cynomorpha* (κύων, chien, μορφή, forme). Nom donné par Latreille, Ficinus et Carus à une famille de l'ordre des Mammifères amphibies ou Pinnipèdes, parce que les animaux qu'elle renferme ont quelque rapport avec le chien , par la forme générale de leur tête surtout.

CYNOPHALLOPHORE, adj. , *cynophallophorus* (κύων, chien, φαλλός, pénis, φέρω, porter). Le *Capparis cynophallophora* a été appelé ainsi parce qu'on a comparé au pénis d'un chien ses fruits, qui sont longs, arrondis et à chair d'un rouge vif.

CYNOPHILE , adj. , *cynophilus* (κύων, chien, φιλέω, aimer). Un Diptère (*Thyreophila cynophila*) doit ce nom à ce qu'on le trouve sur les cadavres des chiens.

CYNOSIENS, adj. et s. m. pl., *Cynosii* (κύων, chien). Nom donné par Desmarest à une famille de Mammifères carnassiers, ayant pour type le genre *Chien*.

CYNOSURE, adject., *cynosurus* (κύων, chien, οὐρά, queue); qui a une queue semblable à celle d'un chien. Ex. *Cercopithecus cynosurus*.

CYNOSURINÉES, adj. et s. f. pl., *Cynosurineæ*. Nom donné par Link à une tribu de la famille des Graminées, qui a pour type le genre *Cynosurus*.

CYPÉRACÉES, adj. et s. f. pl., *Cyperaceæ*. Famille de plantes, établie par Jussieu, qui a pour type le genre *Cyperus*.

CYPÉRÉES, adj. et s. f. pl., *Cypereæ*. Nom donné par Kunth et par Lestiboudois à une tribu de la famille des Cypéracées, qui renferme le genre *Cyperus*.

CYPÉRINÉES, adj. et s. f. pl., *Cyperinæ*. Bartling désigne sous ce nom une tribu de la famille des Cypéracées, qui a pour type le genre *Cyperus*.

CYPÉROIDÉES, adj. et s. f. pl., *Cyperoideæ*. Quelques botanistes ont donné ce nom à la famille des Cypéracées.

CYPHELLE, s. f., *cyphella*; *Becherchen* (all.); *cifella*, *cifello* (it.) (κῦφος, gondole). Fossette orbiculaire et bordée, qu'on observe à la face inférieure de certains Lichens (ex. *Sticta*), et dont l'usage est inconnu.

CYPRIDÉS, adj. et s. m. pl., *Cypridæ*. Nom donné par Leach à une famille de l'ordre des Entomostracés Lophyropes, qui a pour type le genre *Cypris*.

CYPRINIDES, adj., *Cyprinides*, *Cyprini*. Nom donné par Cuvier et Latreille à une famille de Poissons abdominaux, par Ficinus et Carus à une famille de l'ordre des Poissons osseux Gastéroptérygiens, ayant pour type le genre *Cyprinus*.

CYPRINOIDES, adj. et s. m. pl., *Cyprinoides*, *Cyprinoidei*. Nom donné par Blainville et Eichwald à une famille de l'ordre des Poissons abdominaux, qui a pour type le genre *Cyprinus*.

CYPRINOSALMES, adj. et s. m. pl., *Cyprinosalmi* (*cyprinus*, cyprin, *salmo*, saumon). Nom donné par Latreille à une tribu de la famille des Salmonides, comprenant ceux de ces poissons qui tiennent des Cyprins et des Saumons pour les caractères.

CYPRIPÉDIÉES, adj. et s. f. pl., *Cypripedieæ*. Sous ce nom, Lindley désigne une tribu de la famille des Orchidées, qui a pour type le genre *Cypripedium*.

CYPSÈLE, s. f., *cypsela*, *cypsella* (κυψελίς, panier). Mirbel appelle ainsi un péricarpe adhérent, qui contient une graine dressée, sans périsperme, dont la radicule regarde le hile. Ex. *Synanthérées*.

CYRTANDRACÉES, adj. et s. f. pl., *Cyrtandraceæ*. Nom donné par G. Jack à une famille de plantes, ayant pour type le genre *Cyrtandra*.

CYRTANDRÉES, adj. et s. f. pl., *Cyrtandreæ*. Nom donné par Bartling à une tribu de la famille des Acanthacées, qui a pour type le genre *Cyrtandra*.

CYRTANTHIFORMES, adj. et s. f. pl., *Cyrtanthiformes*. Nom donné par G. Herbert à une section de la famille des Amaryllidées, ayant pour type le genre *Cyrtanthus*.

CYRTOCÉPHALES, adj. et s. m. pl., *Cyrtocephala* (κυρτός, bossu, κεφαλή, tête). Nom donné par Goldfuss à une famille de l'ordre des Poissons Gastéroptérygiens, comprenant ceux qui ont la tête courte et ramassée.

CYRTOSIPHYTE, s. m., *cyrtosiphytum* (κυρτός, bossu, φυτόν, plante). Nom donné par Necker aux plantes dont le fruit est formé de plusieurs loges formant bosse.

CYSTENCÉPHALE, adj. et s. m., *cystencephalus* (κύστις, vessie, ἐν, dans, κεφαλὴ, tête). Nom donné par Geoffroy Saint-Hilaire à un genre de Monstres, comprenant ceux chez lesquels le cerveau, restreint dans son développement, a la forme d'une vessie mamelonnée.

CYSTIBRANCHES, adj. et s. m. pl., *Cystibranchia* (κύστις, vessie, βράγχια, branchies). Nom donné par Lamarck, Goldfuss, Ficinus et Carus à une famille ou division de l'ordre des Crustacés Isopodes, comprenant ceux qu'on présume avoir des branchies dans des cavités vésiculaires.

CYSTIDION, s. m., *cystidium* (κύστις, vessie). Link appelle ainsi un fruit monosperme, non adhérent au calice, et dont le péricarpe est peu apparent, quoique le cordon ombilical soit distinct. Ex. *Amaranthus*.

CYSTINE, s. f., *cystina* (κύστις, vessie). Berzelius donne ce nom à l'oxide cystique, parce que ce n'est point un caractère distinctif d'une substance organique de contenir de l'oxigène, ce corps entrant dans la composition de la plupart d'entre elles.

CYSTIQUE, adj., *cysticus* (κύστις, vessie). Wollaston a appelé *oxide cystique* (*Blasenoxyd*, all.), parce qu'elle se dissout tant dans les acides que dans les alcalis, et qu'elle ressemble sous ce rapport à quelques oxides métalliques, une substance animale particulière, qu'il a découverte, et qu'on trouve dans certains calculs urinaires de l'homme.

CYSTIQUES, adj. et s. m. pl., *Cystica* (κύστις, vessie). Nom donné par Schweigger, Goldfuss, Ficinus et Carus à une famille ou à un ordre de la classe des Entozoaires ou Enthelminthes ; par Latreille à un ordre de la classe des Elminthaproctes, renfermant ceux dont le corps se termine en arrière par une vésicule.

CYSTOIDES, adj. et s. m. pl., *Cystica*. Rudolphi donne ce nom à un ordre de la classe des Entozoaires, comprenant ceux dont le corps se termine en arrière par une vessie propre à chaque individu ou commune à plusieurs.

CYTÉOPHYTE, s. m., *cyteophytum* (κύτος, cavité, φυτόν, plante). Nom donné par Necker aux plantes qui ont une carène, ou papilionacées.

CYTINÉES, adj. et s. f. pl., *Cytineæ*. Famille de plantes, établie par R. Brown, et qui a pour type le genre *Cytinus*.

CYTISINE, s. f., *cytisina*. Nom donné par Chevallier et Lassaigne au principe amer du *Cytisus Laburnum*, dont Peschier et Jacquemin ont reconnu l'identité avec la cathartine.

CYTISPORÉS, adj. et s. m. pl., *Cytisporei, Cytisporeæ*. Nom donné par Fries à un ordre de la cohorte des Pyrénomycètes, par A. Brongniart à une tribu de la famille des Hypoxylées, ayant pour type le genre *Cytispora*.

CYTOTHÈQUE, s. f., *cytotheca* (κύτος, corps, θήκη, coffre). Kirby appelle ainsi la partie intermédiaire de la chrysalide, celle qui couvre et protége le tronc de l'insecte.

D.

DACRYOIDE, adj., *dacryoideus;* *thränenförmig* (all.) (δάκρυ, larme, εἶδος, ressemblance). Se dit, en botanique, d'une graine arrondie, oblongue et légèrement pointue à l'une de ses extrémités. Ex. *Pyrus.*

DACTYLÉ, adject., *dactylosus* (δάκτυλος, doigt). Se dit d'un corps de forme oblongue, à peu près cylindrique, et qui ressemble un peu à un doigt, comme l'*épi* du *Paspalum dactylon*, la *coquille* de la *Cypræa dactylosa*, du *Pholas dactylus* et du *Pholas dactyloides.*

DACTYLÉS, adj. et s. m. pl., *Dactylati.* Nom donné par Duméril à une famille de l'ordre des poissons Holobranches, comprenant ceux qui ont quelques rayons isolés aux nageoires pectorales.

DACTYLIFÈRE, adj., *dactyliferus* (δάκτυλος, datte, *fero*, porter); qui produit ou porte des dattes. Ex. *Phœnix dactylifera.*

DACTYLIN, adject., *dactylinus* (δάκτυλος, doigt). L'*Echimys dactylinus* est ainsi appelé parce que les doigts intermédiaires de ses pattes de devant sont beaucoup plus longs que les autres.

DACTYLOBES, adj. et s. m. pl., *Dactylobi* (δάκτυλος, doigt, λοβός, lobe). Nom donné par Lesson à un sous-ordre de l'ordre des Échassiers, dans lequel il range ceux qui ont les doigts antérieurs soudés jusqu'à la seconde phalange, et dont la membrane se dilate en feston arrondi, pour envelopper l'extrémité de ces appendices et border le pouce.

DACTYLOIDES, adj. et s. f. pl., *Dactyloidea* (δάκτυλος, doigt, εἶδος, ressemblance). Scheuchzer désignait sous ce nom un groupe de la famille des Graminées, comprenant celles de ces plantes qui ont des épis digités.

DACTYLOPTÈRE, adject., *dactylopterus* (δάκτυλος, doigt, πτερόν, aile). Un poisson (*Scorpæna dactyloptera*) est appelé ainsi, parce que les rayons inférieurs de ses nageoires pectorales sont libres dans une partie de leur longueur.

DACTYLOTHÈQUE, s. f., *dactylotheca; Zehenscheide* (all.) (δάκτυλος, doigt, θήκη, gaîne). Illiger nommait ainsi, dans les mammifères, la portion de la peau qui recouvre chaque doigt.

DAGUE, s. f. Bois du cerf après la première année, quand il commence à se former, et qu'il n'a qu'une simple tige, sans aucune branche.

DAHLINE, s. f., *dahlina.* Nom donné par Payen à l'inuline qu'il a extraite des tubercules radicaux du Dahlia (*Georgina variabilis*).

DALBERGIÉES, adj. et s. f. pl., *Dalbergieæ.* C.-H. Ebermaier et Candolle désignent ainsi une section de la famille des Légumineuses, ayant pour type le genre *Dalbergia.*

DALOIDE, adj., *daloides* (δαλὸς, tison, εἶδος, ressemblance). Haüy donnait cette épithète à une variété de *houille*, pour exprimer qu'elle a l'aspect d'un tison ou d'un charbon éteint.

DAMICORNE, adj., *damicornis, damæcornis* (*dama*, daim, *cornu*, corne); qui a la forme d'une corne de daim, c'est-à-dire qui est élargi au sommet, comme les rameaux de la *Spongia damicornis*, ou les lobes que présentent les lamelles du *Chama damæcornis.* Le *Tabanus damicornis* porte une dent recourbée à l'un des anneaux de ses antennes.

DAMMARINE, s. f., *dammarina.* Sous-résine que Brandes a extraite le la résine de Dammar (*Dammara alba*).

DAMOGRAPHIE, s. f., *damographia* (*dama*, daim, γράφω, écrire). Traité sur le daim. A. Lebwald a publié un ouvrage sous ce titre.

DANÆACÉES, adj. et s. f. pl., *Danæaceæ*. Nom donné par Agardh à une tribu de la famille des Fougères, qui a pour type le genre *Danæa*.

DAPHNIDES, adj. et s. m. pl., *Daphnides*. Nom donné par Straus à une tribu de l'ordre des Crustacés lophyropodes, ayant le genre *Daphnia* pour type.

DAPHNINE, s. f., *daphnina*. Vauquelin appelait ainsi un alcali dont il admettait l'existence dans le *Daphne Mezereum*. C.-G. Gmelin et Baer ont donné le même nom à une substance particulière, ni acide, ni alcaline, qu'ils ont rencontrée dans cette même plante et dans le *Daphne alpina*, sans pouvoir confirmer les données de Vauquelin relativement à la présence de l'alcali.

DAPHNOIDÉES, adj. et s. f. pl., *Daphnoideæ*. Nom donné par Ventenat et quelques autres botanistes à la famille des Thymélées, en raison du genre *Daphne* qu'elle renferme; et par Candolle à une section du genre *Pleurandra*, renfermant des espèces qui ont un port analogue à celui de certains *Daphne*.

DAPSILOPHYTE, s. m., *dapsilophytum* (δαψιλὴς, abondant, φυτὸν, plante). Nom donné par Necker aux plantes qui ont de nombreuses étamines.

DARD, s. m., *spicula* ; κέντρον. Ce nom a quelquefois été donné aux poils piquans de l'ortie et de plusieurs autres plantes. Les zoologistes s'en servent pour désigner une sorte de pointe crochue qui termine la queue des scorpions, ainsi que la partie essentielle de l'aiguillon des hyménoptères,

constituée par deux longs stylets déliés, adossés l'un à l'autre, et laissant entre eux un léger sillon ou canal.

DARINYPHYTE, s. m., *darinyphytum* (διαρρήγνυμι, rompre, φυτὸν, plante). Nom donné par Necker aux plantes dont le fruit sec s'ouvre de lui-même.

DASYANTHE, adj., *dasyanthus* (δασὺς, velu, ἄνθος, fleur). L'*Astragalus dasyanthus* et le *Kochia dasyantha* ont leur calice villeux, et le *Campanula dasyantha* le limbe de sa corolle garni de poils sur le bord.

DASYCARPE, adj., *dasycarpus* (δασὺς, velu, καρπὸς, carpe); qui a des poils au poignet, ou près du pli du poignet. Ex. *Vespertilio dasycarpus*.

DASYCARPE, adj., *dasycarpus* (δασὺς, velu, καρπὸς, fruit); qui a des fruits velus. Ex. *Ormosa dasycarpa*, *Alyssum dasycarpum*.

DASYCAULE, adject., *dasycaulon* (δασὺς, velu, καυλὸς, tige); qui a la tige velue ou hérissée de tubercules. Ex. *Pelargonium dasycaulon*.

DASYGASTRES, adj. et s. m. pl., *Dasygastra* (δασὺς, velu, γαστήρ, ventre). Nom donné par Latreille à une sous-tribu de la tribu des Apiaires, comprenant celles dont les femelles ont le ventre garni le plus souvent d'un duvet soyeux, qui leur sert à récolter le pollen.

DASYGLOTTE, adj., *dasyglottis* (δασὺς, velu, γλωττὶς, langue); qui a des légumes velus. Ex. *Astragalus dasyglottis*.

DASYMALLE, adject., *dasymallus* (δασὺς, velu, μαλλὸς, toison). Le *Pteropus dasymallus* est ainsi nommé à cause de son poil généralement long et laineux.

DASYMÈTRE, subst. m., *dasymetrum* ; *Dichtigkeitsmesser* (all.) (δασὺς, épais, serré, μετρέω, mesurer). Instrument imaginé par Defouchy pour mesurer les variations de la densité de l'air, et qui, au fond, ne diffère pas du manomètre de Guerike.

DASYPE, adj., *dasypus* (δασὺς, velu, ποῦς, pied); qui a les jambes hérissées de poils. Ex. *Epicharis dasypus, Laphria dasypus.*

DASYPHYLLE, adj., *dasyphyllus* (δασὺς, velu, φύλλον, feuille); qui a les feuilles velues. Ex. *Byttneria dasyphylla, Paspalum dasyphyllum.*

DASYPIDES, adj. et s. m. pl., *Dasypidæ.* Nom donné par Gray à une famille de l'ordre des Mammifères ongulés, qui a pour type le genre *Dasypus.*

DASYPLEURE, adj., *dasypleurus* (δασὺς, velu, πλευρὰ, côté); qui a les côtés velus. Le *Geotrupes dasypleurus* a le corselet cilié sur les bords.

DASYPOIDES, adj. et s. m. pl., *Dasypoidea.* Nom donné par Latreille à une famille de l'ordre des Mammifères rongeurs, comprenant ceux qui, à certains égards, ont des rapports avec le genre *Dasypus.*

DASYSTACHYÉ, adj., *dasystachys* (δασὺς, velu, στάχυς, épi); qui a les fleurs en épis velus. Ex. *Elymus dasystachys.*

DASYSTÉMONE, adj., *dasystemon* (δασὺς, velu, στήμων, étamine); qui a des étamines velues. Ex. *Rosa dasystemon.*

DASYURE, adj., *dasyurus* (δασὺς, velu, οὐρὰ, queue). Le *Panicum dasyurum* est ainsi appelé à cause de ses épis alongés et doux au toucher.

DASYURINS, adject. et s. m. pl., *Dasyurini.* Nom donné par Gofdfuss à une famille de l'ordre des Mammifères marsupiaux, ayant pour type le genre *Dasyurus.*

DATISCÉES, adj. et s. f. pl., *Datisceæ.* R. Brown propose d'établir sous ce nom une famille de plantes, qui aurait pour type le genre *Datisca.*

DATISCINE, s. f., *datiscina.* Sub-stance, voisine de l'inuline, que Braconnot a retirée du *Datisca cannabina.*

DATISCINÉES, adj. et s. f. pl., *Datiscineæ.* Nom donné par Caffin à une famille de plantes, ayant le genre *Datisca* pour type.

DATURINE, s. f., *daturina.* Alcali dont Brandes avait annoncé la présence dans le *Datura Stramonium,* et que Lindbergson a reconnu être de la potasse mêlée avec une substance narcotique.

DATURIQUE, adject., *daturicus.* Nom d'un *acide* problématique encore, que Peschier croit avoir trouvé dans le *Datura Stramonium.*

DAUCINÉES, adj. et s. f. pl., *Daucineæ.* Nom donné par Koch et Candolle à une tribu de la famille des Ombellifères, qui a pour type le genre *Daucus.*

DAUCIPÈDE, adject., *daucipes* (*daucus*, carotte, *pes*, pied). L'*Agaricus daucipes* est ainsi appelé à cause de son stipe fusiforme, qu'on a comparé à une carotte.

DAVALLIOIDÉES, adj. et s. f. pl., *Davallioideæ.* Nom donné par G.-F. Kaulfuss à une tribu de la famille des Lycopodiacées, qui a pour type le genre *Davallia.*

DÉBILE, adj., *debilis; schwach* (all.); *feeble* (angl.). Se dit, en botanique, d'une tige qui est trop faible pour pouvoir se tenir droite sans appui. Ex. *Anagallis tenella.*

DÉBORDANT, adj., *marginans.* Épithète donnée par Mirbel au *nectaire,* quand il est sensiblement plus large que la base de l'ovaire. Ex. *Borrago officinalis.*

DÉBRIS, s. m. pl., *reliquiæ, ramenta.* On appelle ainsi les portions des feuilles adhérentes et non articulées qui restent implantées sur la tige après la mort du reste.

DÉCABRACHIDE, adject. (δέκα, dix, βραχίων, bras). Blainville donne cette épithète aux céphalopodes qui ont dix appendices en forme de bras sur la tête.

DÉCACANTHE, adj., *decacanthus* (δέκα, dix, ἄκανθα, épine); qui a dix épines, Le *Bodjanus decacanthus* porte dix rayons épineux à sa nageoire dorsale.

DÉCACÈRES, adj. et s. m. pl., *Decacerata* (δέκα, dix, κέρας, corne). Nom donné par Blainville et Menke à une famille de l'ordre des Céphalophores cryptodibranches, comprenant ceux qui ont cinq paires d'appendices tentaculaires attachés sur la tête.

DÉCADACTYLE, adj., *decadactylus* (δέκα, dix, δάκτυλος, doigt); qui a dix doigts. Un poisson (*Polynemus decadactylus*) porte dix rayons libres à chaque nageoire pectorale. Le test d'un oursin (*Scutella deca-dactylos*) offre en arrière dix lobures ou digitations.

DÉCAEDRE, adj., *decaedricus* (δέκα, dix, ἕδρα, base). Se dit d'une surface qui se compose de dix faces et d'un même nombre de côtés.

DÉCAFIDE, adj., *decafidus*. Se dit, en botanique, d'un *calice* ou d'une *corolle* dont le limbe est partagé en dix découpures qui s'étendent au moins jusqu'au milieu de sa hauteur.

DÉCAGONE, adject., *decagonus*; δεκάγωνος (δέκα, dix, γωνία, angle); qui présente dix angles, comme le test de l'oursin appelé *Scutella decagonalis*.

DÉCAGYNE, adj., *decagynus*; zehnweibig (all.) (δέκα, dix, γυνή, femme). Épithète donnée aux plantes qui ont dix pistils.

DÉCAGYNIE, s. f., *decagynia*; zehnweiberey (all.). Linné donnait ce nom à un ordre de la dixième classe de son système, comprenant les plantes qui ont dix pistils.

DÉCALOBÉ, adj., *decalobatus* (δέκα, dix, λοβός, lobe). Se dit d'une

partie dont le limbe présente dix divisions ou lobes arrondis.

DÉCANDRE, adj., *decander, decandrus*; zehnmännig (all.) (δέκα, dix, ἀνήρ, homme). Se dit d'une plante ou d'une fleur qui a dix étamines. Ex. *Icica decandra*, *Combretum decandrum*.

DÉCANDRIE, s. f., *decandria*. Nom donné par Linné, dans son système sexuel, à une classe et à un ordre de quatre classes, comprenant des plantes qui ont dix étamines.

DÉCANTATION, s. f., *decantatio*; κατάχυσις; *Abgiessen* (all.). Opération qui consiste à séparer un liquide d'une matière solide qui s'y est déposée; on l'exécute en inclinant le vase pour faire couler le liquide nageant à la surface du dépôt.

DÉCANTHÈRE, adj., *decantherus* (δέκα, dix, ἀνθηρός, fleuri); qui a dix anthères. Le *Melhania decanthera* a dix étamines, dont cinq stériles et cinq portant chacune deux anthères.

DÉCAPAGE, s. m. Opération qui consiste à rendre la surface d'un métal nette et brillante, en enlevant, au moyen d'un dissolvant, ordinairement de nature acide, la couche d'oxide qui s'y est formée et qui la ternit.

DÉCAPARTI, adj., *decapartitus* (δέκα, dix, *pars*, partie). Se dit, en botanique, d'un organe, tel qu'un calice ou une corolle, qui est divisé jusqu'à la base en dix parties.

DÉCAPÉTALE, adj., *decapetalus*; (δέκα, dix, πέταλον, pétale). Dont la corolle se compose de dix pétales. Ex. *Reichardia decapetala*, *Alangium decapetalum*.

DÉCAPHYLLE, adj., *decaphyllus*; zehnblättrig (all.) (δέκα, dix, φύλλον, feuille). Les pédicules de l'*Oxalis decaphylla* portent chacun huit à dix folioles.

DÉCAPODE, adject., *decapodus*

(δέκα, dix, πούς, pied). Le corps du *Naïs decapoda* se termine en arrière par cinq paires de lobes charnus.

DÉCAPODES, adj. et s. m. pl., *Decapoda* (δέκα, dix, πούς, pied). Nom donné par Leach, Orbigny, Latreille et Eichwald à une famille de Céphalopodes, comprenant ceux qui ont la tête couronnée de dix bras; par Cuvier, Latreille, Goldfuss, Straus, Ficinus, Carus et Eichwald à un ordre de la famille des Crustacés, embrassant ceux qui ont dix pieds thoraciques; par Blainville à une classe d'animaux entozoaires dans laquelle il comprend ceux qui ont cinq paires d'appendices articulés, et qui répond à l'ordre précédent.

DÉCAPODIFORME, adj. (*decapodus*, décapode, *forma*, forme). Kirby donne cette épithète à des larves de coléoptères qui sont carnivores, hexapodes, antennées, et dont le corps, étroit, alongé, convexe et comprimé, est garni de lames natatoires. Ex. *Dytiscus Agrion.*

DÉCAPTÉRYGIENS, adj. et s. m. pl., *Decapterygii* (δέκα, dix, πτέρυξ, nageoire). Nom donné par Schneider à une classe de poissons, renfermant ceux qui ont dix nageoires.

DÉCARBONATÉ, adj. Il se dit d'un oxide métallique qui a perdu l'acide carbonique avec lequel il était combiné. On *décarbonate* la magnésie en la chauffant : la chaux se *décarbonate* par l'action de la chaleur.

DÉCARBURATION, s. f. Destruction de l'état de carburation d'une substance. L'acier, par exemple, se décarbure, c'est-à-dire perd une partie de son carbone, sous l'influence d'une haute température.

DÉCASPERME, adj., *decaspermus* (δέκα, dix, σπέρμα, graine); qui renferme dix semences, comme les *baies* du *Psidium decaspermum.*

DÉCATOMES, adj. et s. m. pl., *Decatoma.* Nom donné par Cuvier à

une tribu de la famille des Notacanthes, comprenant ceux qui ont les antennes composées de trois articles dont le dernier est divisé en huit anneaux.

DÉCEMDENTÉ, adj., *decemdentatus* (*decem*, dix, *dens*, dent); qui est terminé par dix dents, comme le *calice* du *Leucas decemdentata.*

DÉCEMFIDE, adj., *decemfidus.* Se dit du *calice,* quand il est divisé en dix découpures égales à la moitié de sa longueur totale. Ex. *Potentilla anserina.*

DÉCEMLOCULAIRE, adj., *decemlocularis* (*decem*, dix, *loculus*, logette). Épithète donnée à un fruit qui est divisé en dix loges. Ex. *Cucumis sativus.*

DÉCEMMACULÉ, adj., *decemmaculatus* (*decem*, dix, *macula*, tache); qui est marqué de dix taches, comme les *élytres* du *Ctenodes decemmaculatus.*

DÉCEMPÈDES, adj. et s. m. pl., *Decempedes* (*decem*, dix, *pes*, pied). Nom donné par Cuvier, Latreille et Eichwald à une famille de l'ordre des Crustacés amphipodes, comprenant ceux qui n'ont que dix pieds.

DÉCEMPONCTUÉ, adj., *decempunctatus* (*decem*, dix, *punctum*, point); qui est marqué de dix points colorés, comme les élytres du *Mycetophagus decempunctatus* et de la *Crioceris decempunctata.*

DÉCHIQUETÉ, adj., *laciniatus*; *gerissen* (all.). On donne cette épithète aux *feuilles* découpées dont les découpures sont elles-mêmes partagées plus ou moins profondément en segmens de forme irrégulière.

DÉCHIRÉ, adj., *erosus, laceratus; zerschlitzt* (all.). Se dit, en botanique, d'une *feuille,* ou de toute autre partie d'une plante, dont les bords présentent des découpures inégales et aussi difformes que si on les avait déchirés, comme les expansions du *Col-*

ma lacerum; en zoologie, des *ailes* des insectes, lorsqu'on y aperçoit sur le bord des incisures irrégulières, qui ne gardent entre elles aucun ordre, n'ont aucune proportion ensemble, et paraissent comme le résultat d'une déchirure (ex. quelques Noctuelles).

DÉCIDU, adj., *deciduus; abfallend* (all.); *cascante* (it.) (*deciduo*, tomber). Épithète donnée, en botanique, à tout organe qui ne se détache que plus ou moins long-temps après son développement, comme les *corolles* qui tombent après la fécondation, les *calices* qui sont dans le même cas, les *feuilles* dont la chute a lieu en automne seulement, ou avant un nouvelle pousse.

DÉCIDUODÉCIMAL, adj., *deciduodecimalis* (*decem*, dix, *duodecim*, douze). Nom donné, dans la nomenclature minéralogique de Haüy, à une variété de topaze, qui ne présente qu'un seul sommet à douze faces, avec un prisme décaèdre.

DÉCIOCTONAL, adj., *decioctonalis* (*decem*, dix, *octo*, huit). Nom donné, dans la nomenclature minéralogique de Haüy, à un *cristal* qui présente dix-huit faces. Ex. *Feldspath décioctonal.*

DÉCIQUATUORDÉCIMAL, adj., *deciquatuordecimalis* (*decem*, dix, *quatuordecim*, quatorze). Se dit, dans la nomenclature minéralogique de Haüy, d'un *cristal* qui a vingt-quatre faces. Ex. *Feldspath déciquatuordécimal.*

DÉCISEXDÉCIMAL adj., *decisexdecimalis* (*decem*, dix, *sexdecim*, seize). Nom donné, dans la nomenclature minéralogique de Haüy, à un *cristal* dont la surface peut être sous-divisée en deux assortimens, dont l'un de dix et l'autre de seize faces. Ex. *Baryte sulfatée décisexdécimale.*

DÉCLIN, s. m., *flexus;* παρακμή; *abnehmen* (all.); *decay* (angl.). État d'une chose qui penche vers sa fin : *déclin du jour* (*diei inclinatio*), de l'*âge* (*aetatis flexus*). En parlant de la lune, *déclin* est synonyme de *décours. V.* ce mot.

DÉCLINAISON, s. f., *declinatio; Ablenkung, Abweichung* (all.); *declination* (angl.). On appelle ainsi : 1° en astronomie, la distance des astres à l'équateur, mesurée sur un cercle perpendiculaire à ce dernier. 2° En physique, l'angle que le plan vertical qui passe par l'axe du barreau aimanté fait avec le plan du méridien d'un lieu, ou l'angle compris entre le méridien magnétique et le méridien astronomique. La déclinaison a été observée pour la première fois en 1492 par C. Colomb, et en 1522 Gunter a reconnu qu'elle n'est pas toujours la même dans un même lieu. On ne connaît sur le globe que quatre points où elle soit nulle, c'est-à dire où les pointes de l'aiguille se dirigent exactement vers les pôles; partout ailleurs elle est sensible et variable, non seulement d'un lieu à un autre, mais encore dans la même localité, et elle a lieu vers l'est pour les uns, vers l'ouest pour les autres.

DÉCLINÉ, adject., *declinatus, niedergebogen* (all.). Se dit du *style* et des *étamines*, lorsque, dans une fleur irrégulière, ils se portent vers la partie inférieure de cette fleur placée horizontalement (ex. *Hemerocallis fulva*). Le *Regmatodon declinatus* a la tige procombente.

DÉCOCTION, subst. m., *decoctio;* ἀφέψημα; *Abkochung, Absieden* (all.) (*coquo*, cuire). Opération par laquelle on soumet une substance à l'action d'un liquide bouillant, pour la dissoudre en tout ou en partie, pour en extraire les parties qui sont solubles à cette température. On donne le même nom au produit de l'opération, au liquide qui a bouilli ainsi, et que Chaussier a proposé d'appeler *decoctum.*

DÉCOCTUM, s. m., *decoctum.* On a voulu introduire ce mot dans notre langue pour désigner tout liquide qui a bouilli avec une substance dont il à dissous quelque principe, et pour distinguer ainsi l'acte de la *décoction* de son résultat, qu'autrement on est obligé d'exprimer par un même terme.

DÉCOLLÉ, adj., *decollatus.* Se dit de la spire d'une coquille spirivalve, quand, à la suite de l'âge, son extrémité se brise et se casse. Ex. *Bulimus decollatus, Melania decollata.*

DÉCOLORATION, s. f., *decoloratio; Entfärbung* (all.). Perte de la couleur naturelle d'un corps, qui devient blanc, ou acquiert une teinte plus ou moins rapprochée du blanc.

DÉCOLORÉ, adj., *decolor, decoloratus, exoletus;* δύσχρους; *entfärbt* (all.); *discoloured* (angl.); qui a perdu sa couleur. Ex. *Coluber exoletus.*

DÉCOMBANT, adj., *decumbens; niederliegend* (all.). Épithète donnée à la *tige* des plantes, quand elle s'élève d'abord un peu à sa naissance, et qu'elle tombe ensuite sur la terre par débilité (ex. *Oliveria decumbens*); aux *étamines,* lorsqu'elles se portent vers la partie inférieure de la fleur (ex. *Dictamnus albus*). Dans ce dernier cas, *décombant* est synonyme de *décliné. Voyez* ce mot.

DÉCOMBUSTION, s. f., *decombustio.* Fourcroy considérait ce mot, maintenant inusité, comme synonyme de désoxidation, parce que, pour lui, combustion et oxidation étaient deux termes de même valeur.

DÉCOMPOSABLE, adj., *zersetzbar* (all.); qui est susceptible de se laisser décomposer.

DÉCOMPOSÉ, adj., *decompositus, dissolutus.* Épithète donnée, en chimie (*zersetzt,* all.), à tout corps qui a subi une décomposition; en botanique (*doppeltzusammengesetzt,*

all.), à la *tige* des plantes, lorsqu'elle se divise en une multitude de ramifications dès sa base, de sorte qu'elle s'évanouit pour ainsi dire (ex. *Ulex europæus*); de leurs *feuilles* quand elles sont partagées en nombreuses divisions irrégulières (ex. *Lindsea decomposita, Panax decompositum*).

DÉCOMPOSITION, s. f., *dissolutio;* ἀνάλυσις; *Zersetzung, Auflösung* (all.). Destruction d'un corps composé, par la séparation des diverses principes ou des différentes substances qui le constituent.

DÉCORTIQUANT, adject., *decorticans.* Un champignon (*Auricularia décorticans*) est ainsi appelé parce qu'il croît sur les branches sèches du chêne, dont il sépare et détruit l'écorce.

DÉCOUPÉ, adj., *incisus.* Se dit des parties minces et foliacées des plantes, quand leur bord semble avoir été rogné en divers sens.

DÉCOUPURE, s. f., *incisio.* Terme général dont les botanistes se servent pour exprimer la division quelconque des bords d'une expansion mince et foliacée.

DÉCOURANT. *Voyez* DÉCURRENT.

DÉCOURS, s. m., *decursus; Abnehmen* (all.); *decrease* (angl.); *scorrimento* (it.). On appelle *décours de la lune* (*lunæ decrescentia*), le temps qui s'écoule depuis la pleine jusqu'à la nouvelle lune, c'est-à-dire depuis que le disque éclairé de cet astre commence à diminuer jusqu'à ce qu'il disparaisse tout-à-fait.

DÉCOUVERT, adject., *detectus, exsertus, apertus, nudus; aufgedeckt, nackt* (all.); *uncovered* (angl.); *scoperto* (it.). Épithète donnée par les botanistes aux *fruits* qui ne sont masqués par aucun organe étranger, et ne contractent aucune adhérence capable de les rendre méconnaissables (ex. *Cerise*); par les entomologistes aux *ailes* des insectes, quand elles dépassent les élytres (ex. *Forficule*), et aux *élytres*, d'après Kirby, lorsqu'elles ne sont pas couvertes par un mésothorax scutelliforme (ex. beaucoup d'Hémiptères homoptères).

DÉCRÉPIT, adject., *decrepitus*; *abgelebt* (all.); qui est dans la période de la décrépitude.

DÉCRÉPITATION, s. f., *decrepitatio*; ψόφος; *Knistern, Abknistern* (all.). Petit bruit, pétillement que certains sels font entendre lorsqu'on les soumet à l'action de la chaleur, et qui tient à l'évaporation de l'eau simplement interposée entre leurs molécules, laquelle brise l'obstacle que les parties salines opposent à son passage, et les projette au loin avec plus ou moins de force.

DÉCRÉPITUDE, s.f., *decrepitudo, ætas decrepita s. summa, ultima senectus*; ἐσχατογῆρας; *abgelebte Alter, Abgelebtheit* (all.); *decrepitness* (angl.); *decrepità* (it.). Dernier terme de la vieillesse, période de la vie humaine qui commence à quatre-vingts ans.

DÉCRESCENTE-PENNÉ, adject., *decrescente-pinnatus*. Se dit d'une *feuille* pennée dont les folioles diminuent insensiblement de grandeur de la base au sommet. Ex. *Vicia sepium*.

DÉCROISSEMENT, subst. m., *decrescentia, decrementum*; ἔνδοσις; *Abnahme* (all.); *decrease* (angl.); *decrescimento* (it.). Afin d'expliquer la manière dont la nature s'y prend pour produire les diverses modifications qu'on observe dans les différens solides que les minéraux cristallisés nous offrent, Haüy a imaginé une hypothèse fort ingénieuse, qui consiste à admettre que les choses se passent comme si cette nature, après avoir fait une certaine forme fondamentale, l'avait ensuite enveloppée de lames successives à chacune desquelles il manquait un certain nombre de molécules, c'est-à-dire de lames

décroissantes, depuis la première jusqu'à la dernière, suivant certaines lois.

DÉCURRENCE, s. f., *decurrentia*. État de ce qui est décurrent.

DÉCURRENT, adj., *decurrens*; *herablaufend, ablaufend* (all.); *decorrente, scorrente* (it.). Épithète donnée par les botanistes à toute *feuille* dont le limbe se prolonge d'un et d'autre côté en languettes foliacées qui semblent naître de la tige elle-même, soit que la feuille adhère à cette dernière par la face supérieure de sa nervure moyenne, de manière qu'elle paraisse n'en sortir qu'à l'endroit où la soudure cesse, et que la partie du limbe qui naît de là partie de la nervure collée à la tige semble naître de celle-ci même (ex. *Ruellia decurrens*), soit que la feuille se prolonge à la base en oreillettes qui se dirigent le long de la tige et sont collées contre elle (ex. *Prenanthes viminea, Cullumia decurrens*). Le dernier cas est, pour Link, le seul qui constitue la feuille décurrente.

DÉCURSIF, adject., *decursivus*. L.-C. Richard donnait cette épithète au *style*, quand sa base descend en rampant sur un des côtés de l'ovaire, jusqu'au point correspondant au hile de l'ovule (ex. *Rivina*). Quelques botanistes l'appliquent aux *feuilles* qui se prolongent inférieurement sur la tige. Link la réserve pour le cas où le pétiole est collé à la tige, sur laquelle il produit une ligne saillante, c'est-à-dire pour le premier des deux modes de décurrence qu'admet Candolle, et dont il a été parlé dans l'article précédent.

DÉCURSIVE-PENNÉ, adj., *decursive-pinnatus*; *herablaufendgefiedert* (all.). Se dit d'une *feuille* pennée dont les folioles se prolongent par la base sur le pétiole qui les porte. Ex. *Melianthus major*.

DÉCUSSATIF, adj., *decussativus; kreutzweisstehend* (all.) (*decusso*, croiser). Se dit des parties opposées, dont les paires se croisent à angles droits.

DÉDIDODÉCAEDRE, adj., *dedidodecaedricus*. Épithète donnée par Haüy à des cristaux ayant vingt-deux faces. Ex. *Feldspath dédidodécaèdre*.

DÉFÉCATION, s. f., *defecatio*. Série d'opérations vitales qui ont pour but de séparer des substances capables de nourrir le corps, celles qui ne sont pas susceptibles d'assimilation, et d'en procurer l'expulsion par l'extrémité inférieure du canal intestinal. *Défécation* (*liquoris è fecibus purgatio ; καθαρισμὸς ; Abklären*, all.) s'emploie aussi en chimie, et la plupart du temps alors comme synonyme de *décantation*.

DÉFECTIF, adject., *defectivus* (*deficio*, manquer). Nom donné, dans la nomenclature minéralogique de Haüy, à un *cristal* dans lequel quatre angles solides du cube primitif sont remplacés par autant de facettes, tandis que les angles opposés restent intacts par une espèce de défaut. Ex. *Magnésie boratée défective*.

DÉFENSE, s. f. On donne ce nom à de grandes dents qui, chez certains mammifères, tels que le sanglier, l'éléphant, le morse, font saillie hors de la bouche, en suivant des directions diverses, et servent de moyens d'attaque ou de défense.

DÉFEUILLAISON, s. f., *defoliatio*. Chute des feuilles qui garnissent les plantes ligneuses ; époque à laquelle s'opère ce phénomène, qui, pour la même plante, a lieu en des temps différens selon les climats. *Voyez* Défoliation.

DÉFEUILLÉ, adject., *defoliatus*. Le *Seseli defoliatum* a été appelé ainsi, parce que ses feuilles radicales tombent de très-bonne heure.

DÉFILÉ, s. f., *angustiæ ; στενὰ ; Engpass* (all.) ; *défilé* (angl.) ; *defilato* (it.). Dépression ou creux dans une chaîne de montagnes, qui se rétrécit au point de rendre le passage difficile.

DÉFINI, adj., *definitus*. Ce terme est employé : 1° en minéralogie, où l'on appelle *proportions définies*, pour les substances naturelles, celles qui se présentent constamment dans un assez grand nombre d'analyses faites sur des échantillons de localités diverses, et qui offrent des rapports simples d'un atome à un, deux, trois, quatre, etc., rarement de deux à trois, de trois à quatre, etc. 2° En botanique, on nomme *étamines définies*, celles dont le nombre ne dépasse pas douze et se montre constant dans une espèce donnée ; *inflorescence définie*, d'après Candolle, celle dans laquelle la tige ou maîtresse-branche, au lieu de se prolonger indéfiniment en ligne droite et de ne porter des fleurs que latéralement, se trouve terminée par une fleur qui ne naît pas de l'aisselle d'une branche, mais porte à la base de son pédicelle deux bractées opposées et quelquefois plusieurs verticillées.

DÉFLAGRATEUR, s. m., *deflagrator*. Énergique appareil excitateur de la puissance électro-magnétique, dont l'invention est due à R. Hare, et avec lequel on produit des effets surprenans de combustion et de déflagration.

DÉFLAGRATION, s. f., *deflagratio ; ἔμπρησις ; Abbrennen* (all.). Phénomène qui a lieu lorsque des corps, en réagissant fortement l'un sur l'autre, produisent, avec beaucoup de bruit, un degré considérable de feu, entrent en fusion et lancent autour d'eux des parcelles embrasées.

DÉFLÉCHI, adj., *deflexus, declinatus ; herabhängend* (all.). Se dit, en botanique, de la *tige*, qui, après s'être élevée à une certaine hauteur, retombe vers la terre en décrivant une arc. Ex. *Echinospermum deflexum.*

DÉFLORÉ, adj., *defloratus ; abgeblüht* (all.). Épithète donnée à l'anthère, après l'émission du pollen qu'elle contenait.

DÉFOLIATION, s. f., *defoliatio, foliorum demissio* ; φυλλόρροια; *Ablauben, Entblättern* (all.) ; *defogliazione, sfogliamento* (it.). Chute des feuilles. *V.* DÉFEUILLAISON.

DÉFORMATION, s. f., *deformatio*. Altération de la forme des organes d'une plante ou d'un animal, due à une cause accidentelle et visible.

DÉGEL, s. m., *glaciei solutio ;* τοῦ πάγου τῆξις; *Aufthauen* (all.); *thawing* (angl.); *disgelo* (it.). Phénomène du passage de l'eau glacée à l'état liquide.

DÉGÉNÉRATION, s. f., *degeneratio, degenerescentia* ; ἐλάσσωσις ; *Ausartung, Entartung* (allem.). Changement qu'éprouve un corps organisé, lorsqu'il vient à passer sous l'empire d'autres circonstances, et dont le résultat est de lui enlever son caractère générique, de lui faire acquérir des formes, qualités ou propriétés autres que celles dont il jouit sous l'influence des circonstances au milieu desquelles il se trouve le plus ordinairement. Comme on attache une importance exagérée à ce qu'on appelle caractère générique, nature primitive ou originelle, on regarde ordinairement toute dégénérescence comme un passage à un état pire ou inférieur, et c'est en ce sens que le mot a passé dans la langue usuelle. Mais, loin que les dégénérations soient toujours des dégradations, il leur arrive fréquemment d'être profitables à l'être qui les subit, et de tourner à son avantage. Rien ne prouve mieux qu'elles combien les circonstances extérieures influent sur l'organisation, dont on peut les regarder au moins comme le principal régulateur.

DÉGÉNÉRESCENCE. *Voyez* DÉGÉNÉRATION.

DÉGÉNÉRESCENT, adj., *degenerescens*. Se dit d'un organe qui subit ou a subi une dégénérescence.

DÉGLUTITION, s. f., *deglutitio ;* κατάποσις ; *Niederschlucken* (all.) (*deglutio*, avaler). Action de faire passer les alimens et les boissons de la bouche dans l'estomac, à travers le pharynx et l'œsophage.

DÉHISCENCE, s. f., *dehiscentia*. Manière dont s'effectue l'ouverture des anthères d'une plante, pour livrer passage au pollen, ou celle d'un fruit, pour laisser échapper les graines. Action par laquelle les parties distinctes d'un tout ou d'un organe clos se séparent sans déchirement et le long de la suture d'union. Phénomène que des organes clos, au moins dans leur jeunesse, présentent à une certaine époque de leur existence, et consistant en une rupture déterminée et régulière qui s'opère en eux.

DÉHISCENT, adject., *dehiscens ; aufreissend, zerspringend, aufspringend* (all.). Se dit : en botanique, d'un *fruit* qui s'ouvre de lui-même, à l'époque de la maturité, comme les légumes du *Genista* ; en zoologie, des *élytres* d'un coléoptère, quand elles s'écartent un peu l'une de l'autre à l'extrémité (ex. *Pyrochroa*).

DÉJECTION, s. f., *dejectio*. Nom collectif de toutes les matières qui sont lancées dans l'atmosphère ou vomies sur la terre par les volcans, et de celles qui sont le résidu de la digestion chez les animaux. Le mot *déjection* (ὑποχώρημα ; *Stuhlgang*, all.) se prend aussi pour l'acte au moyen duquel les animaux expulsent ces dernières matières de leur corps.

DÉLIMACÉES, adj. et s. f. pl., *Delimaceæ*. Nom donné par Candolle à une tribu de la famille des Dilléniacées, qui a pour type le genre *Delima*.

DÉLIMÉES, adj. et s. f. pl., *Delimeæ*. Synonyme de *Délimacées*.

DÉLIQUESCENCE, s. f., *deliquescentia*; τῆξις; *Zerfliessbarkeit*, *Zerfliessung* (all.); *liquescency* (angl.) (*deliquesco*, fondre). Phénomène offert par certains corps solides qui, exposés à l'air humide, absorbent assez de vapeur aqueuse pour s'y dissoudre, après l'avoir ramenée à l'état liquide.

DÉLIQUESCENT, adj., *deliquescens*; *zerfliessend* (all.); *liquescent* (angl.). Se dit d'un *sel* qui attire l'humidité de l'air, et s'y résout en liqueur : de certains champignons (ex. *Agaricus atramentarius*) qui se convertissent promptement en liquide.

DÉLIQUIUM, s. m. État d'un corps qui, de solide, est devenu liquide, en absorbant la vapeur d'eau contenue dans l'air atmosphérique.

DÉLITESCENCE, s. f., *delitescentia*. Phénomène qui a lieu lorsqu'une substance cristallisée en lames superposées perd son eau de cristallisation, de sorte que les lames se détachent et se brisent en parcelles, ou quand un corps, en absorbant de l'eau, perd son agrégation et tombe en poudre.

DÉLIVRANCE, s. f., *secundinarum expulsio*, *partus secundarius*. Sorte spontanée du placenta et des membranes qui constituent l'œuf chez les Mammifères.

DÉLIVRE, s. m., *secundinæ*. Synonyme populaire d'*arrière-faix*.

DÉLODONTE, adject., *delodonta* (δῆλος, manifeste, ὀδοὺς, dent). L'*Unio delodonta* est ainsi appelée parce qu'elle a une dent cardinale très-prononcée.

DÉLOTIQUE, adj., *deloticus* (δηλόω, éclairer). Nom donné, dans la nomenclature minéralogique de Haüy, à un *cristal* dans lequel l'existence des faces du noyau semble éclaircir un paradoxe que présente une autre variété qui diffère de celle-là

par l'absence de ces faces. Ex. *Chaux carbonatée délotique*.

DELTOIDE, adj., *deltoideus*, *deltoides*, *deltoidalis*; *deltaförmig* (all.). Se dit d'un corps aplati dont la forme s'approche de celle d'un Δ, par exemple des *camares* (ex. *Ranunculus bulbosus*), et des *ailes* d'un lépidoptère, lorsquelles sont obtuses et comme tronquées postérieurement (ex. quelques *Pyrales*) : ou d'un corps épais dont la coupe présente cette même forme, comme les *feuilles* du *Prockia deltoides*, du *Crassula deltoidea* et du *Mesembryanthemum deltoideum*; ou enfin d'un corps dont la forme générale se rapproche plus ou moins de celle d'un triangle, comme les *coquilles* des *Tellina deltoidalis*, *Mactra deltoïdes* et *Nucula deltoidea*.

DELTOIDES, adj. et s. m. pl., *Deltoidea*. Nom donné par Cuvier à une tribu de la famille des Lépidoptères nocturnes, comprenant ceux dont les ailes forment avec le corselet, sur les côtés duquel elles s'étendent horizontalement, une sorte de Δ.

DELPHINATE, s. m., *delphinas*. Nom que Chevreul a changé en celui de PHOCÉNATE. *Voyez* ce mot.

DELPHINE, s. f., *delphina*, *delphinina*, *delphinium*. Alcali végétal que Brandes, Lassaigne et Feneulle ont trouvé dans le *Delphinium Staphysagria*.

DELPHINIDES, adj. et s. m. pl., *Delphinidæ*. Nom donné par J.-E. Gray à une famille de l'ordre des Mammifères cétacés, qui a pour type le genre *Delphinus*.

DELPHINIQUE, adj., *delphinicus*. Nom que Chevreul avait donné d'abord à un *acide* (*Delphinsäure*, all.), qu'il a depuis appelé *phocénique* (*voyez* ce mot), afin d'éviter les équivoques auxquelles pourrait donner lieu une dénomination qu'on l'habitude de dériver du mot *Delphinium*, et qui vient ici de *Delphinus*.

DELPHIQUE, adject., *delphicus*. Épithète donnée par Berzelius aux sels qui ont pour base la delphine.

DELTURE, adj., *délturis* (δέλτα, triangle, οὐρά, queue), qui a l'abdomen terminé par une lame deltoïde, en forme de queue. Ex. *Gebia deltura*.

DEMETRIUM, s. m. Quelques chimistes ont donné ce nom au cérium.

DEMI-AMPLEXICAULE, adj., *semi-amplexicaulis*. Se dit d'une *feuille* sessile dont la base embrasse notablement la moitié à peu près de la tige.

DEMI-ARPENTEUSE, adj. f. On donne cette épithète aux *chenilles* qui ont quatorze pattes, et à celles qui en ont seize, mais chez lesquelles quelques unes des pattes membraneuses sont plus courtes que les autres.

DEMI-CAPSULE, s. f., *semi-capsula*. Quelques botanistes ont appelé ainsi la *cupule*. *Voyez* ce mot.

DEMI-CLOISON, s. m., *semi-septum*. Candolle appelle ainsi les cloisons d'un fruit formé par l'agrégation de plusieurs carpelles dont les parties rentrantes n'atteignent pas jusqu'à l'axe. Ex. *Papaver*.

DEMI-COMPLET, adj., *semi-completus*. Fabricius donne cette épithète au genre de métamorphose que subissent les insectes dont les formes restent à peu près les mêmes, c'est-à-dire qui ne diffèrent des nymphes que par la taille et les dimensions des parties, ou par l'absence, l'état rudimentaire ou le développement incomplet des ailes, et qui, sous les trois états, conservent les mêmes mœurs et le même genre de nourriture. Ex. Orthoptères, Hémiptères et quelques Névroptères.

DEMI-COMPOSÉ, adj., *semi-compositus*. On nomme ainsi, dans les

Mammifères, les dents où, comme dans les molaires des ruminans, les replis de l'ivoire ne pénètrent que jusqu'à une certaine profondeur, au dessous de laquelle les coupes transversales ne montrent qu'une seule substance centrale entourée par une autre extérieure.

DEMI-COURONNÉ, adj., *semi-coronatus*. Cette épithète est donnée par H. Cassini à la *calathide* des Synanthérées, quand les fleurs externes, qui diffèrent des internes par la corolle, sont situées d'un seul côté de la calathide.

DEMI-CYLINDRIQUE, adj., *semiteres*, *semi-cylindricus*; qui conserve à peu près une grosseur égale dans toute sa longueur, et présente une face bombée, opposée à une autre plus ou moins plane.

DEMI-EMBRASSÉ, adj., *semi-amplexus*. Candolle appelle ainsi les *feuilles* contenues dans le bourgeon, lorsque, n'étant pas tout-à-fait opposées, elles sont pliées sur leur nervure, de sorte que la moitié de chaque feuille est placée entre les deux pans de la feuille opposée. Ex. *Saponaria officinalis*.

DEMI-ENROULÉ, adj., *semi-convolutus*. Se dit d'une coquille univalve qui est enroulée de manière que les tours de spire ne se touchent point. Ex. *Spirula*.

DEMI-FEUILLET, s. m., *semi-lamella*. On nomme ainsi les lames qui garnissent le dessous du chapeau des agarics, quand elles ne s'étendent pas depuis le centre jusqu'à la circonférence.

DEMI-FLEURON, s. f., *semi-flosculus*. Nom donné à une corolle de Synanthérée dont le limbe se termine par une lame unilatérale, en forme de languette. Ex. *Leontodon*.

DEMI-FLEURONNÉ, adj., *semi-flosculosus*. Se dit d'une calathide qui contient des demi-fleurons, où d'une corolle qui a la forme d'un de-mi-fleuron.

DEMI-FLOSCULEUX, adj., *semi-flosculosus*. Se dit d'une fleur composée qui résulte de la réunion d'un certain nombre de demi-fleurons seulement.

DEMI-LARVE, s. f., *semi-larva*. On appelle ainsi les larves des orthoptères, des hémiptères et de certains névroptères, parce qu'elles n'offrent pas, comme celles des insectes appartenant aux autres ordres, un corps alongé, vermiforme et couvert d'une peau molle, au moins sur le tronc.

DEMI-LOGE, s. f., *semi-loculus*. Candolle donne ce nom aux cavités d'un fruit qui, étant formé par l'agrégation de plusieurs carpelles dont les parties rentrantes se prolongent dans l'intérieur, sans atteindre à l'axe, laisse un vide dans son centre, et offre à sa circonférence autant de loges ouvertes à l'intérieur qu'il y a de carpelles agglomérées. Ex. certains *Papaver*.

DEMI-MÉTAL, s. m., *semi-metallum*. Autrefois on appelait ainsi l'arsenic, le cobalt, le bismuth, le nickel, l'antimoine et le zinc, parce qu'étant doués de l'éclat métallique, ils sont plus ou moins cassans, plus ou moins volatils, et ne jouissent par conséquent que d'une partie des propriétés des métaux, parmi lesquelles on rangeait alors la malléabilité et la fixité au feu.

DEMI-MÉTALLIQUE, adj., *semi-metallicus*. Se dit de l'éclat des minéraux, quand il ne présente l'aspect d'un métal qu'à un degré moyen. Ex. *Schéelin ferrugineux*.

DEMI-PALMÉ, adj., *semi-palmatus*. Épithète que les ornithologistes donnent aux doigts des oiseaux, lorsqu'une membrane tendue entre eux ne s'étend que jusqu'à la seconde phalange seulement. Ex. *Sterne*.

DEMI-PÉTALOIDE, adj., *semi-petaloideus*. Se dit du calice, quand ses divisions ressemblent à une corolle par leur ténuité ou par leur coloration.

DEMI-TRANSPARENCE, subst. f., *semi-pelluciditas; Halbdurchsichtigkeit* (all.). Propriété dont jouissent certains corps de se laisser pénétrer par les rayons lumineux, mais en trop petite quantité pour permettre qu'on aperçoive les objets à travers leur épaisseur, autrement que d'une manière peu distincte.

DEMI-TRANSPARENT, adj., *semi-pellucidus; halbdursichtig, durchscheinend* (all.); qui jouit de la demi-transparence.

DEMI-VERTICILLÉ, adj., *semi-verticillatus*. Se dit des *feuilles*, lorsqu'elles n'entourent qu'à moitié l'axe qui les porte. Ex. *Musa Sapientium.*

DENDRIFORME, adj., *dendriformis; baumförmig* (all.) (δένδρον, arbre, *forma*, forme). Mauvais synonyme, peu usité, de *dendroïde*. *Voyez* ce mot.

DENDRITE, s. f., *dendrites*. Dessin naturel qu'on observe sur une substance minérale, et qui représente assez bien de petits arbrisseaux très-ramifiés, semblables à des bruyères (*phylicides, éricides*), à des lichens (*lichenides*), à des charagnes (*charolites*), à des arbres indéterminés (*némolithes*), à des lentilles d'eau (*limnites*), ou seulement à des taches (*stigmites*).

DENDRITIQUE, adj., *dentriticus* (δένδρον, arbre). Se dit d'un *minéral* dont la surface présente des dessins produits par des molécules ordinairement métalliques, et semblables à de petits arbrisseaux (ex. *Quarz agate dendritique*). Se dit aussi d'un *champignon* (ex. *Himantia dentritica*), ou d'un *lichen* (ex. *Graphis dendritica*), qui a la forme d'un petit arbre.

DENDROGRAPHIE, s. f., *dendrographia* (δένδρον, arbre, γράφω, écrire). Histoire ou traité des arbres. J. Jonston a écrit un ouvrage sous ce titre.

DENDROIDE, s. f. *dendroïdes*, *dendroideus*; δενδροειδής; *baumartig* (all.) (δένδρον, arbre, εἶδος, ressemblance); qui ressemble à un petit arbre par ses tiges ramifiées (ex. *Bryum dendroides*, *Astrea dendroides*). Se dit aussi d'une plante qui s'élève au rang d'arbrisseau, dans un genre où la plupart des espèces sont herbacées (ex. *Sedum dendroideum*), ou d'une autre dont la tige est arborescente (ex. *Euphorbia dendroides*), dont la tige se divise à la manière de celle des arbres (ex. *Isothecium arbuscula*).

DENDROLICHÉNÉES, adj. et s. f. pl., *Dendrolichenes* (δένδρον, arbre, λειχήν, lichen). Nom donné par Zenker à un ordre de la famille des Lichens, comprenant ceux qui affectent la forme d'expansions dendroïdes.

DENDROLITHAIRES, adj. et s. m. pl., *Dendrolitharia* (δένδρον, arbre, λίθος, pierre). Sous ce nom, Blainville a établi une classe du règne animal, qui comprend les corallines, dont la forme est arborescente et dont la substance se rapproche de celle des polypiers.

DENDROLOGIE, s. f., *dendrologia* (δένδρον, arbre, λόγος, discours). Traité des arbres et arbustes. J. Howel, U. Aldrovande et P. Hatin ont publié des ouvrages sous ce titre.

DENDROLOGIQUE, adj., *dendrologicus*; qui a rapport à la dendrologie.

DENDROPHIDES, adj. et s. m. pl., *Dendrophidæ*. Nom donné par F. Boie à une famille de l'ordre des Ophidiens, qui a pour type le genre *Dendrophis*.

DENSE, adj., *densus*; *dicht* (all.); qui renferme beaucoup de matière sous un petit volume, en raison du grand rapprochement des molécules. Se dit quelquefois d'une plante dont les feuilles sont très-serrées (ex. *Dicranum densum*, *Leskia densa*).

DENSIFLORE, adj., *densiflorus* (*densus*, dense, *flos*, fleur). Se dit d'une plante dont les fleurs sont serrées les unes contre les autres. Ex. *Fumaria densiflora*, *Thalictrum densiflorum*.

DENSIFOLIÉ, adj., *densifolius* (*densus*, dense, *folium*, feuille); qui a des feuilles nombreuses et serrées. Ex. *Phaca densifolia*.

DENSIROSTRE, adj., *densirostris* (*densus*, dense, *rostrum*, bec); qui a le bec très-fort et dur. Ex. *Turdus densirostris*.

DENSITÉ, s. f., *densitas*; *Dichtigkeit* (all.); *density* (angl.); *densità* (it.). Qualité des corps qui dépend de la somme des parties matérielles qu'ils renferment sous un volume donné, c'est-à-dire du rapport de la masse au volume, d'où il suit qu'à volume égal des corps elle est proportionnelle à leur poids, et qu'à poids égal elle est en raison inverse du volume.

DENT, s. m., *dens*; ὀδούς, γομφίος; *Zahn* (all.); *tooth* (angl.), *dente* (it.). On nomme ainsi: 1° en botanique, les petites découpures du bord des calices d'une seule pièce; les pièces dans lesquelles un péricarpe valvaire se divise à l'époque de la maturité, quand elles sont aiguës et courtes relativement à la partie qui reste indivise; les parties saillantes du bord de certaines feuilles, quand elles ne s'inclinent ni d'un côté ni de l'autre, et qu'elles ne vont pas au-delà des dernières ramifications des nervures; les feuilles avortées qui garnissent les racines ou plutôt les tiges souterraines de quelques plantes (ex. *Lathræa*); les lanières qu'on voit à l'orifice de l'urne des mousses, quand elles procèdent de la paroi externe, et qu'elles le bordent après la chute de l'opercule (ex. *Sporangium*). 2° En zoologie; les petits corps compacts et très-durs qui sont implantés dans l'une et l'autre mâchoire, chez les animaux vertébrés, et plus généralement tous les organes plus ou moins durs, calcaires ou cornés, que les animaux présentent, le plus souvent à l'entrée du canal intestinal, quelquefois aussi plus ou moins profondément dans son intérieur, et qui servent à retenir, saisir, déchirer, mâcher, broyer une proie; les éminences qui contribuent à former la charnière des coquilles bivalves, ou qui se trouvent quelquefois dans un point du contour de l'ouverture d'une coquille univalve; d'après Kirby, les pointes qui terminent les mandibules des insectes; enfin, parfois, et en raison de leur forme, les granulations ou protubérances plus ou moins marquées dont est souvent garni le bord interne des deux doigts de la pince des crustacés.

DENTÉ, adj., *dentatus*; ὀδοντωτὸς; *gezähnt* (all.); *notched* (angl.); *dentato* (it.); qui est garni de dents. Se dit: 1° en botanique. *Axe denté*, celui qui est articulé, et dont les articulations se portent alternativement à droite et à gauche, laissant chacune à son point d'attache une saillie à laquelle sont fixées les fleurs (ex. *Triticum*); *feuilles dentées*, celles dont le bord offre de petites saillies pointues qui ne s'inclinent ni d'un côté ni de l'autre (ex. *Melicocca dentata*, *Dianthus dentosus*); *stigmate denté* (ex. *Hura crepitans*); *racine dentée*, celle qui est garnie d'appendices en forme de dents, qui sont des bases de feuilles avortées (ex. *Dentaria pentaphylla*); *stipules dentées* (ex. *Medicago polymorpha*); 2° en zoologie. On donne cette épithète aux *ailes* des insectes, lorsqu'elles ont les bords garnis de

découpures distantes (ex. quelques Papillons); à la *charnière* des coquilles bivalves, quand on y remarque des dents; au *corselet* des insectes, lorsqu'il porte des prolongemens pointus (ex. quelques *Priones*); à la *lunule* des coquilles bivalves, lorsqu'elle est circonscrite par des dents ou des crénelures; aux *mandibules* des insectes, quand elles sont armées de dents (ex. *Cicindela*); enfin à des animaux qui ont deux petites dents entre les yeux (ex. *Corystes dentatus*), ou des dents très-fortes aux mâchoires (ex. *Cyclopterus dentex*), ou le corps couvert d'écailles dentelées (ex. *Pleuronectes dentatus*).

DENTÉES, adj. et s. f. pl., *Dentatæ*. Épithète donnée par Debuch à une tribu de la famille des Ammonées, renfermant celles qui ont des plis ou des côtes saillantes sur le dos.

DENTELAIRES. *Voyez* PLOMBAGINÉES.

DENTELÉ, adj., *serratus*; πριονωτὸς; *dentellato* (it.); qui offre des dentelures, comme la *carapace* de la *Telphusa serrata*.

DENTELURE, s. f., *serra*, *serratura*. Nom donné à de petites parties saillantes, aiguës, qui sont inclinées vers le sommet de la lame d'une feuille, et qui garnissent le bord de cette dernière.

DENTICIDE, adj. On applique cette épithète à la *dissémination* des graines d'une plante, lorsque les dents, d'abord rapprochées, s'écartent les unes des autres, au sommet du péricarpe, pour produire une ouverture. Ex. *Primula*.

DENTICOLLE, adj., *denticollis* (*dens*, dent, *collum*, col); qui a le col ou le corselet dentelé. Ex. *Cryptorhynchus denticollis*.

DENTICORNE, adj., *denticornis* (*dens*, dent, *cornu*, corne); qui a les antennes dentées ou pectinées. Ex. *Ptinus denticornis*.

DENTICRURES, adj. et s. m. pl., *Denticrura* (*dens*, dent, *crus*, cuisse). Nom donné par Cuvier à une section de la famille des Brachélytres, renfermant ceux de ces coléoptères qui ont les jambes de devant au moins dentées ou épineuses au côté externe.

DENTICULE, subst. f., *denticula* (*dens*, dent). Dent extrêmement petite.

DENTICULÉ, adj., *denticulatus*, *serrulatus*, *subserratus*, *crenulatus*; *gezähnelt* (all.); qui est garni de très-petites dents, comme le *stigmate* du *Fumaria sempervirens*, les *feuilles* du *Fuchsia denticulata*, de l'*Epilobium denticulatum*, du *Rhamus crenulatus*, de l'*Alnus serrulatus*, du *Polyosma serrulatum* et du *Citharexylum subserratum*. On donne cette épithète à un poisson (*Scarus denticulatus*) dont les mâchoires sont garnies de dents très-fines.

DENTIFORME, adj., *dentiformis* (*dens*, dent, *forma*, forme). Le *Balanus dentiformis* est ainsi appelé parce que la base calcaire de ses valves a la forme de la racine d'une dent, dont les six valves réunies de la coquille constitueraient la couronne.

DENTIGÈRE, adject., *dentigerus* (*dens*, dent, *gero*, porter). Épithète donnée par Illiger au bec des oiseaux, lorsqu'il offre une ou plusieurs dents de chaque côté.

DENTIPÈDE, adj., *dentipes* (*dens*, dent, *pes*, pied). Se dit d'un insecte dont les cuisses de derrière (ex. *Melolontha dentipes*) ou les jambes de devant (ex. *Buprestis dentipes*) sont munies d'une épine ou d'une petite dent à leur partie interne.

DENTIPORE, adject., *dentiporus* (*dens*, dent, *porus*, pore). Le *Polyporus dentiporus* est garni en dessous de pores dont un des bords est saillant et denté.

DENTIROSTRES, adj. et s. m. pl., *Dentirostres* (*dens*, dent, *rostrum*, bec). Nom donné par Cuvier, Illiger, Duméril, Goldfuss, C. Bonaparte, Vigors, Latreille, Ficinus et Carus à une famille de l'ordre des Passereaux ou des Percheurs, comprenant ceux de ces oiseaux qui ont le bec échancré près du bout.

DENTITION, s. f., *dentitio*; ὀδοντοφυία; *Zahnausbruch* (all.); *toothing* (angl.). Sortie des dents hors des alvéoles et des gencives, ou plutôt ensemble des phénomènes qui caractérisent les diverses périodes de leur formation et de leur accroissement, jusqu'à leur apparition au dehors.

DÉNUDÉ, adj., *denudatus*; *entblösst* (all.); *snudato* (it.). Se dit d'un organe ou d'un corps qui, devant être recouvert, se trouve privé accidentellement de son enveloppe accessoire, ou qui n'offre pas les parties dont sont garnis d'autres organes ou corps qui se rapprochent de lui. Ainsi le *Myriophyllum denudatum* doit cette épithète à ce qu'il est absolument sans feuilles.

DÉNUDÉES, adj. et s. f. pl., *Denudatæ*. Linné désignait sous ce nom une famille de plantes, dans laquelle il rangeait celles dont les fleurs sont dépourvues de calice. Ex. *Crocus*.

DÉNUDÉS, adj. et s. m. pl., *Denudati*. Nom donné par Duméril à une famille de l'ordre des Entomostracés, comprenant ceux qui ont le corps entièrement nud. *Voyez* GYMNONECTES.

DÉOPERCULÉES, adj. et s. f. pl. Quelques botanistes, entr'autres Weber et Mohr, ont appelé les hépatiques *Calyptratæ deoperculatæ*, parce qu'elles sont privées de l'organe qu'on appelle opercule dans les mousses.

DÉPART, s. m., *separatio*; *Scheidung* (all.). Opération par laquelle on sépare certains métaux, l'or et l'argent surtout, d'autres substances métalliques, par des moyens chimiques, tels que l'emploi de l'acide nitrique ou de l'eau régale.

DÉPHLEGMATION, s. f., *dephlegmatio*. Opération dont le but est d'enlever, par un moyen quelconque, principalement par la distillation, l'eau qui se trouve mêlée avec un autre corps liquide.

DÉPHLOGISTIQUÉ, adj., *dephlogisticatus*; qui a perdu son phlogistique. L'*air déphlogistiqué* de l'école de Stahl est l'oxigène des chimistes modernes.

DÉPILANT, adject., *depilans*. La *Laplysia depilans* est ainsi nommée, parce que Linné attribuait à la liqueur blanchâtre et âcre qu'elle exhale la propriété de faire tomber les poils, ce qui est une erreur.

DÉPOLARISATION, s. f., *depolarisatio*. Phénomène qui a lieu lorsqu'un faisceau polarisé de lumière traverse un prisme biréfringent dans une certaine direction, c'est-à-dire que le faisceau analysé avec ce prisme donne dans tous les sens deux images blanches et d'égale intensité. Cependant la dépolarisation n'est qu'apparente dans ce cas, et le faisceau n'est pas véritablement naturel; car il diffère de ce qu'il serait alors par plusieurs caractères essentiels.

DÉPOUILLE, s. f., *exuviæ*; σκῦον. On emploie souvent ce terme pour désigner la peau d'une bête féroce, mais plus fréquemment pour exprimer l'enveloppe épidermique que rejettent à certaines époques les serpens (*anguina vernatio*; λεβηρίς), et certains animaux articulés, comme les araignées.

DÉPRÉDATEURS, adj. et s. m. pl., *Prædones*. Nom donné par Latreille, Goldfuss, Ficinus et Carus à une section de l'ordre des Hyménoptères, comprenant ceux qui, comme les Mutilles, Fourmis, Sphex et

Guêpes, causent beaucoup de dégâts, et que depuis Latreille a dispersés.

DÉPRESSICOLLE, adj., *depressicollis* (*depressus*, déprimé, *collum*, col); qui a le col ou le corselet aplati. Ex. *Ceutorhynchus depressicollis*.

DÉPRESSICORNE, adj., *depressicornis* (*depressus*, déprimé, *cornu*, corne); qui a des cornes déprimées, comme le sont, à leur base, celles de l'*Antilope depressicornis*.

DÉPRIMÉ, adj., *depressus*; *niedergedrückt* (all.); *depresso* (it.). En botanique, ce mot est pris dans le sens de *couché*, d'*aplati* et d'*enfoncé*. La *radicule déprimée* de l'*Ægle Marmelos* est enfoncée au dessous du niveau des parties voisines. La *capsule déprimée* de l'*Illicium anisatum* et la *carcérule déprimée* du *Nevrada prostrata* offrent une coupe transversale plus grande que la longitudinale, comme si elles avaient subi une pression dans le sens vertical, ou du sommet à la base. L'*Antichorus depressus* est ainsi appelé à cause de sa tige couchée, et le *Pterygophyllum depressum*, parce que ses rameaux sont abaissés vers la terre. En zoologie, le mot *déprimé* veut toujours dire aplati de haut en bas, comme la coquille de la *Calyptræa depressa*, le *corselet* des *Cucujus*, le *corps* de l'*Acanthia depressa*, le *bec* d'un assez grand nombre d'oiseaux, tels que les canards.

DÉPRIMÉS, adject. et s. m. pl., *Depressi*. Nom donné par Eichwald à une tribu de la famille des Coléoptères brachélytres, comprenant ceux qui ont le corps aplati de haut en bas.

DÉPURATION, s. f., *depuratio*; κάθαρσις; *Reinigung* (all.). Opération par laquelle on débarrasse une substance de celles qui, par leur mélange avec elle, altéraient sa pureté; résultat ou effet de cette opération.

DÉRAEUM, subst. m., *deræum*; *Unterhals* (all.) (δερή, cou). Nom donné par Illiger à la portion infé-rieure du cou des oiseaux, celle qui est au dessous de la gorge et de la nuque.

DÉRATOPTÈRES, adj. et s. m. pl., *Deratoptera* (δέρας, peau, πτερὸν, aile). Nom sous lequel Clairville dé-signait une section de la classe des insectes, comprenant ceux à élytres simplement coriaces, qu'on appelle aujourd'hui Orthoptères.

DÉRENCÉPHALE, adj. et s. m., *Derencephalus* (δερὴ, cou, ἐν, dans, κεφαλή, tête). Nom donné par Geof-froy Saint-Hilaire à un genre de monstres, comprenant ceux qui ont un très-petit cerveau, enveloppé par les vertèbres du cou.

DERMAPTÈRES, adj. et s. m. pl., *Dermaptera* (δέρας, peau, πτερὸν, aile). Ce nom, qui pour Degeer était synonyme d'Orthoptères, est appliqué par Kirby, Leach et Latreille à un ordre de la classe des insectes, com-prenant ceux qui ont les élytres presque entièrement crustacées et tou-jours horizontales.

DERMATOBRANCHES, adj. et s. m. pl., *Dermatobranchiata* (δέρμα, peau, βράγχια, branchies). G. Fis-cher désigne sous ce nom une section de l'ordre des Mollusques gastéro-podes, comprenant ceux qui respirent par une cavité pulmonaire, par une branchie aérienne.

DERMATOCARPES, adj. et s. m. pl., *Dermatocarpei, Dermatocarpeæ* (δέρμα, peau, καρπὸς, fruit). Nom donné par Persoon et Marquis à un ordre de la classe ou à une famille de la section des Champignons angio-carpes, comprenant les parasites qui, dans leur jeunesse, sont protégés par l'épiderme de la plante sur laquelle ils vivent; par F.-G. Eschweiler à une cohorte de la famille des Lichens, ayant pour type le genre *Dermato-carpon*.

DERMATODONTE, adj., *derma-todon* (δέρμα, peau, ὀδοὺς, dent). L'*Hydnum dermatodum* est appelé ainsi à cause des dents submembra-neuses qui garnissent le dessous de son chapeau.

DERMATOGASTRES, adj. et s. m. pl., *Dermatogasteres* (δέρμα, peau, γαστήρ, ventre). Nom donné par Nees d'Esenbeck à une tribu de cham-pignons appartenant à la section des Gastromyces géogastres.

DERMATOIDE, adj., *dermatoi-deus, alutaceus* (δέρμα, peau, εἶδος, ressemblance); qui a l'épaisseur ou la consistance du cuir, comme la *fronde* du *Laminaria dermatoidea*, le *chapeau* du *Polyporus alutaceus*, du *Peziza alutacea* et de l'*Hydnum alutaceum*.

DERMATOPHIDES, adj. et s. m. pl., *Dermatophides* (δέρμα, peau, ὄφις, serpent). Nom donné par J.-A. Ritgen à une section de l'ordre des reptiles Ophidiens, comprenant ceux qui ont la peau nue.

DERMATOPNONTES, adj. et s. m. pl., *Dermatopnunta* (δέρμα, peau, πνύω, respirer). Nom sous lequel G. Fischer désigne un groupe d'ani-maux invertébrés, comprenant ceux qui, comme les polypes et les infu-soires, respirent par la surface du corps.

DERMATOPODES, adj. et s. m. pl., *Dermatopodes* (δέρμα, peau, πούς, pied). Nom donné par Mœhring à une classe d'oiseaux, dans laquelle il rangeait ceux qui ont les pieds couverts d'une peau coriace et ru-gueuse.

DERME, s. m., *derma, corium, cutis*; δέρμα; *Lederhaut* (all.) (δέρω, écorcher). Peau proprement dite; couche la plus profonde, la plus épaisse et la plus vivante des tégumens communs des animaux, particulière-ment des mammifères.

DERMÉENS, adj. et s. m. pl., *Der-mei*. Nom donné par Fries à un sous-ordre de l'ordre des Phacidinées, ayant pour type le genre *Dermea*.

DERMESTIDES, adj. et s. m. pl., *Dermestidæ*. Nom donné par Leach à une famille d'insectes Coléoptères, qui a pour type le genre *Dermestes*.

DERMESTINS, adj. et s. m. pl., *Dermestini*. Cuvier, Latreille et Eichwald désignent sous ce nom une tribu de la famille des Clavicornes, ayant le genre *Dermestes* pour type.

DERMOBLASTE, s. m., *dermoblastus; Hautkeim* (all.) (δέρμα, peau, βλάστη, bourgeon). Willdenow appelait ainsi un embryon végétal dont le cotylédon est formé d'une membrane qui se rompt irrégulièrement, cas dans lequel il croyait que se trouvent les champignons.

DERMOBRANCHES, adj. et s. m. pl., *Dermobranchiata* (δέρμα, peau, βράγχια, branchies). Nom donné par G. Hartmann à un ordre, et par Duméril à une famille de Gastéropodes, comprenant ceux qui respirent par des branchies extérieures ayant la forme de lames, de filamens ou de panaches.

DERMODONTES, adject. et s. m. pl., *Dermodontes* (δέρμα, peau, ὀδούς, dent). Nom sous lequel Blainville désigne une sous-classe de poissons, dans laquelle il range ceux qui n'ont point de dents implantées dans l'épaisseur des os maxillaires.

DERMOGRAPHIE, s. f., *dermographia* (δέρμα, peau, γράφω, écrire). Description de la peau.

DERMOLOGIE, s. f., *dermologia* (δέρμα, peau, λόγος, discours). Traité sur la peau.

DERMOPTÈRES, adject. et s. m. pl., *Dermopteri*, *Dermoptera* (δέρμα, peau, πτερόν, aile). Nom donné par Illiger à une famille de Mammifères, comprenant ceux qui voltigent à l'aide d'une membrane étendue des bras aux jambes; par Duméril à une famille de l'ordre des poissons Holo-

branches, dans laquelle il range ceux qui ont la nageoire dorsale adipeuse par Degeer et Clairville à un ordre de la classe des insectes, comprenant ceux qui ont les ailes supérieures coriaces.

DERMORHYNQUES, adj. et s. m. pl., *Dermorhynchi* (δέρμα, peau, ῥύγχος, bec). Vieillot et Ranzani désignent sous ce nom une famille de la tribu des oiseaux nageurs téléopodes, comprenant ceux qui ont le bec recouvert d'un épiderme, comme les oies et les canards.

DERMOSPORÉS, adj. et s. m. pl., *Dermosporii*. Nom donné par Fries à un sous-ordre de l'ordre des Tubercularins, ayant pour type le genre *Dermosporium*.

DERTRUM, s. m., *dertrum*; δέρτρον; *Kuppe* (all.). Illiger désignait ainsi le bout de la mandibule supérieure des oiseaux, lorsqu'il est distingué du reste par sa forme ou par un sillon.

DÉSACCOUPLEMENT, subst. m. Cessation de l'accouplement, séparation des deux sexes qui s'étaient unis pour l'acte de la génération. Ce terme est surtout usité en économie rurale.

DÉSAGGRÉGATION, s. f., *desaggregatio*. Séparation des parties d'un minéral, par l'action d'une force qui réduit ce dernier en grains ou en poussière.

DÉSARMÉ, adject., *inermis*; qui n'a point d'armes, comme l'*Ageneiosis inermis*, dont les narines sont dépourvues de cornes. V. INERME.

DÉSASSIMILATEUR, adject.; qui produit un effet contraire à l'assimilation. *Faculté désassimilatrice.*

DÉSASSIMILATION, s. f. Action organique qui a pour résultat, soit la destruction de l'individu, soit l'entretien de l'espèce, et qui parvient à ce but en détruisant les rapports des diverses parties qui forment un corps vivant, ou en isolant quelques unes de ces parties, pour produire un nouvel être.

DESCENDANT, adj., *descendens*; *herabsteigend, absteigend* (all.); *descending* (angl.). On emploie ce mot : 1° en astronomie, où l'on appelle *nœud descendant*, l'intersection du plan de l'orbe d'une planète ou d'une comète avec celui de l'orbe terrestre, lorsque ce corps passe au côté sud de la terre. 2° En botanique. *Caudex descendant* (*Caudex descendens ; Truncus subterraneus*, Hedwig; *Descensus*, l'Heritier; *Cormus descendens*, Candolle), d'après Linné, la partie du végétal qui se dirige vers le centre de la terre, et qui, en se subdivisant, produit les radicules destinées à pomper la nourriture de la plante. *Collet descendant*, celui qui, en se développant, s'enfonce dans la terre avec la radicule, de sorte qu'il devient partie constituante du caudex descendant (ex. *Damasonium stellatum*). *Poils descendans*, ceux qui sont dirigés vers la base de la partie qui les porte (ex. *Veronica spicata*).

DESCENSION, s. f., *descensio*; *Absteigung* (all.). Les astronomes appellent *descension droite* d'une étoile, l'arc de l'équateur compris entre le point de l'équinoxe du printemps et le cercle de déclinaison qui passe par cette étoile ; *descension oblique*, l'arc de l'équateur compris entre le point de l'équinoxe du printemps d'où l'on compte les degrés de l'équateur et le point de l'équateur qui se couche en même temps que cette étoile.

DESCENSIONNEL, adject. On nomme *différence descensionnelle*, celle qui existe entre la descension droite et la descension oblique d'une étoile.

DÉSERT, s. m., *desertum*; *Wüste, Einöde* (all.); *desert* (angl.); *deserto* (it.). Vaste espace, généralement uni et souvent couvert de sable ou de gravier, qui n'est traversé par aucun cours d'eau, et dans lequel les corps organisés ne peuvent s'établir.

DÉSHYDROGÉNATION, subst. f. Soustraction de l'hydrogène qui entre dans la composition d'une substance.

DÉSHYDROGÉNÉ, adj. Se dit d'un corps ou d'une substance qui a perdu son hydrogène.

DÉSINENCE, s. f., *desinentia*. Manière dont se termine un organe ou une partie d'organe, principalement chez les végétaux.

DÉSIR, s. m., *cupido, cupiditas*; ἐπιθυμία; *Verlangen, Sehnsucht* (all.); *desire* (angl.); *brama* (it.). Sentiment intérieur par lequel nous sommes portés vers une chose, agréable ou nécessaire, qui nous manque. « Tout désir est un besoin, une douleur commencée. » (Voltaire.)

DESMATODONTOIDÉES, adj. et s. f. pl., *Desmatodontoideæ*. Nom donné par Furnrohr à un groupe de la famille des Mousses, ayant pour type le genre *Desmatodon*.

DESMOGOMPHE, adject., *desmogomphius* (δεσμός, lien ,γομφίος, dent). Épithète donnée par C.-G. Ehrenberg aux infusoires Rotifères dont chacune des mâchoires a la forme d'un étrier sur lequel sont étendues les dents, qui y tiennent à la fois par la base et par le sommet. Ex. *Rotifer*.

DESMYPSOPODES, adj. et s. m. pl., *Desmypsopodes* (δεσμός, lien, ὕψος, hauteur, πούς, pied). Nom donné par J.-A. Ritgen à une famille de l'ordre des Colobathropodes, comprenant des oiseaux échassiers à doigts unis par une membrane.

DÉSORGANISATION, s. f., *desorganisatio*. Altération profonde dans la texture d'une partie organique, qui lui fait perdre la plupart ou la totalité de ses caractères distinctifs; effet qui résulte de cette altération.

DÉSOXIDATION. *Voyez* DÉSOXIGÉNATION.

DÉSOXIDÉ. *Voyez* DÉSOXIGÉNÉ.

DÉSOXIGÉNATION, s. f. ; *Ent-sauerstoffung* (all.) ; *desossidazione* (it.). Soustraction totale ou particlle de l'oxigène qui entre dans la composition d'une substance.

DÉSOXIGÉNÉ, adj. ; qui a perdu tout ou partie de son oxigène.

DESSICCATION, s. f., *siccatio*; ξήρωσις; *Austrocknung* (all.). Opération par laquelle on dépouille une matière solide de l'eau ou d'un autre liquide quelconque dont elle était imbibée.

DÉSUNI, adj., *discretus, sejunctus ; getrennt* (all.). Nom donné, dans la nomenclature minéralogique de Haüy, à une variété dans laquelle des facettes produites par une loi compliquée s'interposent entre d'autres facettes produites par des lois très-simples. Ex. *Chaux carbonatée désunie.*

DÉTACHÉ, adj., *solutus ; lose, abgelöst* (all.). Se dit, en botanique, des *stipules*, quand elles ne tiennent au pétiole que par la base.

DÉTARIÉES, adject. et s. f. pl., *Detarieæ*. Nom donné par Candolle à une tribu de la famille des Légumineuses, qui a pour type le genre *Detarium.*

DÉTERMINÉ. *Voyez* DÉFINI.

DÉTONATION, s. f., *detonatio*; *Verpuffung* (all.). Bruit plus ou moins violent qui se fait entendre, soit dans le cours des combinaisons ou décompositions chimiques qui s'accomplissent avec rapidité, soit quand un corps change brusquement d'état ou de volume, sans éprouver de changement dans sa nature,

DÉTRITIQUE, adject., *detriticus* (*detero*, broyer). Épithète donnée par Brongniart et par Omalius à un groupe de terrains, postérieurs à la dernière révolution du globe, qui résultent d'un assemblage, ordinairement meuble, de fragmens plus ou

moins reconnaissables de roches et de débris de corps organisés.

DÉTROIT, subst. m., *fretum*; *Meerenge* (all.); *streight* (angl.); *stretto* (it.). Bras de mer resserré entre deux côtes, qui fait communiquer ensemble deux mers (ex. détroit de Gibraltar), ou deux portions d'une même mer (ex. Pas-de-Calais).

DEUIL, s. m. On employe très-souvent cette épithète, en histoire naturelle, pour désigner des êtres qui, dans leur coloration, offrent un mélange de noir et de blanc, et présentent en quelque sorte l'aspect d'un drap mortuaire ou d'un vêtement de deuil, comme le *Moræa lugens*, qui, sur six pétales, en a trois noirs et trois blancs alternant ensemble, ou le *Restio elegia*, dont les anthères sont noirâtres, avec une bordure blanche. On la rend en latin de manières très-variées, dont voici quelques exemples : *Centropus ateralbus, Ortalis mœrens, Noctua leucomelas, Noctua vidua, Actinia viduata, Hæmopis luctuosa, Noctua tristis, Tachina orbata.*

DEUTAENOTHIONIQUE, adject., *deutænothionicus* (δεύτερος, second, οἶνος, vin, θεῖον, soufre). Sertuerner a nommé ainsi le second des trois acides que l'acide sulfurique produit en agissant sur l'alcool pour former l'éther, et qui, comme les deux autres, n'est que de l'acide sulfovinique.

DEUTÉROLOGIE, s. f., *deuterologia* (δεύτερον, arrière-faix, λόγος, discours). Traité sur la nature, les usages et les connexions de l'arrière-faix. J.-A. Friderici a publié un ouvrage sous ce titre.

DEUTÉROMÉSAL, adj., *deuteromesalis* (δεύτερος, second, μέσος, mitoyen). Nom donné par Kirby à la seconde série des aréoles moyennes de l'aile des insectes, qui le plus souvent se compose de deux.

DEUTIODURE, s. m., *deutiodu-retum*. Synonyme de *biiodure*. *Voy.* ce mot.

DEUTOCARBONÉ, adj., *deuto-carbonatus*. Le *gaz hydrogène deuto-carboné* est la seconde des combinaisons de l'hydrogène avec le carbone, le *carbure dihydrique* de Berzelius, ou gaz oléfiant.

DEUTOCHLORURE, s. m., *deutochloruretum*. Seconde des combinaisons que le chlore forme avec un corps simple, quand il est susceptible d'en produire plusieurs. Ex. *Deutochlorure de mercure*.

DEUTOSÉLÉNIURE, s. m., *deutoseleniuretum*. Seconde des combinaisons auxquelles le sélénium donne naissance en s'unissant à un corps simple avec lequel il peut se combiner en plusieurs proportions différentes.

DEUTOSULFATE, s. m., *deutosulphas*. Sel produit par la combinaison de l'acide sulfurique avec un deutoxide.

DEUTOSULFURE, s. m., *deutosulphuretum*. Seconde des combinaisons que le soufre forme avec un corps simple, quand il est susceptible d'en produire plusieurs.

DEUTOXIDE, s. m., *deutoxidum*. Second degré d'oxidation d'un corps simple qui peut se combiner en plusieurs proportions diverses avec l'oxigène.

DÉVIÉ, adj., *deviatus*. Se dit, en botanique, des *feuilles*, quand elles sont contournées sur elles-mêmes, de manière que la face supérieure ne se trouve plus regarder le ciel. Ex. *Allium obliquum*.

DEXTRE, adj., *dexter*. On dit qu'une *coquille* spirivalve est *dextre*, quand son bord terminal se trouve placé à la droite de l'animal, et que le *sommet* d'une coquille univalve est *dextre*, lorsqu'il penche à droite, la coquille étant supposée oblique-ment sur le dos de l'animal. Ex. *Cabochon*.

DEXTROVOLUBILE, adj., *dextro-volubilis*, *dextrorsumvolubilis*. Epithète donnée à une *tige* ou à une *vrille* qui tourne de gauche à droite. Cette disposition a été observée dans les genres *Basella*, *Calyptrion*, *Dioscorea*, *Humulus*, *Lonicera*, *Morinda*, *Polygonum*, *Rajania*, *Tamnus* et *Ugena*.

DIACANTHE, adj., *diacanthus* (δίς, deux, ἄκανθα, épine). Se dit, en botanique, d'une *plante* qui présente deux épines au dessous de chaque feuille (ex. *Ribes diacantha*), ou à l'aisselle de chaque foliole (ex. *Limonia diacantha*), dont le péricline est formé de deux squames, toutes deux armées d'une épine (ex. *Rolandra diacantha*), ou dont les feuilles sont garnies sur les bords d'épines géminées (ex. *Lamyra diacantha*); en zoologie, d'un *poisson* qui offre deux rayons aigus à l'une de ses nageoires, l'anale par exemple (ex. *Holocentrus diacanthus*), ou deux aiguillons à chaque opercule (ex. *Perca diacantha*).

DIACHAINE, s. m., *diachenium*. Fruit simple, formé par un ovaire adhérent avec le calice, qui, à sa maturité, se sépare en deux loges ou achaines. Ex. *Ombellifères*.

DIACHÈNE. *Voy.* DIACHAINE.

DIACHYME, s. m., *diachyma* (διά, à travers, χυμός, suc). Link appelle ainsi le parenchyme des feuilles, le tissu cellulaire disséminé entre les divisions du pétiole.

DIACOUSTIQUE, s. f., *diacoustica* (διά, à travers, ἀκούω, entendre). Branche de la physique qui s'occupe des propriétés du son réfracté dans son passage à travers des milieux de densité différente.

DIADACTYLOBATRACIENS, adj. et s. m. pl., *Diadactylobatrachi* (διά, à travers, δάκτυλος, doigt, βάτραχος, grenouille). Nom donné par J.-A. Ritgen à une famille de Reptiles Pygomolges ou Géobatraciens, comprenant ceux qui ont les doigts fendus.

DIADELPHE, adject., *diadelphus* (δίς, deux, ἀδελφός, frère), Epithète donnée aux *étamines*, lorsqu'elles sont réunies par leurs filets en deux faisceaux égaux (ex. *Fumaria*) ou inégaux (ex. *Nissolia diadelpha*).

DIADELPHIE, s. f., *diadelphia*. Nom d'une classe, dans le système de Linné, qui renferme les plantes dont les étamines sont réunies en deux faisceaux par la base.

DIADELPHIQUE, adj., *diadelphicus*. Se dit d'une *plante* ou d'une *fleur* à étamines diadelphes.

DIAGOMÈTRE, s. m., *diagometrum* (διάγω, conduire à travers, μετρέω, mesurer). Appareil que Rousseau a imaginé pour comparer les conducibilités électriques des diverses substances.

DIAKÈNE. *Voy.* DIACHAINE.

DIALLAGIQUE, adj., *diallagicus*. Se dit d'une *roche* qui contient de la diallage. Ex. *Syénite diallagique*.

DIANDRE, adj., *diander*, *diandrus*; *zweimännig* (all.) (δίς, deux, ἀνήρ, homme). Epithète donnée à une *plante* ou *fleur* ayant deux étamines. Ex. *Scleranthus diander*, *Amaranthus diandrus*, *Scabiosa diandra*.

DIANDRIE, s. f., *diandria*. Ce nom appartient, dans le système de Linné, à une classe et à trois ordres, contenant des plantes à deux étamines. — Malacarne le donne à une classe de monstres, qui sont caractérisés par la présence du sexe masculin double chez un même individu.

DIANDRIQUE, adj., *diandricus*. Se dit d'une *fleur* qui ne contient que deux étamines.

DIANÈME, adj., *dianema* (δίς, deux, νῆμα, fil). Le *Lonchiurus*

dianema est ainsi appelé parce que le premier rayon de chacune de ses catopes se termine par un long filament.

DIANGIÉES, adj. et s. f. pl. *Diangiæ* (δίς, deux, ἀγγεῖον, vase). Nom donné par Boerhaave à une classe de plantes, comprenant celles aux fleurs desquelles succède un péricarpe biloculaire ou double.

DIANTHE, adj., *dianthus* (δίς, deux, ἄνθος, fleur); qui porte deux fleurs, qui se compose de deux fleurs, comme les ombelles de l'*Hydrocotyle diantha*. *V.* BIFLORE, DIFLORIGÈRE.

DIANTHÉES, adj. et s. f. pl. *Diantheæ*. Nom donné par A. Richard à une section de la famille des Caryophyllées, par Caffin à une famille de plantes, ayant pour type le genre *Dianthus*.

DIANTHÈRE, adj., *diantherus* (δίς, deux, ἀνθηρός, fleuri); qui a deux anthères. Le *Polanisia dianthera*, sur huit étamines, en a six stériles, et deux seulement anthérifères.

DIANTHINÉES, adj. et s. f. pl. *Dianthineæ*. Candolle appela d'abord ainsi la tribu de la famille des Caryophyllées que depuis il a nommée Silénées.

DIAPÉRALES, adj. et s. m. pl. *Diaperalæ*, *Diaperales*, *Diaperiales*. Nom donné par Cuvier, Latreille et Eichwald à une tribu de la famille des Coléoptères Taxicornes, par Goldfuss, Ficinus et Carus à une tribu de la famille des Hétérolytres, ayant pour type le genre *Diaperis*.

DIAPÉRIDES, adj. et s. m. pl. *Diaperidæ*. Leach appelle ainsi la tribu des *Diapérales*.

DIAPHANE, adj., *diaphanes*, *diaphaneus*, *diaphanus*, *perlucidus*, *translucidus*; διαφανής; *durchsichtig* (all.); *diaphanous* (angl.); *diafano* (it.) (διά, à travers, φαίνω, voir). Se dit d'un corps qui laisse passer la lumière et permet qu'on aperçoive nettement la forme des objets à travers sa substance. Ex. *Turbo diaphanus*, *Lenticulina diaphanea*, *Barbula diaphana*, *Hieracium diaphanum*, *Vediantius crystallus*. Synonyme de *transparent*.

DIAPHANÉITÉ, s. f., *diaphaneitas*, *perluciditas*; διάφανησις, διάφασις, διαφάνεια; *Durchsichtigkeit* (all.); *diafanita* (it.). Qualité de ce qui est diaphane. Synonyme de *transparence*.

DIAPHANIPENNE, adj., *diaphanipennis* (*diaphanus*, diaphane, *penna*, aile); qui a les ailes diaphanes. Ex. *Tachina diaphanipennis*.

DIAPHANOMÈTRE, s. m., *diaphanometrum*. Appareil que Saussure a proposé pour examiner et apprécier les différences de diaphanéité de l'atmosphère en des temps divers.

DIAPHNOPHYTE, s. m., *diaphnophytum* (διαφωνέω, être différent, φυτὸν, plante). Nom donné par Necker à un groupe de plantes qui diffèrent les unes des autres sous le rapport de la fructification.

DIAPHRAGMATIQUE, adj., *diaphragmigerus* (διὰ, à travers, φράγμα, haie). Se dit d'une *gousse* qui est divisée en deux ou plusieurs loges par des cloisons transversales. Ex. *Cassia fistula*. *Voy.* PHRAGMIGÈRE.

DIAPHRAGME, s. m., *diaphragma*; διάφραγμα; *Querwand* (all.) (διὰ, à travers, φράγμα, haie). Lame droite, plus ou moins étendue, qui partage la cavité de certaines coquilles uniloculaires en deux seulement et d'une manière incomplète (ex. *Septaire*). Plan perpendiculaire qui divise en deux ou plusieurs loges une silique, une silicule, un fruit. *V.* ENDOPHRAGME.

DIAPHYSISTÉES, adj. et s. f pl., *Diaphysisteæ* (διαφύω, naître parmi). Gaillon donne cette épithète à une section de la famille des Thalassiophytes, comprenant celles, générale-

ment filamenteuses, qui présentent de distance en distance, à l'intérieur, des cloisons ou des renflemens cellulaires transversaux, donnant aux filamens, dans leur continuité, l'apparence d'interruption transversale.

DIASTÉMATÉLYTRIE, s. f., *diastematelytria* (διαστημα, intervalle ἔλυτρον, vagin). Nom donné par Breschet à un genre de déviations organiques, caractérisé par la scission longitudinale du vagin.

DIASTÉMATENCÉPHALIE, s. f., *diastematencephalia* (διαστημα, intervalle, ἐγκέφαλος, cerveau). Nom donné par Breschet à un genre de déviations organiques, qui est caractérisé par la scission du cerveau, jusqu'à sa base, sur la ligne moyenne.

DIASTÉMATIE, s. f., *diastematia* (διαστημα, intervalle). Nom donné par Breschet aux déviations organiques qui ont pour caractère la présence d'une fissure ou fente sur la ligne médiane du corps.

DIASTÉMATOCAULIE, s. f., *diastematocaulia* (διαστημα, intervalle, καυλὸς, tronc). Nom donné par Breschet à un genre de déviations organiques qui est caractérisé par la scission du tronc, dans le sens de sa longueur.

DIASTÉMATOCHÉILIE, subst. f., *diastematocheilia* (διαστημα, intervalle, χεῖλος, lèvre). Nom donné par Breschet à un genre de déviations organiques qui a pour caractère la scission longitudinale des lèvres, à leur partie moyenne.

DIASTÉMATOCRANIE, subst. f., *diastematocrania* (διαστημα, intervalle, κρανίον, crâne). Nom donné par Breschet à un genre de déviations organiques qui est caractérisé par la scission du crâne sur la ligne médiane.

DIASTÉMATOCYSTIE, s. f., *diastematocystia* (διαστημα, intervalle, κύστις, vessie). Nom donné par Bres-

chet à un genre de déviations organiques qui est caractérisé par la scission de la vessie sur la ligne médiane.

DIASTÉMATOGASTRIE, subst. f.,
diastematogastria (διαστημα, intervalle, γαστήρ, ventre). Nom donné
par Breschet à un genre de déviations
organiques qui a pour caractère la
scission des parois du ventre à leur
partie moyenne.

DIASTÉMATOGLOSSIE, subst. f.,
diastematoglossia (διαστημα, intervalle, γλῶσσα, langue). Nom donné
par Breschet à un genre de déviations
organiques qui a pour caractère la
scission de la langue en deux moitiés.

DIASTÉMATOGNATHIE, s. f.,
diastematognathia (διαστημα, intervalle, γνάθος, machoire). Nom donné
par Breschet à un genre de déviations
organiques qui a pour caractère la
scission des mâchoires sur la ligne
médiane.

DIASTÉMATOMÉTRIE, subst. f.,
diastematometria (διαστημα, intervalle, μήτρα, matrice). Nom donné
par Breschet à un genre de déviations
organiques ayant pour caractère la
scission de la matrice en deux sur la
ligne médiane.

DIASTÉMATOPYÉLIE, subst. f.,
diastematopyelia (διαστημα, intervalle, πύελος, bassin). Nom donné
par Breschet à un genre de déviations
organiques qui a pour caractère la
scission du bassin sur la ligne médiane.

DIASTÉMATORACHIE, subst. f.,
diastematorachia (διαστημα, intervalle, ῥάχις, rachis). Nom donné par
Breschet à un genre de déviations
organiques, caractérisé par la scission
longitudinale de la colonne épinière.

DIASTÉMATORHINIE, subst. f.,
diastematorhinia (διαστημα, intervalle, ῥίν, nez). Nom donné par
Breschet à un genre de déviations
organiques qui a pour caractère la

scission du nez sur la ligne médiane.
DIASTÉMATOSTAPHYLIE, s. f.,
diastematostaphylia (διαστημα, intervalle, σταφύλη, luette). Nom donné
par Breschet à un genre de déviations
organiques, caractérisé par la scission
de la luette.

DIASTÉMATOSTERNIE, subst. f.,
diastematosternia (διαστημα, intervalle, στέρνον, sternum). Nom donné par Breschet à un genre de déviations organiques qui a pour caractère
la scission longitudinale du sternum.

DIASTÈME, s. m. (διαστημα, interstice). Nom donné par Balcells
aux pores accidentellement épars sur
la surface du corps, et qu'on peut
seulement démontrer par la pénétration des fluides dans les solides ; ces
pores, qu'il appelle aussi *secondaires*
ou *physiques*, variant suivant la forme des parties qui composent les
corps et la manière dont elles
sont réunies, ne donnent lieu qu'à
quelques actions physiques, et sont
peu propres à produire de grandes
différences dans les propriétés des
corps.

DIASTÈME, s. f., *diastema; Zahn-
lücke* (all.) (διά, en travers, ἰστημι,
se tenir). Nom donné par Illiger à
l'intervalle qui, chez le plus grand
nombre des Mammifères, existe entre les dents canines et les molaires
(*voyez* **BARRE**) ; par Savigny, dans
les Arachnides, à la portion de la
tête qui précède immédiatement le
chaperon, ou véritable épistome, et
où sont insérées les chélicères ou for-
cipules.

DIASTÉMENTÉRIE, s. f., *diaste-
menteria* (διαστημα, intervalle, ἔντερον, intestins). Nom donné par
Breschet à un genre de déviations organiques qui a pour caractère la scission longitudinale du canal alimentaire.

DIASTROPHYLLE, adj., *diastro-
phyllus* (διαστρέφω, distordre, φυλλόν

feuille). L'*Hypnum diastrophyllum* a à ses feuilles élégamment rejetées en travers l'un et l'autre côté.

DIATOMÉES, adj. et s. f. pl., *Diatomeæ.* Nom donné par Agardh à un ordre de la famille des Hydrophytes et par Fries à une famille d'Algues, ayant pour type le genre *Diatoma.*

DIATOMIQUE. *Voyez* BIATOMIQUE.

DIATONIQUE, adj., *diatonicus* (δια, par, τόνος, ton). On appelle *échelle diatonique* celle qui n'admet d'autres intervalles que ceux qui marquent les rapports réciproques des huit sons successifs de la gamme. Le nombre des vibrations qui produisent l'*ut* étant exprimé par 1, le rapport entre lui et celui des vibrations d'où naissent les autres notes est 8 à 9 d'*ut* à *ré*, de *fa* à *sol*, et de *la* à *si*; 9 à 10 de *ré* à *mi* et de *sol* à *la*; 15 à 16, de *mi* à *fa* et de *si* à *ut*. De ces intervalles, qui sont autant de secondes, les trois premiers et les deux suivans, qui sont égaux entr'eux, sont appelés *tons entiers*, et les deux derniers, qui sont à peu près la moitié des autres, sont nommés *demi-tons*; on appelle *tons majeurs* les intervalles 8 à 9, et *tons mineurs* les intervalles 9 à 10. Ainsi l'échelle diatonique se compose de cinq tons, dont trois majeurs, deux mineurs, et de deux demi-tons. La *tierce* est *majeure*, quand elle renferme deux tons entiers $\frac{ut}{mi}\frac{fa}{la}\frac{sol}{si}$, et *mineure* quand elle renferme un ton et un demi-ton $\frac{mi}{sol}\frac{ré}{fa}\frac{la}{ut}$; la *quarte* est *simple* quand elle est formée de deux tons et d'un demi-ton $\frac{ut}{fa}\frac{ré}{sol}\frac{mi}{la}\frac{sol}{ut}$, et *superflue*, lorsqu'elle renferme trois tons $\frac{ut}{sol}$; la *quinte* se compose de trois tons et d'un demi-ton $\frac{ut}{sol}\frac{ré}{la}\frac{mi}{si}\frac{fa}{ut}$; la *sixte* peut être *mineure*, quand elle contient trois tons et un demi-ton $\frac{mi}{ut}$;

majeure, lorsqu'elle se compose de quatre tons et d'un demi-ton $\frac{ut}{la}\frac{ré}{si}$; la *septième* peut être *majeure*, si elle contient quatre tons et deux demi-tons $\frac{ré}{ut}$, ou *mineure*, si elle renferme cinq tons et un demi-ton, $\frac{ut}{si}$.

DIAZEUXIÉES, adj. et s. f. pl., *Diazeuxieæ.* Nom donné par D. Don à une tribu de la famille des Labiatiflores, qui a pour type le genre *Diazeuxis.*

DIBOTHRYDE, adj., *dibothrydus* (δὶς, deux, βόθριον, fossette). Épithète donnée aux bothryocéphales qui ont deux fossettes sur les côtés de la tête.

DIBRANCHES, adj. et s. m. pl., *Dibranchia* (δὶς, deux, βράγχια, branchies). Nom sous lequel Latreille désigne un ordre de la classe des Cirripèdes, comprenant ceux dont les branchies consistent en deux feuillets.

DICARPE, adject., *dicarpus* (δὶς, deux, καρπὸς, fruit). Se dit d'une *bulbe*, lorsqu'elle peut produire deux tiges l'une après l'autre (ex. *Colchicum*). Le *Fissidens dicarpos* a ses pédoncules ordinairement géminés.

DICARPES, adj. et s. f. pl., *Dicarpæ.* Nom donné par Haller à une famille de plantes, dont le fruit se compose d'un double follicule : elle répond à peu près aux Apocynées.

DICÉLUPHE, adject., *diceluphus* (δὶς, deux, κέλυφος, écorce). Moquin-Tandon donne cette épithète aux œufs monstrueux qui ont une double coquille.

DICÉPHALE, adject., *dicephalus* (δὶς, deux, κεφαλὴ, tête). Se dit, d'après Mirbel, d'une *capsule* provenant d'un ovaire qui a deux sommets organiques (ex. *Saxifraga*). Se dit aussi d'une *plante* dont la tige se partage en deux rameaux terminés chacun par une calathide solitaire (ex. *Drozia dicephala*).

I.   25

DICÉRATE, adj., *diceratus* (δὶς, deux, κέρας, corne); qui a deux cornes, comme l'*Isocardia dicerata*, dont les sommets très-écartés se roulent de dedans en dehors.

DICÈRE, adject., *dicerus* (δὶς, deux, κέρας, corne). Menke donne cette épithète aux mollusques gastéropodes qui n'ont que deux tentacules à la tête. Ex. *Partula pudica.*

DICÈRES, adj. et s. m. pl., *Dicerata* (δὶς, deux, κέρας, corne). Nom donné par Blainville à une famille de l'ordre des Paracéphalophores polybranches, comprenant ceux qui ont deux tentacules sur la tête. Quelques auteurs se sont servis aussi de ce terme pour désigner les insectes, parce que ces animaux n'ont que deux antennes.

DICHÆNÉES, adj. et s. f. pl., *Dichænei.* Nom donné par Fries à une tribu de l'ordre des Pyrénomycètes sphæriacées, qui a pour type le genre *Dichæna.*

DICHOPÉTALE, adj., *dichopetalus* (δίχα, en deux, πέταλον, pétale); qui a des pétales bifides. Ex. *Chailletia dichopetala.*

DICHÉLYPSOPODES, adj. et s. m. pl., *Dichelypsopoda* (δίχηλος, fendu, ὕψος, hauteur, πούς, pied). Nom donné par J.-A. Ritgen à une famille de l'ordre des Paralimnoptères, comprenant des oiseaux qui ont les pieds fendus et robustes.

DICHILES, adj. et s. m. pl., *Dichiles* (δὶς, deux, χηλή, pince). Nom donné par Klein à une famille de Mammifères, comprenant ceux qui ont les pieds garnis de deux sabots.

DICHOGAMIE, s. f., *dichogamia* (δίχα, en deux, γάμος, noces). C.-C. Sprengel s'est servi de ce terme pour désigner le mode de fécondation qui a lieu dans les végétaux unisexués, lorsque leurs fleurs mâles et femelles ne se développent pas en même temps; il pense qu'alors les insectes déter-

minent une fécondation artificielle, en opérant le transport du pollen.

DICHOGAMIQUE, adj., *dichogamicus ;* qui a le caractère de la dichogamie.

DICHOPTÈRE, adj., *dichopterus* (δίχα, en deux, πτερὸν, aile). L'*Oxytropis dichoptera* est ainsi appelé parce que ses ailes sont échancrées.

DICHOTOMAL, adj., *dichotomalis* (δίχα, en deux, τέμνω, couper). Épithète donnée au *pédoncule*, quand il naît de l'angle formé par deux rameaux sur une tige dichotome.

DICHOTOME, adj., *dichotomus ;* διχότομος; *gabelförmig, zweitheilig, gabelartig, gabelspaltig, gabeltheilig, gabelästig, zweizinkig, zweiselig, gezweitheilt, zweifachgetheilt* (all.); *dicotomo, forcuto, forcelluto* (it.); qui est coupé en deux. Se dit: 1° en astronomie, de la *Lune*, lorsqu'elle est coupée par le milieu, c'est-à-dire quand, à l'époque d'un de ses quartiers, elle paraît sous la forme d'un demi-cercle, la ligne des cornes étant, dans toute sa longueur, la limite de la partie lumineuse. 2° En histoire naturelle, *dichotome* signifie qui se divise et se subdivise de deux en deux, ou par bifurcation. Il se dit de la *cyme* (*voyez* ce mot), quand la fleur est munie de deux bractées, et que les rameaux vont en se bifurquant sans cesse; des *feuilles* (ex. *Ceratophyllum demersum*), de la *fronde* (ex. *Spongodium dichotomum*), des pédoncules (ex. *Cucubalus Behen*), de certains *polypes* (ex. *Isis dichotoma*), des *poils* (ex. *Alyssum*), des *rameaux* (ex. *Allagopappus dichotomus*), du *style* (ex. *Cordia*), de la *tige* (ex. *Ranunculus dichotomus, Varronia dichotoma, Phrynium dichotomum*).

DICHROÉ, adj., *dichrous, dichroos ; zweifärbig* (all.) (δὶς, deux, χρόα, couleur); qui est de deux couleurs. Le *Loranthus dichroos* a des fleurs pourprés, dont le sommet est vert ; l'*Auricularia dichroa* est blanc, avec des papilles rousses ; l'*Hydnum dichroum*, d'une teinte pâle, avec des dents couleur de chair ; le *Laphria dichroa*, jaune, avec le corselet et les antennes noires.

DICHROÏSME, adj., *dichroismus.* Propriété qu'ont certains minéraux transparens d'offrir une couleur différente suivant qu'on les regarde par réflexion ou par réfraction. Ex. *Cordiérite, Tourmaline.*

DICHROITE, adject., *dichroites.* Épithète donnée par Beudant aux minéraux qui ne montrent que deux couleurs, n'ayant qu'un seul axe de réfraction.

DICHRONE, adject., *dichronus; zweyzeitig* (all.) (δίς, deux, χρόνος, temps). Épithète donnée par Wallroth aux plantes dont la végétation dans nos climats est suspendue pendant une partie de l'année et active pendant l'autre.

DICHROOPHYTE, s. m., *dichroophytum* (δίχροος, fourchu, φυτόν, plante). Nom donné par Necker aux plantes dont les anthères sont bifurquées.

DICHRURE, adj., *dichrurus* (δίς, deux, χρόα, couleur, οὐρὰ, queue). Dont la queue est de deux couleurs, comme celle du *Mus dichrurus*, qui est brune en dessus et blanche en dessous.

DICLAPODES, adj. et s. m. pl., *Diclapoda* (δίς, deux, κλείω, fermer, πούς, pied). Nom donné par Latreille à un ordre de la classe des Crustacés, comprenant ceux dont les deux pieds antérieurs au moins et les appendices qui les précèdent sont divisés en deux branches à leur extrémité.

DICLÉSIE, s. f., *diclesium* (δίς, deux, κλείω, fermer). Nom donné par Desvaux à un fruit simple, composé de la graine soudée avec la base de la corolle endurcie et persistante. Ex. *Mirabilis.*

DICLINE, adj., *diclinis, diclinicus* (δίς, deux, κλίνη, lit). Se dit d'une *plante* dont les individus n'ont chacun qu'un seul sexe, chez laquelle les sexes sont répartis sur des individus différens. Ex. *Lychnis diclinis.*

DICLINES, adj. et s. f. pl., *Diclinæ.* Nom donné par Link à une tribu de la famille des Graminées, comprenant celles qui sont diclines.

DICLINIE, s. f., *diclinia.* Nom collectif sous lequel Linné embrassait toutes les plantes diclines.

DICLINISME, s. m., *diclinismus.* Séparation des deux sexes, dont chacun appartient à un individu distinct.

DICLINOÉDRIQUE, adj., *diclinoedricus* (δίς, deux, κλίνη, lit, ἕδρα, base). Naumann donne cette épithète à un *système* de cristallisation dans lequel, les plans coordonnés n'étant pas perpendiculaires entr'eux, deux des angles sont aigus ou obtus, le troisième étant droit.

DICOLOR. *Voyez* BICOLOR.

DICONQUE, adj., *diconchus* (δίς, deux, κόγχη, coquille). Klein a employé ce mot, comme synonyme de *bivalve*, en parlant des coquilles.

DICOQUE, adj., *dicoccus; zweiknöpfig* (all.) (δίς, deux, κόκκος, coque). Se dit d'un *fruit* qui est formé de deux coques accollées l'une contre l'autre par leur côté interne. Ex. *Psydrax dicoccos, Bifora dicocca.*

DICOTYLÉDON, adj., *dicotyledoneus* (δίς, deux, κοτυλήδων, cotylédon). Communément on applique cette épithète aux *embryons* qui sont munis de deux cotylédons, aux *plantes* dont la graine contient deux cotylédons. Candolle appelle *embryon dicotylédon* celui dont les cotylédons sont opposés, c'est-à-dire situés sur un même plan horizontal.

DICOTYLÉDONÉ, adj., *dicotylédoneus*; qui a deux cotylédons.

DICOTYLÉDONES, adj. et s. f. pl. Jussieu et Macleay admettent sous ce nom une grande division du règne végétal, comprenant les plantes à deux cotylédons, quoiqu'ils y fassent entrer des végétaux qui n'en ont qu'un, d'autres qui en ont plus de deux, et quelques uns qui n'en ont pas du tout.

DICOTYLES, adj. et s. f. pl., *Dicotyles*. Link propose de substituer ce mot à celui de dicotylédons.

DICRANTHÈRE, adj., *dicrantherus* (δίκρανος, fourchu, ἀνθηρός, fleuri). L'*Arthrostemma dicrantherum* est ainsi appelé parce qu'il a son connectif alongé en une soie née de la base même.

DICRANOBRANCHES, adj. et s. m. pl., *Dicranobranchia* (δίκρανος, fourchu, βράγχια, branchies). Nom donné par J.-E. Gray à un ordre de la sous-classe des Gastéropodophores cryptobranches, comprenant ceux qui ont les branchies fourchues.

DICRANOIDÉES, adject. et s. f. pl., *Dicranoideæ*. Nom donné par Greville, Arnott et Bridel à une tribu de la famille des Mousses, ayant pour type le genre *Dicranum*.

DICRURINS, adj. et s. m. pl., *Dicrurina*. Nom donné par Vigors à un groupe d'oiseaux, de la tribu des Laniades, qui a pour type le genre *Dicrurus*.

DICTAMNÉES, adj. et s. f. pl., *Dictamnea*. Nom donné par Bartling à une tribu de la famille des Diosmées, qui a pour type le genre *Dictamnus*.

DICTYOCARPE, adj., *dictyocarpus* (δίκτυον, réseau, καρπός, fruit); qui a des fruits réticulés. Ex. *Zornia dictyocarpa*, *Delphinium dictyocarpum*.

DICTYODE, adj., *dictyodes* (δίκτυον, réseau, εἶδος, ressemblance);

qui a les ailes réticulées. Ex. *Tetanocera dictyodes*.

DICTYOPTÈRES, adj. et s. m. pl., *Dictyoptera* (δίκτυον, réseau, πτερόν, aile). Clairville désigne sous ce nom une section de l'ordre des insectes ptérophores, comprenant ceux qui ont les ailes réticulées, ou les Névroptères.

DICTYORHIZE, adj., *dictyorhizus* (δίκτυον, réseau, ῥίζα, racine); qui a des racines rétiformes ou réticulées. Ex. *Agaricus dictyorhizus*.

DICTYOTÉES, adj. et s. f. pl., *Dictyoteæ*. Nom donné par Reichenbach à une tribu de la famille des Fucoïdées, par R.-K. Greville à un ordre de celle des Algues, par Lamouroux à un ordre de celle des Thalassiophytes symphysistées, ayant pour type le genre *Dictyota*.

DIDACTYLE, adj., *didactylus*; *zweizehig* (all.) (δίς, deux, δάκτυλος, doigt); qui n'a que deux doigts, comme l'*autruche*, parmi les oiseaux, ou le *Sirene didactylum*, parmi les reptiles. Le *Pterophorus didactylus* a ses ailes supérieures divisées en deux parties ou doigts. La *Grillotalpa didactyla* ne porte que deux dents à ses jambes antérieures. Certaines arachnides ont des *mandibules didactyles*, c'est-à-dire composées de plusieurs articles, dont le dernier est mobile en forme d'onglet, et le précédent se prolonge aussi en une dent plus ou moins forte, de manière que la mandibule représente une espèce de pince.

DIDACTYLES, adj. et s. m. pl., *Didactyli*. Nom donné par Klein à une famille de Mammifères, dans laquelle il range ceux qui ont deux doigts à chaque pied.

DIDÉCAEDRE, adj., *didecaedrus* (δίς, deux, δέκα, dix, ἕδρα, base). Nom donné, dans la nomenclature minéralogique de Haüy, à une variété dont les faces offrent, par leur ensemble, la combinaison de deux solides à dix faces. Ex. *Feldspath di-décaèdre.*

DIDELPHES, adj. et s. m. pl., *Didelphi* (δὶς, deux, δελφὺς, matrice). Blainville désigne sous ce nom une sous-classe, et Tiedemann un ordre de la classe des Mammifères, comprenant ceux qui ont un double utérus, c'est-à-dire au dehors une sorte de poche abdominale servant à recevoir les petits, qui naissent étant encore à l'état d'embryon.

DIDELPHIDES, adj. et s. m. pl., *Didelphidæ.* Nom donné par J.-E. Gray à la famille des *Didelphes.*

DIDIPLASE, adj., *didiplasus* (δὶς, deux, διπλάσιος, double). Nom donné, dans la nomenclature minéralogique de Haüy, à une variété de chaux carbonatée, composée de deux rhomboïdes dans lesquels, la perpendiculaire sur l'axe étant supposée égale de part et d'autre, le rapport entre les axes est celui de un à deux, et de deux dodécaèdres à triangles scalènes, dans lesquels les parties de l'axe qui excèdent celui du noyau sont entr'elles le même rapport.

DIDODÉCAEDRE, adj. et s. m. (δὶς, deux, δώδεκα, douze, ἕδρα, base). Nom donné, dans la nomenclature minéralogique de Haüy, à une variété dont la surface est composée de vingt-quatre faces qui, prises douze à douze et prolongées par la pensée, formeraient deux dodécaèdres différens. Ex. *Chaux carbonatée didodécaèdre.*

DIDYME, adj., *didymus;* δίδυμος; *zweiköpfig* (all.). Se dit d'une partie qui est composée de deux lobes arrondis, réunis par un seul point, et qui paraît ainsi formée de deux segmens distincts, comme les *anthères* du *Spinacia oleracea,* le fruit du *Biscutella didyma* et du *Centhium didymum,* les *tubercules* de l'*Orchis militaris;* ou d'une partie qui est partagée en deux, comme les *aréoles* de

l'aile le sont par une nervure dans le *Cyclostoma.* Le *Monarda didyma* est ainsi appelé, parce que ses fleurs ont souvent une seconde paire d'étamines stériles; le *Botrytis didyma,* parce que ses sporules sont cloisonnées. Nees d'Esenbeck donne l'épithète de *didymes* aux *lames* des agarics, lorsque, de chaque côté d'une lame entière, s'en trouve une qui ne s'étend que jusqu'à la moitié de la largeur du chapeau.

DIDYMOCARPE, adj., *didymocarpus* (δίδυμος, *didyme,* καρπὸς, fruit); qui a des fruits didymes. Ex. *Ronabea didymocarpos.*

DIDYMOCARPÉES, adj. et s. f. pl., *Didymocarpeæ.* Nom donné par D. Don à la famille des Cyrtandracées, à cause du genre *Didymocarpus,* qu'elle renferme.

DIDYNAME, adject., *didynamus; zweimächtig* (all.) (δὶς, deux, δύναμις, puissance). Épithète donnée par Linné aux *étamines,* lorsqu'elles sont au nombre de quatre, dont deux plus longues semblent dominer les autres. Ex. *Rosmarinus.*

DIDYNAMIE, s. f., *didynamia.* Nom d'une classe, dans le système sexuel de Linné, qui renferme les plantes à étamines didynames.

DIDYNAMIQUE, adj., *didynamicus.* Se dit d'une *plante* ou d'une *fleur* à étamines didynames.

DIDYNAMISTE, adject., *didynamista.* Synonyme de didynamique.

DIECTASITE, adject., *diectasites* (δὶς, deux, ἔκτασις, extension). Nom donné, dans la nomenclature minéralogique de Haüy, à une variété qui résulte de deux décroissemens sur un même bord ou sur un même angle, l'un en largeur, l'autre en hauteur. Ex. *Chaux carbonatée diectasite.*

DIENNÉAEDRE, adj., *diennea-dricus* (δὶς, deux, ἐννέα, neuf, ἕδρα, base). Nom donné, dans la nomenclature minéralogique de Haüy, à un *cristal* terminé par dix-huit faces, qui sont situées neuf à neuf vers chaque sommet. Ex. *Chaux carbonatée diennéaëdre*.

DIÉRÉSILE, subst. f., *dieresilis* (διαιρέω, diviser). Mirbel appelle ainsi un fruit capsulaire sec et régulier, formé de plusieurs loges rangées autour d'un axe et produites par les valves rentrantes. Ex. *Galium verum*.

DIÉRÉSILIEN, adj., *dieresilius*, *dieresileus*. Épithète donnée par Mirbel aux *fruits* simples qui, à leur maturité, se divisent en un plus ou moins grand nombre de graines; aux *capsules* dont les loges, formées par des valves rentrantes, se partagent à la maturité en plusieurs boîtes ouvertes intérieurement, qui ne diffèrent des coques de diérésile qu'en ce qu'elles ne se séparent pas complètement après la déhiscence. Ex. *Linum perenne*.

DIFFLUENS, adject. et s. m. pl., *Diffluentes*. Nom donné par Nees d'Esenbeck à une division de la tribu des champignons Aérogastres sporomestes, comprenant ceux qui se résolvent en mucus peu de temps après leur apparition.

DIFFLUENT, adj., *diffluens*. Se dit des choses qui se confondent ensemble. Les étoiles de l'*Astrea diffluens* sont diffluentes, c'est-à-dire se confondent entre elles.

DIFFORME, adj., *difformis*, *deformis*; ἀειδής; *ungestaltet*, *unförmlich*, *übelgebildet* (all.); *deforme* (it.). Se dit d'un corps organisé qui présente une forme générale bizarre, comme la graminée appelée *Chaetospora deformis*, ou d'une partie qui n'a pas la forme et les proportions qu'elle devrait avoir, comme les *anthères* du *Justicia hyssopifolia*, dont la figure est singulière, ou comme les *pétales* de l'*Epimedium*, dont la forme irrégulière ne peut être comparée à aucune de celles qu'on connaît.

DIFFORMES, adj. et s. m. pl., *Difformes*. Nom donné par Duméril à une famille de l'ordre des Orthoptères, comprenant ceux de ces insectes qui se font remarquer par la bizarrerie de leurs formes.

DIFFRACTIF, adj., *diffractivus* (*diffringo*, briser). Épithète donnée à toute *action* dont le résultat est de produire le phénomène de la diffraction.

DIFFRACTION, s. f., *diffractio*. Phénomène, découvert par Grimaldi, qui consiste dans les inflexions que les rayons lumineux éprouvent lorsqu'en passant près des extrémités des corps, ils s'écartent de leur route directe.

DIFFUS, adj., *diffusus*. On donne cette épithète à ce qui manque de cohérence (*idées diffuses*), de précision (*style diffus*), de netteté (*objets diffus*), et, en botanique, aux parties qui sont étalées horizontalement, sans direction fixe, comme les rameaux du *Cyperus diffusus*, du *Threlkeldia diffusa* et de l'*Alyssum diffusum*. H. Cassini l'applique aux *squames* du péricline des synanthérées, lorsqu'étant sur plusieurs rangs elles sont à peu près égales en longueur ou irrégulièrement inégales.

DIFLORIGÈRE, adj., *diflorigerus* (δίς, deux, *flos*, fleur, *gero*, porter); qui porte deux fleurs. *V.* BIFLORE, DIANTHE.

DIGAME, adject., *digamus* (δίς, deux, γάμος, noce). Nom donné par H. Cassini à la *calathide* des synanthérées, quand elle contient deux sortes de fleurs de sexe différent. Ex. *Aster chinensis*.

DIGÈNE, adject., *digenus* (δίς, deux, γένος, race). Lestiboudois propose d'appeler ainsi les plantes dicotylédones, parce qu'elles ont deux surfaces d'accroissement.

DIGÉNIE, s. f., *digenia, generatio digenea*; *paarige Zeugung*, *geschlechtliche Zeugung* (all.). Nom sous lequel Burdach désigne la génération qui s'effectue par le concours de deux sexes.

DIGESTEUR, s. m., ou *machine de Papin*, *Olla Papiniana*. Cylindre de fer dont le couvercle est fortement vissé, ce qui permet de faire rougir les liquides qu'on y renferme, sans qu'ils se volatilisent.

DIGESTION, s. f., *digestio*; ἀνάδοσις, διαφώνησις; *Dauung*, *Verdauung* (all.). Opération par laquelle on expose un corps liquide à l'action d'une douce chaleur pendant un laps de temps plus ou moins long. Série d'actions qui s'exécutent dans l'intérieur du corps d'un très-grand nombre d'animaux, et qui ont pour but de séparer, d'assimiler et d'absorber les parties des alimens capables de servir à l'entretien des organes, à leur accroissement, à la réparation de leurs pertes.

DIGITAL, adject., *digitalis*. Une méduse (*Melicerta digitalis*) est ainsi appelée parce que son estomac libre et pendant se prolonge en un pédoncule garni d'une multitude de bras.

DIGITALIFORME, adject., *digitaliformis* (*digitus*, doigt, *forma*, forme); qui a la forme d'un dé à coudre ou d'une cloche alongée, à bords droits, comme le champignon appelé *Verpa digitaliformis*.

DIGITALINE, adject., *digitalina*. Alcali organique qui a été découvert par Leroyer dans les feuilles du *Digitalis purpurea*.

DIGITALIQUE, adj., *digitalicus*. Épithète que portent, dans la nomenclature chimique de Berzelius, les sels à base de digitaline.

DIGITÉ, adj., *digitatus*; δακτυλωτός; *fingerförmig* (all.); *ditato* (it.). Se dit : 1° en botanique, d'un *épi* qui est divisé jusqu'à la base en plu-sieurs rameaux simples (ex. *Carex digitata*); d'une *fronde* qui est découpée en plusieurs lames (ex. *Laminaria digitata*); d'une *feuille* composée, dont le pétiole commun porte des folioles qui la terminent comme autant de digitations, au lieu d'être disposées sur ses deux côtés (ex. *Æsculus*); d'une *racine* tubéreuse qui est divisée profondément en lobes comparables à des doigts (ex. *Dioscorea alternifolia*). 2° En zoologie, des *ailes* des insectes, quand leur bord présente des incisions profondes, et qu'il résulte de là des espèces de lanières figurant les doigts de la main (ex. *Pterophorus*); du *cubitus* de ces animaux, d'après Kirby, lorsque son extrémité est divisée en plusieurs longues dents (ex. *Gryllotalpa*); d'une *coquille* univalve, quand son bord droit est garni de longs appendices (ex. *Pterocerus*).

DIGITÉ-PENNÉ, adj., *digitato-pennatus*. Se dit d'une *feuille* dont le pétiole commun est terminé par des pétioles secondaires sur lesquels des folioles sont attachées. Ex. *Mimosa purpurea*.

DIGITÉS, adj. et s. m. pl., *Digitati*. Nom donné par Blumenbach à un ordre de la classe des Mammifères, comprenant ceux qui ont les doigts libres aux quatre pieds.

DIGITIFOLIÉ, adj., *digitifolius*; *fingerblättrig* (all.); qui a des feuilles digitées. Ex. *Valeriana triphyllos*.

DIGITIFORME, adj., *digitiformis*; *fingerförmig* (all.) (*digitus*, doigt, *forma*, forme); qui a la forme d'un doigt, comme les *épines* de certains oursins et les *feuilles* du *Mesembryanthemum digitiforme*; ou qui a des feuilles digitées, comme l'*Hibiscus digitiformis*.

DIGITIGRADES, adj. et s. m. pl., *Digitigrades* (*digitus*, doigt, *gradior*, marcher). Nom donné par Storr, Cuvier, Desmarest, Duméril, Tiedemann, Blainville, Latreille, Ficidus et Carus à une famille ou tribu de Mammifères, comprenant ceux qui marchent sur le bout des doigts.

DIGITINERVÉ, adj., *digitinervis, digitinervius* (*digitus*, doigt, *nervus*, nerf). Se dit d'une *feuille* dont les nervures partent toutes de la base et se dirigent vers le sommet, sans éprouver de division. Ex. Graminées.

DIGONE, adj., *digonus* (δὶς, deux, γωνία, angle); qui a deux angles. Ex. *Terebratula digona*.

DIGYNE, adj., *digynus; zweiweibig, zweigrifflich* (all.) (δὶς, deux, γυνή, femme). Épithète donnée à une *fleur* qui a deux pistils distincts, ou un style surmonté de deux stigmates, ou même deux stigmates sessiles. Ex. *Rumex digynus, Haloragis digyna*.

DIGYNIE, s. f., *digynia*. Nom donné par Linné à un ordre de cinq classes du système sexuel, comprenant des plantes qui ont deux pistils; par Malacarne, à une classe de monstres, ayant pour caractère la présence du sexe féminin double chez un individu.

DIHEPTAPODES, adj. et s. m. pl., *Diheptapoda* (δὶς, deux, ἑπτά, sept, πούς, pied). Latreille propose de substituer ce nom à celui de *Tétradécapodes* introduit par Blainville.

DIHEXAEDRE, adj., *dihexaedrus* (δὶς, deux, ἕξ, six, ἕδρα, base). Nom donné, dans la nomenclature minéralogique de Haüy, à un *cristal* ayant douze faces qui, prises six à six, et prolongées jusqu'à se réunir, donneraient deux solides hexaèdres. Ex. *Chaux carbonatée dihexaèdre*.

DIHYDRIQUE, adj., *dihydricus*. Se dit, dans la nomenclature chimique de Berzelius, d'un composé contenant deux fois autant d'hydrogène qu'un autre du même genre. Ex. *Carbure dihydrique*, ou *gaz hydrogène deutocarboné*.

DILATABILITÉ, s. f., *dilatabilitas; Dehnbarkeit* (all.). Propriété qu'ont les corps de changer de volume par l'influence de la chaleur, de s'agrandir quand on les chauffe, de se resserrer lorsqu'on les refroidit, et de revenir exactement aux mêmes dimensions quand on les ramène précisément au même degré de chaud ou de froid.

DILATATION, s. f., *dilatatio*, εὐρυσμός, διευρυσμός; *Ausdehnung* (all.). Augmentation dans tous les sens qu'éprouvent, sans changer de constitution, les corps soumis à l'action de la chaleur. Il a été reconnu qu'à chaque degré du thermomètre de Réaumur, le fer se dilate d'environ 1/75,000 dans chacune de ses dimensions, le cuivre de 1/43,000, le platine de 1/92,000, le verre de 1/1,000,000. Quant aux gaz, leur dilatation est de 1/213,33 du volume pour chaque degré de chaleur.

DILATÉ, adj., *dilatatus; ausgebreitet* (all.). Se dit : 1° en minéralogie, d'un *dodécaèdre* dans lequel les bases des pentagones extrêmes éprouvent une sorte de dilatation par suite de l'inclinaison des faces latérales (ex. *Chaux carbonatée dilatée*), ou d'un *prisme* qui, en conséquence d'un défaut de parallélisme dans deux de ses pans opposés, semble subir une dilatation (ex. *Arragonite dilatée*); 2° en botanique, d'une partie qui s'élargit en lame, de la base vers le sommet, comme le *filet* des étamines de l'*Ornithogalum pyrenaicum*, la *gorge* de la corolle du *Mirabilis Jalapa*, le *stigmate* de l'*Orobanche minor*; 3° en zoologie, du corselet des insectes, quand ses bords latéraux sont grands et avancés, comme dans quelques cigales.

DILATICORNE, adj., *dilaticornis* (*dilatatus*, dilaté, *cornu*, corne); qui a des antennes dilatées dans une portion de leur étendue, comme le sont au milieu de leur longueur celles du *Malachius dilaticornis.*

DILATRIDÉES, adj. et s. f. pl., *Dilatrideæ*. Nom donné par Jussieu à la famille des Homodoracées, à cause du genre *Dilatris* qu'elle renferme.

DILÉPIDE, adject., *dilepidus* (δἰς, deux, λεπἰς, écaille); qui a deux écailles.

DILLÉNIACÉES, adj. et s. f. pl., *Dilleniaceæ*. Famille de plantes, qui a pour type le genre *Dillenia*.

DILLÉNIÉES, adj. et s. f. pl., *Dilleniæ*. Nom donné par Candolle à une tribu de la famille des Dilléniacées, qui renferme le genre *Dillenia*.

DILOPHE, adj., *dilophus* (δἰς, deux, λόφος, aigrette). Épithète donnée à un oiseau qui a la tête couronnée par une double huppe verticale (ex. *Columba dilopha*), ou par deux touffes de plumes, l'une sur le synciput, l'autre sur l'occiput (ex. *Hydrocorax dilophus*).

DILUVIAL, adj., *diluvialis*. Synonyme peu usité de *diluvien*.

DILUVIEN, adj., *diluvianus*. Les géognostes appellent *dépôt diluvial* ou *diluvien* un dépôt fort irrégulier de sable, d'argile, de gravier à gros grains, dont la formation est due à des courans considérables produits par des causes qui nous sont inconnues. Brongniart et Omalius donnent cette épithète à une classe ou à un groupe de terrains, comprenant ceux qui sont dus, pour la plus grande partie, à la catastrophe désignée sous le nom de *déluge* dans les monumens historiques. Un polypier (*Berenice diluviana*) est ainsi nommé parce qu'on ne le trouve qu'à l'état fossile.

DILUVIUM, s. m., *diluvium*. Buckland comprend sous ce nom tous les résultats d'une inondation marine qu'il suppose avoir eu lieu autrefois, et à laquelle on ne saurait néanmoins

comparer aucune de celles qui sont arrivées dans les temps historiques, tant sous le rapport de l'étendue, que sous celui de la variété.

DIMÈRE, adj., *dimerus* (δἰς, deux, μηρός, partie). Kirby donne cette épithète aux insectes dont le tronc est composé de deux grands segmens. Ex. Coléoptères.

DIMÉRÉ, adj., *dimerus*. Duméril, Latreille et Eichwald admettent sous ce nom une section de l'ordre des Coléoptères, comprenant ceux qui n'ont que deux articles à tous les tarses, ou plutôt qui semblent n'en avoir que deux, car Illiger et Reichenbach ont reconnu que cette division du tarse en deux articles n'est qu'apparente, celui qui se trouve le plus près de la jambe étant si petit qu'on a de la peine à le distinguer.

DIMÉRÈDES, adj. et s. m. pl., *Dimeredes* (δἰς, deux, μηρός, partie). Nom donné par Duméril à une famille de Poissons holobranches, comprenant ceux qui ont plusieurs rayons flexibles distincts aux nageoires pectorales.

DIMÉRIÉ, adj., *dimerius*. Bredsdorff nomme ainsi les minéraux composés dans lesquels les principes constituans positifs et négatifs sont simples.

DIMÉROSOMATES, adj. et s. m. pl., *Dimerosomata* (δἰς, deux, μηρός, partie, σῶμα, corps). Nom donné par Leach à un ordre de la classe des Arachnides, comprenant ceux qui ont le corps divisé en deux grands segmens.

DIMIDIÉ, adj., *dimidiatus*; *dimezzato* (it.). Se dit, en botanique, d'un organe qui a perdu la moitié de ce qui le constitue ailleurs, de sorte que le mot *unilatéral* a la même signification et serait préférable; *chapeau dimidié*, dans les champignons, celui dont il ne se développe que la moitié (ex. *Agaricus odora-*

tus); *couronne dimidiée*, dans les Synanthérées , d'après H. Cassini, celle qui n'occupe qu'un seul côté de la calathide ; *involucre dimidié*, celui qui n'entoure le pédoncule qu'à moitié (ex. *Apium Petroselinum*) ; *verticille dimidié*, celui dans lequel les fleurs n'entourent qu'à moitié l'axe qui les porte (ex. *Rumex acetosa*).

DIMORPHE, adj. , *dimorphus ; zweiförmig , verschiedengestaltig , zweigestaltig, doppeltgestaltig* (all.) (δὶς, deux, μορφή, forme). Se dit, en minéralogie, d'une substance qui peut donner des cristaux appartenant à deux systèmes différens (comme le *Spath d'Islande* et l'*Arragonite*), ou appartenant à un même système, mais avec de telles différences d'angles, qu'on ne saurait les dériver d'une forme fondamentale commune (ex. *Oxide de lithium*). En botanique, de toute partie qui offre des formes différentes dans une même plante : ainsi Bridel appelle les mousses *dimorphes*, parce qu'elles ont deux modes d'inflorescence, les urnes et les rosettes.

DIMORPHISME, s. m. , *dimorphismus*. Phénomène qui caractérise les substances dimorphes.

DIMYAIRE, adj. , *dimyarius* (δὶς, deux , μυών, muscle). Epithète donnée par Lamarck aux *coquilles* bivalves qui ont deux impressions musculaires sur chaque valve. Ex. *Venus*.

DIMYAIRES, adj. et s. m. pl. , *Dimyaria*. Nom donné par Lamarck à un ordre de la classe des Conchifères, comprenant ceux qui ont deux muscles d'attache, et dont la coquille offre distinctement deux impressions musculaires séparées et latérales.

DIMYES, adj. et s. m. pl., *Dimya* (δὶς, deux, μυών, muscle). Nom donné par Menke à un sous-ordre de l'ordre des Elatobranches Ostracés, comprenant ceux qui ont deux impressions musculaires sur leur coquille.

DINÈME, adj. , *dinemus* (δὶς, deux , νῆμα, fil). Une Méduse (*Oceania dinema*) est ainsi appelée parce qu'elle a quatre bras, deux de chaque côté du corps.

DIOCTAEDRE, adj. , *dioctaedricus* (δὶς, deux, ὀκτώ, huit, ἕδρα, base). Se dit, dans la nomenclature minéralogique de Haüy, d'un *cristal* qui offre, dans l'ensemble de ses faces, la combinaison de deux octaèdres différens. Ex. *Pyroxène dioctaèdre*.

DIOCTONAL, adj. , *dioctonalis*. Nom donné, dans la nomenclature minéralogique de Haüy, à un *cristal* offrant, dans l'ensemble de ses faces, la combinaison d'un octaèdre avec un solide qui a pareillement huit faces, mais dont la forme est d'espèce différente, telle que celle d'un prisme. Ex. *Cuivre carbonaté bleu dioctonal*.

DIODONCÉPHALE, adj. et s. m. , *diodoncephalus* (δὶς, deux, ὀδοῦς, dent, κεφαλή, tête). Nom donné par Geoffroy Saint-Hilaire à une classe de Monstres, comprenant ceux qui offrent une double rangée de dents.

DIOÉCIE, s. f. , *dioecia* (δὶς, deux, οἰκία, maison). Nom donné par Linné, dans son système sexuel, à une classe et à un ordre de plantes, comprenant celles qui ont des fleurs unisexuelles, mâles sur un individu et femelles sur un autre. La dioécie peut avoir lieu de dix-huit manières différentes, dont la nature paraît n'avoir réalisé que le plus petit nombre.

DIOIQUE, adj., *dioicus ; zweihäusig , getrenntblumig* (all.). Se dit d'une plante dont les sexes sont séparés sur des individus différens. Ex. *Urtica dioica , Diosma dioïcum*.

DIOIQUES, adj. et s. m. pl. , *Dioica*. Nom donné par Latreille à une section de la classe des Céphalopodes, par Blainville à une sous-classe de celle des Paracéphalophores, comprenant ceux de ces animaux qui ont les sexes distincts, portés par des individus différens.

DIOMÉDÉES, adj. et s. f. pl., *diomedeæ*. Nom donné par Lessing à une section de la sous-tribu des Asteroïdées Ecliptées, qui a pour type le genre *Diomedea*.

DIOPHRYS, adj., *diophrys* (δίς, deux, ὀφρύς, sourcil). La *Sylvia diophrys* est ainsi appelée parce qu'elle a les yeux placés entre deux traits noirs.

DIOPS, adj., *diops* (δίς, deux, ψ, œil); qui a deux yeux. Le *Muscicapa diops* doit ce nom à une tache blanche qu'il porte au devant de chaque œil.

DIOPTRIQUE, adj., *dioptricus* ; (διά, à travers, ὄπτομαι, voir). Nom donné à tous les instrumens composés de verres qui grossissent ou rapetissent les objets qu'on regarde à travers. Gœthe donne cette épithète aux couleurs qui sont produites par la réfraction de la lumière.

DIOPTRIQUE, s. f., *dioptrica*, *dioptrice*. Partie de la physique qui traite de la lumière réfractée, des phénomènes qu'elle produit en traversant des milieux de densité différente.

DIORITIQUE, adj., *dioriticus*; qui contient du diorite. Ex. *Porphyre dioritique*.

DIOSCORÉES, adj. et s. f. pl., *Dioscoreæ*. Nom donné par R. Brown à une famille de plantes qui a pour type le genre *Dioscorea*. Reichenbach a établi sous ce nom un groupe dans celle des Liliacées.

DIOSCORINÉES, adj. et s. f. pl., *Dioscorinæ*. Kunth appelle ainsi la famille des Dioscorées.

DIOSMÉES, adj. et s. f. pl., *Diosmeæ*. Nom donné par Bartling, Wendland, Candolle, A. Jussieu et A. Richard à une tribu ou section de la famille des Rutacées, qui a pour type

le genre *Diosma*, et que R. Brown a érigée en famille.

DIOSMINE, s. f., *diosmina*. Brandes désigne ainsi une substance amère qui paraît être le principe actif des feuilles du *Diosma crenata*.

DIOSPYRÉES, adj. et s. fém. pl., *Diospyreæ*. Nom donné par Cassin à la famille des Ebénacées, en raison du genre *Diospyros* qu'elle renferme.

DIPÉRIANTHÉ, adj., *diperianthus* (δίς, deux, περί, autour, ἄνθος, fleur). Marquis donne ce nom, déjà employé par Wachendorff, aux plantes dicotylédones qui sont pourvues de deux enveloppes florales distinctes.

DIPÉTALE, adject., *dipetalus*; *zweiblättrig* (all.) (δίς, deux, πέταλον, pétale). Se dit de la *corolle*, quand elle est formée de deux pétales (ex. *Pelargonium dipetalum*), et de la *carène*, lorsque les deux pétales qui la forment sont libres dans toute leur longueur.

DIPHYDES, adj. et s. m. pl., *Diphydes*. Nom donné par Quoy, Gaimard et Blainville à une famille de Zoophytes, comprenant ceux dont le corps est composé de deux parties transparentes, situées à la suite l'une de l'autre, comme dans les Diphyes.

DIPHYIDÉES, adj. et s. f. pl., *Diphyideæ*. Nom donné par F. Eschscholtz à une famille d'Acalèphes, ayant pour type le genre Diphye.

DIPHYLLE, adj., *diphyllus*; *zweyblättrig* (all.); *bifillo* (it.) (δίς, deux, φύλλον, feuille); qui est composé de deux feuilles ou pièces, comme la *spathe* de l'*Allium carinatum* et le *calice* des *Papaver*, ou qui ne porte que deux feuilles, comme la *bulbe* du *Chiloglottis diphylla*, et la tige du *Dentaria diphylla*. On appelle *diphylles* les *feuilles* composées dont le pétiole commun ne porte que deux folioles (ex. *Cassia diphylla*, *Hedysarum diphyllum*), ou celles qui sont profondément divisées au sommet en deux lobes (ex. *Jeffersonia diphylla*). *Voyez* Bifolié.

DIPHYLLOBRANCHES, adj. et s. m. pl. , *Diphyllobranchia* (δὶς, deux, φύλλον, feuilles , βράγχια , branchies). Nom donné par J.-E. Gray à un ordre de la classe des Mollusques saccophores , correspondant aux Biphores de Cuvier.

DIPHYSES. *Voyez* Diphytes.

DIPHYTANTHE , adj. , *diphytanthus* (δὶς , deux , φυτὸν , plante , ἄνθος , fleur); qui porte des fleurs diff rentes sur des pieds divers. Synonyme de dioïque , dont s'est servi Wachendorff.

DIPHYTES, s. f. , *Diphytæ* (δὶς, deux, φυτὸν, plante). Nom donné par Bory à une section de la famille des Chaodinées, comprenant celles dans lesquelles il semble y avoir deux existences végétales distinctes, des filamens principaux et des ramules de formes très-différentes, dont les prolongemens ciliformes sécrètent du mucus.

DIPLÉCOLOBÉES, adj. , *diplecolobeæ* (δὶς, deux, πλέκω, plisser, λοβὸς, lobe). Nom donné par Candolle à un ordre de la classe des Crucifères , comprenant celles dont les cotylédons sont pliés deux fois en travers.

DIPLEUROBRANCHES , adj. et s. m. pl. , *Dipleurobranchia* (δὶς, deux, πλευρὸν, côté, βράγχια, branchies). Nom donné par J.-E. Gray à un ordre de la classe des Gastéropodophores cryptobranches , qui correspond aux pleurobranches de Cuvier.

DIPLOCÉPHALIE , s. f. , *diploce phalia* (διπλοὺς , double , κεφαλὴ , tête). Nom donné par Breschet à un genre de déviation organique qui est caractérisé par la présence de deux têtes sur un même corps.

DIPLOGASTRIE, s. f. , *diplogastria* (διπλοὺς , double , γαστὴρ , ven-

tre). Nom donné par Breschet à un genre de déviations organiques qui est caractérisé par la présence de deux troncs implantés sur un même bassin.

DIPLOGÉNÉEN, adj., *diplogeneus* (διπλοὺς, double, γεννάω, produire). Fries donne cette épithète aux végétaux qui sont produits par des filamens et constitués par des cellules régulièrement unies.

DIPLOGÉNÈSE, s. f. , *diplogenesis* (διπλοὺς, double, γένεσις, production). Sous ce nom Breschet désigne un genre de déviations organiques qui est caractérisé par la réunion de deux ou plusieurs germes.

DIPLOLÉPAIRES, adj. et s. m. pl. , *Diplolepariæ*. Nom donné par Lamarck à une famille de l'ordre des Hyménoptères , par Goldfuss à une tribu de la famille des Ichneumonides , ayant pour type le genre *Diplolepis*.

DIPLOLÉPIDES, adject. et s. m. pl. , *Diplolepidæ*. Leach désigne la famille des Diplolépaires sous cette dénomination.

DIPLONEURES, adj. et s. m. pl. , *Diploneura* (διπλοὺς, double, νεῦρον, nerf). Nom donné par Rudolphi à une section de la série des animaux phanéroneures, comprenant ceux qui ont deux systèmes nerveux, l'un ganglionnaire, l'autre cérébro-rachidien, et correspondant aux vertébrés.

DIPLONOME, adj. , *diplonomus* (διπλοὺς, double, νόμος, loi). Nom donné, dans la nomenclature minéralogique de Haüy, à une variété dans laquelle chacun des angles subit deux décroissemens, tandis que chaque bord n'en subit qu'un seul, ou réciproquement. Ex. *Baryte sulfatée diplonome*.

DIPLOPÉRISTOMATES, adject. et s. m. pl. , *Diploperistomati* (διπλοὺς, double, περὶ, autour, στόμα, bouche).

Nom sous lequel Bridel désigne une classe de Mousses, comprenant celles qui ont le péristome double.

DIPLOPÉRISTOMIÉES, adj. et s. f. pl., *Diploperistomii.* Hedwig appelait ainsi les mousses dont l'orifice de l'urne est garni de dents en dehors et de cils en dedans.

DIPLOPOGONES, adj. et s. f. pl., *Diplopogones* (διπλοός, double, πώγων, barbe). Nom donné par Palisot-Beauvois à un ordre de Mousses, comprenant celles qui ont un double péristome.

DIPLOPTÈRE, adj., *diplopterus* (διπλοός, double, πτερόν, aile). Un poisson (*Callianira diploptera*) est ainsi nommé parce que son corps offre de chaque côté une aile membraneuse partagée en deux folioles.

DIPLOPTÈRES, adj. et s. m. pl., *Diploptera.* Nom donné par Cuvier, Latreille et Eichwald à une famille de l'ordre des Hyménoptères, renfermant ceux de ces insectes qui ont les ailes supérieures pliées dans le sens de leur longueur, pendant le repos.

DIPLOSANTHÉRÉES, adj. et s. f. pl., *Diplosantheræ* (διπλοός, double, ἀνθηρός, fleuri). Nom donné par Royen à une classe de plantes, dans laquelle il range celles qui ont des étamines en nombre double de celui des divisions de la corolle.

DIPLOSTÉMONES, adj. et s. f. pl., *Diplostemones* (διπλοός, double, στήμων, filament). Nom donné par Wachendorff et Haller aux plantes dans lesquelles les étamines sont en nombre double de celui des divisions de la corolle.

DIPLOSTÉMONOPÉTALES, adj. et s. f. pl., *Diplostemonopetalæ* (διπλοός, double, στήμων, étamine, πέταλον, pétale). Synonyme de *diplostemones*, dont s'est servi Wachendorff.

DIPLOTÉGE, s. m., *diplotegis, diplotegia, diplotegium* (διπλοός,

double, τέγος, toit). Desvaux appelle ainsi un fruit sec, indéhiscent et infère ou engagé dans le calice. Ex. *Campanula.*

DIPNEUMONÉES, adj. et s. f. pl., *Dipneumoneæ* (δίς, deux, πνεύμων, poumon). Nom donné par Latreille et Eichwald à une section ou tribu de la famille des Aranéides, comprenant celles qui n'ont que deux sacs pulmonaires.

DIPNOÉS, adject. et s. m. pl., *Dipnoa* (δίς, deux, πνέω, respirer). Nom donné par P.-F. Fitzinger à une division de la classe des reptiles, comprenant ceux qui respirent par des branchies et des poumons en même temps, soit seulement dans l'état imparfait, chez ceux qui subissent une métamorphose, soit pendant toute la vie, chez ceux qui n'en subissent pas.

DIPODES, adj. et s. m. pl., *Dipoda* (δίς, deux, πούς, pied). Nom donné par Blainville aux poissons qui n'ont que deux membres, par lui et par Latreille à une famille de la classe des reptiles, comprenant ceux qui n'ont que deux pattes seulement.

DIPOLYCOTYLÉDONÉ, adj., *dipolycotyledoneus* (δίς, deux, πολύς, beaucoup, κοτυλήδων, cotylédon). Quelques botanistes ont proposé d'appeler ainsi les végétaux qui ont deux cotylédons multifides.

DIPOROBRANCHES, adj. et s. m. pl., *Diporobranchia* (δίς, deux, πόρος, pore, βράγχια, branchies). Latreille désigne sous ce nom une famille de l'ordre des Ichthyodères succurs, Ficinus et Carus une famille de l'ordre des Cyclostomes, comprenant ceux dont les branchies s'ouvrent à l'extérieur par deux trous, un de chaque côté.

DIPROSOPES, adj. et s. m. pl, *Diprosopa* (δίς, deux, προσοπάω, regarder). Nom donné par Latreille à une famille de l'ordre des Subbrachiens, par Ficinus et Carus à une famille de celle des Sternoptérygiens, comprenant des poissons qui ont les deux yeux d'un seul côté.

DIPROTOPHYLLÉ, adj., *diproto-phyllatus*. Épithète, synonyme de *dicotylédon*, que Turpin emploie pour désigner les végétaux appendiculés qui ont des embryons pourvus de deux, de trois, de quatre ou d'un plus grand nombre de feuilles opposées ou verticillées, et dont quelques uns ont leurs embryons dépourvus de protophylles.

DIPSACÉ, adj., *dipsaceus*. L'*Astrea dipsacea* est une masse hémisphérique, offrant de grandes étoiles hérissées de dents aiguës, ce qui lui donne quelque ressemblance avec les têtes de fleurs du *Dipsacus*.

DIPSACÉES, adject. et s. f. pl., *Dipsaceæ*. Famille de plantes, établie par Candolle, qui a pour type le genre *Dipsacus*.

DIPSECTEUR, s. m. Instrument imaginé par Wollaston, en 1817, et qui sert à mesurer sur mer la dépression de l'horizon.

DIPTÈRE, adj. et s. m., *dipterus, bialatus, bipennis* (δις, deux, πτέρον, aile). Se dit d'une *graine* qui est garnie de deux ailes (ex. *Halesia diptera*), et d'un insecte (*zweiflügler*, all.) qui n'a que deux ailes. L'*Ephemera diptera* est appelée ainsi, parce que ses ailes inférieures sont fort peu apparentes.

DIPTÈRES, adject. et s. m. pl., *Diptera*. Nom donné par Linné, Degeer, Cuvier, Lamarck, Duméril, Goldfuss, Leach, Kirby et Eichwald à un ordre, par Schaeffer, Blainville, Latreille, Ficinus et Carus à une sous-classe de la classe des insectes, comprenant ceux qui n'ont que deux ailes.

DIPTÉROCARPÉES, adj. et s. f. pl., *Dipterocarpeæ*. Famille de plantes, établie par Reinwardt, qui a pour type le genre *Dipterocarpus*.

DIPTÉROLOGIE, s. f., *dipterologia*. Traité sur les insectes diptères.

DIPTÉROLOGIQUE, adj., *dipterologicus*; qui a rapport à la diptérologie.

DIPTÉROLOGUE, s. m., *dipterologus*. Naturaliste qui se livre d'une manière spéciale à l'étude des insectes diptères.

DIPTÉRYGIENS, adj. et s. m. pl., *Dipterygii* (δις, deux, πτέρυξ, nageoire). Nom sous lequel Schneider désigne une famille de poissons, comprenant ceux qui n'ont que deux nageoires.

DIPYRÉNÉ, adject., *dipyrenus*; *zweikörnig* (all.) (δις, deux, πυρήν, noyau). Dont la baie contient deux pyrènes. Ex. *Ilex dipyrena*.

DIRECTION, s. f., *directio*; *Richtung* (all.). Tendance à se porter vers un point déterminé. La direction d'une force est la droite suivant laquelle elle tend à mouvoir les corps qui éprouvent son action.

DIRHOMBOEDRIQUE, adj., *dirhomboedricus*. F. Mohs donne cette épithète aux combinaisons de son système rhomboédrique d'où résultent deux rhomboèdres pareils unis ensemble.

DIRHYNQUES, adj. et s. m. pl., *Dirhynchi* (δις, deux, ῥύγχος, bec). Nom donné par Blainville à une tribu de la famille des Subannélidaires polyrhynques, comprenant ceux qui ont deux appendices céphaliques garnis de crochets.

DISCICOLE, adj., *discincolus* (*discus*, disque, *colo*, habiter). Un Champignon (*Sphæria discincola*) est ainsi appelé parce qu'il croît sur la tranche des troncs de pommiers coupés.

DISCIFÈRE, adject., *disciferus* (*discus*, disque, *fero*, porter); qui porte un disque, comme les apothécies des lichens gymnocarpes. Ex. *Parmelia*.

DISCIFLORE, adject., *disciflorus* (*discus*, disque, *flos*, fleur). Le *Cornus disciflora* a les folioles de son involucre réunies en un disque subarrondi et sublobé.

DISCIFORME, adj., *disciformis; scheibenförmig* (all.) (*discus*, disque, *forma*, forme); qui est plat et orbiculaire, en forme de disque, comme les apothécies des *Sticta*, les légumes contournés du *Medicago disciformis*, le champignon appelé *Sphæria disciformis*.

DISCIGYNE, adject., *discigynus* (δισχος, disque, γυνή, femme). Épithète donnée par Agardh aux plantes dont l'ovaire est implanté sur un disque.

DISCOBOLES, adj. et s. m. pl., *Discoboli* (δισχος, disque, βάλλω, lancer). Nom donné par Cuvier et Latreille à une famille des Subbrachiens, par Ficinus et Carus à une famille de Sternoptérygiens, par Eichwald à une famille de Malacoptérygiens, comprenant des poissons qui ont les nageoires ventrales réunies sous la gorge en un disque arrondi.

DISCOCYMATIENS, adj. et s. m. pl., *Discocymatii* (δισχος, disque, χυμάτιον, cymation). Nom donné par Wallroth à une tribu de la famille des Lichens, comprenant ceux qui sont pourvus d'une membrane proligère, et correspondant aux hyménocarpes de Meyer.

DISCOIDAL, adject., *discoidalis* (δισχος, disque, είδος, ressemblance). Kirby donne cette épithète aux épipleures, quand ils procèdent du disque de la surface inférieure des élytres. Ex. *Lampyris*.

DISCOIDE, adj., *discoideus*; δισχοειδής; *scheibenförmig* (all.) (δισχος, disque, είδος, ressemblance). Se dit, en botanique, de parties qui ont deux faces aplaties parallèles, avec une épaisseur notable et un bord circulaire obtus, comme la *baie* du *Phy-*

tolacca, le *chapeau* de l'*Agaricus discoideus*, l'*étairion* du *Gratiola*, la *graine* de la *Noix vomique*, le *regmate* du *Hura crepitans*. Cassini donne cette épithète à la *calathide* couronnée, dans les Synanthérées, quand les fleurs de la couronne ne sont pas plus longues que celles du disque et suivent la même direction (ex. *Jasione discoidea*). En zoologie, on l'applique à des animaux qui offrent un disque coloré au milieu d'un fond d'une autre teinte, comme la *Nitidula discoidea*, ou qui sont aplatis et presque orbiculaires, comme l'*Asterias discoidea* et la *Venus discina*. Une *coquille* univalve est dite discoïde, lorsque ses tours de spire s'enroulent verticalement sur un même plan, de manière à former un disque (ex. *Cyclostoma planorbula*).

DISCOIDÉ, adj., *discoideus*. Autrefois on a donné ce nom aux Synanthérées dont la calathide, ni radiée, ni radiatiforme, est petite, déprimée ou planiuscule au sommet, et composée de fleurs courtes, droites, parallèles, entassées. Ex. *Anthemis Cotula*.

DISCOIDES, adj. et s. m. pl., *Discoïdei*. Nom donné par Fries à une famille de la cohorte des Hyménothalames, par Acharius à un ordre de la classe des Cœnothalames, comprenant les Lichens qui ont leurs apothécies en forme de scutelles entourées d'un rebord produit par la fronde.

DISCOIDO-RADIÉ, adj., *discoïdoradiatus*. Cassini appelle ainsi la *calathide* des Synanthérées, quand il y a deux couronnes, l'une extérieure radiante, l'autre intérieure irradiante. Ex. *Erigeron acre*.

DISCOLOR, adj., *discolor; ungleichfarbig* (all.). Se dit de tout organe plane, surtout des feuilles, dont les deux faces ne sont pas de la même couleur. Les feuilles du *Goodyera discolor* sont vertes en dessus et pourprés en dessous ; celles du *Cea-nothus discolor*, d'un brun foncé en dessus et blanchâtres en dessous; celles du *Momogyne discolor* luisantes en dessus et tomenteuses en dessous. Le *Gnaphalium discolorum* a les écailles extérieures de son involucre rouges et les internes blanches. *Voyez* VERSI-COLOR, DICHROÉ, BICOLOR.

DISCONTINU, adj., *discontinuus.* Nom donné, dans la nomenclature minéralogique de Haüy, à une variété dont le signe est composé d'exposans formant une progression à laquelle il manque un terme pour qu'elle soit continue. Ex. *Chaux sulfatée discontinue.*

DISCOPHORE, adj., *discophorus* (δισκος, disque, φέρω, porter). Le *Tetrarhynchus discophorus* a un renflement céphalique en forme de disque.

DISCOPHORES, adj. et s. m. pl., *Discophora.* Nom donné par F. Eschenholtz à un ordre de la classe des Acalèphes, renfermant ceux qui n'ont qu'un seul organe natatoire en forme de disque.

DISCORDANT, adj., *discordans.* Se dit, en géognosie, de la *stratification*, quand deux ou plusieurs systèmes de couches qui se touchent immédiatement, ont une inclinaison différente.

DISCOSURE, adject., *discosurus* (δισκος, disque, οὐρὰ, queue). L'*Agama discosura* a la queue déprimée et orbiculée à la base.

DISDIACLASIQUE, adj., *disdiaclasicus* (δις, deux, διακλάω, briser). La chaux carbonatée rhomboïdale d'Islande a été nommée *spath disdiaclasique*, à cause de la double réfraction dont elle jouit.

DISÉPALE, adj., *disepalus.* Épithète donnée au *calice*, quand il se compose de deux pièces distinctes. Ex. *Papaver Rhœas.*

DISJOINT, adj., *disjunctus.* Nom donné, dans la nomenclature minéralogique de Haüy, à une variété dans laquelle les décroissemens font un saut brusque, comme de un à quatre ou à six (ex. *Chaux carbonatée disjointe*). Les entomologistes disent qu'un insecte a le *corps disjoint*, quand la tête, le tronc et l'abdomen sont séparés les uns des autres par des incisures.

DISJONCTIF, adj., *disjunctivus.* Épithète donnée par A. Richard à *l'insertion* pleurodiscale des *étamines*, quand les pétales sont attachés sous le disque, et non à ce disque, de même que les étamines. Ex. Simaroubées.

DISJONCTIFLORE, adj., *disjunctiflorus* ; qui a les fleurs écartées. Ex. *Croton disjunctiflorum. Voyez* DISSITIFLORE.

DISPERME, adject., *dispermus, zweisaamig* (all.) (δις, deux, σπέρμα, graine) ; qui renferme deux graines, comme les *baies* du *Jasminum dispermum* et du *Ruellia disperma*, la *carcérule* de la *Circœa lutetiana*, l'*érème* des *Labiées*, les *légumes* de l'*Indigofera disperma* et du *Dorycnium dispermum*, les *pyxides* du *Plantago sticta.*

DISPERSIF, adj., *dispersivus.* On appelle *pouvoir dispersif* d'une substance, le quotient que l'on obtient en divisant sa dispersion par son indice moyen diminué de l'unité, et l'indice moyen de réfraction est celui qui appartient à la lumière moyenne du spectre.

DISPERSION, s. f., *dispersio* ; διασπασις ; *Zerstreuung* (all.). Quantité dont un rayon de lumière se dilate par l'effet de la réfraction; effet par lequel les molécules simples, de diverses couleurs, dont l'assemblage produit la lumière blanche qui provient du soleil, sont débrouillées et rassemblées en plusieurs faisceaux distincts.

DISQUE, s. m., *discus* ; δίσχος ; *Scheibe* (all.). On employe ce mot : 1° en astronomie, où il exprime la surface visible du soleil, de la lune, d'une planète, d'une comète ; 2° en botanique. On nomme ainsi toute la partie de la surface d'une feuille qui est située entre les bords, ceux-ci exceptés ; la portion centrale de l'assemblage des fleurs qui constituent une ombelle, un capitule, un corymbe ; la surface élargie d'un pédoncule de Synanthérée, qui supporte les petites fleurs ; d'après Cassini, l'assemblage de fleurs à corolles masculines, c'est-à-dire hermaphrodites ou mâles, qui, dans une calathide de synanthérée composée de fleurs différant essentiellement par la corolle, occupe le milieu de la calathide, c'est-à-dire les fleurons du centre ; d'après Adanson et L.-C. Richard, un corps charnu, de nature glanduleuse, ordinairement jaunâtre, plus rarement verd, qui, dans beaucoup de plantes, placé sur le réceptacle, tantôt est resserré sous l'ovaire (ex. *Ruta*), tantôt le déborde un peu (ex. *Borrago*), tantôt s'étend bien avant sur la partie interne du calice (ex. *Punica*), et semble quelquefois repousser l'insertion des étamines vers l'orifice de ce dernier ; enfin, d'après Acharius, la partie supérieure des apothécions ouverts et marginés ; 3° en zoologie. Jurine appelle *disque* toute la partie de l'aile des insectes qui se trouve enfermée entre les bords ; mais, comme alors le mot devient synonyme de *surface*, Latreille pense qu'on doit le restreindre à exprimer le milieu de l'aile. On donne ce nom à la partie convexe d'une coquille bivalve, celle qui se trouve au-dessous du ventre, c'est-à-dire du point le plus saillant ; quelquefois aussi au corps d'une coquille univalve (ex. *Haliotis*), mais alors on n'entend par là que le dernier tour de la spire.

I.

DISSEMBLABLE, adj., *dissimilis* ; *unähnlich* (all.). Se dit, en botanique, d'un organe qui, sur le même individu, offre plusieurs variétés dans sa forme, comme les *lobes* des anthères du *Salvia* ; les anthères des étamines du *Cassia*, dans une même fleur ; les feuilles du *Morysia diversifolia* et du *Ludia heterophylla* (voy. Diversifolié, Hétérophylle, Variifolié), sur un même pied. Les *cotylédons dissemblables* sont ceux qui diffèrent entr'eux d'une manière quelconque dans le même embryon (ex. *Ceratophyllum demersum*).

DISSÉMINATION, s. f., *disseminatio* ; *Ausstreuen* (all.). Dispersion naturelle des graines sur la surface de la terre, à l'époque de leur maturité ; manière dont les plantes répandent leurs semences lorsque celles-ci sont mûres.

DISSÉMINÉ, adj., *disseminatus*. Les géognostes donnent cette épithète aux *parties accessoires* d'une roche qui sont réunies en paquets ou pelotons dans certaines parties de cette roche, comme l'agate dans le porphyre ; aux *minéraux* qui sont engagés, en cristaux, grains ou rognons, dans des roches, et répandus assez uniformément dans ces masses pour paraître en faire partie constituante, comme le diamant.

DISSÉQUÉ, adj., *dissectus* ; *zerschnitten* (all.). Se dit d'une plante qui a ses feuilles très-découpées. Ex. *Viola dissecta, Heracleum dissectum, Ranunculus dissectus, Rhus dissecta, Peucedanum dissectum*.

DISSIMILAIRE, adj., *dissimilaris*. Se dit, en minéralogie, de la *poussière* d'un corps, quand elle diffère sensiblement de celle de la masse, et d'une variété dans laquelle les bords et les angles sur lesquels agissent les décroissemens en subissent chacun deux, à l'exception d'un bord ou d'un angle qui ne subit qu'un seul

26

décroissement (ex. *Chaux carbona-tée dissimilaire*). En zoologie, on applique cette épithète à l'*opercule*, quand il n'a pas la forme de l'ouverture de la coquille, à quelque profondeur qu'il s'y trouve enfoncé ; à la *charnière* d'une coquille bivalve, quand elle n'est pas semblable sur les deux valves, et qu'il y a d'un côté des dents qui ne correspondent à rien.

DISSITIFLORE, adj., *dissitiflorus* (*dissitus*, éloigné, *flos*, fleur); dont les fleurs sont écartées, comme les épillets de l'épi du *Paspalus dissitiflorus*.

DISSIVALVE, adject., *dissivalvis* (*dissitus*, éloigné, *valva*, valve). Denys de Montfort a créé ce nom pour désigner les mollusques munis de plusieurs valves non réunies, et distinctes entr'elles, c'est à dire non assemblées par des ligamens ou des charnières. Ex. *Taret*.

DISSOLUTION, s. f., *dissolutio*; διάλυσις; *Auflösung, Lösung* (all.). Liquéfaction d'un solide ou d'un gaz par son union avec un liquide. Union intime de deux liquides différens, qui n'en forment plus alors qu'un seul parfaitement homogène à l'œil. Résultat de cette opération. On a proposé de réserver ce terme pour désigner le cas où le corps dissous et le corps dissolvant changent de nature, et, d'après Proust, les combinaisons en proportions indéfinies, quel que soit l'état des corps qui les constituent. Ces restrictions n'ont point été adoptées, malgré l'avantage qu'il y aurait à distinguer la simple disgrégation d'un corps par un liquide qui l'absorbe tel qu'il est, de celle d'un autre corps par un liquide qui en change la nature.

DISSOLVANT, adj. et s. m., *dissolvans, diluens*; διαλυτικός; *Auflösungsmittel, Lösungsmittel* (all.). Liquide qui a la propriété de dissoudre

une substance solide, liquide ou gazeuse.

DISSONANCE, s. f., *dissonans sonus*; ἀσυμφωνία; *Misslaut* (all.). On appelle ainsi tantôt l'intervalle de deux sons qui forment ensemble un accord désagréable, tantôt, et plus souvent, celui de deux sons qui choque parce qu'il est étranger à l'accord, et ce nom vient de ce que les sons, quoique simultanés, sont perçus par l'oreille comme s'ils étaient distincts. Suivant Rousseau, il n'y a de vraiment *dissonans* que les intervalles dont les rapports sont irrationnels, parce qu'ils sont les seuls auxquels on ne puisse assigner aucun son fondamental commun. Or, au delà du point où les *harmoniques* (*voyez* ce mot) naturels sont encore sensibles, la consonance des intervalles commensurables ne s'admet plus que par induction, et quoique ces intervalles fassent bien partie du système harmonique, puisqu'ils sont dans l'ordre de sa génération naturelle et se rapportent au son fondamental commun, ils ne peuvent être admis comme consonans par l'oreille, qui ne les aperçoit pas dans l'harmonie naturelle du corps sonore.

DISSOUS, adj. et s. m. pl., *dissoluti*. Nom donné par Nees d'Esenbeck à une section de la famille des Ærogastres trichocystes.

DISTACHYÉ, adj., *distachyus*; *zweyährig* (all.) (δίς, deux, στάχυς, épi); qui porte deux épis. Ex. *Cyperus distachyos, Eriochloa distachya, Aponogeton distachyon*.

DISTANCE, s. f., *distantia*; *Abstand, Entfermung* (all.); *distanza* (it.). Espace à parcourir, entre deux lieux, pour aller de l'un à l'autre ; temps qui, entre deux époques, s'est écoulé depuis la plus ancienne jusqu'à la plus récente; ensemble des objets intermédiaires et de même nature, en nombre plus ou moins grand, que nous pouvons concevoir entre deux objets considérés comme séparés.

DISTANT, adj., *distans, remotus; entfernt* (all.). Se dit des *étamines*, quand elles sont plus ou moins éloignées (ex. *Lycopus*), et des *antennes* d'un insecte, lorsqu'elles sont écartées l'une de l'autre à leur origine.

DISTÈGE, adject., *distegus* (δὶς, deux, στέγη, toit). Nom donné, dans la nomenclature minéralogique de Haüy, à une variété de chaux carbonatée dans laquelle les arêtes horizontales sont remplacées par des facettes qui forment comme la naissance d'un second sommet au dessus de celui que produisent les faces extrêmes.

DISTÉMONE, adject., *distemonis* (δὶς, deux, στήμων, étamine). Se dit d'une plante qui a deux étamines.

DISTÉMONOPLÉANTHÉRÉES, adj. et s. f. pl., *Distemonopleantheræ* (δὶς, deux, στήμων, étamine, πλεῖν, plus, ἀνθηρὸς, fleuri). Nom donné par Wachendorff à une classe de plantes, comprenant celles qui ont les anthères en nombre double de celui des filamens.

DISTICHOPHYLLE, adj., *distichophyllus* (δίστιχος, sur deux rangs, φύλλον, feuille); qui a les feuilles disposées sur deux rangs. Ex. *Ehrharta distichophylla, Panicum distichophyllum.*

DISTIGMATE, adj., *distigma* (δὶς, deux, στίγμα, stigmate). Se dit d'un pistil qui a deux stigmates. Ex. *Tripsacum.*

DISTIGMATIE, s. f., *distigmatia.* Nom donné par A. Richard à une section de la Synanthérie, comprenant les Synanthérées qui sont munies de deux stigmates.

DISTILLATION, s. f., *distillatio; Abziehen* (all.) (*stillo*, dégoutter). Opération dont le but est de soumettre une substance à l'action de la chaleur, dans des vaisseaux clos, pour la réduire en produits qui diffèrent les uns des autres sous le rapport de la volatilité.

DISTILLATOIRE, adj., *distillatorius.* Le *Nepenthes distillatoria* est ainsi appelé parce que sa feuille asci-diée est pleine d'un liquide sécrété, à ce qu'on croit, par les parois mêmes.

DISTINCT, adj., *distinctus, discretus, disjunctus; abgesondert, unverbunden, unterschieden* (all.). On employe ce mot : 1° en minéralogie, pour désigner une variété de magnésie boratée dans laquelle les angles solides opposés n'ont pas de faces semblablement situées, tandis que, parmi les quatre qui, sur une même variété appelée surabondante, remplacent tel angle solide, il y en a une située comme celle qui est solitaire à l'endroit de l'angle solide opposé. 2° En botanique, il se dit d'un organe qui n'a ni connexions, ni adhérences avec les organes voisins. On dit *étamines distinctes*, celles qui ne se tiennent ni par les filets, ni par les anthères; *lobes distincts*, dans les anthères, quand leurs contours respectifs sont bien arrêtés (ex. *Tradescentia virginica*); *nervules distinctes*, dans le placentaire, quand elles forment des cordons séparés (ex. *Portulaca*); *stipules distinctes*, lorsqu'elles sont séparées l'une de l'autre, dans toute leur longueur, comme c'est le cas le plus ordinaire; *tegmen distinct*, quand il est séparé de la lorique, de manière à pouvoir en être détaché sans rupture ou déchirement (ex. *Nymphæa*); *valves distinctes*, lorsqu'elles sont rentrantes, et qu'elles n'ont pas d'union entre elles (ex. *Colchique*). 3° En zoologie, Kirby donne cette épithète au scutellum, quand il est séparé du *dorsolum* par une suture (ex. *Hyménoptères*).

DISTIQUE, adj., *distichus; δίστιχος; zweizeilig, zweireihig* (all.). Se dit des parties qui sont rangées en deux séries disposées le long d'un axe commun, et dans le même plan, mais à des hauteurs différentes, de manière qu'il y en ait alternativement une d'un côté et l'autre de l'autre ; de celles qui sont très-rapprochées, et forment deux rangs bien prononcés ; de celles qui, partant de deux points opposés, sont attachées sur deux rangs seulement, comme les *feuilles* de l'*Eustachys distichophylla*, du *Trisetum distichophyllum*, du *Didymodon distichus*, du *Schubertia disticha* et du *Pachyphyllum distichum* ; les *fleurs* de l'*Hordeum distichum* ; les *poils* du *Teucrium Chamædrys* ; les *rameaux* de l'*Abies canadensis* ; les *spatellules* du *Briza media*.

DISTORT, adj., *distortus ;* qui est de travers, comme la coquille du *Turbo distortus*, dont les tours de spire supérieurs sont plissés longitudinalement, et dont la surface est couverte de sillons tuberculeux.

DISTRACTILE, adj., *distractilis* (*distractus*, séparé). Se dit du *connectif*, quand il écarte très-sensiblement les loges de l'anthère. Ex. *Salvia*.

DISTYLE, adject., *distylus* (δίς, deux, στύλος, style). Se dit d'une fleur dans laquelle il y a deux styles. Ex. *Casuarina distyla*.

DITAXION, s. m., *ditaxion* (δίς, deux, τάξις, rang). Fruit capsulaire contenant deux séries de loges. Ex. *Marettia*.

DITÉTRAEDRE, adj., *ditetraedrus* (δίς, deux, τέτρα, quatre, ἔδρα, base). Nom donné, dans la nomenclature minéralogique de Haüy, à une variété en prisme tétraèdre à sommets dièdres. Ex. *Feldspath ditétraèdre*.

DITHYRE, adj., *dithyrus* (δίς, deux, θύρα, porte). Aristote appelait ainsi une coquille bivalve, et Turton s'est servi de ce mot en place de *conchifère*.

DITOME, adject., *ditomus* (δίς, deux, τέμνω, couper). Synonyme de *bivalve*, dont s'est servi Tournefort.

DITRIDACTYLES, adj. et s. m. pl., *Ditridactyles* (δίς, deux, τρίς, trois, δάκτυλος, doigt). Nom donné par Vieillot à une tribu d'oiseaux Echassiers, comprenant ceux qui ont deux ou trois doigts devant, et point derrière.

DITRINOME, adject., *ditrinomus* (δίς, deux, τρίς, trois, νόμος, loi). Nom donné, dans la nomenclature minéralogique de Haüy, à une variété qui résulte de décroissemens par une, deux, trois rangées, dont chacun agit sur deux parties de la forme primitive.

DIURNE, adj., *diurnus ; ἡμερήσιος, ἡμερινὸς, ἡμέριος ; täglich* (all.); *diurnal* (angl.) ; *diurno* (it.). Ce qui appartient ou est relatif au jour. On emploie ce mot : 1° en astronomie. L'*arc diurne* est celui que les corps célestes décrivent depuis leur lever jusqu'à leur coucher apparent. Le *mouvement diurne* est la rotation journalière de la terre sur son axe, ou la révolution apparente commune à tous les astres, qui s'accomplit dans l'espace d'un jour et d'une nuit. On nomme *variations diurnes* les mouvemens que l'aiguille de déclinaison éprouve tous les jours à l'est ou à l'ouest du méridien magnétique, quand ils sont réguliers et périodiques : observées pour la première fois par Graham, en 1712, elles ont été ensuite étudiées par Hiorter, Celsius, Wargentin, Canton, Asclepi et Cassini. 2° En histoire naturelle, On donne cette épithète aux animaux dont la vie ne se prolonge pas au delà de vingt-quatre heures (ex. *Ephemera*), et aux plantes dont les fleurs s'ouvrent et se ferment pendant que le soleil est sur l'horizon (ex. *Cestrum diurnum* ; *Mesembryanthemum pomeridianum*).

DIURNES, adject. ; *Diurni*. Nom donné par Cuvier, Blainville, Vieillot et Lesson à une section, famille ou tribu de l'ordre des oiseaux accipitres, par Cuvier, Lamarck, Latreille et Eichwald à une famille de l'ordre des insectes lépidoptères, comprenant des animaux qui, pour la plupart, ne volent guères que pendant le jour.

DIVARIQUÉ, adj., *divaricatus* ; *ausgesperrt, ausgebreitet* (all.) ; *allontanato* (it.). Se dit, en botanique, des *pédoncules* dont les ramifications s'écartent les unes des autres dans tous les sens, sans former d'angles très-ouverts (ex. *Poa divaricata, Polygonum divaricatum*); des *rameaux* qui s'écartent beaucoup dès leur origine, et se portent brusquement en différens sens (ex. *Plagianthus divaricatus, Mimetes divaricata, Dysodium divaricatum*).

DIVELLENT. adj., *divellens* (*divello*, arracher). Autrefois on disait que deux dissolutions salines mêlées ensemble se décomposent par l'effet d'une *affinité divellente*, c'est-à-dire parce que la somme des affinités de leurs acides respectifs pour leurs bases respectives est moindre que celle des affinités de l'acide de chacune d'elles pour la base de l'autre, en sorte que les acides semblent s'arracher réciproquement leur base. On donne cette épithète, dans la nomenclature minéralogique de Haüy, à une variété relative au rhomboïde, dans laquelle des faces naissent sur les angles inférieurs et se rejettent en arrière, comme pour fuir d'autres faces qui naissent sur les bords dont la réunion forme ces mêmes angles (ex. *Chaux carbonatée divellente*).

DIVERGENCE, subst. f. (*di*, de, *vergo*, tourner). Écart d'un centre commun.

DIVERGENT, adject., *divergens* ; *ausgesperrt, auseinanderfahrend, auseinanderlaufend, auseinanderstehend* (all.) (*diverto*, détourner); qui s'écarte d'un centre commun. Épithète donnée, en minéralogie, dans la nomenclature de Haüy, à une variété produite en vertu de deux décroissemens, l'un simple, l'autre intermédiaire, en sorte que la loi des décroissemens semble diverger à l'égard d'elle-même, en passant du premier au second (ex. *Fer oligiste divergent*); 2° en botanique : on dit *camares divergentes*, celles qui s'écartent les unes des autres (ex. *Pæonia*); *cotylédons divergens*, ceux qui s'éloignent l'un de l'autre par leur sommet (ex. *Aconitum pyrenaïcum*) ; *folioles divergentes*, dans une feuille trifoliolée, celles qui, pendant le sommeil, redressées et rapprochées par leur base, s'écartent l'une de l'autre par leur sommet (ex. *Melilotus*) ; *follicules divergens* (ex. *Asclepias nigra*) ; *lobes divergens* d'une anthère, ceux qui sont rapprochés ou confluens par l'une de leurs extrémités et écartés par l'autre (ex. *Thymus patavinus*); *nervures divergentes*, celles qui se dirigent vers divers points de la périphérie de la feuille; *rameaux divergens*, ceux qui sont très-ouverts et verticillés (ex. *Abies*) ; *stipules divergentes*, celles qui s'écartent l'une de l'autre, et se placent dans une direction horizontale par rapport à la base de la feuille (ex. *Ranunculus acris*).

DIVERGENTIFLORE, adj., *divergentiflorus* ; qui a des fleurs divergentes, comme celles du *Diclieuxia divergentiflora*.

DIVERGINERVE, adj., *diverginervius*. Épithète donnée par Mirbel aux *feuilles* dont les nervures, dirigées en ligne droite, se portent en divergeant de la base au sommet. Ex. *Viburnum Opulus.*

DIVERGIVEINÉ, adj., *divergivenosus.* Nom donné aux *feuilles* dont les veines se portent en divergeant de la base au sommet. Ex. *Salisburia asplenifolia.*

DIVERSICOLOR, adj., *diversicolor.* Il se dit de quelques champignons dont la couleur varie suivant les individus. Ex. *Peziza diversicolor, Peziza variecolor.*

DIVERSIFLORE, adj., *diversiflorus.* Se dit, d'après Cassini, de la *calathide,* de la *couronne* et du *disque* des Synanthérées, quand ils sont composés de fleurs à corolles variables. Il se dit aussi de l'*ombelle,* quand les fleurs du centre sont régulières et celles de la circonférence irrégulières (ex. *Tordylium officinale*).

DIVERSIFOLIÉ, adj., *diversifolius* (*diversus,* divers, *folium,* feuilles); qui n'a pas les feuilles toutes semblables. Ex. *Sabiæa diversifolia, Pelargonium diversifolium.* Voyez Dissemblable, Hétérophylle, Variifolié.

DIVERSIFORME. Voyez Hétéromorphe.

DIVERSIFRONS, adject., *diversifrons.* Une fougère (*Hymenostachys diversifrons*) est appelée ainsi, parce que ses frondes stériles sont pinnatifides, tandis que les fructifères sont simples et linéaires.

DIVERSISPORÉES, adj., *Diversisporeæ* (*diversus,* divers, σπορὰ, semence). Nom donné par Link à une série de l'ordre des Gastéromycètes, comprenant des champignons dont les conceptacles contiennent des sporidies de formes diverses.

DIVISÉ, adj., *divisus; getheilt, zertheilt* (all.); *divided* (an.); *diviso* (it.) (*divido,* partager). Se dit, en botanique, de tout organe qui, bien que formé en apparence d'une seule pièce, se partage profondément en plusieurs parties qui vont presque jusqu'à la base. On nomme *androphore divisé,* celui qui est partagé à son sommet en plusieurs filets (ex. *Jatropha panduræfolia*); *ovaire divisé,* celui qui, n'ayant qu'un style, est composé de plusieurs loges non soudées ensemble, dont chacune a souvent été décrite comme un ovaire particulier (ex. Labiées).

DIVISIBILITÉ, s. f., *divisibilitas; Theilbarkeit* (allem.); *divisabelness* (angl.). Propriété qu'ont tous les corps de pouvoir être divisés en plusieurs parties, et les parties elles-mêmes en parcelles plus petites, jusqu'à ce qu'elles échappent à nos sens et à nos instrumens. On peut étirer un lingot d'argent de dix-huit grammes, doré avec cinq décagrammes d'or, en un fil plat, également doré partout, long de six mille mètres, et dont on estime que la pellicule d'or n'a pas plus de la deux cent vingt-deux millième partie d'un millimètre d'épaisseur. Haüy a obtenu des lames de mica dont le calcul lui a fait évaluer l'épaisseur à quarante-trois millionièmes de millimètre. De là on ne doit pas conclure que les corps sont divisibles à l'infini, du moins physiquement parlant, puisqu'il ne nous est permis par aucun procédé d'en isoler les particules mêmes, et de les attaquer individuellement.

DIVISION, s. f., *divisio;* διαίρεσις; *Theilung, Zertheilung* (all.). Opération par laquelle on réduit un corps solide en parties plus ou moins ténues. Haüy appelait *division mécanique,* la propriété qu'ont un grand nombre de minéraux cristallisés de se diviser mécaniquement dans des directions planes.

DOCIMASIE, s. f., *docimasia, ars docimastica; Probirkunst* (all.) (δοκιμάζω, essayer). Partie de la chimie analytique qui apprend à déterminer la nature et les proportions des

......aux utiles contenus dans les mé-
....ges naturels et artificiels, afin d'é-
....luer les produits qu'on peut espérer
...e leur exploitation en grand.

DOCIMASTIQUE, adj., *docimas-
ticus*; qui a rapport à la docimasie.
*Art, moyen, opération, procédé doci-
mastique.*

DODÉCAEDRE, adj., *dodecae-
drus* (δώδεκα, douze, ἕδρα, base).
Nom donné, dans la nomenclature
minéralogique de Haüy, à un cristal
dont la surface est composée de douze
facettes triangulaires, quadrangulai-
res ou pentagones, toutes égales et
semblables, ou seulement de deux
mesures d'angles différens (ex. *Fer
sulfuré dodécaèdre*). Les utricules
du pollen du *Geropogon* sont à douze
facettes.

DODÉCAFIDE, adj., *dodecafidus.*
Se dit, en botanique, d'une partie dont
le limbe est divisé en douze segmens
plus ou moins profonds.

DODÉCAGONE, adj., *dodecago-
nus* (δώδεκα, douze, γωνία, angle);
qui a douze angles. Ex. *Pegasia do-
decagona.*

DODÉCAGYNE, adj., *dodecagy-
nus* (δώδεκα, douze, γυνή, femme).
Se dit d'une *fleur* qui a douze pistils,
douze styles, ou douze stigmates sessiles.

DODÉCAGYNIE, s. f., *dodecagynia.*
Nom d'un ordre dans l'une des classes
du système sexuel de Linné, comprenant des plantes qui ont douze pistils.

DODÉCANDRE, adj., *dodecander,
dodecandrus*; *zwelfmännig* (all.)
(δώδεκα, douze, ἀνήρ, homme). Se
dit d'une plante qui a douze étamines dans chaque fleur. Ex. *Jussiæa
dodecandra.*

DODÉCANDRIE, s. f., *dodecan-
dria.* Nom donné, dans le système
sexuel de Linné, à une classe et à trois
ordres, comprenant des plantes qui
ont de douze à dix-neuf étamines.

DODÉCANDRIQUE, adj., *dode-*

candricus. Synonyme de *dodécandre.*

DODÉCANOME, adj., *dodécano-
mus* (δώδεκα, douze, νόμος, loi).
Nom donné, dans la nomenclature
minéralogique de Haüy, à une variété qui résulte de la combinaison
de douze lois de décroissement. Ex.
Epidote dodécanome.

DODÉCAPARTI, adj., *dodecapar-
titus.* Se dit, en botanique, d'une partie dont le limbe est divisé en douze
par des incisions aiguës.

DODÉCAPÉTALE, adj., *dodecape-
talus*; qui a douze pétales.

DODONÉACÉES, adj. et s. f. pl.
Dodonæaceæ. Nom donné par Cambessèdes et Kunth à une tribu de la
famille des Sapindacées, qui a pour
type le genre *Dodonæa.*

DOIGT, s. m., *digitus, dactylus*;
δάκτυλος; *Finger* (all., angl.); *dito*
(it.). On appelle ainsi chacune des douze parties égales dans lesquelles on divise le diamètre d'un astre éclipsé; les
cinq prolongemens qui forment l'extrémité de la main de l'homme; les
prolongemens analogues qui terminent les quatre membres d'un très-
grand nombre de mammifères, d'oiseaux et de reptiles; chacun des deux
derniers articles de la pince des crustacés, dont l'un est mobile, et l'autre immobile; enfin, d'après Kirby,
l'ensemble des articles de la patte des
insectes, hors le premier, qu'il nomme tarse.

DOLABRIFORME, adj., *dolabra-
tus, dolabriformis*; *hobelförmig* (all.);
acetliforme (it.) (*dolabra*, doloire,
forma, forme). Se dit d'une *feuille*
charnue, presque cylindrique à la
base, plate au sommet, offrant deux
bords, l'un épais et rectiligne, l'autre élargi, circulaire et tranchant
(ex. *Peperomia dolabriformis*, *Mesembryanthemum dolabriforme*). Les
phyllodes ont la même forme dans
l'*Acacia subfalcatum*, et la *coquille*
dans la *Pinna dolabrata.* Kirby donne

cette épithète au cubitus des insectes, lorsque son sommet est dilaté et représente en quelque sorte la tête d'une hachette.

DOLASPISTE, adj. et s. m., *dolaspistis* (δόλος, perfidie, ἀσπίς, bouclier). Nom que J.-A. Ritgen donne aux serpens à plaques qui ont des crochets à venin.

DOLÉRITIQUE, adj., *doleriticus*; qui contient de la dolérite. *Roche doléritique.*

DOLIAIRES, adj. et s. m. pl., *Doliaria.* Nom donné par Latreille à une famille de l'ordre des Pectinibranches, qui a pour type le genre *Dolium.*

DOLICHOCÈRES, adj. et s. m. pl., *Dolichocera* (δολιχός, long, κέρας, corne). Nom donné par Cuvier et Latreille à une sous-tribu de la tribu des Muscides, comprenant ceux de ces insectes dont les antennes sont de la longueur de la face de la tête.

DOLICHODÈRE, adj., *dolichodeirus* (δολιχός, long, δερή, cou); qui a le col long. Ex. *Plesiosaurus dolichodeirus.*

DOLICHOPODES, adj. et s. m. pl., *Dolichopodæ* (δολιχός, long, πούς, pied). Nom donné par Latreille, Wiedemann, J. Macquart et Eichwald à une tribu de la famille des Tanystomes; par Goldfuss, Ficinus et Carus à une famille de l'ordre des Diptères, ayant pour type le genre Dolichopus.

DOLIOLOIDE, adject., *dolioloïdes* (*dolium*, tonneau, εἶδος, ressemblance). Lamarck appliquait cette épithète aux chrysalides qui ont le corps ovalaire, un peu dur, en général subcerclé par les restes des anneaux, et sur lesquelles les parties que doit avoir l'insecte parfait ne forment aucun relief. Ex. la plupart des Diptères.

DOLOMITIQUE, adj., *dolomiticus*; qui contient de la dolomie. Ex. *Serpentine dolomitique.*

DOLOPE, adj., *dolops* (δόλοψ, espion). Nom que J.-A. Ritgen emploie dans le même sens que celui de *Dolaspiste. Voyez* ce mot.

DOMBÉYACÉES, adj. et s. f. pl., *Dombeyaceæ.* Nom donné par Candolle à une tribu de la famille des Buttnériacées, qui a pour type le genre *Dombeya.*

DOMINANT, adj. Brochant appelle *forme dominante* d'un cristal, le solide géométrique simple auquel on peut le rapporter, en ne considérant que l'ensemble de ses faces les plus étendues et faisant abstraction momentanée des facettes qui les modifient. Il admet neuf de ces formes: le tétraèdre, le parallélipipède, l'octaèdre, le prisme hexaèdre, le dodécaèdre rhomboïdal, le dodécaèdre pentagonal, le dodécaèdre triangulaire, l'icosaèdre triangulaire et le trapezoïde. Il appelle *faces dominantes* ou principales d'un cristal, celles qui sont le plus étendues, et dont l'ensemble détermine la forme générale de ce cristal.

DORÉ, adj., *auratus, aurosus, aureus; goldgelb* (all.); qui a la couleur jaune de l'or. Ex. *Erianthus aureus, Dillenia aurea, Ribes aureum, Gobius auratus, Cetonia aurata, Ampelis aureola, Conus aurisiacus, Trochilus aurulentus, Campæa chrysitis, Dasypogon aurarius, Hypsonotus aurosus.*

DORIDÉS, adject. et s. m. pl., *Doridea.* Nom donné par Menke à une famille de l'ordre des Gastéropodes gymnobranches, qui a pour type le genre *Doris.*

DORINÉES, adj. et s. f. pl., *Dorineæ.* Nom donné par Robineau-Desvoidy à une tribu de la famille des Myodaires muciphorées.

DORONICÉES, adject. et s. f. pl., *Doroniceæ.* Nom donné par H. Cassini à une section de la tribu des Sé-

...écionidées, qui a pour type le genre *Doronicum.*

DORSAL, adj., *dorsalis; rücken-ständig* (all.). Se dit : 1° en bo-tanique, d'une partie qui naît sur le dos d'un autre organe; *arète dorsale* (ex. *Agrostis canina*); *connectif dorsal*, celui qui n'existe que sur le dos de l'anthère (ex. *Lilium*); *radi-cule dorsale*, celle qui se replie sur le dos de l'un des cotylédons (ex. *Cru-cifères notorhizées*); *suture dorsale*, d'après Candolle, la nervure moyenne de la feuille carpellaire, quand, celle-ci étant ployée sur cette nervure pour former la carpelle, il se détermine une rupture le long de la nervure. On lui donne même cette épithète dans le cas où elle ne s'ouvre pas, pourvu que la nervure soit bien prononcée. 2° En zoologie, les *plumes dorsales* sont celles qui couvrent le dos, et la *nageoire dorsale*, celle qui surmonte le dos. On donne ce nom au *crochet* d'une valve de coquille bivalve, quand il répond au dos de l'animal ou au bord supérieur de la coquille. On l'applique aussi à des animaux dont le dos se fait remarquer par une particularité quelconque, comme celui du *Zosterops dorsalis*, qui est cendré, au milieu d'un plumage jaunâtre.

DORSALÉES, adject. et s. f. pl., *Dorsaleæ.* Nom donné par Lamarck à une famille de l'ordre des Annelides sédentaires, comprenant celles qui ont les branchies sur le dos.

DORSÉ, adj., *dorsatus.* Se dit d'un animal dont le dos est autrement co-loré que le reste du corps, comme le *Noctilio dorsatus*, qui a une bande blanche tout le long du dos. La *Ve-nus dorsata* est blanche en dedans, avec une teinte de couleur de chair dans le disque.

DORSIBRANCHES, adj. et s. m. pl., *Dorsibranchiata* (*dorsum*, dos, βράγχια, branchies). Nom donné par Cuvier et Straus à un ordre de la famille des Annelides, comprenant celles qui ont les branchies saillantes sur la partie moyenne ou sur le côté du corps.

DORSIFÈRE, adject., *dorsiferus* (*dorsum*, dos, *fero*, porter). Quel-ques botanistes ont appelé ainsi les Fougères, par allusion à leur fructifi-cation, qui naît en général sur le dos des organes foliacés.

DORSIGÈRE, adj., *dorsiger, dor-sigerus.* La *Leucopsis dorsigera* a l'abdomen noir, marqué de bandes jaunes. Le *Tabanus dorsiger* a le dos brun, marqué de raies blanches. Le *Rhinotragus dorsiger* porte sur les élytres une tache qui est commune à ces deux étuis.

DORSIPARES, adj. et s. m. pl., *Dorsipari* (*dorsum*, dos, *paro*, pro-duire). Nom donné par Blainville à un sous-ordre de l'ordre des Batra-ciens, comprenant ceux dont les petits se développent dans la peau du dos de la mère.

DORSIPÈDE, adj., *dorsipes* (*dor-sum*, dos, *pes*, pied); qui a les pieds sur le dos. Un crustacé (*Ranina dor-sipes*) a les pieds de la dernière paire insérés sur le dos.

DORSOLUM, s. m., *dorsolum.* Kirby appelle ainsi une pièce située entre le collier et l'écusson, à laquelle est entièrement attaché le prophragme, et qui donne insertion aux organes antérieurs du vol.

DORSTÉNIACÉES, Dorsténiées, adj. et s. f. pl., *Dorsteniaceæ, Dor-steniæ.* Nom donné par A. Richard à un groupe de la famille des Ur-ticées, qui a pour type le genre *Dor-stenia.*

DOS, s. m., *dorsum, tergum;* νῶτος; *Rücken* (all.); *back* (angl.); *dorso* (it.). On nomme ainsi : 1° en botani-que, la partie relevée d'une strie; celle des faces d'une graine comprimée qui est tournée du côté des parois du pé-ricarpe; d'après Candolle, la portion de la feuille carpellaire opposée à la suture formée par le rapprochement des bords, et due elle-même à la nervure moyenne de la feuille. 2° En zoologie, la partie postérieure du tronc; la partie supérieure du nez, de la main, du pied et de la verge, chez l'homme; la région du côté spinal du corps des mammifères qui est comprise entre le cou et le bassin, et, dans le cheval en particulier, celle qui se trouve entre le garot et la croupe; dans les oiseaux, la partie la plus élevée du milieu de la mandibule supérieure, depuis la base du bec jusqu'au sommet, et le dessus du corps, depuis le cou jusqu'au croupion; dans les insectes, tantôt, d'après Degeer et Olivier, l'ensemble des parties supérieures des segmens moyen et postérieur du thorax des insectes, qui sont l'*arrière-tergum*, ou *arrière-dos* d'Audouin; tantôt, d'après ce dernier, toute la partie supérieure du corps entier de l'animal; dans les coquilles univalves, la face opposée à l'ouverture; dans les coquilles bivalves, d'après Blainville, le bord supérieur de la coquille, celui qui serait en l'air si l'animal marchait devant l'observateur.

DOTHIDINES, adj. et s. m. pl., *Dothidini*. Nom donné par Fries à un sous-ordre de l'ordre des Pyrénomycètes sphériacés, qui a pour type le genre *Dothidea*.

DOUBLANT, adject., *duplicans*. Nom donné, dans la nomenclature minéralogique de Haüy, à une variété dans le signe de laquelle les exposans forment une progression qui serait régulière si l'un d'eux n'était double (ex. *Péridot*). La chaux carbonatée rhomboïdale était appelée autrefois *spath doublant*, quand elle avait assez de limpidité pour permettre d'observer le phénomène de la double réfraction.

DOUBLE, adj., *duplex*; *doppelt* (all.); *double* (angl.); *doppio* (it.). On se sert de ce mot : 1° en astronomie; on appelle *étoiles doubles*, non celles qui semblent se toucher par l'effet optique de la direction sous laquelle nous les voyons, mais celles qui, réellement très-rapprochées, forment un système tournant périodiquement autour d'un centre commun de gravité. 2° En physique, on nomme *double réfraction* un phénomène qui consiste en ce que chaque rayon lumineux qui traverse certains cristaux (par exemple ceux du Spath d'Islande), se partage en deux rayons émergens distincts, dont l'un suit la loi de la réfraction ordinaire, et l'autre suit une loi particulière dont la découverte est due à Huygens. 3° En chimie, Berzelius appelle *sels doubles* ceux qui résultent de la combinaison de deux sels haloïdes (ex. *Chlorofluorure barytique*, *Chlorure ferroso-potassique*), de deux oxisels (ex. *Oxalate potassico-sodique*), de deux sulfosels, d'un sel haloïde et d'un oxisel (ex. *Chlorure et carbonate plombiques*), d'un sulfosel et d'un oxisel (ex. *Nitrate et sulfomolybdate potassique*). 4° En botanique, on nomme *calice double* celui qui est muni d'une espèce d'involucre simulant un second calice (ex. *Erica vulgaris*); *périanthe double*, d'après Mirbel, celui qui se compose d'une corolle et d'un calice, ou de deux enveloppes florales; *péricline double*, d'après Cassini, celui dont les squames internes et externes sont d'une nature assez différente pour qu'on puisse les distinguer en deux rangées; *stigmate double*, celui qui est double pour un seul pistil (ex. *Convolvulus sepium*). La *fleur double* des botanistes, *pleine* des fleuristes (*flos multiplicatus*), résulte de ce que les divers organes floraux ou l'un d'eux prennent l'apparence de pétales; une fleur polypétale devient double quand le nombre de ses pétales augmente (ex. *Ranunculus asiaticus*), et une monopétale, quand il y développe plusieurs corolles l'une dans l'autre (ex. *Hyacinthus orientalis*); une synanthérée qui double ne fait que changer de forme, ses demi-fleurons devenant des fleurons, et ses fleurons des demi-fleurons.

DOUBLE-FOLLICULE, subst. m., *Bifolliculus*. Fruit composé de deux follicules. Ex. *Asclepias Vincetoxicum*.

DOUTEUX, adj. et s. m. pl., *Dubia*. Nom donné par Blainville à une sous-classe de la classe des Actinozoaires, comprenant des animaux auxquels on ne peut point encore assigner positivement de place, et qu'on laisse là d'une manière provisoire.

DOUX, adj., *dulcis*; γλυκύς; qui agit faiblement sur nos organes, ou du moins sans les offenser (*son doux*, *voix douce*); qui a une saveur sucrée (*fruit doux*). Un *métal doux* est celui que l'on peut aplatir sous le marteau, sans le briser (*fer doux*).

DRACÉNACÉES, adj. et s. f. pl., *Dracænaceæ*, *Dracæneæ*. Nom donné par Reichenbach et par Link à un groupe de la famille des Liliacées, qui a pour type le genre *Dracæna*.

DRACINE, s. f., *dracina*. Melandri appelle ainsi un alcali organique qu'il a découvert dans le sang-dragon.

DRACIQUE, adj., *dracinus*. Nom que doivent porter, dans la nomenclature chimique de Berzelius, les sels à base de dracine.

DRACONIENS, adj. et s. m. pl., *Draconii*. Nom donné par J.-A. Ritgen à un sous-ordre de l'ordre des Reptiles campsichrotes, qui a pour type le genre *Draco*.

DRACONINE, s. f., *draconina*. *V.* DRACINE.

DRACONITIQUE, adj., *draconi-*

ticus. Le temps que la Lune met à revenir à l'un de ses nœuds, et qui est de 27 j. 5 h. 7′, est appelé *mois draconitique* parce qu'autrefois on nommait le nœud ascendant tête, et le nœud descendant queue du Dragon.

DRACONOIDES, adj. et s. m. pl., *Draconoidea*, *Draconoidei*. Nom donné par P.-F. Fitzinger et Eichwald à une famille de Reptiles, qui a pour type le genre *Draco*.

DRACONTIÉES, adj. et s. f. pl., *Dracontieæ*. Salisbury appelait ainsi la famille des Aroïdées, à cause du genre *Dracontium* qu'elle renferme.

DRAGEON, subst. m., *stolo*, *surculus*; *Wurzelschössling* (all.); *shoot* (angl.). Toute pousse ou tige nouvelle qui s'élève des racines. Plusieurs botanistes ont donné ce nom aux *coulans*, ou filets traçans, qu'on rencontre chez un assez grand nombre de plantes. On l'applique aussi à des jets particuliers qui partent de la tige de certaines mousses, et qui s'étalent à la surface du sol.

DRAPÉ, adj., *pannaceus*, *pannosus*; qui a la forme d'un morceau de drap ou d'un feutre, comme le squelette de la *Spongia pannacea*, ou la masse des filamens de l'*Oscillaria pannosa*.

DRAP-MARIN, s. m. Espèce de pluche ou de laine qui garnit la surface extérieure d'une coquille univalve (ex. *Turbinella rapa*) ou bivalve (ex. *Arca pilosa*).

DRÊCHE, subst. f. Orge dont on a arrêté la germination au moyen de la chaleur, et qui, après avoir été moulue, sert à faire la bière.

DRESSÉ, adj., *erectus*; *aufstehend* (all.). Se dit, en botanique, d'une partie qui est perpendiculaire, ou à peu près, au plan de sa base, qui se dirige de bas en haut d'un axe rationnel ou réel. Les *anthères dressées* sont notablement longues, fixées par l'un de leurs bouts, et elles se tiennent dans une direction verticale par rapport au plan de la base de la feuille. La *camare* est *dressée* dans le *Sedum album*, et le *chaton* dans le *Salix triandra*. La *cupule* du calybion est *dressée*, quand son orifice est tourné vers le point opposé à la base de son support (ex. *Taxus*); celle du strobile l'est dans le *Cupressus*. L'*embryon dressé* est celui dont la radicule se dirige vers la base de la graine, c'est-à-dire vers la cicatricule. Les *étamines dressées* se tiennent par leur propre force dans la direction de l'axe de la fleur (ex. *Tulipa*). Les *feuilles dressées* forment un angle très-aigu avec la tige (ex. *Iris germanica*). Les *fleurs dressées* se dirigent vers le ciel (ex. *Gentiana verna*). Les *folioles* d'une feuille composée sont *dressées* la nuit, pendant le sommeil, lorsqu'elles s'appliquent au dessus du pétiole commun par leur face supérieure (ex. *Colutea*). Les *follicules* du *Nerium Oleander* sont dressés. La *graine dressée* est fixée au fond du péricarpe, dont elle suit plus ou moins bien la direction (ex. *Berberis*); la *grappe* de l'*Acer campestre* est *dressée*, comme l'épi du *Reseda lutea*. Le *limbe* d'une corolle monopétale est dit *dressé*, quand il est parallèle à l'axe de la fleur (ex. *Cynoglossum officinale*); les *pétales* prennent cette épithète dans la même circonstance (ex. *Halicteres Isora*). Les *rameaux dressés* montent vers le ciel (ex. *Populus fastigiata*). Le *stigmate dressé* a une longueur notable et la même direction que celle de l'axe de la fleur (ex. *Statice Armeria*). La *tige* est *dressée* dans l'*Orthostemon erectum*.

DROIT, adj., *rectus*; ἐυθὺς ; *aufrecht* (all.); *right* (angl.); *diritto* (it.). Se dit : 1° en astronomie ; l'*ascension droite* d'un astre est la distance comptée depuis le point de l'équateur qui est au commencement du bélier jusqu'au point de l'équateur qui se lève en même temps que l'astre. *V.* DES-

CENSION. 2° En minéralogie ; le prisme, soit rectangulaire, soit rhomboïdal, est appelé *droit* par Brochant, quand la base qui le termine est perpendiculaire à l'axe et par conséquent aux arêtes. Le *prisme rectangulaire droit* peut être : A. cubique, quand les plans de clivage parallèles aux faces latérales et aux bases sont tous également nets et distincts, en sorte que chacune des faces se trouve dans le même rapport avec le clivage qui lui correspond, que toutes sont identiques, et qu'on peut les regarder toutes comme étant à une égale distance d'un point central ; B. à base carrée, quand les plans de clivage parallèles à quatre faces sont également nets et distincts, et un troisième plus ou moins distinct qu'eux, ou même nul, d'où il suit que ces quatre faces sont semblables et semblablement ordonnées par rapport à une ligne joignant les centres des deux autres, que cette ligne constitue l'axe, et que, pour représenter l'identité de position des faces latérales par rapport à cet axe, on doit considérer les bases, c'est-à-dire les autres faces, comme carrées ; C. à base rectangle, quand les trois sens du clivage sont différemment distincts, en sorte que chaque face peut être regardée comme différente des deux autres, ou quand deux sens de clivage parallèles à l'axe ne sont pas parallèles aux faces. Le *prisme rhomboïdal droit* peut être : A. à base isoscèle, quand les deux faces latérales, celles qui ne sont pas perpendiculaires entre elles, présentent des clivages identiques ; B. à base oblongue, quand ces deux faces présentent des clivages différens. Le *prisme pentagonal*, soit régulier, soit symétrique, est *droit*, quand sa base est perpendiculaire à l'axe. 3° En zoologie, les *dents* sont *droites*, quand leur direction est perpendiculaire à l'axe des mâchoires. Les *ailes* des insectes prennent cette épithète toutes les fois que, dans le repos, elles sont relevées perpendiculairement à la surface du corps.

DROITS, adj. et s. m. pl., *Erecta*. Nom donné par Illiger à un ordre de la classe des Mammifères, qui ne comprend que le genre *Homme*.

DROMALECTORES, adj. et s. m. pl., *Dromalectores* (δρόμος, course, ἀλέκτωρ, coq). Nom donné par J.-A. Ritgen à une famille de l'ordre des Choroptènes, comprenant les gallinacés coureurs.

DROMOCHOROPTÈNES, adj. et s. m. pl., *Dromochoropteni* (δρόμος, course, χῶρος, champs, πθηνός, volatile). Nom donné par J.-A. Ritgen à une famille de l'ordre des Choroptènes, comprenant les gallinacés qui courent dans les champs.

DROMORNITHES, adj. et s. m. pl., *Dromornithes* (δρόμος, course, ὄρνις, oiseau). Nom donné par J.-A. Ritgen à un ordre de la section des Mydalornithes, comprenant les oiseaux qui ne sont aptes qu'à marcher et courir.

DROSÉRACÉES, adj. et s. f. pl., *Droseraceæ*. Famille de plantes, établie par Candolle, qui a pour type le genre *Drosera*.

DROSOMÈTRE, s. m., *drosometrum*; *Thaumesser* (all.) (δρόσος, rosée, μετρέω, mesurer). Instrument qui a été proposé pour mesurer la rosée.

DRUPACÉ adj., *drupaceus*; *steinfruchtartig* (all.); qui est de la nature du drupe, qui ressemble à un drupe. Le *calybion drupacé* a l'aspect d'un drupe, parce que sa cupule est formée de deux substances, l'une interne ligneuse, l'autre externe succulente (ex. *Cycas*). Le *légume drupacé* a une partie externe succulente et charnue, et une interne ligneuse, imitant un noyau (ex. *Geoffrœa*). Un *péricarpe drupacé* est celui dont l'endocarpe est dur et revêtu d'une écorce séparable ou distincte et à peine charnue.

DRUPACÉES, adj. et s. f. pl., *Drupaceæ*. Nom donné par Candolle à une tribu de la famille des Rosacées, comprenant celles de ces plantes qui ont pour fruit un drupe.

DRUPE, s. m., *drupa*; *Steinfrucht* (all.). Fruit charnu, indéhiscent, qui renferme dans son intérieur un noyau formé par l'endocarpe endurci, auquel s'est jointe une partie plus ou moins épaisse du sarcocarpe (ex. *Cerise*). Candolle définit le *drupe* une carpelle indéhiscente où le mésocarpe est charnu et l'endocarpe osseux.

DRUPÉOLE, subst. m., *drupeola*. Mirbel appelle ainsi les drupes qui sont plus petits qu'un pois. Ex. *Rhus*.

DRUPÉOLÉ, adj., *drupeolatus*. Ayant l'apparence d'un petit drupe, par sa structure succulente en dehors et ligneuse en dedans, comme la *camare* de l'*Actæa*, le *cénobion* du *Prasium majus*, la *cypsèle* du *Clibadium*, la graine de l'*Ixia chinensis*.

DRUPIFÈRE, adj., *drupiferus*; qui porte des drupes. Ex. *Camellia drupifera*.

DRUPIFÈRES, adj. et s. f. pl., *Drupiferæ*. Nom donné par Batsch à une famille de plantes, qui correspond à la tribu des Drupacées.

DRUSE, s. f., *drusa* (δρύω, cacher). Cavité qu'on rencontre dans certaines roches, et qui est tapissée ou comme hérissée de cristaux ordinairement prismatiques.

DRUSIFORME, adj., *drusiformis*; (*drusa*, druse, *forma*, forme); qui a la forme d'une druse ou d'un rognon, comme la variété de chaux sulfatée appelée *Spath drusiforme*.

DRUSILLAIRE, adj., *drusillaris*; qui est en masses concrétionnées, comme la variété de cuivre oxidulé appelée *Spath drusillaire*.

DRUSIQUE, adj., *drusicus*; qui a la forme d'un rognon, comme la variété de chaux carbonatée appelée *Spath drusique.*

DRYADÉ, adj., *dryadeus, dryinus* (δρῦς, chêne); qui croît sur les troncs des chênes. Ex. *Polyporus dryadeus, Agaricus dryinus.*

DRYADÉES, adject. et s. f. pl., *Dryadeæ.* Nom donné par Ventenat et Candolle à une tribu de la famille des Rosacées, que Caffin a érigée en famille, et qui a pour type le genre *Dryas.*

DRYMIRRHIZÉES, adj. et s. f. pl., *Drymirrhizeæ.* Ventenat appelait ainsi la famille des Amomées.

DRYOPHILE, adj., *dryophilus* (δρῦς, chêne, φίλεω, aimer); qui vit dans les forêts. Ex. *Agaricus dryophilus, Peziza dryophila.*

DRYOPHTHORIDES, adj. et s. m. pl., *Dryophthorides.* Nom donné par Schœnherr à un groupe de l'ordre des Curculionides gonatocères, ayant pour type le genre *Dryophthorus.*

DRYOPTÈRE, adj., *dryopteris* (δρῦς, chêne, πτέρις, fougère). Le *Polypodium dryopteris* a ses frondes ailées.

DUALISME, s. m., *dualismus.* Système dans lequel on explique tous les phénomènes de la nature au moyen de deux principes, qui sont l'origine et la cause de tout.

DUALISTE, s. m., *dualista.* Partisan de la doctrine du dualisme.

DUALISTIQUE, adj., *dualisticus;* qui a rapport au dualisme : *théorie dualistique.*

DUCTILE, adj., *ductilis, ductibilis;* ὅλκιμος, ἐυόλκιμος; *geschmeidig, dehnbar* (all.); *duttile* (it.) (*duco,* conduire); qui peut s'alonger et s'étendre.

DUCTILITÉ, subst. f., *ductilitas; Streckbarkeit, Zähigkeit, Geschmeidigkeit* (all.); *ductility* (angl.); *duttilità* (it.). Propriété qu'ont certains corps de pouvoir s'étendre par l'effet de la pression, de la percussion, de

la tension, ou de la traction, et conserver sensiblement la forme qu'ont ainsi reçue, quand la force cessé d'agir sur eux.

DUFOURIDES, adj. et s. f., *Dufouridæ.* Nom donné par Robineau-Desvoidy à une section de famille des Myodaires calyptérées qui a pour type le genre *Dufouria.*

DUMICOLE, adj., *dumicola* (*dumus,* buisson, *colo,* habiter); qui vit dans les taillis, dans les broussailles. Ex. *Sylvia dumicola.*

DUNE, s. f., *Sandhügel* (all.), *down* (angl.). Colline de sable mobile que les vents dominans sur une plage accumulent près des bords de la mer et font avancer peu à peu dans l'intérieur des terres

DUODÉCIMFIDE, adj., *duodecimfidus* (*duodecim,* douze, *findo,* fendre). Se dit du *calice,* quand il offre douze divisions égales à la moitié de sa longueur totale. Ex. *Peplis.*

DUODÉCIMLOBÉ, adj., *bissexlobatus* (*duodecim,* douze, *lobus,* lobe); qui a douze lobes. La *Cornula bissexlobata* est une coquille formée de six pièces bilobées.

DUODÉCIMPONCTUÉ, adj., *duodecimpunctatus* (*duodecim,* douze, *punctum,* point); qui est marqué de douze points. Ex. *Coccinella duodecim-punctata.*

DUODÉCITERNAL, adj., *duodeciternalis.* Nom donné, dans la nomenclature minéralogique de Haüy, à une variété de topaze dont le prisme est à douze pans, et dont le sommet supérieur se termine par une face perpendiculaire à l'axe, entre deux obliques.

DUODÉNAIRE, adj., *duodenarius.* Wachendorff employait ce mot comme synonyme de *dodécandre.*

DUOTRIGÉSIMAL, adj., *duotrigesimalis.* Nom donné, dans la nomenclature minéralogique de Haüy, à une variété dont la surface est

posée de trente-deux facettes. Ex.
Chaux carbonatée duotrigésimale.

DUPLICATEUR, s. m., *duplicator;
Electricitätsverdoppler* (all.). Bennet a fait connaître sous ce nom un appareil propre à colliger des quantités d'électricité trop faibles pour être appréciables à l'électromètre même le plus sensible, jusqu'à ce qu'elles aient acquis assez de tension pour produire des phénomènes électriques bien manifestes. Nicholson, en y joignant un mécanisme, y a fait un perfectionnement, que Bohnenberger a depuis modifié aussi.

DUPLICATILE, adj., *duplicatilis
duplex*, double). Épithète donnée aux ailes des insectes, quand elles se ploient en travers. Ex. *Coléoptères.*

DUPLICATO-CRÉNELÉ, adject., *duplicato - crenatus.* Se dit d'une *feuille* dont les crénelures sont elles-mêmes crénelées. Ex. *Chrysospleum alternifolium.*

DUPLICATO-DENTELÉ, adj., *duplicato-serratus.* Se dit d'une *feuille* dont les dentelures sont elles-mèmes dentelées. Ex. *Ulmus campestris.*

DUPLICIDENTÉS, adj. et s. m. pl., *Duplicidentata* (*duplex*, double, *dens*, dent). Nom donné par Illiger, Goldfuss, Ficinus et Carus à une famille de rongeurs, comprenant ceux qui ont quatre incisives à la mâchoire supérieure.

DUPLICIPENNES, adj. et s. m. pl., *Duplicipennes* (*duplex*, double, *penna*, aile). Nom sous lequel Duméril désigne une famille de l'ordre des insectes Hyménoptères, comprenant ceux dont les ailes supérieures forment un pli longitudinal, lorsque l'animal est en repos.

DUPLOCONE, adj., *duploconus* (*duplex*, double, *conus*, cône); qui a la forme de deux cônes superposés. Ex. *Balanus duploconus.*

DUR, adj., *durus*; σκληρός; *hart* (all.); *hard* (angl.); *duro* (it.). Se dit,

au sens propre, d'un corps qui résiste à l'action d'un choc tendant à le briser, qui ne cède pas quand on le presse entre les doigts, qu'on ne peut entamer avec l'ongle ou avec un instrument tranchant; et, au sens figuré, de ce qui blesse un organe de sens par son âpreté, soit l'oreille (*voix dure, son dur*), soit la langue, comme les *eaux dures*, ou chargées de sels calcaires, qui sont en outre impropres à cuire les légumes.

DURAMEN, s. m., *duramen.* Dutrochet propose d'appeler ainsi le bois parfait ou le cœur du bois.

DURÉE, subst. fém., *longinquitas, temporis spatium;* διαμονή; *Dauer* (all.); *duration* (angl.); *durata* (it.). Temps plus ou moins long pendant lequel peut se prolonger l'existence d'un corps ou la manifestation d'un phénomène quelconque.

DURETÉ, s. f., *duritia, duritias, duritudo;* σκληρότης, σκληρυσμός; *Härte* (all.); *hardness* (angl.); *durezza* (it.). Généralement, on appelle ainsi la résistance d'un corps à tout effort quelconque qui tend à le diviser, d'où il suit que, quand on parle de cette propriété, à l'occasion d'une substance donnée, il faut toujours annoncer de quelle manière on s'y prend pour l'éprouver. Aussi, en minéralogie, entend-on par *dureté* d'un corps la résistance qu'on rencontre lorsqu'on cherche à l'entamer avec un instrument, à le rayer ou à l'user avec un autre corps.

DURIVENTRE, adj., *duriventris* (*durus*, dur, *venter*, ventre); qui a le ventre dur ou rude. Ex. *Myletes duriventris.*

DUVET, s. m., *avium molliores plumæ;* λάχνη; *Flaumhaare* (all.); *down* (angl.). On donne ce nom à de petites plumes dont la tige est très-faible, et qui sont garnies de barbes alongées, plus ou moins crèpues, non attachées ensemble par leurs barbules. On l'applique aussi (*poil follet* ; *lanugo* ; ἴουλος ; *Milch-haare* (all.), aux petits poils doux et flexibles qui garnissent le menton des adolescens. Enfin les botanistes le donnent par extension à des poils mous et peu nombreux qui se développent sur diverses parties, dans les végétaux.

DUVETÉ, adj., *flaumig* (all.); *downy* (angl.). On nomme *plantes duvetées* celles qui sont couvertes de poils courts, doux et peu serrés (ex. *Circœa lutetiana. Voyez* Pubescent); *plumes duvetées*, celles dont les barbes et barbules s'alongent en un duvet fin et soyeux (ex. *Chouettes*).

DYNAMIE, s. f. On appelle ainsi, ou *unité dynamique*, celui des effets dont les forces sont capables qu'on choisit pour terme de comparaison, lorsqu'on veut mesurer ces forces ou plutôt leurs effets. On peut nommer *dynamie*, par exemple, la force capable d'élever un kilogramme à un mètre de hauteur. Dire alors qu'une force vaut cent *dynamies*, c'est exprimer qu'elle peut élever dans un temps convenu cent kilogrammes à un mètre, ou vingt kilogrammes à cinq mètres, etc.

DYNAMIQUE, adj., *dynamicus*. Monge appelait *effet dynamique* le résultat de l'emploi d'une force, ou le nombre d'unités dynamiques (*voyez* Dynamie) qui en mesurent l'effet. C'est ce que Coulomb nommait *quantité d'action*, Smeathen, *puissance mécanique*, et Carnot, *moment d'activité*. Or cette quantité est le produit de la pression du moteur sur le mobile, multipliée par l'espace que ce dernier parcourt dans le sens de la pression.

DYNAMIQUE, subst. f., *dynamica* (δύναμις, force). Expression, introduite par Leibnitz, pour désigner la partie la plus abstraite de la mécanique, celle dont l'objet est de se

livrer à des recherches sur les forces motrices en général et sur les lois des mouvemens qui en résultent.

DYNAMISME, s. m., *dynamismus*. Système qui établit que la matière n'a point d'existence par elle-même, qu'elle est le résultat de la tendance en sens opposés de deux forces, l'une contractive, l'autre expansive, dont la première, si elle parvenait à subjuguer l'autre totalement, réduirait la matière à n'être qu'un point mathématique.

DYNAMISTE, s. m., *dynamista*. Partisan des doctrines du dynamisme.

DYNAMOLOGIE, s. f., *dynamologia* (δύναμις, force, λόγος, discours). Traité sur les forces considérées abstractivement.

DYNAMOMÈTRE, s. m., *dynamometrum*; *Kraftmesser* (all.) (δύναμις, force, μετρέω, mesurer). Instrument propre à mesurer les forces d'un homme, d'un animal, ou du moteur d'une machine, dans certaines circonstances données. Graham, Leroy et Regnier ont imaginé des instrumens de ce genre. Celui de Regnier est le plus commode et le meilleur; cependant G.-G. Munke l'a modifié depuis. — On employe quelquefois le mot de *dynamomètre* comme synonyme d'*auxomètre. Voy.* ce mot.

DYSASPISTES, adj. et s. m. pl., *Dysaspistes* (δυς, marque de privation, ἀσπίς, plaque). Nom donné par J.-A. Ritgen à une division du groupe des Hémichalinaspistes, comprenant les serpens qui n'ont qu'un petit nombre de plaques sur le corps.

DYSCOLOBATHRISTES, adj. et s. m. pl., *Dyscolobathristes* (δυσ-κολος, difficile, βάθρα, échasse). Nom donné par J.-A. Ritgen à une famille de l'ordre des Limnoptènes, comprenant des oiseaux qui ont les jambes longues, presque en échasses.

DYSCOPIDOPTÈNES, adj. et s. m.

, *Dyscopidopteni* (δὺς, à demi, ὑποκοπὶς, sabre, πτηνὸς, volatile). Nom donné par J.-A. Ritgen à une famille de l'ordre des Haliptènes, comprenant des oiseaux qui ont les ailes à demi en forme de sabre.

DYSÉCHIES, adj. et s. m. pl., *Dysechies* (δὺς, à demi, ἐχείδιον, vipère). Nom donné par J.-A. Ritgen à un groupe de l'ordre des Aspistes, renfermant les ophidiens qui ont à la mâchoire supérieure des dents ordinaires et des crochets à venin.

DYSÉRÈTES, adj. et s. m. pl., *Dyseretæ* (δὺς, à demi, ἐρέτης, rameur). Nom donné par J.-A. Ritgen à une famille de l'ordre des Halicolymbes, comprenant des oiseaux qui nagent sur l'eau avec des moignons de bras.

DYSGYMNOPHIDES, adj. et s. m. pl., *Dysgymnophides* (δὺς, à demi, γυμνὸς, nu, ὄφις, serpent). Nom donné par J.-A. Ritgen à une section de l'ordre des Strepsichrotes, comprenant les serpens qui n'ont que très-peu d'écailles sur le corps.

DYSGYRIOPHIDES, adj. et s. m. pl., *Dysgyriophides* (δὺς, à demi, γύριος, circulaire, ὄφις, serpent). Nom donné par J.-A. Ritgen à une section de l'ordre de Strepsichrotes, comprenant des serpens qui ne peuvent rouler leur corps qu'incomplètement.

DYSHÉRODIENS, adject. et s. m. pl., *Dysherodii* (δὺς, à demi, ἐρώδιος, héron). Nom donné par J.-A. Ritgen à une famille de l'ordre des Colobathropodes, comprenant des oiseaux qui se rapprochent beaucoup des hérons.

DYSHERPYLES, adj. et s. m. pl., *Dyserpylæ* (δὺς, à demi, ἕρπω, ramper). Nom donné par J.-A. Ritgen à

une famille du groupe des Holodontaspistes, comprenant des ophidiens qui, comme l'amphisbène, rampent difficilement.

DYSMOLGES, adj. et s. m. pl., *Dysmolgæ* (δὺς, à demi, μολγὸς, salamandre). Nom donné par J.-A. Ritgen à une section de l'ordre des Uromolges, comprenant des batraciens qui ressemblent beaucoup aux salamandres, comme les sirènes.

DYSODES, adj. et s. m. pl., *Dysodes* (δυσωδὴς, fétide). Nom donné par Vieillot à une famille de l'ordre des Sylvains, par Latreille, Ficinus et Carus à une famille de celui des Passerigalles, par Lesson à une famille de celui des Grimpeurs, comprenant un seul oiseau, dont la chair exhale l'odeur désagréable du castoréum.

DYSSODIÉES, adj. et s. f. pl., *Dyssodieæ*. Nom donné par H. Cassini à une section de la tribu des Tagétinées, qui a pour type le genre *Dyssodia.*

DYSSYMÉTRIE, s. f., *dyssymetria*. Défaut de symétrie, comme lorsque les cristaux d'une substance minérale sont groupés en sens inverse.

DYTICIDES, adject. et s. m. pl., *Dyticidæ*. Nom donné par Leach à une famille de l'ordre des Coléoptères, ayant pour type le genre *Dytiscus*.

DYTICITES, adject. et s. m. pl., *Dyticites*. Nom donné par Latreille à un groupe de la tribu des Hydrocanthares, qui a pour type le genre *Dytiscus*.

DYTIQUES, adject. et s. m. pl. (δυτικὸς, plongeur). Nom donné par Ranzani à une famille de l'ordre des oiseaux Plongeurs, comprenant ceux qui ont l'habitude de plonger.

E.

EAU, s. f., *aqua*; ὕδωρ; *Wasser*
(all.); *water* (angl.); *acqua* (it.).
Liquide qui résulte de la combinaison
de l'oxigène avec l'hydrogène. Les
chimistes nomment *eau mère* le liquide
qui reste après la cristallisation d'une
ou plusieurs substances qu'il tenait en
dissolution, celui qui, ayant déjà
donné des cristaux, ne peut plus en
fournir dans les mêmes circonstances
où il avait produit les premiers. En
minéralogie, le terme d'*eau* exprime
un genre de transparence et de limpidité que présentent les pierres
gemmes. On appelle *eau de cristallisation* celle qui se trouve répandue
entre les parties intégrantes de certains cristaux, qui est même une
condition indispensable de l'existence
de plusieurs sels, et qui, dans tous
les cas, s'y rencontre en quantité
déterminée et telle que l'oxigène
qu'elle contient est un multiple, parfois aussi un sous-multiple, par un
nombre entier, de l'oxigène de la
base.

ÉBARBULÉ, adj., *ebarbulatus*.
Épithète donnée aux quatre ou cinq
pennes de l'aile du casoar, qui sont
dépourvues de barbes et qui ressemblent à des piquans de porc-épic.

ÉBAUCHÉ, adj., *inchoatus*. Latreille donne cette épithète à une *métamorphose* qui accroît le nombre des
pieds et quelquefois celui des anneaux
du corps (ex. *Iule, Scolopendre,
Monocle*).

ÉBÉNACÉES, adject. et s. f. pl.,
Ebenaceæ. Nom donné par Jussieu à
une famille de plantes, dont fait partie l'arbre qui fournit le bois d'é-
bène (*Diospyros Ebenum*).

ÉBOULIS, s. m. Omalius appelle
ainsi les dépôts modernes ou postérieurs aux dernières révolutions du
globe, qui ont été produits par ébou-
lement, et qui, au lieu de former des
assises superficielles, composent souvent des talus de montagnes et quelquefois des filons ou des amas.

ÉBRACTÉOLÉ, adj., *ebracteola-
tus*; qui est dépourvu de bractéoles
(*voyez* ce mot), comme le calice du
Tephrosia candida.

ÉBRACTÉTÉ, adj., *ebracteatus*;
deckblattlos (all.); qui n'a point de
bractées. Ex. *Quisqualis ebracteata*,
Thesium ebracteatum.

ÉBULLITION, subst. f., *ebullitio*;
ἀνάζεσις; *Aufwallen, Aufkochen,
Aufsieden* (all.); *ebollimento* (it.).
Mouvement violent d'un liquide
soumis à l'action du calorique, que
produisent les grosses bulles auxquelles donnent naissance celles de
ses parties inférieures qui, réduites à
l'état de vapeur sur les points où s'applique plus particulièrement la chaleur, deviennent par cela même
plus légères, traversent toutes les
couches supérieures, et viennent cre-
ver à la surface. Tous les liquides ne
bouillent pas à la même température,
sous la pression moyenne de l'atmosphère, et ils exigent une température
ou plus haute ou plus basse suivant
qu'on augmente ou qu'on diminue
cette pression. Tant que celle-ci reste
la même, la température d'un liquide
qui a commencé à bouillir ne change
plus.

ÉBURNÉ, adj., *eburneus*; *elfen-
beinartig* (all.) (*ebur*, ivoire). Se
dit, en histoire naturelle, de corps
qui ont la blancheur et l'apparence
de l'ivoire. Ex. *Larus eburneus*,
Conus eburneus, *Clavaria eburnea*,
Dentalium eburneum.

ÉCAILLE, s. f., *squama, tegmen-
tum*; λεπίς; *Schuppe* (all.); *scale*

(angl.); *scaglia* (it.). On emploie ce mot : 1° en botanique. Le mot d'*écaille*, qu'on y applique en général à de petits corps planes et pointus, placés sur divers points de la surface des végétaux, a par cela même une signification très-vague. En effet, on donne ce nom à des espèces de disques peltés qui semblent formés par la soudure habituelle de plusieurs poils rayonnans sur le même point (ex. *Elaeagnus angustifolius*); à des poils élargis, scarieux et dilatés, au moins à la base, qui garnissent les pétioles des fougères; aux indusies de ces plantes, d'après Linné; à des expansions membraneuses qui couronnent le fruit des Synanthérées et de quelques Dipsacées; à des appendices membraneux qui font partie du calice (ex. *Salsola*), ou de la gorge de la corolle (ex. *Nerium*); aux lames, en forme de cuiller ou d'écaille de poisson, qui constituent l'oignon du lis; à la glande nectarifère qui garnit l'onglet de chacun des pétales des renoncules; à de petits corps planes qui sont des rudimens de feuilles avortées ou d'organes analogues, stipules, bractées, sépales, ou même d'autres organes réduits à de très-petites dimensions (ainsi les écailles du calice des œillets sont des bractées; celles des rameaux du *Pictetia squamata* des stipules; celles des involucres des Composées et des Dipsacées des feuilles; celles qu'on trouve entre les fleurs des Composées, des bractées avortées; celles de certaines aigrettes de Synanthérées, des pièces du calice, aussi bien que celles des cônes et des glumes de plusieurs Graminées et Cypéracées; celles qui entourent les bourgeons, des rudimens ou des avortons, tantôt de pétioles (ex. *Sambucus*), tantôt de stipules (ex. *Liriodendron*), tantôt de feuilles). Les feuilles prennent l'apparence d'é-cailles dans la portion enfouie en terre des plantes herbacées et vivaces; elles l'affectent même dans la portion aérienne des Orobranches et de la Clandestine. 2° En zoologie. On appelle *écailles* les lames minces et aplaties dont la peau de la plupart des poissons est recouverte; les petites plaques cornées ou osseuses qui garnissent le corps du plus grand nombre des Sauriens et des Ophidiens, la queue de divers Mammifères (*Castor*, *Rat*), le corps de quelques uns d'entre eux (ex. *Pangolin*), les pattes des oiseaux, les ailes des manchots, et les bords des doigts de quelques échassiers; les plaques imbriquées qui recouvrent la carapace du *Chelonia imbricata*, et auxquelles s'applique spécialement le nom d'*écaille* dans le commerce; les petites membranules pellucides et farinacées que produit l'épiderme des mammifères et des oiseaux, en se détachant; les valves de la coquille de l'huître et d'autres bivalves; une petite plaque cornée et verticale qui se remarque sur le pétiole de l'abdomen des fourmis.

ÉCAILLETTE, s. f., *squamula, tegula*. Petite écaille cornée, ayant la forme d'une valve de coquille dont la concavité regarderait en dessus, qu'on voit à la naissance des ailes des guêpes.

ÉCAILLEUX, adject., *squamatus, squamosus, squamulosus, glebosus, ostryus*; λεπιδοριδὴς; λεπιδωτός; *beschuppt* (all.); *scaly* (ang.); *scaglioso, squamoso* (it.); qui est accompagné d'écailles, ou en forme d'écaille. On emploie ce terme : 1° en minéralogie. On donne cette épithète à une variété de mica, dont les masses sont composées d'une infinité de parcelles qui se détachent aisément par l'action du doigt. 2° En botanique, on appelle *aigrette écailleuse*, celle qui résulte d'un assemblage d'écailles; *bouton écailleux*, celui qui est enveloppé d'écailles ; *bulbe écailleuse*, celle dans laquelle les feuilles extérieures, naissant de la tige souterraine, sont réduites à l'état d'écailles charnues, rétrécies à la base (ex. *Lis*) ; *bulbille écailleuse*, celle qui est composée d'écailles (ex. *Lilium bulbiferum*) ; *hampe écailleuse*, celle qui porte des rudimens de feuilles comparables à des écailles (ex. *Tussilago Farfara*) ; *péricarpe écailleux*, celui qui est couvert d'écailles imbriquées, furfuracées (ex. *Coronilla squamata*) ; *pérule écailleuse*, celle qui est composée d'écailles appliquées les unes contre les autres (ex. *Daphne*) ; *racine écailleuse*, celle qui est couverte d'écailles (ex. *Lathræa Squamaria*) ; *tige écailleuse*, celle qui porte des écailles (ex. *Orobanche major*) ; *rameaux écailleux* (ex. *Pictetia squamata*). Le *Carpinus ostrya* a été appelé ainsi, parce que ses fruits sont formés de capsules agrégées et aplaties, qui ressemblent à de petites écailles ; l'*Agaricus lepideus* et l'*Agaricus pholideus*, parce que leur chapeau est chargé de petites écailles. 3° En zoologie, on dit les *pieds* des oiseaux *écailleux*, quand ils présentent toutes sortes d'écailles, et les *ailes* des insectes *écailleuses*, lorsqu'elles sont recouvertes d'une poussière dont les grains, vus à la loupe, ressemblent à des écailles imbriquées. Une *coquille* bivalve est dite *écailleuse*, quand ses côtés ou sa surface offrent des éminences minces, aplaties et saillantes, simples et non découpées sur les bords (ex. *Bénitier*), ou découpées à leur circonférence en plusieurs appendices inégaux (ex. *Chame feuilletée*).

ÉCAILLEUX, adj. et subst. m. pl., *Squamosa*, *Squamata*. Nom donné par P.-F. Fitzinger à une tribu, par Merrem et Latreille à une section de la classe des Reptiles, comprenant

ceux dont le corps n'offre que des écailles, qui ne constituent pas une véritable cuirasse.

ÉCALYPTRÉES, adj. et s. f. pl. *Ecalyptrati*. Hoffmann donnait le nom de *Musci ecalyptrati* aux Hépatiques, parce que leur fructification n'est pas couverte d'une coiffe, comme celle des mousses.

ÉCALYPTROCARPES, adj. et s. f. pl., *Ecalyptrocarpa*. Luhnemann appelait ainsi les Hépatiques, par le même motif que celui qui est exposé dans l'article précédent.

ÉCARLATE, adject., *coccineus, flammeus* ; qui est d'un rouge vif et éclatant. Ex. *Endomychus coccineus, Quercus coccinea, Zygophyllum coccineum, Emilia flammea*.

ÉCARTÉ, adject., *distans, divergens* ; *entfernt, zerstreut, ausgewichen* (all.). Les entomologistes donnent cette épithète aux *pattes* des insectes, quand les paires en sont éloignées les unes des autres à leur base, comme les pattes intermédiaires des *Copris*.

ÉCASTAPHYLLE, adj., *ecastaphyllus* (ἕκαστος, chacun à part, φύλλον, feuille) ; qui a des feuilles simples. Le *Pterocarpus ecastaphyllum* est ainsi appelé parce qu'il n'a pas les feuilles composées, comme les autres espèces du genre.

ÉCAUDÉ, adj., *ecaudatus ; unbeschwänzt* (all.) ; qui n'a pas de queue (ex. *Gallus ecaudatus, Glossophaga ecaudata*) ; qui en a une très-courte (ex. *Terathopius ecaudatus*).

ÉCAUDÉS, adj. et s. m. pl., *Ecaudata, Ecaudati*. Nom donné par Duméril à une famille de l'ordre des Batraciens, comprenant ceux qui n'ont pas de queue (*voyez* ANOURES), et par Latreille à un ordre de la classe des Gymnogènes, qui renferme ceux chez lesquels on ne voit pas de queue.

ÉCHANCRÉ, adj., *emarginatus.* *Voyez* EMARGINÉ.

ÉCHASSIER, adj., *grallarius.* Se dit d'un oiseau qui a les jambes très-longues, comme des échasses. Ex. *Vanellus granarius.*

ÉCHASSIERS, adj. et s. m. pl., *Grallæ, Grallatores.* Nom donné par Linné, Cuvier, Duméril, Vigors, Vieillot, Meyer et Wolf, Illiger, Goldfuss, Ficinus et Carus, Blainville, Temminck, Latreille, Ranzani, C. Bonaparte, Eichwald et Lesson à un ordre de la classe des oiseaux, comprenant ceux qui ont les tarses longs et grêles, et qui semblent être montés sur des échasses.

ÉCHELLE, s. f., *scala;* Tonleiter (all.). On appelle ainsi, en musique, la série des sons successifs que renferme une octave. Cette manière de parler des sons, qui donnerait à croire qu'ils sont placés à différens degrés les uns des autres, est un langage figuré qu'ont suggéré les apparences, et auquel les modernes ont assorti aussi leur système de notation, les notes représentatives des sons étant rangées en manière d'échelons sur les portées de notre musique. On distingue, en Europe, trois échelles musicales, appelées *chromatique, diatonique* et *enharmonique. Voyez* ces mots.

ÉCHÉNOÏDES, adj. et s. m. pl., *Echenoïdei.* Nom donné par Eichwald à une famille de Poissons osseux malacoptérygiens, qui a pour type le genre *Echeneis.*

ÉCHIES, s. m. pl., *Echies* (ἔχις, vipère). Nom donné par J.-A. Ritgen à un groupe de reptiles ophidiens, renfermant les serpens armés de crochets à venin.

ÉCHINARIACÉES, adj. et s. f. pl., *Echinariaceæ.* Nom donné par Link à une tribu de la famille des Graminées, qui a pour type le genre *Echinaria.*

ÉCHINÉ, adj., *echinatus; stachlich* (all.) (ἐχῖνος, hérisson). Épithète donnée à toute partie d'un végétal qui est hérissée de poils raides, comme le fruit du *Bignonia echinata.*

ÉCHINÉENS, adj. et s. m. pl., *Echinei* (ἐχῖνος, hérisson). Nom donné par Desmarest à une famille de Mammifères, qui a pour type le genre *Hérisson.*

ÉCHINELLÉES, adj. et s. f. pl., *Echinelleæ.* Nom donné par Fries à une tribu de la famille des Diatomées, et par Reichenbach à une tribu de celle des Confervacées, ayant pour type le genre *Echinella.*

ÉCHINIDES, adj. et s. m. pl., *Echinidæ, Echinides, Echidna.* Nom donné par Lamarck à une section de la classe des Radiaires échinodermes, renfermant ceux de ces animaux qui sont plus ou moins voisins du genre *Echinus,* et par Blainville à un ordre de la classe des Polycérodermaires, comprenant ceux qui ont le corps soutenu par un test calcaire et hérissé d'épines raides.

ÉCHINIPÈDE, adj., *echinipes;* qui a les pattes hérissées de poils raides ou de piquans. Ex. *Cæculus echinipes.*

ÉCHINITE, adj., *echinites* (ἐχῖνος, hérisson) ; qui est hérissé d'épines. Ex. *Asterias echinites.*

ÉCHINOCARPE, adj., *echinocarpus* (ἐχῖνος, hérisson, καρπός, fruit) ; qui a le fruit hérissé de pointes raides. Ex. *Randia echinocarpa, Cymbium echinocarpum.*

ÉCHINODERMAIRES, adj. et s. m. pl., *Echinoderma* (ἐχῖνος, hérisson, δέρμα, peau). Nom donné par Blainville à une classe d'Actinozoaires, comprenant ceux dont le corps est enveloppé d'une peau épaisse, molle ou solidifiée par des parties calcaires. Cette dénomination est inconvenante, ne s'appliquant pas à tous les animaux qu'elle embrasse.

ÉCHINODERMES, adj. et s. m. pl., *Echinoderma*, *Echinodermata* (ἐχῖνος, hérisson, δέρμα, peau). Nom donné par Lamarck à un ordre de la classe des Radiaires, par Cuvier et Latreille à une classe du règne animal, par Eichwald à un ordre de la classe des Cyclozoaires, coupes qui toutes renferment des animaux à peau coriace ou crustacée, le plus souvent armée de tubercules, de pointes ou d'épines.

ÉCHINOIDES, adj. et s. m. pl., *Echinoïda* (ἐχῖνος, hérisson, εἶδος, ressemblance). Nom donné par Latreille à un ordre de la classe des Echinodermes, comprenant ceux qui ont de la ressemblance avec un oursin (*Echinus*).

ÉCHINOPÉES, adj. et s. f. pl., *Echinopeæ*. Nom donné par Candolle à une section des Cynarocéphales, qui a pour type le genre *Echinops*.

ÉCHINOPHILE, adj., *echinophilus* (ἐχῖνος, coque de châtaigne, φιλέω, aimer); qui croît sur les involucres des châtaignes. Ex. *Peziza echinophila*.

ÉCHINOPHORE, adj., *echinophorus* (ἐχῖνος, hérisson, φέρω, porter); qui porte des épines nombreuses (ex. *Asterias echinophora*), ou des tubercules verruciformes (ex. *Cassidaria echinophora*).

ÉCHINOPODÉES, adject. et s. f. pl., *Echinopodeæ*. Nom donné par H. Cassini à une tribu de la famille des Synanthérées, qui a pour type le genre *Echinopus*.

ÉCHINOPSÉES. *Voyez* ECHINOPSIDÉES.

ÉCHINOPSIDÉES, adj. et s. f. pl., *Echinopsideæ*. Nom donné par L.-C. Richard à une section de la famille des Synanthérées, par Kunth à une division de cette famille, par Lessing à une sous-tribu de la tribu des Cinarées, ayant pour type le genre *Echinops*.

ÉCHINOSTOMES, adj. et s. m. pl., *Echinostomata* (ἐχῖνος, hérisson, στόμα, bouche). Nom donné par Latreille à une famille d'Elminthogames lombricoïdes, comprenant ceux qui ont la bouche armée de dents ou de crochets.

ÉCHINULÉ, adj., *echinulatus*; qui est hérissé de petites épines ou de petits tubercules, comme la partie inférieure de la feuille et les squames du péricline de l'*Homoianthus echinulatus*, ou le dernier tour de la coquille du *Purpura echinulata*.

ÉCHINURE, adj., *echinurus* (ἐχῖνος, hérisson, οὐρά, queue). La *Salia echinura* est ainsi appelée parce que l'anus porte des appendices, dans les mâles.

ÉCHITÉES, adj. et s. f. pl., *Echitea*. Nom donné par Bartling à une tribu de la famille des Apocynées, qui a pour type le genre *Echites*.

ÉCHIURE, adj., *echiurus* (ἐχῖνος, hérisson, οὐρά, queue); qui a la queue hérissée. Le *Thalassema echiurus* est ainsi appelé parce qu'il a l'extrémité postérieure du corps hérissée d'épines raides.

ÉCHIURES, adj. et s. m. pl., *Echiuri*. Nom donné par Savigny à une famille de l'ordre des Annelides lombricines, qui ne comprend que le genre *Thalassema*.

ÉCHIURIDES, adj. et s. m. pl., *Echiuridea*. Nom donné par Blainville à une famille de Chétopodes homocriciens, renfermant le *Thalassema echiurus* et ceux qui s'en rapprochent.

ÉCHO, s. m., *echo*; *Wiederhall* (all.) (ἦχος, son). Répétition du son réfléchi par un corps; localité dans laquelle cette répétition se fait entendre.

ÉCHOMÈTRE. *V.* MÉTRONOME.

ÉCLAIR, s. m., *fulgur*; *Wetterstrahl*, *Blitz* (all.); *lightning* (angl.). Lueur subite, plus ou moins vive;

ou presque instantanée, que répandent, dans l'espace qu'embrasse l'horizon d'un lieu, le sillonnemens lumineux tracés par les masses d'électricité atmosphérique, quand elles se transportent, à travers l'air, d'un nuage à un autre, ou d'une partie sur une autre d'un même nuage. On appelle *éclairs de chaleur* ceux qui, d'après l'explication qu'en a donnée Gay-Lussac, paraissent à peu près dans l'horizon, et ne sont suivis d'aucun bruit, parce que le nuage où ils ont lieu est trop éloigné pour que le son, qui se propage beaucoup moins que la lumière, se fasse entendre.

ÉCLAT, subst. m., *fulgor, splendor* ; αἴγλη ; *Glanz* (all.) ; *brightness* (angl.) ; *lucentezza* (it.). On appelle ainsi le phénomène tenant à la vivacité et à l'intensité avec lesquelles la lumière frappe nos yeux, quand la surface naturellement ou artificiellement polie d'un corps la renvoye en très-grande quantité dans une même direction. Il y a, dans l'éclat, deux effets différens, dont l'un tient à la réflexion de la lumière, et varie suivant le degré de poli du corps, la finesse de son grain, et sa structure, tandis que l'autre dépend de l'action même exercée par lui sur la lumière, qui en pénètre pour ainsi dire la pellicule avant d'être renvoyée à l'œil.

ÉCLATANT, adj., *fulgidus, fulgens*. Dont les couleurs ont beaucoup d'éclat. Ex. *Xeranthemum fulgidum*.

ÉCLIPSE, s. f., *eclipsis* ; ἔκλειψις ; *Gestirnfinsterniss* (all.) ; *eclissi* (it.). Disparition instantanée, totale ou partielle, d'un astre, par l'effet de l'interposition d'un corps opaque entre lui et l'œil de l'observateur, ou entre lui et celui dont il reçoit la lumière.

ÉCLIPTÉES, adject. et s. f. pl., *Eclipteæ*. Nom donné par Lessing à une sous-tribu de la tribu des Astéroïdées, qui a pour type le genre *Eclipta*.

ÉCLIPTIQUE, s. f., *eclipticus* ; *Sonnenbahn* (all.); *eclittico* (it.). Orbe que décrit la terre dans son mouvement annuel autour du soleil, que ce dernier semble parcourir lui-même, et qui traverse la série des douze constellations zodiacales. Grand cercle fixe suivant lequel le plan prolongé de l'orbe terrestre va couper la sphère céleste. Le mot *écliptique*, qui vient de ce que la lune se trouve toujours dans ce plan ou auprès lorsqu'il y a éclipse, a été introduit par les grammairiens modernes. Les astronomes grecs se servaient d'une périphrase : ὁ διὰ μέσων τῶν ζωδίων, *le cercle par le milieu des signes*. L'écliptique est inclinée de 23° 28' sur le plan de l'équateur céleste. *Voyez* OBLIQUITÉ.

ÉCLOSION, s. f., *exclusio* ; *Auskriechen* (all.). On s'est quelquefois servi de ce mot pour désigner la sortie des petits hors de l'œuf.

ECNÉPHIE, s. f., *ecnephia* ; ἐκνεφίας. Vent violent qui paraît s'élancer d'un nuage.

ÉCONOMIE, s. f., *œconomia* ; οἰκονομία (οἰκία, maison, νέμω, régler). Terme vague dont on se sert pour désigner l'ensemble des lois qui régissent l'organisation des animaux et des végétaux, l'ordre et l'enchaînement des phénomènes qui s'observent dans les corps organisés.

ÉCORCE, s. f., *cortex* ; φλοιός ; *Rinde* (all.); *rind, bark* (angl.) ; *corteccia, scorza* (it.). Partie la plus extérieure de la tige des végétaux herbacés et ligneux, mais plus particulièrement des dicotylédons. On appelle, par analogie, *écorce de la terre* (*Erdrinde*, all.) la croûte extérieure et superficielle de la terre, dont on présume que l'épaisseur moyenne ne dépasse pas vingt lieues, et qui présente aussi de grandes irrégularités.

ÉCORCÉ, adject., *excorticatus* ;

qui n'a pas d'écorce. Le *Fuchsia excorticata* est ainsi appelé à cause de son tronc très-lisse, qui semble avoir été dépouillé d'écorce.

ÉCRASÉ, adj., *obtritus, depressus*. Épithète donnée à la *spire* d'une coquille spirivalve, quand sa marche en sens vertical est peu rapide en comparaison de celle en sens opposé. Ex. *Solarium*.

ÉCRIT, adj., *scriptus, litteratus, graphicus, glyphicus, signatus, signiferus; buchstabenähnlich, schriftähnlich* (all.). Épithète donnée à des corps qui offrent des taches ayant de la ressemblance avec des caractères d'écriture (ex. *Cytherea scripta, Cymbidium scriptum, Crenilabrus scriptura, Cerithium litteratum, Venus litterata, Conus litteratus Cytherea graphica, Noctua glyphica, Noctua signata, Noctua signifera, Heilipus catagraphus*). On précise quelquefois davantage ce terme, en comparant les taches, soit aux caractères d'une écriture donnée (ex. *Conus hebraicus, Cytherea hebræa, Coccinella hieroglyphica, Noctua gothica, Noctua runica*), soit aux dessins d'une carte de géographie (ex. *Noctua geographica*), soit à une lettre en général (ex. *Noctua litura*), soit à quelque lettre ou signe d'écriture en particulier (ex. *Altica s. littera, Noctua iota, Leptura exclamationis, Noctua interrogationis, Noctua questionis*).

ÉCROUISSEMENT, s. m., *metalli frigidi excusio; Härten* (all.); *hardening* (angl.). Augmentation de dureté et de densité qu'on fait acquérir à plusieurs métaux ductiles, en les battant à froid pendant un laps de temps suffisant, ou en les faisant passer à travers les trous successifs de la filière, ce qui les rend aigres et cassans.

ECTOCARPÉES, adj. et s. f. pl., *Ectocarpeæ*. Nom donné par Agardh à une famille de Confervacées, qui a pour type le genre *Ectocarpus*.

ECTOPHLÉODE, adject., *ectophlœodes* (ἐκτὸς, en dehors, φλοιὸς, écorce). Wallroth appelle *morphosis ectophlœodes* le développement des lichens qui naissent à la surface extérieure d'autres plantes.

ECTOPIE, subst. f., *ectopia* (ἐκ, hors de, τόπος, lice). Nom donné par Breschet à un genre de déviations organiques, comprenant celles qui sont caractérisées par une anomalie quelconque dans la situation des organes en particulier.

ECTOPOGONES, adj. et s. m. pl., *Ectopogoni, Ectopogones* (ἐκτὸς, en dehors, πώγων, barbe). Nom donné par Palisot-Beauvois à une tribu de Mousses, comprenant celles dont l'orifice de l'urne est garni de dents doubles ou fendues, qui composent un péristome externe.

ÉCU, s. m., *scutum*. Audouin appelle ainsi la seconde des quatre pièces principales qui forment la partie supérieure ou le tergum de chacun des trois segmens du thorax des insectes hexapodes. *Voy.* THORAX.

ÉCUEIL, s. m., *scopulus; Klippe* (all.); *quicksand* (angl.); *scoglio* (it.). Petite pointe de terre ferme qui s'élève au milieu de la mer, ou qui, sans être tout-à-fait découverte, s'approche assez de la surface pour gêner la navigation.

ÉCUMEUX, adject., *spumosus, spumeus, spumarius;* qui porte de l'écume. Le *Cercopis spumarius* est ainsi appelé, parce que sa larve s'enveloppe d'une liqueur écumeuse qui la fait ressembler à un crachat.

ÉCUSSON, s. m., *scutellum, scutum;* ἀσπίς. Ce terme est employé : 1° en botanique. Il y désigne les conceptacles des lichens, et alors il est synonyme de *scutelle*; le disque circulaire qui entoure le capuchon des *Stapelia*, et remplace souvent les languettes ; enfin , d'après Palisot-Beau-vois , la tache basilaire latérale for-mée , à la graine des graminées , par le blaste et l'hypoblaste non encore développés. 2° En zoologie, on ap-pelle ainsi des pièces de différentes formes que présente la peau dont les tarses et les doigts des oiseaux sont recouverts ; les plaques calcaires qui sont contenues dans l'épaisseur de la peau de certains poissons (ex. *Cofre*, *Esturgeon*) ; d'après Brugnière, Dra-parnaud et Lamarck , une dépression longue et un peu large qu'on voit assez souvent, en arrière du sommet, à la partie dorsale de la face externe d'une valve de coquille bivalve ; la pièce triangulaire (*Schildchen*, all.) qui, dans la plupart des insectes à étuis, se trouve sur le dos, au mi-lieu du bord postérieur du corselet, entre les élytres , surtout quand elle est saillante ou colorée ; les tuber-cules que le corselet présente entre les ailes antérieures des libellules ; la partie postérieure du corselet des hyménoptères, des diptères et des lépidoptères ; enfin , d'après Audouin, qui a rendu plus rigoureuse l'accep-tion de ce mot, la troisième des quatre pièces formant la partie supé-rieure ou le tergum de chacun des trois segmens du corps des insectes hexapodes, pièce qui comprend la saillie accidentelle à laquelle seule les entomologistes avaient avant lui ap-pliqué le nom d'*écusson*. *V*.THORAX.

ÉCUSSONNÉ, adj. , *scutellatus*, *scutellaris*. Les botanistes donnent cette épithète aux *poils* dont les ra-meaux sont soudés ensemble de ma-nière à former des espèces d'écailles ou d'écussons. En zoologie, on dit que le *corselet* d'une coquille bivalve est *écussonné*, quand il est séparé en deux parties par une ligne, ou par des stries, ou par un changement de couleur. Certains insectes ont reçu cette épithète, parce que leur écus-

son offre quelque particularité de coloration (ex. *Mutilla scutellaris*, *Coccinella scutellata*) , ou de forme (ex. *Celyphus scutatus*). Un crustacé (*Albunea scutellata*) est ainsi ap-pelé , parce qu'il a une carapace ovale et en forme de bouclier. Un poisson (*Centriscus scutatus*) est à peu près dans le même cas.

ÉDENTÉ, adj. , *edentulus*, *eden-tatus*, *anodonta* ; *zahnlos* (all.). Épi-thète donnée à la *charnière* des coquilles bivalves , quand elle ne présente pas de dents (ex. *Lucina anodonta*), et par Kirby aux *man-dibules* des insectes, lorsqu'elles ne sont point armées de dents (ex. *Apo-gonia gemellata*). Le *Phacochœrus edentatus* est ainsi appelé , parce qu'il n'a de dents incisives à aucune mâ-choire ; le *Blennius edentulus*, parce qu'il n'a pas de dents du tout ; la *Rhinomyza edentula*, parce que ses antennes n'offrent pas à leur dernier article la dent qu'elles présentent dans une autre espèce du même genre.

ÉDENTÉS, adject. et s. m. pl. , *Edentati*, *Edentata*. Nom donné par Linné, Cuvier, Desmarest, Latreille, Blainville, Ficinus et Carus, Blu-menbach et Vicq d'Azyr à un ordre de la classe des Mammifères, com-prenant des animaux dont l'appareil dentaire est plus ou moins incomplet; par Latreille à une section de la classe des Crustacés , à laquelle appar-tiennent ceux qui n'ont pas de man-dibules proprement dites, ou qui du moins les ont transformées en filets faisant partie d'un suçoir.

EDOLIENS, adj. et s. m. pl., *Edo-lianœ*. Nom donné par G. Swainson à un groupe de la famille des Lania-des , qui a pour type le genre *Edo-lius*.

ÉDREDON. *V*. AIGLEDON.

EDRIOPHTHALMES, adj. et s. m. pl., *Edriophthalma* (ἕδραῖος, sta-ble, ὀφθαλμὸς, œil). Nom sous lequel

Leach désigne une légion de la classe des Crustacés malacostracés, comprenant ceux qui ont les yeux sessiles.

EDULE, adj., *edulis; geniessbar* (all.); qui est susceptible d'être mangé, qui peut servir d'aliment. Ex. *Lotus edulis.*

EFFERVESCENCE, s. f., *effervescentia*; ζέσις, ἔκζεσις; *Aufbrausen* (all.). Phénomène qui a lieu quand un fluide aëriforme, développé dans le sein d'un liquide, se dégage en bouillonnant, pourvu toutefois que l'effet résulte d'un corps mis en contact avec ce liquide à la température ordinaire.

EFFERVESCENT, adj., *effervescens; aufbrausend* (all.); qui est susceptible de faire effervescence.

EFFEUILLAISON, s. f., *effoliatio.* Action par laquelle on dépouille une plante de ses feuilles. Quelques botanistes ont fait à tort ce mot synonyme de *défeuillaison. V.* ce mot.

EFFILÉ, adj., *virgatus, junceus, tenuis, vimineus, virgultuosus, filatus, extenuatus; ruthenförmig* (all.). Se dit, en botanique, d'une *plante* dont la tige et ses ramifications, les pétioles ou les pédoncules, en un mot les parties alongées, sont très-longues, grêles, droites et amincies de la base au sommet (ex. *Paliurus virgatus, Phynium virgatum, Cuphea virgata, Urena viminea, Buphthalmum junceum, Chondrilla juncea, Chondrosium tenue, Paspalus extenuatus*); en zoologie, d'un *animal* dont le corps est long et grêle (ex. *Mydas filatus*), ou partagé en ramifications très-minces (ex. *Spongia virgultuosa*).

EFFLORESCENCE, s. f., *efflorescentia; Beschlag, Auswittern, Auswuchs, Auswitterung* (all.). Phénomène que présentent diverses substances, à la surface desquelles une matière pulvérulente se manifeste, par l'effet de la perte ou de l'absorption de l'eau. En minéralogie, on donne ce nom à un enduit pulvérulent, quelquefois cristallin, aciculaire, qui recouvre certaines roches, et qui annonce qu'une substance saline se forme vers la surface de celles-ci, au moyen des principes qu'elles renferment. Les botanistes appellent quelquefois *efflorescence* l'acte par lequel la floraison commence, le premier moment où elle a lieu.

EFFLORESCENS, adj. et s. m. pl., *Efflorescentes.* Nom donné par Nees d'Esenbeck à une division de la tribu des Champignons aërogastres sporomestes, comprenant ceux qui ressemblent à une efflorescence étalée à la surface des corps.

EFFLORESCENT, adj., *efflorescens.* Se dit de *sels* qui, à l'air, perdent tout ou partie de leur eau de cristallisation, deviennent opaques, et tombent quelquefois en poussière.

EFLAGELLÉ, adj., *eflagellis* (*e*, priv., *flagellum*, coulant). Se dit d'une plante qui n'a pas de coulans, par opposition avec d'autres espèces du même genre, qui en sont pourvues. Ex. *Fragaria eflagellis.*

ÉGAGROPILE, adj., *ægagropilus* (αἴξ, chèvre, ἄγριος, sauvage, πῖλος, balle de laine); qui a la forme d'un égagropile, c'est-à-dire des concrétions qu'on trouve quelquefois dans le canal alimentaire des chevaux. La *Conferva ægagropila* a été appelée ainsi, parce qu'elle est disposée en touffes vertes, grosses comme des noix.

ÉGAL, adj., *æqualis, æquans; gleich* (all.); *equal* (angl.); *uguale* (it.); qui ne présente aucune aspérité; qui est identique de forme, de disposition, de hauteur. C'est dans ce dernier sens que les botanistes disent: *aigrette égale*, celle qui est composée de soies ayant à peu près la même longueur; *étamines égales*, celles qui sont aussi longues les unes que les autres (ex. *Butomus umbellatus*) ; *ombrelle égale*, quand les fleurs du centre sont égales à celles de la circonférence ; *sépales égaux* (ex. *Primula*) ; *spathelles égales* (ex. *Secale Cereale*). La *polygamie égale* est un ordre, dans le système sexuel de Linné, comprenant celles des Syngénèses dont toutes les fleurs sont hermaphrodites (ex. *Tragopogon*).

ÉGALURE, subst. f. En termes de fauconnerie, on nomme ainsi les mouchetures du dos d'un oiseau de vol.

ÉGLANDULEUX, adj., *eglandulosus ; drüsenlos* (all.) ; qui est privé de glandes. Ex. *Psoralea eglandulosa, Gossypium eglandulosum.*

ÉGRISÉE, s. f. Poussière du diamant, à l'aide de laquelle on taille cette pierre, en la frottant contre une autre, art dont la découverte a été faite en 1476 par Louis de Berquem.

ÉLABRÉ, adj., *elabratus*. Se dit d'un insecte qui n'a pas de labre. Ex. *Aranéides.*

ÉLÆAGNÉES, adject. et s. f. pl., *Elæagneæ*. Famille de plantes, établie par Jussieu, qui a pour type le genre *Elæagnus*.

ÉLÆAGNOIDES. *V.* ÉLÆAGNÉES.

ÉLÆOCARPÉES, adj. et s. f. pl., *Elæocarpæ*. Nom donné par Jussieu à une famille de plantes, par A. Richard à une section de celle de Tiliacées, ayant pour type le genre *Elæocarpus.*

ÉLÆOSÉLINÉES, adj. et s. f. pl., *Elæoselineæ*. Nom donné par Candolle à une tribu de la famille des Ombellifères, qui a pour type le genre *Elæoselinum.*

ÉLAIDATE, s. m. Genre de sels qui résultent de la combinaison de l'acide élaïdique avec les bases salifiables.

ÉLAIDINE, s. f. F. Boudet nomme ainsi une substance solide qui résulte de l'action de l'acide hyponi-

trique sur les huiles d'olive, d'amande douce, de noisette et de noix d'acajou, et qui a beaucoup de ressemblance avec la stéarine.

ÉLAIDIQUE, adj. Nom donné par F. Boudet à un *acide* particulier, qui résulte de la saponification de l'élaïdine.

ÉLAIME, s. f., *elaima*. Guibourt donne ce nom à l'élaïne.

ÉLAINE, s. f., *elaina ; Oelfett* (all.) (ἔλαιον, huile). Nom donné par Chevreul à la portion des huiles grasses qui reste liquide au dessous de la température ordinaire, et qui depuis a été appelé *oléine* (*huile absolue* de Braconnot).

ÉLAIODATE, subst. m., *eloiadas*. Genre de sels (*elaidsaure Salze*, all.) qui sont formés par la combinaison de l'acide élaïodique avec les bases salifiables.

ÉLAIODE, s. m., *elaiodon* (ἔλαιον, huile). Herberger propose d'appeler ainsi la partie fluide des huiles volatiles.

ÉLAIODIQUE, adject., *elaiodicus* (ἔλαιον, huile). Epithète donnée par quelques chimistes à l'acide *oléo-ricinique* (*Elaidsaüre*, all.). *Voyez* ce mot.

ÉLANCÉ, adj., *exaltatus, procerus*. Se dit, en botanique, de toute plante ou partie de plante qui est beaucoup plus longue que ne sembleraient le comporter ses autres dimensions (ex. *Zapania virgata*) ; en zoologie, d'une spire de coquille spirivalve dont le cône spiral avance beaucoup plus en hauteur qu'en largeur.

ÉLAPHIENS, adj. et s. m. pl., *Elaphii* (ἔλαφος, cerf). Nom donné par Blainville à une section de la famille des Ruminans, qui comprend le genre Cerf.

ÉLAPHOGRAPHIE, s. f., *elaphographia* (ἔλαφος, cerf, γράφω, écrire). Traité sur les cerfs.

ÉLAPHORNITHES, adj. et s. m.

pl., *Élaphornithes* (ἔλαφος, cerf, ὄρνις, oiseau). Nom donné par J.-A. Ritgen à une famille d'oiseaux, qui ne comprend que le genre Casoar.

ÉLAPHRIENS, adj. et s. m. pl., *Elaphrii*. Nom donné par Latreille à un groupe de la tribu des Carabiques, ayant pour type le genre *Elaphrus*.

ÉLARGI, adj., *dilatatus, extensus; augsgebreitet* (all.). Se dit, en botanique, de tout organe qui, à sa base ou à son sommet, est plus large transversalement que dans le reste de son étendue, comme le *réceptacle* des *Potentilla*.

ÉLASMIE, s. f., *elasmia* (ἔλασμα, lame). Illiger désignait sous ce nom les plaques cornées transversales qui, chez les baleines, tiennent lieu de dents et pendent des parties latérales du palais dans la bouche.

ÉLASTES, s. m. pl., *elastes* (ἐλαστής, qui pousse). Kirby appelle ainsi les organes élastiques des segmens abdominaux du *Machilis polypoda*, qui rendent cet insecte apte à sauter.

ÉLASTICITÉ, subst. f., *elasticitas, elater; Federkraft, Schnellkraft, Spannkraft, Springkraft* (all.); *elascity* (angl.); *elasticità* (it.) (ἐλαύνω, pousser en avant). Propriété dont jouissent certains corps de reprendre exactement leur état primitif sans se rompre, ni se désagréger, lorsque vient à cesser la cause mécanique passagère qui changeait leur forme ou leur volume.

ÉLASTIQUE, adj., *elasticus*. Se dit de tout corps qui est à la fois flexible et susceptible de revenir à sa première forme. On dit, en botanique : *arille élastique*, celle qui s'étend jusqu'à un certain point à mesure que la graine qu'elle renferme prend un plus grand volume, mais se déchire enfin et se retire sur elle-même par un mouvement subit (ex. *Oxalis*); *filet élastique* d'étamine, celui qui est susceptible de se redresser avec

force, au moment de l'épanouissement, comme un ressort qu'on lâche tout à coup (ex. *Urtica*); *pollen élastique*, celui qui offre une masse susceptible de s'alonger quand on la tire, et qui reprend sa forme dès qu'on l'abandonne à lui-même (ex. *Orchis*); *valves élastiques* d'un fruit, quand elles s'écartent brusquement (ex. *Cardamine Impatiens*). L'*Hymenophyllum elasticum* est ainsi nommé à cause de l'élasticité remarquable qu'il conserve, même après un très-long temps de dessiccation; l'*Helvella elastica*, parce que, quand on coupe son stipe, chaque morceau reprend avec élasticité la forme cylindrique ; l'*Ecbalium elaterium*, parce que son fruit mûr, quand on le détache du pédoncule, lance rapidement les graines au loin.

ÉLATÈRE, s. m., *elater; Sporenschleuder, Springfad* (all.). Candolle appelle ainsi des filets élastiques, membraneux, tordus, qui, dans quelques hépatiques, fixent au placenta les graines auxquelles ils adhèrent, et les dispersent à l'époque de la maturité.

ÉLATÉRIDES, adj. et s. m. pl., *Elaterides*. Nom donné par Latreille, Cuvier et Eichwald à une tribu de la famille des Coléoptères serricornes, qui a pour type le genre *Elater*.

ÉLATÉRIE, s. f., *elaterium*. L.-C. Richard donnait ce nom à un fruit qui, parvenu au terme de sa maturité, se partage naturellement en autant de coques distinctes qu'il présente de loges. Ex. *Euphorbiacées*.

ÉLATÉRINE, subst. f., *elaterina*. Matière cristallisable que Hennell a retirée du suc du *Mormordica Elaterium*, et qui diffère de l'élatine de Pallas.

ÉLATÉROMÈTRE, s. m., *elaterometrum* (ἐλατήρ, ressort, μετρέω, mesurer). Appareil qu'on adapte aux machines à vapeur, et aux machines à condensation, pour connaître l'élasticité avec laquelle l'air raréfié ou condensé dans le récipient, ou la vapeur contenue dans le cylindre de la machine, réagit contre la pression de l'air atmosphérique.

ÉLATINE, subst. f., *elatina*. Nom donné par Pallas à une résine molle et verte qui existe dans les fruits du *Momordica Elaterium*.

ÉLATINÉES, adject. et s. f. pl., *Elatineæ*. Nom donné par Cambessèdes à une famille de plantes, qui a pour type le genre *Elatine*.

ÉLATOBRANCHES, adject. et s. m. pl., *Elatobranchia* (ἐλάτη, rame, βράγχια, branchies). Nom donné par Menke à une classe de Mollusques, répondant aux lamellibranches de Blainville, qui renferme les Acéphales à branchies lamelleuses.

ÉLATOSTÉMÉES, adj. et s. f. pl.; *Elatostemeæ*. Nom donné par A. Richard à un groupe de la famille des Urticées, qui a pour type le genre *Elatostema*.

ÉLECTIF, adj., *electivus* (*eligo*, choisir). Les chimistes appellent *affinité élective* la force en vertu de laquelle un corps simple opère la décomposition d'un composé binaire, parce qu'il semble y avoir choix entre lui et l'élément qu'il enlève à ce dernier.

ÉLECTRICITÉ, s. f., *electricitas*; *Elektricität* (all.); *electricity* (angl.); *electricità* (it.) (ἤλεκτρον, succin). Nom collectif d'une série de phénomènes que certains corps présentent, soit naturellement, soit par l'action de divers excitateurs, et parmi lesquels on distingue la propriété d'attirer les corps légers, qui fut découverte dans le succin dès le temps de Thalès.

ÉLECTRIQUE, adj., *electricus*; *elektrisch* (all.); *electric* (angl.); *elettrico* (it.); qui a rapport à l'électricité. On dit, en physique, *aigrette électrique*, jet de lumière qui s'élance d'une pointe placée sur le conducteur d'une machine, quand on tourne le plateau; *atmosphère électrique*, ou *sphère d'activité électrique*, la plus grande distance à laquelle les corps électriques puissent manifester leur action; *commotion électrique*, la secousse plus ou moins violente que l'électricité imprime à l'homme; *corps électrique*, celui qui est susceptible de devenir électrique, ou qui l'est déjà; *étincelle électrique*, une bleuette lumineuse qu'on tire d'un conducteur chargé d'électricité, en lui présentant le doigt; *fluide, force* ou *matière électrique*, la cause hypothétique des phénomènes de l'électricité; *tension électrique*, la force répulsive avec laquelle les molécules du fluide électrique répandu à la surface d'un corps, tendent à s'écarter les unes des autres. Les naturalistes donnent cette épithète à plusieurs animaux qui peuvent développer à volonté des phénomènes d'électricité (ex. *Gymnotus electricus*, *Scolopendra electrica*).

ÉLECTRISABLE, adj. Se dit de tout corps qui est susceptible d'acquérir d'une manière quelconque les propriétés électriques.

ÉLECTRISATION, s. f., *electrisatio*; *Elektrisiren* (all.). Opération de physique qui consiste à mettre en évidence ou à exciter la propriété électrique des corps par le frottement, le contact, la chaleur ou la compression.

ÉLECTRO-CHIMIE, s. f., *electrochemia*. Système de chimie dans lequel la théorie des phénomènes chimiques repose sur l'application des lois connues de l'électricité.

ÉLECTRO-CHIMIQUE, adj., *electro-chemicus*; qui a rapport à l'électro-chimie. *Théorie électro-chimique.*

ÉLECTRO-CHIMISME, subst. m., *electro-chemismus*. Théorie dans laquelle tous les phénomènes chimiques, généraux et particuliers , des corps sont expliqués par les lois de la polarité électrique.

ÉLECTRO-DYNAMIQUE , adject., *electro - dynamicus*. Les physiciens appellent *électro-dynamique* la propriété que les corps solides qui ont servi de conducteur à l'électricité, acquièrent, quand ils sont placés dans des circonstances favorables, de donner lieu à un courant électrique.

ÉLECTRO-DYNAMISME , s. m., *electro-dynamismus*. Terme créé par Ampère, pour exprimer les effets de la pile fermée par un fil métallique communiquant avec ses deux bouts.

ÉLECTRO-GALVANIQUE , adj., *electro-galvanicus*. Epithète dont on se sert quelquefois pour désigner le fluide électrique , lorsqu'on parle des effets de la pile voltaïque.

ÉLECTROGÈNE, s. m. , *electrogenium*. Quelques physiciens ont proposé de donner ce nom à la cause inconnue des phénomèmes de l'électricité.

ÉLECTROLOGIE, s. f., *electrologia* (ἤλεκτρον, succin, λογός, discours). Traité sur le succin.

ÉLECTROMAGNÉTIQUE, adject., *electro-magneticus*. On appelle ainsi la *force* qui produit les phénomènes de l'électromagnétisme.

ÉLECTROMAGNÉTISME , s. m., *electro-magnetismus*. Ensemble , découvert en 1820 par OErsted , des phénomènes magnétiques qui sont produits par l'électricité ou par l'action mutuelle de corps électrisés et d'aimans.

ÉLECTROMÈTRE, s. m., *electrometrum* (ἤλεκτρον, succin, μετρέω, mesurer). Instrument qui sert à déterminer d'une manière approximative la quantité de fluide électrique que renferme un corps.

ÉLECTROMÉTRIE , s. f., *electrometria*. Partie de la physique qui a pour objet la mesure de l'électricité.

ÉLECTROMÉTRIQUE , adj., *electrometricus ;* qui a rapport à l'électrométrie. *Expérience électrométrique.*

ÉLECTROMOTEUR , adj., *electromotor*. On appelle *force électromotrice* celle qui s'exerce entre les substances hétérogènes , aux surfaces de jonction, produit la décomposition des fluides naturels, dont chacun se disperse , et empêche leur recomposition.

ÉLECTRONÉGATIF , adj. , *electro-negativus*. Épithète donnée aux corps qui se portent au pôle positif de la pile voltaïque, comme l'oxigène et les acides.

ÉLECTROPHORE , s. m., *electrophorum* (ἤλεκτρον, succin, φέρω, porter). Instrument dont on fait usage pour rendre l'électricité sensible à volonté.

ÉLECTROPOSITIF , adj., *electropositivus*. Épithète donnée aux corps qui se portent au pôle négatif de la pile voltaïque , comme les corps inflammables et les bases salifiables.

ÉLECTROSCOPE , s. m., *electroscopium* (ἤλεκτρον, succin, σκοπέω, considérer). Instrument propre à déterminer l'espèce d'électricité dont un corps est animé.

ÉLECTROSCOPIE, s. f., *electroscopia*. Branche de la physique qui recherche de quelle espèce d'électricité les divers corps sont animés.

ÉLECTROSTATIQUE , adj., *electrostaticus*. Épithète donnée par Ampère aux effets de la pile voltaïque ordinaire et de la machine électrique.

ÉLÉMENT , s. m., *elementum ;* στοιχεῖον ; *Urstoff* (all.). On se sert de ce mot : 1° en astronomie. On appelle *élémens des orbites des planètes* les données nécessaires pour déterminer la situation de ces corps à un instant quelconque, et qui sont au nombre de sept : la position de la ligne des nœuds, l'inclinaison sur l'écliptique, le temps de la révolution en tière, la moyenne distance au soleil , ou le demi-grand axe, l'excentricité, la situation d'un des sommets de l'ellipse , enfin le lieu de la planète dans son orbite , à une époque donnée. 2° En physique, on nomme *élémens* des couples de plaques de zinc et de cuivre, soudées par toute leur surface, dont on se sert pour construire les piles voltaïques dites à auge. 3° En chimie. Autrefois les chimistes donnaient le nom d'*élémens* à tous les corps qu'ils regardaient comme simples. Ce mot avait alors pour eux une signification absolue. Aujourd'hui on ne l'emploie plus que dans un sens relatif, pour désigner des corps à l'égard desquels on n'affirme pas qu'ils sont réellement simples , mais on veut seulement dire que, jusqu'à ce jour , la chimie n'a pu les réduire en plusieurs sortes de matières. On compte maintenant cinquante-trois de ces corps.

ÉLÉMENTAIRE, adj. , *elementaris* , *elementarius* ; qui a ou auquel on attribue le caractère d'élément. Les minéralogistes de l'école de Haüy appellent *molécules élémentaires* celles qui, par leur combinaison, produisent les molécules intégrantes , ou la nature même de chaque minéral , comme la chaux et l'acide carbonique dans la chaux carbonatée. En zoologie, et surtout en botanique, on donne le nom de *parties élémentaires* à des tissus qu'on retrouve semblables à eux-mêmes dans toutes les parties des animaux et des végétaux qu'on analyse , et qui semblent en être les élémens. Berthollet nomme *affinité élémentaire* celle qui s'exerce quand un corps composé agit par ses élémens, c'est-à-dire par un de ses élémens plutôt que par l'autre, comme quand on fait passer sur du fer rouge de l'eau, qui se décompose et abandonne son oxigène au métal , tandis que son hydrogène se dégage.

ÉLÉMIFÈRE, adj. , *elemifcrus ;* qui donne ou produit de la résine élémi. Ex. *Amyris elemifera.*

ÉLÉODÉES, adj. et s. f. plur., *Elæodeæ* (ἐλαιώδης , onctueux). Nom que Leman propose de donner à une famille de plantes qui serait instituée pour le genre *Chara* , parce que les graines de ces végétaux sont enveloppées d'une matière mucilagineuse.

ÉLÉOPTÈNE, s. m. , *elæoptena* (ἔλαιον , huile , πτηνός , volatil). Nom donné par Berzelius à la partie des huiles volatiles qui reste liquide au-dessous de la température ordinaire.

ÉLÉPHANTIDES, adj. et s. m. pl., *Elephantidæ.* Nom donné par J.-E. Gray à une famille de Mammifères pachydermes, ayant pour type le genre *Elephas.*

ÉLÉPHANTIN , adj., *elephantinus;* qui a la forme et la légère courbure d'une défense d'éléphant. Ex. *Conilites elephantinus, Dentalium elephantinum.*

ÉLÉPHANTINS, adj. et s. m. pl., *Elephantini.* Nom donné par Vicq d'Azyr à une classe de Mammifères, ayant pour type le genre *Elephas.*

ÉLÉPHANTOGRAPHIE, s. f. , *elephantográphia* (ἐλέφας , éléphant , γράφω , écrire). Traité ou histoire de l'éléphant.

ÉLÉPHANTOIDES, adj., *elephantoides* (ἐλέφας , éléphant , εἶδος , ressemblance); qui a de la ressemblance avec l'éléphant ; comme le *Mastodon elephantoides*, dont les dents molaires se rapprochent, pour la forme, de celles de ce mammifère.

ÉLÉPHANTOPÈDE, adj., *elephantopes ;* qui a des pieds semblables à ceux de l'éléphant. L'*Hydrocharus elephantopedes* a été ainsi appelé à cause du volume de ses jambes et de l'épaisseur de la peau de ses pieds.

ÉLÉPHANTOPÉES , adj. et s. f. pl., *Elephantopeæ.* Nom donné par H. Cassini à un groupe de Synanthérées, qui a pour type le genre *Elephantopus*.

ÉLÉPHANTOPODÉES, adj. et s. f. pl., *Elephantopodeæ*. Nom donné par Lessing à une sous-tribu de la tribu des Vernoniacées, qui a pour type le genre *Elephantopus*.

ÉLÉPHANTORNITHES, s. m. pl., *Elephantornithes* (ἐλέφας, éléphant, ὄρνις, oiseau). Nom donné par J.-A. Ritgen à une famille d'oiseaux qui renferme le dronte, remarquable surtout par son corps lourd et massif, comme celui de l'éléphant.

ÉLEUTHÉRANTHÉRÉ, adj., *eleutherantherus* (ἐλεύθερος, libre, ἀνθηρός, fleuri). Mœnch donnait cette épithète aux plantes dont les anthères ne sont point soudées ensemble.

ÉLEUTHÉRATES, adj. et s. m. pl., *Eleutherata* (ἐλεύθερος, libre). Nom donné par Fabricius à une grande division de la classe des insectes, comprenant ceux qui ont les mâchoires nues et libres, comme les Coléoptères.

ÉLEUTHÉRÉES, adj. et s. f. pl., *Eleuthereæ*. Nom donné par Robineau-Desvoidy à une tribu de la famille des Myodaires.

ÉLEUTHÉROGYNE, adj., *eleutherogynus* (ἐλεύθερος, libre, γυνή, femme). Épithète imposée à toute *fleur* dont l'ovaire n'a point d'adhérence avec le calice.

ÉLEUTHÉROGYNIE, s. f., *eleutherogynia*. Nom donné par A. Richard à une classe, renfermant les plantes monocotylédones et dicotylédones dont l'ovaire est libre.

ÉLEUTHÉROMACROSTÉMONES, adj. et s. f. pl., *Eleutheromacrostemones* (ἐλεύθερος, libre, μακρος, grand, στήμων, étamine). Nom donné par Wachendorff aux plantes qui ont leurs étamines libres, et quelques unes de ces dernières plus longues que les autres.

ÉLEUTHÉROPHYLLINES, adject.

et s. f. pl., *Eleuterophyllina* (ἐλεύθερος, libre, φύλλον, feuille). Nom donné par Reichenbach à une section de la famille des Hépatiques, renfermant celles qui ont les feuilles libres.

ÉLEUTHÉROPODES, adj. et s. m. pl., *Eleutheropoda* (ἐλεύθερος, libre, πούς, pied). Nom donné par Duméril à une famille de poissons, comprenant ceux qui ont les nageoires pectorales séparées.

ÉLEUTHÉROPOMES, adj. et s. m. pl., *Eleutheropoma* (ἐλεύθερος, libre, πῶμα, opercule). Nom donné par Duméril à une famille de poissons cartilagineux, comprenant ceux qui ont l'opercule dépourvu de membrane.

ÉLEUTHÉROSTÉMONE, adject., *eleutherostemonus* (ἐλεύθερος, libre, στήμων, étamine). Épithète qu'on applique aux plantes dont les étamines sont libres de toute adhérence.

ÉLEUTHÉROTHÈLE, adj., *eleutherothelus* (ἐλεύθερος, libre, θηλή, mamelon). Nom sous lequel G. Allman désigne les plantes dont l'ovaire est libre.

ÉLEVÉ, adj., *excelsus*, *exaltatus*, qui a une grande taille (ex. *Agaricus procerus*, *Knightia excelsa*, *Fraxinus excelsior*, *Lycopus exaltatus*, *Plantago exaltata*, *Thalictrum exaltatum*). Les conchyliologistes donnent cette épithète à la *spire* d'une coquille spirivalve, quand le cône spiral avance plus en hauteur qu'en largeur.

ÉLIGNITE, s. f. Desvaux propose ce mot pour remplacer celui d'*exostose*, en parlant des végétaux.

ÉLINGUÉ, adj., *elinguis*; qui n'a point de langue. Le *Naïs elinguis* est ainsi appelé parce qu'il a la bouche obtuse, sans trompe.

ELLAGATE, s. m., *ellagas*. Sel produit par la combinaison de l'acide ellagique avec une base salifiable.

ELLAGIQUE, adj., *ellagicus* (du

mot *galle* renversé). Nom donné par Braconnot à un *acide* qui se forme par la décomposition spontanée de l'infusion de noix de galle.

ELLÉBORINE, s. f., *elleborina*. Nom donné à la résine molle que Vauquelin a trouvée dans la racine de l'*Helleborus hyemalis*, et qui est la partie active de cette racine.

ELLIPANTHE, adj., *ellipanthus* (ἐλλιπὴς, incomplet, ἄνθος, fleur). Épithète donnée par Wachendorff aux plantes dont les fleurs sont incomplètes, ne renfermant que des étamines ou des pistils. Synonyme de *dioïque*.

ELLIPSOIDE, adj., *ellipsoideus* (ἔλλειψις, ellipse, εἶδος, ressemblance); qui a la forme d'une ellipse; dont le diamètre longitudinal égale environ une fois et demie à deux fois au plus le diamètre transversal, et dont la masse s'arrondit également et insensiblement, du sommet aux deux bouts, qui sont obtus, de sorte que la coupe longitudinale offre un plan à peu près elliptique. Les botanistes donnent cette épithète à la graine (ex. *Quercus Robur*), à l'embryon, à la *sorose* (ex. *Artocarpus incisa*), au *drupe* (ex. *Olea europæa*), à la *carcérule* (ex. *Zostera marina*), à la *capsule* (ex. *Silene Armeria*), au *crémocarpe* (ex *Carum Carvi*), à l'*érème* (ex. *Salvia bicolor*), au *calice* (ex. *Astragalus ellipsoideus*).

ELLIPSOSPERME, adj., *ellipsospermus* (ἔλλειψις, ellipse, σπέρμα, graine); qui a des graines elliptiques. Le *Sphæria ellipsosperma* est ainsi nommé à cause de la forme presque globuleuse de ses périthécions.

ELLIPSOSTOME, adj., *ellipsostomus* (ἔλλειψις, ellipse, στόμα, bouche). Épithète donnée aux *coquilles* univalves dont l'ouverture est ovale, c'est-à-dire a un diamètre longitu-

dinal plus long que le transversal. Ex. *Melania*.

ELLIPSOSTOMES, adj. et s. m. pl., *Ellipsostomata*. Nom donné par Blainville à une famille de l'ordre des Asiphonobranches, comprenant ceux dont la coquille a une ouverture elliptique, et à une famille de Coquilles, dans laquelle sont rangées celles dont l'ouverture a la même forme.

ELLIPTIQUE, adj., *ellipticus*; *elliptisch* (all.); *ellittico* (it.) (ἔλλειψις, ellipse); qui a la forme d'une ellipse, c'est-à-dire dont le diamètre longitudinal est une fois et demie plus grand que le transversal, et la circonférence circulaire, avec les deux extrémités arrondies également (ex. *Mycetophagus ellipticus*). Les botanistes donnent cette épithète à la graine (ex. *Isatis tinctoria*), au *hile* (ex. *Phaseolus communis*), à la *silicule* (ex. *Draba verna*), à la *capsule* (ex. *Veronica multifida*), aux *pétales* (ex. *Saxifraga decipiens*), aux *feuilles* (ex. *Lyperanthus ellipticus*, *Maba elliptica*, *Oxylobium ellipticum*), aux *urnes* des mousses (ex. *Dryptodon ellipticus*). Le *Lutjanus ellipticus* est ainsi nommé à cause d'une ellipse de couleur violette qu'il porte à la partie supérieure du corps.

ELMINTHAPROCTES, adj. et s. m. pl., *Elminthaprocta* (ἕλμινς, ver, α priv., πρωκτὸς, anus). Nom donné par Latreille à une classe du règne animal, comprenant les Entozoaires qui sont dépourvus d'anus.

ELMINTHOGAMES, adj. et s. m. pl., *Elminthogama* (ἕλμινς, ver, γάμος, noces). Nom donné par Latreille à une classe du règne animal, comprenant les Vers qui ont des organes sexuels séparés et qui s'accouplent.

ELMINTHOIDES, adj. et s. m. pl.; *Elminthoida* (ἕλμινς, ver, εἶδος, ressemblance). Nom donné par Latreille à une race d'animaux Céphalidiens, comprenant les Cirripèdes et les Annelides, et qui tire son nom de ce que la plupart des animaux qu'elle comprend ont la forme de vers.

ÉLOCULAIRE, adj., *elocularis* (*e*, priv., *locula*, loge). Se dit, d'après Link, du *péricarpe*, quand on n'y aperçoit pas le moindre vestige de cloisons. Ce mot est donc synonyme d'*uniloculaire*.

ÉLOIGNÉ, adject., *remotus*. On donne cette épithète, en zoologie, aux *écailles* des poissons, quand elles sont éparses à la surface du corps, sans se toucher (ex. *Anguille*); en botanique, aux *feuilles*, lorsqu'elles sont placées les unes à l'égard des autres à une plus grande distance qu'elles ne le sont dans la plupart des plantes; aux *lobes* des anthères, quand ils sont tenus à une distance notable l'un de l'autre, soit par le filet (ex. *Begonia dichotoma*), soit par le connectif (ex. *Melissa grandiflora*).

ÉLONGANTHE, adj., *elonganthus*. L'*Isolepis elongantha* est ainsi appelé, parce qu'il a ses fleurs disposées en épi un peu alongé.

ÉLONGATION, s. f., *elongatio; Ausweichung* (all.). On appelle ainsi, en astronomie, l'éloignement apparent d'une planète du soleil, ou l'angle que font ensemble les lignes tirées vers cette planète et vers le centre du soleil.

ELVELLACÉES, adj. et s. f. pl., *Elvellacei*. Nom donné par Fries à un ordre de champignons hyménomycètes, qui a pour type le genre *Helvella*.

ÉLYTRE, s. m., *elytrum; Deckschild, Flügeldecke* (all.) (ἔλυθρον, gaîne). On appelle ainsi : 1° en botanique, d'après Mirbel, les conceptacles particuliers qui renferment les corps reproducteurs de quelques li-

chens et algues, et qui sont réunis dans des conceptacles communs. 2° En zoologie, les ailes supérieures des insectes à quatre ailes, quand elles sont coriaces, peu flexibles, et protègent les inférieures, comme pourraient le faire des gaînes, des fourreaux ou des étuis. On donne aussi le nom d'*élytres* aux écailles qui recouvrent le dos des Annelides.

ÉLYTRICULE, s. m., *elytriculus* (ἔλυθρον, gaîne). Nom donné par Necker à chacune des petites fleurs qui, par leur assemblage, constituent les fleurs composées.

ÉLYTROPTÈRES, adject. et s. m. pl., *Elytroptera* (ἔλυθρον, gaîne, πτέρον, aile). Nom donné par Clairville à une section de la classe des insectes, qui correspond à l'ordre des Coléoptères; par Latreille, Ficinus et Carus, à une division des Insectes ailés, comprenant ceux qui ont les ailes proprement dites recouvertes par des élytres ou des demi-élytres.

ÉMAIL, s. m., *indumentum vitreum, dentium nitor*. Substance blanche, lisse, polie, et d'apparence vitreuse, qui recouvre d'une couche mince le fût ou la couronne des dents.

ÉMAILLÉ, adj., *nitens;* qui est couvert d'émail, ou qui a l'apparence de l'émail.

ÉMANATION, s. f., *emanatio* (*e*, hors de, *mano*, couler). Se dit à la fois et d'un corps qui tire sa source d'un autre corps, comme la lumière du soleil, suivant le système newtonien, ou les odeurs des plantes, et de l'acte par lequel a lieu cette provenance.

ÉMANDIBULÉ, adj., *emandibulatus*. Epithète donnée par Kirby aux insectes qui sont dépourvus de mandibules.

ÉMANUÉS, adj. et s. m. pl., *Emanuati*, (*e*, priv., *manus*, main). Nom donné par G.-C.-C. Storr à une tribu de Mammifères , comprenant ceux dont les pattes ne sont pas conformées en manière de mains.

ÉMARGINÉ, adj. , *emarginatus ; ausgeründert, ausgezwickt , eingekerbt* (all.); *emarginato* (it.) (*e*, priv. , *margo*, bord). Synonyme d'*échancré*. On emploie ce mot : 1º en minéralogie. L'épithète d'*émarginée* est donnée, dans la nomenclature minéralogique de Haüy, à une variété qui présente la forme primitive ayant chacun de ses bords remplacé par une facette (ex. *Chaux phosphatée émarginée*). 2º En botanique, elle s'applique à toute partie qui est terminée par un sinus rentrant ou par une entaille arrondie. Ainsi on dit : *pétales émarginés* (exemp. *Berberis emarginata*); *feuilles émarginées* (ex. *Loranthus emarginatus, Glycine emarginata*); *filet d'étamine émarginé* (ex. *Allium Porrum*); *stigmate émarginé* (ex. *Circœa lutetiana*); *capsule émarginée* (ex. *Euphrasia officinalis*); *lèvre supérieure émarginée*, dans une corolle labiée (ex. *Lycopus europæus*); *Cypsèle émarginée* (ex. *Encelia*); *silicule émarginée* (ex. *Thlaspi campestre*) ; *urne émarginée* (ex. *Tetraphis repanda*); *folioles émarginées* (ex. *Galactia emarginata*). 3º En zoologie : la *Salpa emarginata* a l'extrémité postérieure du corps échancrée.

ÉMARGINATIFRONT , adjectif , *emarginatifrons*. Épithète donnée par A.-H. Harvorth aux crustacés dont le front présente une échancrure. Ex. *Hyas*.

EMARGINATIROSTRES, adj. et s. m. pl. , *Emarginatirostres* (*emarginatus*, échancré, *rostrum*, bec). Nom donné par Linné à une section d'oiseaux, renfermant ceux qui ont une petite échancrure de chaque côté de la mâchoire supérieure, avant son extrême pointe.

EMBÉLIÉES , adj. et s. f. pl., *Em-*

belieæ. Nom donné par Bartling à une tribu de la famille des Ardisiacées , qui a pour type le genre *Embelia*.

EMBOLE , s. m., *embolus ; Hornzapfen* (all.) (ἔμβολος , piston). Illiger appelait ainsi l'axe osseux des cornes des Ruminans cavicornes.

EMBOUCHURE, s. f., *ostium; Mündung* (all.); *mouth* (angl.) ; *sbocco* (it.). Point où un cours d'eau se jette dans une mer ou dans un lac.

EMBRASSANT , adj., *amplectans, amplexans*. Se dit , en botanique, des *feuilles*, quand elles embrassent la tige par leur base élargie (ex. *Silene Armeria*). *Voyez* AMPLEXICAULE. Kirby donne cette épithète au *collier*, dans les insectes, lorsqu'il est courbé en arrière, de manière à former un large sinus qui embrasse le dorsolum (ex. *Vespa*).

EMBRASSÉ , adject. , *amplexus*. Épithète donnée par Candolle aux feuilles contenues dans le bourgeon , lorsque leurs côtés, repliés l'un sur l'autre , sont recouverts par les deux côtés de la feuille précédente, pliés de même (ex. *Iris germanica*).

EMBRYOGRAPHIE, s. f., *embryographia* (ἔμβρυον, fœtus, γράφω, écrire). Description générale du fœtus.

EMBRYOLOGIE, s. f. , *embryologia* (ἔμβρυον, fœtus, λόγος, discours). Traité du fœtus.

EMBRYON, s. m. , *embryon ;* ἔμβρυον ; *embrione* (it.) (ἔν, dans, βρύω, pousser).Premier rudiment d'un corps organisé , peu de temps après qu'il a été formé par l'acte de la génération. Les botanistes appellent *embryon* (*corculum* , d'après Césalpin et Linné, *cor seminis*), la partie essentielle d'une graine parfaite, celle qui constitue le rudiment d'une nouvelle plante semblable au végétal qui l'a produite. Raspail donne aussi ce nom à la sommité rudimentaire d'un rameau.

EMBRYONÉ, adj., *embryonatus.* Nom donné par L.-C. Richard aux végétaux pourvus d'un véritable embryon.

EMBRYONELLE, s. m., *embryonellum.* Agardh nomme ainsi les spores des plantes cryptogames, pour les distinguer des germes des plantes pourvues de véritables graines, auxquels il réserve la dénomination d'embryon.

EMBRYON-GRAINE, s. m. Turpin désigne ainsi quelquefois les graines des végétaux, et plus souvent les embryons libres. *Voyez* LIBRE.

EMBRYONIFÈRE, adj., *embryoniferus* (*embryon*, embryon, *fero*, porter). L.-C. Richard applique cette épithète à la cavité d'une amande qui renferme l'embryon.

EMBRYONIFORME, adject., *embryoniformis*; qui a la forme d'un embryon, comme les petits des mammifères marsupiaux, au moment où ils quittent la matrice pour entrer dans la poche ventrale.

EMBRYONNAIRE, adj., *embryonnaris*; qui a rapport à l'embryon. *Sac embryonnaire*; *vie embryonnaire* (*Fruchtleben*, *Fötusleben*, *Embryonenleben*, all.).

EMBRYOPARE, adj., *embryoparus* (*embryon*, embryon, *paro*, engendrer). Nom imposé par Desmoulins à une sous-classe de la classe des Mammifères, comprenant ceux dont les femelles accouchent d'embryons, comme les marsupiaux.

EMBRYOTÈGE, s. m., *embryotegium* (ἔμβρυον, embryon, τέγη, toit). Nom donné par Gaertner à une petite saillie en forme de calotte qui, dans certaines graines, correspond à l'extrémité radiculaire de l'embryon, et se détache, au temps de la germination, pour livrer passage à ce dernier. Ex. *Tradescantia cristata.*

EMBRYOTROPHE, s. m., *embryotrophe*; *Fruchtstoff* (all.) (ἔμ-

βρυον, embryon, τροφή, nourriture). Dutrochet nomme ainsi les enveloppes séminales ou leurs annexes, dont le parenchyme est destiné à contenir la substance qui doit nourrir l'embryon. Il propose ce mot pour remplacer celui de *périsperme*, qui, suivant lui, ne désigne pas un organe partout identique, et qu'il pense par conséquent devoir disparaître lorsqu'on aura déterminé quel est, dans chaque famille, l'organe embryotrophe qui accompagne l'embryon dans la graine, et qui a pour destination de la nourrir, soit pendant son développement dans l'ovaire, soit pendant la germination. Burdach emploie le même terme pour désigner la substance de laquelle se forme l'embryon des corps organisés, c'est-à-dire l'amnios dans les plantes, le jaune et le blanc de l'œuf dans les animaux.

ÉMÉRAUDINÉ, adj., *smaragdinus*; qui a la couleur verte de l'émeraude, comme l'épiderme du *Mytilus smaragdinus*, ou le corps de la *Gymnetis smaragdinea* et de la *Gnathocera smaragdina.*

ÉMERGÉ, adj., *emersus* (*e*, hors de, *mergo*, plonger). Se dit, en botanique, d'une *plante* aquatique qui élève sa sommité hors de l'eau (ex. *Ceratophyllum emersum*), et de *feuilles* que leurs pétioles élèvent au dessus de la surface de l'eau (ex. *Alisma Plantago*).

ÉMERGENCE, s. f., *emergentia.* Les physiciens appellent *point d'emergence* celui par lequel un rayon lumineux sort d'un milieu qu'il a traversé.

ÉMERGENT, adject., *emergens*; *hervorragend*, *herausstehend* (all.). Se dit, en physique, d'un rayon de lumière qui sort du milieu dans lequel il avait pénétré; en minéralogie, dans la nomenclature de Haüy, d'une variété d'arragonite composée de six prismes rhomboïdes, dont cinq tendent à produire un prisme unique, et le sixième semble sortir de cet assemblage en faisant des angles rentrans avec les deux prismes adjacens.

ÉMERSION, s. f., *emersio ; Austritt* (all.). Les astronomes se servent de ce terme, lorsqu'ils parlent d'un corps céleste, pour désigner l'instant où, après avoir été éclipsé, il paraît de nouveau, en se dégageant de l'ombre du corps qui le cachait.

ÉMÉTINE, s. f., *emetina* (ἐμέω, vomir). Alcali végétal qui a été découvert par Pelletier dans la racine d'ipécacuanha, et qui est ainsi appelé parce qu'il possède à un haut degré la faculté d'exciter des vomissemens.

ÉMÉTIQUE, adj., *emeticus*. Épithète donnée, dans la nomenclature chimique de Berzelius, aux sels qui ont pour base l'émétine.

ÉMIGRANT, adj., *emigrans, migratorius* (e, de, *migro*, déloger). Se dit des animaux qui, à certaines époques de l'année, quittent un pays pour passer dans un autre. Ex. *Coregonus migratorius, Columba migratoria, Acrydium migratorium.*

ÉMIGRATION, s. f., *migratio*. Passage d'un pays dans un autre.

ÉMISSIF, adj., *emissivus* (e, hors de, *mitto*, envoyer). En physique, on appelle *pouvoir émissif* la faculté qu'ont tous les corps et les corps lumineux d'émettre, les premiers de la chaleur, et les autres de la lumière, dans tous les sens.

EMMAILLOTTÉ, adject., *incunabulatus*. Latreille appelle ainsi les *nymphes* dont le corps est couvert d'une pellicule commune, mais qui ont le thorax et l'abdomen distincts, comme celles des Lépidoptères.

EMMÉNOLOGIE, s. f., *emmenologia* (ἔμμενα, menstrues, λόγος, discours). Traité sur la menstruation.

EMMÉSOSTOMES, adj. et s. m. pl., *Emmesostomi* (ἔμμεσος, mitoyen, στόμα, bouche). Nom donné par Klein aux Echinodermes qui ont la bouche placée exactement au milieu du corps.

EMMORPHOSE, s. f., *emmorphosis* (ἔμμορφος, revêtu d'une forme). Latreille donne ce nom au mode de métamorphose dans lequel la forme de l'insecte reste à peu près la même, c'est-à-dire dans lequel les larves ne diffèrent des nymphes que par la taille et les dimensions des parties, ou par l'absence, le rudiment ou le développement complet des ailes, l'animal conservant sous les trois états les mêmes mœurs et la même nature de nourriture (ex. Orthoptères, Hémiptères et quelques Névroptères).

ÉMOUSSÉ, adj., *hebetatus, retusus ; gestumpft* (all.). Épithète donnée : 1° en minéralogie, dans la nomenclature de Haüy, à une variété dans laquelle certaines facettes interceptent et rendent comme émoussées des parties qui, sans elles, seraient plus saillantes que les autres (ex. *Chaux carbonatée émoussée*); 2° en botanique, à des organes qui sont dépourvus de pointe, ou dont le sommet est si obtus, qu'il semble avoir été retranché à dessein (ex. *Salix retusa*).

EMPATÉ, adj. Les minéralogistes disent qu'une roche a une *texture empâtée*, lorsque sa base est une pâte sensiblement homogène, dans laquelle sont disséminées les parties constituantes ou accidentelles (ex. *Porphyre*). Bonnard appelle *roches empâtées* celles dont les parties sont enveloppées par une pâte très-distincte (ex. *Mimophyre*).

EMPATEMENT, s. m., *pes*. Base élargie et épaisse des Hydrophytes, qui sert à les fixer sur les rochers ou sur les corps auxquels ces végétaux sont attachés.

EMPATÉS, adj. et s. m. pl. Nom donné par Lamarck à une section de la classe des Polypiers, comprenant ceux qui sont composés de nombreuses fibres cornées et d'une pulpe charnue ou gélatineuse, empâtant les fibres et contenant les polypes.

EMPAUMURE, s. f. Nom donné à la couronne du bois de cerf, quand elle se divise en manière de main.

EMPENNÉ, adject. , *pennatus.* Synonyme peu usité de *penné. Voyez* ce mot.

EMPÉTRACÉES, adj. et s. f. pl., *Empetraceæ, Empetreæ.* Nom donné par A. Richard à une section de la famille des Ericinées, par Nuttall, Don et Kunth à une famille de plantes, ayant pour type le genre *Empetrum.*

EMPÊTRÉ, adj., *aversus; hintengestellt* (all). Illiger donne cette épithète aux *pieds* des oiseaux (*compedes; Afterbeine,* all.), lorsqu'ils sont situés à l'arrière du corps et engagés vers l'anus, de manière que le corps de l'animal debout est parfaitement droit. Ex. *Manchots.*

EMPÉTRÉES, adject. et s. f. pl. , *Empetreæ.* Nom donné par Bartling à une famille de plantes, qui a pour type le genre *Empetrum.*

EMPÉTRÉS, adj. et s. m. pl., *Involuti.* Nom donné par Vicq d'Azyr à une classe de Mammifères, comprenant ceux qui ont les membres réduits à l'état rudimentaire, comme les phoques et les lamantins.

EMPHYSÉMATEUX, adj., *emphysematosus* (ἐν, dans, φυσάω, souffler); qui est rempli d'air, ou gonflé à la manière d'une vessie, comme les fruits du *Colutea arborescens.*

EMPIDES, s. m. pl., *Empides, Empidæ, Empidiæ.* Nom donné par Wiedemann et J. Macquart à une famille, par Latreille et E. Eichwald à une tribu d'insectes Diptères, ayant pour type le genre *Empis.*

EMPLUMÉ, adj. , *pennatus.* Épithète donnée par les ornithologistes à des oiseaux qui ont les jambes cou-

vertes de plumes. Ex. *Aquila pennata.*

EMPREINTE, s. f. Les géognostes désignent sous ce nom les impressions que laissent dans les couches pierreuses les corps organisés qui s'y sont trouvés emprisonnés au moment de leur formation.

EMPROOPHYTE, s. m. , *emproophytum* (ἐμπυρόω , brûler , φυτὸν, plante). Nom donné par Necker aux plantes dont les sucs âcres exercent une action caustique sur les tissus animaux.

EMPYREUMATIQUE, adj., *empyreumaticus; brenzlich* (all.) (ἐμπυρόω, brûler); qui a les qualités ou les caractères de l'empyreume. *Odeur, huile, saveur empyreumatique.*

EMPYREUME, subst. m., *empyreuma;* ἐμπύρευμα. Odeur particulière qu'exhalent les produits volatils qu'on obtient en distillant les matières animales ou végétales.

ÉMULSINE, s. f. , *emulsina.* Nom donné par Pfaff à la matière qui est plus généralement connue sous celui d'*amygdaline. Voyez* ce mot.

ÉMYDÉES, adj. et s. f. pl., *Emydea.* Nom donné par J.-E. Gray à une famille de reptiles Chéloniens, qui a pour type le genre *Emys.*

ÉMYDIDES, adject. et s. m. pl., *Emydida.* T. Bell donne ce nom à une famille de reptiles Chéloniens, ayant pour type le genre *Emys.*

ÉMYDINES, adject. et s. m. pl., *Emydina.* Nom donné par T. Bell à une section de la famille des Emydides, qui renferme le genre *Emys.*

ÉMYDOIDES, adj. et s. m. pl., *Emydoidea.* Nom donné par P.-F. Fitzinger à une famille de reptiles sauriens, qui a pour type le genre *Emys.*

ÉMYDO-SAURIENS, adj. et s. m. pl., *Emydo-Saurii.* Blainville, J.-E. Gray, Latreille, Ficinus et Carus appellent ainsi un ordre de la classe des reptiles, comprenant ceux qui se rapprochent des Chéloniens par leur corps cuirassé et des sauriens par leur forme générale, comme les crocodiles.

ÉNALLOSTÈGUES, adj. et s. m. pl., *Enallostega* (ἔναλλος, différent, στέγη, toit). Nom donné par Orbigny, Eichwald et Menke à une famille de Mollusques céphalopodes, comprenant les Foraminifères aplostègues dont les loges sont assemblées en tout ou en partie par alternance, ou enfilées sur deux ou trois axes distincts, mais sans former une spirale caractérisée.

ÉNANTIOTRÈTES, adj. et s. m. pl., *Enantiotreta* (ἐνάντιος, opposé, τράω, trouer). Nom donné par C.-G. Ehrenberg à une famille de la classe des Polygastriques, comprenant ceux qui ont la bouche et l'anus terminaux, opposés.

ÉNARTHROCARPÉES, adj. et s. f. pl., *Enarthrocarpeæ*. Nom donné par Meyer et Bunge à une tribu de la famille des Crucifères, qui a pour type le genre *Enarthrocarpus*.

ENCADRÉ, adj. Épithète donnée, dans la nomenclature minéralogique de Haüy, à des cristaux offrant des facettes qui forment une sorte de cadre autour d'une forme plus simple, déjà existante dans la même espèce. Ex. *Idocrase encadrée*.

ENCALYPTÉES, adj. et s. f. pl., *Encalypteæ*. Nom donné par Furnrobr à un groupe de Mousses, qui a pour type le genre *Encalypta*.

ENCÉPHALE, s. m., *encephalum* (ἐν, dans, κεφαλή, tête). Ensemble de toutes les parties qui, chez les animaux vertébrés, sont contenues dans la cavité du crâne.

ENCÉPHALIQUE, adj., *encephalicus*; qui a rapport ou qui appartient à l'encéphale. *Vaisseaux encéphaliques*.

ENCÉPHALOÏDE, adj., *encepha-* loïdeus (ἐγκέφαλον, cerveau, εἶδος, ressemblance); qui offre des sinuosités comparables à celles qu'on aperçoit sur la surface du cerveau. Ex. *Polyporus encephalum*, *Coniophora cerebella*.

ENCÉPHALOZOAIRES, adj. et s. m. pl., *Encephalozoa* (ἐγκέφαλον, cerveau, ζῶον, animal). Sous ce nom, Ficinus et Carus désignent un embranchement du règne animal, comprenant les animaux qui sont pourvus de deux systèmes nerveux, l'un ganglionnaire, l'autre cérébro-spinal.

ENCHAINÉ, adj., *concatenatus*; *zusammengekettet* (all.); qui offre l'apparence d'anneaux disposés à la suite les uns des autres, et constituant une chaîne, comme les vésicules renflées dont sont garnis de distance en distance les rameaux du *Fucus concatenatus*. *V.* CATÉNIFÈRE, CATÉNULAIRE, CATÉNULÉ.

ENCHASSÉ, adj. Épithète donnée par les botanistes aux *graines*, quand elles sont fixées une à une dans les fossettes d'un placentaire alvéolé. Ex. *Primulacées*.

ENCHÉLYES, adj. et s. m. pl., *Enchelya*. Nom donné par C.-G. Ehrenberg à une tribu de la classe des Polygastriques, qui a pour type le genre *Enchelys*.

ENCHÉLYOÏDES, adj. et s. m. pl., *Enchelyoïdes* (ἔγχελυς, anguille, εἶδος, ressemblance). Nom donné par Goldfuss, Ficinus et Carus à une famille de Poissons, renfermant l'anguille et ceux qui lui ressemblent.

ENCHÉLYSOME, adj., *enchelysomatus* (ἔγχελυς, anguille, σῶμα, corps). Blainville donne cette épithète aux poissons qui ont le corps long et cylindrique ou peu aplati, comme celui de l'anguille.

ENCRASICHOLE, adj., *encrasicholus* (ἐν, dans, κεράω, mêler, χολή, bile). Épithète donnée à un poisson, l'anchois (*Engraulis encrasicholus*), parce qu'il a la tête fort amère, ce qui fait qu'on la lui enlève avant de le saler.

ENCRINES, s. m. pl., *Encrini.* Goldfuss, Ficinus et Carus ont établi sous ce nom une famille de Lithozoaires, qui a pour type le genre *Encrinus.*

ENCRINITIQUE, adj., *encriniticus;* qui renferme des encrines : *calcaire encrinitique.*

ENCRINOIDÉENS, adj. et s. m. pl., *Encrinoïdei.* Blainville employe quelquefois ce terme, comme synonyme d'*Astérencriniens* (*voyez* ce mot), parce que les animaux qu'il sert à désigner sont voisins des *Encrinus.*

ENCROUTANT, adj., *incrustans;* qui enveloppe les corps, et forme autour d'eux une sorte de croûte plus ou moins épaisse. Ex. *Alveolita incrustans, Spongia incrustans.*

ENDÉCAGYNE, adj., *endecagynus;* eilfweibig (all.) (ἕνδεκα, onze, γυνή, femme). Se dit d'une plante qui a onze pistils.

ENDÉCANDRE, s. f., *endecandrus* (ἕνδεκα, onze, ἀνήρ, homme). Se dit d'une plante qui a onze étamines dans chaque fleur. Ex. *Hendecandra procumbens.*

ENDÉCANDRIE, s. f., *endecandria* (ἕνδεκα, onze, ἀνήρ, homme). Nom donné, dans le système sexuel de Linné, à un ordre renfermant des plantes qui ont onze étamines.

ENDÉCAPHYLLE, adj., *endecaphyllus;* eilfblättrig (all.) (ἕνδεκα, onze, φύλλον, feuille); qui a des feuilles ailées, composées de onze folioles, dont l'impaire terminale. Ex. *Indigofera endecaphylla.*

ENDÉMIQUE, adj., *endemicus;* einheimisch (all.) (ἐν, dans, δῆμος, peuple). Épithète donnée par Candolle aux genres et aux familles de plantes dont toutes les espèces croissent dans un même pays, comme les

Hermannia au cap de Bonne-Espérance, les *Cinchona* dans l'Amérique du Sud, les *Epacridées* dans l'Australasie.

ENDOBRANCHES, adj. et s. m. pl., *Endobranchiata* (ἕνδον, dedans, βράγχια, branchies). Nom donné par Duméril à une famille de la classe des Annelides, comprenant ceux de ces animaux qui n'offrent pas de branchies à l'extérieur du corps.

ENDOCARPE, s. m., *endocarpium, membrana interna s. cortex internus peridii;* Innenhaut, Wandhaut (all.) (ἕνδον, dedans, καρπός, fruit). Nom donné par L.-C. Richard à la membrane qui revêt la cavité intérieure du péricarpe, et dont l'épaisseur et la dureté augmentent quelquefois par des couches additionnelles qu'y dépose successivement la partie parenchymateuse, comme dans le noyau de la pêche.

ENDOCARPÉES, adj. et s. f. pl., *Endocarpeæ, Endocarpieæ.* Nom donné par Fries, Reichenbach et Zenker à une tribu de Lichens, qui a pour type le genre *Endocarpon.*

ENDOCÉPHALES, adj. et s. m. pl., *Endocephala* (ἕνδον, dedans, κεφαλή, tête). Nom donné par Latreille à une division de la branche des Mollusques agames, comprenant ceux qui n'ont pas de tête saillante.

ENDOCHROME, s. m., *endochroma* (ἕνδον, dedans, χρῶμα, couleur). Gaillon désigne ainsi chacun des articles ou entrenœuds tubuloïdes qui composent les algues marines, parce qu'en général ils sont colorés intérieurement.

ENDOGÈNE, adject., *endogenus* (ἕνδον, dedans, γέννάω, engendrer). Épithète donnée par Candolle aux végétaux vasculaires dont les vaisseaux sont comme épars dans toute la tige, et disposés de manière que les plus durs, c'est-à-dire les plus anciens, se trouvent à l'extérieur, en sorte que l'accroissement principal a lieu de dedans en dehors.

ENDOMYCHIDES, adj. et s. m. pl., *Endomychidæ*. Nom donné par Leach à une famille d'insectes coléoptères, qui a pour type le genre *Endomychus*.

ENDOPHORE, s. m., *endophora* (ἔνδον, dedans, φέρω, porter). Dénomination que divers botanistes ont ssignée à l'*endoplèvre*. *Voyez* ce mot.

ENDOPHRAGME, s. m., *endophragma* (ἔνδον, dedans, φράγμα, cloison). Nom donné par Gaillon aux diaphragmes transversaux qui, dans les Thalassiophytes diaphysistées, résultent de l'application bout à bout des cellules dont la plante est formée.

ENDOPLÈVRE, s. f., *endopleura*, *tegmen*, *tunica interior s. interna*, *integumentum interius* (Link), *nucleanium* (Tittmann), *hiloferus* (Mirbel); *Pergamenthaut*, *Lederhaut*, *Kernhaut* (all.) (ἔνδον, dedans, πλευρὰ, côté). C'est le nom que Candolle donne à la pellicule intérieure de la graine.

ENDOPTILE, adject., *endoptilus* (ἔνδον, dedans, πτίλον, petite plume). Nom que Lestiboudois propose de donner à l'embryon des plantes monocotylédones, parce que sa gemmule est renfermée entièrement dans la cavité cotylédonnaire.

ENDORHIZE, adj., *endorhizus* (ἔνδον, dedans, ῥίζα, racine). L.-C. Richard donne cette épithète à l'embryon végétal dont la radicule, à l'époque de la germination, ne s'alonge presque pas, mais donne naissance, soit latéralement, soit par le sommet, à quelques radicelles simples, qui jouent le rôle de radicule. Une *plante endorhize* est celle qui produit un semblable embryon.

ENDOSMOMÈTRE, s. m., *endosmometrum* (*endosmosis*, endosmose, μετρέω, mesurer). Nom donné par Dutrochet à un instrument au moyen duquel on peut rendre sensibles les phénomènes de l'endosmose.

ENDOSMOSE, s. f., *endosmosis* (ἔνδον, dedans, ὠσμὸς, impulsion). Phénomène, découvert par Dutrochet, qui consiste en ce que, quand deux liquides différens d'ascension capillaire sont séparés par une cloison mince et perméable, il s'établit, au travers de cette cloison, deux courans dirigés en sens contraire; un fort, qui est celui du liquide le plus ascendant, se porte vers le liquide le moins ascendant; un faible, qui est celui du liquide le moins ascendant, se porte vers le liquide le plus ascendant.

ENDOSPERME, s. m., *endosperma* (ἔνδον, dedans, σπέρμα, graine). Mauvais nom donné par L.-C. Richard au corps, distinct de l'embryon végétal, et formant avec lui l'amande de la graine, qu'on appelle plus généralement *périsperme*, ou mieux *albumen*.

ENDOSPERMIQUE, adj., *endospermicus* (ἔνδον, dedans, σπέρμα, graine). Épithète donnée à un *embryon* végétal qui est accompagné d'un endosperme ou albumen. Turpin appelle *fluide endospermique* celui qui remplit le sac ovulaire et dont, après qu'il a servi d'aliment à l'embryon, le résidu se concrète autour de ce dernier, pour produire l'endosperme ou albumen.

ENDOSPORÉ, adject., *endosporus* (ἔνδον, dedans, σπορὰ, semence). Épithète donnée aux champignons dont les spores sont situées à l'intérieur. Ex. *Lycoperdon*.

ENDOSTOME, s. m., *endostoma* (ἔνδον, dedans, στόμα, bouche). Mirbel appelle ainsi l'ouverture dont est percée la partie de l'ovule qu'il appelle secondine, et par laquelle sort le nucelle, qui est inséré par sa base au fond de cette dernière.

ENDOTRICHÉES, adj. et s. f. pl., *Endotrichæ* (ἔνδον, dedans, θρίξ, poil). Épithète donnée par Frœlich à une section du genre *Gentiana*, en raison des appendices capilliformes garnissant l'entrée de la corolle des espèces qu'elle renferme.

ÉNÉILÈME, s. m., *eneilema* (ἐν, dedans, εἰλέω, renfermer). Nom donné par Dutrochet à la membrane interne de la graine.

ÉNERVÉ, adj., *enervis, enervius, avenius; aderlos, rippenlos* (all.); *snervato* (it.) (*e*, priv., *nervus*, nerf). Se dit d'une *feuille* qui n'a pas de nervures. Ex. *Pleurandra enervia.*

ENFANCE, s. f., *infantia, pueritia, puerilitas;* παιδία; *Kindheit* (all.); *infancy* (angl.); *infanzia* (it.) (*en*, nég., *fari*, parler). Période de la vie humaine qui s'étend depuis la naissance jusque vers la septième année.

ENFANT, adj. et s. m., *infans, parvulus;* παῖς; *Kind* (all.); *child* (angl.); *fanciullo* (it.). Individu de l'espèce humaine qui est dans l'âge de l'enfance.

ENFANTEMENT, s. m., *parturitio*. On appelle ainsi la *parturition* (*voyez* ce mot), dans l'espèce humaine.

ENFERMÉS, adj. et s. m. pl., *Clausi, Inclusa*. Nom donné par Cuvier et Schweigger à une famille d'Acéphales Testacés, par Menke à un ordre de la classe des Élatobranches, renfermant ceux qui ont l'habitude de s'enfoncer dans le bois, le sable, les pierres, ou de s'envelopper d'un tube.

ENFILÉ, adj., *perforatus*. Synonyme peu usité de *perfolié*. *Voyez* ce mot.

ENFLÉ, adj., *inflatus, turgidus, tumidus, utriculatus*. Se dit : 1° en botanique, d'une partie membraneuse qui se dilate vers sa partie moyenne et se resserre à son sommet de manière

à ressembler à une vessie pleine d'air, comme le *calice* du *Cucubalus bacciferus* et du *Silene inflatus*, le *tube* de la corolle de l'*Erica inflata*, le *légume* du *Colutea arborescens*, la *silicule* de l'*Alyssum utriculatum*, le *pétiole* du *Trapa natans*, le *follicule* de l'*Asclepias fruticosa*, les *segmens* de la *fronde* du *Fucus inflatus*, les *rameaux* du *Pilotrichum tumidum*; 2° en zoologie, d'une *coquille* qui a l'air d'avoir été soufflée (ex. *Crassatella tumida, Venus turgida*).

ENFONCÉ, adj., *recessus, immersus, defixus*. Épithète donnée par les botanistes aux *feuilles* dont les intervalles des nervures sont creux; aux *sutures* des valves, d'après Mirbel, lorsqu'elles sont placées au fond d'un sillon plus ou moins profond (ex. *Rhododendrum*); aux *tubercules* d'un lichen, quand ils sont plongés dans la substance même de la plante (ex. *Lichen immersus*); aux *racines* fusiformes qui pénètrent profondément en terre (ex. *Crinum defixum*).

ENFUMÉ, adj., *fumosus, fumigatus, fuscatus; affumicato* (it.); qui a la couleur de la fumée; qui est d'un brun noir ou d'un roux brun. Ex. *Cypris fuscata, Clavaria fumosa, Spondylocladium fumosum, Conus fumigatus.*

ENGAINANT, adject., *vaginans; guainante* (it.); qui enveloppe, comme ferait une gaîne. Se dit, en botanique, de toute partie qui embrasse la tige; des *feuilles* (ex. *Myricaria vaginata*), des *pétioles* (ex. *Cistus vaginatus*), des *stipules* (ex. *Ononis vaginalis, Hedysarum vaginale, Psychotria vaginans*). Le *stigmate* reçoit cette épithète, quand il se compose de deux lames, dont l'une embrasse l'autre (ex. *Sideritis incana*), et l'*androphore*, lorsqu'étant tubuleux, il forme une gaîne autour du pistil (ex. *Malva officinalis*). En zoologie, on appelle *engaînantes* les

...oquilles univalves qui sont coniques et sans spire proprement dite (ex. *Patella*).

ENGAINÉ, adj., *vaginatus ; guainato* (it.). Épithète donnée à la *tige*, lorsqu'elle est enveloppée par des bases de feuilles (ex. *Graminées*, *Dicranium vaginatum*), ou par des pétioles (ex. *Musa paradisiaca*) engaînans.

ENGAINÉS, adj. et s. m. pl., *Vaginati*. Nom donné par Illiger à une famille d'oiseaux Échassiers, comprenant ceux dont le bec est garni d'une gaîne cornée à la base de sa partie supérieure.

ENGINITES, adject. et s. m. pl., *Enginites*. Nom donné par Cuvier à une tribu de la famille des insectes Coléoptères clavicornes, qui a pour type le genre *Engis*.

ENGOUFFRANS, adj. et s. m. pl., *Hiantes*. Illiger désignait sous ce nom une famille d'Oiseaux, comprenant ceux qui engouffrent les insectes en volant.

ENHARMONIQUE, adj., *enharmonicus*. Épithète donnée à une échelle musicale composée d'une succession de vingt-et-un sons consécutifs d'une octave à l'autre, échelle qui n'existe que par supposition. Chaque ton, même mineur, contenant plus de deux demi-tons, le complément de la somme de ces deux demi-tons au ton entier est précisément l'*intervalle enharmonique*, appelé communément quart de ton, lequel prend l'épithète de *majeur* quand il est le complément de deux demi-tons au ton majeur, et celle de *mineur* lorsqu'il est le complément de deux demi-tons au ton mineur.

ENHYDRE, adj., *enhydrus* (ἐν, dedans, ὕδωρ, eau). Se dit d'un minéral qui renferme quelques gouttes d'eau. Ex. *Quarz géodique enhydre*.

ÉNICURE, adj., *enicurus* (ἐνικὸς, singulier, οὐρὰ, queue); qui a une queue singulière. Le *Trochilus enicurus* est ainsi appelé parce qu'on ne connaît point d'autre oiseau que lui qui n'ait pas six pennes à la queue: le *Caprimulgus enicurus*, parce que ses pennes caudales offrent une échancrure en carré, la troisième dépassant la première de quatre lignes, et les quatrième et cinquième de dix.

ENIVRANT, adj., *inebrians, methysticus* ; μεθιστικὸς ; *berauschend* (all.); qui produit l'ivresse. Le *Piper methysticum* est ainsi nommé parce que les insulaires de la mer du Sud s'en servent pour faire des boissons enivrantes.

ENNÉACANTHE, adj., *enneacanthus* (ἐννέα, neuf, ἄκανθα, épine); qui a neuf épines, comme le *Scarus enneacanthus*, dont la nageoire dorsale offre neuf rayons aiguillonnés.

ENNÉACONTAEDRE, adj., *enneacontaedrus* (ἐννενήκοντα, quatre-vingt-dix, ἕδρα, base). Épithète donnée, dans la nomenclature minéralogique de Haüy, à un cristal qui présente quatre-vingt-dix faces. Ex. *Idocrase ennéacontaèdre*.

ENNÉAGONE, adj., *enneagonus* (ἐννέα, neuf, γωνία, angle); qui a neuf angles, comme l'organe natatoire antérieur de l'*Enneagonum hyalinum*.

ENNÉAGYNIE, s. f., *enneagynia* (ἐννέα, neuf, γυνὴ, femme). Nom d'un ordre, dans le système sexuel de Linné, qui comprend des plantes ayant neuf pistils.

ENNÉAGYNIQUE, adj., *enneagynicus* ; qui a neuf pistils.

ENNÉAHEXAEDRE, adject., *enneahexaedrus* (ἐννέα, neuf, ἕξ, six, ἕδρα, base). Épithète donnée, dans la nomenclature minéralogique de Haüy, à une variété de chaux fluatée en cube, dont chaque angle solide est remplacé par six facettes situées de biais.

ENNÉANDRE, adject., *enneander*

(ἐννέα, neuf, ἀνήρ, homme). Nom donné à toute *plante* qui a neuf étamines. Ex. *Icica enneandra.*

ENNÉANDRIE, s. f., *enneandria.* Nom d'une classe et de deux ordres, dans le système sexuel de Linné, comprenant des plantes qui ont neuf étamines.

ENNÉANDRIQUE, adj., *enneandricus.* Se dit d'une plante qui a neuf étamines.

ENNÉANTHÈRE, adj., *enncantherus* (ἐννέα, neuf, ἀνθηρὸς, fleuri). Nom donné par Gleditsch aux plantes qui ont neuf étamines.

ENNÉAPÉTALE, adj., *enneapetalus* (ἐννέα, neuf, πέταλον, pétale). Se dit d'une plante dont la corolle est composée de neuf pétales.

ENNÉAPHYLLE, adj., *enncaphyllus; neunblättrig* (all.) (ἐννέα, neuf, φύλλον, feuille). Épithète donnée à une plante dont les *feuilles* sont composées de neuf folioles (ex. *Oxalis enneaphylla*), ou pennées et formées de neuf folioles, dont une impaire (ex. *Indigofera enneaphylla*), ou triternées (ex. *Sarcocapnos enneaphylla, Dentaria enneaphyllos*).

ENNÉAPTÉRYGIENS, adj. et s. m. pl., *Enneapterygii* (ἐννέα, neuf, πτέρυξ, nageoire). Nom donné par Schneider à une classe de poissons, comprenant ceux qui ont neuf nageoires.

ENNÉARRHINE, adj., *ennearrhinus* (ἐννέα, neuf, ἄῤῥην, mâle). Terme que Necker employait comme synonyme d'*ennéandre. Voyez* ce mot.

ENNÉASÉPALE, adj., *enneasepalus.* Épithète que Necker propose de donner au *calice*, quand il est composé de neuf folioles.

ENNÉASPERME, adj., *enncaspermus* (ἐννέα, neuf, σπέρμα, graine). Dont le fruit contient neuf graines. Ex. *Ionidium enneaspermum.*

ÉNODE, adj., *enodis; knotenlos* (all.) (*e*, priv., *nodus*, nœud). Ri-

chard donne cette épithète aux tiges qui sont entièrement dépourvues de nœuds.

ENROULÉ, adj., *revolutus, convolvans, convolutus; zusammengerollt* (all.). Épithète donnée à une *coquille* univalve discoïde, comprimée de droite à gauche, dont l'axe est tout-à-fait transversal, et dont on n'aperçoit pas le sommet, soit que les tours se touchent sans se pénétrer (ex. *Argonaute*), soit que le dernier enveloppe et cache tous les autres (ex. *Nautile flambé*), soit enfin que les tours ne se touchent pas, et que la coquille représente en quelque sorte une crosse (ex. *Spirula convolvans*).

ENROULÉS, adj. et s. m. pl., *Revoluta.* Nom donné par Lamarck à une famille de Mollusques trachélipodes, comprenant ceux dont la coquille a ses tours de spire enroulés de manière que le dernier recouvre presque entièrement les autres.

ENSANGLANTÉ, adj., *cruentus, cruentatus, sanguinolentus;* qui est marqué de taches rouges, qui a des parties rouges. Le *Crinum cruentum* a les filets de ses étamines d'un rouge de sang; le *Cineraria cruentata* a ses feuilles agréablement teintes de pourpre en dessous; la *Chrysomela sanguinolenta* a le bord externe de ses élytres d'un jaune rougeâtre; le *Gobius cruentatus* a la bouche, la gorge, les opercules et les nageoires tachetés de rouge; la *Natica cruentata* est blanche et parsemée de taches rouges et rousses; la *Columba cruenta* a une tache rouge sur la poitrine.

ENSEVELI, adj., *sepultus.* Épithète donnée par Kirby à l'*alitronc* des insectes, lorsque sa face supérieure est totalement couverte par le thorax, les élytres ou autres organes de vol. Ex. *Coléoptères, Orthoptères.*

ENSICAUDE, adj., *ensicaudatus* (*ensis*, épée, *cauda*, queue); qui a la queue plate, amincie sur les bords et pointue. Ex. *Ascaris ensicaudata.*

ENSIFÈRE, adj., *ensiferus* (*ensis*, épée, *fero*, porter). L'*Alcyonum ensiferum* est ainsi appelé parce qu'il a ses rameaux longs, étroits, un peu comprimés et arqués.

ENSIFOLIÉ, adject., *ensifolius*; *schwerdtblättrig* (all.) (*ensis*, épée, *folium*, feuille); qui a des feuilles ensiformes. Ex. *Juncus ensifolius*, *Lindsæa ensifolia*, *Ornithogalum ensifolium.*

ENSIFORME, adj., *ensiformis*, *gladiatus*, *ensatus*; *schwertförmig* (all.) (*ensis*, sabre, *forma*, forme). Épithète donnée par les botanistes aux *feuilles*, quand elles sont un peu épaisses au milieu, tranchantes aux deux bords et rétrécies de la base au sommet, qui est aigu (ex. *Iris xiphium*); au *fruit* (ex. *Dolichos ensiformis*, *Dolichos gladiatus*, *Dolichos cultratus*), et au *style*, quand ils ont la même forme. Les zoologistes l'appliquent aux *coquilles* qui ont la forme d'un sabre (ex. *Solen ensis*), aux *antennes* des insectes, quand elles sont larges à la base, terminées en pointe et anguleuses (ex. *Truxale*); à l'*ovipositor* de ces animaux, d'après Kirby, quand il est long, comprimé et tranchant (ex. *Acrydium*).

ENSIFORMES, adj. et s. f. pl., *Ensatæ*. Nom donné par Linné à une famille de plantes qui ont les feuilles ensiformes et les fleurs monopérianthées, et par Bartling à une classe comprenant les familles des Burmanniacées, des Hypoxidées, des Haemodoracées, des Iridées, des Amaryllidées et des Broméliacées.

ENSIPENNE, adject., *ensipennis* (*ensis*, épée, *penna*, plume). L'*Ornysmia ensipennis* est ainsi nommé, parce que les baguettes des rémiges de ses ailes sont aplaties et élargies, ce qui leur donne une disposition recourbée, en façon de sabre.

ENSIROSTRE, adject., *ensirostris* (*ensis*, épée, *rostrum*, bec); qui a le bec ou le rostre comprimé et recourbé en forme de sabre. Ex. *Calandra ensirostris.*

ENTASSÉ, adj., *confertus*. Se dit des *feuilles*, lorsqu'elles sont en assez grand nombre et placées si près les unes des autres, sur la tige, qu'elles se dérobent presque à la vue.

ENTÉROBRANCHES, adj. et s. m. pl., *Enterobranchia* (ἔντερον, intestins, βράγχια, branchies). Nom donné par Latreille à un ordre de la classe des Annelides, comprenant ceux de ces animaux dont les branchies sont intérieures, ou ne font pas de saillie au dehors.

ENTÉRODÈLES, adj. et s. m. pl., *Enterodela* (ἔντερον, intestins, δῆλος, manifeste). Nom donné par C.-G. Ehrenberg à une section de la classe des Polygastriques, comprenant ceux de ces animaux qui ont un tube intestinal parfait, c'est-à-dire terminé par une bouche et un anus.

ENTÉROPHLÉODE, adj., *enterophlœodes* (ἔντερον, intestins, φλοιός, écorce). Wallroth nomme *morphosis enterophlœodes* le développement des lichens qui naissent sur l'intérieur mis à nu des tiges ligneuses d'autres plantes, sur la moelle, l'aubier, le liber, le bois, etc.

ENTÉROSTÉS, adj. et s. m. pl., *Enterostea* (ἔντερον, intestins, ὀστέον, os). Nom donné par Latreille, Ficinus et Carus à une famille de Céphalopodes, comprenant ceux qui ont dans l'intérieur du corps une pièce calcaire en forme de lame et représentant la coquille.

ENTHELMINTHES, s. m. pl., *Enthelmintha* (ἐντός, dedans, ἕλμινς, ver). Nom donné par Goldfuss, Ficinus et Carus à une classe du règne animal, qui comprend les vers intestinaux.

ENTIER, adj., *integer*; ὅλος; un-

getheilt (all.); *intiero* (it.). Se dit, en botanique, de tout organe qui n'offre sur ses bords ni incisions, ni dentelures, ni découpures, comme les *feuilles* du *Ricinus integrifolius*, du *Tessaria integrifolia* et du *Chrysanthemum integrifolium ;* le *calice* du *Fissilia ;* la lèvre supérieure de la corolle du *Moluccella lœvis ;* les *stipules* du *Polygonum amphibium.* Les *feuillets* des agarics sont dits *entiers*, quand ils s'étendent depuis le pédicule jusqu'à la circonférence du chapeau.

ENTIMIDES, adj. et s. m. pl., *Entimides.* Nom donné par Schœnherr à un groupe de la famille des Curculionides gonatocères brachyrhinques, qui a pour type le genre *Entimus.*

ENTOCÉPHALE, s. m., *entocephalum* (ἐντὸς, dedans, κεφαλή, tête). Audouin donne ce nom à une pièce, correspondante à l'entothorax, qu'on trouve dans la tête des insectes hexapodes.

ENTODISCAL, adj., *entodiscalis* (ἐντὸς, dedans, δίσκος, disque). Epithète donnée par Lestiboudois à l'*insertion* des étamines, lorsqu'elle a lieu en dedans du disque.

ENTOGASTRE, s. m., *entogastrium* (ἐντὸς, dedans, γαστήρ, , ventre). Sous ce nom, Audouin désigne une pièce, correspondante à l'entothorax, qu'on trouve dans le premier anneau de l'abdomen des insectes hexapodes.

ENTOME, s. m., *entomon* (ἔντομος, incisé). Nom collectif donné par Latreille aux animaux articulés qui sont pourvus de pieds également articulés.

ENTOMOBIES, adj. et s. f. pl., *Entomobiæ* (ἔντομος, insecte, βιόω, vivre). Nom donné par Robineau-Desvoidy à une tribu de la famille des Myodaires calyptérées, comprenant celles qui vivent dans le corps des insectes.

ENTOMOGÈNE, adj., *entomogenus* (ἔντομος, insecte, γεννάω, engen-

drer); qui vit sur les insectes morts. Ex. *Racodium entomogena.*

ENTOMOGRAPHE, s. m., *entomographus* (ἔντομος, insecte, γράφω, écrire). Naturaliste qui se livre spécialement à l'étude des insectes.

ENTOMOGRAPHIE, s. f., *entomographia.* Histoire des insectes. Synonyme d'*entomologie*, employé par G. Fischer.

ENTOMOGRAPHIQUE, adj., *entomographicus ;* qui a rapport à l'entomographie.

ENTOMOIDES, adj. et s. m. pl., *Entomoïda* (ἔντομος, insecte, εἶδος, ressemblance). Nom donné par Latreille à un ordre de la classe des Elminthogames, renfermant ceux qui sont généralement munis d'appendices simulant des pieds.

ENTOMOLOGIE, s. f., *entomologia* (ἔντομος, insecte, λόγος, discours). Branche de la zoologie qui traite de l'histoire des insectes.

ENTOMOLOGISTE, s. m., *entomologista.* Naturaliste qui s'occupe spécialement de l'histoire des insectes.

ENTOMOMÉILINE, s. f., *entomomeilina* (ἔντομος, insecte, μείλας, noir). Lassaigne désigne ainsi la substance animale à laquelle Odier a donné le nom de *chitine. Voyez* ce mot.

ENTOMOPHAGE, adj., *entomophagus* (ἔντομος, insecte, φάγω, manger); qui vit d'insectes.

ENTOMOPHAGES, adj. et s. m. pl., *Entomophagi*, *Entomophaga.* Nom donné par Latreille, Ficinus et Carus à une famille de Mammifères marsupiaux, par Goldfuss, Ficinus et Carus à une famille d'insectes coléoptères, renfermant des animaux qui font leur principale nourriture d'insectes.

ENTOMOPHILE, adj., *entomophilus* (ἔντομος, insecte, φίλεω, aimer); qui aime les insectes.

ENTOMORHIZE ; adj., *entomo-*

rhizus (ἔντομος, insecte, ῥιζόω, croî-tre); qui naît ou qui croît sur les in-sectes (ex. *Sphæria entomorhiza*, *Isaria sphingum*). Il paraît, d'après les observations de Wydler, que beaucoup de prétendues clavaires naissant sur des insectes, ne sont autre chose que des masses pollini-ques et pédiculées d'orchidées.

ENTOMOSTÈGUES, adj. et s. m. pl., *Entomostegea* (ἔντομος, insecte, στέγη, toit). Nom donné par Orbi-gny et Menke à une famille de Cé-phalopodes foraminifères, dont la co-quille est garnie de cellules subdivi-sées par des cloisons transversales, de manière que sa coupe représente une sorte de treillis.

ENTOMOSTOME, adj., *entomo-stomus* (ἔντομος, insecte, στόμα, bou-che). Epithète donnée à toute *co-quille* univalve dont l'ouverture est plus ou moins profondément échan-crée en devant.

ENTOMOSTOMES, adj. et s. m. pl., *Entomostomata*. Nom donné par Blainville à une famille de coquilles, comprenant les univalves non symé-triques dont l'ouverture est échan-crée, et à une famille de l'ordre des Paracéphalophores siphonobranches, comprenant ceux de ces animaux dont la coquille est munie d'un canal très-court, plus ou moins échancré en avant.

ENTOMOSTRACÉS, adj. et s. m. pl., *Entomostraca* (ἔντομος, coupé, ὄστρακον, coquille). Nom donné par Duméril et Eichwald à un ordre, par Desmarest et Leach à une sous-classe, par Cuvier à une division de la classe des Crustacés, par Blainville à une famille de la classe des Hété-ropodes normaux, coupes qui toutes renferment des animaux à tégumens cornés très-minces, qui ont le test en bouclier, composé d'une à deux pièces.

ENTOMOTILLES, adj. et s. m.

pl., *Entomotilla*. (ἔντομος, insecte, τίλλω, blesser). Nom donné par Du-méril à une famille d'insectes hymé-noptères, dont la plupart, à l'état de larve, se développent dans l'in-térieur du corps d'autres insectes.

ENTOMOZOAIRES, adj. et s. m. pl., *Entomozoa* (ἔντομος, insecte, ζῶον, animal). Nom donné par Blain-ville à un type du sous-règne des animaux artiomorphes, comprenant ceux dont le corps est articulé exté-rieurement.

ENTOMOZOOLOGIE, s. f., *ento-mozoologia* (ἔντομος, insecte, ζῶον, animal, λόγος, discours). Syno-nyme d'*entomologie*, employé par Blainville.

ENTONNOIR, s. m., *scyphus*. On appelle ainsi le pédoncule creux et en forme d'entonnoir qui porte la fruc-tification de certains lichens.

ENTOPHYLLINES, adj. et s. f. pl., *Entophyllina* (ἐντός, dedans, φύλλον, feuille). Nom donné par Reichenbach à une section de la famille des Hépa-tiques, comprenant celles qui por-tent des bourgeons ou gemmes plon-gés dans la substance même de la plante.

ENTOPHYLLOCARPES, adj. et s. f. pl., *Entophyllocarpi* (ἐντός, de-dans, φύλλον, feuille, καρπός, fruit). Nom donné par Furnrohr à un grou-pe, par Bridel à une classe de Mous-ses, comprenant celles dont la fruc-tification naît dans le sein des feuilles, par une duplicature ou une fissure de ces dernières.

ENTOPHYTES, adj. et s. m. pl., *Entophytæ*, *Entophyti*. Nom donné par Fries à un ordre de Champignons coniomycètes, par Link à une série de l'ordre des Mucédinées, renfer-mant des champignons qui croissent sur les plantes vivantes ou mortes, dans leur tissu même.

ENTOPOGONES, adj. et s. f. pl., *Entopogones* (ἐντός, dedans, πώγων,

barbe). Nom donné par Palisot-Beauvois à un ordre de Mousses, comprenant celles dont le péristome simple
et interne est formé de cils libres ou
réunis en une membrane plissée.

ENTOPTIQUE, adj., *entopticus*
(ἐντός, dedans, ὄπτομαι, voir). Goethe appelle ainsi les *couleurs* qui se
forment dans des prismes ou des cubes
de verre refroidi rapidement, lorsqu'un rayon de lumière obliquement
réfléchi y pénètre et s'y réfracte.

ENTORTILLÉ, adj., *involutus*.
Expression que quelques botanistes
substituent à celle de *volubile* (*voyez*
ce mot), en parlant de la tige.

ENTOTHORAX, s. m., *entothorax* (ἐντός, dedans, θώραξ, poitrine).
Nom donné par Audouin à une pièce
qui, dans les insectes hexapodes,
existe au-dessus du sternum et à sa
face interne, c'est-à-dire au dedans
du corps de l'insecte, sur la ligne
médiane, et qui naît ordinairement
de l'extrémité postérieure du sternum, à chacun des segmens du thorax. C'est la *pièce en forme d'y grec*
de Cuvier. *Voyez* THORAX.

ENTOURANT, adj., *circumdans,
circumsepiens, cingens, amplectens;
umgebend, umfassend* (all.). Épithète
donnée aux *feuilles*, lorsque, dans
le sommeil de la plante, elles sont
roulées en cornet, et entourent la
tige, comme pour protéger les jeunes
pousses. Ex. *Malva peruviana*.

ENTOURÉ, adj., *circumdatus,
amplexus, cinctus; umgeben, um-
fasst* (all.). Nom donné, dans la nomenclature minéralogique de Haüy,
à une variété dans laquelle les décroissemens ont lieu sur toutes les arêtes et
sur tous les angles solides, autour de
la base d'un noyau prismatique. Ex.
Strontiane sulfatée entourée.

ENTOZOAIRES, adj. et s. m. pl.,
Entozoa (ἐντός, dedans, ζῶον, ani-
mal). Nom donné par Rodolphi et
Goldfuss à une classe du règne ani-

mal, qui comprend les vers intestinaux.

ENTOZOÉS, adj. et s. m. pl., *Entozoa*. Latreille appelle ainsi une
branche de la race des animaux Acéphales gastriques, parce que tous
les animaux qu'elle renferme sont
parasites.

ENTOZOIQUE, adj., *entozoïcus*. Se
dit des *animaux* qui vivent dans l'intérieur du corps d'autres animaux
(ex. *vers entozoïques*), et des *champignons* qui croissent, soit sur le corps
des insectes morts ou vivans (ex. *Isaria sphingum*), soit au milieu des
pièces d'appareil employées au panse-
ment des plaies, comme on en a divers exemples. *Voyez* ENTOMORHIZE.

ENTOZOOLOGIE, s. f., *entozoolo-
gia*. Branche de la zoologie qui traite
spécialement de l'histoire naturelle
des vers intestinaux.

ENTRECOUPÉ, adj., *intersectus*.
Bilderdyk donne le nom de *vaisseaux
entrecoupés* au tissu cellulaire moni-
liforme de Candolle.

ENTRÉE, s. f. Quelques botanistes
substituent ce terme à celui de *gorge*,
en parlant des corolles monopétales.

ENTREGREFFÉ, adj., *coalitus*.
Épithète donnée, en botanique, à des
organes qui, après la maturité, sont
réunis et ne forment plus qu'une
seule masse, comme les *cotylédons*
du *Tropæolum majus*, et les *camares*
du *Rubus Idæus*.

ENTRELACÉ, adj., *implexus, in-
tertextus, intricatus, contextus; ver-
webt, verflochten* (all.). Dans la nomenclature minéralogique de Haüy,
cette épithète est donnée à une variété
en cristaux aciculaires, lorsque les aiguilles se croisent dans tous les sens
(ex. *Manganèse oxidé entrelacé*).
Les géognostes disent qu'une roche a
une *structure entrelacée*, lorsqu'elle
est composée de parties anguleuses,
arrondies ou ovoïdes, qui s'engrènent
les unes dans les autres, et semblent

liées par une matière colorée, disposée en veines ou en réseaux. Le *Bryum contextum* est ainsi appelé parce qu'il forme un gazon épais et serré dans les Alpes.

ENTRENOEUD, subst. m., *internodium; Zwischenknoten*(all.); *internodo* (it.) (*inter*, entre, *nodus*, nœud). Les botanistes appellent ainsi l'espace compris entre deux nœuds d'une tige noueuse, et, comme les feuilles partent ordinairement des nœuds dans ces tiges, on a souvent étendu ce nom à la partie de la tige comprise entre deux paires ou deux rangées de feuilles.

ENTRITIQUE, adject., *entriticus* (ἔντριτος, dépositaire, entremetteur). Nom donné par Brongniart à un groupe de terrains abyssiques et à un autre groupe de terrains plutoniens, comprenant des roches dont la pâte est comme lardée de cristaux, ou pétrie de nodules et de parties cristallisées confusément.

ENVELOPPANT, adj., *convolutivus, involvens, includens, involutans; einhüllend* (all.); *sviluppante* (it.). Épithète donnée aux *feuilles*, lorsqu'étant alternes, elles s'appliquent contre la tige, pendant le sommeil de la plante, comme pour envelopper le bourgeon situé à leur aisselle (ex. *Sida Abuliton*), et à l'*estivation*, quand la pièce extérieure est courbée de manière à couvrir ou envelopper toutes les autres, et que celles qui viennent au dessous enveloppent de mêmes celles qui suivent (ex. les *pétales* de la Giroflée).

ENVELOPPE, s. f., *integumentum; involucrum; περικάλυμα; Hülle* (all.). On appelle *enveloppe herbacée*, d'après Mirbel, une couche de tissu cellulaire qui, dans la tige des plantes dicotylédones, se trouve placée immédiatement au-dessous de l'épiderme, qu'elle unit aux couches corticales; *enveloppes florales*, l'ensemble des

I.

parties qui environnent les organes sexuels des plantes; *enveloppes séminales*, celles qui entourent l'amande de la graine.

ENVELOPPÉ, adject., *involutus; eingehüllt* (all.). Les géognostes disent qu'une roche feuilletée a une *structure enveloppée*, lorsque ses parties, étant quelquefois moins grosses, sont enveloppées par les feuillets de la roche, qui se contournent et s'y appliquent dans tous les points. Ex. *Stéaschiste noduleux*.

ENVELOPPÉS, adj. et s. m. pl., *Involuta*. Nom donné par Menke à une famille de l'ordre des Gastéropodes cténobranches, comprenant ceux dont le dernier tour de la coquille enveloppe tous les autres.

ENVERGURE, subst. f. Etendue qu'embrassent les ailes d'un oiseau étendues pour le vol.

ENVIRONNANT, adject., *ambiens*. Épithète donnée à la *superposition* d'une roche, lorsque les couches superposées entourent seulement la base de la roche ou montagne fondamentale, dont le sommet semble les percer.

ENZOIQUE, adject., *enzoïcus* (ἐν, dedans, ζῶον, animal). Les géognostes appliquent cette dénomination aux *terrains* dans lesquels on rencontre des débris fossiles d'animaux en grande quantité.

ÉPACRIDÉES, adject. et s. f. pl., *Epacrideæ*. Nom donné par R. Brown à une famille de plantes, qui a pour type le genre *Epacris*.

ÉPAIS, adj., *crassus; παχύς; dick* (all.); *thick* (angl.); *fosco* (it.). Se dit, en botanique, de toutes les parties dont l'épaisseur, comparée à celle d'organes analogues, est plus grande que ne semblerait le comporter leur étendue. Cette épithète s'applique à l'*androphore* (ex. *Hura crepitans*); au *chaton* (ex. *Salix capræa*); à l'*épi* (ex. *Typhus latifolia*); aux *feuilles* (ex. *Sarcocapnos crassifolia*); aux

29

spathelles (ex. *Trispsacum herma-phroditum*).

ÉPAISSIS, adj. et s. m. pl. , *Incrassata*. Nom donné par Latreille à une famille de l'ordre des Gymnogènes inappendicés, comprenant ceux de ces animaux dont le corps a une certaine épaisseur.

ÉPALPÉ, adj., *epalpatus*. Kirby donne cette épithète aux animaux qui, comme les Hémiptères, ont la bouche imparfaite et dépourvue de palpes.

ÉPALPÉBRÉ, adj., *epalpebratus* (*e*, priv., *palpebra*, paupière); qui n'a point de paupières. Épithète donnée par A.-H. Harvorth aux reptiles Ophidiens.

ÉPALTIDÉES, adject. et s. f. pl. ; *Epaltideæ*. Nom donné par Lessing à une section de la sous-tribu des Astéroïdées Tarchonanthées, qui a pour type le genre *Epaltes*.

ÉPANOUI, adj., *effusus*; *aufblühend* (all.). On dit qu'une *fleur* est *épanouie*, lorsque ses pétales sont parfaitement développés.

ÉPANOUISSEMENT, s. m. *effusio, explicatio*; *Aufblühen* (all.); *blowing* (angl.); *aprimento* (it.). Époque à laquelle une fleur déploie ses pétales ; ouverture de la corolle d'une fleur.

ÉPANTHE, adj., *epanthus* (ἐπὶ, sur, ἄνθος, fleur). Épithète donnée par Linné aux champignons qui croissent sur les fleurs des végétaux.

ÉPARAPÉTALE, adj., *eparapetalus*. Mœnch donne cette épithète aux *fleurs* qui sont dépourvues de parapétales, c'est-à-dire de nectaires.

ÉPARPILLÉ, adj., *sparsus*. Terme quelquefois, mais rarement, employé par les botanistes, comme synonyme d'*épars*. *Voyez* ce mot.

ÉPARPILLEMENT, s. m. Dupetit-Thouars donne ce nom au phénomène qui fait que, quelque nombreuses que soient les étamines, les anthères

sont parfaitement isolées les unes des autres, celles-ci cherchant à s'écarter et à laisser entr'elles des distances égales, disposition qui existe aussi dans les feuilles.

ÉPARS, adj., *sparsus*; διεστραμμένος; *zerstreut* (all.); *scattered* (angl.). Se dit, en botanique, de toutes les parties qui naissent sans ordre ou régularité ; des *rameaux*, quand il n'y a aucune régularité dans les distances qui les séparent (ex. *Daphne Mezereum*) ; des *feuilles*, quand elles sont solitaires sur un même plan horizontal autour de la tige (ex. *Rhynchospora sparsa*). Ce terme est inexact, du moins en parlant des feuilles, puisque, dans le cas supposé, elles observent toujours un ordre régulier.

ÉPAULE, s. f., *scapula*; ὦμος; *Schulter* (all.) ; *shoulder* (angl.); *spalla* (it.). Nom donné, dans les animaux vertébrés, à la partie du membre thoracique qui est le plus rapprochée du tronc ; dans les insectes hexapodes, par Kirby, au second article des pattes antérieures ou bras; par Wiedemann, aux coins antérieurs du test de la poitrine.

ÉPAULETTE, s. f. Les entomologistes appellent ainsi une pièce qui enveloppe la base de l'aile antérieure des insectes hyménoptères. *Voyez* PTÉRYGODE.

ÉPAULIÈRE, s. f. Nom donné par Straus à trois pièces mobiles, placées en dedans de l'apophyse bifurquée des élytres des insectes coléoptères, au moyen desquelles celles-ci s'articulent médiatement ou immédiatement avec l'écusson et la première paire iliaque.

ÉPERON, s. m., *calcar, productum*; κέντρον; *Sporn* (all.); *spur* (angl.); *sperone* (it.). On appelle ainsi : 1° en minéralogie, l'extrémité brusque et élevée qu'un rameau de montagne présente en arrivant dans la plaine, lorsque la rapidité avec laquelle il s'abaisse, à une distance plus ou moins considérable du faîte, est si forte qu'il semble comme coupé à pic et arrêté dans le milieu de son cours. 2° En botanique, une sorte de corne ou de prolongement tubuleux qui se dirige du côté du pédicule, et qui est une forte bosselure, ordinairement creuse, de la *corolle* (ex. *Linaria*), du *calice* (ex. *Balsamina*), du *périgone* ou *tablier* (ex. *Orchis*), des *anthères* (ex. *Arthrostemma calcaratum*). 3° En zoologie, l'apophyse cornée qui se voit à la partie postérieure du tarse et au dessus du pouce de plusieurs oiseaux, notamment dans les Gallinacés; une apophyse que présente l'os du métacarpe du Jacama, qui se dirige en avant, et se termine en pointe aiguë, lorsque l'aile est pliée; d'après Kirby, une, deux ou plusieurs épines mobiles, ordinairement insérées à l'extrémité du tibia des insectes, et qui, dans quelques Carabes, Lépidoptères et Trichoptères, se voyent aussi au milieu de cette partie de la patte.

ÉPERONNÉ, adject., *calcaratus; gespornt, sporntragend* (all.); *spurred* (angl.); *spronato* (it.); qui est muni d'un éperon, comme les *anthères* de l'*Arthrostemma calcaratum*. Kirby donne cette épithète au *tibia* des insectes, lorsqu'il est armé d'une ou plusieurs épines. On l'applique aussi au *pied* des oiseaux, quand il est garni d'un ou plusieurs éperons, et à l'aile de ces mêmes animaux, lorsque le métacarpe offre une ou deux excroissances cornées, saillantes et aiguës.

ÉPHÉDRACÉES, adj. et s. f. pl., *Ephedraceæ*. Nom donné par Yule à une famille de plantes, qu'il propose d'établir, et qui aurait pour type le genre *Ephedra*.

ÉPHÉDRÉ, adj., *ephedræus* (ἐπί, sur, ἕδρα, siége): qui est composé d'articulations empilées les unes à la suite des autres. Le *Corallina ephedræa* est ainsi appelé à cause de ses articulations longues et grêles, qui ressemblent à celles de la prêle.

ÉPHÉMÈRE, *ephemerus;* ἐφήμερος; *eintätig* (all.); *ephemeral* (angl.); *effimero* (it.) (ἐπί, sur, ἡμέρα, jour); qui ne vit qu'un seul jour, ou même à peine (ex. *Agaricus ephemerus*). On appelle *fleurs éphémères* celles qui ne restent ouvertes que quelques heures, et tombent ensuite, ou se ferment pour ne plus se rouvrir (ex. *Cactus grandiflorus*).

ÉPHÉMÈRES, s. f. pl., *Ephemeræ*. Quelques botanistes ont donné ce nom à la famille des Commélinées. *Voyez* ce mot.

ÉPHÉMÈRES, s. m. pl., *Ephemera*. Lamarck appelle ainsi une famille d'insectes Névroptères, qui a pour type le genre *Ephemera*.

ÉPHÉMÉRIDES, adj. et s. m. pl., *Ephemeridæ*. Nom donné par Leach à la famille des Ephémérins. *Voyez* ce mot.

ÉPHÉMÉRINS, adj. et s. m. pl., *Ephemerinæ*. Nom donné par Latreille, Goldfuss, Eichwald, Ficinus et Carus à une famille d'insectes Névroptères, qui a pour type le genre *Ephemera*.

ÉPIGRAMME, s. m., *ephigramma* (ἐπί, sur, γράμμα, feuillet). Draparnaud appelait ainsi l'opercule momentané, presque membraneux, que certains Mollusques terrestres, à coquille univalve, qui habitent les climats froids, ont la faculté de former en certains temps de l'année, pour boucher l'orifice de leur coquille.

ÉPHIPPIORHYNQUE, adj., *ephippiorhynchus* (ἐφιππεῖον, selle, ῥύγχος, bec); qui a le bec chargé d'un ceroma en forme de selle. Ex. *Ciconia ephippiorhyncha*.

ÉPI, s. m., *spica;* στάχυς; *Aehre* (all.); *ear* (angl.); *spiga* (it.). Candolle appelle ainsi un mode d'inflorescence indéfinie, dans lequel les fleurs naissent à l'aisselle des feuilles, soit sessiles, soit portées sur un pédicelle visible (ex. *Loranthus spicatus*). Trinius donne ce nom, dans les Graminées, à un assemblage de fleurs, consistant en un axe régulièrement articulé, dont chaque article porte à sa base un épillet fixé alternativement à droite et à gauche (ex. *Ægilops*, *Tripsacum*). Pour Link, il y a *épi* toutes les fois que le pédoncule ou le rameau du pédoncule se prolonge jusqu'à la dernière fleur, et que les fleurs sont sessiles le long de son étendue.

ÉPIBLASTE, s. m., *epiblastanus* (ἐπὶ, sur, βλαστάνω, germer). Nom donné par L.-C. Richard à un appendice unguiforme qui garnit antérieurement le blaste, vers son milieu, dans certaines Graminées, le recouvre quelquefois en entier, et semble n'en être qu'un simple prolongement. Raspail considère cet organe comme un débri supérieur de la radiculode.

ÉPIBLASTÈSE, s. f., *epiblastesis*. Wallroth désigne sous ce nom l'accroissement des Lichens qui a lieu par le développement des gonidies dans l'intérieur même du système où elles ont pris naissance.

ÉPIBLASTÉTIQUE, adj., *epiblasteticus*. Nom donné par Wallroth à l'une des quatre couches qu'il admet dans le talle ou blastème des lichens, celle qui en forme la surface supérieure, et que Acharius appelle *substantia corticalis*.

ÉPICALICIE, s. f., *epicalycia* (ἐπὶ, sur, κάλυξ, calice). Desvaux propose de donner ce nom à une classe de la méthode de Jussieu, qui porte maintenant le nom d'*épistaminie*.

ÉPICARIDES, adj. et s. m. pl., *Epicarides*. Nom donné par Cuvier à une section, par Latreille à une famille de Crustacés isopodes, parce que les animaux que ce groupe renferme se tiennent fixés sur le tronc de quelques salicoques.

ÉPICARPANTHE, adj., *epicarpanthus* (ἐπὶ, sur, καρπὸς, fruit, ἄνθος, fleur). Nom donné par Wachendorff aux plantes dont la fleur est supportée par l'ovaire.

ÉPICARPE, s. m., *epicarpium*; *Fruchtoberhaut*, *Fruchtrinde* (all.) (ἐπὶ, sur, καρπὸς, fruit). Nom donné par L.-C. Richard à la portion de l'épiderme général de la plante qu'on distingue sans nécessité dans le fruit, dont elle revêt la surface extérieure ; par Bernhardi, aux organes qui ne couvrent le fruit que d'un seul côté, comme les paillettes dans beaucoup de Synanthérées. L'épicarpe de Richard est le *cortex peridii* de Link.

ÉPICARPIÉ, adject., *epicarpius* (ἐπὶ, sur, καρπὸς, fruit.) Épithète donnée par Gleditsch aux *fleurs* et aux *étamines*, quand elles sont supères, ou portées par le fruit.

ÉPICARPIQUE, adj., *epicarpicus*. Se dit d'une fleur ou d'une partie de fleur qui est portée par l'ovaire.

ÉPICAULE, adj., *epicaulis* (ἐπὶ, sur, καυλὸς, tige). Épithète donnée par Link aux champignons qui croissent sur la tige d'autres végétaux.

ÉPICERQUES, adj. et s. m. pl., *Epicerci* (ἐπὶ, sur, κέρκος, queue). Nom donné par J.-A. Ritgen à un groupe de reptiles Ophidiens, renfermant ceux qui portent des grelots au bout de la queue.

ÉPICHÈME, s. m., *epichemis* (ἐπὶ, sur, χήμη, coquille). Kirby appelle ainsi une articulation accessoire qui se voit à la base du tibia, dans quelques Arachnides, et qui ne paraît pas exécuter de mouvemens à part.

ÉPICHILE, s. m., *epichilium* (ἐπὶ, sur, χεῖλος, lèvre). L.-C. Richard donnait ce nom à la partie supérieure du tablier des Orchidées, quand elle est divisée en deux parties dissemblables, qui ressemblent à des lèvres.

ÉPICHLAMYDÉES, adj. et s. f. pl., *Epichlamydeæ* (ἐπὶ, sur, χλαμὺς, manteau). Nom donné par Agardh à une classe de plantes phanérocotylédones incomplètes, comprenant les Ulmacées, Laurinées, Eléagnées, Thymélées et Protéacées.

ÉPICHYZE, adj., *epichyzus* (ἐπὶ, sur, χύσις, amas de terres rapportées). L'*Agaricus epichyzus* croît sur les racines des graminées dactyloïdes.

ÉPICLINE, adj., *epiclinus* (ἐπὶ, sur, κλινή, lit). Épithète imposée par Mirbel au nectaire, quand il est placé sur le réceptacle de la fleur. Ex. *Labiées*.

ÉPICOROLLÉ, adj., *epicorollatus*. Nom donné, dans la méthode de Jussieu, aux plantes dont la corolle est épigyne.

ÉPICOROLLIE, s. f., *epicorollia*. Nom de deux classes, dans la méthode de Jussieu, qui comprennent des plantes à corolle *épigyne*.

ÉPICRANE, subst. m., *epicranium* (ἐπὶ, sur, κρανίον, crâne). Straus appelle ainsi une des six pièces du crâne des insectes, qui comprend la majeure partie de la tête, dont elle occupe principalement la région supérieure.

ÉPICRANIEN, adj. *Pièce épicrânienne* est synonyme d'*épicrâne*. *V.* ce mot.

ÉPIDÈME, subst. m., *epidema* (ἐπὶ, sur, δέμω, construire). Audouin donne ce nom à de petits prolongemens lamellaires qui existent dans l'intérieur du thorax des animaux articulés, ne naissent pas du point de réunion de deux pièces, et sont plus ou moins mobiles. Les uns (*épidèmes d'insertion*) donnent attache à des muscles, et jouissent d'une grande mobilité; les autres (*épidèmes d'articulation*) servent à l'attache des appendices supérieurs ou des ailes.

ÉPIDENDRE, adj., *epidendrus*

(ἐπὶ, sur, δένδρον, arbre); qui croît sur les arbres, sur les troncs d'arbres. Ex. *Lycoperdon epidendrum.*

ÉPIDENDRÉES, adj. et subst. f. pl., *Epidendreæ*. Nom donné par Lindley et A. Richard à une tribu de la famille des Orchidées, qui a pour type le genre *Epidendrum.*

ÉPIDERME, subst. m., *epiderma, epidermis, cuticula*; ἐπιδερμίς; *Oberhaut*(all.); *cuticle*(angl.); *epidermide, cuticola, soprapelle* (it.) (ἐπὶ, sur, δέρμα, peau). On appelle ainsi : 1° en botanique, la membrane mince, ordinairement incolore et transparente, qui tapisse la superficie des plantes, et qui se détache plus ou moins facilement du reste du tissu végétal. Gaertner donne ce nom à l'expansion du funicule qui forme une bourse membraneuse, sèche, mince, bien appliquée à la graine, dans certaines plantes, et qui la recouvre tout entière (ex. *Malvacées*). 2° En zoologie, l'*épiderme* est la membrane sèche qui recouvre la peau, et la pellicule plus ou moins épaisse, comme cornée, qui tapisse l'extérieur de certaines coquilles univalves et bivalves.

ÉPIDERMÉ, adj., *epidermatus*. Se dit d'une *coquille* qui est couverte d'un épiderme.

ÉPIDERMÉES, adj. et subst. f. pl., *Epidermeæ*. Nom donné par Bonnemaison à une famille d'Hydrophytes loculées, comprenant celles qui sont munies d'une membrane extérieure très-délicate.

ÉPIDERMIQUE, adj., *epidermicus*; qui a rapport à l'épiderme.

ÉPIDERMOÏDE, adj., *epidermoïdes; oberhautartig* (all.) (ἐπιδερμὶς, épiderme, εἶδος, ressemblance); qui ressemble à l'épiderme.

ÉPIDISCAL, adj., *epidiscalis* (ἐπὶ, sur, δίσκος, disque). L.-C. Richard donne cette épithète à l'*insertion* des étamines ou de la corolle staminifère, lorsqu'elle se fait immédiatement au pourtour du disque , de manière que la base ou le point d'origine des étamines ou de la corolle est simplement en contact avec celle du disque , et que les pétales, s'il y en a , touchent également celui-ci , ou bien sont contigus aux étamines qui leur correspondent. Ex. *Vitis vinifera.*

ÉPIDROME , adj. , *epidromis , epidromus* (ἐπίδρομος, ouvert, uni). Le *Strombus epidromus* est ainsi nommé parce que son bord droit est dilaté et re evé.

EPIÉ , adj., *spicatus ; achrenförmig* (all.) ; *spigato* (it.). L.-C. Richard a proposé d'appeler ainsi les *fleurs* qui sont disposées en épi.

ÉPIET , subst. m. , *spicula.* Nom donné par Palisot-Beauvois aux épillets secondaires dont sont formés les épillets de certaines Graminées.

ÉPIGASTRE , subst. m. , *epigastrium ;* ἐπιγάστριον; *Oberbauch* (all.) (ἐπί , sur , γαστήρ , ventre). Partie supérieure de la région antérieure du ventre des mammifères, celle qui se rapproche le plus de la poitrine. Kirby donne ce nom au premier segment ventral tout entier des insectes hexapodes.

ÉPIGÉ , adj. , *epigeus ; überirdig* (all.) (ἐπί , sur , γῆ , terre). Épithète donnée à des plantes qui croissent sur la terre (ex. *Arundo epigeos, Erysiphe epigaea*). Les cotylédons sont appelés ainsi lorsque, dans l'acte de la germination, ils s'élèvent au-dessus du sol, avec le caudex ascendant, ce qui a lieu quand celui-ci se développe au dessous d'eux (ex. *Phaseolus communis*).

ÉPIGÈNE , adj. , *epigenus* (ἐπί , sur, γίνομαι , naître). Nom donné par les minéralogistes à tout *cristal* dans lequel on reconnaît que le phénomène de l'épigénie a eu lieu. Nees d'Esenbeck applique cette épithète aux *arbres* dont les feuilles durent

souvent plusieurs années avant de mourir , et Link aux *champignons* parasites qui croissent sur la face supérieure des feuilles.

ÉPIGÉNÈSE , subst. f. , *epigenesis ;* ἐπιγένεσις. Système physiologique suivant lequel le résultat ou produit de la génération a été formé dans son entier de toutes pièces , c'est-à-dire par la réunion de molécules rapprochées subitement , en vertu de l'acte qui a donné lieu à sa naissance , de sorte qu'il n'existait pas du tout auparavant , et que , quand il a été produit , il a reçu toutes ses parties , avec leur coordination et leurs propriétés.

ÉPIGÉNÉSIQUE , adj. , *epigenesicus ;* qui a rapport à l'épigénèse ; *théorie épigénésique.*

ÉPIGÉNÉSISTE , subst. m. , *epigenesista.* Physiologiste qui est partisan des doctrines de l'épigénèse.

ÉPIGÉNIE , subst. f. , *epigenia* (ἐπί , sur, γεννάω , naître). Phénomène qui a lieu quand un minéral cristallisé a subi , depuis sa cristallisation , et sans que sa forme ait été altérée , des changemens de nature chimique consistant , soit en perte d'un de ses principes , avec admission d'un autre , soit en ce dernier cas seulement.

ÉPIGLOSSE , subst. f. , *epiglossa* (ἐπί , sur , γλῶσσα , langue). Nom donné par Savigny à un organe particulier de la bouche des insectes hyménoptères , à une sorte d'appendice membraneux , qui est reçu entre les deux branches des mâchoires , et qui recouvre le pharynx , dont il a pour base le bord supérieur.

ÉPIGLOTTE , adject., *epiglottis* (ἐπί , sur, γλωττίς, glotte). L'*Astragalus epiglottis* a été appelé ainsi parce qu'on a cru trouver quelque ressemblance entre la forme de ses gousses et celle du cartilage laryngien qui porte le nom d'épiglotte.

ÉPIGLOTTE , subst. m. , *epiglot-*

tis. Straus désigne sous ce nom le diaphragme de l'anneau corné qui forme les lèvres des stigmates chez les insectes.

ÉPIGONE, subst. m., *epigonium* (ἐπì, sur, γουὴ, rejeton). Nom donné par Bernhardi aux parties tégumentaires et protectrices qui n'entourent les parties sexuelles des plantes que d'un seul côté, comme les écailles des épis, dans un grand nombre de Cypéracées.

ÉPIGYNE, adj., *epigynus* (ἐπì, sur, γουὴ, femme); qui naît sur l'ovaire, ou au dessus de lui. Epithète donnée à la *corolle* (ex. *Lonicera*), aux *étamines* (ex. *Orchidées*), au *nectaire* (ex. *Ombellifères*).

ÉPIGYNIE, subst. f., *epigynia*. Terme dont on se sert pour exprimer qu'une partie d'une plante est supère, par rapport à l'ovaire.

ÉPIGYNIQUE, adj., *epigynicus*. Épithète donnée par L.-C. Richard à l'*insertion* des étamines ou de la corolle staminifère, lorsqu'elle a lieu tout-à-fait ou seulement en partie au dessus de l'ovaire.

ÉPIGYNOPHORIQUE, adj., *epigynophoricus* (ἐπì, sur, γουὴ, femme , φέρω, porter). Épithète donnée par Mirbel au *nectaire*, quand il est placé sous l'ovaire , au sommet d'un gynophore. Ex. *Cucubalus Behen.*

ÉPILLET, subst. m., *spiculus, locusta ; Aehrchen* (all.); *spighetta* (it.). Les botanistes donnent ce nom , en général , aux petits épis qui en forment un grand par leur réunion ; dans un sens plus restreint , aux petits groupes de fleurs qui , chez les Graminées, sont renfermés originairement dans la glume, et dont se compose l'épi général.

ÉPILIMNIQUE, adj., *epilimnicus* (ἐπì, sur, λίμνη, marais). Epithète donnée par Brongniart aux terrains lacustres supérieurs. C'est à tort qu'on écrit *épilymnique.*

ÉPILOBIACÉES , ÉPILOBIÉES , ÉPILOBIANÉES , ÉPILOBIENNES , adj. et subst. f. pl., *Epilobiaceæ, Epilobianæ , Epilobieæ.* Ces divers noms ont été appliqués à la famille de plantes plus généralement connue sous celui d'*Onagraires* , à cause du genre *Epilobium* qui en fait partie.

ÉPIMÈNE, adject., *epimenus* (ἐπì, sur, μένω, rester). Terme, synonyme d'*épigyne* (*voyez* ce mot), dont Necker s'est servi.

ÉPIMÈRE, s. m., *epimerus* (ἐπì, sur, μήρος, cuisse). Audouin appelle ainsi l'une des pièces latérales de chaque segment du thorax des insectes hexapodes, qui se soude avec l'épisternum, lui est postérieure, et a des rapports constans avec les hanches du segment auquel elle appartient. *Voy.* Thorax.

ÉPIMÉRIDE , adject., *epimeridus*. Nom donné, dans la nomenclature minéralogique de Haüy, à une variété dans laquelle les bords subissent un décroissement de plus que les angles , ou réciproquement. Ex. *Chaux carbonatée épiméride.*

ÉPIMÉTRAL, adject., *epimetralis* (ἐπì, sur, μέτριος, médiocre). Bernhardi appelle *feuilles épimétrales , phylla epimetralia*, les parties dont la réunion, quand il y en a plusieurs, constitue l'*épimètre. Voyez* ce mot.

ÉPIMÈTRE, s. m. , *epimetrium* (ἐπì, sur, μέτριος, médiocre). Nom donné par Bernhardi à une partie , en forme de membrane, quelquefois aussi de poil ou de brosse, qui entoure l'ovaire d'un seul côté, dans beaucoup de Synant..érées.

ÉPINE , subst. f., *spina , aculeus ;* ἄκανθα; *Dorn* (all.); *thorn* (angl); *spina* (it.): Ce mot est employé : 1º en botanique. On donne le nom d'*épine* à toute excroissance dure qui naît du corps ligneux, et qui doit naissance à un organe quelconque (excepté racine, graine ou poil) transformé en piquant, par exemple à un rameau avorté (ex. *Prunus*), à un lobe de feuille endurci (ex. *Dattier*), à une stipule endurcie (ex. *Erythrina*), à un pétiole (ex. *Astragalus tragacantha*), à un coussinet (ex. *Acacia hæmatomma*). 2° En zoologie. On appelle *épines*, dans les poissons, les rayons des nageoires qui se terminent en pointe, les piquans qui garnissent les côtés de la queue ou la totalité de la peau chez quelques uns de ces animaux, et les dentelures de leur opercule, quand elles ont une certaine longueur; dans les insectes, les piquans de nature fort diverse qu'offrent un assez grand nombre de chenilles; dans les chétopodes, les soies qui sont plus longues, plus grosses et plus résistantes que les autres; dans les oursins, les bâtons ou appendices calcaires qui s'articulent sur le corps de ces animaux.

ÉPINÈME, s. m., *epinema* (ἐπὶ, sur, νῆμα, fil). L.-C. Richard donne ce nom à la partie supérieure dissemblable des filets staminaux des Synanthérées, pour laquelle il rejette la dénomination d'*article anthérifère*, proposée par H. Cassini, celle-ci supposant une jonction articulaire avec le filet, qui n'existe pas.

ÉPINEUX, adj., *spinosus, spinescens, pungitius, aculeatus, muricatus, acanthias, hispidus, hystricosus*; ἀκανθοδής; *dornig* (all.); *thorny* (angl.); qui est muni d'épines. Se dit : 1° en botanique, de la *tige* (ex. *Convolvulus armatus, Cactus spinosissimus, Rosa spinosissima*); des *rameaux* (ex. *Prunus spinosa, Combretum aculeatum*); des *pétioles*, quand ils deviennent aigus après la chute des feuilles (ex. *Cordia spinescens*); du bord des *feuilles* (ex. *Carduus lanceolatus, Globularia spinosa*); de l'*involucre* (ex. *Centaurea ferox*); du calice (ex. *Moluccella spinosa*). 2° En zoologie, d'un

mammifère dont les poils sont entremêlés de productions cornées, raides et piquantes (ex. *Echimys spinosus, Echimys hispidus, Echidna hystrix*); d'un *oiseau* dont les pennes de la queue se terminent chacune par une pointe aiguë (ex. *Anas spinosa*); d'un poisson qui a des aiguillons à l'une de ses nageoires (ex. *Gasterosteus pungitius, Squalus acanthias*); d'une *coquille* bivalve offrant sur toute sa surface (ex. *Cardium aculeatum*), ou seulement sur quelques unes de ses parties (ex. *Cytherea dione*), des cônes alongés et pointus, qui y sont implantés par la base; d'un *insecte* dont les côtés du corselet se terminent par des épines plus ou moins longues et pointues (ex. *Capricorne*); d'un *polypier* dont les rameaux sont hérissés de mamelons raides (ex. *Eunicea muricata*).

ÉPINEUX, adj. et s. m. pl., *Aculeata, Hystricosa*. Nom donné par Illiger et Latreille à une famille de Mammifères rongeurs, comprenant ceux dont le corps est armé de piquans.

ÉPIOLITHIQUE, adj., *epiolithicus* (ἐπὶ, sur, ὠὸν, œuf, λιθὸς, pierre). Nom donné par Brongniart à un groupe de terrains, appelés oolithiques supérieurs par Conybeare, qui sont supérieurs à l'oolithique.

ÉPIPÉTALE, adject., *epipetalus* (ἐπὶ, sur, πέταλον, feuille); qui naît sur la corolle ou sur les pétales, comme les *glandes* (ex. *Berberis*), les *étamines* (ex. *Labiées*).

ÉPIPÉTALÉ, adj., *epipetalatus*. Se dit d'une plante dont les étamines naissent sur les pétales.

ÉPIPÉTALIE, s. f., *epipetalia*. Desvaux a proposé d'appeler ainsi la classe du système de Jussieu qui renferme les plantes dicotylédones polypétales à étamines épigynes.

ÉPIPÉTIOLÉEN, adj., *epipetiola-*

neus (ἐπὶ, sur, *petiolus*, pétiole). Épithète donnée aux *stipules*, quand elles adhèrent à la partie supérieure du pétiole.

ÉPIPHARYNX, s. m., *epipharynx* (ἐπὶ, sur, φάρυγξ, pharynx). Savigny a employé ce terme comme synonyme d'*épiglotte* (*voyez* ce mot). Kirby s'en sert pour désigner une valvule étroite, située sous le labre, qui, dans quelques Hyménoptères, ferme le pharynx, et qui est un appendice de son bord supérieur.

ÉPIPHLÉODE, adj., *epiphlœodes* (ἐπὶ, sur, φλοιὸς, écorce). Wallroth appelle *morphosis epiphlœodes* le développement des lichens qui naissent à la surface de l'épiderme d'autres végétaux.

ÉPIPHLOSE, subst. m., *epiphlosis* (ἐπὶ, sur, φλόος, peau). Nom donné par Lamarck à l'épiderme en forme de poils ou d'écailles qui recouvre la surface extérieure de certaines coquilles. Dupetit-Thouars a proposé de désigner ainsi l'épiderme des végétaux.

ÉPIPHRAGMATIQUE, adj., *epiphragmaticus*. Bridel appelle quelquefois l'épiphragme des mousses *membrane épiphragmatique*.

ÉPIPHRAGME, s. m., *epiphragma; Zwerchfell* (all.); *epiframma* (it.) (ἐπὶ, sur, φράγμα, cloison). Hedwig donnait ce nom à une membrane transversale qui, dans quelques mousses (ex. *Catharinea*), ferme l'orifice de l'urne, et persiste long-temps après la chute de l'opercule; Draparnaud à une espèce d'opercule, pour ainsi dire momentané (*operculum hybernum*), que certains mollusques à coquille univalve fabriquent pour clore leur coquille pendant la saison de l'hibernation, et qui paraît être le résidu calcaire d'une excrétion de la face inférieure du pied.

ÉPIPHYLLE, adject., *epiphyllus* (ἐπὶ, sur, φύλλον, feuille); qui s'insère sur les feuilles, comme les pédicules du *Jungermannia epiphylla;* ou qui croît sur les feuilles, comme l'*Agaricus epiphyllus*, le *Botrytes epiphylla*, le *Dematium epiphyllum*.

ÉPIPHYLLINES, adj. et s. f. pl., *Epiphyllina*. Nom donné par Reichenbach à une section de la famille des Hépatiques, comprenant celles dont les organes reproducteurs croissent à la surface des feuilles.

ÉPIPHYLLOSPERMES, adj. et s. f. pl., *Epiphyllospermæ* (ἐπὶ, sur, φύλλον, feuille, σπέρμα, graine). Nom que Haller donnait aux fougères, par allusion à ce que leur fructification naît en général sur le dos des organes foliacés.

ÉPIPHYTE, adject., *epiphytus*, *pseudo-parasiticus* (ἐπὶ, sur, φύτον, plante). Épithète donnée par Mirbel aux *plantes* qui croissent sur d'autres végétaux, mais sans en tirer leur nourriture, comme les mousses et les lichens.

ÉPIPHYTES, adject. et s. m. pl., *Epiphyta, Epiphytæ*. Nom imposé par Persoon, Fries et Link à un groupe de Champignons, comprenant ceux qui vivent en parasites sur les végétaux morts ou vivans.

ÉPIPODE, s. m., *epipodium* (ἐπὶ, sur, πούς, pied). L.-C. Richard appelait ainsi un ou plusieurs tubercules distincts, n'ayant aucune connexion immédiate soit avec l'ovaire, soit avec le calice, qui naissent en dedans de celui-ci, sur le sommet du pédoncule. Ex. *Crucifères*.

ÉPIPODIQUE, adj., *epipodicus*. Épithète donnée par L.-C. Richard à l'*insertion* des étamines, quand elle a lieu sur l'épipode.

ÉPIPOGE, adj., *epipogius* (ἐπὶ, ressemblance, πώγων, barbe). Le *Satyrium epipogium* est ainsi appelé parce que les fibres longues et menues de sa racine imitent en quelque sorte une barbe.

ÉPIPTÉRÉ, adj., *epipteratus* (ἐπὶ, sur, πτέρον, aile); qui se prolonge en aile, c'est-à-dire en lame mince ; ou qui porte une aile à son sommet. Épithète donnée par Mirbel à la *carcérule* (ex. *Fraxinus excelsior*), à la *graine* (ex. *Bignonia Catalpa*), au *légume* (ex. *Securidaca volubilis*).

ÉPIPTÉRIGIEN, adj., *epipterigius* (ἐπὶ, sur, πτερίς, fougère); qui croît sur les fougères ou les mousses. Ex. *Agaricus epipterigius*.

ÉPIRHIZE, adj., *epirhizus* (ἐπὶ, sur, ῥίζα, racine). Nom donné par Mirbel aux *plantes* parasites qui naissent sur les racines des végétaux vivans, et se développent à leurs dépens. Ex. *Cytinus hypocistis*.

ÉPIRRÉOLOGIE, s. f., *epirreologia* (ἐπιῤῥέω, couler sur, λόγος, discours). Picconi propose d'appeler ainsi la partie de la botanique qui traite de l'influence des agens ou milieux extérieurs sur les êtres organisés.

ÉPISÉPALE, adject., *episepalus*. Épithète donnée par Mirbel aux *glandes* qui naissent sur les sépales du calice. Ex. *Malpighia urens*.

ÉPISPASTIQUES, adj. et s. m. pl., *Epispastica* (ἐπὶ, sur, σπάω, attirer). Nom donné par Duméril à une famille de Coléoptères, comprenant des insectes qui, pour la plupart, produisent un effet vésicant à la peau, quand on les laisse en contact avec elle pendant long-temps.

ÉPISPERMATIQUE, adj., *epispermaticus* (ἐπὶ, sur, σπέρμα, graine). Épithète donnée par L.-C. Richard à l'*embryon* végétal qui, étant dépourvu d'albumen, se trouve immédiatement recouvert par l'épisperme. Ex. *Phaseolus communis*.

ÉPISPERME, s. m., *episperma*. C'est le nom que L.-C. Richard donnait au tégument propre de la graine.

ÉPISPORANGE, s. m., *epispo-rangium* (ἐπὶ, sur, σπορά, graine, ἀγγεῖον, vase). Nom donné par Bernhardi aux indusies des Fougères.

ÉPISTAMINAL, adj., *epistaminalis* (ἐπὶ, sur, στήμων, étamine); qui naît sur les étamines, comme les glandes du *Dictamnus albus*.

ÉPISTAMINÉ, adject., *epistamineus*. Épithète donnée à toute plante dont les étamines sont épigynes.

ÉPISTAMINIE, s. f., *epistaminia*. Nom que Desvaux propose de donner à une classe de la méthode de Jussieu, qui renferme les plantes dicotylédones apétales à étamines épigynes.

ÉPISTERNAL, adj., *episternalis* (ἐπὶ, sur, στέρνον, sternum). Straus appelle *apophyses épisternales* une des deux paires d'apophyses du sternum, du prothorax et du mésothorax, celles qui se portent dans l'intérieur du corselet et se dirigent obliquement en dessus et en dehors.

ÉPISTERNUM, s. m., *episternum*. Audouin donne ce nom à une pièce, située de chaque côté du sternum des insectes hexapodes, qui est soudée d'une part avec lui, de l'autre avec la pièce supérieure du segment.

ÉPISTOME, s. m., *epistoma, epistomium; Untergesicht* (all.) (ἐπὶ, sur, στόμα, bouche). Nom donné par Latreille à l'espace compris entre la cavité buccale et l'origine des antennes intermédiaires, dans les Crustacés maxillaires; par Robineau-Desvoidy au bord antérieur du péristome des Myodaires, qui souvent se développe en bec; par Bernhardi aux parties qui couvrent l'orifice du réservoir des semences, par exemple dans les Mousses.

ÉPISTOMES, adject. et s. f. pl., *Epistomi*. Bridel donne ce nom à un ordre de Mousses, comprenant celles qui ont l'orifice de l'urne fermé par une membrane horizontale.

ÉPITHÈME, s. m., *epithema ; Schnabelaufsatz* (all.) (ἐπὶ, sur, τίθημι, poser). Nom donné par Illiger à un appendice corné qui surmonte le bec de certains oiseaux.

ÉPITRIHALITE, adj., *epitriha- lites* (ἐπὶ, sur, τρεῖς, trois, ἅλς, sel). Nom donné par Haüy à une variété de chaux anhydrosulfatée qu'il re- garde comme un mélange d'anhydrite avec trois autres sulfates auxquels elle a imprimé sa forme.

ÉPITRIQUES, adj. et s. m. pl., *Epithricha* (ἐπὶ, sur, θρίξ, poil). Nom donné par C. – G. Ehrenberg à une famille de la classe des Polygas- triques, renfermant ceux de ces ani- maux qui ont le corps cilié.

ÉPIXYLE, adj., *epixylon* (ἐπὶ, sur, ξύλον, bois). Epithète donnée aux plantes qui croissent et végètent sur le bois, sur le tronc des arbres. Ex. *Agaricus epixylon.*

ÉPIZOAIRES, adj. et s. m. pl., *Epizoaria* (ἐπὶ, sur, ζῶον, animal). Sous ce nom, Lamarck a réuni quel- ques animaux dont le rang parmi les autres n'a pas été parfaitement as- signé, et qui sont parasites externes. Blainville le donne à une famille à peu près correspondante de la classe des Hétéropodes.

ÉPIZOIQUE, adj., *epizoicus* (ἐπὶ, sur, ζῶον, animal). Brongniart donne cette épithète à un ordre de terrains, comprenant les terrains primordiaux de cristallisation supérieurs à ceux qui renferment des débris de corps organisés.

ÉPOINTÉ, adj. Epithète imposée, dans la nomenclature minéralogique de Haüy, à des *cristaux* dans les- quels les angles solides de la forme primitive ont été remplacés cha- cun par une facette. Ex. *Émeraude épointée.*

ÉPOMOPHORE, adject., *epomo- phorus* (ἐπὶ, sur, ὦμος, épaule, φέρω, porter). La *Diomedea epomophora*

est ainsi appelée à cause d'une tache noire, en forme d'épaulette, qu'on remarque à la base de son aile blan- che.

ÉPONGES, s. f. pl., *Spongiæ.* Nom donné par Blainville à un ordre de la classe des Spongiaires, compre- nant ceux de ces animaux qui ont pour base une substance cornée.

ÉPONTES, s. f. pl. On appelle ainsi les parois supérieure et infé- rieure d'un filon.

ÉPOPSIDES, adj. et s. m. pl., *Epopsides* (ἔποψ, Huppe, εἶδος, res- semblance). Nom donné par Vieillot, Ranzani et Lherminier à une famille de Passereaux, comprenant la Huppe et les oiseaux qui lui ressemblent.

ÉPOPTIQUE, adj., *epopticus* (ἐπὶ, sur, ὄπτομαι, voir). Nom donné par Goethe aux couleurs qui se produi- sent entre deux corps durs et trans- parens, appliqués l'un contre l'autre par leurs faces, dans les minéraux à structure feuilletée, et à la surface des bulles de savon.

ÉPOQUE, s. f., *epocha ;* ἐποχή; *Zeitpunkt* (all.); *epoch* (angl.); *epoca* (it.). On appelle ainsi, en astrono- mie, le point où commence le mou- vement d'un corps céleste, pour un instant donné; en chronologie, le point fixe du temps d'où l'on part pour compter les années précédentes ou suivantes.

ÉPOUCÉ, adj., *epollicatus ; un- gedaumt* (all.). Epithète donnée par Illiger au *pied* d'un oiseau, quand il est dépourvu de pouce.

ÉPOUCÉS, adj. et s. m. pl., *Epol- licati.* Illiger et Eichwald désignent ainsi une famille d'oiseaux sarcleurs, comprenant ceux qui n'ont point de doigts en arrière.

ÉPROBOSCIDÉS, adj. et s. m. pl., *Eproboscidea* (e, priv., *proboscis,* trompe). Nom donné par Goldfuss, Ficinus et Carus à une famille d'insectes diptères, comprenant ceux qui n'ont point de trompe.

EPTAHEXAEDRE, adject., *heptahexaedrus* (ἑπτὰ, sept, ἑξ, six, ἕδρα, base). Nom donné, dans la nomenclature minéralogique de Haüy, à une variété dont la surface est composée de sept rangées de facettes situées six à six, au dessus les unes des autres. Ex. *Potasse nitratée eptahexaëdre.*

ÉQUALIFLORE, adj., *æqualiflorus* (*æqualis*, égal, *flos*, fleur). Épithète donnée par H. Cassini, dans les Synanthérées, au *disque* et à la *calathide incouronnée*, lorsque toutes les fleurs sont égales en longueur.

ÉQUATEUR, s. m., *æquator;* ἰσημερίνος; *Gleicher* (all.); *equinoxial* (angl.); *equatore* (it.). Prolongement dans le ciel et à la surface de la terre d'un plan qui est censé couper cette planète en deux moitiés perpendiculaires à son axe, et qui est également distant de chacun de ses deux pôles.

ÉQUATION, s. f., *æquatio; Gleichung* (all.). En astronomie, on donne ce nom au nombre qu'il faut ajouter ou retrancher à des valeurs moyennes pour obtenir les véritables. L'*équation du centre* (*æquatio centri, prostaphæresis*) est la différence entre l'anomalie vraie et l'anomalie moyenne d'une planète. L'*équation du temps* est la différence entre le temps vrai ou apparent et le temps moyen, c'est-à-dire, entre le temps inégal mesuré par le mouvement du soleil et le temps égal mesuré par un mouvement uniforme.

ÉQUATORIAL, adj., *æquatorialis;* qui appartient à l'équateur; *contrées, régions équatoriales.*

EQUESTRE, adj., *equestris(equus,* cheval). L'*Agaricus equestris* est ainsi appelé parce que son chapeau s'ouvre en forme d'étoile, et ressemble un peu à un ordre de chevalerie; l'*A-*

maryllis equestris, parce que l'ensemble de sa fleur offre la même apparence.

ÉQUIAXE, adj., *æquiaxis; gleichaxig* (*æquus,* égal, *axis,* axe). Épithète donnée, dans la nomenclature minéralogique de Haüy, à une variété dans laquelle les nombres qui désignent les faces du prisme et celles de ses deux sommets qui, dans ce cas, diffèrent l'un de l'autre, forment un commencement de suite arithmétique, comme 6, 4, 2. Ex. *Amphibole équiaxe.*

ÉQUICOSTÉ, adj., *æquicostatus* (*æquus*, égal, *costa*, côte). Se dit, en zoologie, d'une coquille dont la surface offre des côtes ou saillies égales. Ex. *Pecten æquicostatus.*

ÉQUIDÉS, adj. et s. m. pl., *Equidæ.* Nom donné par J.-E. Gray à une famille de Mammifères, qui a pour type le genre *Equus.*

ÉQUIDILATÉ, adj., *æquidilatatus.* H. Cassini donne cette épithète aux *squames* du péricline des Synanthérées, quand elles sont disposées sur plusieurs rangs, et toutes à peu près de la même largeur.

EQUIDISTANT, adj., *æquidistans.* Épithète donnée par Kirby aux trois paires de pattes des insectes hexapodes, lorsqu'un intervalle égal les sépare l'une de l'autre à leur base. Ex. *Cassida.*

ÉQUILARGE, adject., *æquilatus;* qui a la même largeur dans toute son étendue. Se dit surtout, mais rarement, du tube d'une corolle monopétale.

ÉQUILATÉRAL, adj., *æquilateralis; gleichseitig* (all.) (*æquus,* égal, *latus,* côté). On appelle ainsi une *coquille* bivalve qui, lorsqu'on la partage par une ligne médiane dirigée des crochets vers le milieu du bord inférieur, présente deux moitiés semblables. Ex. *Pecten.*

ÉQUILIBRE, s. m. *æquilibrium; Gleichgewicht* (all.) (*æquus*, égal, *libro*, peser). Repos qui a lieu lorsque plusieurs forces appliquées à un même corps se détruisent mutuellement.

ÉQUILIBRÉ, adj., *œquilibratus, œquilibris*. Epithète donnée, dans la nomenclature minéralogique de Haüy, à une variété de chaux carbonatée, composée de deux dodécaèdres et de quatre rhomboïdes, en sorte que, les nombres de faces relatives aux deux espèces de formes étant de part et d'autre de vingt-quatre, ils offrent une sorte d'équilibre. Illiger appelait ainsi, dans les oiseaux, les *pieds* posés au milieu de l'abdomen, en sorte que le corps de l'animal debout est presque horizontal et en équilibre.

ÉQUINOXE, s. m., *œquinoctium*; ἰσημέρια; *Nachtgleiche* (all.) (*œquus*, égal, *nox*, nuit). On donne ce nom aux deux points où l'écliptique coupe l'éteur céleste, parce que les nuits sont égales aux jours en durée lorsque la Terre y passe dans sa révolution annuelle, ce qui arrive le 20 ou 21 mars, et le 22 ou 23 septembre.

ÉQUINOXIAL, adj., *œquinoxialis*; ἰσημέρινος; *nachtgleichig* (all.); *equinoctial* (angl.); qui a rapport aux équinoxes. On appelle *points équinoxiaux*, les deux intersections de l'équateur et de l'écliptique; *ligne équinoxiale*, la trace de l'équateur sur la terre; *fleurs équinoxiales*, celles qui, plusieurs jours de suite, s'ouvrent et se ferment à des heures fixes, comme l'*Ornithogalum umbellatum* à onze heures du matin.

ÉQUIPÈDES, adj. et s. m. pl., *Æquipedes* (*œquus*, égal, *pes*, pied). Nom donné par Latreille à une famille de la classe des Myriapodes, parce que les animaux qui la composent ont les pattes à peu près égales.

ÉQUIPÉTALÉ, adj., *œquipetalatus* (*œquus*, égal, *petalum*, pétale). Se dit, en botanique, d'une plante dont les pétales sont égaux, ou à peu près. Ex. *Cuphea œquipetala*.

ÉQUIPOLLENT, adj., *œquipollens*; ἰσοδύναμος; *gleichgeltend* (all.). Epithète donnée, dans la nomenclature minéralogique de Haüy, à une variété produite par des décroissemens en nombre égal sur deux angles ou sur deux bords. Ex. *Fer oligiste équipollent*.

ÉQUISÉTACÉES, adj. et s. f. pl., *Equisetaceæ*. Nom donné par Candolle, Kunth et Bartling à une famille de plantes, qui a pour type le genre *Equisetum*.

ÉQUISÉTATE, s. m., *equisetas*. Sel formé par la combinaison de l'acide équisétique avec une base salifiable.

ÉQUISÉTIQUE, adj., *equiseticus*. Nom donné par Braconnot à un *acide* qu'il a découvert dans l'*Equisetum fluviatile*.

ÉQUITANT, adj., *equitans, obvolutus; reitend* (all.); *cavalcante* (it.). Les botanistes donnent cette épithète aux *cotylédons*, quand la moitié de l'un, pliée dans sa longueur, reçoit dans son pli la moitié de l'autre, pliée de la même manière (ex. *Coldenia procumbens*); aux *pétales*, dans les corolles irrégulières, lorsque, avant l'épanouissement, ils embrassent tous les autres (ex. *Légumineuses*); aux *feuilles*, dans le bourgeon, lorsqu'une feuille entière (ex. *Hemerocallis flava*), ou une moitié de feuille (ex. *Saponaria officinalis*), pliée en long, reçoit dans son pli une autre feuille ou demi-feuille pliée de la même manière.

ÉQUITATIF, adject., *equitativus*. Candolle donne ce nom aux *feuilles* encore renfermées dans le bourgeon, lorsque les deux côtés, séparés par le moyen de la nervure longitudinale, s'appliquent ou tendent à s'appliquer face contre face, et plus particulièrement, dans ce cas, lorsque étant opposées, elles sont légèrement pliées sur leur nervure longitudinale, de manière que leurs bords se touchent. Ex. *Ligustrum vulgare.*

ÉQUIVALENT, adj. et s. m., *œqui-valens* (*œquus*, égal, *valeo*, valoir). Epithète donnée, dans la nomenclature minéralogique de Haüy, à un cristal dans le signe représentatif duquel l'exposant qui indique un décroissement est égal à la somme des exposans qui indiquent les autres (ex. *Chaux sulfatée équivalente*). Les chimistes donnent quelquefois le nom d'*équivalens chimiques* aux nombres proportionnels. *Voyez* ce mot.

ÉQUIVALVE, adject., *œquivalvis; gleichklappig, gleichschalig* (all.) (*œquus*, égal, *valva*, valve). Epithète qui sert à caractériser une *coquille* bivalve, lorsque les deux valves sont égales en grandeur et en profondeur, ou de forme semblable. Ex. *Venus.*

ÉQUIVALVES, adj., *Æquivalvia.* Nom donné par Latreille à une famille de Brachiopodes, comprenant ceux dont la coquille est composée de deux valves égales.

ÉQUORÉES, adject. et s. f. pl., *Equoreæ.* Nom donné par Ficinus et Carus à une famille de la classe des Acalèphes et par Goldfuss à une famille de l'ordre des Médusaires, ayant pour type le genre *Equorea.*

ÉQUORIDÉES, adject. et s. f. pl., *Equorideæ.* Nom donné par Eschenholtz à une famille d'Acalèphes, qui a pour type le genre *Equorea.*

ÉRABLES, s. m. pl. Nom donné par quelques botanistes à la famille des *Acéracées. Voyez* ce mot.

ÈRE, s. f., *era, æra.* Point fixe, pris dans l'histoire ou arbitrairement choisi, à partir duquel on compte les années qui ont précédé et celles qui ont suivi. On peut diviser les ères en trois catégories. 1° *Eres qui commencent à l'époque arbitraire de la créa-*tion du monde (événement qui eut lieu le 7 mars 3984 selon Petau, en 5634 d'après les Septante, en 6000 selon Suidas, en 3949 selon Scaliger); *ère de Constantinople*, en usage chez les chrétiens grecs, et suivie par les Russes jusqu'à Pierre-le-Grand, qui fixe la création au 1er septembre 5508 avant J.-C. ; *ère des anciens Juifs*, qui la fixe au 10 avril 4179 ; *ère des Juifs modernes*, qui la place au 26 mars 3762 ; *ère ancienne d'Alexandrie*, imaginée par Julius Africanus, et encore suivie par les Coptes, qui la fixe à l'an 5502 ; *ère moderne d'Alexandrie*, ou *ère d'Antioche*, réformée par Panodorus, qui la fixe en 5493 ; *ère d'Eusèbe*, qui la place au 2 mai 5200. 2° *Eres antérieures à la naissance de Jésus-Christ*, mais dont on rapporte l'origine à cette époque ; *ère des Olympiades*, dont le commencement tombe dans le mois de juillet de l'an 776 avant J.-C. ; *ère de la fondation de Rome*, qui répond, d'après Varron, à l'an 753 avant J.-C. ; *ère de la réforme julienne du calendrier*, qui tombe en l'an 45 avant J.-C. ; *ère des empereurs romains*, qui commence avec l'an 27 avant J.-C. ; *ère actiaque*, le 1er mai de l'an 31 avant J.-C. ; *ère de César* ou *de Pharsale*, l'an 48 avant J.-C. ; *ère d'Espagne*, l'an 38 avant J.-C. ; *ère d'Alexandrie ou des Séleucides*, le 1er avril de l'an 312 avant J.-C. ; *ère de Philippe*, le 18 février de l'an 324 avant J.-C. ; *ère de Nabonassar*, le 5 novembre de l'an 747 avant J.-C. ; la période julienne, établie par Scaliger, l'an 4713 avant J.-C. 3° *Eres postérieures à la naissance de Jésus-Christ* ; *ère de Dioclétien*, ou *ère des martyrs*, qui commence le 9 août 284 ; *ère de l'Hégyre*, le 16 juillet 622 ; *ère d'Iezdegerde*, le 16 juin 630 ; *ère de Dschelaleddin*, le 12 mars 1077. Par décret du 5 octobre 1793, la Convention nationale

fixa le commencement de l'*ère répu-*
blicaine au 22 septembre 1792, à minuit, jour de la fondation de la République française. Cette ère fut abolie
par un sénatus-consulte du 22 fruc-
tidor an 13, après treize ans de durée (9 septembre 1805), et le calendrier grégorien remis en vigueur à
compter du 1er janvier 1806. Dans
toutes ces ères les années sont éva-
luées à 365 ¼ jours, à l'exception de
cinq ; celles de Nabonassar et d'Iezdegerde, où elles sont de 365 jours ;
celle de l'Hégyre, de 354 $\frac{11}{30}$: celle
de Dschelaleddin de 365 $\frac{8}{33}$, et celle
des Juifs modernes de 365 $\frac{2+3+15}{8+9+96}$.

ÉRECTO-PATENT, adj., *erecto-*
patens. Épithète par laquelle Kirby
désigne les ailes des insectes lépidoptères, lorsque, dans l'état de repos, les premières sont droites et
les autres horizontales.

ÉRÉDOPHYTE, s. m., *credophy-*
tum (ἐρείδω, appuyer, φυτόν, plante). Nom donné par Necker aux
plantes dont les étamines et le pistil
sont élevés et soutenus par un disque propre.

ÉRÉISME, s. m., *creisma* (ἔρεισμα,
soutien). Nom donné par Kirby à
un organe glutineux, biparti, rétrac-
tile, qui fait saillie entre les pattes du
Sminthurus, et que l'animal emploie
pour se soutenir.

ÉRÈME, s. m., *eremus* (ἔρημος,
solitaire). Mirbel désigne ainsi une
boîte péricarpienne sans valves ni sutures, provenant d'un ovaire qui ne
porte pas de style. Ex. *Labiées.*

ÉRÈTES, s. m. pl., *Eretæ* (ἐρέτης,
rameur). Nom donné par J.-A. Ritgen à une famille d'oiseaux aquatiques qui, comme les Manchots, sont
organisés presque uniquement pour
nager.

ÉRETMOCHÉLONES, s. m. pl.,
Eretmochelones (ἐρέτμος, nageur, χέ-
λυς, tortue). Nom donné par J.-A.
Ritgen à une famille de reptiles ché-

loniens, comprenant les tortues marines.

ÉRETMORNITHES, subst. m. pl.,
Eretmornithes (ἐρέτμος, nageur, ὄρνις, oiseau). Nom donné par J.-A.
Ritgen à une section de la classe des
oiseaux, comprenant ceux de ces
animaux qui sont aquatiques, et qui
se servent de leurs pieds en guise de
rames.

ÉRETMOSURES, adj. et s. m. pl.,
Eretmosuræ (ἐρέτμος, nageur, ὀυρά,
queue). Nom donné par J.-A. Ritgen à une famille de reptiles sauriens,
renfermant ceux de ces animaux dont
on ne connaît plus que des débris fossiles, et qui se servaient de leur
queue en guise de rame, pour nager
dans les eaux de la mer.

ERGOT, s. m., *calcar*. On donne
plus particulièrement ce nom à l'é-
peron (*voyez* ce mot) des oiseaux.
Cependant on l'applique aussi aux
doigts rudimentaires des cochons et
des ruminans, à une petite excroissance cornée qui se voit souvent,
dans le cheval, à la partie postérieure
et inférieure de chaque boulet, et
en général à tout ongle imparfaitement développé, surtout lorsque le
doigt auquel il appartient est placé
en arrière des autres.

ÉRIANTHE, adject., *crianthus*,
crianthos (ἔριον, coton, ἄνθος, fleur);
qui a des fleurs couvertes de poils laineux ou lanugineux, comme les *ca-*
lices de l'*Astragalus crianthus*, les
involucres de l'*Hydrocotyle criantha*,
les *glumes* du *Deyeuxia criantha*,
les *corolles* du *Bombax crianthos* et
de l'*Iresine crianthos*, les grappes du
Paspalus crianthus.

ÉRICACÉES, adj. et s. f. pl., *Eri-*
caceæ. Voyez ÉRICINÉES.

ÉRICÉES, adj. et s. f. pl., *Eri-*
ceæ. Voyez ÉRICINÉES.

ÉRICÉTIN, adj., *ericetinus* (*eri-*
ca, bruyère). Épithète donnée aux

plantes qui croissent dans les landes ou les bruyères.

ÉRICINÉES, adj. et s. f. pl., *Ericineæ*. Nom donné par Jussieu à une famille de plantes, qui a pour type le genre *Erica*.

ÉRICOPHILE, adj., *ericophilus*; qui croît sur les tiges des *Erica*. Ex. *Antennaria ericophila*.

ÉRIGÉRÉES, adj. et s. f. pl., *Erigereæ*. Nom donné par H. Cassini à un groupe de la section des Astérées prototypes, ayant pour type le genre *Erigeron*.

ÉRINACÉES, adj. et s. f. pl., *Erinaceæ*. Nom donné par Duvau à une famille de plantes, qu'il propose d'établir, en lui donnant pour type le genre *Erinus*.

ÉRIOCALICÉ, adject., *eriocalyx* (ἔριον, coton, καλύξ, calice); qui a le calice velu. Ex. *Myrcia eryocalyx*.

ÉRIOCARPE, adj., *eriocarpus* (ἔριον, coton, καρπὸς, fruit); qui a le fruit velu. Ex. *Astragalus eriocarpus*, *Farsetia eriocarpa*, *Acer eriocarpum*.

ÉRIOCAULE, adject., *eriocaulis*, *eriocaulos* (ἔριον, coton, καύλος, tige); qui a la tige velue. Ex. *Astragalus eriocaulos*, *Helianthemum eriocaulon*.

ÉRIOCAULÉES, adj. et s. f. pl., *Eriocauleæ*. Nom donné par L.-C. Richard, d'après celui du genre *Eriocaulon*, qui lui servait de type, à une famille que R. Brown a depuis appelée *Restiacées*. Kunth l'applique à une tribu de cette dernière famille.

ÉRIOCÉPHALE, adj., *eriocephalus* (ἔριον, coton, κεφαλὴ, tête); qui a la tête velue. Le *Lachnea eriocephala* est ainsi appelé parce que ses fleurs sont ramassées en une tête très-tomenteuse.

ÉRIOCÉPHALÉES, adj. et s. f. pl., *Eriocephaleæ*. Nom donné par Lessing à une section de la tribu des Sénécionidées artémisiées, ayant pour type le genre *Eriocephalus*.

ÉRIOCLADE, adject., *eriocladus* (ἔριον, coton, κλάδος, rameau); qui a les rameaux velus. Ex. *Spermacoce erioclada*.

ÉRIODONTE, adject., *eriodontus* (ἔριον, coton, ὀδοῦς, dent); qui a les dents du calice velues. Ex. *Miconia eriodonta*.

ÉRIOLOME, adj., *eriolomus* (ἔριον, coton, λῶμα, bordure); qui est velu sur le bord, comme les cupules du *Peziza erioloma*.

ÉRIOMÈTRE, s. m., *eriometrum* (ἔριον, coton, μετρέω, mesurer). Instrument que Young a imaginé pour mesurer les épaisseurs des fibres déliées, ou les diamètres des globules très-petits.

ÉRIOPÉTALE, adj., *eriopetalus* (ἔριον, coton, πέταλον, pétale); qui a les pétales velus. Ex. *Poivrea eriopetala*.

ÉRIOPHORE, adj., *eriophorus*; wolltragend (all.) (ἔριον, coton, φέρω, porter); qui est chargé de poils cotonneux, comme les *silicules* du *Clypeola eriophora*, l'*involucre* du *Sarcolæna eriophora*, le *calice* du *Carduus eriophorus* avant l'épanouissement de la fleur, les *cellules* du *Flustra eriophora*; ou qui a ses rameaux aussi déliés que des brins de laine, comme le *Nesæa eriophora*.

ÉRIOPHYLLE, adj., *eriophyllus* (ἔριον, coton, φύλλον, feuille); qui a les feuilles velues. Ex. *Pelargonium eriophyllum*.

ÉRIOPILE, adj., *eriopilus* (ἔριον, coton, πῖλος, balle); qui a les fruits velus. Ex. *Duroia eriopila*.

ÉRIOPODE, adject., *eriopodus* (ἔριον, coton, πούς, pied); qui a les pédicules velus. Ex. *Caldesia eriopoda*, *Leontodon eriopodum*.

ÉRIOSTACHYÉ, adj., *eriostachyus* (ἔριον, coton, στάχυς, épi);

qui a les épis velus ou laineux Ex. *Plantago eriostachya.*

ÉRIOSPERME, adj., *eriospermus* (ἔριον, coton, σπέρμα, graine); qui a les semences couvertes de poils. Ex. *Convolvulus eriospermus.*

ÉRIOSTÉMONE, adj., *eriostemus* (ἔριον, coton, στήμων, étamine); qui a les étamines velues. Ex. *Aconitum eriostemum.*

ERIRHINIDES, adj. et s. m. pl., *Erirhinides.* Nom donné par Schœnherr à un groupe de Curculionides gonatocères brachyrhynques, qui a pour type le genre *Erirhinus.*

ÉRISME, s. m., *erisma* (ἐρείδω, appuyer). Necker désigne sous ce nom le rachis des Graminées.

ÉRODÉ, adj., *erosus.* Expression dont L.-C. Richard se servait pour désigner toute partie d'un végétal dont les bords sont dentelés d'une manière légère et fort inégale, comme si une chenille les avait rongés.

ÉROTYLÈNES, adj. et s. m. pl., *Erotylenæ.* Nom donné par Lamarck, Goldfuss, Ficinus et Carus à une famille d'insectes coléoptères, qui a pour type le genre *Erotylus.*

ÉROTYLIDES, adj. et s. m. pl., *Erotylidæ.* Leach désigne sous ce nom la famille des *Erotylènes. Voyez* ce mot.

ERPÉTOLOGIE, s. f., *erpetologia* (ἑρπετὸς, reptile, λόγος, discours). Branche de la zoologie qui traite de l'histoire naturelle des reptiles.

ERPÉTOLOGIQUE, adj., *erpetologicus ;* qui a rapport à l'erpétologie; *classification erpétologique.*

ERPÉTOLOGISTE, s. m., *erpetologista.* Naturaliste qui se livre d'une manière spéciale à l'étude des reptiles.

ERRANTES, adj. et s. f. pl., *Vagantes.* Nom donné par Robineau-Desvoidy à une section de la famille des Muscides, comprenant les espèces qui n'ont pas de séjour déterminé.

ERRATIQUE, adject., *erraticus*

(*erro*, aller çà et là). Mauduyt donne cette épithète aux *oiseaux* qui, comme les hérons et les pétrels, n'adoptent pas de patrie, et ne s'arrêtent dans chaque endroit qu'autant qu'ils y trouvent de la nourriture, ou pour élever leurs petits. D'autres la réservent pour les oiseaux *émigrans. Voyez* ce mot.

ÉRUCAIRES, adj. et s. m. pl., *Erucaria* (*eruca*, chenille). Nom donné par Lamarck à une famille d'insectes hyménoptères, comprenant ceux dont les larves offrent une sorte de ressemblance avec les chenilles ou larves des Lépidoptères.

ÉRUCARIÉES, adj. et s. f. pl., *Erucariæ.* Nom donné par Candolle à une tribu de la famille des Crucifères, qui a pour type le genre *Erucaria.*

ÉRUCIFORME, adj., *cruciformis* (*erucà*, chenille, *forma*, forme); qui a la forme d'une chenille, comme le *Cyphella eruciformis*, qui ressemble à une cupule oblongue, velue et blanche, pendante aux branches des arbres.

ÉRUPTION, s. f., *eruptio;* ἔκρονις; *Ausbruch* (all.) (*erumpo*, sortir avec impétuosité). Opération par laquelle les volcans brûlans émettent les produits d'un embrasement intérieur, des fumées, des cendres, des scories, des torrens d'eau ou de boue, des matières à l'état de fusion ignée. On donne quelquefois ce nom, par abus, aux matières liquides que les volcans rejettent à la surface de la terre.

ÉRYCINES, adj. et s. f. pl., *Erycinæ* (*eruca*, chenille). Nom donné par Robineau-Desvoidy à une section de la famille des Myodaires calyptérées, comprenant des espèces dont les larves vivent dans les chenilles.

ÉRYNGIÉES, adject. et s. f. pl., *Eryngieæ.* Nom donné par K. Sprengel à une tribu de la famille des

Ombellifères, qui à pour type le genre *Eryngium*.

ÉRYTHRÉEN, adj., *erythræonensis* (ἐρυθραῖος, rouge); qui habite la mer Rouge. Ex. *Cerithium erythræonense*.

ÉRYTHRIN, adject., *erythrinus* (ἐρυθρός, rouge); qui est rouge en totalité ou en grande partie. Ex. *Sparus erythrinus*, *Aranea erythrina*.

ÉRYTHRINE, subst. f., *erythrina*. Nom donné par Heeren à une substance contenue dans le *Lichen Roccella*, qui donne naissance à la matière colorante rouge qu'on retire de cette plante.

ÉRYTHRIQUE, adj., *erythricus*. Nom donné par Brugnatelli, parce que, de jaune qu'il est, il devient d'un rose rouge sous l'action des rayons solaires, à un *acide* (*acido ossieritrico*, it.) qu'on obtient en traitant l'acide urique par l'acide nitrique, et qui paraît être un mélange ou une combinaison d'acides nitrique et purpurique.

ÉRYTHROCARPE, adj., *erythrocarpus* (ἐρυθρός, rouge, καρπός, fruit); qui a des fruits rouges (ex. *Eugenia erythrocarpa*, *Trillium erythrocarpum*), ou des urnes rouges (ex. *Bryum erythrocarpum*).

ÉRYTHROCÉPHALE, adj., *erythrocephalus* (ἐρυθρός, rouge, κεφαλή, tête); qui a la tête rouge ou d'un roux ardent (ex. *Carabus erythrocephalus*, *Musca erythrocephala*, *Loxia rubriceps*, *Tanagra flammiceps*, *Dicæum rubricapilla*, *Sylvia ignicapilla*, *Columba roseicapilla*); qui a ses fleurs disposées en capitules garnis de poils rouges (ex. *Coccocypselum erythrocephalum*). Se dit aussi d'un champignon ayant la forme de capitules qui sont d'une couleur rouge (ex. *Helotium erythrocephalum*).

ÉRYTHROCÈRE, adj., *erythrocerus* (ἐρυθρός, rouge, κέρας, corne); qui a les antennes rouges. Ex. *Ceromya erythrocera*.

ÉRYTHROCNÈME, adj., *erythrocnemis* (ἐρυθρός, rouge, κνήμη, jambe); qui a les jambes rousses. Ex. *Allecula erythrocnemis*.

ÉRYTHROCTÈNE, adj., *erythroctenus* (ἐρυθρός, rouge, κτείς, peigne); qui a les antennes pectinées et ferrugineuses. Ex. *Ceropria erythroctena*.

ÉRYTHRODACTYLE, adj., *erythrodactylus* (ἐρυθρός, rouge, δάκτυλος, doigt); qui a les doigts rouges. Ex. *Portunus erythrodactylus*.

ÉRYTHRODANE, s. m., *erythrodanum* (ἐρυθρόδανον, garance). Nom que Fechner propose de donner à la substance colorante rouge de la garance, généralement appelée *alizarine*.

ÉRYTHROGASTRE, adj., *erythrogaster* (ἐρυθρός, rouge, γαστήρ, ventre); qui a le ventre rouge ou marron. Ex. *Hypterus erythrogaster*, *Sylvia erythrogastra*, *Dicæum rubriventer*.

ÉRYTHROGÈNE, s. m., *erythrogenum* (ἐρυθρός, rouge, γένναω, engendrer). Nom donné par Bizio à une substance particulière, qu'il a trouvée dans la bile d'un sujet mort d'hépatite, avec jaunisse, et qui, verte à froid, donne par l'action du feu des vapeurs d'un beau rouge.

ÉRYTHROGRAMME, adj., *erythrogrammus* (ἐρυθρός, rouge, γράμμα, raie); qui est marqué de raies ou de traits rouges. Ex. *Coluber erythrogramma*.

ÉRYTHROLEUQUE, adject., *erythroleucus*, *erythroleucos* (ἐρυθρός, rouge, λευκός, blanc); qui est marqué de rouge et de blanc. Ex. *Psittacus erythroleucus*, *Trochus erythroleucos*.

ÉRYTHROLOPHE, adj., *erythrolophus* (ἐρυθρός, rouge, λόφος, ai-

grette); qui a une huppe rouge. Ex.
Opœthus erytrolophus.

ÉRYTHROMELAS, adj., *erythromelas* (ἐρυθρὸς, rouge, μέλας, noir);
qui est marqué de rouge et de noir.
Ex. *Ardea erythromelas.*

ÉRYTHRONIUM, s. m., *erythro-
nium.* Nom donné par Del Rio à un
métal particulier, dont il aperçut
l'existence en 1801, que Collet Des-
cotils crut être du chrome impur, et
que Woehler a reconnu être le vanadium.

ÉRYTHRONOTE, adj., *erythro-
notos, erythronotus* (ἐρυθρὸς, rouge,
νῶτος, dos); qui a le dos rouge. Ex.
*Psittacus erythronotus, Fringilla
erythronota.*

ÉRYTHROPE, adject., *erythropus*
(ἐρυθρὸς, rouge, ποῦς, pied). Se dit
d'un champignon (ex. *Typhula erythropus*) qui a le stipe, ou d'un insecte (ex. *Nitidula erythropa*) qui a
les pattes rouges.

ÉRYTHROPHTHALME, adj., *ery-
throphthalmus* (ἐρυθρὸς, rouge, ὀφθαλμὸς, œil); qui a le tour des yeux
rouge. Ex. *Piaya erythrophthalma.*

ÉRYTHROPHYLLE, adject., *ery-
throphyllus* (ἐρυθρὸς, rouge, φύλλον,
feuille); qui a les feuilles rouges.
Ex. *Terminalia erythrophylla.*

ÉRYTHROPS, adject., *erythrops*
(ἐρυθρὸς, rouge, ὀψ, œil); qui a l'œil
entouré de rouge. Ex. *Picus erythrops.*

ÉRYTHROPTÈRE, adject., *erythropterus* (ἐρυθρὸς, rouge, πτέρον,
aile). Épithète donnée à un *poisson*
qui a les nageoires rouges (ex. *Crenilabrus erythropterus*), à un *oiseau*
(ex. *Psittacus erythropterus*), ou à
un insecte (ex. *Truxalis erythropterus, Leptura erythroptera*) qui
a les ailes rouges.

ÉRYTHROPYGE, adj., *erythropygius* (ἐρυθρὸς, rouge, πυγή, derrière); qui a le tour de l'anus, le
derrière, le croupion rouge. Ex. *Co-*

*lius erythropygius, Simia erythro-
pyga, Dicœum erythropygium, Cercopithecus pygerythrœus.*

ÉRYTHRORAMPHE, adj., *ery-
throramphos, erythroramphus* (ἐρυθρὸς, rouge, ῥάμφος, bec); qui a le
bec rouge. Ex. *Coracia erythroram-
phos.*

ÉRYTHRORHYNQUE, adj., *erythrorhynchus, erythrorhynchos* (ἐρυθρὸς, rouge, ῥύγχος, bec). Se dit d'un
oiseau (ex. *Cinnyris erythrorhynchus, Pelecanus erythrorhynchos,
Anas erythrorhyncha*), ou d'un insecte
(ex. *Pissodes erythrorhynchus*), qui
a le bec rouge.

ÉRYTHROSOME, adj., *erythroso-
mus* (ἐρυθρὸς, rouge, σῶμα, corps);
qui a le corps rouge. Ex. *Locusta
erythrosoma.*

ÉRYTHROSPERMÉES, adj. et s.
f. pl., *Erythrospermeœ.* Nom donné
par Candolle à une tribu de la famille
des Flacourtianées, qui a pour type
le genre *Erythrospermum.*

ÉRYTHROSTOME, s. m., *ery-
throstomum* (ἐρυθρὸς, rouge, στόμα,
bouche). Nom donné par Desvaux à
un fruit hétérocarpien ayant un placenta conique, qui supporte un
grand nombre d'ovaires distincts,
bacciformes, provenant d'une seule
fleur. Ex. *Rubus Idœus.*

ÉRYTHROSTOME, adject., *ery-
throstomus;* qui a la bouche ou l'ouverture rouge. Ex. *Oliva erythro-
stoma, Gymnostomum erythrosto-
mum.*

ÉRYTHROTE, adject., *erythrotis*
(ἐρυθρὸς, rouge, οὖς, oreille). Le
Philemon erythrotis est ainsi appelé
parce qu'il a les oreilles garnies d'un
long faisceau de plumes rouges.

ÉRYTHROTHORAX, adject., *erythrothorax* (ἐρυθρὸς, rouge, θώραξ,
poitrine); qui a la poitrine rouge.
Ex. *Columba erythrothorax.*

ÉRYTHROXYLE, adj., *erythroxy-
lus* (ἐρυθρὸς, rouge, ξύλον, bois); qui

à le bois rouge ou rougeâtre. Ex. *Rhamnus erythroxylum.*

ÉRYTHROXYLÉES, adj. et s. f. pl., *Erythroxyleæ.* Nom donné par Kunth à une famille de plantes, qui a pour type le genre *Erythroxylon.*

ÉRYTHRURE, adj., *erythrurus* (ἐρυθρὰς, rouge, οὐρὰ, queue); qui a la queue rouge. Ex. *Psittacus erythrurus, Cichla erythrura.*

ESCALLONIÉES, adject. et s. f. pl., *Escallonieæ.* Nom donné par R. Brown à une famille de plantes, par Candolle à une tribu de la famille des Saxifragées, qui ont pour type le genre *Escallonia.*

ESCARPEMENT, s. m., *abruptum; Abdachung* (all.); *declivity* (angl.). On donne le nom d'*escarpement d'une montagne* à son versant le plus abrupte, celui qui se rapproche le plus de la perpendiculaire.

ESCHARÉES, adject. et s. f. pl., *Eschareæ.* Nom donné par Lamouroux à une famille de Polypiers, ayant pour type le genre *Eschara.*

ESCHOMÉLIE, s. f., *eschomelia* (ἔσχατος, dernier, μέλεος, inutile). Malacarne désigne ainsi une classe de monstres caractérisée par la difformité monstrueuse de quelque membre, qui le rend impropre à remplir ses fonctions.

ÉSENBECKINE, subst. f., *esenbeckina.* Alcali organique que Buchner a découvert dans l'écorce de l'*Esenbeckia febrifuga.*

ÉSEXUEL, adject., *esexualis* (*e*, priv., *sexus*, sexe). Quelques botanistes ont employé ce mot, comme synonyme d'*agame*, pour désigner les végétaux qui n'ont point de sexes.

ÉSOCES, s. m. pl., *Esoces.* Nom donné par Cuvier à une famille de poissons Malacoptérygiens abdominaux, qui a pour type le genre *Esox.*

ÉSOCIENS, adject. et s. m. pl., *Esocii, Esocini.* Nom donné par Latreille, Eichwald, Ficinus et Carus à

une famille de poissons Abdominaux, dont le genre *Esox* est le type.

ÉSODERME, subst. m., *esoderma* (ἔσωθεν, en dedans, δέρμα, peau). Kirby donne ce nom à une espèce de cuticule fibreuse qui revêt en dedans l'enveloppe extérieure du corps des insectes.

ESPACE, s. m., *spatium; Raum* (all.); *space* (angl.); *spazio* (it.). Idée qui reste après avoir fait abstraction par la pensée de tous les corps ou d'une partie seulement des corps de l'univers; idée que nous nous formons de la contiguité des corps et de leurs parties. Indéfini pour notre conception, l'espace est par conséquent infini dans la réalité.

ESPÈCE, s. f., *species; Art.* (all.). On employe ce mot: 1° En chimie. Il y a une signification différente suivant les corps auxquels on l'applique. Lorsqu'on parle d'un corps simple, il exprime l'idée d'une collection de propriétés qui n'appartiennent qu'à ce corps, et quand il s'agit de composés, on entend par là une substance formée des mêmes élémens, unis dans le même ordre et dans la même proportion, une collection d'êtres identiques par la nature, la proportion et l'arrangement de leurs molécules. 2° En minéralogie, Linné, Wallerius, Bergmann et Werner ont employé le mot *espèce* pour désigner les premières divisions de leurs systèmes, sans chercher à le définir d'une manière rigoureuse, et sans poser les principes qui doivent guider dans les déterminations scientifiques. Il est défini par Haüy, une collection de corps dont les molécules intégrantes sont semblables par leur nombre et composées des mêmes principes, unis entre eux dans le même rapport; par Dolomieu, Beudant, Brongniart, une réunion d'individus composés des mêmes principes combinés dans les mêmes proportions définies;

par Mohs et Broithaupt, une collection de corps qui, dans chacun de leurs caractères extérieurs, sont identiques ou peuvent être considérés comme les termes voisins d'une même série; par Fuchs, une collection de minéraux qui ont une même cristallisation et une même composition chimique, ou bien, quand il y a des élémens qui se remplacent mutuellement, une combinaison analogue sous le rapport stœchiométrique. Ainsi, successivement, l'idée d'*espèce*, en minéralogie, d'abord vague et indéterminée, a été appliquée à l'accord entre la composition chimique et la forme cristalline, à l'identité ou à la continuité des caractères extérieurs, enfin à l'identité ou à l'isomorphisme des élémens. 3° En botanique et en zoologie, l'idée qui se rattache au mot *espèce*, quoique mieux déterminée en apparence, n'est guère moins vague dans la réalité. Ce mot exprime, d'après Linné, toutes les formes diverses qui ont été produites au commencement du monde; suivant Adanson, tous les individus qui se ressemblent par une succession constante; selon Jussieu, tout individu quelconque qui offre la véritable image de toute l'espèce passée, présente et future; d'après Buffon, une ressemblance parfaite entre les individus, et des différences trop légères pour être distinguées; d'après Cuvier, une réunion des individus descendus l'un de l'autre ou de parens communs, et de ceux qui leur ressemblent autant qu'ils se ressemblent entr'eux; une réunion de corps dont la ressemblance est telle qu'ils peuvent être considérés comme originaires d'un seul et même individu, dont ils ont conservé les traits caractéristiques; selon Lamarck, toute collection d'individus semblables, que la génération perpétue dans le même état, tant que les circonstances de leur situation ne changent pas assez pour faire varier leurs habitudes, leur caractère et leur forme; suivant Mirbel, la succession des individus qui naissent les uns des autres par génération directe et constante, soit qu'elle s'opère par œufs ou graines, soit qu'elle ait lieu par simple séparation de parties; selon Candolle, la collection des individus qui se ressemblent plus entr'eux qu'ils ne ressemblent à d'autres, qui peuvent, par une fécondation réciproque, produire des individus fertiles, et qui se reproduisent par la génération, de telle sorte qu'on peut, par analogie, les supposer tous issus originairement d'un seul individu; d'après Blainville, une collection plus ou moins nombreuse de variétés plus ou moins fixes, constituée par un nombre variable d'individus qui, semblables dans l'ensemble de l'organisation, et surtout dans toutes les parties de l'organe reproducteur, peuvent se continuer dans le temps et dans l'espace par la génération. Il est évident qu'on ne peut, dans les corps organisés, considérer comme *espèce* qu'une collection d'êtres quelconques qui se ressemblent plus entr'eux qu'ils ne ressemblent à d'autres, et que, d'un accord plus ou moins unanime, on est convenu de désigner par un nom commun; car une *espèce* n'est qu'une simple abstraction de notre esprit, et non un groupe exactement déterminé par la nature elle-même, aussi ancien qu'elle, et dont elle ait tracé irrévocablement les limites. C'est dans les définitions de l'espèce qu'on reconnaît combien l'influence d'idées adoptées sans examen dans la jeunesse est puissante pour obscurcir les notions les plus simples de la physique générale.

ESPRIT, s. m., *spiritus*; πνεῦμα; *Geist* (all.); *spirit* (angl.); *spirito*

(it.). Ensemble des facultés cérébrales, vivacité d'imagination, faculté de créer des idées, ou de les combiner heureusement, talent de dire ce qui convient, d'assaisonner la raison par la délicatesse du sentiment, par la justesse et la promptitude des pensées. — Autrefois les chimistes donnaient ce nom à tous les liquides qu'on obtient en soumettant les corps à la distillation.

ESQUAMÉ, adj., *esquamatus* (*e*, priv., *squama*, écaille) ; qui est privé d'écailles. Synonyme inusité d'*alépidote*. *Voyez* ce mot.

ESQUILLEUX, adj., *squidillatus* ; *splitterig* (all.). Les géognostes disent d'une roche qu'elle a la *cassure esquilleuse*, quand la surface de cette dernière présente une multitude de petites écailles ou esquilles, qui se détachent avec plus ou moins de facilité.

ESSAI, s. m., *Probe* (all.) ; *essay* (angl.) ; *assaggio* (it.). Opération analytique qu'on exécute en petit, dans la vue de déterminer la proportion suivant laquelle un ou deux corps précieux ou utiles se trouvent contenus dans une masse inorganique, en négligeant généralement de rechercher la nature des corps qui accompagnent ceux-ci.

ESSAIM, s. m., *apum examen* ; *Schwarm* (all.) ; *swarm* (angl.) ; *essame* (it.). Colonie d'abeilles qui, à l'époque du printemps, où la population augmente beaucoup dans les ruches, abandonnent celles-ci pour aller chercher gîte ailleurs. Pour qu'un essaim puisse prospérer, il faut qu'il contienne vingt-cinq mille abeilles, et sous le climat de Paris, une ruche fournit ordinairement deux, quelquefois quatre essaims par année, c'est-à-dire dans l'espace de quinze à dix-huit jours.

ESSAIMEMENT, s. m. Partage qui, à une certaine époque de l'an-

née, se fait de la population d'une ruche, dont une portion abandonne l'ancienne demeure pour aller en construire une autre ailleurs. On dit alors que les abeilles *essaiment*.

ESSENTIEL, adj., *essentialis* ; *wesentlich* (all.) ; (*esse*, être). On appelle *caractères essentiels*, en histoire naturelle, ceux qui expriment les particularités les plus remarquables des espèces, des genres et de toutes les coupes systématiques. En minéralogie, on nomme *parties constituantes essentielles* d'une roche, celles dont la présence est nécessaire pour la constituer, comme le quarz, le feldspath et le mica dans le granite.

ESSORILLÉS, adj. et s. m. pl. *Sorices*. Nom donné par Desmarest à une famille de Mammifères rongeurs, qui a pour type le genre *Sorex*.

EST, s. m., *oriens* ; *Ost* (all.) ; *east* (angl.) ; *oriente* (it.). L'un des quatre points cardinaux du monde, celui où le Soleil paraît se lever aux équinoxes.

ESTHÉOSTOMES, adj. et s. m. pl., *Estheostomi* (ἐσθής, vêtement, στόμα, bouche). Nom donné par Hedwig aux mousses qui n'ont qu'une garniture simple à l'orifice de leur urne.

ESTIVAL, adj., *æstivalis, æstivus*. Épithète appliquée, par les botanistes, aux plantes qui fleurissent dans le cours de l'été, depuis le mois de juin jusqu'à la fin d'août (ex. *Adonis æstivalis*, *Barbula æstiva*) ; par les entomologistes, à des insectes qu'on trouve en été (ex. *Platymya æstivalis*).

ESTIVATION, s. f., *æstivatio*. Linné et R. Brown appellent ainsi la disposition respective des tégumens floraux des plantes, avant l'époque de leur épanouissement complet, ce que L.-C. Richard nommait *préfleuraison*.

ESTOMAC, s. m., *stomachus*, *ven-*

triculus, *venter*, *alvus*; στόμαχος, γαστήρ; *Magen* (all.); *stomach* (angl.); *stomaco* (it.). Portion du canal alimentaire dans laquelle les substances ingérées, à titre de nourriture, s'accumulent, séjournent pendant quelque temps, et subissent un commencement d'élaboration.

ESTROPIÉ, adj. Épithète donnée par Geoffroy aux papillons de jour qui, dans l'état de repos, tiennent leurs ailes inférieures horizontales, et les supérieures relevées, de sorte qu'ils ont l'apparence d'insectes à ailes luxées.

ÉTAGÉ, adj., *gradatim ordinatus*. Se dit des organes qui sont placés les uns au dessus des autres par rangées distinctes et régulières. On emploie ce terme en parlant de la queue des oiseaux, des bractées, des feuilles et des graines dans les végétaux.

ÉTAIN, s. m., *stannum*; κασσίτερος; *Zinn* (all.); *tin* (angl.); *stagno* (it.). Métal solide, et de couleur argentine, qui est connu de toute antiquité.

ÉTAIRION, subst. m., *etairium* (ἑταιρεία, société). Mirbel donne ce nom à un fruit composé de plusieurs camares disposées autour de l'axe rationnel du fruit. Il faudrait écrire *hétairion*.

ÉTAIRIONNAIRE, adj., *etairionarius*, *etairionaris*, *etairioneus*. Épithète donnée par Mirbel aux *fruits* composés qui proviennent d'ovaires portant le style, et aux *capsules* polycéphales qui sont divisées presque complètement en plusieurs lobes représentant autant de camares. Ex. *Illicium anisatum*.

ÉTALÉ, adj., *patulus*, *patens*, *expansus*, *effusus*, *diffusus*; *weitschweifig*, *abstehend* (all.). Se dit, en général, dans la langue botanique, de parties ouvertes ou étalées, sans ordre régulier, formant un angle presque droit avec celles d'où elles tirent leur origine, en s'éloignant

beaucoup de la perpendiculaire à l'horizon, comme les *rameaux* (ex. *Oxybaphus expansus*, *Tagetes patula*, *Talinum patens*, *Leptocaulis diffusus*), les *feuilles* (ex. *Milium effusum*), la *panicule* (ex. *Prenanthes muralis*), les *pétales* (ex. *Geum urbanum*), les *sépales* (ex. *Borrago officinalis*), le *limbe* d'une corolle monopétale (ex. *Anchusa italica*), les *étamines* (ex. *Pyrola minor*).

ÉTAMINE, subst. f., *stamen*; στήμων; *Staubfade* (all.); *stame* (it.). Organe mâle des plantes phanérogames.

ÉTANG, s. m., *stagnum*; *Teig* (all.); *pond* (angl.); *stagno* (it.). Pièce d'eau plus ou moins étendue, plus souvent artificielle que naturelle, et qui résulte d'un obstacle mis au cours d'un ruisseau dans une vallée.

ÉTÉ, s. f., *æstas*; θέρος; *Sommer* (all.); *summer* (angl.); *state* (it.). L'une des quatre saisons de l'année, celle dans laquelle règnent en général les plus grandes chaleurs. Dans notre hémisphère, l'été commence au passage apparent du Soleil par le premier point du signe de l'Ecrevisse, et finit à son passage par l'équinoxe d'automne, vers le 21 septembre. Pendant sa durée, la Terre parcourt réellement les signes du Capricorne, du Verseau et des Poissons.

ÉTENDARD, subst. m., *vexillum*; *Fahne* (all.). Les botanistes appellent ainsi le pétale supérieur des corolles papilionacées, qui est ordinairement plus grand que les autres, et redressé en manière d'étendard. Illiger donnait le même nom au rachis des plumes pris collectivement avec les barbes.

ÉTENDU, adj., *expansus*, *extensus*. En chimie, Berzelius appelle *acide étendu*, un simple mélange quelconque d'un acide et d'eau. Les minéralogistes disent que les *parties* d'une roche feuilletée sont *étendues*, lorsqu'elles sont parallèles aux feuillets, comme le quarz dans le gneiss. En botanique, Mirbel donne l'épithète d'*étendu* au *nectaire* qui forme comme un enduit sur le sommet de l'ovaire (ex. *Saxifraga hypnoïdes*). Les entomologistes disent les *ailes étendues*, lorsque, dans l'état de repos de l'insecte, elles ne se rabattent point sur le corps et laissent l'abdomen à découvert (ex. *Libellules*).

ÉTENDUE, subst. f., *extensio*; *Ausdehnung* (all.); *extension* (angl.); *estenzione* (it.). Portion finie ou limitée de l'espace.

ÉTHAL, s. m., *æthalium*. Chevreul donne ce nom à un corps gras particulier qu'il a découvert, et qui est produit par la saponification de la cétine. *Ethal* est formé des premières syllabes des deux mots *éther* et *alcool*, par allusion à la composition de ce corps.

ÉTHER, subst. m., *æther*; αἰθήρ; *Himmelsluft* (all.) (αἴθω, brûler). Originairement on appelait ainsi le ciel lui-même : puis les physiciens grecs ont employé le mot pour désigner un esprit hypothétique qui, suivant eux, animait le monde entier. Les physiciens modernes entendent par là un fluide éminemment subtil et élastique, qu'ils admettent dans la nature, pour expliquer les phénomènes du calorique, de la lumière, de la pesanteur, et qu'ils supposent remplir tous les corps, ainsi que les espaces intermédiaires. Le mot *éther* a été introduit dans le langage chimique par Frobenius, en 1730, pour désigner un liquide, déjà connu auparavant, qu'on obtient en distillant parties égales d'alcool et d'acide sulfurique, et qu'il appela ainsi probablement par allusion à sa légèreté et à sa volatilité. Aujourd'hui on donne ce nom, devenu collectif, à des composés dont plusieurs, n'étant pas distillables, manquent par conséquent de la propriété en raison

de laquelle on l'avait appliqué au corps qui l'a porté le premier. Le mot *éther* n'exprime donc plus aucune relation aux propriétés, et ne s'employe qu'eu égard à la composition des substances auxquelles on l'applique, lesquelles néanmoins ont cela de commun que toutes elles résultent d'une modification apportée à la composition de l'alcool par l'action d'un corps électro-négatif, halogène, oxacide, hydracide, ou même sel, soit que le corps dont on s'est servi reste en combinaison avec le produit, soit que celui-ci n'en contienne aucune trace. Les chimistes allemands réservent même le nom d'*éther* pour ce dernier cas exclusivement, et dans l'autre ils employent celui de *naphthe*. Berzelius n'applique le mot *éther* qu'aux composés du premier genre, et quant à ceux du second, il les désigne par le même terme, auquel il joint pour épithète le nom de l'acide dont les élémens se sont combinés avec l'éther.

ÉTHÉRATE, subst. m., *ætheras*. Genre de sels (*æthersaure Salze*, all.) qui sont produits par la combinaison de l'acide éthérique avec les bases salifiables.

ÉTHÉRÉ, adj., *æthereus*; *ætherisch* (all.); qui a les qualités ou les propriétés de l'éther; *liqueur éthérée*, *odeur éthérée*. Bory établit, sous le nom de *règne éthéré*, une grande classe de corps naturels, dans laquelle il comprend tous les fluides impondérables. Le *Phaeton æthereus* est ainsi appelé parce qu'il ne s'éloigne pas des régions que le soleil n'abandonne jamais.

ÉTHÉRIME, subst. m. Nom générique dont Guibourt se sert pour désigner les éthers.

ÉTHÉRIQUE, adj., *æthericus*. Le nom d'*acide éthérique* (*Aethersäure*, all.) a été donné à l'acide lampique, parce qu'il est le produit de la combustion de l'alcool.

ÉTHÉRISATION, subst. f. Conversion en éther.

ÉTHÉRISÉ, adj. ; qui a été converti en éther.

ÉTHRIOSCOPE, s. m., *aithrioscopium* (αἰθρία, serein, σκοπέω, voir). Sorte de thermoscope, imaginé par Leslie, qui sert à faire connaître la force du rayonnement de la chaleur vers le ciel exempt de nuages.

ÉTHULIÉES, adj. et subst. f. pl., *Ethulieæ*. Nom donné par H. Cassini à un groupe de la tribu des Vernoniées prototypes, qui a pour type le genre *Ethulia*.

ÉTIOLÉ, adj. Se dit d'une *plante* qui, ayant cru dans un endroit obscur ou peu éclairé, n'a fourni que des pousses grêles, alongées, flexibles, d'un blanc soyeux, munies de feuilles petites, écartées et d'un blanc jaunâtre.

ÉTIOLEMENT, subst. m., *chlorosis*; *scloramento* (it.). Phénomène offert par les plantes étiolées, qui, déjà connu d'Aristote, a été observé pour la première fois dans les temps modernes par Ray, puis étudié par Bonnet, Meese et Senebier, dont les recherches en ont fait connaître la cause, due à la privation de la lumière.

ÉTOILE, s. f., *stella*; ἄστρον; *Stern* (all.) ; *star* (angl.) ; *stella* (it.). Nom donné aux astres qu'on voit briller la nuit d'une lumière très-vive, dont nos plus forts télescopes n'augmentent pas la grosseur apparente, qui paraissent conserver toujours entre eux les mêmes situations respectives, qu'on suppose lumineux par eux-mêmes, et qu'on regarde comme autant de soleils plus ou moins gros, placés hors des limites de la sphère du nôtre, à une distance plus ou moins considérable. Le nombre des étoiles que de bons yeux peu-

vent distinguer sur les deux hémisphères du ciel s'élève à environ sept mille ; mais les instrumens d'optique le multiplient prodigieusement. Les botanistes appellent quelquefois *étoiles*, les *rosettes* des mousses. *V.* ce mot.

ÉTOILÉ, adj., *stellatus, stellulatus, stelliformis, radiatus, asterizans, stellaris, sidereus*; *gestirnt* (all.) ; *starry* (angl.) ; *stellato* (it.); qui a la forme d'une étoile. On emploie ce mot : 1° en botanique : *calice étoilé*, quand il s'ouvre en forme d'étoile, après que la fleur est passée (ex. *Lampsana stellata*); *péricline étoilé*, lorsqu'avant son épanouissement ses pièces sont munies de longues épines disposées en étoiles (ex. *Calcitrapa stellata*); *corolle étoilée*, quand elle est monopétale, régulière, à tube très-court, à limbe ouvert et plane, mais que les divisions de celui-ci ont de petites dimensions et sont pointues (ex. *Valantia cruciata*); *stigmate étoilé*, quand il est découpé en lobes imitant une étoile par leur disposition (ex. *Nymphœa radiata*); *poils étoilés*, quand ils produisent des rameaux simples, qui partent d'un centre commun en divergeant (ex. *Cistus polifolius*); *feuilles étoilées*, lorsqu'elles sont petites, verticillées et fort étalées au sommet des rameaux (ex. *Callitriche verna*); *fruit étoilé*, lorsqu'il est divisé en lobes aigus, qui divergent comme des rayons (ex. *Damasonium stellatum*), ou qu'il se compose de plusieurs gousses disposées en étoile sur un même pédicule (ex. *Astragalus stella*). 2° En zoologie, ce mot est souvent employé comme épithète indiquant soit la disposition des couleurs du corps, qui forment une ou plusieurs taches ou mouchetures étoilées (ex. *Mustelus asterias, Balista stellatus, Cyclops asterizans, Muscicapa stellata, Ardea stellaris, Naïa* *asterias*), soit la présence, sur diverses parties du corps, de petits appendices disposés de manière à imiter plus ou moins bien une étoile (ex. *Acipenser stellatus*, *Bodianus stellatus*, *Astrea siderea*, *Astrea stellulata*).

ÉTOILÉES, adj. et s. f. pl., *Stellatæ*. Nom donné par Linné à une famille de plantes, qui correspond aux Rubiacées des modernes, et par Candolle à une tribu de cette dernière famille, à cause de la disposition des feuilles autour de la tige.

ÉTOILÉS, adj. et s. m. pl., *Stellata*. Nom donné par Eichwald à une famille de la classe des Cyclozoaires, renfermant ceux qui, comme les astéries, ont le corps étoilé.

ÉTOUPE, s. f., *stupa; Werg* (all.); *town* (angl.); *stoppa* (it.). Matière filamenteuse qu'on trouve soit au collet, soit dans l'intérieur du fruit de certaines plantes.

ÉTOUPEUX, adj., *stuposus; wergartig* (all.). Les entomologistes appellent *palpes étoupeux* ceux qui sont couverts de poils fins, serrés et mous au toucher. Ex. *Papillon*.

ÉTUI, s. m. *vagina*. On donne ce nom, chez les insectes, à la tige cornée qui fait partie de l'aiguillon des Hyménoptères, et qui est un fourreau destiné à loger le dard. Parfois aussi on l'applique aux élytres des coléoptères.

EUCHLORINE, s. m. (εὖ, bien, χλωρὸς, verd). H. Davy désigna d'abord ainsi le gaz oxide chloreux, découvert par lui en 1811, parce que ce gaz a une couleur plus foncée que celle du chlore.

EUCHONDRITES, adj. et s. m. pl., *Euchondrites* (εὖ, bien, χόνδρος, grain). Nom donné par J.-A. Ritgen à une famille de Reptiles ophidiens, renfermant ceux qui ont la peau grenue et ne sont pas vénéneux.

EUCHROME, adject., *euchromus* (εὖ, bien, χρῶμα, couleur); qui a une belle couleur. Ex. *Æquorea euchroma*.

EUCHYME, s. m., *euchymus* (εὖ, bien, χυμός, chyme). Nom donné par Hayne au cambium des végétaux.

EUCLANIDOTES, adj. et s. m. pl., *Euclanidota*. Nom donné par C.-G. Ehrenberg à une tribu de la classe des Rotifères, qui a pour type le genre *Euclanis*.

EUCLIDIÉES, adj. et s. f. pl., *Euclidieæ*. Nom donné par Candolle à une tribu de la famille des Crucifères, qui a pour type le genre *Euclidium*.

EUDIOMÈTRE, s. m., *eudiometrum; Luftgütemesser* (all.) (εὔδιος, serein, μετρέω, mesurer). Instrument dont on se sert pour mesurer le degré de pureté de l'air atmosphérique, la quantité d'oxigène qu'il contient.

EUDIOMÉTRIE, s. f., *eudiometria*. Art de reconnaître, par des procédés chimiques, la proportion d'oxigène qui existe dans l'air atmosphérique.

EUDIOMÉTRIQUE, adj., *eudiometricus;* qui a rapport à l'eudiométrie; *expérience* ou *instrument eudiométrique*.

EUHÉDYSARÉES, adj. et s. f. pl., *Euhedysareæ*. Nom donné par Candolle à une section de la tribu des Hédysarées, comprenant celles qui appartiennent par excellence à ce groupe.

EULEPTOSPERMÉES, adj. et s. f. pl., *Euleptospermeæ*. Nom donné par Candolle à un groupe de la tribu des Leptospermées, qui a pour type le genre *Euleptospermum*.

EUMÉRODES, adj. et s. m. pl., *Eumerodes* (εὖ, bien, μέρος, membre). Nom donné par Duméril à une famille de l'ordre des Sauriens, renfermant ceux de ces reptiles qui ont les membres bien conformés.

EUNICÉES, adj. et s. f. pl., *Eunicea*. Nom donné par Latreille à une

...amille d'Annelides, qui a pour type ... genre *Eunice*.

EUNICES, adj. et s. m. pl., *Euni-ces*. Nom sous lequel Savigny et La-marck désignent une famille d'Anne-lides, ayant le genre *Eunice* pour type.

EUNICIENS, adj. et s. m. pl., *Eu-niciei*. Nom donné par Audouin et M. Edwards à une famille de l'ordre des Annelides errantes, qui a pour type le genre *Eunice*.

EUPATORIACÉES, adj. et s. f. pl., *Eupatoriaceæ*. Nom donné par Les-sing à une tribu de la famille des Sy-nanthérées, qui a pour type le genre *Eupatorium*.

EUPATORIÉES, adj. et s. f. pl., *Eupatorieæ*. Nom donné par H. Cas-sini à une tribu de la famille des Sy-nanthérées, par Lessing à une sous-tribu de la tribu des Eupatoriacées, ayant le genre *Eupatorium* pour type.

EUPATORINE, s. f., *eupatorina*. Alcali organique que Riphini a dé-couvert dans l'*Eupatorium canna-binum*.

EUPHORBIACÉES, adj. et s. f. pl., *Euphorbiaceæ*. Nom donné par Jussieu à une famille de plantes, qui a pour type le genre *Euphorbia*.

EUPHORBIÉES, adj. et s. f. pl., *Euphorbieæ*. Nom donné par A. Jus-sieu et Kunth à une tribu de la fa-mille des Euphorbiacées, qui ren-ferme le genre *Euphorbia*.

EUPION, s. m., *eupion* (εὖ, bon, πιῶν, graisse). Nom sous lequel Rei-chenbach désigne une huile pyrogé-née liquide qui se produit pendant la distillation sèche des substances organiques.

EUPLOTES, adj. et s. m. pl., *Eu-plota*. Nom donné C.-G. Ehrenberg à une tribu de la classe des Infusoires Polygastriques, qui a pour type le genre *Euplœa*.

EUPODES, adj. et s. m. pl., *Eu-poda* (εὖ, bien, πούς, pied). Nom donné par Latreille et Eichwald à une famille d'Insectes coléoptères, dont la plupart ont les cuisses posté-rieures très-renflées ou fort grandes.

EUPTÉRIDE, adject., *eupterideus* (εὖ, bien, πτερίς, fougère). L'*Anti-pathes eupteridea* est ainsi appelée à cause de la forme de ses pinnules, qui ressemblent à une belle plume de paon décolorée.

EURYCOPIDOPTÈNES, adj. et s. m. pl., *Eurycopidopteni* (εὐρύς, lar-ge, κοπίς, sabre, πτηνός, oiseau). Nom donné par J.-A. Ritgen à une fa-mille d'oiseaux marins ou plongeurs, qui, comme les Pélicans, se font re-marquer par la forme et la grandeur de leur bec.

EURYLABE, adject., *eurylabis* (εὐρύς, large, λαβίς, tenaille); qui a l'anus garni de tenailles très-larges. Ex. *Asilus eurylabis*.

EURYLAIMES, subst. m. pl. Nom donné par Lesson à une famille de l'ordre des Passereaux, ayant pour type le genre *Eurylaimus*.

EURYSTOMES, adj. et s. m. pl., *Eurystoma* (εὐρύς, large, στόμα, bouche). Nom sous lequel Ranzani désigne une famille de Passereaux, dans laquelle il range des oiseaux qui ont le bec largement fendu.

EUSPERMACOCÉES, adj. et s. f. pl., *Euspermacoceæ*. Nom donné par Candolle à une section de la fa-mille des Rubiacées, comprenant cel-les qui se rapprochent le plus du genre *Spermacoce*.

EUTHÉTIQUE, adject., *eutheticus* (εὖ, bien, τίθημι, disposer). Épi-thète donnée, dans la nomenclature minéralogique de Haüy, à une va-riété dont les faces présentent un as-sortiment d'où résultent des caractè-res remarquables de symétrie. Ex. *Chaux carbonatée euthétique*.

EUXÉNIÉES, adject. et s. f. pl., *Euxenieæ*. Nom donné par Lessing à une section de la sous-tribu des Astéroïdées mélampodiées, qui a pour type le genre *Euxenia*.

ÉVAGINULÉES, adj., *Evaginulati* (*e*, priv., *vaginula*, petite gaîne). Bridel donne ce nom à une classe de Mousses, comprenant celles dont le pédicule est privé de périchèze.

ÉVALVE, adj., *evalvis* (*e*, priv., *valva*, valve). Épithète donnée par Mirbel au *drupe*, quand il est dépourvu de valves (ex. *Olea europæa*), et par quelques autres botanistes aux péricarpes qui ne s'ouvrent pas, cas dans lequel elle devient synonyme de *indéhiscent. V.* ce mot.

ÉVANESCENT, adj., *evanescens*; *verschwindend* (all.). Mirbel appelle *nectaire évanescent*, celui qui s'amoindrit à mesure que le fruit se développe, et qui finit par disparaître entièrement (ex. *Saxifraga hypnoides*). Un *prothorax évanescent* est, suivant Kirby, celui qui n'est point distinct, ou qui est seulement représenté par une membrane (ex. beaucoup d'*hyménoptères* et de *diptères*).

ÉVANIADES, adj. et s. m. pl., *Evaniadæ*. Nom donné par Leach à la famille des *Evaniales. V.* ce mot.

ÉVANIALES, adj. et s. m. pl., *Evanialia*. Nom donné par Lamarck, Cuvier, Latreille, Goldfuss et Eichwald à une famille ou tribu des insectes hyménoptères pupivores, qui a pour type le genre *Evania*.

ÉVANIDINERVÉ, adj., *evanidinervus* (*evanidus*, effacé, *nervus*, nerf). Se dit d'une plante dont les nervures des feuilles sont presque effacées. Ex. *Gymnostomum gracillimum*.

ÉVAPORABLE, adj., *vaporabilis*; διαφορητικὸς; qui est susceptible de s'évaporer.

ÉVAPORATION, s. f., *vaporisatio*, *evaporatio*, *vaporatio*; διαφόρησις; *Ausdünstung*, *Verdünstung* (all.).

Ascension lente et graduelle, dans l'air, d'un liquide qui s'y répand sous la forme de fluide aériforme; réduction d'un liquide en vapeur à une température qui serait insuffisante pour lui donner une tension égale à celle de l'atmosphère ; formation d'une vapeur à la surface libre d'un liquide ou même d'un corps solide ; disparition graduelle d'un corps liquide ou solide à l'air ; opération qui consiste à réduire en vapeur un liquide contenant en dissolution une substance fixe ou susceptible de se volatiliser avec lui.

ÉVAPOROMÈTRE, s. m., *evaporatorium*. Synonyme peu usité d'*atmomètre. Voyez* ce mot.

ÉVECTION, s. f., *evectio*. La plus considérable des inégalités périodiques auxquelles est assujéti le mouvement de la Lune. Elle a été découverte par Ptolémée. Son effet constant et général est de diminuer l'équation du centre dans les syzygies, et de l'augmenter dans les quadratures. Sa valeur absolue varie avec la distance angulaire de la Lune au Soleil, et celle de la Lune au périgée de son orbite. Sa période est de 31 j. 8 h 11 939, intervalle après lequel elle reprend successivement la même valeur.

ÉVENT, s. m., *apertura*. On appelle ainsi les narines des cétacés, parce qu'elles leur servent à rejeter l'eau qui reste dans leur bouche chaque fois qu'ils la ferment pour saisir leur nourriture. Au moyen d'un mécanisme particulier, cette eau est rejetée par les narines, et lancée avec force en un jet souvent fort élevé.

ÉVOLUTÉ, adj., *evolutus*. Épithète que Férussac donne aux coquilles univalves, lorsqu'elles sont enroulées dans le plan vertical, et que leur spire est plus ou moins alongée.

ÉVOLUTION, s. f., *evolutio* (*evolvo*, dérouler). Développement, action de se développer, de se dérouler. On appelle ainsi un sytème physiologique (*Einschachtelungslehre*, (all.), dont les partisans supposent que le nouvel être qui résulte de l'acte de la génération, préexistait à cet acte, lequel ne fait que le tirer de la torpeur où il était plongé, lui donner une vie plus active, lui imprimer assez d'énergie pour qu'il puisse croître rapidement et parcourir les phases de sa nouvelle existence.

ÉVOMPHALE, adj., *evomphalus* (εὖ, bien, ὄμφαλος, nombril). Le *Planorbus evomphalus* est ainsi nommé parce qu'il est tout-à-fait plat en dessus et concave en dessous.

ÉVONYMÉES, adj. et s. f. pl., *Evonymeæ*. Nom sous lequel Candolle désigne une tribu de la famille des Célastrinées, érigée en famille par Caffin, qui a pour type le genre *Evonymus*.

EXALBUMINÉ, adject., *exalbuminosus* (*ex*, sans, *albumen*, périsperme). Gaertner donnait cette épithète à l'*embryon*, lorsque, après la fécondation, il absorbe et fait disparaître l'amnios, sans laisser de résidu, en sorte qu'il ne se produit pas d'albumen ou de périsperme.

EXAMPHIGASTRIÉ, adj., *examphigastriatus*. Nom donné par J.-B.-G. Lindenberg aux Jungermannies dont les feuilles sont dépourvues de stipules ou amphigastres.

EXANTENNÉ, adj., *exantennatus* (*ex*, sans, *antenna*, antenne). Épithète que Lamarck appliquait aux Arachnides qui n'ont point d'antennes.

EXANTENNÉES-BRANCHIALES, adj. et s. f. pl., *Exantennatæ-branchiales*. Sous ce nom, Lamarck désigne un ordre de la classe des Arachnides, comprenant ceux de ces animaux qui n'ont pas d'antennes et respirent par des poches branchiales.

EXANTENNÉES-TRACHÉENNES, adj. et s. f. pl., *Exantennatæ-trachea-*les. Dénomination imposée par Lamarck à un ordre de la classe des Arachnides, comprenant ceux de ces animaux qui sont privés d'antennes et respirent par des trachées.

EXANTHÉMATIQUE, adj., *exanthematicus, exanthematosus* (ἐξανθέω, fleurir); qui est muni de tubercules semblables à une éruption cutanée. Ex. *Varanus exanthematicus.*

EXANTHÉMOIDE, adj., *exanthemoïdeus*; qui ressemble à une éruption de boutons ou de pustules, comme certains champignons. Ex. *Variolaria.*

EXAPOPHYSÉ, adj., *exapophysatus*. Épithète donnée à une mousse qui est dépourvue d'apophyse. Ex. *Coscinodon nudum.*

EXARTICULÉ, adj., *exarticulatus*. Épithète donnée par les entomologistes à des antennes qui n'ont point d'articulations visibles.

EXATMOSCOPE, s. m., *exatmoscopium* (ἔξ, de, ἀτμός, vapeur, σκοπέω, voir). Synonymie inusité d'*atmomètre. Voyez* ce mot.

EXCENTRICITÉ, s. f., *excentricitas*; *Ekcentricität* (all.); *eccentricity* (an.)(*ex*, en dehors, *centrum*, centre). Les astromomes donnent ce nom à la distance du soleil au point central de l'ellipse que décrivent les planètes et les comètes, dans leur révolution autour de lui. En botanique, on appelle *excentricité des couches ligneuses*, la disposition ordinaire des tiges des arbres qui fait que la moelle occupe rarement le centre du bois, dont les couches concentriques sont en général plus larges d'un côté que de l'autre.

EXCAVÉ, adj., *excavatus*; qui offre un creux, une excavation. Les filets des étamines du *Clausena excavata* sont élargis et creusés à leur partie inférieure, qui enveloppe l'ovaire.

EXCENTRIQUE, adj., *excentricus*. On donne cette épithète, en botanique, à l'*ovaire*, quand il n'occupe pas le centre de la fleur, mais se trouve placé sur le côté du placenta, et à l'*embryon*, lorsqu'il s'éloigne sensiblement du centre du périsperme, dans lequel il est tout-à-fait renfermé (ex. *Cyclamen europæum*). Les physiciens disent qu'il y a *choc excentrique* quand les corps ne se meuvent pas sur une même ligne qui joigne leur centre d'inertie.

EXCENTROSTOMES, adj. et s. m. pl., *Excentrostomata* (ἐξ, hors de, κέντρον, centre, στόμα, bouche). Nom donné par Blainville à une famille de l'ordre des Echinodermaires échinides, comprenant ceux de ces animaux dont la bouche, au lieu d'être au centre du corps, se rapproche plus ou moins de son extrémité antérieure.

EXCIPIENT, adj. et s. m., *excipiens* (*excipio*, recevoir). Autrefois ce mot était, en chimie, synonyme de *dissolvant*.

EXCIPULE, s. f., *excipula*. On appelle ainsi de petites verrues qui, dans certains lichens, sont formées par le thalle, et percées d'une étroite ouverture. Ex. *Trypethelium*.

EXCIPULIFORME, adj., *excipuliformis* (*excipula*, vase, *forma*, forme); qui a la forme d'une coupe (ex. *Lycoperdon excipuliforme*). Synonyme peu usité de *cyatiforme*.

EXCITABILITÉ, s. f., *excitabilitas*; *Reizbarkeit* (all.). Faculté dont les corps organisés vivans sont doués d'entrer en action lorsqu'ils viennent à recevoir l'impression d'une cause stimulante.

EXCITATEUR, adj. et s. m., *excitator*; *Auslader* (all.). Instrument de physique à l'aide duquel on parvient à décharger un appareil électrique, sans craindre de recevoir aucune commotion.

EXCORIÉ, adj., *excoriatus* (*ex*, sans, *corium*, peau); qui n'a pas de

peau. Le *Coccoloba excoriata* est ainsi appelé parce que son écorce est tellement fine qu'il paraît ne point en avoir; l'*Agaricus excoriatus*, parce que l'épiderme de son chapeau est si adhérent, qu'il semble en être dépourvu.

EXCRÉMENT, s. m., *excrementum, excretum*; *Ausleerungen* (all.) (*excerno*, séparer). Ce mot exprime, dans un sens général, tout ce qu'un corps organisé rejette au dehors, et, dans une acception plus restreinte, les résidus de la digestion, chez les animaux pourvus d'un canal alimentaire.

EXCRÉTION, s. f., *excretio*; *Ausführung, Ausleerung, Aussonderung* (all.) (*excerno*, séparer). Action par laquelle un organe creux se débarrasse des matières qu'il contenait et qui s'y étaient accumulées; produit de cette action.

EXCRÉTOIRE, adj., *excretorius*; *ausführend* (all.). Épithète donnée aux organes qui préparent certains liquides destinés à sortir des corps organisés vivans, et à ceux qui conduisent ces liquides au dehors.

EXFOLIATION, s. f., *exfoliatio* (*ex*, de, *folium*, feuille). On employe ce terme quand il s'agit d'exprimer qu'une partie se détache de la surface d'une autre par feuillets desséchés.

EXHAUSSÉ, adj., *sublatus*. Épithète donnée par Mirbel à l'*ovaire*, quand il s'amincit en une espèce de support (ex. *Colutea arborescens*), ou lorsqu'il est porté sur un véritable support (ex. *Silene Armeria*).

EXOCHNATES, adj. et s. m. pl., *Exochnata* (ἔξω, hors de, γνάθος, mâchoire). Nom donné par Fabricius à un ordre d'insectes, comprenant ceux qui ont plusieurs mâchoires en dehors de la lèvre.

EXODERME, subst. m., *exoderma* (ἔξω, hors de, δέρμα, peau). Nom

donné par Kirby à la croûte extérieure du corps des insectes.

EXOEME, s. m., *exoemum* (ἔξω,
hors de, οἰμάω, sortir). Sous ce nom,
L.-C. Richard désignait deux petits
faisceaux de poils qui semblent quelquefois former un verticille, ou deux
petites éminences rarement prolongées comme de très-petites paillettes,
au sommet du support de la glume,
dans plusieurs graminées.

EXOGÈNE, adj., *exogenus* (ἔξω,
hors de, γέννάω, engendrer). Nom
donné par Candolle aux végétaux
dont les vaisseaux sont comme épars
dans la tige, et disposés de manière
que les plus anciens, c'est-à-dire les
plus durs, occupent la circonférence,
et que l'accroissement principal a
lieu par le centre.

EXOGYNE, adj., *exogynus* (ἔξω,
dehors, γυνὴ, femme); qui a le style
saillant hors de la fleur. Ex. *Bou-
vardia exogyna.*

EXONDÉ, adj., *exundatus*. On
s'est servi de ce mot pour désigner
les parties du globe terrestre qui font
saillie au-dessus de la surface des
eaux.

EXONGUICULÉ, adj., *exungui-
culatus, muticus; ungenagelt* (all.)
(*ex*, priv, *unguis*, ongle). Épithète
donnée par Illiger aux *doigts* des
mammifères, quand ils ne sont point
garnis d'ongles.

EXOPTILE, adj., *exoptilus* (ἔξω,
hors de, πτίλον, aile). Lestiboudois
donne cette épithète aux végétaux et
aux embryons dont la gemmule est
libre, c'est-à-dire n'est point renfermée dans la cavité cotylédonnaire.

EXORHIZE, adj., *exorhizus* (ἔξω,
hors de, ῥίζα, racine). Épithète donnée par L.-C. Richard aux plantes
dont, à l'époque de la germination,
la radicule s'alonge par son extrémité,
comme le font les racines pendant le
cours de la vie, et ne pousse qu'assez
tard des radicules latérales. Richard

exprimait par là que ces végétaux ont
une radicule pour ainsi dire saillante
et développée.

EXOSMOSE, s. f., *exosmosis* (ἔξω,
hors de, ὠσμός, impulsion). Impulsion du dedans au dehors. *Voyez*
ENDOSMOSE.

EXOSPORES, adj. et s. m. pl.,
Exosporii (ἔξω, hors de, σπορά, semence). Nom donné par Persoon à
une classe de champignons, comprenant ceux dont les spores sont contenues dans un réceptacle qui s'ouvre
à l'époque de la maturité.

EXOSTOME, s. m., *exostoma* (ἔξω,
hors de, στόμα, bouche). Nom donné
par Mirbel à l'ouverture dont est percée la partie de l'ovule qu'il appelle
primine.

EXOSTYLE, adj., *exostylus* (ἔξω,
hors de, στύλος, style). Épithète que
Mirbel employait jadis, mais qu'il a
rejetée depuis, pour désigner les péricarpes qui se divisent en plusieurs
parties sur lesquelles il ne reste aucune trace de style. Ex. *Labiées.*

EXOTHALASSIBIÉ, adj., *exotha-
lassibius* (ἔξω, hors de, θάλασσα,
mer, βίος, vie). Épithète donnée par
Gualtieri aux coquilles qui ne sont
pas marines.

EXOTIQUE, adj., *exoticus, ex-
traneus;* ἐξωτικός; *ausländisch* (all.);
esotico (it.); qui est étranger, qui
vient des pays étrangers. Ex. *Cardium exoticum.*

EXOTRACHÉE, s. f., *exotrachea*
(ἔξω, hors de, τραχεῖα, trachée).
Nom donné par Latreille aux trachées qui, dans quelques larves aquatiques (ex. *Gyrinus*), parcourent,
en forme de veines anastomosées,
l'intérieur de divers appendices, ou
nageoires latérales, qu'on appelle
fausses branchies.

EXPANSIBILITÉ, s. f., *expansi-
bilitas; Ausdehnsamkeit* (all.). Faculté de se distendre par l'effet d'une
cause quelconque. On emploie sur-

tout ce mot lorsqu'il est question de gaz.

EXPANSIBLE, adj., *expansibilis; ausdehnsam* (all.) (*expando*, étendre); qui est doué d'expansibilité.

EXPANSIF, adj., *expansivus;* qui est susceptible de s'étendre.

EXPANSION, s, f., *expansio; Ausdehnung* (all.); *espanzione* (it.). État de dilatation d'un corps doué d'expansibilité.

EXPIRATION, s. f., *expiratio;* ἐκπνοὴ; *Ausathmen* (all.) (*ex*, hors de, *spiro*, souffler). Expulsion de l'air qui a été introduit dans l'organe respiratoire.

EXPLOSIF, adj., *explosivus* (*explodo*, chasser en poussant). Les physiciens nomment *distance explosive* le plus grand intervalle qui, dans un milieu quelconque non conducteur, puisse se trouver entre deux corps dont l'un soutire le fluide électrique de l'autre par une étincelle, laquelle n'a plus lieu au delà de cette distance.

EXPLOSION, s. f., *eruptio.* Mouvement impétueux, et accompagné de bruit, qui a lieu quand un corps, s'enflammant tout à coup, produit un dégagement considérable de gaz qui déplacent violemment tous les corps gazeux, liquides et solides environnans.

EXPRESSION, s. f., *expressio; Auspressen* (all.) (*ex*, hors de, *premo*, presser). Opération par laquelle on sépare, au moyen de la pression, un liquide interposé entre les particules d'un corps solide; manière dont les impressions que nous recevons du dehors se peignent dans tout notre extérieur, et notamment dans les traits du visage.

EXSCUTELLÉ, adj., *exscutellatus.* Épithète donnée par Kirby à tout insecte dont on n'aperçoit pas le scutellum, qui est couvert par le prothorax. Ex. *Copris.*

EXSERT, adj., *exsertus; herausgeschoben* (all.). L.-C. Richard employait ce terme pour désigner, dans les plantes, toute partie qui fait saillie au dehors de celle par laquelle elle est contenue, ou qui dépasse les parties environnantes en longueur ou en hauteur; il s'applique surtout aux étamines. Ex. *Morinda exserta, Vouapa staminea, Ribes stamineum.*

EXSERTION, s. f., *exsertio.* Candolle propose, avec raison, de substituer ce mot à celui d'*insertion*, dans la langue botanique, parce qu'il s'agit toujours d'organes qui se séparent ou qui saillent d'une base commune, et non d'organes qui s'implantent sur d'autres ou s'ajoutent à eux.

EXSTIPULACÉ, adj., *exstipulaceus; afterblattlos* (all.) (*ex*, priv., *stipula*, stipule). Se dit d'une *feuille* qui n'a pas de stipules.

EXSTIPULAIRE, adj., *exstipularis;* qui n'a point de stipules. Ex. *Sida exstipularis.*

EXSTIPULÉ, adj., *exstipulatus; afterblattlos, nebenblattlos, nacktwinklig* (all.); qui n'a pas de stipules. Ex. *Calythrix exstipulatus, Pelargonium exstipulat m.*

EXTENSIBILITÉ, s. f., *extensibilitas; Ausdehnbarkeit* (all.); *extensiveness* (angl.); *stendibilità* (it.). Propriété dont jouissent certains corps de s'étendre lorsqu'on les soumet à l'action simultanée de deux forces agissant sur eux en sens contraire.

EXTENSIBLE, adj., *extensibilis; ausdehnbar* (all.); *stendibile* (it.); qui est susceptible de s'étendre, de s'alonger.

EXTENSILINGUE, adj., *extensilinguis* (*extensus*, étendu, *lingua*, langue). Épithète donnée par A.-H. Harvorth aux reptiles sauriens qui, ayant des pattes de longueur ordinaire, ont aussi la faculté de tirer la langue hors de la bouche, comme les lézards.

EXTÉRIEUR, adject., *exterior; äusserlich* (all.); *external* (angl.); *esterno* (it.). Épithète donnée à l'embryon végétal, quand il est situé, dans la graine, à la surface du périsperme. Ex. *Graminées*.

EXTÉRIEURS, adj. et s. m. pl., *Extera*. Nom donné par E. Eichwald à un ordre de la classe des Grammazoaires, qui comprend les vers externes.

EXTERNE, adject., *externus*. Les botanistes appellent *bouton externe* celui qui fait saillie au dehors dès qu'il commence à se former. Ex. *Syringa vulgaris*.

EXTERNO-MÉDIAL, adj., *externo-medialis*. Épithète donnée par Kirby à la troisième principale nervure de l'aile des insectes.

EXTRA-AXILLAIRE, adj., *extra-axillaris; estrascellare* (it.) (*extra*, en dehors, *axilla*, aisselle). Se dit d'un *bourgeon* ou d'une *fleur*, quand, au lieu de naître de l'aisselle des feuilles, il prend naissance au dessus ou hors de ce point. Ex. *Vitis vinifera*.

EXTRACRESCENT, adj., *extracrescens;* qui croît ou se développe en dehors.

EXTRACTIF, adj. et s. m. (*extraho*, retirer). Nom donné par Vauquelin à une substance qu'on suppose exister dans toutes les plantes, être commune à toutes, et posséder la propriété de s'épaissir pendant l'évaporation de sa dissolution.

EXTRACTIFORME, adj., *extractiformis;* qui a la forme ou l'apparence d'un extrait; *masse extractiforme*.

EXTRADILATÉ, adj., *extradilatatus*. Épithète donnée par H. Cassini aux *squames* du péricline des Synanthérées, lorsqu'elles sont disposées sur plusieurs rangées, et que les extérieures sont plus larges que les intérieures.

I.

EXTRAFOLIACÉ, adj., *extrafoliaceus; estrafogliaceo* (it.). Épithète donnée aux *stipules*, lorsqu'au lieu d'être placées sur les feuilles ou sur les pétioles, elles naissent sur les tiges ou les rameaux. Ex. *Légumineuses*.

EXTRAFOLIÉ, adject., *extrafoliatus*. Épithète donnée par Mirbel à la *hampe*, lorsqu'elle naît, sur la racine, d'un point autre que celui qui donne naissance aux feuilles. Ex. *Limodorum purpureum*.

EXTRAIRE, adject., *extrarius*. L.-C. Richard donne cette épithète à l'*embryon* végétal, quand il est situé au dehors du périsperme (ex. *Dianthées*). Suivant Raspail, cette nudité de l'embryon n'est qu'une illusion provenant de ce qu'une portion du sac périspermatique, plus comprimé d'un côté que de l'autre, s'est plus infiltrée du côté de la moindre pression, et que l'autre côté, réduit à l'état d'une simple pellicule, adhère quelquefois en entier contre la paroi correspondante du test.

EXTRAOCULAIRE, adj., *extraocularis*. Se dit des *antennes* des insectes, quand elles s'insèrent en dehors des yeux. Ex. *Notonecte*.

EXTRAVERTÉBRÉ, adj., *extravertebratus*. Synonyme d'*invertébré*, dans le système de Geoffroy Saint-Hilaire, qui admet que, chez les animaux articulés, le squelette est extérieur, au lieu de ne point exister, comme le pensent la plupart des naturalistes.

EXTRAXILLAIRE. *Voyez* EXTRA-AXILLAIRE.

EXTRORSE, adject., *extrorsus; auswärtsgehend* (all.). Épithète donnée par Richard aux *anthères*, lorsqu'elles se dirigent en dehors (ex. *Iris*). R. Brown remplace cette épithète par celle de *posticus*.

EXUVIABLE, adject., *exuviabilis* (*exuo*, dépouiller). Se dit, en zoolo-

31

gie, de tout animal qui mue, c'est-à-dire qui change de peau sans prendre une autre forme, comme les serpens et les araignées.

EXUVIABILITÉ, s. f., *exuviabilitas*. Faculté dont certains animaux jouissent de changer de peau, sans changer de forme.

EYLAIDES, adj. et s. m. pl., *Eylaides*. Nom donné par Leach à une famille de la classe des Arachnides, qui a pour type le genre *Eylais*.

F.

FACE, subst. f. On appelle ainsi : 1° en botanique (*pagina ; Fläche*, all.), les deux surfaces d'une feuille plane ; en zoologie (*facies, vultus, os ; πρόσωπον ; Antlitz* (all.) ; *face* (angl.) ; *faccia* (it.), la partie antérieure de la tête des mammifères, celle où s'ouvrent les organes des sens. Dans les oiseaux, on donne ce nom à l'ensemble des régions ophthalmiques, des joues et des tempes, en y comprenant souvent le front, le vertex et les tempes. Kirby applique cette dénomination, dans les insectes, à toutes les parties situées entre le labre et sa jonction avec le prothorax; Robineau-Desvoidy à la région qui s'étend plus ou moins verticalement de la base des antennes à l'épistome, et transversalement d'un œil à l'autre, ce que les autres entomologistes appellent *hypostome*.

FACÉLIDÉES, adj. et s. f. pl., *Facelideœ*. Nom donné par Lessing à une sous-tribu de la tribu des Mutisiacées, qui a pour type le genre *Facelis*.

FACETTE, s. f., *latusculum*. On appelle ainsi, en minéralogie, les plus petites faces des cristaux, celles dont la présence ou l'absence n'altère pas sensiblement la forme générale; en zoologie, les lentilles diverses et nombreuses qui sont semées à la surface de l'œil des insectes, et à chacune desquelles correspond un filet du nerf optique. Les yeux de ces animaux sont dits à *facettes* (*Netzaugen*, all.).

FACIAL, adject. et s. m., *facialis* (*facies*, face); qui appartient ou qui a rapport à la face. L'*angle facial* est un angle plus ou moins aigu que forment ensemble deux lignes idéales, dont l'une passe par le méat auditif et vient toucher à l'extrémité antérieure du bord alvéolaire de la mâchoire supérieure, tandis que l'autre, partie de ce dernier point, serait tangente à la partie la plus saillante du front. Robineau-Desvoidy nomme *faciaux* deux pièces de la face des Myodaires, qui partent de la base des antennes, longent le bord de la face, et portent différens cils.

FACIES, s. f. Mot latin, que Linné adopta pour exprimer l'ensemble des formes et des caractères extérieurs dont on est frappé au premier coup d'œil jeté sur un corps naturel, et que l'usage a consacré dans notre langue. Ce mot est synonyme, ou à peu près, de *port* en botanique, et de *physionomie* en zoologie.

FACULE, s. f., *facula*. Les astronomes appellent ainsi des points plus lumineux ou plus brillans que les autres qu'on remarque sur le disque du Soleil.

FACULTÉ, s. f., *facultas ; δύναμις ; Vermögen* (all.); *faculty* (angl.); *facoltà* (it.). Aptitude à faire ou opérer quelque chose, qui est inhérente à un corps, et qui subsiste en lui tant que la disposition des parties qui y donne lieu se maintient. *Facultates*, dit Cicéron, *sunt aut quibus facilius* *fit, aut sine quibus aliquid confici non potest.*

FAGICOLE, adj. *fagicolus* (*fagus*, hêtre, *colo*, habiter); qui vit ou croît sur le hêtre, comme le *Sphæria fagicola* sur les feuilles sèches de cet arbre.

FAGOPYRINÉES, adj. et s. f. pl., *Fagopyrinæ*. Nom donné par Bartling à une classe de plantes, qui a pour type le genre *Fagopyrum*, et qui renferme les familles des Polygonées et des Nyctaginées.

FAILLE, s. f. (de l'allemand *fallen*, tomber). Fissure de séparation, perpendiculaire ou très-fortement inclinée à celles de stratification, qu'on désigne sous ce nom parce qu'elle détermine une chute ou un dérangement brusque dans la marche des couches minérales.

FAIM, s. f., *fames, esuritio, esuries, esurigo*; τιμὸς, πεῖνη; *Hunger* (all., angl.); *fame* (it.). Besoin d'introduire des alimens solides dans l'estomac.

FAISCEAU, s. m., *fasciculus, fascis, fasellus*. Les botanistes appellent ainsi un assemblage de fleurs serrées les unes contre les autres, dont les pédicules, courts et droits, partent du même point et s'élèvent à peu près à la même hauteur (ex. *Dianthus barbatus*); un paquet de feuilles qui sont réunies plusieurs ensemble dans une même gaîne (ex. *Larix*); chaque paquet d'étamines soudées par leurs filets, dans les plantes polyadelphes.

FAITE, s. m., *juga, fastigium*; *Gipfel* (all.); *summit* (angl.); *fastigio* (it.). Ligne droite, courbe ou brisée, que l'on imaginerait à la jonction des points les plus élevés des deux versans d'une chaîne de montagnes, et qu'on suppose ordinairement traverser celle-ci dans le sens de sa longueur.

FALAISE, s. f. Escarpement des côtes; contre lequel la mer vient battre avec violence.

FALCIFÈRES, adj. et s. f. pl., *Falciferæ* (*falx*, faux, *fero*, porter). Nom donné par Debuch à une tribu de la famille des Ammonées, comprenant celles dont les côtés sont garnis de plis contournés en forme de faux.

FALCIFOLIÉ, adject., *falcatus*; *sichelblättrig* (all.); qui a des feuilles falciformes. Ex. *Phyllanthus falcata*.

FALCIFORME, adj., *falciformis, falcatus, falcarius, falcatorius*; *sichelförmig* (all.); *falcato* (it.) (*falx*, faux, *forma*, forme); qui a la forme d'une faux ou d'une faucille. Se dit: 1° en botanique, des *feuilles* (ex. *Oncophorus falcatus*, *Mesembryanthemum falciforme*); des *fruits*, quand ils sont prolongés au sommet en une longue corne comprimée, courbée et comme tranchante (ex. *Ceratocephalus falcatus*); des *légumes* (ex. *Astragalus falciformis*); des *phyllodes* (ex. *Acacia falcata*). 2° En zoologie, d'un *poisson* qui a les nageoires en forme de faucille (ex. *Monodactylus falciformis*); d'un *oiseau* dont les ailes sont dans le même cas (ex. *Anas falcaria*); des *ailes* de certains papillons (ex. *Platypterix falcataria*); de l'*abdomen* de quelques ichneumons.

FALCINELLES, adj. et s. m. pl., *Falcati*. Nom donné par Illiger à une famille de l'ordre des oiseaux échassiers, comprenant ceux qui ont le bec en faux.

FALCIROSTRE, adj., *falcirostris* (*falx*, faux, *rostrum*, bec); qui a le bec (ex. *Pyrrhula falcirostris*), ou l'une des mâchoires (ex. *Hydrocyon falcirostris*) en forme de faucille.

FALCIROSTRES, adject. et s. m. pl., *Falcirostres*. Nom donné par Schaeffer, Vieillot, Ranzani et C. Bonaparte à une famille d'oiseaux échassiers, dans laquelle ils rangent ceux qui ont le bec en forme de faucille.

FALCONIDES, adj. et s. m. pl., *Falconidæ*. Nom donné par Vigors et Lesson à une famille de l'ordre des Accipitres, qui correspond à l'ancien genre *Falco* de Linné.

FALCONINS, adj. et s. m. pl., *Falconina*. Sous ce nom Vigors désigne une tribu de la famille des Falconides, qui renferme le genre *Falco*.

FALCULAIRE, adject., *falcularis* (*falcula*, faucille). Illiger donnait cette épithète aux ongles qui sont alongés, comprimés ou un peu arroudis, atténués, et implantés sur le côté supérieur de la phalange onguéale.

FALCULÉ, adj., *falculatus; krallenförmig*. Se dit d'un doigt qui est garni d'un ongle falculaire.

FALCULÉS, adj. et s. m. pl., *Falculata*. Nom donné par Illiger à un ordre de la famille des Mammifères, comprenant ceux qui ont les pattes armées de griffes, ou la plupart des Carnassiers des autres auteurs.

FALQUÉ, adj., *falcatus* (*falx*, faux). Mirbel applique cette épithète aux *cotylédons*, lorsqu'ils sont alongés et courbés comme le fer d'une faux ou d'une serpette (ex. *Ægiceras majus*), et à la *lèvre* supérieure d'une corolle labiée, quand elle est dans le même cas (ex. *Salvia pratensis*).

FALSINERVE, adj., *falsinervis* (*falsus*, faux, *nervus*, nerf). Épithète donnée par Candolle aux feuilles dont les nervures n'ont pas de vaisseaux, et sont composées de simple tissu cellulaire, comme dans les *Fucus*.

FALUN, s. m., *Muschelerde* (all.). Terrain meuble et sablonneux, principalement composé de coquilles et autres corps marins, brisés en grande partie, et ayant peu d'adhérence entr'eux.

FANON, s. m., *palearia laxa; Wammen* (all.); *dewlap* (angl.);

pagliolaja (it.). Pli de la peau du bœuf qui pend à la partie antérieure du col et de la poitrine; touffe de poils longs et forts, qui naissent à la partie postérieure et inférieure du boulet, dans le cheval; assemblage de lames cornées qui garnissent transversalement le palais des baleines, et qu'on a regardées à tort comme ses dents, parce qu'elles en tiennent lieu, car Geoffroy Saint-Hilaire a trouvé de véritables dents dans les mâchoires; paire de caroncules situées sur les côtés ou à la base de la mâchoire inférieure, dans quelques oiseaux; repli cutané, en forme de goître, qui pend sous la gorge de quelques reptiles sauriens.

FARINACÉ, adj., *farinaceus;* qui est d'une substance friable et susceptible de se réduire en farine par la trituration, comme le périsperme des Graminées. On donne cette épithète à des plantes qui sont, ou couvertes d'une poudre blanche (ex. *Peziza farinacea*), ou parsemées de tubercules farineux (ex. *Physcia farinacea*), ou entièrement pulvérulentes (ex. *Polyporus farinellus*).

FARINAL, adj., *farinalis* (*farina*, farine); qui se nourrit de farine, comme la larve de la *Phalæna farinalis*.

FARINEUX, adj., *farinosus; mehlig* (all.). Ce mot, qui a la même signification que le précédent, est employé comme épithète pour désigner des plantes qui offrent une poussière blanchâtre, semblable à de la farine, sur leurs rameaux (ex. *Loranthus farinosus*), leurs feuilles (ex. *Cadaba farinosa*, *Combretum farinosum*), ou leurs graines (ex. *Phascolus farinosus*). En zoologie, il désigne quelquefois des animaux qui se nourrissent de farine, comme la chenille du *Crambus farinalis*, mais plus souvent des animaux dont le corps est couvert d'une poussière farinacée, comme le corps de la femelle du *Coccus farinosus*, ou les élytres du *Melolontha farinosa*. En minéralogie, la baryte sulfatée terreuse a été appelée *spath farineux*, parce qu'elle ressemble à de la farine.

FASCIATION, s. f., *fasciatio ; Breitwerden* (all.) (*fascia*, bande). Conformation vicieuse des branches, pédoncules et pétioles, lorsqu'ils prennent l'aspect d'expansions *fasciées*. *Voyez* ce mot.

FASCICULAIRE, adj., *fascicularis* (*fasciculus*, faisceau). Ce terme est quelquefois employé comme synonyme de *fasciculé*. On nomme *réservoirs fasciculaires*, des faisceaux de petites cellules tubulées, parallèles, et pleines de sucs propres, tels que ceux qui se trouvent dans l'écorce des Apocynées.

FASCICULE, s. m., *fasciculus ; Büschel* (all.); *fascicole* (it.). A quelques légères différences près, Linné, Willdenow, Candolle, Hayne et Link définissent ce terme un assemblage de fleurs serrées les unes contre les autres, et arrivant presque au même niveau, dont les pédoncules courts partent du même point, ou à peu près (ex. *Dianthus barbatus*). Roeper définit le fascicule un mode d'inflorescence consistant en une cyme générale dont la fleur centrale a avorté, et qui se divise en plusieurs branches latérales, les unes dichotomes à la base, les autres simples, et à fleurs toutes latérales par l'avortement des pétioles secondaires, mais où ces dernières sont très-courtes, de sorte que les fleurs se trouvent agglomérées ensemble.

FASCICULÉ, adj., *fasciculatus, fascicularis ; büschelartig, büschelförmig* (all.); *affustellato* (it.); qui est réuni en faisceaux. Candolle appelle *feuilles fasciculées*, celles qui paraissent naître en faisceaux, soit qu'étant composées elles aient leur

pétiole commun si court qu'elles semblent provenir d'une même base (ex. *Aspalathus*), soit que la véritable feuille avorte en tout ou en partie, et que le rameau qui se développe à son aisselle, reste très-court et chargé de petites feuilles (ex. *Berberis*). D'autres botanistes appellent *feuilles fasciculées* celles qui partent ensemble d'un même point (ex. *Larix*), ou celles qui forment des touffes épaisses (ex. *Dicranum fasciatum*, *Leskia fasciculosa*, *Darwina fascicularis*). On nomme *fleurs fasciculées* celles qui viennent en grappes serrées (ex. *Mahonia fascicularis*, *Canthium fasciculatum*); *épines fasciculées*, celles qui proviennent d'un même point (ex. *Cactus cylindricus*); *rameaux fasciculés*, ceux qui sont très-serrés les uns contre les autres (ex. *Racomitrium fasciculare*, *Leskia congesta*); *racines fasciculées*, celles qui sont divisées jusqu'à la base en plusieurs parties alongées, qui, par leur rapprochement, forment une espèce de faisceau (ex. *Ranunculus fascicularis*). Les zoologistes disent le *corselet fasciculé*, dans les insectes, quand il est garni de poils ramassés en forme de houppe (ex. quelque Buprestes). L'*Hystrix fasciculata* est ainsi appelé parce qu'il a la queue terminée par un faisceau de lanières cornées aplaties.

FASCIÉ, adj., *fasciatus, fascialis, fasciarius, fasciolaris, fasciolatus ; bandförmig* (all.) (*fascia*, bande). On emploie ce mot : 1° en botanique, où il signifie aplati en forme de bandelette. Candolle appelle *expansions fasciées*, des branches, des pédoncules, des pétioles dont les fibres ou nervures, au lieu de former un corps cylindrique, ou environ, restent presque parallèles, convergentes ou divergentes vers le sommet, mais à peu près simples, de manière à produire une surface plane, disposition naturelle dans le *Xylophylla*, et accidentelle dans beaucoup de plantes, entr'autres dans les *Asparagus*. 2° En zoologie, où il signifie chargé d'une bande ou ligne large et colorée (ex. *Blennius fasciatus, Mactra fasciata, Cerithium fasciatum, Pleurotoma fascialis, Purpura fasciolaris, Zuphium fasciolatum, Coryphæna fasciolata, Campæa fasciaria*).

FASCIPENNE, adj., *fascipennis* (*fascia*, bande, *penna*, aile); qui a des ailes fasciées, comme cel'es du *Limnobia fascipennis*, sur lesquelles on voit quatre bandes d'une teinte plus foncée.

FASTIGIÉ, adject., *fastigiatus*; *gleichhoch, gegipfelt* (all.); *fastigated* (angl.). Se dit d'une *plante* dont toutes les branches se rapprochent de la tige, en sorte que les rameaux pointent vers le ciel. Ex. *Populus fastigiata*.

FAUNE, s. f., *fauna*. Tableau des animaux qui vivent dans une contrée. Ce titre, donné à plusieurs ouvrages, est trompeur ou abusif, en ce qu'on n'y traite souvent que d'une partie de la zoologie, ou même d'un seul ordre d'animaux. Ainsi la Faune de Suède, par Paykull, n'a pour objet que les coléoptères, et celle de Toscane, par Rossi, ne traite que des insectes.

FAUNIDES, adj. et s. f. pl., *Faunidæ*. Nom donné par Robineau-Desvoidy à une section de la famille des Myodaires calyptérées, comprenant des espèces dont les larves vivent presque toutes dans les chenilles.

FAUSSES-HÉPATIQUES, subst. f. pl., *Hepaticæ spuriæ*. Nom donné par Fée à une section de la famille des Lichens, qui ne renferme que le genre *Endocarpon*.

FAUSTULÉES, adj. et s. f. pl., *Faustuleæ*. Nom donné par H. Cassini à un groupe de la section des Inulées gnaphaliées, qui a pour type le genre *Faustula*.

FAUVE, adj., *fulvus; rothgelb, röthlichgelb* (all.); *fallow* (angl.); *fulvo* (it.). En terme de vénerie, *bêtes fauves* est une dénomination collective qui embrasse les cerfs, les daims et les chevreuils. *Fauve* se dit d'un corps dont la couleur est rousse ou roussâtre (ex. *Mus fulvus, Silvia fulva, Ozonium fulvum, Eurybia fulvida, Mactra helvacca, Cytherea chione*).

FAUX, adj., *falsus, spurius; falsch* (all.); *false* (angl.); *falso* (it.). On employe ce terme: 1° en chimie. C. Pauquy appelle *faux oxides* tous les composés qui, jouant le rôle de base à l'égard des acides, remplissent quelquefois celui d'acide faible et très-imparfait envers quelques oxides. 2° En botanique; *fausses cloisons*, celles qui sont formées par un simple amas de tissu cellulaire (ex. *Chelidonium glaucium*); *fausses loges*, d'après Candolle, certains vides qui se trouvent dans quelques fruits, et qui ne renferment pas de graines, non par avortement, mais par leur nature propre. Candolle range dans cette catégorie les cinq vides extérieurs du *Nigella damascena*, dus à ce que l'épicarpe se gonfle pendant la maturité, de manière à rompre la mésocarpe et à s'en écarter : le cas où les carpelles, au lieu d'atteindre à l'axe, laissent un vide au centre; celui où il s'en forme un entre les loges, quand les faces rentrantes des carpelles ne sont pas soudées intimement ensemble; ceux qui se forment sur les côtés des valves, quand celles-ci sont renflées (ex. *Myagrum*); ceux qu'on observe au sommet du pédicelle, ou dans l'axe, lorsque celui-ci est fistuleux; ceux qu'on voit à la base du style, quand cette base est elle-même fistuleuse. *Fausses nervures*, d'après Candolle, celles des feuilles qui n'ont pas de vaisseaux, et dont les nervures apparentes sont produites par un simple tissu cellulaire alongé (ex. *Fucus*); *fausse ombelle*, ou *corymbe* (*voyez* ce mot); *faux ovaires*, d'après H. Cassini, l'ovaire demi-avorté et inovulé qu'on trouve très-souvent dans les fleurs mâles et les fleurs neutres des Synanthérées; *fausses parasites*, d'après Candolle, les plantes qui végètent sur d'autres plantes vivantes ou mortes, mais sans vivre à leurs dépens, comme les *lichens*, les *mousses*, les *Epidendrum;* *fausse silique*, d'après Mœnch, celle qui a des graines attachées aux bords de ses valves; *fausses trachées*, d'après Mirbel, les vaisseaux annulaires ou rayés; *faux verticille*, un mode d'inflorescence dans lequel les pédoncules partent seulement de deux côtés opposés, mais où les fleurs, plus ou moins nombreuses, se portent à droite et à gauche, et forment un anneau autour de la tige ou de la branche (ex. *Phlomis tuberosa*). 3° En zoologie, *fausse aile*, ou *aileron* (*voyez* ce mot); *fausse chenille* (*suberuca*), nom sous lequel ou désigne les larves à huit, dix-huit et vingt-deux pattes, à cause de leur ressemblance avec les chenilles (ex. *Tenthredo*); *fausses coquilles*, celles qui n'appartiennent pas à des mollusques, et qui sont composées d'un grand nombre de petits polygones appliqués les uns à côté des autres, dont l'ensemble forme une enveloppe calcaire dure et cassante (ex. *Oursins*); *faux écusson*, ou *arrière-écusson*, un petit espace carré que présente, dans quelques diptères, le milieu du métathorax ou segment portant les ailes inférieures; *fausses nageoires*, appendices cutanés, remplis de graisse, et non supportés par des rayons osseux, qu'on voit sur le dos de certains poissons (ex. *Saumon*); parfois aussi des rayons détachés d'une nageoire, comme les

derniers de la seconde dorsale et les correspondans de l'anale, dans les scombres; *fausses nervures*, d'après Kirby, celles, fort peu distinctes, qu'on observe quelquefois en outre de celles qui existent ordinairement (ex. *Syrphus*); *fausse nymphe* (*pseudonympha*), d'après Lamarck, une nymphe inactive, ne prenant pas de nourriture, nue, médiocrement resserrée ou raccourcie, et en général enfermée dans un fourreau que le larve a fabriqué (ex. *Phrygane*); *fausses pattes*, d'après Lamarck, de très-petits appendices mamelonnés ou peu saillans, qui servent moins d'organes locomoteurs que de points d'appui, dans les Annelides. On donne aussi parfois ce nom aux pattes antérieures de quelques lépidoptères diurnes, qui sont très-courtes, coudées, repliées, sans ongles, et inutiles pour la marche. Dans les crustacés, on l'applique à quatre ou cinq paires de petits appendices terminés chacun par deux lames ou deux filets, et qui sont annexés aux premiers anneaux de la queue, en dessous.

FAUX-BOMBYX, s. m. pl., *Pseudobombyces*, *Noctuo-bombycites*. Nom donné par Latreille à une tribu de la famille des Lépidoptères nocturnes, renfermant ceux qui ressemblent aux bombyces sous certains rapports et en diffèrent sous plusieurs autres.

FAUX-CHAMPIGNONS, s. m. pl. Nom donné par Fee à une section de la famille des Lichens, dans laquelle il range ceux qui ont des apothécies arrondies et charnues.

FAUX-HYPOXYLONS, s. m. pl. Nom sous lequel Fee désigne une section de la famille des Lichens, comprenant ceux qui ont des apothécies linéaires.

FAUX-SCORPIONS, s. m. pl.; *Pseudo-scorpiones*. Nom donné par Lamarck, Cuvier et Latreille à une famille de l'ordre des Arachnides trachéennes, renfermant ceux de ces animaux qui ressemblent aux scorpions pour la forme générale du corps.

FAVÉOLÉ, adj., *faveolatus, favosus; wabig, wabenartig, bienenzellig* (all.) (*favus*, alvéole); qui est garni de petites cellules à parois minces et adossées les unes contre les autres.

FAVULEUX, adj., *favulosus; zellig* (all.) (*favus*, alvéole); qui est marqué de petites cellules à la surface. Ex. *Glyphis favulosa.*

FÉCONDATION, s. f., *fœcundatio; Befruchtung* (all.); *fecondazione* (it.). Acte par lequel, dans les corps organisés pourvus de sexes, le mâle imprime au germe les modifications nécessaires pour que la vie puisse se développer en lui.

FÉCONDITÉ, s. f., *fœcunditas; fecondità* (it.). Faculté de se reproduire; reproduction abondante.

FÉCULE, s. f., *fœcula, fecula;* τρὺξ (*fœx*, lie). Synonyme d'amidon, qu'on employe surtout en parlant de celui des pommes de terre.

FÉCULOIDE, adj., *fœculoïdeus;* qui ressemble à la fécule sous certains rapports, comme la substance des lichens, laquelle, suivant Raspail, renferme la partie soluble de la fécule dans les tégumens qui refusent de s'isoler les uns des autres et restent emprisonnés, avant comme après l'ébullition, dans le tissu qui les engendre.

FÉDIACÉES, adj. et s. f. pl., *Fediaceæ.* Nom donné par Caffin à la famille des Valérianées, à cause du genre *Fedia*, qu'elle renferme.

FELDSPATHIFORME, adj., *feldspathiformis.* Épithète donnée à une variété de *stéatite*, qui présente la forme d'emprunt du feldspath quadrihexagonal.

FELDSPATHIQUE, adj., *feldspathicus.* Se dit d'une roche dont

le feldspath fait la base (ex. *Euphotide feldspathique*), ou qui en contient (ex. *Micaschiste feldspathique*). Bonnard et Omalius donnent cette épithète à un genre de roches dont le feldspath est la partie constituante essentielle ou dominante.

FÉLIDES, adj. et s. m. pl., *Felidæ.* Nom donné par J.-E. Gray à une famille de Mammifères, qui a pour type le genre *Felis.*

FÉLINS, adj. et s. m. pl., *Felina.* Nom donné par Desmarest à une famille de Mammifères carnassiers, par J.-E. Gray à une tribu de la famille des Félides, ayant le genre *Felis* pour type.

FEMELLE, adj. et s. f., *fœmineus.* Les botanistes appellent *fleur femelle*, celle qui ne porte que des pistils. En zoologie, on appelle *femelle* l'individu d'une espèce à deux sexes qui conçoit et porte les petits.

FÉMINIFLORE, adj., *fœminiflorus.* Se dit, dans les Synanthérées, de la *calathide* & du *disque*, quand ils sont composés de fleurs femelles.

FÉMININ, adj., *fœmininus; weiblich* (all.); *femínino* (it.); qui a rapport à la femme (*sexe féminin*). H. Cassini donne cette épithète aux *corolles* de Synanthérées qui ne circonscrivent que des organes femelles.

FÉMORAL, adj., *femoralis* (*femur*, cuisse); qui a rapport ou qui appartient à la cuisse (*plumes fémorales*); qui a les cuisses remarquables par leur dilatation, leur volume (ex. *Ceratopogon femoratus, Cinthophora femorata, Nymphon femoratum, Hyla femoralis*), ou par une gouttière dont elles sont creusées (ex. *Pedinus femoralis*).

FÉMUR, s. m., *femur.* Les entomologistes appellent ainsi la première partie des pattes des insectes, celle qui suit immédiatement la hanche et porte la jambe.

FENDILLÉ, adject., *fissuratus, rimulosus*; qui est muni d'une ou plusieurs petites fentes longitudinales. Ex. *Galerites fissuratus, Spongia fissurata, Agaricus rimulosus.*

FENDU, adj., *fissus, rhagadiolus*; *gespalten* (all.); *cleft* (angl.); *fesso, spaccato, intagliato* (it.). On emploie ce mot : 1° en botanique, pour désigner toute partie offrant une scissure médiane, plus ou moins profonde, dont les bords sont rapprochés; *androphore fendu*, celui qui est tubuleux et fendu dans sa longueur (ex. *Polygala heisteria*); *calice fendu*, celui dont chaque rayon, creusé en gouttière, représente une fente ou gerçure (ex. *Lampsana rhagadiolus*); *corolle fendue*, d'après H. Cassini, celle d'une fleur de Synanthérée dont l'incisure antérieure pénètre jusqu'à la base du limbe, tandis que les quatre autres sont extrêmement courtes (ex *Lactuca*); *feuille fendue*, celle qui est incisée, mais à lobes étroits; *gaîne fendue*, celle qui offre une solution de continuité dans toute sa longueur (ex. *Graminées*); *lèvre fendue*, dans une corolle labiée, quand elle est partagée en deux jusqu'à moitié (ex. *Salvia bicolor*); *périanthe fendu*, lorsqu'il offre des découpures étroites, qui égalent au moins sa moitié en longueur (ex. *Hyacinthus*); *tissu cellulaire fendu*, d'après Mirbel, celui dont les parois présentent des raies transversales, qui sont peut-être des fissures; *tube fendu* d'une corolle monopétale irrégulière, quand il est fendu longitudinalement de manière qu'on peut l'étendre en une lame plane, sans le déchirer (ex. *Goodenia*). 2° En zoologie; on dit les *ailes* des insectes *fendues*, quand elles présentent des divisions profondes sur leurs bords. Illiger appelait *pieds fendus*, dans les oiseaux, ceux dont les doigts distincts ne sont ni étroitement joints, ni réunis par une membrane.

FENESTRAL, adj., *fenestralis* (*fenestra*, fenêtre); qu'on trouve habituellement sur les carreaux de vitres. Ex. *Latridius fenestralis, Sporotrichum fenestrale.*

FENESTRÉ, adject., *fenestratus, pertusus*; *fenesterartig* (all.); qui est percé de trous d'un certain diamètre, comme les *cotylédons* du *Menispermum fenestratum*, les *dents* du péristome du *Grimmia pertusa* et du *Dryptodon cribrosus*, les *feuilles* du *Dracontium pertusum*, la *silicule* du *Cochlearia fenestrata*, dont la cloison offre le plus souvent une fente longitudinale; la surface de la *Spongia fenestrata*, qui est irrégulièrement crevassée, et les ailes de l'*Attacus atlas*, du *Dasypogon fenestratus* et de l'*Anthrax fenestrella*, qui offrent, non des trous, mais des taches transparentes, simulant des trous.

FENÊTRE, subst. f., *fenestra*; *Fenster* (all.). Quelques botanistes ont donné ce nom au hile externe, à l'ombilic externe.

FENTE, s. f., *rima*; *Spalte* (all.); *slit* (angl.); *fessura*. En géognosie, on appelle ainsi des vides longitudinaux, plus ou moins larges, qui existent dans l'intérieur d'une roche ou d'un terrain, qui ont été évidemment produits, après la formation des masses minérales, par l'écartement des parties qu'on trouve disjointes, et qui ne peuvent être attribués à nulle autre cause.

FENTÉ, adj., *rimatus*; qui s'ouvre par une fente.

FER, s. m., *ferrum, Mars*; σίδηρος; *Eisen* (all.); *iron* (angl.); *ferro* (it.). Métal solide et d'un blanc peu éclatant, qui est connu de toute antiquité.

FERRATE, s. m., *ferras.* On pourrait appeler *ferrate ferrique* la combinaison des oxides ferrique et ferreux, dans laquelle le premier joue le rôle d'acide.

FERREUX, adj., *ferrosus*. Dans la nomenclature chimique de Berzelius, cette épithète est donnée à un *oxide (protoxide de fer; Eisenoxydul, all.)*, qui est le premier degré d'oxidation du fer; à un *sous-sulfure (Achtelschwefeleisen, all.)*, qui est le premier degré de sulfuration de ce métal; à un *sulfure (Einfachschwefeleisen, all.)*, qui est le troisième; aux composés résultant de la combinaison d'une certaine quantité de fer avec un corps halogène (ex. *Chlorure ferreux*), et aux *sels (Eisenoxydulsalzen, all.)* produits par la combinaison de l'oxide ferreux ou du sulfure ferreux avec les acides ou les sulfides.

FERMENT, s. m., *fermentum; ζύμη; Gährungsstoff, Gährungsmittel* (all.). Précipité insoluble, qui se produit dans le suc des fruits sucrés, après qu'ils ont subi la fermentation, et qui jouit de la propriété d'exciter la fermentation dans les dissolutions de sucre pur.

FERMENTATION, s. f., *fermentatio; ζύμωσις; Gährung* (all.). Mouvement intérieur qui se développe dans un mixte, et dont les produits sont des corps jusqu'alors non existans. Les conditions de la fermentation sont du sucre, de l'eau, une certaine température et une matière nitrogénée, d'origine animale ou végétale, le gluten de préférence à toute autre.

FERMENTESCIBLE, adj., *fermentationi obnoxius; gährungsfähig* (all.); qui réunit les conditions nécessaires pour entrer en fermentation.

FERRICO-AMMONIQUE, adject., *ferrico-ammonicus*. Nom donné, dans la nomenclature chimique de Berzelius, à des sels doubles qui résultent de la combinaison d'un sel ferrique avec un sel ammonique. Ex. *Chlorure ferrico-ammonique (hydrochlorate de fer et d'ammoniaque).*

FERRICO-ARGENTIQUE, adject., *ferrico-argenticus*. Nom donné, dans la nomenclature chimique de Berzelius, à des sels doubles qui résultent de la combinaison d'un sel ferrique avec un sel argentique. Ex. *Cyanure ferrico-argentique (hydrocyanate de fer et d'argent).*

FERRICO-BARYTIQUE, adject., *ferrico-baryticus*. Nom donné, dans la nomenclature chimique de Berzelius, à des sels doubles qui sont produits par la combinaison d'un sel ferrique avec un sel barytique. Ex. *Cyanure ferrico-barytique (hydrocyanate de fer et de baryte).*

FERRICO-BISMUTHIQUE, adject., *ferrico-bismuthicus*. Nom donné, dans la nomenclature chimique de Berzelius, à des sels doubles qui sont le résultat de la combinaison d'un sel ferrique avec un sel bismuthique. Ex. *Cyanure ferrico-bismuthique (hydrocyanate de fer et de bismuth).*

FERRICO-CALCIQUE, adj., *ferrico-calcicus*. Nom donné, dans la nomenclature chimique de Berzelius, à des sels doubles qui résultent de la combinaison d'un sel ferrique avec un sel calcique, Ex. *Cyanure ferrico-calcique (hydrocyanate de fer et de chaux).*

FERRICO-COBALTIQUE, adject., *ferrico-cobalticus*. Nom donné, dans la nomenclature chimique de Berzelius, à des sels doubles qui sont le produit de la combinaison d'un sel ferrique avec un sel cobaltique. Ex. *Cyanure ferrico-cobaltique (hydrocyanate de fer et de cobalt).*

FERRICO-CUIVRIQUE, adject., *ferrico-cupricus*. Nom donné, dans la nomenclature chimique de Berzelius, à des sels doubles qui résultent de la combinaison d'un sel ferrique avec un sel cuivrique. Ex. *Cyanure* *ferrico-cuivrique* (*hydrocyanate de fer et de cuivre*).

FERRICO-HYDRIQUE, adj., *ferrico-hydricus*. Nom donné, dans la nomenclature chimique de Berzelius, à un sursel produit par la combinaison d'un sel haloïde avec l'hydracide du corps halogène. Ex. *Cyanure ferrico-hydrique* (*hydrocyanate acide de fer*).

FERRICO-MANGANIQUE, adj., *ferrico-manganicus*. Nom donné, dans la nomenclature chimique de Berzelius, à des sels doubles produits par la combinaison d'un sel ferrique avec un sel manganique. Ex. *Cyanure ferrico-manganique* (*hydrocyanate de fer et de manganèse*).

FERRICO-MERCURIQUE, adj., *ferrico-mercuricus*. Nom donné, dans la nomenclature chimique de Berzelius, à des sels doubles qui doivent naissance à la combinaison d'un sel ferrique avec un sel mercurique. Ex. *Cyanure ferrico-mercurique* (*hydrocyanate de fer et de mercure*).

FERRICO-NICCOLIQUE, adject., *ferrico-niccolicus*. Nom donné, dans la nomenclature chimique de Berzelius, à des sels doubles qui résultent de la combinaison d'un sel ferrique avec un sel niccolique. Ex. *Cyanure ferrico-niccolique* (*hydrocyanate de fer et de nickel*).

FERRICO-PLOMBIQUE, adject., *ferrico-plumbicus*. Nom donné, dans la nomenclature chimique de Berzelius, à des sels doubles qui sont produits par la combinaison d'un sel ferrique avec un sel plombique. Ex. *Cyanure ferrico-plombique* (*hydrocyanate de fer et de plomb*).

FERRICO-POTASSIQUE, adject., *ferrico-potassicus*. Nom donné, dans la nomenclature chimique de Berzelius, à des sels doubles qui sont produits par la combinaison d'un sel ferrique avec un sel potassique. Ex.

Tartrate ferrico-potassique (*tartrate de potasse et de fer*).

FERRICO-SODIQUE, adj., *ferrico-sodicus*. Nom donné, dans la nomenclature chimique de Berzelius, à des sels doubles qui résultent de la combinaison d'un sel ferrique avec un sel sodique. Ex. *Cyanure ferrico-sodique* (*hydrocyanate de fer et de soude*).

FERRICO-STANNIQUE, adj., *ferrico-stannicus*. Nom donné, dans la nomenclature chimique de Berzelius, à des sels doubles qui résultent de la combinaison d'un sel ferrique avec un sel stannique. Ex. *Cyanure ferrico-stannique* (*hydrocyanate de fer et d'étain*).

FERRICO-TITANIQUE, adj., *ferrico-titanicus*. Nom donné, dans la nomenclature chimique de Berzelius, à des sels doubles qui sont produits par la combinaison d'un sel ferrique avec un sel titanique. Ex. *Cyanure ferrico-titanique* (*hydrocyanate de fer et de titane*).

FERRICO-URANIQUE, adj., *ferrico-uranicus*. Nom donné, dans la nomenclature chimique de Berzelius, à des sels doubles qui résultent de la combinaison d'un sel ferrique avec un sel uranique. Ex. *Cyanure ferrico-uranique* (*hydrocyanate de fer et d'urane*).

FERRICO-VANADIQUE, adj., *ferrico-vanadicus*. Nom donné, dans la nomenclature chimique de Berzelius, à des sels doubles qui sont produits par la combinaison d'un sel ferrique avec un sel vanadique. Ex. *Cyanure ferrico-vanadique* (*hydrocyanate de fer et de vanadium*).

FERRICO-ZINCIQUE, adj., *ferrico-zincicus*. Nom donné, dans la nomenclature chimique de Berzelius, à des sels doubles qui résultent de la combinaison d'un sel ferrique avec un sel zincique. Ex. *Cyanure ferrico-*

zincique (*hydrocyanate de fer et de zinc*).

FERRIDES, subst. m. pl. C. Pauquy désigne sous ce nom une famille de corps pondérables, qui a le fer pour type.

FERRIFÈRE, adj. , *ferriferus ; eisenhaltend* (all.); (*ferrum* , fer , *fero*, porter). Se dit, en minéralogie, d'une substance qui contient accidentellement du fer , à l'état d'oxide ou de carbonate. Ex. *Magnésie sulfatée ferrifère.*

FERRIQUE, adj. , *ferricus*. Berzelius appelle *oxide ferrique*, le second degré d'oxidation du fer (*tritoxide de fer ; Eisenoyd*, all.); *sous-sulfure ferrique* (*Halbschwefeleisen*, all.), le second , et *sulfure ferrique* (*Anderthalbschwefeleisen*, all.), le quatrième degré de sulfuration de ce métal ; *sels ferriques* (*Eisenoxydsalzen*, all.), les combinaisons de l'oxide ferrique avec les oxacides , ou du fer avec une certaine proportion des corps halogènes.

FERRO-ARSÉNIFÈRE, adj., *ferro-arseniferus*. Se dit, en minéralogie, d'une substance qui contient accidentellement du fer et de l'arsenic. Ex. *Argent antimonial ferro-arsénifère.*

FERRO-CHYAZIQUE , adj., *ferro-chyazicus*. On a appelé acide *ferro-chyazique* l'acide chyazique ferruré, ou acide ferro-cyanique , ou cyanure ferroso-ferrique.

FERRO-CYANATE, s. m. , *ferro-cyanas*. Sel produit par la combinaison de l'acide ferro-cyanique avec une base.

FERRO-CYANIQUE , adj. , *ferro-cyanicus* , *sidero-cyanicus*. On a appelé *acide ferro-cyanique* le cyanure ferroso-ferrique de Berzelius.

FERRO-FULMINIQUE , adj. , *ferro-fulminicus*. Liebig croit à l'existence d'un *acide ferro-fulminique* , composé de fer métallique et d'acide fulminique.

FERRO-MANGANÉSIEN. *V.* Ferr-r-Manganésifère.

FERRO-MANGANÉSIFÈRE, adj., *ferro-manganesiferus*. Se dit, en minéralogie, d'une substance qui contient accidentellement du fer et du manganèse. Ex. *Chaux carbonatée ferro-manganésifère.*

FERRO-PRUSSIQUE , adj. , *ferro-prussiacus*. Synonyme de *ferro-cyanique. Voyez* ce mot.

FERROSO-ALUMINIQUE , adj. , *ferroso-aluminicus*. Nom donné, dans la nomenclature chimique de Berzelius , à des sels doubles qui résultent de la combinaison d'un sel ferreux avec un sel aluminique. Ex. *Cyanure ferroso-aluminique* (*hydrocyanate de fer et d'alumine*).

FERROSO-AMMONIQUE , adj. , *ferroso-ammonicus*. Nom donné , dans la nomenclature chimique de Berzelius , à des sels doubles qui résultent de la combinaison d'un sel ferreux avec un sel ammonique. Ex. *Sulfate ferroso-ammonique* (*sulfate de fer et d'ammoniaque*).

FERROSO-ARGENTIQUE , adj. , *ferroso-argenticus*. Nom donné , dans la nomenclature chimique de Berzelius , à des sels doubles qui sont produits par la combinaison d'un sel ferreux avec un sel argentique. Ex. *Cyanure ferroso-argentique* (*hydrocyanate de fer et d'argent*).

FERROSO-BARYTIQUE, adj., *ferroso-baryticus*. Nom donné , dans la nomenclature chimique de Berzelius, à des sels doubles qui sont produits par la combinaison d'un sel ferreux avec un sel barytique. Ex. *Cyanure ferroso-barytique* (*hydrocyanate de fer et de baryte*).

FERROSO-BISMUTHIQUE , adj. , *ferroso-bismuthicus*. Nom donné , dans la nomenclature chimique de Berzelius , à des sels doubles qui résultent de la combinaison d'un sel ferreux avec un sel bismuthique. Ex

Cyanure ferroso-bismuthique (hydro-cyanate de fer et de bismuth).

FERROSO-CALCIQUE ; adj., *ferroso-calcicus.* Nom donné, dans la nomenclature chimique de Berzelius, à des sels doubles qui résultent de la combinaison d'un sel ferreux avec un sel calcique. Ex. *Cyanure ferroso-calcique (hydrocyanate de fer et de chaux).*

FERROSO-CÉRIQUE, adj., *ferroso-cericus.* Nom donné, dans la nomenclature chimique de Berzelius, à des sels doubles qui résultent de la combinaison d'un sel ferreux avec un sel cérique. Ex. *Cyanure ferroso-cérique (hydrocyanate de fer et de cérium).*

FERROSO-CHROMIQUE, adject., *ferroso-chromicus.* Nom donné, dans la nomenclature chimique de Berzelius, à des sels doubles qui résultent de la combinaison d'un sel ferreux avec un sel chromique. Ex. *Cyanure ferroso-chromique (hydrocyanate de fer et de chrome).*

FERROSO-COBALTIQUE, adj., *ferroso-cobalticus.* Nom donné, dans la nomenclature chimique de Berzelius, à des sels doubles qui sont produits par la combinaison d'un sel ferreux avec un sel cobaltique. Ex. *Cyanure ferroso-cobaltique (hydrocyanate de fer et de cobalt).*

FERROSO-CUIVRIQUE, adj., *ferroso-cupricus.* Nom donné, dans la nomenclature chimique de Berzelius, à des sels doubles qui résultent de la combinaison d'un sel ferreux avec un sel cuivrique. Ex. *Cyanure ferroso-cuivrique (hydrocyanate de fer et de cuivre).*

FERROSO-FERRIQUE, adj., *ferroso-ferricus.* Nom donné par Berzelius à un *oxide (Eisenoxydoxydul,* all.), qui résulte de la combinaison des deux oxides de fer, et à des sels doubles (*Eisenoxydoxydulsalzen,* all.)

résultant de la combinaison d'un sel ferreux avec un sel ferrique, comme le *cyanure ferroso-ferrique,* ou bleu de Prusse, découvert en 1710 par Diesbach.

FERROSO-GLUCIQUE, adj., *ferroso-glucicus.* Nom donné, dans la nomenclature chimique de Berzelius, à des sels doubles produits par la combinaison d'un sel ferreux avec un sel glucique. Ex. *Cyanure ferroso-glucique (hydrocyanate de fer et de glucine).*

FERROSO-HYDRIQUE ; adj., *ferroso-hydricus.* Nom donné, dans la nomenclature chimique de Berzelius, à un sur-sel résultant de la combinaison d'un sel haloïde ferreux avec l'hydracide du corps halogène. Ex. *cyanure ferroso-hydrique,* ou acide cyanique ferruré, ou cyanure ferreux acide, ou acide hydroferrocyanique.

FERROSO-HYPERVANADIQUE, adj., *ferroso-hypervanadicus.* Nom donné, dans la nomenclature chimique de Berzelius, à des sels doubles qui résultent de la combinaison d'un sel ferreux avec un sel hypervanadique. Ex. *Cyanure ferroso-hypervanadique (hydrocyanate de fer et de vanadium).*

FERROSO-MAGNÉSIQUE, adj., *ferroso-magnesicus.* Nom donné, dans la nomenclature chimique de Berzelius, à des sels doubles résultant de la combinaison d'un sel ferreux avec un sel magnésique. Ex. *Cyanure ferroso-magnésique (hydrocyanate de fer et de magnésie).*

FERROSO-MANGANEUX, adj., *ferroso-manganosus.* Nom donné, dans la nomenclature chimique de Berzelius, à des sels doubles qui sont produits par la combinaison d'un sel ferreux avec un sel manganeux. Ex. *Phosphate ferroso-manganeux (hydrocyanate de fer et de manganèse).*

FERROSO-MANGANIQUE, adj., *ferroso-manganicus.* Nom donné, dans la nomenclature chimique de Berzelius, à des sels doubles qui résultent de la combinaison d'un sel ferreux avec un sel manganique. Ex. *Cyanure ferroso-manganique (hydrocyanate de fer et de manganèse).*

FERROSO-MERCURIQUE, adj., *ferroso-mercuricus.* Nom donné, dans la nomenclature chimique de Berzelius, à des sels doubles qui sont produits par la combinaison d'un sel ferreux avec un sel mercurique. Ex. *Cyanure ferroso-mercurique (hydrocyanate de fer et de mercure).*

FERROSO-MOLYBDEUX, adject., *ferroso - molybdosus.* Nom donné, dans la nomenclature chimique de Berzelius, à des sels doubles qui résultent de la combinaison d'un sel ferreux avec un sel molybdeux. Ex. *Cyanure ferroso-molybdeux (hydrocyanate de fer et de molybdène).*

FERROSO-MOLYBDIQUE, adj., *ferroso - molybdicus.* Nom donné, dans la nomenclature chimique de Berzelius, à des sels doubles qui sont produits par la combinaison d'un sel ferreux avec un sel molybdique. Ex. *Cyanure ferroso-molybdique (hydrocyanate de fer et de molybdène).*

FERROSO-NICCOLIQUE, adj., *ferroso-niccolicus.* Nom donné, dans la nomenclature chimique de Berzelius, à des sels doubles qui résultent de la combinaison d'un sel ferreux avec un sel niccolique. Ex. *Cyanure ferroso-niccolique (hydrocyanate de fer et de nickel).*

FERROSO-PLOMBIQUE, adject., *ferroso-plumbicus.* Nom donné, dans la nomenclature chimique de Berzelius, à des sels doubles qui doivent naissance à la combinaison d'un sel ferreux avec un sel plombique. Ex. *Cyanure ferroso-plombique (hydrocyanate de fer et de plomb).*

FERROSO-POTASSIQUE, adject., *ferroso-potassicus.* Nom donné, dans la nomenclature chimique de Berze-

lius, à des sels doubles qui résultent de la combinaison d'un sel ferreux avec un sel potassique. Ex. *Cyanure ferroso-potassique (hydrocyanate de fer et de potasse).*

FERROSO-SODIQUE, adj., *ferroso-sodicus.* Nom donné, dans la nomenclature chimique de Berzelius, à des sels doubles produits par la combinaison d'un sel ferreux avec un sel sodique. Ex. *Cyanure ferroso-sodique (hydrocyanate de fer et de soude).*

FERROSO-STANNIQUE, adj., *ferroso-stannicus.* Nom donné, dans la nomenclature chimique de Berzelius, à des sels doubles qui résultent de la combinaison d'un sel ferreux avec un sel stannique. Ex. *Cyanure ferroso-stannique (hydrocyanate de fer et d'étain).*

FERROSO-STRONTIQUE, adject., *ferroso-stronticus.* Nom donné, dans la nomenclature chimique de Berzelius, à des sels doubles produits par la combinaison d'un sel ferreux avec un sel strontique. Ex. *Cyanure ferroso-strontique (hydrocyanate de fer et de strontiane).*

FERROSO-TANTALIQUE, adject., *ferroso-tantalicus.* Nom donné, dans la nomenclature chimique de Berzelius, à des sels doubles qui résultent de la combinaison d'un sel ferreux avec un sel tantalique. Ex. *Cyanure ferroso-tantalique (hydrocyanate de fer et de tantale).*

FERROSO-THORIQUE, adj., *ferroso-thoricus.* Nom donné, dans la nomenclature chimique de Berzelius, à des sels doubles qui résultent de la combinaison d'un sel ferreux avec un sel thorique. Ex. *Cyanure ferroso-thorique (hydrocyanate de fer et de thorine).*

FERROSO-TITANIQUE, adj., *ferroso-titanicus.* Nom donné, dans la nomenclature chimique de Berzelius, à des sels doubles qui résultent de la combinaison d'un sel ferreux avec un sel titanique. Ex. *Cyanure ferroso-titanique* (*hydrocyanate de fer et de titane*).

FERROSO-URANIQUE, adj., *ferroso-uranicus*. Nom donné, dans la nomenclature chimique de Berzelius, à des sels doubles produits par la combinaison d'un sel ferreux avec un sel uranique. Ex. *Cyanure ferroso-uranique* (*hydrocyanate de fer et d'urane*).

FERROSO-VANADIQUE, adject., *ferroso-vanadicus*. Nom donné, dans la nomenclature chimique de Berzelius, à des sels doubles qui résultent de la combinaison d'un sel ferreux avec un sel vanadique. Ex. *Cyanure ferroso-vanadique* (*hydrocyanate de fer et de vanadium*).

FERROSO-YTTRIQUE, adj., *ferroso-yttricus*. Nom donné, dans la nomenclature chimique de Berzelius, à des sel doubles qui résultent de la combinaison d'un sel ferreux avec un sel yttrique. Ex. *Cyanure ferroso-yttrique* (*hydrocyanate de fer et d'yttria*).

FERROSO-ZINCIQUE, adj., *ferroso-zincicus*. Nom donné, dans la nomenclature chimique de Berzelius, à des sels doubles qui résultent de la combinaison d'un sel ferreux avec un sel zincique. Ex. *Cyanure ferroso-zincique* (*hydrocyanate de fer et de zinc*).

FERRUGINEUX adj., *ferruginosus, ferreus, ferrugineus, ferruginatus ; rostfarb, rostbraun, rostfärbig* (all.) ; qui contient du fer (*eau ferrugineuse*) ; qui a la couleur de la rouille de fer (ex. *Polyporus ferreus, Carabus ferrugineus, Virgilia ferruginea, Lasiopetalum ferrugineum, Varronia ferruginosa, Simia ferruginatus, Tabanus ferrugatus*).

FERTILE, adj., *fertilis ; fruchtbar* (all.). Fécond, qui produit beaucoup (*fleur, plante fertile*). On ap-

pelle *étamines fertiles*, celles dont les anthères sont pleines de pollen.

FERTILITÉ, subst. f., *fertilitas ; Fruchtbarkeit* (all.). Qualité de ce qui est fertile.

FESTONNÉ, adj., *repandus*. Se dit des *feuilles*, quand elles sont munies de découpures peu profondes et marginales.

FESTUCACÉES, adj. et s. f. pl., *Festucaceæ*. Nom donné par Link, Nees d'Esenbeck et Kunth à une tribu de la famille des Graminées, qui a pour type le genre *Festuca*.

FESTUCÉES, adj. et s. f. pl., *Festuceæ*. Nom donné par Nees d'Esenbeck à une section de la tribu des Festucées, qui renferme le genre *Festuca*.

FÉTIDE, adj., *fœtidus, graveolens, teter ; δυσώδης ; stinkend* (all.); *stinking* (angl.); qui exhale une odeur désagréable, soit par le frottement ou l'action du feu (ex. *Baryte sulfatée fétide*), soit spontanément (ex. *Agaricus fetens, Helleborus fœtidus, Passiflora fœtida, Iris fœtidissima, Hieracium fœtidum, Inula graveolens, Anthemis Cotula*). Quelquefois on exprime la fétidité en la comparant à une autre odeur bien connue (ex. *Orchis hircina, Hypericum hircinum, Chenopodium vulvaria, Glycine bituminosa, Pelargonium terebinthinaceum*).

FÉTIDITÉ, s. f., *fœtiditas ; δυσωδία*. Qualité de ce qui est fétide.

FEU, s. m., *ignis ; πῦρ ; Feuer* (all.) ; *fire* (angl.); *fuoco* (it.). Phénomène qui a lieu lorsque de la chaleur et de la lumière se manifestent simultanément à nos sens. On applique aussi quelquefois ce nom à la cause même du phénomène, à la matière de la chaleur, ou calorique.

FEU FOLLET, s. m., *vapor ardens, ignis fatuus, ambulo ; Irrlicht, Irrwisch* (all.); *will with the wisp* (angl.).

Flamme erratique produite par des émanations gazeuses qui sortent des endroits marécageux, des lieux où des matières animales et végétales se décomposent, et qui s'enflamment à une petite distance du point d'où elles se dégagent.

FEU SAINT-ELME, s. m. Aigrette électrique qui brille souvent à l'extrémité des corps pointus, bouts de mâts, croix de clochers, pendant les temps d'orage.

FEUILLADE, s. f., *frons*. Richard désigne sous ce nom chaque feuille de fougère, parce qu'elle ressemble plus à une tige foliacée qu'à une véritable feuille.

FEUILLAGE, s. m., *frondes, folia*. Ensemble des feuilles d'une plante; terme plus populaire que scientifique.

FEUILLAISON, s. f., *foliatio; fogliazione, frondescenza* (it.). Action de se couvrir de feuilles; époque à laquelle les bourgeons s'épanouissent.

FEUILLE, s. f., *folium*; φύλλον; *Blatt* (all.); *blade, leaf* (angl.); *foglia* (it.). Turpin définit la feuille tout organe appendiculaire, et le plus souvent articulé, quelles qu'en soient les dimensions, la forme, la consistance et la couleur, qui borde extérieurement un nœud vital, est souvent réduit à la nervure médiane, mais s'élargit ordinairement, des deux côtés de cette nervure, en une lame régulière ou irrégulière, simple, découpée ou lobée. Après avoir lu cette longue phrase, ainsi que celles de Jung, de Ludwig, de Mœnch, de Bernhardi, de Voigt, de Candolle, de Smith, de Nees d'Esenbeck et de Willbrand, on acquiert la conviction, avec Linné, Link et Schulz, que la feuille ne peut point être définie, ou avec Agardh, qu'il faut s'en tenir sur son compte aux idées populaires, comme représentant en effet l'état de choses qui a lieu le plus communément. Nous dirons seulement

que ce qu'on appelle ordinairement feuille, même dans le sens vulgaire, est tantôt une feuille entière, composée du pétiole et du limbe (cas le plus ordinaire), tantôt un limbe sans pétiole (cas des feuilles sessiles), parfois aussi un pétiole foliacé sans limbe (ex. phyllode, *voyez* ce mot), ou une simple foliole d'une feuille composée, ou même enfin une tige aplatie et en forme de feuilles (ex. *Cactus Opuntia*).

FEUILLÉ, adj., *foliatus; beblättert* (all.). Se dit d'une *plante* qui est munie de feuilles, ou d'une tige qui porte des feuilles. *Plumule feuillée*, lorsque le bouton qui la termine dans la graine est assez développé pour qu'on y distingue de petites feuilles (ex. *Ceratophyllum*); *panicule feuillée*, quand les ramifications sont entremêlées de feuilles (ex. *Rumex oppositifolius*); *épi feuillé* (ex. *Pedicularis foliosa*) et *verticille feuillé* (ex. *Erica cinerea*), ceux qui se trouvent dans le même cas.

FEUILLET, s. m., *lamina; Blätterchen, Blättlein* (all.). On donne ce nom, en géognosie, aux parties minces dans lesquelles se subdivise une couche, une assise, un lit; en botanique, à la membrane, ployée sous forme de lames, qui garnit la partie inférieure du chapeau des agarics, et qui porte les spores.

FEUILLETÉ, adj., *blättrig* (all.); *foglietttato* (it.). Se dit: 1° en minéralogie, de la *cassure*, quand elle présente des lames excessivement minces, semblables aux feuillets d'un livre (ex. *Mica*), et de la structure, soit d'un *minéral* qui se divise avec facilité en feuillets extrêmement minces et flexibles (ex. *Mica*), soit d'une *roche* qui paraît formée de feuillets (ex. *Phyllade micacé*); 2° en zoologie, d'une *coquille* bivalve qui a son test formé de nombreux feuillets réunis, dont les extrémités font souvent saillie au dehors (ex. *Ostrea*), et des *an-tennes* d'un insecte, lorsque chaque article est garni, sur un côté, d'une lame mince et plus ou moins alongée (ex. *Lampyris pennata*).

FEUILLU, adj., *foliosus; blatt-reich* (all.). Se dit d'une plante qui est chargée d'un grand nombre de feuilles, soit partout (ex. *Cytisus foliosus, Buxbaumia foliosa*), soit au sommet seulement (ex. *Elytraria frondosa*); ou dont les feuilles sont disposées d'une manière insolite, comme celles du *Gymnopogon folio-sus*, qui sont roulées; ou enfin dont la forme générale imite celle d'une feuille ondulée (ex. *Tremella folia-cea*). On employe aussi cette épithète pour désigner des polypiers à expan-sions planes (ex. *Diastopora foliacea*), ou des insectes qui ont quelque partie du corps en forme de feuille, comme le corselet du *Membracis foliata*, qui se prolonge en une sorte de crête.

FEUTRE, s. m. On nomme ainsi, chez les mammifères, des poils doux et plus ou moins épais, qui garnissent immédiatement la peau, et que travers-sent d'autres longs poils plus ou moins cylindriques; on rencontre principa-lement le feutre chez ceux qui habitent des pays reculés vers le nord ou très-élevés au dessus du niveau de la mer.

FÈVE, subst. f. Nom vulgaire des chrysalides.

FIBRE, s. f., *fibra, villus*; ἴς; *Faser* (all.). Corps long et grêle, dont la disposition et les connexions pro-duisent la trame de tous les êtres or-ganisés, et dont on aperçoit aussi des traces dans quelques minéraux.

FIBREUX, adj., *fibrosus; faserig* (all.); *fibroso* (it.); composé de fibres. Se dit : 1° en minéralogie, d'un *mé-tal* qui présente des fibres dans sa cassure (*fer fibreux*); d'un *minéral* dont les parties sont déliées et sem-blables à des fibres (ex. *Mésotype*); de masses qui résultent d'un assem-blage de petites aiguilles ou de filets déliés, cristallisés ou accidentels, droits ou contournés, accollés sur leur longueur, disposés en rayons di-vergens, et entrelacés de différentes manières; 2° en botanique, d'une *racine* qui se compose de filets d'une épaisseur notable, alongés, distincts et peu ou point rameux (ex. *Allium Cepa*); 3° en zoologie, d'après Illiger, des dents de mammifères qui sont composées de fibres ou de tubes lon-gitudinaux (ex. *Oryctérope*).

FIBRILLAIRE, adj., *fibrillaris*; qui est disposé en filamens très-dé-liés, comme les *Himantia*.

FIBRILLE, s. f., *fibrilla; Faser-chen* (all.). On donne ce nom aux ramifications capillaires d'une racine très-divisée, ainsi qu'aux filets dé-liés qui naissent du thalle des lichens, et servent à fixer ces derniers sur l'écorce des arbres, la terre ou les pierres.

FIBRILLÉ, adj., *fibrillatus; fa-dig* (all.). Se dit de la racine, quand elle est composée de fibrilles ou de fibres déliées.

FIBRILLEUX, adj., *fibrillosus*. Épithète donnée au *stipe* de certains champignons. Ex. *Agaricus fibril-losus*.

FIBRILLIFÈRE, adject., *fibril-liferus*. Le clinanthe du *Gymnanthe-mum fibrilliferum* est muni de quel-ques fimbrilles piliformes éparses.

FIBRINE, s. f., *fibrina; Faser-stoff* (all.). Substance particulière qui fait la base des muscles et du caillot du sang des animaux à sang rouge.

FIBRINEUX, adj., *fibrinosus*; qui est composé de fibrine, qui en con-tient, qui en présente les caractères.

FIBRO-GRANULAIRE, adj., *fibro-granularis*. Épithète donnée, en mi-néralogie, à un corps, lorsqu'il pré-sente un tissu granuleux entremêlé de fibres. Ex. *Pyroxène*.

FIBRO-LAMINAIRE, adj., *fibro-*

laminaris. Épithète donnée à un minéral, lorsqu'il est fibreux dans un sens et laminaire dans l'autre. Ex. *Diallage*.

FIBRO-SCHISTEUX, adject., *fibro-schistosus*. Les géognostes disent qu'une roche a la *structure fibro-schisteuse*, lorsqu'elle est fissile en plaques, par l'effet de petites aiguilles cristallines qui sont rangées parallèlement les unes aux autres et bout à bout, croisées et entremêlées sur le même plan de différentes manières, ou jetées en tous sens d'un plan à l'autre ; c'est le cas de certaines roches amphiboliques.

FIBRO-SOYEUX, adj., *fibro-sericeus*. Se dit d'un minéral qui est en filamens réunis par faisceaux et ayant le luisant de la soie. Ex. *Alumine sulfatée fibro-soyeuse*.

FICÉES, adj. et s. f. pl., *Ficcæ*. Nom donné par A. Richard à un groupe de la famille des Urticées, qui a pour type le genre *Ficus*.

FICIFORME, adject., *ficiformis* (*ficus*, figue, *forma*, forme); qui a la forme d'une figue, comme la *Spongia ficiformis*, laquelle est turbinée, avec une perforation au sommet.

FICOIDÉ, adj., *ficoideus*. Épithète donnée aux *fleurs* conjointes, lorsqu'elles sont entièrement enveloppées par un réceptacle charnu et succulent. Ex. *Ficus Carica*.

FICOIDÉES, adj. et s. f. pl., *Ficoideæ*. Mauvais nom donné à une famille de plantes, que K. Sprengel a proposé d'appeler *Aizoidées*.

FIGUE, s. f., *carica*, *ficus*; σῦχον; *Feige* (all.) ; *fig* (angl.) ; *fico* (it.). Candolle désigne sous ce nom un fruit aggrégé, composé d'un grand nombre de cariopses réunies dans un involucre charnu et succulent. Ex. *Ficus Carica*.

FIGULIN, adj. *figulinus*, *figularis*, *figlinus* (*figulus*, potier de terre). On appelle *argile figuline*, celle qui

se laisse pétrir et appliquer à la fabrication des poteries.

FIGURÉ, adj., *figuratus*. On appelle *pierres figurées* celles qui offrent fortuitement, dans leur forme, quelque ressemblance avec des corps organisés, végétaux ou animaux, mais qui, dans leur structure, n'ont aucune trace de l'organisation des corps qu'elles semblent représenter plus ou moins grossièrement.

FIL, s. m., *filum*; *Faden* (all.). Ce nom est donné par Kirby à deux organes filiformes et non articulés qui garnissent l'anus des *Machilis*. Persoon appelle *fila seminifera* les parties capillaires qui fixent et retiennent les sporidies des champignons. Les paraphyses (*voyez* ce mot) sont nommées *fila succulenta*, *Saftfaden* (all.), par quelques botanistes.

FILAGINÉES, adj. et s. f. pl., *Filagineæ*. Nom donné par H. Cassini à un groupe de la section des Inulées gnaphaliées prototypes, qui a pour type le genre *Filago*.

FILAGINOIDÉES, adj. et s. f. pl., *Filaginoideæ*. Nom donné par Schrank à une section de la tribu des Gnaphaliées, qui a pour type le genre *Filago*.

FILAMENTAIRE, adj., *filamentaris*; qui est produit par des filamens, comme le tube dû à la soudure des filets des étamines dans certaines plantes.

FILAMENTEUX, adj., *filamentosus*; *fadenförmig* (all.). Se dit : 1° en minéralogie, d'un corps qui semble être un assemblage de filamens plus ou moins déliés (ex. *Asbeste*) ; 2° en botanique, de plantes qui sont alongées sous la forme de filets grêles (ex. *Conferva*), ou qui portent des filamens, comme ceux qu'on voit sur le bord des feuilles du *Yucca filamentosa*; 3° en zoologie, d'un animal qui a la forme d'un fil (ex. *Tænia* *filamentosa*), ou dont une partie du corps est garnie de filamens, comme le *Cantharus filamentosus*, dont le bord supérieur de la nageoire caudale se prolonge en rayons filiformes.

FILANDIÈRES, adj. et s. f. pl., *Textoriæ*. Nom donné par Degeer et Lamarck à une tribu d'Aranéides, renfermant ceux de ces animaux qui font des toiles à réseau irrégulier, dont les fils se croisent en tous sens et sur plusieurs points.

FILANDREUX, adj. Se dit d'un *drupe* dont la pannexterne est divisible en filamens. Ex. *Cocos nucifera*.

FILET, s. m., *filamentum*, *capillamentum*, *pediculus*; *Träger* (all.); *filamento* (it.). On appelle ainsi, 1° en géognosie, un filon qui n'a pas les dimensions et la suite requises pour être exploitable; 2° en botanique, le support d'une seule anthère, quelle que soit sa forme.

FILEUSES, adj. et s. f. pl. Nom donné par Degeer, Clerk et Lamarck à une tribu d'Aranéides, comprenant celles qui tendent des filets, tissent des toiles ou filent des cordages pour se transporter et se soutenir, ou pour se procurer, dans ces sortes de piéges, les insectes dont elles vivent.

FILICAULE, adj., *filicaulis* (*filum*, fil, *caulis*, tige); qui a la tige filiforme. Ex. *Oxalis filicaulis*.

FILICIFÈRE, adject., *filicifèrus* (*filix*, fougère, *fero*, porter). Se dit d'une roche qui renferme des fougères fossiles. Ex. *Oolithe filicifère*.

FILICIFORME, adj., *filiciformis* (*filix*, fougère, *forma*, forme). Se dit, en minéralogie, d'un corps partagé en rameaux, lorsque ceux-ci, étant sur le même plan, imitent par leur disposition les folioles qui s'insèrent des deux côtés de la tige d'une fougère. Ex. *Argent natif ramuleux filiciforme*.

FILICIN, adj., *filicinus* (*filix*, fougère); qui a la forme d'une fou-

gère. Le *Palmaria filicina* est ainsi nommé à cause de sa fronde, une ou deux fois ailée, comme celle d'une fougère.

FILICINES, adj. et s. f. pl., *Filicinæ*, *Filicina*. Nom donné par Batsch et par Wibel à la famille des Fougères.

FILICOIDES, adj. et s. f. pl., *Filicoides*. Nom donné par Bridel à une famille de Mousses, et par Lindley aux cryptogames vasculaires collectivement.

FILICORNE, adj., *filicornis* (*filum*, fil, *cornu*, corne). L'*Agaricus filicornis* est ainsi appelé à cause de la minceur de son stipe; la *Nereis filicornis*, parce que ses tentacules céphaliques sont longs et capillaires.

FILICORNES, adj. et s. m. pl., *Filicornes*. Nom donné par Lamarck à une famille de Coléoptères, par Latreille et Eichwald à une famille de Névroptères, par Duméril à une famille de Lépidoptères, comprenant ceux de ces insectes qui ont les antennes en fil, ou à peu près.

FILIÈRE, s. f., *fusus*. On désigne sous ce nom des pores par lesquels les araignées et les chenilles font sortir la matière soyeuse dont se servent les premières pour tisser leurs toiles, les autres pour construire la coque dans laquelle elles se changent en chrysalides.

FILIFÈRE, adj., *filiferus* (*filum*, fil, *fero*, porter). Un polypier (*Cellaria filifera*) est ainsi appelé parce que ses rameaux sont chargés de filamens sur les côtés.

FILIFOLIÉ, adj., *filifolius*; *fadenblättrig* (*filum*, fil, *folium*, feuille). Se dit d'une plante dont les feuilles ou leurs divisions sont filiformes. Ex. *Aster filifolius*, *Albuca filifolia*, *Leptaleum filifolium*.

FILIFORME, adject., *filiformis*; *fadenförmig*, *fädlich* (all.) (*filum*, fil, *forma*, forme); qui a la forme de fil. On emploie ce terme : 1° en minéralogie, pour désigner un corps qui ressemble à un fil plus ou moins contourné (ex. *Argent natif filiforme*); 2° en botanique, pour désigner les parties qui sont longues, grêles et cylindriques ou aplaties, comme les *anthères* du *Ternstroemia filiformis*, l'*axe* du *Phleum pratense*, l'ensemble du *champignon* appelé *Clavaria filata*, l'*embryon* du *Damasonium stellatum*, l'*épi* du *Verbena triphylla*, les *feuilles* de l'*Hymenatherum filifolium*, le *funicule* du *Magnolia grandiflora*, les *pédoncules* des *Fuchsia coccinea*, le *placentaire* du *Velezia*, la *racine* du *Lemna*, les *rameaux* du *Dolichos filiformis* et de l'*Helichrysum filiforme*, le *stigmate* du *Zea Mays*, le *style* de l'*Halesia tetraptera*, la *tige* du *Thymus filiformis* et du *Pterigynandrum filiforme*; 3° en zoologie, pour distinguer des animaux dont le corps ressemble à un fil (ex. *Stenosoma filiforme*), ou des parties du corps qui sont minces, alongées et de grosseur à peu près égale partout, comme l'*abdomen* de l'*Asilus filiformis*, les *antennes* du *Midas filata*, les *palpes* des *abeilles*.

FILIFORMES, adj. et s. m. pl., *Filiformia*. Nom donné par Cuvier, Latreille et Eichwald à une famille de l'ordre des Lœmodipodes, comprenant ceux qui ont le corps très-grêle ou linéaire; par Latreille, à une famille d'Annelides entérobranches, dans laquelle il range ceux de ces animaux dont le corps est de figure capillaire.

FILIGÈRE, adj., *filigerus; fadentragend* (all.) (*filum*, fil, *gero*, porter). La *Nereis filigera* est ainsi appelée, parce que sa rame supérieure se compose d'un pinceau de soies et d'un très-long cirre filiforme.

FILIPÈDE, adj., *filipes* (*filum*, fil, *pes*, pied); qui a des pattes très-longues et grêles. Celles de la

Tipula filipes sont trois fois plus longues que le corps.

FILIPENDULÉ, adj., *filipendulatus; angereiht* (all.). Se dit de la racine, quand elle est formée de tubercules attachés à des ramifications très-menues. Ex. *Spiræa Filipendula*.

FILIROSTRES, adj. et s. m. pl., *Filirostres* (*filum*, fil, *rostrum*, bec). Nom donné par J.-C. Schaeffer à un ordre de la classe des oiseaux, qui, avec les doigts fendus, ont le bec filiforme.

FILITARSE, adj., *filitarsis*; qui a des tarses alongés et grêles. Ex. *Melolontha filitarsis*.

FILITÈLES, adj. et s. f. pl., *Filitelæ*. Épithète donnée aux araignées qui filent des toiles composées de fils lâches et écartés. Ex. *Aranea phalangioides*.

FILON, s. m., *Gang* (all.); *filone* (it.). Les géognostes donnent ce nom à des masses minérales, pierreuses ou métalliques, très-peu larges comparativement à leur hauteur et à leur longueur, qui traversent, au moins dans une partie de son étendue, un terrain ou une masse de roches quelconque.

FILOPÈDE, adj., *filopes*; qui a le pied ou le stipe filiforme. Ex. *Agaricus filopes*.

FILTRATION, s. f., *filtratio, colatio; Seihung, Durchseihung* (all.). Opération qui consiste à séparer une matière solide mêlée avec un liquide, en faisant passer celui-ci à travers une substance, papier non collé, étoffe, colonne de sable ou de verre pilé, dans les pores ou à la surface de laquelle reste celle qui troublait sa pureté et sa transparence.

FILTRE, s. m., *filtrum*. Intermède quelconque dont on se sert pour exécuter la filtration.

FIMBRIÉ. *Voyez* FRANGÉ.

FIMBRILLE, subst. f., *fimbrilla;*

Spreufaden (all.). H. Cassini appelle ainsi des appendices du clinanthe des Synanthérées qui ont la forme de filets membraneux, laminés, linéaires ou subulés, inégaux, irréguliers, souvent entregreffés inférieurement, toujours beaucoup plus nombreux que les fleurs, et qui sont de simples saillies du réseau.

FIMBRILLIFÈRE, adj., *fimbrilliferus* (*fimbrilla*, fimbrille, *fero*, porter). Se dit du clinanthe des Synanthérées, lorsqu'il est chargé de fimbrilles. Ex. *Carduinées.*

FIMÉTAIRE, adj., *fimetarius*; qui vit dans le fumier, dans les matières excrémentitielles. Ex. *Aphodius fimetarius*, *Aphodius merdarius*, *Ap dius scyballarius.*

FIMICOLE, adj., *fimicolus*; qui vit ou croît dans le fumier. Ex. *Agaricus fimicola.*

FIRMAMENT, s. m., *firmamentum*; *Himmelsgewölbe* (all.); *Heaven* (angl.); *firmamento* (it.). On appelle ainsi le ciel, parce qu'il se montre à nous sous l'apparence d'un hémisphère solide ou d'une voûte reposant par sa base sur l'horizon.

FISSIDACTYLES, adj. et s. m. pl., *Fissidactyles* (*fissus*, fendu, δάκτυλος, doigt). Nom donné par Lesson à une division du sous-ordre des Passereaux marcheurs, comprenant ceux qui ont trois doigts antérieurs libres et isolés.

FISSIFLORE, adject., *fissiflorus* (*fissus*, fendu, *flos*, fleur). H. Cassini donne cette épithète à la *calathide*, quand elle est composée de corolles fissiformes.

FISSIFOLIÉ, *fissifolius* (*fissus*, fendu, *folium*, feuille); qui a des feuilles linéaires et fendues au sommet (ex. *Paspalus fissifolius*), ou des feuilles pinnatifides à segmens incisés au sommet (ex. *Pelargonium fissifolium*).

FISSIFORME, adject., *fissiformis* (*fissus*, fendu, *forma*, forme). Epithète donnée par H. Cassini à un genre indéterminé de corolles de Synanthérées.

FISSILABRES, adj. et s. m. pl., *Fissilabra.* Nom sous lequel Cuvier, Latreille et Eichwald désignent une tribu de la famille des Coléoptères brachélytres, comprenant ceux chez lesquels le labre est profondément échancré ou bilobé.

FISSILE, adj., *fissilis*; *spaltbar* (all.). Se dit, en minéralogie, d'un corps, lorsqu'il a une tendance cachée à se diviser par feuillets (ex. *Talc glaphique*), et de la *structure* d'une roche, quand celle-ci paraît formée de lits minces (ex. *Gneiss*). Un champignon (*Auricularia fissilis*) a été appelé ainsi, parce qu'il finit par se fendre en particules cohérentes à la base.

FISSILIÉES, adj. et s. f. pl., *Fissiliæ.* Cassin désigne sous ce nom la famille des Olacinées, à cause du genre *Fissilia* qu'elle renferme.

FISSINERVE, adj., *fissinervius* (*fissus*, fendu, *nervus*, nerf). Le *Lasiandra fissinervia* a des folioles munies de trois nervures, dont les deux latérales sont bifides.

FISSIPALMÉ, adj., *fissipalmatus* (*fissus*, fendu, *palmatus*, palmé). Illiger appelle *doigts fissipalmés* ceux qui présentent une large bordure étendue de la base d'un doigt à l'autre, les ongles étant en forme de lame sur les bords. Ex. *Grèbe.*

FISSIPARE, *fissiparus* (*fissus*, fendu, *paro*, engendrer). Se dit d'un corps organisé qui se reproduit par la scission de son propre corps, comme il arrive à un grand nombre de polypes et à beaucoup de plantes.

FISSIPARIE, s. f., *generatio fissipara*; *Spaltzeugung* (all.). Nom donné par Burdach au mode de génération qui consiste dans la scission d'un corps organisé, dont chaque segment devient un tout semblable à celui dont il provient.

FISSIPÈDES, adj. et s. m. plur., *Fissipedes* (*fissus*, fendu, *pes*, pied). Nom donné par Blumenbach à un ordre de Mammifères, comprenant ceux qui ont deux à quatre sabots ; par Latreille, Ficinus et Carus à une famille de l'ordre des Pachydermes ; comprenant ceux qui ont des doigts distincts à tous les pieds ; par J.–C. Schæffer à trois ordres d'oiseaux, dans lesquels sont rangés ceux qui ont deux, trois et quatre doigts fendus ; par Lamarck à une famille de Crustacés homobranches macroures, dans laquelle il comprend ceux qui ont les pattes bifides.

FISSIPENNES, adj. et s. m. pl., *Fissipennes* (*fissus*, fendu, *penna*, aile). Nom donné par Cuvier à une tribu de la famille des Lépidoptères diurnes, comprenant ceux qui ont les quatre ailes, ou deux au moins, fendues dans leur longueur en branches ou digitations.

FISSIROSTRES, adj. et s. m. pl., *Fissirostres* (*fissus*, fendu, *rostrum*, bec). Vigors et Cuvier désignent sous ce nom une famille de l'ordre des Passereaux ou des Percheurs, comprenant ceux de ces oiseaux qui ont le bec fendu très-profondément.

FISSURATION, s. f., *fissuratio* (*fissura*, fente). État de ce qui est fendu, de ce qui offre des fissures : *fissuration d'une roche.*

FISSURE, s. f., *fissura* ; *Spalte* (all.). Les géognostes appellent *fissures de stratification* celles qui séparent les assises d'une même couche, ou des couches de même nature, et *fissures de superposition*, celles qui séparent des couches de diverse nature. Généralement, en minéralogie, le mot *fissure* exprime des séparations dans une masse qui ne sont pour ainsi dire qu'indiquées, les parois ne

laissant pas d'écartement entr'elles. On ne le dit guères que des minéraux et des roches considérés en petit. Dacosta donne le nom de *fissure* à une dépression longue et peu large qu'on voit assez souvent, en arrière du sommet, à la partie dorsale de la face externe d'une valve de coquille bivalve.

FISTULAIRE, adj., *fistularis* (*fistula*, flûte). Se dit, en minéralogie, d'un corps concrétionné qui est traversé dans toute sa longueur par une cavité semblable à celle d'un tube. Ex. *Chaux carbonatée fistulaire.*

FISTULÉS, adj. et s. m. pl., *Fistulata*. Eichwald donne ce nom à une famille de la classe des Cyclozoaires, comprenant ceux de ces animaux qui, comme les Holothuries et les Fistulaires, ont le corps fistuleux.

FISTULEUX, adject., *fistulosus* ; *hohl, röhrig* (all.). Se dit, en botanique, de tout organe alongé et cylindrique qui offre une cavité longitudinale à son centre, comme les feuilles de l'*Allium fistulosum*, la hampe du *Pissenlit*, le *spadix* de l'*Arum Dracunculus*, la tige de l'*OEnanthe fistulosa*.

FISTULEUX, adj. et s. m. pl., *Fistulosa*. Nom donné par E. Eichwald à une famille de Phytozoaires lithophytes, par Schweigger à une famille de Zoophytes, comprenant les polypiers dont le centre vide est occupé par les polypes, qui, quoique distincts les uns des autres, communiquent réellement entr'eux, chacun ayant une issue particulière pour faire saillir au dehors sa bouche et ses tentacules.

FISTULIDES, adj. et s. m. pl., *Fistulides*. Nom donné par Lamarck à une section de l'ordre des Radiaires échinodermes, comprenant ceux de ces animaux qui ont le corps alongé et cylindrique.

FISTULIVALVE, adj. et s. f., *fis-tulivalva*. Tournefort désignait sous ce nom les coquilles fistuleuses, c'est-à-dire les fourreaux tubulaires improprement appelés coquilles.

FIXATION, s. f., *fixatio*; πῆξις. Opération par laquelle on donne en quelque sorte de la stabilité à un corps gazeux, en le combinant avec un corps solide.

FIXE, adj., *fixus; fest* (all.). Ce mot est reçu dans plusieurs acceptions différentes. 1° En astronomie. Les *étoiles* sont appelées *fixes*, parce qu'au contraire des autres astres lumineux, elles paraissent conserver toujours les mêmes distances les unes à l'égard des autres. 2° En physique. *Fixe* se dit d'une couleur qui reste la même, quel que soit l'aspect sous lequel on contemple le corps qui la présente. 3° En chimie. On appelle *fixes* (*feuer-beständig*, *feuerfest*, all.) les corps qui ne sont point volatilisables, à moins qu'on ne les expose à un feu violent, ou même qui ne se volatilisent point aux plus hauts degrés de chaleur que nous puissions produire (*alcali fixe*, *huile fixe*, *métal fixe*). On donne aussi cette épithète aux *gaz* qui ne peuvent être ramenés à l'état liquide ou solide, ni par le refroidissement, ni par la compression, ni par ces deux moyens réunis, comme l'oxigène, l'azote et l'hydrogène. Le mot *permanent* est plus souvent usité dans ce dernier cas. 4° En *histoire naturelle*. Mirbel appelle *cloisons fixes* celles qui, à la maturité du fruit, restent immobiles et conservent leur attache, ce qui n'a lieu communément que dans les péricarpes indéhiscens ou déhiscens seulement, soit par des pores, soit par des fentes (ex. *Campanula*). Du petit - Thouars nomme *embryons fixes* des corps reproducteurs non fécondés, nus ou écailleux, naissant successivement les uns des autres, formant par répétition l'aggrégation d'êtres qui compose la masse générale d'un grand arbre, ne se détachant jamais naturellement de l'aggrégation à laquelle ils appartiennent, mais pouvant, quand par accident ils en sont isolés, aller au loin en former une nouvelle. Ce terme est donc pour lui synonyme de *bourgeon*.

FIXITÉ, s. f., *fixitas*. Faculté dont jouit un corps de ne pas se volatiliser par l'action de la chaleur, de ne changer son mode d'aggrégation par l'effet d'aucune influence quelconque.

FIXIVALVES, adj. et s. m. pl., *Fixivalvia* (*fixus*, fixe, *valva*, valve). Nom donné par Latreille à une famille de la classe des Brachiopodes, comprenant ceux de ces animaux qui sont sessiles, c'est-à-dire fixés par la valve inférieure de leur coquille.

FLABELLÉ, adj., *flabellatus*, *ventilatorius* (*flabellum*, éventail); qui imite plus ou moins un éventail, qui s'étale de la base au sommet en manière d'éventail, comme les *feuilles* élégamment décomposées de l'*Adiantum flagellatum*, les *feuilles* réniformes à lobes très-ouverts du *Caltha flabellifolia*, les *épis* du *Scleria flabellum*, les *faisceaux* de l'*Echinella ventilatoria*, les *rameaux* de l'*Antipathes flabellum* et de l'*Omalia flabellata*, les *antennes* de la *Mutilla flabellata*, la *coquille* de l'*Ostrea flabellum* et de l'*Ostrea flabelloïdes*, les *antennes* de l'*Eulophus flabellatus*. On dit aussi *expansion flabellée*.

FLABELLICORNE, adj., *flabellicornis* (*flabellum*, éventail, *cornu*, corne); qui a les antennes flabellées. Ex. *Lampyris flabellicornis*.

FLABELLIFÈRE, adj., *flabelliferus* (*flabellum*, éventail, *fero*, porter); qui porte un éventail. Le *Coccothraustes flabellifera* a la queue en éventail.

FLABELLIFOLIÉ, adj., *flabelli-folius*; *fächerblättrig* (all.) (*flabellum*, éventail, *folium*, feuille); qui a les feuilles disposées en manière d'éventail. Ex. *Oxalis flabellifolia*, *Asplenium flabellifolium*.

FLABELLIFORME, adj., *flabelliformis*; *fächerförmig*, *wedelförmig* (all.) (*flabellum*, éventail, *forma*, forme). Mirbel donne cette épithète aux *feuilles* cunéaires qui sont arrondies au sommet (ex. *Salisburia asplenifolia*, *Euryops flabelliformis*). Le *Spongodium flabelliforme* a une fronde plane, disposée en forme d'éventail. L'*Udotea flabelliformis* et la *Spongia flabelliformis* ont leurs rameaux flabellés. Le *Cuculus flabelliformis* a la queue très-étagée, en éventail.

FLABELLIPÈDE, adj., *flabellipes* (*flabellum*, éventail, *pes*, pied). Se dit d'un oiseau qui a les quatre doigts dirigés en avant et réunis par une même membrane, de manière à figurer un éventail. Ex. *Pélican*.

FLACOURTIANÉES, adj. et s. f. pl., *Flacourtianeæ*. Famille de plantes, proposée par L.-C. Richard et établie par Candolle, qui a pour type le genre *Flacourtia*.

FLACOURTIÉES, adj. et s. f. pl., *Flacourtieæ*. Nom donné par Candolle à une tribu de la famille des Flacourtianées, qui renferme le genre *Flacourtia*.

FLAGELLAIRE, adj., *flagellaris* (*flagellum*, fouet); qui est long, délié et souple, en manière de fouet, comme les coulans filiformes du *Saxifraga flagellaris*.

FLAGELLÉ, adject., *flagellatus*; qui porte des inégalités semblables à celles qu'auraient pu produire des coups de fouet. Ex. *Copris flagellatus*.

FLAGELLIFÈRE, adj., *flagelli-ferus* (*flagellum*, coulant, *fero*, porter). Se dit d'une plante qui est mu-

nie de coulans. Ex. *Splachnum flagellare*, *Pilotrichum flagelliferum*, *Saxifraga flagellaris*.

FLAGELLIFORME, adj., *flagelliformis*; *peitschenförmig* (all.) (*flagellum*, fouet, *forma*, forme); qui a la forme d'un fouet. On employe ce terme: 1° en botanique; une *racine flagelliforme* est longue, souple et grêle (ex. *Arenaria maritima*); une *tige flagelliforme* est souple et déliée comme un fouet (ex. *Clematis Vitalba*), ou très-longue et cylindrique (ex. *Cactus flagelliformis*). Le *Sempervivum flagelliforme* est ainsi appelé à cause de ses coulans alongés; le *Gigartina flagelliformis*, parce qu'il a des rameaux longs et épars; le *Spermacoce flagelliformis*, parce que ses feuilles oblongues, lancéolées, aiguës et roulées sur les bords à la base, ressemblent presque à des pétioles. 2° En zoologie. Fabricius nomme *palpe flagelliforme*, dans les Crustacés décapodes, une pièce antenniforme, semblable à une sorte de fouet garni de son manche, terminée par une tige sétacée, et produite par un grand nombre d'articles, qui surmonte les deux paires inférieures de pieds-mâchoires ou de mâchoires auxiliaires.

FLAGRUM, s. m., *flagrum*. Savigny donne ce nom à une sorte de long palpe, ayant la forme d'un fouet armé de sa courroie, qu'on observe à la base extérieure de chacune des six mâchoires extérieures des crabes.

FLAMBÉ, adj., *flammeus*, *flammeolus*, *flammiculatus*, *flammulatus*; qui offre des dessins représentant des flammes par leur disposition ondoyante (ex. *Conus flammeus*, *Cassis flammea*, *Trochus flammulatus*, *Oliva flammulata*, *Venus flammiculata*). Le mot *flammeus* est quelquefois employé pour signifier *écarlate* (ex. *Gorgonia flammea*).

FLAMME, s. f., *flamma*; φλόξ,

φλογίον, φλογμὸς ; *Flamme* (all.) ; *flame* (angl.) ; *fiamma* (it.). Légère auréole ardente, lumineuse et diversement colorée, qui s'élève à la surface des corps qu'on brûle, et qui résulte de l'ignition des gaz combustibles produits par la décomposition de ces corps.

FLAMMICEPS, adj., *flammiceps* (*flammeus*, rouge, *caput*, tête), qui a la tête rouge. Ex. *Motacilla flammiceps*.

FLANC, s. m. On nomme ainsi, en géognosie (*latus*), la partie d'une montagne qui est comprise entre la cime et le pied ; en zoologie, chez l'homme et les mammifères (*ilia*), la partie de la région latérale du corps qui s'étend depuis le bassin jusqu'aux fausses côtes ; dans les trilobites, les lobes latéraux de l'abdomen et du postabdomen ; dans le thorax des insectes hexapodes (*pleuræ*), d'après Audouin, la réunion de l'épisternum, du paraptère et de l'épimère.

FLASQUE, adj., *flaccidus*, *languidus* ; qui est mou, sans consistance, comme, le chapeau de l'*Agaricus flaccidus*, les feuilles du *Bryum flaccidum* et du *Leskia flaccida*.

FLAVÉRIÉES, adj. et s. f. pl., *Flaveriæ*. Nom donné par Lessing à une sous-tribu de la tribu des Sénécionidées, qui a pour type le genre *Flaveria*.

FLAVICAUDE, adj., *flavicaudatus* (*flavus*, jaune, *cauda*, queue). Le *Stentor flavicaudatus* a la queue brune, avec deux bandes jaunes sur les côtés.

FLAVICOLLE, adj., *flavicollis* (*flavus*, jaune, *collum*, col) ; qui a le col (ex. *Motacilla flavicollis*) ou le corselet (ex. *Laphria flavicollis*) jaune.

FLAVICORNE, adj., *flavicornis* (*flavus*, jaune, *cornu*, corne) ; qui a les antennes jaunes. Ex. *Colaspis flavicornis*.

FLAVIGASTRE, adj., *flavigaster* (*flavus*, jaune, *gaster*, ventre) ; qui a le ventre ou la partie inférieure du corps jaune. Ex. *Corvus flavigaster*, *Sylvia flavogastra*.

FLAVIGULAIRE, adj., *flavigularis* (*flavus*, jaune, *gula*, gorge) ; qui a la gorge jaune. Ex. *Agama flavigularis*.

FLAVILABRE, adject., *flavilabris* (*flavus*, jaune, *labrum*, labre) ; qui a le labre jaune. Ex. *Cantharis flavilabris*.

FLAVIPALPE, adj., *flavipalpis* (*flavus*, jaune, *palpus*, palpe) ; qui a des palpes jaunes. Ex. *Phryxe flavipalpis*.

FLAVIPÈDE, adj., *flavipes* (*flavus*, jaune, *pes*, pied) ; qui a les pieds ou les pattes (ex. *Coccinella flavipes*), ou les pédoncules (ex. *Racomitrium flavipes*) jaunes.

FLAVIPENNE, adj., *flavipennis* (*flavus*, jaune, *penna*, aile) ; qui a les ailes (ex. *Sphex flavipennis*), ou les élytres (ex. *Trichius flavipennis*) jaunes.

FLAVIROSTRE, adj., *flavirostris* (*flavus*, jaune, *rostrum*, bec) ; qui a le bec jaune. Ex. *Phibalura flavirostris*.

FLAVISQUAME, adj., *flavisquamis* (*flavus*, jaune, *squama*, cueilleron) ; qui a les cueillerons jaunes. Ex. *Elophoria flavisquamis*.

FLAVITARSE, adject., *flavitarsis* (*flavus*, jaune, *tarsus*, tarse) ; qui a les tarses jaunes. Ex. *Panops flavitarsis*.

FLAVIVENTRE, adj., *flaviventris* (*flavus*, jaune, *venter*, ventre) ; qui a le ventre jaune. Ex. *Tanagra flaviventris*.

FLAVOPTÈRE, adj., *flavopterus* (*flavus*, jaune, πτερὸν, aile) ; qui a les ailes jaunes. Ex. *Fringilla flavoptera*.

FLÉCHI, adj., *flexus*, *inflexus*. Les géognostes donnent cette épithète aux *couches*, lorsqu'elles offrent des plis anguleux plus ou moins multipliés.

FLEGME, s. m., *phlegma*; φλέγμα. Les anciens chimistes appelaient ainsi l'eau qu'on retire des corps soumis à la distillation, soit qu'ils la contiennent toute formée, soit qu'ils en renferment seulement les élémens.

FLEUR, s. f., *flos*; ἄνθος; *Blüthe*, *Blume* (all.); *flower* (angl.); *fiore* (it.). On emploie ce mot : 1° en chimie. Les anciens chimistes donnaient le nom de *fleurs* aux substances réduites en poudre, soit que la nature les offre dans cet état, soit qu'elles y aient été amenées par quelque opération de l'art, mais surtout aux sublimés qui se composent de particules très-divisées ou d'aiguilles fort déliées; *fleurs d'antimoine*, acide antimonieux préparé par sublimation; *fleurs d'arsenic*, acide arsénieux sublimé; *fleurs de benjoin*, acide benzoïque obtenu par sublimation ; *fleurs de bismuth*, efflorescence d'oxide de bismuth qu'on trouve à la surface des minéraux qui renferment en même temps ce métal à l'état natif; *fleurs de cobalt*, arsénite de cobalt pulvérulent; *fleurs de cuivre*, oxide de cuivre rouge capillaire; *fleurs de nickel*, oxide de nickel; *fleurs de sel ammoniac*, chlorure ammonique sublimé ; *fleurs de soufre*, soufre sublimé en très-petits cristaux aciculaires ; *fleurs de zinc*, oxide de zinc produit par la combustion du métal. 2° En botanique. Avant Linné, on n'appelait *fleur*, dans les plantes, que les corolles ou calices colorés, et c'est encore ainsi qu'on entend le mot dans le langage vulgaire. Linné le premier y attacha l'idée de génération, en disant que l'essence de la fleur consiste dans l'anthère et le stigmate, opinion que Ludwig embrassa sur-le-champ, et

qui depuis a été adoptée par la plupart des botanistes. Cependant, comme le fait observer Agardh, il est non-seulement singulier qu'on range parmi les parties de la fleur l'ovaire, qu'on n'y comprend plus lorsqu'il s'est développé en fruit, mais encore évident que la fleur et le pistil sont deux organes bien différens, puisqu'ils sont souvent séparés, que leur position relative varie beaucoup, et qu'il n'y a presque jamais coïncidence d'époque entre l'épanouissement de l'ovaire et celui des étamines. Ainsi que Gœthe l'avait pressenti, que Rœper l'a admis, et que R. Brown paraît le penser, la fleur est une espèce de bourgeon terminal, dont les feuilles, verticillées et modifiées par leur position, produisent toutes les parties qui la constituent. C'est, d'après Candolle, un assemblage de plusieurs verticilles de feuilles (ordinairement au nombre de quatre), diversement transformées, et situées en forme de bourgeon à l'extrémité d'un rameau. C'est, d'après Dupetit-Thouars, un dévelopement de la feuille et du bourgeon axillaire réunis. Turpin admet cette définition, en exceptant toutefois le pistil, qu'il regarde comme formé par le prolongement de l'axe végétal, ou comme produit par la tige. Ainsi envisagée, la fleur s'éloigne beaucoup de l'idée qu'on attache vulgairement au mot, mais rentre dans les conditions générales de la végétation, auxquelles on n'avait pu jusqu'alors la rapporter. Le nom de *fleur* est donné aussi à une sorte de vernis ou de poussière glauque, de nature céracée, qui recouvre certains fruits (ex. *Prune*).

FLEURAISON, s. f., *florescentia*, *anthesis* ; ἀνθήσις; *Blumenentfaltung*, *Bluthezeit* (all.); *fioritura* (it.). Action de fleurir; époque à laquelle, ou temps durant lequel une plante épanouit ses fleurs.

FLEURETTE, subst. f., *flosculus; Blümchen* (all.). Petite fleur.

FLEURI, adj., *floridus;* ἀνθηρὸς; *blühend* (all.). Épithète donnée, par les minéralogistes, au jaspe panaché, quand le verd y domine. Le *Lichen floridus* est ainsi appelé à cause de ses grandes cupules, bordées de filets, qui ressemblent assez bien à une fleur radiée. Cette épithète est donnée aussi à des plantes qui produisent une grande quantité de fleurs (ex. *Cornus florida, Physocalymna florida*).

FLEURON, s. m., *flosculus; Blümchen* (all.); *fiorellino, fioretto, flosculo* (it.). Petite fleur. On appelle généralement ainsi chacune des petites fleurs dont l'aggrégation produit les capitules des Synanthérées, et même plus particulièrement celles qui ont une forme tubuleuse et qui sont régulières. Agardh prend ce mot dans un autre sens, et l'applique à chaque pétale d'une corolle polypétale, ou à chaque lobe d'une corolle monopétale.

FLEURONNÉ, adj., *flosculosus.* H. Cassini donne cette épithète à la *calathide* des Synanthérées, lorsqu'elle ne contient, au centre comme à la circonférence, que des fleurons, c'est-à-dire des fleurs régulières et tubuleuses. Ex. *Centaurea.*

FLEUVE, s. m., *flumen; Fluss* (all.); *river* (angl.); *fiume* (it.). Cours d'eau, alimenté par une ou plusieurs rivières navigables, qui se jette dans une mer.

FLEXIBILITÉ, s. f., *flexibilitas; Biegsamkeit, Beugsamkeit* (all.); *flexibility* (angl.); *flessibilità* (it.) (*flecto,* ployer). Propriété qu'ont certains corps de se laisser courber plus ou moins facilement jusqu'à un certain point, sans se briser.

FLEXIBLE, adj., *flexibilis, flexilis;* καμπτός; *biegsam, beugsam* (all.); *flessibile* (it.); qui est susceptible de se ployer sans se rompre, comme la tige du *Juncus effusus,* qui est droite et souple, et celle de l'*Isothecium flexile.*

FLEXIBLES, adj. et s. m. pl., *Flexibilia.* Nom donné par Lamouroux à un ordre de la classe des Polypiers, comprenant ceux dont la substance est souple, et qui peuvent être pliés.

FLEXICAULE, adj., *flexicaulis* (*flexus,* courbé, *caulis,* tige); qui a une tige flexueuse. Ex. *Solidago flexicaulis.*

FLEXIFOLIÉ, adject., *flexifolius* (*flexus,* courbé, *folium,* feuille); qui a des feuilles flexueuses. Ex. *Mesembryanthemum flexifolium, Barbula flexifolia.*

FLEXION, s. f., *flexio;* καμπτὴ; *Biegung* (all.). Action de fléchir; état de ce qui est fléchi.

FLEXIPÈDE, adjectif, *flexipes* (*flexus,* fléchi, *pes,* pied); qui a des pédoncules flexueux. Ex. *Hypnum flexipes.*

FLEXUEUX, adj., *flexuosus; zickzackig, gekniet* (all.); *flessuoso* (it.); qui décrit des flexuosités, des angles mousses plus ou moins ouverts; qui est courbé en zig-zag avec une certaine régularité, comme la *tige* de l'*Aristolochia serpentaria,* du *Lotus flexuosus* et du *Delphinium flexuosum,* ou les pédoncules du *Campylopus flexuosus;* qui est replié sur soi-même, comme l'*embryon* de l'*Anguillaria bahamensis,* le *fruit* du *Cucumis flexuosus,* les *spadices* du *Mauritia flexuosa,* les *feuilles* du *Phascum flexuosum,* les jeunes *rameaux* du *Spiræa flexuosa.*

FLOCON, s. m., *floccus;* κροκίς. Nom donné par les chimistes aux touffes légères que certains précipités forment en se rassemblant; par les zoologistes, aux touffes de poils qui garnissent le bout de la queue de certains mammifères (ex. Lion, Ane et quelques Singes).

FLOCONNEUX, adj., *floccosus*; *flockig* (all.); *fioccoso* (it.); qui a la forme de flocons. Se dit : 1° en minéralogie, d'un corps qui ressemble à un flocon de laine. (ex. *Mésotype*). 2° En botanique, des *poils*, quand ils sont réunis en petits flocons, qui se détachent sous la forme de touffes légères (ex. *Astrotricha floccosa, Verbascum floccosum*), et de plantes qui se composent de filamens groupés en touffes (ex. *Colophermum floccosum*), ou dont les ramifications sont couvertes de petites aspérités qui les rendent comme villeuses (ex. *Corallina floccosa*).

FLOCONNEUX, adj. et s. m. pl., *Floccosi*. Nom donné par Link à une section de l'ordre des Gastéromycètes, comprenant ceux dont les sporules sont situées sur une base floconneuse.

FLOCOPE, adj., *floccopus* (*floccus*, floccon, *pes*, pied). Le *Boletus floccopus* a son stipe couvert d'écailles floconneuses.

FLOCULEUX, adj., *flocculosus, flocculatus*. Une conferve (*Diatoma flocculosum*) est ainsi appelée parce qu'elle ressemble à un duvet verdâtre. Kirby donne cette épithète aux *cuisses* des insectes, quand elles portent une touffe de poils (ex. *Andrena*).

FLORAISON. *Voyez* FLEURAISON.

FLORAL, adj., *floralis*; *fiorale* (it.) (*flos*, fleur); qui appartient à la fleur, qui naît sur ou dans la fleur. On appelle *bulbilles florales*, celles qui remplacent les fleurs dans certaines espèces d'ail (ex. *Allium carinatum*); *enveloppes florales*, celles qui entourent immédiatement les organes sexuels; *feuilles florales*, celles qui sont placées immédiatement à la base ou dans le voisinage des fleurs, et qui ne diffèrent pas des autres pour la forme (ex. *Lonicera Caprifolium*); *glandes florales*, celles qui naissent

sur les fleurs. Cette épithète est donnée aussi à divers insectes qu'on trouve habituellement sur les fleurs (ex. *Anticus floralis, Fausta florea*).

FLORALES, adj. et s. f. pl., *Florales*. Nom donné par Latreille à une tribu de la famille des Tipulaires, comprenant celles dont les larves se trouvent dans les fleurs.

FLORE, s. f., *flora*. Tableau des plantes d'une contrée : ouvrage destiné à présenter l'énumération des végétaux d'un pays; recueil périodique consacré spécialement à la botanique, comme celui que publie la société de Ratisbonne.

FLORIBOND, adj., *floribundus*; *blumenreich* (all.). Se dit d'une plante qui est chargée de fleurs nombreuses (ex. *Loranthus floribundus, Dillwinia floribunda, Hypericum floribundum*), et de quelques animaux, par exemple de la *Spongia floribunda*, dont les rameaux sont couverts de paillettes imitant des fleurs.

FLORICOLE, adject., *floricolus* (*flos*, fleur, *colo*, habiter); qui vit sur les fleurs. Ex. *Tomisus floricolus, Melolontha floricola*.

FLORICOLES, adj. et s. f. pl., *Floricolæ*. Nom donné par Robineau-Desvoidy à une section de la famille des Muscides, comprenant celles qu'on trouve sur les fleurs.

FLORIDÉ, adj., *florideus* (*flos*, fleur, εἶδος, ressemblance). Épithète donnée à quelques plantes qui sont couvertes de fleurs nombreuses. Ex. *Sabinea floridea*.

FLORIDÉES, adj. et s. f. pl., *Floridæ*. Nom donné par Agardh à un ordre et par Reichenbach à une famille d'Hydrophytes, par Fries à une tribu d'Hydrophyces, par Greville à un ordre de Thalassiophytes symphysistées, parce que les végétaux compris dans ces divers groupes ont une belle couleur pourpre ou rougeâtre, qu'on a comparée à celle des fleurs pour l'éclat.

FLORIDULÉES, adject. et s. f. pl., *Floriduleæ.* Nom donné par Robineau-Desvoidy à une tribu de l'ordre des Myodaires Micromydes.

FLORIFÉRATION , s. f., *floriferatio.* Synonyme peu usité de *fleuraison. Voyez* ce mot.

FLORIFÈRE, adject., *floriferus* ; *blüthentragend* (all.) ; *fiorifero* (it.) (*flos*, fleur, *fero*, porter) ; qui porte des fleurs, comme les *bractées* du *Populus*, les *feuilles* du *Xylophylla falcata*. On donne cette épithète aux *bourgeons* qui ne contiennent que des fleurs.

FLORIFORME , adj., *floriformis* (*flos*, fleur, *forma*, forme) ; qui a la forme d'une fleur. L'*Alcyonium floriformis* est ainsi nommé parce qu'il ressemble à une fleur à douze pétales ; le *Diderma floriforme*, parce que son péridion globuleux s'ouvre en six ou sept lanières rayonnantes.

On donne aussi cette épithète au *corps* de certains animaux, comme les *Actinies*, qui ont été comparées de tout temps à des fleurs.

FLORILÈGES , adj. et s. m. pl., *Florilega* (*flos*, fleur, *lego*, cueillir). Nom donné par Duméril à une famille d'Insectes hyménoptères, qui, à l'état parfait, vivent sur les fleurs. *Voyez* ANTROPHILES.

FLORIPARE, adject., *floriparus* (*flos*, fleur, *pario*, engendrer). L.-C. Richard propose d'appliquer cette épithète au *bouton* qui ne donne que des fleurs, comme étant plus exacte que celle de *florifère.*

FLORULE, s. f., *florula.* Petite fleur ; fleur isolée d'une calathide , d'un céphalanthe, d'un épi.

FLOSCULARIÉS, adj. et s. m. pl., *Floscularia.* Nom donné par C.-G. Ehrenberg à une tribu de la classe des Rotifères , qui a pour type le genre *Floscularia.*

FLOSCULE, s. m., *flosculus* (*flos*, fleur). Synonyme de *florule* (*voy.* ce mot). Kirby appelle ainsi un organe tubulaire , étroit, lunulé et garni d'un style central, qu'on voit à l'anus de la *Fulgora candelaria.*

FLOSCULEUSES, adj. et s. f. pl., *Flosculosæ.* Nom d'une classe, dans le système de Tournefort et dans celui de Guiart, comprenant les plantes composées dont les corolles sont fleuronnées.

FLOSCULEUX, adj., *flosculosus.* Épithète donnée à la calathide des Synanthérées, lorsqu'elle ne renferme que des fleurons. Ex. *Centaurea.*

FLOTTANS, adj. et s. m. pl., *Natantes.* Nom donné par Lamarck à un ordre de la classe des Polypes, comprenant ceux qui sont réunis à un corps commun libre, lequel, chez la plupart , flotte et semble nager dans les eaux.

FLOTTANT, adj., *fluitans* ; *fliessend, schwimmend, flüthend* (all.). Se dit, en botanique, des *plantes* qui, fixées au fond de l'eau par des racines, ont leurs tiges , leurs rameaux et leurs feuilles abandonnés au gré du courant (ex. *Potamogeton lucens* , *Poa fluitans*); en zoologie, de quelques infusoires qui semblent flotter dans les eaux (ex. *Cyclidium fluitans*), et des *plumes* des oiseaux, lorsqu'elles ont des barbes très-grandes , mais si flexibles qu'elles ne s'accrochent pas , comme celles des ailes et de la queue de l'autruche.

FLUATE, s. m., *fluas.* Ancienne dénomination des hydrofluates ou fluorures.

FLUATÉ, adj. Se dit en minéralogie d'une base convertie à l'état de fluate ou de fluorure (ex. *Chaux fluatée*). Omalius donne le nom de *roches fluatées* à un genre de roches pierreuses, comprenant celles dans lesquelles le fluor entre comme principe constituant.

FLUIDE, adj. et s. m., *fluidus ; flüssig* (all.) ; *fluid* (angl.). Ce mot, employé souvent pour désigner collectivement les gaz et les liquides, et quelquefois aussi restreint à cette dernière signification, est une épithète qu'on donne à tout corps dont les molécules sont assez peu cohérentes entre elles pour pouvoir glisser aisément les unes sur les autres.

FLUIDIFICATION, s. f. Réduction d'un corps à l'état de fluide.

FLUIDITÉ, s. f., *fluiditas; Flüssigkeit* (all.) ; *fluidity* (angl.). État d'aggrégation dans lequel se trouvent les corps liquides.

FLUO-BORATE, s. m., *fluo-boras*. Genre de sels (*flussboraxsaure Salze*, all.) qui sont produits par la combinaison de l'acide fluo-borique avec les bases salifiables.

FLUO-BORÉ. *V.* FLUO-BORIQUE.

FLUO-BORIQUE, adj., *fluo-boricus*. On a donné le nom d'*acide fluoborique* (*Flussboraxsäure*, all.) à une combinaison de fluor et de bore, découverte en 1808 par Gay-Lussac et Thénard.

FLUO-BORURE, s. m., *fluo-boruretum; Fluorboronfluormetall* (all.). Berzelius donne ce nom à des sels doubles, qui résultent de la combinaison d'un fluorure avec le fluoride borique.

FLUO-COLOMBATE, s. m., *fluocolumbas*. On a appelé ainsi des combinaisons du fluorure de colombium avec d'autres fluorures.

FLUO-MOLYBDATE, s. m., *fluomolybdas*. Nom donné à des combinaisons du fluorure de molybdène avec d'autres fluorures.

FLUOR, adj. et s. m., *fluor, fluorum ; Fluorine* (all.). On emploie ce mot pour désigner tantôt l'état liquide de certains corps (ainsi l'*alcali volatil fluor* est de l'ammoniaque dissoute dans l'eau), tantôt diverses substances minérales qui sont incombustibles,

mais fusibles (ainsi le fluorure de calcium a été appelé *spath fluor*). *Fluor* est aussi le nom d'un corps simple, dont on admet l'existence par pure analogie, car on n'est pas encore parvenu à l'isoler. Ce corps a été appelé *phthore* par Ampère.

FLUORACIDE, adject. et s. m., *fluoracidum*. Acide dans lequel le fluor joue ou est censé jouer le rôle de principe acidifiant.

FLUORÉ, adj., *fluoratus ;* qui contient du fluor. On a appelé *hydrogène fluoré* l'acide hydrofluorique.

FLUORIDE, s. m., *fluoridum.* Berzelius donne ce nom aux combinaisons du fluor avec des corps moins électro-négatifs que lui, dans lesquelles les rapports atomiques sont les mêmes que dans les acides.

FLUORIQUE, adj., *fluoricus*. On appelait *acide fluorique* (*Flusssäure*, *Flussspathsäure*, all.) l'acide hydrofluorique, lorsqu'on supposait que de l'oxigène entrait dans sa composition.

FLUORISEL, s. m. P. Boullay propose de nommer ainsi les combinaisons des fluorures des métaux électro-négatifs avec ceux des métaux électro-positifs.

FLUORITIQUE, adj., *fluoriticus.* Omalius appelle *roches fluoritiques* un genre de roches pierreuses dans lesquelles le fluor entre comme principe constituant.

FLUORURE, s. m., *fluoruretum, fluoretum*. Combinaison du fluor avec un autre corps simple. Berzelius réserve ce nom pour les combinaisons du fluor avec les métaux électro-positifs dans lesquelles les rapports atomiques sont les mêmes que dans les bases.

FLUOSILICATE, s. m., *fluosilicas*. Combinaison du fluorure de silicium avec d'autres fluorures.

FLUOSILICIÉ, adj. La combinaison gazeuse de fluor et de silicium ou le fluoride silicique, a été appelée quelquefois *gaz fluosilicié* ou *fluosilicique*.

FLUOSILICIQUE, adj., *fluosilicicus*. On appele *acide fluosilicique* une combinaison de silicium et de fluor, dont la découverte est due à Scheele, et que Berzelius nomme *fluoride silicique*.

FLUOSILICIURE, s. m., *fluosiliciuretum*. Une combinaison de fluoride silicique et d'ammoniaque est appelée *fluosiliciure ammoniacal*.

FLUOTANTALATE, s. m., *fluotantalas*. Combinaison du fluorure de tantale avec un autre fluorure.

FLUOTITANATE, s. m., *fluotitanas*. Combinaison du fluorure de titane avec un autre fluorure.

FLUOTUNGSTATE, s. m., *fluotungstas*. Combinaison du fluorure de tungstène avec un autre fluorure.

FLUSTRÉES, adj. et s. f. pl., *Flustreæ*. Nom donné par Lamouroux à une famille de l'ordre des Polypiers flexibles, qui a pour type le genre *Flustra*.

FLUURE, s. m. Synonyme peu usité de *fluorure*. *V.* ce mot.

FLUVIAL. *V.* FLUVIATILE.

FLUVIALES, adj. et s. f. pl., *Potamæ, Potamophilæ, Naïades, Hydrogetones*. Nom donné par Ventenat et Kunth à une famille de plantes, qui est plus généralement connue sous celui de *Naïades*.

FLUVIATILE, adj., *fluvialis, fluviatilis, fluminalis, flumineus*. Se dit de *plantes* qui croissent dans les eaux courantes (ex. *Ranunculus fluviatilis, Equisetum fluviatile*), et d'*animaux* qui vivent dans ces eaux (ex. *Perca fluviatilis, Cyclas fluminalis, Cyrena fluminea*).

FLUVIATILES, adj. et s. m. pl., *Fluviatiles*. Nom donné par Lamarck à une section de la classe des Polypes, comprenant ceux qui n'habitent que les eaux douces, principalement vives, et qui y sont libres ou fixés sur les corps aquatiques.

FLUVIO-MARIN, adject., *fluviomarinus*. C. Prevost donne cette épithète à des formations mixtes, composées de sédimens qui ont été apportés par les eaux douces courantes, et déposés par elles sous la mer, soit avant, soit après le mélange de ces eaux, et à une distance plus ou moins grande de leur embouchure.

FLUX, s. m., *maris æstus*. En géographie, ce mot désigne celle des deux oscillations journalières qui fait monter l'eau de la mer et la porte vers la terre, dans les parties de l'Océan sujettes aux marées. En chimie, *flux* est synonyme de *fondant*. *Voyez* ce mot.

FŒTAL, adj., *fœtalis* (*fœtus*, embryon); qui a rapport au fœtus. *Vie fœtale.*

FŒTIPARE, adject., *fœtiparus* (*fœtus*, embryon, *paro*, produire). Desmoulins donne ce nom à une sous-classe de la classe des Mammifères, comprenant ceux qui accouchent de fœtus et non de petits à terme.

FOIE, s. m., *hepar*. Les anciens chimistes donnaient ce nom à diverses substances dans la composition desquelles il entre du soufre, et dont ils comparaient la couleur brunâtre à celle du parenchyme du foie. Le *foie d'antimoine* est de l'hyposulfantimonite potassique; le *foie d'arsenic*, de l'arsenite potassique; le *foie de soufre*, un mélange de plusieurs sulfures alcalins. En anatomie, on appelle *foie* (*jecur, hepar*; ἧπαρ; *Leber* (all.); *liver* (angl.); *fegato* (it.) la glande qui sécrète la bile, chez les animaux.

FOIN, s. m., *fenum*. On donne vulgairement ce nom à la masse des tubes qui garnissent en dessous les bolets, et qu'on enlève pour manger ces champignons. On l'applique aussi à la masse de poils et de fleurs qui occupent le centre de la calathide de l'artichaut, avant son épanouissement.

FOLIACÉ, adj., *foliaceus ; blatt-artig* (all.); *fogliaco* (it.); qui est de la nature des feuilles, qui en a la minceur habituelle ou la consistance. Se dit : 1° en minéralogie, d'une substance qui, comme le *mica*, se divise en grandes feuilles ou lames. 2° En botanique, des *bourgeons*, d'après Candolle, quand leurs enveloppes sont des feuilles sessiles, dont le limbe lui-même se trouve réduit à la forme d'une écaille (ex. *Daphne Mezereum*); des *cotylédons*, lorsqu'ils sont minces et souvent relevés de nervures à la manière des feuilles (ex. *Tilia europæa*); des *involucres*, lorsque les bractées qui les composent sont larges, minces et vertes, à la manière de la plupart des feuilles (ex. *Lagasca mollis*); des *pétioles*, quand ils ont la forme de feuilles (*voyez* PHYLLODE); des *spathes*, quand leur substance est analogue à celle des feuilles (ex. *Gladiolus communis*); des *stipules*, lorsqu'elles ont la couleur et la consistance des feuilles (ex. *Agrimonia Eupatoria*). 3° En zoologie, du *corselet* des insectes, quand ses bords latéraux sont très-grands, membraneux et en forme de feuilles (ex. *Mantis gongylodes*); du *tibia* de ces animaux, d'après Kirby, lorsqu'il se dilate latéralement en une plaque mince (ex. *Euglossa cordata*). L'*Hippocampus foliatus* est ainsi appelé à cause des appendices foliacés qui garnissent diverses parties de son corps; l'*Adeona foliacea*, parce que sa tige est couverte d'expansions foliacées.

FOLIACÉS, adj. s. m. pl., *Foliacea*. Nom donné par Schweigger et Eichwald à une famille de la classe des zoophytes, comprenant ceux de ces animaux qui ressemblent à des expansions foliacées.

FOLIAIRE, adj., *foliaris ; blattständig* (all.) (*folium*, feuille); qui appartient aux feuilles, qui naît sur les feuilles, comme les *épines* du *Carduus marianus*, les *glandes* du *Drosera*, les *fleurs* du *Xylophylla falcata*. Candolle appelle *vrilles foliaires* celles qui sont produites par la feuille elle-même prolongée en un appendice tortillé (ex. *Methonica superba*).

FOLIATION, s. f., *foliatio* (*folium*, feuille). Moment où les bourgeons commencent à développer leurs feuilles. Linné entendait par ce mot l'arrangement des feuilles dans le bourgeon.

FOLIICOLE, adj., *foliicolus* (*folium*, feuille, *colo*, habiter); qui vit ou croît sur les feuilles. Ex. *Sphæria foliicola, Hysterium foliicolum*.

FOLIIFÈRE, adj., *foliiferus; blättertragend* (all.); *foglifero* (it.) (*folium*, feuille, *fero*, porter). Mirbel donne cette épithète aux *bourgeons* qui ne contiennent que des feuilles. Un polypier (*Adeona foliifera*) est ainsi appelé, parce qu'il ressemble à un arbuste chargé de feuilles alternes découpées.

FOLIIFÉRO-FLORIFÈRE, adj., *foliifero-floriferus*. Se dit d'un *bourgeon* qui contient à la fois des feuilles et des fleurs. Ex. *Syringa vulgaris*.

FOLIIFLORE, adj., *foliiflorus* (*folium*, feuille, *flos*, fleur); qui a les fleurs insérées sur le pétiole de la feuille. Ex. *Peperomia foliiflora*.

FOLIIFORME, adj., *foliiformis* (*folium*, feuille, *forma*, forme); qui a la forme de feuilles, comme les expansions de quelques polypiers et les ramuscules de certaines Dyctiotées.

FOLIIPARE, adj., *foliiparus* (*folium*, feuille, *paro*, produire). Synonyme de *foliifère*. *V.* ce mot.

FOLIOLAIRE, adj., *foliolaris*. Épithète donnée par Candolle aux *stipules*, quand elles sont placées sur le pétiole commun, à la base des folioles. Ex. *Phaseolus*.

FOLIOLE, s. f., *foliolum, foliolus; Blättchen* (all.); *foglietta, fogliolina* (it.) (*folium*, feuille). Petite feuille. On appelle ainsi les pièces articulées et séparables sans déchirement à la fin de leur vie, qui, par leur réunion sur un pétiole commun, forment les feuilles dites composées. On donne le même nom aux sépales du calice et aux pièces de l'involucre. Kirby l'applique aux organes raides, non articulés et dilatés, qui garnissent l'anus des libellules.

FOLIOLÉ, adj., *foliolatus*. On donne cette épithète aux *feuilles* qui sont formées de feuilles partielles ou de folioles, attachées sur un pétiole commun. Ex. *Phascolus*.

FOLIOLÉEN, adj., *folioleanus*. Mirbel appelle *épines folioléennes* celles qui doivent leur origine à des folioles transformées. Ex. *Chamœrops humilis*.

FOLIOLELLE, s. f., *foliolellum*. Nom donné par Bernhardi aux folioles d'une feuille bipinnée.

FOLIOLELLULAIRE, adj., *foliolellularis*. Bernhardi donne cette épithète aux *pétioles* des foliolellules.

FOLIOLELLULE, s. f., *foliolellulum*; *Blättleinchen* (all.). Nom donné par Bernhardi aux folioles d'une feuille tripinnée.

FOLIOLEUX, adj., *foliolosus*. Se dit d'une plante qui a des feuilles très-abondantes et très-serrées (ex. *Adenocarpus foliolosus*), ou des feuilles composées à folioles très-petites (ex. *Rubus foliolosus*, *Thalictrum foliolosum*).

FOLIOLIFÈRE, adj., *folioliferus* (*foliolum*, foliole, *fero*, porter); qui porte des folioles. Ex. *Eriospermum folioliferum*.

FOLIOPÈDE, adj., *foliopes* (*folium*, feuille, *pes*, pied). Se dit d'un insecte qui a les pattes accompagnées d'expansions membraneuses plus ou moins grandes. Ex. *Mantis foliopeda*.

FOLLICULE, s. m., *folliculus*,

conceptaculum; *Balgkapsel* (all.); *follicolo*, *bozzolo*, *guscio* (it.). Sorte de fruit formé par une seule feuille carpellaire pliée longitudinalement sur elle-même, de manière qu'il ne se présente qu'une seule suture, résultant du rapprochement des bords de cette feuille, et qu'à la maturité les bords se séparent au point de leur soudure, soit dans toute leur longueur (ex. *Asclepias*), soit vers le sommet seulement (ex. *Trollius*). Les entomologistes donnent quelquefois le nom de *follicule* au cocon des lépidoptères.

FOLLICULÉ, adj., *folliculatus*. La *Nereis folliculata* a été ainsi nommée à cause de la forme aplatie de ses languettes vaginales.

FOLLICULIFORME, adj., *folliculiformis*. Mirbel donne cette épithète aux *capsules* qui sont formées d'une seule valve soudée sur les bords, comme dans le follicule. Ex. *Avicennia*.

FOLLICULODE, s. m., *folliculodium*; *Balgkapselkranz* (all.). Nom donné par Agardh à un fruit composé de plusieurs follicules adossés (ex. *Apocynées*, *Colchicum*, *Helleborus*).

FONCIER, adj. On appelle *avalanches foncières*, celles qui, étant formées d'une neige très-compacte, et ayant une grande pesanteur, détruisent complètement tout ce que, dans leur chute, elles rencontrent sur leur passage.

FONCTION, s. f., *functio*; ἐνέργεια; *Verrichtung* (all.). Action que les parties d'un corps organisé exercent en vertu de leur texture spéciale, et dont le résultat est de mettre en évidence un ou plusieurs phénomènes de la vie.

FONDAMENTAL, adj., *fundamentalis*. Brochant appelle *forme fondamentale* celle, parmi toutes les formes dominantes qu'on a observées

I.

dans un minéral, dont la structure est la plus simple, dont on peut faire dériver toutes les autres par les modifications les plus naturelles, et qu'on considère comme le type principal du système cristallin. Werner avait déjà admis sept formes fondamentales, dont il croyait pouvoir faire dépendre toutes celles que présentent les cristaux de diverses espèces.

FONDANT, adj. et s. m., *Fluss* (all.); *flux* (angl.); *fondente* (it.). On appelle ainsi, en chimie, tout corps qui fond aisément, et qui, mêlé avec un autre corps, infusible par lui-même, mais ayant de l'affinité pour lui, détermine ce dernier à entrer en fusion, par l'action combinée de l'attraction que ses molécules exercent sur les siennes et de l'effort que le calorique fait pour séparer ces dernières.

FONGATE, s. m., *fungas*. Genre de sels (*pilzsaure Salze*, all.), qui sont formés par la combinaison de l'acide fongique avec les bases salifiables.

FONGICOLES, adj. et s. m. et f. pl., *Fungicolæ* (*fungus*, champignon, *colo*, habiter). Nom donné par Cuvier, Latreille et Eichwald à une famille de l'ordre des Coléoptères, comprenant ceux qui, pour la plupart, se trouvent sur ou dans des champignons, dont il dévorent la substance, et par Macquart à un groupe de la famille des Tipulaires, auquel il rapporte ceux de ces Diptères qui se développent dans les champignons.

FONGIFORME, adj., *fungiformis* (*fungus*, champignon, *forma*, forme). Se dit : 1° en géognosie, d'une *coulée* de lave qui, partant d'une ouverture, et s'épanchant sur un terrain horizontal, bombé ou conique, s'y répand d'une manière à peu près circulaire et égale, à partir de son point de départ. 2° En botanique, d'après Mirbel, d'un embryon

qui a la forme d'un champignon de couche (ex. *Musa coccinea*). 3° En zoologie, d'un polypier qui ressemble à un champignon (ex. *Chenendopora fungiformis*).

FONGINE, s. f., *fungina* (*fungus*, champignon). Nom donné par Braconnot au squelette des champignons, à ce qui reste quand, après avoir exprimé ces corps, on les a épuisés par l'action de l'alcool et des alcalis étendus.

FONGINES, adj. et s. f. pl., *Funginæ*. Nom sous lequel Agardh désigne un groupe de la tribu des Confervoïdes.

FONGIQUE, adj., *fungicus*. Nom d'un *acide* particulier (*Fungussäure*, *Pilzsäure*, all.), que Braconnot a découvert dans plusieurs espèces de champignons.

FONGIVORE, adj., *fungivorus* (*fungus*, champignon, *voro*, dévorer); qui vit dans les champignons. Ex. *Muscina fungivora*.

FONGIVORES, adj. et s. m. pl., *Fungivora*. Nom donné par Duméril à une famille de l'ordre des Coléoptères, comprenant ceux qui vivent dans l'intérieur des champignons (*V. Mycétobies*), et par Latreille à une sous-tribu de la tribu des Tipulaires, à laquelle il rapporte ceux de ces Diptères dont les larves vivent dans les champignons.

FONGOIDE, adject., *fungoïdes* (*fungus*, champignon, εἶδος, ressemblance); qui a la forme d'un champignon. Ex. *Hippalimus fungoïdes*.

FONGUEUX, adject., *fungosus*; *schwammicht* (all.). Se dit, en botanique, d'une *plante* (ex. *Boletus igniarius*), ou d'une partie de plante (comme la *lorique* de la tulipe), qui est d'une substance épaisse, coriace et élastique. Le *Corydalis fungosa* a une corolle persistante, qui se renfle un peu après la floraison, et paraît alors formée d'un tissu cellulaire très-lâche et comme fongueux.

FONTAINE, s. f., *fons ; Quelle* (all.) ; *fountain* (angl.) ; *fonte* (it.). Point où l'on voit une certaine masse d'eau sourdre de l'écorce solide du globe.

FONTIGÈNE, adj. , *fontigenus ;* qui croît sur les conduits ou sur les robinets des fontaines. Ex. *Rhizomorpha fontigena.*

FONTINAL, adj. , *fontanus, fontinalis ;* qui a rapport aux fontaines. Se dit des plantes qui croissent auprès des fontaines (ex. *Montia fontana*), ou des animaux qui vivent dedans (ex: *Cyclas fontinalis*). C. Prevost appelait *formations fontinales*, celles qui sont dues à des sources d'eaux chaudes ou froides, qui ont déposé les substances qu'elles tenaient en dissolution, soit sous la seule influence atmosphérique, soit sous des eaux douces, ou même sous des eaux salées, peu ou très-profondes.

FONTINALOIDÉES, adj. et s. f. pl., *Fontinaloïdeæ.* Nom donné par Furnrohr à un groupe de la famille des Mousses, qui a pour type le genre *Fontinalis.*

FORAMINÉ, adj. , *foraminatus* (*foramen*, trou) ; qui est percé de petits trous.

FORAMINÉS, adj. et s. m. pl., *Foraminosa.* Nom donné par Lamarck, Lamouroux et Latreille à une section de la classe des Polypiers, comprenant ceux qui ont de petites cellules semblables à des pores presque tubuleux, sans aucune apparence de lames.

FORAMINEUX, adj. , *foraminosus ;* qui est percé de petits trous.

FORAMINIFÈRES, adj. et s. m. pl., *Foraminifera* (*foramen*, trou, *fero*, porter). Nom donné par Orbigny à un ordre de Céphalopodes, comprenant ceux qui n'ont pas de siphon, mais seulement une ou plu-sieurs ouvertures établissant communication d'une loge à l'autre du test polythalame intérieur.

FORAMINULÉ, adj. , *foraminulatus ; durchbohrt* (all.) ; qui est percé de très-petits trous. Ex. *Tubulipora foraminulata.*

FORCE, subst. f. , *vis, potentia, energia ;* δύναμις, κράτος ; *Kraft* (all.) ; *power* (angl.) ; *forza* (it.). Expression, difficile à définir, que tout le monde comprend cependant, et à laquelle on attache plusieurs sens. En général, on entend par *force* toute cause d'un effet quelconque, mesurable ou non d'après l'effet produit. C'est tout ce qui produit, empêche, change ou modifie le mouvement : c'est la raison suffisante de tout phénomène quelconque. « La force, a dit Voltaire, n'est pas un être, un principe interne, une substance qui anime les corps, et qui soit distinct d'eux : c'est une propriété ou plutôt un mode de ces corps, c'est l'action des corps en mouvement. »

FORCEPS, s. m. , *forceps.* Nom donné par Kirby à une paire d'organes, transversalement mobiles et pointus au sommet, qui garnissent l'extrémité anale du corps des Forficules.

FORCIPULE, s. f. , *forcipula.* On appelle ainsi chacune des deux mandibules succédanées constituées, dans les Arachnides, par les deux premiers appendices manducateurs qui s'insèrent en avant du labre.

FORFEX, s. m. , *forfex.* Nom donné par Kirby à une paire d'organes mobiles, susceptibles de jouer transversalement l'un sur l'autre et de se croiser, qui garnissent l'anus des mâles, dans les genres *Raphidia* et *Phiopsis.*

FORFICULAIRE, adj. , *forficularius ;* qui ressemble à une forficule. Ex. *Anœus forficularius.*

FORFICULAIRES, adj. et f. pl.,

Forsiculariæ. Nom donné par Latreille, Duméril, Goldfuss, Eichwald, Ficinus et Carus à une famille d'insectes orthoptères, qui a pour type le genre *Forsicula.*

FORMATION, s. f. Les géognostes emploient ce mot dans des acceptions différentes, dont la plus simple est celle qui, se fondant sur le mode de production des masses minérales, lui fait désigner des roches ou des terrains qui se sont produits sous l'influence des mêmes circonstances. Werner, détournant le mot *formation* de ce sens naturel, exprima par là des assemblages de masses minérales tellement liées entre elles qu'elles semblent avoir été produites à la même époque. On a réuni aussi les deux considérations ensemble, et l'on a dit qu'une *formation* était un assemblage de masses minérales liées ensemble de manière à ne faire qu'un tout ou système, sans interruption notable, tant sous le rapport du mode que sous celui de l'époque de la production. Ainsi *formation* s'entend, ou de l'origine d'une roche, ou d'une famille de roches prises ensemble, ou d'une réunion de masses minérales, ou d'une réunion de dépôts qui se sont faits à peu près à la même époque dans différens pays.

FORMIATE, subst. m., *formias.* Genre de sels (*ameisensaure Salze*, all.), qui sont produits par la combinaison de l'acide formique avec les bases salifiables.

FORMICADÉES, adj. et s. f. pl., *Formicadeæ.* Nom donné par Leach à la famille des Formicaires.

FORMICAIRE, adj., *formicarius* (*formica*, fourmi). Se dit d'insectes qui ressemblent à des fourmis, par la forme générale de leur corps (ex. *Aranea formicaria*), ou qui font leur principale nourriture de fourmis (ex. *Myrmeleon formicarium*).

FORMICAIRES, adj. et s. f. pl.,

Formicariæ. Nom donné par Duméril, Latreille, Eichwald, Ficinus et Carus, à une tribu de la famille des Hyménoptères porte-aiguillons, qui a pour type le genre *Formica.*

FORMICIVORE, adj., *formicivorus* (*formica*, fourmi, *voro*, dévorer); qui vit de fourmis. Ex. *Myothera formicivora.*

FORMIQUE, adj., *formicus.* Nom donné à un *acide* (*Ameisensäure*, all.), existant dans les fourmis rouges, qui fut découvert par Nœlse et Fischer en 1671, regardé en 1802 par Fourcroy et Vauquelin comme un mélange d'acides acétique et malique, et réintégré en 1805 par Suersen et 1812 par Gehlen. L'*éther formique* (*Ameisenäther*, all.) a été découvert en 1777 par Afzelius.

FORMULE, s. f., *formula.* Forme prescrite et consacrée. Depuis l'introduction de la théorie atomistique en chimie, la nomenclature présente tant de difficultés pour être mise en harmonie avec les résultats de l'analyse et du calcul, qu'on a cherché des moyens d'y suppléer. Les *formules* ou *symboles chimiques* de Berzelius expriment très-bien la composition des corps, tant sous le rapport de leurs élémens, que sous celui du nombre de leurs atomes constituans. D'abord chaque corps simple est désigné par un signe particulier, représentant le poids relatif de son atome. Ces signes sont : Ag. *argent;* Al. *aluminium;* As. *arsenic;* Au. *or;* B. *bore;* Ba. *barium;* Bi. *bismuth;* Br. *brome;* C. *carbone;* Ca. *calcium;* Cd. *cadmium;* Ce. *cérium;* Cl. *chlore;* Co. *cobalt;* Cr. *chrome;* Cu. *cuivre;* F. *fluor;* Fe. *fer;* G. *glucinium;* H. *hydrogène;* Hg. *mercure;* I. *iode;* J. *iridium;* K. *potassium;* L. *lithium;* M. *manganèse;* Mg. *magnesium;* Mo. *molybdène;* N. *nitrogène;* Na. *sodium;* Ni. *nickel;* O. *oxigène;* Os. *osmium;* P. *phosphore;* Pb. *plomb;*

Pd. *palladium* ; Pt. *platine* ; R. *rhodium* ; S. *soufre* ; Sb. *antimoine* ; Se. *sélénium* ; Si. *silicium* ; Sn. *étain* ; Sr. *strontium* ; Ta. *tantale* ; Te. *tellure* ; Th. *thorium* ; Ti. *titane* ; U. *urane* ; V. *vanadium* ; W. *tungstène* ; Y. *yttrium* ; Zn. *zinc* ; Zr. *zirconium*. Chacun de ces signes indique un atome simple et pur du corps qu'il désigne. Un atome double se rend par le même signe, dont l'initiale est traversée par une ligne droite (ex. $\bar{S}$, $\bar{P}$, $\bar{As}$, etc.). Deux signes, placés à côté l'un de l'autre, indiquent un composé d'un seul atome de chacun des deux corps correspondans (ex. SO, soufre et oxigène). Si le nombre des atomes de l'un des deux composans est supérieur à l'unité, on l'exprime par un petit chiffre placé en haut de la lettre, à droite, et qui ne multiplie que le poids atomique situé immédiatement à sa gauche (ex. SO², un atome de soufre et deux d'oxigéné, acide sulfureux ; SO³, un atome de soufre et trois d'oxigène, acide sulfurique). Veut-on indiquer deux atomes du composé tout entier, on place à la gauche du symbole un chiffre qui multiplie tous les atomes de droite (ex. 2SO, deux atomes d'une combinaison de soufre et d'oxigène). Afin d'abréger, les corps basigènes s'expriment aussi par d'autres signes particuliers qu'on place au-dessus des initiales , savoir : un point (.) pour l'oxigène (ex. $\ddot{S}$, au lieu de SO² ; $\overset{...}{S}$, au lieu de SO³), une virgule (,) pour le soufre (ex. $\overset{,}{K}$, pour KS, un atome de potassium et un de soufre), un trait (–) pour le sélénium (ex. $\overset{...}{Mo}$; un atome de molybdène et trois de sélénium) , et une croix (+) pour le tellure (ex. $\overset{+++}{Mo}$, un atome de molybdène et trois de tellure). Par la combinaison de ces divers signes,

on parvient à exprimer tous les composés chimiques, en séparant par le signe + les atomes composés dont la réunion les produit. Ainsi Cu O + SO³ veut dire sulfate cuivrique, et Fe O³ + 3SO³, sulfate ferrique, ce qu'il est plus court et plus commode d'écrire $\overset{.}{Cu}\ \overset{...}{S}$ pour le premier, et $\overset{...}{Fe}\ \overset{...}{S^3}$ pour le second. De même $\overset{,}{K}\ \overset{...,}{Mo}$ est un sulfomolybdate potassique ; $\overset{.}{K}\ \overset{...}{Mo}$, un sélénimolybdate potassique ; $\overset{+}{K}\ \overset{+++}{Mo}$, un tellurimolybdate potassique. Ces formules ont le grand avantage de mettre à la fois sous les yeux un grand nombre de données différentes. Ainsi, par exemple, celle de l'alun, $\overset{.}{K}\overset{...}{S} +$ $\overset{...}{Al}S^3 + 24\ \overset{.}{H}$, fait voir de suite que ce sel contient 1 atome de potassium, 2 d'aluminium, 4 de soufre, 48 d'hydrogène et 40 d'oxigène ; que 1 atome de potasse y est combiné avec 1 atome d'alumine, 4 d'acide sulfurique et 24 d'eau, ou 1 atome de sulfate potassique avec un de sulfate aluminique ; que les deux sels sont neutres, c'est-à-dire au degré de saturation où l'acide contient trois fois autant d'oxigène que la base ; que l'oxigène de l'alumine est triple de celui de la potasse ; que l'oxigène de l'acide sulfurique est 12 fois celui de la potasse, et 4 fois celui de l'alumine ; que l'oxigène de l'eau est 24 fois celui de la potasse, 8 fois celui de l'alumine et 2 fois celui de l'acide sulfurique. Voulant simplifier encore cette méthode graphique, dans ses applications à la minéralogie, Berzelius a imaginé de lui faire subir des modifications qu'il serait trop long de faire connaître ici, et que d'autres minéralogistes ont également changées depuis. Le même motif nous fait passer sous silence les notations cristallographiques, qui ont singulièrement varié depuis Haüy ; les formules géognostiques qu'a proposées Humboldt, et tous les essais, parfois ingénieux, mais la plupart du temps bizarres, qu'on a tentés dans l'espoir de simplifier la nomenclature botanique introduite par Linné.

FORNICIFÈRE, adj., *forniciferus* (*fornix*, voûte, *fero*, porter). La *Spongia fornicifera* est ainsi appelée parce que ses rameaux forment des espèces de voûtes en se réunissant ensemble.

FORSKHALIÉES, adj. et s. f. pl., *Forskhaliæ*. Nom donné par A. Richard à un groupe de la famille des Urticées, qui a pour type le genre *Forskhalea*.

FORTIROSTRE, adj., *fortirostris* (*fortis*, fort, *rostrum*, bec); qui a le bec fort. Ex. *Dendrocolaptes fortirostris*.

FOSSETTE, s. f., *fossula*, *scrobiculus*; βόθριον; *Grube* (all.). Cavité d'une charnière de coquille bivalve.

FOSSILE, adj. et s. m., *fossilis*. Ce mot qui, autrefois, exprimait tout ce qu'on trouve dans le sein de la terre, ne désigne plus aujourd'hui que les débris de corps organisés, enveloppés dans des masses meubles ou pierreuses, qui ont vécu soit sur la terre, soit dans les eaux, et pour la plupart à des époques tellement éloignées que nous n'avons aucune donnée pour en apprécier l'ancienneté. Quelques géognostes en ont encore restreint davantage la signification, et l'ont employé comme synonyme d'antédiluvien. Deshayes définit les *fossiles* des corps organisés qui ont été enfouis dans la terre à une époque indéterminée, et qui y ont conservé ou qui y ont laissé des traces non équivoques de leur existence. Cette définition est plus générale, mais peut être moins logique, que l'ancienne, d'après laquelle un

fossile est un corps organisé dont les parties solides déposées dans le sein de la terre ont conservé intacte leur structure organique. Un poisson (*Misgurnus fossilis*) a été appelé ainsi parce qu'il a la faculté de vivre long-temps dans la vase, après l'épuisement des eaux ; l'*Hyæna fossilis*, parce qu'on ne la connaît qu'à l'état fossile.

FOSSILISÉ, adj.; qui a été converti en fossile. Se dit du bois, des os, des coquilles.

FOSSIPÈDES, adj. et s. m. pl., *Fossipedes* (*fodio*, fouiller, *pes*, pied). Nom donné par Blainville à une famille de l'ordre des Mammifères carnassiers, comprenant ceux qui ont les extrémités des membres dissemblables et les mains exclusivement destinées à fouir.

FOUDRE, s. f., *fulmen*, *fulgur*; *Wetterschlag*, *einschlagender Blitz* (all.); *thunderbolt* (angl.); *folgore* (it.). Écoulement subit, à travers l'air, sous la forme d'un grand sillon lumineux, de la matière électrique dont était chargé un nuage. Tout danger est passé quand on a entendu le bruit que fait la foudre et vu l'éclair qui l'accompagne, car celui qui doit être foudroyé ne voit ni n'entend le coup prêt à le frapper.

FOUET, s. m., *flagellum*, *flagrum*. Appendice en forme de petite antenne portée sur un long pédoncule, qui naît extérieurement de la pièce servant de base aux pieds-mâchoires des Crustacés décapodes. — *Fouet de l'aile. Voyez* AILERON.

FOUGÈRES, s. f. pl., *Filices*. Nom d'un ordre dans les systèmes de Tournefort et de Linné, d'une famille de plantes dans celui de Jussieu.

FOUISSEUR, adj., *fodiens*, *cunicularius*; qui se creuse en terre des retraites ou des espèces de terriers. (ex. *Mygale fodiens*, *Mygale cunicularia*). Kirby appelle *pieds fouis-*

seurs, dans les insectes; ceux dont les tibias sont palmés ou digités (ex. *Scarites*).

FOUQUIÉRACÉES, adj. et s. f. pl., *Fouquieraceæ*. Nom donné par Candolle et par Kunth à une famille de plantes, qui a pour type le genre *Fouquiera*.

FOURCHE, subst. f., *furca*. Nom donné par Illiger aux deux branches de la mandibule inférieure des Oiseaux, prises ensemble, depuis le bout du bec jusqu'à leur insertion; par Kirby, à un organe élastique, infléchi et terminé en fourche, qui garnit l'anus des *Podurus*, et permet à l'animal de sauter.

FOURCHETTE, s. f., *fuscina*. Élévation en forme de V, qui, dans le pied du cheval, se trouve au milieu de la sole et à la partie postérieure.

FOURCHU, adj., *furcatus, bifurcatus, forficatus, furcellatus, lituatus, forcipatus, furcifer*; *gabelförmig, gabelig, gegabelt, zangenförmig, zinkig, zweizinkig* (all.); *forked* (angl.); *forcuto* (it.); qui se divise en deux parties ou branches plus ou moins écartées, comme les *poils* de plusieurs *Arabis*. Le *Nauclerus furcatus*, le *Caprimulgus forficatus* et le *Caprimulgus furcifer* ont la queue très-fourchue; l'*Ornismya furcata* l'a un peu fourchue; le *Fucus furcellatus* a sa frondescence fourchue à l'extrémité.

FOURMILIÈRE, s. f., *formicarum cubile*. Société ou famille nombreuse formée par des fourmis; habitation de cette société.

FOURMILIONS, s. m. pl., *Myrmeleonides*. Nom donné par Latreille à une tribu de la famille des Névroptères planipennes, qui a pour type le genre *Fourmilion*.

FOURRURE, s. f., *villosa pellis*. Peau de mammifère revêtue des poils de l'animal.

FOVÉOLAIRE, adj., *foveolarius*

(*fovea*, fosse). Se dit d'un corps dont la superficie est creusée de petites fossettes inégales. Ex. *Spongia foveolaria*.

FOVÉOLÉ, adj., *foveolatus, favulosus, scrobiculatus; feingrabig* (all.); qui est marqué de fossettes ou de petites dépressions. H. Cassini dit le *clinanthe foveolé*, quand les aréoles paraissent enfoncées par l'effet de la saillie du réseau, que les fossettes sont arrondies, et que le réseau est épais, peu élevé. L'*Andropogon foveolatum* présente, au dessus du sommet de la valve extérieure du calice de ses fleurons fertiles, une fossette qui ressemble à l'impression qu'on pourrait produire avec une tête d'épingle. Le *Glyphis favulosa* a ses apothécies creusées de profondes impressions qui simulent les alvéoles d'un guêpier. Le *Cucullanus foveolatus* a une fossette en dessous de la tête. La *Spongia scrobiculata* est couverte de fossettes arrondies.

FOVILLA, s. f., *Befruchtungsstoff* (all.). Martyn a désigné sous ce nom la liqueur fécondante contenue dans les grains du pollen, et où Gleichen a le premier observé des corpuscules auxquels Amici et Brougniart ont attribué une sorte de mouvement animal, opinion que R. Brown et Raspail ont combattue.

FOYER, s. m., *focus*; ἑστία. Lieu plus ou moins circonscrit où l'on a produit une température plus ou moins élevée (*Feuerherd*, all.; *heart*, angl.); point où se réunissent les rayons lumineux réfléchis par un miroir ou réfractés par une lentille (*Brennpunkt*, all.; *focus*, angl.).

FRACTICOLLE, adj., *fracticollis* (*fractus*, rompu, *collum*, col). Le *Pachymerus fracticollis* a le thorax profondément lobé sur les côtés, ce qui le fait paraître comme brisé.

FRACTICORNE, adj., *fracticornis* (*fractus*, rompu, *cornu*, corne).

Le *Copris fracticornis* porte sur l'occiput une lame terminée par une épine qui se recourbe en avant.

FRACTICORNES, adj. et s. m. pl., *Fracticornes* (*fractus*, rompu, *cornu*, corne). Nom donné par Latreille à une section de la famille des Rhynchophores, comprenant ceux de ces coléoptères qui ont les antennes coudées.

FRACTIPÈDE, adject., *fractipes* (*fractus*, rompu, *pes*, pied). L'*Orobitis fractipes* a les cuisses resserrées et comme étranglées un peu au-dessus de leur extrémité.

FRAGARIACÉES, adj. et s. f. pl., *Fragariaceæ*. Nom donné par Candolle à un groupe de la famille des Rosacées, qui a pour type le genre *Fragaria*.

FRAGARIÉES, adj. et s. f. pl., *Fragarieæ*. *Voyez* FRAGARIACÉES.

FRAGIFÈRE, adject., *fragiferus* (*fraga*, fraise, *fero*, porter). Le *Trifolium fragiferum* est ainsi appelé parce que ses fleurs, aggrégées en têtes arrondies et à calices renflés, ont quelque ressemblance avec une fraise.

FRAGIFORME, adj., *fragiformis* (*fraga*, fraise, *forma*, forme). Se dit d'une plante qui a le port du fraisier (ex. *Duchesnea fragiformis*), ou qui ressemble à une fraise, soit parce qu'elle a une forme ronde (ex. *Tremella fragiformis, Dacrymyces fragiformis*), soit parce qu'elle est ronde et rouge dans sa jeunesse (ex. *Tubulina fragiformis*).

FRAGILAIRES, adject. et s. f. pl., *Fragilariæ*. Nom donné par Bory à une tribu de la famille des Arthrodiées, ayant le genre *Fragilaria* pour type.

FRAGILARINÉES, adj. et s. f. pl., *Fragilarinæ*. Nom donné par Fries à une tribu de la cohorte des Diatomées, qui a pour type le genre *Fragilaria*.

FRAGILE, adj., *fragilis*; κραῦρος;

zerbrechlich, brüchigt (all.); *brittle* (angl.); *fragile* (it.); qui est susceptible de se briser en morceaux au moindre effort de flexion, comme la tige du *Sonchus oleraceus*, ou au moindre contact, comme la *queue* de l'*Anguis fragilis*, la *coquille* de la *Ianthina fragilis*, les *rameaux* du *Corallina fragilissima*.

FRAGILITÉ, s. f., *fragilitas*; κραυρότης; *Zerbrechlichkeit, Zersprengbarkeit* (allem.); *brittleness* angl.). Faculté qu'ont certains corps de se briser plus ou moins facilement par l'effet de la percussion.

FRAGMENTABLE, adject. Se dit d'une substance qui est susceptible de se briser, de se réduire en fragmens, ou qui peut acquérir cette propriété après avoir subi l'action du feu, ou avoir été traitée d'une autre manière.

FRAGMENTAIRE, adj., *fragmentarius* (*fragmentum*, fragment). On dit qu'une roche a une *structure fragmentaire*, quand elle est composée de fragmens d'autres roches préexistantes, qui, après avoir été chariés dans les lieux où on les voit, y ont été agglutinés par un ciment ordinairement d'une autre nature (ex. *Brèches, Poudingues*); ou quand sa masse est divisée par une multitude de joints, qui suivent toutes sortes de directions, et qui permettent de la partager en fragmens anguleux, à angles et arêtes indéterminables (ex. *Porphyre*).

FRAGMENTEUX, adj. Brongniart désigne sous ce nom un groupe de terrains hémilysiens, qui sont abondans en débris ou en roches composées de débris.

FRAI, s. m., *piscium soboles*; *Leichen, Leich* (all.); *spawn, fry* (angl.). On appelle ainsi les œufs des reptiles batraciens et des poissons.

FRANGE, s. f., *fimbria, annulus*; *Franze, Ring, Saum, Bräme* (all.)

Willdenow appelait ainsi une membrane élastique et dentée qui est située sous l'opercule de certaines mousses.

FRANGÉ, adj., *fimbriatus ; gefranzt, gebrämt* (all.) ; *fimbriato, frangiato* (it.) ; qui offre une bordure quelconque, découpée en manière de franges, comme le *thalle* du *Scyphophorus fimbriatus*, les *pétales* du *Dianthus fimbriatus* et du *Cerastium fimbriatum*, les *lobes* de la corolle du *Phacela fimbriata*, la *coiffe* de l'*Encalypta fimbriata*, les *flancs* et la *queue* du *Gecko fimbriatus*, les *lèvres* du *Labeo fimbriatus*, les *plis* transversaux de la *Chama fimbriata*. On dit que les *ailes* des insectes sont *frangées*, quand elles présentent une bordure de dents alongées, pointues et très-serrées, qui figurent une espèce de frange.

FRANGÉS, adj. et s. m. pl., *Fimbriata*. Nom donné par Lamarck à une famille de l'ordre des Crustacés branchiopodes, comprenant ceux qui ont les pattes sétifères pour la plupart.

FRANGULACÉES, adj. et s. f. pl., *Frangulaceæ*. Lamarck désigne sous ce nom la famille des Rhamnées, à cause du *Rhamnus Frangula* qu'elle renferme.

FRANGULINE, s. f., *frangulina*. Principe amer de l'écorce du *Rhamnus Frangula*, que Gerber est parvenu à isoler.

FRANKÉNIACÉES, adj. et s. f. pl., *Frankeniaceæ*. Nom donné par A. Saint-Hilaire à une famille de plantes, qui a pour type le genre *Frankenia*.

FRANKÉNIÉES, adj. et s. f. pl., *Frankenieæ. Voyez* FRANKÉNIACÉES.

FRAXINÉES, adject. et s. f. pl., *Fraxinea*. Nom donné par Bartling à une tribu de la famille des Oléinées, qui a pour type le genre *Fraxinus*.

FRAXINELLÉES, adj. et s. f. pl., *Fraxinellæ*. Nom donné par Nees d'Esenbeck et Martius à une famille de plantes, ayant pour type le genre *Fraxinelle*.

FRAXINICOLE, adj., *fraxinicolus* (*fraxinus*, frêne, *colo*, habiter) ; qui vit sur le frêne. Ex. *Melolontha fraxinicola*.

FREIN, s. m., *frenum, frenulum*. Repli membraneux qui retient un organe ; *frein de la langue, frein du prépuce*. Latreille donne ce nom au crochet alaire des Lépidoptères. Kirby l'applique à une pièce située au dessous du bord latéral du scutellum et du dorsolum, et qui, dans beaucoup de cas, a des connexions avec la base des ailes supérieures, à la dislocation desquelles elle s'oppose.

FREZIÉRÉES, adject. et s. f. pl., *Freziereæ*. Nom donné par Candolle à une tribu de la famille des Ternstroemiacées, qui a pour type le genre *Freziera*.

FRIABILITÉ, s. f., *friabilitas* ; ψαθυρότης ; *Zerreiblichkeit* (all.). Propriété qu'ont certains corps de se réduire en menus fragmens ou en poudre grossière sous l'influence d'un choc même léger.

FRIABLE, ad., *friabilis* ; ψαθυρός ; *zerreiblich* (all.) ; facile à réduire en poudre. Se dit d'une *roche*, quand ses parties se désaggrégent aisément (ex. beaucoup de *granites*), et du *périsperme*, lorsque étant de nature sèche, il s'émiette par l'effet de la moindre trituration (ex. *Piper nigrum*).

FRIGANIDES. *Voyez* PHRYGANIDES.

FRIGORIFIQUE, adject., *frigorificus, frigefaciens, refrigerans* ; ψύγματος (*frigus*, froid, *fio*, être fait) ; qui produit du froid. Un *mélange frigorifique* est celui qui abaisse la température des corps qu'on y plonge, parce qu'il se liquéfie aux dépens du calorique qu'il leur enlève. Rumford donnait le nom de *rayons frigorifiques* aux mouvemens rectilignes de propagation des ondulations du fluide éthéré qui excitent une action retardatrice.

FRIMAS, s. m., *pruina* (*fremo*, frissonner). Nom collectif du givre et du grésil, parce qu'ils sont dus à un brouillard épais, qui se congèle avant de tomber. On emploie quelquefois ce mot pour désigner tous les météores de l'hiver, en particulier la neige.

FRINGILLIDES, adj. et s. m. pl., *Fringillidæ*. Nom donné par Vigors à une tribu de la famille des Conirostres, qui a pour type le genre *Fringilla*.

FRIPIER, adj. et s. m. Nom vulgaire donné à plusieurs coquilles, à cause du grand nombre de petites pierres ou autres corps dont elles se couvrent, en les fixant à leur surface d'une manière assez solide. Les larves des phryganes agglutinent aussi des corps étrangers autour de leur fourreau. *Voyez* AGGLUTINANT.

FRITTAGE, s. m. Opération ayant pour objet de brûler les corps organisés ou combustibles qui peuvent se trouver dans un mélange minéral, et de produire un commencement de combinaison.

FRITTE, s. f. Mélange des matières employées à la fabrication du verre, qui a été exposé à une température insuffisante pour opérer la vitrification, mais suffisante pour déterminer un commencement d'action chimique entre les corps constituant le mélange.

FROID, s. m., *frigus*; ψύχος, ῥῖγος; *Kälte* (all.); *cold* (angl.); *freddo* (it.). Sensation que nous éprouvons lorsque notre corps abandonne du calorique à des corps dont la température est moindre que la nôtre. Ainsi, toute température in-

férieure à une autre est du froid par rapport à celle-ci, et le mot *froid* n'exprime qu'une idée relative. Cependant quelques physiciens ont cherché à déterminer le froid absolu, que Clément et Desormes fixent à 266° 66 c. au dessous du terme de la congélation de l'eau, et que Benzenberg place bien plus bas, à 750°. Les calculs de Fourier ont établi qu'il ne peut y avoir de froid absolu.

FROID, adj., *frigidus*; *kalt* (all.); *freddo* (it.); qui n'est pas chaud. Le *Dodecatheon frigidum* est ainsi appelé parce qu'on le trouve dans les parties les plus froides du golfe Saint-Laurent. Les eaux minérales qui ont la température moyenne du lieu d'où elles sourdent, sont appelées *froides*, par opposition avec celles dont la température est supérieure à celle de l'atmosphère, et qu'on nomme thermales.

FRONDE, s. f., *frons*; *Laub*, *Wedel* (all.); *fronda* (it.). Les anciens désignaient l'ensemble des feuilles ou le feuillage des arbres sous ce nom, que Linné appliqua au tronc des palmiers et des fougères, mais dont il se servit cependant aussi pour exprimer les expansions foliacées des hépatiques et des fucus. Peu de botanistes ont appelé le feuillage des palmiers *fronde*, comme l'a fait Jussieu; mais beaucoup ont donné cette épithète aux feuilles des fougères. Quelques modernes proposent, avec Link, de la réserver pour les expansions des hépatiques, qui ne sont proprement ni tige, ni feuille, ou plutôt qui sont l'un et l'autre à la fois. Lamouroux nomme fronde, dans les algues, toute la partie de la plante qui ne sert point à la reproduction.

FRONDESCENCE, s. f., *frondescentia*. Ce mot est employé quelquefois, mais rarement, comme synonyme de *vernation*. On dit souvent la frondescence d'un polypier, pour exprimer que ses rameaux s'étalent en expansions foliacées.

FRONDESCENT, adj.., *frondescens ;* qui a la forme d'une feuille ; *expansion frondescente.*

FRONDICOLE, adj., *frondicolus* (*frons* , feuille, *colo* , habiter); qui vit sur les feuilles. Ex. *Sphæria frondicola.*

FRONDICULÉ, adj.·, *frondiculatus.* Synonyme peu usité de *dendroïde*, qu'on emploie pour désigner quelques polypiers rameux. Ex. *Hornera frondiculata.*

FRONDIFÈRE, adj., *frondiferus* (*frons* , feuille, *fero* , porter); qui a des lobes foliacés. Ex. *Spongia frondifera.*

FRONDULE , s. f. , *frondula.* Division d'une fronde.

FRONT, s. m., *frons ;* μέτωπον; *Stirn* (all.); *forehead* (angl.). On appelle ainsi , dans l'homme et les mammifères, la portion de la face comprise, d'une tempe à l'autre, entre le rebord orbitaire , la base du nez et le sommet de la tête ; dans les oiseaux , la partie de la tête qui s'étend depuis le bec jusqu'au vertex ; dans les crustacés , l'intervalle qui sépare les yeux , quand le bord antérieur de la tête ne se prolonge point en rostre; dans les tribolites , la partie moyenne du bouclier; dans les insectes, la partie antérieure et supérieure de la tête, comprise entre la bouche, les antennes , les yeux et l'occiput , et plus spécialement celle qui s'étend d'une antenne à l'autre et de la région stemmatique à la base des antennes.

FRONTAL, adj. et s. m., *frontalis;* qui tient ou qui a rapport au front, comme les *plumes* qui le garnissent dans les oiseaux. Robineau-Desvoidy nomme *frontaux*, dans les Myodaires, deux pièces assez régulières, ordinairement adossées et colorées, qu'on voit sur le milieu du front de ces insectes. Blainville appelle *segment frontal*, dans les vers, l'une des pièces qui composent leur segment céphalique. Cette épithète est donnée à quelques animaux qui ont le front d'une autre couleur que le corps , ou remarquable par son mode de coloration (ex. *Coccinella frontalis, Falcunculus frontatus* , *Psittacaria frontata*).

FRONTALES, adj. et s. f. pl., *Frontales.* Nom donné par Lamarck à une section de l'ordre des Hémiptères , comprenant ceux de ces insectes dont le bec, naissant de la partie antérieure et supérieure de la tête , semble sortir du front.

FRONTICORNE, adj. , *fronticornis* (*frons* , front, *cornu* , corne); qui porte, sur la partie antérieure de la tête , une véritable corne (ex. *Lamia fronticornis*), ou une protubérance en forme de corne (ex. *Naseus fronticornis*).

FRONTIROSTRES, adj. et s. m. pl. , *Frontirostres* (*frons* , front , *rostrum* , bec). Nom donné par Duméril à une famille de l'ordre des Hémiptères , comprenant des insectes munis d'un bec qui paraît naître du front. *Voyez* RHINOSTOMES.

FROTTEMENT, s. f., *fricatio, frictus, affrictus; Reiben* (all.); *rubbing* (angl.). Résistance au mouvement qui tient à ce que , quand deux corps sont appliqués l'un contre l'autre et se pressent mutuellement , il y a toujours quelques aspérités de l'un qui s'engagent dans les cavités de l'autre.

FRUCTESCENCE, s. f., *fructescentia; fruttescenza* (it.). Terme peu usité qui désigne l'époque de l'année à laquelle la plupart des semences mûrissent.

FRUCTIFÈRE, adj., *fructiferus; fruchttragend* (all.) (*fructus* , fruit, *fero* , porter) ; qui porte des fruits: *membrane , organe , surface , tuber-*

cule *fructifère*, tous termes usités en parlant des parties qui, dans les cryptogames, portent les corps reproducteurs.

FRUCTIFICATION, s. f., *fructificatio* ; *Befruchtung* (all.); *fruttificazione* (it.). Collection des phénomènes qui accompagnent la formation du fruit, depuis le premier moment de son apparition jusqu'à sa maturité. Se dit aussi de la disposition des parties dont la réunion forme le fruit, et de l'ensemble des fruits eux-mêmes que porte un végétal quelconque.

FRUCTIFLORE, adj., *fructiflorus* (*fructus*, fruit, *flos*, fleur). Lamarck donnait cette épithète aux fleurs dont l'ovaire est infère.

FRUCTIFLORES, adj. et s. f. pl., *Fructifloræ*. Nom donné par Royen à une classe de plantes, comprenant celles qui ont les étamines sur le pistil.

FRUCTIFORME, adj., *fructiformis* (*fructus*, fruit, *forma*, forme); qui a l'apparence ou la forme d'un fruit.

FRUCTIGÈNE, adj., *fructigenus* (*fructus*, fruit, *geno*, naître) ; qui croît sur les fruits. Ex. *Peziza fructigena*, *Acrosporium fructigenum*.

FRUCTISTE, adj., *fructista*. Nom donné par Linné aux botanistes qui, comme Césalpin, Morison, Rai, Knaut, Boerhaave, Hermann et Gaertner, ont établi leurs méthodes sur la considération du péricarpe, de la graine ou du réceptacle.

FRUCTUAIRE, adj., *fructuarius* (*fructus*, fruit). Terme que L.-C. Richard a proposé pour désigner ce qui appartient ou est relatif au fruit.

FRUCTULE, s. m., *fructulus*. Se dit de chacun des fruits particuliers qui concourent à la formation d'un fruit composé.

FRUGILÈGE, adject., *frugilegus* (*frux*, production de la terre, *lego*,

cueillir). Le *Corvus frucilegus* vit de grains, qu'il va chercher en terre.

FRUGIVORE, adject., *frugivorus* (*frux*, production de la terre, *voro*, dévorer) ; qui vit de grains ensemencés. Ex. *Mus frugivorus*.

FRUGIVORES, adj. et s. m. pl., *Frugivori*. Nom donné par Vieillot et C. Bonaparte à une famille de l'ordre des Sylvains ou Passereaux, comprenant des oiseaux qui se nourrissent de fruits.

FRUIT, s. m., *fructus*; καρπὸς; *Frucht* (all.); *frutto* (it.). Dans le langage vulgaire, on a l'habitude de ne donner ce nom qu'aux fruits charnus et susceptibles d'être mangés. Les botanistes lui ont donné un sens beaucoup plus étendu, car ils le définissent, avec Candolle, le corps résultant des ovules transformés en graines par la fécondation, des carpelles qui entourent ces ovules, les contiennent et les nourrissent, et de toutes les parties de la fleur qui, par leur adhérence avec les carpelles, semblent plus ou moins former partie intégrante de l'appareil entier. D'où l'on voit qu'ils rattachent à l'idée du fruit, dans les plantes, plusieurs organes qui sont originairement étrangers à son essence.

FRUMENTACÉ, adj., *frumentaceus* (*frumentum*, céréale). Épithète donnée à toutes les Graminées que l'on cultive à cause de la grande quantité de farine que fournissent leurs graines.

FRUSTRANÉ, adj., *frustraneus* (*frustra*, en vain). Linné donnait ce nom à un ordre d'une des classes de son système, parce qu'il renferme des Synanthérées dont les fleurs du disque sont hermaphrodites et fécondes, et celles de la circonférence neutres ou femelles et stériles, c'est-à-dire inutiles. Ex. *Georgina frustranea*.

FRUSTULÉ, adject., *frustulatus*

(*frustulum*, petit morceau). La *Ré-tepora frustulata* a été appelée ainsi parce qu'on ne la trouve qu'en petits morceaux à l'état fossile.

FRUTESCENT, adj., *frutescens, fruticans, fruticescens ; strauchartig* (all.) (*frutex*, arbrisseau). Les géo-gnostes donnent cette épithète à la surface d'une coulée volcanique, quand elle est couverte de végétaux ligneux. En botanique, elle s'applique à des plantes qui sont de la nature des arbrisseaux, ou qui en ont le port (ex. *Bocconia frutescens, Jas-minum fruticans, Bupleurum fru-ticescens*).

FRUTICULEUX, adj., *fruticulo-sus ; strauchartig* (all.) (*frutex*, ar-brisseau). Dont la taille est au-dessous de celle d'un arbrisseau. Ex. *Aster fruticulosus, Ruta fruticulosa, Dra-cocephalum fruticulosum.*

FRUTIQUEUX, adj., *fruticosus ; fruticoso* (it.) (*frutex*, arbrisseau) ; qui a la taille d'un arbrisseau. Ex. *Prismatocarpus fruticosus, Achy-ranthes fruticosa, Decaspermum fru-ticosum.*

FUCACÉES, adj. et s. f. pl., *Fu-caceæ*. Nom donné par Fries à une tribu de l'ordre des Hydrophyces, par Agardh à un groupe de la famille des Fucoïdées, par Lamouroux à un ordre de Thalassiophytes non articu-lées, par Leman à une section de la famille des Algues, par Bory à une famille d'Hydrophytes, coupes qui toutes ont pour type le genre *Fucus.*

FUCÉES, adj. et s. f. pl., *Fuceæ*. Nom sous lequel L.-C. Richard dé-signait les Algues en général, ou la famille des Hydrophytes, et que Rei-chenbach donne à une tribu de la section des Fucoïdées, contenant le genre *Fucus.*

FUCHSIÉES, adj. et s. f. pl., *Fuch-sieæ*. Nom donné par Candolle à une tribu de la famille des Onogra-riées, qui a pour type le genre *Fuchsia.*

FUCICOLE, adj., *fucicolus* (*fu-cus*, fucus, *colo*, habiter) ; qui vit parmi les Fucus ou les Algues. Ex. *Pherusa fucicola.*

FUCIFORME, adject., *fuciformis* (*fucus*, fucus, *forma*, forme). Le *Roccella fuciformis* est ainsi appelé parce que la longueur de ses expan-sions en lanières lui donne quelque ressemblance avec un fucus.

FUCOIDÉES, adj. et s. f. pl., *Fu-coïdeæ*. Nom donné par Agardh et Greville à une tribu ou à un ordre de la famille des Algues, par Reichen-bach à une section de l'ordre des Al-gues ascophyces, ayant pour type le genre *Fucus.*

FUCOIDES, adj. et s. f. pl., *Fu-coïdeæ*. Nom donné par Blainville à une famille de la classe des Calci-phytes, renfermant celles dont la tige et les rameaux sont encroûtés d'une substance très-gélatineuse, non articulée, ce qui les rapproche des véritables fucus.

FUGACE, adj., *fugax* ; ὡραῖος ; *verschwindend* (all.) ; *fugace* (it.) ; qui dure peu, comme les *Tremelles*, les-quelles ne vivent que quelques heures. Les botanistes employent quelquefois ce mot, comme synonyme de *caduc*, pour désigner des parties qui tombent peu de temps après leur apparition ; *calice fugace*, celui qui tombe dès que la fleur commence à s'épanouir (ex. *Papaver*) ; *corolle fugace*, celle qui tombe au moment de l'entier épanouis-sement de la fleur, ou même avant (ex. *Thalictrum*) ; *feuilles fugaces*, celles qui ne restent en place que très-peu de temps (ex. *Cactus Opuntia*) ; *spathe fugace*, celle qui se détache peu après s'être ouverte (ex. *Allium Porrum*) ; *stipules fugaces*, celles qui tombent avant les feuilles (ex. *Ceratonia siliqua*).

FULCRACÉ, adject., *fulcraceus.*

Candolle donne cette épithète aux *bourgeons* dont les écailles sont formées par l'avortement de pétioles bordés de stipules. Ex. *Prunus.*

FULCRÉ, adj. , *fulcratus ; gestützt* (all.). Willdenow appelle ainsi les *tiges* d'où partent de longues racines qui vont gagner la terre, et se transforment bientôt elles-mêmes en tiges, ou en espèces de soutiens de la plante. Ex. *Rhizophora.*

FULCRUM, subst. m. , *fulcrum ; Stütze* (all.). Linné comprenait sous ce nom, sans le définir, les pétioles, les pédoncules, les stipules, les bractées, les armes, les cirres, les glandes et les poils. Willdenow a encore donné plus d'extension à cette classe incohérente d'organes, dont la majeure partie ne servent en rien à soutenir les plantes qui les portent. Bernhardi réserve le nom de *fulcrum* aux parties qui aident le végétal à se soutenir, comme les pédoncules, les pétioles, les filets des étamines, les gynophores, etc. Sprengel n'appelle ainsi que les cirres et les suçoirs. Candolle a encore restreint davantage (*voyez* CRAMPON) la signification de ce terme, dont on se sert rarement aujourd'hui.

FULGORELLES, adj. et s. f. pl., *Fulgorellæ.* Nom donné par Latreille et Eichwald à une tribu de la famille des Cicadaires, qui a pour type le genre *Fulgora.*

FULGURATION, s. f., *fulguratio* (*fulgur,* foudre). Phénomène électrique de lumière, qui a lieu dans l'atmosphère, qui n'est point accompagné de tonnerre, et qu'on doit bien distinguer de l'éclair.

FULGUROMÈTRE, s. m., *fulgurometrum* (*fulgur,* foudre, μετρέω, mesurer). Appareil que Leroy a décrit pour constater l'existence et mesurer l'intensité de l'électricité atmosphérique, dans les temps d'orage.

FULIGINÉES, adj. et s. f. pl.,

Fuligineæ. Nom donné par A. Brongniart à une tribu de la famille de Lycoperdacées, qui a pour type le genre *Fuligo.*

FULIGINEUX, adj. , *fuliginosus, fuligineus ; russfärbig* (all.) (*fuligo,* suie ; qui a la couleur et l'aspect de la suie, qui semble couvert de suie. Se dit, en minéralogie, d'un corps, quand il ressemble à de la suie dont les grains auraient été agglutinés, et qu'il tache les doigts comme cette matière (ex. *Fer oxidé fuligineux*). On donne cette épithète à des corps de teinte roussâtre ou noirâtre (ex. *Polyporus fuligineus, Clavaria fuliginea, Dendrocolaptes fuliginosus, Tournefortia fuliginosa, Lamia fuliginator*).

FULMINAIRE, adj. , *fulminaris* (*fulmen,* foudre). On appelle *tubes fulminaires* (*Blitzsinter, Kieselsinter, Blitzrohr, Fulgurit,* all.; *vitreous tubes,* angl.) des tubes plus ou moins longs, vitrifiés à l'intérieur, rugueux et granuleux à l'extérieur, qui sont produits par le passage de la foudre à travers un terrain sablonneux. Découverts en 1711 par Hermann, en Silésie, ils ont été retrouvés en 1805, dans la lande de Paderborn, par Hentzen, qui en a le premier indiqué l'origine.

FULMINANT, adj. , *fulminans, tonitruans, tonans ; knallend* (all.) (*fulmen,* foudre). Épithète donnée à tout mélange, à tout composé qui, soumis à la chaleur, à la compression, à la trituration ou à la percussion, produit une détonation plus ou moins bruyante.

FULMINATE, s. m., *fulminas.* Genre de sels (*knallsaure Salze* all.), qui sont produits par la combinaison de l'acide fulminique avec les bases salifiables.

FULMINATION, s. f., *fulmination* κεραύνωσις (*fulmen,* foudre). Détonation bruyante qui résulte de la déo composition instantanée de certains corps.

FULMINÉ, adj., *fulminatus* (*fulmen*, foudre). Se dit d'un corps qui présente des raies colorées en zig-zag. Ex. *Voluta fulminata, Achatina fulminea, Oliva fulminans, Colombella fulgurans.*

FULMINIQUE, adj., *fulminicus* (*fulmen*, foudre). On appelle *acide fulminique* (*Knallsäure*, all.) un acide qui a la propriété, même étant uni aux plus fortes bases, de se décomposer avec une violente explosion, par l'effet de la percussion ou de l'élévation de la température. Comme, toutes les fois qu'on cherche à le séparer des bases, ses élémens se combinent dans d'autres proportions, on n'a pas encore pu l'isoler, et l'on ignore quelle est sa composition, qu'on croit cependant être la même que celle de l'acide cyaneux.

FULVIBARBE, adj., *fulvibarbis* (*fulvus*, fauve, *barba*, barbe); qui a la barbe rousse. Ex. *Calliphora fulvibarbis.*

FULVICOLLE, adj., *fulvicollis* (*fulvus*, roux, *collum*, col); qui a le corselet roux. Ex. *Lebia fulvicollis.*

FULVICORNE, adj., *fulvicornis* (*fulvus*, roux, *cornu*, corne); qui a les antennes rousses. Ex. *Altica fulvicornis.*

FULVICRURE, adj., *fulvicrurus* (*fulvus*, fauve, *crus*, cuisse); qui a les cuisses fauves. Ex. *Chrysomya fulvicrura.*

FULVIPÈDE, adj., *fulvipes* (*fulvus*, fauve, *pes*, pied); qui a les pattes fauves. Ex. *Ceranthia fulvipes.*

FULVIPENNE, adj., *fulvipennis* (*fulvus*, roux, *penna*, aile); qui a les ailes ou les élytres rousses. Ex. *Pæderus fulvipennis, Bruchus fulvipennis.*

FULVITARSE, adj., *fulvitarsis* (*fulvus*, roux, *tarsus*, tarse); qui a les tarses roux. Ex. *Anthribus fulvitarsis.*

FULVITHORAX, adj., *fulvithorax;* qui a la poitrine ou le thorax brun. Ex. *Pangonia fulvithorax.*

FULVIVENTRE, adj., *fulviventer, fulviventris* (*fulvus*, roux, *venter*, ventre); qui a le ventre roux ou roussâtre. Ex. *Falco fulviventer, Osmia fulviventris.*

FUMARIACÉES, adj. et s. f. pl., *Fumariaceæ, Fumarieæ.* Famille de plantes, établie par Candolle, qui a pour type le genre *Fumaria.*

FUMARIÉES. *Voyez* Fumariacées.

FUMARINE, s. f., *fumarina.* Alcali, encore problématique, que Peschier dit avoir découvert dans le *Fumaria officinalis.*

FUMARIOIDE, adject., *fumarioideus.* Nees d'Esenbeck donne cette épithète aux *corolles* dont les ailes se fendent en un palais bifide, et dont le fond du tube est tuberculeux et éperonné. Ex. *Fumaria.*

FUMÉE, s. f., *fumus;* καπνὸς; *Rauch* (all.); *reek* (angl.); *fumo* (it.). Mélange de cendres, de charbon très-divisé et de parties non brulées des produits de la distillation des matières combustibles, qui, ne pouvant s'oxider au milieu de la flamme, faute d'oxigène, ni au sortir de cette flamme, parce que l'air est trop corrompu, se refroidissent, se condensent, et sont lancées dans l'atmosphère, sous la forme de nuages, par le courant d'air que la chaleur du foyer a établi.

FUMEROLLE. On donne ce nom à des crevasses qui se voient dans certains cratères de volcans en activité, ou à la surface de laves nouvellement écoulées, et d'où s'échappent des masses de vapeurs et de fumée.

FUMIPENNE, adject., *fumipennis* (*fumus*, fumée, *penna*, aile); qui a les ailes d'une couleur obscure et comme enfumées. Ex. *Culex fumipennis.*

FUNARIOIDES, adj. et s. f. pl., *Funarioideæ.* Nom donné par Furnrohr à un groupe de la famille des Mousses, qui a pour type le genre *Funaria.*

FUNÈBRE, adj., *funebralis, funereus.* Épithète donnée à divers animaux qui ont des couleurs sombres. Ex. *Oliva funebralis, Psittacus funereus, Strix funerea.*

FUNICULE, subst. m., *funiculus, chorda umbilicalis; Nabelschnur, Nabelstrang, Keimgang* (all.). Les botanistes appellent ainsi un cordon, de longueur et de forme variables, par le moyen duquel la graine tient au placenta; il se compose, au moment de la floraison, d'un filet venant du cordon pistillaire et d'un autre venant du cordon nourricier; ces deux filets, dont le premier ne tarde ordinairement pas à disparaître après la fécondation, sont le plus souvent unis ensemble, mais quelquefois aussi séparés et distincts (ex. *Statice*). *Voyez* PODOSPERME.

FUNICULÉ, adj., *funiculatus.* Se dit, en botanique, d'une *graine* qui est munie d'un funicule bien apparent (ex. *Plombaginées*); en zoologie, d'une *coquille* qui est garnie de côtes longitudinales striées en travers (ex. *Fusus funiculosus*). *Voyez* CORDELÉ.

FUNIFÈRE, adj., *funiferus* (*funis*, corde, *fero*, porter). Une plante sarmenteuse (*Ludovia funifera*) est ainsi appelée parce qu'elle émet de sa tige des racines longues et semblables à des cordes, qui descendent perpendiculairement vers la terre.

FUNIFORME, adj., *funiformis; strangförmig* (all.) (*funis*, corde, *forma*, forme). Se dit, en minéralogie, d'un corps composé de cristaux rangés à la suite les uns des autres,

et formant des espèces de petits cordons. Ex. *Plomb sulfuré antimonifère funiforme.*

FUNILIFORME, adj., *funiliformis, funalis.* Se dit d'une *racine* qui est formée de grosses fibres semblables à des cordes plus ou moins déliées (ex. *Clusia rosea*). Le *Grimmia funalis* est ainsi nommé à cause de ses longues tiges, qu'on a comparées à des cordelettes.

FURCELLARIÉES, adj. et s. f. pl., *Furcellarieæ.* Nom donné par R.-K. Greville à un ordre de la famille des Algues, qui a pour type le genre *Furcellaria.*

FURCIFÈRE, adj., *furcifer* (*furca*, fourche, *fero*, porter). Le *Caprimulgus furcifer* a la queue fourchue. L'*Antilocapra furcifer* présente, vers les deux tiers de la hauteur de ses cornes, un andouiller dirigé en avant, qui rend ces dernières fourchues. Le *Sargus furcifer* a l'écusson garni d'un long appendice fourchu à l'extrémité.

FURCILABRE, adj., *furcilabris* (*furca*, fourche, *labrum*, labre); qui a le labre fourchu. Ex. *Passalus furcilabris.*

FURCIPILE, adj., *furcipilis* (furca, fourche, *pilus*, poil); qui a des poils fourchus. Un poisson (*Chironectus furcipilis*) est ainsi appelé, parce qu'il porte de véritables poils sortant fourchus d'un petit tubercule.

FURFURACÉ, adj., *furfuraceus;* πιτυροειδὴς; *kleienartig, kleiartig, kleiig* (all.) (*furfur*, son). Se dit de corps qui sont couverts d'une poussière blanchâtre analogue à de la farine ou à du son. Ex. *Ascobolus furfuraceus, Physcia furfuracea.*

FUSCICOLLE, adj., *fuscicollis* (*fuscus*, brun, *collum*, col); qui a le col brun. Ex. *Ardea fuscicollis.*

FUSCICORNE, adj., *fuscicornis* (*fuscus*, brun, *cornu*, corne); qui a les antennes brunes. Ex. *Sirex fuscicornis.*

FUSCINE, s. f., *fuscina* (*fuscus*, brun). Nom donné par Unverdorben, en raison de sa couleur brune, à une substance particulière qu'il est parvenu à extraire de l'huile animale de Dippel non purifiée.

FUSCIPÈDE, adj., *fuscipes* (*fuscus*, brun, *pes*, pied); qui a les pattes brunes. Ex. *Altica fuscipes.*

FUSCIPENNE, adj., *fuscipennis* (*fuscus*, brun, *penna*, aile); qui a les ailes brunes. Ex. *Pangonia fuscipennis.*

FUSCIVENTRE, adj., *fusciventer*, *fusciventris* (*fuscus*, brun, *venter*, ventre); qui a le ventre brun. Ex. *Molossus fusciventer, Baccha fusciventris.*

FUSCOMANE, adj., *fuscomanus* (*fuscus*, brun, *manus*, main); qui a les mains ou les extrémités des pattes brunes. Ex. *Tarsius fuscomanus.*

FUSIBILITÉ, s. f., *fusibilitas*; *Schmelzbarkeit* (all.). Propriété dont jouissent certains corps solides de passer à l'état liquide en se combinant d'une manière intime avec le calorique.

FUSIBLE, adj., *fusibilis*; *schmelzbar* (all.) (*fundo*, fondre). Se dit de tout corps qui est susceptible d'entrer en fusion, avec ou sans addition d'un fondant. Ex. *Spath fusible.*

FUSICORNES, adject. et s. m. pl., *Fusicornes* (*fusus*, fuseau, *cornu*, corne). Nom donné par Duméril à une famille de l'ordre des Lépidoptères, comprenant ceux de ces insectes qui ont les antennes en fuseau, renflées à la partie moyenne. (*Voyez* Clostérocères). Latreille propose de le substituer à celui de Lépidoptères crépusculaires.

FUSIDIÉES, adj. et s. f. pl., *Fusidieæ*. Nom donné par A. Brongniart à une tribu de la famille des Urédinées, qui a pour type le genre *Fusidium.*

FUSIFORME, adj., *fusiformis*; *spindelförmig*, *spindelig* (all.); *fusiforme*, *affusato* (it.) (*fusus*, fuseau, *forma*, forme); qui a la forme d'un fuseau, c'est-à-dire qui est alongé, renflé au milieu et aminci aux deux extrémités, comme les *antennes* de l'*Atractocerus abreviatus*, la *baie* du *Billardiera fusiformis*, la *coquille* du *Bulimus fusiformis*, l'*embryon* du *Thesium alpinum*, le *follicule* du *Nerium Oleander*, le *pépon* du *Cucumis Chate*, la *racine* du *Trichinium fusiforme*, le *corps* de la *Cliodita fusiformis.*

FUSIFORMES, adj. et s. m. pl., *Fusiformia*. Nom donné par Latreille à une famille de Gastéropodes gymnocochlides, comprenant ceux qui ont la coquille fusiforme, et ayant pour type le genre *Fusus.*

FUSION, subst. f., *fusio*; χυσίς; *Schmelzung* (all.); *melting* (angl.). Opération par laquelle on fait passer un corps de l'état solide à l'état liquide, en l'exposant à l'action du calorique. La glace fond à zéro, et le zinc à 370°.

FUSIPÈDE, *fusipes* (*fusus*, fuseau, *pes*, pied). L'*Agaricus fusipes* a le stipe renflé à sa partie moyenne.

G.

GADITES, adj. et s. m. pl., *Gadites.* Nom donné par Latreille à une famille de l'ordre des poissons Subbrachiens, par Ficinus et Carus à une famille de l'ordre des Sternoptérygiens Orthosomes, ayant pour type le genre *Gadus.*

GADOIDES, adject. et s. m. pl., *Gadoïdes, Gadoidei.* Sous ce nom Cuvier désigne une famille de Malacoptérygiens subbrachiens, Blainville et Eichwald une famille de l'ordre des Poissons jugulaires, ayant le genre *Gadus* pour type.

GAGATÉES, adject. et s. f. pl., *Gagateæ* (*gagates*, jayet). Nom donné par Robineau-Desvoidy à une section de la famille des Myodaires calyptérées, comprenant celles dont les teintes sont d'un noir luisant, comme celui du jayet.

GAINE, subst. f., *vagina;* ἔλυτρον; *Scheide* (all.); *sheath* (angl.); *guaina* (it.). On nomme ainsi : 1° en botanique, une partie de certaines feuilles qui entoure la tige dans une portion de sa longueur, et semble remplacer le pétiole (ex. *Graminées*). 2° En zoologie. Fabricius donne ce nom, dans les insectes suceurs, principalement chez les hémiptères et chez les diptères , à suçoir corné ou tuyau dans lequel sont renfermées les soies aiguës qui font office de lancette et de pompe pour amener jusqu'à l'œsophage les liquides de la plaie faite à l'être organisé par l'insecte qui l'a piqué afin de s'en nourrir. Blainville l'applique au tubercule plus ou moins saillant dans l'intérieur duquel sont portés les pinceaux de soies des Chétopodes.

GAINULE, s. f., *vaginula*. On appelle ainsi la partie inférieure de l'écorce superficielle de l'urne des mous-ses, lorsque, peu de temps après la maturité des corps reproducteurs, elle a cessé d'adhérer aux parties intérieures , et s'est divisée en deux par une fente transversale.

GALACINÉES, adject. et s. f. pl., *Galacineæ*. Nom donné par D. Don et Kunth à une famille de plantes, qui a pour type le genre *Galax.*

GALACTATE. *Voyez* LACTATE.

GALACTIQUE. *Voyez* LACTIQUE.

GALACTOMÈTRE, s. m. , *galactometrum* (γάλα, lait, μετρέω, mesurer). Instrument qu'on a proposé pour mesurer la bonté du lait ou la quantité de beurre qu'il contient.

GALACTOPHORE , adj., *galactophorus* ; γαλακτοφόρος; *milchtragend* (all.) (γάλα, lait, φέρω, porter). Épithète donnée aux vaisseaux chilifères, à cause de la couleur généralement blanche du chyle, et aux conduits excréteurs du lait , qui portent ce liquide de la glande mammaire au mamelon.

GALACTOSE, s. f., *galactosis, galactopoiesis ; Milchabsonderung* (all.) (γάλα, lait). Sécrétion du lait.

GALARDIÉES, adj. et s. f. pl., *Galardieæ*. Nom donné par Nuttall à une tribu de la famille des Synanthérées, par Lessing à une section de la sous-tribu des Sénécionidées Héléniées, ayant pour type le genre *Galardia.*

GALATHÉADÉES, adj. , *Galatheadeæ.* Nom donné par Leach à une section de la famille des Crustacés décapodes macroures, qui a pour type le genre *Galathea.*

GALATHINES, adj. et s. f. pl., *Galathineæ.* Nom sous lequel Latreille et Eichwald désignent une tribu de la famille des Crustacés décapodes macroures, ayant le genre *Galathea* pour type.

GALBANIFÈRE, adj. , *galbanife-rus ;* qui produit du galbanum. Ex. *Bubon galbaniferum.*

GALBULE, s. m. , *galbulus ; Zapfenbeere*, (all.). Gærtner , d'après Varron, et Sprengel, d'après Gærtner, désignent sous ce nom une espèce de cône dont les bractées sont très-élargies à leur sommet, peltées, striées en forme de rayons, mucronées au centre, et s'ouvrent à peine à l'époque de la maturité. Ex. *Cupressus.*

GALBULÉES, adj. et s. f. pl. , *Galbuleæ.* Nom donné par Lesson à une famille du sous-ordre des Passereaux grimpeurs, qui a pour type le genre *Galbula.*

GALÉES, adj. et s. f. pl. , *Galeæ.* Nom donné par Kunth à une tribu de la famille des Rubiacées, qui a pour type le genre *Galium.*

GALÉGÉES, adj. et s. f. pl. , *Galegeæ.* Nom donné par C.-G. Ebermaier à une tribu de la famille des Papilionacées, par Candolle à une sous-tribu de la tribu des Lotées, ayant pour type le genre *Galega.*

GALÉIFORME, adj., *galeiformis ; helmförmig* (all.) (*galea*, casque, *forma*, forme). Les botanistes donnent cette épithète aux *pétales*, quand ils sont creux, voûtés et ouverts antérieurement en forme de casque. Ex. *Aconitum.*

GALÉOPITHÉCIDES, adj. et s. m. pl. , *Galeopithecidæ.* Nom sous lequel Gray désigne une famille de Mammifères, de l'ordre des Primates, qui a pour type le genre *Galeopithecus.*

GALÉOPITHÉCIENS, adj. et s. m. pl. , *Galeopithecii.* Nom donné par Desmarest, Blainville et Goldfuss à une famille de Mammifères, ayant pour type le genre *Galeopithecus.*

GALÉRUCITES, adj. et s. m. pl. ,

Galerucitæ. Cuvier, Latreille et Eichwald désignent sous ce nom une tribu de la famille des Coléoptères cycliques, ayant le genre *Galeruca* pour type.

GALET, s. m. , *lapillus ; Geroll, Gerull, Rollstein*(all.) ; *pebble* (angl.). Les géognostes appellent ainsi des morceaux de silex, de quarz, de granite, de schiste, de calcaire, ou de toute autre roche, dont le volume varie depuis celui d'une noix ou d'une amande jusqu'à celui de la tête, et au-delà, qu'on trouve, roulés, arrondis et réunis en grand nombre, soit sur les bords de la mer, sur les rives des grands fleuves, dans le lit des torrens, soit dans l'intérieur des terres, formant alors des amas immenses, qui ont donné naissance à des collines, ont rempli des bas-fonds, et les ont changés en de vastes plaines.

GALÈTE, s. f. , *galea ; Helm, Kinnladenhelm* (all.). Fabricius et Olivier ont appelé ainsi une grande pièce voûtée et mobile, de consistance membraneuse, qui recouvre les mâchoires, dans les orthoptères et quelques névroptères, qu'on a cru propre exclusivement à ces insectes, mais qui , d'après Straus et Blainville, se retrouve également chez la plupart des Coléoptères.

GALINSOGÉES, adj. et s f. pl., *Galinsogeæ.* Nom donné par H. Cassini à un groupe de la section des Hélianthées Héléniées, par Lessing à une section de la sous-tribu des Sénécionidées Héléniées, ayant pour type le genre *Galinsoga.*

GALLATE, s. m. *gallas.* Genre de sels (*gallussaure Salze*, all.), qui sont produits par la combinaison de l'acide gallique avec les bases salifiables.

GALLE, s. f. , *galla ;* κηκὶς *; Galläpfel, Gallnuss* (all.) ; *gall* (angl.) ; *galla* (it.). On donne ce nom à des excroissances produites , sur diverses parties des végétaux , par les piqûres d'insectes qui déposent leurs œufs dans la blessure. Les *cynips* et les *diplolèpes* sont les insectes qui produisent le plus de galles ; cependant des saperdes , des charansons , des criocères , des tenthrèdes , des acanthies , des psylles , des pucerons , des thrips , des scatopses , des cosmics , des tipules , en font naître également.

GALLICOLES , adj. et s. m. pl. , *Gallicolæ* (*galla* , galle , *colo* , habiter). Nom donné par Cuvier , Latreille et Eichwald à une tribu de la famille des Hyménoptères pupipares , par Latreille et Eichwald à une sous-tribu de la tribu des Tipulaires , comprenant des insectes dont les larves habitent dans des galles.

GALLIFORMES , adj. et s. m. pl. , *Galliformes* (*gallus* , coq , *forma* , forme). Nom donné par Latreille , Ficinus et Carus à une famille de l'ordre des Grimpeurs , comprenant des oiseaux qui se rapprochent des Gallinacés.

GALLINACÉS , adj. et s. m. pl. , *Gallinaceæ* , *Gallinacei* , *Gallinæ* , *Rasores.* Nom donné par tous les ornithologistes à un ordre de la classe des Oiseaux, renfermant le genre *Gallus* et ceux qui s'en rapprochent le plus.

GALLINIVORE , adj. , *gallinivorus* (*gallina* , poule , *voro* , dévorer); qui dévore les poules. Ex. *Buteo gallinivorus.*

GALLINOGRALLES , adj. et s. m. pl. , *Gallinograllæ.* Nom donné par Blainville à une famille de l'ordre des Échassiers , par Lesson à une famille du sous-ordre des Himantogralles , comprenant des oiseaux qui sont intermédiaires entre les Gallinacés et les Échassiers.

GALLINSECTES , s. m. pl. , *Gallinsecta.* Nom donné par Cuvier , Lamarck , Goldfuss, Latreille, Fi-

cinus et Carus à une famille de l'ordre des Hémiptères , comprenant des insectes dont les femelles , vers l'époque de la ponte , prennent la forme d'une boule , analogue aux petites galles des arbres , qui recouvre et garantit les œufs.

GALLINULES , s. f. pl. , *Gallinulæ.* Nom donné par Goldfuss et Lesson à une famille de l'ordre des Échassiers , qui a pour type le genre *Gallinula.*

GALLIOQUE , subst. f. , *gallioca* ; *Hüllzapfen* (all.). On a proposé d'appeler ainsi la cupule , au moment où le fruit est développé , et de rapporter à ce même genre de fruits celui du noyer , qu'on peut également considérer comme le résultat de la soudure de plusieurs écailles d'un chaton.

GALLIQUE , adj. , *gallicus* (*galla* , galle). Épithète donnée à un acide (*Gallussäure* , *Galläpfelsäure* , all.), qu'on trouve principalement dans la noix de galle , et que Scheele a le premier obtenu à l'état de pureté.

GALONNÉ , adject. , *lemniscatus* , *marginatus.* Épithète donnée à des animaux qui ont , sur quelque partie du corps , soit des écailles (ex. *Elaps lemniscatus*), soit des lignes colorées (ex. *Rana marginata*), disposées de manière à représenter une sorte de galon.

GALOPE , adj. , *galopus* (γάλα, lait, πoῦς, pied). Le stipe de l'*Agaricus galopus* est plein d'un suc blanc.

GALVANIQUE , adj. , *galvanicus* ; qui a rapport au galvanisme. Synonyme parfait d'*électrique.*

GALVANISME , subst. m. , *galvanismus* , *electricitas galvanica.* Nom donné aux phénomènes électriques manifestés par le contact de substances hétérogènes , métalliques surtout , parce qu'ils ont été découverts par Galvani.

GALVANOMAGNÉTISME , s. m. , *galvanomagnetismus.* Quelques physiciens ont employé ce mot, qui est synonyme d'*électromagnétisme*.

GALVANOMÈTRE. *Voyez* ÉLEC-TROMÈTRE.

GALVANOSCOPE. *Voyez* ÉLEC-TROSCOPE.

GAMMARIDÉS, adj. et s. m. pl., *Gammaridæ*. Nom donné par Leach à une famille de l'ordre des Crustacés amphipodes, qui a pour type le genre *Gammarus*.

GAMMARIENS, adj. et s. m. pl., *Gammarinæ*. Nom donné par Latreille et Eichwald à une famille de l'ordre des Crustacés amphipodes, par Blainville à une famille de la classe des Tétradécapodes, ayant pour type le genre *Gammarus*.

GAMMAROLOGIE, s. f., *gammarologia* (κάμμαρον, homard, λόγος, discours). Traité sur les crustacés. P.-J. Sachs a publié un ouvrage sous ce titre, en 1665.

GAMASIDÉES, adject. et s. f. pl., *Gamasidæ*. Nom donné par Leach à une famille de l'ordre des Arachnides trachéennes, ayant pour type le genre *Gamasus*.

GAMOGASTRE, adj., *gamogaster* (γάμος, noces, γαστὴρ, ventre). Candolle appelle ainsi les *plantes* qui ont les ovaires soudés, c'est-à-dire dont l'ovaire se compose de plusieurs ovaires partiels déterminant autant de loges qu'il y avait primitivement de carpelles.

GAMOPÉTALE, adj., *gamopetalus*; *vereintblättrig* (all.) (γάμος, noces, πέταλον, pétale). Épithète donnée par Candolle aux *corolles* monopétales, qu'il regarde comme produites par la soudure d'un plus ou moins grand nombre de pétales.

GAMOPHYLLE, s. m., *gamophyllum* (γάμος, noces, φύλλον, feuille). Nom donné par Palisot-Beauvois et Lestiboudois à l'enveloppe ou écaille propre de chaque fleur, dans les Cypéracées.

GAMOPHYLLE, adj., *gamophyllus*. Candolle donne cette épithète à l'*involucre* (ex. *Othonna*) et à la *collerette* (ex. *Seseli hippomarathrum*), quand les pièces ou bractées composantes sont soudées ensemble, par leurs bords, de manière à ne former qu'une seule enveloppe autour des fleurs.

GAMOSÉPALE, adj., *gamosepalus*. Épithète donnée par Candolle au *calice*, quand il est composé de plusieurs pièces plus ou moins soudées ensemble.

GAMOSTYLE, adj., *gamostylus* (γάμος, noces, στύλος, style). Nom donné par Candolle aux *fleurs* dans lesquelles les styles partiels sont soudés entr'eux, de sorte que, de leur cohérence, résulte un style en apparence unique, mais formé réellement d'autant de styles partiels qu'il y a de carpelles.

GANACHE, s. f. Région de la tête du cheval qui est située au contour de l'os maxillaire. Autrefois on donnait aussi ce nom à l'une des pièces de la lèvre des insectes, qui aujourd'hui est plus généralement appelée *menton*.

GANGLIFORME, adj., *gangliformis, ganglioformis*; γαγγλιώδης; *knotenförmig* (all.); qui a la forme d'un ganglion, comme certains plexus nerveux.

GANGLION, subst. m., *ganglion*; γαγγλίον; *Knote* (all.). Masse de filets nerveux ou de vaisseaux entrelacés, unis ensemble par du tissu cellulaire, et enveloppés dans une membrane commune.

GANGLIONEURES, adj. et s. m. pl., *Ganglioneura* (γαγγλίον, ganglion, νεῦρον, nerf). Nom donné par Rudolphi à un groupe du règne animal, comprenant les animaux qui, comme les mollusques et les radiaires, n'ont qu'un système nerveux ganglionnaire, analogue à celui des animaux vertébrés.

GANGLIONNAIRE, adject., *gan-*

glionaris, ganglionosus. Se dit particulièrement d'un *nerf* qui présente
des ganglions dans son trajet. Le nerf
grand sympathique est très-souvent
désigné sous le nom de *système ganglionnaire*, en tant qu'on le considère
comme un ensemble de ganglions qui
ne font qu'un tout par le moyen de
leurs filets de jonction ou de communication.

GANGLIONNÉ, adj. , *gangliosus*,
ganglioneus (γαγγλίον , ganglion).
Boué appelle *filons ganglionnés* les
mamelons et longues bandes que la
diabase forme au milieu des schistes
et des calcaires, dans certaines localités des Pyrénées. — On donne cette
épithète, dans les plantes, aux poils
qui sont garnis de nœuds pilifères
(ex. *Verbascum lychnites*).

GANGUE, s. f. , *ganga* (it.). Par
une fausse application du mot allemand *Gang*, qui signifie filon, on
donne ce nom à une substance dans
laquelle un minéral cristallisé, rare
ou précieux, se trouve engagé. En
langage de mineurs, c'est une substance sans valeur, qui contient la matière métallique utile faisant le but
de l'exploitation ou des travaux mé-
tallurgiques.

GARCINIÉES, adj. et s. f. pl. ,
Garcinieæ. Nom donné par Choisy et
Candolle à une tribu de la famille des
Guttifères, par Cassin à une famille
de plantes, ayant pour type le genre
Garcinia.

GARDÉNIACÉES, adj. et s. f. pl. ,
Gardeniaceæ. Nom donné par Candolle à une tribu de la famille des Rubiacées, qui a pour type le genre
Gardenia.

GARDÉNIÉES, adj. et s. f. pl. ,
Gardenieæ. Nom donné par Chamisso, Schlechtendal et Kunth à une
tribu de la famille des Rubiacées, par
Candolle à une sous-tribu de la tribu
des Gardéniacées, qui contient le
genre *Gardenia*.

GARDNERIÉES, adj. et s. f. pl.,
Gardnerieæ. Nom donné par Wal-
lich à une famille de plantes, ayant
pour type le genre *Gardneria*, que
R. Brown a depuis appelée *Loganiées*.

GARROT, s. m., *armus*; *Wide-
rist* (all.) ; *withers* (angl.). Partie
élevée et plus ou moins tranchante de
la région supérieure du corps du
cheval, qui est située au bas de la
crinière, et dont la saillie est produite par les apophyses épineuses des
cinq ou six premières vertèbres dorsales.

GASTÉRODÈLE, adj., *gastero-
delus* (γαστήρ , ventre, δῆλος , manifeste). Épithète donnée par C.-G.
Ehrenberg aux Infusoires rotifères
qui ont des organes de mastication ,
un œsophage très-court et un intestin
divisé par un rétrécissement en deux
portions, dont la première figure un
estomac. Ex. *Euchlaris*.

GASTÉROMYCES, subst. m. pl. ,
Gasteromyci, *Gasteromycetes* (γαστήρ , ventre , μύκης , champignon).
Nom donné par Willdenow , Link ,
Fries , Nees d'Esenbeck et Sprengel à
un ordre de la famille des champignons , comprenant ceux qui sont
globuleux ou sphériques et composés
d'une membrane dans laquelle se
trouvent contenues des sporidies nues.

GASTÉROPODES, ad. et s. m. pl.,
Gasteropoda (γαστήρ , ventre, πούς,
pied). Nom donné par Cuvier, Latreille, Ficinus et Carus à une classe
d'animaux mollusques, par Lamarck,
Duméril, Schweigger, Goldfuss et
Eichwald à un ordre de la classe des
Mollusques, comprenant ceux de ces
animaux chez lesquels un empâte-
ment plus ou moins grand du disque
ventral forme une sorte de pied qui
occupe toute la face inférieure de
l'abdomen et qui leur permet de
glisser en rampant sur le plan de position.

GASTÉROPODOPHORES, adj. et

s. m. pl., *Gasteropodophora* (γαστὴρ, ventre, ποῦς, pied, φέρω, porter). Nom sous lequel Gray désigne une classe de Mollusques, qui correspond exactement à la coupe précédente.

GASTÉROPTÉROPHORES, adj. et s. m. pl., *Gasteropterophora* (γαστὴρ, ventre, πτέρον, aile, φέρω, porter). Nom donné par Gray à un ordre de la classe des Gastéropodophores, qui répond aux *Nucléobranches* (voy. ce mot) de Blainville.

GASTÉROPTÉRYGIENS, adj. et s. m. pl., *Gasteropterygii* (γαστὴρ, ventre, πτέρυξ, nageoire). Nom donné par Goldfuss, Ficinus et Carus à un ordre.ou sous-ordre de Poissons, comprenant ceux qui ont les catopes situées derrrière les nageoires pectorales.

GASTÉROSPORES, adj. et s. m. pl., *Gasterosporæ* (γαστὴρ, ventre, σπορὰ, graine). Nom donné par Reichenbach à une section de l'ordre des lichens ascophores, comprenant ceux qui sont munis d'un nucleus.

GASTÉROTHALAMES, adj. et s. m. pl., *Gasterothalami* (γαστὴρ, ventre, θάλαμος, lit). Nom donné par Fries à un ordre de la classe des Lichens, comprenant ceux dont les corpuscules reproducteurs sont entourés d'un réceptacle clos, qui ne procède pas du thalle, mais qui y est plongé.

GASTÉROZOAIRES, adj. et s. m. pl., *Gasterozoa* (γαστὴρ, ventre, ζῶον, animal). Nom donné par Ficinus et Carus à une division du règne animal, comprenant les animaux chez lesquels le système digestif a acquis une prédominance de développement.

GASTRÆUM, s. m., *gastræum; Bauchseite* (all.) (γαστὴρ, ventre). Illiger appelle ainsi tout le côté inférieur du corps des mammifères, depuis le larynx jusqu'à l'anus.

GASTRICOLE, adj., *gastricola* (gaster, ventre, colo, habiter). Clerk donne cette épithète aux œstres dont les larves vivent dans l'estomac des animaux.

GASTRIQUES, adj. et s. m. pl., *Gastrica*. Latreille désigne sous ce nom une race du règne animal, comprenant les animaux acéphales qui ont un canal alimentaire, soit formé par un sac distinct, soit creusé dans le parenchyme intérieur du corps.

GASTROCARPÉES, adj. et s. f. pl., *Gastrocarpeæ* (γαστὴρ, ventre, καρπός, fruit). Nom donné par Greville à un ordre de la famille des Algues, renfermant celles qui, comme l'*Iridea edulis*, ont pour fruits des agglomérations de séminules arrondies, complètement plongées dans la substance intérieure de la fronde.

GASTRODÉES, adj. et s. f. pl., *Gastrodeæ*. Nom donné par Robineau-Desvoidy à une section de la famille des Myodaires Calyptérées, comprenant celles qui ont l'abdomen aplati et hémisphérique.

GASTRODIÉES, adj. et s. f. pl., *Gastrodieæ*. Nom donné par Lindley à une tribu de la famille des Orchidées, qui a pour type le genre *Gastrodia.*

GASTRONECTES, adj. et s. m. pl., *Gastronectes* (γαστὴρ, ventre, νηκτὴς, nageur). Robineau-Desvoidy donne ce nom aux Crustacés décapodes macroures, parce que leurs vertèbres abdominales très-développées forment un organe propre à la natation.

GASTROPLATYPODES, adj. et s. m. pl., *Gastroplatypoda* (γαστὴρ, ventre, πλατὺς, large, ποῦς, pied). Nom donné par J.-A. Ritgen à une famille d'oiseaux aquatiques, comprenant ceux qui ont le corps en équilibre sur leurs pattes largement palmées.

GASTROTHÈQUE, s. f., *gastrotheca* (γαστὴρ, ventre, θήκη, boîte). Kirby appelle ainsi l'extrémité postérieure de la chrysalide, celle qui couvre et protége l'abdomen de l'insecte.

GATEAU, s. m. Assemblage des cellules que les abeilles et les guêpes construisent pour conserver leur miel et loger leur progéniture.

GAUFRÉ, adj., *clathratus;* qui présente des enfoncemens produits par des lignes saillantes entrecroisées. Ex. *Murex clathratus, Pyrula clathrata, Triton clathratum. V.* Treillisé.

GAZ, s. m., *gaz.* Ce nom, dont Vanhelmont s'est le premier servi pour désigner toute substance quelconque dégagée des corps, à l'état de vapeur, par l'action du calorique, et dont Macquer a introduit l'usage dans la langue de la chimie moderne, sert aujourd'hui à désigner des corps qui, sous l'influence de la température et de la pression atmosphérique ordinaires, et même bien au dessous, restent à l'état de fluides aériformes. Cependant Davy et Faraday ont reconnu que les gaz sont seulement des vapeurs plus ou moins éloignées de leur maximum de tension, et l'on est parvenu à en liquéfier plusieurs.

GAZÉIFIABLE, adj.; qui est susceptible de se convertir en gaz.

GAZÉIFICATION, s. f. Réduction à l'état de gaz.

GAZÉIFIÉ, adj.; qui a été réduit en gaz.

GAZÉIFORME, adj., *gazeiformis.* Se dit d'un corps qui est à l'état de gaz.

GAZÉITÉ, s. m. Propriété qu'ont certaines substances d'exister à l'état de gaz.

GAZEUX, adj.; qui a les qualités d'un gaz, qui est à l'état de gaz.

GAZOCHIMIE, s. f. Partie de la chimie qui traite spécialement des gaz.

GAZOLYTES, adj. et s. m. pl., *gazolytes* (λύω, dissoudre). Nom donné par Ampère à une classe de corps simples, comprenant ceux qui,

par leur mutuelle combinaison, forment des gaz permanens, capables de subsister en contact avec l'air, et par Beudant à une classe d'espèces minérales, dans laquelle il range les corps susceptibles de former des combinaisons gazeuses permanentes avec l'oxigène, l'hydrogène ou le fluor.

GAZOMÈTRE, s. m., *gazometrum* (μετρέω, mesurer). Appareil propre à contenir et mesurer des volumes plus ou moins considérables de gaz.

GAZONNANT, adj., *cæspitosus; rasicht, grashügelicht* (all.); *cespuglioso* (it.). Se dit de plantes herbacées grêles et courtes, qui, par leur rapprochement, forment une sorte de tapis ou de gazon sur le sol. Ex. *Dianthus cæspitosus, Catanance cæspitosa, Trifolium cæspitosum, Dryptodon cæspiticius, Schistidium cæspiticium, Dryptodon pulvinatus.*

GAZOUILLEMENT, s. m., *garritus; Zwitschern* (all.); *chirping* (angl.); *garrito* (it.). Ramage des oiseaux. Se dit principalement de celui des petits oiseaux de l'ordre des Passereaux.

GÉANS, adj. et s. m. pl., *Proceri.* Nom donné par Illiger à une famille de l'ordre des Oiseaux coureurs, par Lamarck à une famille de l'ordre des Crustacés branchiopodes, comprenant ceux de ces animaux qui sont les plus grands de leur section.

GÉANT, adj. et s. m., *gigas, giganteus, colosseus, procerus;* γίγας; *Riese* (all.); *igiant* (angl.); *gigante* (it.). Se dit de tout corps organisé dont la stature dépasse les proportions communes des individus de son espèce, ou des espèces voisines de la sienne. Ex. *Tapirus giganteus, Verbesina gigantea, Xylostroma giganteum, Fusus colosseus.*

GÉANTHRACE, s. m., *geanthrax* (γῆ, terre, ἄνθραξ, charbon). Nom donné par Tondi au charbon fossile, à l'anthracite métalloïde.

GÉANTISME, s. m. Geoffroy St-

Hilaire fils désigne sous ce nom le genre d'anomalie qui caractérise les géans.

GÉATE, s. m., *geas*. Sel produit par la combinaison de l'acide géique avec une base salifiable.

GÉBIADES, adj. et s. m. pl., *Gebiadæ*. Nom donné par A.-H. Harvorth à une famille de Crustacés décapodes macroures, qui a pour type le genre *Gebia*.

GECKOIDES, adj. et s. m. pl., *Geckoïdes*. Nom sous lequel Blainville désigne une famille du sous-ordre des Reptiles bispéniens, qui a pour type le genre *Gecko*.

GECKOTIDES, adj. et s. m. pl., *Geckotidæ*. Nom donné par Gray à une famille de Reptiles sauriens, dont le genre *Gecko* est le type.

GECKOTIENS, adj. et s. m. pl., *Geckotii*. Nom donné par Cuvier, Latreille, Ficinus et Carus à une famille de Sauriens, ayant pour type le genre *Gecko*.

GÉHYDROPHILES, adj. et s. m. pl., *Gehydrophiles* (γῆ, terre, ὕδωρ, eau, φιλέω, aimer). Nom donné par Férussac à une section de l'ordre de Gastéropodes pulmonés, comprenant ceux qui vivent à la fois sur terre et dans l'eau.

GÉINE, s. f., *geina* (γῆ, terre). Berzelius désigne sous ce nom l'ulmine de Braconnot, parce qu'elle constitue la masse principale du terreau.

GÉIOLOGIE, s. f., *geiologia* (γῆ, terre, λόγος, discours). Burdach nomme ainsi la connaissance générale des choses terrestres, ou de ce qui se passe tant à la surface que dans l'intérieur de la Terre.

GÉIQUE, adj., *geicus*. La géine est appelée *acide géique* quand on a égard à la propriété dont elle jouit de former des combinaisons solubles avec les alcalis. C'est l'*acide ulmique* ou *humique* des auteurs (*Humus-*

säure, *Humus-Oxyd*, *oxydirte Humus*, all. ; *körte*, *mylla*, suéd.).

GÉLATINE, s. f., *gelatina; Gallerte*, *thierischer Leim*, *Thierleim* (all.). Substance que l'on obtient en traitant par l'eau bouillante la peau et autres parties animales formées de tissu cellulaire, et que Berzelius considère comme un produit direct de l'ébullition. On l'appelle vulgairement *colle animale* ou *colle forte*.

GÉLATINEUSES, adj. et s. f. pl., *Gelatinosæ*. Nom donné par Bonnemaison à une tribu de la famille des Algues, comprenant celles de ces plantes qui n'ont que la consistance d'une gelée.

GÉLATINEUX, adj., *gelatinosus; gallertartig* (all.); qui contient de la gélatine. Mirbel donne cette épithète aux *plantes* qui ressemblent à une gelée pour la consistance (ex. *Tremella*). Un poisson (*Cyclogasterus gelatinosus*) est ainsi appelé à cause de sa peau gluante ; un polypier (*Alcyonidium gelatinosum*), parce qu'il forme une masse presque gélatineuse.

GÉLATINIFORME, adj., *gelatiniformis* (*gelatina*, gélatine, *forma*, forme); qui ressemble à de la gélatine, qui en a l'aspect.

GELÉE, s. f., *gelu ; Frost* (all. et angl.); *gelo* (it.). Grand froid qui glace ; température de l'eau qui se solidifie ; solidification d'un liquide par le froid. On donne le même nom à un état que des substances diverses, la silice, l'alumine, la colle, etc., prennent lorsque, ayant été dissoutes dans un liquide, elles s'en séparent à l'état solide, en retenant entre leurs molécules tout ou partie du dissolvant, qui leur donne l'aspect d'un morceau de glace.

GÉLIF, adject. On appelle *pierre gelive* ou *gelisse* celle dont l'agrégation n'est point assez forte pour résister à l'action expansive de la gelée.

Gélif se dit aussi des arbres dont les pousses sont sujettes à être gelées au printemps, et des troncs d'arbres que les fortes gelées d'hiver ont fendus longitudinalement, ce qui en rend le bois impropre à la charpente et à la menuiserie.

GÉMELLIFLORE, adj., *gemelliflorus* (*gemellus*, jumeau, *flos*, fleur); qui a les fleurs disposées deux à deux. Ex. *Quercus gemelliflora.*

GÉMINÉ, adj., *binus, binatus, geminatus*; *gepaart, zwillinspaarig, gezweyt* (all.). Se dit, en botanique, de parties qui sont disposées deux à deux, ou qui naissent par paires du même point, comme les *feuilles* du *Pinus sylvestris*, les *fleurs* du *Passiflora geminiflora*, les *stipules*, dans la plupart des cas où il y en a. Candolle fait observer qu'à l'égard des feuilles, cette disposition est toujours le résultat de quelqu'autre arrangement primordial, qu'elle est due, tantôt à ce que des feuilles alternes naissent très-rapprochées, tantôt à ce que, dans des feuilles verticillées par trois, il en est une qui manque accidentellement, tantôt enfin à ce qu'on prend des feuilles composées pour des feuilles entières. Un insecte (*Leptis geminata*) est ainsi appelé à cause des taches géminées, ou disposées deux à deux, dont son abdomen est marqué.

GÉMINIFLORE, adj., *geminiflorus* (*geminus*, double, *flos*, fleur); qui a des fleurs disposées deux par deux. Ex. *Astragalus geminiflorus, Sauvagesia geminiflora, Ægopogon geminiflorum.*

GEMMACÉ, adject., *gemmaceus* (*gemma*, bouton). On donne cette épithète aux *plumes*, lorsque les petites barbes sont coupées en demi-cercle à leur extrémité, comme dans plusieurs *Colibris*. L'*Explanaria gemmacea* est appelée ainsi, parce que ce polypier porte une multitude de cellules saillantes, qui sont renflées comme des boutons.

GEMMAIRE; adject., *gemmaris*; Dutrochet appelle *élongation gemmaire*, dans les végétaux, celle qui résulte de la production des parties nouvelles sortant de l'intérieur des anciennes.

GEMMAL, adj., *gemmalis* (*gemma*, bouton). Épithète par laquelle L.-C. Richard désignait les *écailles* qui couvrent et protègent le bourgeon.

GEMMATION, s. f., *gemmatio*; *Knospern, Knospentreiben* (all.); *gemmazione* (it.) (*gemma*, bouton). Ensemble des bourgeons d'une plante; disposition générale des bourgeons; époque de l'épanouissement des bourgeons.

GEMME, s. f., *gemma*. Les anciens désignaient sous ce nom toutes les pierres (*Edelsteine*, all.) qui se font rechercher par leur rareté, l'éclat et la vivacité de leurs couleurs, leur transparence complète, la perfection avec laquelle elles se laissent polir, réfléchissent et réfractent la lumière, en un mot celles qui semblent réunir le plus de perfections sous le plus petit volume possible. En botanique, le mot *gemme* (*Knospe, Auge*, all.), très-peu usité aujourd'hui, a été employé pour désigner toutes les parties, autres que les graines proprement dites, qui peuvent reproduire les végétaux, soit en se détachant de la plante mère, soit en y restant fixées. On a aussi donné ce nom aux rosettes des mousses.

GEMMIFÈRE, adj., *gemmiferus*; (*gemma*, gemme, *fero*, porter). On appelle ainsi le gravier au milieu duquel se trouvent les diamans.

GEMMIFICATION, s. f., *gemmificatio*; *Knospung* (all.). Link désigne sous ce nom la manière dont les bourgeons se développent, et il emploie le mot comme synonyme de ramifi-

...cation, parce que ordinairement les bourgeons se prolongent en branches.

GEMMIFLORE, adj., *gemmiflorus* (*gemma*, bouton, *flos*, fleur). Dont les fleurs ont l'air d'être renfermées dans des bourgeons, comme celles du *Cephælis gemmiflora*, qui sont en capitules involucrés. Le *Loranthus gemmiflorus* a des fleurs naissant dans des involucres imbriqués, axillaires, solitaires et sessiles, qui ressemblent à des bourgeons.

GEMMIFORME, adj., *gemmiformis*; *knospenförmig* (all.). Willdenow donne cette épithète aux fleurs qui sont entourées de feuilles, et qui ressemblent à un gros bourgeon. *Voyez* Gemmiflore.

GEMMIPARE, adj., *gemmiparus*; *knospentragend* (all.) (*gemma*, bouton, *paro*, produire); qui produit des bourgeons. Ce terme s'employe surtout en parlant des zoophytes.

GEMMULATION, s. f., *gemmulatio*. L.-C. Richard appelle ainsi le développement de la gemmule.

GEMMULE, *gemmula*; *Knöspchen* (all.). Ce nom est donné par Link au rudiment d'une nouvelle branche, qui est situé dans l'aisselle d'une feuille, et qui consiste en feuilles bien distinctes, quoique fort petites; par L.-C. Richard, au premier bourgeon de la plante, à celui de l'embryon, à la partie de l'embryon qui termine la tigelle, est contenue entre les bases des cotylédons, ou incluse dans le cotylédon, et croît, par la germination, en sens contraire de la radicule; par quelques botanistes aux rosettes des mousses. Meyer appelle *gemmules* les corpuscules reproducteurs des algues, que Fries nomme *cellules végétales*, et Wallroth *gonidies*.

GENCIVE, s. f., *gingiva*; *Zahnfleisch* (all.); *gum* (angl.); *gengiva* (it.). Tissu rougeâtre et ferme; qui couvre les arcades dentaires et enveloppe le collet des dents, chez beaucoup de mammifères.

GÉNÉANTHROPIE, s. f., *geneanthropia* (γένεσις, naissance, ἄνθρωπος, homme). Traité sur la génération de l'homme. B. Sinibaldi a publié un ouvrage sous ce titre, en 1642.

GÉNÉRAL, adject., *generalis*. On employe ce mot: 1° en botanique. Les *cloisons générales* sont, d'après Mirbel, celles dont les bords aboutissent de toutes parts à la paroi interne de la cavité péricarpienne, en sorte que chacune d'elles suffit pour diviser complètement cette cavité en deux loges (ex. *Cassia fistula*). L'*involucre général* entoure la base d'une ombelle composée (ex. *Daucus Carotta*). L'*ombelle générale* est l'ensemble des rayons primaires d'une ombelle composée, de ceux qui portent les ombellules. La *spathe générale* est celle qui renferme plusieurs fleurs munies de spathes particulières. 2° En zoologie. Lamarck appelle *métamorphose générale* celle de l'insecte qui, pendant le cours de sa vie, subit des mutations dans sa forme générale et dans toutes ses parties, les extérieures surtout, de sorte que la forme sous laquelle il naît diffère totalement de celle qu'il doit avoir par la suite, et qu'aucune des parties qu'il possède dans son premier état, ne se conserve la même dans le dernier.

GÉNÉRALISATION, s. f. Faculté au moyen de laquelle l'esprit rattache plusieurs idées semblables ou analogues à une généralité commune.

GÉNÉRATEUR, adj.; qui engendre; *faculté génératrice*.

GÉNÉRATION, s. f., *generatio*; γένεσις; *Zeugung* (all.); *generazione* (it.). Nom collectif qui comprend toutes les opérations vitales ayant pour but de produire un nouvel être vivant.

GÉNICULÉ, adj., *geniculatus*;

genuflexus ; *gekniet , gelenkig, knie-förmig* (all.) ; *ginocchiato* (it.) (*genu,* genou) ; qui est ployé ou coudé. Se dit : 1° en minéralogie , d'un *cristal* composé de deux autres qui , en se réunissant par leurs extrémités , forment une espèce de genou (ex. *Titane oxidé géniculé*); 2° en botanique, des parties qui sont pliées brusquement sur leur longueur , de manière à former un angle plus ou moins aigu, comme l'*arète* de l'*Avena* , le *filet* des étamines du *Mahernia pinnata* , les *filamens* du *Conferva genuflexa* , les *pédoncules* du *Pelargonium*, ceux du *Grimmia geniculata* , la *racine* du *Gratiola*, le *style* du *Geum urbanum* , la *tige* du *Jasminum geniculatum* ; 3° en zoologie, des genoux ou de la partie correspondante aux genoux, quand la couleur n'en est pas la même que celle du reste de la patte (ex. *Laphria geniculata*).

GÉNICULIFLORE , adj. , *geniculiflorus* (*genu,* genou , *flos* , fleur). Le *Mesembryanthemum geniculiflorum* est ainsi nommé parce qu'il a ses fleurs sessiles dans la dichotomie des rameaux.

GÉNIE, s. m. , *genius*. Activité très-énergique d'une faculté quelconque, intellectuelle surtout ; supériorité d'esprit , force d'imagination , faculté créatrice ; disposition naturelle pour une science , pour un art. « Après le génie, dit madame de Staël, ce qu'il y de plus semblable à lui , c'est la puissance de le connaître et de l'admirer. »

GÉNISTÉES, adj. et s. f. pl., *Genistœ*. Nom donné par C.-H. Ebermaier à une tribu de la famille des Papilionacées, par Candolle à une sous-tribu de la tribu des Lotées , ayant pour type le genre *Genista*.

GÉNITAL, adj. , *genitalis* ; qui a rapport à la génération ou à ses organes. On appelle *organes génitaux* ou *parties génitales* (*Zeugungstheile,*

Geschlechtstheile, all. ; *genitale*, it.) les organes dont l'action et le concours sont nécessaires pour la production d'un nouvel individu , et *appareil génital* l'ensemble de tous les organes qui servent à la génération.

GENOU, s. m., *genu* ; γόνη ; *Knie* (all.) ; *knee* (angl.) ; *ginocchio* (it.). Articulation de la cuisse avec la jambe, considérée dans sa partie antérieure seulement.

GENOUILLÉ. *V.* **Géniculé.**

GENTIANÉES, adj. et s. f. pl. , *Gentianeœ*. Famille de plantes qui a pour type le genre *Gentiana*.

GENTIANINE, s. f. , *gentianina*. Nom donné par Henry et Caventou à une substance cristalline qu'ils ont trouvée dans la racine du *Gentiana lutea*.

GÉOBATRACIENS , adj. et s. m. pl., *Geobatrachi* (γῆ , terre , βάτραχος, grenouille). Nom donné par J.-A. Ritgen à une famille de Batraciens , comprenant ceux de ces animaux qui sont privés de queue et qui vivent sur terre.

GÉOBLASTE, s. m. , *geoblastus* , *Erdkeim* (all.) (γῆ , terre , βλαστάνω , germer). Nom donné par Willdenow aux embryons dont les cotylédons restent sous terre pendant la germination. Ex. *Vicia*.

GÉOCENTRIQUE, adj. , *geocentricus* (γῆ , terre , κέντρον , centre). Les astronomes appellent *latitude géocentrique* d'une planète la distance à laquelle elle nous paraît être de l'écliptique , l'angle que la ligne qui joint la planète à la Terre forme avec une ligne qui aboutirait à la perpendiculaire abaissée de la planète sur le plan de l'écliptique. La *longitude géocentrique* d'une planète est le lieu de l'écliptique auquel on rapporte cette dernière vue de la Terre.

GÉOCHÉLIDONES , adj. et s. m. pl. , *Geochelidones* (γῆ , terre , χελιδών , hirondelle). Nom donné par J.-A. Ritgen à une famille de l'ordre des Hyloptènes, qui renferme les hirondelles de terre.

GÉOCOCHLIDES, adj. et s. m. pl., *Geocochlides* (γῆ, terre, κοχλὶς, coquille). Nom donné par Latreille à une famille de l'ordre des Gastéropodes pulmonés , comprenant ceux qui vivent sur terre et qui ont des coquilles.

GÉOCORISES, adj. et s. f. pl. , *Geocorisæ*. Nom donné par Cuvier , Latreille et Eichwald à une famille de l'ordre des Hémiptères, comprenant les punaises qui vivent sur terre.

GÉODE, s. f. , *geodes* ; γεώδης λίθος; *Geode* (all.). Les minéralogistes désignent sous ce nom des masses sphéroïdales , qui offrent à leur centre un vide hérissé de cristaux.

GÉODIQUE , adj. , *geodicus*. Se dit en minéralogie d'un corps concrétionné qui s'est moulé, sous la forme d'une croûte, dans une cavité arrondie.

GÉOÉCIEN, adj. , *geoecius* (γῆ, terre, οἶκος, habitation). Épithète donnée par Wallroth aux lichens qui croissent sur la terre.

GÉOFFRÉES, adject. et s. f. pl. , *Geoffreæ*. Nom donné par Candolle à une tribu de la famille des Légumineuses, qui a pour type le genre *Geoffrea*.

GÉOGASTRES, adj. et s. m. pl. , *Geogastri* (γῆ, terre, γαστήρ, ventre). Nom donné par Nees d'Esenbeck à une tribu de l'ordre des Gastéromyces, comprenant ceux qui vivent dans la terre.

GÉOGÈNE, adj. , *geogenus* (γῆ, terre, γένναω, produire). L. Schweinitz donne cette épithète aux champignons non parasites qui croissent immédiatement sur le sol.

GÉOGÉNIE , s. f., *geogenia, geogonia*. Branche de l'histoire naturelle qui examine la manière dont les matériaux constituans de la Terre ont été formés et disposés dans leur position actuelle , et qui se livre à des considérations cosmogoniques ayant pour but de remonter à un état de choses plus ancien que celui dont la nature nous offre les dernières traces.

GÉOGÉNIQUE, adj. , *geogenicus* ; qui a rapport à la géogénie ; *conséquence, hypothèse, idée, théorie géogénique.*

GÉOGNOSIE, s. f. , *geognosia* ; *Gebirgskunde* (γῆ, terre, γνῶσις, connaissance). Branche de l'histoire naturelle dont le but est de faire connaître la composition minéralogique, la structure, la forme et l'étendue des divers groupes ou systèmes de masses minérales dont l'ensemble constitue la partie solide du globe, leur disposition réciproque, les circonstances de leur superposition les uns aux autres, leurs différens rapports entr'eux, et tout ce qui est relatif, soit à leur mode de formation, soit aux changemens qu'ils ont éprouvés.

GÉOGNOSTE, s. m. , *geognosta*. Naturaliste qui s'occupe spécialement de la géognosie.

GÉOGNOSTICO - BOTANIQUE , adj., *geognostico-botanicus*. Sternberg a publié un essai, portant ce titre, sur la flore du monde primitif, en 1820.

GÉOGNOSTIQUE, adj., *geognosticus*. On appelle *périodes géognostiques*, tout le temps pendant lequel les mêmes phénomènes géognostiques ont eu lieu à la surface de la Terre. La succession des temps n'est rien pour ces périodes, qui se fondent sur l'apparition des grands phénomènes ou des grandes catastrophes.

GÉOGONIMIQUE, adj., *geogonimicus* (γῆ, terre, γονή, procréation). Épithète donnée par Wallroth aux lichens qui croissent sur la terre.

GÉOGRAPHIE, s. f., *geographia*; *Erdbeschreibung* (all.). Description de la forme extérieure de la Terre, dont elle esquisse à grands traits la figure, sans nul égard aux divisions artificielles et arbitraires de la politique.

GÉOGRAPHIQUE, adj., *geographicus*. Épithète donnée à des corps qui sont marqués de lignes colorées irrégulières, représentant en quelque sorte un dessin de carte géographique. Ex. *Rhizocarpon geographicus*, *Venus geographica*, *Conus geographicus*. *Voy*. Écrit.

GÉOLOGIE, s. f., *geologia* (γῆ, terre, λόγος, discours). Partie de l'histoire naturelle qui traite de la forme extérieure de la Terre, de la nature des matériaux qui la composent, de la manière dont ces matériaux ont été formés et placés dans leur situation actuelle.

GÉOLOGIQUE, *geologicus*; qui a rapport à la géologie. Haüy nomme *relations géologiques* d'un minéral, les différentes manières d'être qui déterminent ses rapports avec la structure du globe.

GÉOLOGISTE, s. m. Naturaliste qui se livre spécialement à l'étude de la géologie.

GÉOLOGUE, s. m. Synonyme de *géologiste*.

GÉOMÉTRALES, adj. et s. f. pl., *Geometrales*. Nom donné par Lamarck à une famille de Lépidoptères diurnes, renfermant ceux de ces insectes dont les chenilles marchent en arpentant le terrain.

GÉOMÈTRE. *Voyez* Arpenteur.

GÉOMÉTRIQUE, adj., *geometricus*; qui est marqué de lignes anguleuses et irrégulières simulant des figures géométriques. Ex. *Holacanthus geometricus*, *Chersine geometrica*. *Voy*. Écrit.

GÉOMOLGES, s. m. pl. (γῆ, terre, μόλγος, salamandre). Nom donné par J.-A. Ritgen à une famille de Rep-

tiles batraciens, qui comprend les salamandres terrestres.

GÉOMYZIDES, adj. et s. f. pl., *Geomyzides*. Nom donné, par Fallen, à une famille d'insectes Diptères, qui a pour type le genre *Geomyza*.

GÉONOMIE, s. f., *geonomia* (γῆ, terre, νόμος, loi). Partie de la physique générale qui traite des lois auxquelles sont soumis les changemens qu'on observe à la surface de la terre dans l'atmosphère.

GÉOPHILE, adj., *geophilus* (γῆ, terre, φίλεω, aimer); qui habite ou croît sur la terre. Ex. *Agaricus geophilus*, *Cenococcum geophilum*.

GÉOPHILES, adj. et s. m. pl., *Geophila*. Nom donné par Hartmann, Férussac et Menke à une division de l'ordre des Gastéropodes pulmonés, comprenant ceux qui vivent sur terre.

GÉOPHILIDES, adj. et s. m. pl., *Geophilidæ*. Nom sous lequel Leach désigne une famille de l'ordre des Myriapodes chilopodes, qui a pour type le genre *Geophilus*.

GÉOPHYLLE, adject., *geophyllus* (γῆ, terre, φύλλον, feuille); qui a des feuilles ou des feuillets de couleur terreuse, comme les feuillets du chapeau de l'*Agaricus geophyllus*.

GÉOPHYTE, s. m., *geophyton* (γῆ, terre, φύω, croître). Lamouroux appela d'abord ainsi les végétaux terrestres, que depuis il a nommés *aérophytes*.

GÉOPITHÉCIENS, adj. et s. m. pl., *Geopithecii* (γῆ, terre, πίθηξ, singe). Nom donné par Geoffroy Saint-Hilaire à un groupe de la famille des quadrumanes Platyrhiniens.

GÉORGINÉES, adj. et s. f. pl., *Georgineæ*. Nom sous lequel Lessing désigne une section de la sous-tribu des Astéroïdées Écliptées, qui a pour type le genre *Georgina*.

GÉOSAURIENS, adj. et s. m. pl., *Geosauræ* (γῆ, terre, σαῦρος, lézard). Nom donné par J.-A. Ritgen à une

...ection de l'ordre des reptiles sau-
...iens, comprenant ceux qui vivent
...ur terre.

GÉOTRUPIDES, adj. et s. m. pl., *Geotrupidæ*. Nom donné par Leach à une famille de Coléoptères, qui a pour type le genre *Geotrupes*.

GÉOTRUPINS, adj. et s. m. pl., *Geotrupini*. Latreille et Goldfuss désignent sous ce nom une tribu de la famille des Coléoptères lamellicornes, qui a pour type le genre *Geotrupes*.

GÉRANIACÉES, adj. et s. f. pl., *Geraniaceæ*, *Geranieæ*, *Geranioideæ*. Famille de plantes, qui a pour type le genre *Geranium*.

GÉRANIÉES. *Voyez* GÉRANIACÉES.

GÉRANIOIDÉES. *Voyez* GÉRANIACÉES.

GÉRASCANTHE, adj., *gerascanthus* (γηράσκω, vieillir, ἄνθος, fleur). Le *Cordia gerascanthus* est ainsi appelé à cause de la longue durée de sa corolle.

GERBERIÉES, adj. et s. f. plur., *Gerberieæ*. Nom donné par H. Cassini à une section de la tribu des Mutisiées, qui a pour type le genre *Gerberia*.

GERBIFORME, adj., *gerbiformis*. Se dit, en minéralogie, des cristaux aciculaires, lorsque les aiguilles, adhérentes et parallèles par le bas, divergent par leur partie supérieure. Ex. *Stilbite*.

GERBOIDÉS, adj. et s. m. plur., *Gerboïdæ*. Nom donné par Gray à une famille de l'ordre des Mammifères gliriens, comprenant les Gerboises.

GERME, s. m., *germen*; βλαστὸς, βλαστήμα; *Keim* (all.); *sprout* (angl.); *germoglio* (it.). Ce mot a été défini par Bonnet, une espèce de préformation originelle dont un tout organique peut résulter comme de son principe immédiat; par Senebier, une machine organisée, parfaite à tous égards, qui ne peut être modifiée que par développement, mais qui ne saurait l'être par changement ou par addition d'organes essentiels, à moins qu'il ne survienne des circonstances particulières capables de produire des monstruosités; par Chaussier, une partie organisée qui contient l'élément de la forme et du mouvement; par Candolle, un corps, imperceptible pour nos sens, qu'on suppose exister dans les corps organisés, et être ou renfermer en miniature le corps ou la partie du corps qui doit en provenir. Il est plus simple de dire qu'un germe est le rudiment d'un nouvel être ou organe qui vient d'être produit ou engendré. On donne vulgairement ce nom à la *cicatricule* de l'œuf; Linné l'a, par abus, appliqué à l'*ovaire* des plantes, du moins quand il est supère.

GERMÉ, adj., *germinatus*; *gekeimt* (all.). Se dit d'une graine qui commence à montrer sa radicule.

GERMINAL, adject., *germinalis*. Nom donné par Eysenhardt aux *feuilles* qui se développent en place de la graine.

GERMINATIF, adj., *germinativus*; *keimfähig* (all.). On appelle *faculté germinative* (*Keimfähigkeit*, *Entwickelungsfähigkeit*, all.) la faculté qu'ont les graines de germer, et plus généralement celle qu'ont les corpuscules reproducteurs des êtres organisés, après avoir joui pendant plus ou moins long-temps d'une vie en quelque sorte latente, de se développer lorsqu'ils viennent à être placés dans des circonstances favorables.

GERMINATION, s. f., *germinatio*; *Keimen* (all.); *germinazione*, *germogliazione*, *germogliamento* (it.). Développement du germe des végétaux, pour produire une nouvelle plante; ensemble des phénomènes que ce germe présente et des changemens qu'il subit lorsqu'après son isolement du végétal qui l'a produit , il se trouve placé dans des circonstances capables de réaliser sa tendance à devenir lui-même une plante. On n'applique communément ce mot qu'aux graines ; mais il doit évidemment s'étendre aussi aux corpuscules reproducteurs des plantes agames.

GERMINIPARIE, s. f. , *germiniparia* (*germen* , germe , *paro* , produire). Burdach appelle ainsi (*generatio monogenea productiva*; *Keimzeugung* , all.) le mode de génération qui consiste en ce qu'un corps organisé pousse de nouveaux produits (*germes*) , dont le développement donne lieu à de nouveaux individus.

GÉRYONIDES, adj. et s. m. pl. , *Geryonidæ*. Nom donné par Eschenholtz à une famille de l'ordre des Acalèphes libres , qui a pour type le genre *Geryonia*.

GÉSIER, subst. m. , *ventriculus*; *Fleischmagen* , *Kropf* (all.) ; *gizzard* (angl.). Estomac proprement dit des oiseaux.

GESNÉRIÉES, adj. et s. f. pl. , *Gesneriæ* , *Gesneriæ*. Famille de plante , proposée par Jussieu et L.-C. Richard , et admise depuis par Nees d'Esenbeck , qui a pour type le genre *Gesneria*.

GESTATION, s. f. , *gestatio* ; *Tragezeit* (all.) (*gero* , porter). Temps durant lequel un être organisé femelle qui a conçu conserve le nouvel être dans son corps , et le nourrit à ses propres dépens jusqu'à ce qu'il soit en état de venir au monde.

GIBBEUX, adj., *gibbosus* , *gibbus*; *höckerig* (all.) (*gibbus* , bosse). Les botanistes donnent cette épithète aux parties des végétaux qui sont relevées en bosses plus ou moins apparentes , comme le *tube* de la corolle de l'*Antirrhinum majus* , le nectaire des *Salvia* , le calice du *Teucrium botrys* , la *paléole* du *Bromus pinna-*

tus , les *feuilles* du *Crassula Cotyledon* , ou qui sont garnies de boutons renflés , et semblables à de petites bosses , comme les nœuds de la tige du *Pelargonium gibbosum*. En zoologie, on appelle *gibbeux* des animaux qui ont plusieurs bosses sur le dos (ex. *Balæna gibbosa*) , ou le dos très-arqué (ex. *Holocentrus gibbosus*; *Coccinella gibbosa*).

GIBBIFÈRE, adj. , *gibbifer* , *gibbiferus* (*gibbus* , bosse , *fero* , porter); qui porte une bosse. Mirbel donne cette épithète à la gorge de la corolle, quand on y voit des dilatations en forme de bosses. Ex. *Borrago*.

GIBBIFLORE, adj. , *gibbiflorus* (*gibbus* , bosse , *flos* , fleur) ; qui a des pétales gibbeux. Ex. *Echeveria gibbiflora*.

GIBBIPENNE, adj., *gibbipennis* (*gibbus* , bossu , *penna* , aile). Le *Ceutorhynchus gibbippennis* a les élytres bombées , ovales et globuleuses.

GIBBIROSTRE, adj., *gibbirostris* (*gibbus* , bossu , *rostrum* , bec); qui a le bec ou le rostre bossu. Ex. *Baris gibbirostris* , *Apion gibbirostre*.

GIBBOMYDES, adj. et s. f. plur., *Gibbomydes*. Nom donné par Robineau-Desvoidy à une tribu de la famille des Myodaires muciphorées.

GIBBOSIFOLIÉ, adj. , *gibbosifolius* (*gibbosus* , bossu. *folium* , feuille); qui a des feuilles bosselées. Ex. *Phaseolus gibbosifolius*.

GIBOULÉE, s. f. , *nimbus*; ὄμβρος; *Platzregen* (all.) ; *shower* (angl.); *aquazzone* (it.). Espèce d'orage qui se réduit à des coups de vents médiocres et passagers , avec de petites averses , des ondées passagères ou de petites grêles.

GIGANTESQUE, adj., *giganteus*; *riesenhaft* (all.); *gigantic* (angl.) (γίγας, géant). Se dit d'un corps dont les dimensions dépassent beau-

coup les limites ordinaires. *Voyez*
Colossal, Géant.

GIGANTOLOGIE, s. f., *giganto-
logia* (γίγας, géant, λόγος, discours).
Traité sur les géans.

GIGARTIN, adj., *gigartinus* (γί-
γαρτον, pepin de raisin). Épithète
donnée par Lamouroux à la *fructification* des hydrophytes, quand elle
a la demi-transparence nébuleuse des
grains de raisin, et qu'au centre existe
un corps opaque, formé par la réunion
des capsules, qui ressemble à la masse
des pepins. Ex. *Gigartina*.

GILLIÉSIÉES, adj. et s. f. pl.,
Gilliesieæ. Famille de plantes, établie
par Lindley, qui a pour type le genre
Gilliesia.

GILVICÉPHALE, adj., *gilvice-
phalus* (*gilvus*, gris cendré, κεφαλή,
tête); qui a la tête grise. Ex. *Meli-
threptus gilvicapillus*.

GILVICOLLE, adj., *gilvicollis* (*gilvus*, gris cendré, *collum*, col); qui
a la gorge cendrée. Ex. *Sparvius
gilvicollis*.

GINKOIQUE, adject., *ginkoïcus*.
Nom donné par Peschier à un *acide*,
encore problématique, qu'il dit avoir
trouvé dans le *Gingko biloba*.

GISEMENT, s. m. Terme dont les
géognostes se servent pour exprimer
en général la manière d'être d'un minéral dans le sein de la terre ou à sa
surface.

GITE, s. m., *Lager* (all.). Les géognostes donnent ce nom aux masses
minérales, considérées relativement à
certaines substances qu'elles renferment et qu'on se propose d'en extraire.
Les *gîtes généraux* sont les terrains, et
les *gîtes particuliers* sont des masses
partielles, intercalées dans des terrains, dont elles diffèrent sous le
rapport de leur nature, comme les
filons, les amas.

GITONOPHYTE, s. m., *gitono-
phytum* (γείτων, voisin, φυτόν, plante).
Nom donné par Necker aux plantes

qui, par la disposition de leur fructification, se rapprochent de celles
qu'il appelle Scadiophytes ou Ombellifères.

GIVRE, s. m., *pruina*; πάχνη; *Rauh-
reif* (all.); *hoarfrost* (angl.); *brina*
(it.). Glace en flocons dont les corps se
couvrent en hiver, lorsque la tempér-
ture est au dessous de zéro, et qui paraît
être due en partie à la congélation de la
rosée, en partie à un dépôt d'atomes
glacés qui se précipitent de l'atmosphère.

GLABRE, adject., *glaber*; *unbe-
haart, kahl, abgehaart, geschoren*
(all.). Se dit d'une surface qui est totalement dépourvue de poils (ex.
Crypticus glaber, *Cnestis glabra*,
Chrysophyllum glabrum, *Panicum
calvescens*, *Daucus glaberrimus*, *Cla-
rionia glaberrima*). Illiger donne cette
épithète aux pieds des oiseaux, quand
ils sont couverts d'un épiderme lisse.
Le *Leptogaster glabratus* a le corselet
glabre.

GLABRÉITÉ, s. f., *glabreities*;
Kahlheit (all.). Terme dont Candolle
se sert pour indiquer l'état d'une surface qui ne porte pas de poils.

GLABRESCENT, adj., *glabres-
cens*; *kahl werdend* (all.). Se dit
d'une plante qui perd ses poils avec
le temps.

GLABRIFOLIÉ, adj., *glabrifolius*
(*glaber*, glabre, *folium*, feuille);
qui a les feuilles glabres. Ex. *Oxybaphus glabrifolius*, *Polycarpea gla-
brifolia*.

GLABRIUSCULE, adj., *glabrius-
culus*, *glabrellus*, *glabratus*; *fast
kahl* (all.); qui n'est pas tout-à-fait
glabre, mais n'offre qu'une villosité
à peine sensible. Ex. *Waltheria gla-
briuscula*, *Amphidesma glabrella*,
Mimulus glabratus, *Michauxia gla-
brata*, *Buccinum glabratum*.

GLACE, s. f., *glacies*; κρύσταλλος;
Eis (all.); *ice* (angl.); *ghiaccio* (it.).
Eau devenue solide par l'abaissement

I.

de sa température jusqu'à zéro.

GLACIAL, adj., *glacialis; eiskalt* (all.); *icy* (angl.). On appelle *zônes glaciales* celles qui s'étendent depuis les pôles jusqu'aux cercles polaires, à cause des froids rigoureux qui y règnent pendant la plus grande partie de l'année. Cette épithète est donnée aussi à des plantes qui végètent au milieu des glaciers et des neiges, dans les hautes montagnes (ex. *Artemisia glacialis*, *Lichen gelidus*, *Lichen frigidus*), et à des animaux qui habitent dans les régions du nord (ex. *Balæna glacialis*, *Buccinum glaciale*, *Procellaria gelida*).

GLACIER, subst. m., *Gletscher*, *Eisberg* (all.). Amas énorme de neige endurcie et de glace, qui remplit les vallées et couvre la croupe èt les plateaux des hautes montagnes.

GLACIÈRE, s. f.; *Eisgrube* (all.); *icewell* (angl.). Excavation naturelle dans le sol, ou grotte dans laquelle la glace se conserve pendant toute l'année.

GLADIÉ, adj., *gladiatus, anceps; schwerdtförmig*, (all.) (*gladium*, épée). Se dit, en botanique, d'une partie qui est comprimée, et qui offre des arêtes vives, une sorte de tranchant, comme les *articulations supérieures* de la *Corallina anceps*, les *épines* de l'*Echinocactus gladiatus*, les *feuilles* de l'*Ornithocephalus gladiatus* et du *Lepidosperma gladiata*, les *filets* des étamines du *Canna indica*, les *légumes* du *Trigonella gladiata*, la *nageoire* dorsale du *Delphinus gladiator*.

GLADIFÈRE, adject., *gladifer*, *gladiferus* (*gladium*, épée, *fero*, porter). L'*Istiophorus gladifer* est ainsi appelé, parce que sa mâchoire supérieure se prolonge en forme de lame d'épée.

GLADIOLÉES, adj. et s. f. pl., *Gladioleœ*. Nom donné par Salisbury à une famille de plantes, qui a pour type le genre *Gladiolus*.

GLAIRINE, s. f., *glairina*. Anglada appelle ainsi une matière mucilagineuse ou glaireuse particulière, qu'il a trouvée dans les eaux sulfureuses des Pyrénées.

GLAND, s. m., *glans, balanus;* βάλανος; *Eichel* (all.); *acorn, mast* (angl.); *ghianda* (it.). Appliqué d'abord uniquement au fruit du chêne, ce nom a été étendu ensuite aux autres fruits qui ressemblent plus ou moins à celui-là, et les botanistes définissent le *gland* un fruit uniloculaire, indéhiscent, monosperme par avortement, provenant constamment d'un ovaire infère, pluriloculaire et polysperme, dont le péricarpe, uni intimement à la graine, présente toujours à son sommet les dents fort petites du limbe du calice, et est renfermé en partie (ex. *Quercus*), ou en totalité (ex. *Corylus*), dans une sorte d'involucre écailleux (ex. *Quercus*) ou foliacé (ex. *Corylus*). On a proposé de réserver le nom de *gland* pour la noix contenue dans la cupule. Quelquefois on appelle *gland* la partie supérieure des Phallus et des Clathrus, parce que sa forme et l'enduit muqueux qui la recouvre lui donnent quelque ressemblance avec le gland de la verge.

GLANDAIRE, adj., *glandarius;* qui vit de glands. Ex. *Corvus glandarius*.

GLANDE, s. f., *glandula;* ἀδήν; *Drüse* (all.); *kernel* (angl.); *glandola* (it.) (*glans*, gland). Organe, quel qu'il soit, qui accomplit la sécrétion d'un liquide particulier. Ce terme a une signification bien vague déjà en zoologie, mais beaucoup plus indéterminée encore en botanique, où il sert abusivement à désigner, non-seulement des organes sécrétoires, mais encore des tubercules de toute espèce, de petites écailles, et même de simples taches, sans qu'on sache trop ce qui a motivé cette appellation.

GLANDIFÈRE, adj., *glandiferus* (*glans*, gland, *fero*, porter); qui porte des tubercules en forme de glands, comme ou en voit sur le disque de la *Porpita glandifera*.

GLANDIFORME, adj., *glandiformis*; eichenförmig (all.) (*glans*, gland, *forma*, forme); qui a la forme d'un gland, comme les *capsules* du *Chorda*, ou les *fruits* de l'*Areca glandiformis*.

GLANDULEUX, adj., *glandulosus*, ἀδηνώδης; drüsig (all.) (*glandula*, glande). Se dit d'une plante qui a des glandes, soit dans l'épaisseur de son tissu, comme celles qu'on voit dans le parenchyme des feuilles de l'*Arctotis glandulosa* et du *Thymus glandulosus*, soit sur sa surface toute entière (ex. le *Psoralea glandulosa*), soit sur quelques unes de ses parties seulement, comme sur les dents de ses folioles (ex. *Pseudopetalum glandulosum*), à la circonférence de ses feuilles (ex. *Loureira glandulosa*), sur ses bractées et ses calices (ex. *Lavradia glandulosa*). *Glanduleux* se dit également de toute partie qui porte des glandes, comme les *anthères* du *Leonurus Cardiaca*, les *filets* des étamines du *Dictamnus albus*, les *pétales* du *Berberis*, les *pétioles* du *Viburnum Opulus*, les *poils* du *Rosa maxima*.

GLANDULIFÈRE, adject., *glandulifer, glanduliferus*; drüsentragend (all.) (*glandula*, glande, *fero*, porter). Se dit d'une plante qui est entièrement couverte de glandes (ex. *Parmelia glandulifera, Dolichlasium glanduliferum*), ou qui en porte sur quelqu'une de ses parties, sur ses feuilles (ex. *Cinchona glandulifera*), ses légumes (ex. *Glycyrrhiza glandulifera*), ses pédoncules (ex. *Lampsana glandulifera*).

GLANDULIFORME, adj., *glandu-*

liformis (*glandula*, glande, *forma*, forme); qui a la forme d'une glande. Épithète donnée par H. Cassini aux *collecteurs*, dans les Adénostylées.

GLANES, s. m. pl., *Glani*. Nom donné par Latreille à une tribu de la famille des Siluroïdes, renfermant le *Silurus Glanis* et les poissons qui lui ressemblent le plus.

GLAPHIQUE, adject., *glaphicus* (γλάφω, sculpter). Haüy donnait cette épithète à une variété de talc, parce que les sculpteurs chinois s'en servent beaucoup pour faire des magots.

GLAPISSEMENT, s. m., *gannitus*; κνυζητμός; Kläffen, Belfern, Gälfern (all.); *yelping, barking, squeaking* (angl.); *ghiattimento* (it.). Cri du renard et des petits chiens. Se dit aussi d'une voix aigre et perçante.

GLAUCES, subst. m. pl., *Glauces* (γλαὺξ, chouette). Nom donné par J.-A. Ritgen à une famille de l'ordre des Hypsoptènes, comprenant les chouettes.

GLAUCÉS, adj. et s. m. pl., *Glaucea*. Nom donné par Menke à une famille de l'ordre des Gastéropodes gymnobranches, qui a pour type le genre *Glaucus*.

GLAUCESCENCE, s. f., *glaucescentia* (γλαυκὸς, verd de mer). État d'une surface glauque.

GLAUCESCENT, adject., *glaucescens* (γλαυκὸς, verd de mer); qui tire sur le verd grisâtre. Ex. *Panicum glaucescens*.

GLAUCIQUE, adject., *glaucicus*. Runge donne cette épithète à un *acide* qu'il a trouvé dans les Dipsacées, parce qu'avec l'ammoniaque cet acide forme une combinaison jaune, qui devient d'un bleu verdâtre au contact de l'air.

GLAUCO-FERRUGINEUX, adj., *glauco-ferruginosus*. Épithète donnée par Delabâche au sable verd.

GLAUCOPE, adject., *glaucopus*

(φλαυκός, verd de mer, πούς, pied). L'*Agaricus glaucopus* a le stipe bleuâtre.

GLAUCOPÉS, adj. et s. m. pl., *Glaucopæ*. Nom donné par Lesson à une famille de l'ordre des Passereaux, qui a pour type le genre *Glaucopis*.

GLAUCOPHYLLE, adj., *glaucophyllus* (γλαυκός, verd de mer, φύλλον, feuille); qui a les feuilles glauques. Ex. *Cristaria glaucophylla*, *Nasturtium glaucophyllum*.

GLAUCOPTÈRE, adj., *glaucopterus* (γλαυκός, verd de mer, πτέρον, aile); qui a les ailes d'un verd glauque. Ex. *Musca glaucoptera*.

GLAUCURE, adject., *glaucurus* (γλαυκός, verd, ούρά, queue); qui a la queue glauque ou d'un gris verdâtre. Ex. *Chironomus glaucurus*.

GLAUQUE, adj., *glaucus, glaucius*; γλαυκός; *graugrün, meergrün, blaugrün, schimmelgrün* (all.); *glauco, appannato* (it.). Se dit, en botanique, de plantes ou parties de plantes dont la surface est d'un verd ou d'un bleu blanchâtre et comme pulvérulente, ce qui, d'après Candolle, tient à une multitude de petits poils extrêmement courts (ex. la face inférieure des feuilles du *Rubus*), à l'écartement d'une lame très-mince de tissu cellulaire sous laquelle se glisse une couché d'air qui l'empêche de toucher au reste de la feuille (ex. la face inférieure des feuilles du *Buxus*), ou à une couche pulvérulente due à une multitude de petits globules cireux, ce qui est le plus ordinaire (ex. *Cocculus glaucus*, *Gleichenia glauca*, *Didymodon glaucescens*, *Mesembryanthemum glaucum*, *Chelidonium glaucium*). Un poisson (*Carcharias glaucus*) a été appelé ainsi parce qu'il est bleu.

GLEICHÉNÉES, adj. et s. f. pl., *Gleicheneæ*. Nom donné par R. Brown à une tribu de la famille des Fougè-

res, qui a pour type le genre *Gleichenia*.

GLEICHÉNIACÉES, adj. et s. f. pl., *Gleicheniaceæ*. Kaulfuss et Gaudichaud désignent sous ce nom une tribu de la famille des Fougères, ayant le genre *Gleichenia* pour type.

GLIADINE, s. f., *gliadina, gloiodina*; *Pflanzenleim* (all.) (γλία, glu). Nom donné par Taddei à un mélange de gluten, de gomme et de mucilage, qu'il considérait comme principe constituant des végétaux, et qu'il supposait produire le gluten du froment par sa combinaison avec une autre substance appelée zimome.

GLINÉES, adj. et s. f. pl., *Glineæ*. Cassin appelle ainsi une famille de plantes, qui a pour type le genre *Glinus*.

GLIRIENS, adj. et s. m. pl., *Glires*, *Rosores*, *Prensiculantia*. Nom donné par Pallas, Desmarest et quelques autres zoologistes, à la famille des Mammifères rongeurs, en raison du *Myoxus glis* qu'elle renferme.

GLOBAIRE, adj., *globaris*. Se dit, en minéralogie, d'une substance qui se compose d'un assemblage de masses globuleuses (ex. *Diorite globaire*), et de la *structure* d'une roche, quand ses parties constituantes sont disposées sous la forme de sphéroïdes, comme dans les Variolites.

GLOBICEPS, adj., *globiceps* (*globus*, globe, *caput*, tête); qui a la tête ronde. Ex. *Delphinus globiceps*.

GLOBICÈRE, adj., *globicerus* (*globus*, globe, *cera*, cire). Le *Crax globicera* est ainsi appelé à cause d'une protubérance jaune, et grosse comme une cerise, qu'il porte entre les ouvertures des narines.

GLOBICORNE, adj., *globicornis* (*globus*, globe, *cornu*, corne). Le *Tabanus globicornis* à le second article de ses antennes globuleux.

GLOBIFÈRE, adj., *globiferus* (*globus*, globule, *fero*, porter); qui porte des corps globuleux, renflés en tête ou en boule, comme les pédicules du *Pedicellaria globifera*, et le perithécion des *Sphæronoma*. Les urnes du *Pleuridium globiferum* sont globuleuses.

GLOBIFLORE, adj., *globiflorus* (*globus*, globe, *flos*, fleur). Se dit d'une plante qui a des corolles globuleuses (ex. *Sida globiflora*), dont les fleurs sont sessiles et réunies en tête (ex. *Adina globiflora*), ou dont les ombelles sont sessiles et globuleuses (ex. *Hydrocotyle globifera*).

GLOBIFORME, adj., *globiformis* (*globus*, globe, *forma*, forme). Se dit, en minéralogie, d'un corps qui a la forme d'un globe plus ou moins volumineux (ex. *Fer sulfuré globiforme*). L'*Echinus globiformis* est ainsi nommé à cause de sa forme globuleuse.

GLOBIPORE, adject., *globiporus* (*globus*, globe, *porus*, pore); qui a des pores orbiculaires. Ex. *Distoma globiporum*.

GLOBULAIRE, adj., *globularis* (*globus*, globe). On appelle *glandes globulaires* celles qui sont tout-à-fait sphériques et n'adhèrent à l'épiderme que par un point de leur périphérie, comme celles qui forment une poussière brillante sur le calice, la corolle et les anthères de beaucoup de Labiées.

GLOBULARIÉES, adj. et s. f. pl., *Globulariæ*, *Globularinæ*. Famille de plantes, que Lamarck avait proposée d'établir, que Candolle et Kunth ont adoptée, et qui a pour type le genre *Globularia*.

GLOBULE, s. m., *globulus*; *Knöpfchen*, *Kügelchen* (all.); *globetto* (it.). En botanique, ce nom a été donné par Bernhardi aux petites parties rondes, situées la plupart du temps sur la tige et les pétioles, qu'on range habituellement parmi les glandes (comme celles des pétioles du

Viburnum Opulus), quoiqu'elles paraissent ne rien sécréter; par Acharius et Willdenow à des conceptacles globuleux, qui naissent à l'extrémité d'un podétion dans la substance duquel ils sont enchâssés à moitié, se détachent au bout d'un certain temps, et laissent voir par leur chute la fossette qu'ils remplissaient (ex. *Isidium*); par Necker, aux capsules globuleuses des Jungermannies.

GLOBULEUX, adj., *globosus*, *globulosus*; σφαιροειδής; *geballt*, *kugelrund*, *kugelig* (all.); *globoso* (it.); qui a une forme arrondie ou sphérique, comme les *anthères* du *Mercurialis*, la *baie* de l'*Asparagus*, la *carcérule* du *Lagetta*, le *cérion* du *Panicum italicum*, le *chaton* du *Platane*, la *corolle* du *Ternstræmia globifera*, l'*érème* du *Collinsonia canadensis*, les *glumes* de l'*Airopsis globosa*, l'*involucre* de l'*Achillea sambucina*, le *noyau* du *Cerasus*, le *pépon* du *Cucurbita Pepo*, la *pyxide* de l'*Anagallis arvensis*, la *silicule* du *Crambe*, le *stigmate* du *Mirabilis Jalapa*, les *utricules* du pollen du *Phleum nodosum*. En zoologie, on donne cette épithète à quelques animaux qui ont une forme exactement sphérique (ex. *Aphodius globosus*, *Volvox globator*, *Bursaria globina*, *Agathidium semilunum*); à des *coquilles* bivalves dont les valves, très-bombées, présentent chacune exactement la forme d'un hémisphère (ex. *Cyclas globus*), ou univalves dont tous les diamètres sont sensiblement égaux, à cause du grand développement du dernier tour de spire, qui dépasse de beaucoup le précédent (ex. *Turbinella globulus*); au *corselet* des insectes, quand il est arrondi (ex. quelques *Callidies*); à des polypiers de forme ronde (ex. *Alcyonium globulosum*).

GLOBULICORNES, adj. et s. m. pl., *Globulicornes* (*globulus*, globule, *cornu*, corne). Nom donné par

Duméril à une famille de l'ordre des Lépidoptères, comprenant ceux de ces insectes qui ont les antennes en masse, renflées au bout. *Voyez* ROPALOCÈRES.

GLOBULIFÈRE, adj., *globuliferus* (*globulus*, globule, *fero*, porter). Se dit, en botanique, d'une plante qui a quelqu'une de ses parties globuleuse. La coupe du *Peziza globulifera* est bordée de longs cils globulifères ; les fruits de l'*Areca globulifera* sont globuleux ; le *Scevola globulifera* a l'orifice du tube de sa corolle garni de glandes capitées ; le calice du *Picris globulifera* devient globuleux après la floraison ; les involucres du *Pilularia globulifera* sont arrondis et naissent presque sessiles au bas de la tige ; le *Saxifraga globulifera* a ses rameaux couverts de bourgeons laineux et oblongs, qui ne sont pas épanouis.

GLOBULIFOLIÉ, adj., *globulifolius* (*globulus*, globule, *folium*, feuille) ; qui a des feuilles globuleuses ou à peu près. Ex. *Crassula globulifolia*.

GLOBULIFORME, adj., *globuliformis* (*globulus*, globule, *forma*, forme). Se dit, en minéralogie, d'un corps disposé en globules dont l'intérieur est continu, sans couches concentriques. Ex. *Chaux carbonatée globuliforme*.

GLOBULINE, s. f., *globulina*. Turpin propose de donner ce nom aux vésicules distinctes, diversement soudées, et quelquefois entièrement libres, qui, suivant lui, composent le tissu végétal tout entier. L'hypothèse dans laquelle les corps organisés en général sont le résultat d'une agrégation d'organismes inférieurs, et les plantes en particulier celui d'une association de végétaux d'une excessive simplicité, appartenant à la classe des Algues, est due à Agardh, et diffère beaucoup du système des molécules organiques de Buffon, malgré quelques rapports apparens. La globuline de Turpin n'est autre chose que ce qu'Agardh avait décrit avant lui sous le nom de *Protococcus*.

GLOCHIDE, s. m., *glochis* ; *Angel*, *Widerhake* (all.) ; *lappola* (it.) (γλωχίς, pointe). On a désigné ainsi des poils minces et raides, qui portent à leur extrémité plusieurs branches pointues et recourbées en arrière. Ex. *Myosotis Lappula*.

GLOCHIDE, adj., *glochideus*, *glochidiatus* ; *widerhakig* (all.) ; qui a des poils disposés en glochides, comme ceux qui garnissent les semences du *Polygala giochidata*.

GLOIOCÉPHALE, adj., *gloïocecephalus* (φλοιός, gluant, κεφαλὴ, tête). L'*Agaricus gloiocephalus* a le chapeau glabre et visqueux.

GLOMÉRÉ. *V.* AGGLOMÉRÉ.

GLOMÉRIDES, adj. et s. m. pl., *Glomeridæ*. Nom donné par Leach à une famille de l'ordre des Myriapodes chilognathes, ayant pour type le genre *Glomeris*.

GLOMÉRIFLORE, adj., *glomeriflorus* ; *knaulblüthig* (all.) (*glomerulus*, glomérule, *flos*, fleur) ; qui a des fleurs agglomérées en capitules. Ex. *Cantua glomeriflora*.

GLOMÉROCARPES, adj. et s. m. pl., *Glomerocarpæ* (*glomus*, agglomération, καρπός, fruit). Nom donné par Bory à une tribu de la famille des Céramiaires, comprenant celles dont la fructification est composée de glomérules externes et nus.

GLOMÉRULE, s. m., *glomerulus* ; *Knaul*, *Knaüel* (all.). Communément on appelle ainsi une agrégation de fleurs formant par leur réunion une sorte de tête irrégulière (ex. *Chenopodium*). Bernardhi donne ce nom à un mode d'inflorescence qui consiste en ce que des fleurs sessiles sont insérées à l'extrémité et dans les angles que forment les branches d'un pédoncule commun. Rœper l'applique à une *cyme* (*voy.* ce mot) tellement *contractée* (*voy.* ce mot), que sa ramification est peu apparente, et qu'elle semble au premier coup d'œil au véritable capitule, dont elle diffère toutefois en ce que la floraison commence par le centre et non par les bords (ex. *Corymbium*). Acharius a d'abord appelé *glomérules* les conceptacles demi-sphériques et pulvérulens des *Variolaria* et *Parmelia*, auxquels il a donné depuis le nom de *sorédion.*

GLOMÉRULÉ, adj., *glomerulatus*; *geknault* (all.); qui est réuni en paquets, comme les fleurs de l'*Hedera glomerulata.*

GLOMULIFÈRE, adj., *glomuliferus* (*glomus*, boule, *fero*, porter); qui porte de petites têtes globuleuses, comme celles que forment, par leur réunion, les fleurs du *Metrosideros glomulifera.*

GLOMUS, s. m. Martyn donnait ce nom aux capitules de fleurs qui ont une forme parfaitement ronde. Ex. *Gomphrena globosa.*

GLOSSAIRE, s. m., *glossarium* (γλῶσσα, langue). Latreille appelle ainsi l'ensemble de la langue et de la languette ou lèvre des insectes.

GLOSSARIPHYTE, s. m., *glossariphytum* (γλωσσάριον, languette, φυτόν, plante). Nom donné par Necker aux plantes synanthérées dont tous les fleurons sont ligulés.

GLOSSATES, adj. et s. m. pl., *Glossata* (γλῶσσα, langue). Nom donné par Fabricius à une classe d'insectes, correspondant aux Lépidoptères, dont la bouche se compose d'une langue spirale plus ou moins longue, située entre deux palpes.

GLOSSE, s. f., *glossa* (γλῶσσα, langue). Savigny nomme ainsi la langue des insectes hyménoptères et diptères.

GLOSSODONTE, adj., *glossodontus* (γλῶσσα, langue, ὁδοῦς, dent); qui a des dents sur la langue. Ex. *Argentina glossodonta.*

GLOSSOIDE, adj., *glossoideus* (γλῶσσα, langue, εἶδος, ressemblance); qui a la forme d'une langue. Ex. *Ammonoceras glossoidea.*

GLOSSOIDE, s. m., *glossoïdea.* Latreille a nommé ainsi l'organe des Arachnides appelé lèvre par Fabricius et langue par Savigny, parce que, ne portant pas de palpes, il peut être assimilé à une sorte de lèvre faisant aussi l'office de languette.

GLOSSO-PHARYNGIEN, adjectif. Straus donne ce nom à deux longues apophyses qui portent les quatre lobes de la langue des insectes, se prolongent en arrière, et sont contenues dans la partie inférieure du pharynx.

GLOSSOTHÈQUE, s. f., *glossotheca* (γλῶσσα, langue, θήκη, étui). Nom donné par Kirby à la partie de la chrysalide qui loge la langue de l'insecte.

GLOTTE, s. f., *glottis*; γλωττίς; *Stimmritze, Luftröhrenspalte* (all.). Ouverture supérieure du larynx.

GLOTTIDES, adj. et s. m. pl., *Glottides.* Forster a établi sous ce nom une famille d'oiseaux, dans laquelle il réunit ceux qui, comme les pics, ont la langue très-longue.

GLOUSSANT, adj., *glocitans*. L'*Anas glocitans* est ainsi appelé parce que son cri imite le gloussement de la poule.

GLOUSSEMENT, s. m., *glocitatio, singultus*; γλωγμός; *Gluchzen* (all.); *clucking* (angl.); *chioccare* (it.). Cri par lequel la poule appelle ses petits auprès d'elle dans les momens de danger, ou quand elle a trouvé de la nourriture à leur distribuer.

GLOUTONS, adj. et s. m. pl., *Glutones.* Nom donné par Merrem à une famille ou race d'Ophidiens, comprenant ceux qui ont une grande gueule, et avalent des proies d'un volume énorme eu egard au leur.

GLU, s. f., *glu*, *viscum*; γλία. Sorte de résine visqueuse, gluante et incapable de se dessécher, qu'on extrait de l'écorce et des parties vertes du *Viscum album*.

GLUCICO-HYDRIQUE, adj., *glucico-hydricus*. Nom donné, dans la nomenclature chimique de Berzelius, à des sursels qui résultent de la combinaison d'un sel haloïde avec l'hydracide du corps halogène. Ex. *Chlorure glucico-hydrique* (*hydrochlorate acide de glucine*).

GLUCICO-POTASSIQUE, adject., *glucico-potassicus*. Nom donné, dans la nomenclature chimique de Berzelius, à des sels doubles qui résultent de la combinaison d'un sel glucique avec un sel potassique. Ex. *Fluorure glucico-potassique* (*fluate de potasse et de glucine*).

GLUCIDES, s. m. pl., *glucides* (γλυχὺς, sucré). Guibourt nomme ainsi une famille de composés ternaires organiques, dans laquelle il range des substances de saveur sucrée ou douce, la glycyrrhile, l'olivile et l'oléile.

GLUCIQUE, adject., *glucicus*. L'*oxide glucique* est la combinaison du glucium avec l'oxigène, ou la *glucine*. Le *sulfure glucique*, seul degré de sulfuration du métal, constitue une sulfobase forte. Les *sels gluciques* sont des combinaisons du glucium avec des corps halogènes (ex. *Chlorure glucique*), ou d'oxide glucide avec un oxacide (ex. *Silicate glucique*) ou de sulfure glucique avec un sulfide.

GLUCIUM, s. m., *glucium*, *glycium*, *beryllium*. Nom donné à un métal que Woehler a le premier réduit, et dont l'oxide (glucine) l'avait reçu parce qu'il produit des sels sucrés en se combinant avec les

acides, propriété qu'il partage cependant avec d'autres bases.

GLUMACÉ, adj., *glumaceus*; *spelzförmig* (all.). Se dit, en botanique, du *périanthe* lorsqu'il est d'un tissu sec et dur, comme la glume des *Juncus*. Nees d'Esenbeck appelle *calice glumacé* la glume calicinale de Linné, et *corolle glumacée* sa glume corolline. (*Voyez* GLUME.) Le *Mahonia glumacea* doit cette épithète aux bractées ovales et concaves dont ses grappes sont munies.

GLUMACÉES, adject. et s. f. pl., *Glumaceœ*. Nom donné par Guiart et Bartling à une classe de plantes, comprenant celles qui ont des fleurs glumacées.

GLUME, subst. f., *gluma*; *Balg*, *Spelz* (all.); *gluma*, *leppa*, *lolla*, *pula* (it.). Ce nom, dont la signification est très-vague, a été donné par Linné à l'espèce d'involucre situé au bas de l'épillet, dans les Graminées, et ensuite étendu par lui à toutes les enveloppes des fleurs de ces plantes, dont alors il désignait l'externe sous le nom de *glume calicinale* (*Kelchspelze*, *Kelchbalg*, all.), et l'interne sous celui de *glume corolline* (*Blumenspelze*, *Blumenbalg*, all.), appliquant la dénomination de *valves* (*Spelz*, *Klappe*, all.) aux pièces constituantes de l'une et de l'autre. Depuis, la *glume calicinale* de Linné a été appelée *tegmen* par Palisot-Beauvois, *glume* par Jussieu, Desvaux et Candolle, *lépicène* par L.-C. Richard, *peristachyum* par Panzer, *calice glumacé* par Nees d'Esenbeck, et ses parties ou valves, *spathelles* par Mirbel, *glumes* par Palisot-Beauvois, *bractées* par Turpin, enfin par Trinius *glumes* dans les épillets uniflores, et *écailles basilaires* ou *cœtonium* dans les épillets multiflores: la *glume corolline* de Linné est devenue *stragule* pour Palisot-Beauvois, *glume* pour L.-C. Richard, *glumelle* pour Desvaux ; *corolle glumacée* pour Nees d'Esenbeck, *calice* pour Panzer et Agardh, et ses parties, *paillettes (paleæ)* pour Palisot-Beauvois, *spathellules* pour Mirbel, *spathelles* pour Turpin ; enfin les écailles les plus intérieures, appelées *nectaires* par Linné et Schreber, sont les *écailles hypogynes* de Robert Brown, la *glumelle* de L.-C. Richard, la *glumellule* de Desvaux, la *lodicule* de Palisot-Beauvois, le *paraphylle* ou *parapétale* de Link, la *corolle* de Panzer, Micheli et Agardh, et ses pièces ou valves, des *paléoles* pour les uns, des *phycostèmes* pour les autres. Link veut que, pour la commodité, on conserve les expressions linnéennes de glume calicinale et de glume corolline, et que, quand la distinction est difficile à établir, on dise *glume externe, intermédiaire* et *interne.* Toutes ces parties sont regardées par Turpin et Link comme des bractées ou des feuilles atrophiées. Pour augmenter encore la confusion, Ehrhart et quelques autres botanistes ont appliqué la dénomination de glume aux écailles qui, dans diverses plantes, telles que les *Dianthus* et les *Juncus,* sont situées au dessous du véritable calice, parce qu'elles ressemblent aux glumes des Graminées.

GLUMÉ, adject., *glumatus ; glumoso* (it.). Mirbel donne cette épithète aux fleurs dont les organes sexuels sont entourés de glumes, comme celles des Graminées.

GLUMELLE, s. f., *glumella.* Nom donné par Desvaux à la glume corolline de Linné, par L.-C. Richard à la lodicule de Palisot-Beauvois. *Voyez* GLUME.

GLUMELLÉEN, adject., *glumelleanus.* Épithète donnée par Mirbel à l'*induvie,* quand elle provient des glumelles. Ex. *Oryza sativa.*

GLUMELLULE, s. f., *glumellula.* Ce nom est donné par Desvaux à la

lodicule de Palisot-Beauvois. *Voyez* GLUME.

GLUMIFLORES, adj. et s. f. pl., *Glumifloræ.* Nom donné par Agardh à une classe de plantes Cryptocotylédones, comprenant celles qui ont des fleurs glumacées, comme les Typhacées, Cypéracées, Graminées, Juncacées et Xyridées.

GLUTEN, subst. m., *gluten ; Kleber* (all.) ; *glutine* (it.). Substance qui reste après qu'on a épuisé la farine de froment de tout l'amidon qu'elle contenait, et qui est ainsi nommée, parce qu'elle a la propriété de se coller aux corps avec lesquels on la met en contact.

GLUTÉNOIDE, s. f. Nom donné par Brandes à la gliadine ou mucilage des graines du *Datura Stramonium.*

GLUTINE, s. f., *glutina.* Sous ce nom. Soubeiran désigne, d'après Rouelle, l'albumine végétale, que les travaux d'Einhof ont appris à bien distinguer du gluten.

GLUTINEUX, adj., *glutinosus, viscosus lentus mucidus ;* ἰξωδὴς, κολλωδὴς ; *klebrig* (all.) ; *glutinous* (angl.) ; *glutinoso* (it.). Se dit, en minéralogie, d'un corps qui acquiert de la viscosité à une certaine température (ex. *Bitume*) ; en botanique, de plantes qui sont recouvertes d'une substance collante, plus ou moins tenace (ex. *Mimulus glutinosus, Nicotiana glutinosa*). Un poisson (*Myxine glutinosa*) est ainsi appelé à cause de la prodigieuse abondance de mucus que sécrète la surface de son corps. L'*Agaricus unguinosus* et l'*Agaricus mucidus* ont le chapeau gluant. Le *Staavia glutinosa* a ses fleurs réunies par un suc glutineux.

GLYCÉRINE, s. f., *glycerina ; Oelzucker* (all.) (γλυκύς, doux). Nom donné par Chevreul au *principe doux des huiles,* substance dont la découverte est due à Scheele, qui est un produit général de la saponification des corps gras, et qui a une saveur sucrée.

GLYCÉRINÉES, adj. et s. f. pl., *Glycerinæ*. Link désigne sous ce nom une tribu de la famille des Graminées, qui a pour type le genre *Glyceria*.

GLYCYCARPE, adj., *glycycarpa* (γλυκὺς, doux, καρπὸς, fruit) ; qui a des fruits doux et agréables. Ex. *Leonia glycycarpa*.

GLYCYRHILE, s. f., *glycyrhila*. Guibourt appelle ainsi la glycyrrhizine.

GLYCYRRHIZE, s. f., *glycyrrhiza*. Ce nom a été donné à la glycyrrhizine par Chevreul.

GLYCYRRHIZINE, subst. f., *glycyrrhizina*, *glycion* ; *Süssholzzucker* (all.). Nom donné par Robiquet à une substance sucrée qui existe dans le *Glycyrrhiza glabra* et l'*Abrus precatorius*.

GLYPHIDÉES, adj. et s. f. pl., *Glyphideæ*. Nom donné par Fries à une tribu de Lichens idiothalames, et par Fée à un groupe de la tribu des Verrucariées, ayant pour type le genre *Glyphis*.

GLYPHIQUE, adject., *glyphicus* (γλύφω, sculpter). La *Campæa glyphica* est ainsi appelée à cause de la disposition des couleurs de ses ailes, qui les font paraître comme sculptées.

GLYPHORAMPHES, adj. et s. m. pl., *Glyphorampha* (γλύφω, sculpter, ῥάμφος, bec). Nom donné par Duméril à une famille de l'ordre des Passereaux, renfermant ceux de ces oiseaux qui ont une ou deux échancrures au moins sur la pointe du bec.

GLYPTOSPERMES, adj. et s. f. pl., *Glyptospermæ* (γλυπτὸς, sculpté, σπέρμα, graine). Nom donné par Ventenat à la famille des Anonées, à cause des rides que présente l'endosperme de ces plantes.

GNAPHALIÉES, adj. et s. f. pl., *Gnaphalieæ*. Nom donné par H. Cassini à une section de la tribu des Inulées, par Lessing à une sous-tribu de la tribu des Sénécionidées, ayant pour type le genre *Gnaphalium*.

GNAPHALOIDÉES, adj. et s. f. pl., *Gnaphaloideæ*. R. Brown désigne sous ce nom une section de la tribu des Corymbifères, ayant pour type le genre *Gnaphalium*.

GNATHAPTÈRES, adj. et s. m. pl., *Gnathaptera* (γνάθος, mâchoire, α priv., πτέρον, aile). Cuvier a désigné sous ce nom un ordre d'insectes, comprenant ceux qui sont pourvus de mâchoires et privés d'ailes.

GNATHIDIE, s. f., *gnathidium* (γνάθος, mâchoire). Illiger appelle ainsi chacune des branches de la mandibule inférieure des oiseaux.

GNATHOCÉPHALE, adj. et s. m., *gnathocephalus* (γνάθος, mâchoire, κεφαλὴ, tête). Nom donné par Geoffroy Saint-Hilaire aux monstres qui sont dépourvus de tête, mais qui ont des mâchoires assez volumineuses.

GNATHODONTES, adj. et s. m. pl., *Gnathodontes* (γνάθος, mâchoire, ὀδοῦς, dent). Nom donné par Blainville à une sous-classe de la classe des Poissons, comprenant ceux de ces animaux qui ont les dents implantées dans les os des mâchoires.

GNATHOPODES, adj. et s. m. pl., *Gnathopoda* (γνάθος, mâchoire, πούς, pied). Nom donné par Straus et Eichwald à un ordre de la classe des Crustacés, comprenant ceux chez lesquels, la tête ayant disparu complètement, les substances dont ces animaux se nourrissent sont mâchées par des pattes transformées.

GNATHOTHÈQUE, s. f., *gnathotheca* ; *Ladenscheide* (all.) (γνάθος, mâchoire, θήκη, étui). Illiger appelle ainsi le tégument corné ou cutané de la mâchoire inférieure des oiseaux.

GNEISSIQUE, adj., qui a la structure du gneiss, comme le *Leptynite* *gneissique*, qui est très-fissile, et contient un peu de mica. Brongniart donne ce nom à un groupe de terrains agalysiens hypozoïques, comprenant ceux dont le gneiss fait la base.

GOBIOIDES, adject. et s. m. pl., *Gobioides*. Nom donné par Cuvier, Blainville, Latreille, Eichwald, Ficinus et Carus à une famille de poissons, qui a pour type le genre *Gobius*.

GOITRE, s. m., *struma; Kropf* (all.). On appelle ainsi une expansion cutanée plus ou moins considérable, et susceptible de se gonfler par l'entrée de l'air dans la poche membraneuse qu'elle revêt, qui se voit sous le cou des Iguanes et de plusieurs Agames, parmi les reptiles sauriens. Candolle applique aussi ce nom aux saillies latérales que présentent certaines parties des végétaux.

GOITREUX, adject., *strumarius, strumosus, cerviculosus, gutturosus; kropfig* (all.); qui a la partie antérieure du cou ou du corps dilatée. L'*Antilope gutturosa* est ainsi appelé à cause de l'énorme volume du larynx dans les mâles; la *Columba gutturosa*, parce qu'elle enfle prodigieusement son jabot en aspirant et retenant l'air; le *Pipra gutturosa* parce qu'il a les plumes de la gorge longues, effilées et représentant une sorte de goître quand l'oiseau les relève; l'*Ornismya strumaria*, parce qu'elle a une collerette blanche; l'*Echynorhynchus strumosus*, parce que la partie antérieure de son corps est subglobuleuse; la *Mantis strumaria*, parce que son thorax offre de toutes parts des dilatations membraneuses; quelques mousses (ex. *Oncophorus cerviculatus*, *Oncophorus strumifer*), parce que leur urne est munie d'une apophyse qui la rend bosselée.

GOLFE, s. m., *sinus*; κόλπος; *Meerbusen* (all.); *gulf* (angl.). Échancrure plus ou moins profonde que la mer

forme en s'avançant dans les terres.

GOMME, s. m., *gummi*; κόμμι; *gummi* (all.); *gum* (angl.); *gomma* (it.). On confond vulgairement sous ce nom une multitude de substances qui ont cela de commun seulement qu'elles épaississent l'eau, en la rendant mucilagineuse, et qu'elles sont ensuite précipitées par l'alcool. Berzelius le réserve pour celles qui, comme la gomme arabique, se dissolvent dans l'eau froide et dans l'eau chaude.

GOMMÉ, adj., *gummatus*. Se dit du tegmen, lorsqu'il est recouvert d'une substance mucilagineuse. Ex. *Pyrus Cydonia*.

GOMMIDES, s. f. pl. Sous ce nom Guibourt désigne une famille de composés ternaires organiques, ayant la gomme pour type.

GOMMITE, s. f. Guibourt appelle ainsi la gomme proprement dite.

GOMPHOLITIQUE, adject. Omalius nomme *calcaire gompholitique* le gompholite monogénique de Brongniart, ou nagelflue calcaire des Allemands.

GONATOCÈRES, adj. et s. m. pl., (γόνυ, genou, κέρας, corne). Nom donné par Latreille à une section de la famille des Rhynchophores, par Schœnherr à un ordre de la famille des Curculionides, comprenant ceux de ces insectes qui ont les antennes brisées ou coudées.

GONATOPHORE, adj., *gonatophorus* (γόνυ, genou, φέρω, porter). Un mollusque (*Dermatobranchus gonatophorus*) est ainsi appelé parce qu'il offre sur son dos une ligne médiane à laquelle aboutissent, par des angles droits, des sillons obliques, transverses et parallèles, de chaque côté du corps.

GONGYLANGE, s. m., *gongylangium; Brutbehälter* (all.) (γογγύλης, rond, ἀγγεῖον, vase). Nom donné par Bernhardi à la partie des plantes imparfaitement cryptogames qui renferme les corps reproducteurs.

GONGYLE, s. m., *gongylus; Knoten, Brut, Brutkorn, Fruchtkeim* (γογγύλης, rond). Nom donné par Gaertner à des corpuscules reproducteurs simples, aphylles, presque globuleux et pleins, qui sont plongés dans l'écorce de la plante mère, et qui s'en détachent par les progrès de l'âge, comme dans les Ulves et les Fucus. Acharius l'applique à des corps globuleux et opaques, qui sont épars dans les différentes parties du thalle des lichens, surtout dans la partie corticale et la lame proligère. Willdenow le réserve peur désigner les corps reproducteurs des algues. Bernhardi le donne aux parties destinées à la reproduction, dont on ne peut dire si elles sont des graines ou non. Enfin, Candolle appelle *gongyles* les globules reproducteurs des plantes dans lesquelles la fécondation n'est point démontrée. Gongyle est synonyme de *spore, sporidie, speirème*.

GONGYLODE, adj., *gongylodes* (γογγύλης, rond, εἶδος, ressemblance); qui a la forme d'une tête arrondie.

GONGYLOPHYCES, adj. et s. m. pl., *Gongylophycæ* (γογγύλης, rond, φῦκος, fucus). Nom donné par Reichenbach à une section de la famille des Hydrophytes, comprenant celles qui se multiplient par des gongyles seulement.

GONIATITÉS adj. et s. m. pl., *Goniatitea*. Nom donné par Haan à une famille de Mollusques céphalopodes, qui a pour type le genre *Goniatites*.

GONIDES, adj. et s. f. pl., *Gonidæ*. Nom donné par Robineau−Desvoidy à une section de la tribu des Myodaires calyptérées entomobies, comprenant ceux de ces insectes dont on a fait le genre *Gonia*.

GONIDIE, s. f., *gonidium; Brutzelle* (all.) (γονή, fruit, εἶδος, ressemblance). Sous ce nom, Wallroth désigne des organes composés d'une petite vésicule membraneuse pleine d'un mucus organisable, et verte ou d'un jaune doré, qui servent de corps reproducteurs aux algues, et que Meyer avait désignés sous le nom de gemmules.

GONIMIQUE, adject., *gonimicus*. Wallroth appelle *couche gonimique* (*stratum gonimon; Brutzellenschicht*, all.), dans les lichens, toute expansion qui résulte d'un assemblage de gonidies apposées les unes contre ou sur les autres.

GONIOGÈNE, adject., *goniogenus* (γωνία, angle, γεννάω, produire). Se dit, dans la nomenclature minéralogique de Haüy, d'une variété dans laquelle les décroissemens n'ont lieu que sur les angles, et cela d'une manière inégale. Ex. *Baryte sulfatée goniogène*.

GONIOMÈTRE, s. m., *goniometrum; Winkelmesser* (γωνία, angle, μετρέω, mesurer). Instrument propre à mesurer le degré d'ouverture des angles. On connaît un goniomètre par application, dont l'invention est due à Carangeau, et un autre à réflexion, imaginé par Wollaston, et modifié depuis par Muncke, Rudberg et Riese.

GONIOMYCES, s. m. pl., *Goniomyci* (γωνία, angle, μύκης, champignon). Nom donné par Nees d'Esenbeck à une famille de l'ordre des Protomyces, comprenant ceux qui ont une forme anguleuse.

GONIOSTOME, adj., *goniostomus* (γωνία, angle, στόμα, bouche). Se dit d'une coquille univalve dont l'ouverture offre un angle plus ou moins marqué dans un certain point de sa circonférence. Ex. *Bulimus goniostomus, Helix goniostoma*.

GONIOSTOMES, adj. et s. m. pl., *Goniostomata*. Nom donné par Blainville à une famille de l'ordre des Paracéphalophores asiphonobranches, comprenant ceux de ces animaux dont l'ouverture de la coquille est anguleuse.

GONOCÉPHALES, adj. et s. m pl., *Gonocephalæ* (γωνία, angle, κεφαλή, tête). Nom donné par Latreille à une sous-tribu de la tribu des Muscides, comprenant ceux de ces insectes dont la tête, vue en dessus, est presque triangulaire.

GONOOPHYTE, s. m., *gonoophytum* (γωνιόομαι, être anguleux, φύτον, plante). Nom donné par Necker aux plantes qui ont le fruit anguleux.

GONOPHORE, s. m., *gonophorum; Befruchtungsträger, Geschlechtstheilträger* (all.) (γόνος, génération, φέρω, porter). Candolle appelle ainsi un prolongement du réceptacle qui part du fond du calice et porte les étamines et le pistil. Ex. *Anonacées.*

GONOPTÈRE, adj., *gonopterus* (γωνία, angle, πτερόν, aile). L'*Oronotis gonopterus* a ses élytres prolongées en angles aux bords latéraux de leur base.

GONOSPERME, adj., *gonospermus* (γωνία, angle, σπέρμα, graine); qui a des semences anguleuses. Ex. *Phaseolus gonospermus.*

GONYOPTÉRIDES, adj. et s. f. pl., *Gonyopterides* (γόνη, genou, πτερίς, fougère). Bartling appelle ainsi, d'après Willdenow, une classe de plantes, comprenant les familles des Characées et des Equisetacées, qui se rapprochent des fougères et qui ont la tige articulée.

GONYS, s. m., *gonys; Dillenkante* (angl.) (γόνυ, genou). Illiger appelle ainsi la partie moyenne du bord inférieur de l'espèce de masse produite par la réunion des deux branches de la mandibule inférieure des oiseaux, celle qui s'étend depuis l'angle mental jusqu'au sommet de cette masse, et qu'il nomme *myxa.*

GONYTHÈQUE, s. f., *gonytheca* (γόνυ, genou, θήκη, étui). Kirby

désigne sous ce nom une concavité située à l'extrémité de la cuisse des insectes, et qui est destinée à recevoir la base du tibia.

GOODÉNACÉES. *Voyez* GOODÉNOVIÉES.

GOODÉNIACÉES. *Voyez* GOODÉNOVIÉES.

GOODÉNOVIÉES, adj. et s. f. pl., *Goodenovieæ, Goodenaceæ, Goodeniaceæ.* Nom donné par Candolle à une tribu de la famille des Campanulacées, par R. Brown et Kunth à une famille de plantes, ayant pour type le genre *Goodenia.*

GORDONIÉES, adject. et s. f. pl., *Gordonieæ.* Nom sous lequel Candolle désigne une tribu de la famille des Ternstroemiacées, qui a pour type le genre *Gordonia.*

GORGE, s. f. Se dit, en géographie, d'une vallée courte, inclinée et ordinairement évasée, quelquefois cependant profonde (*montuum fauces; Schlucht, Engpass,* all.). Les botanistes appellent ainsi (*faux; Schlund,* all.; *fauce,* it.) l'entrée du tube de la corolle, du calice ou du périgone, que ce tube soit réel, ou qu'on le suppose formé par la réunion des onglets non soudés. En zoologie, la *gorge* (*guttur, jugulum, gula; λαιμός; Kehle,* all.; *gola,* it.) est, dans les mammifères, la partie antérieure du cou; chez les oiseaux, la partie du dessous du cou qui tient à la tête; dans les coquilles univalves (*faux*), d'après Linné, tout ce qu'on peut voir de leur intérieur, en regardant par l'ouverture, c'est-à-dire à peu près le dernier demi-tour.

GORGONIÉES, adj. et s. f. pl., *Gorgonieæ.* Nom donné par Lamouroux à une famille de l'ordre des Polypiers flexibles, qui a pour type le genre *Gorgonia.*

GORTÉRIÉES, adj. et s. f. pl., *Gorterieæ.* Nom donné par H. Cassini à une section de la tribu des Arctotidées, qui a pour type le genre *Gorteria*.

GOSIER, s. m., *gula*. On donne vulgairement ce nom à l'arrière-gorge. Chez les insectes, on l'applique à l'espace du dessous de la tête qui est compris entre le trou occipital et la naissance de la lèvre inférieure.

GOSSYPIN, adj., *gossypinus* (*gossypium*, coton). Le *Lycoperdon gossypinum* est ainsi appelé à cause de sa surface cotonneuse et un peu laineuse.

GOSSYPINE, subst. f., *gossypina*. Thompson appelle ainsi le coton.

GOSSYPIPHORE, adj., *gossypiphorus* (*gossypium*, coton, φέρω, porter). Le *Saussurea gossypiphora* a ses fleurs cachées par une laine très-longue.

GOUFFRE, *gurges*, *vorago*, *barathrum*; φάραγξ; *Abgrund* (all.); *gulph* (angl.). Nom donné, en géognosie, à des cavités naturelles, presque perpendiculaires, d'une profondeur ou capacité supposée incommensurable, et qui reçoivent ou laissent échapper quelque liquide ou fluide élastique.

GOURMAND, adj. Les *branches gourmandes* sont celles de l'année, qui ne doivent pas donner de fruit, et qui absorbent la nourriture des branches voisines.

GOUSSE, s. f., *legumen*; λόβος; *Hülse* (all.); *husk* (angl.); *legume*, *baccello* (it.). Fruit sec, bivalve, ordinairement uniloculaire, quelquefois biloculaire (ex. *Astragalus*) ou multiloculaire (ex. *Cassia*), dont les graines sont attachées à un seul trophosperme, qui suit la direction de l'une des sutures. Ce fruit résulte d'une feuille pliée en long, et qui a par conséquent deux sutures, produites l'une par l'aglutination des bords, l'autre par la saillie plus ou moins prononcée de la nervure médiane. A la maturité, la déhiscence se fait

par le décollement des bords et la rupture de la nervure (ex. la plupart des *Légumineuses*), ou bien par deux ruptures longitudinales sur le milieu de chaque surface, les deux sutures restant cohérentes (ex. *Hæmatoxylum*). Une coquille (*Solen legumen*) est ainsi appelée à cause de sa ressemblance avec une gousse de pois.

GOUSSETTE, s. f. Nom donné par Barbeu-Dubourg à de petites gousses monospermes, telles que celles du *trèfle*.

GOUT, s. m., *gustus*, *gustatio*, *gustatus*; γεῦσις; *Schmecken*, *Geschmack* (all.); *taste* (angl.). Sens qui nous fait apercevoir la saveur des corps. On emploie aussi ce mot au moral pour exprimer le sentiment des beautés et des défauts dans les arts (*judicium*; φιλοκαλία). « De tous les dons naturels, dit Rousseau, le goût est celui qui se sent le mieux et s'explique le moins; il ne serait pas ce qu'il est si l'on pouvait le définir, car il juge des objets sur lesquels le jugement n'a plus de prise, et sert, si j'ose parler ainsi, de lunette à la raison. »

GOUTTIÈRE, s. f., *collicia*. On appelle ainsi les sillons qui séparent les élévations du merrain et des andouillers, ainsi que ceux qu'on voit à l'une des extrémités de l'ouverture de certaines coquilles univalves.

GRACILICOSTE, adj., *gracilicostatus* (*gracilis*, grêle, *costa*, côte) qui est garni de côtes très-fines. Ex. *Clausilia gracilicosta*.

GRACILIFLORE, adj., *graciliflorus* (*gracilis*, grêle, *flos*, fleur) qui a des fleurs grêles, comme les corolles du *Loranthus graciliflorus*.

GRACILIFOLIÉ, adj., *gracilifolius* (*gracilis*, grêle, *folium*, feuille) qui a des feuilles longues et presque linéaires. Ex. *Habranthus gracilifolius*.

GRACILIPÈDE, adj., *gracilip*

gracilis, grêle, *pes*, pied). Se dit d'un oiseau qui a les pieds menus, ou d'un champignon dont le stipe est filiforme (ex. *Meteorina gracilipes*).

GRACILIROSTRE, adj., *gracilirostris* (*gracilis*, grêle, *rostrum*, bec); qui a le bec grêle.

GRADAIRE, adj., *gressorius* (*gradior*, marcher). Epithète donnée par Illiger aux *pieds* des oiseaux, quand ils sont emplumés jusqu'au talon, et au nombre de trois en avant, dont les deux externes sont réunis depuis la base jusqu'au delà du milieu, sans aucune membrane intermédiaire. Ex. *Calao*.

GRAIN, s. m., *granum; Korn* (all.); *corn* (angl.); *grano* (it.). On appelle ainsi les parties de substances minérales, ordinairement de forme arrondie, dont le volume ne dépasse pas de beaucoup celui d'un pois. Hedwig donnait ce nom à la membrane interne de l'urne des mousses. Agardh propose de le consacrer à l'usage qu'on en fait déjà dans le langage vulgaire, c'est-à-dire à désigner la graine des monocotylédones, qui diffère assez de celle des autres plantes, sous le rapport de la structure, pour mériter une dénomination particulière.

GRAINE, subst. f., *semen; Saame* (all.); *seed* (angl.); *seme, grano* (it.). Ovule fécondé; cavité close de toutes parts, qui renferme le rudiment d'une plante, c'est-à-dire un petit corps organisé réunissant en lui toutes les conditions nécessaires pour produire un végétal semblable à celui dont il est issu, dès que les circonstances extérieures favorisent son accroissement.

GRAISSE, s. f., *adeps, pinguedo, pinguitudo*; στέαρ, πιμελή; *Fett* (all.); *fat* (angl.); *grasso* (it.). Composé de substances diverses, principalement de stéarine et d'élaïne, qu'on trouve dans les aréoles du tissu cellulaire des animaux.

GRALLAIRE, adject., *grallarius* (*grallæ*, échasses); qui a de longues jambes. Ex. *Noctua grallaria*.

GRALLES. *Voyez* Échassiers.

GRALLIPÈDES, adj. et s. m. pl., *Grallipedes* (*grallæ*, échasses, *pes*, pied). Van der Stegen donne ce nom aux oiseaux échassiers.

GRAMINÉES, adj. et s. f. pl., *Gramineæ* (γράω, manger). Famille de plantes, ainsi appelée parce que celles qui forment le gazon (*gramen*) en font partie.

GRAMINICOLE, adj., *graminicolus* (*gramen*, graminée, *colo*, habiter); qui vit sur les chaumes arides (ex. *Agaricus graminicola*), ou dans les champs de céréales (ex. *Melolontha graminicola*).

GRAMINIFOLIÉ, adj., *graminifolius; grasblättrig* (all.) (*gramen*, graminée, *folium*, feuille); qui a des feuilles semblables ou analogues à celles des Graminées. Ex. *Octomeria graminifolia, Stylidium graminifolium*.

GRAMINIFORME, adj., *gramineus; grasähnlich* (all.); *gramigneo* (it.) (*gramen*, graminée, *forma*, forme); qui ressemble à une graminée. Ex. *Sagittaria graminea, Melanthium gramineum*.

GRAMINOLOGIE, s. f., *graminologia* (*gramen*, graminée, λόγος, discours). H. Cassini s'est servi de ce mot hybride, qui est synonyme d'*agrostologie*.

GRAMMATITEUX, adject. Se dit d'une roche qui renferme des aiguilles disséminées de grammatite. Ex. *Ophiolite grammatiteux*.

GRAMMOPÉTALE, adj., *grammopetalus* (γραμμή, ligne, πέταλον, feuille); qui a des pétales linéaires. Ex. *Potentilla grammopetala*.

GRAMMOZOAIRES, adj. et s. m. pl., *Grammozoa* (γραμμή, ligne, ζῶον, animal). Eichwald désigne sous ce nom un type d'organisation animale, comprenant les vers internes et externes, animaux chez lesquels prédomine la dimension en longueur du corps.

GRAMMURE, adject., *grammurus* (γραμμή, ligne, οὐρά, queue); qui a la queue courte et grêle. Ex. *Sciurus grammurus.*

GRANAIRE, adj., *granarius* (*granum*, grain); qui vit dans les grains, qui ravage les greniers. Ex. *Bruchus granarius, Calandra granaria.*

GRANATÉES, adj. et s. f. pl., *Granatæ.* Famille de plantes, établie par D. Don, et adoptée par Candolle, qui a pour type le *Punica Granatum.*

GRANATIQUE, adj. Se dit, en minéralogie, d'une roche qui contient des grenats disséminés. Ex. *Leptinite granatique.*

GRANDIDENTÉ, adj., *grandidentatus* (*grandis*, grand, *dens*, dent); qui a de larges dents, comme les feuilles du *Populus grandidentata.*

GRANDIFLORE, adj., *grandiflorus, floridus; grossblühend, grossblumig* (all.) (*grandis*, grand, *flos*, fleur); qui a de grandes fleurs. Ex. *Aster grandiflorus, Hamelia grandiflora, Dracocephalum grandiflorum, Gardenia florida.*

GRANDIFOLIE, adj., *grandifolius* (*grandis*, grand, *folium*, feuille); qui a de grandes feuilles. Ex. *Ranunculus grandifolius, Frankenia grandifolia, Caladium grandifolium.*

GRANDIPALPES, adj. et s. m. pl., *Grandipalpi* (*grandis*, grand, *palpus*, palpe). Nom donné par Cuvier à une section de la tribu des Carabiques, comprenant ceux de ces insectes qui ont le dernier article de leurs palpes ordinairement plus grand que les autres.

GRANDIROSTRES, adj. et s. m. pl., *Grandirostres* (*grandis*, grand, *rostrum*, bec). Nom donné par Latreille, Ficinus et Carus à une famille

de l'ordre des Oiseaux grimpeurs, comprenant ceux qui ont le bec d'une grandeur démesurée.

GRANGÉINÉES, adj. et s. f. pl., *Grangeineæ.* Nom donné par H. Cassini à un groupe de la section des Inulées buphthalmées, qui a pour type le genre *Grangea.*

GRANIFÈRE, adject., *graniferus* (*granum*, grain, *fero*, porter). Nom donné par Agardh, et adopté par Fries, aux végétaux qui ont des graines unilobées, avec un albumen adné à l'embryon, tenant lieu de cotylédon, sorte de graine que le premier de ces botanistes veut qu'on appelle *grain. Granifère* est synonyme de *monocotylédone.* Il se dit aussi d'un corps qui est chargé de petits grains, comme les cellules des *Flustra,* l'extrémité des pinnules du *Corallina granifera,* et la coquille de la *Melania granifera,* de la *Mitra granatina.*

GRANIFORME, adj., *graniformis* (*granum*, grain, *forma*, forme); qui a la forme ou le volume d'un grain de blé. Ex. *Mitra graniformis.*

GRANITELLÉ, adj., *granitellus.* Se dit d'un corps dont les couleurs sont disposées par taches variées, de manière à imiter le granit, comme la coquille de l'*Oliva gratinella.*

GRANITELLIN, adj. On donne cette épithète à une variété de *calschiste,* qui offre une structure entrelacée, avec des grains ou nodules enveloppés, de manière à ressembler un peu au granite.

GRANITIQUE, adject., *graniticus* (*granum*, grain). On dit que la texture d'une roche est *granitique,* quand celle-ci résulte d'une agrégation de matériaux différens, intimement accolés les uns aux autres, et tenant ensemble, soit par l'affinité de cohésion, soit par l'entrelacement de leurs parties. On nomme *roches granitiques,* dont Omalius fait un groupe

de terrains, non seulement le granite, mais encore plusieurs autres qui
lui ressemblent pour la structure et
en partie aussi pour la composition ,
comme la diorite.

GRANITOIDE , adj., *granitoïdeus*.
Se dit d'une *roche* mélangée et cristalline qui a quelques rapports avec
le granite, ou qui du moins a une
texture grenue, de même que lui (ex.
Arkose granitoïde, *Syénite granitoïde*). Brongniart a établi sous ce
nom un groupe de terrains plutoniens.

GRANITO-PORPHYROIDE , adj.,
granito-porphyreus ; qui se rapproche à la fois du granite et du porphyre. Ex. *Mimosite granito-porphy-
roïde.*

GRANIVORES, adj. et s. m. pl.,
Granivori (*granum*, grain, *voro*,
dévorer). Nom donné par Temminck
à une famille ou à un ordre d'oiseaux
sylvains ou Passereaux , comprenant
ceux qui vivent de grains.

GRANO-LAMELLAIRE , adject. ,
grano-lamellaris. Se dit , en minéralogie, d'un corps composé de grains
qui offrent des indices sensibles de
joints naturels. Ex. *Chaux carbonatée grano-lamellaire.*

GRANULAIRE , adj., *granularis ;
granulirt, kristallinisch-körnig* (all.)
(*granum*, grain). Se dit , en minéralogie, d'un corps qui est composé de
grains distincts (ex. *Epidote granulaire*), et de la *structure* d'une masse
minérale, quand ses parties composantes se détachent les unes des autres, par l'effet du choc, sans se briser,
comme si c'étaient autant de petits
grains réunis.

GRANULE, s. m. , *granulum ;
Körnchen* , all. (*granum*, grain). On
donne quelquefois ce nom aux corps
reproducteurs des plantes cryptogames. Guillemin l'applique à de petits
grains que lui et Gleichen ont vu être
renfermés dans le fovilla , c'est-à-

dire dans la liqueur que contient
chaque grain du pollen des végétaux.
On appelle aussi *granules* les petites
verrues arrondies qui garnissent le
calice des *Rumex.*

GRANULÉ , Granuleux , adj., *gra-
nulosus, granulatus, granosus* ; *ge-
körnt, gekörnelt* (all.); *granelloso*
(it.) (*granum*, grain); qui porte des
tubercules en forme de petits grains,
comme le *stigmate* du *Convolvulus
inflatus*, la racine du *Cardamine
granulosa*, la coquille de l'*Unio gra-
nosa*, du *Trochus granulatus*, du
Solarium granulatum et du *Cardium granulosum. Voy.* Grumeleux.

GRANULICAULE , adj. , *granuli-
caulis* (*granum*, grain, *caulis*, tige);
qui a la tige et les rameaux chargés
de petits grains ou de tubercules. Ex.
Mesembryanthemum granulicaule.

GRANULIFÈRE, adj., *granuliferus*
(*granum*, grain, *fero*, porter); qui
est chargé de granulations, comme la
coquille de la *Mitra granulifera.*

GRANULIFORME, adj. , *granuli-
formis* (*granum*, grain, *forma*, forme). Se dit , en minéralogie , d'un
corps qui est en grains irréguliers.
Ex. *Pyroxène granuliforme.*

GRANULOSITÉ, s. f. , *granulosi-
tas*. Amas de petits tubercules imitant
de petits grains.

GRAOSOMES, adj. et s. f. plur. ,
Graosomæ (γράω, briser, σῶμα, corps).
Nom donné par Robineau-Desvoidy
à une section de la famille des Myodaires calyptérées , comprenant ceux
de ces insectes dont le corps se brise
et se détériore aisément.

GRAPHIDÉES, adj. et s. f. pl. ,
Graphidæ. Nom donné par Fries et
Eschweiler à une cohorte , par Fee ,
Reichenbach et Zenker à une tribu
de Lichens , ayant pour type le genre
Graphis.

GRAPHIPTÉRIDES, adj. et s. m.
pl., *Graphipterides*. Nom donné jadis
par Latreille à une section de la tribu

des Carabiques, ayant pour type le genre *Graphipterus*.

GRAPHIQUE, adject., *graphicus* (γράφω, écrire). Se dit, en minéralogie, d'un corps dont les cristaux se réunissent deux à deux par une de leurs extrémités, sous un angle droit, et se rangent souvent de cette manière plusieurs à la file les uns des autres, ce qui les a fait comparer à des lettres hébraïques ou persanes (ex. *Tellure natif*). On applique aussi cette épithète à des roches composées dont la coupe offre, sur la substance qui sert de fond ou de base, des lignes brisées, en forme d'écriture, dues à la section des cristaux d'une des parties composantes (ex. *Pegmatite graphique*). L'*Ampélite graphique* doit cette dénomination à ce que ses feuilles sont assez serrées pour lui donner un peu de consistance, sans cependant qu'elle cesse d'être tendre, ce qui permet de la tailler en forme de crayons pour dessiner.

GRAPHITEUX, adj., *graphitosus*; qui contient du graphite; comme le *gneiss graphiteux*, dans lequel le graphite remplace en partie le mica.

GRAPPE, s. f., *racemus*; βότρυς; *Traube* (all.); *bunch* (angl.); *grappolo*, *racemo* (it.). Assemblage de fleurs portées sur des pédicelles à peu près de même longueur et disposés à quelque distance les uns des autres le long d'un pétiole commun. Ex. *Veronica Beccabunga*.

GRAS, adj., *pinguis, succulentus, adiposus*; πίων; *fett, fettig* (all.); *fat* (angl.); *grasso* (it.). Se dit, en minéralogie, de l'*éclat*, quand le corps qui l'offre semble avoir été frotté avec une matière grasse (ex. *Quarz gras*). Les *plantes grasses* sont celles qui ont beaucoup de tissu cellulaire et peu de tissu ligneux, ce qui les rend épaisses et succulentes.

GRAVE, adj. et s. m. Se dit, au sens propre, de ce qui est pesant (*gravis*; βάρυς; *schwer*, all.; *heavy*, angl.: *corps grave*, *chute des graves*), ou bas, profond (*son grave*); au figuré, de ce qui est sérieux ou important (*caractère grave*, *air grave*). Les sons graves ne le sont, comme les sons aigus, que par comparaison avec d'autres qui n'offrent pas ce caractère; ou, pour parler d'une manière plus précise, la gravité des sons dépend de la lenteur des vibrations du corps sonore. Le son le plus grave que nous puissions entendre a une longueur d'onde de trente deux pieds.

GRAVELÉ, adj., *gravelatus, clavellatus*. Un mélange de sous-carbonate potassique, avec du sulfate potassique, du sel commun, du fer et du manganèse, de la silice, de l'alumine et du charbon, qui reste après la combustion des lies de vin, porte le nom de *cendres gravelées*, parce que plusieurs de ses parties sont réduites, par l'action du feu, en grains fondus ayant quelque ressemblance avec du gravier.

GRAVIER, s. m., *glarea*; *Gries* (all.); *grit* (angl.). Dépôt arénacé, dont les grains, anguleux ou arrondis, varient depuis la grosseur d'un pois jusqu'à celle d'une noix, et qui fait le passage du sable au galet.

GRAVIGRADES, adj. et s. m. pl., *Gravigradia* (*gravis*, lourd, *gradior*, marcher). Nom donné par Blainville à un ordre de la classe des Mammifères, comprenant des animaux dont la démarche est lourde, comme l'éléphant.

GRAVIMÈTRE, s. m., *gravimetrum* (*gravis*, pesant, μετρέω, mesurer). Guyton-Morveau a désigné sous ce nom l'aréomètre de Nicholson.

GRAVITATION, s. f., *gravitatio*. Force en vertu de laquelle un corps, abandonné à lui même, se précipite vers la terre, comme si le centre de cette planète était doué d'une vertu attractive qui fît tendre vers lui tous les corps environnans.

GRAVIVOLE, adject., *gravivolus* (*gravis*, lourd, *volo*, voler). Se dit d'un oiseau dont le vol est pesant.

GRÉBIFOULQUES, s. f. pl., *Grebifulicæ*. Nom donné par Lesson à une famille de l'ordre des Echassiers, comprenant les grèbes et oiseaux voisins, qui se rapprochent des foulques par leurs doigts lobés.

GRÊLE, s. f., *grando*; χάλαξα; *Hagel* (all.); *hail* (angl.); *grandine* (it.). Phénomène météorologique qui a lieu quand l'eau atmosphérique, au lieu de tomber à l'état liquide et sous forme de gouttes, se précipite congelée et en grains ou en masses d'un volume plus ou moins considérable, qu'on appelle *grêlons*.

GRÊLE, adj., *gracilis, tenuis*; ισχνός; *dünn, schlank, schmächtig* (all.); qui est long, étroit et mince; comme le chaton du *Salix alba*, l'épi de l'*Ophrys ovata*, les *feuilles* du *Sarcanthus teretifolius*, la *radicule* du *Cheiranthus cheiri*, la *tige* du *Ptychosperma gracilis*, la *tige* et les *rameaux* du *Festuca misera*, du *Dicranum gracilescens*, du *Gymnostomum gracillimum* et de l'*Allium subtilissimum*, le *corps* du *Loris gracilis*, du *Liorynchus gracilis*, et des *Mantis phthisica, pauperata* et *atrophica*.

GRELES, adj. et s. m. pl., *Gracilia*. Nom donné par Illiger à une famille de l'ordre des Mammifères carnassiers, comprenant ceux qui ont le corps mince et alongé.

GRELOT, s. m., *urceola*. On appelle ainsi des espèces de clochettes pergamenteuses, ou productions épidermiques, enchâssées les unes dans les autres, qui garnissent l'extrémité de la queue des Crotales, et dont le frottement mutuel, quand l'animal remue la queue, produit un certain bruit.

GRENATIFÈRE, adject. Épithète

donnée à une roche qui contient des grenats disséminés. Ex. *Schiste grenatifère*.

GRENATIQUE, adj. Sous le nom de *roches grenatiques*, Omalius établit un genre de roches pierreuses, ui comprend le grenat.

GRENU, adj., *granulatus, granosus*; *körnig* (all.). Se dit, en minéralogie, de la *texture* d'une roche, quand elle est composée de grains anguleux ou arrondis, bien distincts, et réunis sans pâte sensible. Candolle désigne sous le nom de *racines grenues* celles qui sont formées de petits tubercules propres à reproduire la plante, sans fécule qui entoure les germes non développés (ex. *Saxifraga granulata*). On donne aussi cette épithète à des corps dont la surface est hérissée de petites granulations (ex. *Trochus granosus*). *Voyez* GRANULÉ.

GRÉSIFORME, adj.; qui a l'apparence du grès. Ex. *Arkose grésiforme*.

GRÉSIL, s. m., *minutissima grando*; *Graupenhagel* (all.). Très-petite grêle.

GRESSORIPÈDE, adj., *gressoripes* (*gradior*, marcher, *pes*, pied). Se dit d'un oiseau dont les trois doigts antérieurs, en partie réunis ensemble, semblent former une sorte de plante de pied.

GRÈVE, s. f., *arenosum littus*; ἀκτή; *Strand* (all.). Lieu plat, uni et couvert de sable, sur le bord d'un fleuve, d'une rivière ou de la mer.

GRIFFE, s. f. On appelle ainsi des espèces de crochets très-courts et durs, au moyen desquels certaines plantes se cramponnent le long des corps qui leur servent de soutien. Ce nom est aussi donné, chez les mammifères, aux ongles aplatis latéralement en une lame plus ou moins tranchante, et terminés par une pointe recourbée (ex. *Chat, Tigre;* on dit cependant les *ongles* du *Lion*). Latreille l'applique également aux chélicères des arachnides et de certains crustacés, quand il n'y a qu'un seul doigt ou crochet.

GRILLÉ. *Voyez* Cancellé.

GRIMAÇANT, adj., *ringens*. Se dit d'un corps qui offre des plis irréguliers, et ressemble à une bouche faisant la grimace, comme l'*Explanaria ringens*, dont les cellules sont irrégulières et garnies de nombreuses lames dentées, ou le *Donax ringens*, dont la coquille est baillante à l'angle supérieur du corselet. En botanique, on emploie plus souvent le mot de *personé*. *Voyez* ce mot.

GRIMMIOIDÉES, adj. et s. f. pl., *Grimmioideæ*. Nom donné par Bridel, Arnott et Furnrohr à une tribu de la famille des Mousses, qui a pour type le genre *Grimmia*.

GRIMPANT, adj., *scandens*, *reptabundus*; *kletternd*, *klimmend* (all.); *rampicante* (it.). Se dit, en botanique, d'une tige trop faible pour se soutenir elle-même, qui s'élève le long des corps voisins, soit en se roulant autour d'eux (ex. *Cuscuta*), soit au moyen de *vrilles* (ex. *Vitis*), ou de *crampons*, de *griffes* (ex. *Bignonia radicans*), soit en tortillant ses pétioles (ex. *Clematis*).

GRIMPEREAUX. *V.* Grimpeurs.

GRIMPEURS, adj., *Scansores*, *Anerpontes*. Nom donné par Scopoli, Lacépède, Cuvier, Duméril, Illiger, Blainville, Ranzani, Latreille, Ficinus et Carus à un ordre, par Lesson et C. Bonaparte à un sous-ordre, par Vigors et Vieillot à une famille de la classe des Oiseaux, comprenant ceux à qui la disposition de leurs pattes permet de grimper avec facilité; par Blainville à une famille de l'ordre des Mammifères rongeurs, dans laquelle il range ceux qui, comme les Écureuils, grimpent avec facilité sur les arbres; et par le même à une section de la famille des Reptiles ophidiens apodes, comprenant ceux qui comme les *Boa*, ont la faculté de grimper sur les arbres.

GRINDÉLIÉES, adj. et s. f. pl., *Grindelieæ*. Nom donné par H. Cassini à un groupe de la section des Astérées solidaginées, qui a pour type le genre *Grindelia*.

GRIS, adj., *griseus*; λευκόφαιος; *grau* (all.); *grey* (angl.); *grigio* (it.). Blanc plus ou moins mêlé de noir (ex. *Notidanus griseus*, *Phrygania grisea*, *Fusidium griseum*). On distingue quelquefois les nuances du gris, en les comparant à la couleur d'un objet bien connu. Ainsi on dit *gris cendré* (voyez Cendré); *gris de lin* (ex. *Noctua linogrisea*); *gris de souris*; *mäusegrau* (all.) (ex. *Staphylinus murinus*, *Umbilicaria murina*, *Agaricus myochrous*); *gris de fer* (ex. *Hirundo chalybea*); *voyez* Chalybé; *gris de plomb*; *bleigrau* (all.) (ex. *Todus plumbeus*, *Mitra plumbea*, *Homalura plumbella*, *Sepedon plumbellus*). On distingue aussi un *gris roux* (ex. *Kangurus rufogriseus*).

GRISATRE, adj., *grisescens*, *griseolus*, *griseatus*, *grisolus*; *graulich* (all.); *greyish* (angl.); qui tire sur le gris. Ex. *Noctua grisescens*, *Agaricus griseolus*, *Strix griseata*, *Muscicapa grisola*.

GRISÉICOLLE, adj., *griseicollis* (*griseus*, gris, *collum*, col); qui a le col gris. Ex. *Sylvia griseicollis*.

GRISONNANT, adj., *canescens*, *aniculosatus*. La *Phalæna aniculosata* est ainsi appelée parce qu'elle a la partie antérieure du corps et le vertex blanchâtres. La *Thereva senilis* a aussi le haut de la tête blanc.

GROGNANT, adj., *grunniens*. Un poisson (*Cottus grunniens*) est ainsi appelé parce que, dans certaines circonstances, il fait entendre un son qu'on a comparé au grognement du cochon, et qui tient à la sortie de l'air que contenait l'intérieur de son corps. Le *Bos grunniens* a une voix analogue à celle du cochon.

GROGNEMENT, s. m., *grunnitus;* γρυλλισμός; *Grunzen* (all.); *grunting* (angl.). Cri du cochon. On dit *grogner* ou *grouiner* (*grunnire, grundire*), en parlant du cochon, et *grumeler* en parlant du sanglier.

GROIN, s. m., *rostrum;* ῥύγχος; *Russel* (all.); *shout of a hog* (angl.). On appelle ainsi le nez mobile et prolongé du cochon.

GROSSESSE, s. f., *graviditas, prægnatio;* κύησις; *Schwangerschaft* (all.); *pregnancy* (angl.); *gravidanza* (it.). État d'une femelle dans le sein de laquelle se développent un ou plusieurs germes, depuis le moment de la fécondation jusqu'à celui de l'accouchement. On n'emploie guère ce mot qu'en parlant de la femme.

GROSSIER, adj. Se dit, en minéralogie, d'un corps, quand il a un air de rudesse, joint à l'opacité. Ex. *Quarz agate.*

GROSSIFICATION, s. f., *grossificatio; Fruchtansetzen* (all.). Phénomène qui a lieu lorsqu'après la floraison, le fruit commence à grossir.

GROSSIMANE, adj., *grossimanus* (*grossus*, gros, *manus*, main); qui a de grosses mains. Ex. *Gammarus grossimanus.*

GROSSIPÈDE, adject., *grossipes* (*grossus*, gros, *pes*, pied); qui a des pattes grosses ou renflées. Ex. *Nymphum grossipes.*

GROSSULARIÉES, adj. et s. f. pl., *Grossularieæ.* Nom donné par Candolle à une famille de plantes, ayant pour type le genre *Ribes.*

GROSSULARINE, s. f., *grossularina.* Guibourt donne ce nom à la *gelée* végétale, c'est-à-dire à une matière qu'on trouve dans les fruits acides, qu'il considère comme une substance spéciale, et que Thomson soupçonne être de la gomme combinée avec l'acide pectique.

GROSSULARINÉES, adj. et s. f. pl., *Grossularinæ.* R. Brown appelle ainsi la famille des Grossulariées ou Ribésiées.

GROSSULINE. *Voyez* GROSSULARINE.

GROTTE, s. f., *specus, spelunca;* ἄντρον; *Höhle* (all.). Ce mot est quelquefois employé comme synonyme de *caverne;* mais on s'en sert plus communément pour désigner les petites cavernes qui ne se composent que d'une seule salle.

GROTTITÈLE, adj., *arcellarius.* On donne cette épithète aux araignées vagabondes qui tendent des fils propres à ployer les feuilles et à les façonner en grottes.

GROUPE, s. m., *sorus; Häufchen* (all.). Agrégation des petites capsules qui constituent la fructification des fougères. *Voyez* SORE.

GRUIDES, adject. et s. m. pl., *Gruidæ.* Nom donné par Vigors à une famille de l'ordre des Échassiers, qui a pour type le genre *Grus.*

GRUINALES, adject. et s. f. pl., *Gruinales* (*grus*, grue). Sous ce nom, Linné désignait une famille de plantes, comprenant celles qui, comme les *Geranium*, ont des capsules alongées en pointe et semblables à un bec de grue.

GRUMELÉ, adj., *grumosus, granulatus;* ἔγχονδρος; *grumig, bröckelig, klumperig* (all.); *rugged* (angl.); qui est divisé en petites masses arrondies, comme le *Dematium grumosum.* On donne cette épithète au *pollen*, quand il est composé de corpuscules nombreux, attachés sur un axe commun, et pressés les uns contre les autres (ex. *Orchis*); et à la *racine*, quand elle se compose de petits grains agglomérés (ex. *Hydrocotyle grumosa*). *Voyez* GRANULEUX.

GRUMELEUX. *Voyez* GRUMELÉ.

GRYLLIDES, adj. et s. m. pl., *Gryllida.* Nom donné par Latreille,

Goldfuss, Eichwald, Ficinus et Carus à une famille de l'ordre des Orthoptères, qui a pour type le genre *Gryllus*.

GRYLLIFORMES, adj. et s. m. pl., *Grylliformes*. Nom donné par Duméril à une famille d'insectes orthoptères, ayant pour type le genre *Gryllus*.

GRYLLOIDES, adj. et s. m. pl., *Grylloïdes*. Nom donné par Lamarck à une famille de l'ordre des Orthoptères, ayant pour type le genre *Gryllus*.

GRYLLONIENS. *Voyez* GRYLLIDES.

GRYPANIÉ, adject., *grypanius*; *krummfirstig* (all.) (γρυπαίνω, courber). Épithète donnée par Illiger au *bec* des oiseaux, quand l'extrémité de la mandibule supérieure s'arque et se recourbe, comme dans l'Aigle. Synonyme d'*aquilin*.

GUAJACANÉES, adj. et s. f. pl., *Guajacaneæ*. Quelques botanistes ont appelé ainsi la famille des Ebénacées, à cause du genre *Guajacum*, qu'elle renferme.

GUARANINE, s. f., *guaranina*. Alcali organique, encore problématique, que Martius a découvert dans le *Guarana*, pâte préparée avec les fruits pétris du *Paullinia sorbilis*.

GUÊPIAIRES, adject. et s. f. pl., *Vespariæ*. Nom donné par Cuvier, Latreille et Lamarck à une tribu, par Goldfuss, Ficinus et Carus à une famille de l'ordre des Hyménoptères, qui a pour type le genre *Guêpe*, *Vespa*.

GUÉPIER, s. m., *apiastra*; σφηκών; *Wespennest* (all.); *wasphive* (angl.). Nid composé de matières diverses, et dont l'enveloppe extérieure semble papyracée ou cartonneuse, que se construisent les guêpes sociales.

GUETTARDACÉES, adj. et s. f. pl., *Guettardaceæ*. Nom donné par Candolle à une tribu de la famille des Rubiacées, qui a pour type le genre *Guettarda*.

GUÉTTARDÉES, adj. et s. f. pl., *Guettardeæ*. Nom donné par Kunth à une tribu de la famille des Rubiacées, par Candolle à une section de la tribu des Guettardacées, ayant pour type le genre *Guettarda*.

GUEULE, s. f., *gula*; *Maul* (all.); *mouth* (angl.); *gôla* (it.). Se dit de la bouche, dans la plupart des animaux. Voy. BOUCHE.

GULAIRE, adj., *gularis* (*gula*, gorge). Épithète donnée à quelques oiseaux dont la couleur du cou tranche sur celle du reste du corps. Ex. *Loxia gularis*.

GUMMIFÈRE, adj., *gummifer*, *gummiferus* (*gummi*, gomme, *fero*, porter); qui produit de la gomme. Ex. *Daucus gummifer*, *Gardenia gummifera*, *Ceratopetalum gummiferum*.

GUNDÉLIACÉES, adj. et s. f. pl., *Gundeliaceæ*. Nom donné par Candolle à un groupe de la famille des Cynarocéphales, qui a pour type le genre *Gundelia*.

GUTTIFÈRE, adject., *guttiferus*; qui produit de la gomme gutte. Ex. *Vismea guttifera*.

GUTTIFÈRES, adject. et s. f. pl., *Guttiferæ*. Famille de plantes, ainsi appelée parce que presque tous les végétaux qui la constituent renferment un suc gommo-résineux de couleur jaune, comme la gomme gutte.

GUTTIFORME, adj., *guttiformis* (*gutta*, goutte, *forma*, forme). Épithète donnée à quelques polypiers qui sont très-petits, comme le *Polytrema miniacea*.

GUTTULAIRE, adject., *guttularis* (*guttula*, petite goutte). Se dit d'un minéral qu'on trouve sous la forme de petits grains, semblables à des gouttes d'eau, comme la variété de chaux phosphatée appelée Moroxite.

GUTTURAL, adj., *gutturalis* (*gut-*

tur, gosier); qui appartient au gosier : *Plumes gutturales.*

GUTTIPENNE, adj., *guttipennis* (*gutta*, goutte, *penna*, aile); qui a les ailes chargées de taches blanches, disséminées sur un fond brun, ce qui les fait ressembler à des gouttes d'eau. Ex. *Tabanus guttipennis.*

GYMNAMPHORE, adj., *gymnamphorus*. Le *Nepenthes gymnamphora* est appelé ainsi, parce qu'au lieu de feuilles radicales, on n'aperçoit dans cette plante que les seuls godets, implantés sur les pétioles.

GYMNANDRE, adj., *gymnander*, *gymnandrus* (γυμνός, nud, ἀγήρ, homme); qui a des étamines nues. Ex. *Bartsia gymnandra.*

GYMNANOLÈNES, adj. et s. m. pl., *Gymnanolena* (γυμνός, nud, α priv., ὠλένη, bras). Nom donné par Ranzani à un ordre de la classe des Acéphales, comprenant ceux de ces animaux qui n'ont ni bras ni test.

GYMNIQUES, adj. et s. m. pl., *Gymnica* (γυμνός, nud). Nom donné par C.-G. Ehrenberg à une famille de la classe des infusoires Polygastriques, comprenant ceux de ces animaux qui ont le corps dépourvu de cils.

GYMNOBLASTES, adj. et s. f. pl., *Gymnoblasta* (γυμνός, nud, βλαστός, rejeton). Bartling désigne sous ce nom un groupe de l'ordre des plantes dicotylédonées, comprenant celles dont l'embryon n'est point renfermé dans un sac propre.

GYMNOBRANCHES, adj. et s. m., pl., *Gymnobranchiata* (γυμνός, nud, βράγχια, branchies). Nom donné par Schweigger et Fischer à une famille, par Grey à une sous-classe, par Menke à un ordre de la classe des Mollusques gastéropodes, comprenant ceux qui ont les branchies nues.

GYMNOCARPE, adj., *gymnocarpus* (γυμνός, nud, καρπός, fruit); qui a les fruits nuds. Mirbel donne cette épithète aux fruits qui ne sont soudés avec aucun organe accessoire. Le *Tauscheria gymnocarpa* est ainsi nommé parce que ses silicules sont glabres; le *Panicum gymnocarpon*, parce que ses glumes écartées laissent apercevoir les graines.

GYMNOCARPES, adj. et s. m. pl., *Gymnocarpi*. Nom donné par Persoon et Marquis à un ordre de la classe des Champignons, comprenant ceux dont les corpuscules reproducteurs sont situés à la surface extérieure.

GYMNOCARPIEN, adj., *gymnocarpeus*. Epithète donnée par Mirbel aux végétaux qui ont le fruit découvert.

GYMNOCAULE, adj., *gymnocaulos* (γυμνός, nud, καυλός, tige); qui a la tige nue, sans feuilles. Ex. *Geranium gymnocaulon.*

GYMNOCÉPHALE, adj., *gymnocephalus* (γυμνός, nud, κεφαλή, tête). Se dit d'une plante qui a les fleurs nues, comme le *Borréria gymnocephala*, à cause de l'avortement des feuilles florales. Se dit aussi d'un oiseau qui a la tête dégarnie de plumes, comme la *Coracina gymnocephala*, dans l'âge adulte.

GYMNOCOCHLIDES, adj. et s. m. pl., *Gymnocochlides* (γυμνός, nud, κοχλίς, coquille). Nom donné par Latreille à une division de l'ordre des Gastéropodes pectinibranches, comprenant ceux de ces mollusques qui ont la coquille à l'extérieur du corps.

GYMNODÈRE, adj., *gymnoderus* (γυμνός, nud, δέρας, peau). La *Coracina gymnodera* est ainsi appelée parce qu'elle a le col nud sur ses parties latérales.

GYMNODERMES, adj. et s. m. pl., *Gymnodermati* (γυμνός, nud, δέρμα, peau). Nom donné par Persoon à un groupe de champignons, renfermant ceux dont la surface fructifère est nue ou couverte de papilles.

GYMNODERMES, adj. et s. m. pl.,

Gymnodermata. Nom donné par Latreille à une famille de l'ordre des Cirripèdes polybranches, comprenant ceux qui ont la majeure partie du corps à nud et sans pièces testacées ; par Goldfuss, Ficinus et Carus à une famille des Annelides, comprenant ceux de ces animaux qui ont le corps entièrement nud.

GYMNODÉS, adj. et s. m. pl., *Gymnodea, Gymnodæa* (γυμνός, nud, εἶδος, forme). Nom donné par Bory à un ordre de la classe des Microscopiques, comprenant ceux de ces animaux dont le corps est dépourvu de test, de cils et de cirres vibratiles.

GYMNODISPERMES, adj. et s. f. pl., *Gymnodispermæ* (γυμνός, nud, δίς, deux, σπέρμα, graine). Nom donné par Boerhaave à une famille de plantes, comprenant celles qui ont deux graines, en apparence nues, comme les Ombellifères et les Rubiacées.

GYMNODONTES, adj. et s. m. pl., *Gymnodontes* (γυμνός, nud, ὀδοῦς, dent). Nom donné par Cuvier, Latreille et Eichwald à une famille de l'ordre des poissons Plectognathes, comprenant ceux qui ont les mâchoires garnies d'une substance éburnée, produite par la réunion des dents.

GYMNOGÈNES, adj. et s. m. pl., *Gymnogena* (γυμνός, nud, γέννάω, produire). Sous ce nom, Latreille, Ficinus et Carus désignent une classe du règne animal, comprenant les animaux qui, comme les infusoires microscopiques, naissent à nud dans des infusions végétales ou animales.

GYMNOGOMPHE, adj., *gymnogomphus* (γυμνός, nud, γομφίος, dent). Épithète donnée par C.-G. Ehrenberg aux Infusoires rotifères dont les dents ne tiennent à la mâchoire que par leur base, et n'y sont point attachées en avant. Ex. *Diglena catellina.*

GYMNOGYNE, adj., *gymnogynus*

(γυμνός, nud, γυνή, femme). Rafinesque propose de donner cette épithète aux plantes dont l'ovaire est nud. Une Synanthérée (*Hohenwartha gymnogyna*) est ainsi nommée parce que les fleurs femelles de la circonférence de ses calathides sont privées de corolles.

GYMNOMONOSPERMES, adj. et s. f. pl., *Gymnomonospermæ* (γυμνός, nud, μόνος, un, σπέρμα, graine). Ray et Boerhaave appelaient ainsi les plantes qui n'ont qu'une seule graine, en apparence nue.

GYMNOMYCES, s. m. pl., *Gymnomycetes* (γυμνός, nud, μύκης, champignon). Nom donné par Link à un ordre de champignons, comprenant ceux dont les corpuscules reproducteurs sont à nud.

GYMNOMYZIDES, adject. et s. f. pl., *Gymnomyzides*. Nom donné par Cuvier à une sous-tribu de la tribu des Muscides, qui a pour type le genre *Gymnomyza.*

GYMNONECTES, adj. et s. m. pl., *Gymnonectes* (γυμνός, nud, νεκτής, nageur). Nom donné par Duméril à une famille de l'ordre des Entomostracés, comprenant ceux qui ont le corps tout-à-fait nud.

GYMNOPÉRISTOMATES, adj. et s. f. pl., *Gymnoperistomati* (γυμνός, nud, περί, autour, στόμα, bouche). Nom donné par Bridel à un ordre de Mousses, comprenant celles qui ont le péristome entier, nud et sans dents.

GYMNOPHIDES, adj. et s. m. pl., *Gymnophides* (γυμνός, nud, ὄφις, serpent). Nom donné par Latreille, Ficinus et Carus à une famille de Reptiles ophidiens, comprenant ceux qui ont la peau nue, lisse et visqueuse.

GYMNOPHIONES, adject. et s. m. pl., *Gymnophiona* (γυμνός, nud, ὄφις, serpent). Nom donné par Muller à une famille de Reptiles nuds, ou Batraciens, comprenant les Cécilies, ou serpens à peau nue.

GYMNOPHTHALMOIDES, adj. et s. m. pl., *Gymnophthalmoidea*. Fitzinger désigne sous ce nom une famille de Reptiles sauriens, qui a pour type le genre *Gymnophthalmus*.

GYMNOPODES, adj. et. m. pl., *Gymnopoda* (γυμνὸς, nud, ποῦς, pied). Nom donné par Gray, Latreille, Eichwald, Ficinus et Carus à une famille de Reptiles chéloniens, comprenant ceux dont les pieds ne peuvent pas rentrer, du moins entièrement, dans la boîte qui renferme le corps.

GYMNOPOLYSPERMES, adj. et s. f. pl., *Gymnopolyspermæ* (γυμνὸς, nud, πολὺς, beaucoup, σπέρμα, graine). Nom donné par Hermann et Boerhaave à une classe de plantes, renfermant celles qui ont plus de deux semences, en apparence nues.

GYMNOPOMES, adj. et s. m. pl., *Gymnopoma* (γυμνὸς, nud, πῶμα, opercule). Nom donné par Duméril à une famille de Poissons osseux holobranches, dans laquelle il range ceux qui ont les opercules lisses et sans écailles.

GYMNOPTÈRES, adj., *Gymnoptera* (γυμνὸς, nud, πτέρον, aile). Nom donné par Degeer, Schæffer et Scopoli à une classe ou section d'Insectes, comprenant ceux qui ont les ailes nues, sans élytres ni écailles farinacées.

GYMNORHIZE, adj., *gymnorhizus* (γυμνὸς, nud, ῥίζα, racine); qui a des racines nues. Le *Bruguiera gymnorhiza* est ainsi appelé parce que, de ses branches, partent de longs jets qui vont prendre racine en terre.

GYMNORHYNQUES, adj. et s. m. pl., *Gymnorhynchi* (γυμνὸς, nud, ῥύγχος, bec). Nom donné par Latreille à une famille de l'ordre des Poissons sturioniens, comprenant ceux qui ont le museau court et dénué d'appendices.

GYMNOSOMES, adj. et s. m. pl., *Gymnosomata* (γυμνὸς, nud, σῶμα, corps). Nom sous lequel Blainville désigne une famille de l'ordre des Paracéphalophores aporobranches, et Eichwald une famille de la tribu des Micrognathes, comprenant ceux qui ont le corps entièrement nud.

GYMNOSPERME, adj., *gymnospermus* (γυμνὸς, nud, σπέρμα, graine). Épithète donnée aux plantes qui ont les graines nues, du moins en apparence.

GYMNOSPERMES, adj. et s. m. pl., *Gymnospermi*, *Gymnospermæ*. Nom donné par Hermann, Knaut et Wachendorff à une famille de plantes, qui renferme celles dont les graines paraissent être nues; par Marquis à une tribu de la famille des Dermatocarpiens, comprenant ceux de ces champignons qui renferment des séminules pulvérulentes, sans filamens réticulés.

GYMNOSPERMIE, s. f., *gymnospermia*. Linné donnait ce nom à un ordre de la didynamie, dans lequel il rangeait les plantes didynames qui ont les graines nues en apparence.

GYMNOSPERMIQUE, adj., *gymnospermicus*. Se dit d'une plante dont les graines paraissent être nues.

GYMNOSPORE, adj., *gymnosporus* (γυμνὸς, nud, σπόρα, semence). Se dit d'une cryptogame, et principalement d'un champignon, dont les spores sont à nud.

GYMNOSPORÉS, adj. et s. m. pl., *Gymnosporeæ* (γυμνὸς, nud, σπόρα, grain). Nom donné par Reichenbach à un ordre de la classe des Lichens, comprenant ceux qui ont leurs corpuscules reproducteurs à nud.

GYMNOSTOMÉES, adj. et s. f. pl., *Gymnostomeæ* (γυμνὸς, nud, στόμα, bouche). Nom donné par Bory à une famille de l'ordre des Microscopiques Vorticellaires, comprenant ceux de ces animaux dont l'orifice buccal est dépourvu de cirres vibratiles.

GYMNOSTOMES, adj. et s. m. pl., *Gymnostomata* (γυμνός, nud, στόμα, bouche). Latreille forme sous ce nom un groupe comprenant les insectes dont les parties de la bouche sont à nud, et quatre d'entr'elles maxilliformes.

GYMNOSTOMES, adj. et s. m. pl., *Gymnostomi*. Nom donné par Bridel à plusieurs ordres de Mousses, qui comprennent celles dont l'orifice de l'urne est nud.

GYMNOSTOMOIDES, adj. et s. f. pl., *Gymnostomoideæ*. Nom donné par Arnott à une tribu de la famille des Mousses, qui a pour type le genre *Gymnostomum*.

GYMNOTES, adject. et s. m. pl., *Gymnota* (γυμνός, nud). Nom donné par Latreille, Goldfuss, Ficinus et Carus à une famille d'Entomostracés, comprenant ceux de ces animaux qui ont le corps nud.

GYMNOTÉTRASPERME, adject., *gymnotetraspermus* (γυμνός, nud, τέτρα, quatre, σπέρμα, graine). Épithète donnée à des plantes dont le fruit paraît être formé de quatre graines nues. Ex. *Heliotropium*.

GYMNOTÉTRASPERMES, adject. et s. f. pl., *Gymnotetraspermæ*. Sous ce nom Boerhaave désignait trois classes de plantes, renfermant celles qui ont quatre semences nues, du moins en apparence.

GYMNOTIDES, adj. et s. m. pl., *Gymnotides*. Nom donné par Blainville et Latreille à une famille de Poissons, qui a pour type le genre *Gymnotus*.

GYMNURE, adj., *gymnurus* (γυμνός, nud, οὐρά, queue); qui a la queue nue. Ex. *Dasypus gymnurus*.

GYMNURES, adject. et s. m. pl., *Gymnuri*. Nom sous lequel Spix désigne une section de la famille des Singes, comprenant les Sapajous à queue nue et calleuse.

GYNANDRE, adj., *gynandér, gynandrus* (γυνή, femme, ἀνήρ, homme). Se dit d'une plante dont les étamines sont attachées au pistil. Ex. *Crateva gynandra*.

GYNANDRES, adj. et s. f. pl., *Gynandræ*. Nom donné par Agardh à une classe de plantes cryptocotylédones, renfermant celles dont les étamines et le pistil font corps ensemble, et comprenant les Musacées, Cannées, Scitaminées et Orchidées.

GYNANDRIE, s. f., *gynandria*. Nom d'une classe et de deux ordres, dans le système de Linné, fondés sur la réunion des étamines au pistil.

GYNANDRIQUE, adj., *gynandricus*. Se dit d'une plante dont les étamines sont insérées sur le pistil (ex. *Orchis*). C.-C. Sprengel appelle *dichogamie gynandrique* le cas où l'organe femelle, dans les plantes, se développe avant l'organe mâle (ex. *Euphorbia*).

GYNÉCÉE, s. f., *gynæcium* (γυνή, femme, οἰκία, maison). Rœper propose d'appeler ainsi l'appareil femelle ou ovarien, dans les plantes.

GYNIZE, s. m., *gynisus*. L.-C. Richard nomme ainsi l'aire humide et visqueuse du stigmate des orchidées.

GYNOBASE, s. m., *gynobasis* (γυνή, femme, βάσις, base). Candolle donne ce nom à la base, quand elle est très-renflée, du style unique qui surmonte les loges d'un ovaire divisé (ex. *Ochna*).

GYNOBASÉES, adject. et s. f. pl., *Gynobaseæ*. Nom donné par Agardh à une classe de plantes phanérocotylédones complètes discigynes polypétales, comprenant celles chez lesquelles on observe un gynobase, telles que les Ochnacées, Rutacées, Zygophyllées et Géraniacées.

GYNOBASIQUE, adj., *gynobasicus*. Candolle donne cette épithète aux fruits dont les loges sont tellément écartées les unes des autres, qu'elles semblent autant de fruits séparés, mais sont toutes articulées sur un gynobase plus ou moins dilaté, qui est la base d'un fruit unique (ex. *Labiées*). On dit le *nectaire gynobasique*, quand il naît sous l'ovaire, et ne s'étend pas beaucoup au delà (ex. *Cneorum tricoccum*).

GYNOCIDION, s. m., *gynocidium*. Necker et Hoffmann nomment ainsi un petit renflement situé à la base du pédoncule de l'urne, dans certaines mousses.

GYNODYNAME, adj., *gynodynamus* (γυνὴ, femme, δύναμις, puissance). Fries donne cette épithète aux plantes monocotylédones, parce que l'organe femelle prédomine dans toutes, et que c'est cette classe qui renferme toutes les plantes gynandres.

GYNOPHORE, s. m., *gynophorum*, *Stampelträger* (all.) (γυνὴ, femme, φέρω, porter). Nom donné par Mirbel à un support né du réceptacle, et qui soutient le pistil seul. C'est le *carpophore* de Link, qui lui-même a adopté depuis le nom de Mirbel. Quand le gynophore ne soutient qu'un pistil, il est appelé par Mirbel *gynophore monogyne*, par Ehrhart *Thécaphore*, par Richard *Basigyne*. S'il en soutient plusieurs, Mirbel le nomme *gynophore polygyne*, et Richard *Polyphore*. Quand il supporte en même temps des étamines, Mirbel l'appelle *gynophore staminifère*, et Candolle *Gonophore*; s'il porte en même temps des pétales et des étamines, Mirbel le nomme *gynophore corollifère*, et Nees d'Esenbeck, d'après Mirbel, *Anthophore*.

GYNOPHORÉ, adj., *gynophoratus*. Se dit, d'après Mirbel, du *réceptacle*, quand il forme une saillie sur laquelle sont fixés les ovaires. Ex. *Réséda*.

GYNOPHORIEN, adj., *gynophorianus*. Épithète donnée par Mirbel

au *style*, lorsqu'il prend naissance sur un réceptacle saillant, c'est-à-dire sur un gynophore. Ex. *Scutellaria*.

GYNOPHOROIDE, adj., *gynophoroideus.* Mirbel nomme ainsi le *nectaire*, quand il exhausse l'ovaire, comme ferait un gynophore Ex. *Zygophyllum morgsana*.

GYNOSTÈGE, s. f., *gynostegium*; *Geschlechtshülle* (all.) (γυνὴ, femme, στέγη, toit). Nom collectif dont quelques botanistes se sont servis pour désigner les enveloppes des organes génitaux des plantes, calice, corolle, nectaire, etc.

GYNOSTÈME, s. m., *gynostemium* (γυνὴ, femme, στήμων, filet). L.-C. Richard appelait ainsi, dans les Orchidées, la base de la colonne de fructification, c'est-à-dire toute la portion de la colonne charnue, partant du centre de la fleur, qui s'étend jusqu'à l'insertion du stigmate, et qui sert de moyen d'union entre l'organe mâle et l'organe femelle.

GYPAETES, s. m. pl., *Gypæti*. Nom donné par Vieillot à une famille de l'ordre des oiseaux Accipitrins, qui a pour type le genre *Gypætus*.

GYPOGÉRANES, s. m. pl., *Gypogerani*. Nom donné par Goldfuss à une famille de l'ordre des oiseaux ravisseurs, qui a pour type le genre *Gypogeranus*.

GYPOGÉRANIDES, adj. et s. m. pl., *Gypogeranidæ*. Vigors désigne sous ce nom la famille des Gypogéranes.

GYPSEUX, adj., *gypsosus*, *gypseus*; γυψώδης; *gypsartig* (all.); *chalky* (angl.); *gessoso* (it.) (γῆ, terre, ἕψω, cuire); qui est de gypse (*spath gypseux*, *masse gypseuse*), ou qui en contient (*eau gypseuse*). Omalius, sous le nom de *roches gypseuses*, établit un genre de roches pierreuses, qui comprend le gypse.

GYPSIFÈRE, adject., *gypsiferus* (*gypsum*, gypse, *fero*, porter); qui contient du gypse. Ex. *Marne gypsifère.*

GYPSOPHILE, adj. , *gypsophilus* (γύψος, gypse, φιλεω, aimer); qui aime les terrains gypseux. Ex. *Silene gypsophila.*

GYRINIDES, adj. et s. m. pl. , *Gyrinidæ.* Nom donné par Leach à une famille d'insectes coléoptères, qui a pour type le genre *Gyrinus.*

GYRINITÉS, adj. et s. m. pl. , *Gyrinites.* Sous ce nom Latreille , Eichwald , Ficinus et Carus désignent une famille de Coléoptères, ayant le genre *Gyrinus* pour type.

GYRIOPHIDES, adj. et s. m. pl., *Gyriophides* (γῦρος, cercle, ὄφις, serpent). J.-A. Ritgen appelle ainsi un groupe de reptiles ophidiens ,

comprenant ceux qui ont le corps garni de plaques et susceptible de se rouler en cercle sur lui-même.

GYROME, s. m., *gyroma; Kreisschüsselchen* (all.) (γῦρος, cercle). Acharius appelle ainsi des conceptacles formant sur le thalle des lichens une protubérance orbiculaire, marquée de plis saillans, qui sont contournés en spirale , se fendent dans leur longueur, et laissent échapper des élytres (ex. *Gyrophora*). Link donne ce nom à l'anneau élastique et circulaire qui entoure le plus souvent la fructification des fougères.

GYROPHORÉES, adj. et s. f. pl., *Gyrophorea.* Nom donné par Zenker et Reichenbach à une tribu de la famille des Lichens, qui a pour type le genre *Gyrophora.*

H.

HABITABLE, adj. , *habitabilis; wohnbar, bewohnbar* (all.) (*habito,* habiter); qui peut être habité : *climat, pays, terre habitable.*

HABITANT, adj. et s. m., *habitans, habitator; wohnhaft, wohnend* (all.); qui réside habituellement dans un lieu.

HABITATION, s. f. , *habitatio;* οἴκησις; *Vorkommen* (all.); *abitazione* (it.) Pays où croît spontanément une plante, où vit un animal; climat que chaque être vivant préfère.

HABITÉ, adj. , *habitatus; bewohnt* (all.). Se dit d'un lieu où l'on habite, où il y a des habitans.

HABITUDE, s. f. , *habitudo, assuetudo, consuetudo;* ἔθος, ἐθισμός; *Gewohnheit* (all.). Pratique ordinaire, répétition fréquente et soutenue d'un acte quelconque; disposition organique qui résulte de cette répétition , qui la rend facile ou même nécessaire. En physiologie , on entend par *habitude du corps* (*habitus;* ἕξις ; *habit*

(angl. ; *abito* , it.) l'ensemble de toutes ses parties extérieures, considérées en masse et sans entrer dans aucun détail.

HABITUEL , adj. , *consuetudinarius;* qui est tourné en habitude. Les naturalistes prennent souvent ce mot dans un autre sens; ils entendent par *caractère habituel* , l'ensemble des particularités relatives au port ou à l'extérieur , aux habitudes, au séjour des corps naturels.

HÆMODORACÉES, adj. et s. f. pl. , *Hæmodoraceæ.* Nom donné par R. Brown à une famille de plantes, qui a pour type le genre *Hæmodorum.*

HALCYONIDÉS, adj. et s. m. pl., *Halcyonidcæ.* Nom donné par Vigors à une tribu de la famille des oiseaux fissirostres, qui a pour type le genre Alcyon. On écrit ordinairement *alcyonidés* (*voyez* ce mot) , orthographe vicieuse, ce mot venant d'ἀλκυών , alcyon, lequel dérive lui-même de ἁλς, mer, et κύω, *être plein*, parce que les Alcyons font leur nid sur le bord de la mer.

HALE, s. m., *halitus*; *Schwühlhitze* (all.); *surburning* (angl.) (*halito*, exhaler). Air sec et chaud, qui dessèche, fane et flétrit.

HALÉ, adj.; qui est desséché, jauni, brûlé par le hâle; *teint hâlé*.

HALEINE, s. f., *halitus*, *anhelitus*, *spiritus*, *animus*; ἀτμὸς; *Athem*, *Oden* (all.); *breath* (angl.); *fiato* (it.). Mélange d'azote, de gaz acide carbonique et de vapeur aqueuse tenant une matière animale en dissolution, qui sort des poumons pendant l'expiration.

HALÉSIACÉES, adj. et s. f. pl., *Halesiaceæ*. Nom donné par D. Don à une famille de plantes, ayant pour type le genre *Halesia*.

HALICHÉLIDONES, adj. et s. m. pl., *Halichelidones* (ἁλς, mer, χελιδών, hirondelle). Nom donné par J.-A. Ritgen à une famille d'oiseaux, qui comprend les hirondelles de mer et les albatros.

HALICHÉLONES, adj. et s. m. pl., *Halichelones* (ἁλς, mer, χέλυς, tortue). Nom donné par J.-A. Ritgen à une famille de reptiles chéloniens, qui renferme les tortues de mer.

HALICOLYMBES, adj. et s. m. pl., *Halicolymbi* (ἁλς, mer, κολυμβάω, plonger). Nom donné par J.-A. Ritgen à un sous-ordre de la classe des oiseaux, comprenant ceux qui vivent dans les eaux salées, et qui ont l'habitude d'y plonger.

HALICORACES, adj. et s. m. pl., *Halicoraces* (ἁλς, mer, κόραξ, corbeau). Nom donné par J.-A. Ritgen à une famille d'oiseaux, qui comprend les corbeaux de mer, c'est-à-dire les pélicans, frégates et autres voisins.

HALICORIDES, adj. et s. m. pl., *Halicoridæ*. Nom donné par Gray à une famille de Mammifères cétacés, qui a pour type le genre *Halicorus*.

HALIGRAPHIE, s. f., *haligraphia* (ἁλς, mer, γράφω, écrire). Traité sur les sels.

HALIOTIDÉS, adj. et s. m. pl., *Haliotidea*. Nom donné par Menke à une famille de l'ordre des mollusques gastéropodes aspidobranches, qui a pour type le genre *Haliotis*.

HALIPTÈNES, adj. et s. m. pl., *Halipteni* (ἁλς, sel, πτηνὸς, oiseau). Nom donné par J.-A. Ritgen à un sous-ordre de la classe des oiseaux, comprenant ceux qui vivent sur les bords ou à la surface de la mer.

HALISAURIENS, adj. et s. m. pl., *Halisauræ* (ἁλς, mer, σαῦρος, lézard). Nom donné par J.-A. Ritgen à une section de Reptiles sauriens, comprenant ceux de ces animaux, aujourd'hui perdus, qui, suivant toutes les apparences, vivaient dans le sein des eaux de la mer.

HALITUEUX, adject., *halituosus*; ἀτμωδὴς (*halitus*, vapeur); qui est chargé de vapeurs, qui s'élève en vapeur, comme l'haleine pendant le froid. On dit la *peau halitueuse*, lorsqu'elle est recouverte d'une douce moiteur.

HALLÉRIACÉES, adj. et s. f. pl., *Halleriaceæ*. Nom donné par Link à une tribu de la famille des Personées, qui a pour type le genre *Halleria*.

HALMATURES, adj. et s. m. pl., *Halmaturini* (ἅλμα, saut, οὐρά, queue). Nom donné par Goldfuss à une famille de Mammifères, comprenant ceux qui, comme les Kanguroos, se servent de leur queue pour sauter.

HALO, s. m., *Halo*; ἅλος; *Hof* (all.); *crown* (angl.). On appelle ainsi des cercles brillans, ordinairement colorés, qui se forment autour du disque du Soleil, de la Lune et des planètes, et qui sont dus aux **réfractions** que les rayons lumineux subissent quand ils traversent du brouillard.

HALOCHIMIE, s. f., *halochemia* (ἅλς, sel, χημεία, chimie). Partie de la chimie qui traite de l'histoire des sels.

HALODENDRE, adj., *halodendron* (ἅλς, sel, δένδρον, arbre). Se dit d'un arbre qui croît dans des terres imprégnées de sel. Ex. *Robinia halodendron*.

HALOGÈNE, adj. et s. m., *halogenium* (ἅλς, sel, γέννχω, produire). Schweigger avait déjà proposé ce nom pour remplacer celui de *chlore*. Berzelius, qui l'adopte, désigne ainsi une classe entière de corps électro-négatifs, comprenant ceux qui, comme le chlore, l'iode, le brome et le fluor, donnent naissance à des sels en se combinant avec les métaux électropositifs et les neutralisant.

HALOGRAPHIE, s. f., *halographia*; *Salzbeschreibung* (all.) (ἅλς, sel, γράφω, écrire). Description, aité des sels.

HALOIDE, adj., *haloïdeus*; *salzartig* (all.) (ἅλς, sel, εἶδος, ressemblance). Epithète donnée par Berzelius aux *sels* qui résultent de la combinaison d'un corps haloïde avec un métal électro-positif.

HALOLOGIE, s. f., *halologia* (ἅλς, sel, λόγος, discours). Traité des sels.

HALOPHILE, adject., *halophilus* (ἅλς, sel, φιλέω, aimer); qui aime le sel, qui croît dans les terrains imprégnés de sel. Ex. *Ranunculus halophilus, Iris halophila, Sisymbrium halophilum*.

HALOPHILE, s. m., *halophilium*. Nom que Berzelius serait tenté de donner à la matière extractiforme soluble dans l'alcool anhydre, que contient l'urine de l'homme, s'il ne soupçonnait composée de plusieurs substances cette matière qui est surtout remarquable par la grande facilité avec laquelle elle s'unit à tous les sels.

HALOPHYTE; s. f., *halophyton*, *planta salsa s. salsuginosa* (ἅλς, sel, φύτον, plante). Plante qui croît dans un terrain imprégné de sel marin.

HALORAGÉES, adj. et s. f. pl., *Halorageæ*. Nom donné par R. Brown à une famille de plantes, qui a pour type le genre *Haloragis*.

HALOTECHNIE, s. f., *halotechnia*; *Salzbereitungskunst* (all.) (ἅλς, sel, τέχνη, art). Partie de la chimie qui traite de la préparation des sels.

HALTÉRÉ, adj., *halteratus* (*halter*, balancier, qui vient de ἅλλομαι, sauter). Epithète donnée à un insecte qui est muni de balanciers. En ce sens, le mot est synonyme de *diptère*; mais on s'en sert quelquefois aussi pour exprimer la forme des ailes, comme chez certains Névroptères qui ont les ailes inférieures très-longues et dilatées au bout.

HALTÉRÉS, adj. et s. m. pl., *Halterata*. Nom donné par Degeer à un sous-ordre de la classe des insectes, comprenant ceux de ces animaux qui ont des balanciers, ou les Diptères.

HALTÉRIPTÈRES, adj. et s. m. pl., *Halteriptera* (ἀλτήρ, balancier, πτερόν, aile). Nom donné par Clairville à un ordre de la classe des Insectes, comprenant ceux qui ont des balanciers, c'est-à-dire les Diptères.

HALURGIE, s. f., *halurgia* (ἅλς, sel, ἔργον, travail). Art d'extraire ou de fabriquer les sels.

HALYGRAPHIE. *V.* HALIGRAPHIE, HALOGRAPHIE.

HALYMÉNIACÉES, adj. et s. f. pl., *Halymeniaceæ*. Nom donné par Reichenbach à une tribu de la famille des Floridées, qui a pour type le genre *Halimenia*.

HALYOSOME, adj., *halyosoma* (ἅλς, sel, σῶμα, corps). Le *Polyto* *mus halyosoma* est ainsi appelé parce que son corps se compose de pièces juxta-posées, taillées à facettes et translucides, comme des morceaux de cristal.

HAMAMÉLÉES, adj. et s. f. pl., *Hamameleæ*. Nom donné par Candolle à une tribu de la famille des Hamamélidées, qui renferme le genre *Hamamelis*.

HAMAMÉLIDÉES, adj. et s. f. pl., *Hamamelideæ*. Nom donné par R. Brown à une famille de plantes, ayant pour type le genre *Hamamelis*.

HAMEÇON, s. m., *hamus, hamulus, uncus, rostellum;* ἄγχιστρον, *Haken* (all.) (ἅμμα, attache). Pointe crochue et un peu épaisse.

HAMEÇONNÉ, adject., *hamosus, hamatus, lappaceus, lappulaceus, uncosus; hakenförmig* (all.); qui se prolonge ou se courbe au sommet en forme de hameçon, comme le *calice* du *Valerianella hamata*, l'*involucre* de l'*Arctium Lappa*, les *aiguillons* du *Schrankia hamata*, les *pédoncules* de l'*Unona hamata*, le *fruit* du *Turretia lappacea*, du *Phanus lappulaceus* et du *Rumex hamatus*, le *légume* de l'*Anthyllis hamosa* et de l'*Astragalus uncatus*, les *poils* du *Galium rotundifolium*. Le *Cervus hamatus* est ainsi appelé parce que son bois se termine supérieurement par une pointe recourbée en arrière; le *Salmo hamatus*, parce que le bout de sa mâchoire inférieure se relève en forme de crochet.

HAMÉLIACÉES, adj. et s. f. pl., *Hameliaceæ*. Nom donné par Candolle et A. Richard à une tribu de la famille des Rubiacées, qui a pour type le genre *Hamelia*.

HAMÉLIÉES, adj. et s. f. pl., *Hamelieæ*. Nom donné par Kunth à une tribu de la famille des Rubiacées, ayant le genre *Hamelia* pour type.

HAMIGÈRE, adject., *hamigerus; hakentragend* (all.); *hamus*, hame-

çon, *gero*, porter); qui porte des hameçons, comme le *Trigonella hamigera*, dont les légumes sont hameçonnés.

HAMPE, s. f., *scapus; Schaft* (all.); *staff* (angl.); *scapo* (it.). Ce mot, introduit par Linné, désigne un rameau nud, terminal ou le plus souvent axillaire, qui se développe sur les plantes dont la tige principale est déprimée et pour ainsi dire cachée sous terre; il se fait surtout remarquer par la longueur de son premier entrenœud, qui explique l'absence des feuilles, celles-ci ne pouvant en effet se développer qu'autour des fleurs terminales, lesquelles représentent autant de rameaux (ex. *Diplotaxis scaposa*).

HAMULEUX, adject., *hamulosus; hakerig, kurzhakig* (all.); qui est garni de petits poils crochus, comme la tige du *Galium Aparine*.

HANCHE, s. f., *coxa, coxendix, ischion;* ἀγκή, ἰσχίον; *Hüfte* (all.); *Hip* (angl.); *anca* (it.). Partie du corps qui, dans certains mammifères, est formée par l'évasement de l'os iliaque et les parties molles environnantes. On donne aussi ce nom à la première des pièces dont se compose la patte des animaux articulés, celle qui l'attache au corps.

HAPLOGÉNÉEN, adj., *haplogeneus* (ἁπλόος, simple, γέννάω, engendrer). Nom donné par Fries aux végétaux qui sont formés de cellules anomales subfilamenteuses. Synonyme de *hétéronéméen*.

HAPLOPÉRISTOMATE, adj., *haploperistomatus* (ἁπλόος, simple, περί, autour, στόμα, bouche). Épithète donnée par Nees d'Esenbeck aux Mousses qui sont munies d'un péristome simple.

HAPLOPÉTALE, adj., *haplopetalus* (ἁπλόος, simple, πέταλον, pétale). Se dit d'une plante dont la corolle n'est formée que d'un seul pétale. Ex. *Amorpha haplopetala.*

HAPLOPOGONE, adj., *haplopogonus* (ἁπλόος, simple, πῶγων, barbe). Nees d'Esenbeck emploie ce terme comme synonyme de *haplopéristomate. Voyez* ce mot.

HAPLOSTÉMONOPÉTALES, adj. et s. f. pl., *Haplostemonopetalæ* (ἁπλόος, simple, στήμων, étamine, πέταλον, pétale). Nom donné par Wachendorff à une famille de plantes, comprenant celles qui ont les étamines simples, c'est-à-dire en même nombre que celui des divisions de la corolle.

HAPPANT, adj. Se dit d'un minéral qui happe fortement à la langue. Ex. *Argile happante.*

HAPPEMENT, s. m., *Anhängen an die Zunge* (all.); *l'appiccarsi alla lingua* (it.) (ἅπτομαι, s'attacher à). Adhérence que certains minéraux contractent avec la langue, quand on les pose sur cet organe. On dit qu'un corps *happe à la langue*, lorsqu'étant placé sur l'extrémité de cet organe, il contracte adhérence avec lui, de sorte qu'on éprouve ensuite un peu de résistance quand on veut l'en détacher.

HAPTOPODES, adj. et s. m. pl., *Haptopodes* (ἅπτομαι, s'attacher à, πούς, pied). Nom donné par J.-A. Ritgen à un sous-ordre de la classe des oiseaux, comprenant ceux qui, comme les perroquets, saisissent les alimens avec leurs pattes.

HARDÉ, adject., *aceluphus.* On donne cette épithète aux œufs sans coquille que pondent quelquefois les oiseaux, soit parce que la matière dont se forme la coquille manque chez ces animaux, soit parce que les œufs sont chassés de l'oviducte avant l'époque de la maturité parfaite.

HARMONIE, s. f., *harmonia*; ἁρμονία (ἁρμόζω, accorder). On appelle ainsi, en physique, la résonnance simultanée de plusieurs sons dont l'ensemble flatte l'oreille, et en musique, une succession d'accords ou une coexistence de plusieurs sons, selon les lois de la modulation. Un son qui nous paraît simple n'étant en réalité qu'un assemblage d'harmoniques dont la réunion seule le constitue son, et ces harmoniques ne s'entendant pas à moins que le son ne soit extrêmement fort, il s'ensuit, non seulement que la proportion naturelle est altérée dès qu'on distingue les consonnances, et qu'alors l'harmonie véritable ou naturelle a perdu sa pureté primitive, puisque se trouve changé le rapport de force qui doit régner entre tous les harmoniques pour produire la sensation d'un son unique, mais encore que chacune des consonnances qu'il fait sentir, a elle-même d'autres harmoniques qui ne le sont pas du son fondamental, et que, quand on introduit une dissonnance, les harmoniques du son qui la donne et ce son lui-même n'entrent point dans le système harmonieux du son fondamental.

HARMONIEUX, adj. Tout ce qui fait de l'effet dans l'harmonie, et même quelquefois tout ce qui est sonore et remplit l'oreille, soit dans la voix, soit dans les instrumens ou la simple mélodie.

HARMONIQUE, adj., *harmonicus.* On appelle *sons harmoniques* tous ceux qui suivent la série des nombres naturels 1, 2, 3, 4, 5, etc., parce qu'ainsi ils ne forment jamais de dissonnances. On donne aussi ce nom à tous les sons concomitans ou accessoires qui accompagnent un son quelconque et le rendent appréciable.

HARMONOMÈTRE, s. m., *harmonometrum* (ἁρμονία, harmonie, μετρέω, mesurer). Instrument propre à mesurer les rapports harmoniques. C'est la même chose que *sonomètre.*

HARMOPHANE, adj., *harmophanus* (ἁρμός, emboîtement, φαίνω, montrer). Épithète donnée, dans la nomenclature minéralogique de Haüy, à un minéral qui offre des indices de joints naturels, surtout quand on désigne sa structure laminaire par opposition à celle qui, dans d'autres corps de même nature, présente des modifications différentes. Ex. *Feldspath harmophane.*

HARPACES, adj. et s. m. pl., *Harpaces* (ἁρπάξω, ravir). Nom donné par J.-A. Ritgen à un sous-ordre de l'ordre des Oiseaux terrestres, comprenant ceux qui vivent de proie.

HARPALIDES, adj. et s. m. pl., *Harpalidæ.* Nom donné par Macleay à une famille d'insectes Coléoptères, qui a pour type le genre *Harpalus.*

HARPYES, s. f. pl., *Harpyiæ.* Nom donné par Goldfuss, Ficinus et Carus à une famille de Chéiroptères, ayant pour type le genre *Harpyia.*

HASTÉ, adj., *hastatus, hastilis* (*hasta,* hache); *spiessförmig* (all.); *astato, alabardato* (it.); qui a la forme d'un fer de lance. On appelle ainsi les *feuilles* dont la base se prolonge en deux lobes aigus, rejetés en dehors et écartés des pétioles (ex. *Cocculus hastatus, Ammannia hastata, Karpaton hastatum, Hutchinsia hastulata, Leontodon hastile*). On donne aussi cette épithète à la *feuille* nasale de certains Chéiroptères, quand elle a la forme d'un fer de flèche (ex. *Phyllostoma hastatum*). La *Belemnites hastata* est ainsi appelée parce qu'elle est droite, élargie et comprimée vers l'extrémité.

HASTIFOLIÉ, adj., *hastifolius; spiessblättrig, spontonblättrig* (all.) (*hasta,* hache, *folium,* feuille). Se dit d'une plante qui a les feuilles hastées. Ex. *Scutellaria hastifolia.*

HAUSTELLÉS, adj. et s. m. pl., *Haustellata* (*haustellum,* suçoir). Nom donné par Duméril à une famille d'insectes Diptères, dans la-

J.

quelle il range ceux qui ont un suçoir saillant; par Clairville à une division des insectes ailés et à une autre division des insectes aptères, comprenant ceux qui ont la bouche en suçoir; par Macleay à une division des Insectes vrais, embrassant tous ceux qui, à l'état parfait et après leur transformation, ont un organe quelconque de succion.

HAUSTELLUM. *Voyez* Suçoir.

HAUT, adj., *altus; hoch* (all.). Épithète donnée par Mirbel à la *radicule,* lorsqu'elle est tournée vers le sommet du fruit (ex. *Borrago officinalis*). La *haute mer* est le moment où finit le flux, et où les eaux paraissent rester pendant quelque temps stationnaires.

HAUTEUR, subst. f., *altitudo; Höhe* (all.); *height* (angl.); *altezza* (it.). Grandeur, élévation, orgueil, fermeté. La *hauteur d'un astre* au dessus de l'horizon est l'angle que forme avec ce dernier le rayon visuel dirigé à son centre, ou l'arc du cercle vertical qui se trouve entre ce corps et l'horizon. La *hauteur relative d'un lieu* est la longueur de la perpendiculaire de ce lieu à celui qu'on choisit pour point de départ. Sa *hauteur absolue* est la longueur de sa perpendiculaire à une surface circulaire dont le centre coïncide avec celui de la terre et la circonférence avec la surface de la mer, qu'on considère ainsi comme un sphéroïde régulier prolongé jusqu'à l'endroit désigné. La *hauteur du baromètre* est la longueur de la colonne de mercure, qui varie suivant les lieux et les temps.

HÉBÉANTHE, adj., *hebeanthus* (ἥβη, duvet, ἄνθος, fleur). Se dit d'une plante qui a ses corolles tomenteuses. Ex. *Palicourea hebeantha.*

HÉBÉCARPE, adj., *hebecarpus* (ἥβη, duvet, καρπὸς, fruit). Se dit d'une plante qui a ses fruits pubescens. Ex. *Delima hebecarpa.*

37

HÉBÉCLADE, adj.; *hebecladus* (ῆβη, duvet, κλάδος, branché). Se dit d'une plante qui a ses rameaux pubescens. Ex. *Canthium hebecladum*.

HÉBÉGYNE, adject., *hebegynus* (ῆβη, duvet, γυνή, femme). Se dit d'une plante qui a ses ovaires pubescens. Ex. *Aconitum hebegynum*.

HÉBÉPÉTALE, adj., *hebepetalus* (ῆβη, duvet, πέταλον, pétale). Se dit d'une plante dont les pétales sont pubescens. Ex. *Myrcia hebepetala*.

HÉCATOPHYLLE, adj., *hecatophyllus* (ἑκατὸν, cent, φύλλον, feuille); qui a des feuilles composées de cinquante paires de folioles. Ex. *Cassia hecatophylla*.

HECTIQUE, adj., *hecticus* (ἑκτικός, desséché). Le *Stenostoma hecticum* et l'*Idotea hectica* ont été ainsi appelés à cause de leur corps long, mince et étroit.

HÉDÉRACÉES, adj. et s. f. pl., *Hederaceæ*. Nom donné par A. Richard à une famille de plantes, qui a pour type le genre *Hedera*. Linné appelait ainsi une famille dans laquelle il rangeait des plantes à tige grimpante. Philibert avait appliqué la même dénomination à la famille des Ampélidées.

HÉDYOTÉES, adj. et s. f. pl.; *Hedyoteæ*. Nom donné par Candolle à une section de la tribu des Hédyotidées, qui renferme le genre *Hedyotis*.

HÉDYOTIDÉES, adj. et s. f. pl., *Hedyotideæ*. Nom donné par Candolle à une tribu de la famille des Rubiacées, qui a pour type le genre *Hedyotis*.

HÉDYSARÉES, adj. et s. f. pl., *Hedysareæ*. Nom donné par Candolle à une tribu de la famille des Légumineuses, qui a pour type le genre *Hedysarum*.

HÉDYSAROIDÉES, adj. et s. f. pl., *Hedysaroideæ*. Nom donné par

Candolle à une section du genre *Oxalis*, comprenant les espèces qui ont du rapport avec les *Hedysarum*.

HÉLÉNIÉES, adj. et s. f. pl., *Helenieæ*. Nom donné par H. Cassini à une section de la tribu des Hélianthées, et par Lessing à une sous-tribu de la tribu des Sénécionidées, ayant pour type le genre *Helenium*.

HÉLÉNINE, subst. f., *helenina*. Quelques chimistes ont appelé ainsi l'*inuline* (*voy*. ce mot), parce qu'on l'a trouvée d'abord dans l'*Inula Helenium*. On donne le même nom à une substance végétale, ayant de l'analogie avec les stéaroptènes, qui s'obtient quand on distille la racine de cette même plante.

HÉLIANTHÉES, adj. et s. f. pl., *Heliantheæ*. Nom donné par H. Cassini et par Kunth à une tribu de la famille des Synanthérées, par Lessing à une sous-tribu de la tribu des Sénécionidées, ayant pour type le genre *Helianthus*.

HÉLIANTHOIDES, adj. et s. m. pl., *Helianthoida* (ἥλιος, soleil, ἄνθος, fleur, εἶδος, ressemblance). Nom donné par Latreille à une classe d'animaux, comprenant ceux qui ont la bouche couronnée de tentacules non rétractiles.

HÉLIAQUE, adj., *heliacus*; ἡλιακός. Le *lever héliaque* d'un astre a lieu quand l'apparition de celui-ci sur l'horizon précède assez celle du Soleil pour qu'on puisse l'apercevoir le matin; et son *coucher héliaque*, quand il cesse de paraître après le coucher du Soleil, dans les rayons duquel il semble se plonger.

HÉLICÉ, adj. (ἕλιξ, circuit). Épithète donnée quelquefois, par les botanistes, aux *pédoncules* qui sont roulés en spirale. Ex. *Vallisneria spiralis*.

HÉLICÉS, adj. et s. m. pl., *Helicea*. Nom donné par Menke à une famille de l'ordre des mollusques

Gastéropodes cœlopnés, qui a pour type le genre *Hélix*.

HÉLICHRYSÉES, adj. et s. f. pl., *Helichryseæ*. Nom donné par H. Cassini à un groupe de la section des Inulées gnaphaliées, et par Lessing à une section de la sous-tribu des Sénécionidées gnaphaliées, ayant pour type le genre *Helichrysum*.

HÉLICIFORME, adj., *heliciformis* (*helix*, limaçon, *forma*, forme); qui a la forme d'une coquille de limaçon, comme le test du *Magilus antiquus*.

HÉLICINIDES, adj. et s. m. pl., *Helicinides*. Nom donné par Latreille à une famille de mollusques Gastéropodes, qui a pour type le genre *Helicina*.

HÉLICINÉS, adj. et s. m. pl., *Helicinæa*. Nom donné par Menke à une famille de mollusques Gastéropodes cœlopnés, qui a pour type le genre *Helicina*.

HÉLICONÉES, adj. et s. f. pl., *Heliconeæ*. Nom donné par Salisbury à la famille des Musacées, en raison du genre *Heliconia*, qu'elle renferme.

HÉLICONIENS, adj. et s. m. pl., *Heliconii*. Nom donné par Latreille à une section, par Swainson à une famille de Lépidoptères diurnes, ayant pour type le genre *Heliconia*.

HÉLICOSTÈGUES, adj. et s. m. pl., *Helicostega* (ἕλιξ, circuit, στέγω, couvrir). Nom donné par Orbigny et Menke à une famille de Céphalopodes, comprenant ceux dont la coquille se compose de loges assemblées sur un ou deux axes distincts, mais formant une spirale régulière.

HÉLICULE, s. m., *heliculus* (ἕλιξ, circuit). H. Cassini propose d'appeler ainsi les vaisseaux en spirale des plantes.

HELIGMA, s. m. Illiger nomme ainsi l'éminence hélix de l'oreille.

HÉLIOCENTRIQUE, adj., *heliocentricus* (ἥλιος, soleil, κέντρον, centre). On appelle *lieu* ou *longitude héliocentrique* d'une planète le point de l'écliptique où nous rapporterions l'astre si nous étions au centre du Soleil, et *latitude héliocentrique* la distance de la planète à l'écliptique, telle qu'on la verrait si l'on était dans le Soleil, l'angle que la ligne menée du centre du Soleil à celui de l'astre fait avec le plan de l'écliptique.

HÉLIOIDE, adj., *helioideus* (ἥλιος, soleil, εἶδος, resemblance). Se dit d'un corps qui est arrondi et garni à sa circonférence de cils rayonnans, comme le *Trichnoda solaris*.

HÉLIOMÈTRE, s. m., *heliometrum* (ἥλιος, soleil, μετρέω, mesurer). Instrument inventé en 1743 par Servington Severy, perfectionné ensuite par Dollond, puis par Frauenhofer, qui sert à mesurer le diamètre apparent du soleil.

HÉLIOPHILÉES, adj. et s. f. pl., *Heliophileæ*. Nom donné par Candolle à une tribu de la famille des Crucifères, qui a pour type le genre *Heliophila*.

HÉLIOPSIDÉES, adj. et s. f. pl., *Heliopsideæ*. Nom donné par H. Cassini à un groupe de la section des Hélianthées Rudbeckiées, par Lessing à une section de la sous-tribu des Sénécionidées hélianthées, ayant pour type le genre *Heliopsis*.

HÉLIOSCOPE, adj., *helioscopius* (ἥλιος, soleil, σκοπέω, regarder); qui regarde le soleil. L'*Euphorbia helioscopia* a été appelée ainsi parce que, sur l'autorité de Dioscoride, on lui a attribué la propriété de tourner toujours son feuillage vers le soleil, ce que font toutes les plantes librement abandonnées à elles-mêmes.

HÉLIOSCOPE, s. m., *helioscopium*. Schneiner appelait ainsi un instrument de son invention, qui sert à observer le soleil.

HÉLIOSTAT, s. m., *heliostata*
(ἥλιος, soleil, στάω, s'arrêter). Instrument imaginé par s'Gravesande
pour projeter invariablement l'image
du soleil sur un point. Fahrenheit en
a construit un aussi, bien plus simple
que celui de Gambey, pour fixer à
volonté le rayon solaire dans telle direction qu'on choisit.

HÉLIOTROPE, adj., *heliotro-*
pius; sonnenwendig (all.); *eliotropo*
(it.) (ἥλιος, soleil, τρέπω, tourner).
Épithète donnée par les botanistes
aux *plantes* dont les fleurs se tournent constamment vers le soleil ,
qu'elles semblent suivre dans son
cours apparent.

HÉLIOTROPE, s. m., *heliotro-*
pium. Instrument imaginé par Gauss
pour renvoyer le rayon solaire à un
observateur éloigné, et remplacer ,
dans les grandes opérations géodési-
ques , les signaux ordinaires , qui
sont d'un emploi si peu commode
quand il s'agit de stations éloignées.
Scheiner avait déjà donné ce nom à
un instrument semblable à la machine
parallactique , parce qu'on peut aisément le tourner vers le soleil pour
observer cet astre.

HÉLIOTROPIÉES, adj. et s. f. pl.,
Heliotropieæ. Nom donné par Schrader à une famille de plantes, ayant
pour type le genre *Heliotropium.*

HÉLIOTROPISME, s. m. Faculté
dont certaines plantes jouissent de
tourner constamment leurs fleurs
vers le soleil. Ex. *Helianthus annuus,*
Hoya carnosa.

HÉLISONTES, adj. et s. m. pl.,
Helisontes. Nom donné par Goldfuss
à une famille de reptiles ophidiens ,
qui a pour type le genre *Helison.*

HÉLIX, s. m., *helix*; ἕλιξ; *Leiste*
(all.) (ἑλίσσω, rouler). Repli à
peu près demi-circulaire qui entoure
le pavillon de l'oreille, chez l'homme.

HELLÉBORACÉES, adj. et s. f.
pl., *Helleboraceæ.* Nom donné par

Caffin et Marquis à une famille de
plantes , qui a pour type le genre
Helleborus.

HELLÉBORÉES, adj. et s. f. pl.,
Helleboreæ. Nom donné par Candolle
à une tribu de la famille des Renonculacées , ayant le genre *Helleborus*
pour type.

HELLÉBORINES, adj. et s. f. pl.,
Helleborinæ. Nom donné par Dupetit-
Thouars à une section de la famille
des Orchidées.

HELMINTHES, adj. et s. m. pl.,
Helmintha, Helminthes (ἕλμινς, ver).
Dénomination sous laquelle Duméril
désigne la classe des Entozoaires ou
vers intestinaux.

HELMINTHIQUES, adj. et s. m.
pl. , *Helminthica* (ἕλμινς, ver). Nom
donné par O.-F. Muller à un ordre
de la classe des vers , comprenant
tous ceux qui ressemblent plus ou
moins au ver de terre.

HELMINTHOGÉS, adj. et s. m. pl.,
Helminthogei (ἕλμινς, ver, γῆ, terre).
Nom donné par Latreille à une classe
d'animaux sans vertèbres , comprenant les Hirudinées et les Lombrici-
nées de Savigny.

HELMINTHOIDES, adj. et s. m.
pl., *Helminthoidei* (ἕλμινς, ver, εἶδος,
ressemblance). Nom donné par Eichwald à un ordre de la classe des
poissons , comprenant ceux qui se
rapprochent des vers d'après leur
mode de respiration , l'eau n'arrivant
pas aux branchies par la bouche ,
mais par des ouvertures latérales ,
et d'après leur mode de génération.

HELMINTHOLOGIE, s. f. , *hel-*
minthologia (ἕλμινς, ver, λόγος, discours). Branche de la zoologie qui
traite spécialement des vers et surtout
des vers intestinaux.

HELMINTHOLOGISTE, s. m. ,
helminthologista. Naturaliste qui se
livre spécialement à l'étude des vers.

HELMINTHOTHÈQUE, adj., *hel-*
minthothecus (ἕλμινς, ver, θήκη, gaî-

ne) ; qui a des graines cylindriques, vermiformes. Ex. *Porocarpus helminthotheca.*

HÉLOBIÉES, adj. et s. f. plur., *Helobiæ* (ἧλος, marais, βιόω, vivre). Nom donné par Reichenbach à une section des plantes Rhizo-Acroblastes, comprenant les trois familles des Typhacées, des Alismacées et des Hydrocharidées, dont toutes les espèces sont aquatiques.

HÉLOCÈRES, adj. et s. m. pl., *Helocera* (ἧλος, clou, κερὰς, corne). Nom donné par Duméril à une famille de l'ordre des Coléoptères, comprenant ceux dont les antennes représentent une masse oblongue, composée de feuilles qui semblent être perforées par un axe central. *Voyez* CLAVICORNES.

HÉLONIÉES, adj. et s. f. pl., *Heloniæ.* Nom donné par Reichenbach à une section de la famille des Joncacées, qui a pour type le genre *Helonias.*

HÉLONOMES, adj. et s. m. pl., *Helonomi* (ἧλος, marais, νέμομαι, habiter). Nom donné par Vieillot à une famille d'oiseaux échassiers, comprenant ceux qui se tiennent habituellement dans les marécages.

HÉLOPHORIDES, adj. et s. m. pl., *Helophoridæ.* Nom donné par Leach à une famille de l'ordre des Coléoptères, qui a pour type le genre *Helophorus.*

HÉLOPIENS, adj. et s. m. plur., *Helopii.* Nom donné par Cuvier, Latreille, Goldfuss, Eichwald, Ficinus et Carus à une tribu d'insectes coléoptères, de la famille des Sténélytres, qui a pour type le genre *Helops.*

HÉLOPITHÈQUES, adj. et s. m. pl., *Helopitheci.* Nom donné par Geoffroy Saint-Hilaire à un groupe de la famille des Quadrumanes, renfermant ceux qui ont la queue prenante.

HELVELLACÉES, adj. et s. f. pl.,

Helvellaceæ. Nom donné par A. Brongniart à une section de la famille des champignons, qui a pour type le genre *Helvella. Voyez* ELVELLACÉES.

HELVELLAIRES, adj. et s. m. pl., *Helvellarii.* Nom donné par Reichenbach à une famille de champignons, dont le genre *Helvella* est le type.

HELVELLÉES, adj. et s. f. pl., *Helvelleæ.* Nom donné par A. Brongniart à un groupe de la section des Helvellacées, comprenant le genre *Helvella* et ceux qui s'en rapprochent le plus.

HELVELLES, s. f. pl., *Helvellæ.* Marquis désigne ainsi un groupe de la famille des champignons Hyménothéciens, qui a pour type le genre *Helvella.*

HELVELLOIDES, adj. et s. m. pl., *Helvelloidei.* Nom donné par Persoon à une famille de champignons charnus, ayant le genre *Helvella* pour type.

HÉMACRYMES, adj. et s. m. pl., *Hæmacryma* (αἷμα, sang, κρυπός, froid). Latreille désigne sous ce nom une race d'animaux, comprenant ceux qui ont le sang froid.

HÉMASTATIQUE, adj., *hæmastatice* (αἷμα, sang, ἵστημι, demeurer). Partie de la physiologie qui traite de la force inhérente aux vaisseaux sanguins.

HÉMASTOME, adj., *hæmastomus* (αἷμα, sang, στόμα, bouche). Épithète donnée à une *plante* (*Encalyptus hæmastoma*) dont l'orifice du fruit est bordé de rouge, et à des coquilles dont le labre et la columelle sont de couleur rouge (ex. *Bulimus hæmastomus, Helix hæmastoma*).

HÉMATHERMES, adj. et s. m. pl., *Hæmatherma* (αἷμα, sang, θέρμη, chaleur). Nom donné par Latreille à une race d'animaux, comprenant ceux qui ont le sang chaud.

HÉMATIN, s. m., *hæmatinus.*

Nom donné par Guibourt à l'*héma-tine. Voyez* ce mot.

HÉMATINE, s. f., *hæmatina* (αἷμα, sang). Chevreul a imposé ce nom au principe colorant du bois de Campêche (*Hæmatoxylum campe-chianum*):

HÉMATOCARPE, adj., *hæmato-carpus* (αἷμα, sang, καρπός, fruit); qui a des fruits tachetés de rouge. Ex. *Phaseolus hæmatocarpus.*

HÉMATOCÉPHALE, s. m., *he-matocephalum* (αἷμα, sang, κεφαλή, tête). Nom donné par Geoffroy Saint-Hilaire aux monstres chez lesquels un épanchement de sang dans les hé-misphères cérébraux a causé d'étran-ges déformations.

HÉMATODE, adj., *hæmatodes*; qui est marqué de taches rouges, comparables à des gouttes de sang (ex. *Salvia hæmatodes*). La *Xylosa hæmatodes* a l'abdomen rouge.

HÉMATOGRAPHIE, s. f., *hæma-tographia* (αἷμα, sang, γράφω, écrire). Description du sang.

HÉMATOIDE, adj., *hæmatoideus; ematoide* (it.) (αἷμα, sang, εἶδος, res-semblance). Nom donné par Haüy à une variété de quarz d'un rouge som-bre, dû à un mélange de fer analogue à celui dont est composée l'hématine.

HÉMATOLOGIE, s. f., *hæmatolo-gia* (αἷμα, sang, λόγος, discours). Traité du sang.

HÉMATOPHAGE, adj., *hæmato-phagus* (αἷμα, sang, φάγω, manger). Épithète donnée aux insectes qui sucent le sang des animaux pour s'en nourrir, comme la puce et la punaise.

HÉMATOPHYLLE, adj., *hæmato-phyllus* (αἷμα, sang, φύλλον, feuille); qui a les feuilles teintes d'un rouge de sang, comme celles de l'*Iris hæma-tophylla* le sont à la base.

HÉMATOSE, s. f., *hæmatosis, sanguificatio; αἱμάτωσις; Blutbildung* (all.) (αἷμα, sang). Transformation du chyle en sang; formation du sang tant artériel que veineux.

HÉMATOXINE, s. f., *hematoxina.* John appelle ainsi l'*hématoxyline*, par abréviation.

HÉMATOXYLINE, s. f., *hæmato-xylina*. L'*hématine* (*voyez* ce mot) a été ainsi appelée, parce qu'on la retire de l'*Hæmatoxylum*.

HÉMÉLYTRE, s. m., *hemelytrum; Halbdecke* (ἥμισυς, demi, ἔλυτρον, ély-tre). Nom donné aux ailes supérieures des insectes tétraptères, lorsqu'elles sont cornées ou coriaces à la base, membraneuses et semblables aux ailes inférieures vers l'extrémité. Ex. *Hé-miptères hétéroptères.*

HÉMÉROBIADÉS, adject. et s. m. pl., *Hemerobiadæ*. Nom donné par Leach à la famille des Hémérobiens.

HÉMÉROBIENS, adj. et s. m. pl., *Hemerobini*. Nom donné par Cuvier, Latreille et Eichwald à une tribu, par Lamarck et Goldfuss à une fa-mille d'insectes névroptères, ayant pour type le genre *Hemerobus.*

HÉMÉROCALLIDÉES, adj. et s. f. pl., *Hemerocallideæ*. Nom donné par R. Brown et Salisbury à une fa-mille de plantes, qui a pour type le genre *Hemerocallis.*

HÉMÉRYPSOPTÈNES, adj. et s. m. pl., *Hemerypsopteni* (ἡμέρα, jour, ὕψος, hauteur, πτηνός, oiseau). Nom donné par J.-A. Ritgen à une famille d'oiseaux, comprenant les oiseaux de proie diurnes.

HÉMIANCALOPTÈNES, adj. et s. m. pl., *Hemiancalopteni* (ἥμισυς, demi, ἄγκαλον, bras, πτηνός, oiseau). Nom donné par J.-A. Ritgen à une famille d'oiseaux, comprenant ceux qui nagent à la surface de l'eau avec des moignons de bras.

HÉMICARPE, s. m., *hemicarpus* (ἥμισυς, demi, καρπός, fruit). On ap-pelle ainsi chacune des deux portions d'un fruit qui se partage naturellement en deux moitiés, comme celui des Ombellifères.

HÉMICHALINASPISTES, adj. et s. m. pl., *Hemichalinaspistes* (ἥμισυς, demi, χαλινοὶ, dents, ἀσπίς, aspic). Nom donné par J.-A. Ritgen à un groupe de reptiles ophidiens, comprenant ceux qui ont à la mâchoire supérieure des dents percées et d'autres qui ne le sont point.

HÉMICHALINOPHIDES, adj. et s. m. pl., *Hemichalinophides* (ἥμισυς, demi, χαλινοὶ, dents, ὄφις, serpent). Nom donné par J.-A. Ritgen à un groupe de reptiles ophidiens, comprenant ceux qui ont des dents percées, et d'autres qui ne le sont pas, à la mâchoire supérieure.

HÉMICHRYSE, adj., *hemichrysus* (ἥμισυς, demi, χρυσός, or); qui est à demi doré. Le *Cordylina hemichrysa* est ainsi appelé parce que ses feuilles sont couvertes en dessous d'un duvet comme doré.

HÉMICYCLOSTOME, adj., *hemicyclostomus* (ἥμισυς, demi, κύκλος, cercle, στόμα, bouche). Se dit d'une *coquille* univalve dont l'ouverture, à demi ronde, représente une sorte de gueule de four. Ex. *Natica canrena*.

HÉMICYCLOSTOMES, adj. et s. m. pl., *Hemicyclostomata*. Nom donné par Blainville à une famille de coquilles, comprenant les univalves à ouverture demi-ronde, et à une famille de l'ordre des Paracéphalophores asiphonobranches, qui embrasse ceux dont la coquille a la même forme.

HÉMICYLINDRIQUE, adj., *hemicylindricus*, *hemicylindraceus* (ἥμισυς, demi, κύλινδρος, cylindre). Épithète donnée aux *hampes* qui sont plates d'un côté et convexes de l'autre (ex. *Allium tricoccum*), et aux feuilles qui sont alongées, avec une face plane et l'autre convexe (ex. *Typha angustifolia*).

HÉMIDACTYLE, adj., *hemidactylus* (ἥμισυς, demi, δάκτυλος, doigt). Le *Falco hemidactylus* est ainsi appelé parce qu'il a le doigt extérieur très-court; l'*Eriodes hemidactylus*, parce qu'il a aux mains antérieures un pouce très-court, atteignant à peine l'origine du second doigt.

HÉMIDIRHOMBIQUE, adj., *hemidirhombicus* (ἥμισυς, demi, δίς, deux, ῥόμβος, losange). Nom donné par Mohs à une combinaison de son système rhomboédrique dans laquelle a disparu la moitié des faces des deux rhomboèdres unis ensemble, soit celles qui sont parallèles aux autres, soit celles qui sont inclinées sur elles.

HÉMIÉDRIQUE, *hemiedricus* (ἥμισυς, demi, ἕδρα, base). Dans la nomenclature cristallographique de Naumann, une *forme hémiédrique* est la moitié du nombre total des faces d'une forme holoédrique (*voyez* ce mot) symétriquement partagée.

HÉMIÉLYTRE. *Voyez* HÉMÉLYTRE.

HÉMIENCÉPHALE, adj. et s. m., *hemiencephalus* (ἥμισυς, demi, ἐν, dans, κεφαλή, tête). Nom donné par Geoffroy Saint-Hilaire à un genre de monstres, comprenant ceux qui, sans aucune trace d'organes de sens, ont un cerveau à peu près normal.

HÉMIGAMIE, s. f., *hemigamia* (ἥμισυς, demi, γάμος, noces). Nom donné par Trinius au cas dans lequel un calice de Graminée renferme à la fois des fleurs mâles, des femelles et des neutres.

HÉMIGONIAIRE, adj., *hemigoniarius* (ἥμισυς, demi, γονή, semence). Épithète donnée par Candolle aux *fleurs* doubles dans lesquelles une partie des organes des deux sexes se trouve changée en pétales.

HÉMIGYRE, subst. m., *hemigyrus* (ἥμισυς, demi, γῦρος, rond). Desvaux appelle ainsi le fruit des Protéacées, qui est souvent ligneux, déhiscent d'un seul côté, non symétrique, et à une ou deux loges mono-spermes ou dispermes.

HÉMILÉPIDOTE, adj., *hemilepidotus* (ἥμισυς, demi, λεπὶς, écaille). Le *Cottus hemilepidotus* est ainsi appelé parce que son corps offre des bandes longitudinales d'écailles, séparées par d'autres bandes nues.

HÉMILYSIEN, adj., *hemilysianus* (ἥμισυς, demi, λύω, dissoudre). Nom donné par Brongniart à une classe, et par Omalius à un ordre de terrains, comprenant ceux qui se sont formés en partie par voie de sédiment, et en partie par voie de dissolution chimique. Ex. *Traumates.*

HÉMIMÉROPTÈRES, adj. et s. m. pl., *Hemimeroptera* (ἥμισυς, demi, μέρος, partie, πτέρον, aile). Nom donné par Clairville à un ordre de la classe des insectes, comprenant ceux qui, avec un suçoir à la bouche, ont des demi-élytres.

HÉMIPOMATOSTOMES, adj. et s. m. pl., *Hemipomatostoma* (ἥμισυς, demi, πῶμα, opercule, στόμα, bouche). Nom donné par Menke à un sous-ordre de l'ordre des Gastéropodes cténobranches, correspondant aux Hémipomastomes de Férussac, aux Entomostomes de Blainville, et aux Buccinoïdes de Cuvier.

HÉMINOPTÈRES, adject. et s. m. pl., *Heminoptera* (ἥμισυς, demi, πτέρον, aile). Nom donné par Schæffer à une classe d'insectes, comprenant ceux qui ont des élytres membraneuses à l'extrémité libre, comme les Hémiptères.

HÉMIOLOGAMIE, s. f., *hemiologamia* (ἡμιόλος, une fois et demie, γάμος, noce). Terme dont Trinius se sert pour exprimer le cas des Graminées dans lesquelles un calice renferme une fleur mâle, une femelle et une hermaphrodite.

HÉMIONITIDÉES, adj. et s. f. pl., *Hemionitideæ.* Nom donné par Gaudichaud à une section de la famille des Fougères, qui a pour type le genre *Hemionitis.*

HÉMIPALMÉS, adj. et s. m. pl., *Hemipalmati.* Sous ce nom, Lesson désigne un sous-ordre de l'ordre des Echassiers, comprenant ceux dont les doigts antérieurs sont courts et en grande partie réunis par une membrane natatoire.

HÉMIPRISMATIQUE, adj., *hemiprismaticus* (ἥμισυς, demi, πρίσμα, prisme). Nom donné par Mohs aux combinaisons de son système prismatique dans lesquelles il ne paraît que la moitié des faces.

HÉMIPTÈRE, adject., *hemipterus* (ἥμισυς, demi, πτέρον, aile). Se dit d'une plante ou d'un animal dont les ailes sont courtes, ou dont quelque partie du corps est chargée d'une aile courte. Le *Pterocarpus hemiptera* a le sommet de son fruit élargi en une aile membraneuse. Le *Trichius hemipterus* et la *Nitidula hemiptera* ont des élytres très-courtes. La *Coryphæna hemiptera* a la nageoire dorsale courte.

HÉMIPTÈRES, adj. et s. m. pl., *Hemiptera.* Nom donné, depuis Linné, par tous les entomologistes, Fabricius excepté, à un ordre de la classe des Insectes, comprenant ceux qui ont la bouche en suçoir et les ailes couvertes par des hémélytres, c'est-à-dire par des élytres dures à leur base et membraneuses à leur sommet.

HÉMIPTÉROLOGIE, s. f., *hemipterologia.* Traité sur les insectes hémiptères.

HÉMIPTÉROLOGIQUE, adj., *hemipterologicus* ; qui a rapport à l'hémiptérologie.

HÉMIPTÉROLOGUE, s. m., *hemipterologus.* Naturaliste qui s'occupe spécialement de l'histoire des insectes hémiptères.

HÉMIRHOMBOEDRIQUE, adject., *hemirhomboedricus.* Épithète par laquelle Mohs désigne les combinaisons de son système rhomboëdrique dans lesquelles a disparu la moitié des faces, soit celles qui sont parallèles aux autres, soit celles qui sont inclinées sur elles.

HÉMISALAMANDRES, s. f. pl., *Hemisalamandræ*. Sous ce nom, Goldfuss désigne une tribu de l'ordre des Reptiles batraciens, comprenant la sirène et le protée, qui se rapprochent à beaucoup d'égards des salamandres.

HÉMISPHÉRAL, adj., *hemisphæralis* (ἥμισυς, demi, σφαῖρα, sphère). Necker donne cette épithète aux deux valves demi-sphériques qui embrassent les corpuscules reproducteurs du *Targionia*.

HÉMISPHÉRIQUE, adj., *hemisphæricus; halbkugelig* (all.); qui a la forme d'une demi-sphère, c'est-à-dire de la moitié d'un globe par le centre duquel passerait un plan, comme la *cupule* du *Quercus Robur*, l'*involucre* de l'*Anthemis tinctoria*, l'*ombelle* du *Scandix infesta*, le *stigmate* du *Hyoscyamus aureus*.

HÉMISPHÉROEDRIQUE, adject., *hemisphæroedricus*. Nom donné par Weiss au système de cristallisation à trois axes égaux entr'eux dans lequel il n'existe que la moitié des faces exigées par la symétrie.

HÉMISYNGYNIQUE, adj., *hemisyngynicus* (ἥμισυς, demi, σύν, avec, γυνή, femme). Se dit du *calice*, quand il est à demi adhérent avec l'ovaire.

HÉMITÉRIE, s. f., *hemiteria* (ἥμισυς, demi, τέρας, monstre). Nom donné par I. Geoffroy Saint-Hilaire aux déviations ou anomalies organiques simples et peu graves sous le rapport anatomique, soit qu'il n'en résulte aucune difformité, et alors elles produisent les variétés, soit qu'elles en occasionent une, et alors elles constituent les vices de conformation.

HÉMITOME, adject., *hemitomus* (ἥμισυς, demi, τέμνω, couper). Nom

donné, dans la nomenclature minéralogique de Haüy, à une variété de chaux carbonatée, composée du dodécaèdre métastatique et d'un rhomboïde dont les faces rencontrent la partie de l'axe de ce dodécaèdre qui excède l'axe du noyau, à moitié de sa hauteur.

HÉMITRIPTÈRE, adj., *hemitripterus* (ἥμισυς, demi, τρίς, trois, πτερόν, aile). Le *Murex hemitripterus* est ainsi appelé parce que sa coquille se prolonge d'un côté en trois ailes.

HÉMITROPE, adj., *hemitropus* (ἥμισυς, demi, τρέπω, tourner). Haüy donne cette épithète à un cristal formé de deux moitiés réunies ensemble régulièrement, mais en sens inverse de leur position naturelle, comme si la supérieure avait subi une demi-révolution sur l'inférieure.

HÉMITROPIE, s. f., *hemitropia*. Résultat de cristallisation qui produit les cristaux appelés hémitropes.

HÉMOPTÈRE, adj., *hæmopterus* (αἷμα, sang, πτέρον, aile). La *Rhinotia hæmoptera* a les élytres couvertes de poils d'un fauve doré.

HÉMORRHOIDAL, adj., *hæmorrhoidalis, hæmorrhœus* (αἷμα, sang, ῥύος, cours). Plusieurs animaux ont reçu cette épithète, indiquant qu'ils ont la partie postérieure de l'abdomen d'un roux fauve ou rouge, comme si elle était salie par un écoulement de sang (ex. *Apis hæmorrhœa, æstrus hæmorrhoidalis, Muscicapa hæmorrhousa*). Une plante (*Serratula arvensis*) est nommée *chardon hémorrhoidal*, parce que la piqure d'un insecte (*Cynips Serratulæ*) fait naître sur ses tiges des renflemens rouges qu'on a comparés à des hémorrhoïdes.

HENDÉCAGYNE. *Voyez* Endécagyne.

HENDÉCANDRE. *Voy*. Endécandre.

HENDÉCAPHYLLE. *Voyez* Endécaphylle.

HENNISSEMENT, s. m., *hinnitus; Wiehern* (all.); *neighing* (angl.); *nitrito* (it.). Cri ordinaire du cheval.

HÉPATIQUE, adject., *hepaticus; leberbraun* (all.); qui a la couleur du parenchyme du foie, comme le *Cuculus hepaticus*, qui est roux, l'*Oliva hepatica*, qui est d'un roux brunâtre, la *Cytherea hepatica*, qui est blanchâtre, avec des taches roussâtres, la *Linaria hepatica*, qui a des corolles rousses ou d'un rouge sale. *Hépatique* signifie aussi, qui a rapport au foie : c'est dans ce sens qu'on dit *Fasciola hepatica*, parce que cet animal habite la vésicule du fiel.

HÉPATIQUES, adj. et s. f. pl., *Hepaticæ, Musci hepatici, Musci ecalyptrati, Ecalyptrocarpa, Jungermanniæ; Lebermoose* (all.). Rangées par les anciens botanistes, Linné compris, en partie parmi les mousses et en partie parmi les algues, les Hépatiques ont été érigées pour la première fois en famille distincte par Adanson, que suivirent à peu près Jussieu et Schreber. Depuis, Willdenow et Sprengel ont coupé en deux cette famille, dont les limites ont beaucoup varié ensuite. Les principaux botanistes qui s'en sont occupés sont Dickson, Ehrhart, Hedwig, Hooker, Libert, Martius, Nees d'Esenbeck, Palisot – Beauvois, Raddi, Schmiedel, Schwægrichen, Swartz, Schrader, Weber, Weiss et surtout Reichenbach.

HÉPIALIDES. *Voyez* HÉPIALITES.

HÉPIALITES, adject. et s. m. pl., *Hepialites*. Nom donné par Cuvier et Latreille à une famille de Lépidoptères nocturnes, qui a pour type le genre *Hepialus*.

HEPTACANTHE, adj.; *heptacanthus* (ἑπτὰ, sept, ἄκανθα, épine); qui a sept épines. Le *Cheilodipterus heptacanthus* offre sept rayons aiguillonnés à sa première nageoire dorsale.

HEPTADACTYLE, adj.; *heptadactylus* (ἑπτὰ, sept, δάκτυλος, doigt); qui a sept doigts. L'*Holocentrus heptadactylus* a sept rayons aux catopes.

HEPTAGONE, adj., *heptagonus* (ἑπτὰ, sept, γωνία, angle); qui a sept angles, comme la *tige* du *Cactus heptagonus* et la *spire* de la coquille du *Fusus heptagonus*.

HEPTAGYNIE, s. f., *heptagynia* (ἑπτὰ, sept, γυνὴ, femme). Nom d'un ordre d'une des classes du système de Linné, comprenant des plantes qui ont sept pistils.

HEPTANDRE, adj., *heptander, heptandrus; siebenmännig* (all.) (ἑπτὰ, sept, ἀνὴρ, homme). Se dit d'une plante qui a sept étamines. Ex. *Æsculus Hippocastanum*.

HEPTANDRIE, s. f., *heptandria*. Nom d'une classe et d'un ordre, dans le système de Linné, renfermant des plantes qui ont sept étamines.

HEPTANÈME, *heptanemus* (ἑπτὰ, sept, νῆμα, fil); qui a sept tentacules. Ex. *Cyanea heptanema*.

HEPTANTHÉRÉ, adj., *heptantherus* (ἑπτὰ, sept, ἄνθηρος, fleuri). Nom donné par Gleditsch aux plantes qui ont sept étamines.

HEPTAPÉTALE, adj., *heptapetalus* (ἑπτὰ, sept, πέταλον, feuille). Se dit d'une plante dont la corolle est composée de sept pétales. Ex. *Sedum heptapetalum*.

HEPTAPHYLLE, adj., *heptaphyllus; siebenblättrig* (all.) (ἑπτὰ, sept, φύλλον, feuille). Se dit d'une plante dont le périgone est composé de sept folioles (ex. *Lonchocarpus heptaphyllus*), ou dont les feuilles pennées sont formées de sept folioles (ex. *Sophora heptaphylla, Bombax heptaphyllum*).

HEPTARINE, adject., *heptarinus* (ἑπτὰ, sept, ἄρρην, mâle). Épithète donnée par Necker aux plantes qui ont sept étamines.

HEPTASÉPALE, adj., *heptase-*

palus. Se dit du *calice,* quand il est formé de sept pièces distinctes.

HEPTASTÉMONE, adj., *heptastemonis* (ἑπτά, sept, στήμων, étamine) ; qui a sept étamines.

HERBACÉ, adject., *herbaceus; krautartig* (all.); *erbaceo* (it.). On appelle *plantes herbacées* celles dont la tige et les branches, qui ne produisent pas de bois et qui périssent après quelques mois de végétation, sont revêtues d'une écorce ordinairement verte, ayant la consistance des feuilles, un tissu peu serré, mou, tendre et incapable de résister à la gelée (ex. *Tetragonia herbacea, Dorycnium herbaceum*). On donne cette épithète aux parties des végétaux qui sont d'un tissu verd, comparable à celui des feuilles, comme le *périanthe* du *Daphne Laureola* et les *spathelles* du *Milium effusum.*

HERBE, s. f., *herba; Kraut* (all.); *erba* (it.). Plante dont la tige, molle et analogue aux feuilles pour la consistance, périt après avoir végété pendant quelques mois. Tschudy a employé le mot de *herbe* comme synonyme de tissu cellulaire végétal.

HERBELLIDÉES, adj. et s. f. pl., *Herbellideæ.* Nom donné par Robineau-Desvoidy à une tribu de l'ordre des Myodaires micromydes.

HERBICOLE, adject., *herbicolus* (*herba*, herbe, *colo*, habiter). La *Sylvia herbicola* habite les campagnes couvertes de grandes herbes, au Paraguay. La *Delia herbicola* vit dans les prés.

HERBICOLES, adj. et s. f. pl., *Herbicolæ.* Nom donné par Robineau-Desvoidy à une section de la tribu des Myodaires mésomydes anthomydes, comprenant les espèces qu'on trouve dans les herbes des prés et des bois.

HERBIER, s. m., *herbarium, hortus siccus; Kräuterbuch* (all.); *herbal* (angl.); *erbolario, erbario, erba-* *rolo* (it.). Collection de plantes desséchées au moment de leur fleuraison et de leur fructification, et avec assez de soin pour qu'elles conservent autant que possible leur forme et leurs caractères.

HERBIFICATION, s. f., *herbificatio.* L.-C. Richard se servait de ce terme pour désigner tout ce qui a rapport aux organes de la conservation des végétaux.

HERBIFORME, adj., *herbiformis* (*herba*, herbe, *forma*, forme). On a donné cette épithète aux poils du *Paresseux didactyle,* parce qu'ils ressemblent à de l'herbe sèche.

HERBIVORE, adj., *herbivorus;* ποηφάγος (*herba*, herbe, *voro*, manger); qui se nourrit de végétaux.

HERBIVORES, adj. et s. m. pl., *Herbivora.* Nom donné par Cuvier, Eichwald et Latreille à une famille de Mammifères cétacés, et par Duméril à une famille d'insectes Coléoptères, comprenant des animaux qui font leur nourriture principale ou exclusive de végétaux.

HERBORISATION, s. f., *herbarum inquisitio; erborizzazione* (it.). Promenade ou voyage dont le but est de recueillir des plantes et de les observer sur place. On employe aussi ce terme comme synonyme d'arborisation. *Voyez* ce mot.

HÉRISSÉ, adj., *hirtus, hispidus, hirtellus, hispidulus, hystrix, strigosus, echidneus, echinatus, echinulatus, ericiatus, crinaceus, asperellus; borstig, hackerig, stachlich* (all.). Terme très-vague, qu'on emploie : 1° en botanique. Il désigne des plantes ou des parties de plantes qui sont couvertes, soit de poils raides, longs et droits, comme la *tige* du *Daucus hispidus,* de l'*Onosmodium hispidum* et du *Potentilla hirta,* la *tige* et les *feuilles* du *Chondrosium hirtum,* les *feuilles* du *Pisonia hirtella* et de l'*Ischæmum hispidum,* l'in-

volucre du *Fimbristylis hirtella ;* soit d'aiguillons grêles et nombreux ou rapprochés, comme les *folioles calicinales* du *Paronychia echinata*, les *feuilles* de l'*Arctopus echinatus*, les *fruits* du *Bignonia echinata* et de l'*Oncidium echinatum*, les *épis* du *Chrysurus echinatus*, la *face inférieure* de l'*Hericium erinaceum ;* soit enfin de verrues, comme la *tige* du *Columnea hispida*, ou de granules comme la *surface* du *Conoplea hispidula*. L'*Elymus hystrix* est ainsi appelé à cause de sa rudesse générale, l'*Aspalathus hystrix*, l'*Oncophorus strigosus* et le *Grimmia strigosa*, parce que leurs feuilles ressemblent à des épingles ; le *Chara hispida* et le *Poa hispida*, parce qu'ils sont entièrement couverts d'aiguillons déliés. 2° En zoologie. *Hispide* exprime la même idée qu'en botanique, et désigne une surface couverte ou de poils assez longs, serrés, un peu raides et durs au toucher, comme ceux qui hérissent le *corps* du *Staphylinus hirtus*, de la *Phalæna hirtaria*, du *Pilumnus hirtellus*, de la *Dromia hirsutissima*, et les *divisions* de la *Flustra hirta ;* ou de petits piquans, d'épines courtes, comme le *test* du *Stenopus hispidus* et de l'*Arcania erinaceus*, les *tubes* de la *Clavagella echinata*, la *coquille* du *Murex erinaceus*, de la *Fistulana echinata* et du *Cerithium echinatum*, les *étoiles* de l'*Oculina echidnea*. La *Spongia echidnea* est ainsi appelée à cause de ses rameaux droits, raides et épineux ; la *Chama echinulata* et la *Chama asperella*, parce que leurs coquilles sont garnies de petites écailles relevées ; l'*Oliva hispidula*, parce que sa spire est pointue.

HÉRISSONNÉ, adj., *erinaceus*, *hystricosus ;* couvert d'épines ou d'aiguillons grêles, flexibles, nombreux ou rapprochés. *Voyez* HÉRISSÉ.

HERMADÉES, adj. et s. f. pl.,

Hermadeæ. Nom donné par Reichenbach à une tribu de la famille des Araliacées, qui a pour tye le genre *Hermas*.

HERMANNIACÉES, adject. et s. f. pl., *Hermanniaceæ*. Nom donné par Kunth à une tribu de la famille des Buttnériacées, ayant pour type le genre *Hermannia*.

HERMANNIÉES, adj. et s. f. pl., *Hermanniæ*. Nom donné par Auguste Saint-Hilaire à une tribu de la famille des Malvacées, par Candolle à une tribu de celle des Buttnériacées, ayant pour type le genre *Hermannia*, et que Jussieu, d'après Ventenat, a érigée en famille.

HERMAPHRODIE. *Voyez* HERMAPHRODISME.

HERMAPHRODISME, s. m., *hermaphrodismus*, *hermaphrodisia*, *fabrica androgyna* (Ερμῆς, Mercure, Αφροδιτη, Vénus). Réunion complète des deux sexes chez le même individu. Cet état de choses est naturel dans beaucoup de plantes et d'animaux ; mais parfois aussi, chez ces derniers, il résulte d'une anomalie qui fait que les conditions organiques des deux sexes se trouvent réunies d'une manière plus ou moins complète chez un même individu appartenant à une espèce où elles sont naturellement dévolues à des individus séparés.

HERMAPHRODITE, adject. et s. m., *hermaphroditus*, *bisexuinus*, *gynandrus*, *androgynus ;* ερμαφρόδιτος ; *Zwitter* (all.) ; *ermafrodito* (it.). Se dit d'une *plante* qui réunit les deux sexes dans une même fleur, et d'un *animal* qui possède les deux sexes, surtout quand il est en état de se féconder lui-même.

HERMAPHRODITES, adject. et s. m. pl., *Hermaphrodita*. Nom donné par Latreille à une sous-classe de la classe des Gastéropodes, comprenant les espèces hermaphrodites avec accouplement réciproque ; par Blainville, à une section de la classe des Céphalophores, embrassant ceux qui ont les sexes distincts, réunis sur un même individu ; et par le même, à une section de la classe des Paracéphalophores, où il range ceux qui se suffisent à eux-mêmes dans l'acte de la reproduction.

HERMOGRAPHIE, s. f., *hermographia* (Ερμῆς, Mercure, γράφω, écrire). Description de la planète Mercure.

HERMOGRAPHIQUE, adj., *hermographicus* ; qui a rapport à la description de Mercure. Schrœter a publié des *fragmens hermographiques*.

HERNANDIACÉES. *Voyez* HERNANDIÉES.

HERNANDIÉES, adject. et s. f. pl., *Hernandieœ*. Famille de plantes, proposée par Blume, et ayant pour type le genre *Hernandia*.

HÉROALECTORES, adj. et s. m. pl., *Heroalectores* (ἡρώδιος, héron, ἀλέκτωρ, coq). Nom donné par J.-A. Ritgen à une famille d'oiseaux, comprenant ceux qui, comme le *Psophia* et le *Palamedea*, se rapprochent des Hérons et des Gallinacés.

HÉRODIENS, adj. et s. m. pl., *Herodii, Herodiones* (ἡρώδιος, héron). Nom donné par Illiger, Vieillot, Goldfuss, Lherminier, Ranzani, Eichwald, C. Bonaparte et J.-A. Ritgen, à une famille de la classe des oiseaux, qui comprend les hérons et les genres voisins.

HERPALECTORIDES, adj. et s. m. pl., *Herpalectorides* (ἕρπω, ramper, ἀλέκτωρ, coq). Nom donné par J.-A. Ritgen à une famille d'oiseaux, qui comprend les pigeons.

HERPOCHOROPTÈNES, adj. et s. m. pl., *Herpochoropteni* (ἕρπω, ramper, χῶρος, champ, πτηνὸς, volatile). Nom donné par J.-A. Ritgen à une famille d'oiseaux vivant dans les champs, qui renferme les pigeons.

HERPYLES, adject. et s. m. pl., *Herpylœ* (ἕρπω, ramper). Nom sous lequel J.-A. Ritgen désigne une famille de Reptiles ophidiens, renfermant ceux qui rampent seulement, comme les orvets.

HERSEUR, adj., *cratiens*. Épithète donnée à une araignée (*Mygale cratiens*) qui a le bout des tarses garnis en dessous d'une brosse épaisse et serrée, en forme de herse.

HESPÉRIDÉES, adj. et s. f. pl., *Hesperideœ* (ἑσπερίδες, Hespérides ; ἑσπερὶς, occidental). Nom donné par Linné à une famille de plantes, que Jussieu a adoptée, et qui renferme les orangers, dont on suppose qu'était rempli le jardin mythologique des Hespérides. Reichenbach comprend sous ce nom les trois familles des Léeacées, des Méliées et des Aurantiacées.

HESPÉRIDES, adj. et s. m. pl., *Hesperidœ, Hesperides*. Nom sous lequel Latreille et Eichwald désignent une tribu, Leach et Swainson une famille d'insectes lépidoptères diurnes, ayant pour type le genre *Hesperia*.

HESPÉRIDIE, s. f., *hesperidium*. Desvaux appelle ainsi, parce qu'il appartient aux plantes de la famille des Hespéridées, un fruit charnu, à enveloppe consistante et munie de glandes vésiculaires, qui est divisé intérieurement en plusieurs loges membraneuses, susceptibles de se séparer sans nul déchirement.

HESPÉRIDINE, s. f., *hesperidina*. Lebreton donne ce nom à une matière particulière et cristallisable, qu'il a retirée des oranges non à maturité.

HESPÉRIES-SPHINX, s. m. pl., *Hesperi-Sphinges*. Nom donné par Latreille à une tribu de la famille des Lépidoptères nocturnes, comprenant ceux qui tiennent à la fois des Hespéries et des Sphinx.

HÉTÉRACANTHE, adj., *heteracanthus* (ἕτερος, différent, ἄκανθα, épine); qui a des épines différentes. Le *Capparis heteracantha* a des stipules épineuses, dont l'une est droite et l'autre uncinée; l'*Echinospermum heteracanthum* a ses caryopses garnies de glochides disposées sur deux rangées et dissemblables.

HÉTÉRANDRE, adj., *heterandrus* (ἕτερος, différent, ἀνήρ, homme). Se dit d'une plante dont les étamines ou les anthères sont de forme différente. Ex. *Solanum heterandrum.*

HÉTÉRANTHE, adj., *heteranthus* (ἕτερος, autre, ἄνθος, fleur); qui a des fleurs différentes. Les fleurs du *Viscum heteranthum* sont disposées de manière qu'il y en a une centrale, et que les autres sont verticillées autour d'elle.

HÉTÉROBAPHIE, s. f., *heterobaphia; Vielfärbigkeit* (all.) (ἕτερος, différent, βαφή, couleur). État d'un corps dont la surface est de deux ou plusieurs couleurs.

HÉTÉROBRANCHES, adj. et s. m. pl., *Heterobranchiata* (ἕτερος, différent, βράγχια, branchies). Nom donné par Latreille à une tribu de la famille des Siluroïdes, comprenant des poissons dont les branchies sont accompagnées d'appendices ramifiés; par Lamarck à un ordre de la classe des Crustacés, dans lequel il range ceux qui ont les branchies très-diversifiées sous le rapport de la forme et de la situation; par Blainville à un ordre de la classe des Acéphalophores, embrassant des animaux dont les branchies varient quant à la forme.

HÉTÉROCARPE, adj., *heterocarpus* (ἕτερος, différent, καρπὸς, fruit); qui porte des fruits différens. On donne cette épithète à la *calathide* des Synanthérées, quand elle offre des ovaires ou des fruits dissembla-bles, soit par eux-mêmes, soit par leurs aigrettes (ex. *Heterospermum pinnatum*); le *Desmodium heterocarpum* est ainsi appelé parce que ses épis portent en bas des gousses rondes et monospermes, en haut des légumes à six ou sept articulations, dont chacune renferme une semence.

HÉTÉROCARPIEN, adj., *heterocarpinus* (ἕτερος, autre, καρπὸς, fruit). Desvaux donne cette épithète aux *fruits* provenant d'un ovaire développé conjointement avec quelque partie qui, sans le cacher entièrement, modifie sa forme primitive. Ex. *Quercus.*

HÉTÉROCÉRIDES, adj. et s. m. pl., *Heteroceridæ*. Nom donné par Macleay à une famille d'insectes coléoptères, qui a pour type le genre *Heterocerus.*

HÉTÉROCHÈLE, adj., *heterochelus* (ἕτερος, autre, χηλὴ, pince). Se dit d'un crustacé qui a un bras plus grand que l'autre. Ex. *Alciope heterochelus.*

HÉTÉROCHÈLES, adj. et s. m. pl., *Heterochela* (ἕτερος, autre, χηλὴ, pince). Nom donné par Latreille à une section de la famille des Crustacés Décapodes Brachiures, comprenant ceux chez lesquels les serres des mâles sont notablement plus longues que celles des femelles.

HÉTÉROCLITE, adj., *heteroclitus* (ἕτερος, différent, κλιτίς, pente); qui ne suit pas la règle ordinaire. Se dit des plantes qui ont les sexes séparés, qu'elles soient monoïques ou dioïques.

HÉTÉROCLITES, adj. et s. m. pl., *Heterocliti*. Nom donné par Lesson à une famille de l'ordre des Gallinacés, renfermant un seul oiseau (*Sirrhaptes heteroclitus*), qui est d'un type bizarre et anomal.

HÉTÉROCRICIENS, adj. et s. m. pl., *Heterocricii* (ἕτερος, différent, κρίκος, anneau). Nom donné par

Blainville à un ordre de la classe des Chétopodes, comprenant ceux de ces animaux dont les anneaux du corps sont très-différens les uns des autres.

HÉTÉRODACTYLES, adj. et s. m. pl., *Heterodactyli* (ἕτερος, différent, δάκτυλος, doigt). Nom donné par Blainville à une famille de l'ordre des Grimpeurs, comprenant des oiseaux dont le doigt externe est versatile.

HÉTÉRODERMES, adj. et s. m. pl., *Heterodermata* (ἕτερος, différent, δέρμα, peau). Nom donné par Blainville à une division de la sous-classe des poissons gnathodontes, comprenant ceux dont la peau est de structure variable ; par Duméril à une famille de reptiles ophidiens, renfermant ceux qui ont des écailles sur le dos et des plaques sous la queue et le ventre.

HÉTÉRODONTES, adj. et s. m. pl., *Heterodonta* (ἕτερος, autre, ὀδοῦς, dent). Nom donné par Muller à une famille de reptiles ophidiens, comprenant ceux qui ont quelques unes de leurs dents maxillaires plus grandes que les autres.

HÉTÉRODOXE, adject., *heteredoxus*. Épithète donnée par Linné aux botanistes qui ont fondé leurs méthodes de classification sur la considération de toute autre partie que celles de la fructification.

HÉTÉROGAME, adj., *heterogamus* (ἕτερος, différent, γάμος, noces). On donne cette épithète, d'après Candolle, aux *plantes* qui ont les fleurs monoïques, dioïques ou polygames ; d'après Trinius, aux *calices* des Graminées polygames ; d'après Lessing, aux capitules des Synanthérées, lorsqu'ils renferment des fleurs de sexes différens. Le *Geranium heterogamum* n'a que six étamines fertiles, au lieu de sept.

HÉTÉROGAMIE, s. f., *heterogamia*. Trinius désigne ainsi le cas des Graminées dans lesquelles un calice renferme des fleurs hermaphrodites et un autre des femelles ou des mâles seulement. Ex. *Rottbœllia*.

HÉTÉROGÈNE, adj., *heterogenus* ; ἀνομοιομερής ; *ungleichartig* (all.) (ἕτερος, différent, γένος, race) ; qui n'est pas de la même nature. Se dit, en minéralogie, de la *texture* d'une roche, quand les parties qui la constituent diffèrent de nature ou d'aspect.

HÉTÉROGÉNÉITÉ, s. f., *heterogeneitas* ; *Ungleichartigkeit* (all.). Qualité de ce qui est hétérogène.

HÉTÉROGÈNES, adj. et s. m. et f. pl., *Heterogenei*. C. Prevost et Brongniart désignent sous le nom de *roches hétérogènes* une classe de mélanges naturels, fréquens, constans et en masses étendues, de minéraux appartenant soit à des espèces rigoureusement déterminées, soit à des espèces imparfaites, qui ne peuvent être rapportées à aucune des premières. Ce nom est donné aussi par Acharius à un ordre de la classe des Lichens idiothalames, comprenant ceux dont les conceptacles contiennent un noyau renfermé dans un périthécion ; par Bory à un ordre de Phytozoaires, dans lequel il comprend ceux qui se composent d'une couche animale et d'une couche calcaire, et dont l'animalité est répandue dans tout l'ensemble de l'être, mais qui ne sont ni polypes, ni zoocarpes.

HÉTÉROGÉNÈSE, s. f., *heterogenesis* (ἕτερος, autre, γένεσις, génération). Nom donné par Breschet à une classe de déviations organiques, comprenant celles dans lesquelles il existe une anomalie relative soit à la situation ou à la couleur des organes, soit au nombre ou à la situation des fœtus appartenant à une même gestation, soit à la situation ou au nombre des organes en particulier.

HÉTÉROGÉNIE, s. f.,*heterogenia* (ἕτερος, autre, γένος, race). Burdach appelle ainsi (*generatio heterogenea, æquivoca, primitiva, originaria, primigena, spontanea; ungleichartige Zeugung*, all.) la production d'un être vivant, non par des individus de même espèce que lui, mais par des corps d'une autre espèce, soumis à l'influence de certaines circonstances. C'est ce qu'on nomme communément *génération spontanée*.

HÉTÉROGONE, adj., *heterogonus* (ἕτερος, autre, γωνία, angle). La *Spongia heterogona* est contournée en tubes imparfaits.

HÉTÉROGYNES, adj. et s. m. pl., *Heterogyna* (ἕτερος, autre, γυνὴ, femme). Nom donné par Latreille et Eichwald à une famille de l'ordre des Hyménoptères, comprenant des insectes parmi lesquels on trouve des individus de plusieurs sortes, des mâles, des femelles et des neutres.

HÉTÉROHYLES, adj. et s. m. pl., *Heterohyla* (ἕτερος, autre, ὕλη, matière). Nom donné par Schweigger à une section de la classe des Zoophytes, par Eichwald à un ordre de celle des Phytozoaires, comprenant ceux de ces animaux dont le corps est formé d'une substance non homogène.

HÉTÉROIDE, *heteroideus; andersgestalten* (ἕτερος, autre, εἶδος, forme). L.-C. Richard s'est servi de ce mot pour désigner les organes qui varient pour la forme sur un même individu, comme les feuilles du *Broussonetia papyrifera*.

HÉTÉROLOBE, adj., *heterolobus* (ἕτερος, autre, λόβος, lobe); qui a des lobes inégaux, comme ceux des feuilles du *Pelargonium heterolobum*.

HÉTÉROLYTRES, adj. et s. m. pl., *Heterolytra* (ἕτερος, autre, ἔλυτρον, élytre). Nom donné par Goldfuss, Ficinus et Carus à une famille de l'ordre des Coléoptères, comprenant ceux de ces insectes dont les tar-

ses n'ont pas le même nombre d'articles à tous les pieds.

HÉTÉROMALLE, adj., *heteromallus; allseitswendig; vielwendig* (all.) (ἕτερος, différent, μαλλὸς, toison). Dont les côtés sont différens par le poil. Se dit d'une plante qui a les feuilles tournées de tous les côtés. Ex. *Weissia heteromalla, Dicranum heteromallum*.

HÉTÉROMÈRE, adj., *heteromerus* (ἕτερος, différent, μέρος, partie), Épithète donnée par Wallroth au thalle ou blastème des lichens, quand il est composé de plusieurs couches différentes.

HÉTÉROMÈRES, ad. et s. m. pl., *Heteromera, Heteromeri* (ἕτερος, différent, μέρος, partie). Nom donné par Lamarck, Cuvier, Duméril, Latreille et Eichwald à une section de l'ordre des Coléoptères, comprenant ceux de ces insectes qui ont cinq articles aux tarses des pattes de devant, cinq à ceux des pattes intermédiaires, et quatre seulement à ceux des pattes de derrière.

HÉTÉROMORPHE, adj., *heteromorphus; verschiedengestaltet* (all.) (ἕτερος, autre, μορφὴ, forme). Ce terme peut être employé, en opposition à celui d'isomorphe, pour désigner des corps qui contiennent un même nombre d'atômes des mêmes élémens, mais autrement arrangés, d'où résultent des différences dans leurs propriétés chimiques et leurs formes cristallines. Tel est entr'autres le cas des acides phosphorique et paraphosphorique. Les entomologistes disent les *palpes hétéromorphes*, lorsque les deux articles intermédiaires sont beaucoup plus longs que le premier et le dernier (ex. *Cerocoma*).

HÉTÉROMORPHES; adj. et s. m. pl., *Heteromorpha*. Nom donné par Lamarck à une section de la classe des Vers, comprenant ceux dont le corps est souvent difforme; par Blainville à un sous-règne du règne animal, dans lequel il range des animaux qui ont une forme irrégulière.

HÉTÉROMYZIDES, adj. et s. f. pl., *Heteromyzides*. Nom donné par Fallen à une famille de l'ordre des insectes diptères, qui a pour type le genre *Hetromyza*.

HÉTÉRONÈME, adj., *heteronemus* (ἕτερος, autre, νῆμα, filet); qui a des filamens inégaux, comme les filets des étamines de l'*Epacris heteronema*, et les tentacules de l'*Occania hetero-nema*.

HÉTÉRONÉMÉEN, adj., *hetero-nemeus* (ἕτερος, autre, νῆμα, fil). Fries donne cette épithète aux végé-taux *néméens* (*voyez* ce mot) dont les sporidies s'alongent, par la germination, en des filamens qui se réunissent pour produire un corps hétérogène, comme il arrive dans les fougères et les mousses. Ce mot est synonyme de *diplogène*, de *cryptandre* et de *sporifère*, ou du moins s'applique aux mêmes végétaux.

HÉTÉRONOME, adj., *heterono-mus* (ἕτερος, autre, νόμος, loi). Nom donné, dans la nomenclature minéralogique de Haüy, à une variété de topaze dont le signe indique des lois de décroissement qui ne se retrouvent dans aucune autre espèce connue.

HÉTÉROPES, adject. et s. m. pl., *Heteropa* (ἕτερος, autre, πούς, pied). Sous ce nom, Cuvier désigne une section, et Latreille une famille de l'ordre des crustacés branchiopodes, comprenant ceux de ces animaux dont les quatre derniers pieds au moins sont mutiques et propres à la natation.

HÉTÉROPÉTALE, adj., *heteropetalus* (ἕτερος, autre, πέταλον, pétale); qui a des pétales dissemblables ou inégaux. Se dit de la *calathide* des Synanthérées, quand elle offre des corolles dissemblables, comme lors-

qu'elle est couronnée, soit radiée, soit discoïde. Le *Mesembryanthemum heteropetalum* a des pétales inégaux.

HÉTÉROPHYLLE, adj., *heterophyllus*; *verschiedenblättrig* (all.) (ἕτερος, différent, φύλλον, feuille); qui porte des feuilles dissemblables. Se dit d'une plante qui a toutes ses feuilles de forme et de grandeur diverses (ex. *Juglans heterophylla*, *Fucus discors*), ou dont la forme des feuilles diffère dans le bas et le haut de la tige (L'*Actinea heterophylla* a les inférieures linéaires et les supérieures lancéolées; le *Celsia heterophylla*, les inférieures ailées et les supérieures entières; le *Ionidium heterophyllum*, les inférieures ovales et les supérieures linéaires). Il se dit aussi des plantes dont le feuillage varie suivant l'âge, soit pour la forme (ex. *Ludia heterophylla*), soit pour la pubescence (ex. *Populus heterophyllus*, dont les feuilles, chargées d'un duvet blanc des deux côtés, dans la jeunesse, ne sont plus duvetées qu'à leur face inférieure dans l'âge avancé de la plante). Il se dit enfin d'une plante à feuilles verticillées dont chaque verticille en offre une pétiolée, ovale et incisée, tandis que les autres sont sessiles, linéaires et entières (ex. *Mahernia heterophylla*), ou d'une autre parmi les folioles de laquelle on en trouve d'ovales, d'orbiculaires, et quelques unes qui sont presque linéaires (ex. *Clitoria heterophylla*). *Voyez* DIVERSIFOLIÉ, VARIIFOLIÉ. L'*Agaricus heterophyllus* est ainsi appelé parce que les feuillets de son chapeau sont bifurqués et raccourcis de moitié.

HÉTÉROPHYLLIE, s. f., *heterophyllia*. État d'une plante dont les feuilles diffèrent les unes des autres, sous un rapport quelconque.

HÉTÉROPODES, adj. et s. m. pl., *Heteropoda* (ἕτερος, différent, πούς, pied). Nom donné par Cuvier à un ordre de la famille des Gastéropodes, comprenant ceux qui ont le pied comprimé, ou une nageoire mince et verticale; par Lamarck à une famille de Crustacés, à laquelle appartiennent ceux dont les pattes de derrière servent à nager; par Blainville à une classe du règne animal, dans laquelle il range les animaux articulés qui ont des appendices articulés en nombre variable; par le même à une division artificielle de la classe des Microzoaires, comprenant ceux qui ont le corps pourvu d'appendices latéraux, très-diversifiés pour la forme, qui servent à la locomotion ou à quelque autre usage.

HÉTÉROPORE, adj., *heteroporus* (ἕτερος, différent, πόρος, pore); qui a des pores dissemblables, comme la *Plexaura heteropora*, polypier dont les ouvertures des cellules sont dirigées dans tous les sens.

HÉTÉROPSIDE, adj., *heteropsideus* (ἕτερος, différent, ὄψις, aspect). Haüy donnait cette épithète aux métaux que la nature nous offre dans des états où ils sont privés de leurs propriétés spéciales, notamment de leur éclat.

HÉTÉROPTÈRE, adj., *heteropterus* (ἕτερος, autre, πτέρον, aile). La *Callianira heteroptera* a de chaque côté du corps une grande aile et six intermédiaires plus petites. L'*Avicula heteroptera* a une aile très-oblique. Le *Bibio heteroptera* a l'avant-dernière nervure de ses ailes recourbée à l'extrémité, et ne joignant pas la dernière. L'*Amictus heteropterus* a les ailes extrêmement longues.

HÉTÉROPTÈRES, adj. et s. m. pl., *Heteroptera* (ἕτερος, autre, πτέρον, aile). Nom donné par Blainville à une famille de Gnathodontes hétérodermes, comprenant des poissons qui ont des nageoires très-variables et souvent nulles; par Cuvier, Latreille, Eichwald, Ficinus et Carus à une section de l'ordre des insectes

hémiptères, comprenant ceux dont les élytres se terminent brusquement par un appendice membraneux.

HÉTÉROPYGE, adj., *heteropygius* (ἕτερος, différent, πυγὰ, derrière); qui a une queue singulière. L'*Ornismya heteropygia* n'a que six rectrices à la queue.

HÉTÉRORHYNQUES, adj. et s. m. pl., *Heterorhynchi* (ἕτερος, différent, ῥύγχος, bec). Nom donné par Lherminier à une famille comprenant des oiseaux qui diffèrent tous les uns des autres, mais se ressemblent d'ailleurs.

HÉTÉROROSTRES, adj. et s. m. pl., *Heterorostres* (ἕτερος, différent, *rostrum*, bec). Nom donné par Lesson à une famille du sous-ordre des Hémipalmés, comprenant des oiseaux qui ont le bec anomal ou de forme bizarre.

HÉTÉROSCIEN, adj. et s. m., *heteroscius* (ἕτερος, différent, σκιὰ, ombre). Épithète que l'on donne aux habitans des zônes tempérées, parce qu'à midi ils ont leur ombre différemment tournée dans les deux hémisphères.

HÉTÉROSOMES, adj. et s. m. pl., *Heterosomata* (ἕτερος, différent, σῶμα, corps). Nom donné par Duméril et par Blainville à une famille de poissons, comprenant ceux dont le côté droit et le côté gauche du corps ne se ressemblent point.

HÉTÉROSTÉMONE, adj., *heterostemonus* (ἕτερος, différent, στήμων, étamine); qui a des étamines dissemblables. Ex. *Trembleya heterostemon*.

HÉTÉROSTIQUE, adj., *heterostichus* (ἕτερος, différent, στιξ, rangée). Se dit, dans la nomenclature minéralogique de Haüy, d'une variété dans laquelle le nombre des rangées de facettes qui se succèdent sur une partie surpasse de beaucoup celui des rangées situées sur les autres parties (ex. *Baryte sulfatée hétérosti-que*), Le *Racomitrium heterostichum* est ainsi appelé parce qu'il a ses feuilles presque unilatérales.

HÉTÉROSTOME, adj., *heterosto-mus* (ἕτερος, différent, στόμα, bou-che); qui a une bouche extraordi-naire. Le *Distoma heterostomum* offre un troisième orifice au milieu de la longueur de son ventre.

HÉTÉROSTROPHE, adj., *hete-rostrophus* (ἕτερος, différent, στροφάω, tourner). Se dit d'une coquille spiri-valve dont le bord terminal est à gau-che de l'animal. Ex. *Physa hetero-stropha*.

HÉTÉROTAXIE, s. f., *heterotaxia* (ἕτερος, autre, τάξις, arrangement). I. Geoffroy Saint-Hilaire appelle ainsi les anomalies complexes, qui, bien que graves sous le rapport ana-tomique, ne mettent cependant obstacle à l'accomplissement d'au-cune fonction, et ne sont point appa-rentes à l'extérieur.

HÉTÉROTOME, adj., *heteroto-mus* (ἕτερος, différent, τέμνω, cou-per). L.-C. Richard donne ce nom au *périgone*, lorsque ses divisions n'ont pas la même forme.

HÉTÉROTRIQUE, adj., *hetero-trichus* (ἕτερος, différent, θρίξ, poil); qui a des poils dissemblables. Le *Gy-nandropsis heterotricha* et le *Ribes heterotrichum* ont des poils dont les uns sont alongés et les autres glan-duleux.

HÉTÉROTROPE, adj., *heterotro-pus* (ἕτερος, différent, τρέπω, tour-ner). L.-C. Richard employait ce terme pour désigner l'*embryon* dont la direction coupe obliquement ou transversalement l'axe de la graine, aucun de ses deux bouts n'étant di-rigé exactement vers le hile.

HÉTÉROVALVE, adj., *heteroval-vatus* (ἕτερος, différent, *valva*, valve). Peyre appelle ainsi les *fruits* dont les valves sont dissemblables.

HÉTÉROZOAIRES, adj. et s. m. pl., *Heterozoa*, *Heterozoaria* (ἕτερος, différent, ζῶον, animal). Blainville donne ce nom aux reptiles, à cause des différences nombreuses et essen-tielles que présentent entr'eux les animaux compris dans cette classe. Eichwald l'applique à une série du règne animal, comprenant des ani-maux qui diffèrent beaucoup entre eux et de ceux des autres séries.

HÉTÉRYLE, adj., *heterylus*, *he-terhylus* (ἕτερος, dissemblable, ὕλη, matière). Epithète donnée par Mo-quin-Tandon aux œufs qui contien-nent des substances étrangères.

HEUCHÉRÉES, adj. et s. f. pl., *Heucherea*. Nom donné par Bartling à une tribu de la famille des Saxifra-gées, qui a pour type le genre *Heu-chera*.

HEURE, s. f., *hora*; ὥρα; *Stunde* (all.); *hour* (angl.); *ora* (it.). Vingt-quatrième partie du jour. *Heure* se prend aussi très-souvent pour *temps*.

HEXACANTHE, adj., *hexacan-thus* (ἕξ, six, ἄκανθα, épine); qui a six épines, comme les six rayons aigus de la première nageoire dorsale du *Dipterodon hexacanthus*.

HEXACIRCINE, adj., *hexacirci-nus* (ἕξ, six, κίρκος, anneau). Le *Macropteronotus hexacircinus* a six barbillons.

HEXACOQUE, adj., *hexacoccus* (ἕξ, six, κόκκος, grain). La *diéré-sile* reçoit cette épithète, d'après Mir-bel, quand elle est composée de six coques. Ex. *Triglochin maritima*.

HEXACTE, adj., *hexactus* (ἕξ, six, ἀκτὶν, rayon); qui a trois rayons ou trois stries longitudinales, comme le *Pecten hexactes*.

HEXADACTYLE, adj., *hexadac-tylus* (ἕξ, six, δάκτυλος, doigt); qui a six doigts. Le *Platystacus hexa-dactylus* a six rayons aux nageoires pectorales. L'*Orneades hexadactyla* a ses ailes divisées en six lanières ou doigts.

HEXAGONAL, adj., *hexagonalis* (ἐξ, six, γωνία, angle). Épithète donnée à un prisme qui a pour base un hexagone, c'est-à-dire six faces latérales. C'est un des neuf genres que Brochant admet parmi les formes dominantes des cristaux. Ex. *Talc hexagonal*.

HEXAGONE, adject., *hexagonus*; ἑξαγωνὴς; sechsseitig, sechseckig (all.) (ἐξ, six, γωνία, angle); qui a six angles, comme la *capsule* du *Fritillaria imperialis*, le *corps* du *Lutjanus hexagonus*, la *tige* du *Cactus hexagonus*, la *coquille* du *Cerithium hexagonum*.

HEXAGYNE, adj., *hexagynus* (ἐξ, six, γυνὴ, femme). Se dit d'une *plante* qui a six pistils.

HEXAGYNIE, s. f., *hexagynia*. Nom de deux ordres, dans le système de Linné, comprenant des plantes qui ont six pistils.

HEXAHYDRIQUE, adj., *hexahydricus*. Se dit d'un composé qui contient six fois autant d'hydrogène qu'une autre combinaison de ce dernier corps avec la même substance simple. Ex. *Phosphure hexahydrique*.

HEXALÉPIDE, adj., *hexalepidus* (ἐξ, six, λέπις, écaille). Necker donne cette épithète à l'*involucre* des Synanthérées, lorsqu'il est formé de six écailles.

HEXANDRE, adject., *hexander, hexandrus*; sechsmännig (all.) (ἐξ, six, ἀνὴρ, homme). Se dit d'une plante ou d'une fleur qui a six étamines. Ex. *Diplosodon hexander, Mimusops hexandra, Epimedium hexandrum*.

HEXANDRIE, s. f., *hexandria*. Nom d'une classe et de trois ordres, dans le système de Linné, comprenant des plantes qui ont six étamines.

HEXANDRIQUE, adj., *hexandricus*; qui a six étamines.

HEXANÈME, adject., *hexanemus* (ἐξ, six, νῆμα, fil); qui a six fils. Une méduse (*Favonia hexanema*) est ainsi appelée parce qu'elle a six bras.

HEXANGULAIRE, adj., *hexangularis* (ἐξ, six, *angulus*, angle); qui a six angles, comme la tige du *Spermacoce hexangularis*.

HEXANTHÉRÉ, adj., *hexantherus, hexanthereus* (ἐξ, six, ἀνθηρὸς, fleuri). Nom donné par Gleditsch et Allioni aux plantes qui ont six étamines. Il conviendrait mieux à quelques espèces de *Casearia* qui n'ont que six étamines pour douze anthères.

HEXAPE, adj., *hexapus* (ἐξ, six, ποῦς, pied); qui a six pieds seulement, comme le *Sepia hexapus*, dont les deux dernières paires de pattes sont très-petites. Scopoli appelait ainsi les papillons que d'autres entomologistes appellent *hexapodes*, c'est-à-dire ceux qui ont six pattes semblables, à peu près égales, et toutes propres à la marche.

HEXAPÉTALE, adj., *hexapetalus* (ἐξ, six, πέταλον, feuille). Dont la corolle est formée de six pétales. Ex. *Perigala hexapetala, Phebalium hexapetalum*.

HEXAPÉTALÉES, adj. et s. f. pl., *Hexapetalæ, Hexapetali*. Nom donné par Rivin à une famille de plantes, comprenant celles dont la fleur a six pétales.

HEXAPHYLLE, adj., *hexaphyllus* (ἐξ, six, φύλλον, feuille). Se dit d'un *périgone*, d'un *involucre*, qui est composé de six folioles, et de plantes qui ont les feuilles pennées et composées de six folioles (ex. *Rajania hexaphylla*), ou verticillées six par six (ex. *Asperula hexaphylla*).

HEXAPODE, adject., *hexapodus*; qui a six pieds. *Voyez* HEXAPE.

HEXAPODES, adj. et s. m. plur., *Hexapoda*. Nom donné par Latreille à une race d'animaux céphalidiens condylopes, et par Blainville à une classe d'animaux articulés, comprenant ceux qui ont six pattes ; par Latreille a une sous-tribu de la tribu des Papilionides, dans laquelle il range ceux de ces insectes qui ont six pieds ambulatoires presque semblables ; par Kirby à un sous-ordre de l'ordre des insectes aptères, renfermant ceux qui n'ont que six pattes.

HEXAPTÈRE, adj., *hexapterus* (ἕξ, six, πτέρον, aile) ; qui est muni de six ailes, comme la *capsule* du *Fritillaria imperialis*. La *Phalœna hexaptera* est ainsi nommée parce que le mâle semble avoir une troisième paire de petites ailes, les inférieures ayant auprès de leur naissance une espèce d'appendice couché sur le dessus de ces ailes.

HEXARINE, adj., *hexarinus* (ἕξ, six, ἄῤῥην, mâle). Epithète donnée par Necker aux plantes qui ont six étamines.

HEXASÉPALE, adj., *hexasepalus*. Se dit d'un calice qui est composé de six pièces. Ex. *Clematis hexasepala*.

HEXASPERME, adj., *hexaspermus* (ἕξ, six, σπέρμα, graine) ; qui a des fruits renfermant six semences, comme les *drupes* du *Pyrostria hexasperma*, les *pommes* du *Trichosperma hexasperma*.

HEXASTÉMONE, adj., *hexastemonis* (ἕξ, six, στήμων, étamine). Se dit d'une plante ou d'une fleur qui a six étamines.

HEXASTIQUE, adj., *hexastichus* ; *sechsseilig* (all.) (ἕξ, six, στίξ, rangée) ; qui a six rangées de graines, comme l'*épi* de l'*Hordeum hexastichum*, ou dont les feuilles sont disposées sur six rangs, comme celles de l'*Isothecium hexastichum*.

HEXATÉTRAÈDRE, adj., *hexatetraedrus* (ἕξ, six, τέτρα, quatre, ἕδρα, base). Epithète donnée, dans la nomenclature minéralogique de Haüy, à une variété de chaux carbonatée ayant pour forme un cube dont chaque face porte une pyramide tétraèdre.

HIANTICONQUES, adj. et s. f. pl., *Hianticonchæ* (hio, bâiller, concha, coquille). Nom donné par Latreille à une section de l'ordre des Conchifères tubulipalles, comprenant ceux de ces animaux dont la coquille est très-baillante, du moins à l'une de ses extrémités.

HIBBERTIANÉES, adj. et s. f. pl., *Hibbertianeæ*. Nom donné par Candolle à une section du genre *Pleurandra*, comprenant les espèces qui ont de l'affinité avec les *Hibbertia*.

HIBBERTIÉES, adj. et s. f. pl., *Hibberticeæ*. Nom donné par Reichenbach à une section de la famille des Dilléniacées, qui a pour type le genre *Hibbertia*.

HIBERNACLE, s. m., *hybernaculum* ; *Winterhaus* (all.) (*hybernus*, d'hiver). Linné désignait sous ce nom toutes les parties des plantes qui servent à envelopper les jeunes pousses et à les garantir du froid pendant l'hiver, comme les bourgeons et les bulbes.

HIBERNAL, adj., *hybernus* ; *iemale* (it.). Ce qui a lieu pendant l'hiver (*température hivernale*). Le *Galanthus nivalis* et l'*Helleborus hyemalis* fleurissent en hiver. C'est pendant cette saison que le *Larus hybernus* se montre en Angleterre.

HIBERNANT, adj., *hibernans*. On donne cette épithète aux animaux qui passent une partie de l'automne et l'hiver dans un état d'engourdissement et de léthargie, d'où ils ne sortent qu'à l'entrée du printemps.

HIBERNATION, s. f., *Winterschlaf* (all.). Engourdissement ou sommeil d'hiver des animaux chez lesquels a lieu ce phénomène physiologique.

HIBISCÉES, adj. et s. f. pl., *Hibisceæ*. Reichenbach désigne ainsi une tribu de la famille des Malvacées, qui a pour type le genre *Hibiscus.*

HIÉRACÉES, adj. et s. f. pl., *Hieraceæ.* Nom donné par D. Don à une tribu de la famille des Chicoracées, par H. Cassini à une section de la tribu des Lactucées, et par Lessing à une sous-tribu de la tribu des Chicoracées, ayant pour type le genre *Hieracium:*

HIÉROGLYPHIQUE, adj., *hieroglyphicus.* Se dit d'un corps qui est marqué de lignes colorées sinueuses, qu'on a comparées à des hiéroglyphes: Ex. *Python hieroglyphicus, Coccinella hieroglyphica. Voyez* ÉCRIT.

HILAIRE, adj., *hilaris* (*hilum,* hile): On appelle *cicatrice hilaire,* celle qui est produite par l'abouchement des vaisseaux nourriciers au moyen desquels a eu lieu le développement des tuniques de l'embryon.

HILE, s. m., *hilum, hilus, fenestra, cicatricula; Nabel, Samennarbe, Samengrube, Keimgrube* (all.); *ilo* (it.). L'usage général est de donner ce nom, avec Ruelle, au point par lequel la graine tenait à la plante-mère, et auquel aboutissait par conséquent le funicule ; cependant on ne l'applique souvent qu'à l'ombilic externe, c'est-à-dire à celui de la première enveloppe de la graine, et ce cas a toujours lieu quand on parle du *hile* en général. Link prend le mot dans un autre sens ; pour lui ce qu'on désigne communément par là est l'ombilic, et son *hile* est l'auréole, souvent colorée, déprimée ou verruqueuse, qui l'entoure. C'est à tort qu'on appelle *hile* la cicatrice indiquant le point d'attache des achaines, des caryopses et des noix, car il n'y a de hile que pour les graines, et ce sont là des fruits.

HILIFÈRE, adj., *hiliferus* (*hilum,* hile, *fero,* porter). La *radicule* est dite *hilifère,* d'après Mirbel, quand l'amande est nue, et que la radicule reçoit directement les vaisseaux du funicule (ex. *Avicennia*); le *périsper-*

me prend la même épithète quand il porte immédiatement le hile (ex. *Conifères*).

HILOFÈRE, s. m., *hilofer* (*hilum,* hile, *fero,* porter). Nom donné par Mirbel à la tunique interne de la graine, endoplèvre ou endosperme.

HILOSPERMÉES, adj. et s. f. pl., *Hilospermæ* (*hilum,* hile, σπέρμα, graine). Ventenat donnait ce nom à la famille des Sapotées, parce que les plantes qu'elle renferme ont ordinairement l'ombilic très-grand.

HIMANTOCÈRE, adj., *himantocerus* (ἱμάς, courroie, κέρας, corne); qui a les antennes en forme de fouet, comme celles de l'*Asilus himantocerus,* dont le troisième article aplati se termine tout à coup par une petite épine très-courte.

HIMANTOGALLES, adj. et s. m. pl., *Himantogalli* (ἱμάς, courroie, *gallus,* coq). Nom sous lequel Lesson désigne un sous-ordre de l'ordre des Echassiers, comprenant ceux de ces oiseaux qui ont de l'analogie avec les Gallinacés.

HIMANTOPODE, adj., *himantopodus* (ἱμάς, courroie, πούς, pied). Se dit d'un oiseau qui a les jambes très-longues.

HIPPÉASTRIFORMES, adject. et s. f. pl., *Hippeastriformes.* Nom donné par G. Herbert à une section de la famille des Amaryllidées, comprenant le genre *Hippeastrum.*

HIPPIDES, adj. et s. f. pl., *Hippides.* Nom sous lequel Latreille et Eichwald désignent une tribu de la famille des Crustacés décapodes macroures, qui a pour type le genre *Hippa.*

HIPPIÉES, adj. et s. f. pl., *Hippieæ.* Nom donné par Lessing à une section de la sous-tribu des Sénécionidées anthémidées, qui a pour type le genre *Hippia.*

HIPPOCASTANÉES, adj. et s. f. pl., *Hippocastaneæ.* Famille de plantes, établie par Candolle, qui a pour type l'*Æsculus Hippocastanum*.

HIPPOCRATÉACÉES ; adj. et s. f. pl., *Hippocrateaceæ*. Famille de plantes, établie par Jussieu, qui a pour type le genre *Hippocratea*.

HIPPOCRATÉES, adj. et s. f. pl., *Hippocrateæ*. Section, établie par Reichenbach dans la famille des Théacées, qui a le genre *Hippocratea* pour type.

HIPPOCRATICÉES. *Voyez* HIPPOCRATÉACÉES.

HIPPOMANÉES, adj. et s. f. pl., *Hippomaneæ*. Reichenbach désigne sous ce nom une section de la famille des Euphorbes, qui a pour type le genre *Hippomane*.

HIPPOPE, adj., *hippopus* (ἱππὸς, cheval, ποῦς, pied) ; qui ressemble à un pied de cheval. L'*Ostrea hippopus* est ainsi appelée en raison de sa largeur et de sa forme.

HIPPOPODIFORME, adj., *hippopodiformis* (ἱππὸς, cheval, ποῦς, pied, *forma*, forme). Les appendices gélatineux et natatoires qui garnissent supérieurement le corps du *Protomedea lutea* ont reçu cette épithète, à cause de leur ressemblance avec un sabot de cheval.

HIPPOPOTAMIENS, adj. et s. m. pl., *Hippopotamii*. Vicq d'Azyr avait établi sous ce nom une classe de Mammifères, ayant pour type l'*Hippopotame*.

HIPPURATE. *V.* UROBENZOATE.

HIPPURIDÉES, adj. et s. f. pl., *Hippurideæ*. Famille de plantes, établie par Link, que Candolle regarde comme une simple tribu de celle des Haloragées, et qui a pour type le genre *Hippuris*.

HIPPURIQUE, adj., *hippuricus* (ἱππὸς, cheval). Liebig donne ce nom à un *acide* particulier, qui existe dans l'urine des animaux herbivores en général, et que, par cela même qu'il n'appartient pas exclusivement au

cheval, Berzelius désigne sous une autre dénomination, celle d'*acide urobenzoïque*. *V.* ce mot.

HIPTAGÉES, adj. et s. f. pl., *Hiptageæ*. Nom donné par Candolle à une tribu de la famille des Malpighiacées, qui a pour type le genre *Hiptage*.

HIRCATE, s. m., *hircas* (*hircus*, bouc). Genre de sels (*hircinsaure Salze*, all.), qui sont produits par la combinaison de l'acide hircique avec les bases salifiables.

HIRCIN, adj., *hircinus* ; *bocksartig* (all.). Se dit d'une odeur analogue à celle du bouc, qu'on observe dans plusieurs plantes. Ex. *Loroglossum hircinum*.

HIRCINE, s. f., *hircina* ; *Hircinfett* (all.). Substance grasse particulière, que Chevreul admet dans la graisse de bouc, et à laquelle il attribue l'odeur de cette graisse.

HIRCIQUE, adj., *hircicus*. Nom donné par Chevreul à un *acide* particulier (*Hircinsäure*, all.), que produit la saponification de l'hircine.

HIRCISME, s. m., *hircismus*, *fœtor alarum s. ascellarum*. Odeur forte et particulière qui s'exhale des aisselles chez beaucoup d'hommes.

HIRSUTÉ, adj., *hirsutus* ; *rauh*, *struppig* (all.). Garni de poils longs et nombreux. *Voyez* HÉRISSÉ.

HIRSUTEUX, adj., *hirtus* ; *borstig* (all.). Garni de poils raides et piquans. *Voyez* HÉRISSÉ.

HIRTICAUDE, adj., *hirticaudis* (*hirtus*, velu, *cauda*, queue) ; qui a la queue velue. Le *Lixus hirticaudis* a l'extrémité des élytres garnie de poils.

HIRTICOLLE, adj., *hirticollis* (*hirtus*, velu, *collum*, col) ; qui a le col ou le corselet couvert d'un épais duvet. Ex. *Melolontha hirticollis*, *Gibbium hirticolle*.

HIRTICORNE, adj., *hirticornis* (*hirtus*, hérissé, *cornu*, corne) ; qui a les antennes velues (ex. *Poly* mera *hirticornis*, *Sarrotrium hirti-corne*), hérissées d'épines (ex. *Coreus hirticornis*) , ou terminées par une masse de poils en forme de petit balai (ex. *Orthocerus hirticornis*).

HIRTIFLORE , adj. , *hirtiflorus* (*hirtus*, velu, *flos*, fleur) ; qui a les fleurs velues. Le *Myrcia hirtiflora* a ses bractées et ses calices très-velus ; le *Galium hirtiflorum* , ses corolles velues en dehors ; le *Schizachyrium hirtiflorum*, ses épis velus.

HIRTIMANE, adject., *hirtimanus* (*hirtus*, hérissé, *manus*, main) ; qui a les mains hérissées d'épines. Ex. *Palæmon hirtimanus.*

HIRTIPÈDE, adj. , *hirtipes* (*hirtus*, hérissé, *pes*, pied) ; qui a les pattes garnies de poils. Ex. *Dasypoda hirtipes.*

HIRUDIFORMES, adj. , *Hirudiformia* (*hirudo*, sangsue). Nom donné par Latreille à un ordre de la classe des Elminthaproctes, comprenant ceux de ces animaux dont le corps est plus ou moins semblable à celui d'une sangsue.

HIRUDINÉES , adj. et s. f. pl. , *Hirudineæ*, *Hirudinei*, *Hirudines.* Nom donné par Savigny, Lamarck et Latreille à une famille de la classe des Annelides, par Eichwald à une famille de celle des Grammazoaires, ayant pour type le genre *Hirudo.*

HIRUNDINACÉ , adj. , *hirundinaceus* (*hirundo*, hirondelle); qui tient de l'hirondelle, comme la queue du *Merops hirundinacea.*

HIRUNDINIDES, adj. et s. m. pl., *Hirundinidæ*. Nom donné par Vigors à une famille d'oiseaux percheurs, qui a pour type le genre *Hirundo.*

HISPIDE, adj., *hispidus*, *hispidosus*, *strigosus* ; *hackerig* (all.) ; qui est garni de poils rudes et épars, comme la totalité de la plante dans le *Silphium laciniatum* , les *anthères* du *Lamium garganicum*, les *utricules* du pollen du *Malva miniata*, la *tige*

de l'*Epilobium hirsutum*, les *feuilles* du *Leontodon hispidum. Voyez* Hérissé.

HISPIDITÉ, subst. f. , *hispiditas.* État d'une partie qui est couverte de poils raides et piquans.

HISPIDULÉ, adj. , *hispidulatus* ; qui est un peu hispide.

HISPIDULEUX, adj. , *hispidulosus* ; qui est garni de poils raides, très-écartés.

HISTÉRIDES, adj. et s. m. pl. , *Histeridæ.* Nom donné par Leach à une famille d'insectes coléoptères, qui a pour type le genre *Hister.*

HISTÉROÏDES , adj. et s. m. pl. , *Histeroïda*, *Histeroïdes.* Nom donné par Paykull à une famille , par Latreille , Cuvier et Eichwald à une tribu de la famille des Coléoptères clavicornes, qui a pour type le genre *Hister.*

HISTOIRE NATURELLE, subst. f. , *historia naturalis* ; *Naturgeschichte* (all.). Science qui étudie les formes et les diverses parties de chacun des corps existans à la surface ou dans l'intérieur de la terre, examine la structure de ceux dans lesquels on ne trouve aucune trace de l'organisation nécessaire à l'exercice des fonctions vitales, recherche l'organisation et les fonctions des êtres vivans, s'occupe des diverses classifications propres à faciliter l'étude des corps naturels, et s'attache surtout à les disposer dans un ordre méthodique qui soit aussi conforme que possible à leurs analogies.

HIVER, s. m. , *hiems*, *hibernum* ; χειμών ; *Winter* (all., angl.); *inverno* (it.). L'une des quatre saisons de l'année, qui s'étend depuis l'arrivée du Soleil à l'un des tropiques jusqu'à son retour à l'équateur , et pendant laquelle règnent les plus grands froids, dans les régions tempérées et glaciales. Chez nous l'hiver dure depuis le 21 ou 22 décembre , époque du passage du Soleil au premier point du Capricorne , et terme de son plus grand abaissement au dessous de l'équateur , jusqu'au 19 ou 21 mars, retour de l'astre à l'équinoxe du printemps. La Terre parcourt pendant ce temps les signes du Cancer , du Lion et de la Vierge.

HIVERNAL. *Voyez* HIBERNAL.

HIVERNANT. *Voyez* HIBERNANT.

HIVERNATION. *Voyez* HIBERNATION.

HODOMÈTRE, s. m. , *hodometrum* , *pedometer* , *perambulator* , *viatorum* (ὁδὸς, chemin, μετρέω, mesurer). Instrument ou appareil servant à mesurer la longueur d'un chemin parcouru , à déterminer la distance qui sépare deux points l'un de l'autre. Le plus connu de ces appareils est celui de Hohlfeld, qui n'est qu'un perfectionnement d'autres plus anciens, et avec lequel on peut, sans s'en occuper, mesurer un million de révolutions d'une zone, ce qui, en supposant celle-ci à quinze pieds de circonférence, fait quinze millions de pieds , ou près de onze cents lieues.

HOLACANTHE, adj., *holacanthus* (ὅλος, tout, ἄκανθα, épine); qui a e corps entièrement couvert de piquans très-rapprochés. Ex. *Diodon holacanthus*.

HOLEMENT, s. m. Cri de la hulotte.

HOLÉRACÉES. *Voyez* OLÉRACÉES.

HOLÈTRES , adject. et s. m. pl. , *Holetra* (ὅλος, entier, réuni, ἦτρον , abdomen). Nom donné par Hermann, Cuvier, Latreille et Eichwald à une famille de l'ordre des Arachnides trachéales , comprenant ceux de ces animaux qui ont l'abdomen réuni au thorax.

HOLOBRANCHES, adj. et s. m. pl., *Holobranchii* , *Holobranchia* , *Holobranchiata* (ὅλος, complet, βράγχια, branchies). Nom donné par Duméril à une famille de Poissons osseux, dans laquelle il range ceux qui ont des branchies complètes , c'est-à-dire pourvues d'un opercule et d'une membrane branchiostège.

HOLOCHALINES, adj. et s. m. pl., *Holochalina* (ὅλος, tout, χαλινοὶ, dents). Nom donné par Muller à une famille de reptiles ophidiens, comprenant ceux qui ont toutes les dents maxillaires venimeuses.

HOLODONTASPISTES, adj. et s. m. pl., *Holodontaspistes* (ὅλος, complet, ὀδοῦς, dent, ἀσπὶς, plaque). Nom donné par J.-A. Ritgen à une tribu de Reptiles ophidiens, comprenant ceux qui ont des plaques sur le corps et toutes les dents entières, non percées.

HOLODONTES, adj. et s. m. pl. , *Holodonta* (ὅλος, tout, ὀδοῦς, dent). Nom donné par Muller à une famille de Reptiles ophidiens , comprenant ceux qui ont toutes les dents pleines et entières, ou des dents partout où l'on en trouve dans cet ordre.

HOLODONTOPHIDES, adj. et s. m. pl. , *Holodontophides* (ὅλος, complet, ὀδοῦς, dent, ὄφις, serpent). Nom donné par J.-A. Ritgen à une tribu de Reptiles ophidiens, dans laquelle il range ceux qui ont des plaques sur le corps et les dents pleines.

HOLOEDRIQUE , adj., *holoedricus* (ὅλος, entier, ἕδρα, base). Naumann donne cette épithète aux *formes* cristallines réunissant toutes les faces qui peuvent se coordonner autour d'un système d'axes déterminés pour un certain rapport , également déterminé , entre les paramètres.

HOLOGONIDIE, s. f. , *hologonidium ; Vollbrutzelle* (all.). Wallroth nomme ainsi les gonidies des lichens considérées isolément , lorsqu'elles sont dans les conditions nécessaires pour se développer , et au moment de le faire.

HOLOGONIMIQUE , adj. , *hologonimicus.* Wallroth appelle *morphosis hologonimica* celle qui résulte du développememt des corpuscules reproducteurs des lichens auxquels il donne le nom de *hologonidies*.

HOLOLÉPIDOTE, adj., *hololepidotus* (ὅλος, entier, λεπὶς, écaille); qui est entierement couvert d'écailles. Ex. *Cichla hololepidota*.

HOLOLEUQUE, adj., *hololeucus* (ὅλος, entier, λευκός, blanc); qui est totalement blanc. Ex. *Agaricus hololeucus*.

HOLOPÉTALE, adj., *holopetalus* (ὅλος, entier, πέταλον, pétale); qui a des pétales entiers. Ex. *Silene holopetala*.

HOLOPHANÈRE, adj., *holophanerus* (ὅλος, complet, φανερός, manifeste). Latreille donne cette épithète aux *métamorphoses* des insectes, quand elles sont complètes ou totales.

HOLOPORE, adject., *holoporus* (ὅλος, complet, πόρος, pore). Le *Polyporus holoporus* est presque uniquement composé de tubes parallèles.

HOLOPTÈRE, adj., *holopterus* (ὅλος, complet, πτέρον, aile). L'*Ascaris holopterus* doit ce nom à ce qu'une membrane latérale mince règne sur toute la longueur de son corps.

HOLORAGÉES, adj. et s. f. pl., *Holoragcæ*. Famille de plantes, établie par R. Brown, qui a pour type le genre *Holoragis*.

HOLOTHURIDES, adj. et s. f. pl., *Holothurida*, *Holothuridea*. Nom donné par Latreille à une classe du règne animal, par Blainville à un ordre de la classe des Polycérodermaires, ayant le genre *Holothuria* pour type.

HOLOTHURIES, s. f. pl., *Holothuriæ*. Nom donné par Goldfuss, Ficinus et Carus à un ordre ou à une famille de Radiaires, ayant pour type le genre *Holothuria*.

HOMALINÉES, adj. et s. f. pl.,

Homalineæ. Famille de plantes, établie par R. Brown, qui a pour type le genre *Homalium*.

HOMALOCÉPHALE, adj., *homalocephalus* (ὁμαλός, plan, κεφαλή, tête). Le *Lacerta homalocephala* est ainsi appelé, parce qu'il a les côtés de la tête et du corps garnis d'une large membrane, qui les fait paraître aplatis.

HOMALOGONÉES, adj. et s. f. pl., *Homalogonata* (ὁμαλός, plan, γόνυ, genou). Nom donné par Lyngbye à une section de la classe des Hydrophytes, comprenant celles dont la fronde est articulée et plane.

HOMALOPHYLLES, adj. et s. f. pl., *Homalophyllæ* (ὁμαλός, plan, φύλλον, feuille). Nom donné par Willdenow à un ordre de plantes cryptogames, comprenant celles qui ont une fronde aplatie sur terre; par Sprengel à une famille, démembrée des Hépatiques, dans laquelle il range celles de ces plantes dont la fronde forme une expansion foliacée.

HOMARDIENS, adj. et s. m. pl., *Astacini*. Nom donné par Cuvier et Latreille à une tribu ou section de la famille des Crustacés décapodes Macroures, qui a pour type le genre *Homard*.

HOMÉOMÈRE, adj., *homæomerus* (ὅμοιος, semblable, μέρος, partie). Wallroth donne cette épithète au thalle ou blastème des lichens, quand il est formé d'une substance unique, homogène ou gélatineuse.

HOMINIDES, adj. et s. m. pl., *Hominidæ*. Gray désigne sous ce nom une famille de l'ordre des Mammifères primates, qui renferme le genre *Homo*.

HOMOBRANCHES, adj. et s. m. pl., *Homobranchiata* (ὁμός, semblable, βράγχια, branchies). Nom donné par Lamarck à un ordre de la classe des Crustacés, comprenant ceux qui ont les branchies en pyramide et composées de lames empilées les unes sur les autres.

HOMOCARPE, adj. , *homocarpus* (όμὸς, semblable, ϰαρπὸς, fruit). H. Cassini donne cette épithète à la *calathide* des Synanthérées, quand tous les ovaires qu'elle renferme sont semblables.

HOMOCHÈLES, adj. et s. m. pl., *Homocheles* (όμὸς, semblable, χηλὴ, pince). Nom donné par Latreille à une section de la famille des Crustacés décapodes brachiures, comprenant ceux dont les serres sont de grandeur identique ou peu différente dans les deux sexes.

HOMOCRICIENS, adj. et s. m. pl., *Homocricii* (όμὸς, semblable, ϰρίϰος, anneau). Nom donné par Blainville à un ordre de la classe des Chétopodes, dans lequel il range ceux de ces animaux dont le corps est composé d'articulations presque similaires.

HOMODERMES, adject. et s. m. pl. , *Homodermæ*, *Homodermata* (όμὸς, semblable, δέρμα, peau). Nom donné par Duméril à une famille de l'ordre des Reptiles ophidiens, comprenant ceux qui ont la peau couverte d'écailles partout.

HOMOGAME, adj. , *homogamus* (όμὸς, semblable, γάμος, noce). Épithète que Lessing donne à la *calathide* des Synanthérées, quand toutes les fleurs qu'elle renferme sont du même sexe.

HOMOGAMIE, s. f., *homogamia*. C.-C. Sprengel désigne ainsi le cas dans lequel les organes mâles et les organes femelles d'une plante arrivent ensemble à maturité.

HOMOGÈNE, adj. , *homogenus*; *gleichartig* (all.) (όμὸς, semblable, γένος, race). Se dit de la *texture* d'une roche, quand les parties qui la constituent sont de même nature et ont le même aspect.

HOMOGÉNÉITÉ, s. f., *homogenci-*

tas ; Gleichartigkeit (all.), Qualité de ce qui est homogène.

HOMOGÉNÉOCARPES, adj. et s. f. pl. , *Homogeneocarpi* (όμογενὴς, homogène, ϰαρπὸς, fruit). Nom donné par Bory à une tribu de la famille des Céramiaires , comprenant celles qui produisent de véritables capsules homogènes.

HOMOGÈNES, adj. et s. m. et f. pl., *Homogenei*, *Homogeneæ*. Nom donné par Brongniart et C. Prevost à une classe de *roches*, comprenant les masses minérales dans lesquelles on ne distingue à l'œil qu'une seule matière composante ; par Acharius, à un ordre de la classe des lichens idiothalames, auquel il rapporte ceux dont la substance est homogène ; par Cuvier, à un ordre de la classe des Infusoires, comprenant ceux de ces animaux dont le corps est sans viscères.

HOMOGÉNIE, subst. f., *homogenia* (όμὸς, semblable, γένος, race). Burdach appelle ainsi (*generatio homogenea s. propagatio ; gleichartige Zeugung, Fortpflanzung*, all.) le mode de génération qui consiste en ce que le nouvel être vivant est produit par un ou par deux corps organisés de la même espèce que lui.

HOMOIDE, adject. , *homoideus; gleichgestaltet* (όμὸς, semblable, εἴδος, ressemblance). L.-C. Richard donne cette épithète aux parties qui ont la même forme que leur tégument ou enveloppe.

HOMOIODIPÉRIANTHÉES, adj. et subst. f. pl. , *Homoiodiperiantheæ* (όμοιος, semblable, δἴς, deux, περὶ, autour, ἄνθος, fleur). Wachendorff nomme ainsi une classe de plantes, comprenant celles qui ont un même nombre d'étamines et de divisions de chacun de leurs deux périanthes.

HOMOMALLE, *homomallus, secundus ; einseitswendig* (all.) (όμὸς, semblable, μαλλός, toison). Se dit d'un corps dont les parties se dirigent d'un seul côté, comme les *phyllodes* de l'*Acacia homomalla*, les feuilles du *Didymodon homomallus*, et les *rameaux* du polypier appelé *Plexaura homomalla*.

HOMOMÉRÉS, adj. et s. m. pl.; *Homomeres* (ὁμὸς, semblable, μέρος, partie). Nom donné par Blainville à un ordre de la classe des Chétopodes, comprenant ceux dont les anneaux du corps sont semblables les uns aux autres.

HOMOMORPHE, adj., *homomorphus*, *uniformis*; *einförmig* (all.); (ὁμὸς, semblable, μορφή, forme). Se dit de parties ou de corps qui ont la même forme.

HOMONÉMÉENS, adj. et s. m. pl., *Homonemeæ* (ὁμὸς, semblable, νῆμα, fil). Fries donne ce nom aux végétaux produits par des filamens qui, dans la germination, se séparent chacun de leur adhérence à un corps homogène, comme dans les algues et les champignons. *Homonémé* ou *Homonéméen* est synonyme de *haplogène*, *anandre* et *sporidiifère*.

HOMONOME, adject., *homonomus* (ὁμὸς, semblable, νόμος, loi). Nom donné, dans la nomenclature minéralogique de Haüy, à une variété dans laquelle tous les décroissemens naissent sur les angles ou sur les bords. Ex. *Baryte sulfatée homonome*.

HOMOPÉTALE, adj., *homopetalus* (ὁμὸς, semblable, πέταλον, pétale). Épithète donnée par Peyre aux *fleurs* dont les pétales se ressemblent tous; par H. Cassini, aux *calathides*, quand les fleurs qui les composent ont toutes des corolles semblables.

HOMOPHYLLE, adj., *homophyllus* (ὁμὸς, semblable, φύλλον, feuille). Se dit d'une plante dont les feuilles ou les folioles sont toutes semblables. Ex. *Cassia homophylla*.

HOMOPTÈRES, adj. et s. m. pl., *Homoptera* (ὁμὸς, semblable, πτέρον,

aile). Nom donné par Cuvier, Latreille, Eichwald, Ficinus et Carus à une section de l'ordre des Hémiptères, comprenant ceux de ces insectes dont les étuis ont la même consistance et sont demi-membraneux dans toute leur étendue.

HOMOSPHÉROÉDRIQUE, adject., *homosphæroedricus*. Nom donné par Weiss au système de cristallisation dans lequel le cristal offre toutes les faces que détermine l'ensemble de trois axes inégaux entr'eux, système qui a pour type l'octaèdre régulier.

HOMOTÈNE, adj. et s. m., *homotenus* (ὁμὸς, semblable, τείνω, aller vers). Latreille désigne sous ce nom les animaux articulés qui conservent toute leur vie la forme qu'ils avaient en naissant, qui ne font que croître et changer de peau.

HOMOTHALAMES, adj. et s. m. pl., *Homothalami* (ὁμὸς, semblable, θάλαμος, lit). Nom donné par Acharius à une classe de Lichens, comprenant ceux dont les conceptacles sont de même couleur et de même nature que le thalle.

HOMOTROPE, adj., *homotropus* (ὁμὸς, semblable, τρέπω, tourner). L.-C. Richard appliquait cette épithète à l'*embryon* qui, sans être droit, a la même direction que la graine.

HOMOVALVE, adj., *homovalvus* (ὁμὸς, semblable, *valva*, valve). Peyre indique par ce nom les *fruits* dont les valves sont semblables.

HOPLOPODES, adj. et s. m. pl., *Hoplopoda* (ὅπλον, arme, πούς, pied). Nom donné par Goldfuss à un ordre de la classe des Mammifères, comprenant ceux qui ont les pieds armés de sabots.

HORAIRE, adj., *horarius*; qui a rapport aux heures, qui les marque ou les mesure, qui se fait par heures. On appelle *plans horaires*, les plans visuels dont les arcs qu'ils intorceptent sur le cercle diurne d'un astre répondent aux heures ou fractions d'heure dans lesquelles on divise la durée de la révolution entière ou du jour sidéral. Les *cercles horaires* sont ceux qu'en vertu du mouvement diurne de la terre, chaque étoile semble tracer en décrivant soit l'équateur même, soit un cercle plus petit, mais parallèle à celui-là. On les nomme *parallèles*. L'*angle horaire* est l'angle dièdre formé par le plan du méridien avec le plan horaire d'un astre. On donne l'épithète de *horaires* aux végétaux qui ne vivent guère plus d'une heure.

HORDÉACÉ, adject., *hordeaceus* (*hordeum*, orge); qui ressemble à un grain d'orge, comme la coquille du *Bulimus hordeaceus*; ou qui a la forme d'un épi d'orge, comme l'épi floral du *Chamærophis hordeaceus*.

HORDÉACÉES, adj. et s. f. pl., *Hordeaceæ*. Nom donné par Kunth et Nees d'Esenbeck à une tribu de la famille des Graminées, qui a pour type le genre *Hordeum*.

HORDÉIFORME, adj., *hordeiformis*; *gerstenartig* (all.); qui ressemble à l'orge. Ex. *Triticum hordeiforme*.

HORDÉILE, s. f., *hordeila*. Guibourt appelle ainsi l'*hordéine*.

HORDÉINE, subst. f., *hordeina*. Proust nomme ainsi une substance qu'il a retirée de l'orge, et qu'il regarde comme un principe immédiat des végétaux, mais qui, d'après Zenneck et Guibourt, est un mélange de son et des tégumens de l'amidon insolubles dans l'eau, et, d'après Raspail, de son pur très-divisé. Herbmstaedt donne le même nom à une substance fort différente, le gluten de l'orge.

HORDÉINÉES, adj. et s. f. pl., *Hordeineæ*. Nom donné par Link à une tribu de la famille des Graminées, qui a le genre *Hordeum* pour type.

HORIALES, adj. et s. m. pl., *Horiales*. Nom donné par Cuvier et La-

treille à une famille des Coléoptères trachélides, ayant pour type le genre *Horia*.

HORIZON, s. m., *horizon*; ὁρίζων; *Gesichtskreis* (all.); *orizonte* (it.) (ὁρίζω, terminer). Plan qui, passant par l'œil de l'observateur, perpendiculaire à la verticale, et rasant la surface de la terre, sépare la partie visible du ciel de celle que nous cache la courbure du globe; on le nomme ainsi parce qu'il borne la vue. L'*horizon sensible* est la ligne qui sépare la partie visible du ciel de celle qu'on ne peut apercevoir. L'*horizon rationnel* est un cercle parallèle au précédent, mais plus grand, qui passe par le centre de la terre, et dont le plan divise en deux parties égales le globe terrestre et l'espace dans lequel il est situé. Ces deux cercles changent pour chaque lieu de la terre.

HORIZONTAL, adj., *horizontalis*; πλάγιος; *wagerecht* (all.); *orizontale* (it.); qui est dans la direction du plan de l'horizon. Les géologues appellent *stratification horizontale* celle des massifs dont les couches sont généralement peu inclinées. En botanique, on nomme *horizontales*, les *anthères* qui sont placées en travers sur le filet (ex. *Lilium*); les *racines* qui courent entre deux terres, parallèlement au plan de l'horizon (ex. *Anemone nemorosa*); les *graines* qui sont attachées par leur bord ou par l'un de leurs bouts, et qui se tiennent dans un plan parallèle à la base du fruit (ex. *Lilium*). Les entomologistes nomment *ailes horizontales* celles qui, étant étendues, forment un angle droit avec le corps (ex. *Libellula*).

HORIZONTALITÉ, s. f., *horizontalitas*. État de ce qui est horizontal.

HORNOTIN, adject., *hornotinus*; *diessjährig* (all.) (*hornus*, de cette année). Se dit d'un corps organisé dont la naissance date de l'année, par exemple, d'un oiseau qui est sorti de l'œuf pendant le cours de l'année.

HORTICOLE, adject., *horticolus* (*hortus*, jardin, *colo*, habiter); qui fréquente les jardins. Ex. *Melolontha horticola*.

HOUILLER, adj. On appelle *terrains houillers* ceux qui renferment des couches de houille. On dit aussi *bassin*, *dépôt houiller*. Omalius et Brongniart ont établi un groupe de *terrains houillers*, caractérisés principalement par la richesse des couches de houille qu'ils renferment.

HOUILLEUX, adj.; qui contient de la houille. *Roche houilleuse*.

HOULE, s. f., *fluctuum agitatio*; χῦμα; *pot* (angl.). On nomme ainsi les vagues dont la mer est couverte après la cessation d'une tempête, ou avant que celle-ci n'ait lieu.

HOULEUX, adj., *aestuosus*; κυμα-τώδης; *wogig* (all.); *swollen* (angl.). Se dit d'une mer agitée par des vagues.

HOUPPE, subst. f., *apex*, *barba*, *coma*; λόφος; *Troddel* (all.); *cop* (ang.). Petite touffe étalée de poils à l'extrémité d'une graine ou de quelque partie du corps d'un animal.

HOUPPÉ, adj. Se dit des *poils*, quand ils sont disposés en forme de houppe.

HOUPPIFÈRE, adj., *scoposus*. On donne cette épithète à certains oiseaux, tels que les coqs, lorsque leur tête, au lieu d'une crète, porte des plumes susceptibles de se redresser et de former une aigrette analogue à celle du paon. Le *Brachycerus scoposus* a les élytres chargées de tubercules qui portent des poils fasciculés.

HUILE, s. f., *oleum*; ἔλαιον; *Oel* (all.); *oil* (angl.); *olio* (it.). Aujourd'hui on appelle ainsi tous les corps gras qui conservent l'état liquide à la température de 15 à 20 degrés, et à plus forte raison au dessous. Autrefois on donnait aussi ce nom à des liquides doués d'une certaine consi-

stance, par exemple celui d'*huile de vitriol* à l'acide sulfurique aqueux, celui d'*huile d'arsenic* au chlorure d'arsenic distillé. L'*huile douce du vin*, liquide oléagineux qui se produit par l'action des acides sur l'alcool, n'est bien connue que depuis Hennel, qui en a étudié la composition, et qui a fait voir qu'elle rentre dans la classe des éthers.

HUILEUX, adj., *oleosus*; ἐλαιώδης; *ölig* (all.); qui est de la nature de l'huile, ou imbibé d'huile.

HUMATE, s. m., *humas*. Sel formé par la combinaison de l'acide humique avec une base. *Voyez* GÉATE.

HUMECTANT, adj., *humectans*, *humificus*, *humifer*; *befeuchtend*; *anfeuchtend* (all.); qui humecte.

HUMECTATION, s. f., *madefactio*, *humectatio*; ὕγρανσις; *Anfeuchtung*, *Befeuchten* (all.). État d'un corps à la surface duquel est restée une certaine quantité d'eau, qui ne se dissipe qu'à une température plus ou moins élevée, parce que l'adhésion lui fait perdre une grande partie de sa tension.

HUMECTÉ, adject., *humectatus*, *humectus*, *humefactus*, *humigatus*; *angefeucht* (all.); qui retient de l'eau à sa surface. On dit, par abus, que certains corps s'humectent dans le mercure, lorsqu'ils en retiennent un peu quand on les y a plongés, car alors il n'y a pas seulement adhésion, mais combinaison.

HUMÉRAL, adject., *humeralis*; qui a rapport à l'humérus. Les *plumes humérales* sont celles qui garnissent l'humérus. Kirby appelle *angle huméral* des élytres, dans les insectes, l'angle externe de leur base. Les *cellules humérales* de l'aile d'un insecte sont, pour Jurine, celles que les nervures brachiales et leurs ramifications forment en s'anastomosant entr'elles et avec le cubitus. On donne cette épithète à des animaux dont la région humérale, ou celle qui y correspond, présente quelque particularité de coloration ou autre. Le *Psittacus humeralis* a les scapulaires vertes. Le *Bufo humeralis* a de grosses parotides, qui font paraître ses épaules comme renflées. Le *Melolontha humeralis* a une tache sur la base externe des élytres.

HUMÉRALIFÈRE, adj., *humeraliferus* (*humerale*, cape, *fero*, porter). Le *Jacchus humeralifer* a ses parties antérieures d'une couleur blanche disposée de manière à former une sorte de camail, le reste du corps étant d'un brun châtain.

HUMÉRUS, subst. m., *humerus*. Kirby appelle ainsi le troisième article des pattes antérieures ou bras, dans les insectes hexapodes.

HUMESCENT, adject., *humescens* (*humesco*, humecter); qui devient humide.

HUMIDE, adj., *humidus, humens, uvidus, udus, uliginosus; ὑγρὸς; feucht* (all.); *moist* (angl.). Se dit d'un air qui est imprégné d'eau à l'état de vapeur, d'un corps à la surface duquel il y a de l'eau, mais non encore rassemblée en gouttes.

HUMIDITÉ, s. f., *humiditas, humor, mador; ὑγρότης; Feuchtigkeit* (all.). État d'un corps qui est imbibé d'eau, et qui a de la disposition à en communiquer une partie aux corps environnans.

HUMIFUSE, adj., *humifusus* (*humus*, terre, *fusus*, couché). Se dit de la *tige* des végétaux, quand elle est couchée et étalée sur le sol, mais sans y jeter de racines. Ex. *Exocarpos humifusa, Hypericum humifusum*.

HUMIQUE, adj., *humicus*. Sprengel donne à l'ulmine le nom d'*acide humique*, parce qu'on la trouve dans le terreau, et qu'elle se combine avec les bases. *Voyez* GÉIQUE.

HUMIRIACÉES, adj. et s. f. pl.,

Humiriaceæ. Famille de plantes, établie par A. Jussieu, qui a pour type le genre *Humiria*.

HUPPE, s. f., *crista, apex*. On appelle ainsi, dans les oiseaux, un faisceau de plumes plus longues que les autres, qui sont constamment droites sur la tête, ou pendantes en arrière, ou couchées, mais susceptibles de se redresser à la volonté de l'animal.

HUPPÉ, adj., *cristatus, cristatellus, cirratus, cirrhatus, cucullatus, coronatus, galericulatus; λοφωτὸς; gehaubt* (all.); *copped* (angl.). Se dit d'un oiseau qui a la tête garnie ou ombragée d'une touffe de plumes droites, pendantes ou susceptibles de se dresser. Ex. *Morphnus cristatus, Pernis cristata, Acridotheres cristatellus, Phaleris cristatella, Hydrocorax cirratus, Thamnophilus cirrhatus, Loxia cucullata, Spizætus coronatus, Loxia coronata, Anas galericulata*.

HURE, s. f. Tête du sanglier, du lion, du saumon, du brochet, du thon, après qu'elle a été séparée du corps.

HURLEMENT, s. m., *ululatus; ὀλολυγμος; Heulen* (all.); *howling* (ang.); *urlo* (it.). Cri du loup, du chien dans quelques circonstances, comme lorsqu'il exprime la douleur ou l'inquiétude, et de quelques singes, les *Alouates*, appelés *hurleurs*, parce qu'ils font retentir les forêts de leur voix forte et éclatante.

HYACINTHE, adj., *hyacinthus, hyacinthinus; ὑάκινθος*. D'un bleu tirant sur le violet. Ex. *Psittacus hyacinthinus, Motacilla hyacinthina*.

HYACINTHINÉES, adj. et s. f. pl., *Hyacinthinæ*. Nom donné par Link à une section de la famille des Liliacées, qui a pour type le genre *Hyacinthus*.

HYÆNINS, adject. et s. m. pl., *Hyænina*. Nom donné par Gray à une tribu de la famille des Félides, qui a pour type le genre *Hyæna*.

HYALÉACÉS, adject. et s. m. pl., *Hyalæacea*. Nom donné par Menke à une famille de la classe des Ptéropodes, qui a pour type le genre *Hyalæa*.

HYALIN, adj., *hyalinus*; ὑάλινος; *glasshell* (all.) (ὕαλος, verre); qui ressemble à du verre, qui en a l'apparence (ex. *Quarz hyalin*), ou la diaphanéité, comme la substance du champignon appelé *Monilia hyalina*, la fleur du *Gladiolus hyalinus*, l'une des pièces de la glume du *Paspalus hyalinus*, le champignon appelé *Peziza hyalina*, le corps du *Limax hyalinus* et du *Physidium hyalinum*, les ailes du *Perilampus hyalinus* et de l'*Anthrax hyalina*, l'abdomen de la *Musca hyalinata*.

HYALINORHIZE, adject., *hyalinorhizus* (ὑάλινος, vitreux, ῥίζα, racine); qui a des racines blanches, transparentes. Ex. *Valeriana hyalinorhiza*.

HYALIPENNE, adj., *hyalipennis* (ὕαλος, verre, *penna*, aile); qui a les ailes transparentes. Ex. *Dioctria hyalipennis*.

HYALOPTÈRE, adj., *hyalopterus* (ὕαλος, verre, πτέρον, aile); qui a les ailes transparentes, comme du verre. Ex. *Leptis hyaloptera*.

HYALOSPERME, adj., *hyalospermus* (ὕαλος, verre, σπέρμα, graine); qui a les graines transparentes. Ex. *Næmaspora hyalosperma*.

HYALURGIE, s. f., *hyalurgia*; *Glasschemie* (all.) (ὕαλος, verre, ἔργον, travail). Fabrication du verre.

HYBERNACLE. *Voyez* HIBERNACLE.

HYBOTIDES, adject. et s. m. pl., *Hybotidæ*. Nom donné par J. Macquart à une tribu de la famille des Diptères tanystomes, qui a pour type le genre *Hybos*.

HYBOTINS, adj., *Hibotii*, *Hi-*

botini, *Hibotinæ*. Nom donné par Latreille à une tribu de la famille des Diptères tanystomes, ayant pour type le genre *Hybos*, que Meigen, Wiedemann et autres entomologistes ont érigée en famille.

HYBRIDE, adj. et s. m., *hybridus*; *bastardartig* (all.); *ibrido* (it.) (ὕβρίς, métis). Les botanistes donnent ce nom, synonyme de *bâtard* ou de *métis*, à des plantes dont la graine provient d'un végétal qui, au lieu d'être fécondé par sa propre espèce, l'a été par un autre; ainsi, par exemple, le *Ranunculus lacerus* est le résultat du *Ranunculus pyrenæus* fécondé par le *Ranunculus aconitifolius*. Cependant, à l'exemple de Linné, et par abus, ils l'ont appliqué aussi à des plantes qui ont seulement de l'analogie avec deux autres, sans qu'il soit démontré, ni toujours probable, ni même quelquefois possible, qu'elles en proviennent, d'où il suit qu'en botanique, le nom spécifique d'*hybride* n'a guère d'autre sens que celui d'intermédiaire. Ex. *Veronica hybrida*, *Saponaria hybrida*, *Delphinium hybridum*, *Chenopodium hybridum*.

HYBRIDITÉ, s. f., *hybriditas*; *Bastardzustand* (all.). Condition d'un végétal qui est le produit de deux espèces différentes.

HYDATIFORME, adj., *hydatiformis* (ὑδατίς, vessie, *forma*, forme); qui a la forme d'une poche ou d'une vessie. *Corps hydatiforme.*

HYDATINS, adj. et s. m. pl., *Hydatina*. Nom donné par C.-G. Ehrenberg à une tribu de la classe des Rotifères, qui a pour type le genre *Hydatina*.

HYDATISOMES, adj. et s. m. pl., *Hydatisomata* (ὑδατίς, vessie, σῶμα, corps). Nom donné par Blainville à une tribu de la classe des *subannelidaires*, comprenant des animaux qui ont le corps en forme de vessie.

HYDATOLOGIE. *Voyez* HYDROLOGIE.

HYDNÉS, adj. et s. m. pl., *Hydneæ*, *Hydnei*. Nom donné par Fries, Reichenbach et Marquis à une tribu de champignons, qui a pour type le genre *Hydnum*.

HYDNOIDES, adject. et s. m. pl., *Hydnoidei*. Nom sous lequel Persoon désigne une tribu de la famille des Champignons, ayant le genre *Hydnum* pour type.

HYDNORINÉES, adj. et s. f. pl., *Hydnorineæ*. Nom donné par Agardh à un groupe de la famille des Champignons, qui a pour type le genre *Hydnora*.

HYDRACHNADÉES, adj. et s. f. pl., *Hydrachnadæ*. Nom donné par Leach à une famille de l'ordre des Arachnides trachéales, qui a pour type le genre *Hydrachna*.

HYDRACHNELLES, adj. et s. f. pl., *Hydrachnellæ*. Nom sous lequel Latreille désigne une famille de l'ordre des Arachnides trachéales, ayant le genre *Hydrachna* pour type.

HYDRACIDE, adj. et s. m., *hydracidus*, *hydracidum*; *Wasserstoffsäure* (all.). Acide résultant de la combinaison d'un corps simple ou composé avec l'hydrogène. Dulong considère tous les oxacides aqueux comme des hydracides, c'est-à-dire qu'il attribue à l'acide la quantité d'oxigène contenue dans l'eau, et admet qu'elle forme, tant avec l'oxigène qu'avec le radical combustible de l'acide, le radical combustible d'un hydracide, c'est-à-dire un corps halogène. Quand cet hydracide se combine avec un métal, l'hydrogène seul est mis en liberté, et le métal s'unit au corps halogène composé, pour produire une combinaison, non de l'oxacide anhydre et de l'oxide, mais du métal et du radical de l'hydracide. Quand cet acide est mis en contact avec un oxide, celui-ci est réduit à l'état

I.

métallique par l'hydrogène de l'acide, et il se forme de l'eau. Cette hypothèse ingénieuse, mais que les chimistes n'ont point admise, rétablit l'harmonie entre les oxacides et les hydracides.

HYDRALECTORES, adj. et s. m. pl., *Hydralectores* (ὕδωρ, eau, ἀλέκτωρ, coq). Nom donné par J.-A. Ritgen à une famille d'oiseaux aquatiques, comprenant ceux qui, à certains égards, se rapprochent des Gallinacés, comme les Foulques.

HYDRALGUES, s. f. pl., *Hydralgæ*. Roth désigne sous ce nom les Hydrophytes.

HYDRANGÉACÉES, adj. et s. f. pl., *Hydrangeaceæ*. Nom donné par Kunth à une famille de plantes, qui a pour type le genre *Hydrangea*.

HYDRANGÉES, adj. et s. f. pl., *Hydrangeæ*. Sous ce nom, Candolle désigne une tribu de la famille des Saxifragées, ayant le genre *Hydrangea* pour type.

HYDRARGYRIDES, s. m. pl., *Hydrargyridæ* (ὑδράργυρος, mercure). Nom donné par Bonnsdorf aux amalgames, par Beudant et Pauquy à une famille de corps pondérables ou de minéraux, qui a pour type le mercure.

HYDRARGYROCYANIQUE, adj., *hydrargyrocyanicus*. Quelques chimistes admettent un *acide hydrargyrocyanique* (*Quecksilberblausäure* (all.), dans lequel le cyanure de mercure jouerait le rôle de radical d'un hydracide.

HYDRARGYROFULMINATE, s. m., *hydrargyrofulminas*. On appelle ainsi les sels (*quecksilberknallsaure Salze*, all.) produits par la combinaison de l'acide hydrargyrofulmique avec les bases salifiables.

HYDRARGYROFULMINIQUE, adj., *hydrargyrofulminicus*. Quelques chimistes ont admis sous ce nom un acide (*Quecksilberknallsäure*, all.),

39

composé de mercure et d'acide fulminique ou de ses élémens, qui n'a point encore été examiné.

HYDRARGYRURE, s. m., *hydrargyretum*. Nordenskiœld et Beudant appellent ainsi les amalgames.

HYDRARSÉNIATE, s. m., *hydrarsenias*. En minéralogie, on donne ce nom aux arséniates qui contiennent de l'eau à l'état de combinaison chimique.

HYDRATABLE, adj. Se dit, en chimie, d'une substance qui est susceptible de se convertir en hydrate, de se combiner avec de l'eau en proportions définies.

HYDRATE, s. m., *hydras ; Hydrat* (all.). Combinaison d'un oxide métallique et d'eau, dans laquelle cette dernière joue le rôle d'acide. C'est Berzelius qui donne cette acception précise au mot *hydrate,* auquel on en attache une beaucoup plus vague dans les écrits des autres chimistes et des minéralogistes.

HYDRATÉ, adj., *gewässert* (all.); *idrato* (it.). Épithète donnée par Berzelius aux acides, quand ils contiennent de l'eau combinée avec eux et jouant le rôle de base. Dans les écrits des autres chimistes, ce mot exprime simplement un acide qui contient de l'eau.

HYDRATIQUE, adj., *hydraticus*. Chevreul a proposé de donner à l'*éther* produit par les acides sulfurique, phosphorique et arsénique, cette épithète indiquant que le corps qu'il désigne est à l'hydrogène percarboné ce qu'un hydrate est à son oxide. Sa composition peut effectivement être représentée par les élémens de l'eau et par ceux de l'hydrogène percarboné.

HYDRAULES, s. m. pl., *Hydraula*. Nom donné par Ficinus et Carus à une famille de l'ordre des Cétacés, comprenant ceux qui sont carnassiers.

HYDRAULIQUE, s. f., *hydraulica; Wasserleitungskunst* (all.). Partie de la physique qui traite de tous les phénomènes ayant rapport aux mouvemens des corps liquides. Cette expression est réservée ordinairement pour désigner les applications techniques qu'on fait du mouvement des eaux.

HYDRAULIQUE, adj., *hydraulicus*. On appelle *chaux hydraulique* une chaux produite par la calcination ménagée d'un calcaire contenant une certaine quantité de silice très-divisée. C'est un silicate de chaux, susceptible de former une pâte qui se durcit sous l'eau et s'y convertit à la longue en une sorte de pierre tendre.

HYDRÉCHIDNÉS, adj. et s. m. pl., *Hydrechidnei* (ὕδωρ, eau, ἔχιδνα, vipère). Nom donné par J.-A. Ritgen à une famille de Reptiles ophidiens, comprenant ceux qui ont des crochets à venin, et qui vivent dans l'eau.

HYDRELLÉDÉES, adj. et s. f. pl., *Hydrelledeæ*. Nom donné par Robineau-Desvoidy à une tribu de la famille des Myodaires napeellées, ayant pour type le genre *Hydrella*.

HYDRICO-NITRIQUE, adj., *hydrico-nitricus*. On appelle *sulfate hydrico-nitrique* une sorte de sel double ou d'acide double, qui résulte de la combinaison de l'acide sulfurique aqueux avec l'acide nitrique.

HYDRICO-POTASSIQUE, adject., *hydrico-potassicus*. Le nom de nitrure *hydrico-potassique* conviendrait au corps appelé azoture ammoniacal de potassium, si ce corps était, comme le pense Gay-Lussac, une combinaison de nitrure de potassium et de nitrure trihydrique ou ammoniaque.

HYDRICO-SODIQUE, adject., *hydrico-sodicus*. Les réflexions de l'article précédent sont applicables à l'azoture ammoniacal de sodium.

HYDRIDES, adject. et s. m. pl.,
Hydridæ (ὕδρα, hydre, εἶδος, ressemblance). Nom donné par Gray à
une famille de l'ordre des Reptiles
sauriens, comprenant ceux de ces
animaux qui vivent habituellement
dans l'eau.

HYDRIFORME, adj., *hydriformis*
(*hydra*, hydre, *forma*, forme); qui
ressemble à une hydre. L'*Holothuria
hydriformis* est ainsi appelée parce
qu'elle a la bouche entourée de douze
tentacules.

HYDRIFORMES, adject. et s. m.
pl., *Hydriformia*. Nom donné par
Schweigger et Eichwald à une famille
de la classe des Zoophytes ou Phytozoaires, qui a pour type le genre *Hydra*.

HYDRINES, adj. et s. m. pl., *Hy-
drina*. Nom donné par Bory à un
ordre de la classe des Ichnozoaires,
comprenant les polypes qui vivent
sans être enracinés, comme les *Hydres*.

HYDRINS, adj. et s. m. pl., *Hy-
drini*. Nom sous lequel Spix désigne
une famille de l'ordre des Ophidiens,
qui comprend les serpens aquatiques.

HYDRIODATE, s. m., *hydriodas*.
On donne ce nom à un genre de sels
(*hydriodsaure Salze*, all.), qui sont
formés par la combinaison de l'acide
hydriodique avec les bases salifiables.

HYDRIODEUX, adj., *hydriodosus*.
L. Gmelin nomme *acide hydriodeux*
(*hydriodige Saüre*, all.) l'acide hydriodique ioduré.

HYDRIODIQUE, adj., *hydriodi-
cus*. Nom d'un *acide* (*Hydriodsäure,
Iodwasserstoffsäure*, all.), produit
par la combinaison de l'hydrogène
avec l'iode. L'*éther hydriodique* est
un corps peu connu, sous le rapport
de sa composition, et dont on doit la
découverte à Gay-Lussac.

HYDRIODITE, s. m., *hydriodis*.
On appelle ainsi un genre de sels
(*hydriodigsaure Salze, iodhaltende*

hydriodsaure Salze, all.), qui sont
produits par la combinaison de l'acide
hydriodeux avec les bases salifiables.

HYDRIODURE, s. m., *hydriodu-
retum*. Combinaison d'iode et d'hydrogène avec un autre corps. L'*hydriodure de carbone* (*Kohlenhydriod,
Iodkohlenwasserstoff*, all.), admis par
quelques chimistes, d'après Sérullas,
est regardé par d'autres comme un
hydrocarbure d'iode.

HYDRIQUE, adj., *hydricus*. Dans
la nomenclature chimique de Berzelius, on donne cette épithète aux composés d'un corps simple ou d'un
corps halogène avec de l'hydrogène.
Ex. *acide* ou *oxide hydrique*, eau;
suroxide hydrique, eau oxigénée;
telluride hydrique, gaz hydrogène
telluré; *sulfocyanide hydrique*, acide
hydrosulfocyanique.

HYDROAÉRÉ, adj., *hydroaera-
tus*. Sous ce nom, Roussel a établi
une classe de Cryptogames, où il range
des plantes dont les unes vivent dans
l'eau et les autres dans l'air.

HYDRO-ALUMINATE, s. m., *hy-
dro-aluminas*. Beudant nomme ainsi
un aluminate qui contient de l'eau
combinée chimiquement.

HYDRO-ALUMINEUX, adj., *hy-
dro-aluminosus*. Se dit d'un minéral qui contient de l'eau et de l'alumine. Ex. *Plomb hydro-alumineux*.

HYDRO-ARGENTO-CYANIQUE,
adj., *hydro-argento-cyanicus*. Synonyme de *hydro-argyro-cyanique*.
Voyez ce mot.

HYDRO-ARGILEUX, adj., *hydro-
argilosus*. On a donné le nom de *volcans hydro-argileux* aux salses, parce
qu'elles rejettent de l'argile délayée
dans de l'eau.

HYDRO-ARGYRO-CYANIQUE,
adj., *hydro-argyro-cyanicus*. Ittner
admet un *acide hydro-argyro-cyanique* (*Silberblausäure*, all.), dans lequel le cyanure d'argent jouerait le
rôle de radical d'un hydracide.

HYDRO-AURO-CYANIQUE, adj., *hydro-auro-cyanicus*. Ittner admet un acide *hydro-auro-cyanique* (*Goldblausäure*, all.), dans lequel le cyanure d'or jouerait le rôle de radical d'un hydracide.

HYDROBATRACIENS, adject. et s. m. pl., *Hydrobatrachi* (ὕδωρ, eau, βάτραχος, grenouille). Nom donné par J.-A. Ritgen à une famille de Reptiles batraciens, comprenant ceux qui vivent habituellement dans l'eau ou dans des lieux humides.

HYDROBICARBURE, s. m., *hydrobicarburetum*. Composé d'hydrogène bicarboné et d'un corps simple. Ex. *Hydrobicarbure de chlore.*

HYDROBIES, adj. et s. f. pl., *Hydrobiæ* (ὕδωρ, eau, βίοω, vivre). Nom donné par Reichenbach à une tribu de la famille des Haloragées, comprenant celles qui vivent dans l'eau.

HYDROBISULFATE, s. m., *hydrobisulphas*. Nom donné aux hydrosulfates dans lesquels la proportion du soufre est double de celle de l'hydrogène.

HYDROBORIQUE, adj., *hydroboricus*. Berzelius nomme l'acide hydrofluoborique *fluoride hydroborique.*

HYDROBRANCHES, adj. et s. m. pl., *Hydrobranchiata* (ὕδωρ, eau, βράγχια, branchies). Nom donné par Lamarck à une section de l'ordre des Mollusques gastéropodes, comprenant ceux qui ont des branchies propres à respirer l'eau.

HYDROBROMATE, s. m., *hydrobromas*. On donne ce nom à un genre de sels (*hydrobromsaure Salze*, all.), qui sont produits par la combinaison de l'acide hydrobromique avec les bases salifiables.

HYDROBROMIQUE, adj., *hydrobromicus*. Nom d'un *acide* (*Bromwasserstoffsäure*, all.), qui résulte de la combinaison du brome avec l'hy-

drogène, et qui a été découvert par Balard.

HYDROCANTHARES, adj. et s. m. pl., *Hydrocanthari* (ὕδωρ, eau, κάνθαρος, scarabée). Nom donné par Cuvier, Latreille, Goldfuss, Ficinus et Carus à une tribu de la famille des Coléoptères carnassiers, comprenant ceux de ces insectes qui vivent dans l'eau.

HYDROCANTHARIDES. *Voyez* Hydrocanthares.

HYDROCARBONATE, s. m., *hydrocarbonas*. Nom donné, dans la nomenclature chimique de Berzelius, à des sels doubles résultant de la combinaison d'un carbonate avec un hydrate (ex. *Hydrocarbonate magnésique*, ou magnésie blanche). Ce terme a été adopté par Beudant, qui désigne ainsi des combinaisons d'un carbonate et d'eau.

HYDROCARBONÉ, adj., *hydrocarbonatus*. Candolle désigne sous ce nom ceux des matériaux immédiats des végétaux que quelques chimistes appellent *neutres*, et qu'on peut, d'après les expériences de Proust, considérer comme représentés par une molécule d'eau et une de carbone.

HYDROCARBURE, s. m., *hydrocarburetum*. Combinaison d'hydrogène et de carbone avec un autre corps. Ex. *Hydrocarbure de chlore.*

HYDROCARYES, adj. et s. f. pl., *Hydrocaryes* (ὕδωρ, eau, καρύα, noix). Nom donné pas Candolle à une tribu de la famille des Onagrariées, qui a pour type le genre *Trapa* (*noix* ou *châtaigne d'eau*), et que Link considère comme une famille distincte.

HYDROCAULE, s. f., *hydrocaulis* (ὕδωρ, eau, καυλός, tige). Nees d'Esenbeck désigne sous ce nom les tiges noueuses, garnies de feuilles engaînantes, qui nagent dans l'eau. Il ne cite aucun exemple.

HYDROCÉRÉES, adj. et s. f. pl.,

Hydrocereæ. Nom donné par Blum à une famille de plantes, qui a pour type le genre *Hydrocera*.

HYDROCHARÉES, adj. et s. f. pl., *Hydrochareæ*. Nom donné par Reichenbach à une tribu de la famille des Hydrocharidées, qui renferme le genre *Hydrocharis*.

HYDROCHARIDÉES, adj. et s. f. pl., *Hydrocharideæ*. Famille de plantes, établie par Jussieu, qui a pour type le genre *Hydrocharis*.

HYDROCHÉLIDONS, adj. et s. m. pl., *Hydrochelidones* (ὕδωρ, eau, χελιδών, hirondelle). Nom donné par Goldfuss et Lesson à une famille d'oiseaux nageurs ou Palmipèdes, ayant pour type le genre *Sterna* ou Hirondelle de mer.

HYDROCHIMIE, s. f., *hydrochemia*. Partie de la chimie qui traite spécialement de l'eau.

HYDROCHLORATE, s. m., *hydrochloras*. On appelle ainsi un genre de sels (*salzsaure Salze*, all.), qui sont produits par la combinaison de l'acide hydrochlorique avec les bases salifiables.

HYDROCHLORIQUE, adj., *hydrochloricus*. On nomme *acide hydrochlorique* (*Salzsäure*, *Chlorwasserstoffsäure*, all.) un acide qui résulte de la combinaison du chlore avec l'hydrogène ; *éther hydrochlorique*, un composé découvert par Courtanvaux en 1759.

HYDROCHLOROCYANIQUE, adj., *hydrochlorocyanicus*. Gay-Lussac et Liebig admettent un *acide hydrochlorocyanique* (*Chlorcyansäure*, all.), c'est-à-dire composé de chlore, de cyanogène et d'hydrogène, qui se produit quand on décompose l'argent fulminant par l'acide hydrochlorique.

HYDROCHLORONITRIQUE, adj., *hydrochloronitricus*. On a donné le nom d'*acide hydrochloronitrique* à l'*eau régale* (*aqua regis* ; *Königswasser*, *Goldscheidewasser*, all.), qui est un mélange ou une combinaison d'acide hydrochlorique et d'acide nitrique.

HYDROCOBALTOCYANIQUE, adj. *hydrocobaltocyanicus*. Quelques chimistes ont admis un *acide hydrocobaltocyanique* (*Kobaltblausäure*, all.), dans lequel le cyanure de cobalt jouerait le rôle de radical d'un hydracide.

HYDROCORÉES, adj. et s. f. pl., *Hydrocoreæ* (ὕδωρ, eau, κορίς, punaise). Nom donné par Duméril à une famille de l'ordre des Hémiptères, comprenant les punaises qui vivent dans l'eau. *Voyez* RÉMITARSES.

HYDROCORIDES, adj. et s. f. pl., *Hydrocoridæ*. Nom donné par Fallen à une famille d'Hémiptères, qui renferme les punaises aquatiques.

HYDROCORISES, adj. et s. f. pl., *Hydrocorisæ*. Nom donné par Cuvier, Latreille, Goldfuss, Eichwald, Ficinus et Carus à une famille de l'ordre des Hémiptères, dans laquelle ils rangent les punaises aquatiques.

HYDROCORMUS, s. m., *hydrocormus* ; *Schwimmhalm* (all.) (ὕδωρ, eau, κορμός, tige). Nees d'Esenbeck appelle ainsi la tige des *Naias*, *Lemna*, etc., qui est horizontale, et nage dans l'eau, ou à sa surface.

HYDROCOTYLÉES, adj. et s. f. pl., *Hydrocotyleæ*. Nom donné par Candolle à une tribu de la famille des Ombellifères, par Reichenbach à une section de celle des Araliacées, ayant pour type le genre *Hydrocotyle*.

HYDROCOTYLINÉES, adj. et s. f. pl., *Hydrocotylineæ*. Nom donné par Hoffmann, Sprengel et Koch à une tribu de la famille des Ombellifères, qui a pour type le genre *Hydrocotyle*.

HYDROCUPROCYANIQUE, adj., *hydrocuprocyanicus*. Quelques chimistes ont admis un *acide hydrocuprocyanique* (*Kupferblausäure*, all.), dans lequel le cyanure de cuivre jouerait le rôle de radical d'un hydracide.

HYDROCYANATE, s. m., *hydrocyanas*. On nomme ainsi un genre de sels (*blausaure Salze*, all.), qui sont produits par la combinaison de l'acide hydrocyanique avec les bases salifiables.

HYDROCYANIQUE, adj., *hydrocyanicus*. On appelle *acide hydrocyanique* (*Hydrocyansäure, Blausäure, Cyanwasserstoffsäure, preussisch Blausäure, thierische Säure*, all.) une combinaison de cyanogène et d'hydrogène. L'acide hydrosulfocyanique sulfuré est nommé *sulfide hydrocyanique* par Berzelius.

HYDROCYANOFERREUX, adject., *hydrocyanoferrosus*. Quelques chimistes donnent le nom d'*acide hydrecyanoferreux* (*Eisenblausäure*, all.) au cyanure ferreux.

HYDROCYANOFERRIQUE, adj., *hydrocyanoferricus*. Le cyanure ferrique est désigné par quelques chimistes sous le nom d'*acide hydroferrocyanique* (*Eisenperoxydblausäure*, all.).

HYDRODOLOPES, adj. et s. m. pl., *Hydrodolopes* (ὕδωρ, eau, δολοφονέω, assassiner). Nom donné par J.-A. Ritgen à une famille de reptiles ophidiens, comprenant les serpens venimeux aquatiques.

HYDRODYNAMIQUE, s. f., *hydrodynamica; Wasserkraftlehre* (all.) (ὕδωρ, eau, δύναμις, force). Partie de la physique qui traite du mouvement des liquides, des lois d'équilibre et de pression auxquelles ils obéissent.

HYDRO-ÉLECTRIQUE, adj., *hydro-electricus*. Epithète donnée aux phénomènes que produit la pile voltaïque, parce que la présence de l'eau est une condition de leur plein développement.

HYDROFERROCYANIQUE, adj., *hydroferrocyanicus*. Synonyme de *hydrocyanoferrique*. *Voyez* ce mot.

HYDROFLUATE, s. m., *hydrofluas*. Sel qui résulte de la combinaison de l'acide hydrofluorique avec une base salifiable; synonyme de *fluorure*.

HYDROFLUOBORIQUE, adj., *hydrofluoboricus*. Nom donné à un *acide* (*Flussboraxsäure, Borfluorwasserstoffsäure*, all.) composé de fluor, de bore et d'hydrogène, ou de fluoride hydrique et de fluoride borique.

HYDROFLUORIQUE, adj., *hydrofluoricus*. On donne ce nom à un acide (*Flüssspathsäure, Spathsäure, Fluorwasserstoffsäure*, all.) produit par la combinaison du fluor avec l'hydrogène.

HYDROFLUOSILICIQUE, adject., *hydrofluosilicicus*. Nom donné à un acide (*Kieselflusssäure, Kieselfluorwasserstoffsäure*, all.) composé de fluor, de silicium et d'hydrogène, ou de fluoride hydrique et de fluoride silicique.

HYDROFLUOTANTALIQUE, adj., *hydrofluotantalicus*. Nom donné à un acide (*Tantalfluorwasserstoffsäure*, all.) composé de fluor, de tantale et d'hydrogène, ou de fluoride hydrique et de fluorure tantalique.

HYDROFLUOTITANIQUE, adj., *hydrofluotitanicus*. Nom donné à un acide (*Titanfluorwasserstoffsäure*, all.) composé de fluor, de titane et d'hydrogène, ou de fluoride hydrique et de fluorure titanique.

HYDROGÈNE, s. m., *hydrogenium; Wasserstoff* (all.); *idrogeno* (it.) (ὕδωρ, eau, γεννάω, produire). Corps simple, qu'on ne connaît encore qu'à l'état gazeux, qui a été découvert par Cavendish en 1781, et qui est appelé ainsi parce qu'en se combinant avec l'oxigène il produit de l'eau.

HYDROGÉNÉ, adj., *hydrogenatus*; qui contient de l'hydrogène à l'état de combinaison. Ex. *Soufre hydrogéné*.

HYDROGÉNIDES, adj. et s. m.

pl., *Hydrogenida*. Nom donné par Beudant à une famille de minéraux, comprenant des corps gazeux qui donnent de l'ammoniaque par la combustion, ou des corps solides qui donnent de l'eau par l'action d'un alliage de potassium.

HYDROGÉNIFÈRE, adj., *hydrogeniferus*; *wasserstoffhaltig* (all.) (*hydrogenium*, hydrogène, *fero*, porter); qui contient de l'hydrogène. Épithète donnée par Tondi au soufre sublimé des eaux thermales.

HYDROGÉNOSUCCINIQUE, adj., *hydrogenosuccinicus*. Tondi appelle le succin *carbone hydrogéno-succinique*.

HYDROGÉOLOGIE, s. f., *hydrogeologia* (ὕδωρ, eau, γῆ, terre, λόγος, discours). Branche de la physique générale qui traite des eaux répandues à la surface du globe.

HYDROGÈRE, adj., *hydrogerus* (ὕδωρ, eau, *gero*, porter). Hedwig appelait *vaisseaux hydrogères* les tubes roulés en spirale et pleins de suc qu'il admettait à la surface du tube central, droit et aérifère suivant lui, dans les trachées des végétaux.

HYDROGÉTONES, adj. et s. f. pl., *Hydrogetones* (ὕδωρ, eau, γείτων, voisin). Link désigne sous ce nom une famille comprenant des plantes qui toutes vivent dans l'eau.

HYDROGNOSIE, s. f., *hydrognosia* (ὕδωρ, eau, γνῶσις, connaissance). Histoire des eaux du globe terrestre.

HYDROGRAPHIE, s. f., *hydrographia* (ὕδωρ, eau, γράφω, écrire). Description des eaux éparses à la surface du globe.

HYDROGRAPHIQUE, adj., *hydrographicus*; qui a rapport à l'hydrographie.

HYDROGURE, s. m., *hydroguretum*. Quelques chimistes ont employé ce terme, qui est synonyme de *hydrure*.

HYDROHYPERSULFOCYANIQUE, adj., *hydrohypersulphocyanicus*; *geschwefelte Schwefelblausäure* (all.). Berzelius donne ce nom à un acide produit par la combinaison de l'hypersulfocyanogène avec l'hydrogène, et que Woehler considère comme une combinaison d'acide hydrocyanique avec peut-être deux fois autant de soufre qu'il y en a dans l'acide hydrosulfocyanique.

HODROJOBOLES, adj. et s. m. pl., *Hydrojoboli* (ὕδωρ, eau, ἰοβόλος, venimeux). Nom donné par J.-A. Ritgen à une famille de Reptiles ophidiens, comprenant les serpens venimeux et aquatiques.

HYDROLÉACÉES, adj. et s. f. pl., *Hydroleaceæ*. Nom donné par Kunth à une famille de plantes, qui a pour type le genre *Hydrolea*.

HYDROLÉES, adj. et s. f. pl., *Hydroleæ*. Nom donné par R. Brown à une famille de plantes, ayant pour type le genre *Hydrolea*.

HYDROLOGIE, s. f., *hydrologia* (ὕδωρ, eau, λόγος, discours). Histoire de l'eau en général, de ses propriétés et de ses diverses manières d'être dans la nature.

HYDROLOGIQUE, adj., *hydrologicus*; qui a rapport à l'hydrologie.

HYDROLYTES, adj. et s. m. pl., *Hydrolytes* (ὕδωρ, eau, λύω, dissoudre). Nom donné par C.-F. Naumann à une classe de minéraux, comprenant ceux qui sont solubles dans l'eau.

HYDROMANGANOCYANIQUE, adj., *hydromanganocyanicus*. Quelques chimistes admettent un *acide hydromanganocyanique* (*Manganblausäure*, all.), dans lequel le cyanure de manganèse jouerait le rôle de radical d'un hydracide.

HYDROMÉTÉORE, s. m., *hydrometeorus*. Météore aqueux, ou produit par l'eau à l'état de vapeur, de liquide ou de glace.

HYDROMÉTRIDES, adj. et s. f.

pl. , *Hydrometridæ*. Nom donné par Leach à une famille de l'ordre des insectes Hémiptères, qui a pour type le genre *Hydrometra*.

HYDROMOLGES, adj. et s. f. pl., *Hydromolgæ* (ὕδωρ, eau, μολγὸς, salamandre). Nom donné par J.-A. Ritgen à une famille de Reptiles, comprenant les salamandres aquatiques.

HYDROMYES, adject. et s. f. pl., *Hydromyæ* (ὕδωρ, eau, μυῖα, mouche). Nom donné par Duméril à une famille de l'ordre des Insectes diptères, comprenant ceux dont les larves vivent dans l'eau.

HYDROMYZIDES, adj. et s. f. pl., *Hydromyzides*. Nom donné par Cuvier, Fallen et Latreille à une sous-tribu de la tribu des Muscides, comprenant ceux de ces diptères dont les larves sont aquatiques.

HYDRONÉMATÉES, adj. et s. f. pl., *Hydronemateæ*, *Hydronematei*. Nom donné par Wiegmann et Nees à un groupe de végétaux cryptogames, intermédiaire entre les mucors et les conferves ; par Meyer à une famille de Champignons aquatiques ; par Reichenbach à une section de la famille des Mucédinées : coupes qui toutes ont pour type le genre *Hydronema*.

HYDRONICKÉLOCYANIQUE, adj., *hydronickelocyanicus*. Wœhler admet un *acide hydronickélocyanique* (*Nickelblausäure*, all.), dans lequel le cyanure de nickel jouerait le rôle de radical d'un hydracide.

HYDROPALLADOCYANIQUE, adj., *hydropalladocyanicus*. Quelques chimistes admettent un *acide hydropalladocyanique* (*Palladiumblausäure*, all.), dans lequel le cyanure de palladium jouerait le rôle de radical d'un hydracide.

HYDROPELTIDÉES, adj. et s. f. pl., *Hydropeltideæ*. Nom donné par Candolle à une tribu de la famille des Podophyllées, qui a pour type le genre *Hydropeltis* ; par Bartling à une classe renfermant les familles des Cabombées, des Nymphæacées et des Nélumbonées.

HYDROPÉRIONE, s. m., *hydroperione* (ὕδωρ, eau, περί, autour, ὠὸν, œuf). Nom donné par Breschet au liquide qui distend le kyste formé par la membrane caduque.

HYDROPERSULFATE, s. m., *hydropersulphas*. Hydrosulfate dans lequel la proportion du soufre est quintuple de celle de l'hydrogène.

HYDROPHANE, adj., *hydrophanus* (ὕδωρ, eau, φαίνω, faire voir). Épithète donnée à une variété de quarz, parce que lorsqu'on la plonge dans l'eau elle acquiert de la transparence, en s'imbibant de ce liquide.

HYDROPHIDES, adj. et s. m. pl., *Hydrophides* (ὕδωρ, eau, ὄφις, serpent). Nom donné par Blainville à un groupe de Reptiles ophidiens, qui comprend les serpens aquatiques.

HYDROPHILES, adj. et s. m. pl., *Hydrophilæ* (ὕδωρ, eau, φίλεω, aimer). Sous ce nom, Mœhring désignait une famille d'oiseaux, qui correspond à celle qu'Illiger a établie sous le nom de Hygrobates.

HYDROPHILIDES, adject. et s. m. pl., *Hydrophilidæ*. Nom donné par Leach à une famille de l'ordre des Coléoptères, qui a pour type le genre *Hydrophilus*.

HYDROPHILIENS, adject. et s. m. pl., *Hydrophilii*. Nom donné par Lamarck, Cuvier, Latreille, Goldfuss, Eichwald, Ficinus et Carus à une tribu de la famille des Coléoptères palpicornes, ayant pour type le genre *Hydrophilus*.

HYDROPHOLIDOPHIDES, adj. et s. m. pl., *Hydropholidophides* (ὕδωρ, eau, φολίς, écaille, ὄφις, serpent). Nom donné par J.-A. Ritgen à une famille de Reptiles ophidiens, comprenant les serpens qui sont couvèrts d'écailles et qui vivent dans l'eau.

HYDROPHORE, adj., *hydrophorus* (ὕδωρ, eau, φέρω, porter). Rivière appliquait cette épithète aux substances qui attirent et conservent fortement l'humidité de l'air.

HYDROPHORES, adj. et s. m. pl., *Hydrophori*. Nom donné par Battara à une classe de Champignons, comprenant ceux qui se résolvent facilement et promptement en liquide.

HYDROPHOSPHATE, s. m. *hydrophosphas*. Combinaison d'un phosphate et d'eau.

HYDROPHOSPHATÉ, adj. Se dit d'un minéral qui consiste en une base combinée avec de l'acide phosphorique, plus de l'eau. Ex. *Alumine hydrophosphatée*, ou Wavellite.

HYDROPHYCES, s. f. pl., *Hydrophycæ* (ὕδωρ, eau, φῦκος, fucus). Nom donné par Fries à une cohorte de la famille des Algues, comprenant les algues aquatiques.

HYDROPHYLLÉES, adj. et s. f. pl., *Hydrophylleæ*. Nom donné par Brown à une famille de plantes, par Link à une section de celle des Cordiacées, ayant pour type le genre *Hydrophyllum;* par Schrader à une tribu de celle des Borraginées.

HYDROPHYTES, s. f. pl., *Hydrophyta* (ὕδωρ, eau, φυτὸν, plante). Nom donné par Lamouroux aux Algues aquatiques de Linné, qu'il avait auparavant appelées Thalassiophytes. Parmi les botanistes modernes qui ont plus particulièrement étudié cette classe de Cryptogames, on distingue Agardh, Bertoloni, Bonnemaison, Bory, Dillwyn, Draparnaud, Fries, Gaillon, Girod-Chantrans, Grateloup, Greville, Link, Lyngbye, Mertens, Mohr, Nees d'Esenbeck, Stackhouse, Trentepohl, Turner, Vaucher et Weber.

HYDROPHYTOGRAPHIE, s. fém., *hydrophytographia* (ὕδωρ, eau, φυτὸν, plante, γράφω, écrire). Description des Hydrophytes.

HYDROPHYTOLOGIE, s. f., *hydrophytologia* (ὕδωρ, eau, φυτὸν, plante, λόγος, discours). Partie de la botanique qui traite spécialement de l'histoire des Hydrophytes.

HYDROPITYÉES, adj. et s. f. pl., *Hydropityeæ*. Nom donné par Reichenbach à une tribu de la famille des Lythrariées, qui a pour type le genre *Hydropityon*.

HYDROPLATINOCYANIQUE, adj., *hydroplatinocyanicus*. Quelques chimistes admettent un *acide hydroplatinocyanique* (*Platinblausäure*, all.), dans lequel le cyanure de platine jouerait le rôle de radical d'un hydracide.

HYDROPTÉRIDES, subst. f. pl., *Hydropterides* (ὕδωρ, eau, πτερίς, fougère). Nom donné par Willdenow à un ordre de plantes Cryptogames, comprenant ce qu'il appelle les fougères aquatiques, c'est-à-dire la famille des Marsiléacées.

HYDROQUADRISULFATE, subst. m., *hydroquadrisulphas*. Hydrosulfate dans lequel la proportion du soufre est quadruple de celle de l'hydrogène.

HYDROSÉLÉNIATE, s. m., *hydroselenias*. On appelle ainsi un genre de sels (*hydroselensaure Salze*, all.), qui sont produits par la combinaison de l'acide hydrosélénique avec les bases salifiables.

HYDROSÉLÉNIQUE, adj., *hydroselenicus*. L'acide hydrosélénique (*Hydroselensäure*, all.) résulte de la combinaison du sélénium avec l'hydrogène.

HYDROSIDERUM, s. m., *hydrosiderum, siderum; Wassereisen* (all.). Bergman et Meyer ont donné ce nom au phosphure de fer, considéré par eux comme un métal distinct, erreur qui a été rectifiée depuis par Meyer, Klaproth et Schecle.

HYDROSILICATE, s. m., *hydrosilicas*. Combinaison d'un silicate et d'eau.

HYDROSILICEUX, adj., *hydrosiliciosus*. Terme usité en minéralogie pour désigner un corps qui contient de la silice et de l'eau. Ex. *Cuivre hydrosiliceux*.

HYDROSTATIQUE, s. f., *hydrostatica; Wasserstandlehre* (all.) (ὕδωρ, eau, ἵσταμαι, se tenir). Partie de la physique qui a pour objet de déterminer les conditions d'équilibre des liquides et les pressions exercées par eux sur les parois des vases qui les contiennent.

HYDROSTATIQUES, adj. et s. m. pl., *Hydrostatica*. Nom donné par Cuvier et Latreille à un ordre ou à une famille de la classe des Acalèphes, par Eichwald à une famille de celle des Cyclozoaires, renfermant ceux de ces animaux dont le corps offre plusieurs vessies, ordinairement pleines d'air, qui servent à les suspendre et soutenir dans l'eau.

HYDROSULFATE, s. m., *hydrosulphas*. On appelle ainsi, en minéralogie, des combinaisons de sulfates et d'eau; en chimie, un genre de sels (*hydriothionsaure Salze*, all.), qui sont produits par la combinaison de l'acide hydrosulfurique avec les bases salifiables. Berzelius réserve ce nom pour ceux de ces sels dans lesquels l'hydrogène et le soufre sont en proportion égale. Thénard nomme *hydrosulfates sulfurés* les composés contenant plus de soufre qu'il n'en entre dans l'hydrogène sulfuré, mais dont on ne connaît ni l'état de saturation, ni celui de sulfuration.

HYDROSULFOCARBONIQUE, adj., *hydrosulphocarbonicus*. On donne ce nom à un *acide* (*Kohlenschwefelwasserstoffsäure*, *Rothsäure*, all.), qui contient de l'hydrogène, du soufre et du carbone, et que Berzelius appelle sulfide carbohydrique.

HYDROSULFOCYANIQUE, adj., *hydrosulphocyanicus*. L'acide *hydrosulfocyanique* (*Schwefelblausäure*, *Schwefelcyanwasserstoffsäure*, all.), qui résulte de la combinaison de l'hydrogène avec le sulfocyanogène, a été découvert par Rink.

HYDROSULFURE, s. m., *hydrosulphuretum; Schwefelwasserstoffverbindung* (all.). Combinaison d'hydrogène sulfuré avec un autre corps. Berzelius préfère ce mot à celui d'hydrosulfate, cette dernière terminaison annonçant communément la présence d'un oxacide.

HYDROSULFURÉ, adj., *hydrosulphurosus*. Berzelius nomme *cyanogène hydrosulfuré* un composé peu connu, découvert par Woehler, qui paraît résulter d'une combinaison d'hydrogène avec du cyanogène et du soufre en d'autres proportions que celles qui existent dans le sulfocyanogène et l'hypersulfocyanogène.

HYDROSULFUREUX, adj., *hydrosulphurosus*. Nom donné par Thomson à un *acide* qu'il a obtenu en mêlant ensemble des volumes égaux de gaz hydrogène sulfuré et de gaz acide sulfureux, et dont l'existence avait été annoncée, en 1786, par Kirwan.

HYDROSULFURIQUE, adj., *hydrosulphuricus*. On nomme *acide hydrosulfurique* (*Hydrothionsäure*, *Schwefelwasserstoffsäure*, all.) une combinaison de soufre et d'hydrogène. C'est le sulfide hydrique de Berzelius.

HYDROTELLURIQUE, adj., *hydrotelluricus*. On a proposé d'appeler *acide hydrotellurique* (*Hydrotellursäure*, *Tellurwasserstoffsäure*, all.) le gaz hydrogène telluré, qui a la propriété de s'unir aux bases salifiables et de les saturer jusqu'à un certain point.

HYDROTELLUROCYANIQUE, adj., *hydrotellurocyanicus*. Quelques chimistes admettent un *acide hydrotel-*

luroeyanique (*Tellurcyansäure,* all.), dans lequel le cyanure de tellure jouerait le rôle de radical d'un hydracide.

HYDROTHIOCARBONIQUE, adj., *hydrothiocarbonicus.* Nom donné à un acide (*Hydrothiocarbonsäure,* all.), qui est composé de carbone, de soufre et d'oxigène.

HYDROTHIOCARBONATE, s. m., *hydrothiocarbonas.* On nomme ainsi un genre de sels (*hydrothiocarbonsaure Salze,* all.), qui sont produits par la combinaison de l'acide hydrothiocarbonique avec les bases salifiables.

HYDROTHIONATE, s. m., *hydrothionas.* Nom d'un genre de sels (*hydrothionsaure Salze,* all.), qui résultent de la combinaison de l'acide hydrothionique avec les bases salifiables.

HYDROTHIONEUX, adj., *hydrothionosus.* L. Gmelin appelle *acide hydrothioneux* (*hydrothionige Säure,* all.) l'hydrure de soufre ou soufre hydrogéné.

HYDROTHIONIQUE, adj., *hydrothionicus.* Quelques chimistes donnent ce nom à l'acide (*Hydrothionsäure,* all.) plus généralement connu sous celui d'acide hydrosulfurique.

HYDROTHIONITE, s. m., *hydrothionis.* Nom donné par Gmelin à un genre de sels (*hydrothionigsaure Salze,* all.), qui correspondent aux sulfures hydrogénés ou hydrosulfures sulfurés, et qui résultent de la combinaison de l'acide hydrothioneux avec les bases.

HYDROTRÉMELLINÉES, adj. et s. f. pl., *Hydrotremellinæ.* Meyen propose de former sous ce nom un groupe particulier de Cryptogames aquatiques, comprenant tous les champignons qui se développent dans l'eau, sur les substances animales en décomposition.

HYDROTRISULFATE, s. m., *hydrotrisulphas.* Trisulfate qui contient de l'eau à l'état de combinaison. Ex. *Hydrotrisulfate d'alumine.*

HYDROTRISULFURE, subst. m., *hydrotrisulphuretum.* Hydrosulfure dans lequel la proportion du soufre est triple de celle de l'hydrogène.

HYDROXANTHIQUE, adj., *hydroxanthicus.* Nom donné par Zeise à un acide (*Xanthogenwasserstoffsäure, Hydroxanthsäure,* all.), qu'il regarda d'abord comme une combinaison de xanthogène et d'hydrogène, mais que depuis il a considéré comme un oxacide, et appelé en conséquence acide xanthique.

HYDROXIDE, s. m., *hydroxydum.* Combinaison d'un oxide métallique et d'eau.

HYDROXIDÉ, adj., *hydroxydatus.* Se dit d'un métal oxidé et combiné avec de l'eau. Ex. *Urane hydroxidé.*

HYDROZINCOCYANIQUE, adj., *hydrozincocyanicus.* Quelques chimistes admettent un *acide hydrozincocyanique* (*Zinkblausäure,* all.), dans lequel le cyanure de zinc jouerait le rôle de radical d'un hydracide.

HYDROZOÉS, adj. et s. m. pl., *Hydrozoa* (ὕδωρ, eau, ζῶον, animal). Lamouroux désigne sous ce nom un embranchement du règne animal, comprenant les animaux, tels que les Mollusques et les Zoophytes, auxquels l'eau est indispensable à tous les âges et dans tous leurs états.

HYDRURE, s. m., *hydruretum, hydretum.* Combinaison solide d'un métal électro-positif avec l'hydrogène.

HYDRURÉ, adj.; qui contient de l'hydrogène.

HYÉMAL, adj., *hyemalis* (*hyems,* hiver); qui vit ou végète en hiver. Ex. *Equisetum hyemale, Panorpa hyemalis.*

HYGROBATES, adj. et s. m. pl., *Hygrobata, Hygrobatæ* (ὑγρόν, eau, βαίνω, marcher). Nom donné par Illiger, Goldfuss, Ranzani, C. Bonaparte et Eichwald à une famille de l'ordre des Échassiers, comprenant des oiseaux auxquels leurs longues jambes permettent de marcher dans l'eau.

HYGROBIÉES, adj. et s. f. pl., *Hygrobiæ* (ὑγρὸν, eau, βίοω, vivre). Nom donné par L.-C. Richard à une famille de plantes aquatiques, que Candolle considère comme une simple tribu de celle des Haloragées.

HYGROGÉOPHILES, adj. et s. m. pl., *Hygrogeophila* (ὑγρὸν, eau, γῆ, terre, φίλεω, aimer). Nom donné par Menke à un sous-ordre de l'ordre des Gastéropodes Cœlopnés, comprenant ceux qui vivent à la fois sur terre et dans l'eau.

HYGROLOGIE, s. f., *hygrologia* (ὑγρὸν, eau, λόγος, discours). Histoire de l'eau, traité sur l'eau.

HYGROMÈTRE, s. m., *hygrometrum* (ὑγρὸν, eau, μετρέω, mesurer). Instrument propre à faire connaître la quantité d'humidité que contient l'air atmosphérique ou tout autre gaz.

HYGROMÉTRIE, s. f., *hygrometria*. Partie de la physique qui traite des moyens d'apprécier les variations de l'humidité de l'air, la quantité d'eau en vapeur contenue dans l'air ou dans un gaz quelconque.

HYGROMÉTRIQUE, adj., *hygrometricus* ; *igrometrico* (it.) ; qui a rapport à l'hygrométrie. On appelle *état hygrométrique* d'un corps, la quantité plus ou moins considérable de vapeur aqueuse qu'il contient, et *faculté hygrométrique*, le pouvoir qu'il a d'absorber plus ou moins de cette vapeur. *Hygrométrique* se dit aussi d'un corps ou d'une substance qui est susceptible d'éprouver quelque changement de la part de l'humidité atmosphérique. Le *Porliera hygrometrica* rapproche, dit-on, ses folioles dès que le temps se dispose à la pluie. Les appendices du péricline du

Lepteranthus hygrometricus, fortement arqués en dehors pendant la sécheresse, se redressent quand l'atmosphère devient humide. Les lanières de la collerette du *Geastrum hygrometricum*, roulées sur elles-mêmes par un temps sec, se déroulent et prennent une position horizontale par l'effet de l'humidité. Les pédicules du *Funaria hygrometrica* se tordent sur eux-mêmes par la sécheresse, et se déroulent avec rapidité lorsqu'on les mouille.

HYGROPHILE, adj., *hygrophilus* (ὑγρὸν, eau, φίλεω, aimer) ; qui aime l'humidité, les lieux humides. Ex. *Agaricus hygrophilus*, *Lasiandra hygrophila*.

HYGRORNITHES, s. m. pl., *Hygrornithes* (ὑγρὸν, eau, ὄρνις, oiseau). Nom donné par J.-A. Ritgen à un ordre de la classe des Oiseaux, comprenant ceux qui vivent dans l'eau.

HYGROSCOPE, s. m., *hygroscopium* (ὑγρὸν, eau, σκοπέω, considérer). Instrument propre à faire connaître l'existence de la vapeur aqueuse dans l'air ou dans un gaz.

HYGROSCOPICITÉ, s. f., *hygroscopicitas*. Propriété dont jouissent un grand nombre de corps inorganiques, et tous les corps organisés vivans ou morts, d'attirer ou d'abandonner de l'humidité, selon les circonstances, de manière à se trouver sous ce rapport, avec le milieu ambiant, dans un état d'équilibre dont la proportion est donnée par la nature même de leur tissu.

HYGROSCOPIE, s. f., *hygroscopia*. Synonyme de *hygrométrie*.

HYGROSCOPIQUE, adject., *hygroscopicus*. Synonyme de *hygrométrique*.

HYGRUSINE, s. f., *hygrusina* (ὑγρὸς, liquide, οὐσία, essence). Nom donné par Bizio à la partie des huiles essentielles qui reste liquide à zéro. Synonyme d'*Eléoptène*. *Voyez* ce mot.

HYLÆPYRHYNQUES, adj. et s. m. pl., *Hylæpyrhynchi* (ὕλη, taillis, αἰπὺς, haut, ῥύγχος, bec). Nom donné par J.-A. Ritgen à une famille d'oiseaux sylvains, comprenant ceux qui ont le bec élevé.

HYLÉBATES, adj. et s. m. pl., *Hylebates* (ὕλη, taillis, βαίνω, marcher). Nom donné par Vieillot à une famille d'oiseaux sylvains, comprenant ceux à qui la disposition de leurs pattes permet de marcher aisément dans les taillis.

HYLÉMYDES, adj. et s. f. pl., *Hylemides* (ὕλη, taillis, μυῖα, mouche). Nom donné par Robineau-Desvoidy à une section de la tribu des Myodaires Mésomydes Anthomydes, comprenant ceux de ces insectes qui vivent dans les taillis et les haies.

HYLINS, adj. et s. m. pl., *Hylina*. Sous ce nom Gray désigne une tribu de la famille des Ranades, qui a pour type le genre *Hyla*.

HYLOBATRACIENS, adj. et s. m. pl., *Hylobatrachi* (ὕλη, taillis, βάτραχος, grenouille). Nom donné par J.-A. Ritgen à une tribu de la classe des Reptiles, qui a pour type le genre *Hyla*.

HYLOCHASMOPTÈNES, adj. et s. m. pl., *Hylochasmopteni* (ὕλη, taillis, χάσμη, ouverture, πτηνός, oiseau). Nom donné par J.-A. Ritgen à une famille d'oiseaux sylvains, comprenant ceux qui ouvrent le bec pour saisir leur proie au vol.

HYLOCLASMOPTÈNES, adj. et s. m. pl., *Hyloclasmopteni* (ὕλη, taillis, κλάω, briser, πτηνός, oiseau). Nom donné par J.-A. Ritgen à une section de la classe des oiseaux sylvains, comprenant ceux qui se servent de leur bec pour écraser ou briser les objets qu'ils serrent.

HYLOPLATYRHYNQUES, adj. et s. m. pl., *Hyloplatyrhynchi* (ὕλη, taillis, πλατὺς, large, ῥύγχος, bec). Nom donné par J.-A. Ritgen à une famille d'oiseaux, comprenant ceux qui vivent dans les bois et qui ont le bec large.

HYLOPTÈNES, adj. et s. m. pl., *Hylopteni* (ὕλη, taillis, πτηνός, oiseau). Nom donné par J.-A. Ritgen à un sous-ordre de la classe des oiseaux, comprenant ceux qui vivent dans les forêts.

HYLORTHORHYNQUES, adj. et s. m. pl., *Hylorthorhynchi* (ὕλη, taillis, ὀρθός, droit, ῥύγχος, bec). Nom donné par J.-A. Ritgen à une section de la classe des oiseaux sylvains, comprenant ceux qui ont le bec droit.

HYLOTRYPANOPTÈNES, adj. et s. m. pl., *Hylotrypanopteni* (ὕλη, taillis, τρυπάω, percer, πτηνός, oiseau). Nom donné par J.-A. Ritgen à une section de la classe des oiseaux sylvains, dans laquelle il range ceux qui se servent de leur bec pour percer.

HYLOZOISME, s. m., *hylozoismus* (ὕλη, matière, ζόω, vivre). Système dans lequel on attribue à la matière une existence primitive, et où l'on considère la vie comme n'étant qu'une de ses propriétés. Ce terme a été créé par Kant.

HYLYPSOPTÈNES, adj. et s. m. pl., *Hylypsopteni* (ὕλη, taillis, ὕψος, hauteur, πτηνός, oiseau). Nom donné par J.-A. Ritgen à une famille d'oiseaux sylvains, comprenant ceux qui aiment à se percher au haut des arbres.

HYMÉNÉLYTRES, adj. et s. m. pl., *Hymenelytra* (ὑμήν, membrane, ἔλυτρον, élytre). Nom donné par Latreille et Eichwald à une famille de l'ordre des Hémiptères, renfermant ceux de ces insectes qui ont les élytres membraneuses.

HYMÉNION, s. m., *hymenium, hymeneum, membrana thecigera ;*

Schürz , *Bruthäut* , *Keimhaut* , *Schlauchschicht* (all.); *imenio* (it.) (ὑμήν, membrane). Persooii a désigné sous ce nom une expansion membraneuse qui, dans les champignons, porte les corpuscules reproducteurs , et qui affecte des formes très-variées, celle de lames dans les *Agaricus*, celle d'épines dans les *Hydnum*, celle de papilles dans les *Telephora*.

HYMÉNOCARPES , adj. et s. m. pl., *Hymenocarpi* (ὑμήν, membrane, καρπός, fruit). Nom donné par Meyer à un ordre de la classe des Lichens , comprenant ceux qui sont munis d'une membrane proligère.

HYMÉNODES , adj. et s. f. pl. , *Hymenodes* (ὑμήν, membrane, ὀδούς, dent). Nom donné par Palisot-Beauvois à une tribu de la famille des Mousses, comprenant celles dans lesquelles il naît de la columelle une membrane qui s'étend horizontalement sur l'ouverture de l'urne, et qui porte des dents.

HYMÉNOGASTRIQUE , adj., *hymenogastricus* (ὑμήν , membrane , γαστήρ , estomac). Daudin donne cette épithète aux oiseaux qui ont l'estomac membraneux.

HYMÉNOLÉPIDOPTÈRES, adject. et s. m. pl. ; *Hymenolepidoptera* (ὑμήν, membrane, λεπίς, écaille, πτερόν, aile). Nom donné par Schæffer à une classe d'insectes, comprenant ceux qui ont quatre ailes membraneuses couvertes d'une poussière écailleuse.

HYMÉNOMYCES , s. m. pl. , *Hymenomyci*, *Hymenomycetes* (ὑμήν, membrane , μύκης , champignon). Nom sous lequel Fries désigne une cohorte de la classe des champignons, comprenant ceux qui ont à l'extérieur une membrane fructifère dans laquelle sont placés les corpuscules reproducteurs.

HYMÉNOPAPPÉES , adj. et s. f. pl. , *Hymenopappeæ*. Nom donné par H. Cassini à un groupe de la section des Hélianthées héléniées, qui a pour type le genre *Hymenopappus*.

HYMÉNOPHYLLACÉES , adj. et s. f. pl., *Hymenophyllaceæ*. Nom donné par Gaudichaud à une tribu de la famille des fougères, qui a pour type le genre *Hymenophyllum*.

HYMÉNOPHYLLÉES , adj. et s. f. pl. , *Hymenophylleæ*. Nom donné par Bory et Reichenbach à une tribu de la famille des fougères, ayant le genre *Hymenophyllum* pour type.

HYMÉNOPODES , adj. et s. m. pl. , *Hymenopodes* (ὑμήν , membrane , πούς, pied). Sous ce nom , Mœhring désignait une famille d'oiseaux, comprenant ceux qui ont les doigts réunis jusqu'à la moitié par une membrane.

HYMÉNOPTÈRES , adj. et s. m. pl., *Hymenoptera* (ὑμήν, membrane, πτερόν , aile). Tous les entomologistes modernes , Fabricius excepté , admettent sous ce nom un ordre de la classe des insectes, comprenant ceux qui ont quatre ailes peu veinées ou sans nervures.

HYMÉNOPTÉROLOGIE , s. f., *hymenopterologia*. Partie de l'entomologie qui traite des hyménoptères.

HYMÉNOPTÉROLOGIQUE , adj., *hymenopterologicus* ; qui a rapport à l'hyménoptérologie.

HYMÉNOPTÉROLOGUE , s. m. , *hymenopterologus*. Entomologiste qui s'occupe spécialement des hyménoptères.

HYMÉNORHIZE , adj., *hymenorhizus* (ὑμήν , membrane , ῥίζα , racine). L'*Allium hymenorhizum* est ainsi appelé à cause de ses bulbes, qui sont composées de membranes fermes et très-serrées.

HYMÉNOSPORÉS , adj. et s. m. pl. , *Hymenospora* (ὑμήν, membrane, σπορά , graine). Nom donné par Reichenbach à une section de l'ordre des Lichens ascophores, comprenant

ceux qui ont une membrane proligère.

HYMÉNOTHALAMES, adj. et s.
m. pl., *Hymenothalami* (ὑμήν, membrane, θάλαμος, lit). Nom donné par
Fries à un ordre de la famille des Lichens.

HYMÉNOTHÉCIENS, adj. et s. m.
pl., *Hymenothecii* (ὑμήν, membrane,
θήκη, boîte). Nom donné par Persoon et Marquis à un ordre de champignons, dans lequel ils rangent ceux
qui sont pourvus d'un hyménion, ou
d'une membrane contenant les corpuscules reproducteurs.

HYMÉNULES, adj. et s. m. pl.,
Hymenuli. Nom donné par Fries à
une tribu de l'ordre des Tremelles,
qui a pour type le genre *Hymenula*.

HYOSCYAMINE, s. f. *hyoscyami-
na*. Brandes avait donné ce nom à un
alcali organique trouvé par lui dans
l'*Hyoscyamus niger*, mais que Lind-
bergsson a reconnu être du phosphate
ammoniaco-magnésien.

HYOSÉRIDÉES, adj. et s. f. pl.,
Hyoserideæ. Nom donné par H. Cassini à un groupe de la section des
Lactucées scorzonérées, par Lessing
à une sous-tribu de la tribu des Chicoracées, ayant pour type le genre
Hyoseris.

HYPANTHE ; s. m., *hypanthium*
(ὑπὸ, sous, ἄνθος, fleur). Link appelle ainsi la partie inférieure du calice des plantes, qui a fort souvent
une toute autre manière d'être que
la supérieure, qui, par exemple, dans
le *Rosa*, prend la forme d'une baie
et se resserre à son orifice, tandis que
la partie supérieure se flétrit.

HYPANTHÉES, adj. et s. f. pl.,
Hypantheæ (ὑπὸ, sous, ἄνθος, fleur).
Link désigne sous ce nom une section
des plantes exogènes, comprenant
celles qui ont un calice monophylle,
ou divisé jusqu'à la base, et une corolle monopétale insérée au réceptacle.

HYPANTHODION, subst. m., *hy-
panthodium*. Link donne ce nom à
l'extrémité charnue d'un pédoncule
qui se détache de la plante en même
temps que le fruit, soit qu'elle conserve la forme ordinaire des pédoncules (ex. *Artocarpus*), soit qu'elle
s'élargisse (ex. *Dorstenia*), soit enfin
qu'elle se dilate en une sorte de bourse
ou de poche qui enveloppe et renferme
les fleurs et les fruits (ex. *Ficus*).

HYPANTIMONIEUX, adj., *hypan-
timoniosus*. Berzelius nomme *sulfide
hypantimonieux* (*Anderthalbschwefelantimon*, all.) le premier degré de
sulfuration de l'antimoine, qui joue
quelquefois le rôle de base, mais plus
souvent celui d'acide.

HYPANTIMONITE, adj. et s. m.,
hypantimonis. Sel produit par la
combinaison de l'oxide antimonieux
avec une base. Ex. *Hypantimonite
ammonique*.

HYPARGYRÉ, adj., *hypargyreus*
(ὑπὸ, sous, ἄργυρος, argent); qui est
argenté en dessous, comme les feuilles du *Tephrosia hypargyrea*.

HYPARSÉNIEUX, adj., *hyparse-
niosus*. Berzelius appelle *sulfide hyparsénieux* (*Einfachschwefelarse-
nik*, all.) le second degré de sulfuration de l'arsenic, ou le réalgar.

YPÉLYTRÉES, adj. et s. f. pl.,
Hypelytreæ. Nom donné par Presl à
une tribu de la famille des Cypéracées, qui a pour type le genre *Hy-
pelytrum*.

HYPERAURIQUE, adj., *hyperau-
ricus* (ὑπέρ, au dessus, *aurum*, or).
Le *Telluride hyperaurique* est ainsi
nommé parce que le tellure s'y trouve
combiné avec une proportion d'or
double de celle qui existe dans le telluride aurique.

HYPERBATIQUE, adj., *hyperba-
ticus* (ὑπερβατὸς, qui prédomine).
Épithète donnée, dans la nomenclature minéralogique de Haüy, à une
variété qui résulte de la combinaison

de plusieurs formes, dont l'une est la primitive, et les autres, étant dues à des lois très-simples de décroissement, sont celles que l'on rencontre le plus communément parmi les cristaux de l'espèce. Ex. *Chaux carbonatée hyperbatique.*

HYPERBORÉ, adj., *hyperboreus* (ὑπὲρ, au delà, Βορέας, Borée). Se dit des plantes et des animaux qui habitent dans le nord, vers les contrées voisines du cercle polaire. Ex. *Phalaropus hyperboreus, Dicranum hyperboreum.*

HYPERGÉNÈSE, s. f., *hypergenesis* (ὑπὲρ, au delà, γένεσις, génération). Nom donné par Breschet aux déviations organiques qui sont déterminées par une augmentation ou un excès de la force formatrice.

HYPERHEXAPES, adj. et s. m. pl., *Hyperhexapi, Hyperhexapoda* (ὑπὲρ, au delà, ἓξ, six, πούς, pied). Latreille désigne sous ce nom une branche d'animaux articulés, comprenant ceux dont le nombre des pattes, à peu d'exceptions près, est de huit au moins, dans l'état parfait.

HYPERHEXAPODES. *Voyez* HYPERHEXAPES.

HYPÉRICÉES, adj. et s. f. plur., *Hypericeæ.* Nom donné par Choisy à une section de la famille des Hypéricinées, qui renferme le genre *Hypericus.*

HYPÉRICINÉES, adj. et s. f. pl., *Hypericineæ.* Famille de plantes, établie par Jussieu, qui a pour type le genre *Hypericus.*

HYPÉRICOIDES. *Voyez* HYPERICINÉES.

HYPÉRINES, adj. et s. f. pl., *Hyperinæ.* Nom donné par Latreille à une famille de l'ordre des Crustacés amphipodes, qui a pour type le genre *Hyperia.*

HYPERMOLYBDICO - POTASSIQUE, adj., *hypermolybdico-potassicus.* Nom donné, dans la nomenclature chimique de Berzelius, à des sels doubles qui résultent de la combinaison d'un sel hypermolybdique avec un sel potassique. Ex. *Oxalate hypermolybdico-potassique.*

HYPERMOLYBDIQUE, adj., *hypermolybdicus.* Berzelius appelle *sulfide hypermolybdique* (*Vierfachschwefelmolybdän*, all.) le troisième degré de sulfuration du molybdène, et *sels hypermolybdiques* ceux qui ont l'acide molybdique pour base (ex. *Sulfate hypermolybdique*).

HYPÉROGÈNES, adj. et s. m. pl., *Hyperogenci* (ὑπὲρ, au delà, γένος, race). Nom donné par Acharius à un ordre de la classe de Lichens, comprenant ceux qui ont des conceptacles composés, c'est-à-dire réunis plusieurs ensemble dans un tubercule ou une verrue de substance homogène.

HYPEROXIDE, s. m., *hyperoxydum* (ὑπὲρ, au delà, ὀξύς, aigu). Berzelius appelle ainsi les suroxides.

HYPEROXIDE, adj., *hyperoxydus.* Nom donné, dans la nomenclature minéralogique de Haüy, à une variété de chaux carbonatée offrant la combinaison de deux rhomboïdes, l'un aigu, qui est l'inverse, et l'autre incomparablement plus aigu.

HYPERSTANNEUX, adject., *hyperstannosus.* Nom donné par Berzelius à l'un des sulfures d'étain.

HYPERSTÉNIQUE, adj., *hyperstenicus.* Les minéralogistes appellent *Syénite hypersténique* une espèce dans laquelle l'amphibole est remplacée en tout ou en partie par de l'hyperstène.

HYPERSTOMIQUE, adj., *hyperstomicus* (ὑπὲρ, sur, στόμα, bouche). C. Richard donne cette épithète à l'*insertion* des étamines, quand elle a lieu au dessus de l'orifice du tube du calice, et par conséquent au limbe de ce dernier organe (ex. *Eléagnées*).

HYPERSTYLIQUE, adj., *hyperstylicus* (ὑπέρ, au dessus, στύλος, style). A. Richard donne cette épithète à l'insertion des étamines, quand elle a lieu sur le contour d'un ovaire complètement infère (ex. *Jussiæa*), ou loin de la base du style, sur un prolongement ou évasement du calice (ex. *OEnothera biennis*).

HYPERSULFOCYANIDE, s. m., Berzelius appelle ainsi un hypersulfocyanure jouant le rôle d'acide ou de corps électro-négatif, dans une combinaison.

HYPERSULFOCYANOGÈNE, s. m. Berzelius donne ce nom à une combinaison de soufre et de cyanogène que l'on n'est point encore parvenu à isoler.

HYPERSULFOCYANURE, s. m. Nom donné par Berzelius aux combinaisons de l'hypersulfocyanogène avec les corps simples, principalement avec les métaux.

HYPERSULFOMOLBYDATE, s. m., *hypersulphomolybdas* (*molybdänüberschweflige Salze, Vierfachschwefelmolybdänschwefelmetallen*, all.). Berzelius appelle ainsi un genre de sursels, qui sont produits par la combinaison de l'hypersulfide molybdique avec les sulfobases.

HYPERSULFURE, s. m., *hypersulphuretum*. Sulfure au maximum de soufre, comme le *hypersulfure d'hydrogène*, dont on ne connaît pas encore la composition.

HYPERVANADICO-POTASSIQUE, adj., *hypervanadico-potassicus*. Épithète donnée par Berzelius à des sels doubles qui résultent de la combinaison d'un sel d'acide vanadique avec un sel potassique. Ex. *Sulfate hypervanadico-potassique*.

HYPERVANADICO-SILICIQUE, adj., *hypervanadico-silicicus*. Berzelius donne ce nom à des sels doubles qui sont produits par la combinaison d'un sel d'acide vanadique

J,

avec un sel d'acide silicique. Ex. *Phosphate hypervanadico-silicique*.

HYPERVANADICO-SODIQUE, adj., *hypervanadico-sodicus*. Nom donné par Berzelius à des sels doubles qui doivent naissance à la combinaison d'un sel d'acide vanadique avec un sel sodique. Ex. *Phosphate hypervanadico-sodique*.

HYPHA, s. f., *hypha; Saite* (all.) (ὕφα, tissu). Willdenow désignait sous ce nom les expansions filamenteuses, un peu charnues, déliquescentes ou fibreuses, des Moisissures.

HYPHALTES, adj. et s. m. pl., *Hyphaltes* (ὑφάλλομαι, sautiller). Nom donné par Ranzani à une famille de l'ordre des Passereaux, comprenant des oiseaux qui ne font que sautiller.

HYPHANTES, adj. et s. m. pl., *Hyphantes* (ὑφάντης, tisserand). Nom donné par Ranzani à une famille de l'ordre des Passereaux, comprenant des oiseaux qui mettent beaucoup d'art dans la confection de leurs nids.

HYPHASME, s. m., *hyphasma* (ὑφάσμα, tissu). Dans les champignons dont une partie du thalle floconneux est couchée, tandis que l'autre, qui est dressée, porte les corpuscules reproducteurs, Link donne le nom d'*hyphasme* à la portion étalée.

HYPHOMYCES, s. m. pl., *Hyphomycetes* (ὕφα, tissu, μύκης, champignon). Nom donné par Fries, Link et Sprengel à une classe ou à un ordre de Champignons, renfermant ceux de ces végétaux qui ont le thalle floconneux, comme les Moisissures.

HYPHOSPORÉS, adj. et s. m. pl., *Hyphopsoræ* (ὕφα, tissu, σπορά, graine). Nom donné par Reichenbach à une section de l'ordre des Lichens gymnosporés, comprenant ceux qui ont la forme de filamens.

HYPNÉES, adj. et s. f. pl., *Hypnea*. Nom donné par Reichenbach à

40

une tribu de la famille des Mousses, qui a pour type le genre *Hypnum*.

HYPNOIDES, adj. et s. f. pl., *Hypnoidei*, *Hypnoideæ*. Nom donné par Arnott, Greville, Furnrohr et Bridel à une tribu de la famille des Mousses, ayant pour type le genre *Hypnum*.

HYPNOPHILE, adj., *hyponophilus* (ὑπνὸν, mousse, φιλέω, aimer); qui croît parmi les mousses (ex. *Agaricus hypnophilus*). Le *Physarum hypnophilum* croît sur l'*Hypnum cupressiforme*.

HYPOBLASTE, s. m., *hypoblastus* (ὑπὸ, sous, βλαστὸς, rejeton). L.-C. Richard et Necs d'Esenbeck appellent ainsi un corps charnu, épais, généralement discoïde, qui est appliqué contre le fond de la fossette du périsperme, dans la graine des Graminées. C'est l'organe que Gærtner appelait *vitellus*, que Kunth, Brown, Poiteau, Turpin, Fischer et Treviranus nomment *cotylédon*, et auquel d'autres encore donnent le nom de *scutellum*.

HYPOBLASTÉTIQUE, adj., *hypoblasteticus*. Nom donné par Wallroth à la couche inférieure du thalle ou blastème des lichens à expansions larges et étalées.

HYPOBRANCHES, adj. et s. m. pl., *Hypobranchiata*, *Hypobranchia* (ὑπὸ, sous, βράγχια, branchies). Nom donné par Schweigger, Fischer, Menke et Eichwald à une famille de Mollusques gastéropodes, comprenant ceux qui ont les branchies placées au dessous du corps.

HYPOCALICIE, s. f., *hypocalycia* (ὑπὸ, sous, καλύξ, calice). Nom donné par Desvaux à une classe de plantes, renfermant les dicotylédones apétales à étamines hypogynes.

HYPOCARPE, s. m., *hypocarpium*; *Fruchtunterlag* (all.) (ὑπὸ, sous, καρπὸς, fruit). Bernhardi appelle ainsi les parties sur lesquelles le fruit repose.

HYPOCARPOGÉ, adj., *hypocarpogæus* (ὑπὸ, sous, καρπὸς, fruit, γῆ, terre). Bodard appelle ainsi les plantes qui mûrissent leurs fruits et leurs graines sous terre. *Voyez* HYPOGÉ.

HYPOCHÆRIDÉES, adj. et s. f. pl., *Hypochærideæ*. Nom donné par H. Cassini à un groupe de la section des Lactucées scorzonérées, par Lessing à une sous-tribu de la tribu des Chicoracées, ayant pour type le genre *Hypochæris*.

HYPOCHILE, s. m., *hypochile* (ὑπὸ, sous, χεῖλος, lèvre). L.-C. Richard donne ce nom à la partie inférieure du tablier des Orchidées.

HYPOCHLORIQUE, adj., *hypochloricus*. Nom que devrait porter l'acide oxichlorique, afin de correspondre à la nomenclature adoptée pour les acides du soufre.

HYPOCHNES, s. m. pl., *Hypochni*. Nom donné par Fries à une section de la famille des Mucédinées, qui a pour type le genre *Hypochnus*.

HYPOCONDRE, s. m., *hypochondrium*; ὑποχόνδριον; *Weiche* (all.). On appelle ainsi, chez les mammifères et les oiseaux, la partie latérale de l'abdomen, au dessous du rebord des fausses côtes. Kirby donne le même nom, chez les insectes, à deux portions de segmens, une de chaque côté, qui, dans quelques genres (ex. *Carabus*), interviennent entre le premier segment ventral et la partie postérieure de l'arrière-poitrine.

HYPOCONDRIAL, adject., *hypochondrialis*; qui appartient à l'hypocondre (*plumes hypocondriales*). Se dit aussi d'un animal dont les côtés du corps offrent quelque particularité de coloration (ex. *Calamita hypochondrialis*).

HYPOCOROLLÉ, adj., *hypocorollatus* (ὑπὸ, sous, *corolla*, corolle).

Se dit d'une plante dont la corolle est hypogyne.

HYPOCOROLLIE, s. f. *hypocorollia*. Nom donné par Desvaux à une classe de plantes, comprenant les dicotylédones monopétales à corolle hypogyne.

HYPOCRATÉRIFORME, adj., *hypocrateriformis ; präsentirtellerförmig, tellerförmig, untertassenförmig* (all.); *ipocrateriforme* (it.). Se dit de la *corolle*, lorsqu'étant monopétale et régulière, elle a son tube court et son limbe plane ou peu concave, comme une soucoupe très-évasée (ex. *Vinca*); des *stipules*, quand elles forment un tube terminé par un limbe élargi et plane (ex. *Polygonum orientale*).

HYPODACTYLE, s. m., *hypodactylum ; Zehensohle* (all.) (ὑπὸ, sous, δάκτυλος, doigt). Dessous de chaque doigt de la patte d'un oiseau.

HYPODERME, s. m., *hypoderma* (ὑπὸ, sous, δέρμα, peau). Kirby appelle ainsi la peau, agréablement colorée dans quelques espèces, qui couvre les élytres des Coléoptères.

HYPODERME, adj., *hypodermius;* qui croît sous l'épiderme des végétaux, comme le champignon appelé *Conoplea hypodermia.*

HYPODERMIENS, adject. et s. m. pl., *Hypodermia, Hypodermii.* Nom donné par Fries et Reichenbach à un groupe de champignons, qui a pour type le genre *Hypoderma.*

HYPODICARPÉES, adject. et s. f. pl., *Hypodicarpæ* (ὑπὸ, sous, δὶς, deux, καρπὸς, fruit). Nom donné par Agardh à une classe de plantes phanérocotylédones complètes périgynes, comprenant celles qui ont deux pistils et deux ovaires réunis, comme les Caprifoliacées, Rubiacées, etc.

HYPOGASTRE, s. m., *hypogastrium ; Unterbauch* (all.) (ὑπὸ, sous, γαστὴρ, ventre). Partie inférieure du ventre. Sprengel donne ce nom aux stipules des *Jungermannia.*

HYPOGÉ, adj., *hypogæus; unterirdig* (all.); *ipogeo* (it.) (ὑπὸ, sous, γῆ, terre). On appelle *cotylédon hypogé*, celui qui reste sous terre lors de la germination. Cette épithète est donnée aussi à des plantes qui, après avoir fleuri à l'air, enfoncent leurs pédoncules en terre, pour que les fruits y mûrissent (ex. *Trifolium subterraneum*), ou dont il n'y a que les fleurs enterrées dans le sol qui parviennent à mûrir, leurs graines (ex. *Arachis hypogæa*, *Voandzeia subterranea*).

HYPOGLOSSE, adj., *hypoglossus* (ὑπὸ, sous, γλῶσσα, langue). Le *Ruscus hypoglossum* porte une languette sur ses feuilles, dans le milieu. Le *Delesseria hypoglossa* a la forme d'une langue.

HYPOGONE, s. m., *hypogonium ; Geschlechtstheilunterlag* (all.) (ὑπὸ, sous, γονή, semence) Nom donné par Bernhardi à des parties membraneuses situées au dessous des organes génitaux, dans les plantes.

HYPOGYNE, adj., *hypogynus* (ὑπὸ, sous, γυνή, femme). Se dit de la *corolle*, quand elle prend naissance sous l'ovaire (ex. *Cheiranthus*); des *étamines*, lorsqu'elles sont fixées sur le réceptacle, soit plus bas que l'ovaire, soit au niveau de sa base ; des *pétales*, quand ils naissent d'un torus réduit à une zone étroite située sous l'ovaire.

HYPOGYNIE, s. f., *hypogynia.* État d'une partie de la fleur qui s'insère au dessous de l'ovaire.

HYPOGYNIQUE, adj., *hypogynicus.* Se dit de l'*insertion* des étamines, des pétales ou de la corolle staminifère, quand le point d'attache est en contact, soit avec la base de l'ovaire libre, si celui-ci est fixé par cette base, et sans podogyne, au fond de la fleur (ex. *Tiliacées*), soit avec un *polyphore* (*voyez* ce mot), soit avec la circonférence de l'ovaire même (*voyez* PLEUROGYNIQUE).

HYPOLAMPRE, adject., *hypolamprus* (ὑπὸ, sous, λαμπρὸς, brillant); qui est luisant en dessous, comme les feuilles du *Pultenæa hypolampra*.

HYPOLEUQUE, adj., *hypoleucus*, *hypoleucos* (ὑπὸ, sous, λευκός, blanc); qui a le dessous du corps blanc. Ex. *Cebus hypoleucus*, *Phthiria hypoleuca*, *Tamnus hypoleucos*.

HYPONITREUX, adj., *hyponitrosus*. On a proposé d'appeler *acide hyponitreux*, *untersalpetrige Säure* (all.), le protoxide d'azote, qui joue le rôle d'acide dans quelques circonstances.

HYPONITRITE, s. m., *hyponitris*. Genre de sels (*untersalpetrigesaure Salze*, all.), qui sont produits par la combinaison de l'acide hyponitreux avec les bases salifiables.

HYPOPÉTALÉ, adj., *hypopetalatus* (ὑπὸ, sous, πέταλον, pétale). Se dit d'une plante dont les pétales sont insérés sous l'ovaire.

HYPOPÉTALIE, s. f. *hypopetalia*. Nom donné par Desvaux à une classe de plantes, comprenant les dicotylédones polypétales à étamines hypogynes.

HYPOPHARYNX, s. m, *hypopharynx* (ὑπὸ, sous, φαρύγξ, pharynx). Savigny et Kirby nomment ainsi un appendice solide qui, dans quelques insectes hyménoptères, les *Eucera* surtout, naît du bord inférieur du pharynx, et s'emboîte avec lui.

HYPOPHLÉODE, adject., *hypophloeodes* (ὑπὸ, sous, φλοιος, écorce). Wallroth appelle *morphosis hypophloeodes* le développement des lichens qui naissent et vivent sous l'épiderme d'autres végétaux.

HYPOPHOSPHITE, s. m., *hypophosphis*. On donne ce nom à un genre de sels (*unterphosphorigsaure Salze*, all.), qui résultent de la combinaison de l'acide hypophosphoreux avec les bases salifiables.

HYPOPHOSPHOREUX, adj., *hypophosphorosus*. Nom d'un *acide* (*unterphosphorige Säure*, all.), qui a été découvert par Dulong, et qui est le premier des trois auxquels le phosphore donne naissance.

HYPOPHOSPHORIQUE, adj. On a appelé *acide hypophosphorique*, ou *phosphatique*, un acide qui n'est, d'après les recherches de Dulong, qu'une combinaison d'acides phosphorique et phosphoreux, ou un phosphate phosphoreux.

HYPOPHTHALMES, adj. et s. m. pl., *Hypophthalma* (ὑπὸ, sous, ὀφθάλμος, œil). Nom donné par Latreille à une famille de Crustacés décapodes macroures, comprenant ceux qui ont les yeux très-rapprochés à leur insertion, laquelle se trouve sous le museau.

HYPOPHYLLE, adj., *hypophyllus* (ὑπὸ, sous, φύλλον, feuille). Se dit des champignons qui ne se plaisent qu'à la surface inférieure des feuilles. Le *Ruscus hypophyllum* a ses fleurs au milieu de la surface inférieure des feuilles. Le *Protea hypophylla* a ses fruits cachés sous les feuilles.

HYPOPHYLLE, s. m., *hypophyllum*, *hypophyllium*; *Unterblatt* (all.) (ὑπὸ, sous, φύλλον, feuille). Link et Nees d'Esenbeck appellent ainsi une petite gaine, représentant la véritable feuille, à l'angle de laquelle naissent des rameaux dont l'apparence est la même que celle des feuilles. Ex. *Asparagus*.

HYPOPHYLLINES, adject. et s. f. pl., *Hypophyllina*. Nom donné par Reichenbach à une section de la famille des Hépatiques.

HYPOPHYLLOCARPES, adj. et s. f. pl., *Hypophyllocarpi* (ὑπὸ, sous, φύλλον, feuille, καρπός, fruit). Nom donné par Furnrohr à un groupe, par Bridel à une classe de Mousses, renfermant celles dont le fruit naît au dessous de la feuille accessoire.

HYPOPTÈRE, s. m., *hypopterum* (ὑπὸ, sous, πτερόν, aile). Audouin désigna d'abord sous ce nom l'organe des insectes que depuis il a appelé *paraptère*. *Voyez* ce mot.

HYPOPTÉRÉ, adj., *hypopteratus*. Épithète donnée par Mirbel à la *cupule*, quand elle est ailée inférieurement. Ex. *Cèdre*.

HYPOPYGE, s. m., *hypopygium* (ὑπὸ, sous, πυγὴ, derrière). Kirby désigne sous ce nom le dernier segment ventral de l'abdomen des insectes.

HYPOPYRRE, adj., *hypopyrrus* (ὑπὸ, sous, πυρρός, roux). L'*Ampelis hypopyrra* a les flancs d'un roux orangé.

HYPOSPERMATOCYSTIDE, s. m., *hypospermatocystidium; Pollenunterlag* (all.) (ὑπὸ, sous, σπέρμα, graine, κύστις, vessie). Nom donné par Bernhardi à de petites parties membraneuses qui, dans certaines fougères, paraissent servir de support aux masses polliniformes.

HYPOSPORANGE, s. m., *hyposporangium*. Bernhardi appelle ainsi les indusies des fougères qui portent les sporanges mêmes. Ex. *Adiantum*.

HYPOSTAMINÉ, adj., *hypostamineus* (ὑπὸ, sous, στήμων, étamine). Se dit d'une plante qui a les étamines hypogynes.

HYPOSTAMINIE, s. f., *hypostaminia*. Nom donné par Desvaux à une classe de plantes, comprenant les dicotylédones monopétales à étamines hypogynes.

HYPOSTATE, s. m., *hypostata* (ὑπὸ, sous, ἵσταμαι, se tenir). Dutrochet appelle ainsi les corps parenchymateux et souvent transparens qui sont situés sous l'embryon végétal, à l'instant où il commence à se développer après la fécondation. Ces corps, ordinairement au nombre de deux ou trois, disparaissent à mesure que l'embryon grandit, soit en totalité, soit en partie seulement, et, dans ce dernier cas, leur résidu produit l'albumen.

HYPOSTIBIEUX, adj., *hypostibiosus*. Synonyme de *hypantimonieux*.

HYPOSTIBIITE, s. m., *hypostibiis*. Synonyme de *hypantimonite*.

HYPOSTOME, s. m., *hypostoma* (ὑπὸ, sous, στόμα, bouche). Les entomologistes allemands nomment ainsi à tort la *face* des insectes, ou la région qui s'étend, entre les yeux, de la base des antennes à l'épistome.

HYPOSTOMIDES, adj. et s. m. pl., *Hypostomides* (ὑπὸ, sous, στόμα, bouche). Nom donné par Latreille à une famille de poissons, comprenant ceux qui ont la bouche située inférieurement, à la base du museau.

HYPOSTROME, s. m., *hypostroma*. Martius désigne sous ce nom un organe qui est à peu près le même que celui auquel Link donne la dénomination d'*hyphasme*, c'est-à-dire la base sur laquelle, dans les *Calicium*, reposent les pédoncules qui supportent les corpuscules reproducteurs.

HYPOSULFANTIMONITE, s. m., *hyposulphantimonis*. Berzelius appelle ainsi un genre de sulfosels (*unterantimonichtschweflige Salze*, all.), qui sont produits par la combinaison du sulfide hypantimonieux avec les sulfobases.

HYPOSULFARSÉNITE, s. m., *hyposulpharsenis; unterarsenichtschweflige Salze* (all.). Nom donné par Berzelius à un genre de sulfosels, qui résultent de la combinaison du sulfide hyparsénieux avec les sulfobases.

HYPOSULFATE, s. m., *hyposulphas*. Nom d'un genre de sels (*unterschwefelsaure Salze*, all.), qui résultent de la combinaison de l'acide hyposulfurique avec les bases salifiables.

HYPOSULFINDIGOTATE, s. m., *hyposulphindigotas*. Nom donné à un genre de sels, qui résultent de la combinaison de l'acide hyposulfindigotate avec les bases salifiables.

HYPOSULFINDIGOTIQUE, adj., *hyposulphindigoticus*. Berzelius désigne sous le nom d'*acide hyposulfindigotique* une combinaison qu'il regarde comme formée de bleu d'indigo soluble et d'acide hyposulfurique, quoique jusqu'à présent on ne soit point encore parvenu à en extraire ce dernier.

HYPOSULFITE, s. m., *hyposulphis*. Nom donné à un genre de sels (*unterschwefligsaure Salze*, all.), qui résultent de la combinaison de l'acide hyposulfureux avec les bases salifiables, et qu'on a appelés aussi *sulfites sulfurés*.

HYPOSULFOSTIBITE, s. m., *hyposulphostibis*. Synonyme de *hyposulfantimonite*.

HYPOSULFUREUX, adj., *hyposulphurosus*. Nom d'un *acide* (*unterschweflige Säure*, all.), qui est le premier des quatre auxquels le soufre donne naissance, et dont on doit la découverte à Vauquelin.

HYPOSULFURIQUE, adj., *hyposulphuricus*. Nom d'un *acide* (*Unterschwefelsäure*, all.), qui est le troisième des quatre auxquels le soufre donne naissance, et dont on doit la découverte à Welter et Gay-Lussac.

HYPOTÈME, s. m., *hypotema*; *Flechtenunterlage* (all.) (ὑπό, sous, ἵστημι, se tenir). Wallroth désigne sous ce nom la face inférieure des expansions des lichens.

HYPOTHALLE, s. m., *hypothallus* (ὑπό, sous, θαλλός, thalle). Nom donné par Fries à la couche interne ou inférieure des lichens, parce qu'elle sert en quelque sorte de base ou de soutien au thalle, c'est-à-dire à la couche externe, supérieure, ou corticale.

HYPOTHALLIN, adj., *hypothallinus*. Fries donne cette épithète à l'état élémentaire des Lichens dans lequel leurs deux couches constituantes sont encore confondues ensemble.

HYPOTHÉCION, s. m., *hypothecium* (ὑπό, sous, θηκή, gaîne). Eschweiler désigne sous ce nom la base du thalame des Lichens, qui est ordinairement formée de cellules rondes et stériles.

HYPOTHÉNAR, subst. m., *hypothenar, subvola*; ὑποθέναρ (ὑπό, sous, θέναρ, main). Saillie qui se remarque à la face palmaire de la main, sous le petit doigt et dans sa direction.

HYPOVANADATE, s. m., *hypovanadas*. Nom donné aux combinaisons de l'oxide verd du vanadium ou du vanadate vanadique avec une base, en les considérant comme résultat de l'union d'une base avec un acide hypovanadique, intermédiaire entre l'oxide et l'acide vanadiques, hypothèse qui du reste ne paraît point fondée.

HYPOVANADIQUE, adj., *hypovanadicus*. On pourrait considérer dans certains cas l'oxide verd de vanadium comme un *acide hypovanadique*. *Voyez* HYPOVANADATE.

HYPOXANTHE, adj., *hypoxanthus* (ὑπό, sous, ξανθός, jaune); qui est jaune en dessous. Ex. *Aicles hypoxanthus*.

HYPOXIDE, s. m., *hypoxydum*. Dans la nomenclature chimique de Berzelius, ce mot est synonyme de sous-oxide. Guibourt nomme l'acide hyposulfurique *hypoxide sulfurique*.

HYPOXIDÉES, adj. et s. f. pl., *Hypoxideæ*. Nom donné par R. Brown à une famille de plantes, qui a pour type le genre *Hypoxis*.

HYPOXYLÉES, adj. et s. f. pl., *Hypoxyleæ*, *Hypoxyla*. Nom donné par A. Brongniart à une famille de la classe des champignons, qui a pour type le genre *Hypoxylon.*

HYPOZOIQUE, adj., *hypozoïcus* (ὑπὸ, sous, ζῶον, animal). Brongniart désigne sous ce nom un ordre de terrains, comprenant les terrains primordiaux de cristallisation inférieurs à tous ceux dans lesquels on rencontre des débris de corps organisés.

HYPSIPILE, adject., *hypsipilus* (ὕψος, hauteur, πῖλος, feutre). Se dit d'un animal qui a des épines sur le dos, comme la chenille du *Thais hypsipile.*

HYPSOMÉTRIE, s. f., *hypsometria; Höhenmessung* (all.) (ὕψος, hauteur, μετρέω, mesurer). Art de mesurer la hauteur relative ou absolue d'un lieu ou d'une portion quelconque du sol terrestre, par des nivellemens, des observations barométriques, ou des opérations trigonométriques.

HYPSOMÉTRIQUE, adj., *hypsometricus;* qui a rapport à l'hypsométrie. J. Oltmans a publié des tables hypsométriques.

HYPSOPTÈNES, adj. et s. m. pl., *Hypsopteni* (ὕψος, hauteur, πτηνός, oiseau). Nom donné par J.-A. Ritgen à un sous-ordre de la classe des Oiseaux, comprenant ceux qui recherchent de préférence les lieux élevés.

HYPSORTHORHYNQUES, adj. et s. m. pl., *Hypsorthorhynchi.* Nom donné par J.-A. Ritgen à une famille d'oiseaux, comprenant ceux qui ont un vol élevé et le bec droit.

HYSSOPINE, s. f., *hyssopina.* Herberger appelle ainsi une base salifiable qu'il dit avoir découverte dans l'Hyssope.

HYSTÉRANDRIE; s. f., *hysterandria* (ὑστέρα, matrice, ἀνήρ, homme). Nom donné par L.-C. Richard à une classe de son système sexuel modifié, qui comprend les plantes ayant plus de dix étamines insérées sur un ovaire tout-à-fait infère.

HYSTÉRANTHE, adj., *hysterantheus* (ὑστέρα, matrice, ἄνθος, fleur). Epithète imposée par Viviani aux plantes dont les fleurs apparaissent avant les feuilles (ex. *Tussilago*).

HYSTÉROPHORE, adj., *hysterophorus* (ὑστέρα, matrice, φέρω, porter). Le *Parthenium hysterophorus* a été ainsi nommé parce que l'enveloppe de l'ovaire représente deux lèvres séparées par une scissure, ce qui lui donne l'aspect d'une vulve.

HYSTÉROPHYTES, s. f. pl., *hysterophyta* (ὑστέρα, matrice, φυτὸν, plante). Fries désigne sous ce nom les champignons, parce que, suivant lui, ils ne peuvent naître qu'aux dépens de corps organisés mourans ou morts, qui leur servent en quelque sorte de matrice.

HYSTRELLE, s. f., *hystrella* (ὑστέρα, matrice). Mirbel appelle ainsi les pistils simples, qu'ils soient formés d'une seule pièce concave, ou de deux pièces réunies par les bords. C'est la même chose que *carpelle.*

HYSTRICIDES, adj. et s. m. pl., *Hystricidæ* (ὕστριξ, hérisson). Nom donné par Gray à une famille de l'ordre des Mammifères Rongeurs, qui a pour type le genre *Hystrix.*

HYSTRICIENS, adj. et s. m. pl., *Hystricii.* Nom sous lequel Desmarest désigne une famille de Mammifères Rongeurs, ayant le genre *Hystrix* pour type.

I.

IANTHIN, adj., *ianthinus* (ἴανθον, violet); qui est d'un violet plus ou moins brillant, comme le *Coluber ianthinus*, chez lequel cette couleur paraît être due à une altération produite par l'immersion dans l'alcool.

IANTHINES, s. f. pl., *Ianthinæ*. Nom donné par Lamarck à une famille de l'ordre des Mollusques trachélipodes phytiphages, par Blainville à une famille de l'ordre des Paracéphalophores asiphonobranches, ayant pour type le genre *Ianthina*.

IBLADES, adj. et s. m. pl., *Iblades*. Nom donné par Leach à une famille de l'ordre des Cirripèdes campylosomes, qui a pour type le genre *Ibla*.

ICHNANTHE, adject., *ichnanthus* (ἴχνος, trace, stric, ἄνθος, fleur). Le *Panicum ichnanthum* a ses épillets striés.

ICHNEUMONIDES, adj. et s. m. pl., *Ichneumonidæ*, *Ichneumonides*. Nom donné par Lamarck, Latreille, Leach, Cuvier, Eichwald, Ficinus et Carus à une famille de l'ordre des insectes hyménoptères, qui a pour type le genre *Ichneumon*.

ICHNEUMONIFORME, adj., *ichneumoniformis*; qui a de la ressemblance avec un ichneumon. Ex. *Larra ichneumoniformis*.

ICHNEUMONOLOGIE, s. f., *ichneumonologia* (ἰχνεύμων, ichneumon, λόγος, discours). Traité des ichneumons. Gravenhorst a publié en 1829, sous ce titre, une histoire des ichneumons d'Europe.

ICHNIOGRAPHE, adj., *ichniographus* (ἴχνιον, trace, γράφω, écrire). Épithète donnée par Linné aux botanistes dont les ouvrages consistent principalement ou uniquement en figures de plantes, comme Rheede, Plumier, Brunsfeld, etc.

ICHNOZOAIRES, adj. et s. m. pl., *Ichnozoa* (ἴχνος, vestige, ξῶον, animal). Nom donné par Bory à une classe de Psychodiaires, comprenant ceux de ces êtres qu'on peut regarder comme les ébauches de l'animalité, étant privés d'organes spéciaux, et également doués de contractilité dans toutes leurs parties.

ICHTHYDINS, adj. et s. m. pl., *Ichthydina*. Nom donné par C.-G. Ehrenberg à une tribu de la classe des Rotifères, ayant pour type le genre *Ichthydium*.

ICHTHYODÈRES, adj. et s. m. pl., *Ichthyodera* (ἰχθύς, poisson, δέρας, peau). Nom sous lequel Latreille désigne une classe d'animaux à sang froid, comprenant ceux qui ont la forme et les tégumens des poissons, mais respirent par des branchies dont une des extrémités se trouve fixée à la peau.

ICHTHYODES, adj. et s. m, pl., *Ichthyodi* (ἰχθύς, poisson, εἶδος, ressemblance). Nom donné par Wagler à un ordre de la classe des Reptiles, correspondant aux Protéides, qui ont quelques rapports avec les poissons.

ICHTHYOGRAPHIE, s. f., *ichthyographia*; *Fischbeschreibung* (all.) (ἰχθύς, poisson, γράφω, écrire). Description des poissons. F. Willoughby a publié en 1685 un ouvrage sous ce titre.

ICHTHYOIDES, adj. et s. m. pl., *Ichthyoides*, *Ichthyoida*, *Ichthyoidei* (ἰχθύς, poisson, εἶδος, ressemblance). Nom donné par Latreille à une famille de l'ordre des Amphibies pérennibranches, par Eichwald à une famille de Batraciens, comprenant ceux qui ressemblent aux poissons par la forme de leur corps et surtout la persistance de leurs branchies.

ICHTHYOLOGIE, s. f., *ichthyologia*; *Fischkunde* (all.) (ἰχθὺς, poisson, λόγος, discours). Branche de la zoologie qui traite de l'histoire des poissons.

ICHTHYOLOGIQUE, adject., *ichthyologicus*; qui a rapport à l'ichthyologie, aux poissons, ou à leur histoire.

ICHTHYOLOGISTE, s. m., *ichthyologista*. Naturaliste qui se livre spécialement à l'étude des poissons.

ICHTHYOPHAGE, adj. et s. m., *ichthyophagus*; *Fischesser* (all.) (ἰχθὺς, poisson, φάγω, manger); qui fait sa principale nourriture de poissons.

ICHTHYOPHAGIE, s. f., *ichthyophagia*. Habitude de se nourrir principalement ou habituellement de poissons.

ICHTHYOSAURIENS, adj. et s. m. pl., *Ichthyosaurii*. Nom donné par Gray, Ficinus et Carus à une famille de reptiles, par Blainville à un ordre de la classe des Squamifères, ayant pour type le genre *Ichthyosaurus*.

ICHTHYOSAUROIDES, adj. et s. m. pl., *Ichthyosauroidea*, *Ichthyosauroidei*. Nom donné par Fitzinger et Eichwald à une famille de reptiles, ayant le genre *Ichthyosaurus* pour type.

ICHTHYQUE, adj., *ichthycus* (ἰχθὺς, poisson). On a appelé *poison ichthyque* un poison qui se développerait, dit-on, chez certains poissons, dans certaines circonstances. Tout ce qu'on a dit à cet égard est sinon fabuleux, au moins surchargé d'exagération. Il paraît cependant que la chair de certains poissons peut altérer la santé de ceux qui en mangent; mais c'est un phénomène qui demande à être constaté, et dont surtout il faut étudier les circonstances.

ICMADOPHILE, adj., *icmadophilus* (ἰκμὰς, humidité, φιλέω, aimer); qui aime les lieux humides. Ex. *Agaricus icmadophilus*, *Biatora icmadophila*.

ICOSAEDRE, adject., *icosaedrus* (εἴκοσι, vingt, ἕδρα, base); qui a vingt facettes, comme les grains de pollen du *Tragopogon*. On donne ce nom, dans la nomenclature minéralogique de Haüy, à une variété dont la surface se compose de douze triangles isocèles et de huit équilatéraux (ex. *Fer sulfuré icosaëdre*).

ICOSANDRE, adject., *icosander*, *icosandrus* (εἴκοσι, vingt, ἀνήρ, homme). Se dit d'une *plante* qui a vingt étamines ou plus, insérées sur le calice. Ex. *Cleome icosandra*, *Melastoma icosandrum*.

ICOSANDRES, adj. et s. f. pl., *Icosandræ*. Nom donné par Agardh à une classe de plantes phanérocotylédones complètes et périgynes, comprenant celles dont les fleurs sont icosandres.

ICOSANDRIE, adj., *icosandria*. Nom donné, dans le système sexuel de Linné, à une classe et à deux ordres de plantes, dans lesquelles se rangent celles qui ont vingt étamines ou plus attachées sur la paroi interne du calice.

ICOSANDRIQUE, adj., *icosandricus*. Synonyme d'*icosandre*.

ICOSIGONE, adject., *icosigonus* (εἴκοσι, vingt, γωνία, angle); qui présente vingt angles, comme la tige du *Cereus icosigonus*.

ICTÉRIN, adj., *icterinus* (ἴκτερος, jaunisse); qui a une teinte jaune ou jaunâtre. Ex. *Cypræa icterina*, *Tachina icterica*. *Voyez* JAUNE.

ICTÉROCÉPHALE, adj., *icterocephalus* (ἴκτερος, jaune, κεφαλή, tête); qui a la tête de couleur jaune. Ex. *Pendulinus icterocephalus*, *Sylvia icterocephala*.

ICTÉROMÈLE, adj., *icteromelas*

(ἴκτερος, jaune, μέλας, noir) ; qui offre un mélange de jaune et de noir, comme le plumage du *Pyranga icteromelas.*

ICTÉROPE, adject., *icteropus* (ἴκτερος, jaune, πούς, pied) ; qui a les pieds jaunes. Ex. *Pyranga icteropus.*

ICTÉROPHRYS, adj., *icterophrys* (ἴκτερος, jaune, ὀφρύς, sourcil) ; qui a les sourcils jaunes, ou qui offre au-dessus des yeux une bande jaune en forme de sourcil. Ex. *Muscicapa icterophrys.*

ICTÉROPS, adj., *icterops* (ἴκτερος, jaune, ὄψ, œil) ; qui a les yeux ou l'entourage des yeux jaunes. Ex. *Philemon icterops.*

ICTÉROPTÈRE, adject., *icteropterus* (ἴκτερος, jaune, πτερόν, aile); qui a les ailes jaunes, ou tachetées de jaune. Ex. *Caprimulgus icteropterus.*

ICTÉROTE, adj., *icterotis* (ἴκτερος, jaune, οὖς, oreille). Le *Psittacus icterotis* a une tache jaune de chaque côté, depuis la mandibule jusqu'à la région temporale.

IDÉALISME, s. m., *idealismus.* Système dans lequel on n'accorde l'existence réelle qu'à la pensée, tout ce qui est étranger à l'entendement étant regardé comme un simple produit de son action. Descartes, Malebranche, Berkeley et Fichte ont été, parmi les modernes, les principaux défenseurs de ce système.

IDÉALISTE, subst. m., *idealista.* Partisan des doctrines de l'idéalisme.

IDÉE, s. f., *idea, idolum* ; ἰδέα, εἰδέα ; *Begriff* (all.). Image ou représentation d'un objet dans l'entendement. « Les idées sont le résultat des objets qui les excitent, des comparaisons qui les rassemblent, et du langage qui en facilite la conception.» (Mme de Stael.)

IDENTIQUE, adj., *identicus.* On donne ce nom, dans la nomenclature

minéralogique de Haüy, à une variété de chaux carbonatée dans laquelle les lois de décroissement qui agissent sur le véritable noyau sont les mêmes que celles qui se rapportent au noyau hypothétique. Les minéralogistes disent que les *angles* d'un cristal sont *identiques*, lorsque, ayant leurs côtés égaux respectivement, ils sont du même nombre de degrés et font partie d'angles solides égaux. On donne aussi cette épithète aux *bords* d'un cristal, quand ils ont la même longueur, ou que les faces à la jonction desquelles ils sont situés, sont également inclinées entre elles.

IDENTITÉ, s. f., *identitas* ; *Uebereinstimmung* (all.). Conformité absolue entre deux choses. On appelle *système de l'identité* (*Identitätssystem*, all.) une doctrine, soutenue par Schelling, dans laquelle tous les objets existans ou concevables par la pensée sont envisagés sous le point de vue de leur identité, c'est-à-dire de leur unité d'existence.

IDÉOLOGIE, subst. f., *ideologia* (ἰδέα, idée, λογὸς, discours). Science des idées, des facultés intellectuelles de l'homme.

IDIO-ÉLECTRIQUE, adj., *idioelectricus* (ἴδιος, propre, ἤλεκτρον, succin). Épithète donnée en physique à tous les corps qui sont susceptibles d'acquérir les propriétés électriques par le frottement.

IDIOGYNE, adj., *idiogynus* (ἴδιος, propre, γυνή, femme). Quelques botanistes ont donné cette épithète aux *étamines*, lorsqu'elles ne se trouvent pas placées dans la même fleur que le pistil.

IDIOGYNIE, subst. f., *idiogynia.* État d'une plante dont les étamines sont idiogynes.

IDIOMÉTALLIQUE, adj., *idiometallicus.* Salvator del Negro appelle le galvanisme *électricité idiométal-*

lique , parce qu'il se manifeste de lui-même, au contact de deux métaux.

IDIOPASSALE , adj. , *idiopassalus* (ἴδιος, propre, πάσσαλος, passale). G. Allman donne cette épithète aux plantes qui ont des passales distincts , ou qui en ont un seul oblique.

IDIOPHIDES , adj. et s. m. pl. , *Idiophides* (ἴδιος, propre, ὄφις, serpent). Nom donné par Latreille, Ficinus et Carus à une section ou famille de l'ordre des Reptiles ophidiens , comprenant les serpens proprement dits.

IDIOTHALAMES, adj. et s. m. pl., *Idiothalami.* Nom donné par Acharius à une classe de Lichens, comprenant ceux dont les conceptacles diffèrent du thalle par leur nature et leur couleur.

IDIOTIQUE , adj. , *idioticus* (ἰδιοτικός, particulier). C.-G. Ehrenberg désigne sous le nom de *Fungi idiotici* les champignons dans lesquels, du rhizopode , s'élèvent des filamens libres et distincts , dont chacun porte soit des sporules éparses à sa surface , soit des vésicules remplies de sporules.

IDIOTROPHOSPERME , adject. , *idiotrophospermius.* Nom donné par G. Allman aux plantes qui ont soit un trophosperme latéral monosperme, soit plusieurs trophospermes pariétaux , disposés sans ordre , ou divergens au sommet.

IDOTÉADÉES , adj. et s. m. pl. , *Idoteadæ.* Leach désigne ainsi une famille de Crustacés, ayant pour type le genre *Idotea.*

IDOTÉIDES , adj. et s. m. pl. , *Idoteides.* Nom donné par Latreille, Cuvier et Eichwald à une famille de l'ordre des Crustacés Isopodes, qui a pour type le genre *Idotea.*

IDOTÉIFORME , adj. , *idoteiformis.* Kirby désigne par cette épithète

une larve hexapode du Brésil , dont on ne connaît pas l'insecte parfait , et dont le corps très-déprimé offre un dernier segment alongé , terminé par plusieurs pointes , et ayant quelque rapport avec la partie postérieure du corps des idotéides.

IGASURATE , s. m. , *igasuras.* Nom d'un genre de sels (*igasursaure Salze,* all.), qui résultent de la combinaison de l'acide igasurique avec les bases salifiables.

IGASURIQUE , adj. , *igasuricus.* Pelletier et Caventou ont donné ce nom , d'après celui de la fève saint Ignace en langue malaise , à un acide (*Igasursäure,* all.), qu'ils ont découvert dans plusieurs espèces de *Strychnos* , et que depuis ils ont appelé *strychnique* , dénomination que Berzelius rejette , pour conserver l'ancienne.

IGNÉ , adj., *igneus;* πυριχὸς; *feurig* (all.) ; *igneous* (angl.) (*ignis* , feu); qui tient de la nature du feu (*matière ignée,* ou calorique); qui est produit par le feu (*roche ignée, origine ignée* d'une roche). On nomme *fusion ignée* celle qu'un sel éprouve quand , après qu'il a perdu son eau de cristallisation , on continue de le chauffer , pourvu que la température devienne suffisamment élevée , et qu'à ce degré de chaleur il ne puisse pas se décomposer.

IGNIAIRE , adj. , *igniarius ;* qui sert à faire de l'amadou , comme la substance du *Boletus igniarius* , et le duvet qui couvre toutes les parties , les jeunes pousses surtout , de l'*Andromeda igniaria.*

IGNICOLLE , adject. , *ignicollis* (*ignis* , feu, *collum* , cou); qui a le cou ou le corselet couleur de feu. Ex. *Cetonia ignicollis.*

IGNICOLOR, adj., *ignicolor, ignitus, igneus* (*ignis* , feu, *color* , couleur); qui a la couleur du feu , un rouge mêlé de jaune. Ex. *Fusus* *ignicolor*, *Phasianus ignitis*, *Chrysis ignita*, *Solanum igneum*.

IGNIQUE, adject., *ignicus*. Oken donne cette épithète à une classe de minéraux, comprenant ceux qui sont influencés par le feu, dans lesquels les caractères du feu se répètent par l'éclat, la fusibilité et la grande pesanteur.

IGNITION, s. f., *ignitio, candefactio*; πύρωσις; *Glühen* (all.). Phénomène qui a lieu quand il se dégage simultanément une grande quantité de calorique et de lumière, soit qu'il dépende de ce que le corps dans lequel on l'observe a précédemment été soumis à une forte chaleur, qui l'abandonne sans causer en lui aucun changement, soit qu'il tienne à une combinaison de deux corps, ou à la désunion de deux corps combinés ensemble. Ce dernier cas est le plus rare; toutes les substances qui s'y trouvent, comme entr'autres le chlorure d'azote, ont cela de commun que les corps dont la séparation produit le phénomène de l'ignition sont unis par une affinité très-faible, qui n'agit qu'à de basses températures, et qui cesse quand la chaleur augmente, les corps se désunissant alors, ou se combinant ensemble d'une autre manière, qui est plus fixe.

IGNOBLE, adj. On appelle *filons ignobles* ceux qui renferment trop peu de minerai métallique pour que l'exploitation en soit avantageuse. Cette même épithète était donnée aux *oiseaux* de proie qui refusent de se laisser dresser aux exercices de la fauconnerie; le roi des oiseaux, l'aigle, était par conséquent regardé comme un oiseau ignoble.

IGUANIDES, adject. et s. m. pl., *Iguanides*. Nom donné par Gray à une famille de l'ordre des reptiles sauriens, qui a pour type le genre *Iguana*.

IGUANIENS, adject. et s. m. pl., *Iguanii, Iguanoidei*. Nom sous lequel

Cuvier, Eichwald, Latreille, Ficinus et Carus désignent une famille de Sauriens, ayant le genre *Iguana* pour type.

IGUANOIDES, adj. et s. m. plur., *Iguanoides*. Nom que Blainville donne à une famille du sous-ordre des reptiles bispéniens, qui a pour type le genre *Iguana*.

ÎLE, s. f., *insula*; νῆσος; *Insel* (all.); *island* (angl.); *isola* (it.). Portion de terre plus ou moins considérable qui est entourée d'eau de toutes parts.

ILÉADELPHE, s. m., *ileadelphus*. Nom donné par Geoffroy Saint-Hilaire à des monstres qui sont doubles inférieurement, depuis et compris le bassin.

ILES, s. f. pl., *ilia*. On appelle ainsi, chez l'homme, les parties latérales et inférieures de l'abdomen. Straus donne le même nom, dans les insectes, à une plaque quadrilatère, située des deux côtés du prothorax, et composée de deux pièces, parce qu'elle est placée à l'origine des pattes, et qu'on peut la considérer comme l'analogue du pubis dans le corselet.

ILICICOLE, adj., *ilicincolus* (*ilex*, houx, *colo*, habiter); qui vit ou croît sur les houx, comme le *Rhytisma ilicincola* sur les feuilles de l'*Ilex Prinos*.

ILICINÉES, adj. et s. f. pl., *Ilicineæ*. Famille de plantes, établie par A. Brongniart, qui a pour type le genre *Ilex*.

ILIODÉES, adj. et s. f. pl., *Iliodeæ* (ἰλυώδης, limoneux). Palisot-Beauvois appelle ainsi une section de la famille des Algues, comprenant celles qui consistent en une matière gélatineuse parsemée de globules ou de filamens.

ILLÉCÉBRÉES, adj. et s. f. pl., *Illecebreæ*. Nom donné par Candolle à une tribu de la famille des Paronychiées, qui a pour type le genre *Illecebrum*.

ILLICIÉES, adj. et s. f. pl., *Illiciæ*. Nom donné par Candolle à une tribu de la famille des Magnoliacées, qui a pour type le genre *Illicium*.

ILLOCULÉ, adject., *illoculatus*. Bonnemaison appelle *Hydrophytes illoculées* celles qui n'offrent pas de locules. *Voyez* ce mot.

ILLUMINANT, adj., *illuminans; erleuchtend* (all.). On appelle *pouvoir illuminant* des corps lumineux, la faculté qu'a chacun d'eux d'éclairer plus ou moins les objets vers lesquels il envoye de la lumière, le degré de clarté qui lui est propre, et qui varie suivant l'intensité de sa lumière.

ILLUMINATION, s. f., *illuminatio;* φωτισμός, φώτισμα; *Erleuchtung* (all.). Lueur produite par les corps lumineux; clarté qu'ils communiquent aux objets environnans.

ILLUMINÉ, adj., *illuminatus; erleuchtet* (all.). Se dit d'un corps qui n'est point lumineux par lui-même, mais qui le devient en refléchissant la lumière qu'un autre corps lui envoye.

ILYSIOIDES, adj. et s. m. plur., *Ilysioidea*. Nom donné par Fitzinger à une famille de reptiles ophidiens, qui a pour type le genre *Ilysium*.

IMAGE, s. f., *imago*, *icon;* εἰκών; *Bild* (all.). Représentation d'un objet, réunion des faisceaux lumineux émanés d'un corps, réfléchis ou réfractés par un corps. Fabricius et autres entomologistes donnent le nom d'*image* (*corpus declaratum*) à un insecte parfait et complétement organisé, qui a subi toutes ses métamorphoses.

IMAGINATION, s. f., *imaginatio, figuratio;* φαντασία; *Einbildungskraft* (all.). Faculté de créer, avec des idées acquises, des idées d'un ordre différent de celles qui doivent naissance aux jugemens et aux raisonnemens ordinaires, fondés sur l'expérience et l'observation.

IMBERBE, adj., *imberbis;* ἀγένειος; *bartlos* (all.); *beardless* (angl.) (*in*, priv., *barba*, barbe); qui n'a point de barbe. Se dit aussi d'un poisson qui n'a pas de barbillons (ex. *Ophidium imberbe*), et d'une *plante* dont les têtes de fleurs (ex. *Abolboda imberbis*), les feuilles (ex. *Schistidium imberbe*), ou les divisions de la corolle (ex. *Viola imberbis*, *Hypecoum imberbe*) sont dépourvues de poils.

IMBERBES, adj. et s. m. pl., *Imberbes*. Nom donné par Vieillot à une tribu de l'ordre des Sylvains anisodactyles, comprenant des oiseaux dont le bec est glabre à la base.

IMBRICATIF, adj., *imbricativus*. Candolle donne cette épithète aux *feuilles* encore renfermées dans le bourgeon, lorsque leurs rudimens sont appliqués en recouvrement les uns sur les autres, et forment plus de deux séries (ex. *Larix*); à l'*estivation*, quand les parties d'un tégument floral sont verticillées sur deux ou plusieurs rangs, que l'ordre de ces rangs n'est pas bien déterminé, et que les pièces se recouvrent les unes les autres à peu près comme les tuiles d'un toit, ce qu'on voit dans les involucres de la plupart des Synanthérées et dans les pétales du plus grand nombre des fleurs doubles. Beaucoup de botanistes appellent *estivation imbricative* celle que Candolle nomme *irrégulière*. *Voyez* ce mot.

IMBRIQUANT, adj., *imbricans; embriciante* (it.). Cette épithète est appliquée par Mirbel aux *folioles* d'une feuille composée lorsque, pendant le sommeil de la plante, elles s'appliquent le long du pétiole, qu'elles cachent tout entier, en se recouvrant les unes les autres comme les tuiles d'un toit, et se dirigeant de la base vers le sommet. Ex. *Mimosa pudica*.

IMBRIQUÉ, adject., *imbricatus; dachziegelförmig, dachziegelig, ziegeldachartig, schindeldachartig,* *dachziegelartig* (all.) ; *embriciato*, *tegolato* (it.). Se dit d'un corps qui est composé de parties placées en recouvrement les unes sur les autres. On employe ce mot : 1° en botanique. Les *camares* du *Magnolia* sont imbriquées, de même que les *sépales* du calice des *Convolvulus*, les *graines* du *Cobea scandens*, les *involucres* du *Lactuca perennis*, les *spathellules* du *Bromus secalinus*. On dit les *étamines imbriquées*, quand elles sont disposées en gradins, et qu'elles se recouvrent en partie les unes les autres (ex. *Liriodendron tulipifera*); *feuilles imbriquées*, lorsqu'elles sont rapprochées, redressées, et q 'elles se recouvrent en partie les unes les autres (ex. *Sorocephalus imbricatus*, *Gnidia imbricata*, *Leskia imbricatula*); *pétales imbriqués*, quand, avant l'épanouissement, ils se recouvrent partiellement les uns les autres (ex. *Rosa*); *squames imbriquées* du péricline, d'après H. Cassini, quand, étant sur plusieurs rangs, celles des rangs intérieurs sont progressivement plus longues que celles des rangs extérieurs. L'*Agaricus ostreatus* est ainsi appelé parce qu'il est presque dépourvu de stipe, et que, vivant en société, les individus réunis ressemblent, par leur agglomération, à des écailles réunies et imbriquées. 2° En zoologie. On appelle *écailles imbriquées*, dans les poissons, celles qui s'appliquent en partie les unes sur les autres, de manière que l'extrémité de la première cache la base de la seconde, et ainsi de suite (ex. *Carpe*); *antennes imbriquées*, dans les insectes, celles dont les articles, enfilés par le milieu, sont concaves à leur sommet, de manière qu'ils recouvrent la base de celui qui suit, comme les tuiles d'un toit. La *Turritella imbricataria* a ses tours de spire semblables à des entonnoirs empilés les uns sur les autres. La *Purpura imbricata* est

entourée de petites côtes transversales que relèvent des écailles peu saillantes. Le *Planorbis imbricatus* a ses tours formés de lamelles transversales imbriquées les unes sur les autres.

IMITABLE, adj., *imitabilis*. Épithète donnée, dans la nomenclature minéralogique de Haüy, à une variété de chaux carbonatée qui présente naturellement le dodécaèdre à plans pentagones qu'on obtient par la division mécanique du prisme haxaèdre régulier de la même substance.

IMITATIF, adj., *imitativus*. Se dit, dans la nomenclature minéralogique de Haüy, d'une variété dans laquelle une nouvelle loi de décroissement détermine une forme semblable à celle d'une autre variété plus simple. Ex. *Feldspath imitatif*.

IMMACULÉ, adj., *immaculatus*, *emaculatus*, *illibatus* ; *unbefleckt* (all.); *spotless* (angl.) (*in*, priv., *macula*, tache); qui n'a point de taches sur le corps. Ex. *Hemerobius immaculatus*, *Unibranchiapertura immaculata*, *Scaphidium immaculatum*, *Sonerila emaculata*, *Noctua illibata*, *Mylabris impunctata*.

IMMARGINÉ, adj., *immarginatus* (*in*, priv., *margo*, bord); qui n'a point de rebord, ou dont le bord ne diffère en rien du reste. H. Cassini donne cette épithète aux *squames* du péricline, quand leurs bords sont de la même nature que la partie moyenne, ou quand la différence est légère, ou enfin quand le changement s'opère par degrés insensibles.

IMMÉDIAT, adject., *immediatus*. Les chimistes appellent *principes immédiats* des végétaux et des animaux, les substances composées qu'ils en obtiennent par des manipulations diverses, sans exercer sur eux d'action décomposante. Les botanistes disent l'*insertion immédiate* lorsque les étamines sont attachées sans in-

...termédiaire sous l'ovaire (ex. *Cruci-fères*), sur le calice (ex. *Rosacées*), ou sur le pistil (ex. *Ombellifères*).

IMMERGÉ, adj., *immersus; immerso* (it.) (*in*, dans, *mergo*, plonger); qui est plongé dans l'eau, comme certaines plantes aquatiques, ou dans toute autre substance, comme les conceptacles de divers lichens dans la thalle.

IMMERSION, s. m., *immersio; Eintauchen* (all.). Commencement d'une éclipse; instant où la lumière du corps éclairé commence à être intarceptée par le corps opaque qui passe devant ce dernier. On employe aussi ce terme en parlant d'une étoile ou d'une planète qui est assez proche du soleil pour que la clarté éblouissante de l'astre empêche de l'apercevoir. En physique, on nomme *point d'immersion* celui par lequel un rayon lumineux se plonge dans un milieu quelconque.

IMMOBILE, adj., *immobilis; unbeweglich* (all.); *immoveable* (angl.) (*in*, priv., *moveo*, mouvoir). On appelle *anthères immobiles* celles qui sont attachées solidement au filet, et de manière à ne pouvoir exécuter aucun mouvement, soit qu'il y ait articulation (ex. *Synanthérées*), soit qu'il n'y en ait pas (ex. *Laurus Persea*).

IMMOTIF, adj., *immotivus* (*in*, priv., *moveo*, mouvoir). L.-C. Richard donnait cette épithète à la *germination*, quand elle a lieu sans que l'épisperme se déplace.

IMPAIR, adj., *imparus;* ἄνισος; *ungleich* (all.). Nom donné, dans la nomenclature minéralogique de Haüy, à une variété de tourmaline dans laquelle les nombres qui désignent les pans du prisme et les faces des deux sommets, censés différens l'un de l'autre, sont tous les trois impairs, sans être d'ailleurs en progression. En botanique, on appelle *foliole im-*

paire celle qui termine le pétiole d'une feuille ailée avec impaire.

IMPALPABLE, adj., *impalpabilis; unfühlbar* (all.). Qu'on ne peut toucher ou palper, à cause de sa ténuité, comme les filamens de l'*Anabaina impalpabilis*.

IMPARDACTYLE, adj., *impardactylus*. Se dit des oiseaux qui ont trois doigts devant et un derrière.

IMPARFAIT, adj., *imperfectus; unvollständig* (all). Le nom de *mue imparfaite* est donné à celle qui ne consiste que dans le renouvellement périodique des appendices de la peau, comme chez les mammifères et les oiseaux.

IMPARI-NERVÉ, adj., *imparinervatus*. Épithète donnée par Raspail à la paillette supérieure des Graminées, quand elle possède une nervure médiane, avec (ex. *Asprella*) ou sans (ex. *Crypsis*) nervures latérales.

IMPARI-PENNÉ, adj., *imparipennatus; unpaargefiedert* (all.). Se dit d'une feuille pennée dont le pétiole est terminé par une foliole solitaire. Ex. *Fraxinus excelsior*.

IMPARTIBLE, adj., *impartibilis* (*in*, priv., *pars*, partie). Mirbel appelle ainsi le *crémocarpe* qui ne se partage point en deux. Ex. *Sanicula marylandica*.

IMPATIENT, adject., *impatiens; ungeduldig* (all.). Le *Balsamina impatiens* doit cette dénomination à ce que, quand ses capsules ont atteint leur maturité, elles s'ouvrent avec élasticité au moindre contact, propriété que partagent également les autres espèces du genre.

IMPÉNÉTRABILITÉ, s. f., *impenetrabilitas; Undurchdringlichkeit* (all.). Propriété dont jouissent les corps d'exclure tous les autres du lieu qu'ils occupent, c'est-à-dire, non de l'espace qu'ils remplissent réellement, mais de celui qu'ils circonscrivent par la continuité apparente de leur surface.

IMPENNÉ, adj., *impennis* (*in*, priv., *penna*, aile). Se dit d'un oiseau qui n'a point de plumes à ses ailes (ex. *Pingouin*), ou qui n'en a que de lâches, dont il ne peut se servir pour voler (ex. *Autruche*).

IMPENNÉS, adject. et s. m. pl., *Impennes*. Nom donné par Illiger, C. Bonaparte et Eichwald à une famille de l'ordre des oiseaux nageurs, comprenant ceux dont les ailes sont courtes et couvertes seulement de petites plumes semblables à des écailles. *V.* APTENODYTES et MANCHOTS.

IMPÉRATRINE, s. f., *imperatrina*. Substance cristallisable particulière que Osann a découverte dans la racine de l'*Imperatoria Ostruthium*, et dont les propriétés ont été étudiées par Wackenroder.

IMPERFOLIÉ, adj., *imperfoliatus*. Se dit d'une *plante* qui n'a pas les feuilles perfoliées. Ex. *Chlora imperfoliata*.

IMPÉTIOLAIRE, adj., *impetiolaris*. Épithète donnée à une plante dont les feuilles sont sessiles. Ex. *Mikonia impetiolaris*.

IMPLANTÉ, adject., *implantatus*. Se dit, en minéralogie, des cristaux qui sont attachés par un de leurs bouts aux parois d'une excavation creusée dans une roche. Ex. *Stilbite*.

IMPLUMÉ, adj., *implumis*, *deplumatus*. Illliger donne cette épithète à toute partie du corps des oiseaux qui est dégarnie de plumes.

IMPONDÉRABILITÉ, s. f., *imponderabilitas* ; *Unwägbarkeit* (all.). Qualité d'un corps impondérable.

IMPONDÉRABLE, adj., *imponderabilis* ; *unwägbar* (all.) (*in*, priv., *pondus*, poids). On donne le nom de *fluides impondérables* aux causes qui produisent les phénomènes de la chaleur, de l'électricité et du magnétisme, parce qu'elles diffèrent des substances connues en ce qu'on ne peut point les peser, de sorte que leur existence matérielle est douteuse, quoiqu'on en parle toujours comme si elles étaient des corps réels, parce que cette hypothèse est plus commode pour concevoir, exposer et expliquer les faits.

IMPONDÉRÉ, adj. Terme préférable à celui d'*impondérable*, parce qu'il répugne de déclarer qu'une capacité est absolue, quand on ignore si elle l'est réellement. Aussi beaucoup de physiciens disent-ils *fluide impondéré*, au lieu de *fluide impondérable*.

IMPRÉGNATION, s. f., *imprægnatio, gravitatio* ; χύνσις, ἐγχύνσις, ἐγχύμοσις ; *Befruchtung, Schwängerung* (all.). Synonyme de *fécondation*.

IMPRESSION, s. f., *impressio* ; πρεσβολὴ ; *Eindruck* (all.) ; *impress* (angl.) (*in*, sur, *premo*, presser). Action d'un corps sur un autre, à la suite de laquelle celui-ci conserve la forme de l'autre. Empreinte, trace plus ou moins profonde, que les objets extérieurs font sur les organes des sens et toutes les parties sensibles. Les zoologistes nomment *impressions* ou *empreintes musculaires* (*impressiones musculares* ; *Muskeleindrücke*, all.) des enfoncemens qu'on aperçoit, dans les coquilles bivalves, à la face interne des valves, au milieu ou sur les côtés, et qui sont la trace de l'attache des fibres musculaires au moyen desquelles l'animal parvient à fermer sa coquille.

INPRESSIONNÉ, adj., *impressus*. Épithète donné par Raspail aux *écailles* des Graminées, quand elles sont marquées à leur sommet de dépressions qu'il considère comme la trace des lobes inférieurs des anthères.

IMPRIMÉ, adj., *impressus*. Terme que H. Cassini emploie, en parlant du *clinanthe* des Synanthérées, pour exprimer que les aréoles ovarifères et le réseau sont à peu près au même niveau.

IMPUBÈRE, adj., *impuber, impubes, impubis*; ἄνεβος; *ungeschlechtsreif* (all.); qui n'a point encore atteint l'âge de la puberté. Quelquefois, mais rarement, on emploie ce terme pour désigner l'*anthère* (*unaufgeblüht*, all.), jusqu'au moment où elle s'ouvre pour laisser échapper le pollen.

IMPUDIQUE, adj., *impudicus*. Le *Phallus impudicus* est ainsi appelé parce que sa forme, sa couleur et son odeur rappellent l'idée d'un pénis en érection; la *Cytherea impudica* et la *Cytherea meretrix*, parce qu'elles ont leur vulve d'une couleur livide, olivâtre ou bleuâtre.

IMPUSTULÉ, adj., *impustulatus*; qui n'est point marqué de taches rouges ou de pustules. Ex. *Coccinella impustulata*.

INADHÉRENT, adj., *inadhærens*. Se dit, en botanique, de tout organe qui est libre, qui ne tient à aucun autre; du *calice*, quand il est parfaitement détaché de l'ovaire (ex. *Labiées*); de l'*ovaire*, quand il n'a aucune adhérence avec le périanthe simple ou le calice, et n'est attaché à la fleur que par sa base (ex. *Crucifères*); de la *baie* (ex. *Vitis*), de la *capsule* (ex. *Silene*), de la *carcérule* (ex. *Rumex*), de la *diérésile* (ex. *Lavatera arborea*), du *drupe* (ex. *Prunus*), du *regmate* (ex. *Euphorbia*), quand ces organes sont dans le même cas.

INAIGRETTÉ, adj.; qui n'a point d'aigrette.

INAILÉS, adj. et s. m. pl., *Impennes*. Nom donné par Blainville à une section de l'ordre des Oiseaux nageurs, comprenant ceux qui n'ont pas d'ailes proprement dites, mais seulement de courts moignons, ne pouvant servir qu'à la natation.

INALBUMINÉ, adj., *inalbumina-*

tus. Se dit d'un *embryon* qui est dépourvu d'albumen. Ex. *Faba*.

INALLIABLE, adj., *incoibilis, insociabilis*. Se dit d'un métal qui ne peut s'allier ou se combiner avec aucun autre.

INANGULÉ, adject., *inangulatus* (*in*, priv., *angulus*, angle); qui n'a point d'angles.

INANIMÉ, adj., *inanimus, inanimatus*; ἄψυχος; *leblos* (all.); *inanimate* (angl.). Se dit d'un corps qui n'est point doué de la vie.

INANTHÉRÉ, adj., *inantheratus* (*in*, priv., *anthera*, anthère). Se dit des filets des étamines, quand ils ne portent pas d'anthères, comme beaucoup de ceux du *Sparmannia africana*.

INANTHÉRIFÈRE, adj., *inantheriferus* (*in*, priv., *anthera*, anthère, *fero*, porter). Épithète donnée à un filet d'étamine qui ne porte point d'anthère.

INAPPENDICÉS, adj. et s. m. pl., *Simplicissima*. Nom donné par Latreille à un ordre de la classe des Gymnogènes, comprenant ceux de ces animaux qui n'ont aucun appendice extérieur.

INAPPENDICULÉ, adj., *inappendiculatus* (*in*, priv., *appendix*, appendice). Privé d'appendices, comme le *clinanthe* du *Bellis*, les *squamellules* de l'aigrette du *Grindelia*. Les *squames* du péricline des Synanthérées reçoivent cette épithète de H. Cassini, quand elles sont de la même nature et suivent la même direction d'un bout à l'autre, ou lorsqu'elles ne changent de direction et de nature de haut en bas que par des degrés insensibles.

INAPPLIQUÉ, adj., *inapplicatus*. Épithète donnée par H. Cassini aux bractéoles des Synanthérées, quand elles ne s'appliquent pas contre le clinanthe.

INARTICULÉ, adj., *inarticulatus*

(*in*, priv., *articulo*, articuler). Se dit de tout organe qui n'offre pas d'articulation dans sa longueur, et qui n'est point non plus articulé à sa base. On donne quelquefois cette épithète aux coquilles bivalves acardes, parce qu'elles n'ont pas de dents à leur charnière.

INAURICULÉ, adj., *inauriculatus* (*in*, priv., *auricula*, auricule); qui est dépourvu d'auricule. On employe principalement ce terme en conchyliologie.

INCALICÉ, adj., *incalycatus* (*in*, priv., *calyx*, calice). Se dit d'une fleur qui manque de calice.

INCANDESCENCE, s. f., *excandescentia*, *incandescentia*; *Glühe* (all.). État d'un corps qui a été chauffé jusqu'au point de devenir lumineux. On n'applique cependant ce terme qu'aux cas dans lesquels le corps devenu lumineux est en même temps fort chaud.

INCANDESCENT, adj., *incandescens*; *glühend* (all.). Se dit d'un corps qui a été chauffé jusqu'à ce que sa surface devienne blanche et très-éclatante.

INCARNAT, adj., *incarnatus*, *carnatus*, *carnarius*: *fleischfärbig* (all.); qui est d'une teinte intermédiaire entre la couleur de chair et le rouge vif. Ex. *Psittacus incarnatus*, *Passiflora incarnata*, *Erodium incarnatum*, *Dalea carnata*, *Lucina carnaria*.

INCINÉRATION, s. f., *incineratio*; τέφρωσις; *Einäscherung* (all.) (*cinis*, cendre). Opération par laquelle on brûle une matière organique contenant des parties minérales fixes, afin d'obtenir ces dernières séparées.

INCISÉ, adj., *incisus*; *eingeschnitten* (all.). Se dit généralement, en botanique, d'une partie, et surtout d'une *feuille* (ex. *Pelargonium incisum*), qui a des découpures plus profondes que celles auxquelles on donne le nom de dents ou de crénelu-

res, lorsqu'on ne peut ou ne veut pas déterminer d'une manière rigoureuse la forme des lobes et la profondeur des incisures.

INCISIF, adj., *incisivus*; qui coupe. Les *dents incisives* (*Schneidezähne*, all.), au nombre de quatre à la partie antérieure de chaque mâchoire, chez l'homme, ont été appelées ainsi parce qu'elles sont tranchantes. Kirby donne cette épithète aux dents des mandibules de quelques insectes (ex. *Gryllotalpa*), quand elles sont convexes en dehors et concaves en dedans. Le *Phacochœrus incisivus* et le *Rhinoceros incisivus* sont nommés ainsi parce qu'ils ont des incisives.

INCLINAISON, s. f. L'*inclinaison* de l'orbe d'un planète est l'angle que son plan forme avec celui de l'écliptique ou de l'orbe de la Terre. On appelle *inclinaison de l'aiguille aimantée* l'angle que fait avec l'horizon une aiguille qui peut se mouvoir librement autour de son centre de gravité, dans le plan vertical du méridien magnétique, phénomène dont la découverte a été faite par R. Norman en 1576.

INCLINÉ, adj., *inclinans*, *inclinatus*, *deflexus*; *geneigt* (all.). Se dit de la *tige* des végétaux, quand elle s'élève en décrivant une courbe bien prononcée, dont la convexité regarde le ciel; de l'*urne* des mousses, quand elle se penche vers la terre par l'effet de la flexion du pédicule (ex. *Cynodon inclinatus*, *Leptospermum inclinans*); de l'*aile* des insectes, lorsque le sommet en est comme pendant, c'est-à-dire sur un plan moins élevé que la base. Les géologues appellent *stratification inclinée* celle des massifs dont les couches sont ou fortement obliques, ou presque verticales.

INCLUS, adj., *inclusus*; *eingeschlossen* (all.). Épithète donnée aux organes sexuels des plantes, aux *étamines* (ex. *Jasminum*) et au *style* (ex. *Narcissus*), quand ces parties ne font pas saillie au dessus de l'orifice du périanthe.

INCOERCIBILITÉ, s. f., *incoercibilitas; Unsperrbarkeit* (all.). Qualité ou état des corps incoercibles.

INCOERCIBLE, adj., *incoercibilis; unsperrbar* (all.). On nomme *fluides incoercibles* les causes de la chaleur, de l'électricité et du magnétisme, en les supposant de nature matérielle, parce que leur subtilité est telle qu'on ne saurait les renfermer dans aucun des vaisseaux dont nous pouvons faire usage.

INCOLORATION, s. f., *incoloratio*. Défaut de couleur.

INCOLORE, *incolorus; ungefärbt* (all.). Se dit d'un corps qui se laisse pénétrer par des rayons lumineux assez abondans pour permettre de distinguer nettement les objets à travers son épaisseur, et qui en même temps les transmet sans les décomposer, de sorte que l'œil les reçoit dans l'état où ils étaient en arrivant à la surface de ce corps.

INCOMBANT, adj., *incumbans; aufliegend, aufeinanderliegend* (all.); *bilicato* (it.); qui se couche dessus. Se dit des *anthères*, quand elles sont attachées par le milieu, et dressées de manière que leur moitié inférieure se trouve appliquée contre le filet (ex. *Monotropa hypopithys*); des *pétales*, quand ils se recouvrent les uns les autres par les côtés (ex. *Oxalis versicolor*); de la *radicule*, lorsqu'elle est appliquée sur le milieu du dos d'un des cotylédons (ex. *Crucifères*); des *ailes* des insectes, quand elles ont leurs bords internes les uns au dessus des autres (ex. *Noctua geometra*).

INCOMPLET, adj., *incompletus; ἀτελής; unvollständig* (all.) (*in*, priv., *completus*, complet). On appelle 1° en botanique; *arille incomplet*, celui qui ne recouvre la graine qu'en partie (ex. *Bocconia frutescens*); *cloisons incomplètes*, celles qui ne séparent qu'imparfaitement la cavité du péricarpe (ex. *Papaver*); *feuillets incomplets*, dans les Agarics, ceux qui ne s'étendent pas depuis le stipe jusqu'à la circonférence du chapeau; *fleur incomplète*, suivant les uns celle qui manque de calice, de corolle, d'étamines ou de pistil, suivant d'autres celle seulement qui est dépourvue d'une enveloppe florale ou des deux, qu'elle soit d'ailleurs unisexuée ou hermaphrodite. C'est dans ce dernier sens que le terme était employé par les anciens botanistes surtout, et que Royen s'en est servi pour désigner une classe de son système. 2° En zoologie; *nymphe incomplète*, d'après Linné, celle qui est pourvue d'ailes et de pattes, mais immobile (ex. *Apis*); *aréoles incomplètes*, d'après Kirby, celles qui se terminent au bord de l'aile (ex. *Apis*); *tête incomplète*, dans les Chétopodes, d'après Blainville, celle qui n'est pas composée de cinq segmens, un, deux, trois ou quatre de ceux-ci étant rentrés dans le corps du tronc proprement dit.

INCOMPRESSIBILITÉ, s. f., *incompressibilitas; ἀκαταληψία; Unpressbarkeit* (all.). Propriété de résister à toute compression, de ne point diminuer de volume sous son influence.

INCOMPRESSIBLE, adjectif, *incompressibilis; ἄπιστος; unpressbar* (all.). Se dit d'un corps qui ne donne aucune marque sensible de diminution de volume, quand on le comprime.

INCONDITIPÈDE, adj., *inconditipes* (*in*, priv., *conditus*, caché, *pes*, pied). Épithète donnée par Harvorth aux crustacés brachyures dont les pieds ne peuvent point se cacher sous le rebord du test, ce qui est le cas du plus grand nombre.

deux termes de la fraction est égale à celle des autres termes, ce qui offre d'une manière indirecte l'analogue de la variété équivalente. Ex. *Chaux carbonatée indirecte.*

INDIVIDU, s. m., *individuum, ens singulare*; *Einzelwesen* (all.); *individuo* (it.) (*in*, priv., *divido*, diviser). Rigoureusement parlant, un individu est un être qu'on ne peut diviser sans que, dans son entier ou au moins dans la partie qui a été séparée, il périsse, c'est-à-dire passe sous l'empire d'autres conditions, qui suscitent un nouveau mode d'existence. C'est en ce sens qu'on a défini l'individu, tout être organisé, complet dans ses parties, distinct et séparé des autres êtres (Mirbel), tout être vivant ou mort, indépendant, adulte ou non, que nous avons actuellement sous les yeux, et que nous caractérisons en le rapportant à une variété fixe ou non, et par suite à une espèce déterminée. Mais il y a des êtres organisés, parmi les animaux et surtout parmi les végétaux, qu'on peut diviser, sans que ni le tronc ni les parties qu'on en sépare périssent. Il en est même à l'égard desquels on ne connaît pas d'autre mode de propagation, comme le Saule pleureur, dont nous ne possédons qu'un des sexes, et qui ne se reproduit que de bouture. Ceux-là ne sont donc pas des individus suivant l'acception grammaticale du mot, quoiqu'on leur en donne le nom dans le langage vulgaire. Pour écarter cette difficulté, Darwin, Lamarck et autres ont imaginé de distinguer les individus en simples et composés. Un arbre, dit Turpin, est un individu composé par l'agglomération d'un plus ou moins grand nombre d'individus particuliers qui, bien que concourant à la commune existence du végétal, n'en ont pas moins leurs centres vitaux particuliers de végétation et de propagation. Aussi a-t-on été conduit à n'admettre pour individus distincts que les végétaux provenus d'une graine, et, avec Agardh, à considérer, par exemple, comme un seul individu tous les individus de Saule pleureur qui se sont répandus en Europe depuis l'introduction de cet arbre, vers la fin du dix-septième siècle. Ce n'est là évidemment qu'une vaine dispute de mots, dans laquelle on ne s'est point aperçu qu'on poussait les choses jusqu'au point de ne pouvoir plus considérer que comme des *demi-individus* ce qu'on nomme communément des *individus*; car, dans la dernière hypothèse, l'individu humain se composerait réellement de l'homme et de la femme, tandis qu'une huître ou une moule serait un individu complet. Nous avons là un exemple des subtilités dans lesquelles on tombe quand on veut accorder le langage vulgaire, presque toujours fondé sur des aperçus superficiels et incomplets, avec les notions dont les sciences s'enrichissent progressivement. L'idée de l'*individu* est inapplicable aux minéraux, puisqu'on peut les diviser en autant de parties qu'on veut sans que ces parties cessent d'être semblables les unes aux autres et à la masse d'où elles proviennent. Cependant on a voulu l'introduire aussi en minéralogie, où l'on a donné le nom d'*individu*, soit, comme Leonhard, aux cristaux, soit, comme les minéralogistes français, à la molécule intégrante, parce que, telle qu'on la conçoit, elle ne saurait être divisée sans être en même temps décomposée. Reste à savoir quelle peut être l'utilité d'une semblable abstraction.

INDIVIDUALITÉ, s. f., *individualitas, individuitas, hecceitas*; *Einzelwesenheit* (all.). Qualité de ce qui constitue un individu.

INDIVIS, adj., *indivisus*; *ungetheilt* (all.); qui n'est point divisé.

Se dit de la *tige* et des *feuilles*. On employe plus souvent le mot *entier* ou *simple*.

INDUMENT, s. m. , *indumentum ; Ueberzug* (all.) (*induo*, couvrir). Bernhardi donne ce nom à l'épiderme des végétaux et à celui de leurs graines, y compris les parties qui y adhèrent.

INDUPLICATIF, adj., *induplicativus*. Candolle dit l'*estivation induplicative*, quand, les parties d'un tégument floral étant rigoureusement verticillées en un seul rang, elles sont disposées d'une manière circulaire, ayant chacune leurs bords rentrans et comme repliés en dedans. Ex. *Clematis*.

INDUSIE, s. f. , *indusium ;* χιτωνίσμος; *Schleier, Schleyerchen, Decke* (all.); *indusio, camicia* (it.) (*induo*, couvrir). La plupart des botanistes donnent ce nom à une membrane qui, dans les fougères dont la fructification est placée à la face inférieure des feuilles, recouvre les sores, c'est-à-dire les petits amas de conceptacles dans lesquels sont contenus les corpuscules reproducteurs. Cet organe est appelé *écailles* (*squamæ*), et quelquefois *calice*, par Linné, *membranule* par Necker, *glandes squameuses* par Guettard, *involucre* par Smith, *tégument* ou *tegmen* par divers botanistes, *périsporange, épisporange* et *hyposporange* par Bernhardi, suivant qu'il enveloppe les spores de toutes parts, ou qu'il les couvre seulement en dessus ou en dessous. On appelle aussi *indusie* une membrane particulière qui voile le stigmate des *Lobelia*, avant la puberté. Quelquefois on donne ce nom au volva des champignons.

INDUSIÉ, adj., *indusiatus*. Se dit d'une *mousse* dont les urnes sont enveloppées d'une membrane qui finit par se rompre (ex. *Buxbaumia indusiata*), et d'un champignon dont le volva est très-grand (ex. *Hymenophallus indusiatus*).

INDUVIAL, adj., *induvialis*. Épithète donnée par Mirbel au *calice*, quand il persiste et recouvre le fruit. Ex. *Physalis Alkekengi*.

INDUVIE, s. f., *induviæ; Kelchchen* (all.) (*induo*, couvrir). Mirbel appelle ainsi tout périanthe ou toute partie accessoire de la fleur qui persiste et recouvre le fruit, après la maturité de l'ovaire, sans faire corps avec lui.

INDUVIÉ, adj. , *induviatus*. Se dit d'un fruit qui est recouvert d'une induvie provenant de la persistance soit du périanthe simple (ex. *Salsola Tragus*), soit du calice (ex. *Trifolium repens*), ou des glumelles (ex. *Oryza*).

INÉGAL, adj., *inæqualis, impar, dispar;* ἄνισος, ἀνόμοιος; *ungleich* (all.); *unequal* (angl.) (*in*, priv., *æqualis*, égal). Se dit de parties qui n'ont pas les mêmes dimensions, comme les poils ou soies de l'*aigrette* du *Picris hieracioides*, les *étamines* des Crucifères, les deux côtés de la *feuille* de l'*Ulmus campestris*, les *pétales* de l'*Iberis*, les *sépales* du *Salvia*, les *spathelles* de l'*Avena elatior*.

INEMBRYONNÉ, adject. , *inembryonnatus* (*in*, priv., *embryo*, embryon). L.-C. Richard donnait cette épithète aux plantes dont le mode de germination est inconnu, qui n'ont pas de graine proprement dite, ni par conséquent de véritable embryon.

INEPTES, adj. et s. m. pl., *Inepti*. Nom donné par Illiger et Eichwald à une famille de l'ordre des Gallinacés, comprenant le genre *Didus*, dont l'existence réelle est au moins douteuse.

INÉQUALIFOLIÉ, adj., *inæqualifolius* (*inæqualis*, inégal, *folium*, feuille); qui a des feuilles inégales ou dissemblables. Ex. *Peperomia inæqualifolia*.

INÉQUICOSTÉ, adj., *inæquicostatus ;* qui est marqué de côtes, ou saillies longitudinales, de dimensions différentes, comme la coquille du *Pecten inæquicostalis.*

INÉQUILATÉRAL, adj., *inæquilateralis ; ungleichseitig* (all.) (*in*, priv., *æquus*, égal, *latus*, côté). Épithète donnée à une *coquille* bivalve dont le sommet céphalique ou dorsal est situé en avant ou en arrière de la partie moyenne du côté où il se trouve, de sorte qu'une ligne droite tirée de ce point au côté opposé partagerait la coquille en deux parties inégales.

INÉQUILATÈRE, adj., *inæquilaterus ;* qui n'a pas les côtés égaux, comme une *feuille* que sa nervure médiane ne partage point en deux moitiés égales. Ex. *Tilia.*

INÉQUILOBÉ, adj., *inæquilobatus* (*in*, priv., *æquus*, égal, *lobus*, lobe). Ce mot est employé comme synonyme d'*inéquilatéral.* Les valves du *Birostrites inæquiloba* sont inégales, l'une d'elles enveloppant l'autre par sa base.

INÉQUIPÈDES, adj. et s. m. pl., *Inæquipedes* (*in*, priv., *æquus*, égal, *pes*, pied). Nom donné par Latreille à une famille de l'ordre des Myriapodes chilopodes, comprenant ceux qui ont des pattes inégales, les dernières étant plus longues que les autres.

INÉQUITÈLES, adj. et s. f. plur., *Inæquitelæ* (*in*, priv., *æquus*, égal, *tela*, toile). Nom donné par Latreille à une tribu de la famille des Aranéides, dans laquelle il range ceux de ces animaux qui filent des toiles irrégulières, dont les fils se croisent en tous sens et sur plusieurs points.

INÉQUIVALVE, adj., *inæquivalvis ; ungleichklappig, ungleichschalig* (all.) (*in*, priv., *æquus*, égal, *valva*, valve) ; qui est composé de

deux valves inégales, comme la *glume* du *Paspalus inæquivalvis.* Se dit surtout d'une *coquille* bivalve entre les deux valves de laquelle il y a une grande différence pour la grandeur ou pour la forme (ex. *Plagiostoma inæquivalvis*).

INÉQUIVALVES, adj. et s. m. pl., *Inæquivalvia.* Nom donné par Latreille à une famille de l'ordre des Brachiopodes pédonculés, comprenant ceux dont les valves de la coquille sont d'inégale grandeur.

INERME, adject., *inermis ; unbewehrt, wehrlos, waffenlos, unbewaffnet* (all.) (*in*, priv., *arma*, arme) ; qui est dépourvu d'armes, de piquans, d'aiguillons (ex. *Labrus inermis, Prosopis inermis, Berberis inermis*). Richard donne cette épithète au tablier des Orchidées qui n'ont pas d'éperon.

INERMES, adj. et s. m. pl., *Inermia.* Nom donné par Latreille, Ficinus et Carus à une famille de l'ordre des Ruminans, comprenant ceux de ces mammifères dont la tête ne porte point de cornes.

INERTE, adject., *iners;* ἄτεχνος ; *träge* (all.). Sans ressort, sans activité. Les minéraux sont appelés *corps inertes*, parce qu'ils paraissent dépourvus de toute espèce d'activité.

INERTES, adj. et s. m. pl., *Inertes.* Nom donné par Temminck à un ordre de la classe des oiseaux, renfermant des animaux qui, comme l'*Apteryx* et le *Didus*, ne peuvent pas voler.

INERTIE, s. f., *inertia, ignavia;* ἀτεχνίη : *Trägheit* (all.); *dulness* (angl.), Inaction, défaut d'aptitude à changer spontanément d'état. On appelle *force d'inertie* la propriété qu'ont les corps de persister dans l'état où ils se trouvent tant qu'une cause étrangère n'agit pas sur eux. L'inertie n'est en réalité qu'une résistance active à tout changement, de quelque nature qu'il soit, une force agissant en sens inverse d'une autre force qui tend à changer l'état d'un corps. L'inertie absolue ne peut se concevoir.

INEXTENSILINGUE, adj., *inextensilinguis* (*in*, priv., *extendo*, étendre, *lingua*, langue). Se dit d'un animal qui ne peut alonger sa langue hors de la bouche, par opposition à un autre qui jouit de cette faculté.

INEXUVIABLE, adj., *inexuviabilis* (*in*, priv., *exuo*, dépouiller); qui ne mue jamais, qui n'est point sujet à la mue.

INFÉCOND, adj., *infæcundus*, *sterilis*; ἄγονος; *unfruchtbar* (all.); qui produit peu ou point. Synonyme peu usité de *stérile*.

INFERAXILLAIRE, adj., *inferaxillaris* (*infrà*, au dessous, *axilla*, aisselle); qui est fixé au dessous de l'aisselle. *Epine inferaxillaire*, placée au dessous du point d'attache de la feuille ou du rameau (ex. *Ribes grossularia*); *feuille inferaxillaire*, insérée sous la branche ou le rameau (ex. *Tilia europæa*); *stipules inferaxillaires*, attachées sur la tige au dessous des feuilles (ex. *Ribes*).

INFÈRE, adj., *inferus*; *niedrigstehend* (all.). Se dit, en botanique, d'un organe qui est placé au dessous d'un autre; du *calice*, quand il s'insère au dessous de l'ovaire, avec lequel il n'a aucune adhérence (ex. *Lilium*); de l'*ovaire*, lorsqu'il adhère au tube du périanthe, dont le limbe le couronne, ce qui le fait paraître inférieur à toutes les autres parties de la fleur (ex. *Pyrus*); de la *radicule*, quand elle se dirige vers la base de la graine, c'est-à-dire vers la cicatricule.

INFÉRIEUR, adj., *inferus*. Les astronomes appellent *planètes inférieures* celles qui, comme Mercure et Vénus, ont un rayon vecteur plus petit que celui de la Terre. Geoffroy nomme les animaux articulés *verté-*

brés inférieurs, parce qu'en les considérant comme organisés sur le même plan que les vertébrés proprement dits, ils offrent néanmoins une sorte d'infériorité dans le mode de développement de ce plan.

INFÉRIPÈDES, adj. et s. m. pl., *Inferipedes* (*inferus*, inférieur, *pes*, pied). Nom donné par Latreille à une famille de l'ordre des Holothurides polypodes, comprenant ceux de ces animaux qui ont les pieds inférieurs.

INFÉRITÉ, s. f. Richard appelait ainsi l'état des ovaires qui sont infères.

INFÉROBRANCHES, adj. et s. m. pl., *Inferobranchii*, *Inferobranchia*, *Inferobranchiata* (*inferus*, inférieur, βράγχια, branchie). Nom donné par Cuvier et Latreille à un ordre de la classe des Gastéropodes, par Blainville à un ordre de celle des Paracéphalophores, comprenant ceux de ces animaux qui ont les branchies placées sous le rebord saillant du manteau.

INFÉROVARIÉ, adject. Epithète donnée par Marquis aux plantes dont l'ovaire est infère.

INFEUILLÉ, adj., *infoliatus* (*in*, priv., *folium*, feuille); qui n'a point de feuilles. Synonyme inusité d'*aphylle*.

INFINI, adj. et s. m., *infinitus*; ἄπειρος ; *unendlich* (all.); qui n'a pas de fin. « Ce n'est qu'en ajoutant les choses matérielles les unes aux autres qu'on est parvenu à connaître qu'on ne verra jamais la fin de son compte, et cette impuissance, on l'a appelée *infini*, ce qui est bien plutôt un aveu de l'ignorance humaine, qu'une idée au dessus de nos sens. » (Voltaire.)

INFINITOVISTE, adj. et s. m. pl. Physiologiste partisan de la doctrine suivant laquelle tous les corps organisés sont le résultat du développement de germes emboîtés à l'infini les uns dans les autres.

INFLAMMABILITÉ, s. f., *inflammabilitas; Entzündbarkeit* (all.). Qualité ou caractère des corps qui sont inflammables.

INFLAMMABLE, adj., *inflammabilis*; φλογιστός; *entzündbar* (all.); *inflammabile* (it.); qui est susceptible d'entrer en combustion. On donne cette épithète à tous les corps composés qui peuvent brûler, et alors le mot est synonyme de *combustible*, ou aux substances simples, non métalliques surtout, qui brûlent facilement. C'est en ce dernier sens que l'hydrogène a été appelé *air inflammable*.

INFLAMMABLES, adj. et s. m. pl., *Inflammabilia*. Nom donné par Werner et Hausmann à une classe de minéraux, comprenant ceux qui sont susceptibles d'alimenter le feu; par Brongniart à une *formation* comprenant les corps combustibles qui se déposent ou se dégagent encore actuellement, dans les couches du globe, ou à sa surface, par l'effet des volcans.

INFLAMMATION, s. f., *inflammatio*; φλόγωσις; *Entzündung* (all.). Phénomène qui a lieu quand un corps produit de la flamme en brûlant, soit parce qu'il est lui-même volatil, soit parce que les combinaisons qu'il produit sous l'influence de la chaleur jouissent de cette propriété.

INFLÉCHI, adj., *inflexus, incurvus, introflexus, reclinatus, introcurvus*; καμπύλος; *eingebogen, umgeschlagen* (all.); *inflesso, incurvato* (it.) (*in*, en dedans, *flecto*, fléchir); qui est courbé en dedans. On employe ce terme : 1° en minéralogie; l'épithète d'*infléchie* est donnée, dans la nomenclature minéralogique de Haüy, à une variété dans laquelle les faces des différens ordres se succèdent, depuis un sommet jusqu'à l'autre, sur des intersections parallèles entr'elles, en sorte qu'elles présentent l'aspect d'un seul plan qui au-

rait subi plusieurs inflexions consécutives (ex. *Chaux carbonatée infléchie*). 2° En botanique. *Aiguillons infléchis*, ceux qui sont courbés, et qui dirigent leur pointe vers la partie supérieure de la tige ou de la branche (ex. *Mimosa cineraria*); *étamines infléchies*, celles dont le sommet s'incline vers le centre de la fleur (ex. *Salvia*); *feuilles infléchies*, celles qui sont courbées en dedans (ex. *Araucaria excelsa*), ou qui, dans le bouton, sont pliées de haut en bas (ex. *Anemone Hepatica*); *lèvre supérieure infléchie*, dans une corolle labiée, celle qui se renverse sur l'inférieure (ex. *Brunella*); *lèvre inférieure infléchie*, celle qui se recourbe vers l'orifice du tube (ex. *Plectranthus punctatus*); *pétales infléchis*, ceux qui se réfléchissent vers le centre de la fleur (ex. *Astrantia major*); *rameaux infléchis*, ceux qui se recourbent vers la tige (ex. *Anastatica hierocuntica*); *style infléchi*, celui qui se courbe en dedans (ex. *Ervum tetraspermum*).

INFLEXIOSCOPE, s. m., *inflexioscopium* (*inflexio*, inflexion, σκόπεω, considérer). On a proposé d'appeler ainsi l'instrument nommé *chromadote* par Hoffmann, parce qu'il montre les phénomènes de l'inflexion de la lumière.

INFLEXIPÈDE, adj., *inflexipes* (*inflexus*, infléchi, *pes*, pied). La *Mantis inflexipes* a été appelée ainsi parce qu'elle a les cuisses des pattes de devant très-courbées en dedans.

INFLORESCENCE, s. f., *inflorescentia*; *Blüthenstand* (all.); *infiorescenza* (it.). Linné désignait sous ce nom la manière dont les fleurs sont disposées sur la plante qui les porte. Candolle définit l'*inflorescence*, l'ensemble ou la disposition des organes et des opérations qui préparent ou effectuent la floraison.

INFORME, adj., *informis; form-*

los (all.). Qui n'a pas de forme déterminable. Ex. *Salpa informis.*

INFORMES, adj. et s. m. pl., *Obesa.* Nom donné par Illiger à une famille de l'ordre des Mammifères multongulés, comprenant ceux qui, comme les cochons, ont le tissu cellulaire sous-cutané tellement chargé de graisse, que leurs formes en sont pour ainsi dire effacées.

INFRAJURASSIQUE, adject. Épithète donnée par Bronguiart à un groupe de terrains sédimenteux pélagiques, comprenant ceux qui sont situés au dessous des terrains jurassiques.

INFUNDIBULÉ. *Voy.* Infundibuliforme.

INFUNDIBULIFÈRE, adj., *infundibuliferus* (*infundibulum*, entonnoir, *fero*, porter). On donne cette épithète à la *langue*, lorsque son extrémité se termine par un disque en forme de ventouse (ex. *Glossophaga soricina*). L'*Oculina infundibulifera* est ainsi appelée, parce que les articulations de ce polypier portent des étoiles en forme d'entonnoir.

INFUNDIBULIFORME, adj., *infundibuliformis; trichterförmig, trichterig* (all.); *imbuliforme* (it.) (*infundibulum*, entonnoir, *forma*, forme); qui a la forme d'un entonnoir, c'est-à-dire qui offre un limbe évasé faisant suite à un tube semblable à un cône renversé, comme la *corolle* du *Campanula infundibuliformis*, le *style* du *Hura crepitans*, le *stigmate* du *Kæmpferia longa*, le *chapeau* de quelques champignons (ex. *Agaricus infundibuliformis*), le corps de la *Salpa infundibuliformis*.

INFUNDIBULIFORMES, adj. et s. f. pl., *Infundibuliformes.* Nom donné par Tournefort à une classe de plantes, renfermant celles qui ont la corolle en forme d'entonnoir.

INFUSIBILITÉ, s. f., *infusibilitas;* *Unschmelzbarkeit* (all.); qualité de ce qui est infusible.

INFUSIBLE, adj., *infusibilis;* *unschmelzbar* (all.); *unfusible* (angl.); qui n'est pas susceptible de se fondre.

INFUSION, s. f., *infusio;* ἔγχυσις; *Aufguss* (all.). Opération par laquelle on met une substance organique composée de plusieurs principes immédiats dans un liquide chaud ou froid, afin d'en séparer les principes solubles de ceux qui ne le sont pas. Produit de cette opération.

INFUSOIRES, adj. et s. m. pl., *Infusoria; Infusionsthierchen* (all.). Nom donné par Muller à un ordre qu'il a créé dans la classe des Vers de Linné, pour y ranger les animalcules qui se développent dans les infusions végétales et animales. Cet ordre, conservé par Schweigger et Goldfuss, érigé en classe par Lamarck et Cuvier, n'est point admis par Blainville, qui regarde les animaux qu'on y comprend comme appartenant à diverses classes, opinion à l'appui de laquelle viennent les recherches faites depuis peu par C.-G. Ehrenberg.

INGLUVIES, s. m., *ingluvies.* Illiger nomme ainsi, dans les Mammifères, la région de la partie inférieure du corps qui est comprise entre les branches de la mâchoire inférieure et le sommet du larynx.

INGUINAL, adj., *inguinalis* (*inguina*, aine); qui appartient à l'aine. *Région inguinale*, celle de l'aine même. *Mamelles inguinales*, celles qui sont situées près de l'aine, comme dans le cheval et le tapir.

INNÉ, adj., *innatus, ingenitus;* ἔμφυτος; *angeboren* (all.); *innate* (angl.); qui n'a point été acquis (*idées innées, penchant inné*). « Rien n'est ce qu'on appelle *inné*, c'est-à-dire *né développé*. » (Voltaire.)

INNERVÉ, adj., *innervis, enervis, enervius;* qui n'a pas de nervures. Mirbel emploie ce terme pour désigner les *cotylédons* (ex. *Faba*) et les *feuilles* (ex. *Sempervivum tectorum*), lorsque les nervures, enveloppées par le parenchyme, ne paraissent point au dehors, et sont censées ne point exister.

INNOVATION, s. f., *innovatio.* Hedwig appelait ainsi les drageons que pousse la tige de certaines mousses (ex. *Polytrichum undulatum*), qu'ils servent à multiplier.

INOCARPE, adj., *inocarpus* (ἲς, fibre, καρπὸς, fruit); qui a le fruit fibreux. Ex. *Eugenia inocarpa.*

INOCULAIRE, adj., *inocularis.* Epithète donnée aux *antennes* des insectes, quand elles s'insèrent dans l'angle des yeux. Ex. *Cerambyx.*

INODORE, adj., *inodorus; geruchlos* (all.) (*in*, priv., *odor*, odeur); qui n'exhale aucune odeur. Ex. *Philadelphus inodorus, Artemisia inodora.*

INOMYCES, s. m. pl., *Inomycetes* (ἲς, fibre, μύκης, champignon). Nom donné par Fries à un ordre de la classe des Hyphomyces, comprenant les champignons filamenteux.

INONDÉ, adj., *inundatus; ueberschwemmt* (all.). Se dit des plantes qui, suivant la saison, vivent couvertes d'eau ou à sec. Linné avait établi sous ce nom une famille entièrement artificielle, dans laquelle il réunissait des plantes qui n'ont entr'elles que ce simple rapport, auquel rien ne correspond dans leur organisation.

INONGUICULÉ, adj., *inunguis* (*in*, priv., *unguis*, ongle); qui n'a point d'ongles. Le *Gecko inunguis* n'a pas d'ongles du tout. La *Lutra inunguis* n'en a que deux rudimentaires aux deux grands doigts de ses pattes de derrière.

INOPHYLLE, adject., *inophyllus* (ἲς, fibre, φύλλον, feuille); qui a des feuilles garnies de veines réticulées bien apparentes. Ex. *Syzygium inophyllum.*

INORGANIQUE, adj., *inorganicus* (*in*, priv., *organum*, organe); qui n'a point d'organes ou d'instrumens particuliers d'action. Bory définit les corps inorganiques, ceux dont chaque molécule représente un corps complet, et chez lesquels la forme, entièrement accessoire, ne saurait être qu'une agglomération inerte, soumise à des lois mécaniques, d'où il ne peut rien résulter qui ressemble à la vie et qui établisse un individu.

INOVULÉ, adj., *inovulatus.* Se dit d'un *ovaire* qui ne contient point d'ovules, comme celui des fleurs mâles et des fleurs neutres dans les Synanthérées.

INRADIANT, adject., *inradians.* Epithète donnée par H. Cassini à la couronne de la calathide des Synanthérées, lorsque les fleurs qui la constituent ne sont pas plus longues que celles du disque, et n'ont point leur partie supérieure dirigée en dehors.

INSALIFIABLE, adj. On appelle ainsi les oxides qui ne sont ni acides, ni capables de neutraliser les acides et de donner naissance à des sels.

INSECTES, adj. et s. m. pl., *Insecta* (*in*, à travers, *seco*, couper). Nom d'une classe du règne animal, dans laquelle on range les animaux articulés munis seulement de six pattes. Cette délimitation est toute récente, car la classe des insectes a subi de grandes variations sous le rapport de son étendue, ayant long-temps embrassé tous les animaux articulés dont le corps offre des divisions à l'extérieur, et n'étant arrivée que par des réductions successives à l'état où nous la voyons aujourd'hui.

INSECTIFÈRE, adj., *insectiferus* (*insectum*, insecte, *fero*, porter). Se dit du *succin*, quand il contient des insectes emprisonnés.

INSECTIRODES, adj. et s. m. pl.,

Insectirodes (*insectum* , insecte, *rodo*, ronger). Nom donné par Duméril à une famille de l'ordre des Insectes Hyménoptères , comprenant ceux dont les larves se développent dans l'intérieur du corps d'autres insectes , aux dépens desquels elles vivent. *Voyez* Entomotilles.

INSECTIVORES , adj. et s. m. pl., *Insectivora* , *Insectivori* (*insectum* , insecte, *voro* , dévorer). Nom donné par Cuvier, Desmarest , Blainville, Latreille , Ficinus et Carus à une famille de l'ordre des Mammifères carnassiers , par Temminck à un ordre de la classe des oiseaux , comprenant des animaux qui vivent principalement ou exclusivement d'insectes.

INSECTOLOGIE , s. f. , *insectologia* (*insectum* , insecte, λόγος , discours). Traité sur les insectes, comme celui que C. Bonnet a publié en 1745.

INSECTOLOGUE , s. m. Synonyme inusité d'*entomologiste*.

INSÉRÉ , adj. , *insertus* ; *eingefügt* (all.) ; qui est fixé sur.

INSERTION , s. f. , *insertio;* σύμφυσις, ἕνωσις; *Einfügung*, *Anheftung* (all.); *inserzione* (it.) (*insero*, mettre dedans). Attache d'une partie sur une autre. On emploie cette expression parce qu'on suppose que les parties sont enchâssées les unes dans les autres par leur base, ce qui est précisément le contraire du véritable état des choses.

INSEXÉ , adj. , *insexus*, *insexifer;* *geschlechtslos* (all.) (*in*, négat. , *sexus*, sexe) ; qui n'a point de sexe. On se sert plus communément du mot Neutre.

INSIPIDE , adjectif , *insipidus* ; ἄποιος ; *unschmackhaft*(all.) ; qui n'a point de saveur. Ex. *Tasmannia insipida*.

INSISTANT, adj. , *insistans* (*in*, priv. , *sisto*, appuyer). Épithète donnée au pouce des oiseaux , quand il ne porte à terre que par le bout. Ex. *Gallinacés*.

INSOLATION , s. f. , *insolatio* , *apricatio*. Exposition d'une matière quelconque aux rayons du soleil , soit pour séparer un principe fixe d'un liquide évaporable qu'elle contient , soit pour lui faire éprouver quelque changement dans sa composition ou dans l'état d'aggrégation de ses molécules.

INSOLUBILITÉ , s. f. , *insolubilitas* ; *Unauflösbarkeit*, *Unauflöslichkeit* (all.). Qualité d'un corps solide, liquide ou gazeux , qui ne peut se dissoudre dans un liquide.

INSOLUBLE , adject. , *insolubilis* ; ἄλυτος; *unauflöslich* (all.) ; qui n'est point soluble.

INSTABLE , adject. , *instabilis* ; ἄστατος ; *unbeständig* (all.) (*in* , priv., *stabilis*, stable). On dit l'*équilibre instable*, quand le centre de gravité d'un corps , ou la résultante des actions de la pesanteur , cesse de tomber entre les appuis de ce corps , qui dès lors ne peut plus conserver la position qu'il avait.

INSPIRATION , s. f. , *inspiratio* ; εἰσπνοή , ἔμπνευσις; *Einathmung* (all.) (*in*, priv., *spiro*, souffler). Action par laquelle l'air se précipite dans les poumons, pour servir à la respiration.

INSTAMINÉ , s. f. , *instaminatus* (*in*, priv., *stamen*, étamine). H. Cassini donne cette épithète à la corolle, dans les Synanthérées, lorsqu'elle n'est point accompagnée d'organes mâles parfaits.

INSTINCT, s. m., *instinctus;* φυσίς; *Naturtrieb* (all.). Penchant intérieur qui porte à exécuter un acte sans avoir notion de son importance finale, à employer des moyens toujours les mêmes, sans jamais chercher à en créer d'autres, ni à connaître le rapport entr'eux et le but, et qui, pour être attribué à l'intelligence, supposerait des prévisions et des connaissances infiniment supérieures à celles qu'on peut admettre dans les êtres qui le manifestent. C'est, dit Voltaire, l'arrangement des organes, dont le jeu se déploye par le temps. Chaque animal naît avec des organes qui, à mesure qu'ils croissent, lui font sentir tout ce qu'il a besoin d'éprouver pour sa conservation.

INSTIPULÉ, adject., *instipulatus* (*in*, priv., *stipula*, stipule) ; qui n'a point de stipules.

INSULÉ, adj., *insulatus* (*insula*, île). Kirby donne cette épithète à celles des *aréoles* discoïdales de l'aile des insectes qui sont absolument sans connexion, soit avec les autres, soit avec la base de l'aile. Ex. *Dynastes aloeus.*

INTÉGRANT, adject., *integrans* ; καίριος ; *ergänzend*, *wesentlich* (all.); *integral* (all.). Haüy appelait *molécules intégrantes* les plus petites parcelles dans lesquelles on conçoit qu'un minéral puisse être divisé sans que sa nature éprouve aucune altération. On donne aussi cette épithète aux atomes des corps simples.

INTÉGRIFOLIÉ, adj., *integrifolius* ; *ganzblättrig* (all.) (*integer*, entier, *folium*, feuille) ; qui a des feuilles entières. Ex. *Nabalus integrifolius, Modecca integrifolia, Dodecatheon integrifolium.*

INTÉGRIFORME, adj., *integriformis* (*integer*, entier, *forma*, forme). Épithète donnée, dans la nomenclature minéralogique de Haüy, à une variété d'Arragonite composée de quatre octaèdres primitifs réunis sans aucune pénétration, de sorte que la forme primitive s'y montre dans toute son intégrité.

INTÉGROSTOME, adj., *integrostomus* (*integer*, entier, στόμα, bouche). Se dit d'une coquille univalve dont l'ouverture est entière en devant.

INTELLIGENCE, s.f., *intellectus* ; νοῦς ; *Verstand* (all.) ; *understanding* (angl.) ; *intelligenza* (it.). Faculté d'apprécier l'importance d'un ou plusieurs faits d'après les circonstances dans lesquelles ils ont lieu, d'en déduire les rapports, de se déterminer suivant les conséquences, afin de prendre une volonté d'agir, et de créer les moyens d'exécuter cette dernière pour arriver au résultat définitif auquel on veut parvenir. Tous les hommes n'ont pas l'intelligence développée au même degré. « L'infériorité de celle des individus qui forment la très-grande majorité d'une population, dit Lamarck, rend ces individus incapables de reconnaître leurs intérêts généraux, leurs droits naturels, et les met constamment à la merci de ceux qui sont plus adroits, ainsi que des intérêts personnels des puissans. On les mène et on les satisfait aisément avec des mots, des prestiges et des préventions adroitement entretenues. Dans toute assemblée délibérante, comme ceux qui la composent présentent entr'eux nécessairement une portion de l'échelle sous le rapport du développement de leur intelligence, c'est presque toujours dans une minorité de cette réunion que se trouvent le plus de sagesse, les vues les plus profondes, les pensées les plus justes, les jugemens les plus solides. »

INTELLIGENS, adj. et s. m. pl., *Intelligentia.* Lamarck donne ce nom aux animaux compris dans l'une de ses trois divisions primaires du règne animal, à ceux qui sentent, acquièrent des idées, qu'ils conservent, exécutent entre ces idées des opérations qui leur en fournissent d'autres, et sont intelligens à différens degrés.

INTENSITÉ, subst. f., *intensitas.* Haut degré de force, de puissance, d'activité. L'*intensité d'une force* est l'effet qu'elle exerce sur le corps mis en mouvement par elle. L'*intensité* *du son,* dépend de l'étendue des excursions des particules aériennes successivement agitées, de l'énergie des condensations et dilatations passagères que chaque onde sonore produit en elles, du nombre plus ou moins grand de particules qui éprouvent ces effets et les transmettent simultanément à l'organe auditif. *L'intensité de la chaleur, de la lumière* et de *l'électricité* tient ou à la même cause que celle du son, ou à l'abondance du fluide producteur, suivant celle des deux hypothèses qu'on admet pour expliquer les phénomènes.

INTERANTENNAIRE, adj. et s. m., *interantennarius.* Nom donné par Robineau-Desvoidy à deux petites crêtes ou squamules qui font quelquefois saillir, au côté interne du premier article des antennes des insectes Myodaires, les pièces appelées par lui antennaires.

INTERCALATION, s. f., *intercalatio* ; παρεμβολή ; *Einschaltung* (all.). Opération qui consiste à faire entrer en ligne de compte, dans le calcul du temps, les heures, minutes et secondes dont l'année tropique est plus longue que l'année civile. Lorsque ce surplus s'est accumulé assez pour qu'il en résulte un nombre entier quelconque, par exemple un jour, on donne le nom d'*intercalaire* à ce jour, et on l'ajoute à l'année, qui prend la même dénomination. Ainsi l'année civile est évaluée à 365 jours, et tous les quatre ans on y ajoute un jour produit par l'accumulation de l'excédant de l'année tropique sur elle. Les années qui ont ainsi 366 jours sont nommées *intercalaires*, pour les distinguer des autres, qu'on appelle *années communes*. La même chose a lieu pour l'année lunaire, chez les peuples qui professent l'Islamisme.

INTERCELLULAIRE, adj., *intercellularis.* Treviranus et Link nomment *canaux intercellulaires* (*meatus s. ductus intercellulares, vasa revehentia*, Hedwig) des vaisseaux qu'ils admettent entre les cellules du tissu végétal, et dont l'existence n'est pas bien prouvée.

INTERDILATÉ, adj., *interdilatatus.* Se dit, d'après H. Cassini, des *squames* du péricline, quand elles sont disposées sur plusieurs rangs, et que les intermédiaires sont les plus larges.

INTERFÉRENCE, s. f., *interferentia* (de l'anglais *to interfere*, se rencontrer). Nom donné par Young à des phénomènes que la lumière présente en s'infléchissant vers les extrémités des corps, parce qu'ils s'expliquent aisément par la rencontre des rayons lumineux dont, par le résultat même de leur coïncidence, les effets se détruisent mutuellement.

INTERFOLIACÉ, adj., *interfoliaceus* (*inter*, entre, *folium*, feuille). Se dit des fleurs qui naissent alternativement entre chaque couple de feuilles opposées.

INTERFRONTAL, adj. et s. m., *interfrontalis.* Robineau-Desvoidy nomme *interfrontaux*, dans les Myodaires, deux pièces plus ou moins développées, qu'on remarque à la partie antérieure du front, et qui parviennent quelquefois à s'interposer entre les frontaux dans toute leur longueur.

INTERGÉRION, s. m., *intergerium.* Germar appelle ainsi la cloison en manière d'arête ou de carène, et quelquefois saillante supérieurement, que la languette paraît former derrière le menton, dans les Piméliaires et dans beaucoup de Coléoptères lamellicornes.

INTERMÉDIAIRE, adj., *intermedius* ; *zwischenliegend* (all.) (*inter*, entre, *medius*, milieu). Werner donnait cette épithète à des *terrains* qui ressemblent aux primordiaux tant par la nature que par la structure des roches qui les composent, mais contiennent des débris ou des empreintes de corps organisés. Ce sont en quelque sorte les restes de la formation primitive, avec les premiers dépôts des formations subséquentes. Postérieurs aux catastrophes qui ont dégradé les premiers, ils ne se sont formés qu'après l'apparition de certains êtres organisés sur la terre. En botanique, on nomme *stipules intermédiaires*, celles qui naissent sur la tige, entre des feuilles opposées, mais à la même hauteur qu'elles (ex. *Cofea arabica*). Kirby appelle *aréole intermédiaire* la partie de l'aile située entre l'aréole costale et la nervure interno-médiale, dans les insectes diptères.

INTERMITTENT, adj., *intermittens*; διαλείπων; *nachlassend* (all.). Les *sources intermittentes* sont celles qui, de temps en temps, et à des intervalles variables suivant les localités, ne fournissent plus d'eau et s'arrêtent tout court. Ce phénomène, qui souvent est astreint à des périodes régulières, leur a valu le nom populaire de *fontaines miraculeuses*. On voit de ces sources à Belestay, à Boulaigne, à Colmars, à Come, à Fronzanches, etc.

INTERNE, adj., *internus*; ἐνδότερος; *innerlich* (all.) ; *internal* (angl.); *interno* (it.); qui est placé en dedans. Les *boutons internes* sont ceux qui restent cachés dans le corps de la tige, de la branche ou du rameau, jusqu'à l'époque du bourgeonnement (ex. *Robinia pseudo-acacia*). L'endoplèvre est appelée aussi *tunique interne*, et la chalaze *ombilic interne*. *Interne* se dit souvent, comme synonyme d'*intraire*, en parlant de l'embryon enveloppé par le périsperme.

INTERNO-MÉDIAL, adj., *interno-medialis*. Kirby donne cette épithète à la quatrième *nervure* principale de l'aile des insectes.

INTEROCULAIRE, adj., *interocularis* (inter, entre, oculus, œil). Se dit des *antennes* des insectes, quand elles sont insérées toutes les deux entre les yeux. Ex. *Leptura*.

INTERPOSITIF, adj., *interpositivus*, *interfoliaceus* (inter, entre, pono, placer); qui est situé entre. On dit : *étamines interpositives*, celles qui sont situées entre les divisions d'un périanthe simple (ex. *Alangium*), ou d'une corolle (ex. *Borrago officinalis*); *cloisons interpositives*, d'après Mirbel, celles qui, partant en divergeant de l'axe central d'un péricarpe multivalve, vont chacune s'unir à l'une des sutures, en sorte qu'elles alternent avec les valves (ex. *Convolvulus*); *fleurs interpositives*, celles qui naissent entre des paires de feuilles opposées, et alternent avec elles (ex. *Asclepias syriaca*); *pétales interpositifs*, ceux qui alternent avec les divisions du calice (ex. *Crucifères*).

INTERRANÉ, adj., *interraneus* (inter, dedans, terra, terre). Mirbel appelle ainsi les plantes qui croissent et végètent dans le sein même de la terre. Ex. *Tuber cibarium*.

INTERROMPU, adj., *interruptus*; *unterbrochen* (all.); *interrotto* (it.) (inter, entre, rumpo, rompre). Se dit, en minéralogie, dans la nomenclature de Haüy, d'une variété dans laquelle un décroissement mixte s'intercale entre des décroissemens simples qui tendent à former une progression (ex. *Baryte sulfatée interrompue*). En botanique, de l'épi, quand les fleurs dont il se compose sont disposées sur l'axe en groupes ou verticilles distans les uns des autres (ex. *Lavandula spica*); de la *feuille*, d'après Richard, lorsqu'elle a un disque formé par une expansion des deux côtés de la nervure médiane, mais interrompu, surtout inférieurement, par des incisions latérales qui s'étendent jusqu'à cette nervure, d'où résultent des lanières toujours moindres que la portion terminale du disque, et tellement adnées à la nervure par leur portion foliacée que les bords de celle-ci sont confluens avec ceux de celle-là.

INTERRUPTE-PENNÉ, adj., *interrupte-pinnatus*. Se dit d'une feuille pennée dont les folioles sont alternativement grandes et petites. Ex. *Martinezia interrupta*.

INTERSCAPULIUM, s. m., *interscapulium; Vorderrükken* (all.) (*inter*, entre, *scapula*, épaule). Illiger appelait ainsi la région du dos, celle qui est placée entre les omoplates chez les mammifères, entre les ailes chez les oiseaux.

INTERTROPICAL, adj., *intertropicalis;* qui est situé entre les deux tropiques. La *zone torride* est quelquefois nommée *zone intertropicale*.

INTERVALLE. s. m. En physique, c'est le rapport d'un son à un autre, ou plutôt le rapport entre les nombres des vibrations qui produisent ces sons. L'organe auditif, n'ayant pas la subtilité de l'intelligence, ne peut, à l'instar de celle-ci, admettre, entre les nuances des sons, la même variété infinie qu'entre les nombres des vibrations qui les produisent : il ne distingue ces nuances qu'autant que la distance entre elles est assez considérable pour lui permettre de l'apprécier. Sous ce rapport, les musiciens, outre l'acception générale ou abstraite du mot, suivant laquelle il exprime pour eux la distance quelconque de deux sons donnés, lui en appliquent deux autres qui, rattachées au mode actuel de notation, expriment la première, toute distance susceptible d'être notée, la seconde, toute distance qui, bien qu'égale à

une autre, se marque sur un degré différent.

INTERVALVAIRE, adj., *intervalvaris;* qui est entre les valves. Une *cloison intervalvaire* est celle qui, par son interposition, produit la commissure des valves d'un péricarpe, de sorte qu'elle devient libre par la déhiscence de ce dernier.

INTERVALVE, adj., *intervalvis.* Mirbel donne cette épithète aux *nervules* du placenta qui sont placées dans la suture, entre les bords des valves. Ex. *Crucifères*.

INTESTINAUX, adj. et s. m. pl., *Intestinalia*. Nom donné par Linné à un ordre de la classe des Vers, par Eichwald à un ordre de celle des Grammazoaires, par Cuvier à une classe du règne animal, comprenant des animaux qui vivent dans l'intérieur du corps d'autres animaux. *Voyez* ENTOZOAIRES.

INTIGÉ, *acaulis;* qui n'a point de tige. Synonyme inusité d'ACAULE.

INTORSION, s. f., *intorsio, torsio*. Linné appelait ainsi le phénomène offert par certaines plantes qui, pour s'élever, serrent étroitement les végétaux placés dans leur voisinage, en roulant autour d'eux leurs tiges flexibles, soit de droite à gauche (ex. *Phaseolus*), soit de gauche à droite (ex. *Humulus*).

INTRACRESCENT, adject., *intracrescens* (*intrà*, dedans, *cresco*, croître). Épithète donnée par H. Cassini aux *corolles* dont la force d'accroissement est plus grande sur la face interne que sur l'externe, comme dans les fleurs qui constituent la couronne du *Zoegea leptaurea*.

INTRADILATÉ, adject., *intradilatatus*. H. Cassini appelle ainsi les *squames* du péricline des Synanthérées, quand elles se trouvent disposées sur plusieurs rangs, et que la largeur des internes surpasse celle des externes.

INTRAFOLIÉ, adj., *intrafoliaceus* (*intrà*, en dedans, *folium*, feuille). Se dit de la *hampe*, lorsqu'elle naît entre les feuilles radicales (ex. *Bellis perennis*); des *stipules*, quand elles sont soudées par leur base seulement à la partie antérieure des pétioles, et que, libres dans leur partie supérieure, elles forment ainsi une lame placée entre la tige et le pétiole (ex. *Arenaria rubra*).

INTRAIRE, adj., *intrarius* (*intrà*, dedans). L.-C. Richard donne cette épithète à l'*embryon*, quand il est renfermé dans l'albumen.

INTRA-MARGINAL, adj., *intramarginalis* (*intrà*, en dedans, *margo*, bord). Se dit des *nervures* des feuilles et des fleurs qui sont placées en dedans des bords.

INTRANSMUTABLE, adject., *intransmutabilis*. Épithète que Willughby et Ray donnaient à ceux des animaux articulés qui ne subissent pas de métamorphoses.

INTRAVERTÉBRÉ, adj., *intravertebratus*. Dans le système de Geoffroy Saint-Hilaire, qui ramène à un même type d'organisation les animaux articulés et les vertébrés, ceux-ci prennent le nom d'*intravertébrés*, parce qu'ils ont leur appareil osseux à l'intérieur du corps, tandis que, chez les autres, il est extérieur.

INTRORSE, adj., *introrsus*; *einwärtsgehend* (all.); qui est tourné en dedans, comme les *anthères*, lorsqu'elles s'ouvrent du côté du pistil, ce qui est le cas le plus ordinaire. R. Brown remplace cette épithète peu harmonieuse par celle d'*anticus*.

INTSIÉES, adj. et s. f. pl., *Intsieæ*. Nom donné par C.-H. Ebermaier à une tribu de la famille des Papilionacées, qui a pour type le genre *Intsia*.

INTUSSUSCEPTION, subst. f., *intussusceptio, introsusceptio* (*intus*, dedans, *suscipio*, recevoir). Acte par lequel les matières qui doivent être assimilées sont introduites dans l'intérieur des corps organisés, pour y être absorbées et servir à la nutrition.

INULÉES, adj. et s. f. pl., *Inuleæ*. Nom donné par H. Cassini à une tribu de la famille des Synanthérées, par Lessing à une sous-tribu de la tribu des Astéroïdées, ayant pour type le genre *Inula*.

INULINE, s. f., *inulina*. Espèce d'amidon que Rose a découvert dans la racine de l'*Inula Helenium*, et qui a été appelé aussi hélénine, alantine, ményanthine, élécampe, dahline et datiscine.

INULITE, subst. f., *inulita*. Nom donné par Guibourt à l'inuline.

INVEINÉ, adj., *avenis, invenosus*; qui n'a point de veines ou de nervures, comme les feuilles du *Clusia rosea*.

INVERSE, adj., *inversus, posticus, aversus*; *umgekehrt* (all.); qui est renversé en dedans. Se dit, en minéralogie, d'un rhomboïde dont les angles saillans sont égaux aux angles plans du noyau, ce qui est l'inverse de la forme primitive (ex. *Chaux carbonatée inverse*); en botanique, des *anthères*, d'après Mirbel, quand la suture des valves est tournée vers la circonférence de la fleur (ex. *Cucumis*); de l'*embryon*, quand, l'ombilic interne ne correspondant point à l'externe, la radicule, qui se porte toujours vers ce dernier, est latérale (ex. *Coffea*), ou dirigée en haut (ex. *Palmier Doum*); de la *radicule*, lorsqu'elle est tournée du côté diamétralement opposé au hile (ex. *Polygonum scandens*); du *stigmate*, lorsqu'il y en a plusieurs dans une fleur, et que chacun d'eux regarde le centre de celle-ci (ex. *Renonculacées*).

INVERSO-BINOANNULAIRE, adj., *inverso-binoannularis*. Épithète donnée, dans la nomenclature minéralogique de Haüy, à une variété en prisme hexaèdre régulier, dont la base est entourée d'un rang de facettes disposées en anneau, qui résulte d'un décroissement par deux rangées en hauteur sur les bords de la même base, ce qui donne l'inverse du cas où le décroissement a lieu par deux rangées en largeur. Ex. *Chaux phosphatée inverso-binoannulaire.*

INVERSO-ÉMARGINÉ, adject., *inverso-emarginatus*. Se dit, dans la nomenclature minéralogique de Haüy, d'une variété de chaux carbonatée qui présente la forme de l'inverse, émarginée aux bords supérieurs par des faces primitives, et aux bords inférieurs par celles d'un prisme hexaèdre.

INVERTÉBRÉ, adject. et s. m., *invertebratus, inspiralis; wirbenlos* (all.) (*in*, priv., *vertebra*, vertèbre); qui n'a point de vertèbres ou de squelette intérieur. Les animaux invertébrés forment un des groupes les plus considérables du règne animal, et on les divise communément aujourd'hui en trois séries ou types, les Mollusques, les Articulés et les Radiaires.

INVISIBLE, adj., *invisibilis, inconspicuus; unsichtbar* (all.). Se dit de la *plumule*, quand elle n'est pas assez développée, avant la germination, pour qu'on puisse l'apercevoir, de quelque manière que ce soit (ex. *Allium Cepa*); de la *radicule* et de la *tigelle*, lorsqu'elles sont dans le même cas (ex. *Commelina*).

INVOLUCELLE, s. m., *involucellum; Hüllchen* (all.); *involucretto* (it.). On appelle ainsi, quand il y a plusieurs rangées de bractées autour des fleurs, celles qui forment la rangée la plus voisine de ces dernières, et plus généralement les bractées qui, dans les Ombellifères, naissent à la base des ombellules ou ombelles partielles.

INVOLUCELLÉ, adj., *involucella-*
tus; qui est muni d'un involucelle.

INVOLUCRAL, adj., *involucralis.* On donne cette épithète aux épines qui naissent sur l'involucre (ex. *Centaurea benedicta*). On nomme aussi *enveloppe involucrale* celle qui est produite par un involucre.

INVOLUCRE, s. m., *involucrum; Hülle* (all.); *involucro, invoglio* (it.) (*involvo*, envelopper). Assemblage de bractées ou de feuilles rudimentaires, libres ou soudées ensemble, que le rapprochement de l'origine des pédicelles force à naître en verticilles plus ou moins réguliers, et qui forme une enveloppe extérieure à une ou plusieurs fleurs. H. Cassini donne ce nom au verticille des bractées qui entourent la base du péricline, dans certaines Synanthérées, et qui ressemblent plus aux feuilles de la plante qu'aux squames de ce péricline (ex. *Cnicus benedictus*). Il a aussi été appliqué par Malpighi aux couches du bois, qu'il appelait *involucra lignea*, par Gaertner aux écailles des bourgeons (*involucra gemmæ*), par Scopoli à la membrane qui recouvre le péricarpe, par Swartz à la membrane qui protége les amas de séminules de certaines fougères, par d'autres encore au collier ou à la cortine des champignons, c'est-à-dire au volva, quand il persiste après s'être déchiré, enfin à l'enveloppe générale et indéhiscente qui entoure les graines des Marsiléacées. Quelquefois on trouve *involucrum genitalium* au lieu de périgone.

INVOLUCRÉ, adj., *involucratus; gehüllt, hüllblättrig* (all.); qui est muni d'un involucre, comme les *capitules* du *Gomphrena globosa*, l'*épi* du *Brunella vulgaris*, la *glume* du *Cynosurus cristatus*, l'*ombelle* du *Daucus Carotta*. Le *Fritillaria involucrata* est ainsi appelé parce que ses trois feuilles supérieures sont rapprochées de manière à former une sorte d'involucre autour de la fleur ; l'*Helianthemum involucratum*, parce que ses fleurs, munies de pédoncules très-courts, sont entourées de près par les feuilles ; le *Navarettia involucrata*, parce qu'il a ses fleurs réunies en tête dans un involucre commun ; le *Pentachondra verticillata*, parce que ses calices sont entourés de dix-huit bractées ; le *Symphorema involucratum*, parce que ses fleurs sont renfermées, au nombre de six à neuf, dans des involucres formés de six à huit feuilles.

INVOLUCRIFORME, adj., *involucriformis*. Épithète que H. Cassini donne au péricline des Synanthérées, quand il ressemble à l'involucre.

INVOLUTÉ, adj., *involutus ; umgerollt, eingerollt* (all.) ; *avvolto, accartocciato, involto* (it.) ; qui est roulé en dedans, comme les *sépales* du *Valeriana rubra*, les *pétales* de l'*Anethum graveolens* et de l'*Hypericum involutum*, dont la lame se roule de haut en bas vers le centre de la fleur, ou comme les feuilles du *Cleistostoma involutum*, qui sont roulées sur les bords de dehors en dedans.

INVOLUTIF, adject., *involutivus*. Candolle appelle *estivation involutive* celle dans laquelle les organes floraux sont roulés en dedans d'une manière sensible, ce qui a lieu entr'autres pour le calice des *Valérianes* ; et *préfoliation involutive*, le cas où les deux bords de la feuille contenue dans le bourgeon se roulent de dehors en dedans, comme dans le *Lonicera Caprifolium*.

INVOLUTIFOLIÉ, adj., *involutifolius* (*involutus*, roulé, *folium*, feuille); qui a des feuilles roulées du sommet à la base. Ex. *Leiotheca involutifolia*, *Orthotrichum involutifolium*.

INVOLVANT, adj., *involvens*. On donne cette épithète aux folioles d'une feuille trifoliolée, lorsque, pendant le sommeil de la plante, elles se redressent, se réunissent vers le sommet,

et s'écartent par le milieu, de manière à former une espèce de pavillon ou de berceau qui cache et abrite les feuilles. Ex. *Lotus ornithopodoïdes*.

INVOLVÉ ; adj., *involvatus*. Se dit d'une *coquille* univalve, lorsque l'enroulement du cône spiral se fait transversalement, ou de gauche à droite, en suivant sa marche sur l'animal. Ex. *Cypræa*.

IODATE, subst. m., *iodas*. Nom d'un genre de sels (*iodsaure Salze*, all.), qui résultent de la combinaison de l'acide iodique avec les bases salifiables.

IODE, s. m., *iodum, iodina; Varechstoff, Iod* (all.) (ἰώδης, violet). Corps simple, qui a été découvert en 1813, par Courtois, et nommé ainsi à cause de la belle couleur violette qu'affecte sa vapeur.

IODÉ, adj., *iodatus ;* qui contient de l'iode. L'*éther iodé*, découvert par Faraday, est une combinaison solide d'iode avec le gaz oléfiant.

IODEUX, adj., *iodeus*. Un *acide iodeux* (*Iodigsäure*, all.), premier degré d'oxidation de l'iode, avait été admis par Sementini ; mais Woehler a reconnu que c'était du chlorure d'iode. Ce dernier a cependant cru le trouver par un autre procédé, et en effet, il paraît exister, quoiqu'on ne l'ait pas encore démontré.

IODIDE, s. m. Nom donné par Berzelius aux combinaisons de l'iode avec des corps moins électro-négatifs que lui, dans lesquelles les rapports atomiques sont les mêmes que dans les acides.

IODINE, s. f., *iodina*. H. Davy donnait ce nom à l'iode.

IODIQUE, adj., *iodicus*. L'*acide iodique* (*Iodsäure, Iodinesäure, Oxiodinsäure*, all.) sera le second degré d'oxidation de l'iode, si l'existence de l'acide iodeux se confirme. Berzelius donne cette épithète à des sels dans lesquels l'acide iodique joue le rôle de base, et que d'autres regardent comme des acides doubles. Ex. *Borate*, *Nitrate*, *Phosphate*, *Sulfate iodique*.

IODOARGENTATE, s. m., *iodoargentas*. Nom donné par P. Boullay à un genre de sels, qui résultent de la combinaison de l'iodide d'argent avec les iodures des métaux électro-positifs.

IODOBORIQUE, adj., *iodoboricus*. Nom d'un acide double (*iodsaure Boraxäure*, all.), résultant de la combinaison des acides iodique et borique.

IODOCHLORURE, s. m., *iodochloruretum*. Composé qui résulte de la combinaison d'un chlorure avec un iodure, par exemple, du chlorure potassique avec l'iodure mercurique.

IODOCYANURE, s. m., *iodocyanuretum*. Composé qui résulte de la combinaison d'un cyanure avec un iodure, par exemple, du cyanure mercurique avec l'iodure potassique.

IODOHYDRARGYRATE, s. m., *iodohydrargyras*. Bonnsdorff appelle ainsi un genre de sels, qui résultent de la combinaison de l'iodure de mercure avec les iodures des métaux électropositifs.

IODONITRIQUE, adject., *iodonitricus*. Nom d'un acide double (*iodsaure Salpetersäure*, all.), résultant de la combinaison des acides iodique et nitrique.

IODOPHOSPHURE, s. m., *iodophosphuretum*. Combinaison d'iode et de phosphore avec un autre corps simple. Ex. *Iodophosphure hydrique*, produit par la combinaison de l'iodide hydrique avec le phosphure, soit bihydrique, soit trihydrique.

IODOPHOSPHORIQUE, adject., *iodophosphoricus*. Nom d'un acide double (*iodsaure Phosphorsäure*, all.), qui résulte de la combinaison des acides iodique et phosphorique.

IODOPLOMBATE, s. m., *iodoplumbas*. Nom donné par P. Boullay à un genre de sels, qui résultent de la combinaison de l'iodide de plomb avec les iodures des métaux électropositifs.

IODOSEL, s. m. P. Boullay appelle ainsi les combinaisons des iodures de métaux électro-négatifs avec ceux des métaux électro-positifs, et il les considère comme une classe particulière de sels.

IODOSULFURE, s. m., *iodosulphuretum*. Combinaison d'un iodure avec un sulfure. Ex. *Iodosulfure antimonique*.

IODOSULFURIQUE, adj., *iodosulphuricus*. Nom d'un acide double (*iodsaure Schwefelsäure*, all.), qui résulte de la combinaison des acides iodique et sulfurique.

IODURE, s. m., *ioduretum*, *iodetum*. Combinaison de l'iode avec un corps simple. Berzelius réserve ce nom pour les combinaisons de l'iode avec les corps électro-positifs dans lesquelles les rapports atomiques sont les mêmes que dans les bases.

IODURÉ, adject., *ioduratus*; qui contient de l'iode *Gaz hydrogène iodure*, ou acide hydriodique. *Acide hydriodique ioduré* ou *acide hydriodeux* (*hydriodige Säure*, *iodhaltende Hydriodsäure*, all.). *Hydriodrates iodurés* ou *hydriodites* (*hydriodigsaure*, *iodhaltende hydriodsaure Salze*, all.).

IOLITHE, adject., *iolithus* (ἴον, violette, λίθος, pierre). Le *Bissus iolithus* est ainsi appelé, parce qu'il communique une odeur de violette aux pierres sur lesquelles il croît.

IONELLES, adj. et s. m. pl., *Jonellæ*. Nom donné par Lamarck à une famille de l'ordre des Crustacés isopodes, qui a pour type le genre *Ione*.

IOPTÈRE, adject., *iopterus* (ἴον, violette, πτερὸν, aile); qui a les ailes violâtres ou violettes. Ex. *Midas iopterus*, *Anthrax ioptera*.

IOSTOME, adj., *iostomus* (ἰός, rouille , στόμα, bouche) ; qui a la bouche couleur de rouille. Ex. *Bulimus iostomus*.

IOTÈRE, s. m. , *ioterium* (ἰός , venin). Kirby appelle ainsi l'organe qui sécrète le poison dans les insectes venimeux.

IPSIDES, adj. et s. m. pl. , *Ipsides*. Nom donné par Latreille à une tribu de la famille des Coléoptères clavicornes, qui a pour type le genre *Ips*.

IRIDATION, s. f. On a donné ce nom à la propriété dont certains minéraux jouissent de produire sur l'organe de la vue l'impression de la série des couleurs de l'iris , soit à cause d'une substance légère et incolore qui se trouve appliquée à leur surface , soit en raison d'une altération survenue dans leur structure par l'effet ou de fissures , ou d'un écartement de leurs lames.

IRIDÉES, adj. et s. f. pl. , *Irideæ*, *Irides*. Famille de plantes, établie par Jussieu, qui a pour type le genre *Iris*.

IRIDESCENT, adj. , *iridescens*, *iricolor* ; qui réfléchit les couleurs de l'iris.

IRIDEUX, adj. Berzelius appelle *oxide irideux* (*Iridiumoxydul*, all.) le premier degré d'oxidation de l'iridium ; *sulfure irideux* , le premier degré de sulfuration de ce métal ; *sels irideux* , les oxisels produits par la combinaison de l'oxide irideux avec les oxides , les sulfosels qui résultent de la combinaison du sulfure irideux avec les sulfides , et les sels haloïdes correspondans à l'oxide irideux pour la composition.

IRIDICO-AMMONIQUE , adj., *iridico-ammonicus*. Nom donné , dans la nomenclature chimique de Berzelius , aux sels doubles qui résultent de la combinaison d'un sel iridique avec un sel ammonique. Ex. *Chlorure iridico-ammonique* (*hydrochlorate d'iridium et d'ammoniaque*).

IRIDICO-POTASSIQUE , adject. , *iridico-potassicus*. Nom donné, dans la nomenclature chimique de Berzelius , aux sels doubles qui doivent naissance à la combinaison d'un sel iridique avec un sel potassique. Ex. *Chlorure iridico-potassique* (*hydrochlorate d'iridium et de potasse*).

IRIDICO-SODIQUE , adj. , *iridico-sodicus*. Nom donné , dans la nomenclature chimique de Berzelius , à des sels doubles qui résultent de la combinaison d'un sel iridique avec un sel sodique. Ex. *Chlorure iridico-sodique* (*hydrochlorate d'iridium et de soude*).

IRIDIQUE , adj., *iridicus*. L'*oxide iridique* (*Iridiumoxyd*, all.) est le troisième degré d'oxidation de l'iridium , qui paraît jouer le rôle d'acide ; le *sulfure iridique* est le troisième degré de sulfuration de ce métal , et le *sulfide iridique* est le cinquième. Les *sels iridiques* sont les sels haloïdes correspondans à l'oxide pour la composition , les oxisels et les sulfosels produits par la combinaison de cet oxide et du sulfide avec les oxacides et les sulfides.

IRIDIUM , s. m. , *iridium*. Métal découvert en 1803 par Tennant , qui l'a nommé ainsi à cause de la propriété dont il jouit de donner des dissolutions ayant toutes les couleurs de l'arc-en-ciel.

IRIDOSO-AMMONIQUE, adject. , *iridoso-ammonicus*. Nom donné, dans la nomenclature chimique de Berzelius , à des sels doubles qui résultent de la combinaison d'un sel irideux avec un sel ammonique. Ex. *Chlorure iridoso-ammonique*.

IRIDOSO-SODIQUE, adj., *iridoso-sodicus*. Nom donné, dans la nomenclature chimique de Berzelius , à des sels doubles , qui sont produits par la combinaison d'un sel irideux avec un sel sodique. Ex. *Chlorure iridoso-sodique.*

IRISÉ , adject. , *irinus.* On donne cette épithète à des couleurs de diverses teintes qui se manifestent sur la surface de certains corps , soit par l'effet d'un commencement d'altération (ex. certains minerais de *cuivre*), ou d'une légère pellicule de matière étrangère (ex. *Fer oligiste* de l'île d'Elbe), soit à cause de la disposition particulière des molécules à la surface (ex. *Fer oligiste*) ou dans l'intérieur de la masse (ex. *Opale*), mais qui dans aucun cas ne tiennent à la nature même des corps ou à celle des matières qu'on y trouve accidentellement mêlées , et dépendent des fissures dans lesquelles la lumière éprouve une décomposition , de manière qu'il se forme dans l'intérieur ou à la surface des anneaux concentriques plus ou moins réguliers , d'où partent des jets rouges , bleus , jaunes , etc., dont l'effet est semblable à celui de l'iris ou de l'arc-en-ciel. Le phénomène de l'irisation s'observe dans diverses coquilles (ex. *Trochus iris* , *Oliva irisans*) et plusieurs insectes (ex. *Hemerobius irideus* , *Myrmeleon irinum*). La *Coccinella iridea* est ainsi appelée , non parce qu'elle reflète des couleurs irisées , mais parce que son corps est rouge et marqué de points noirs auxquels un entourage jaune donne quelque ressemblance avec l'iris de l'œil.

IRRADIATION, s. f. , *irradiatio ; Ausstrahlung* (all.). Mouvement du centre à la circonférence. Les physiciens nomment ainsi le grossissement apparent d'un objet éclairé , qui est produit par l'intensité de la lumière.

IRRÉDUCTIBLE , adj. , *unherstellbar* (all.); qui n'est pas susceptible de réduction. Se dit d'un oxide mé-tallique qu'on ne peut ramener à l'état métallique.

IRRÉGULIER , adj. , *irregularis ;* ἀνώμαλος ; *unregelmässig* (all.) ; *irregolare* (it.) (*in*, priv. , *regula*, règle). On appelle *calice irrégulier* , celui dont les parties constituantes ne sont pas symétriques , c'est-à-dire diffèrent pour la grandeur , la position ou la forme dans divers points de leur étendue (ex. *Delphinium*) ; *corolle irrégulière* , celle dont les pétales (ex. *Viola tricolor*) ou les lobes (ex. *Antirrhinum majus*) sont sensiblement inégaux ou dissemblables ; *corymbe irrégulier* , celui dans lequel les pédoncules s'alongent sans garder de proportion entr'eux , de sorte que les fleurs arrivent à des hauteurs inégales (ex. beaucoup de Radiées) ; *déhiscence irrégulière* , celle qui a lieu quand les carpelles sont tellement soudées entre elles que , par aucune partie de leur surface , elles ne peuvent se désunir ni se fendre régulièrement, en sorte qu'il se détermine , ordinairement vers le haut de chaque carpelle, des espèces de pores ou de ruptures irrégulières , qui donnent passage aux graines (ex. *Linaria*); *estivation irrégulière* , celle qui a lieu quand les parties de la corolle ou du calice ne sont pas exactement situées de la même manière relativement à l'axe, cas dans lequel une ou plusieurs d'entr'elles tendent à recouvrir les autres pendant la préfleuraison ; *fleur irrégulière* , celle dont les divisions ou les segmens du périanthe diffèrent entr'eux sous le rapport de la grandeur , de la forme ou de la position; *antennes irrégulières* , celles dans lesquelles les articles changent de forme sans que le changement se fasse d'une manière graduée ; *coquille irrégulière* , celle qui étant inéquivalve présente des différences dans les divers individus de la même espèce (ex. *Ostrea*).

IRRÉGULIERS, adj. et s. m. pl., *Irregularia*. Nom donné par Latreille à une famille de l'ordre des Echinodermes Echinoïdes, comprenant ceux qui ont l'anus et quelquefois la bouche en dehors de l'axe du corps.

IRRITABILITÉ, s. f., *irritabilitas* ; ὀργασμός ; *Reizbarkeit* (all.). Propriété dévolue aux seuls corps organisés vivans, qui fait que certaines parties de ces corps exécutent, sans que l'être entier y participe, et souvent même sans qu'il s'en aperçoive, des mouvemens subits et plus ou moins remarquables, sous l'influence d'une cause excitante interne ou externe. Ces mouvemens, qui caractérisent la vie, n'exigent aucun organe particulier ; mais, à mesure que l'organisation se complique, surtout dans la série animale, ils se particularisent, de généraux qu'ils sont dans les corps vivans les plus simples, c'est-à-dire qu'ils deviennent plus remarquables et plus puissans dans certaines parties que dans d'autres. C'est ainsi qu'ils finissent par produire la contractilité musculaire, ou la *myotilité*, à laquelle seule Haller et son école attachaient le nom d'*irritabilité*, mot qui doit exprimer, comme l'avait bien senti Glisson, un phénomène beaucoup plus général.

IRRITABLE, adject., *irritabilis* ; *reizbar* (all.) ; qui est doué d'irritabilité, comme toutes les parties d'un corps organisé vivant. On prend quelquefois ce mot dans un sens plus restreint. Ainsi on appelle *irritables* les *étamines* dont les filets sont susceptibles de se mouvoir au temps de la fécondation, sans qu'on puisse attribuer leurs mouvemens à aucune force mécanique connue (ex. *Berberis*).

ISABELLE, adj., *isabellus*, *isabellinus*. Se dit d'un corps dont la couleur est le jaune clair. Ex. *Lepus isabellinus*, *Cyprœa isabella*, *Astrothelium isabellinum*.

ISADELPHE, adject., *isadelphus* (ἴσος, égal, ἀδελφὸς, frère). Se dit d'une plante qui a les étamines diadelphes, et formant deux paquets égaux, comme les dix étamines du *Drepanocarpus isadelphus*.

ISANTHE, adj., *isanthus* (ἴσος, égal, ἄνθος, fleur). Épithète donnée par G. Allman aux plantes qui ont les périgones ou tégumens de toutes leurs fleurs semblables.

ISANTHÈRE, adject., *isantherus* (ἴσος, égal, ἀνθηρὸς, fleuri). Se dit d'une plante qui a les anthères égales ou semblables.

ISARIÉES, adj. et s. f. pl., *Isariœ*. Nom donné par A. Brongniart à une section de la tribu des Mucédinées, qui a pour type le genre *Isaria*.

ISATIDÉES, adj. et s. f. pl., *Isatideœ*. Nom donné par Candolle à une tribu de la famille des Crucifères, qui a pour type le genre *Isatis*.

ISATIQUE, adj., *isaticus*. Dœbereiner appelle l'indigo réduit *acide isatique*, parce qu'il a la propriété de se combiner avec les bases salifiables.

ISCHIADELPHE, adject. et s. m., *Ischiadelphus* (ἰσχίον, ischion, ἀδελφὸς, frère). Nom donné par Dubreuil à un genre de monstres doubles, dont les corps, opposés l'un à l'autre, sont accouplés et soudés par les bassins.

ISCHION, s. m., *ischion*. Straus désigne sous ce nom deux pièces situées de chaque côté du métathorax des insectes, qu'il considère comme les analogues des pubis et des iléons.

ISCHNOCHÈLE, adject., *ischnocheles* (ἰσχνὸς, grêle, χηλὴ, pince) ; qui a des pinces ou des bras minces et longs. Ex. *Obisium ischnocheles*.

ISERTIÉES, adj. et s. f. pl., *Isertieœ*. Nom donné par Candolle à une tribu de la famille des Rubiacées, qui a pour type le genre *Isertia*.

ISIDÉES, adj. et s. f. pl., *Isideæ, Isides*. Nom donné par Lamouroux, Ficinus [et Carus à une famille de l'ordre des Polypiers corticifères, ayant pour type le genre *Isis*.

ISOBAPHIE, s. f., *isobaphia ; Einfärbigkeit* (ἴσος, semblable, βαφὴ, couleur). État d'un corps qui ne réfléchit qu'une seule couleur.

ISOBRIÉ, adj., *isobriatus* (ἴσος, égal, βριάω, être puissant). H. Cassini emploie, pour désigner les embryons dicotylédones, ce terme exprimant que les forces d'accroissement sont égales des deux côtés.

ISOCHIRE, adj., *isochirus* (ἴσος, égal, χεῖρ, main) ; qui a des mains ou des appendices en forme de bras tous semblables les uns aux autres. Ex. *Polypus isochirus*.

ISOCHRE, adj., *isochrous* (ἴσος, égal, χρόα, couleur) ; qui est d'une couleur uniforme. Le *Peziza isochroa* est tout blanc.

ISOCHRONE, adj., *isochronus ;* ἰσόχρονος (ἴσος, égal, χρόνος, temps) ; qui se fait dans le même temps.

ISOCHRONISME, s. m., *isochronismus* (ἴσος, égal, χρόνος, temps). Qualité de ce qui est isochrone.

ISODACTYLES, adj. et s. m. pl., *Isodactyli* (ἴσος, égal, δάκτυλος, doigt). Nom donné par J.–C. Schæffer à un ordre de la classe des oiseaux, comprenant ceux qui ont quatre doigts bien fendus, deux en avant et deux en arrière.

ISODONTES, adj. et s. m. plur., *Isodonta* (ἴσος, égal, ὀδοῦς, dent). Nom donné par Muller à une famille de reptiles ophidiens, comprenant ceux qui ont toutes les dents maxillaires simples et égales.

ISODYNAME, adj., *isodynamus* (ἴσος, égal, δύναμις, puissance). Épithète donnée par H. Cassini aux embryons dicotylédonés, et qui exprime que les forces d'accroissement sont égales des deux côtés.

ISOEDRIQUE, adj., *isoedricus* (ἴσος, égal, ἔδρα, base). Nom donné, dans la nomenclature minéralogique de Haüy, à une variété dans laquelle le nombre des bords semblablement situés, qui sont remplacés chacun par une facette, est égal à celui des angles semblablement situés, dont chacun est pareillement remplacé par une facette. Ex. *Chaux carbonatée isoëdrique*.

ISOÉTÉES, adj. et s. f. pl., *Isoeteæ*. Nom donné par Reichenbach à une famille de plantes, qui a pour type le genre *Isoetes*.

ISOÉTINÉES. *Voyez* ISOÉTÉES.

ISOGÉOTHERME, adj., *isogeothermus* (ἴσος, égal, γῆ, terre, θέρμη, chaleur). Kupffer appelle *lignes isogéothermes* celles qui uniraient les points où la température constante du sol est uniforme. Ces lignes s'écartent encore plus des degrés de latitude que les lignes isothermes.

ISOGONE, adj., *isogonus ;* ἰσογώνως (ἴσος, égal, γωνία, angle). Nom donné, dans la nomenclature minéralogique de Haüy, à un cristal ayant, sur des parties différemment situées, des faces qui forment entr'elles des angles égaux ou à peu près. Ex. *Cymophane isogone*.

ISOLANT, adj. Les physiciens donnent cette épithète aux corps qui ne transmettent pas librement l'électricité, parce que, quand on les emploie comme supports, ils isolent les autres de toute communication avec des conducteurs qui pourraient leur enlever l'électricité.

ISOLATEUR, subst. m., *isolator ; Nichtleiter* (all.). Appareil dont on se sert, dans les expériences électriques, pour isoler les corps auxquels on veut communiquer de l'électricité et dans lesquels on se propose d'accumuler cette dernière.

ISOLÉ, adject. Se dit d'un corps qu'on a entouré d'autres corps non conducteurs de l'électricité, afin de le mettre hors de communication conductrice avec le sol.

ISOLEMENT, s. m. État d'un corps électrisé dont on a éloigné tous les objets conducteurs, afin qu'il puisse conserver l'électricité.

ISOLUSINE, s. f., *isolusina*. Peschier désigne sous ce nom une substance particulière, qu'il dit avoir découverte dans la racine de Sénéga.

ISOMÈRE, adj., *isomerus* (ἴσος, égal, μέρος, partie). Bonnard donne cette épithète à un ordre de *roches*, comprenant celles à parties anguleuses, qui sont liées ensemble par une aggrégation cristalline, sans base de ciment homogène sensible.

ISOMÉRIDE, adject., *isomeridus* (ἴσος, égal, μέρος, partie). Nom donné, dans la nomenclature minéralogique de Haüy, à une variété produite par des décroissemens dont ceux qui agissent sur les bords sont en nombre égal à ceux qui ont lieu sur les angles. Ex. *Baryte sulfatée isoméride.*

ISOMÉRIQUE, adj., *isomericus* (ἴσος, égal, μέρος, partie). Martius donne cette épithète aux *fleurs* régulières. Berzelius propose de l'appliquer aux corps qui, identiques sous le rapport de la composition, c'est-à-dire sous celui du nombre et de la nature de leurs atomes constituans, jouissent cependant de propriétés chimiques différentes, comme l'acide cyanique et l'acide paracyanique.

ISOMÉTRIQUE, adj., *isometricus* (ἴσος, égal, μετρέω, mesurer). Épithète donnée, dans la nomenclature minéralogique de Haüy, à un cristal composé du rhomboïde équiaxe et d'un dodécaèdre à triangles scalènes, dans lequel la somme des deux parties qui excèdent l'axe du noyau est égale à cet axe (ex. *Chaux carbonatée isométrique*); par Hausmann et Naumann à un système de cristallisation comprenant les formes cristallines dans lesquelles les plans coordonnés sont perpendiculaires entr'eux, et qu'on peut rapporter à un système d'axes, au nombre de trois, qui sont égaux.

ISOMORPHE, adj., *isomorphus* (ἴσος, égal, μορφή, forme). On donne cette épithète aux substances simples ou composées, lorsqu'elles affectent la même forme cristalline dans leurs combinaisons avec d'autres substances, d'après les mêmes proportions atomiques. Ainsi A est isomorphe avec B, quand x atomes A $+ y$ atomes C montrent la même forme que x atomes B $+ y$ atomes C, ou quand x atomes A $+ y$ atomes C $+ z$ atomes D ont la même forme que x atomes B $+ y$ atomes C $+ z$ atomes D. Le soufre, le sélénium et le chrome sont isomorphes; un atome de chacun de ces trois corps forme avec trois atomes d'oxigène des acides isomorphes; savoir les acides sulfurique, sélénique et chromique, qui, en se combinant avec un même nombre d'atomes d'une même base, produisent des sels ayant la même forme. Il y a également isomorphisme entre le phosphore et l'arsenic; la soude et l'oxide d'argent; le calcium, le magnesium, le manganèse, le zinc, le fer, le cobalt, le nickel, le cuivre, le barium, le strontium et le plomb; l'alumine, l'oxide ferrique, l'oxide manganique et l'oxide chromeux; l'oxide stannique et l'oxide titanique; le platine, le palladium, l'iridium et l'osmium.

ISOMORPHISME, s. m. Phénomène, découvert par Mitscherlich, qui consiste en ce que des corps composés d'élémens différens, mais d'atomes en nombre égal et combinés de la même manière, affectent la même forme cristalline.

ISOPARAMÉTRIQUE, adj., *isoparametricus* (ἴσος, égal, παρά, presque, μετρέω, mesurer). Se dit, d'après Naumann, de deux ou plusieurs faces d'un même système d'axes, quand leurs paramètres correspondans sont de même grandeur, et ne diffèrent que par la direction.

ISOPÉTALE, adj., *isopetalus* (ἴσος, égal, πέταλον, pétale); qui a des pétales égaux. Les ailes, l'étendard et la carène de l'*Erythrina isopetala* sont presque de la même longueur.

ISOPHYLLE, adject., *isophyllus* (ἴσος, égal, φύλλον, feuille); qui a des feuilles pareilles. Ex. *Microlicia isophylla*.

ISOPODES, adj. et s. m. pl., *Isopoda* (ἴσος, égal, πούς, pied). Nom donné par Cuvier, Lamarck, Latreille, Goldfuss, Straus, Eichwald, Ficinus et Carus, à un ordre de la classe des Crustacés, comprenant ceux de ces animaux qui ont les pattes toutes semblables, uniquement propres à la locomotion ou à la préhension.

ISOPODIFORME, adj., *isopodiformis*. Kirby donne cette épithète à des larves hexapodes, antennifères et saprophages, qui ont un corps oblong, un bouclier thoracique distinct, et un anus garni de filets ou de lames. Ex. *Blatta sylpha*.

ISOPOGONE, adject., *isopogon*; *gleichbartig* (all.) (ἴσος, égal, πώγων, barbe). Se dit d'une plume dont les deux côtés de la barbe sont d'une largeur égale.

ISOSTÉMONES, adj. et s. f. pl., *Isostemones* (ἴσος, égal, στήμων, étamine). Nom donné par Haller à une classe de plantes, comprenant celles qui ont autant d'étamines que de pétales ou de divisions à la corolle.

ISOSTÉMONOPÉTALE, adj., *isostemonopetalus* (ἴσος, égal, στήμων, étamine, πέταλον, pétale). Wachendorff donnait cette épithète aux plantes dont les étamines sont en nombre égal aux divisions de la corolle.

ISOTHERME, adj., *isothermus*

(ἴσος, égal, θέρμη, chaleur). On nomme, d'après Humboldt, *lignes isothermes*, celles qui passent par tous les points de la surface de la terre pour lesquels la température moyenne est la même, et *bandes* ou *zônes isothermes*, les espaces compris entre deux de ces lignes. Les lignes isothermes ne suivent pas les parallèles à l'équateur; elles ont des sommets convexes et des sommets concaves qui sont distribués très-régulièrement sur le globe, et forment différens systèmes le long des côtes orientale et occidentale des Deux-Mondes, au centre des continens et à proximité des grands bassins de mers.

ISTHME, s. m., *isthmus*; ἰσθμός; *Verengerung* (all.); *neck of land* (angl.). Langue de terre, bordée d'eau de chaque côté, qui unit ensemble deux continens, ou qui lie une presqu'île à d'autres terres. Rétrécissement qui sépare les lobes de certaines feuilles (ex. *Zostera*), ou les articulations des fruits articulés (ex. *Hippocrepis*).

ISTHMIÉ, adj., *isthmiatus*. Épithète donnée par Kirby au tronc des insectes, quand il existe un isthme ou un rétrécissement entre le prothorax et les élytres (ex. *Passalus*).

ISTHMOCARPE, adj., *isthmocarpus* (ἰσθμός, isthme, καρπός, fruit). Le *Trifolium isthmocarpum* est ainsi appelé, parce que son légume offre un rétrécissement à la partie moyenne.

ISTIOPHORES, adj. et s. m. pl., *Istiophori* (ἱστίον, voile, φέρω, porter). Nom donné par Gray à une famille de Vespertilionidés, comprenant ceux de ces mammifères qui ont une membrane en forme de feuille sur le nez.

ITÉRATIF, adj., *iterativus* (*iterum*, de nouveau). Épithète donnée, dans la nomenclature minéralogique de Haüy, à une variété dont le signe est composé d'exposans relatifs à des lois simples, et d'autres exposans qui entrent dans l'expression d'un décroissement intermédiaire, et offrent la répétition des premiers. Ex. *Fer oligiste itératif.*

ITHYCÉRIDES, adj. et s. m. pl., *Ithycerides.* Nom donné par Schœnherr à un groupe de l'ordre des Curculionides orthocères, qui a pour type le genre *Ithycerus.*

ITHYPHYLLE, adj., *ithyphyllus* (ἰθὺς, droit, φύλλον, feuille); qui a des feuilles droites. Les feuilles du *Bartramia ithyphylla* sont linéaires, subulées, droites, raides, longues et capillacées.

IULACÉ, adj., *iulaceus; kätzchenförmig* (all.); qui a la forme d'un chaton, comme les jets du *Jungermannia iulacca* et du *Gymnostomum iulaceum*, ou qui croît sur les chatons, comme le *Peziza iulacea* sur ceux pourris de l'aulne.

IULACÉES, adj. et s. f. pl., *Iulaceæ.* Nom donné par Lamarck à une section de la famille des Arachnides myriapodes, qui a pour type le genre *Iulus.*

IULIDES, adj. et s. m. pl., *Iulides.* Nom donné par Leach et Blainville à une famille de la classe des Myriapodes, qui a pour type le genre *Iulus.*

IULIFLORE, adject., *iuliflorus* (*iulus*, chaton, *flos*, fleur); qui a les fleurs en épis semblables à des chatons. Ex. *Prosopis iuliflora.*

IULIFORME, adj., *iuliformis.* Un mollusque (*Peripatus iuliformis*) est ainsi nommé à cause de son corps ridé, annelé de jaunâtre sur un fond brun, ce qui lui donne quelque ressemblance avec un iule.

IVOIRE, s. m., *ebur;* ἐλέφας; *Elfenbein* (all.); *ivory* (angl.); *avorio* (it). Substance osseuse des défenses d'éléphant et d'hippopotame; substance qui forme la partie interne du fût et la racine entière de la dent.

IXIACÉES, adj. et s. f. pl., *Ixiaceæ.* Nom donné par Ecklon à une famille de plantes, qui a pour type le genre *Ixia.*

IXIÉES, adj. et s. f. pl., *Ixieæ.* Nom sous lequel Reichenbach désigne une section de la famille des Iridées, ayant le genre *Ixia* pour type.

IXODIADÉS, adj. et s. m. pl., *Ixodiadæ.* Nom donné par Leach à une tribu de la famille des Acarides, qui a pour type le genre *Ixodes.*

IZÉMIEN, adj., *izemianus* (ἴζημα, sédiment). Brongniart donne cette épithète aux terrains sédimenteux, à ceux qui se sont formés par voie de sédiment.

J.

JABOT, s. m., *ingluvies;* πρόλοβος; *Kropf* (all.); *crop* (angl.). Dilatation que l'œsophage présente chez les oiseaux, principalement chez les Granivores, et dans laquelle les alimens séjournent pendant quelque temps, avant de passer dans l'estomac proprement dit.

JACÉINÉES, adj. et s. f. pl., *Jaceineæ.* Nom donné par H. Cassini à un groupe de la section des Centauriées prototypes, qui a pour type le genre *Jacea.*

JACOBÉES, adj. et s. f. pl., *Jacobæa.* Nom donné par Adanson et par Kunth à une section de la famille des Synanthérées, ayant pour type le genre *Jacobæa.*

JACULATEUR, adj., *jaculator* (*jaculo*, lancer). Le *Labrus jaculator* lance sur les insectes qui s'approchent du rivage des gouttes d'eau, au moyen desquelles il les fait tomber dans la mer et s'en saisit.

JACULIFÈRE, adj., *jaculiferus* (*jaculum*, javelot, *fero*, porter);

qui a des piquans en forme de javé-
lot, comme ceux qu'on voit sur les
flancs du *Diodon jaculiferus.*

JADIEN, adject., qui contient du
jade. L'*Euphotide jadienne* est à
base de jade verdâtre.

JAILLISSANT, adj., *saliens.* On donne cette épithète aux *sources*, quand
l'eau s'élève au dessus du sol en jets
ou en gerbes, dont la hauteur varie
beaucoup. Les plus remarquables de
ces sources sont les *geyser* d'Islande,
dont le jet, ayant une chaleur de 64
à 80 degrés R., et un diamètre de
près de six pieds, s'élance à cent
trente pieds de hauteur. Les *puits
artésiens* sont des sources jaillissantes
créées par la main de l'homme. Il y a
aussi des sources jaillissantes de feu,
qui sont produites par des jets em-
brasés de gaz hydrogène.

JALAPPINE, s. f., *jalappina.*
Substance que Hume a extraite de la
racine de jalap, qu'il regarde comme
une base salifiable, mais que Schweins-
berg croit être un mélange de phosphate amoniaco-magnésien, de chaux
et d'une matière organique.

JAMAICINE, s. f., *jamaicina.*
Base salifiable, découverte en 1824,
par Huttenschmidt, dans l'écorce du
Geoffroya jamaicensis.

JAMAICIQUE, adj., *jamaicicus.*
Nom des sels dont la jamaïcine fait
la base.

JAMBE, s. f., *crus;* σκέλος, κνέμη;
Bein (all.); *leg* (angl.); *gamba* (it.).
Portion du membre pelvien des animaux vertébrés qui s'étend depuis
le genou jusqu'au pied. Cependant
on appelle *jambe*, dans les ruminans
et les solipèdes, la région comprise
entre le jarret et le sabot, c'est-à-dire
le métatarse et une portion des phalanges. *Jambe* se dit aussi, dans le
langage commun, de la totalité du
membre postérieur et même du membre antérieur des quadrupèdes, ce qui
le rend synonyme de *patte.* On nom -

me *jambe* dans les crustacés, la quatrième pièce des pattes simples, et
dans les insectes, le troisième article
principal.

JARRE, s. f. C'est le nom qu'on
donne à des poils longs, gros, durs,
luisans et droits, qui percent à travers
la fourrure de certains quadrupèdes,
et notamment de la laine des brebis
de races inférieures. On l'appelle
aussi *poil mort* ou *poil de chien.*

JARRET, s. m., *poples, garotum,
garretum;* ἀγκύλη, ἐγκύς; *Kniekehle*
(all.); *ham, hough* (angl.); *garretto*
(it.). Partie postérieure de l'articulation du genou dans l'homme. Synonyme de *région poplitée.*

JARREUX, adj., *struppig* (all.).
Se dit de la laine, quand elle contient de la jarre.

JASIONÉES, adj. et s. f. pl.,
Jasioneæ. Famille que Link propose
d'établir, et qui aurait pour type le
genre *Jasione.*

JASMINÉES, adj. et s. f. pl., *Jas-
mineæ.* Famille de plantes, établie par
Jussieu, qui a pour type le genre
Jasminum.

JASPÉ, adj., *jaspideus.* Les minéralogistes nomment *agate jaspée,*
celle dont la pâte, se trouvant mêlée
d'oxide de fer et de molécules argileuses, perd plus ou moins sa transparence. L'*Anas jaspidea* est ainsi
appelé, parce qu'il a la tête et le haut
du cou tachetés de noir sur un fond
jaspé de brun, de blanchâtre et de
roussâtre.

JASPIQUE, adj., *jaspicus.* Les
poudingues jaspiques sont composés
de noyaux d'agate ou de silex engagés
dans une pâte de jaspe.

JASPOIDE, adj., *jaspoideus.* Se
dit, en minéralogie, d'un corps, lorsque sa surface est terne et mate,
comme celle du jaspe. Ex. *Feldspath
jaspoïde.*

JATROPHATE, s. m., *jatrophas.*
Genre de sels (*jatrophasaure Salze,*

all.), qui résultent de la combinaison de l'acide jatrophique avec les bases salifiables. *Voy.* CROTONATE.

JATROPHIQUE, adj., *jatrophicus.* Nom donné par Pelletier et Caventou à un acide (*Jatrophasäure*, all.) qu'ils ont découvert en 1818 dans la graine du *Jatropha curcas*, et qu'ils ont appelé depuis *crotonique*.

JAUNATRE, adj., *flaveolus; gelb-lich* (all.); *yellowish* (angl.); *giallastro* (it.); qui est d'un jaune pâle, tirant sur le blond, ou d'un jaune tirant sur le roussâtre; qui tend à devenir jaune. Ex. *Picus exalbidus, Ichneumon flavator, Ctenophora flaveolata, Cypræa flaveola, Cocculus flavescens, Dermosporium flavicans, Cypræa flavicula, Pecten flavidulus, Pleurotoma flavidula, Conus flavidus, Columbella flavida, Solanum flavidum, Cyclostoma flavula, Gnaphalium luteo – album, Cocculus lutescens, Digitalis ochroleuca, Sylvia subflava, Peziza xanthosia.*

JAUNE, adj. et s. m., *flavus; gelb* (all.); *yellow* (angl.); *giallo* (it.). L'une des sept couleurs du prisme. On la rend en latin, elle et ses nombreuses nuances, par une foule d'expressions, la plupart comparatives; *jaune pur, luteus, flavus, xanthus; gelb* (all.) (ex. *Dolichos luteus, Passiflora lutea, Cymbidium luteum, Noctua luteago, Cuculus flavus, Alisma flava, Fusidium flavum, Iris flavissima, Noctua flavago, Polyporus xanthus, Agaricus icterinus, Agaricus armeniacus*); *jaune de brique, testaceus, lateritius* (ex. *Hispa testacea, Ozonium lateritium*); *voyez* BRIQUETÉ, TESTACÉ; *jaune de cire, ceraceus, cerinus* (ex. *Agaricus ceraceus, Peziza cerina*); *jaune citrin* (ex. *Emberiza citrinella, Noctua citrago, Agaricus cetratus*); *voyez* CITRIN; *jaune isabelle, voyez* ISABELLE; *jaune jon-*

quille, jonquillaceus, narcissus (ex. *Psittacus jonquillaceus, Psittacus narcissus*); *jaune d'œuf, vitellinus* (ex. *Crocus vitellinus, Clavaria vitellina, Polyangium vitellinum, Agaricus vitellicolor*); *jaune de miel, mellinus* (ex. *Polyporus mellinus, Peziza mellina, Tachina mellea*); *jaune de paille, stramineus* (ex. *Mycetes stramineus, Nardosmia straminea*); *jaune de safran, croceus* (ex. *Saxifraga crocea, Laphria saffrana, Noctua croceago*); *voyez* SAFRANÉ; *jaune sale, luridus, squalens* (ex. *Aphodius luridus, Iris squalens*); *jaune de soufre, sulphureus* (ex. *Lanius sulphuraceus, Noctua sulphurago, Peziza theiochlora*); *voyez* SOUFRÉ; *jaune de succin, succineus* [ex. *Tremella succinea, Dacus succinatus*); *jaune tabac d'Espagne* (ex. *Gymnocephalus capucinus*).

JET, s. m., *flagellum, viticula, stolo.* Branche particulière, dépourvue de feuilles dans une portion notable de sa longueur, que certaines plantes poussent de l'aisselle de leurs feuilles inférieures, et dont l'extrémité, après avoir jeté des racines en terre, produit soit de suite un bourgeon à feuille (ex. *Fragaria*), soit l'année suivante seulement des tiges et des feuilles (ex. *Lysimachia*).

JOBOLES, adj. et s. m. pl., *Joboli* (ιὸς, venin, βάλλω, lancer). Nom donné par J.-A. Ritgen à une tribu de reptiles Ophidiens, qui comprend les serpens venimeux.

JONCACÉES, adj. et s. f. pl., *Juncaceæ.* Agardh et Bartling appellent ainsi la famille des Joncées. *Voyez* ce mot.

JONCAGINÉES, adj. et s. f. pl., *Juncagineæ.* Famille, établie par L.-C. Richard, qui a pour type le genre *Triglochin*, appelé *Juncago* par Tournefort.

JONCÉES, adj. et s. f. pl., *Junceæ.* Famille de plantes, établie par

Jussieu, qui a pour type le genre *Juncus*, et que Richard, Candolle et R. Brown ont beaucoup restreinte, en fondant à ses dépens les familles des Alismacées, des Butomées, des Cabombées, des Colchicacées, des Commélinées, des Joncaginées et des Restiacées.

JONCICOLE, adject., *juncicolus* (*juncus*, jonc, *colo*, habiter); qui croît sur les joncs, comme l'*Agaricus juncicola* sur les feuilles pourries du *Juncus articulatus*.

JONCIFORME, adj., *junciformis* (*juncus*, jonc, *forma*, forme); qui a la forme d'un jonc, c'est-à-dire qui est alongé et grêle. Ex. *Agaricus junceus*, *Chondrilla juncea*, *Alcyonium junceum*.

JONCINÉES, adj. et s. f. pl., *Juncineæ*. Nom donné par Bartling à une classe de plantes, qui comprend les familles des Restiacées, des Joncacées, des Xyridées et des Commélinacées, et qui a pour type le genre *Juncus*.

JONGERMANNIACÉES, adj. et s. f. pl., *Jungermanniaceæ*. Nom donné par Corda à une famille de plantes, ayant pour type le genre *Jungermannia*.

JONGERMANNIÉES, adj. et s. f. pl., *Jungermannicæ*. Quelques botanistes donnent à la famille des Hépatiques ce nom dérivé de celui d'entre ses genres qui comprend le plus d'espèces.

JONGERMANNIOGRAPHIE, s. f., *jungermanniographia*. Traité sur les Jongermannies. Raddi a écrit un livre sous ce titre.

JONGERMANNIOIDES, adject. et s. f. pl., *Jungermannioidei*. Nom donné par Bridel à une famille de Mousses, ayant pour type le genre *Jungermannia*.

JOUE, s. f., *gena*; γένυς; *Bakke* (all.); *cheek* (angl.); *guancia* (it.) (γένειον, barbe). Partie du visage qui forme les parois latérales de la bouche, et sur laquelle la barbe croît chez l'homme; région de la face comprise entre le nez, la bouche et l'oreille, chez les mammifères; entre la base du bec, le front et l'œil, chez les oiseaux; partie latérale du bouclier des trilobites; portion de la tête des insectes située de chaque côté, entre les yeux et les mandibules.

JOUES-CUIRASSÉES, adject. et s. m. pl. Nom donné par Cuvier à une famille de poissons, comprenant ceux qui ont la tête diversement hérissée et cuirassée.

JOUR, s. m., *dies*; ἡμέρα; *Tag* (all.); *day* (angl.); *giorno* (it.). On donne ce nom, dans la vie ordinaire, au temps qui s'écoule depuis le lever jusqu'au coucher du soleil, et, en astronomie, à la durée d'une révolution entière de la terre, c'est-à-dire au temps compris entre deux retours du soleil au méridien supérieur ou inférieur. On appelle la première période *jour naturel*, parce qu'elle est déterminée par le plus manifeste de tous les événemens naturels, l'alternative de la lumière et de l'obscurité; et la seconde *jour civil*, quand on la commence au passage invisible du soleil par le méridien inférieur, c'est-à-dire à minuit, ou *jour astronomique*, lorsqu'à l'exemple de Ptolémée, on la fait commencer au passage du soleil par le méridien supérieur, c'est-à-dire à midi. Le jour civil se partage en vingt-quatre heures, divisées elles-mêmes en deux portions de douze heures, qu'on ne compte chacune que jusqu'à douze. Le jour astronomique est également composé de vingt-quatre heures, mais on compte celles-ci de suite, de sorte que treize heures et demie, par exemple, correspondent à une heure et demie du matin.

JOVIEN, adject., *jovianus*. Nom que, par allusion aux récits mythologiques, Brongniart donne à la période comprenant tous les phénomènes géologiques contemporains des temps historiques, et qui a le même sens que celui de *postdiluvien*, dont on se sert communément.

JUBE, s. f., *juba*; *Mähne* (all.). Ce mot qui, dans Pline, signifie la couronne des arbres, était employé par les anciens botanistes pour désigner une panicule lâche, surtout dans les Graminées. Trinius s'en est servi de nouveau, et il entend par là une disposition telle de l'épi des Graminées, que des branches plus ou moins longues, éparses et la plupart isolées, naissent sans articulation de l'axe bifurqué, de manière à représenter en quelque sorte des faisceaux vasculaires qui n'auraient fait que s'ouvrir, comme dans la panicule que forment les fleurs mâles du *Zea Mays*. On a aussi donné le nom de *juba* à un assemblage d'arêtes, comme dans l'*Hordeum jubatum*.

JUCHEUR, adj., *insidens*. Illiger appelait pieds *jucheurs* (*Stitzfüsse*, all.), dans les oiseaux, des jambes couvertes de plumes jusqu'aux talons, tétradactyles, et ayant les trois doigts antérieurs réunis à leur base par une membrane qui ne s'étend que jusqu'à la première articulation.

JUGEMENT, s. m., *judicium*; *Urtheil* (all.); *judgment* (angl.). Résultat d'une opération intellectuelle, d'une action cérébrale, qui consiste en ce que plusieurs idées étant rendues simultanément présentes à l'esprit, les divers traits de chacune d'elles se réunissent pour produire une ou plusieurs idées nouvelles. On désigne encore sous ce nom l'ensemble des rapports, des différences, des particularités que présente l'idée qu'on a ainsi formée avec celles qui lui ont servi de base, et la faculté elle-même de juger, c'est-à-dire de procéder à cette opération. « En général les hommes jugent rarement par eux-mêmes; ils suivent le torrent.» (Voltaire.)

JUGLANDÉES, adj. et s. f. pl., *Juglandeæ*. Famille de plantes, établie par Candolle, qui a pour type le genre *Juglans*.

JUGLANDICOLE, adj., *juglandicolus* (*juglans*, noyer, *colo*, habiter). Qui vit ou croît sur les noyers, comme le *Sphæria juglandicola* sur les rameaux du *Juglans alba*.

JUGULAIRE, adj., *jugularis* (*jugulum*, gorge); qui a rapport à la gorge. Les *plumes jugulaires* sont celles qui garnissent le devant du cou. Straus nomme *pièces jugulaires* deux petites chaînes composées chacune de deux plaques consécutives, contenues inférieurement dans la peau du cou des insectes, et unissant la tête au corselet.

JUGULAIRES, adj. et s. m. pl., *Jugulares*. Nom donné par Linné, Gouan, Lacépède et Blainville à un ou plusieurs ordres de la classe des Poissons, comprenant ceux de ces animaux qui ont les membres pelviens en avant des pectoraux.

JUGULIBRANCHES, adj. et s. m. pl., *Jugulibranchia* (*jugulum*, gorge, βράγχια, branchies). Nom donné par Latreille à une famille de Poissons normaux apodes, dont les ouïes s'ouvrent par un ou deux petits trous sous la gorge.

JUGULUM, s. m., *jugulum*. Ce nom est donné par Illiger, dans les mammifères et les oiseaux (*Gurgel*, all.), à la partie de la région antérieure du cou comprise entre le larynx et la poitrine; par Kirby, dans les insectes, à la partie de la surface inférieure du corps qui est située entre les tempes.

JUNGIÉES, adj. et s. f. pl., *Jungieæ*. Nom donné par D. Don à une tribu de la famille des Labiatiflores, qui a pour type le genre *Jungia*.

JUNIPÉRACÉES, adj. et s. f. pl., *Juniperaceæ*. Famille de plantes, établie par Caffin, qui a pour type le genre *Juniperus*.

JUNON, s. f., *Juno*. Petite planète, découverte en 1804 par Harding, qui apparaît comme une étoile de huitième grandeur, et qui n'a pas d'atmosphère épaisse, comme Cérès et Pallas. Elle tourne autour du Soleil en 1592,1 jours, en décrivant une orbite dont le demi-grand axe est de 2,668676, l'excentricité de 0,259875, et l'inclinaison sur le plan de l'écliptique de 13° 3′ 28″. On la désigne par le signe ⚴.

JUPITER, s. m., *Jupiter*. La plus grosse des planètes, et la plus brillante après Vénus. Jupiter accomplit sa révolution en 4332j.5848212, dans un orbe incliné à l'écliptique de 1° 18′ 44″,5, et dont l'excentricité est de 0,04821522. La Terre étant prise pour unité, sa distance moyenne est 5,202776, son volume 1280,9, son diamètre 10,860, sa masse 331,5609, sa densité 0,2589, son poids 2,716. Il tourne sur lui-même en 9 h. 55′ 51″. Quatre satellites l'accompagnent. Le signe par lequel on le désigne est ♃.

JURASSIQUE, adj., *jurassicus*. Épithète donnée par Brongniart et Omalius à un groupe de terrains pélagiques ou neptuniens (*calcaire oolithique*; *Jurakalk*, Boué, *lower oolitic system*, Conybeare, *oolite formation*, de la Bêche), comprenant ceux qui sont composés de différentes roches se trouvant dans une position géognostique analogue à celle de la chaîne du Jura.

JUSANT, adject., *refluum mare*, *recedens æstus*. Nom donné par les marins au reflux de la marée.

JUSSIÉES, adj. et s. f. pl., *Jussieæ*. Nom donné par Candolle à une tribu de la famille des Onagraires, qui a pour type le genre *Jussiæa*.

K.

KALIUM, s. m., *kalium*. Les Allemands et les Anglais donnent ce nom au potassium.

KARABIQUE, adj., *karabicus*. Quelques chimistes ont donné ce nom à l'acide succinique, parce que le succin était appelé anciennement *karabé*.

KEUPRIQUE, adj. Omalius désigne par cette épithète un groupe de terrains neptuniens ammonéens, comprenant plusieurs systèmes de roches qui ont été désignées sous le nom de *Keuper*, terme technique des mineurs allemands (*marnes irisées*, Charbaut).

KIGGÉLARIÉES, adj. et s. f. pl., *Kiggelarieæ*. Nom donné par Candolle à une tribu de la famille des Flacourtianées, qui a pour type le genre *Kiggelaria*.

KINATE, s. m., *kinas*. Genre de sels (*kinasaure Salze*, all.), qui sont produits par la combinaison de l'acide kinique avec les bases salifiables.

KINIQUE, adj., *kinicus*. Nom d'un acide (*Chinasäure*, *Cinchonasäure*, *Fieberrindensäure*, all.), qui a été découvert par Vauquelin dans un sel que Deschamps avait retiré de l'écorce de quinquina. L'*Ether kinique* a été découvert par Henry et Plisson, qui l'ont obtenu sous forme solide.

KINOVATE, s. m., *kinovas*. Genre de sels (*kinovasaure Salze*, all.), qui résultent de la combinaison de l'acide kinovique avec les bases salifiables.

KINOVIQUE, adj., *kinovicus*. Nom d'un *acide* (*Chinovasäure*, all.), que Pelletier et Caventou ont découvert dans le *china nova*, écorce d'un arbre encore inconnu.

KIOSQUIFORME, adj., *kiosquiformis*. Une jolie coquille (*Purpura kiosquiformis*) porte ce nom parce qu'elle est saulariforme et ornée de nombreux détails.

KLEISTAGNATHES, adj. et s. m. pl., *Kleistagnatha* (κλειστὸς, clos, γναθὸς, mâchoire). Nom donné par Fabricius à un ordre de la classe des insectes, comprenant ceux qui ont la bouche fermée par plusieurs mâchoires hors de la lèvre, et répondant assez bien aux crustacés décapodes brachyures.

KOBRÉSIÉES, adj. et s. f. pl., *Kobresiæ*. Nom donné par Lestiboudois à une tribu de la famille des Cypéroïdes, qui a pour type le genre *Kobresia*.

KOLPODÉS, adj. et s. m. pl., *Kolpodea*. Nom donné par C.-G. Ehrenberg à une tribu d'Infusoires polygastriques, ayant pour type le genre *Kolpoda*.

KOLPODINÉES, adj. et s. f. pl., *Kolpodineæ*. Nom donné par Bory à une famille de la classe des Microscopiques, qui a le genre *Kolpoda* pour type.

KRAMÉRATE, s. m., *krameras*. Genre de sels (*kramersaure Salze*, all.), qui résultent de la combinaison de l'acide kramérique avec les bases salifiables.

KRAMÉRIACÉES, adj. et s. f. pl., *Krameriaceæ*. Nom donné par Kunth à une famille de plantes, qui a pour type le genre *Krameria*.

KRAMÉRIQUE, adj., *kramericus*. Nom d'un acide (*Kramersäure*, all.), qui a été découvert par Peschier dans la racine du *Krameria triandra*.

FIN DU PREMIER VOLUME.

ERRATA

DU PREMIER VOLUME.

———

Pag. 3 — 2ᵉ col. ligne 15 regarda, lisez : regarde.
  7 — 1   5 Acanthoptérygiens, l. Acanthoptérygien.
  8 — 2   40 physique, l. physiologie.
  21 — 2   35 *aeutus*, l. *acutus*.
  21 — 2   36 *flora*, l. *flos*.
  34 — 2   2 *cauducatus*, l. *caudacutus*.
  46 — 1   27 lesquels, l. lesquelles.
  64 — 1   12 adj. et s. m. pl., l. adj. et s. f. pl.
  76 — 2   1 stype, l. stipe.
  125 — 1   48 ÈTRE, l. MÈTRE.
  177 — 1   47 et à l'éperon, l. ; on nomme de même l'éperon.
  207 — 2   11 *callypiga*, l. *callipyga*.
  210 — 1   19 une tête, l. un test.
  242 — 2   7 Cératolènes, adj. et s. m. pl., l. Cératocarpe,
          adj., *ceratocar-*
  242 — 2   12 Cératocarpe, adj., *ceratocar-*, l. Cérato-
          lènes, adj. et s. m. pl.
  271 — 2   7 un, l. une.